岩巷工程施工

掘进工程

孙延宗　孙继业　编著

北　京
冶金工业出版社
2011

内容提要

岩巷工程施工共有两册——掘进工程与支护工程。本书介绍掘进工程，共分7章，主要内容包括：绪论、工程地质、冲击式凿岩、岩石爆破与爆破器材、掘进工程、软弱岩体掘进、辅助作业等，力求突出规范性、实用性、可操作性，并具有一定的系统性。

本书可供从事采矿工程、铁道隧道工程、公路隧道工程、水利水电隧洞工程、岩土工程、地下工程施工的工程技术人员学习和使用，也可作高等院校相关专业的教学参考书。

图书在版编目(CIP)数据

岩巷工程施工：掘进工程/孙延宗，孙继业编著．—北京：冶金工业出版社，2011.5

ISBN 978-7-5024-5504-0

Ⅰ．①岩…　Ⅱ．①孙…　②孙…　Ⅲ．①岩巷掘进—工程施工　Ⅳ．①TD263.5

中国版本图书馆CIP数据核字(2011)第068989号

出 版 人　曹胜利
地　　址　北京北河沿大街嵩祝院北巷39号，邮编100009
电　　话　(010)64027926　电子信箱　yjcbs@cnmip.com.cn
责任编辑　廖　丹　程志宏　美术编辑　李　新　版式设计　孙跃红
责任校对　王永欣　责任印制　张祺鑫
ISBN 978-7-5024-5504-0
北京兴华印刷厂印刷；冶金工业出版社发行；各地新华书店经销
2011年5月第1版，2011年5月第1次印刷
787mm×1092mm　1/16；　43.75印张；1065千字；687页
120.00元

冶金工业出版社发行部　电话：(010)64044283　传真：(010)64027893
冶金书店　地址：北京东四西大街46号(100010)　电话：(010)65289081(兼传真)
(本书如有印装质量问题，本社发行部负责退换)

序

1991年，在日本东京召开的“城市地下空间利用国际会议”发表的宣言认为：“19世纪是桥的世纪，20世纪是高层建筑的世纪，21世纪将是人类开发利用地下空间的世纪。”20世纪过去了，尽管有些人还热衷于建造摩天大楼，但是地下空间却悄悄地越来越广泛地得到利用。《岩巷工程施工》便是比较全面、比较详细阐述构筑地下空间施工的一本著作。

地下建筑物和构筑物与地面建筑物不同，地面建筑物是在空间中建造的实体，它一目了然；地下建筑物和构筑物则是实体中建造的空间，只有置身于其中，才能观察到它的一部分。正如老子所说：“有之以为利，无之以为用。”构筑地下空间，首先须开挖地层，扰动原有地层的平衡状态，然后加以支护、衬砌，再达到新的平衡，才能得到可以利用的稳定空间。这种开挖（或称之为破碎岩石）是地面建筑施工中所没有的。先开挖后支护是地下工程施工的特点。实际上，在开挖时也得注意其稳定、平衡；在支护、衬砌时，要充分发挥地层固有的自稳能力，防止围岩破碎冒落，这些都是地下工程施工中的重要问题。

学校里的专业课程，只讲授开挖和支护的基本知识。当学生开始接触到工程实际时，往往无从下手。这固然是由于学生缺少实际工作经验，但也与没有合适的施工指导书籍有关。工程施工不只是要有基本理论知识，还要讲究技术标准和施工规范，而学生和新涉及地下工程施工的技术人员很难去广泛收集和研读有关文献资料。本书编著者积多年地下空间利用的实际工作之经验，深感有沟通这两方面知识之必要。退休之后，花五年时间编著了《岩巷工程施工》，没有功利动机，只希望帮助后生解决遇到施工实际而发憷的困难，难能可贵。

有些施工技术，仅凭讲道理是很难弄通的，比如爆破岩石，在施工中要靠深入观察、试验，及时调整参数，反复实践，才可得到好的效果。施工离不开机械设备、工具和材料,《岩巷工程施工》汇集了许多新近的这方面资料,说明其工作原理、选用原则和检验方法,还引用了多种标准和规范,以备手头翻阅参考。章后附有参考文献,书后附有名词索引,以供进一步查阅研究。

地下空间被许多行业所利用,诸如采矿、水力、水电、交通(公路、铁道、地铁)以及人防、军工等。由于历史原因,这些行业各有各的行政归属,各有各的研究设计机构,各有各的学校及教材,以致造成相互难以通气,名词术语不尽相同,技术标准和规范也不一致。《岩巷工程施工》尽可能并蓄兼容,相互借鉴,取长补短。相信随着体制改革的深入发展,地下空间的日益广泛利用,岩巷工程施工在技术上将会逐渐融合成一体。

本书未有竖井、斜井、天井等岩巷施工的内容。在施工组织管理、经济核算、评估、行政法规方面,也是少有涉及,在这些领域读者还应参考其他文献。

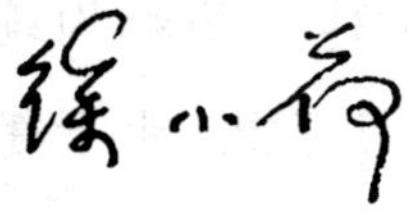

2010年8月于东北大学

前 言

矿山行业的井巷工程、铁路和公路行业的隧道工程、某些城市在岩体中修建的地下铁道工程、水利水电行业的隧洞工程、人防事业的坑道工程及其他行业的岩土工程等，虽然不同行业的名称、规格不同，用途各异，但它们都是在岩石中掘进通道或洞室，本书将这些工程统称为岩巷工程。岩巷工程的主要施工方法基本相同。掘进与支护是岩巷工程施工最主要的两大工序，本书只介绍掘进工程，包括辅助作业一章，支护工程将在《岩巷工程施工——支护工程》中介绍。本书未包括竖井、斜井、天井等的施工，相关内容可参考有关书籍。

本书力求突出规范性。岩巷工程施工的基本要求是遵守有关的国家或行业标准、规范的规定。由于历史原因，岩巷工程各行业隶属于不同的行政管理部门，除岩巷的作用及要求不尽相同外，各自的施工规范在共同方面有的相差很大。本书力求依据各相关行业最新版本的标准、规范进行综合介绍，做到各行业之间的有益“渗透”，以求各行业的读者能够相互借鉴，取长补短，利于岩巷工程施工技术今后的发展。同时，对标准和规范的一些规定提出编者的看法，以供读者作进一步独立思考。为了保证岩巷工程施工质量，与其他建设工程一样，必须加强岩巷工程的质量验收。因此，本书章节的顺序按岩巷工程项目的建设程序排列，并按验收的分部工程或分项工程编排，同时介绍相应的施工质量标准。由于竣工验收的组织形式、验收程序等的规定涉及各行业施工质量验收规范的适用问题，因此本书未予列出。此外，岩巷工程施工是一项高危险的作业，尤其是爆破工程，书中较详细地介绍了有关施工安全方面的要求。

本书力求突出实用性和可操作性，并具有一定的系统性。本书不作更多的理论阐述，只是为了深入理解施工的有关要求，介绍一些必要的基本概念和基础理论知识，以期做到“知其然，知其所以然”，希望以此提高保证施工质量的自觉性。同时,书中还介绍了一些国外的先进施工技术和设备。考虑到部分工程技术人员缺少实际操作经验,书中简要介绍了一些操作要求。此外,对于一些专业名词、术语尽量给出严谨的定义或解释;对一些较生僻的概念或术语(主要是标准、规范中出现的)则以脚注的形式予以简要介绍,以求无需再去查阅有关参考书籍,做到"无师自通"。

本书可供从事采矿工程、铁道隧道工程、公路隧道工程、水利水电隧洞工程、岩土工程、地下工程施工的工程技术人员学习和使用,也可作高等院校相关专业的教学参考书。

本书是在东北大学徐小荷教授的热情鼓励和大力支持下完成的。徐老师不顾年事已高,几次审查书稿,对一些理论概念予以指正,并提出了许多有益的建议,同时提供了很多宝贵的资料。姜永清教授为本书提供了大量资料,并审查了第6章的部分书稿。作者在此一并表示衷心的感谢。本书在编写过程中参考和引用的已公开发表的有关文章、资料和书籍的内容及插图等文献,均列入各章后面的参考文献中,在此向这些文献的作者和编者深表谢意。

由于岩巷工程施工涉及多个专业,限于编者水平,虽尽最大努力,但书中疏漏、不足之处在所难免,敬请同行专家和读者批评指正。

编 者

2010年7月于沈阳

目　录

第1章　绪论 …… 1

1.1　岩巷种类 …… 1

1.1.1　矿山巷道 …… 1

1.1.2　交通隧道 …… 2

1.1.3　水利水电隧洞 …… 6

1.1.4　防护坑道与地下空间 …… 7

1.2　岩巷工程施工特点 …… 9

1.3　岩巷工程施工技术与标准规范 …… 10

1.3.1　岩巷掘进及发展 …… 10

1.3.2　施工标准规范 …… 11

第2章　工程地质 …… 12

2.1　工程地质基础 …… 12

2.1.1　岩石分类与工程性质 …… 12

2.1.2　地质构造 …… 26

2.1.3　岩体结构 …… 35

2.2　岩体工程性质 …… 40

2.2.1　岩体力学性质 …… 40

2.2.2　岩体初始应力 …… 43

2.2.3　地下水 …… 46

2.3　工程岩体分级 …… 50

2.3.1　国外工程岩体分级方法 …… 50

2.3.2　国内工程岩体分级 …… 55

2.4　地质勘察 …… 59

2.4.1　工程地质勘察阶段 …… 60

2.4.2　工程地质勘察方法 …… 64

2.4.3　施工地质调查 …… 66

2.5 超前地质预报……68
2.5.1 超前地质预报方法与流程……69
2.5.2 物探法预报技术……73
2.5.3 超前地质预报的要求……83
2.5.4 超前地质预报作业安全……86
参考文献……86

第3章 冲击式凿岩……88

3.1 凿岩破碎与岩石可凿性……88
3.1.1 机械破碎岩石……88
3.1.2 岩石可凿性及其分级……92
3.2 气动凿岩机……95
3.2.1 气腿式凿岩机和手持式凿岩机……95
3.2.2 向上式凿岩机和导轨式凿岩机……105
3.2.3 气动凿岩机的主要技术经济指标……113
3.2.4 影响凿岩速度的因素……115
3.3 液压凿岩机与内燃凿岩机、电动凿岩机……117
3.3.1 液压凿岩机……118
3.3.2 电动凿岩机……129
3.3.3 内燃凿岩机……131
3.4 钎具……133
3.4.1 钎具的组成与连接……133
3.4.2 钎头……140
3.4.3 钎杆……150
3.4.4 钎具的热处理与防腐处理……157
3.4.5 钎杆断裂与钎头修磨……160
3.5 潜孔钻机与掘进凿岩台车……167
3.5.1 潜孔钻机与钻具……167
3.5.2 掘进凿岩台车……176
参考文献……188

第4章 岩石爆破与爆破器材……190

4.1 炸药爆炸与传爆……190
4.1.1 炸药的爆炸……190
4.1.2 爆炸的传播……193
4.2 岩石爆破机理……197
4.2.1 药包的爆破作用……197
4.2.2 爆破作用影响因素……202
4.2.3 微差爆破与光面爆破技术……204

4.2.4　岩石爆破性及其分级 …… 208
4.3　工业炸药与原材料炸药 …… 209
4.3.1　炸药的物理化学性能 …… 209
4.3.2　炸药的爆炸性能 …… 212
4.3.3　常用工业炸药 …… 222
4.3.4　常用原材料炸药 …… 232
4.4　起爆与传爆器材 …… 234
4.4.1　工业电雷管 …… 235
4.4.2　塑料导爆管与导爆管雷管 …… 245
4.4.3　普通导爆索与继爆管 …… 250
4.4.4　新型雷管与雷管无损检测 …… 253
4.5　起爆方法 …… 256
4.5.1　电起爆方法 …… 256
4.5.2　导爆管起爆方法 …… 263
4.5.3　导爆索起爆方法 …… 271
4.5.4　混合起爆方法 …… 274
4.6　爆破器材的安全管理 …… 275
4.6.1　爆破器材的购买与运输 …… 276
4.6.2　爆破器材的贮存 …… 278
4.6.3　爆破器材的销毁 …… 282
参考文献 …… 284

第5章　掘进工程 …… 287
5.1　洞口工程 …… 287
5.1.1　洞口段划分 …… 287
5.1.2　洞口段施工 …… 288
5.1.3　洞口段施工安全 …… 294
5.2　凿岩工程 …… 295
5.2.1　凿岩作业 …… 296
5.2.2　凿岩作业质量 …… 302
5.2.3　凿岩卫生与安全 …… 303
5.3　爆破工程 …… 306
5.3.1　炮孔种类及掏槽孔形式 …… 306
5.3.2　爆破参数 …… 312
5.3.3　爆破作业 …… 332
5.3.4　爆破作业质量 …… 338
5.3.5　爆破安全 …… 341
5.3.6　盲炮与早爆 …… 348
5.4　出渣工程 …… 355

5.4.1 装渣机械 …… 355
5.4.2 装渣 …… 366
5.4.3 运输与卸渣 …… 369
5.4.4 出渣安全 …… 383
5.5 掘进施工质量标准 …… 386
5.5.1 超挖和欠挖控制 …… 386
5.5.2 掘进质量标准 …… 390
5.6 隧道掘进机及其施工 …… 392
5.6.1 隧道掘进机 …… 392
5.6.2 隧道掘进机施工 …… 395
5.6.3 隧道掘进机的应用 …… 399
参考文献 …… 401

第6章 软弱岩体掘进 …… 405

6.1 软弱围岩及其支护 …… 405
6.1.1 软岩及其分级 …… 405
6.1.2 软岩的变形特点及支护原则 …… 406
6.1.3 渗水涌水地段的支护 …… 406
6.2 超前支护 …… 407
6.2.1 超前锚杆 …… 407
6.2.2 超前小导管注浆 …… 409
6.2.3 管棚支护 …… 412
6.2.4 超前支护施工质量标准 …… 419
6.2.5 超前支护施工安全 …… 421
6.3 预加固地层 …… 421
6.3.1 洞口段地表喷锚预加固 …… 421
6.3.2 深孔预注浆加固 …… 423
6.4 大断面岩巷掘进方法 …… 423
6.4.1 全断面开挖法 …… 424
6.4.2 台阶开挖法 …… 426
6.4.3 分部开挖法 …… 427
6.4.4 大断面岩巷掘进安全 …… 433
6.5 软岩减轻震动爆破 …… 433
6.5.1 半断面微台阶爆破开挖法 …… 434
6.5.2 减轻震动爆破 …… 434
6.6 围岩变形破坏与施工 …… 437
6.6.1 围岩变形破坏的基本类型 …… 437
6.6.2 富水软弱破碎围岩施工 …… 440
6.6.3 挤压性围岩和膨胀岩施工 …… 442

6.6.4　岩爆防治与施工 …… 447
6.7　塌方预防与处理 …… 452
6.7.1　塌方及预防 …… 452
6.7.2　塌方处理 …… 455
6.7.3　处理塌方实例 …… 460
参考文献 …… 465

第7章　辅助作业 …… 467

7.1　作业环境卫生标准 …… 467
7.1.1　空气卫生标准 …… 467
7.1.2　噪声标准 …… 470
7.1.3　照度标准 …… 471
7.2　局部通风与综合防尘 …… 471
7.2.1　局部通风方式 …… 471
7.2.2　通风设备 …… 474
7.2.3　通风计算 …… 482
7.2.4　综合防尘 …… 484
7.3　压缩空气供应 …… 488
7.3.1　空气压缩机站与移动式空压机 …… 489
7.3.2　输气管道敷设及分配 …… 494
7.3.3　空气压缩机使用安全规定 …… 497
7.4　供水与排水 …… 498
7.4.1　供水 …… 498
7.4.2　排水 …… 501
7.5　供电与照明 …… 502
7.5.1　供电 …… 502
7.5.2　照明与通信 …… 508
7.5.3　安全用电技术 …… 510
参考文献 …… 513

附录A …… 516

A.1　国家标准《工程岩体分级标准》 …… 516
A.2　《锚杆喷射混凝土支护技术规范》的围岩分级 …… 524
A.3　行业标准围岩分级 …… 527
A.4　岩石点荷载强度试验 …… 540
A.5　地质灾害分级 …… 546
A.6　爆破器材检验 …… 548
A.7　爆破成缝试验 …… 593
A.8　通风计算 …… 594

A.9 压缩空气管道计算 …… 602

附录 B …… 604

B.1 地质年代表 …… 604
B.2 探地雷达技术参数 …… 607
B.3 凿岩机械与气动工具产品型号编制规则 …… 608
B.4 气腿式和向上式凿岩机故障处理 …… 614
B.5 凿岩硬质合金性能与应用范围 …… 617
B.6 硬质合金钎头型号编制规则 …… 621
B.7 工业炸药组成与性能 …… 622
B.8 工业炸药的热化学参数 …… 624
B.9 工业炸药的氧平衡 …… 627
B.10 起爆器材命名规则 …… 632
B.11 铵梯类炸药与导火索 …… 635
B.12 硐室爆破的单位炸药消耗量 …… 640
B.13 电起爆网路与电容式起爆器计算 …… 641
B.14 杂散电流 …… 651
B.15 噪声的危害与防治 …… 655
B.16 照明电光源 …… 667

名词索引 …… 681

第1章 绪 论

矿山巷道、铁路和公路隧道、水工隧洞和地下水利发电厂房、某些城市在岩体中修建的地铁、人防坑道以及其他行业的岩土工程等，虽然它们的用途和规模不同，但都是在岩体内开挖的具有一定断面积和尺寸并有较大延伸长度的地下空间，其主要施工方法也基本相同。与一般构筑物相反，它们不是空间中的实体，而是实体中的空间。故本书将它们统称为“岩巷”，它们的建设工程统称为“岩巷工程”。目前，世界各国日益重视地下工程和地下空间的开发利用。国际上一种非常普遍的观点是：“19 世纪是桥的世纪，20 世纪是高层建筑的世纪，21 世纪则是人类开发地下空间的世纪”（1991 年城市地下空间利用国际会议宣言）。当前，许多经济发达国家都把地下空间当成一种新型的国土资源。

1.1 岩巷种类

岩巷的种类繁多，从不同角度可有不同的分类。按其用途分类主要有矿山巷道、交通隧道（铁路隧道和公路隧道）、地铁、水利水电隧洞和地下厂房、人防坑道与地下空间等。

1.1.1 矿山巷道

采矿是一个古老的行业，有着悠久的历史。开采地下矿床时，从地表向地下开掘一系列通达矿床的岩巷，形成运输、通风、排水和动力供应等系统，为全矿井、全阶段或若干采（矿）区服务的矿山井巷，称开拓巷道。开凿在岩体或矿层中不直通地表的水平通道，称为平巷（水平巷道）；在地层中开凿的直通地表的水平通道，则称为平硐。运输巷道是将地下采出的有用矿物、废石或矸石等由采掘工作面运往地面，将人员、材料、设备及其他物料运入、运出的岩巷。图 1-1 给出了两种矿山巷道。

(a) (b)

图 1-1 矿山巷道

（a）煤矿皮带运输巷道；（b）矿车运输巷道

巷道施工历来是矿井建设和矿井生产过程中量大面广的工程，仅我国统配煤矿每年施工的巷道工程量就大约有7000 km。

1.1.2 交通隧道

交通隧道包括铁路隧道和公路隧道。它们多处于地质条件复杂多变的岩体中，开挖断面大，服务年限长，施工质量要求高。同时，它们的断面规格标准，机械化程度高，地面大型施工车辆可以进洞作业。

1.1.2.1 铁路隧道

台湾狮球岭隧道（又称刘铭传隧道）是我国最早建成的铁路隧道，1887年从南北两端同时开工，于1890年建成，全长261 m，隧道南口有台湾首任巡抚刘铭传亲题的“曠宇天開”（旷宇天开）大字，现已成为台湾著名的旅游景点（见图1-2）。八达岭隧道是我国自行设计和施工的第一座越岭隧道，位于（北）京包（头）铁路青龙桥车站附近，全长1091 m。它由我国杰出的工程师詹天佑规划督造，1907年开工，仅用18个月，于1908年竣工（见图1-3）。

(a) (b)

图1-2 台湾狮球岭隧道

（a）隧道南口；（b）隧道北口

(a) (b)

图1-3 八达岭隧道

（a）隧道远景；（b）1908年隧道竣工

铁路穿越山区由于限坡平缓而无法拔起，同时限于地形又无法绕避时，采用桥隧方案是最合理的。改革开放以来，我国铁路隧道的发展进入了一个新时期。截止 1999 年，我国修建铁路隧道 6876 座，总长度 3670 km，居世界首位。其中，长 20.05 km 的乌鞘岭特长隧道和长 27.839 km 的亚洲第一特长铁路隧道——太行山隧道已相继贯通运营。海拔 4905 m 的青藏铁路风火山隧道全长 1338 m，位于可可西里无人区，是世界最高的铁路隧道。在 2000 ~ 2009 年的十年中，我国新建铁路隧道的长度达到近 400 km，已成为世界上隧道工程最多、地质条件最复杂、发展最快的国家。现代铁路隧道如图 1-4 所示。

(a)

(b)

图 1-4　现代铁路隧道

(a) 横（峰）南（平）铁路分水关隧道；(b) 国外双轨隧道

日本青函海底隧道连接日本本州和北海道，是世界上最长的一条公路、铁路混用隧道（见图 1-5a）。它由 3 条隧道组成，主隧道全长 53.85 km，其中海底部分长 23.3 km，位于水下约 249 m 处。1964 年 5 月破土动工，于 1983 年完成。位于瑞士中部阿尔卑斯山区的戈特哈德铁路隧道于 2010 年 10 月 15 日全线贯通，全长 57 km，是目前世界上最长的铁路隧道。

英吉利海峡隧道（正式名称为“欧洲隧道”）由三条长 50.45 km 的平行隧洞组成，总长度 153 km，其中海底部分长度为 37.9 km，是目前世界上最长的海底隧道（见图 1-5b）。两侧铁路隧道衬砌后的直径为 7.6 m，开挖洞径为 8.36 ~ 8.78 m。1994 年正式对公众开通，方便了伦敦、巴黎和布鲁塞尔间的联系。运行列车分为“客滚”列车（混运旅客、小汽车和大型货车）和旅客列车（高速和普通）。

(a) (b)

图1-5 海底隧道

(a)日本青函海底隧道；(b)英吉利海峡隧道

1.1.2.2 公路隧道

公路对限制坡度和最小曲率半径的要求没有铁路严格。以往国内修建山区公路，为降低工程造价，常常是绕行而避免修建造价高昂的隧道。改革开放之初，我国只有公路隧道374座。由于高速公路的快速发展，它要求线路顺直、平缓、路面宽敞，于是在穿越山区时，常常采取隧道方案。至2002年底，我国已修建公路隧道1700余座，总长704 km。截止2007年底，则迅速增至4673座，总长2555.5 km。

秦岭终南山公路隧道长18.02 km，居亚洲公路隧道长度第一、世界第二。隧道为双孔四车道，于2002年3月开工，2007年1月20日通车。在大跨隧道方面，我国已建成广州龙头山隧道、深圳雅宝隧道、重庆白鹤嘴隧道等多条双孔八车道隧道。广州龙头山隧道最大的开挖跨度为21.4m、高度为13.6 m、净跨18 m（见图1-6）。

(a) (b)

图1-6 公路隧道洞口

(a)广州龙头山四车道隧道；(b)广州市北二环路木强连拱隧道

武汉长江隧道是万里长江上的第一条全程过江公路隧道，总长约3630 m，为双孔四车道，车道净高4.5 m（见图1-7）。它于2004年12月开工，2008年12月底竣工通车。

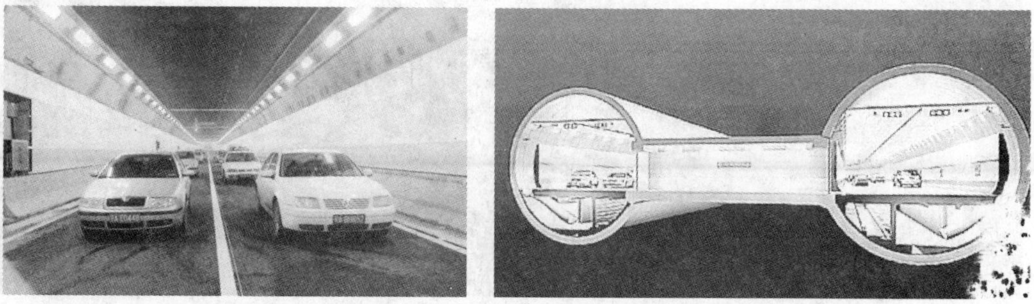

(a) (b)

图1-7 武汉长江公路隧道

(a)隧道内部；(b)隧道剖面示意图

厦门翔安隧道是我国内地第一条海底公路隧道，经4年8个月施工，于2010年4月26日正式通车。它全长6.05 km，其中海底段隧道长约4.2 km，最深处位于海平面下约70 m。翔安隧道为双向六车道（单洞三车道），主洞开挖跨度13.5 m、高5 m，最大开挖断面达170.7 m^2，为世界断面最大的海底隧道（见图1-8a）。

青岛胶州湾海底隧道全长7.8 km，其中海底段隧道长约3.95 km，为世界排名第三的海底隧道，已于2010年4月28日实现主隧道贯通（见图1-8b）。

(a) (b)

图1-8 国内海底隧道

(a)厦门翔安海底隧道；(b)青岛胶州湾海底隧道

1.1.2.3 地铁

地铁是解决大城市交通拥挤，大量快速运送乘客的一种城市轨道交通设施。它不占用地面，使很大一部分地面客流转入地下，又无平面交叉，可高速行驶。在战时还可起到人防工程的功能。至20世纪末，全世界共有43个国家的117座城市建有地铁，总运营里程近6000 km。在一些经济发达国家，大城市的地铁网络已基本形成。图1-9所示为国外的几座不同风格的地铁车站。

目前，我国已有北京、天津、上海、广州、深圳、南京、成都、沈阳等城市的地铁在运营（见图1-10）。它们为改善城市交通状况发挥了很大作用。在建地铁的有哈尔滨、佛山（广佛)、西安、大连、郑州、长沙、武汉、杭州、青岛、重庆、南昌、福州、昆明等城市。

(a) (b) (c)

图1-9 国外地铁车站

(a)莫斯科共青团地铁站;(b)纽约市政厅地铁站;(c)瑞典斯德哥尔摩地铁站

(a) (b)

图1-10 国内地铁车站与隧道

(a)北京王府井双层车站;(b)地铁区间隧道

1.1.3 水利水电隧洞

我国已建和在建的水电站地下厂房有40多座。金沙江向家坝水电站主体工程分布在右岸山体约20万平方米的区域内(长700 m、宽300 m),共布置了122个洞室,其中18个洞室为特大型洞室,它们组成了复杂的大型地下洞室群。主厂房洞室的跨度为33.4 m、高为

88.2 m、长 255.4 m，是世界上规模最大的地下厂房。图 1-11 为开挖中的三峡地下电站的主厂房。

图 1-11 施工中的三峡右岸地下电站的主厂房

水工隧洞用于从水库内引水或泄水，按功能可分为引水、输水、泄洪、排沙、施工导流等类型。我国已建和在建的水工隧洞有 400 余条，长达 400 km。小浪底工程的泄洪、排沙、引水、发电、灌溉隧洞集中布置在左岸山体内，洞群密集、纵横交错。辽宁大伙房输水工程一期工程的输水隧洞长 85.32 km，已于 2009 年 4 月 15 日全线贯通，成为世界最长的输水隧洞（见图 1-12）。

图 1-12 施工中的辽宁大伙房输水隧洞

1.1.4 防护坑道与地下空间

防护坑道工程、导弹发射井等防护工程，均修建在岩体内，借以提高其抗力。瑞典在山体内建有一批飞机和舰艇掩蔽坑道，图 1-13 所示为瑞典海军哥德堡级大型导弹艇的掩蔽坑道。

著名的美国北美防空司令部夏延山地下指挥中心，从夏延山的半山腰向山里挖出一条长 500 m、跨度和高度各约 15 m 的主隧道，长穿廊式出入口装有 2 道厚达 2 m 的钢筋混凝土防护门（见图 1-14）。主体由 7 条作战坑道、5 条设备与供应坑道组成。1961 年 5 月动工，1966 年 5 月建成并投入使用。1972 年至 1974 年进行扩建，使总建筑面积达到 23750 m^2。1987 年至 1989 年又进行了第二次扩建和加固改造。

图 1-13　瑞典海军舰艇坑道

(a)　(b)

图 1-14　美国北美防空司令部指挥控制中心

(a)出入口;(b)口部防护门

被称为“世界第一大人工洞体”的重庆涪陵 816 地下核工厂已作为旅游景点开放(见图 1-15)。核反应堆大厅是洞内最大的洞室,高达 79.6 m,共有 9 层,与一个标准的足球场相差无几。该工程 1967 年开工,1984 年工程接近收尾,但随着国际形势的变化而停建,于 2002 年 4 月解密。

图 1-15　816 地下核工程内貌

人防工程是我国为防范和减轻战争空袭灾害，保护国家和人民生命财产安全而修建的防护工程，国际通称民防工程。人防工程一般要求抗御核武器和生物、化学武器的破坏作用，在口部设置相应的防护设施，这是与其他岩巷工程的主要区别。人防工程中有相当一部分修建在山体中，利用岩体来提高其抗力，绝大多数为坑道工程❶。我国人防工程建设已“平战结合”，在平时为城市服务，如地下商业街、地下停车场、地下粮库等(见图1-16)。

(a) (b)

图1-16 人防工程“平战结合”

(a)青岛龙山地下商业街；(b)地下停车场

地下建筑物不占用地面面积，具有抗震性较好等优点，充分利用地下空间已为人们所重视。日本在新宿建成一个地下城的雏形，美国堪萨斯市利用矿山采空区建立了一个78万平方公里的商业、工业中心。北欧将民防工程与地下空间利用相结合是其一大特点，其中瑞典斯德哥尔摩市在地下岩体中建有直径为8 m、总长30 km的共同沟，战时可作为民防工程。图1-17为加拿大蒙特利尔地下城。

图1-17 加拿大蒙特利尔地下城

1.2 岩巷工程施工特点

岩巷工程施工与地面建筑施工有很大的不同，其特点如下：

---

❶ 坑道工程是指大部分主体地面高于最低出入口的暗挖的防护工程，多建于山地或丘陵。

(1) 受地质条件制约,施工是动态的。岩巷工程是在岩体内修建的,要完全避免不良乃至恶劣的地质条件是不可能的。地质条件对岩巷施工的质量及安全起着重要的,甚至是决定性的作用。同时,由于围岩的物理力学性质不断地变化,要求在施工中定期进行监督量测,并修正设计和施工方法。

(2) 工程隐蔽性。岩巷工程竣工后,只能看到它的内部表面,而其内部及结构背后的形态是隐蔽的。同时,岩巷埋设于地下,一旦建成就难以更改。因此,应加强施工的质量管理。

(3) 作业空间有限。岩巷工程在岩体内,尺寸受到极大的限制,施工的空间有限。除隧道、隧洞工程外,一般地面工程中使用的大型机械,难以在岩巷工程中使用。施工机械要求结构紧凑,坚固耐用。

(4) 作业综合性。岩巷施工由多种作业构成,如凿岩、爆破、出渣、运输、支护、防水、监控量测及通风防尘、排水、供压缩空气、供水、供电等作业,缺一不可。

(5) 作业的循环性强。岩巷一般都是纵长形,工作场地狭长,施工要求严格按照一定的顺序循环作业,而另一些工序又可以在岩巷纵向展开,平行作业。要求施工中加强管理,合理组织,避免相互干扰。

当然,岩巷工程也有一些有利的方面,如施工可以不受或少受气候变化、季节变换等自然条件的影响,可以终年夜以继日地进行施工。

1.3 岩巷工程施工技术与标准规范

目前,岩巷开挖方法主要有钻爆法和掘进机法(TBM)两种。凿岩爆破法是传统的矿山开拓巷道掘进方法,隧道工程沿用后称为"矿山法",现在普遍称为"钻爆法"。钻爆法由掘进、支护、压气水电辅助作业等基本作业组成,其中又以掘进和支护为最主要。

1.3.1 岩巷掘进及发展

巷道掘进是开挖岩巷毛洞的施工过程。掘进作业在17世纪以前,主要靠手工挖掘。随后采用人工凿孔、黑火药爆破、人力装岩和木棚支护,提高了掘进速度。黑火药是我国在一千多年前发明的,直至1869年诺贝尔发明了粉质硝化甘油炸药,才被取代。19世纪后期,欧洲出现了手持式凿岩机、硝铵炸药与普通雷管,从此凿岩爆破法便发展成现代岩巷掘进的主要手段。目前,凿岩已由气腿式凿岩发展到液压凿岩台车,乳化炸药、高精度毫秒电雷管、非电起爆器材及中深孔光面爆破技术的应用,使我国岩巷掘进技术得到了长足的进步。开挖方法也由小导坑超前,进而采用少分部的大断面开挖。此外,长距离局部通风机、激光指向仪、激光断面检测仪布孔及贯通测量等辅助技术的发展,使岩巷掘进的机械化水平和配套程度得到了很大提高。

20世纪70年代中期,意大利的 Pietro Lunardi 教授创立了岩土控制变形分析法(ADECO-RS 法),国内称为"新意法"(新意大利隧道施工法,简称 NITM)。它是一种系统的全断面机械化开挖的隧道设计、施工技术。"新意法"在软弱破碎围岩条件下的基本原则为运用超前支护和加固措施减小或避免围岩变形;进行全断面开挖;紧跟掘进工作面及时支护封闭,以减小隧道变形。目前,国内铁路隧道工程已开始推广应用"新意法"。有关支护及新奥法(NATM)技术的内容,将在本书姊妹书《岩巷工程施工——支护工程》中介绍。

岩巷工程施工是在地下有限空间内进行的，环境恶劣、劳动条件差、工作艰苦，提高工效、工程质量，保证安全的唯一出路是实现机械化。隧道掘进机集掘进与支护于一体，一次将整个岩巷断面成型。在相同的条件下，它的掘进速度约为常规钻爆法的4~10倍。隧道掘进机现已广泛应用于水利水电，铁路、交通隧道以及矿山开采，市政，国防等工程中。但是，凿岩爆破法具有施工灵活，设备费用相对低廉等特点，可适应各类岩体中的掘进。从工程实际出发，在目前以至今后相当长的一段时期内，它都将是岩巷的主要掘进方法，是其他方法不可能代替的。

应当指出，尽管近年来岩巷工程施工取得了相当的成绩和发展，但是仍然存在许多问题。从总体来看，岩巷施工的环境仍然很恶劣，机械化程度不高，工人的劳动强度仍然很大。目前，人们对围岩的认识还未彻底清楚，计算理论还不完全符合实际，所有这些都有待岩巷工作者今后不断地研究解决，以进一步提高掘进技术，配备完善的施工机械，努力从当前的半机械化提高到全机械化，再发展到洞内无人、洞外遥控的高度自动化、安全化。

1.3.2 施工标准规范

岩巷施工应依据并符合有关的国家或行业标准、规范的规定。长期以来，矿山行业的井巷工程、铁路和公路行业的隧道工程、某些城市在岩体中修建的地下铁道工程、水利水电和水电行业的隧洞工程、人防行业的坑道工程等，由于各自隶属于不同的行政管理部门，均有各自的施工规范或施工质量验收标准。近年来，一些行业的施工规范重新修改，并细化、增加了施工指南、细则等。这些岩巷工程在不同行业的名称、规格不同，具体用途各异，但它们的主要施工方法却是基本相同的，都是在岩体中掘进并支护拱形通道或洞室。当然，工程的规格和用途要求的不同，机械化程度不同，如隧道、隧洞工程的断面大，可以采用地面工程使用的一些施工机械，机械化程度较高。同时，由于普遍采用新奥法施工，采用复合式支护，因此防水普遍采用了塑料防水板。而矿山巷道的断面较小、服务寿命较短，对防水要求较低，同时机械化程度相对较低，施工机械只能采用专用机械。针对不同岩巷工程的特点，各行业的施工规范在一些细节上有些不同是正常的。但是，也有相当一部分却毫无道理地人为给出一些差异，更有一些施工规范在共同方面相差很大。

2000年我国开始编制工程建设强制性条文，它是工程建设全过程的强制性技术规定，对保证工程质量、安全，规范建设市场具有重要的作用，是向技术法规过渡的成果。目前，世界上多数国家对建设市场的技术控制，是采取技术法规与技术标准相结合的管理体制。我国的工程建设标准强制性条文本身虽然不是法规，但是《建设工程质量管理条例》给予了明确法规的性质，使其在实效上与法规等同。

今后，各行业的施工质量验收标准、规范在修订周期缩短和规范、规程分类细化的同时，应认真加强文件编制的科学性、严肃性。在相互借鉴、取长补短的基础上，期盼在不远的将来，能够将各行业的施工规范统一，这有利于我国岩巷工程施工质量的共同提高。同时，统一的施工规范也有利于我国向技术法规与技术标准相结合的管理体制转变。

第2章 工程地质

岩巷工程构筑在地层中，从地质条件考虑，岩巷位置应尽量选择在稳定性良好的地层中，而避开不良地质区域，如岩堆、滑坡、泥石流、地下富水（如每昼夜数千甚至上万吨的流量）、溶洞、瓦斯等。当不得已通过一些稳定性差或不良地质地段时，应有充分的理由和可靠的工程措施。地层的稳定性对掘进和支护的施工方法、质量以至施工安全有着决定性的影响。因此，需要全面系统地掌握地层的基本特性，正确认识地质构造、岩体结构、岩石的物理力学性质以及地下水状况，以便合理地利用和改造地质环境，确保岩巷工程的稳定安全。但应指出，由于岩体结构本身的复杂多变及整体科学技术水平的限制，难以在掘进前确切掌握地质情况，而且即使能够掌握，也很难作出非常接近实际的计算模型，提供相关参数。因此，施工中的地质调查是岩巷工程的一项十分重要的基础工作。

2.1 工程地质基础

工程地质是调查、研究、解决与建设工程有关的地质问题，评价工程的地质条件，研究工程建设与地质环境的相互作用和相互影响的科学。工程地质的表现是多方面的，本节未涉及其全部内容，而是从岩巷工程的应用角度着重介绍岩石、地质构造、岩体结构等方面的基本现象和规律。由各类岩石组成的岩体，在地质年代时期的各种内外力的作用下，形成了多种地质构造和岩体结构。它们不仅直接影响施工质量，而且会对施工安全带来一定隐患。

2.1.1 岩石分类与工程性质

岩石是地壳的基本组成物质。岩石大量出露于地表，构成山川峡谷，是人类工程活动的基本环境。

2.1.1.1 岩石分类

岩石是一种或多种矿物受内外动力地质作用的产物，按其成因可分为岩浆岩、沉积岩和变质岩三大类。不同岩石类型的物理力学性质有很大的差异。地球的地质条件是不断变化的，岩石也在不断地形成和变化。自第四纪以来，由于各种地质作用（风化、流水和风搬运等）的结果，形成了各种堆积物，主要有砾石土、砂土、砂壤土、壤土和黏土等。它们尚未硬结成岩石，故统称为松散沉积物。

A　*岩浆岩*

地壳深处或上地幔[1]中处于高温高压状态的岩浆，在地壳运动的过程中沿着地壳的软

[1] 地幔位于地壳的下面，其上面部分称为上地幔。上地幔的厚度约为20～400km，其上部主要由岩浆岩和变质岩组成。

弱带或深大断裂，向压力较小的地方移动，侵入到地壳的不同部位，甚至喷出地表形成火山，同时由于温度和压力的降低，岩浆以不同的速度冷却凝固而形成各种岩石，称为岩浆岩，又称火成岩。岩浆侵入地壳上层所形成的岩石称为侵入岩，岩浆喷出地表后冷凝或堆积而成的岩石称为喷出岩（火山岩）。侵入岩又可分为深成岩和浅成岩。

a 深成岩

深成岩是岩浆侵入到距地表以下大于 3 km 的地壳深处冷凝后形成的岩体。它在冷凝成岩过程中，由于岩浆的压力和温度高，温度降低缓慢，因此组成岩石的矿物结晶良好，一般具有中等粒度或大结晶颗粒。其中晶粒直径大于 20 mm 的，称为伟晶体。

b 浅成岩

浅成岩是岩浆侵入到地表下 3 km 至近地表部位冷凝后形成的岩体。由于浅成岩形成时规模小，岩浆压力小，温度降低较快，因此组成岩石的矿物结晶较细小。上升的岩浆由于迅速凝固，可形成同一种矿物有大小不同的两种颗粒，故又称为斑岩。

c 喷出岩

喷出岩由于冷却迅速，故颗粒很细。在地球表面形成的喷出岩称为熔岩，凝固后的火山灰则称为凝灰岩。火山玻璃（如黑曜岩）的形成是由于急剧冷却，不容产生任何结晶作用。

岩浆岩的化学成分比较复杂，其中二氧化硅（SiO_2）的含量最大，归为硅酸盐岩石。岩浆岩根据 SiO_2 含量的分类，如表 2–1 所示。常见岩浆岩的分类及其结构和构造，如表 2–2 所示。

表 2–1 岩浆岩按 SiO_2 含量的分类

名 称	酸性岩类	中性岩类	基性岩类	超基性岩类
SiO_2 含量/%	>65	52 ~ 65	45 ~ 52	<45

表 2–2 常见岩浆岩分类

矿物成分及成因环境		酸性岩	中性岩	基性岩	超基性岩	结 构	构 造
主要矿物成分（含量 10% 以上）		石 英 正长石 斜长石	角闪石 斜长石	辉 石 斜长石	橄榄石 辉 石		
成因环境	喷出岩	流纹岩	安山岩	玄武岩	（少见）	非晶、半晶、隐晶	气孔、流纹、杏仁状、块 状
	浅成岩	花岗斑岩	闪长玢岩	辉绿岩	（少见）	斑状、微粒	块 状
	深成岩	花岗岩	闪长岩	辉长岩	橄榄岩 辉 岩	细粒、中粒、粗粒	块 状

岩浆岩岩体一般无层理，产状复杂。岩浆岩的特性与其产状和结构构造密切相关。侵入岩的产状多为整体块状，深成岩的硬度一般为中硬至坚硬，但用冲击式凿岩机凿岩较容易。喷出岩的整体性较差，常伴有气孔和碎屑。岩浆岩由结晶的矿物颗粒组成，一般结晶颗粒越细，结构越致密，强度和坚固性越高。

B 沉积岩

沉积岩又称水成岩，是在常温常压下，地表母岩[1]受风化作用，破碎的岩石碎片经由水、

[1] 母岩一般是指含矿岩石的原生岩，是赋存矿体的岩石。它是在成矿过程中供给成矿物质或与成矿作用直接有关的岩石。

风、冰川的搬运，在地表或地表下较浅处经沉积、胶结、固化而成的一种岩石，或由火山喷发的各种碎屑物质堆积而成的岩石。沉积物层层堆积，在重力的作用下将水分挤出，矿物（如云母）被压平，石英或黏土的颗粒被压实黏结在一起，孔隙度减小，某些矿物被溶解，形成新的矿物，最终沉积物硬化而形成沉积岩。沉积物在被水带走的过程中，重的或大的碎块首先被抛出，它们生成砾岩（黏结在一起的卵石）或角砾岩（有角的石块黏结在一起），轻的沉积物继续被带走，并按其粒度（即重量）进行分级，最终形成粒度很细且均匀的岩石，如砂岩（由细石英颗粒构成）和页岩（由细黏土颗粒构成）。沉积岩的粒度是其基本特征，主要分为粗粒（砾状）、中粒（砂状）和细粒（粉砂状）的岩石。

沉积岩根据组成的物质成分和结构特征，可分为碎屑岩、黏土岩、化学岩和生物化学岩等。

a 沉积碎屑岩

沉积碎屑岩是由各种砾石或砂粒经胶结而成的岩石。它的坚固性与胶结物的性质及胶结形式密切相关。胶结物是指充填于碎屑颗粒空隙中的化学沉淀物质和黏土物质，常见的有硅质、铁质、钙质和泥质等。一般硅质胶结岩石的强度最高，铁质胶结的次之，钙质胶结的较低，泥质胶结的最低。

b 黏土岩

黏土岩是主要由黏土矿物组成的岩石。黏土矿物主要是含铝硅酸盐的岩石经过强烈化学风化后形成的粒径小于0.005 mm 的矿物，如高岭石、蒙脱石、水云母等。

c 化学沉积岩

化学沉积岩是岩石风化产物中的溶解物质经过化学作用沉积而成的岩石。它按岩石中主要化学成分的不同，可分为碳酸岩（以钙、镁碳酸盐矿物为主组成的沉积岩，如石灰岩、白云岩、泥灰岩等）、硅质岩（富含 SiO_2 的沉积岩，其 SiO_2 的含量一般为 70% ~90%）、铁质岩（富含铁矿物的岩石，当铁矿物的含量很高，达到工业品位标准时，即成为铁矿石）等。

d 生物化学岩

生物化学岩是岩石风化产物中的溶解物质经过生物化学作用或由生物活动使某种物质聚集而成的岩石。

常见的沉积岩有石灰岩、砂岩、页岩、砾岩、煤等，其分类见表2-3。

表2-3 主要沉积岩分类

岩类	结构	主要成分	主要岩石	
			胶结的	松散的
碎屑岩	砾状结构 粒径大于2 mm	岩石碎屑或岩块	角砾岩	角砾、碎石、块石
			砾岩	卵石、砾石
	砂状结构 粒径为2 ~0.05 mm	石英、长石、云母、角闪石、辉石、磁铁矿	砂岩（石英砂岩、长石砂岩、岩屑砂岩）	砂土
	粉砂状结构 粒径为0.05 ~0.005 mm	石英、长石、黏土矿物、碳酸盐矿物	粉砂岩	粉砂土
黏土岩	泥状结构 粒径小于0.005 mm	黏土类矿物为主，含少量石英、云母等	凝灰岩 页岩（有层理） 泥岩（无层理）	黏土

续表 2-3

岩类	结构		主要成分	主要岩石	
				胶结的	松散的
化学岩	化学结构	结晶粒状	方解石为主(95%～100%)、白云岩(≤5%)	石灰岩、泥灰岩(含泥)	
			白云岩(95%～100%)、方解石(≤5%)	白云岩、泥质白云岩(含泥)	
生物化学岩	生物结构	结核状、鲕状块状、纤维状致密状	石英、蛋白石、硅胶	燧石、硅藻岩	硅藻土
			钾、钠、镁硫酸盐及氧化物	石膏、岩盐、钾盐	
			碳、碳氢化合物、有机物	煤、油页岩	泥炭

沉积岩的产状为成层分布,具有层理和浪痕的沉积特征,普遍存有化石。但冰碛层❶是岩石被冰川推动并带走形成的,不是成层状。层理是指岩石沿垂直方向变化所产生的成层构造,它通过岩石的沉积物成分、结构及颜色的突变或渐变而显现出纹理。层理是沉积岩的层状堆积现象,是沉积岩最基本、最重要的特征,反映了当时沉积的环境。层理主要分为水平层理、斜层理、交错层理三种(见图 2-1)。

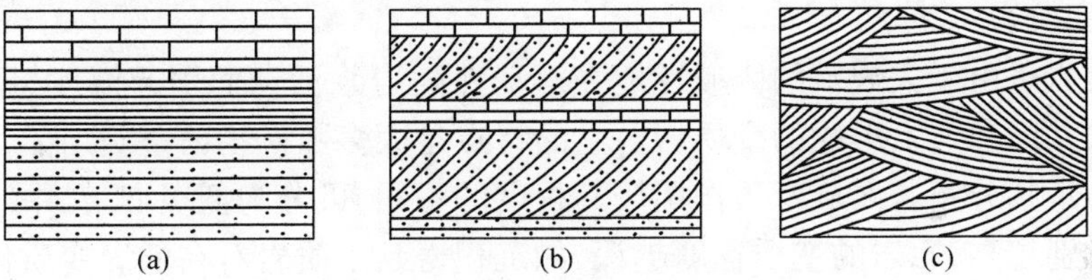

图 2-1 沉积岩层理

(a)水平层理;(b)斜层理;(c)交错层理

水平层理产于细碎屑岩和微晶灰岩❷中,细层平直并与层面平行。它可以连续或断续,细层厚度通常只有几毫米。平行层理产于砂岩中,外貌与水平层理极为相似。斜层理是指在层的内部有一组倾斜的细层与层面或层系界面相交。交错层理是指细层与层系界面斜交呈波浪状的层理,它常由沙垄❸、沙浪或沙纹的迁移而形成。交错层理也指各层系中细层倾向相反的多层系层理。层与层之间的界面称为层面。在层面上有时可看到波痕、雨痕及泥面干裂的痕迹。上、下两个层面间成分基本均匀一致的岩石,称为岩层,它是层理最大的组成单位。

C 变质岩

变质岩是已经形成的岩石(岩浆岩、沉积岩及变质岩)受到变质作用,在固态下矿物成

❶ 冰碛是由冰川搬运堆积的各种物质的总称,它没有层理,大小混杂,无分选性;砾石少,定向排列,一般磨圆程度较差,常有磨光面。冰碛层是由各种冰碛构成的地层单位,一个冰碛层通常包括一次冰期的各种冰川沉积。它可作为划分地层和进行地层对比的依据。

❷ 微晶灰岩是主要由小于 0.03 mm 的微晶方解石组成的岩石。

❸ 新月形沙丘在两组风向成锐角斜交的情况下,一翼向前延伸很长,而另一翼相对停止前进,最终甚至消失。延伸的一翼发展成为沙垄,又称为新月形沙垄。

分和结构构造发生变化后形成的新岩石。变质作用是指在温度、压力及化学作用下，岩石性质在固态下发生改变的过程。变质岩是组成地壳的主要成分。它分为两大类，一类是变质作用于岩浆岩，形成的变质岩称为正变质岩；另一类是作用于沉积岩，生成的变质岩称为副变质岩。变质岩按变质作用的类型，可分为接触变质岩、动力（埋藏）变质岩和区域变质岩三类。

a 接触变质岩

接触变质岩是由于炽热岩浆侵入大片的冷岩石中，交界面（接触带）附近的岩石由于急剧受热或变冷而重新结晶或物质成分发生显著变化而形成的新的岩石和矿物。如石灰岩变为大理岩，砂岩变成石英岩。

b 动力变质岩

动力变质岩是指在构造运动产生的强大压力作用下，原岩及其组成矿物发生变形、机械破碎及轻微重结晶而形成的一种变质岩，又称构造岩。动力变质岩主要出现在岩层的强烈褶皱带上或沿断裂带呈条带状分布。由于应力性质和强度的不同，岩石和矿物可发生脆性变形（矿物发生碎裂）或塑性变形（表现为矿物颗粒内滑移和扭折）。脆性变形可形成碎裂岩、构造角砾岩、碎斑岩等；塑性变形可形成具有一定程度重结晶的糜棱岩❶及糜棱片岩或断层泥等。

c 区域变质岩

区域变质岩是由于大规模的区域性地壳运动伴随岩浆活动而引起温度、压力及化学活动等多种因素共同参与下形成的变质岩。它的特点是大多数矿物已重新结晶，层位固定，常表现出一定的带状分布。区域变质作用按其程度的不同，可分为低级变质、中级变质和高级变质。变质级别越高，原岩的变质程度越深，如沉积岩黏土质岩石在低级变质作用下形成板岩；在中级变质作用下形成云母片岩；在高级变质作用下则形成片麻岩。常见的区域变质岩有大理岩、石英岩、板岩、千枚岩等。变质岩及其原岩如表2-4所示。

表2-4 变质岩及其原岩

原岩	接触变质	区域变质		
		低级变质	中级变质	高级变质
石英砂岩	石英岩	石英页岩	石英岩	石英岩
杂砂岩	—	片岩	片岩	片麻岩、片麻花岗岩
纯石灰岩	大理岩	大理岩	大理岩	大理岩
不纯石灰岩	钙质角页岩	钙质片岩	钙质硅酸盐岩	片麻岩
页岩/泥岩	角页岩	板岩/千枚岩	片岩	片麻岩、片麻花岗岩
辉绿岩/玄武岩	基性角页岩	绿色片岩	角闪石	角闪石、紫苏花岗岩、榴辉岩

变质岩为结晶性岩石，常含有大的晶粒和大量的云母，通常不完全呈薄片或片状。变质岩由于经过重新结晶，因此结构致密，抗变形性能好，强度高，孔隙率较小，抗水性强。一般变质程度越高，矿物重新结晶越好，结构越紧密，坚固性越好。

---

❶ 糜棱岩主要是花岗岩、石英砂岩等整体岩石遭受强烈挤压破碎后形成的一种动力变质岩，多发育在扭性或压扭性断裂带。其矿物颗粒细小，一般比较均匀，外貌致密，坚硬。细小的碎粒处在塑性流变状态下而呈定向排列，具有明显的条带状和眼球状构造。

2.1.1.2 岩石的工程性质

A 岩石的物理性质

岩石的主要物理性质包括密度、表观密度、硬度、孔隙度、含水率、纵波波速、波阻抗及风化程度等。

a 密度和表观密度

密度是指岩石的固体质量与其所占体积之比，又称颗粒密度。它取决于组成岩石的矿物密度及其相对含量，一般岩石的密度为1.4～3.0 g/cm^3。

表观密度原来称为容重，它是包括水分在内的岩石总质量与包括空隙的岩石总体积之比，又称块体密度。按岩石的含水状态可分为烘干密度（岩石块体在105～100℃温度下烘干后单位体积内的质量）、天然密度（岩石块体在天然含水状态下的单位体积内的质量）和饱和密度（岩石块体在饱和水状态下单位体积内的质量）。一般未指明含水状态时，即指烘干密度。岩石的表观密度与其密度有关，一般密度大的岩石其表观密度也大。岩石随着表观密度的增大，强度和抵抗爆破作用的能力也增强。

b 孔隙度和孔隙比

孔隙度（n）为岩石中孔隙体积（液相和气相所占体积 V_v）与总体积（V）之比的百分率，也称孔隙率，即

$$n = \frac{V_v}{V} \times 100\% \tag{2-1}$$

孔隙比（e）是孔隙体积（V_v）与岩石中固体颗粒体积（V_s）之比，即

$$e = \frac{V_v}{V_s} \tag{2-2}$$

孔隙度与孔隙比可进行换算。设 $V=1$，则 $V_v = n \cdot V = n$，$V_s = V - V_v = 1 - n$，因此

$$e = \frac{V_v}{V_s} = \frac{n}{1-n} \quad 或 \quad n = \frac{e}{1+e} \tag{2-3}$$

一般岩石的孔隙度为0.1%～2.0%，而石灰岩、砂岩、页岩可达20%～30%。岩石随着孔隙度的增加，其渗水性将增加，冲击波和应力波的传播速度会降低。

c 吸水性

岩石的吸水性是指岩石吸收水分的能力。它可用吸水率、饱和吸水率、饱水系数等指标表示。岩石吸水率（W_a）是指岩石试样在一个大气压和室温条件下，自由吸入水的质量（m_{w1}）与试样干质量（m_s）之比，用百分数表示，即

$$W_a = \frac{m_{w1}}{m_s} \times 100\% \tag{2-4}$$

岩石饱和吸水率（W_{sa}）是指岩石试样在高压（一般为1MPa）或真空条件下，吸入水的质量（m_{w2}）与试样干质量（m_s）之比，用百分数表示，即

$$W_{sa} = \frac{m_{w2}}{m_s} \times 100\% \tag{2-5}$$

饱水系数（K_s）是指岩石吸水率（W_a）与饱和吸水率（W_{sa}）之比，即

$$K_s = \frac{W_a}{W_{sa}} \tag{2-6}$$

d 软化性

岩石浸水后强度降低的性质称为岩石的软化性。岩石的软化性用软化系数(K_R)表征，它是岩石试件的饱和抗压强度(f_r)与干抗压强度(f_c)之比，即

$$K_R = \frac{f_r}{f_c} \tag{2-7}$$

软化系数K_R越小，表明岩石的软化性越强。当$K_R \leqslant 0.75$时，岩石的软化性强，属于工程性质较差的岩石；当$K_R > 0.75$时，岩石的软化性弱，同时岩石的抗冻性和抗风化能力强。

e 硬度

岩石的硬度是指岩石表面抵抗工具侵入的能力，或是抵抗压入的能力。一般组成岩石的颗粒越小、越致密，岩石的硬度就越大。矿物颗粒间的胶结物不同，岩石的硬度也不同。岩石硬度直接影响凿岩工具的压入深度，因此对凿岩速度有很大影响。

f 岩石波阻抗

岩石波阻抗是指岩石中的纵波波速(c)与岩石密度(ρ)的乘积(ρc)。弹性波在介质中的传播速度与其致密程度有关，一般完整岩石的纵波速度大于有结构面的岩体内的纵波速度。测定纵波在岩石试样中的传播速度，一般利用柱形试样，试样两端磨平，探头与试样之间用黄油或凡士林耦合，在其一端用发射探头向试样发射脉冲信号，在另一端接收信号，以经历的时间除试样长度，便可得到纵波速度(见图2-2)。

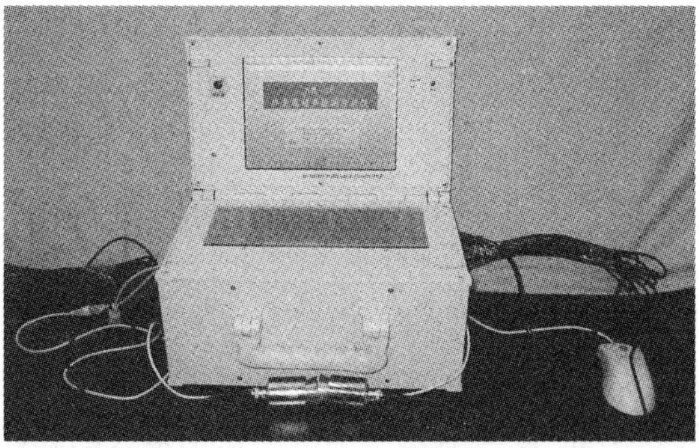

图2-2 岩石超声波试验装置

按下式计算纵波速度：

$$c = \frac{L}{t_p - t_0} \times 10^3 \tag{2-8}$$

式中 c——岩石试样中的纵波速度，m/s；

L——岩石试样长度，即发射探头与接收探头之间的距离，mm；

t_p——由起始信号到初至波的时间，μs；

t_0——仪器的对零读数，即发射探头与接收探头直接耦合时起始信号的时间读值，μs。

岩石波阻抗直接影响炸药爆炸后传给岩石的总能量及其效率。

岩石的密度、硬度和力学性质指标越高，一般岩石越坚硬；反之，则岩石越软弱。常见岩石的主要性质如表2-5所示。

表 2-5 常见岩石的主要性质

岩石类型		岩石名称	密度/g·cm^{-3}	粒度/mm	SiO_2含量/%	松散系数	抗压强度/MPa
火成岩	侵入岩	闪长岩	2.65~2.85	1.5~3		1.5	170~300
		辉长岩	2.85~3.2	>2	50	1.6	260~350
		花岗岩	2.7	0.1~2	70	1.6	200~350
	喷出岩	安山岩	2.7	<0.1		1.6	300~400
		玄武岩	2.8	<0.1	50	1.5	250~400
		流纹岩	2.7	<0.1		1.5	120
		粗面岩	2.7	<0.1		1.5	330
沉积岩		砾 岩	2.6	>2		1.5	140
		砂 岩	2.5	0.1~1	80~95	1.5	160~255
		页 岩	2.7	<1	50~62	1.35	70
		白云岩	2.7	1~2	2~10	1.6	150
		石灰岩	1.5~2.6	1~2		1~1.6	30~100
变质岩		片麻岩	2.7	>2		1.5	140~300
		大理岩	2.7	0.1~2		1.6	100~200
		石英岩	2.7	0.1~2	98	1.55	160~220
		片 岩	2.7	0.1~1		1.6	60~400
		蛇纹岩	2.6			1.4	30~150
		板 岩	2.7	>1		1.5	150

B *岩石的力学性质*

岩石的力学性质是指岩石在外力作用下表现出来的性质。岩石在外力作用下,首先产生变形,随着外力的不断增加,达到或者超过某一极限值时,便产生破坏。岩石的力学性质包括岩石的变形特性和岩石的破坏方式与强度特性。岩石的变形特性也称本构关系❶。

a 岩石的变形特性

变形是岩石受力后发生形状变化的现象。变形特性有受压、受拉和受剪变形等,其中岩石受压的试验数据是目前积累较多又较稳定的数据。反映岩块变形全过程的应力—应变关系曲线,称为全应力—应变曲线,或全程曲线。它揭示了岩块的变形破坏是其内部裂隙产生、发展的过程。某页岩的单轴压缩全应力—应变曲线与软钢❷的应力—应变曲线的比较,如图 2-3 所示。页岩全应力—应变曲线各区段的特征如表 2-6 所示。

---

❶ 本构关系是反映物质宏观性质的力学关系,如大家熟知的虎克定律即是线性弹性体本构模型的本构关系。通过归纳宏观实验结果可得到有关物质的本构关系,将其写成具体的数学表达形式就是本构方程。为确定物体在外部因素作用下的响应,除必须知道反映质量守恒、动量平衡、动量矩平衡、能量守恒等自然界普遍规律的基本方程外,还须知道描述构成物体的物质属性所特有的本构方程,才能在数学上得到封闭的方程组,并在一定的初始条件和边界条件下把问题解决。对于岩石,本构关系即是指应力—应变—时间关系。

❷ 软钢是具有明显屈服阶段的钢的俗称。它是低碳钢(含碳量为 0.13%~0.20%)中的一类,如热轧钢筋。软钢在破坏前有明显的预兆(较大的变形),属于塑性破坏。其特点是硬度低(HB 为 100~130),强度低(σ_b=372~470 MPa),塑性高(伸长率 δ=24%~36%),加工成形性及焊接性好。而硬钢(如热处理钢筋及高强钢丝)从加载到突然拉断,基本上没有屈服阶段,属于脆性破坏。其特点是强度高,但脆性大。

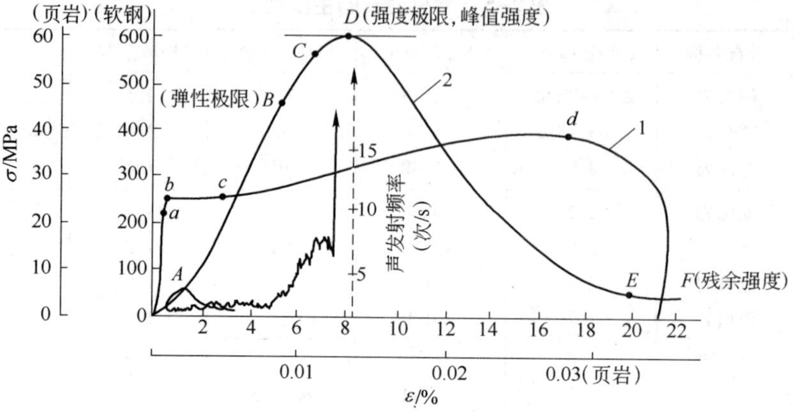

图 2-3 页岩全应力—应变曲线与软钢应力—应变曲线比较

1—软钢应力—应变曲线;2—页岩全应力—应变曲线(试样 $d=55$ mm,$h=51$ mm);

a—比例极限;b—屈服极限(弹性极限);bc—屈服平台;c—屈服平台终端;d—强度极限

表 2-6 页岩的全应力应变曲线特征

特征	*OA* 段	*AB* 段	*BC* 段	*CD* 段	*DE* 段	*EF* 段
斜率	渐增	不变	渐减	速减	变号	趋于零
裂隙状况	原始裂隙闭合,试样与压板间隙调整	微量新裂隙产生	应力大于 $0.5\sigma_p$ 以上时,新裂隙产生渐多	应力大于 $0.6\sigma_p$ 以上时,新裂隙激增,并相互贯通	贯穿裂隙继续发展	裂隙停止发展
声发射	微量	少量	明显增多	激增	继续变化	停止变化
残余应变	无	无	有	有	有	有

页岩的变形与软钢比较,有如下特点:

(1) 岩石弹性段的斜率(弹性模量)约比软钢小一个数量级。

(2) 达到应力峰值(强度极限)的应变量,页岩为 0.013,只有软钢(0.17)的十几分之一。

(3) 岩石在峰后区随变形增加而应力不断降低(称为软化),最终变为残余强度阶段。此后应力不增加,变形则不断增加。

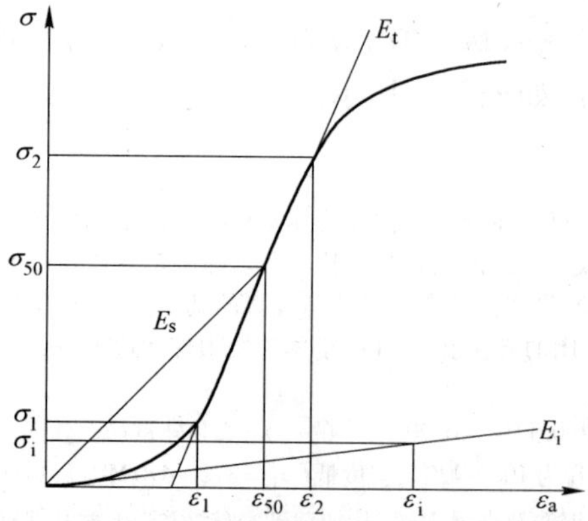

图 2-4 曲线的变形模量

变形可用变形模量(E)和泊松比(μ)表示。变形模量是在压缩过程中无侧限(单轴压缩),轴向压应力(σ)与相应的应变(ε_a)之比。变形模量是岩石的压缩性指标,表征岩石抵抗变形的能力。当应力—应变关系为直线(弹性变形)时,其斜率为岩石的变形模量,E_0 是一常量,称为弹性模量。当应力—应变关系为曲线时,变形模量为变量,即不同应力段的模量不同。常用的有初始模量、切线模量和割线模量(见图 2-4)。

初始模量(E_i)是指应力—应变曲线原点处的切线斜率,即

$$E_i = \frac{\sigma_i}{\varepsilon_i} \tag{2-9}$$

切线模量(E_t)是指应力—应变曲线中部直线段的斜率,即

$$E_t = \frac{\sigma_2 - \sigma_1}{\varepsilon_2 - \varepsilon_1} \tag{2-10}$$

割线模量(E_s)是指应力—应变曲线上某特定点与原点连线的斜率,通常特定点取 $\sigma_{50} = \sigma_c/2$ 处的点(σ_c为单轴抗压强度),即

$$E_s = \frac{\sigma_{50}}{\varepsilon_{50}} \tag{2-11}$$

泊松比是指在无侧限条件下的压缩过程中,岩石试样的横向应变(ε_d)与纵向应变(ε_a)之比。通常取 $\sigma_c/2$ 处的 ε_d与 ε_a计算岩石试件的泊松比,即

$$\mu = \frac{\varepsilon_d}{\varepsilon_a} \tag{2-12}$$

b　岩石的弹性、塑性和脆性

岩石的弹性、塑性和脆性是岩石在外力作用下,对变形的不同表现。弹性是岩石在外力去除(卸载)后,变形能恢复到原来状态的性质。塑性是岩石在卸载后,不能完全恢复原状的性质。不能恢复的那部分变形称为塑性变形,或永久变形、残余变形。弹性和塑性是岩石的变形与时间无关的变形特性。脆性是岩石在外力作用下,产生很小的变形便发生破坏,而没有显著残余变形的性能。即岩石的弹性极限与强度极限很接近,岩石在达到弹性极限后,很快便完全破碎。

c　岩石的流变

岩石还有一种与时间有关的性质,即受力后变形不能在瞬间完成,且应变速率随应力的增加而增加的性质,称为黏性。在外部条件不变的情况下,应力或应变随时间而变化的现象称为流变。

流变主要包括蠕变和应力松弛。蠕变是指岩石在恒定荷载作用下,变形随时间逐渐增长的现象。应力松弛是指岩石在恒定荷载作用下,使其变形保持不变,由于蠕变的作用而导致的应力随时间逐渐变小直至消失的现象。岩石蠕变是一种普遍的现象,在岩巷中可直接观测到。有些黏土质岩石的黏性性质比较明显,致使岩巷建成若干年后,还会出现明显的变形。

d　岩石强度

岩石强度是指岩石抵抗破坏的能力,即岩石受力破坏时能承受的最大应力。它包括单轴抗压强度、抗拉强度、抗剪强度及点荷载强度等。

单轴抗压强度

岩石试件在单向受压(无侧限)时所能承受的最大压应力,称为单轴抗压强度(f_r),简称抗压强度。应当指出,这里的“强度”,对于弹性材料是指弹性极限;对于岩石类的脆性材料,应是“不破坏”的极限强度。即试样破坏时的最大载荷 P 与垂直于加载方向的截面积 A 之比:

$$f_r = \frac{P}{A} \tag{2-13}$$

岩石的抗压强度采用标准方法测量，数据离散性小，并与其他力学指标有很好的换算关系。它是反映岩石基本力学性质的重要指标，在围岩工程分级、建立围岩破坏判据时都是必不可少的。单轴抗压强度根据岩石的含水状态不同，又分为单轴烘干抗压强度和单轴饱和抗压强度❶。岩石的抗压强度一般都是指单轴饱和抗压强度。

岩石的抗压强度除与岩石本身的矿物组成、结构构造及含水状态等有关外，还受试样形状、尺寸、高径比、加工精度和加载速度等影响。不同岩石的抗压强度差别很大，坚硬的花岗岩、片麻岩可超过200 MPa，抗压强度小于5 MPa的视为土体。

单轴抗拉强度

岩石试件在单向受拉条件下断裂时所能承受的最大拉应力，称为岩石的单轴抗拉强度，简称抗拉强度。测定岩石抗拉强度的方法有直接拉伸法和间接拉伸法。间接拉伸法并不是理论关系，而是利用一些经验关系，其中以劈裂法和点荷载试验应用最广。劈裂法测定岩石抗拉强度示意图如图2-5所示。

图2-5 劈裂法测定岩石抗拉强度示意图

1—下压模；2—试样；3—上压模；4—半球座

岩石抗拉强度按下式计算：

$$f_t = \frac{2P}{\pi Dh} \tag{2-14}$$

式中 f_t——岩石的抗拉强度，MPa；

P——试样破坏时的最大载荷，N；

D——试样直径，mm；

h——试样厚度，mm。

岩石抗拉强度的影响因素与抗压强度相同，包括岩石本身性质及试验条件。但起决定性作用的还是岩石本身性质。

抗剪强度

标准岩石试样在有正应力的条件下，剪切面受剪力作用而使试样剪断破坏时的剪力与剪断面积之比，称为岩石试样的抗剪强度。岩石的抗剪强度由内聚力（C）和岩石内摩擦阻力（$\sigma\tan\varphi$）两部分组成。利用几个不同角度的抗剪夹具做试验，得出试样沿剪断面破坏的正应力和剪应力之间的关系，以确定岩石抗剪强度曲线的一部分。岩石抗剪强度测定示意图如图2-6所示。每组试验至少3个角度（一般为20°、30°、40°），每个剪切角度的试样数目不应少于2～3个，因此一组抗剪强度试验的试样数目至少应有6～9个。

图2-6 岩石抗剪强度变角度测定示意图

试样所受的正应力和剪应力根据以下两式计算：

---

❶ 试验时根据要求需对试件进行烘干或饱和处理。烘干试件：在105～110℃温度下烘干24 h。饱和处理方法有：(1)自由浸水法。将试件放入水槽，先注水至试件高度的1/4处，以后每隔2 h分别注水至试件高度的1/2和3/4处，6 h后全部浸没试件，试件在水中自由吸水48 h。(2)煮沸法。煮沸容器内的水面始终高于试件，煮沸时间不少于6 h，放置在原容器中冷却至室温后取出。(3) 真空抽气法。饱和容器内的水面始终高于试件，真空压力表读数宜为－100 kPa，直至无气泡冒出为止，但总抽气时间不应少于4 h，放置在原容器中在大气压力下静置4 h后取出。

$$\sigma = \frac{P}{A}\sin\alpha \tag{2-15}$$

$$\tau = \frac{P}{A}\cos\alpha \tag{2-16}$$

式中 σ——抗剪断面上平均正应力,MPa;

τ——抗剪断面上平均剪应力,MPa;

α——抗剪夹具的角度(剪力与竖直方向的夹角),(°);

P——试样破坏时的载荷,N;

A——剪断面积,mm^2。

每个角度可以确定试样的一对剪应力τ与正应力σ值,将其标在$\tau-\sigma$坐标图中,连接各点便可得到岩石的抗剪强度曲线,如图2-7所示。

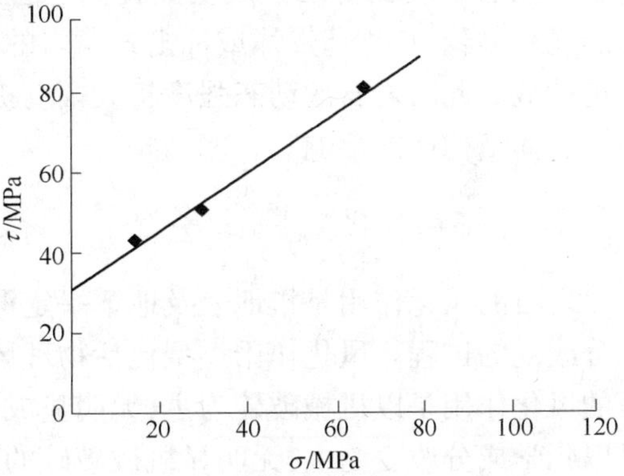

图2-7 岩石抗剪强度曲线图

点荷载强度

岩石点荷载强度是以点荷载强度指数I_s表示的。点荷载试验是在点荷载试验仪或材料试验机上,将岩石试样(岩芯或不规则岩块)置于一对直径很小的球面圆锥状压头之间,对试件施加集中荷载。随着荷载逐渐增大,先在压头处产生辐射状裂缝,并逐渐向中心扩展,直至裂缝贯穿整个试样发生断裂。然后用破坏荷载除以两加载点之间的距离平方(径向加载方式)或等效圆直径平方(岩块或不规则岩石),即为岩石点荷载强度指数。

$$I_s = \frac{P}{D_e^2} \tag{2-17}$$

式中 I_s——点荷载强度指数,MPa;

P——试样破坏荷载,N;

D_e——试样等效直径,为面积与破坏面面积相等的圆直径,mm。

由于压头与岩石接触面积很小,因此对岩石试样要求不严格,可利用不规则岩块进行试验。同时,试样破坏的荷载较小,可采用便携式设备(点荷载试验仪),便于现场试验。详见附录A.4岩石点荷载强度试验的有关内容。

点荷载强度指数I_s可以直接用于岩石分级、划分风化带及评价岩石各向异性程度等,也可依据经验关系间接推算岩石的单轴抗压强度f_r、单轴饱和抗拉强度f_t。

$$f_r = k_1 \cdot I_s \tag{2-18}$$

$$f_t = k_2 \cdot I_s \tag{2-19}$$

式中 k_1——比例系数。不同的研究者得到的数值不同[1]。国际岩石力学学会建议采用$k_1 =$

[1] 例如,Bieniawski,Brochure&Franklin,Brook等人认为$f_r = 29.07I_{s(50)}$;向桂馥、梁红认为沿短轴加载时$f_r = (18 \sim 19) I_{s(50)}$,沿长轴加载时$f_r = 23.7I_{s(50)}$;原东北工学院认为$f_r = 65 + 17.4I_{s(50)}$;长沙矿山研究院认为对坚硬岩石$f_r = 53.7 + 15I_{s(50)}$。

20～25，并指出"对于不同类型的岩石而言，k_1 值可变化于15～50之间，尤其是各向异性岩石"；

k_2——比例系数，$k_2=0.8\sim0.9$。国际岩石力学学会根据大量岩石点荷载试验资料，推荐 $k_2=0.8$。

国标《工程岩体分级标准》(GB50218—94)认为，岩石的单轴抗压强度 f_r 与点荷载强度指数并非成比例关系，采用 $f_r=22.82I_{s(50)}^{0.75}$，这里 $I_{s(50)}$ 为按两加载点间距为50 mm修正后的点荷载强度指数。

上述岩石力学参数均为静荷载作用下的指标，而在动荷载作用下岩石的力学性质将发生很大的变化。荷载的动态特性，可用变形过程的平均加载率或平均应变率来表示。一般岩石的动态强度比静态强度明显提高，变形模量也明显增大，并且随着应变率的增大而提高。显然，岩石在炸药爆炸或冲击式凿岩的作用下，承受一种加载率极高、持续时间极短的冲击荷载。此时岩石的动态强度将大幅度提高。但在实际爆破中，岩石动力特性的影响要小于岩体结构面的影响。

C 岩石的风化

岩石的风化作用是指地表及地下一定深度的岩石，在自然因素作用下，发生机械破碎或成分改变的过程。风化作用类型包括物理风化、化学风化和生物风化等。物理风化是指岩石的风化作用是以机械破碎为主，无明显成分改变的过程。化学风化是指岩石的风化作用是以化学成分改变为主，无明显机械破碎的过程。生物风化是指由生物活动过程引起的岩石风化。风化作用的结果是破坏岩石的组织结构，使其由致密变得疏松。

岩石的风化程度是指岩石在风化作用下，发生破坏疏松的程度。同一种岩石由于风化程度不同，物理力学性质的差异很大。岩石随风化程度的加大，一般孔隙率将增大，强度和弹性模量降低。风化程度的定性划分主要依据矿物颜色(与新鲜岩石相比，颜色越暗淡，风化越严重)、矿物成分(次生矿物越多，风化越严重)、岩石破碎程度(风化裂隙越多，风化越严重)、岩体结构(岩体结构越差，风化越严重)、岩石力学性质(与新鲜岩石相比，力学强度越低，风化越严重)等。《工程岩体分级标准》对岩石风化程度的划分，见表2-7。

表2-7 岩石风化程度的划分

名 称	风化特征
未风化	结构构造未变，岩质新鲜
微风化	结构构造、矿物色泽基本未变，部分裂隙面有铁锰质渲染
弱风化	结构构造部分破坏，矿物色泽变化较明显，裂隙面出现风化矿物或存在风化夹层
强风化	结构构造大部分破坏，矿物色泽明显变化，长石、云母等多风化成次生矿物
全风化	结构构造全部破坏，矿物成分除石英外，大部分风化成土状

风化程度的定量划分采用风化程度系数 K_y：

$$K_y=\frac{f_{cd}}{f_{cf}} \tag{2-20}$$

式中 f_{cd}——风化岩石的单轴饱和抗压强度；

f_{cf}——未风化岩石的单轴饱和抗压强度。

2.1.1.3 岩石类别及性质对岩巷掘进的影响

在坚韧岩石中,凿岩困难,磨蚀性强的岩石使钎头等工具的磨损加速。一般地说,岩石的磨蚀性与其石英含量成正比。常见岩浆岩的磨蚀性见表2-8,常见沉积岩的硬度和磨蚀性见表2-9。变质岩的硬度较大,且磨蚀性较强。常见变质岩的硬度和磨蚀性见表2-10。

表2-8 常见岩浆岩的磨蚀性

磨蚀性高	磨蚀性中等	磨蚀性弱	风化
花岗岩	橄榄石玄武岩	安山岩	蛇纹石
流纹岩	石英闪长岩	玄武岩	红玄武岩
细晶岩	英安岩	闪长岩	高岭土化花岗岩
伟晶岩	橄榄石辉长岩	辉长岩	
致密长石		正长岩	
花斑岩		粗面岩	
花岗闪长岩		粒玄岩	
石晶斑岩			

表2-9 常见沉积岩的硬度和磨蚀性

坚硬、磨蚀性很高	不坚硬、磨蚀性较高	易碎、磨蚀性中等	坚硬、磨蚀性弱	软弱、磨蚀性很弱
燧石	泥灰岩	易碎的砂岩	石灰岩	泥灰岩
黑硅石	火山岩	钙质砂岩	软泥岩	泥岩
沉积石英岩	硅质岩	某些砂砾岩	易切的砂岩	页岩
杂砂岩	石灰岩			白垩
石英砾岩	凝灰岩			煤
	砂砾岩			

表2-10 常见变质岩的硬度和磨蚀性

坚硬、磨蚀性强	中等硬度	较软
白粒岩	角闪石片岩	板岩
石英片岩	云母片岩	千枚岩
石英岩	白云石大理岩	绿泥片岩
片麻岩		大理岩

在极坚硬和坚硬岩石中凿岩,要求凿岩机具有足够的冲击功和回转力矩;同时,炸药消耗量大,掘进速度较慢;但不易塌方,一般不需要支护。在中等坚硬岩石中,炸药消耗量较少,掘进速度较快;但岩巷容易塌方,掘进时需喷锚支护,并应及时进行模筑混凝土支护。在松软岩石及稳定土壤中构筑岩巷时,凿岩的冲洗困难,可用气镐或手工工具掘进。在可塑性土壤中,还可用压缩爆破法构筑岩巷。

对于整体结构的岩体,控制岩体稳定性的主要因素是岩石的力学性质,尤其是岩石的强度。一般岩石强度越高,岩巷越稳定。此外,岩石强度还影响岩体失稳破坏的形态。强度高的硬岩多表现为脆性破坏,在高地应力的条件下,可能发生岩爆现象;而在强度低的软岩中,则以塑性变形为主,流变现象较为明显。

2.1.2 地质构造

2.1.2.1 地质作用与构造运动

地质作用是指自然动力促使地壳物质成分、结构和地表形态变化的作用。地质作用按其动力来源可分为外动力地质作用和内动力地质作用两类。外动力地质作用主要有风化、剥蚀、重力破坏、搬运、沉积作用和固结成岩作用等,使地壳形成成层结构,是改变地表形态的主要动力。内动力地质作用主要有构造运动,岩浆、地震、变质作用等,控制着地壳内部结构、物质成分分布和表面形态格局,使地壳的成层结构变成倾斜或弯曲,甚至发生断层、错动和破碎等现象。

构造运动又称地壳运动,它是内动力地质作用所引起的地壳结构改变和地壳内部物质变位的机械运动。地质构造是指地壳的地层和岩石在内、外动力地质作用下,产生变形、变位后而被保留下来的形态,包括倾斜地层、褶皱、断裂及其他各种面状和线状构造形迹。它是地壳运动造成的永久变形和岩石发生相对位移的踪迹。地质构造按形成的时间,可分为原生构造和次生构造。原生构造是在沉积成岩的过程中,或岩浆岩在侵入和结晶过程中所形成的构造。次生构造是地层或岩体在成岩后,受内动力地质作用而产生的构造。

2.1.2.2 褶皱构造

A *层状岩体*

未经构造运动的沉积岩地层,形成时的原始产状呈水平。先沉积的老地层在下面,后沉积的新地层在上面,称为水平构造。沉积岩在形成过程中,在流水或风力搬运沉积物时,由于每次的流速不同,搬运的颗粒大小也不同,由物质成分、颗粒大小、颜色、结构构造等的差异而表现出的岩石成层构造,称为层理。它是由成层构造的不同岩石成分、结构和颜色在剖面上突变或渐变显现出来的一种层状构造(见图2-8)。地层之间的分割面称为层理面。

图2-8 成层构造的地层

地壳在发展过程中经历了长期复杂的运动过程,地层的原始产状都发生了不同程度的变化。通常所说的水平构造,只是相对而言,也只是局限于受构造运动影响轻微的地区。构造运动使地层倾斜、直立、弯曲甚至发生破裂,形成褶皱、节理、断层、劈理等构造形态。

B 褶皱构造

原来水平或近似水平状态的地层，在地壳运动产生的强大水平力的挤压作用下，产生一系列波状弯曲变形，但未丧失其连续性的构造，这种弯曲的地层形态称为褶皱构造。褶皱构造是地层产生的塑性变形，是地壳表层广泛发育的基本构造之一。褶皱包括地层的许多弯曲，其中单个弯曲称为褶曲。

褶曲构造的类型很多，但基本类型只有背斜和向斜两种。背斜是地层向上拱起弯曲，两翼地层倾向相背。当背斜的地面受到剥蚀而出露有不同地质年代的地层时，较老的地层出现在褶皱的核部，从轴部向两翼，依次出现的是较新的地层。向斜是地层向下凹曲，两翼地层倾向相向。在向斜褶皱中，地层的倾向与背斜相反，两翼的地层都向褶皱的轴部倾斜。如地面遭受剥蚀，新的地层组成核部，两翼向外依次出露的是较老的地层（见图 2-9）。

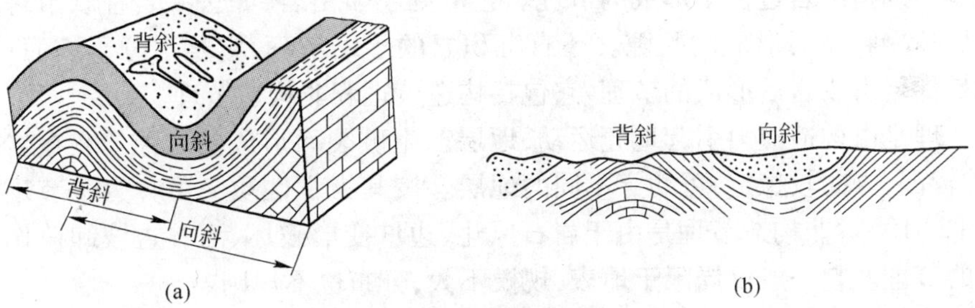

图 2-9 背斜与向斜
（a）未剥蚀的褶皱形态；（b）褶皱剥蚀后地面的对称排列

对于背斜、向斜，不能理解为背斜向上拱起就一定是高山，向斜向下弯曲就一定是低地。“拱”和“凹”是指地层而言，而与地势的高低无关。相反，背斜常成低地，向斜常是山岭，称为“地形倒置”。在野外认识背、向斜的正确方法是：横穿褶皱，如果发现老的地层在中间，新的地层在两侧而且对称重复，即为背斜构造，反之为向斜构造。

2.1.2.3 断裂构造

断裂构造是指地壳的地层或岩体在构造运动的作用下，变形产生的应力超过岩石的强度极限发生破裂或错断的现象。断裂有时会成组出现断裂带。断裂的规模（深度、形态、错动的大小）不等，差别很大，据此可将断裂分为断层、节理及裂隙等构造。

A 劈理、片理和裂隙

劈理是岩体在构造运动作用下，将岩石按一定方向分割成平行密集的薄片或薄板的次生面状构造。它一般未明显破坏岩体的完整性。但岩石容易沿这些潜在的开裂面，分裂成无数的薄板或薄片。劈理主要发育在变质岩中，也存在于构造应力较强烈的其他地层中。

片理是强烈的变质作用，使矿物被压扁、拉长，并在垂直压力方向定向排列，重新结晶，形成相互平行、密集排列的薄片状构造形迹。片理是变质岩中特有的一种小型构造形态。有人认为片理属于劈理的范畴。

裂隙是指岩体中的破裂面或裂缝。它是由于地壳运动导致岩石破裂后，两侧岩块沿破裂面形成的裂缝。有人认为裂隙就是节理,也有人将节理、劈理统称为裂隙。

B 节理

节理是岩体受力后产生破裂,破裂面两侧的岩体未发生明显相对位移的一种破裂构造。它的两壁称为节理面。节理是地壳上部地层中发育最广泛的一种构造。它的规模大小不一,常在岩体中成群出现,有时几组节理将岩体切割成若干个块状体。由同一次构造作用的统一应力场形成的产状与力学性质基本相同的一组节理,称为节理组。由两组及以上同期形成的节理组构成了节理系。岩体的节理裂隙越发育,其工程力学性质越差。节理可有多种分类。

a 按节理成因分类

节理按成因可分为原生节理和次生节理。

原生节理是指成岩过程中形成的节理。它常见于喷出岩,如玄武岩柱状节理是岩浆喷发至地表后冷凝收缩而形成的裂隙。还有沉积岩的干缩节理,它是水分干缩而成的裂隙。次生节理是指岩石成岩后形成的节理,它包括构造节理和非构造节理。

构造节理是由构造应力引起地壳运动,地层产生破裂而形成的裂隙。它在岩体中分布广泛,延伸较深,方向较稳定,可切穿不同的地层。按其力学性质又可分为张节理和剪节理两种(见图 2-10)。非构造节理是由于岩石风化、边坡变形破坏、河谷边坡卸荷作用等外动力而产生的节理。它一般仅局限于地表,规模不大,分布也不规则。

图 2-10 节理按力学性质分类

(a)张节理与剪节理的产生;(b)张节理;(c)剪节理

张节理是岩石承受的拉应力超过其抗拉强度后破裂而产生的裂隙,节理大致垂直最大拉应力方向。它多见于脆性岩石中,尤其是在褶皱转折端等拉应力集中的部位。张节理的特点是具有张开的裂口,节理面粗糙不平,无擦痕,沿走向方向和倾向方向的延伸均较短。剪节理是岩石承受的最大剪应力超过其抗剪强度后破裂产生的裂隙,一般发生在与最大压应力方向约成 45°夹角的平面上。它是在挤压与伸张两个方向之间出现的一对相交节理,外形呈 X 形交叉,因此又称 X 型节理。剪节理的特征是细密而闭合,节理面平直光滑,延伸较远,有时可见到擦痕。它的产状稳定,常组成共轭 X 型节理系将岩石切割成菱形或棋盘格状。

b 按节理与地层产状关系分类

节理按其与地层产状关系可分为走向节理、倾向节理、斜交节理。

走向节理的走向与地层走向平行，倾向节理的走向与地层倾向平行，斜交节理的走向与地层走向斜交。

c 按倾斜地层或褶皱轴向与走向的方位关系分类

节理按倾斜地层或褶皱轴向与走向的方位关系可分为纵节理、横节理和斜节理。

纵节理的节理与走向一致，横节理的节理与走向正交，斜节理的节理与走向斜交（见图2-11）。

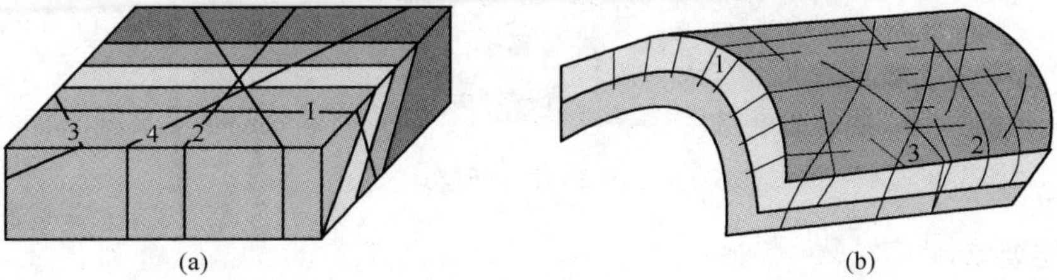

图 2-11 节理按走向与倾斜地层或褶皱轴向的关系分类

（a）节理按走向与倾斜地层关系分类；（b）节理按走向与褶皱轴向关系分类

1—纵节理；2—横节理；3，4—斜节理

d 按节理张开程度分类

节理按张开程度可分为宽张节理、张开节理、微张节理和闭合节理，见表2-11。

表 2-11 节理按张开程度分类

名 称	缝宽/mm
宽张节理	>5
张开节理	3～5
微张节理	1～3
闭合节理	<1

节理调查的内容主要有：节理成因类型和力学性质；节理组数、密度、产状，密度一般用单位长度的节理条数（条/m）表示；节理张开度、长度、节理面壁粗糙度；节理充填物、充填厚度、含水情况；节理发育程度分级。

C 断层

断层是指地层或岩体在构造应力的作用下发生破裂，沿破裂面两侧的岩体发生明显的相对位移或错位，使地层失去连续性和完整性的构造（见图2-12）。断层在地壳中广泛发育，常构成一定地区的构造格架[1]，区域性的大断层控制或影响区域地质的结构和发展。在地貌上，大的断层常常形成裂谷和陡崖，断层一侧上升的岩块，常成为块状山地或高地；另一侧相对下沉的岩块，则常形成谷地或低地。在断层构造带，由于岩石破碎，易受风化侵蚀，常发育成沟谷、河流。

[1] 地质构造格架是指地壳或岩石圈各个组成部分的形态及其相互结合方式和面貌特征。

图 2-12 断层

a 断层要素

断层的基本组成部分及反映断层空间展布和运动性质有关的几何要素，称为断层要素。它主要包括断层面、断层线、断盘和断距等。

(1) 断层面。断层面是指岩体断裂后沿其位移的破裂面，即断层两侧地层沿其运动的破裂面（见图 2-13）。实际上，多数岩体中发生的断裂位移，并不是沿着一个简单的面，而是沿着一个由许多密集的破裂面组成的错动带进行的，这个错动带称为断层破碎带。断层破碎带的宽度取决于断层的规模。断层面的走向、倾向和倾角等产状要素的测定与地层产状相同。

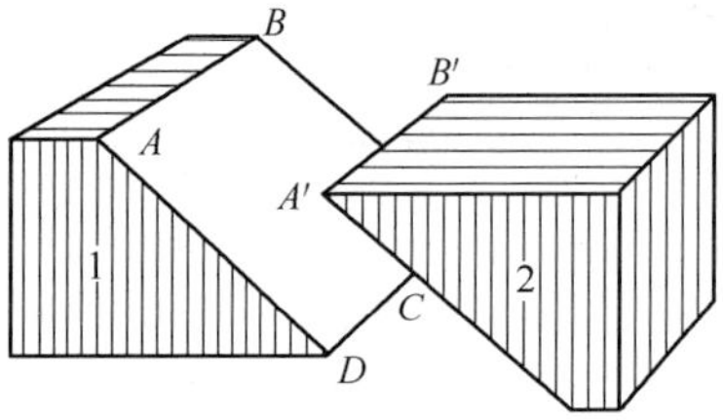

图 2-13 断层要素

ABCD—断层面；*AB*，*A′B′*—断层线；*AA′*（*BB′*）—断距；1—下盘；2—上盘

(2) 断层线。断层线又称断层走向，是指断层面与水平面的交线，即断层在地面的出露线。断层线的方向表示断层的延伸方向。

(3) 断盘。断盘是指断层面两侧被其分开、发生位移的岩体。当断层面倾斜时，位于断层面以上的断盘称为断层的上盘，位于下面的断层称为下盘。

(4) 断距。断距是指断层两盘相对位移的距离。断距可根据断层两盘的对应点或对应层被断层断开后的距离进行测量。

b 断层类型

(1) 按断层两盘相对运动方向分为正断层、逆断层和平移断层。

正断层是上盘对下盘相对地向下移动，其两层互相分开，为地层受到拉力后沿着断层面向两侧拉裂所造成的断面，其走向垂直于拉应力的作用方向。它是地壳在伸展，或是地壳由下向上升起所形成，因此又称张力断层或重力断层（见图 2-14a）。正断层的特征是断层面粗糙不平，多呈锯齿状，断层带常发育有角砾岩，角砾棱角明显、大小不均、排列无定向。正断层的断层线一般较为平直，断层面倾角一般大于 45°。

逆断层是上盘对下盘形成相对向上推移，其两层互相掩蔽的断层（见图 2-14b）。它主要由水平挤压而形成，表示地壳在收缩，走向垂直于主压应力方向，又称压力断层。逆断层的断层面倾角一般小于 45°。其特征是断层面常为舒缓波状起伏，常见阶坎和擦痕，断层角砾的排列定向、大小相近，常磨成椭圆体状，断层带常有碎裂岩、断层泥或糜棱岩。

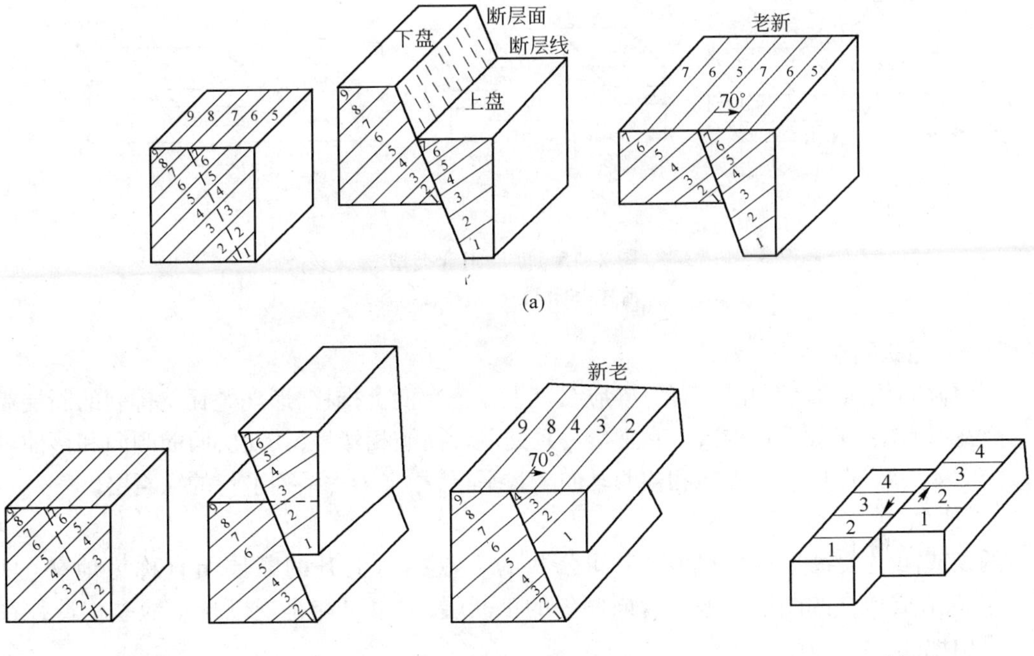

图 2-14 断层的基本类型
(a)正断层;(b)逆断层;(c)平移断层

平移断层是指断层两盘岩体沿断层面走向在水平方向上发生相对位移,而无明显上下位移的断层,位移方向平行或近似平行断层的走向(见图 2-14c)。平移断层一般是在水平剪切力作用下形成的,与主压应力方向的交角小于 45°,在力学上属于剪切破坏。它的特征是断层面倾角常近于直立,断层线延伸较平直,断层面有水平擦痕,断层角砾较小,角砾的长轴沿断层走向排列,常伴有糜棱岩。

我们在野外见到的实际断层,并非单纯的上下移动或水平移动,大多为上下移动和水平移动兼而有之的斜向滑动形式。

(2) 按断层走向与被断地层走向的几何关系分为走向断层、倾向断层和斜交断层。走向断层的走向与地层走向近于平行,倾向断层的走向与地层走向近于平行,斜交断层的走向与地层走向斜交。

(3) 按断层走向与区域褶皱轴向的几何关系分为纵断层、横断层和斜断层。纵断层的走向与褶皱轴向近于平行,横断层的走向与褶皱轴向近于垂直,斜断层的走向与褶皱轴向斜交。

D 断层组合类型

在自然界中,许多断层常以一定组合形式出现。按在平面上断层排列可分为平行状、雁行状、环状和放射状等。从剖面上可分为阶梯状、叠瓦状、地堑和地垒等。

a 阶梯状断层

一组倾向相同并互相平行的正断层,其上盘依次下降的断层组合称为阶梯状断层(见图 2-15a)。它在地形上常表现为阶梯状下降或阶梯状上升的块状山地。

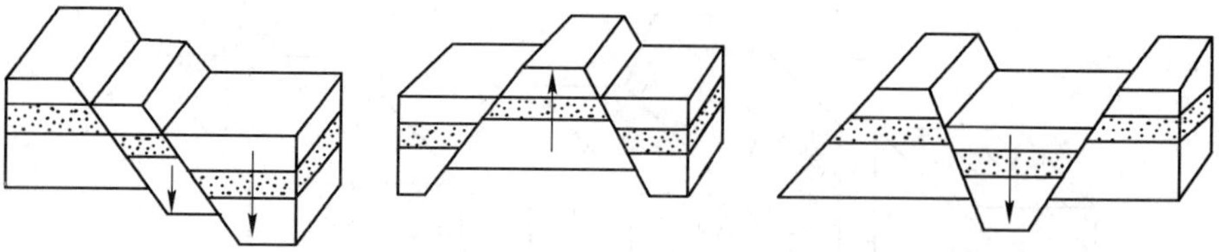

图 2-15 断层组合类型
(a)阶梯状断层;(b)地垒;(c)地堑

b 叠瓦状断层

一组倾向相同而又互相平行的逆断层,其上盘依次向上推移,形如叠瓦状排列的断层组合称为叠瓦状断层,又称叠瓦构造。它常与一系列倒转褶皱相伴生,其断层面的倾向和褶曲轴面的倾向大体一致,断层线的走向和褶曲轴向大致平行,相当于一系列平行的纵断层。

c 地垒

两条或两组大致平行的断层,中间公共的下盘相对上升的断层组合称为地垒(见图 2-15b)。造成地垒的断层一般是背向倾斜的正断层,但也可能是逆断层。地垒构造往往形成块状山地。

d 地堑

两条或两组大致平行的断层,中间公共的上盘相对下降的断层组合称为地堑(见图 2-15c)。它在地表一般表现为相向倾斜的正断层。但也有地堑在地下一定深度,正断层为倾向相反的逆断层所代替。

无论是地垒或地堑,其两侧断层可能是一条,也可能是由若干条断层组成的阶梯状断层。地垒和地堑常常共生,两个地堑之间形成一个地垒,两个地垒之间形成一个地堑。

e 环状断层与辐射状断层

环状断层是指在平面上呈同心环状分布的一系列弧形断层,断层面陡峻,分为正断层或大倾角逆断层。环状断层有时伴生辐射状断层。辐射状断层是指从一个中心向外呈辐射状排列的断层。

2.1.2.4 地层产状

地层产状是指地层(岩体结构面)在地壳中的空间方位和产出状态。未经地壳运动的沉积岩层,其形成时的原始产状是水平的,先沉积的老岩地层在下,后沉积的新岩地层在上,称为水平产状。在地壳运动的动力作用下,地层发生变形、变位,使其空间位置产生了变化,分别形成了水平地层、倾斜地层或直立地层。地层向同一个方向倾斜,形成单斜构造,它往往是褶皱的一翼、断层的一盘或局部地层不均匀的上升或下降所引起的。除水平地层成水平状态产出外,倾斜地层的产状是以其在空间的延伸方向和倾斜程度来确定的,即由地层层面的走向、倾向和倾角来表示,称为产状三要素,如图 2-16a 所示。

走向是指同一倾斜地层的层面与水平面的交线方向,它表示地层在空间延伸的方向。走向常用方位角表示,它有两个数值,相差 180°。交线 *ACB* 称为走向线,每条走向线两端的方位相差 180°。倾向是指倾斜地层的层面上垂直于走向的倾斜线在水平面上的投影 *CD* 所指向倾斜下方的方向,它表示地层在空间的倾斜方向。倾向也用方位角表示,它与走向相差

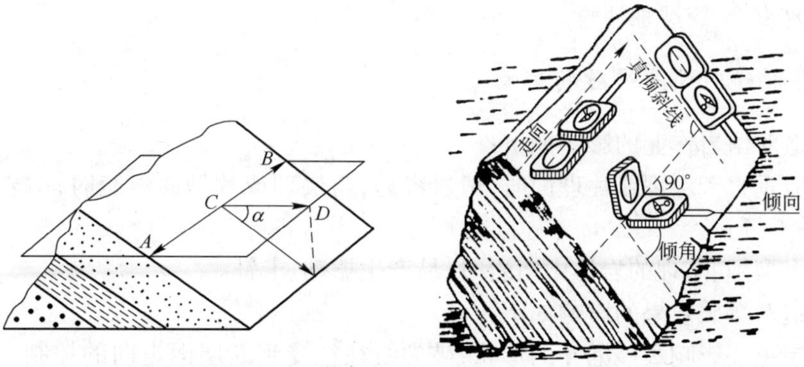

图 2-16 地层产状三要素
(a)产状三要素示意图;(b)地层产状的测量方法
AB—走向;CD—倾向;α—倾角

90°。走向与倾向可相互换算,只要确定其一即可知道另一个。倾角是指倾斜地层层面与水平面间的最大锐角,即倾斜线与其在水平面上的投影线之间的夹角 α。倾角表示地层在空间倾斜的程度,它的数值为 0° ~90°。地层产状测量是地质调查的重要内容,在野外可用地质罗盘直接在地层的层面上测取(见图 2-16b)。测量走向时,使罗盘的长边紧贴地层层面并放平,水平泡居中,指北针所示的方位角即是走向。测量倾向时,罗盘的短边紧贴层面,使水平泡居中,指北针所示的方位角即是倾向。由于倾向只有一个,因此测量时要将罗盘的北端朝向地层的倾斜方向。测量倾角时,需将罗盘横向竖起来,使长边与走向垂直并紧贴层面,待倾斜器上的水准泡居中后,悬锤所示的角度即是倾角。地层产状有两种表示方法:

(1) 方位角表示法。以正北(N)为 0°,按顺时针方向旋转,到正东(E)为 90°、正南(S)为 180°、正西(W)为 270°、再转到正北为 360°。方位角表示法一般记录倾向和倾角,记成"倾向∠倾角",倾向加或减 90°即为走向。例如,"130°∠30°"或"ES130°∠30°",表示地层的产状为倾向东南 130°,倾角 30°,走向为 SW220°或 NE40°。

(2) 象限角表示法。将全方位分成北东(NE)、南东(SE)、南西(SW)和北西(NW)4 个象限,将方位角换算为象限角,象限角是以北(N)或南(S)为 0°,向东(E)或西(W)的角度。如上述地层走向为 220°,属 SW 象限,在该象限内的角度为 220° - 180° =40°,该地层产状记为"S40°W∠30°"。

在地质图或平面图上标注产状要素时,需用符号和倾角表示。首先找出实测点在图上的位置,在该点按所测岩层走向的方位画一小段直线(4 mm)表示走向,再按岩层倾向方位,在该线段中点作短垂线(2 mm)表示倾向,然后将倾角数值标注在该符号的右下方。

2.1.2.5 地质构造对掘进作业的影响

岩巷工程构筑在地层中,地层中的断层、节理、裂隙等构造面在力学上是弱面,它和岩石的性质对爆破和支护的施工方法及安全有着极大的影响。此外,掘进中可能遇到流沙、膨胀岩等。在石灰岩、凝灰岩等岩溶地区,常会遇到岩石溶洞、溶蚀缝[1]等特殊地质构造,它对水

---

[1] 溶蚀缝是指裂缝被地下水溶蚀后,扩大并改变了原有形貌的裂缝。溶蚀缝虽经溶蚀,但仍可辨认原来裂缝的形状和分布。溶蚀使裂缝进一步发展成为溶道,便无法辨认出原来的形状。

文条件有重要影响,应严加注意。

A 地质构造对凿岩爆破的影响

地质构造对凿岩作业的影响如下:

(1) 一般垂直于层理或片理面时,凿岩容易,与层理或片理面斜交时,凿岩容易产生偏滑现象,且易卡钎;

(2) 在有裂隙、节理的岩体中凿岩时,易产生振动、卡钎。

地质构造对爆破效果的影响如下:

(1) 断层主要影响爆破漏斗的形状,破裂线往往受到断层面走向的控制。如果药包正好位于断层上,则爆生气体容易从断层破碎带冲出,降低爆破效果,并可能出现"冲天炮"。为此,炮孔应避开断层带,可在断层带两侧分集药包。药包的最小抵抗线应避免与断层平行。在断层面附近的药包可采用齐发爆破,有利于减弱断层对爆破的影响。

(2) 节理、裂隙、片理、劈理等对爆破作用的影响,取决于它们的发育程度、产状、组数、频数,节理、裂隙的张开度。

(3) 软弱夹层可使爆生气体从其中逸出,产生较强的空气冲击波,并带有大量飞散物,可能危及人员及设备安全。

(4) 褶曲的层面是弯曲的,地层一般比较破碎,它主要影响爆破岩石的破碎程度。

(5) 岩石溶洞会使爆破能量密度分布不均,它与药包最小抵抗线的关系将对爆破产生不同的影响。当溶洞位于药包最小抵抗线之外,但与药包的距离小于最小抵抗线时,药包的实际最小抵抗线已发生改变,岩块将抛向岩洞,而其他方向的爆破威力则大为减弱;当溶洞位于药包前最小抵抗线的方向或其附近时,由于爆炸能量向抛掷方向集中,可能引起"冲天炮"而造成安全事故。

B 地质构造对围岩稳定性的影响

围岩是指对岩体进行岩巷开挖时,引起周围岩体内应力变化范围内的岩体,也称为工程岩体。它一般为岩巷横断面中最大尺寸的3~5倍。在坚硬的均质地层或较厚的地层中掘进时,岩巷不易塌方,可不支护或少支护。软弱结合面是影响围岩稳定性的重要因素,尤其是发育的结构面,或对围岩稳定性起控制作用的结构面,如成层岩体的泥化层面,一组很发育的裂隙,次生泥化夹层❶,含断层泥、糜棱岩的小断层等。在节理发育的地层中掘进时,由于裂隙多,岩石稳定性较差,容易因渗、漏水而引起塌方;当岩巷穿过断层时,很容易产生塌方,应尽量避开。同时,必须加强防、排水措施和及时支护。

结构面的产状不同、与岩巷轴线的组合关系不同,对围岩稳定的影响程度也不同。成层岩体层面的倾角大且与岩巷轴线的夹角很大时,对围岩的稳定性较为有利;反之,地层倾角较缓且与岩巷轴线的夹角很小时,容易产生沿层面过大的变形,甚至发生拱顶坍塌或侧墙滑移。当岩巷顺穿较薄的倾斜或垂直地层时,岩巷顶部的地层,完全依靠其层间的摩擦力来维持其稳定,容易产生塌方。特别是各层岩石性质差别较大、地下水较多时,使得层间摩擦力减小,更易

---

❶ 泥化夹层是指岩体中含泥质的软弱夹层受风化或构造破坏,其原状结构发生显著变异,并在地下水的长期作用下形成含水量在塑限与流限之间的泥状软弱夹层。它具有压缩性高、强度低的特点,是夹层中最差的一类。

引起塌方,岩巷应尽量避开。地下水容易沿地层间的裂隙流入岩巷内,掘进中应加强防、排水措施。图2–17a为单斜构造对岩巷位置的影响示意图,岩巷B的位置不如岩巷A的稳定。同时,应使岩巷横穿较薄的倾斜或垂直地层,使得围岩本身可形成自然拱,不易塌方(见图2–17b)。

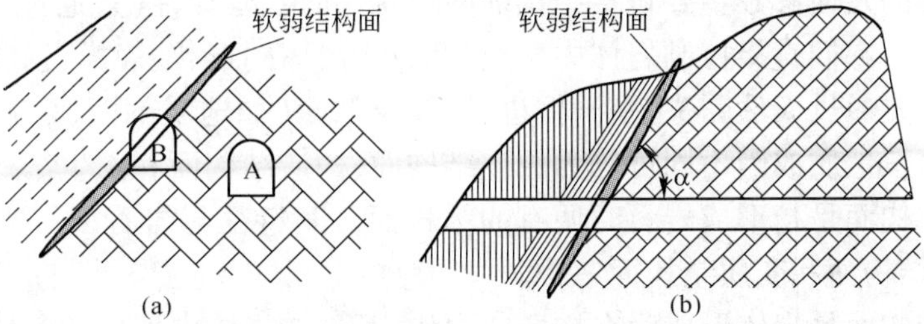

图2–17 单斜构造对岩巷位置的影响
(a)岩巷横剖面;(b)岩巷纵剖面
α—岩巷走向与软弱结构面走向的交角

当岩巷穿过褶曲构造区域时,容易产生塌方,应尽量避开。否则必须加强支护和防、排水措施。岩巷位置受褶曲构造的影响,如图2–18所示。岩巷A在向斜中掘进,由于地层向上弯曲而可能在地层下部开裂,形成上小下大的岩块,容易掉块或塌方。此外,如果地下水汇聚在向斜的凹底,岩巷B也不利于施工。岩巷C位于褶曲的两翼,可能会受到偏压作用。岩巷D在背斜中掘进,由于地层向下弯曲使得可能在地层上部开裂,形成上大下小的岩块,易于保持稳定。因此,岩巷掘进应避开向斜和褶曲的两翼,而尽量选在背斜中。

当掘进遇到溶洞时,可能会因溶洞而引起塌方,积水溶洞还会在短时间内涌出大量积水,造成安全事故。因此,在掘进作业中,应经常观察围岩的变化和渗漏水情况,及早发现溶洞,采取措施,确保施工安全。

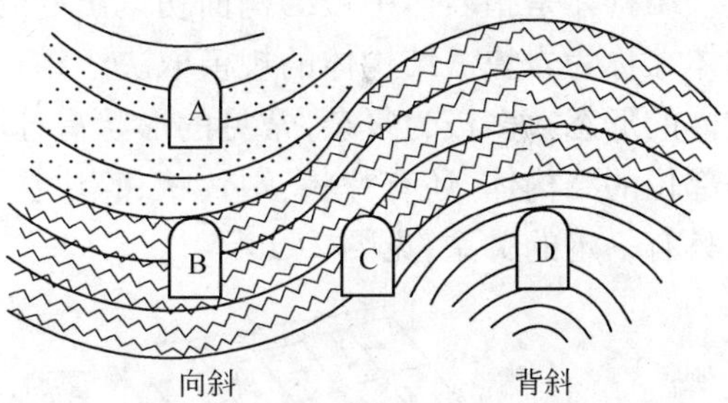

图2–18 褶曲构造对岩巷位置的影响

2.1.3 岩体结构

岩体是由结构面及其所围限的结构体所组成的。岩体结构是指岩体中结构面与结构体的排列组合关系。不同结构面与结构体之间以不同的方式排列组合,便形成了不同的岩体结构类型。岩体的力学性质不仅受岩石类型控制,更主要是受岩体中结构面的控制,而表现出非均质、非连续、各向异性的特征。

2.1.3.1 岩体结构特征

结构面和结构体是构成岩体结构的两个基本要素。岩体受结构面的切割,形成一种独特的割裂结构,是其显著特征之一。岩体的结构特征是长期地质构造运动的结果。

A 结构面

岩体中力学强度较低的部位或相对软弱的夹层构成岩体的力学不连续面,称为结构面。由于它的力学性质软弱,又称弱面。结构面实际上是地质发展过程中,在岩体内形成的具有一定的延伸方向、规模、形态和特征的、厚度较小的地质界面。它包括各种破裂面(如劈理、节理、断层等)、物质分异面(如层理、层面、片理等)及软弱夹层或软弱带、构造岩、泥化夹层、充填夹泥(层)等。具有工程意义的岩体结构面主要有地层层面和节理等。

岩体结构面的几何参数主要包括结构面的产状、间距、延伸性(连通性)、张开度❶、粗糙度及充填情况等。它们直接控制岩体中岩块的大小,滑体的形状、规模及其趋势。岩体结构面的几何参数主要通过天然露头、平洞掘进、钻孔及剖面(如地质剖面、采矿剖面等)中的实测获得。结构面按地质成因不同可分为原生结构面、构造结构面和次生结构面三类:

(1) 原生结构面是指形成岩石时便有的结构面。其特征与岩石成因密切相关,包括沉积结构面、岩浆结构面和变质结构面三类。

(2) 构造结构面是岩体形成后在构造应力作用下,在岩体中形成的各种破裂面,包括断层、节理、劈理、层间错动面等。断层多数充填有厚度不等、性质各异的充填物,并发育有由构造岩组成的构造破碎带。在地下水的作用下,有的变成软弱夹层或泥化,成为构造软弱带。这部分构造结构面(带)的工程地质性质很差,常导致围岩的滑动破坏。

(3) 次生结构面是指在风化、卸荷、地下水等外力作用下,形成的卸荷裂隙❷、风化裂隙、泥化夹层和次生夹泥层❸等。次生结构面对结构面的物理力学性质影响很大,从而影响凿岩爆破效果和围岩稳定性。

B 结构体

结构体是指岩体中被结构面切割出的岩石块体。它不同于岩块的概念,只有很小的结构体才称为岩块。结构体的规模取决于结构面的密度,密度越小结构体的规模就越大。结构体的形态大多极为复杂,常见的形状有柱状、板状、楔形状、菱形状及锥形状等。在强烈破碎部位的结构体,还有片状、鳞片状、碎块状及碎屑状等形态。结构体的形状与地层产状之间具有一定的关系,见图2-19。

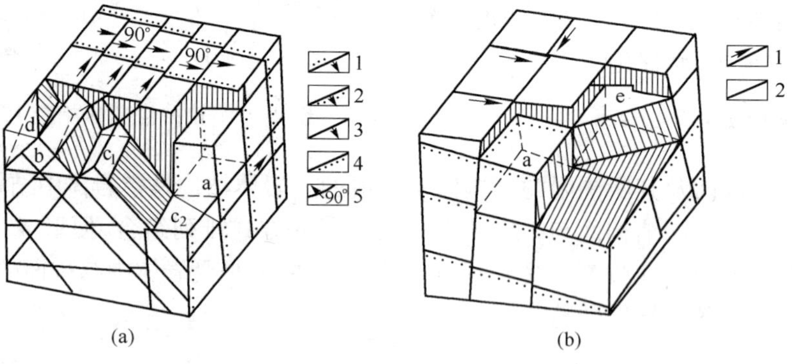

图2-19 结构体形状与地层产状的关系
(a)陡立地层中结构体的形式;(b)平缓地层中结构体的形式
a—方柱(块)体;b—菱形柱体;c_1,c_2—三棱柱体;d—锥形体;e—三角形柱体

❶ 结构面的张开度是指结构面两壁面间的垂直距离。结构面的两壁面一般不是紧密接触的,因而使结构面实际接触面积减少,导致结构面黏聚力降低和渗透性增大。

❷ 卸荷裂隙是由于表层岩体被剥蚀,使岩体内的应力释放和调整而形成的裂隙。

❸ 次生夹泥层是地下水携带的细颗粒物质及溶解物沉淀在裂隙中形成的。它的性质一般都很差,属软弱结构面。

结构体形状不同,其稳定性也不同。一般来说,板状结构体比柱状、块状、菱形状的更容易滑动,而楔形结构体比锥形结构体稳定性差。但是,结构体的稳定性往往还需结合其产状及与工程作用力方向和自由面间的相互关系作具体分析。

C 结构特征

岩体的结构特征是控制岩体破坏形态的关键因素。从稳定性分级角度,岩体的结构特征可以简单地用岩体的破坏程度或完整性来表示,它在某种程度上反映出了岩体受地质构造作用的严重程度。岩体的破坏程度或完整性是指构成岩体的块体大小及其组合排列形态。块体大小一般用裂隙的密集程度如裂隙率、裂隙间距等指标表示。裂隙率是指沿裂隙法线方向单位长度内的裂隙数量,裂隙间距则是沿裂隙法线方向上裂隙间的距离。按裂隙间距可将岩体进行分类,如图 2-20 所示。这里的裂隙是广义的,包括节理、断裂及夹层等结构面,但不包括由强度大的硅质、钙质胶结的裂隙。

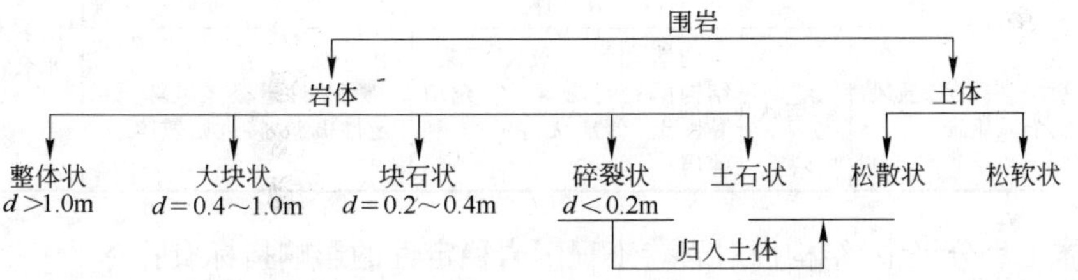

图 2-20 按裂隙间距划分的岩体分类

d—裂隙间距

上述岩体分类是相对于跨度为 5 ~ 15 m 的岩巷工程,将裂隙间距大于 1.0 ~ 1.5 m 的视为整体结构,而裂隙间距小于 0.2 m 的视为碎裂状结构。

2.1.3.2 岩体结构类型

岩体结构类型是指岩体中结构面与结构体的组合形式。组成岩体的岩石,由于遭受构造变动及次生变化的不均一性,导致了岩体结构的复杂性。岩体的工程地质性质首先取决于岩体结构类型及特征,其次才是组成岩体的岩石性质或结构体本身的性质。结构类型是岩体分级标准中的一个指标。

A 岩体结构分类

《岩土工程勘察规范》(GB50021—2001)根据岩体中结构面和结构体的成因、特征及其排列组合关系,将岩体结构分为整体状结构、块状结构、层状结构、碎裂状结构和散体状结构等五类基本类型。不同结构类型的岩体的工程特征与变形破坏机理也不同。但根本的区别是结构面的性质及发育程度,如层状结构岩体中发育的结构面主要是层面、层间错动等;整体状结构岩体中的结构面往往呈断续分布,规模小且稀疏;碎裂结构岩体中结构面常为贯通且发育密集,组数多;而散体状结构岩体中发育有大量的随机分布的裂隙,结构体呈碎块状或碎屑状等。各类结构岩体的基本特征列于表 2-12。

表 2-12 岩体按结构类型的分类

岩体结构类型	岩体地质类型	结构体形状	结构面发育情况	岩土工程特征	可能发生的岩土工程问题
整体状结构	巨块状岩浆岩和变质岩,巨厚层沉积岩	巨块状	以层面和原生、构造节理为主,多呈闭合型,间距大于1.5m,一般为1~2组	岩体稳定,可视为均质弹性各向同性体	局部滑动或坍塌,深埋岩巷的岩爆
块状结构	厚层状沉积岩,块状岩浆岩和变质岩	块状、柱状	有少量贯穿性节理裂隙,结构面间距0.7~1.5m。一般为2~3组,有少量分离体	结构面互相牵制,岩体基本稳定,接近弹性各向同性体	
层状结构	多韵律薄层❶、中厚层状沉积岩,副变质岩	层状、板状	有层理、片理、节理,常有层间错动	变形和强度受层面控制,可视为各向异性弹塑性体,稳定性较差	可沿结构面滑塌,软岩可产生塑性变形
碎裂状结构	构造影响严重的破碎岩层	碎块状	断层、节理、片理、层理发育,结构面间距为0.25~0.50 m,一般为3组以上,有许多分离体	整体强度很低,并受软弱结构面控制,呈弹塑性体,稳定性很差	易发生规模较大的岩体失稳,地下水会加剧失稳
散体状结构	断层破碎带,强风化及全风化带	碎屑状	构造和风化裂隙密集,结构面错综复杂,多充填黏性土,形成无序小块和碎屑	完整性遭极大破坏,稳定性极差,接近松散体	

在岩体工程分级中,结构面对岩巷工程围岩稳定性的影响指标有:

(1) 结构面的密度与组数;

(2) 结构面的规模与方向性;

(3) 结构面的物质组成及其充填物质情况;

(4) 结构面的平整、光滑程度;

(5) 结构面的成因及其发展史,如次生破坏夹层比原生软弱夹层的力学性质差得多,如再发生次生泥化作用时就更差。

B 整体与块状结构

岩体整体状结构的岩体极完整,呈巨块状或巨厚层状,结构面不发育。块状结构的岩体完整,呈块状或厚层状,结构面轻度发育。以原生、构造节理为主,只有少量较大的贯穿性节理裂隙,无危险结构面组成的落石掉块,偶有少量分离体。它们的主要结构形状为巨块状、块状、柱状等,结构体的块度大且常为硬质岩石,整体强度高。变形模量、承载力和抗滑能力均较高,抗风化一般较强,基本可采用岩石的力学指标。

岩体整体块状结构主要有均质、巨块状或块状的岩浆岩,正变质岩,巨厚层、厚层的沉积岩等。这类岩体是岩巷、边坡和建筑地基的良好工程地质条件。

C 层状结构

层状结构的岩体较破碎或完整性差,岩块镶嵌紧密或呈互层状,结构面较发育或发育。结构面以层面和不密集的节理为主,结构面多为闭合或微张状,一般风化微弱、结合力不强,

❶ 在岩体或地层内部,其组成成分、粒级结构及颜色等在垂直方向上有规律的重复变化,这种现象称为韵律层理。

结构体的块度较大且保持原岩的性质。主要结构形状为层状、板状、透镜体及镶嵌结构等。层状结构岩体接近于均一的各向异性体，总变形模量和承载力较高。采用岩石的力学指标时，要乘以修正系数，分析时还要考虑各向异性的特点。

岩体层状结构主要有多韵律的薄层、中厚层状沉积岩，副变质岩。这类岩体对岩巷、边坡和建筑地基而言，是较好的工程地质条件。但结合面的结合力不强，稳定性较差。可能发生的岩土工程问题是不稳定结构体产生滑塌，尤其是地层的弯拉破坏及软弱地层的塑性变形破坏。

D 碎裂状结构

碎裂状结构又称压碎结构，它的岩体破碎，呈碎裂状或薄层状，结构面很发育。它是动力变质岩石的一种结构。碎裂结构是在应力作用下，岩石中的矿物颗粒破碎成外形不规则的棱角状碎屑，碎屑的边缘常呈锯齿状。通常具有裂隙、扭曲变形等现象。岩体碎裂状结构的节理、裂隙、断层及断层破碎带发育，常有泥质充填物质，形成许多分离体。裂隙结构面的结合力不强，其中层状岩体常有平行层面的软弱结构面发育。结构体的主要形状为块状，块度不大。其中镶嵌结构岩体为硬质岩石，具有较高的变形模量和承载力。但层状破裂结构体的变形模量和承载力不高。

岩体碎裂状结构主要为构造影响严重的破碎地层。工程地质条件尚可。

E 散体状结构

散体状结构的岩体极度破碎，呈松散状，岩块、角砾夹岩屑或泥质物。它主要为构造影响剧烈的断层破碎带、强风化带、全风化带等。断层破碎带交叉，构造及风化裂隙密集，岩体十分破碎。主要结构形状为碎屑状、颗粒状，岩石用手即可捏碎。试样的指标基本可用于岩体分析中。如果更为松散，接近土体，则可应用土力学的相应法则。

2.1.3.3 岩体结构对掘进作业的影响

结构面对岩体力学性质的影响主要取决于结构面的发育情况。如岩性完全相同的两种岩体，由于结构面的产状、连续性，密度、形态、张开度与充填胶结物的不同，它们的力学性质会有很大的差异。结构面的产状与最大主应力的关系控制岩体的强度与破坏机理，表现出不同的破坏形式。结构面的连续性反映结构面的贯通程度，结构面的连续性越好，岩体的工程地质性质越差。结构面的密度反映结构面发育的密集程度，它控制岩体的完整性和岩块的块度。一般结构面发育越密集，岩体的完整性越差，岩块的块度越小，从而导致岩体的力学性质变差，渗透性增强。

在块状或层状结构的岩体中，控制岩体破坏的主要因素是软弱结构面的性质及其在空间的组合状态。当围岩存在单一的软弱面时，一般不会影响岩巷的稳定性。只有出现两组或两组以上软弱面，或岩巷走向与结构面的相互关系不利时，才能形成容易坠落的分离岩块。例如，有两组走向平行但倾向相反的结构面和一组与之垂直或斜交的陡倾结构面（如在向斜中掘进）时，形成岩块的形状不同，稳定性也不同。结构体的形状与稳定性关系如图2-21所示，“屋脊形”岩块1不稳定，容易下落，而岩块2的稳定性好。至于分离岩块能否坍落或滑动，还与结构面的抗剪强度及岩块之间的相互“咬合”作用有关。

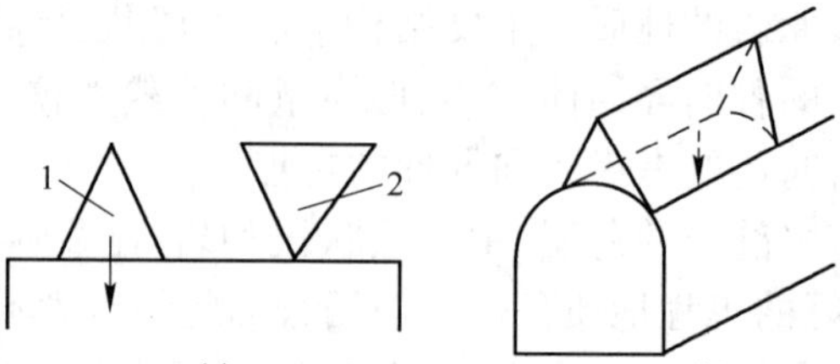

图2-21 结构体的形状与稳定性关系示意图

(a) 结构体的形状与稳定性(岩块2的稳定性好);(b)"屋脊形"分离岩块

结构面的形态可用其侧壁的起伏形态和粗糙度表征。随粗糙度的增大,结构面的摩擦力也增大。结构面的两壁面一般并不紧密接触,而是呈点接触或局部接触,接触点大部分位于起伏的凸起点。因此,使其黏聚力降低,影响结构面的强度及渗透性。

结构面经胶结后,一般其力学性质有所改善。改善的程度因胶结物成分的不同而异,硅质、铁质胶结的强度最高,其强度往往与岩石强度差别不大,甚至超过岩石强度;泥质、易溶盐类胶结的结构面强度最低,且抗水性差。未胶结的具有一定张开度的结构面,通常被外来物质所充填,其力学性质取决于充填成分、充填厚度、含水性及壁岩的性质等。

软弱夹层是指岩体中性质软弱、有一定厚度的软弱结构面或软弱带,与周围岩体相比具有高压缩性和低强度的特征。软弱结构面是指由力学强度明显低于周围岩石强度的软弱介质充填的结构面。在产状上多属缓倾角结构面。主要包括原生软弱夹层、构造及挤压破碎带、泥化夹层及其他夹泥层等。软弱夹层往往控制着岩体的变形破坏机理和稳定性,其中危害较大的是泥化夹层。

2.2 岩体工程性质

岩体是在地壳运动过程中形成的,是由岩块和结构面组成、具有一定的结构并赋存于一定的天然应力状态和地下水等地质环境中的地质体。研究岩体在外力作用下的力学性质及稳定性,必须充分考虑初始应力,尤其是构造应力和地下水的影响。

2.2.1 岩体力学性质

2.2.1.1 岩体与岩石

岩体与岩石是不同的概念。岩石是由一种或多种矿物、岩屑在地质作用下,按一定规律聚集而形成的天然集合体,是构成岩体的物质。岩石颗粒间往往具有较牢固的结晶连接或胶结连接,除少数岩石强度较低、抗变形和抗水性较差外,大多数新鲜岩石的质地较致密,力学强度高,抗水性强,透水性弱。岩石的物理力学性质与组成的矿物成分及其含量、岩石结构和构造特征密切相关。岩石可认为是均匀、连续、各向同性体,力学性能指标可采取试样在实验室内得到,可用一般的材料力学方法进行分析。

岩体则是在地壳运动过程中形成的,是地层的一部分。岩体是包括各种地质界面如节理、断层、软弱夹层等结构面与结构体(结构面包围的岩块)构成的自然地质体。岩体中存在着复杂的原始应力(天然应力)状态和地下水,这是岩体与其他材料的根本区别之一。岩体中存在产状、性质、组成体系各异的结构面，是不连续、非均质、各向异性的。

2.2.1.2 岩体的力学性质

岩体物理性质与工程有关的很多，但进行力学分析时主要取决其力学性质，即抵抗变形和破坏的性能。由于结构面的存在，使得岩体的力学特性一般具有明显的非均质、不连续性和非弹性，而不能以小型完整的单块岩石特性来代表岩体的特性。结构面对岩体力学性能的影响，取决于它的性质、发育程度、分布密度、充填物属性及连通程度等。

A 结构面的变形特征

由于岩体中含有大量的结构面，结构面还往往有各种充填物，使得岩体在外力作用下的变形包括岩石变形、结构面变形和充填物变形，一般结构面变形和充填物变形起控制作用。岩体的变形、渗透性均远大于岩石本身的变形、渗透性。

a 结构面的法向变形特征

对含有结构面的岩块试件进行单向压缩试验，可得到法向应力(σ_n)—法向变形(ΔV)关系曲线。曲线形状呈先凹后陡，开始变形较快，变形量也较大，随后趋于常量。这表明初始阶段是以结构面变形为主。在法向应力作用下，结构面产生单位法向变形所需要的法向应力，称为结构面的法向刚度(K_n)，它在数值上等于σ_n—ΔV_j曲线上某点切线的斜率。法向刚度是反映结构面法向变形的重要参数。

b 结构面的剪切变形特征

取含有结构面的岩块试件，在一定的法向应力下进行剪切试验，可得到结构面的剪应力(τ)—剪位移(Δu_j)关系曲线。剪切变形有两种基本类型：粗糙结构面(无充填物)的曲线具有明显的峰值和应力降，初始剪应力上升较快，当剪应力达到峰值后剪应力下降较大，并产生不规则的峰后变形或滞滑现象，属于脆性变形。对于泥化夹层、光滑平直破裂面(有充填物)的结构面，剪切变形曲线的斜率逐渐减小，曲线没有明显的峰值出现，属于塑性变形(见图2-22)。

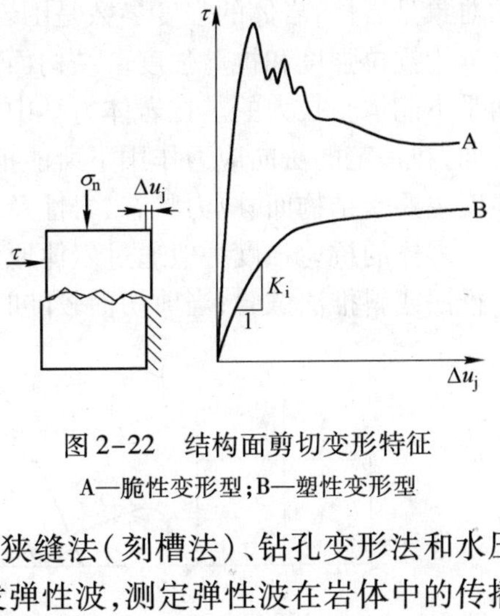

图2-22 结构面剪切变形特征

A—脆性变形型；B—塑性变形型

在剪应力作用下，结构面产生单位剪位移所需的剪应力，称为结构面的剪切刚度(K_s)，它在数值上等于τ—Δu_j曲线上某点切线的斜率。剪切刚度是反映结构面剪切变形特性的重要参数。

c 现场原位测试岩体变形参数

岩体变形参数测试方法有静力法和动力法两类。静力法的基本原理，是在选定的岩体表面、槽壁或钻孔壁面上施加一定的荷载，测定岩体的变形值，然后求得压力(p)—变形(w)曲线，计算岩体的变形参数(主要是变形模量)。静力法又可分为承压板法、狭缝法(刻槽法)、钻孔变形法和水压洞室法等。动力法是采用人工方法对岩体发射或激发弹性波，测定弹性波在岩体中的传播速度，然后通过一定的关系式求岩体的变形模量等变形参数。根据弹性波的激发方式不同，动力法又分为声波法和地震法。目前国内应用较广的是承压板法、钻孔变形法及声波法，并已列入了相关工程岩石试验规程。

由于岩体中结构面的发育情况、充填物及岩石性质复杂多变，因此 $p—w$ 曲线不尽相同，可归纳以下三类（如图 2-23 所示）：

（1）直线型。岩体坚硬、致密、裂隙不发育，或只有分布均匀的细小裂隙时，岩体的变形模量较大，塑性变形小，$p—w$ 曲线近似直线关系。

（2）上凹型。岩体坚硬，裂隙发育，且多呈张开而无充填时，在荷载作用下裂隙逐渐闭合或发生镶嵌作用而挤紧。$p—w$ 曲线在荷载小时斜率小，塑性变形大。随着荷载的加大，曲线的斜率逐渐增大，塑性变形趋于稳定。

（3）下凹型。当岩体的岩性较软弱、岩体的较深部位埋藏有软弱夹层或岩体裂隙发育且有泥质充填时，$p—w$ 曲线在荷载小时近似直线，表现为弹性变形，随荷载的增加呈下凹形曲线，表现为塑性变形。

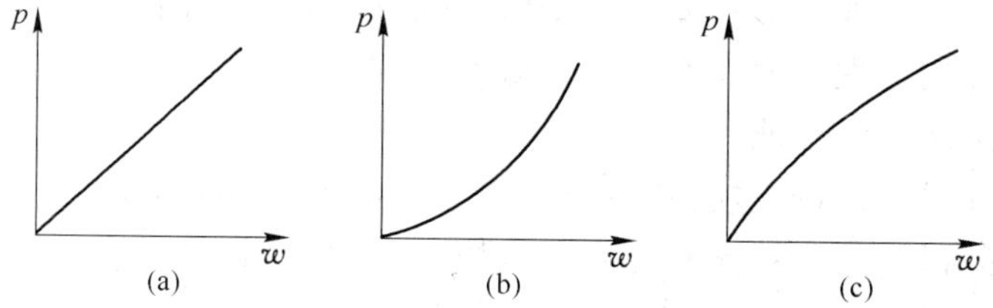

图 2-23 岩体变形的三种基本类型

（a）直线型；（b）上凹型；（c）下凹型

B 岩体的强度特征

岩体由于结构面的存在，使得岩体具有明显的不连续性，岩体结构的力学性能减弱甚至丧失，岩体的破坏往往出现在这些软弱面处。这时，岩体的强度可近似用结构面的强度来代替。当岩体中结构面很不发育，成整体或完整结构，则其强度接近或等于同种岩石的岩块强度。多数情况下，岩体的强度是介于岩块和结构面的强度之间。在岩巷工程中作力学分析的对象是岩体，岩体的强度参数是围岩破坏分析及稳定性计算不可缺少的参数。结构面强度分为抗拉强度和抗剪强度。结构面的抗拉强度非常小，常可忽略不计，所以一般认为结构面是不能承受拉力的。在岩体力学中，重点研究结构面的抗剪强度。岩体中任一方向的剪切面，在一定的法向应力作用下所能抵抗的最大剪应力，称为岩体的抗剪强度。岩体的抗剪强度主要受结构面、应力状态、岩性及风化程度等因素控制。

岩体的抗剪强度一般通过岩体原位试验得到。当剪切面呈水平或近于水平时，可采用平推法或斜推法试验；当剪切面较陡时，可采用楔形体法试验（见图 2-24）。

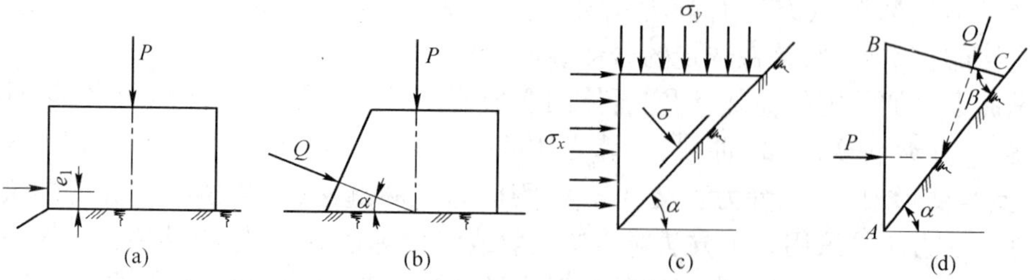

图 2-24 岩体现场直剪试验方案

（a）平推法；（b）斜推法；（c）正应力较大的楔形体法；（d）正应力较小的楔形体法

P—垂直荷载；Q—斜向荷载；σ_x，σ_y—均布应力；σ—法向应力；e_1—偏心距

平推法在施加剪切荷载时由于有一力臂 e_1，致使剪切面的剪应力及法向应力分布不均匀。斜推法的斜向荷载的作用方向与法向荷载的作用方向应交于剪切面中心，一般倾角 $\alpha=15°$。试验过程中应保持剪切面上的正应力不变，为此需同步降低由于施加斜向荷载而增加的那一部分垂直荷载。试验时，按预估的试体剪坏时的总斜向荷载 Q_{max} 进行分级施加斜向荷载，直至剪断。依据作用在剪切面上的各级垂直荷载 P、斜向荷载 Q 及面积，便可求得法向应力 σ_n 和剪应力 τ。通过绘制 $\sigma_n-\tau$ 关系曲线，按库仑表达式推算出抗剪强度的两要素——内摩擦角 φ 和黏结力 C。

现场剪切试验可在试验洞、探槽或大口径钻孔内进行，采用两个千斤顶同时提供法向压力和剪切力，如图 2-25 所示。

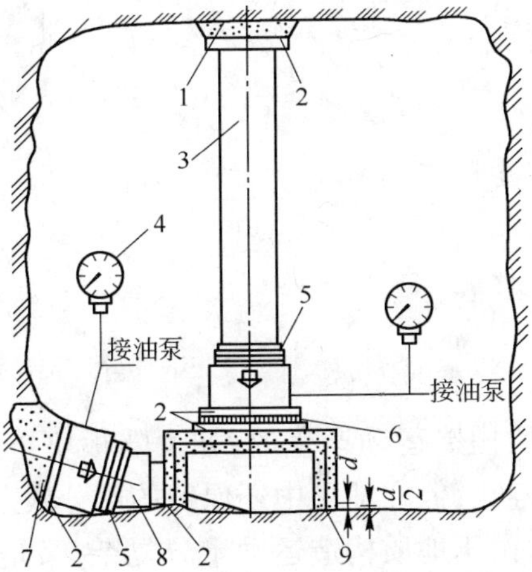

图 2-25 岩体抗剪强度原位试验装置

1—砂浆顶板；2—钢板；3—传力柱；4—压力表；5—液压千斤顶（或液压枕）；6—滚轴排；7—混凝土后座；8—斜垫板；9—钢筋混凝土保护罩

岩体原位试验在一些大型工程的详勘阶段中，是主要的勘察手段。但它的费用大，且整个试验过程的操作技术要求严格，不是每一个工程都能进行或必须进行的。

2.2.2 岩体初始应力

岩体初始应力是指地层中未受工程扰动的天然应力，又称地应力、原岩应力。它是三维应力状态，一般为压应力。岩体初始应力场受多种因素的影响，依次为埋深、构造运动、地形地貌、地壳剥蚀[1]程度等。岩体初始应力，尤其是高初始应力对围岩稳定性的影响很大。通过初始应力可以了解岩体中存在的应力大小和方向，为分析岩巷的受力状态和支护以及岩体加固提供依据，预报岩体失稳破坏或岩爆。岩体初始应力是由自重应力和构造应力构成的。

由于岩巷开挖，使一定范围内的岩体应力受到扰动而重新分布，称为二次应力或扰动应力。二次应力分布与初始应力有直接关系。

---

[1] 地壳剥蚀是指地表的岩石和矿物在风化作用下分解、破碎，再由流水或风的作用，被搬运至远离原地的现象。它塑造出地表千姿百态的地貌形态。

2.2.2.1 自重应力

自重应力是岩巷所处地层深处的上覆岩体重量，即地心引力的作用结果。它常是岩体中初始应力的最大值。竖直自重应力的方向竖直向下，随埋深的增加成比例增大：

$$\sigma_y = \gamma H \tag{2-21}$$

式中 σ_y——岩体竖直自重应力，kN/m^2；

γ——岩体密度，kN/m^3；

H——埋深，m。

水平自重应力按岩体深处受力平衡及水平方向不可压缩的假设，可推算出：

$$\sigma_x = \sigma_z = \lambda \sigma_y \tag{2-22}$$

$$\lambda = \frac{\mu}{1 - \mu}$$

式中 σ_x，σ_z——岩体水平自重应力，kN/m^2；

λ——侧压系数；

μ——岩体的泊松比。

2.2.2.2 构造应力

构造应力是由于各种地质构造运动产生的，如大陆板块挤压、地幔热对流[1]、岩浆侵入等。既可以是构造运动已经停止，但在地层中还保留的部分残余应力；也可以是构造运动正在活动，产生的新构造应力。由于地质构造运动十分复杂，又是在地球深部进行的，至今人们只能在宏观上、一个区域范围内掌握一些构造应力的规律。而对局部一个工程点的构造应力的影响，尚无法准确推算。

构造应力会改变自重应力的初始状态，可能使岩体中的最大初始应力（σ_{max}）不是垂直方向，而是水平方向。一定的初始应力对不同岩性岩体稳定性的影响不同。空间最大主应力（σ_1）与岩巷轴线的夹角不同，对围岩稳定的影响程度也不同。

2.2.2.3 初始应力的实地量测

为准确了解初始应力，比较可靠的方法是实地测量。它分为直接量测法和间接量测法。间接量测法是量测岩体的应变，再换算为应力。目前，技术上较成熟的一种方法是应力解除法。它的基本原理是：当需要测定岩体中某点的应力状态时，将该处岩体单元与周围的岩体分离，解除岩体单元上所受的应力，于是该单元体将产生弹性恢复变形。测定弹性恢复的应变值或变形值，假设岩体为连续、均质和各向同性的弹性体，便可应用弹性理论计算岩体单

---

[1] 地幔热对流是指地下赋存许多具有放射性的物质，由于放射性元素的衰变和地下岩石物理化学状况的改变，使得地层中积累了巨大的热能，在上部岩石的巨大压力作用下，使地球内部物质具有可塑性和流动性。由于各部分岩石性质不同，使得温度、压力的分布不均衡，在重力作用下，地球内部的塑性物质像液体或气体一样发生对流现象。地核中的高温高压物质上升至地幔，运动到地幔上部后将热量传递给地壳岩石，上部冷却后的物质在重力作用下开始下降，形成一个热对流循环。当下部高温物质上升至地壳时，对流作用使高温物质发生水平方向的移动，会带动地壳随之移动而产生水平位移；当这些物质冷却后开始下沉时，又会造成地壳随之下降，下降部位同时会受到两侧方向的压力，使得地壳产生挤压变形，造成褶皱和破坏。

元所受的应力状态。为此广泛使用钻孔三轴应变计,其突出的优点是可以利用一个钻孔测定岩体中的三维应力状态。其中套孔应力解除法如图2-26所示,图2-27为其量测步骤。

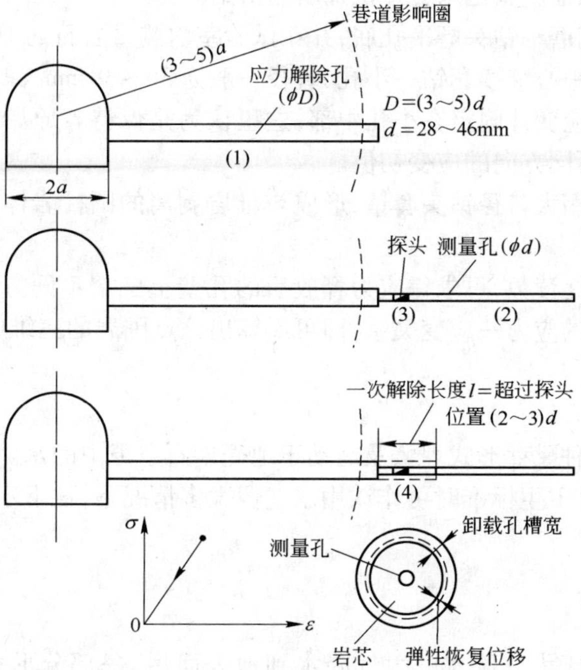

图2-26 套孔应力解除法的示意图

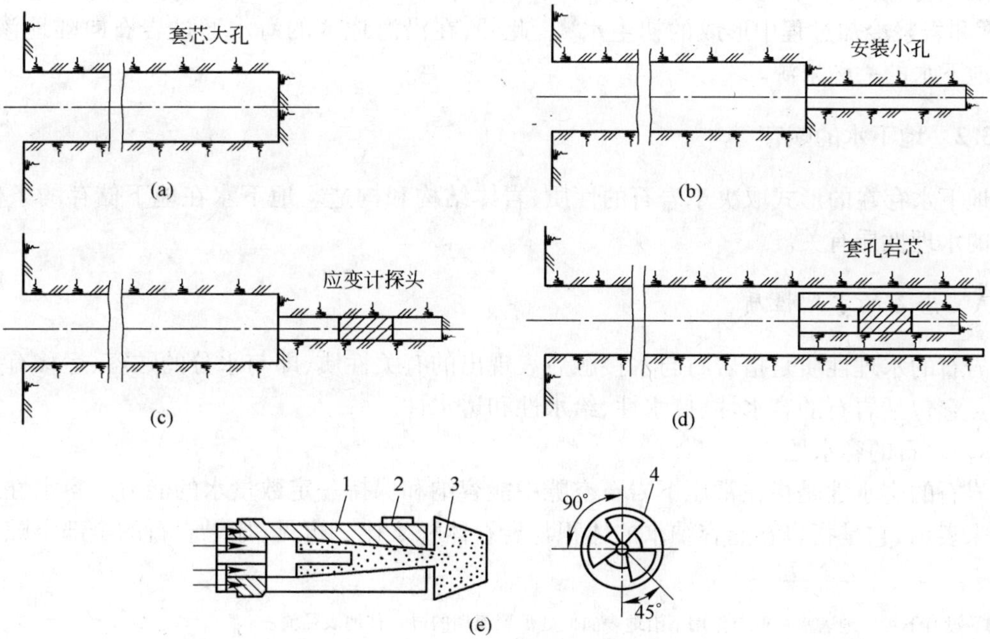

图2-27 应力解除法量测步骤示意图

(a)~(d)量测步骤;(e)钻孔三轴应变计构造示意图

1—橡胶圆体;2—应变花;3—圆锥形楔;4—导向槽

套孔应力解除法的量测步骤如下：

(1) 在开挖的岩巷侧壁，用地质钻向岩体内套钻直径大于100 mm的大孔，深度大于岩巷跨度的2.5倍，以保证测点是未受开挖扰动的初始应力区。

(2) 取出岩芯，用磨平钻头磨平孔底，并在试验室内测量岩石的弹性常数。

(3) 在大孔底部中心继续套钻一小孔，直径一般为36~38 mm，深度约为孔径的10倍。

(4) 将孔壁三轴应变计固定在小孔中部，这里认为是保持着原始应力状态。读取初读数，即为孔壁上3个不同方向的应变初值。

(5) 在小孔周围用大口径钻头套钻，形成与母岩剥离的圆柱岩体，解除约束，释放初始应力。读取最终读数。

根据初读数与最终读数，可求得应力释放后的孔壁上三个不同方向的应变值。根据有关的力学公式及岩体的应力—应变关系，即可反算出该点围岩的三维应力状态。

2.2.3 地下水

地下水是指以各种赋存形式埋藏及运动于地壳岩石空隙中的水。地下水可作为岩巷的水源，当水质化验符合卫生标准时可作饮用水。但大多情况下，地下水对岩巷掘进和围岩稳定都是有害的。

2.2.3.1 地下水来源

地下水主要来源于大气降水。大气降水到地表面后，一部分形成地表径流[1]，进入河流；一部分直接被蒸发为水蒸气；一部分被植物吸收或截流，其余部分则通过地表土壤进入松散堆积物、岩石中形成地下水。地下水中还有与周围岩石或地层具有同一地质年代的原生水[2]和岩浆冷却过程中形成的初生水[3]。此外，在沿海地区的海水通过岩石向陆地渗透，也是地下水的一种来源。

2.2.3.2 地下水的赋存

地下水存在的形式取决于岩石的性质、岩体结构和构造。地下水在地下储存的条件与岩石的水理性质有关。

A *岩石的水理性质*

岩石的水理性质是指岩石与水接触后表现出的有关性质，即与水分的贮容、运移有关的性质。它包括岩石的容水性、持水性、给水性和透水性。

a 岩石的容水性

岩石的容水性是指在常压下岩石空隙中能容纳和保持一定数量水的能力。容水性用容水度来表示，它是指岩石能容纳水的体积与岩石体积之比。可见，如果岩石的全部空隙被水

---

[1] 没有下渗的地表水在重力作用下沿地表向低处汇聚流动的过程称地表径流。

[2] 原生水是指在沉积岩形成的时候就保留下来的、一直埋藏在沉积岩内的间隙水。它既不能被补充，也不能开采，又不能再生。原生水的水质一般不良，不适于正常使用。

[3] 初生水是指在岩浆冷却过程中，随着岩浆的冷却，气态物质开始分离出来，其中氢和氧在高温高压下化合而成的水。它是一种矿质化泉水。

充满,则容水度在数值上与孔隙度(孔隙率)相同。实际上由于岩石中可能存在一些密闭的空隙,或当岩石充水时,有的空气不能逸出,形成气泡,因此一般岩石的容水度小于空隙度。一般黏土的容水性较强,而卵砾石则较差。具有膨胀性的黏土,由于充水后的体积扩大,容水度反而可以大于孔隙度。

b 岩石的持水性

岩石的持水性是指在重力作用下,岩石依靠分子力和毛细管作用,在岩石空隙中能保持一定液态水的能力。持水性用持水度来表示,它是指饱和岩石经重力排水后所保持水的体积与岩石体积之比。岩石的持水度主要取决于岩石的颗粒直径和空隙大小,岩石颗粒越细,空隙越小,持水度越大。

c 岩石的给水性

岩石的给水性是指岩石中保持的水在重力作用下能自由流出一定数量水的能力。给水性用给水度表示,它是指岩石给出的水量与岩石体积之比。岩石的给水性与岩石的颗粒大小、形态、排列方式及压实程度等有关。卵石的给水性较大,而黏土的给水性较小。

d 岩石的透水性

岩石的透水性是指岩石能使水渗入和透过的能力,用渗透系数(m/d)表示。岩石的渗透系数越大,透水性越好。岩石的透水性主要取决于岩石空隙的大小及连通程度。砂岩、砂砾岩的孔隙较大,透水性好;黏土则不易透水;而板岩、页岩和辉长岩的透水性很差,属于不透水岩石。一般岩石的给水性越好,持水性越差,则岩石的透水性能就越好。

岩石的持水度与给水度之和等于容水度。岩石的给水性和持水性显然与岩石的容水性直接相关,在容水性相同的岩石中,如果重力作用超过岩石对水的引力,则给水性强,持水性弱;反之,则给水性弱,持水性强。

岩石的水理性质与岩石的物理性质都是岩土重要的工程地质性质。岩石的水理性质不仅影响岩石的强度和变形,而且有些性质还直接影响到围岩的稳定性。

B 地下水的存在形式

地下水在岩石中的不同赋存形式对岩石水理性质的影响程度也不同。同时,影响程度又与岩石类型有关。地层根据赋存地下水的相对状况分为含水层、透水层和隔水层。

(1) 透水层是指重力水可以自由透过的岩土层,如砾岩、砂岩等。它的透水能力取决于岩土层空隙的大小及连通程度、孔隙的数量和形状。

(2) 隔水层是指在常压条件下,重力水不能自由透过的岩土层。隔水层对地下水的运动起阻隔作用。透水性差的致密岩石或孔隙小的岩石构成的地层都是隔水层,如页岩、泥灰岩及黏土、粉质黏土等。

(3) 含水层是指地下水面以下饱含地下水的岩土层,如渗透系数较大的砂层、砾石层;节理、裂隙发育,含裂隙水地层;岩溶发育的石灰岩、白云岩等可溶性地层。含水层的形成条件是:

1) 有充沛的补给水源;

2) 必须有良好的透水性能,岩土层发育有储存重力水的空隙;

3) 有下伏隔水层,使地下水得以聚集和储存。

含水层不仅储存地下水,而且水在其中可以运动。我国常采用野外抽水试验的井孔单位涌水量(L/(s·m))来划分含水层的富水性强弱。

2.2.3.3 地下水类型

A 地下水的基本类型

a 按赋存特征分

地下水按赋存特征可分为上层滞水、潜水和承压水,如图2-28所示。

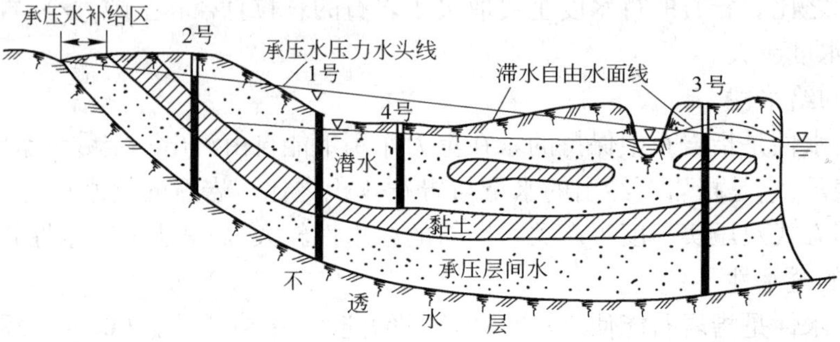

图2-28 地下水类型

(1) 上层滞水。上层滞水是指赋存于包气带❶中局部隔水层或弱透水层上面的重力水。它是由大气降水和地表水等下渗过程中局部受阻积聚而成的。

(2) 潜水。潜水是指存在于地表以下第一个稳定隔水层以上、具有一个自由水面(即随潜水量的多少而上下浮动)的重力水。含水层的上部水面,称作潜水面。潜水面到地面的距离称为潜水的埋藏深度。潜水在重力作用下,顺坡降由高处向低处渗流。潜水主要由大气降水和地表水渗入补给,水位受气象因素变化明显。

(3) 承压水。承压水是充满于上、下两隔水层或弱透水层之间的含水层中的重力水。承压水受隔水顶板的限制,不具有自由水面,承受静水压力,有一个受隔水层顶板限制的承压水面和一个高于隔水层顶板的承压水位,即补给区和排泄区水位的连线。承压水由静水压力大的地方流向静水压力小的地方。当上伏的隔水层被凿穿时,水能从钻孔上升或喷出。

b 按含水层的空隙类型分

含水层的空隙是地下水赋存的场所、流动的通道。地下水按含水层的空隙类型可分为孔隙水、裂隙水和岩溶水三类。

(1) 孔隙水。孔隙水是埋藏于松散岩土如砂层、砾石层和砂岩层孔隙中的重力水。它的主要特点是分布相对均匀、连续性好,一般呈层状分布。同一含水层中的孔隙水具有密切的水力联系,并有统一的地下水面。

(2) 裂隙水。裂隙水是存在于坚硬岩石和某些黏土层裂隙中的水。它的埋藏与分布极不均匀,呈层状分布或脉状分布,动力性质比较复杂,基岩裂隙的发育具有明显的分带性。

(3) 岩溶水。岩溶水是赋存和运动于可溶岩石(如石灰岩、白云岩等)的溶隙、溶洞(洞

---

❶ 包气带是指地面以下、潜水面以上的地带,也称非饱和带。它是大气水和地表水与地下水发生联系并进行水分交换的地带,是岩土颗粒、水、空气三者同时存在的一个复杂系统。其中植物根系活动层与外界有强烈的水分交换。包气带具有吸收水分、保持水分和传递水分的能力。

穴、管道、暗河)中的地下水,又称喀斯特水。它是一种活跃的地质因素,在其流动过程中不断地与岩石作用,不断地改造自身的赋存和流动环境,从而形成独特的分布和运动特点。

B 地下水的运动方式

地下水的多种存在形式使得它们的运动情况也不相同。地下重力水的运动有三种方式:流动、渗透和扩散。流动是指地下水向岩石任一空隙的注入。扩散是一个以物理作用为主的复杂过程,只要地下水的浓度、压力和温度不同,便可引起扩散,扩散速度缓慢。渗透是地下水在重力作用下运动的重要形式。渗透的方向指向压力和温度较低处,但也可在岩石、气体或流体压力的影响下从低处流向高处。渗透速度比扩散速度大,但远小于地表水流速度。

地下水的渗水量用一段距离(一般为 10 m)单位时间的出水量表示,地下水按渗水量的分类见表 2-13。

表 2-13 地下水按渗水量分类

分 类	渗水量/L·(min·10m)$^{-1}$
干燥或潮湿	<10
偶有渗水	10~25
经常渗水	25~125

2.2.3.4 地下水对岩巷工程的影响

岩巷工程深入地层内部,地下渗透水、涌水不仅对作业环境有影响,还是影响围岩稳定,甚至是造成塌方的最重要因素之一。岩巷工程受包气带水的影响很小,也很少遇到承压水,它一般埋藏较深。但承压水具有一定的压力,掘进时可能突然大量涌出,给作业人员的安全和工程造成极大的危害。因此,在掘进中应采取合理的防治措施,防止或减少地下水的危害,保障施工安全。

岩巷工程主要受地下潜水的影响。潜水面的高程直接影响掘进作业。当岩巷位于潜水面以下时,排水较困难,且容易产生塌方。岩巷通过破碎带时,往往由于地下水向洞内渗流产生强大的渗透压力而导致围岩破坏。一般以掘进工作面的涌水量 100 L/min 作为划分稳定与坍塌的判断基准,大于 500 L/min 时几乎均会坍塌。在不同岩性的岩体中,地下水的影响也不同,概括如下:

(1) 在有软弱结构面的岩体中,地下水会溶蚀❶结构面中的易溶胶结物,或潜蚀❷充填物的细小颗粒,使岩石软化、疏松,使充填物泥化,减少层间摩擦阻力,促使岩块滑动。饱水砂土因其结构破坏而液化,砂土颗粒悬浮于水中流出,形成流沙。

(2) 孔隙水会使岩体的内摩擦角减小(凝聚力降低),降低岩体自稳能力。

---

❶ 在岩石裂隙和孔隙中,地下水与地表水结合,溶解可溶性岩石,形成喀斯特地貌,称为溶蚀作用。

❷ 潜蚀是指地下水流在一定的水力梯度(在含水层中沿水流方向单位距离的水头下降值)下,产生较大的动水压力,冲刷、挟走细小颗粒或溶蚀岩(土)层中的可溶性矿物,形成管状空洞,对岩(土)层起淘空作用,导致其结构松动或破坏,以致产生上覆岩(土)层裂缝、塌陷。

(3) 某些岩体例如含有硬石膏、岩盐或以蒙脱土、伊利石和高岭土[1]为主的黏土层，遇水后产生膨胀，具有很大的势能。

此外，地下水的存在有利于爆炸应力波的传播，使爆破效果得到一些改善。但地下水会给爆破作业带来困难，并会扩大爆破的破坏作用范围。地下水除了影响围岩稳定外，还会降低锚杆的锚固力，造成喷射混凝土剥离，涌水的冲刷会在模筑混凝土的背后造成空洞，降低施工质量。

2.3 工程岩体分级

岩巷工程施工首先需要在岩体中破碎岩石，掘进出需要的地下空间。在掘进和使用过程中，要求岩体具有相当的稳定性或进行必要的支护，防止岩体产生过大的变形和坍塌。岩巷工程影响范围内的岩体称为工程岩体或围岩。破碎岩石和维护围岩稳定就成为岩巷工程施工要解决的主要问题。围岩本身千变万化，呈现出无限组合。为便于在工程中考虑围岩的不同影响，希望将复杂的工程岩体分为有限的级别，即工程岩体分级。它的目的是通过分级，概括地反映各级围岩的稳定性，也可直接提供所需的支护结构参数，预测可能出现的岩体力学问题。因此，只要知道围岩的级别，就能把握住围岩的稳定程度。围岩分级成为工程设计、投标承包、选择施工方法及确定设备材料消耗和劳动生产定额的依据。在实际的岩巷工程施工中，对围岩级别的判定是十分重要的。若围岩级别判定过低，建设成本将提高；若围岩级别判定过高，将不利于施工和使用的安全。

2.3.1 国外工程岩体分级方法

岩体分级是通过工程岩体的一些简单和容易实测的指标，将工程地质条件和岩体力学性质联合进行归类。自苏联 M. M. 普罗托奇雅可诺夫(Протодьяконов)采用“岩石坚固性”这一概念作为岩石分级的依据以来，至今世界不同的岩石分级方案不下百种。尤其是自20世纪五六十年代以来，国外提出了许多工程岩体的分级方法，其中有些在我国有广泛的影响，得到了不同程度的应用。岩体分级方法虽然很多，但多为依据岩石强度和物理力学性质分级、依据岩体构造和岩石特性分级、按多种地质因素分级和依据掘进岩巷的稳定状态分级等。它们的分级原则虽然不尽相同，但普遍考虑了岩体的完整性和坚固性。根据定量指标对岩体质量进行定量分级，大致有单参数法、多参数法和综合指标法等。

2.3.1.1 普氏岩石坚固性分级

M. M. 普罗托奇雅可诺夫认为，各种岩石在凿岩、爆破的破碎性与承受地压的稳定性的表现都是趋于一致的。他于1907年建议用一个综合性指标“岩石坚固性系数 f”来表示

---

[1] 蒙脱土、伊利石和高岭土是最常见的黏土矿物，由原生矿物长石、云母等硅酸盐矿物经化学风化而形成。蒙脱土是土状的蒙脱石（也称微晶高岭石、胶岭石），化学结构式为 $Al_2O_3 \cdot 4SiO_2 \cdot nH_2O$。蒙脱石不是膨润土，膨润土是以蒙脱石为主要成分的黏土矿物。伊利石是一种类似云母的层状结构的黏土矿物，又称水白云母，化学结构式为 $KAl_2[AlSiO_3O_{10}](OH)_2 \cdot nH_2O$。它通常为白云母、钾长石风化后的初期产物，并产于泥质岩中，或由其他矿物蚀变形成。伊利石形成的片状颗粒的大小处于蒙脱石和高岭石之间，其工程性质也介于上述两种矿物之间。高岭土是纯净的黏土，主要成分是铝和硅的氧化物及水，化学结构式为 $Al_2O_3 \cdot 2SiO_2 \cdot 2H_2O$。我国江西景德镇高岭所产的质量最好，因此称为高岭土，它也是世界同类黏土的统一名称。

岩石破坏的相对难易程度，并作为岩石分级的依据，通称f为普氏系数。1926年普氏将岩石分为10级共15等，详见表2-14。

表2-14 普氏岩石坚固性分级表

等级	坚固程度	岩石	f系数
Ⅰ	最坚固	最坚固、致密和有韧性的石英岩和玄武岩，其他各种特别坚固的岩石	20
Ⅱ	很坚固	很坚固的花岗质岩石、石英斑岩，很坚固的花岗岩，硅质片岩，比上一级较不坚固的石英岩，最坚固的砂岩和石灰岩	15
Ⅲ	坚固	花岗岩（致密的）和花岗质岩石，很坚固的砂岩和石灰岩、石英质矿脉，坚固的砾岩，极坚固的铁矿石	10
$Ⅲ_a$	坚固	石灰岩（坚固的），不坚固的花岗岩，坚固的砂岩，坚固的大理岩和白云岩，黄铁矿	8
Ⅳ	较坚固	一般的砂岩，铁矿石	6
$Ⅳ_a$	较坚固	砂质页岩，页岩质砂岩	5
Ⅴ	中等	坚固的黏土质岩石，不坚固的砂岩和石灰岩	4
$Ⅴ_a$	中等	各种页岩（不坚固的），致密的泥灰岩	3
Ⅵ	较软弱	较软弱的页岩，很软弱的石灰岩、白垩、岩盐、石膏、冻土、无烟煤、普通泥灰岩，破碎的砂岩、胶结砾石、石质土壤	2
$Ⅵ_a$	较软弱	碎石质土壤，破碎的页岩、凝结成块的砾石和卵石、坚固的煤、硬化的黏土	1.5
Ⅶ	软弱	黏土（致密的）、软弱的烟煤、坚固的冲积层，黏土质土壤	1.0
$Ⅶ_a$	软弱	轻砂质黏土、黄土、砾石	0.8
Ⅷ	土质岩石	腐殖土、泥煤、轻砂质土壤、湿砂	0.6
Ⅸ	松散性岩石	砂、山麓堆积、细砾石、松土、采下的煤	0.5
Ⅹ	流沙性岩石	流沙、沼泽土壤，含水黄土及其他含水土壤	0.3

注（普氏原注）：1. 将每一种岩石划入这个或那个等级时，不仅单独按照它们的名称，而且必须按照岩石的物理状态，并根据它的坚固性与分级表中列出的各种岩石进行比较。风化、破碎、碎裂成个体的，经断层挤压过的，接近地表的岩石等，一般说来，应当比处于完整状态的同种岩石划入稍低的等级中。

2. 上述岩石的坚固性系数，可认为是岩石在各种不同方面相对坚固性指标的表征。它在采矿作业中的意义在于：手工开采时的可采性；浅孔及深孔的可钻性；应用炸药时的爆破性；冒落时的稳定性；作用在支架上的压力等。但是，同时必须注意到：分级表中指出的数值是对某一类岩石中所有岩石而言的（如页岩类、石英岩类、石灰岩类等等），而不是对其中个别岩石而言的。因此，在特定情况下确定f值时，必须十分慎重，并且这一f值在不同的情况下是不一样的。

普氏坚固性在概念上不等同于岩石强度，它是岩石在各种采掘作业（锹、镐、凿岩机和炸药爆破）与地压等外力作用下，受破坏难易程度的综合反映。普氏采用了多种方法：按岩石抗压强度、按岩石的凿碎比功、按凿岩工每班生产率（每班手工打孔的长度）、按单位炸药消耗量、按掘进生产率（单位体积岩石的工班数）、按地表挖掘生产率（单位体积岩石的工班数）、按巷道掘进速度等，然后综合确定系数f。

普氏在创立岩石坚固性系数f时，采矿技术还处于手工打孔、黑火药爆破时期，当时他用于确定岩石坚固性系数f的方法，除用岩石的单轴抗压强度f_r的1/100（指传统单位为kgf/cm^2，之前普氏还曾取过1/150、1/80）外，现在都已不再适用了。现在f_r的单位采用MPa后，就变成了下式：

$$f=\frac{f_r}{10} \tag{2-23}$$

由此现在很多文献称普氏岩石坚固性系数f就是岩石抗压强度f_r的1/100。只列举这一种方法,而舍弃了其他方面(如凿碎比功 a,见第 3 章岩石可凿性分级的有关内容),即忽略了它们的内在联系,是不妥的。岩石坚固性系数 f 绝非是岩石的“硬度系数”,它在概念上不是单一的岩石单向抗压强度。岩石坚固性系数 f 是岩石在工程破碎下相对难易程度的一个综合性指标,按现代说法,它应是一个模糊量。

普氏岩石分级法抓住了岩石抵抗各种破坏方式,如凿岩、爆破、塌落等的能力趋于一致这个总体特性,并从数值上用一个简明的岩石坚固性系数 f 来表示这个共性,方便了实际应用。普氏岩石坚固性分级法,在苏联和一些东欧国家得到广泛应用。我国自解放初期引进普氏分级法以来,至今仍在沿用。很多设计、施工方法及定额仍然按普氏岩石坚固性系数来确定。但是,少数岩石的稳定性、可凿性、磨蚀性与爆破性并不完全一致,如在黏土中钻孔容易而爆破却困难。此外,普氏分级法没有突出反映岩体结构的特征。我国隧道工程在 20 世纪 70 年代以前采用普氏分级法,为考虑地质条件的影响,即考虑围岩的节理、裂隙、风化等条件,将岩石坚固性系数 f 适当降低,作为岩体的坚固性系数 f':

$$f' = kf \tag{2-24}$$

式中 k——地质条件折减系数。

普氏岩石分级定量清楚,分级简单明了,并可兼顾岩石的稳定性及可凿性、磨蚀性及爆破性分级等的综合性。尤其是当前有关岩石的可凿性、磨蚀性及爆破性分级尚未纳入国家标准时,普氏岩石分级法仍不失为凿岩爆破工程的较通用的岩石分级方法。

2.3.1.2 单参数法简介

单参数法是用一个指标来综合反映岩体完整及坚固状态的分级方法。普氏岩石坚固性分级即是单参数法。目前,单参数法主要有弹性波速分级法、岩巷自稳时间分级法和 RQD 分类法等。

A 弹性波速分级法

声波(弹性波)在坚实强度不同的介质中的传播速度不同。为此,在被测的岩体处产生一个震动,同时在一定距离处接受声波讯号,测出传播速度。据此判断岩体的软硬程度及结构的完整程度,用以进行岩体分级。

B 岩巷自稳时间分级法

岩巷自稳时间分级法是由劳尔夫(H. Laufer)提出的,又称劳尔夫分类法。它按一定跨度的岩巷中不加支护,围岩保持稳定的时间进行岩体分级。岩巷自稳时间分级法将分级指标与工程目的直接联系起来,十分形象。缺点是难以得到确切的数据。

C RQD 分类法

岩体质量指标 RQD 分类法是美国人迪尔(Deere)于 1964 年提出的,他根据直径 54 mm 金刚石钻探时直接获取的岩芯复原率,用 RQD 值来表征岩体质量指标,即

$$\mathrm{RQD} = \frac{\sum L_\mathrm{i}}{L} \times 100\% \tag{2-25}$$

式中 L_i——长度大于 100 mm 的岩芯长度;

L——钻孔进尺总长度。

RQD 值的级差为 5(如 100、95、90 等),其精度已足够。显然,RQD 值越高,反映岩体的完整性越高,强度越大。根据 RQD 值将岩体分为 5 类,如表 2-15 所示。

表 2-15 RQD 值与岩体质量

RQD 值/%	0~25	25~50	50~75	75~90	90~100
岩体质量	很差	差	一般	良好	优质

RQD 分类法的优点是可通过地表钻探直接操作。但未能考虑节理是否含有黏土充填物的影响,也未考虑岩体中结构面的发育特征、岩块性质的影响及这些因素的综合效应,不能全面反映岩体的质量。目前,RQD 值广泛用于多参数法和综合指标法中,作为其一个基本指标。

2.3.1.3 多参数法和综合指标法简介

多参数法和综合指标法是考虑影响岩体稳定性的各种因素的分级方法。多参数法的典型是 NGI 岩体质量 Q 分级法。综合指标法的代表为岩体地质力学分级法(CSIR 分级)。

A 挪威 NGI 岩体质量 Q 分级法

NGI 岩体质量 Q 分级法是由挪威的 N. 巴顿(Barton)等人于 1974 年根据 212 个隧道案例提出的,又称巴顿分级法。它是挪威隧道工法的核心,广泛应用于斯堪的纳维亚半岛。NGI 分级法以 Q 值来评价岩体质量,Q 值依据的是岩体质量指标 RQD 值,节理的组数、粗糙度、蚀变[1]程度和裂隙水,地应力等 6 项指标。可见,它们多与节理状态有关,实质是确定岩体完整程度的参数。将 6 项指标概括成 3 个分式可得出岩体质量 Q 值:

$$Q=\frac{\mathrm{RQD}}{J_n}\cdot\frac{J_r}{J_a}\cdot\frac{J_w}{\mathrm{SRF}} \tag{2-26}$$

式中 RQD——岩体质量指标,当 RQD<25(包括 0),取 RQD=10;

J_n——节理组数,破碎取大值;

J_r——节理粗糙度,粗糙取大值;

J_a——节理蚀变系数,指形成节理后的地质变化,蚀变严重取大值;

J_w——节理含水折减系数,水压高取小值;

SRF——初始应力折减系数,初始应力高取大值。

式(2-26)中 6 个参数的组合,反映了岩体质量的三个方面:RQD/J_n为岩体的完整性,表示块体的尺寸特征;J_r/ J_a表示结构面(节理)的形态、充填物特征及其次生变化程度,表示块体间的强度特征;J_w/ SRF 表示水与初始应力存在时对岩体质量的影响。根据这 6 个参数的实测资料,查相应表格可确定各自的数值。然后代入式(2-26)求得岩体 Q 值,根据不同的 Q 值,将岩体质量评为 9 等,如表 2-16 所示。Q 值法考虑全面,又用定量计算,但各

[1] 岩体蚀变是指在热液成矿过程中,近矿岩体与热液发生化学反应,使岩体的化学成分、矿物成分及结构、构造等遭受不同程度的改变,甚至面目全非。常见的岩体蚀变有:①矽卡岩化,多产于中酸性侵入岩与碳酸盐岩的接触带附近,常由石榴子石、辉石等矿物组成。②云英岩化,主要产于花岗岩类岩石中,由石英和白云母等组成。③绢云母化,常见于中性和酸性火成岩及板岩等富铝岩石中。④绿泥石化,主要由铁、镁硅酸盐矿物去接分而成;也可由热液带入铁、镁组成发生高代蚀变而成。⑤硅化,使围岩中石英或隐晶质 SiO_2 显著增加的一种蚀变作用,分布很普遍。

参数的取值难以准确。

表 2-16 *Q* 值与岩体质量

岩体质量	特别好	极好	良好	好	中等	不良	坏	极坏	特别坏
Q 值	400~1000	100~400	40~100	10~40	4~10	1~4	0.1~1	0.01~0.1	0.001~0.01

至 1993 年已达 1050 个累积案例，巴顿对该法又进行了修正，使其最终以图表的形式出现。图表给出了工程不同的跨度、高度，岩体类别条件下相应的岩体支护结构和对应的锚杆或锚索的长度及支护密度。由此，*Q* 值法得到了广泛的应用。

B 南非 CSIR 评分法

节理化岩体地质力学分级法（CSIR 分级）主要由南非的 Z. T. 别涅亚夫斯基（Bieniawski）于 1973 年根据 49 个隧道案例的调查结果提出。以后陆续增加案例达 351 个，并经过多次修正。CSIR 分级指标值 RMR 由岩块强度、RQD 值、节理间距、节理条件、节理产状及组合关系、地下水 6 项指标组成。先根据 6 项指标的数值按表 2-17 的评分标准，确定各自的评分。6 个评估指标的评分合计总值即是岩体的 RMR 值，它介于 0~100 之间。依据 RMR 值的高低，将围岩分为 Ⅰ~Ⅴ 等 5 级（见表 2-18）。同时，还提供不同隧道跨度的无支护自稳时间以及各类围岩的凝聚力与内摩擦角。

表 2-17 RMR 分级法围岩评分标准

<table>
<tr><td rowspan="3">1</td><td rowspan="2">岩块强度</td><td>点荷载强度/MPa</td><td>>10</td><td>4~10</td><td>2~4</td><td>1~2</td><td colspan="3">此强度范围内以单轴饱和抗压强度为准</td></tr>
<tr><td>单轴抗压强度/MPa</td><td>>250</td><td>100~250</td><td>50~100</td><td>25~50</td><td>5~25</td><td>1~5</td><td><1</td></tr>
<tr><td colspan="2">评 分</td><td>+15</td><td>+12</td><td>+7</td><td>+4</td><td>+2</td><td>+1</td><td>0</td></tr>
<tr><td rowspan="2">2</td><td colspan="2">RQD 值/%</td><td>90~100</td><td>75~90</td><td>50~75</td><td>25~50</td><td colspan="3"><25</td></tr>
<tr><td colspan="2">评 分</td><td>+20</td><td>+15</td><td>+10</td><td>+8</td><td colspan="3">+3</td></tr>
<tr><td rowspan="2">3</td><td colspan="2">节理间距/m</td><td>>2</td><td>0.6~2</td><td>0.2~0.6</td><td>0.06~0.2</td><td colspan="3"><0.06</td></tr>
<tr><td colspan="2">评 分</td><td>+20</td><td>+15</td><td>+10</td><td>+8</td><td colspan="3">+5</td></tr>
<tr><td rowspan="2">4</td><td colspan="2">节理连续性及充填状况</td><td>不连续、紧闭，壁面很粗糙、坚硬</td><td>开口 <1 mm，壁面略粗糙、轻度风化</td><td>开口 1 mm，壁面略粗糙、高度风化</td><td>连续擦痕或含泥 <5 mm 或开口 1~5 mm</td><td colspan="3">连续、含泥 >5 mm 或开口 >5 mm</td></tr>
<tr><td colspan="2">评 分</td><td>+30</td><td>+25</td><td>+20</td><td>+10</td><td colspan="3">0</td></tr>
<tr><td rowspan="4">5</td><td rowspan="3">地下水情况</td><td>隧道 10 m 长的流量/$L\cdot min^{-1}$</td><td>0</td><td><10</td><td><25</td><td>25~125</td><td colspan="3">>125</td></tr>
<tr><td>节理内水压/MPa</td><td>0</td><td>0</td><td>0~0.2</td><td>0.2~0.5</td><td colspan="3">>0.5</td></tr>
<tr><td>渗水情况</td><td>全干</td><td>潮</td><td>湿</td><td>滴水</td><td colspan="3">流水</td></tr>
<tr><td colspan="2">评 分</td><td>+15</td><td>+10</td><td>+7</td><td>+4</td><td colspan="3">0</td></tr>
<tr><td rowspan="2">6</td><td colspan="2">节理产状及组合关系</td><td>很有利</td><td>有利</td><td>可</td><td>不利</td><td colspan="3">很不利</td></tr>
<tr><td colspan="2">评 分</td><td>0</td><td>-2</td><td>-5</td><td>-10</td><td colspan="3">-12</td></tr>
</table>

表 2-18 RMR 分级法各类围岩的评分值、自稳时间与力学参数

围岩类别	Ⅰ	Ⅱ	Ⅲ	Ⅳ	Ⅴ
稳定性评价	很好	好	中等	差	很差
RMR 值	100～81	80～61	60～41	40～21	<20
无支护自稳时间/跨度	10 年/15 m	6 个月/8 m	1 周/5 m	10 h/2.5 m	30 min/1 m
岩体凝聚力 C/kPa	>400	300～400	200～300	100～200	<100
岩体内摩擦角 φ/(°)	>45	35～45	25～35	15～25	<15

CSIR 分级法是南非隧道工法的核心，CSIR 评分法与 Q 分级法之间可以相通。但由于岩体性质和赋存条件十分复杂，CSIR 评分法仅用少数参数或某个数学公式进行分级，难以全面准确地概括所有情况，而且参数测试数量有限，抽样的代表性和数据的代表性均存在一定的局限，实施的难度较大。此外，CSIR 评分法原本是为解决坚硬、具有节理岩体中的浅埋隧道工程而发展的，实践表明不太适用于能造成挤压、膨胀和涌水的软弱岩体。

2.3.2 国内工程岩体分级

自 20 世纪 70 年代以来，国内有关部门在各自工程经验的基础上分别制定了一些岩体分级方法，在本部门或本行业推行应用。然而，这些分级方法的原则、标准和测试方法都不尽相同，彼此缺乏可比性。为避免因分级方法不一致造成失误，更好地汇集和总结各行业岩石工程建设的经验，我国于 20 世纪 90 年代在总结现有的各行业工程岩体分级方法的基础上，编制出统一的国标《工程岩体分级标准》(GB50218—94)。而后，各行业又修订了各自的岩体分级标准。目前有关岩体分级主要是稳定性的分级。有关岩石的可凿性、磨蚀性和爆破性分级，将在 3.1 节和 4.2 节中分别予以简要的介绍。

2.3.2.1 国标《工程岩体分级标准》分级简介

工程岩体分级的详略程度，在工程建设的不同阶段应有所不同。在工程规划和初步设计阶段，应以定性评价为主，判别的依据主要是地表的地质勘绘及部分勘探。在施工图设计阶段，分级指标是半定量或定量的。分级的判别依据除地质资料外，更主要的是详细勘探(包括钻探、坑探、物探等)资料和岩石(体)的室内与现场试验数据。在施工阶段，依据对暴露的围岩进行的各种量测和观测资料，对岩体分级进行补充修正。

《工程岩体分级标准》为适应各种类型岩石工程的岩体稳定性分级需要，分两步进行岩体分级：先确定岩体基本质量，再结合具体工程的特点，确定岩体级别。在确定岩体基本质量和岩体级别时，均采用定性与定量相结合的方法。由于两者可以互相校核和修正，因此提高了分级的可靠性。岩体基本质量是由岩石坚硬程度和岩体稳定程度两个基本分级因素确定的，并以地下水、主要软弱结合面产状、初始应力状态作为修正因素。

A *岩石坚硬程度*

岩石坚硬程度是岩石在外荷载作用下，抵抗变形直至破碎的能力，它是岩石坚固性的一

种表现。岩石坚硬程度分为坚硬岩、较坚硬岩、较软岩、软岩、极软岩等五档。其中坚硬岩、较坚硬岩统称硬质岩;较软岩、软岩、极软岩统称软质岩。定性划分考虑岩石的成分、结构及其成因,岩石风化程度等。按锤击(声音、回弹强度、手触感觉)和受水作用后的软化、吸水反应,风化程度及代表岩石种类来确定。风化程度按风化特征分为未风化、微风化、弱风化、强风化、全风化等五档。在定性划分时,有具体的划分表。但应注意作综合评价,在相互检验中确定岩石坚硬程度的档次。

表征岩石坚硬程度的定量指标可有多种,如岩石单轴饱和抗压强度f_r、弹性(变形)模量E_r、回弹值r等力学指标。其中,单轴饱和抗压强度f_r容易测得,代表性强,应用广泛,同时与其他强度指标相关密切,又能反映出岩石受水软化的性质。因此,《工程岩体分级标准》规定用岩石单轴饱和抗压强度f_r作为岩石坚硬程度的定量指标。f_r应采用实测值,按表2-19确定。硬质岩与软质岩以$f_r = 30$ MPa作为划分界限。

表2-19 f_r与定量划分的岩石坚硬程度的对应关系

坚硬程度	硬质岩		软质岩		
	坚硬岩	较坚硬岩	较软岩	软 岩	极软岩
岩石单轴饱和抗压强度f_r/MPa	$f_r > 60$	$60 \geqslant f_r > 30$	$30 \geqslant f_r > 15$	$15 \geqslant f_r > 5$	$f_r \leqslant 5$

注:岩石单轴饱和抗压强度范围的数学形式是按《岩土工程勘察规范》(GB50021—2001)修正的,《工程岩体分级标准》的极软岩为$f_r < 5$。

岩石点荷载强度具有试验方法简便、可直接用钻探的岩芯或未加工成形的岩块进行测试、方便现场试验、费用低等优点。国内外研究表明,岩石点荷载强度与岩石单轴饱和抗压强度f_r之间具有良好的相关关系。《工程岩体分级标准》采用1990年铁道部第二勘测设计院的研究成果,即$f_r = 22.82 I_{S(50)}^{0.75}$。将实测的岩石点荷载强度指数$I_{S(50)}$换算为表征岩石坚硬程度的定量指标。

应当指出,由于岩体分级是按稳定性分级,故只要$f_r \geqslant 60$ MPa即划为坚硬岩,并未再进一步细分。Ⅰ级的坚硬岩($f_r \geqslant 60$ MPa)相当于普氏岩石坚硬性系数$f = 8 \sim 10$。如以此作为岩石可凿性和爆破性的分级,就嫌偏粗了,必将影响选用凿岩机械及钎具、预估凿岩参数、炸药消耗量、制定生产定额和材料消耗定额等的准确性。对于Ⅰ级坚硬岩的定额,由于要兼顾很坚硬岩($f \gg 10$),只能取$f = 15 \sim 20$岩石的定额,因而定额是不经济的。实际上,一些行业按此分级的材料消耗定额,Ⅰ级坚硬岩的单位炸药消耗量q果然偏大。

B 岩体完整程度

岩体完整程度分为"完整、较完整、较破碎、破碎、极破碎"五档。岩石完整程度的定性划分,主要考虑的因素如下:

(1) 结构面的几何特征,即结构面发育程度。它是以结构面的组数及其平均间距确定的。

(2) 结构面的性状特征,即主要结合面的结合程度。主要结合面是指相对发育的结构面,或对围岩稳定性起控制作用的结构面,例如成层岩体的泥化层面,一组很发育的裂隙,次生泥化夹层，含断层泥❶、糜棱岩的小断层等。结合面的结合程度按结构面特征，即张开度、粗糙状况、充填物性质及其形状等分为“结合好、结合一般、结合差、结合很差”四档，有具体划分表可查。结构面粗糙状况也是决定结构面结合好坏的重要因素，它在很大程度上影响结构面的抗剪强度。

(3) 主要结合面类型，它是指节理、裂隙、层面、断层等。

岩体完整程度的定量指标，采用岩体完整性指数 K_v 的实测值，$K_v=(v_{pm}/v_{pr})^2$，其中 v_{pm}、v_{pr} 分别为岩体和岩石中的声波纵波速度。声波纵波速度的测试方法简便，K_v 值既能反映岩体结构面的发育程度，又可反映结构面的性状，是一项全面反映岩体完整性的定量指标。

对于初期勘察阶段或规模较小的岩巷工程，往往不进行弹性波（声波）探测，或勘测单位没有弹性波探测设备时，K_v 可采用岩体体积节理（结构面）数 J_v 代替。岩体体积节理数 J_v 是指单体岩体体积内的节理（结构面）数目。研究表明，J_v 值与 K_v 值有较好的相关性。J_v 值是国际岩石力学委员会推荐用以定量评价岩体节理化程度和单元岩体块度的一个指标。但是，J_v 值不能反映结合面的结合程度，尤其是结构面的张开度和充填物性状等。《工程岩体分级标准》规定，J_v 值作为评价岩体完整性的辅助定量指标，可量测 J_v 值后按对应表换算成 K_v 值。

C 围岩基本质量指标

采用多参数法，以两个基本分级因素 f_r、K_v 为参数，采用逐步回归❷，用权值系数计算各因素的单值，用和差计算质量总值，最后得出岩体基本质量指标 BQ 的表达式：

$$BQ = 90 + 3f_r + 250K_v \tag{2-27}$$

式中 f_r——岩石单轴饱和抗压强度，MPa；

K_v——岩体完整性指数。

上式的使用条件是：上限为 $f_r > 90K_v + 30$ 时，应取 $f_r = 90K_v + 30$；下限为 $K_v > 0.04f_r + 0.4$ 时，应取 $K_v = 0.04f_r + 0.4$。这是因为岩体虽然坚硬但完整性较差时，其稳定性较低，即岩石的 f_r 很大、岩体的 K_v 不大时，需要限制 f_r 值，以使 BQ 值不致太高；当岩体的 K_v 很大，而岩石的 f_r 很小时，即岩体的完整性虽好但甚为软弱，其稳定性也较低，这时需要限制 K_v 值，以使 BQ 值也不致太高。

D 岩体分级

岩体的初步分级是指根据岩体基本质量的定性特征和岩体基本质量指标 BQ 两者相结合进行分级。岩体基本质量的定性特征包括按定性划分的岩石坚固程度和岩体完整程度。岩体基本质量等级分类参见表 2-20。

---

❶ 断层泥是由断层运动碾磨其两盘岩石形成的弱固结或未固结的粉末状或泥状岩石。它呈不同色调的条带平行展布于地壳浅层的脆性断层中。

❷ 应用多元回归分析的方法建立回归方程，以便对因变量进行预报或控制时，希望在回归方程中包含所有对因变量 y 影响显著的自变量，而不包含对 y 影响不显著的自变量。逐步回归分析即是在考虑的全部自变量中按其对 y 的作用、显著程度或贡献，由大到小地逐个引入回归方程，而那些对 y 作用不显著的变量不被引入回归方程。此外，已被引入回归方程的变量在引入新变量后也可能失去其重要性而从回归方程中删除。

表 2-20 岩体基本质量等级分类

坚固程度	完整程度				
	完 整	较完整	较破碎	破 碎	极破碎
坚硬岩	Ⅰ	Ⅱ	Ⅲ	Ⅳ	Ⅴ
较硬岩	Ⅱ	Ⅲ	Ⅳ	Ⅳ	Ⅴ
较软岩	Ⅲ	Ⅳ	Ⅳ	Ⅴ	Ⅴ
软 岩	Ⅳ	Ⅳ	Ⅴ	Ⅴ	Ⅴ
极软岩	Ⅴ	Ⅴ	Ⅴ	Ⅴ	Ⅴ

岩石坚固程度和岩体完整程度是影响工程岩体稳定性的两个基本因素，反映了岩体质量的基本特征。但是，它们远不是影响岩体稳定性的全部重要因素。岩体存在的地下水、不利的软弱结构面、高初始应力都是影响稳定性的重要因素。地下水对岩石的软化作用，可由单轴饱和抗压强度反映出来，但水的其他作用在基本质量指标中未得到反映，需要进行修正。《工程岩体分级标准》将地下水、不利的软弱结构面、高初始应力作为岩体分级的修正因素。岩体详细分级时应调查地下水、软弱结构面产状、初始应力状态，按修正后的岩体基本质量指标（BQ）进行。修正前后可能仍属于同一级，似无意义，但修正后可能由原来靠近某级的上限而变为处于该级的中部或接近下限。这对于评价岩体稳定性和选用支护参数都是有意义的，因为它们都有一定的范围。此外，如果单修正地下水的影响，可能由某级的上限变为该级的中部，如果再加上另一影响因素的修正，则可能降低一级了。

高初始应力的定义由于岩体的复杂性、地质条件的多样性以及地应力的不确定性至今都难以统一。它是一个相对的概念，即是相对于岩体抗压强度f_r而言的，可采用岩石抗压强度与最大初始应力的比值（f_r/σ_{max}）作为判定是否出现高地应力或极高地应力的条件。当比值（f_r/σ_{max}）大于一定值时，可认为初始应力对围岩的稳定不起控制作用。当比值小于一定值时，同时由于硐室周边应力集中，对围岩稳定性或变形破坏的影响就变得明显，尤其是最大初始应力接近岩石抗压强度时更为显著。不同国家、不同学者采用不同的强度应力比f_r/σ_{max}标准，而且差别较大。《工程岩体分级标准》规定，$f_r/\sigma<4$为极高应力，$f_r/\sigma=4\sim7$为高应力，这时就会发生岩爆或岩芯饼化❶。《工程岩体分级标准》的具体分级方法，详见附录A.1国家标准《工程岩体分级标准》。

2.3.2.2 其他围岩分级简介

国标《锚杆喷射混凝土支护技术规范》（GB50086—2001）中的围岩分级是按硐室围岩分级的。围岩级别的划分，是根据岩体结构、结构面发育特征、岩石坚固性、岩体声学性质、地下水和地应力状况等因素综合确定的。详见附录A.2。

《矿山井巷工程施工及验收规范》（GBJ213—90）中规定了围岩分类。《铁路隧道设计规范》（TB10003—2005）中的围岩分级没有采用岩体基本质量定量指标BQ，但定性指标及分级

❶ 岩芯饼化是岩芯在钻取后因初始应力释放而裂成饼状的现象。它发生的原因与岩爆一样是岩体中有较高的初始应力，但岩芯饼化是发生在中等强度以下的岩石中。岩芯饼化可使掘进时洞壁岩体剥离，位移极为显著，甚至发生大位移。岩芯饼化一般可持续几天至几个月。

因素基本与《工程岩体分级标准》一致。对有关影响因素则采用定性判断加以修正。《公路隧道设计规范》(JTG D70—2004)的分级方法基本执行《工程岩体分级标准》的思路及方法。将围岩等级改为围岩分级,同时将围岩分级的序列调整为与《工程岩体分级标准》相同。岩石坚硬程度和岩体稳定程度的定性划分、定量划分及其定量指标也相同。同样采用相同的“岩体基本质量的定性特征”(称“围岩或土体主要定性特征”)和基本质量定量指标 BQ 两个指标进行分级,只是在围岩或土体主要定性特征中增加了结构类型。《地下铁道工程施工及验收规范》(GB50299—1999,2003 年版)中的工程岩体基本质量分级标准,直接采用《工程岩体分级标准》中的“岩体基本质量分级”标准,岩体基本质量的定性特征和岩体基本质量定量指标 BQ 的计算方法及参数选择也按其执行。《水利发电工程地质勘察规范》(GB50287—2006)的围岩分类是以岩石强度、岩体完整程度、结构面状态、地下水和主要结构面产状 5 项因素之和的总评分为基本判据,以围岩强度应力比为限定判据。上述各行业围岩分级标准经过各自不断修改,已是大同小异,考虑的因素与分级级数,大体与国标《工程岩体分级标准》是比较一致的,如表 2-21 所示。隧道和地下铁道中的Ⅵ级为土的分级,若将其取消后,则与国标基本一致。应当指出,今后应该、也完全有可能统一成一个通用标准,以便各行业部门的交流及提高。矿山、铁路隧道、公路隧道、地下铁道、水利水电工程等行业部门都有各自的围岩分级(详见附录 A.3)。

表 2-21 国内围岩分级标准考虑因素与分级级数

围岩分级标准	岩石强度	岩体完整程度	地下水	初始应力状态	主要软弱面产状	结构面状态	声波速度	风化程度	其他	分级级数
《工程岩体分级标准》(GB50218—94)	√	√	√	√	√	√	√	√		5
《锚杆喷射混凝土支护技术规范》(GB50086—2001)	√	√		√			√			5
《铁路隧道设计规范》(TB10003—2005)	√	√	√	√				√		6
《公路隧道设计规范》(JTGD70—2004)	√	√	√	√	√					6
《水利发电工程地质勘察规范》(GB50287—2006)	√	√	√	√	√	√				5
《地下铁道工程施工及验收规范》(GB50299—1999,2003 年版)	√	√				√				5
《岩土工程勘察规范》(GB50021—2001)	√	√					√	√	√	5

注:《铁路隧道设计规范》(TBJ3—85)和《公路隧道设计规范》(JTG026—90)、《公路隧道施工技术规范》(JTJ042—94)为围岩分类,且Ⅰ~Ⅵ类的排序与现在相反,Ⅰ类围岩为软弱;Ⅵ类围岩为稳定。

《铁路隧道设计规范》、《铁路隧道施工规范》(TB10204—2002)和《公路隧道设计规范》均已根据围岩等级,直接给出设计和施工的参数,例如洞口边、仰坡控制高度、模筑混凝土支护形式选择、复合式模筑混凝土支护的设计参数、预留变形量,喷锚支护的设计参数,开挖方法及开挖、支护顺序、量测项目、初期支护的极限相对位移值等。

2.4 地质勘察

地质勘察是根据建设工程的要求,查明、分析、预测和评价围岩分布情况、地质结构、水文地质条件及可能存在和发生的地质问题,对工程的影响和危害,提出防治不良地质现象的措施，并编制勘察文件的活动。它为工程建设的规划、设计和施工提供地质资料，是工程设计与施工的重要依据。在地质条件复杂的山区建设岩巷工程，投资巨大，技术难度大，施工中由于前方地质情况不明，常常出现各种险情，有时甚至发生山体滑坡，岩巷塌方、涌水等地质灾害以及模筑混凝土开裂等严重工程问题，不仅延误工期、造成巨大的经济损失，而且危及人员生命安全。地质灾害的突发还会带来一系列的环境地质问题。据国内隧道施工的不完全统计，施工过程中由于塌方、涌水、碎屑流、高地温、高地应力及岩爆、高瓦斯等地质灾害事故造成的停工时间，大约占总工期的30%。为在岩巷施工过程中能及时提供准确的工程地质资料，预防开挖洞段出现地质灾害，还应进行超前地质预报。

2.4.1 工程地质勘察阶段

工程地质勘察分为施工前勘察和施工阶段勘察。施工前工程地质勘察阶段的划分是与设计阶段的划分相一致的，一定的设计阶段需要相应的工程地质勘察资料。一般分为可行性研究（选址）勘察、初步勘察、详细勘察等。各阶段的地质勘察是相互联系的一个整体。岩巷工程建设由于地质的复杂程度、规模、性质，自然地理条件的不同，实际工程中各勘察阶段的基本内容常互有穿插。应结合工程实际情况，安排勘察内容及其深度。

2.4.1.1 可行性研究（选址）地质勘察

可行性研究（选址）勘察是通过收集区域地质资料，现场踏勘和调查，了解拟选建设方案的地形地貌、地层岩性、地质构造、工程地质、水文地质和环境条件，做出可行性评价，选择合适的洞址和洞口。

A 目的任务

可行性研究勘察应初步查明拟建岩巷工程一定区域范围内的工程地质条件。根据拟选场地的建设条件，通过技术经济分析，提出定点比较方案，为选择理想的建洞山体、施工场地和开通道路提供工程地质依据。

B 主要工作

可行性研究勘察的主要工作有：

（1）收集当地的区域地质、地形地貌、地震、矿产、气象及附近工程的地质资料，并进行分类汇总和综合分析研究。

（2）在收集和分析研究已有资料的基础上，进行踏勘。以拟建岩巷工程两侧为重点，初步查明山体、施工现场、道路通过地段的主要地层岩性，地质构造、主要岩土体的工程地质特征、不良地质现象、覆盖层厚度、地下水发育情况以及岩巷工程对周围环境的影响。

（3）工程地质测绘的重点如下：

1）拟建区域及周边一定范围内的地形地貌、山体与沟谷发育走向特征，边坡形态特征；

2）地层、褶皱构造、断层构造的出露位置、产状、分布范围；

3）地表水与地下水的分布及水力联系；

4）不良地质现象的位置与分布范围、稳定性发展趋势等。

（4）提交拟建工程山体、施工场地、道路通过地段的1∶2000～1∶5000 工程地质图、工程地质勘察报告及工程地质勘探编录资料。

2.4.1.2 初步地质勘察

初步勘察采用工程地质测绘、勘探及测试等方法,初步查明选定方案的地质条件和环境条件,初步确定围岩级别,对洞址和洞口的稳定性做出评价,为初步设计提供依据。

A 目的任务

初步勘察时,工程地质测绘和调查应查明下列问题:

(1) 地貌形态及成因类型;

(2) 地层岩性、产状、厚度、风化程度;

(3) 断裂和主要裂隙的性质、产状、充填、胶结、贯通及组合关系;

(4) 不良地质作用的类型、规模和分布;

(5) 地震地质背景;

(6) 地应力的最大主应力作用方向;

(7) 地下水类型、埋藏条件、补给、排泄和动态变化;

(8) 地表水体的分布及其与地下水的联系,淤积物的特征。

B 主要工作

初步勘察的主要工作有:

(1) 通过收集已有资料、现场踏勘、工程地质测绘及工程地质勘探,对岩巷工程建设范围内的工程岩体进行初步分级。

(2) 工程地质测绘的重点是:

1) 查明岩巷沿线的地层岩性,重点查明松散、软弱、膨胀、易溶和喀斯特化地层的分布以及地层中有害气体或放射性矿物的赋存情况。

2) 查明岩巷沿线地层的产状,褶皱、主要断层破碎带的分布位置、产状、规模、性状及其组合关系。当岩巷穿越活动断层时,应做专门研究。

3) 查明岩巷沿线的地表水与地下水的分布及水力联系。

(3) 当工程地质条件比较复杂,现有资料及踏勘不能满足要求时,还应对拟建工程的山体、施工场地、道路通过地段进行工程地质测绘和必要的山地工程[1]工作。

洞区地质条件的复杂程度可按表 2-22 确定。

表 2-22 洞区地质条件复杂程度的区分

复杂程度	特征
简单	露头良好,地质构造简单,岩性单一,没有或仅有小的断裂,无影响施工的不良地质现象,无地下水或影响轻微
中等	露头良好,有多种岩性及软弱夹层分布,有小断层,不良地质现象较发育、但对工程影响不严重,有季节性地下水活动

[1] 工程地质勘探由物探、钻探与山地工程组成。山地工程一般采用浅坑、槽探、剥土等轻型工程,目的是了解砂土下浅埋岩、土体界线,构造形迹,破碎带宽度,包气带松散地层的渗透系数,及进行采样和现场试验。

续表 2-22

复杂程度	特　征
复杂	露头稀少,岩性或相变❶,沉积韵律❷复杂,多软弱夹层,地层褶皱,断裂现象发育,构造裂隙组合较多,不良地质现象发育、对工程影响严重,地下水常年活动

2.4.1.3 详细地质勘察

详细勘察是指根据主管部门批准的初步设计文件及审核意见,采用钻探、钻孔物探和测试为主的勘察方法进一步核对、深化相关勘测资料,详细查明洞址、洞口的工程地质和水文地质条件,分段划分围岩级别,对复杂地质问题给出可靠性结论,评价洞体和围岩的稳定性,为支护设计和确定施工方案提供资料。

A 目的任务

在选定的区域范围内,通过几个拟选方案的比较,最后确定岩巷主轴线、洞口、施工场地和交通路线的位置,确定围岩级别及围岩稳定性评价、提出不良地质现象防治措施的建议,并为支护设计和施工掘进方法、掘进方案提供可靠的工程地质依据。此外,还宜给出岩石的可凿性、磨蚀性及爆破性分级。详细勘察应进行下列工作:

（1）查明地层岩性及其分布,划分岩组和风化程度,进行岩石物理力学性质试验;

（2）查明断裂构造和破碎带的位置、规模、产状和力学属性,划分岩体结构类型;

（3）查明不良地质作用的类型、性质、分布,并提出防治措施的建议;

（4）查明主要含水层的分布、厚度、埋深,地下水的类型、水位、补给排泄条件,预测掘进期间的出水状态、涌水量和水质有无侵蚀性。

B 主要工作

地质详勘应详细查明已选定岩巷工程山体沿轴线一定范围内洞口位置、施工场地、道路通过地段的工程地质特征,岩性,地质构造,覆盖层厚度,水文地质条件,不良地质现象的分布、成因以及对围岩稳定性的影响程度及发展趋势。详细勘察可采用浅层地震勘探和隧道地震 CT 测试等方法,详细查明岩石风化程度,隐伏体(如溶洞、破碎带等)的位置,在钻孔中进行弹性波波速测试,为评价岩体稳定性,计算动力参数,确定岩体质量等级及围岩分级提供资料。具体内容如下:

（1）工程地质特征,主要有地质构造及地层、岩性情况:

1）岩性调查包括松散堆积物、岩石种类及特征、岩石物理力学性质、风化及变质情况;

2）地质构造包括地层、褶皱、断层与破碎带、节理及岩体结构的完整性等。重点查清地质构造变动的性质、类型、规模,断层、节理、软弱结构面特征及其与岩巷的组合关系。

---

❶ 同一层沉积物质由于所处水域不同,性质可能会有很大的差别,在深水处形成的是泥岩,在浅水处则可能是砂岩甚至砾岩;或是同一种地层,由于沉积环境不完全相同,物理性质也可能不同。例如都是同一层的砂岩,但可能有的地方渗透性较好而有些地方渗透性较差。这种现象称为岩性变化或相变。

❷ 沉积韵律是指按颗粒从大到小、比重从大到小的顺序先后分层沉积而成地层的规律,在地层剖面上,表现在从老到新的顺序上,地层依粒度从粗到细,依次为粗砂岩—中砂岩—细砂岩—粉砂岩—泥岩。

(2) 地下水类型及地下水位、含水层的分布范围及相应的渗透系数、涌水量、补给关系、水质及其对混凝土的侵蚀性，有无异常涌水、突水。重点是对岩巷工程的影响。

(3) 不良地质和特殊地质现象，如崩塌、滑坡、岩溶、泥石流等，查明其类型、规模。判定其发展的趋势及对岩巷稳定的影响程度。

(4) 地震烈度。按《中国地震烈度区划图》的规定，划分工程所在地区的地震烈度，必要时应经地震部门鉴定。在地震烈度大于 7 度的地区，收集调查断裂构造时，应注意全新世活动断裂❶和发震断裂❷。

(5) 当测区存在有害气体和放射性物质时，应按劳动保护、环境保护的相关规定，查明其含量，预测释放程度。

经过详细勘察后，由岩体基本质量指标确定的围岩分级，可判断在掘进过程中毛洞的稳定情况，如表 2-23 所示。表中的自稳能力包括变形和破坏两方面，它是指长期作用的结果。掘进后短时间不破坏，并不能说明岩体是稳定的，需通过变形量测和较长时间作用的检验。

表 2-23 围岩级别与岩巷工程自稳能力

岩体级别	自 稳 能 力
Ⅰ	跨度≤20 m，可长期稳定，偶有掉块，无塌方
Ⅱ	跨度 10 ~ 20 m，可基本稳定，局部可发生掉块或小塌方； 跨度 < 10 m，可长期稳定，偶有掉块
Ⅲ	跨度 10 ~ 20 m，可稳定数日至 1 月，可发生小塌方或中塌方； 跨度 5 ~ 10 m，可稳定数月，可发生局部块体移位及小塌方或中塌方； 跨度 < 5 m，可基本稳定
Ⅳ	跨度 > 5 m，一般无自稳能力，数日至数月内可发生小塌方，进而发展为中塌方或大塌方。埋深小时，以拱部松动破坏为主；埋深大时，有明显塑性流动变形和挤压破坏； 跨度 < 5 m，可基本稳定
Ⅴ	无自稳能力

注：小塌方为塌方高度小于 3 m，或塌方体积小于 30 m^3；中塌方为塌方高度为 3 ~ 6 m，或塌方体积为 30 ~ 100 m^3；大塌方为塌方高度大于 6 m，或塌方体积大于 100 m^3。

当地质条件复杂时，应进行详细的工程地质测绘、勘探工作，包括山地工程，并适当扩大勘察范围。目前，我国的详勘手段仍以传统的钻探方法为主，通过岩芯探测地层内部深处的情况。为减少主观性，应采用钻探、坑探及物探相结合的综合勘察方法。

C 洞口和洞轴线位置的确定

洞口和洞轴线位置的确定应符合下列要求：

(1) 岩巷轴线应与区域构造线❸，地层岩性走向线，主要断层、主要节理方向垂直或以最大角度相交，并尽量沿山脊布置。

---

❶ 全新活动断裂是指在第四纪全新世(Q4)地质时期 1.0 万年以来有过地震活动，或近期正在活动，在今后 100 年可能发生继续活动的断裂。

❷ 发震断裂是指具有潜在地震活动的断裂。在全新活动断裂中、近期(近 500 年来)发生过地震震级 M≥5 级的断裂，或在今后 100 年内，可能发生 M≥5 级的断裂，可定为发震断裂。

❸ 区域构造线是区域性构造在地面上的延伸线，如褶皱或断层轴向、区域性片理或劈理的走向线等。

（2）洞轴线的间距，应满足围岩稳定的要求，并应避开如下地段：

1）不良地质现象发育，对围岩稳定性有直接危害或潜在威胁的地段；

2）对岩巷抗震不利的地段；

3）洪水可能淹没岩巷或地下水有严重威胁或不良影响的地段；

4）地下有未开采的有价值的矿藏、不稳定的地下采空区或岩溶发育的山体。

（3）洞口应选在新鲜岩石直接出露且有较完整的厚层地层，风化松散覆盖层较薄、山坡下陡上缓的反向坡❶，或无滑坡、无崩塌的反向坡上。

（4）洞口标高应根据周围地形、地质情况，按有利于洞内外交通运输、洞内排水和防洪要求来确定。

2.4.1.4 岩巷工程地质勘察报告

岩巷工程地质勘察报告包括文字和图表两大部分。勘察报告根据任务要求，勘察阶段、工程特点和地质条件等具体情况编写，应包括下列内容：

（1）勘察目的、任务要求和依据的技术标准。

（2）拟建工程概况。

（3）勘察方法和勘察工作布置。

（4）地形地貌、地层、地质构造、岩石性质。

（5）各项岩土性质指标，岩土的强度参数、变形参数的建议值。

（6）地下水埋藏情况、类型、水位及其变化。

（7）地下水对建筑材料的侵蚀性。

（8）可能影响工程稳定的不良地质作用的描述和对工程危害程度的评价。

（9）详细勘察报告，还应包括如下内容：

1）划分围岩级别；

2）提出洞址、洞口、洞轴线位置的建议；

3）对洞口、洞体的稳定性进行评价；

4）提出支护方案和施工方法的建议；

5）对地面变形和既有建筑的影响进行评价。

勘察报告应附下列图表：

（1）勘探点平面布置图；

（2）工程地质剖面图；

（3）工程地质柱状图；

（4）原位测试成果图表；

（5）室内试验成果图表。

2.4.2 工程地质勘察方法

在地面露头较少、岩性变化较大或地质构造复杂的地方，仅靠地面观测不能得到地下的

---

❶ 坡面按其倾向与地层倾向的关系，可分为反（逆）向坡和同（顺）向坡。坡面倾向与地层倾向一致为同向坡，坡面倾向与地层倾向相反为反向坡，反向坡可避免顺层滑动。

地质情况，而需要采用地质勘察来获得地下的地质情况和资料。工程地质勘探是利用一定的机械工具、专门仪器或开挖作业深入了解地下地质情况的工作。它包括物探、钻探和坑探。

2.4.2.1 地质钻探

地质钻探是利用地质钻机(岩芯钻机)向地下钻孔，采集岩芯，鉴别和划分地层、进行地质试验的一种勘探方法。钻探是直接查明地下地质情况采用最广泛的一种可靠手段。工程地质钻孔的深度通常为数十米至数百米。钻孔直径变化较大，一般为36～205 mm。

地质钻探的优点是可获得多种较准确可靠的地质资料，可利用岩芯进行室内试验，或直接在钻孔内进行某些原位测试，而且工作一般不受地质、地形及气候条件的限制。但地质钻探的成本较高，有些地层(如破碎带、卵石层或淤泥层等)的钻进或取样困难。此外，如果布孔不当时，取得的资料会不够理想。因此，为更好地发挥钻探的作用，避免盲目性和随意性，应在地质调查的基础上进行布孔钻探。

2.4.2.2 地质坑探

地质坑探是在地表或地下挖掘小断面坑道，进行直接观察的一种勘探方法。地质坑探包括坑探、槽探、井探(浅井、竖井、斜井)和硐探等。当钻探方法难以准确查明地下情况或在丘陵、山区钻机难以就位时，可采用探井、探槽进行勘探。在岩巷工程的勘察中，当需要详细调查深部地层性质及其构造时，可采用竖井或平硐(巷)勘探。

坑探的优点是：勘察人员能直接观察到地质结构、地层产状，准确可靠，可不受限制地从中采取原状岩土试样和进行大型原位试验，尤其对研究断层破碎带、软弱泥化夹层等的空间分布及其工程性质等更具有重要意义。坑探工程的缺点是：往往受到自然地质条件的限制，勘探周期长，耗费资金大，尤其是井探和硐探应慎重采用。

2.4.2.3 物探

物探是地球物理勘探的简称，它是利用物理学的原理、方法和专门仪器，测试各种地球物理场的变化，综合分析工程地质、水文地质特征及物理参数的一种勘探方法。不同地质体具有不同的物理性质，通过测定地层的电导率、磁性或弹性波速度、密度等参数，可以划分地层岩性，判断地质结构、地下水的埋藏深度、破碎带或岩溶的分布情况。近20年来，工程物探技术取得了飞速的发展，集中体现在根据弹性波理论、电磁波理论和电学原理发展而来的各种工程物探技术。

相对传统的钻探方法，物探具有方法简单、迅速、经济等特点。但由于地层变化的复杂性及各物探方法有效性的限制，物探成果一般较粗略。因此，物探应以地质调查为指导，多种工程物探手段联合使用，互相补充，互相验证，即采用综合工程物探技术，并用钻探加以验证。

物探方法很多，常用的方法有电法、重力、电磁波法、弹性波勘探等。其中弹性波技术在岩土工程勘察中是发展最快、应用最为广泛的。其次是电磁波技术和电法技术，其主要代表是地质雷达勘探法和高密度电法。

A 弹性波勘探

弹性波勘探包括地震波勘探和声波勘探。它是通过人工激发震源,利用弹性波在不同介质中传播的特点不同,来判定地质构造、岩体结构和岩石的物理力学特性。在地震勘探时,用人工震源(炸药、机械等)产生地震扰动,这种扰动作用力很小,作用时间很短,因此在远离震源处,各种岩石均可视为完全弹性体。在弹性体内,由震源产生的弹性振动会由近及远地传播出去,就形成了在岩土中传播的弹性波——地震波。在传播过程中遇到波阻抗界面(地层界面)就会产生折射、反射、绕射现象。研究折射波、反射波波前面与其传播时间的关系,并按一定的方法和程序解释地震资料,就可确定地层面的空间位置和形态。地震波的传播速度取决于岩土的类型、成因、岩土体的应力状态和物理力学性质,因此可用波速判定岩性。

地震波勘探可探测大范围覆盖层厚度和基岩起伏,探测含水层、断层破碎带,测定风化层厚度和岩土的弹性参数等。而声波勘探适用于小范围的探测,如划分岩体、对围岩进行分级,测定围岩松动圈,检查混凝土和帷幕注浆的质量等。

B 高密度电法勘探

高密度电法是指直流高密度电阻率法及由其发展出的直流激发极化法。它是在常规电阻率法的基础上发展起来的,实质上是一个多电极测量系统,是一种阵列勘探方法。高密度电法与常规电阻率法一样,物理前提是地下介质间的导电性差异,通过A、B电极间向地下供电,建立地下人工电场,然后在地面由M、N电极测量电位差,求得各记录点的视电阻率❶ρ_s。由现场实测视电阻率值经计算机处理分析、解释,最终获得地层划分和异常圈定等地质信息。

现场测量时将全部电极(几十至上百根)置于剖面上,然后利用程控电极转换开关和电测仪便可实现剖面中不同电极距、不同电极排列方式的数据快速自动采集。将测量结果送入计算机后,可对数据进行处理并给出关于地电断面分布的各种物理解释的结果。

高密度电法与常规电阻率法相比,具有成本低、效率高,信息丰富,解释方便,勘探能力显著提高等特点。目前,国内高密度电法已应用于查明地表下一定深度的断层,物探找水、岩溶及地质灾害调查等。

2.4.3 施工地质调查

施工中的地质调查是一项十分重要的基础工作,以往不够重视。地质调查是配合掘进来进行的,通常采取对掘进工作面的直接地质观察、素描、摄像、量测及地面补充调查。对工程地质及水文地质复杂、多变的地段,可采用超前地质预报,并采取必要的预防措施来确保施工安全快速进行。

2.4.3.1 目的任务

地质调查主要是验证和修改已获取的工程地质资料,处理并解决在掘进过程中遇到的工程地质问题。只有掘进中揭露出来的地质状态,才能比较客观、可靠地了解围岩的稳定

---

❶ 在地下存在混凝土和多种岩石的情况下,用电阻率法测得的电阻率,并不是混凝土或某种岩石的真电阻率。它除受混凝土或各种岩石电阻率的综合影响外,还与混凝土或岩石、矿石的分布状态(包括一些构造因素)及电极排列等具体情况有关,因此称为视电阻率。

性，进而采取最符合实际地质条件的施工及支护措施。当发现已获取的工程地质资料与实际有较大差异时，应及时提出修改设计和施工方案的建议。在岩巷施工中，因围岩级别的变动而变更设计（支护结构参数）和施工方法的情况是屡见不鲜的。

在新奥法施工中，将地质及支护状况观察列为第一项必测项目，以为设计和施工提供详细的工程地质资料。根据施工阶段掘进工作面的观察和量测数据进行评价选择支护结构时，常常是滞后于地质条件的变化。因此，掌握地质变化的大致规律是十分重要的。

2.4.3.2 主要工作

施工中工程地质调查应完成下列的主要工作：

（1）对掘进所揭露出的地层岩性、地质构造、地下水等情况进行核定。分析判定实际的围岩级别。当岩性、地质构造和地下水状态、初始应力状态与设计资料有较大的差别时，应及时对围岩的稳定性和围岩级别作出修正。

（2）进行岩巷净空变化（收敛）量测，深部围岩位移量测，围岩压力量测，钻孔声波量测等。

（3）对重点部位（如断面变化处、岩巷交叉处等）的软弱结构面和软弱夹层进行现场原位抗压强度和抗剪强度试验。

（4）及时预报和解决施工中遇到的工程地质和水文地质问题。

（5）实测岩巷地质纵剖面图，并纳入工程竣工文件。地质纵断面图（比例1/500～1/2000）应反映岩体种类、地质构造、岩性、产状、涌水等。图2-29为某隧道工程的地质纵断面图。

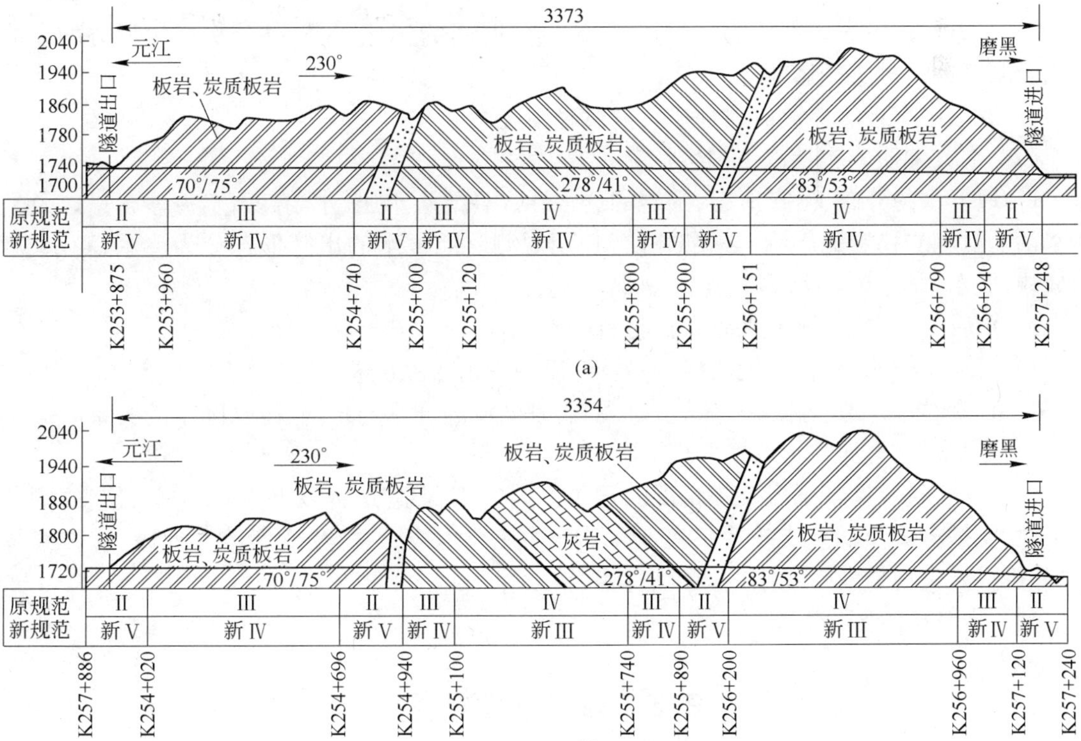

图2-29 某隧道工程的地质纵断面图

（a）上行线地质纵断面；（b）下行线地质纵断面

2.4.3.3 掘进工作面的地质素描

掘进工作面的地质素描应由专人随掘进及时进行,地层岩性变化点、构造发育部位、岩溶发育带附近等复杂、重点地段应在每次爆破后进行一次观察、素描,其他一般地段则应每掘进10~20m进行一次素描,包括工作面、拱顶、两侧墙及底板。对岩巷内重要的和具代表性的地质现象还应进行摄影或录像。地质素描应记录下列主要内容:

(1)工程地质。包括以下内容:

1)地层岩性。描述地层年代、岩性、层间结合程度、风化程度等。

2)地质构造。描述褶皱、断层、节理裂隙特征、地层产状等。断层应描述其位置、产状及与岩巷的关系、性质、破碎带宽度、物质成分、含水情况等。节理裂隙应描述其产状、组数、间距、延伸长度、张开度、充填物质及节理面特征、力学性质等,分析其组合特征、判断岩体完整程度等。

3)岩溶。描述其规模、形态、位置、所属地层和构造部位,充填物成分、状态以及岩溶展布的空间关系。

4)特殊地层。对煤层,含沥青、含膏盐(石膏、芒硝、岩盐)地层,膨胀岩和含黄铁矿地层应单独描述。

5)人工坑洞。岩巷影响范围内的各种坑道和洞穴的分布位置及其与岩巷的空间关系。

6)地应力。描述高地应力显示性标志及其发生部位,如岩爆、软弱夹层挤出、钻孔岩芯饼化等现象。

7)塌方。记录塌方部位、方式与规模及其随时间的变化特征,并分析产生塌方的地质原因及其对继续掘进的影响。

8)地层中有害气体及放射性矿物的赋存情况。

(2)水文地质。包括以下内容:

1)地下水的分布、出露形态,围岩的透水性、出水量、水压、水温、颜色、泥沙含量以及地下水活动对围岩稳定的影响,必要时进行长期观测。地下水的出露形态分为渗水、滴水、滴水成线、股水(涌水)、暗河等。

2)水质分析,判定地下水对支护材料的侵蚀性。

3)出水点与地层岩性、地质构造、岩溶、暗河等的关系分析。

4)必要时进行地表相关气象、水文观测,判断洞内涌水与地表径流、降水的关系。

5)必要时建立涌突水点地质档案。

(3)围岩稳定性特征及支护情况。记录不同的工程地质、水文地质条件下岩巷的围岩稳定性、支护方式及初期支护后的变形情况。对发生围岩失稳及变形较大地段,应详细描述、分析围岩失稳或变形发生的原因、过程、结果等。

(4)岩巷施工围岩分级。

2.5 超前地质预报

施工前的常规工程地质勘察方法(地面测绘、钻探、坑探等)对深埋岩巷的工程地质和水文地质情况难以完全查明。超前地质预报是在岩巷施工过程中,在前期地质勘察成果的基础上，采用各种地质调查手段，对掘进工作面前方一定范围内围岩的地质条件进行预测。超前地质预报是勘测设计阶段工程地质工作的延续，对在地质条件复杂多变地段降低地质灾害发生风险，确保施工质量，加快施工进度，节约工程投资都有重要意义。在新奥法中，超前地质预报与监控量测密切相关，都以研究围岩的稳定性为目的。但超前地质预报偏重于保证施工安全，以定性为主；而监控量测则主要用于支护结构的动态设计，以定量分析为主。监控量测可为超前地质预报提供数据，超前地质预报则为新奥法的初期支护提供参考依据。目前，超前地质预报已广泛应用于隧道工程等的施工中。

2.5.1 超前地质预报方法与流程

2.5.1.1 超前地质预报方法

超前地质预报应分级进行，采用物探与钻探相结合，长距离、中长距离与短距离预报相结合，多种手段综合分析，相互补充和印证。超前地质预报还应与现场地质调查分析、监控量测相结合。超前地质预报主要应用地质分析法、直接预报法和物探法。

A 地质分析法

地质分析法是进行工程地质调查与推断的方法。它主要是根据岩巷工程已有勘察资料、地表补充地质调查资料、洞内掘进工作面地质素描，利用地质理论、地质作图和趋势分析等工具，推测工作面前方可能揭示的地质情况，如地层岩性、地质构造、不良地质及特殊地质等。地质分析法包括断层参数预测法、地质体投射法、掘进工作面编录预测法。

a 断层参数预测法

断层参数预测法是利用断层影响带内的特殊节理及其集中带有规律分布的特点，采用经过大量断层影响带系统编录得出的经验公式，预报岩巷断层破碎的位置和规模。由于大多数不良地质（溶洞、暗河、岩溶陷落柱❶、淤泥带等）与断层破碎带有密切的关系，因此可按地质学原理依据断层破碎带推断不良地质体的位置和规模。

b 地质体投射法

地质体投射法是在地表准确鉴别不良地质体的性质、位置、规模和岩体质量及精确测量不良地质体产状的基础上，应用地质界面和地质体透射公式进行超前地质预报的方法。

c 掘进工作面编录预测法

掘进工作面编录预测法即地质素描法，它包括地层岩性和层位预测法、地质体延伸预测法。

（1）地层岩性和层位预测法。本法是在掘进工作面及两侧墙出露的地层与地表某段地层为同一标志层❷的前提下，用地表地层的层序预报掘进工作面前方将要出现的地层。

（2）地质体延伸预测法。本法是在长期超前地质预报得出的不良地质体厚度的基础上，依据掘进工作面已揭露的不良地质体的产状和岩壁始见的位置，经过系列的三角函数运

---

❶ 岩溶是发育分布在石灰岩地层中，由流动的地下水进行长期的溶蚀作用而形成的。在石灰岩中的古代溶洞非常发育，由于地下水的不断溶蚀，洞穴越来越大。在地质构造力和上部覆盖岩层重力的长期作用下，有些溶洞发生坍塌，并使其上部的覆盖层也随之陷落。这种塌陷的碎石堆集体呈断面为圆形或不甚规则椭圆形的柱状体，因此称为陷落柱。

❷ 标志层是指一层或一组已知地质年代，具有特殊性质和明显的特征（如岩石的性质、颜色、厚度及所含的化石、杂质等特征），并且具有易于鉴别的特点，可作为地层对比标志的地层。标志层常用来进行地层对比。

算，求得条带状不良地质体在掘进工作面前方消失的位置。

地质分析法适用于各种地质条件下的岩巷工程，是一种传统、实用和基本的方法，具有综合和指导其他预报方法的作用。

B 直接预报法

直接预报法主要有水平钻探法和超前导坑法。

a 水平钻探法

水平钻探法是在岩巷内采用水平钻机进行水平钻探，孔深一般为10～50m，以获得工作面前方一定距离的岩芯，从而得到掘进工作面前方的地质情况。同时，可由钻孔的出水情况判断前方有无地下水和前方何处有地下水。由于含水构造具有较强的随机性和不均一性，宜采用“双孔”预报。

水平钻探法可反映岩体的大概情况，比较直观，是超前地质预报最有效方法之一，但需占用较长的施工作业时间，费用较高。

b 超前导坑法

超前导坑的断面小，按其与正洞的相互位置可分平行导坑和正洞导坑两种。平行导坑与正洞平行并相距一定距离，通过导坑掘进中遇到的地质构造、结构面或地下水等情况，对正洞地质条件进行预报。它具有较直观、准确，预报距离长等优点，导坑还可用于通风，排除地下水，断层注浆处理。正洞导坑布置在正洞中，是正洞掘进的一部分，其预报效果比平行导坑还好。超前导坑法的缺点是成本过高，施工工期延长。

C 物探法

物探法是地球物理勘探法的简称，它是用爆炸、激振装置等产生地震弹性波或用仪器发射电磁波，对不同界面反射回的波形进行分析，预报掘进工作面前方的工程地质、水文地质情况。物探法包括弹性波法、电磁波法、BEAM法（聚焦电法）等。其中弹性波法包括地震波反射（TSP）超前预报技术、地震负视速度法、TST超前预报技术、HSP地震波法（水平声波剖面法）、真反射层析成像（TRT）技术、陆地声呐法、面波法等。

电磁波法包括探地雷达（GPR）技术、红外探测法、瞬变电磁法等。瞬变电磁法（TEM）又称时间域电磁法，它是在发射线圈里通以脉冲电流，产生一个瞬变的电磁场向地下传播，在一次脉冲磁场的间歇期，利用线圈或接地电极观测地下介质中引起的二次感应涡流场，从而探测介质电阻率的一种方法。瞬变电磁法可以查明含水地质，如岩溶洞穴与通道、采空区、深部不规则水体等。

物探法的最大特点是占用循环作业的时间少，对施工干扰小。它适用于被测对象具有一定的规模且与周围介质之间有明显的物理性质差异，例如对掘进工作面及周围较大范围内的地质构造、洞穴、隐伏含水体等的探测。物探方法的选择，应根据探测对象的埋深、规模及其与周围介质的物理性质差异确定。

2.5.1.2 超前地质预报内容与分级

A 超前地质预报内容

超前地质预报一般包括（但不限于）以下内容：

(1) 地层岩性。重点是软弱夹层、破碎地层、煤层及特殊岩土等。

(2) 地质构造。重点是断层、节理密集带、褶皱轴等影响岩体完整性的构造发育情况。

(3) 不良地质。尤其是溶洞、暗河、人工坑洞、高地应力、有害气体、放射性矿物等情况。

(4) 地下水。尤其是岩溶管道水、富水断层、富水褶皱轴及富水地层等。

B 超前地质预报分级

超前地质预报实行分级管理。铁路和公路隧道工程根据地质的复杂程度、对隧道施工安全和诱发环境问题的危害程度(也即地质复杂程度),将地质灾害分为A、B、C、D四级,参见表2-24。地质灾害分级详见附录A.5。

表2-24 地质灾害分级

级别	对隧道施工安全的危害程度及地质条件
A	存在重大地质灾害隐患的地段,例如大型暗河系统,可溶岩与非可溶岩接触带,软弱、破碎、富水、导水性良好的地层和大型断层破碎带,特殊地质地段,物探重大异常地段,可能发生大型、特大型突水突泥地段,可能诱发重大环境地质灾害的地段,高地应力、瓦斯、天然气严重的地段及人工坑洞等
B	存在中、小型突水突泥隐患的地段,断层带,物探有较大异常的地段等
C	水文地质条件较好的碳酸盐岩及碎屑岩地段、小型断层破碎带,发生突水突泥的可能性较小
D	非可溶岩地段,发生突水突泥的可能性极小

隧道工程根据勘测设计预测的地质灾害风险分级,确定超前地质预报的方法、手段和内容,如表2-25所示。

表2-25 超前地质预报方法

预报级别	地质灾害风险级别	预报方法与要求
1	A	采用地质分析法、地震波反射法或(超)声波反射法、(陆地声呐法、)地质雷达法、红外探测法、(瞬变电磁法、)超前水平钻探等手段进行综合预报; 首先以地质分析法进行长距离预报,然后采用中长距离地震波反射法或声波反射法及一种或几种短距离物探方法相结合进行预报,同时进行多孔超前钻探探测
2	B	采用地质分析法、地震波反射法或(超)声波反射法、(陆地声呐法),辅以红外探测法、(瞬变电磁法、)地质雷达法,必要时进行超前水平钻孔。当发现局部地质条件复杂地段,按A级要求实施
3	C	以地质分析法为主,对重要的地质(层)界面、断层或物探异常地段宜采用地震波反射法或(超)声波反射法进行探测,必要时采用红外探测和超前水平钻孔
4	D	采用地质分析法进行预测预报

注:括号内方法为《公路隧道施工技术细则》(JTG/T F60—2009)的要求。

位于地质复杂区域的岩巷工程,应根据区域地质勘测资料,选择以钻探法为主,结合地质分析法、多种物探法的预测预报方法,进行综合超前地质预报,并贯穿于施工全过程。同时,确定重点预报地段,并按动态设计原则,根据实际预报中掌握的地质情况,及时调整岩巷区段的地质复杂程度分级、预报方法和技术要求。

2.5.1.3 超前地质预报距离与流程

A 超前地质预报距离

超前地质预报按预报距离可划分为以下三类:

(1) 长距离预报。对不良地质及特殊地质情况进行长距离宏观预测预报,预报距离一般在距掘进工作面前方50~200 m,并根据揭示情况进行修正。

(2) 中距离预报。在长距离预报的基础上,对掘进工作面前方15~60 m范围内地质情况作较详细的预报。

(3) 短距离预报。在中、长距离预报的基础上,探明掘进工作面前方20 m范围内的地下水出露、地层岩性及不良地质情况等。

B 超前地质预报流程

超前地质预报应以地质分析法为基础,对不同地段选择适宜的一种或几种方法的合理组合,以求预报级别准确、费用低及有效时间占用少。对重大物探异常地段应采用钻探进行验证。岩巷工程的超前地质预报流程可参见图2-30。

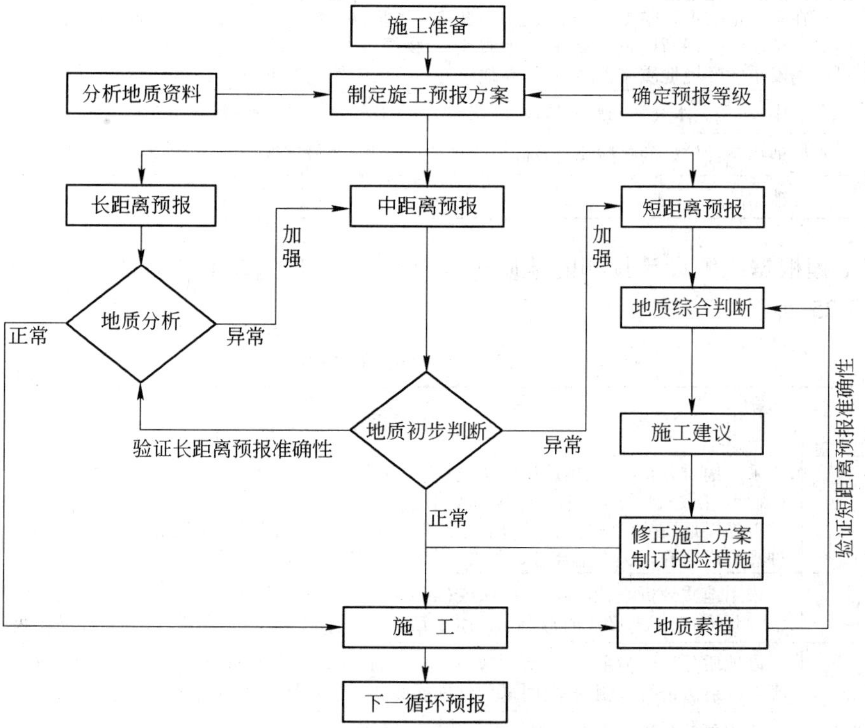

图2-30 铁路隧道超前地质预报流程图

长距离预报可采用地质分析法、TSP地震波法、地震波负视速度法、HSP地震波法等。中距离预报可采用陆地声呐法、瞬变电磁法、瑞利波[1]法、水平超前钻孔法等。短距离预报可采用探地雷达、红外探测、瞬变电磁法和超前钻孔等。

地质分析主要是判释不良地质构造的位置及影响范围。地质初步判断是按不同探测方法相互验证,判断断层破碎、岩溶、采空区、含水构造等的位置及规模。地质综合判断是测定

[1] 瑞利波是一种沿着自由表面传播的波,地震学中称为R波或LR波。它是纵波(P波)与横波SV在固体层中沿界面传播与透射、反射相互叠加的结果。瑞利波沿二维自由表面传播(表面波),是引起地面建筑物破坏的主要因素。

断层破碎带、岩溶、采空区、含水构造的准确位置。

C 超前地质预报频率

超前地质预报的频率应符合下列要求：

(1) 超前水平钻孔宜每 30 ~ 50 m 循环一次。断层破碎地层每循环钻 3 ~ 5 个孔。连续预报时，前后两循环的钻孔应重叠 5 ~ 8 m。

(2) 地震反射波法、超声波反射法需连续预报时，前后两次重叠长度应大于 5 m。

(3) 红外探测每次预报有效探测距离宜为 10 m。连续预报时，两次重叠长度应大于 5 m。

2.5.2 物探法预报技术

目前，物探技术经过近二十几年的发展，探测精度已有很大提高。物探法在超前地质预报中得到了广泛应用。

2.5.2.1 探地雷达(GPR)技术

20 世纪 60 年代末，美国宇航局为阿波罗探月计划研制了探测月球表面尘埃的专用仪器，之后美国推出了首台民用探地雷达，又称地质雷达，简称 GPR(Ground Penetrating Radar)。

A 探地雷达的基本原理

探地雷达(GPR)在原理上与对空雷达相似，是利用高频电磁脉冲信号的反射来探测岩巷前方的地质情况，以作短距离超前地质预报。它通过发射天线将 1MHz ~ 1GHz 高频电磁波以宽频带短脉冲的形式，由掘进工作面定向发射到前方岩体中。在均质岩石中，电磁脉冲以正常速度传播，当遇到断层、破碎带、富水区、溶洞等时，由于岩石界面的介电常数[1]发生改变，而产生反射或散射，界面的介电常数差异越大，反射越强。反射信号被接收天线接收，并由主机记录下来，形成雷达剖面图。根据发射电磁波至发射波返回的时间差与介质中电磁波传播的速度来确定反射体的方位与距离(见图 2-31)。从物探角度，探地雷达信号的处理和判别在方法上与反射地震法大体相同，只是物性和波形不同。

探地雷达的有效探测距离，一般不超过 30 m。当前方岩体完整时，探测距离可达 30 m；在岩体不完整或地质构造复杂的条件下，探测距离减小，甚至小于 10 m。

探地雷达具有操作简便，探测迅速(每次只需 30 min 左右)，结果显示直观，配有专业处理软件，探测结果可以实时存储和打印输出等特点。探地雷达适用于岩溶、采空区的探测，也可用于探测断层破碎带、软弱夹层等不均匀地质体。探地雷达还可用于模筑混凝土厚度及缺陷(空洞、裂缝)检测、隐蔽钻孔的探测，钢筋透视，渗漏孔预报等。

B 探地雷达设备

探地雷达主要由雷达主机，笔记本计算机及相应软件，收、发天线等组成。天线可工作

---

[1] 介质在外加电场时会产生感应电荷而削弱电场，原外加电场(真空中)与最终介质中电场的比值即为介电常数。介电常数表示电介质在电场中贮存静电能的相对能力，以字母 ε 表示，单位为 F/m(法/米)。

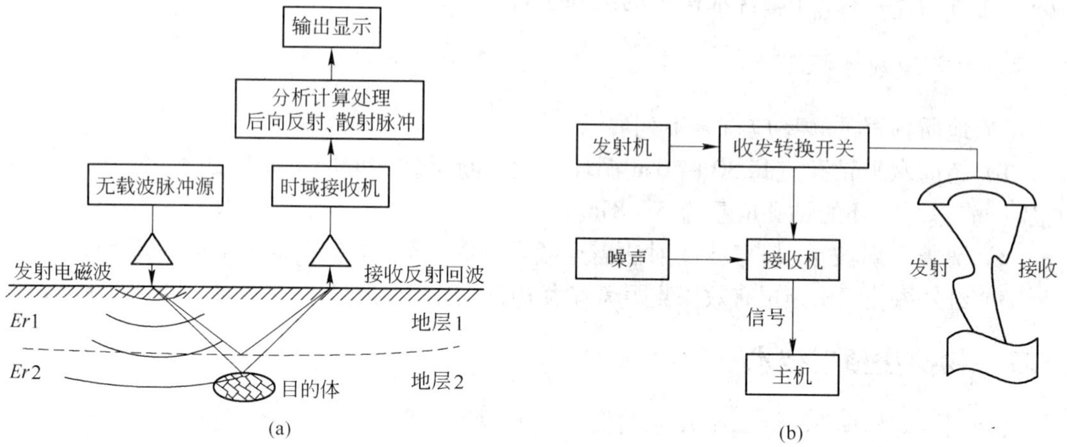

图 2-31 探地雷达的原理与基本组成

(a)探地雷达的原理;(b)探地雷达的基本组成

在连续探测或逐点探测方式。收发系统的频率越低,探测深度越大,但目标的分辨越低;反之则相反。目前,探地雷达主要有美国劳雷(Laurel)公司生产的 SIR 型探地雷达,瑞典 MALA 地球科学公司(Mala Geoscience Inc.)生产的 ProEx(CU3)型、RAMAC/GPR X3M Corder 型探地雷达,加拿大探测器与软件公司(Sensor & Software Inc.)生产的 Ekko 系列探地雷达等。国产探地雷达有 CBS—9000 型、LTD—2000 型(图 2-32)。

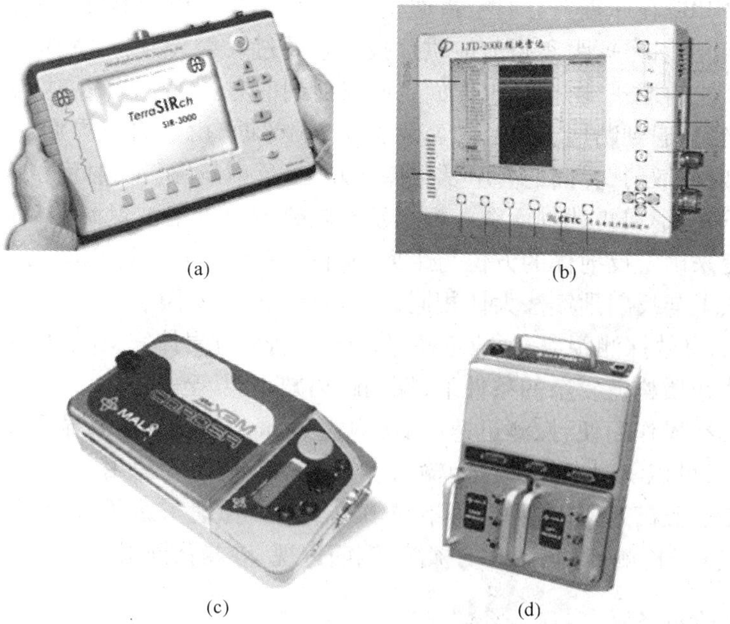

图 2-32 便携式探地雷达主机

(a)美国 SIR—3000 型;(b)国产 LTD—2000 型;

(c)瑞典 RAMAC/GPR X3M Corder 型;(d)瑞典 ProEx(CU3)型

SIR—20 型双通道探地雷达功能强大,它的特点是:扫描速度达 800 线/s,可支持用户的快速检测,测量速度可达 80 km/h;具有 2 个硬通道和 4 个软通道,可同时接多根天线进行测量,从而提高了工作效率(见图 2-33)。

图 2-33 SIR—20 型双通道探地雷达主机

2.5.2.2 隧道地震波预报(TSP)技术

隧道地震波预报技术(Tunnel Seismic Prediction)简称 TSP,是瑞士安伯格(Amberg)测量技术公司于 1992 年研发的一种利用地震波反射原理的物探方法,又称地震反射波法。TSP 法与 GPR 法配合应用,可以验证并补充 TSP 法的长距离预报,提高了预报的准确性。

A TSP 的基本原理

TSP 法的探测原理是通过小药量炸药的爆炸产生地震波,并采用多点激发、单点接收的激振方式,属于多波多分量高分辨率地震反射法。测试时,在掘进工作面后方侧壁的一定范围内布置一排小药量的震源点,利用微量炸药爆炸产生多个微震源,激发的地震波在岩巷周围岩体中以球面波传播(见图 2-34)。其中一部分沿工作面向前传播,当地震波遇到岩石特性变化处如断层、岩石破碎带等时,由于岩石波阻抗(ρc)的变化,一部分地震波将在界面处反射回来,另一部分地震波则透射进入前方岩体内,当再次遇到岩石界面时又反射回来,直至地震波能量全部被岩体吸收。界面两侧岩石的波阻抗相差越大,反射回来的信

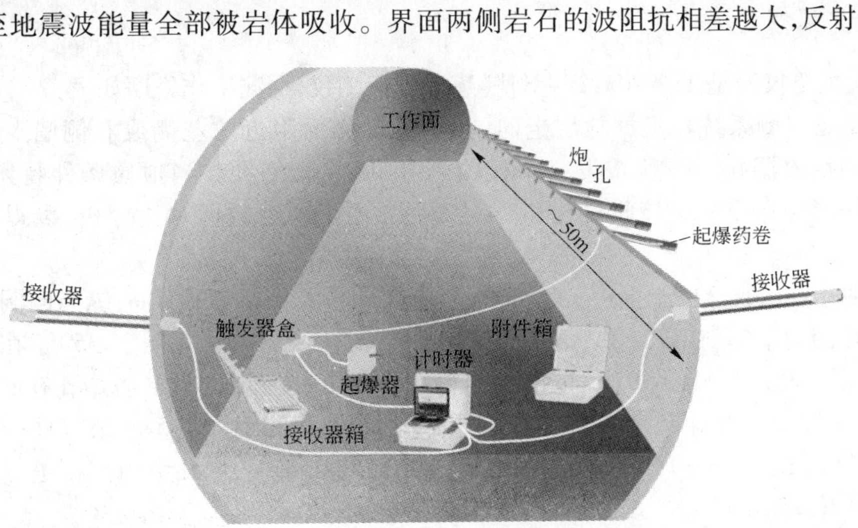

(a)

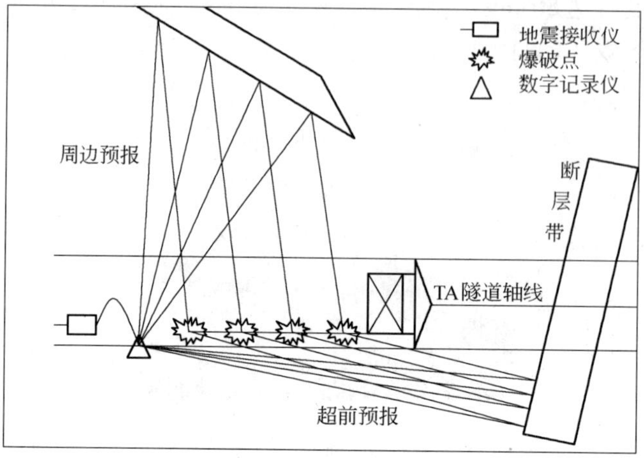

(b)

图 2-34 TSP 法探测原理

(a)布设观测系统示意图;(b)爆炸地震波在岩体中传播示意图

号就越强。反射回来的 P 波和 S 波信号被三分量地震传感器接收和记录,并转换成电信号进行放大。

采集的 TSP 数据,通过 TSPwin 软件进行处理。根据信号返回的时间和方向的数据,可得到掘进工作面前方的 P 波、SH 波、SV 波的时间剖面、深度偏移剖面、提取的反射层、各反射层能量大小等成果以及反射层在探测范围内的二维或三维空间分布。可用与掘进工作面的距离来确定反射层对应的地质界面的空间位置,由相应密度值可算出岩石物理力学参数,进而可划分该区围岩级别。

TSP 法的预报距离长,地质灾害风险 A 级地段为 100 m;B、C 级地段为 150 m。它还具有分辨率高、适用范围广、处理快捷、可现场评估等特点。但 TSP 法只能对岩体进行定性解释,而且需要具有丰富地质工作经验的技术人员进行判读。

B TSP 探测方法

TSP 法主要仪器是 TSP 203(PLUS)隧道地震探测仪,探测工作程序如下:

(1) 布设观测系统。根据地层走向,在掘进工作面附近的左侧或右侧墙上布设一排水平炮孔和接收器孔。一般布设一个接收器孔和 24 个炮孔。当地质条件特别复杂时,可在另一侧同样布设一个接收器孔和 24 个炮孔,便于两组数据对比分析,以提高探测的准确度。

(2) 钻孔。接收器位于掘进工作面之后约 55 m,孔口距底板高 1 m,纵向向洞口方向倾斜约 10°,径向向下倾斜 10°~20°。孔径 32~45 mm,孔深 2.4 m(见图 2-35)。在软弱地层中钻孔时,可及时用外径约 30 mm 的薄壁塑料管插入孔中,防止塌孔。各炮孔在同一水平线上,孔径 19~45 mm,孔深 1.5 m。孔口距底板高 1 m,炮孔间距为 1.5 m,最外面一个炮孔距接收器约 20 m(最小 15 m),最里面的炮孔距工作面约 0.5 m。炮孔纵向向掘进方向倾斜约 10°,径向向下倾斜 10°~20°。

(3) 安装接收器套管。为使接收器与岩体耦合良好,保证采集信号的质量,至少在测试前 12 h 将接收器的保护套管插入孔内,并用含有特殊成分的双组分无收缩细颗粒水泥砂浆(含锚固剂)或环氧树脂将其与孔壁固结。安装前应校正套管的水平,使其内侧的凹口铅垂。

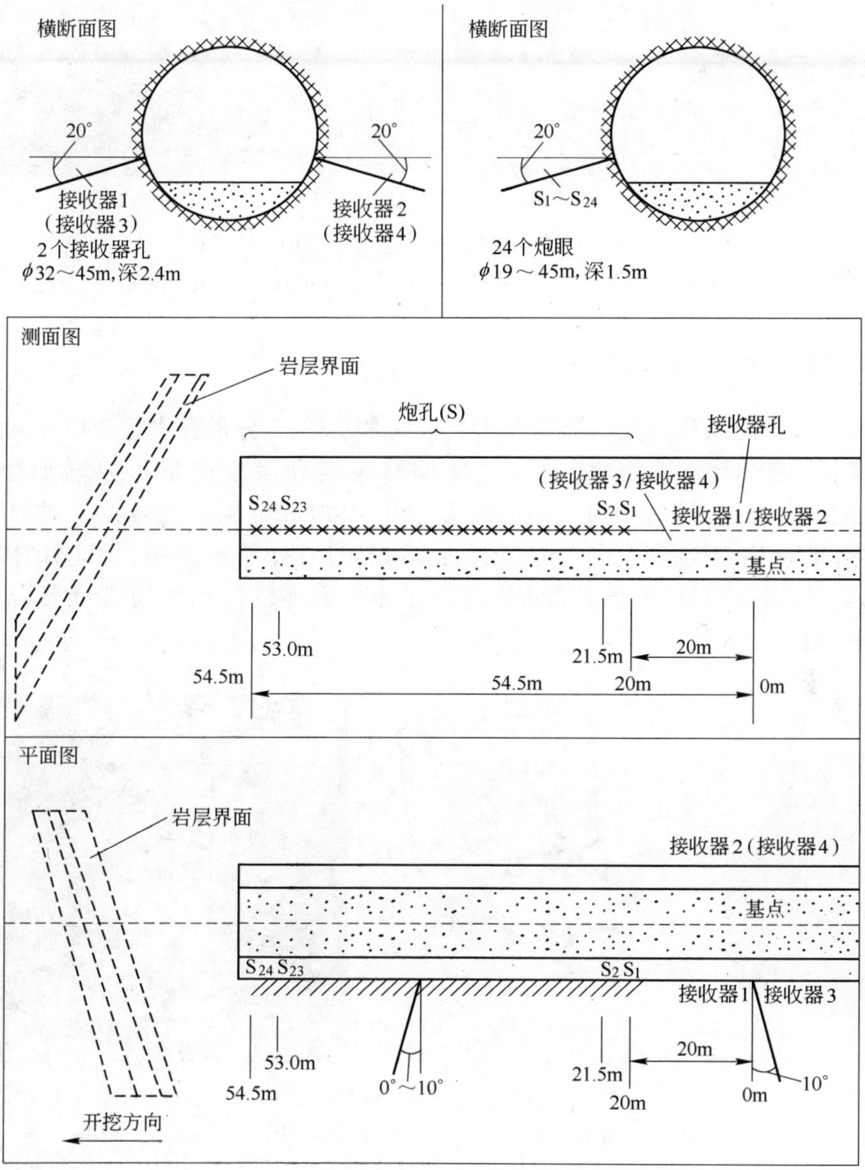

图 2-35 TSP 系统测孔和炮孔示意图

(4) 炮孔装药、起爆。每个炮孔的装药量根据岩体的软硬、破碎程度和距接收器的距离而不同,一般为 10～40 g,并用水封炮孔。瞬发电雷管与触发器盒用电线连接。起爆电流为 10 A,起爆精度为 10 μs。引爆装置由普通起爆器和触发器盒组成。TSP 法在隧道中应用如图 2-36 所示。

(a) (b)

图 2-36 TSP 法在隧道中应用

(a) TSP203PLUS 在隧道中探测；(b)探测现场的 TSP203PLUS 地震探测仪

C TGP12 隧道地质预报系统

国产 TGP12 隧道地质预报系统采用孔中非对称激发、三分量孔中接收以及回波提取处理等先进技术。它的动态范围大，通过改变偏移距离和激发能量可以增加预报距离。TGP12 仪能在中等硬度围岩中对工作面前方 150 ~ 200 m 范围内的岩性变化、断层、破碎带、岩溶发育带及其产状、规模和前方地层的含水特性作出预测预报，并能计算出上述范围内的纵波、横波速度，波速比，泊松比，相应岩体的动弹模量和剪切模量等岩石力学参数(见图 2-37)。

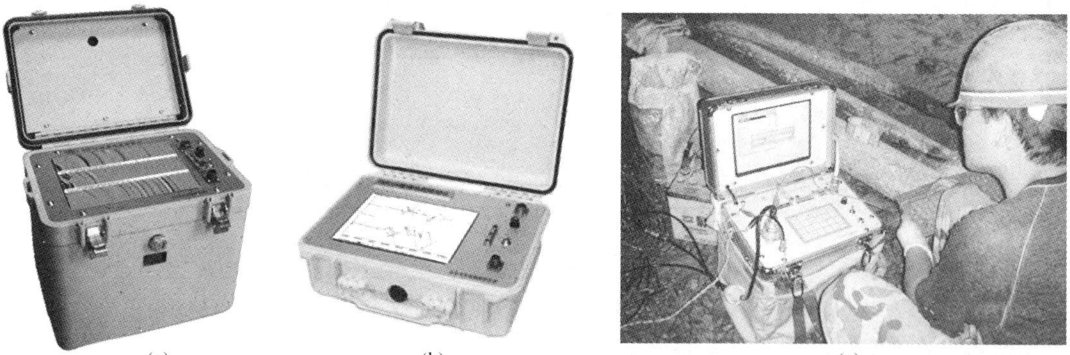

(a) (b) (c)

图 2-37 隧道地质预报仪

(a) TGP12 型；(b) TGP206 型；(c)探测现场的 TGP12 预报仪

TGP12 系统与 TSP 203 相比，主要有下列特点：

(1) TGP12 采用三分量速度型检波器，具有灵敏度高、指向性强和频带响应较宽等特点，优于 TSP203 的压电晶体型检波器，更有利于对地震波信号的拾取。因此只要用普通工业炸药即可，而 TSP203 则需要使用高爆速炸药作为震源。

(2) TGP12 接收传感器采用普通黄油注入孔中与岩石耦合，使用方便、经济、快捷。TSP203 必须先在 2 m 深的钻孔中锚固特殊异型钢导管，然后再将检波器插入钢导管中。钢导管价格昂贵，使用一次后便废弃。

(3) TGP12 的地震波采集触发是开路触发方式,即信号线在雷管引爆炸药的同时被炸断,进行数据采集。因此,采集无延时差,保证定位准确。TSP203 是将起爆器的电脉冲分别送至电雷管引爆和送至主机来触发采集。为避免信号采集的走时误差,要求电雷管无延时,但由于电雷管具有动作时间(反应时间)且存在差异,实际上难以做到。

2.5.2.3 隧道地震 CT 技术

A 跨孔地震 CT 技术

跨孔地震 CT 技术是由第一个孔内的发射器发射地震波,到达第二个孔内后被检波器接收,数据传输到地震记录仪中保存以作后处理分析,将地震波传播路径叠加后成像,类似于医学 CT 方法。孔内 P 波和 S 波电火花震源的高电压储能发射器如图 2-38 所示。

图 2-38 高电压储能发射器

跨孔地震 CT 技术由于震源和接收器都埋置在岩体内部,不受干扰和限制,可以运行在常规地震仪上,探测距离为 200m。跨孔地震 CT 技术可用于岩石、土层(包括软土)等各种地层,同时在地下水位以上或以下都有效。

B 真反射层析成像(TRT)技术

随着反射地震波 CT 技术开始发展成熟,美国 NSA 工程公司开发出"真反射层析成像"(True Reflection Tomography)技术,简称 TRT。它采用独有的层析扫描成像和用锤击产生地震波(由电磁波发生器、凿岩机、气镐或掘进机产生地震波)的技术。

图 2-39 TRT6000 型地质超前预报仪

TRT6000 型地质超前预报仪采用高精度的加速度计(而不是速度计)作为传感器,它的灵敏度高,可最大限度地保留高频信号,提高精度及探测距离,在硬质岩中为 100 ~ 150 m,在软弱土层和破碎岩体中可预报 60 ~ 100 m(见图 2-39)。TRT6000 在隧道中探测如图 2-40a 所示。TRT6000 在某铁矿探测到的断层如图 2-40b 所示。

TRT 法在观测方式和数据处理方法上与 TSP 法有很大不同。TRT 法采用空间多点激发和接收,传感器采用立体的布点方式(在岩巷两侧分别布置 4 个传感器,拱顶布置 2 个传感器),以充分获得空间波场信息。在数据处理方面,采用层析扫描的图像处理方式,绘制三维立体图,使图像更易于理解,可从多个角度观察岩体中的不连续界面和岩性变化带,尤其是可探测到与岩巷大角度斜交的裂隙。对岩体中反射的定位、岩体波速的分析精度都有所提高,与 TSP 法相比有较大的改进。使用锤击作为震源,可在同一点作多次锤击,通过信号叠加,使反射信号更加明显。同时,克服了爆炸产生的高能量对周围岩体产生挤压破坏的现象,从而保证能接收到真实的地震波信号,并可节省使用炸药爆炸作为震源的费用。TRT6000 与 TSP203 的比较,见表 2-26。

(a)

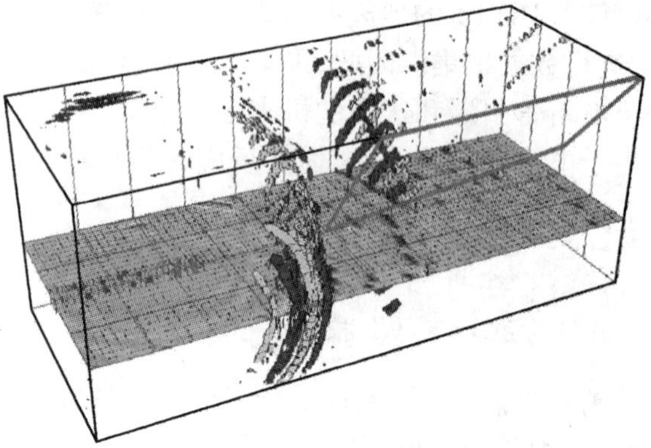

(b)

图 2-40 TRT6000 地质超前预报

(a)在隧道中探测;(b)在某铁矿探测的 32 线断层

表 2-26 TRT6000 与 TSP203 超前预报的比较

项目	TRT6000	TSP203
原理	采用多种地震源产生沿隧道传播的信号,它们在岩体性质发生改变处反射,用以构建描述工作面前方及高于或低于隧道走向的不同地质状况(如异常岩体、岩性、喀斯特特征等)的三维结构图	假设声波是沿隧道向前一维传播,遇到反射面后反射回来。其震源布置也是力求形成沿隧道方向的平面波(相对于球面波)传播,从而获得隧道前方及周边的空间信息
功能	用于描述隧道前方垂直和横向面的不同地质状况,发现裂隙、断层和地下水的空间信息	主要用于描述隧道前方的地质和岩体特性的空间信息
应用领域	隧道、采矿、道路施工,地层绘图,地下水文和地质测量,填埋物的描述和定位,判断地下危险物的移动	主要用于隧道工程施工
震源	锤击	爆炸
评估结果显示	显示波的轨迹、各种不同区域的三维图,内置软件直接绘出波形轨迹模型、标记质量可能较差处,用 Rimrock Geophysics 公司的分析和解释软件包显示结果,可直接打印结果	显示声波轨迹、频谱、速度及偏移结果; 输出评估范围的岩石力学性质、评估范围内反射界面的二维图像、评估范围发射界面的三维透视图
性能比较	类似 CT 扫描,可探测隧道工作面前方的不同地质状况,如异常岩体和空洞等,并可形成三维视图,对斜交隧道(尤其是大角度)裂隙也能很好地反映	对近似垂直隧道、充满空气或水的裂隙探测较好,而对斜交隧道(尤其是大角度)裂隙可能没有反映,对倾斜裂隙的间距判断会偏小,不能提供岩土的工程性质信息
费用成本	自动化程度高,软件使用简单,由电磁波发生器、钻机、气镐或掘进机产生地震信号,不用炸药爆炸来产生地震信号,费用较低	试验前需钻 25 个孔,地震检波器也需黏结在岩体表面炸药爆炸和波形记录要相当快

目前,TRT 法已在美国、欧洲、日本、新西兰、澳大利亚等国家和地区获得广泛应用。国内也被中铁八局、中铁九局、中铁十四局、山东广信工程试验检测有限公司、莱芜铁矿有限公司、湖北省公路规划设计院、云南水利水电勘察设计院等单位使用。

C 隧道地震层析成像(TST)技术

隧道地震层析成像(Tunnel Seismic Tomography)超前预报技术简称 TST 技术。它是通过可视化地震反射成像技术预报断裂带、破碎带、岩溶发育带及岩体工程级别变化等地质对象的位置、规模和性质。TST 技术采用空间观测方式,数据采集用多道数字地震仪(见图 2-41)。

TST 观测系统采用空间布置,激发与接收系统布置在岩巷两侧围岩中,也可布置在掘进工作面、拱顶和底板。震源可采用爆炸或锤击激发地震波。检波器埋入岩体内 1 ~ 1.5 m,以避免声波和面波干扰。TST 的探测距离为 150 m。空间布置的观测系统比直线布置的观测系统优越,能获得可靠的速度分布结果,提高地质体的定位精度和工程岩体级别划分的可靠性。

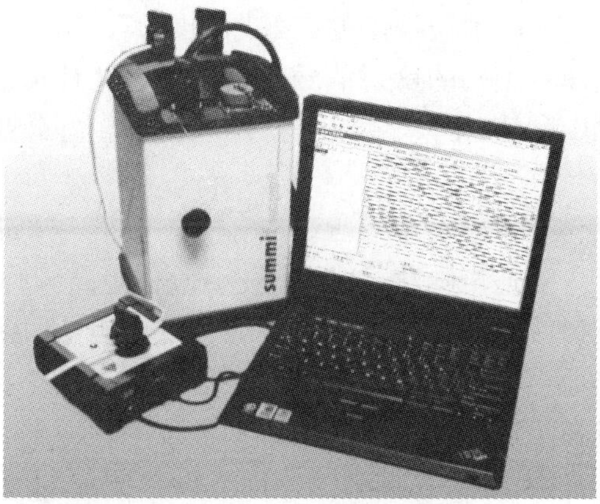

图 2-41　24 道地震仪

处理软件是三维地震分析成像系统,资料处理是读取走时进行反演计算和进行偏移成像。偏移成像处理技术比走时反演方法更优越,可同时利用运动学和动力学信息,图像更直观,能提供岩体力学性质变化和构造组合特征等资料。TST 技术特别适用于地质构造复杂地区的隧道超前预报使用,在云南明珠公路隧道等处的应用取得了良好的效果。

2.5.2.4　其他弹性波法超前地质预报

A　地震负视速度法

地震负视速度法是将地震勘探中的 VSP 法应用于近水平的岩巷中,它的原理与 TSP 法基本相同,只是数据处理软件的开发不如 TSP 法。在岩巷侧墙的一定范围内布置激震点进行激发,地震波在岩巷围岩内传播时,当遇到岩石特性变化处如断层、岩石破碎带等时,一部分地震波将在界面处反射回来。反射界面与测线直立正交时,所接收的反射波与直达波在记录图像呈负视速度,其延长线与直达波延长线的交点即为反射界面的位置,对纵、横波共同分析还可了解反射界面两侧岩性及软硬程度的变化。

地震负视速度法的预报距离可超过 100 m,连续预报时前后两次应重叠 10 m 以上。它预报面状地质体的效果较好,也可预报具有一定规模的溶洞、洞穴等。地震负视速度法已在渝怀铁路圆梁山隧道和朔黄铁路长梁山隧道施工中应用,取得了较好的预报效果。

B　HSP 地震波法

HSP 地震波法又称水平声波剖面法、瑞利波法、单点反射法,它是利用孔间地震剖面法(ABSP)的原理及相应软件开发的一种超前地质预报方法。向掘进工作面前方岩体中辐射由电磁激振器产生的稳态瑞利波,或炸药、锤击作震源的瞬态瑞利波,当地震波遇到波阻抗(ρc)分界面时,将发生折射、反射,而频谱特征也将发生变化,通过接收器接收反射信号(接收频率为声波频段的地震波),求得其传播特征后,便可了解工作面前方的岩体特征。

观测时,在岩巷的两个侧墙分别布设震源和检波器,按其相对位置设计成固定激发点(或接收点)和激发与接收点相错斜交的两种观测方式。震源在工作面的远端,接收点间距采用小道间距,多道接收,构成“水平声波剖面”。利用时间差和频率差与地质相结合的方法确定反射面的空间方位并“投影”到该剖面上,从而确定反射面的空间位置及性质。

HSP地震波法的有效探测距离,单点反射可达到50 m左右。它对断层、软硬岩接触面等面状结构的反射信号较明显。HSP地震波法已在隧道工程中得到应用,如渝怀铁路的圆梁山隧道、千溪沟隧道等,均取得了较好效果。

C 陆地声呐法

陆地声呐法是“陆上极小偏移距高频弹性波反射连续剖面法”的简称,又称高密度地震反射或地震映象法。它是综合了水声法、探地雷达、超声波法一些特点的变种地震反射法。陆地声呐法采用极小偏移距地震波激发—接收系统,可在激震点旁设检波器进行单点测量,或在激震点两侧对称位置上各设一检波器,一次激发两道接收。

测试时,在掘进工作面上设置测量剖面,剖面上每300 mm左右设一测点。用锤击方式激发弹性波,由检波器接收被测物体的反射波。为提高分辨率,需激发和采集高频信号。采用电声转换声学发射装置来激发频率为几千赫至几十千赫的弹性波。将各测点的时间曲线拼成时间剖面,根据同相轴和频谱解释圈定断层、大节理、岩层分界面、岩脉、涌水地层、溶洞等不良地质体。

陆地声呐法适用于探查直径大于0.5 m的岩溶、溶管等不良地质体。预报距离为50~100 m。但需占用循环时间,且实测剖面较短。陆地声呐法已在云台山铁路隧道、南昆线铝厂隧道等工程中应用。

D 面波法

面波法分为稳态法和瞬态法。稳态法是在掘进工作面上放置一个激振器,它由计算机控制使其产生不同波长的面波,用两个拾振器同时接收不同方向的振动波,由计算机算出每一种波长面波的传播速度。根据面波的勘测深度等于波长二分之一的原理,即可得到一组不同深度的面波平均速度的分布规律。不同介质的面波传播速度不同,由不同的面波速度分布图,便可反映出地质构造的不同界面,如断层、地下水等特性变化。

面波稳态法已在南岭隧洞中应用,可清楚地发现距工作面几米处的断层破碎带。但该法的探测距离还需进一步试验研究。瞬态法由于排列长度的关系,尚未见到实际应用的报道。

2.5.2.5 BEAM地质预报系统

BEAM(Bore-Tunneling Electrical Ahead Monitoring)地质预报系统是当前国际上唯一的电法超前预报产品,由德国GEOHYDRAULIC DATA公司推出。BEAM法是一种聚焦电流频率域的激发极化方法,该方法由发送机向岩体发射某一频率的正弦电流波,在测点由接收机测量由该电流引起的激发极化电位差,再提高供电频率,测量由高频电流产生的激发极化电位差,然后计算表示岩体介质激发极化性质的百分频率效应(PFE)。其最大特点是通过外围的环状电极发射一个屏蔽电流,在围岩内部的测量电极发射一个测量电流,以便电流聚焦进入要探测的岩体中,通过百分频率效应PFE的变化,预报前方岩体的完整性和含水性。它的另一个特点是所有的装置都安装在盾构挖掘机的刀头(测量电极)和外侧钢环(屏蔽电极)上,也可装在钻爆法凿岩钎头的前方(测量电极)及钢拱架(屏蔽电极)上。随着岩巷向前掘进，连续不断获得成果，并适时处理得出工作面前方的 PFE 曲线。由此预报前方岩体的性状及含水情况。BEAM 法可探测岩巷直径 3 倍距离范围的地质情况。

国产 JL－TFP100 型隧道聚焦电法实时超前探测仪（见图 2-42）与屏蔽电极、测量电极和无穷远测量电极（岩巷外或岩巷内的锚杆或金属杆件）组成硬件系统，可利用聚焦电流超前探测隧道前方含水体和软弱岩体并实时预报。

探测仪通过屏蔽电极和测量电极以一定的频率、不同电压发射同极性的脉冲电流，并同步测量、采集测量电极的电信号，自动计算电阻率和激发极化率及含水参数值，以此判定前方一定范围内地质体的变化，实时显示电阻率和激发极化率曲线及含水参数值曲线，对围岩破碎带、空洞、软地层和含水层等自动报警。

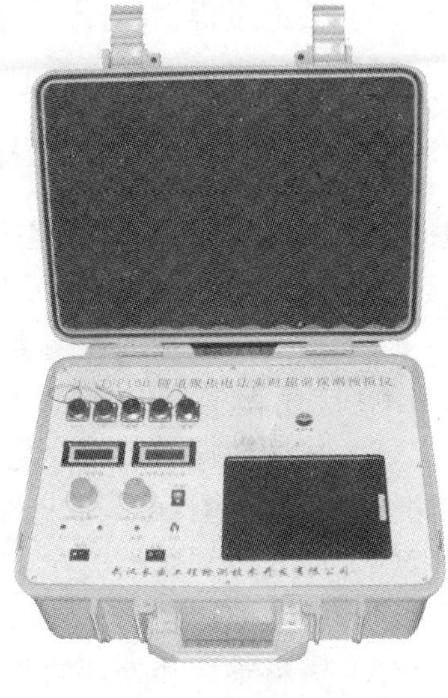

图 2-42 JL－TFP100 型隧道聚焦电法实时超前探测仪

2.5.3 超前地质预报的要求

2.5.3.1 地质分析法预报的要求

地质分析法预报的工作应满足下列要求：

（1）岩巷地表地质补充调查应现场记录，并及时反映在工程地质平面图上。

（2）岩巷内地质素描应按一定格式、一定比例反映到岩巷地质展示图和岩巷地质纵断面图上，并附以必要的说明。岩巷地质展示图和岩巷地质纵剖面图应分段完善、总结。

（3）地质素描图的图式应采用现场草图、出洞后及时誊清的方式完成，地质素描图式、图例、用语应标准统一。记录必须在现场据实记录，不得回忆编制或室内制作。原始记录、图、表必须当天整理。

（4）按要求采集标本，并及时整理。

2.5.3.2 超前水平钻探的要求

在富水软弱断层破碎带、岩溶发育区、煤层瓦斯发育区、重大物探异常区等复杂地质地段应采用超前水平钻探预报前方地质情况，并应满足下列要求：

（1）钻孔深度根据待查地质体深度和对掘进工作面前方地段的控制长度确定，一般为 30～50 m，必要时也可超过 100 m。连续预报时前后两循环钻孔应重叠 5～8 m。

（2）对不同地质构造、不良地质和特殊地质现象的钻孔要求如下：

1）断层、节理密集带或其他破碎富水地层，掘进断面内每循环可钻 1 孔。

2）岩溶发育区及裂隙富水区，掘进断面每循环应钻 3～5 个孔，需要揭示溶洞厚度时还应适当增加钻孔数。同时，采用地质雷达等物探手段对溶洞规模、发育特征进行探测。此外，还应结合凿岩作业，将部分孔深增加 2～4 m。

3）在富含瓦斯的煤系地层或富含石油天然气的沥青质石灰岩中，可采用长短结合的钻孔将岩体中的有害气体逐渐释放出来。

4）地下水发育的石灰岩地区的长大岩巷，在综合超前地质预报手段中必须包括超前水平钻探。在每循环的掘进工作面上至少钻5个深5～8m的探水孔，以探明前方地质情况，并使工作面前方始终保有3～5m以上的岩墙，避免发生突泥、突水事故，并采取安全措施。

（3）根据所探测目标的方位或产状确定钻孔方位、倾斜角度，终孔位置一般要超出掘进轮廓线3～5m。

（4）钻进过程中，对不同地层代表性取样，对断层、溶洞填充物应干钻取样。

（5）超前水平钻探资料应现场记录描述，24h内提交完整的钻孔探测报告。

2.5.3.3 探地雷达(GPR)预报的要求

探地雷达探测时，应满足下列要求：

（1）连续预报时，前后两次预报的重叠长度应为5m左右。

（2）根据探测范围和精度确定测线的长度和密度。在掘进工作面布置不少于2条横向水平测线，有条件时可布置竖向测线。

（3）现场数据采集主要是在掘进工作面上进行，采用两种不同中心频率的天线在相同的测线上重复观测，可采取连续扫描探测或单点探测方式。

（4）应充分利用超前导坑或超前钻探揭露的地质界面等有利地段，求取地层的相对介电常数和电磁波速度。

（5）资料整理和处理的要求：雷达记录清晰，反射波形、同相轴明显，发现不合格的记录应重测。根据记录情况进行必要的处理，如编辑、滤波、增益、褶积[1]，对雷达探测剖面中各道的波形分析、速度分析和消除背景干扰等，求得时间剖面。解释确定反射体的位置、形态，推断其充填情况。必要时制作模型进行反演解释[2]。

（6）编制探测报告，内容包括探测工作概况、地质解译结果、测线布置图(表)、探测时间剖面图、采集及解释参数等测线布置图。

探地雷达采集数据时，易受测线附近的构筑物、金属物体的电磁干扰。在这样的区域探测时，应重复观测，排除干扰的影响。可以拱顶为中心，按一字形或十字形布置2条测线。如果探测面较宽时，可按井字形布置4条测线，必要时加密测线以提高探测结果的准确性。

2.5.3.4 TSP预报的要求

TSP预报探测时，应满足下列要求：

（1）需要预报的区段长度大于有效预报距离时，应采用多次预报。两次预报的重叠长度不小于10m。

（2）在岩巷侧墙一侧布置激发孔，同时在侧墙两侧布置接收孔。孔距、孔深、孔倾斜角及密封应满足仪器操作要求。

（3）探测应避免施工机械噪声的干扰。激发雷管应使用瞬发电雷管。

（4）数据采集和处理过程应按仪器的使用方法和操作步骤进行。数据采集时应对每一

---

[1] 褶积是求一系统对任意输入信号的响应，在数学运算中称卷积。例如，炸药爆炸后产生的一个尖脉冲波在地层中传播，经过大地滤波后接收到的信号就是一个尖脉冲与大地滤波褶积的结果。地震反射处理的过程中，为了提高纵向分辨率需要做反褶积处理，同时还可去除多次波，但横向上的分辨率会有一定损失。

[2] 正演计算是在已知系统数据模型的结构及参数的条件下，经过计算，推导出在特定条件(输入)下，系统作出的响应(输出)。反演计算则是在已知试验数据、结果及部分相关参数的条件下，推测、计算该系统的数据模型的结构及参数。

炮的波幅进行调节,对采集的数据应及时进行三维波场处理,提取反射界面。

(5) 编制探测报告的内容应包括如下项目:

1) 概况:岩巷工程概况、地质概况、采用的仪器型号、探测工作概况等。

2) 现场数据采集:观测系统、采集方法、数据质量等。

3) 数据处理:采用的软件及处理流程、参数选择说明、处理成果及质量等。

4) 资料分析及判释:附成果图,主要是二维显示图,必要时附分析处理波形图、频谱图、深度偏移剖面图及岩体物理力学参数表、地质判释/推断的地球物理准则。

5) 结论及建议:提出掘进工作面前方存在的对岩巷施工有影响的工程地质和水文地质隐患以及施工过程中应采取的措施等。

2.5.3.5 HSP 地震波法预报的要求

HSP 地震波法探测应满足下列要求:

(1) 连续探测时前后两次应重叠 10 m 以上。

(2) 现场数据采集应满足下列要求:

1) 每个掘进工作面应均匀布置 5 ~10 个钻孔,孔深为 1 ~1.5 m。炸药置于孔底,与孔壁耦合严密,药量为 50 g 左右,最大不超过 75 g。

2) 检波器随机均匀的垂直安置在工作面上,并采取有效措施,防止其他声波干扰。

3) 数据采集时,现场应没有其他振动源。

4) 在已施工完洞身部位锤击,以求取地层的传播速度。

(3) 对单道记录进行滤波、抑制干扰和指数增益调整。对于每一道不同炮的记录和每一炮不同道的记录进行对比分析,以规律性好、重复性好的记录道进行解释。必要时进行正演计算。

(4) 提交资料应包括原始记录、经过处理用于解释的波形曲线、解释结果和地质结论。

2.5.3.6 红外探测法预报的要求

红外探测法适用于探测工作面前方是否有水及其存在位置的情况。探测时应满足下列要求:

(1) 红外探测的有效探测距离应达到 30 m 左右。连续探测时,前后两次应重叠 5 m。

(2) 现场数据采集应满足以下要求:

1) 如需全空间全方位探测地质灾害源,应沿岩巷的轴向在拱顶、拱腰、侧墙、底板布置测线,探水时的测点间距一般为 5 m,发现异常时应根据需要进行加密。

2) 测线布置一般自掘进工作面开始往洞口方向布设,长度通常为 60 m,可根据需要调整。

3) 工作面测线布置,一般为 3 ~4 条,每条测线布设 3 ~5 个测点。

4) 每次探测应对岩体的裂隙发育情况和岩壁渗水情况进行详细记录。

(3) 资料整理应符合以下要求:

1) 按顺序绘出工作面前方、底板、拱顶和两侧墙的红外探测曲线,并标明裂隙发育和有渗水现象的位置。

2) 应特别注意对探测结果进行对比分析,如有异常应及时采用其他方法进行综合排查。

（4）编制探测报告，内容应包括探测工作概况、工作面探测数据图、左右侧墙及拱顶等测线的探测曲线图、地质解释结果等。

2.5.3.7 陆地声呐法预报的要求

采用陆地声呐法探测时，应满足下列要求：

（1）为确定反射体的空间位置，应在掘进工作面布置两条水平测线和一条竖向测线。

（2）连续探测时，前后两次应重叠10 m以上。

（3）检波器应用黄油与岩体耦合。

（4）探测时，应避免施工机械噪声的干扰。

2.5.4 超前地质预报作业安全

超前地质预报的现场监测工作必须在岩巷“敲帮问顶”以及找顶作业结束后进行。高应力区的岩巷应在工作面初期支护完成后进行。工作前，应观察作业空间上方和周围岩体有无松动或其他安全隐患。

采用超前水平钻探预报时，钻孔作业应遵守下列规定：

（1）钻机使用的压气、水的连接部件应连接牢固，并经常检查。

（2）孔口管必须安装牢固。

（3）钻孔时，钻机前方应安设挡板，除操作人员外的其他人员禁止进入工作区域。

（4）在可能发生突水、突泥地段，必须安装孔口安全装置或采用防突钻机，防止高压水突出，并应满足以下要求：

1）孔口管应锚固可靠，可采用环氧树脂、锚固剂，也可采用HSC浆液或TGRM浆液（硫铝酸盐水泥类速凝早强浆液）锚固，锚固长度宜为1.5～2.0 m，孔口管外端应露出掘进工作面0.2～0.3 m，用以安装高压止水球阀。

2）当地下水压较大时，应在孔口管上焊接法兰盘，并用锚杆将其固定在岩壁上。

3）对软弱破碎带地层，应设置止水墙。

4）当发现情况危急时，应立即撤出工作人员，然后采取措施进行处理。

采用炸药爆炸作为震源的地震波反射法预报时，使用的装药量不得大于75 g，雷管和炸药必须由持有当地公安部门颁发的《爆破作业人员许可证》的人领取和操作使用。

参考文献

[1] 尚岳金，王清，蒋军，等．地质工程学[M]．北京：清华大学出版社，2006.
[2] 张倬元．工程地质分析原理[M]．北京：地质出版社，1994.
[3] 徐小荷，余静．岩石破碎学[M]．北京：煤炭工业出版社，1984.
[4] 曹燮明．采矿手册：第一卷[M]．北京：冶金工业出版社，1988.
[5] 编写组．中国冶金百科全书：采矿[M]．北京：冶金工业出版社，1992.
[6] Tamrock 公司．地下凿岩手册[M]．中国冶金进口公司译．1985.
[7] 杨其新，王明年．地下工程施工与管理[M]．成都：西南交通大学出版社，2005.
[8] 贺少辉，叶锋，项彦永，等．地下工程[M]．修订本．北京：清华大学出版社，北京交通大学出版社，2006.

[9] 吴立,闫天俊,周传波. 凿岩爆破工程[M]. 武汉:中国地质大学出版社,2005.

[10] 东兆星,吴士良. 井巷工程[M]. 徐州:中国矿业大学出版社,2004.

[11] 于亚伦. 工程爆破理论与技术[M]. 北京:冶金工业出版社,2004.

[12] 顾毅成. 爆破工程施工与安全[M]. 北京:冶金工业出版社,2004.

[13] 徐小荷. 采矿手册:第二卷[M]. 北京:冶金工业出版社,1990.

[14] 彭立敏,刘小兵. 交通隧道工程[M]. 长沙:中南大学出版社,2003.

[15] 李国锋,定文其,李志厚,等. 特殊地质公路隧道动态设计施工技术[M]. 北京:人民交通出版社,2005.

[16] 东北工学院采矿系井巷教研室. 论我国岩石分级[M]. 北京:煤炭工业出版社,1959.

[17] 杨洪海. 点荷载试验探讨与应用[J]. 露天采矿技术. 2006,(2).

[18] 周春宏. 深埋长隧洞地质超前预报技术[J]. 地质灾害与环境保护. 2005,16(4).

[19] 水利部长江水利委员会长江科学院,等. GB50218—94 工程岩体分级标准[S]. 北京:中国计划出版社,1995.

[20] 铁道第一勘察设计院. TB10077—2001 铁路工程岩土分类标准[S]. 北京:中国铁道出版社,2006.

[21] 建设部综合勘察研究设计院. GB50021—2001 岩土工程勘察规范[S]. 北京:中国建筑工业出版社,2002.

[22] 水电水利规划设计院,等. GB50287—2006 水利发电工程地质勘察规范[S]. 北京:中国计划出版社,2006.

[23] 电力工业部水电水利规划设计总院. GB/T50266—99 工程岩体试验方法标准[S]. 北京:中国计划出版社,1999.

[24] 煤炭科学研究院北京开采研究所. MT170—87 煤和岩石点荷载强度测定方法[S].

[25] 冶金工业部建筑研究总院. GB50086—2001 锚杆喷射混凝土支护技术规范[S]. 北京:中国计划出版社,2001.

[26] 中煤第五建设公司,中煤第一建设公司,中煤第三建设(集团)有限责任公司,等. 煤矿井巷工程质量验收规范[S]. 北京:中国计划出版社,2010.

[27] 铁道第二勘察设计院. TB10003—2005 铁路隧道设计规范[S]. 北京:中国铁道出版社,2006.

[28] 中铁一局集团有限公司,中铁隧道集团有限公司. TZ204—2008 铁路隧道工程施工技术指南[S]. 北京:中国铁道出版社,2008.

[29] 中铁隧道集团有限公司. TZ231—2007 铁路隧道钻爆法施工工序及作业指南[S]. 北京:中国铁道出版社,2007.

[30] 中铁二局集团有限公司. TB10204—2002 铁路隧道施工规范[S]. 北京:中国铁道出版社,2002.

[31] 中铁一局集团有限公司. TZ214—2005 客运专线铁路隧道工程施工技术指南[S]. 北京:中国铁道出版社,2005.

[32] 重庆交通科研设计院. JTGD70—2004 公路隧道设计规范[S]. 北京:人民交通出版社,2004.

[33] 中铁二局集团有限公司. TB10304—2009 铁路隧道工程安全技术规程[S]. 北京:中国铁道出版社,2009.

[34] 中交第一公路工程局有限公司,重庆交通科研设计院,重庆交通大学,等. JTG F60—2009 公路隧道施工技术规范[S]. 北京:人民交通出版社,2009.

[35] 中交第一公路工程局有限公司,河南省路桥建设集团有限公司,重庆交通科研设计院,等. JTG/T F60—2009 公路隧道施工技术细则[S]. 北京:人民交通出版社,2009.

[36] 北京市城乡建设委员会. GB50299—1999 地下铁道工程施工及验收规范[S]2003 年版. 北京:中国计划出版社,2004.

第3章　冲击式凿岩

岩巷掘进首先要破碎岩石，常用的方法有凿岩爆破和隧道掘进机（TBM）两种。凿岩是用冲击式凿岩机具以机械方法破碎岩石，在岩体中钻凿出炮孔，用以装填炸药进行爆破。此外，安装锚杆也需要钻凿出眼孔。目前，凿岩机具应用最多的是冲击式凿岩机。

3.1　凿岩破碎与岩石可凿性

目前，破碎岩石多采用机械方法，按其破碎岩石的机理不同，可有不同分类。岩石的性质不同，凿岩效率也不同，并据此可对岩石进行可凿性分级。

3.1.1　机械破碎岩石

3.1.1.1　机械破碎岩石分类

机械方法破碎岩石，按钻具在孔底破碎岩石的机理不同，可分为冲凿、碾压、切削和磨削四类（见图3-1）。回转式钻机和电钻的翼状钻头在轴推力的作用下压入岩石，同时在回转力矩的作用下，连续切削破碎岩石，并将产生的岩屑排出孔外。回转式钻机和电钻分别用于软岩和煤层。牙轮钻头和隧道掘进机是以碾压为主破碎岩石，钻孔时钻头在很高的轴推力下作回转运动，对岩石进行碾压。金刚石钻头通过回转以磨削方式破碎岩石，其眼孔规整，常用于硬岩芯钻。手锤打孔是最原始的冲凿破碎岩石方法，冲击式凿岩机也是利用冲凿方

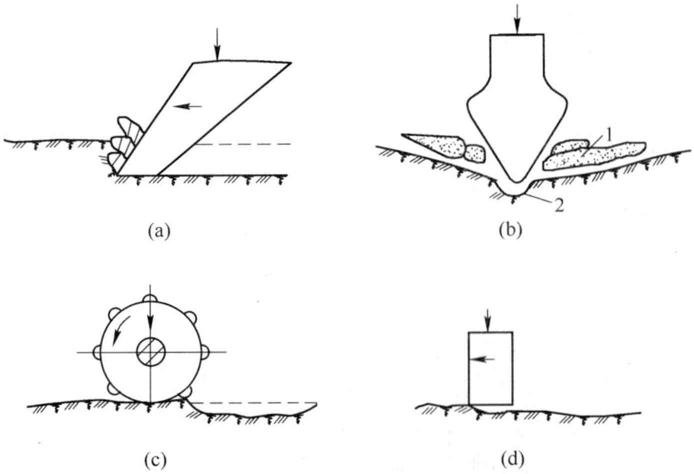

图3-1　四种机械破碎岩石方法

（a）切削；（b）冲凿；（c）碾压；（d）磨削

1—崩碎体；2—密实核

式破碎岩石,常用于坚硬岩石的凿岩。

冲击式凿岩又称冲击—回转式凿岩,其原理是:凿岩机的活塞撞击钎尾,将动能以应力波的形式通过钎杆传递给钎头,由钎头冲凿岩石,将岩石凿出一条小槽,当活塞返回原来位置时,带动钎子回转一个角度(5°~8°)。活塞再次撞击钎尾时,又形成第二条小槽,并将两条小槽之间的部分扇形岩石破碎(见图3-2)。破碎的岩粉由排粉机构不断地从孔底排至孔外。如此不断冲击与回转,逐渐将岩石破碎。

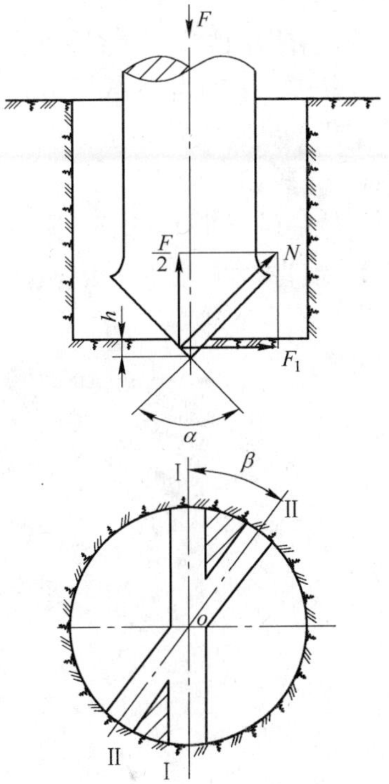

图3-2 冲击凿岩原理

3.1.1.2 岩芯钻机、牙轮钻机及气镐

A 岩芯钻机

岩芯钻机是在钻杆上安装环形的金刚石钻头或硬质合金钻头,通过回转以磨削破碎岩石的钻机,又称地质钻机(见图3-3)。它的优点是钻孔规整,可以钻取岩芯,是探矿专用设备。但钻进效率较低、每米钻进费用比潜孔钻机高出2~3倍,主要用于需要获取岩芯的场合。

岩巷工程宜采用转速较高或转速较高且推力可调节的液压岩芯钻机。同时,钻机应配有孔底压力表、扭矩表和转速表以及液压拧管机构和泥浆泵等。此外,钻机应工作平稳、振动小、易于拆装搬运。

B 牙轮钻机

牙轮钻机通过钻杆使钻头在很高的轴推力下作回转运动,同时钻头上带球齿的牙轮滚动,将冲击和压力传递给岩石,对其进行碾压破碎(见图3-4)。实际上,牙轮在旋转过程中,

图3-3 XY-4型地质钻机

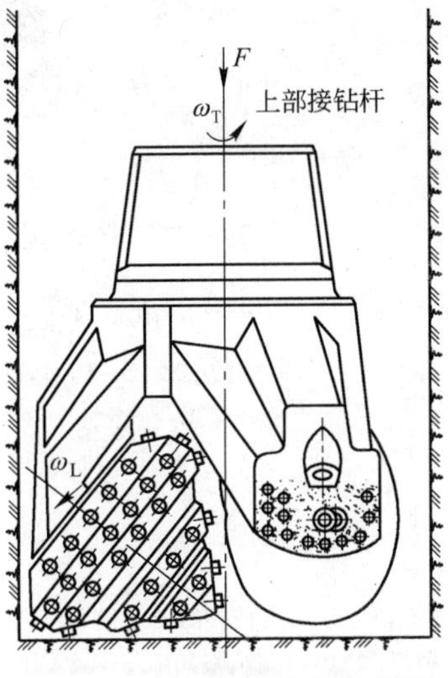

图3-4 牙轮钻头钻孔示意图

依靠钻压(轴向推力)侵入和冲击破碎岩石时,通常由于牙轮体的复锥形状、超顶和移轴❶等因素作用,使牙轮在孔底滚动的同时还产生一定的滑动,牙轮齿的滑动对岩石产生剪切破坏。因此,牙轮钻头破碎岩石实为碾压、冲凿及切削的复合作用。

牙轮钻头按牙轮的数量可分为单牙轮、双牙轮、三牙轮和多牙轮钻头。单牙轮和双牙轮钻头多用于钻孔直径小于150 mm的软岩钻进;多牙轮钻头则用于直径在300 mm以上的钻进;而三牙轮钻头应用最多(见图3-5)。三个牙轮的锥顶面与钻头中心并不重合(退轴),三个牙轮的轴线也不交于钻头中心线(移轴)。钻头随钻杆的回转而绕钻杆轴公转,同时各牙轮又绕自身转轴作自转滚动,方向与钻头的转动方向相反。

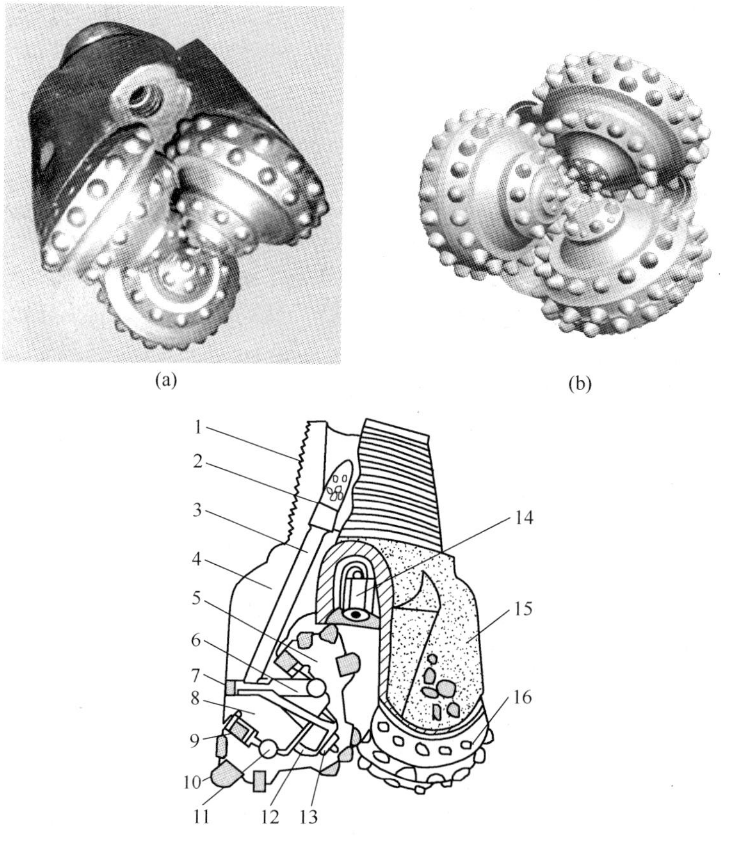

图3-5 三牙轮钻头

(a) 钻头外形;(b) 牙轮排列;(c) 钻头构造

1—连接螺纹;2—挡渣管;3—风道;4—牙爪;5—牙轮;6—塞销;7—填焊;8—牙爪轴颈;9—滚柱;10—牙齿;11—滚珠;12—衬套;13—止推块;14—喷嘴;15—爪背合金;16—轮背合金

---

❶ 牙轮锥顶超过钻头轴心的结构称为超顶。在钻头的水平投影面上,牙轮轴线沿钻头旋转方向相对于钻头径向平移一段距离的结构称为牙轮的移轴。用于软、中硬岩体的钻头一般兼有移轴、超顶和复锥;一部分用于中硬或硬岩体的钻头有超顶和复锥;用于坚硬和强研磨性岩石的牙轮钻头是纯滚动而无滑动的,即单锥,不超顶,也不移轴。

牙轮钻进用于大孔径钻孔，它与潜孔冲击式凿岩相比，具有以下优点：

（1）直接使用电力驱动，无能量转换损失，节省能耗，噪声也低得多；

（2）便于实现自动控制，可根据岩性自动调节钻压和转速，达到最优钻进效果；

（3）可钻凿更大直径的钻孔，钻孔直径越大越能显示其优越性；

（4）更适合钻凿磨蚀性强的岩石。

牙轮钻进适用于中等至坚硬岩石的大孔径钻孔，对于中等以下坚固性的岩石较为经济。牙轮钻机要求轴压大，设备笨重，搬运和定位费事；小直径牙轮钻头（小于170 mm）受轴承等零件的结构尺寸及加工工艺限制，在硬岩中的使用寿命较短，钻孔成本高于潜孔钻机。地下应用自行式牙轮钻机远没有高气压潜孔钻机普遍。

C 气镐

气镐又称风镐，属于气动冲击式破碎岩石工具。最常用的G10型气镐如图3-6a所示，B87C型气镐为采用美国加纳德·丹佛气动集团公司技术生产的，如图3-6b所示。

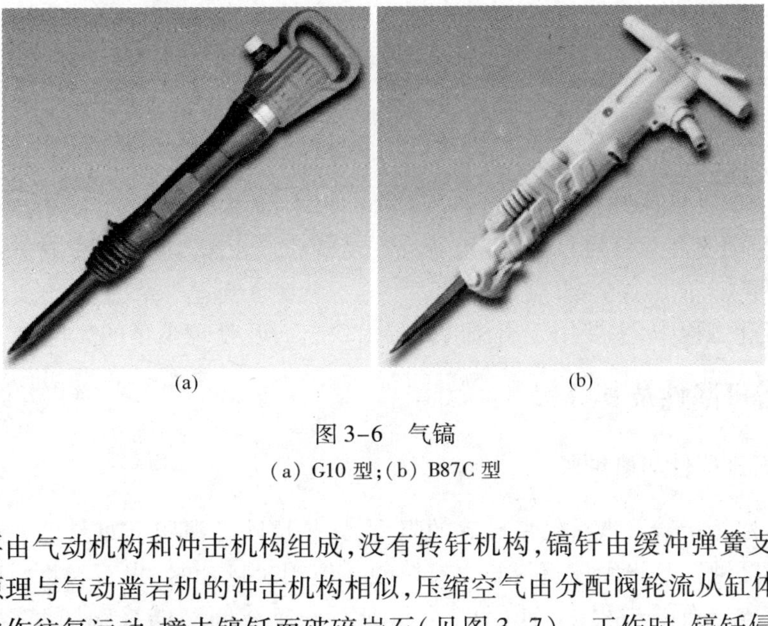

(a) (b)

图3-6 气镐

（a）G10型；（b）B87C型

气镐主要由气动机构和冲击机构组成，没有转钎机构，镐钎由缓冲弹簧支撑在外壳上。气镐的工作原理与气动凿岩机的冲击机构相似，压缩空气由分配阀轮流从缸体两端进入，使锤体在缸体内作往复运动，撞击镐钎而破碎岩石（见图3-7）。工作时，镐钎侵入岩石，使岩体分裂成岩块，或使大块变成小块。

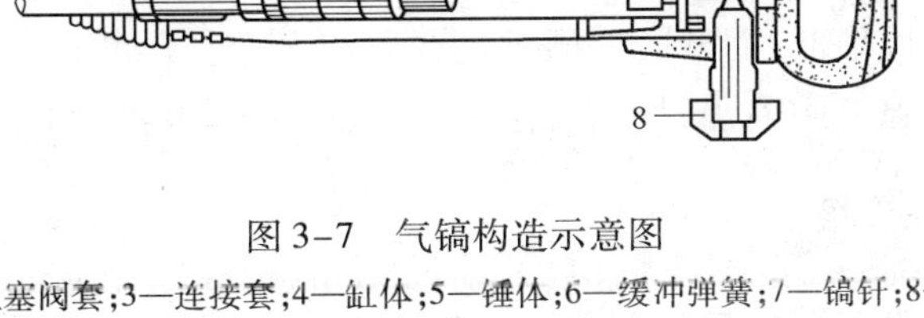

图3-7 气镐构造示意图

1—镐柄；2—阻塞阀套；3—连接套；4—缸体；5—锤体；6—缓冲弹簧；7—镐钎；8—进气管接头

国产气镐的型号及性能见表3-1。B87C型气镐的机身长686 mm，机重39 kg，冲击能量为100 J，耗气55 L/s。

表3-1 气镐型号及性能

项　目	G10	G20	G35	G90
质量/kg	10.6	20	20	42
机身全长/mm	575	858	626	688
气缸直径/mm	38			
活塞行程/mm	155	165	160	148
活塞质量/kg	0.9			
工作气压/MPa	0.63	0.5～0.63		
冲击能量/J	≥39.3	≥60		
冲击频率/Hz	≥18.4	16	20.8	20.8
耗气量/$L \cdot s^{-1}$	≤20	23	22	41
压气管内径/mm	16	16	19	19
钎尾尺寸(直径×长度)/mm×mm	24×42	30×87	450	500

镐钎直接冲击岩石，它的尺寸和形状对破碎效率有显著影响。岩石越硬，镐钎应该越短。一般选用长度为300～400 mm，坚硬岩石可用150～300 mm。操作气镐时，握住镐柄压向凿击方向，使镐钎抵住钎套。如遇到岩石裂缝时，不得用力摇动气镐，以防损坏连接部件。气镐工作时，应随时注意钎尾发热情况，避免钎尾咬合。正常工作时，每隔2～3 h由连接管加入一次润滑油。

气镐在岩巷工程中，主要用于出渣时破碎大块岩石及处理少量的欠挖。

3.1.2 岩石可凿性及其分级

3.1.2.1 岩石可凿性与磨蚀性

岩石可凿性是指岩石抵抗钻凿破碎的阻力，它是反映钻凿眼孔难易的一种岩石坚固性的指标。岩石磨蚀性是指固体材料与岩石接触并作相对运动时，岩石对材料磨损的强弱程度。如钻凿破碎岩石的过程中，钎(钻)头与岩石连续或间断的接触和摩擦，岩石磨损钎(钻)头的性能。岩石磨蚀性与岩石成分(主要是石英含量)、结构、硬度及工作环境等因素有关。

岩石的可凿性与磨蚀性，直接影响凿岩作业。坚固又韧性的岩石凿岩困难，增加了钎杆断裂的危险；磨蚀性强的岩石对钎头磨损剧烈；硬岩要求凿岩机具有足够的冲击功；软岩则带来冲洗岩粉的困难。火成岩虽然坚硬，如果裂隙不多又未风化，则冲击式凿岩可较容易地进行。石灰岩的磨蚀性很低，而砂岩的磨蚀性很高，但都适于冲击式凿岩。此外，岩体的裂隙夹制钎头使其沿裂隙方向前进，导致钎子跳动，此时采用大直径钎头更有利。

3.1.2.2 岩石可凿性分级

岩石可凿性取决于凿岩本身和岩石性质及地质特征，关键是在凿岩过程中，岩石颗粒保持其完整性的能力。岩石的抗压强度、点荷载强度、岩石的侵入硬度、普氏坚固性系数f等都可用来作岩石可凿性的指标。普氏岩石分级法简明,便于使用。尽管少数岩石的可凿性与爆破性并不一致,如在黏土中钻孔容易而爆破却较困难。我国自解放初引进普氏分级法以来,至今仍在沿用,很多设计、施工方法及凿岩爆破定额仍然按普氏岩石坚固性系数来确定。此外,还有凿碎比功、微型钻机的钻速和钻进速率指数(DRI)等用来作为岩石可凿性的指标。

钻进速率指数也称可钻性指数,它是原芬兰汤姆洛克公司采用脆度试验和微型凿岩试验确定的。脆度试验(瑞典落锤试验)是由落锤冲击岩石试样,即用质量为14 kg的重锤,从250 mm高度下落,锤击粒度为12.0~16.0 mm、质量为550 g的岩石。每锤击20次,通过11.2网目筛下物的百分数作为脆度值S_{20},取3~4次试验的平均值。

微型凿岩试验是用Sivers微型凿岩机在岩石试块上凿孔,用20 kg重锤施加轴推力,试样旋转20圈后,测定凿入深度,取4~8次试验的平均值,以0.1mm为单位,称为SJ值。

脆度值S_{20}经SJ值修正(查专用图表)后,即为钻进速率指数DRI。各种岩石的钻进速率指数见图3-8。钻进速率指数是对各种岩石给予相对的可凿性数值,可用以预测凿岩速度。

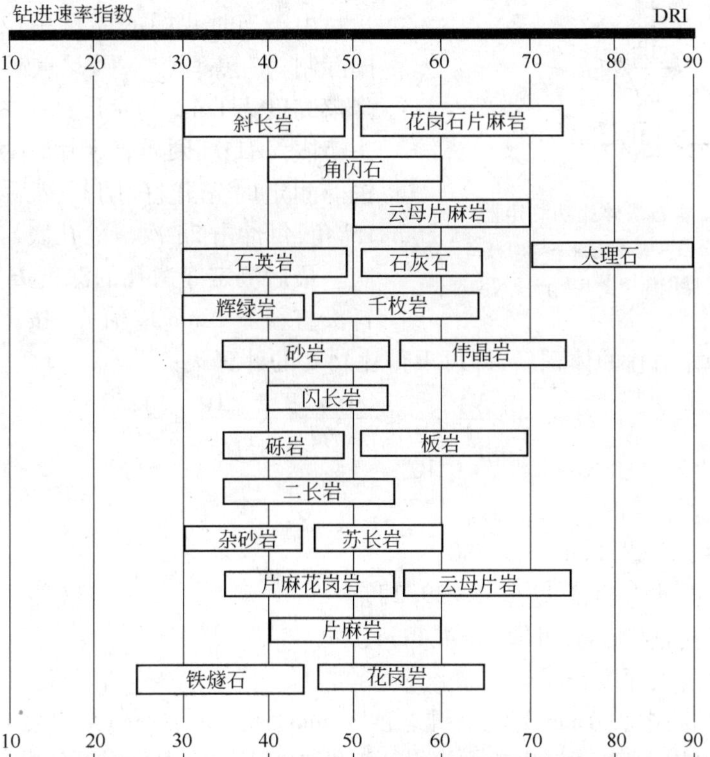

图3-8 岩石的钻进速率指数

美国 C. G. 怀特采用三种机械钻进方法，测定了遍及美国全国98种岩石的可凿性指数和磨蚀性指数。为了试图寻求岩石的可凿性指数与其物理力学性质之间的关系，同时测定了各种岩石的物理力学性质。回归分析表明，岩石的可凿性指数与其物理力学性质之间几乎不存在重要的依从关系。但是，岩石的单轴抗压强度 f_r 与岩石可凿性之间有着值得注意的联系。然而，所得到的全部回归方程都不足以准确预示岩石的可凿性数值。

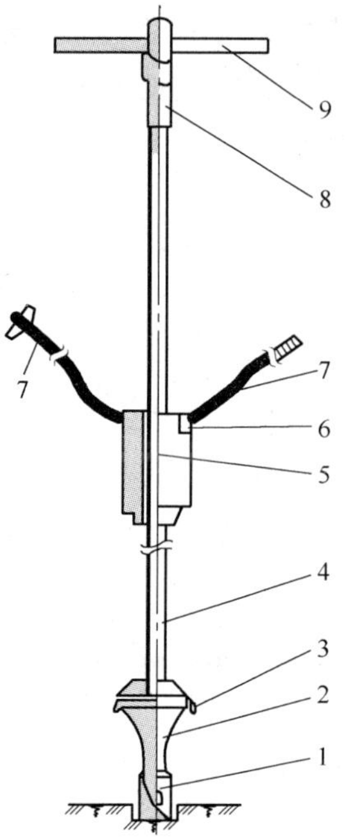

图 3-9 岩石凿碎比功测定器

1—钎头；2—承击台；3—螺丝销；4—导向杆；5—落锤；6—三角环；7—操作绳；8—卡套；9—转动把手

东北大学徐小荷教授对普遍使用的冲击式凿岩，在综合普氏及其他分级法利弊的基础上，将岩石抵抗破碎能力的共性与实际凿岩过程的特殊性相结合，于1959年提出用测定岩石的凿碎比功对岩石可凿性进行分级，并研制出测定岩石凿碎比功的现场试验方法。凿碎比功是指凿碎单位体积岩石所需的功，它是岩石抵抗钎头侵入的能力，简称比功。测定设备是岩石凿碎比功测定器，见图3-9。它是模拟冲击式凿岩机的凿岩动作，利用重锤从一定高度自由落下时产生的固定冲击能撞击钎头破碎岩石，同时用把手回转钎头。

由于当时我国的能量单位尚未采用现行的国际制——焦耳(J)，因此重锤的质量定为4 kg，降落高度为1 m。一字形钎头的直径为40 mm，钎头镶嵌YG11C硬质合金片，刃角为110°，刃锋尖锐。测定时先开好孔口，然后每冲击1次转动15°角，每冲击24次清除孔底岩粉1次，共凿480次。最后测定净凿孔的深度 H 和直径 d（也可按钎头直径加1 mm取值）。按上述凿岩参数计算出冲击能，再计算凿孔的体积后，即可求得比功 a 的计算式：

$$a = \frac{NA}{\frac{1}{4}\pi d^2 \cdot \frac{H}{10}} = \frac{480 \times 39.2 \times 10}{\frac{\pi}{4} \times 4.1^2 H} = \frac{14252}{H} \tag{3-1}$$

式中 a——比功，J/cm^3；

N——冲击次数，这里 $N = 480$；

A——单次冲击功，J，这里 $A = 39.2$ J；

d——凿孔直径，cm，可取 $d = 4.1$ cm；

H——净凿入深度，mm。

用钎刃两端向中心4 mm处的磨钝宽度 b(mm)来表征岩石的磨蚀性。磨钝宽度 b 可用读数显微镜或专用卡尺直接测定。比功 a 和磨钝宽度 b 分别从岩石抵抗钎头的侵入和磨蚀钎头的性能来显示岩石的可凿性和磨蚀性，并可用于岩石分级。凿碎比功测定的数据稳定，简单易行，适合于施工现场测定。凿碎比功 a 稍加圆整后的可凿性分级如表3-2所示，磨蚀性分级见表3-3。

表 3-2 岩石可凿性分级

级 别	凿碎比功 $a/\mathrm{J \cdot cm^{-3}}$	可凿性	代表性岩石
Ⅰ	≤190	极易	页岩、凝灰岩、煤
Ⅱ	191 ~ 290	易	石灰岩、砂页岩、橄榄岩、绿泥角闪岩、云母石英片岩、白云岩
Ⅲ	291 ~ 390	中等	花岗岩、石灰岩、橄榄片岩、铝土矿石、混合岩、角闪岩
Ⅳ	391 ~ 480	较难	花岗岩、硅质灰岩、辉长岩、玢岩、黄铁矿石、铝土矿石、磁铁石英岩、片麻岩、矽卡岩、大理岩
Ⅴ	481 ~ 580	难	假象赤铁矿石、磁铁石英岩、苍山片麻岩、矽卡岩、中细粒花岗岩、暗绿角闪岩
Ⅵ	581 ~ 680	很难	假象赤铁矿石、磁铁石英岩、煌斑岩、致密矽卡岩
Ⅶ	>680	极难	假象赤铁矿石、磁铁石英岩

表 3-3 岩石磨蚀性分级

类 别	钎刃磨钝宽度 b/mm	磨蚀性	代表性岩石
1	≤0.2	弱	页岩、凝灰岩、煤、石灰岩、大理岩、角闪岩、橄榄岩、辉长岩、白云岩、铝土矿石、千枚岩、矽卡岩
2	0.3 ~ 0.6	中	花岗岩、闪长岩、辉长岩、砂岩、砂页岩、硅质灰岩、硅质大理岩、混合岩、变粒岩、片麻岩、矽卡岩
3	≥0.7	强	黄铁矿石、假象赤铁矿石、磁铁石英岩、石英岩、硬质片麻岩

各种凿岩设备每钻凿 1 m 所需时间 t(min)，与凿碎比功 a 呈线性关系。在钎头直径为 40 mm、工作气压为 0.5 MPa 的条件下，使用 7655 型凿岩机时，凿碎比功 a 的表达式如下：

$$a = \frac{t}{0.0102} \tag{3-2}$$

普氏坚固性系数 f 与凿碎比功 a，大致有如下关系：

$$f \approx \frac{a}{40} \tag{3-3}$$

岩石可凿性在选用凿岩机械及钎具、凿岩参数和编制凿岩工作量定额时，都是十分重要的，并可用来预测凿岩速度。岩石磨蚀性可用来估计钎具的消耗量。应当指出，岩石可凿性分级和后面介绍的岩石爆破性分级，只有纳入岩石分级标准中，并作为地质勘察和工程定额的指标，才能发挥更大的作用。

3.2 气动凿岩机

气动凿岩机是以压缩空气为动力，以冲凿方式破碎岩石，间歇回转（内回转）或连续回转（独立回转）的凿岩机械，又称风动凿岩机或风钻。它具有结构简单、坚固耐用、操作方便、重量轻、维修容易和价格低等优点。气动凿岩机允许超负荷和反复启动，可适应不良的工作环境。气动凿岩机的缺点是压气供应系统复杂；能量利用率低；噪声大，产品限值达 114 ~ 132dB(A)。气动凿岩机属于国家实施安全标志管理的采掘及支护设备，必须采购、使用已取得安全标志的产品。

气动凿岩机按支承方式可分为手持式、气腿式、向上式（伸缩式）和导轨式。导轨式凿岩机属于重型凿岩机，其余都属于轻型或中型凿岩机，主要用于浅孔凿岩作业。

3.2.1 气腿式凿岩机和手持式凿岩机

手持式凿岩机是最早和最简单的气动凿岩机，在其基础上发展出气腿式凿岩机。气腿式凿岩机是目前掘进作业中应用最多的凿岩机。

3.2.1.1 手持式、气腿式凿岩机与气动支腿

A 手持式凿岩机

手持式凿岩机是没有气腿或支架、凿岩时需用人手扶持操作的凿岩机(见图3-10)。它的冲击能和转矩较小,凿岩速度较慢,只能钻凿较小直径(炮孔直径小于40 mm)和较浅(深度小于3 m)的炮孔。

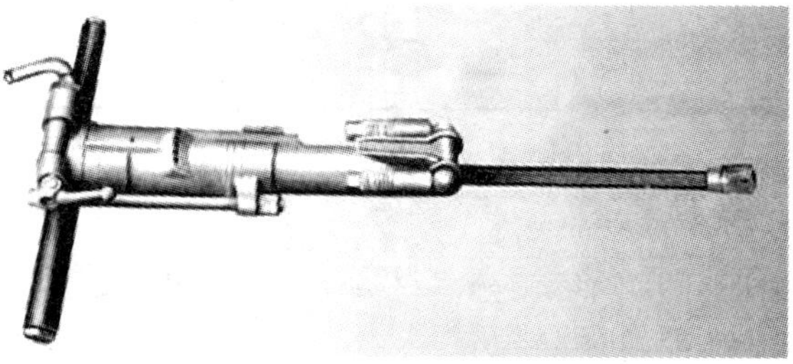
图3-10 Y-19型手持式凿岩机

手持式凿岩机使用简单方便,但需要用很大的力量扶持,劳动强度大,同时剧烈的振动直接传给工人的身体,使人很容易疲劳,并影响凿岩效率。目前,手持式凿岩机已被手持气腿两用式凿岩机所取代,只用于个别凿岩数量较少或向下凿岩的场合。

B 气腿式凿岩机

气腿式凿岩机是由手持式凿岩机配以专用气动支腿演变而来的,气腿用来支持凿岩机的重量,并给其轴推力。它的凿岩效率比手持式凿岩机高,并可减轻操作者的劳动强度。气腿式凿岩机适合在各种岩石上钻凿水平或倾斜炮孔,最大炮孔直径为45 mm,最大炮孔深度为5 m,广泛用于各种场合的凿岩作业。7655(YT23)型凿岩机为原沈阳风动工具厂研发的具有自主知识产权的产品(见图3-11)。它曾在1984年秘鲁国际凿岩机对比试验中名列前茅。瑞典阿特拉斯·科普柯公司收购了我国多家凿岩机厂家后,仍然继续生产7655型凿岩机,可见其性能的优越,目前已广泛用于我国的岩巷工程。

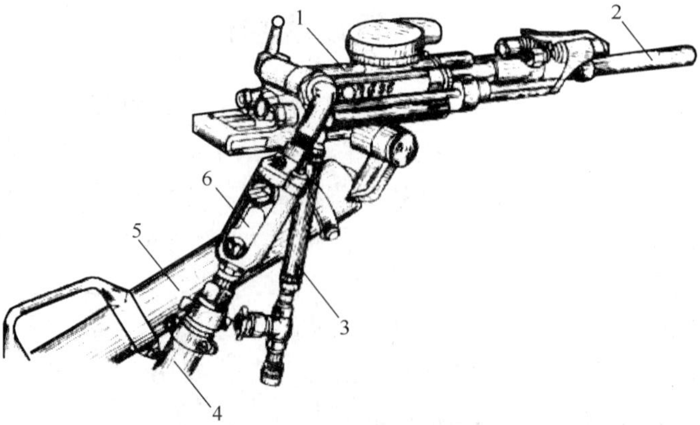

图3-11 7655型气腿式凿岩机

1—凿岩机主机;2—钎子;3—水管;4—压气软管;5—气腿;6—注油器

YT24 型凿岩机是在 YT30 和 ZY24 型凿岩机基础上改进的。YTP26 型凿岩机是红旗 25 和湘江 100 型凿岩机合并改进的,属于高频凿岩机。TA288 型凿岩机是天水风动机械有限公司开发的最新产品(见图 3-12)。

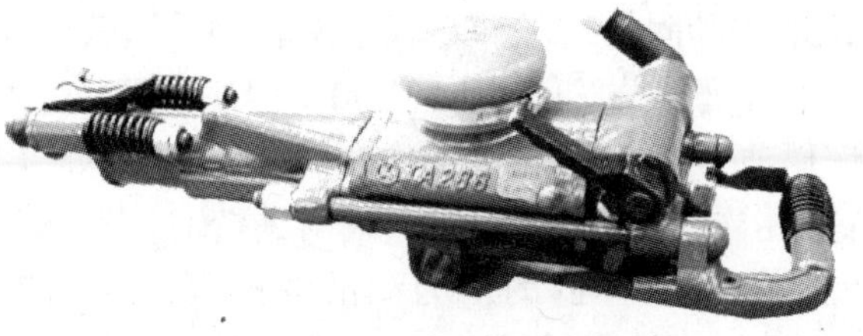

图 3-12 TA288 型气腿式凿岩机

C 气腿

气腿是一个可伸缩金属套筒的气缸,与凿岩机用销轴铰接,二者可以分开。改变它的角度或气压便可控制支持凿岩机重量的力与轴推力的大小。7655 型凿岩机采用 FT160 型气腿,最大推力为 1600 N,最大推进长度为 1362 mm。它的基本构造如图 3-13 所示。三层套管为外管 10、伸缩管 8 及气管 7。气管安设在架体 2 上。外管的上部与架体 2 用螺纹连接,下部装有下管座 11。伸缩管的上部装有塑料碗 5,垫套 6 和压垫 4,下部装有顶叉 14 和顶尖 15。气腿工作时,伸缩管沿导向套 12 伸缩,并用防尘套 13 进行密封。

FT160 型气腿用连接轴 1 与凿岩机铰接在一起。连接轴上开有气孔 A、B 与凿岩机的操纵机构相连通。经操纵机构来的压气从连接轴气孔 A 进入,经架体 2 上的气道到达气腿上腔,迫使气腿做伸出运动。此时,气腿下腔的废气,按图中的虚线箭头所示路线,经伸缩管上的孔 C、气管 7 和架体 2 的气道,由连接轴气孔 B 至操纵机构的排气孔排入大气。当用调压阀使进入气腿的气体增多、气压提高时,气腿的推力增大,泄漏的余气相应减少;反之,进气减少,排气增大,气腿的推力减小。改变操纵机构的换向阀位置,使原来的进气回路变成排气回路,排气回路变成进气通路,气腿伸缩管便自动缩回。

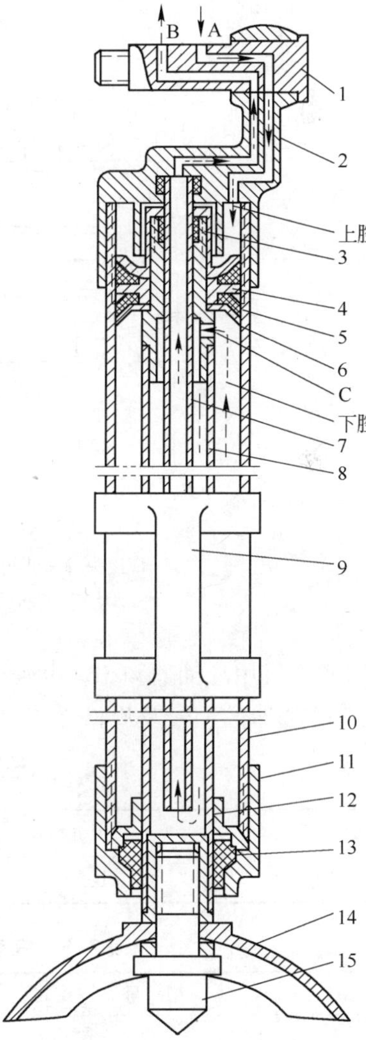

图 3-13 FT160 型气腿构造

1—连接轴;2—架体;3—螺母;4—压垫;5—塑料碗;6—垫套;7—气管;8—伸缩管;9—提把;10—外管;11—下管座;12—导向套;13 防尘套;14—顶叉;15—顶尖

D 注油器

凿岩机的注油器实行自动润滑，要求注油器的供油稳定，不得因机器振动而使油量发生变化。它分为悬挂式、落地式和固定式三种。轻型凿岩机采用悬挂式注油器，它装在进气管的弯头处，贮油量较小。7655型凿岩机采用FY200A型注油器，可供凿岩机工作2h。它的构造及工作原理如图3-14所示。当凿岩机工作时，压气沿图中箭头方向进入注油器，一部分压气经孔a和b进入壳体内，对润滑油加压。同时，在高速气流的作用下，在与气流方向垂直的孔c的孔口处产生负压，壳体内的压力润滑油被吸入油管7内，经孔d流至孔口c处，被高速压气气流带走，并形成油雾，随压缩空气注入凿岩机及气腿中，对各运动部件进行连续润滑。

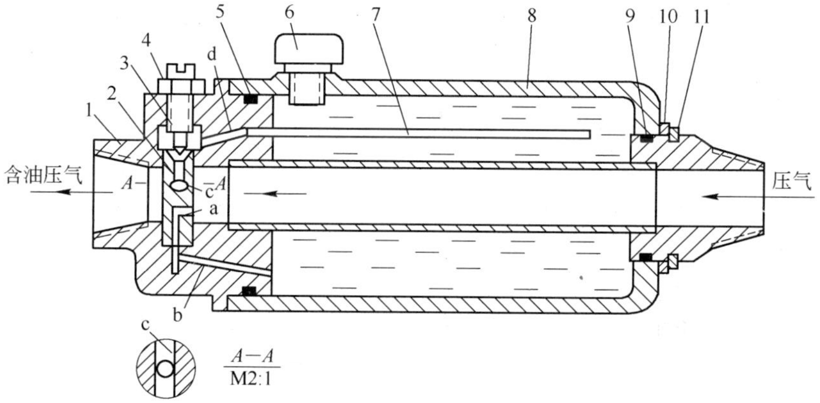

图3-14 FY200A型注油器

1—管接头；2—油阀；3—调油阀；4—螺栓；5，9—密封圈；
6—油堵；7—油管；8—壳体；10—挡圈；11—弹性挡圈

《气动凿岩机用注油器》(JB/T9846—2010)规定的产品类型及贮油量见表3-4。悬挂式和落地式注油器的型号及规格见表3-5。

表3-4 气动凿岩机注油器的贮油量 (L)

类 型	悬挂式	落地式	固定式
贮油量	0.20，0.25	0.50，0.70，1.50	4.0，5.0，7.0

表3-5 气动凿岩机注油器型号及规格

类 型	型 号	质量/kg	贮油量/mL	配套凿岩机
悬挂式	FY200A	1.2	200	7655、YT24、YT26
	FY250	1.2	250	YT27、YT29
落地式	FY700			YTP26
	FY500A	2.5	520	YSP45
	IU5		5000	导轨型凿岩机

3.2.1.2 凿岩机的构造与工作原理

国产气动凿岩机采用了近代凿岩机的新型结构，设集中控制、气水联动、自动注油、气腿自动缩回等装置。凿岩机具有冲击、转钎和排粉三个基本环节。压缩空气通过配气阀，交替作用于活塞两端，形成压差，使活塞在缸体内作往复运动。在冲击行程时活塞撞击钎尾，冲击功通过钎杆由钎头作用在岩石上。回程时活塞上的螺旋槽与棘轮啮合，带动转动套、钎尾套，使钎杆旋转一定角度。凿岩机就这样周而复始地工作。常用的气动凿岩机的基本构造相似，只是配气及转钎机构部分不同。现以使用最多的 7655 型凿岩机为例，介绍凿岩机的构造和工作原理。

A 凿岩机的构造

凿岩机由气缸—活塞组件、配气装置、钎杆回转机构、操纵阀及冲洗—吹压缩空气机构等组成，其内部构造如图 3-15 所示。

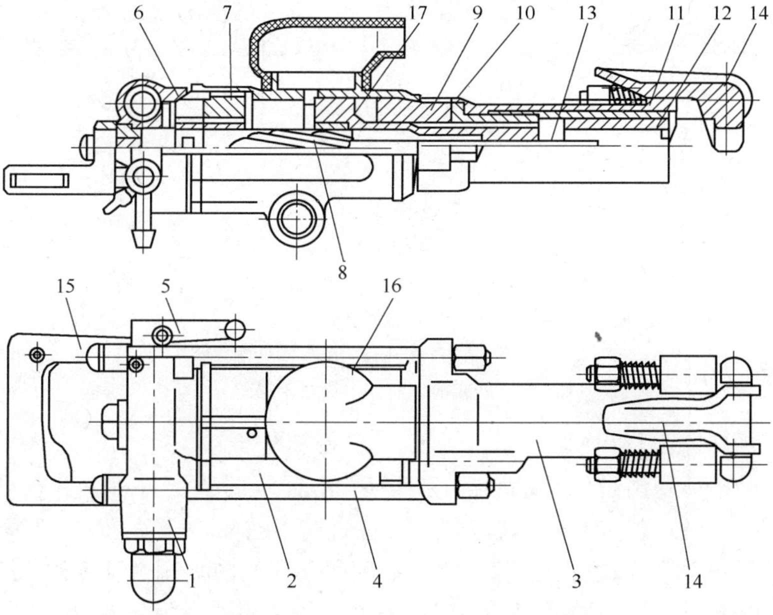

图 3-15 7655 型凿岩机构造

1—柄体；2—缸体；3—机头；4—连接螺杆；5—操纵手柄；6—棘轮；7—配气阀；
8—螺旋棒；9—活塞；10—导向套；11—转动套；12—钎套筒；13—水针；
14—钎卡；15—把手；16—消声罩；17—螺旋母

凿岩机可分解成柄体 1、缸体 2 和机头 3 三大部件，它们由两根连接螺杆 4 连接在一起。柄体包括把手 15、操纵手柄 5、操纵阀、调压阀、注水阀、水针 13、压气管和水管接头、棘轮 6、螺旋棒 8、棘轮爪、塔形弹簧等。缸体包括活塞 9、配气装置、螺旋母 17、导向套 10、消声罩 16 等。消声罩是由弹性橡胶制成的，用以降低凿岩机工作时的噪声，并可根据需要改变排气方向。机头包括转动套 11、钎套筒 12、钎卡 14 等。

操纵手柄和气腿伸缩手柄集中在缸盖上。凿岩时，将钎杆插入机头的钎套筒中，并借助钎卡支持。冲洗炮孔的压力水是气水联动的，只要开动凿岩机，压力水就会沿着水针进入炮孔冲洗岩粉，并冷却钎头。

B 冲击配气机构的工作原理

冲击机构由气缸、活塞及配气系统组成。配气系统是控制压缩空气反复进入气缸后腔和前腔的机构。配气系统可自动变换压缩空气进入气缸的方向，使活塞完成往复运动，即冲程与回程。7655 型凿岩机采用的凸缘环状阀配气机构也为大多数凿岩机所采用，其工作原理如图 3-16 所示。

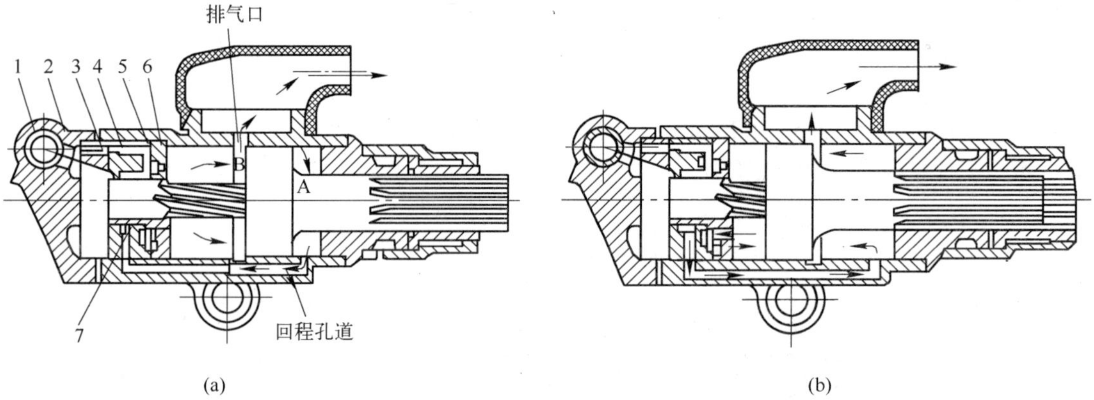

图 3-16 环状阀冲击配气机构配气原理

（a）冲程；（b）回程

1—操纵阀气孔；2—缸盖气室；3—棘轮孔道；4—阀柜孔道；5—环状气室；

6—配气阀前端阀套孔；7—配气阀后端气室；

A—活塞前端面；B—活塞后端面

a 活塞冲程（冲击行程）

活塞冲程是指活塞由缸体后端向前运动到撞击钎尾的整个过程。冲程开始时，活塞在缸体后端，阀在最后位置。当操纵阀转到运转位置时，压缩空气经柄体通过操纵阀气孔 1 经缸盖气室 2、棘轮孔道 3、阀柜孔道 4、环状气室 5 和配气阀前端阀套孔 6 进入气缸的后腔，作用在活塞的后端面 B，而活塞的前腔则经排气口与大气相通。活塞在压气作用下迅速向前运动，直至撞击钎尾。当活塞前端面 A 越过排气口后，气缸的前腔被封闭，前腔内的剩余气体被活塞压缩，压力逐渐升高。经回程孔道，前腔与配气阀后端气室 7 相通，于是气室 7 内的压力也随着活塞继续向前运动而逐渐增高，有推动配气阀向前移动的趋势。当活塞后端面 B 越过排气口后（见图 3-16a），气缸的后腔与大气相通，气压骤降。这时作用在配气阀后面的余气压力大于其前面的压力，配气阀迅速向前运动，并与前盖靠合，切断了通往后腔的气路。与此同时，活塞借惯性向前运动，撞击钎尾。冲程结束，开始回程。

b 活塞回程（返回行程）

回程开始时，活塞及配气阀均处于最前位置。压缩空气经缸盖气室 2、棘轮孔道 3、阀柜孔道 4 及阀柜与阀的间隙、气室 7 和回程孔道进入气缸的前腔，而气缸的后腔则经排气口与大气相通，因此活塞开始向后运动。当活塞后端面 B 越过排气口后，活塞将压缩气缸后腔的剩余气体，使其压力逐渐升高，并使配气阀前面的余气压力增高，有推动配气阀向后移动的趋势。当活塞前端面 A 越过排气口后（见图 3–16b），气缸的前腔与大气相通，气压骤降，并使气室 7 内的气压也骤降。这时作用在配气阀前面的压力大于后面的压力，配气阀被推向后运动，与阀柜靠合，切断通往气缸后腔的气路，打开通往气缸前腔的气路。此刻活塞回到缸体后端，结束回程。压气再次进入气缸的后腔，开始下一个活塞冲程。压缩空气如此通过配气系统推动活塞作高速往返动作，工作的废气则由消声罩排出。

此外，配气机构还有蝶阀配气装置和无阀配气装置，后者多用于高频凿岩机。原 YT－30 型凿岩机则采用碗状控制阀。

C　转钎机构的工作原理

转钎机构贯穿于气缸和机头中。转钎机构如图 3–17 所示，由环形棘轮 1、棘爪 2、螺旋棒 3、活塞柄 4（其大头端装有螺旋母）、转动套 5 及钎套筒 6 等组成。环形棘轮用键固定在柄体上，它的内侧有棘齿，与螺旋棒大头端镶的棘爪组成逆止机构。螺旋棒上的螺旋槽与活塞柄头内的螺母啮合，活塞柄上的花键又与转动套内的花键配合。转动套前端的钎套筒内有六方形内孔，供插入钎尾用。

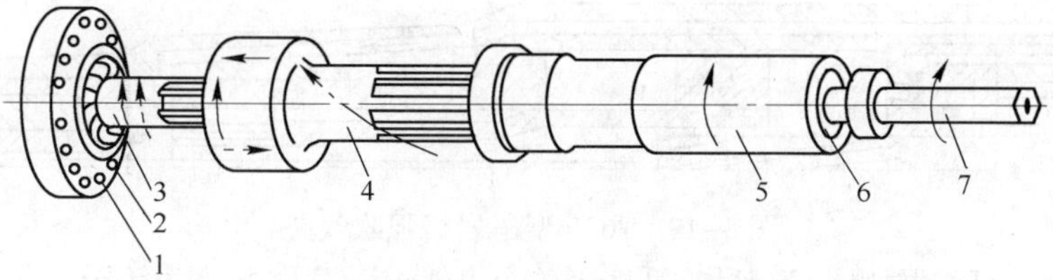

图 3–17　7655 型凿岩机的转钎机构及动作原理

1—环形棘轮；2—棘爪；3—螺旋棒；4—活塞柄；5—转动套；6—钎套筒；7—钎子；

－－→冲程时各零件动作方向；——→回程时各零件动作方向

在活塞冲程，活塞做直线运动，由于活塞大头上螺旋母的作用，带动螺旋棒 3 按图 3–17 中虚线箭头方向转动一个角度。当活塞回程时，螺旋棒被棘爪卡住，使螺旋棒不能逆转，迫使活塞沿螺旋棒上的螺旋槽按图 3–17 中实线箭头方向转动，带动转动套 5 及钎套筒 6 与钎子 7 一起转动一个角度，完成钎杆的回转动作。活塞每往复一次，钎子就在回程时转动一个角度。

此外，有的凿岩机还采用一种外棘轮式活塞螺旋槽的转钎机构。

D　排粉机构

凿岩产生的岩石粉渣，需用水冲洗炮孔排出，避免岩石粉尘对人体的危害。我国规定必须采用湿式凿岩，禁止用压气排粉的干打孔。凿岩机轴向供水的气水联动机构，见图 3–18。凿岩时，压缩空气经柄体端部大螺母上的气道进入注水阀前端，克服注水阀后面弹簧的压力，推动注水阀向后移动，开通水路。水经柄体上的给水接头及水道，进入水针。水针插在钎尾的中心孔内，由此水经钎杆的中心孔，由钎头的水孔注入炮孔的底部。压力水与凿岩的粉渣混合成岩粉浆，从钎杆与炮孔的间隙排出孔外。当凿岩机停止工作时，柄体的气室内无压缩空气，弹簧推动注水阀前移，关闭水道，停止对水针的供水，排粉结束。

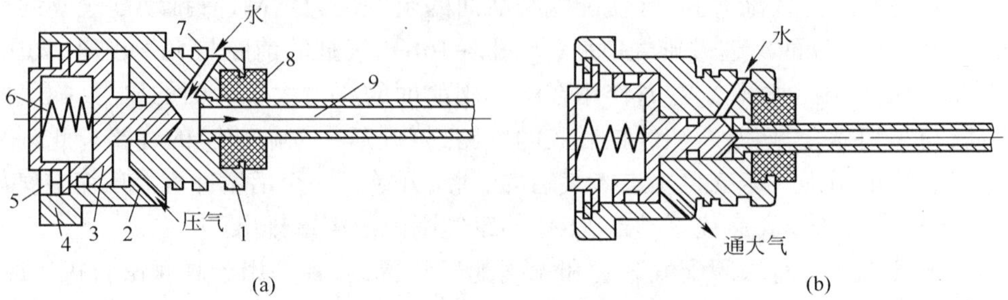

图 3-18 气水联动注水机构

(a) 凿岩机开动;(b) 凿岩机停止

1—大螺母;2—气道;3—注水阀;4—压盖;5—密封圈;6—弹簧;7—水道;8—密封胶圈;9—水针

凿岩机除有注水排粉系统外,还有强力吹孔系统,其结构如图 3-19 所示。当炮孔较深或向下凿岩时,聚集在孔底的岩粉较多,可能堵塞钎头的排水孔或炮孔沿钎杆的间隙。这时可扳动操纵手柄进行强力吹洗炮孔,停止凿岩机工作和供水,压缩空气直接经由缸体上的气道与机头壳体上的气孔进入钎杆的中心孔,达到炮孔底部,强力将岩粉浆吹出炮孔。

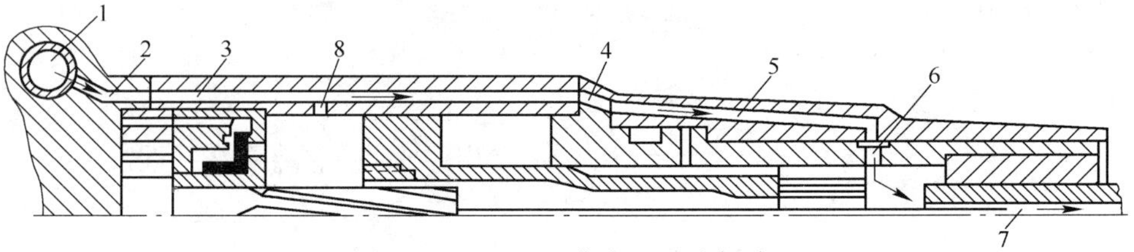

图 3-19 7655 型凿岩机强吹气路

1—操纵阀孔;2—柄体气孔;3—气缸气道;4—导向套孔;5—机头气路;

6—转动套气孔;7—钎杆中心孔;8—强吹时平衡活塞气孔

E 润滑系统

气动凿岩机的活塞与缸体及转钎机构的零件之间,相对运动速度较高,受力又不均匀,并有机器的振动和冲击。因此,必须有可靠的润滑方式和适宜的润滑油才能正常运转。凿岩机在进气管处装有专用注油器,压缩空气进入其中,使润滑油雾化形成油雾,然后随压缩空气进入凿岩机内,对各运动部件进行润滑。

润滑油应根据设备摩擦部位的速度、负荷、温度、功率、密封程度等选择,润滑不当将影响凿岩机的工作性能。润滑油的首要指标是黏度,黏度过小会形成半液体润滑❶或边界润滑❷,加速摩擦副❸的磨损,又易漏油;黏度过大,流动性、渗透性与散热性差,内摩擦阻力大,启动困难,消耗功率大,也会增加摩擦副的磨损。因此,润滑油的黏度是摩擦副润滑的重要参数。目前,国内还没有凿岩机专用润滑油,气腿式凿岩机可用 L-AN46 全损耗系统用油

---

❶ 液体润滑又称为液体摩擦,是两运动表面之间被润滑油膜完全隔开的润滑。半液体润滑又称半液体摩擦,是液体润滑和边界润滑同时存在的情形。不充分的液体润滑会导致半液体润滑。

❷ 边界润滑又称边界摩擦,是由液体摩擦过渡到干摩擦(接触表面之间不存在任何润滑剂,表面直接接触)过程之前的临界状态,是两表面之间由边界膜(吸附膜或化学膜等)形成的润滑。不光滑表面会发生部分表面接触,此时润滑油的总体黏度特性没有发挥作用。

❸ 在工程上对存在相对运动从而存在相互摩擦磨损的机件统称为摩擦副。

(原机械油),它相当于原40号机械油。当气温较低时,可适当降低黏度等级;而气温较高时,可提高黏度等级。

润滑油量不能过少,以免各运动部件的润滑不足,加快零部件磨损,温度升高,甚至烧结卡死。但供油量也不宜过大,以免影响各部件的正常工作。凿岩机用调节阀来控制供油量,一般每立方米自由空气需混入0.8~1.5 mL润滑油,折算到7655型凿岩机的供油量约为2.5 mL/min。气腿式凿岩机的台班耗油量约为0.5 kg。

F 操纵机构

7655型凿岩机的操纵机构由操纵阀、气腿调压阀和换向阀组成。它们分别由装在柄体上的三个操纵手柄进行集中控制,操作方便。操纵阀共有5个位置,其作用如图3-20所示。

气腿调压阀和换向阀组合在一起,分别由两个手柄控制。它们相互配合,又相互独立。调压阀控制气腿的运动,调节气腿的轴推力,以适应凿岩机在不同角度下,对轴推力的不同要求。换向阀除配合调压阀使气腿运动外,还控制气腿的快速缩回动作。

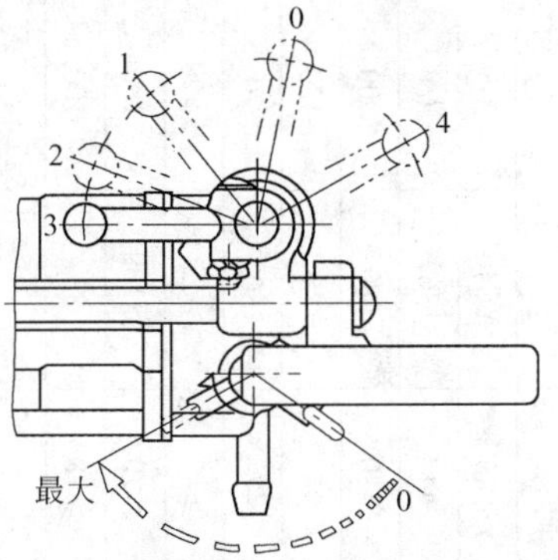

图3-20 操纵阀与调压阀的操作部位

操纵阀位置:0—停止工作,并停气、停水;
1—轻运转,注水,吹洗;
2—中运转,注水,吹洗;
3—全运转,注水,吹洗;
4—停止工作,停水,强力吹洗

3.2.1.3 凿岩机的性能

《气腿式凿岩机》(JB/T1674—2004)规定的产品系列及技术参数见表3-6。凿岩机应保证凿岩冲击频率和耗气量的指标与表中的规定等效。在具备有效期内型式检验报告的前提下,允许空转转速、冲击能、噪声(声功率级)、每米凿孔耗气量、凿孔深度不列入出厂检验项目。对于具体产品,凿岩冲击频率应规定出上下限,其差值不应大于3 Hz。

表3-6 气腿式凿岩机产品基本参数

项 目	轻型	中型	重型
质量/kg	≤22	22~25	>25
空转转速①/$r \cdot min^{-1}$	250~500		
冲击能①/J	≥55	≥65	≥70
凿岩冲击频率①/Hz	30~50		
凿岩耗气量①/$L \cdot s^{-1}$	≤70	≤80	≤85
噪声①(声功率级)/dB(A)	≤125	≤126	≤127
每米凿孔耗气量①②/$L \cdot m^{-1}$	$\leq 11 \times 10^3$		
凿孔深度①/m	3	5	5
压气管内径/mm	20或25		
水管内径/mm	13		
钎尾规格/mm×mm	H22×108或H19×108	H22×108或H25×108	

① 在验收气压力为0.63 MPa的条件下测定;
② 在台车上或试验台架上水平凿岩,用直径为40 mm的一字形钎头,岩石抗压强度为100~140 MPa测定。

常用的国产气腿式凿岩机及手持式凿岩机的型号及规格,详见表3-7。

表 3-7 常用国产气动凿岩机型号及参数

项 目	手持式	气腿式				向上式	导轨式			
	Y19	7655(YT23)	YT24	TA288	YTP26	YSP45①	YG40	YG80	YGZ90	YGZ100②
质量/kg	19	23	24	27	26.5	44	36	69	95	100
全长/mm	600	628	678	640	680	1420	680	900	876	890
气缸直径/mm		76	70	90	95	95	85	120	125	
活塞行程/mm		60	70	50	50	47	80	70	98	102
冲击频率/Hz	35	≥36	≥30	≥38~40	≥45	≥47	≥27	≥29	≥34	≥29
冲击能/J	40	≥60	≥60	≥70	≥73	≥70	≥100	180	≥225	
转矩/N·m		≥15	≥13		≥18	≥18	38	100	≥140	≥245
使用气压/MPa	0.5		0.63	0.5~0.63			0.63		0.5~0.63	0.63
耗气量/L·s^{-1}	43	≤54	≤67	≤62~85	≤70	≤83	≤117	≤160	≤225	108+83③
压气管内径/mm	25							38	38/25④	
使用水压/MPa	0.2~0.3				0.3~0.5	0.2~0.3	0.3~0.5		0.4~0.6	0.3~0.5
水管直径/mm	13							19	19	
配气阀形式	环状被动阀		碗状主动阀		无阀	环状被动阀	环状主动阀	碗状主动阀	无阀	
钎尾规格/mm×mm	H22×108						D32×97		D32×97、D38×97	
气腿型号	(人力)	FT160A/B/C型	FT140B/BD型	FT170型		轴向气腿	FJY25A型钻架		专用推进器	FJY27钻架
注油器型号		FY200A	FY200B		FY-700落地式	FY-500A落地式	FY-500落地式	专用	专用	
钻孔直径/mm	34~40	34~42			36~45	35~46	40~55	50~75	50~80	
最大钻深/m	3	5		6	5	6	15	20	30	25
制造厂家	上海东风风动工具有限公司	阿特拉斯·科普柯(沈阳)建筑矿山设备有限公司	天水风动机械有限公司		湘潭风动机械厂	阿特拉斯·科普柯(沈阳)建筑矿山设备有限公司	天水风动机械有限公司		南京风动凿岩机械制造公司	天水风动机械有限公司

① 换钎长度为750mm。
② 转钎速度为0~300r/min。
③ 加号前为冲击耗气量,加号后为回转耗气量。
④ 斜线左为冲击部分,斜线右为回转部分。

3.2.1.4 凿岩机的维护保养与寿命

A 维护保养

凿岩机在出厂时,对零部件涂有黏度很大的防锈脂。凿岩机在使用前,必须拆卸清洗,重装时各零部件再涂以润滑油。重装后应开小气(风)量空转少许,检查运转是否正常。但空转时间不得超过 2 ~ 3 min,以免气缸气垫区温度过高,产生研缸现象。当凿岩机较长时间停止使用时,应及时将其拆洗干净,并涂上防锈脂,装配好后放在干燥清洁处保存。

凿岩作业时,禁止在工作面拆装凿岩机,以防混入杂物或丢失零件。凿岩机应每周清洗 1 次,可采用专用的清洗器。它不需要拆卸凿岩机就可进行清洗及润滑,并在清洗过程进行空运转试验。定期检查凿岩机,消除可能发生的故障,及时更换损坏的零件,使其保持完好状态。

B 易损件寿命及报废标准

气腿式凿岩机主要易损件的寿命及报废标准见表 3-8。表中的工作条件为:岩石坚固性系数 $f = 10 \sim 14$,工作气压为 0.55 ~ 0.65 MPa,一字形钎头直径为 38 ~ 42 mm。

表 3-8 气腿式凿岩机主要易损件使用寿命及报废标准

易损件名称	活 塞	螺旋棒	螺旋母	转动套或花键母	钎尾套
使用寿命/m	2000	3000	2000	2000	2000
报废极限	冲击端面凹下 2 mm,花键齿侧面磨损 2 mm	花键齿侧面磨损 2 mm	花键齿侧面磨损 2 mm	花键齿侧面磨损 2 mm	六面对边磨损 2 mm

3.2.2 向上式凿岩机和导轨式凿岩机

3.2.2.1 向上式凿岩机

向上式凿岩机的气腿与主机在同一轴线上,并直接用螺杆联结成一体,又称伸缩式凿岩机。它专用于钻凿与底板成 60° ~ 90° 方向的向上炮孔,主要用于天井掘进、采矿场及其他向上凿岩作业,也可用于钻凿拱顶的竖向锚杆孔。最大炮孔直径为 50 mm,最大炮孔深度为 6 m。目前,国产向上式凿岩机只有 YSP45 型和 YS35 型两种产品。其中 YSP45 型应用最广,构造如图 3-21 所示。

凿岩机主要由机头 1、缸体 6、柄体 11 和气腿 14 组成。柄体、缸体与机头用两根长螺栓 21 连接成整体,气腿用螺纹连接在柄体上。在缸体的手把上装有放气阀 19,在柄体上有操纵手柄 22、气管接头 20 和水管接头 23。凿岩机内有冲击配气机构、转钎机构、冲洗装置和操纵装置。冲击配气机构和转钎机构与 7655 型凿岩机相似。钎套与转动套由螺纹连接,钎套外端呈伞形,盖住机头,防止冲洗泥浆污染机器内部。

气腿的结构比较简单,只有外管和伸缩管。外管上端设有横臂和架体,外管直接用螺纹连接在柄体上。凿岩机操纵阀和气腿调节阀的工作原理与 7655 型凿岩机相似。操纵阀手柄有7个操作位置，分别为单独控制气腿动作3个，运转与气水、气腿联动4个。气腿调节阀的控制是连续的。逆时针转动手柄，气腿的推力加大，反之则推力减小。

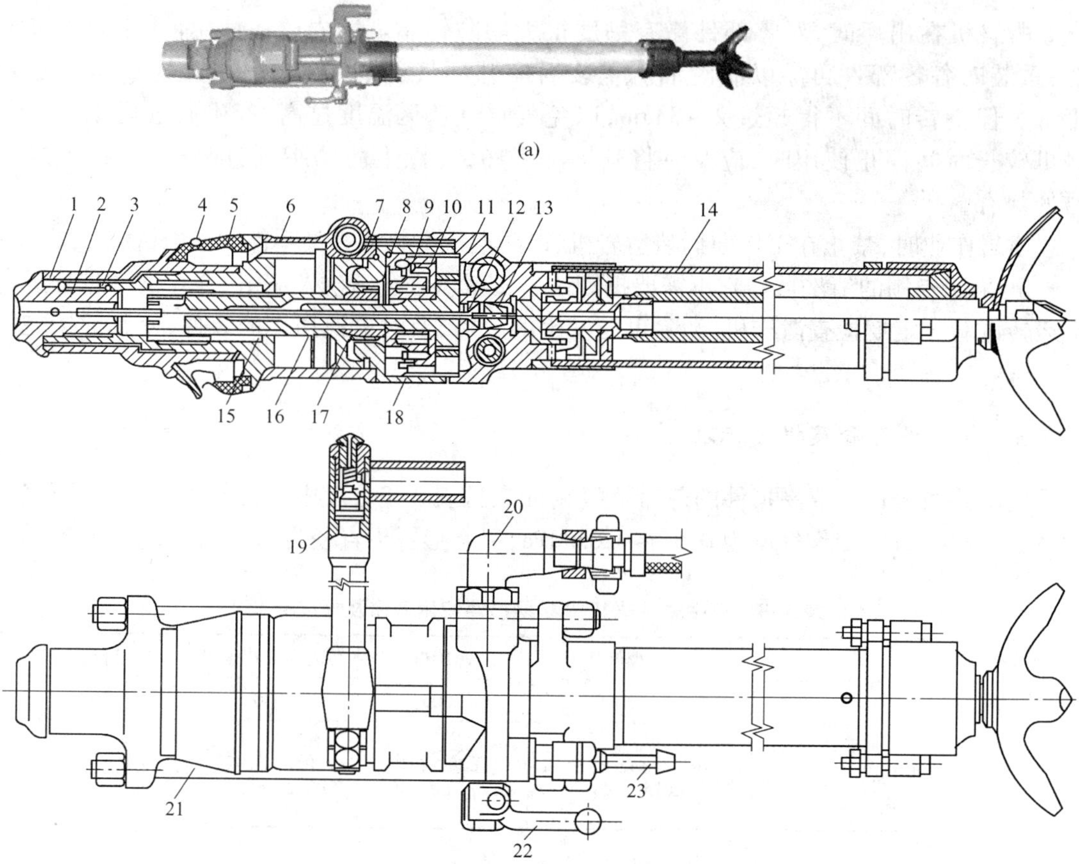

(b)

图3-21　YSP45型向上式凿岩机

(a) 外形图；(b) 构造图

1—机头；2—转动套；3—钎套；4—转动螺母；5—消声罩；6—缸体；7—配气缸；8—阀盖；9—阀；10—棘轮；11—柄体；12—气针；13—水针；14—气腿；15—活塞；16—螺旋棒；17—螺旋母；18—阀柜；19—放气阀；20—气管接头；21—长螺栓；22—操纵手柄；23—水管接头

《向上式凿岩机》(JB/T9853—2010)规定的产品系列及技术参数见表3-9。YSP45型向上式凿岩机配用FY500A型注油器，其结构与FY200A型注油器相似。它的供油量为1～5 mL/min，台班耗油量约为0.8 kg。

表3-9　向上式凿岩机产品基本参数

项　目	产品系列	
	35	45
重量/kg	≤35.5	≤45.0
验收气压/MPa	0.63	
冲击能/J	≥73	≥74

续表 3-9

项　目	产品系列	
	35	45
凿岩冲击频率/Hz	≥37	≥43
空转转速/r · min^{-1}	≥300	≥350
凿岩耗气量/L · s^{-1}	≤85	≤113
每米凿孔耗气量/L · m^{-1}	≤12.8×10^3	≤15.1×10^3
噪声(声功率级)/dB(A)	≤128	≤132
钻孔直径/mm	38 ~ 50	
钻孔深度/m	5	
压气管内径/mm	25	
水管内径/mm	13	
钎尾规格/mm × mm	H22 × 108 或 H25 × 108	
气腿推力/N	2099	2469

注：每米凿孔耗气量是在岩石抗压强度为 100 ~ 140 MPa，一字形钎头直径为 40 mm，验收压力为 0.63 MPa 的条件下测定。

向上式凿岩机的主要易损件的使用寿命见表 3-10，废弃标准则与气腿式凿岩机相同。

表 3-10　向上式凿岩机主要易损件使用寿命 (m)

易损件名称	活　塞	螺旋棒	螺旋母	花键母	钎尾套
使用寿命	1000	1500	1000	2000	800

3.2.2.2　导轨式凿岩机

导轨式凿岩机属于重型凿岩机(一般质量为 35 ~ 170 kg)，一般装在凿岩台车或钻架(支柱)上推进器的导轨上进行凿岩，由此得名。它主要用于钻凿中深炮孔，一般炮孔直径为 55 ~ 65 mm，最大直径为 80 mm，最大炮孔深度为 15 ~ 30 m，深孔凿岩需要使用接杆钎子。导轨式凿岩机的功率较大、初始凿岩速度较高，但由于钎杆及其接头对凿岩应力波的衰减较大，致使凿岩速度随孔深的增加而迅速降低。通常孔深为 10 m 时的凿岩速度还不到初始速度的 50%。目前，随着液压凿岩机的迅速发展和应用，导轨式凿岩机被取代已是明显趋势。

接杆凿岩时，随着孔的加深，要用螺纹连接套逐根接长钎杆；凿岩完成后再逐根使钎杆与连接套分离，将其从孔内取出。为此，要求转钎机构能双向回转，以带动钎杆正、反转来装、卸钎杆。导轨式凿岩机按回转形式分为内回转和独立回转(外回转)两种。

A　内回转导轨式凿岩机

YG80 型是典型的内回转导轨式凿岩机(见图 3-22)。它的冲击配气机构与 YT24 型凿岩机相似，属于控制阀式配气类型。冲击配气机构由气缸 15、活塞 11、导向套 13、导向衬套12、阀套17、阀18与阀柜19等组成。冲洗装置与YSP45型凿岩机相似,便于钻凿上向孔。

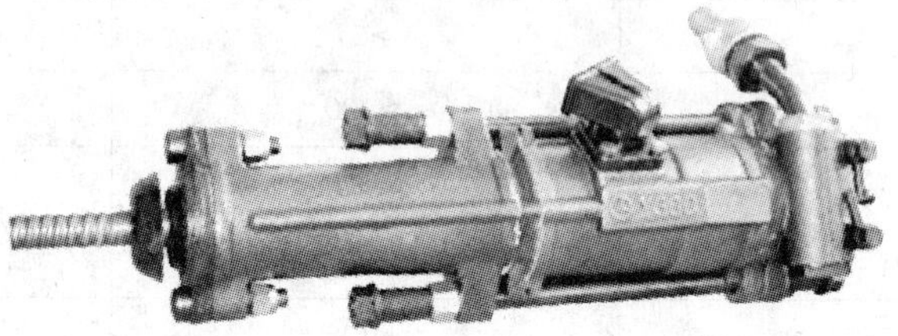

(a)

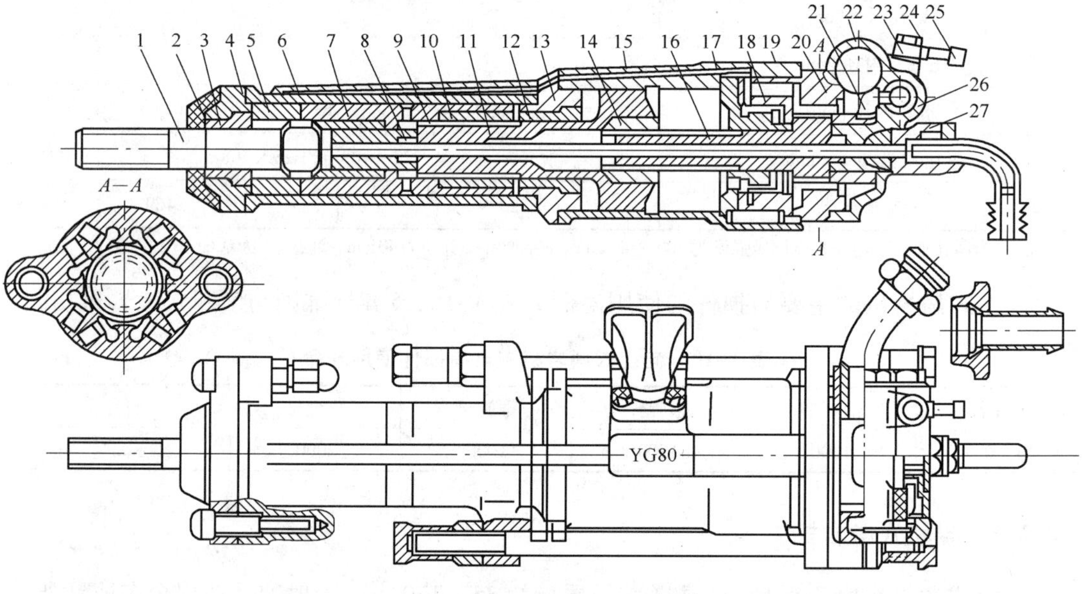

(b)

图3-22 YG80型内回转式导轨凿岩机

(a) 外形图;(b) 构造图

1—钎尾;2—防水罩;3—导向套(衬套);4—机头盖;5—卡套;6—机头;7—钎尾套;8—密封圈;9—转动套;10—花键母;11—活塞;12—导向衬套;13—导向套;14—螺旋母;15—气缸;16—螺旋棒;17—阀套;18—阀;19—阀柜;20—棘轮套;21—换向套;22—柄体;23—垫片;24—进气螺栓;25—气管接头;26—垫圈;27—水针螺母

YG80型凿岩机的特点是具有双向的内回转机构,其动作原理如图3-23所示。在凿岩和接杆时,气管B接通压气,气管A与大气相通,滑套1被推向A方向移动,滑套的凹槽带动换向套2顺时针(从机器后端向前看,下同)转动一个角度,一组同方向的棘爪a、c、e、g在弹簧力作用下落入换向套的槽中,并与螺旋棒3后部的外棘轮齿接触。螺旋棒受这些棘爪的止逆作用,只能逆时针(图中单线箭头方向)转动。活塞做冲程运动,活塞直线前进。

当活塞回程时,外棘轮被棘爪逆止,螺旋棒不能顺时针转动,迫使活塞4带动转动套5、钎套6及钎尾7逆时针旋转。由于钎杆与连接套(接杆套)是用左旋螺纹连接的,因此钎杆被旋紧在连接套上。卸钎时气管 A 接通压气，气管 B 与大气相通，滑套向 B 方向移动，带动换向套逆时针转动一个角度，棘爪 a、c、e、g 被抬起，另一组相反方向的棘爪 b、d、f、h 落入换向套的槽中，并与螺旋棒的外棘轮齿接触，迫使活塞带动转动套、钎套及钎尾在冲程时作顺时针转动。在回程时，活塞作直线运动，螺旋棒顺时针转动。当气管 A 和 B 都与大气相通时，滑套在两侧弹簧力的均衡作用下，处于中间位置，两组棘爪全部被抬起，棘爪与棘轮分离，失去任何止逆作用，螺旋棒可自由转动。此时，凿岩机只冲击，而钎杆不转动。

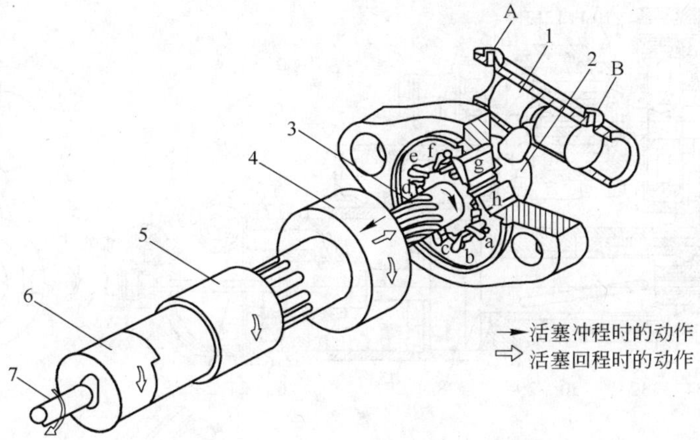

图 3-23 YG80 型凿岩机双向转钎机构动作原理

1—滑套；2—换向套；3—螺旋棒；4—活塞；5—转动套；6—钎套；7—钎尾；
A—右进气管；B—左进气管；a,c,e,g—正常凿岩接杆用棘爪；b,d,f,h—卸杆用棘爪

内回转式凿岩机采用双向回转机构，无需配备专用回转马达，具有构造简单、重量轻等特点。但棘轮、棘爪转钎机构的冲击与回转相互关联，参数比固定，回转速度不能调节。凿岩适应性差，在软岩中，无法提供较小的冲击力和较大的回转速度；在硬岩中，又无法提供较大的冲击力和较小的回转速度。此外，在节理发达、裂隙较多的岩石中容易卡钎。

B 外回转导轨式凿岩机

外回转凿岩机具有独立的回转机构，克服了内回转式凿岩机固有的缺点。其特点为：回转力矩增大，且回转速度可调，使得轴推力可以更大，从而凿岩速度更快；凿岩的适应性强，可在各种岩石条件下保持较快的凿岩速度，且不易卡钎；没有易损耗的棘轮、棘爪，凿岩机的使用寿命长。YGZ90 型独立回转凿岩机如图 3-24 所示。凿岩机由气动马达 10、减速器、机头 36、气缸 27 和柄体 19 等五个主要部分组成。机头、缸体、柄体用两根长螺杆 43 连接成一体。气动马达与减速器用螺栓固定在机头上。气动马达经减速器驱动钎尾 40。

C 导轨式凿岩机的产品系列

《导轨式凿岩机》（JB/T8718—2010）规定的产品系列及技术参数见表 3-11。国产导轨凿岩机的主要型号及规格见表 3-7。

(a)

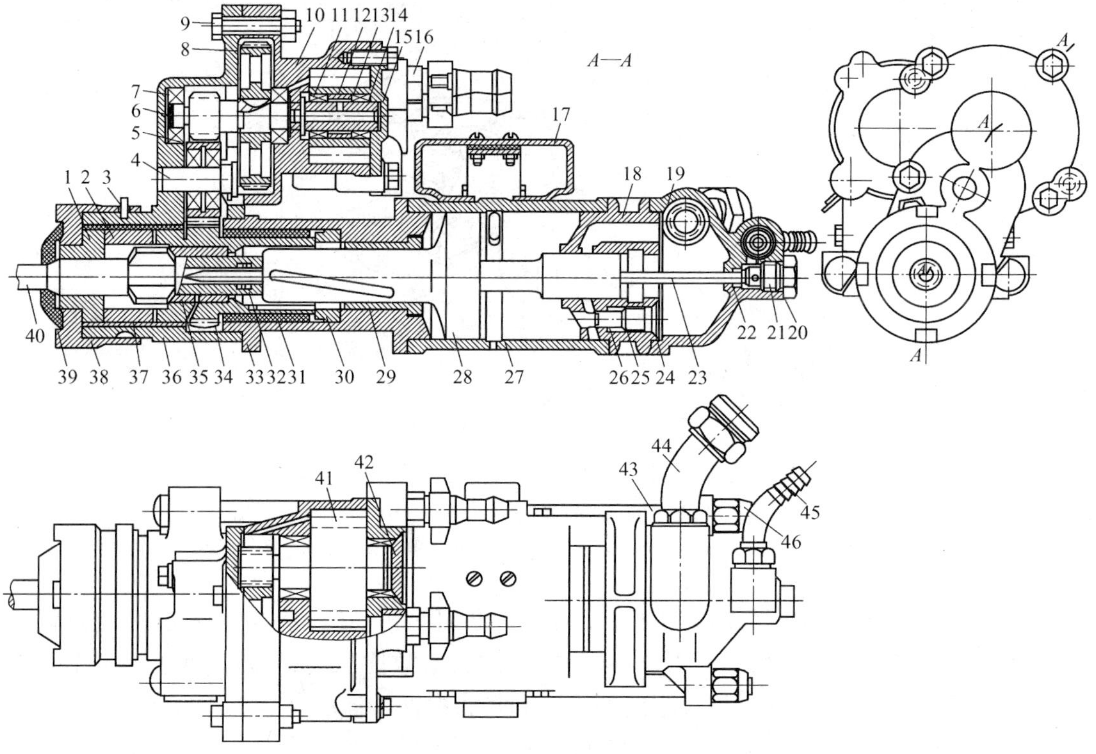

(b)

图 3-24 YGZ90 型独立回转式导轨凿岩机

(a) 外形图;(b) 构造图

1—导向套(衬套);2—卡套;3—弹簧卡圈;4—芯轴;5,8,13—齿轮;6—轴齿轮;7—球轴承;9—螺栓;10—气动马达体;11—滚针轴承;12—隔圈;14—销轴;15—盖板;16—气管接头;17—排气罩;18—配气体;19—柄体;20—密封圈;21—进水螺塞;22—水针胶垫;23—水针;24—挡圈;25—启动阀;26—弹簧;27—气缸;28—活塞;29—铜套;30—垫环;31—衬套;32—密封圈;33—连接体;34—转动套;35—钎尾套;36—机头;37—衬套;38—机头盖;39—防水罩;40—钎尾;41—气动马达的双联齿轮;42—盖板;43—长螺杆;44—压气管接头;45—水管接头;46—螺母

表 3-11 导轨式凿岩机产品基本参数

项 目	内回转产品系列				独立回转产品系列				
	28	35	40	80	50	70	90	100	170
质量/kg	28	35	40	80	50	70	90	100	170
验收气压/MPa	0.63								

续表 3-11

项 目	内回转产品系列				独立回转产品系列				
	28	35	40	80	50	70	90	100	170
冲击能/J	≥90	≥100	≥118	≥215	≥112	≥112	≥225	≥230	≥230
凿岩冲击频率/Hz	≥44	≥46	≥33	≥32	≥45	≥43	≥34	≥33	≥32
转矩/N·m	≥35	≥55	≥35	≥96	≥107	≥85	≥120	≥265	≥335
空转转速/$r \cdot min^{-1}$	≥300								
凿岩耗气量①/$L \cdot s^{-1}$	≥110	≥142	≥117	≥175	≥195	≥159	≥217	≥233	≥260
噪声(声功率级)/dB(A)	≤132								
凿孔直径/mm	38~46		40~55	50~75	38~55	38~55	50~75	50~80	65~100
凿孔深度/m	4	5	15	20	8	8	25	25	30
压气管内径/mm	25			38	32/19②	32/19②	38/25②	38/25②	38/19②
水管内径/mm	13			19	13	13	19	19	
钎尾规格/mm×mm	H22×108	H25×159	D32×97		H25×108	H25×159	D38×97	D32×97 D38×97	D38×162 D45×162

① 凿岩耗气量是指按《凿岩机械与气动工具性能试验方法》(GB5621—1985)规定的凿岩机冲击与回转部分的耗气量之和。

② 斜线左为冲击压气管,斜线右为回转压气管。

D 推进器和气动支柱

导轨式凿岩机的附属装置主要有推进器和气动支柱。

a 气动支柱

气动支柱主要由立柱和横臂组成,用于在工作面架设推进器及其上的导轨式凿岩机(见图3-25)。它使导轨式凿岩机能钻凿任意位置和方向的炮孔。通常在立柱的下部装有一台小绞车,立柱上部装有滑轮,通过钢丝绳上下移动横臂和左右移动推进器。此外,还有圆盘导轨架,主要用于采矿场钻凿扇形中深孔(见图3-26)。

b 推进器

推进器用以安装导轨式凿岩机,并借以推进或后退凿岩机。常见的有气动马达推进器和气缸钢绳(链条)推进器两类,液压推进器则用于凿岩台车。气动马达推进器又分为螺杆式和链条式两种。螺杆式推进器的导轨架内装有推进螺杆,气动马达经减速器带动螺杆作正、反转,通过螺母带动托座及凿岩机一起前进或后退。有些导轨架的下端设有底座,通过它可将推进器安装在支柱上。在导轨架的最前端装有夹钎器或开孔器,其中夹钎器在接杆凿岩时用于夹住连接套(接杆套),以便装卸钎杆。

链条式推进器是气动马达通过蜗轮蜗杆减速器带动链轮及链条,使链条上的托座及凿岩机前进或后退。气缸钢绳(链条)推进器是由气缸通过滑轮直接带动钢丝绳或链条,使其上的托座及凿岩机一起前、后运动。

E 导轨式凿岩机易损件的使用寿命

《导轨式凿岩机》(JB/T8718—1998)规定,产品主要易损件的使用寿命见表3-12,废弃极限见表3-13。

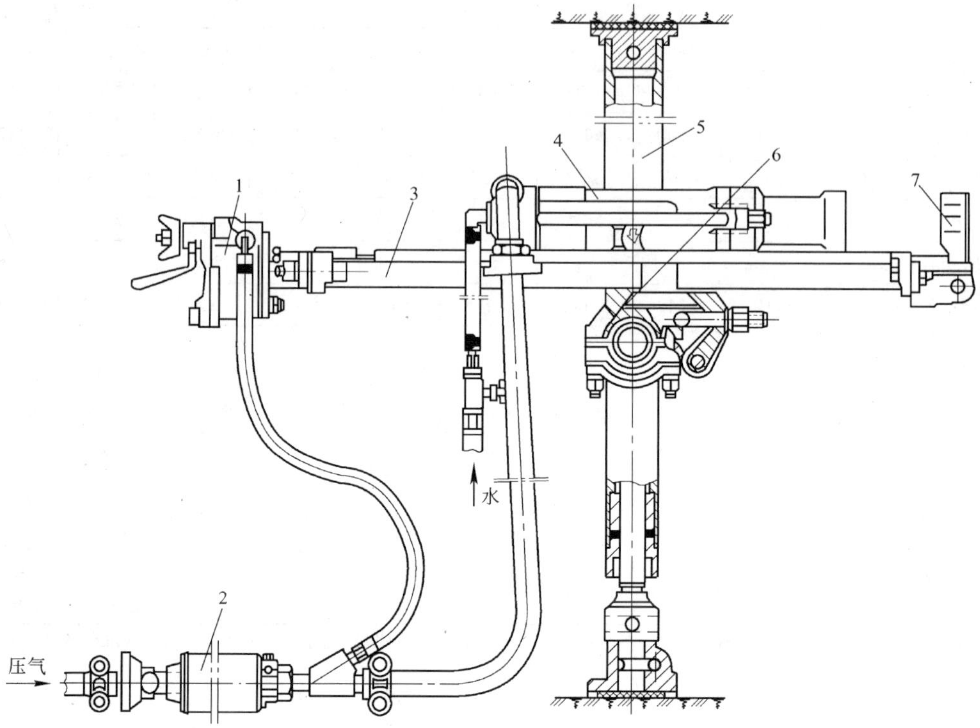

图3-25 支柱与推进器

1—气动马达;2—自动注油器;3—导轨架;4—凿岩机与托座;5—立柱;6—横臂;7—夹钎器

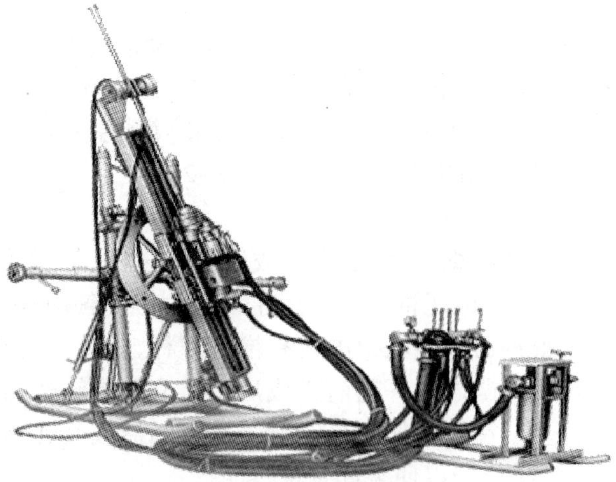

图3-26 圆盘导轨架

表3-12 导轨式凿岩机主要易损件使用寿命 （m）

凿岩机型式	内回转				独立回转		
易损件名称	活 塞	螺旋棒	螺旋母	花键螺母	花键螺母	转动套	卡 套
使用寿命	1500	2500	1500	1000	2000		

注:主要易损件使用寿命的试验条件为工作气压为0.55～0.65 MPa,岩石抗压强度为100～140 MPa,钎头直径符合表3-11中的凿孔直径要求。

表 3-13 导轨式凿岩机主要易损件废弃极限

型 式	零件名称	废弃极限	测量与计算
内回转	活 塞	冲击端面下凹 2 mm	下凹应在有效直径 1/2 处测量
		花键侧面磨损 2 mm	花键侧面磨损值以距冲击端面 12 mm 处各齿中径磨损平均值为准
	螺旋棒		花键侧面磨损以距小端面 15 mm 处各齿作用中径磨损平均值为准
	螺旋母		花键侧面磨损以距大头端面处各齿作用中径的磨损平均值为准
	花键螺母		以端面 5 mm 处各齿高度 1/2 处磨损平均值为准
独立回转	活 塞	冲击端面下凹 2 mm	下凹量在有效直径 1/2 处测量
	转动套	卡爪两侧面磨损 2 mm	在卡爪 1/2 深度处测量，以卡爪齿数的平均磨损量为准
	卡 套		

注：内回转活塞测量的两项中只要有一项超过指标，即为废弃。

3.2.3 气动凿岩机的主要技术经济指标

气动凿岩机的生产能力主要取决于岩石的坚固性（可凿性）、凿岩机的性能及工作气压等。气动凿岩机的主要技术经济指标包括技术指标和经济指标。

3.2.3.1 气动凿岩机的技术指标

气动凿岩机的技术指标主要有压缩空气的工作压力、冲击能、冲击频率、钎子转角、转矩、耗气量、耗水量和重量等。

A 压缩空气的工作压力

我国在 1983 年以前，气动凿岩机械与气动工具的设计压力、验收气压和工作气压均为 5 kg/cm^2（0.49 MPa）。1983 年凿岩机械气动工具行业产品贯彻国际标准，采用国际通用的 0.63 MPa 为验收压力。我国气动凿岩机常用的工作压力为 0.4 ~ 0.63 MPa。凿岩速度与工作气压呈线性关系，凿岩现场的气压宜达到或接近验收压力，以充分发挥气动凿岩机的效率。

B 冲击能

冲击能在这里是指活塞单次冲击能，在某种程度上它可表示凿岩机的工作能力。凿岩机的冲击能与活塞的有效面积、行程和压气的压力成正比。研究表明，凿岩机活塞的冲击能量只有超过某一阈值时，才能获得高的凿岩效率。受限于活塞和钎杆材料的强度，活塞的冲击末速度不能超过 10 m/s，一般为 6 ~ 9 m/s。目前，气腿式凿岩机的冲击能约为 60 ~ 70 J，导轨式凿岩机为 80 ~ 230 J。

C 冲击频率与钎子转角

冲击频率是指活塞每秒钟（或每分钟）冲击钎尾的次数。在一定的气压下，冲击频率与活塞的直径成正比，而与活塞的质量和行程成反比。冲击功率为冲击能与冲击频率之积，当活塞的冲击能一定时,冲击频率越高凿岩机的输出功率越大,即凿岩速度与冲击频率呈线性关系。但受活塞的结构、材质及使用条件的限制,活塞冲击频率不可能太高,一般为27~47Hz(次/s)。

气腿式(内回转)凿岩机的钎子是间断转动的,即在活塞回程时,钎子才转动一个角度。钎子的转速与冲击频率成正比。当岩石性质与钎头的直径、形式一定时,钎子的转角具有一个最佳值,一般为16°~33°。独立(外)回转凿岩机的钎子转角可以调节,从而可适应不同岩石条件的凿岩。

D 转矩

凿岩时在轴向推力的作用下,孔底岩石对钎头产生旋转阻力,孔壁岩石对钎具产生摩擦阻力,凿岩机的转矩用以克服这些阻力。转矩影响凿岩机运转的稳定性,如果转矩过小,易产生卡钎现象,尤其是在节理、裂隙发育的岩体中更为明显;而转矩过大,将增加凿岩机的尺寸和质量。对于手持式凿岩机和气腿式凿岩机,转矩过大将使凿岩机剧烈振动,使操作者难以把持。实践表明,气腿式凿岩机的转矩宜为12~19N·m。

E 耗气量

耗气量是指凿岩机工作时,单位时间内消耗的压缩空气折算成自由空气的体积(L/s)。它是衡量气动凿岩机使用经济性的基本指标之一,当凿岩速度相同时,耗气量越小则动力费用越低。耗气量主要与凿岩机的结构形式有关,也与零件的制造及装配的质量有关。当工作压力为0.63MPa时,手持式和气腿式凿岩机的耗气量约为40~85L/s。

F 耗水量

我国规定凿岩机必须采用湿式凿岩,因此需保证冲洗水的适当压力与流量。常用的气腿式凿岩机多采用中心给水,并实行“气水联动”,其水压应低于气压。国内水压一般为0.2~0.3MPa。手持式和气腿式凿岩机的耗水量通常为3~5L/min;上向式和导轨式凿岩机的耗水量为5~15L/min。

G 重量

重量是质量的日常习惯称呼。气动凿岩机的重量与其用途、结构及功率有关。手持式和气腿式凿岩机依靠人力把持和移动,要求重量轻,一般为19~30kg。凿岩机的单位功率重量约为9.5~13.5kg/kW。

3.2.3.2 凿岩机的经济指标

凿岩机的经济指标主要有生产效率和寿命等。

A 凿岩机的生产效率

凿岩机的生产效率主要取决于岩石的坚固性(可凿性)和工作气压。当工作气压为0.5MPa时,常用几种凿岩机的台班效率可参考表3-14。表中YG80的钎头直径较大,致使台班效率降低。

表 3-14 凿岩机的台班效率 (m/(台·班))

凿岩机型号	岩石普氏坚固性系数 f			
	8~10	10~12	12~14	14~16
7655	30	25	23	22
YSP45	25	23	22	21
YG80	20	17	15	12

B 凿岩机的寿命

常用的几种凿岩机的寿命可参考表 3-15。

表 3-15 凿岩机寿命 (h)

凿岩机型号	7655	YSP45	YG80
寿 命	5000	4500	5000

3.2.4 影响凿岩速度的因素

凿岩作业是掘进工程中比较繁重的工序，约占掘进循环时间的 40% ~50%，在硬岩中或装岩运输机械化程度较高时，甚至可达 50% ~75%。因此，提高凿岩速度，缩短凿岩作业时间，对于加快掘进速度，提高劳动生产率和降低生产成本具有重要的意义。

3.2.4.1 岩石可凿性对凿岩速度的影响

岩石的可凿性直接影响凿岩速度。目前，岩石的可凿性通常用岩石坚固性来代替。一些施工定额甚至采用岩石坚硬程度来代替。通常岩石坚固性系数越大，凿岩速度越低。试验表明，凿岩速度随岩石坚固性的增加而呈非线性关系下降。在岩石坚固性较小的条件下，凿岩速度随岩石坚固性的增加下降很快，但当岩石坚固性增加到某值后，则凿岩速度下降变缓。

3.2.4.2 气动凿岩机性能对凿岩速度的影响

A 冲击功对凿岩速度的影响

试验表明，凿岩冲击功有一个阈值，当冲击功超过该值后，每次冲击破碎岩石的比功基本稳定，此时凿岩速度与冲击功呈线性关系。当冲击功小于该阈值时，凿岩速度便急剧下降，显然这是不合理的。冲击功阈值取决于岩石坚固性和钎头的刃长，坚固性低的岩石，阈值较小。对于大多数岩石，当单位钎刃长的冲击功大于 10 J/cm 时，便认为超过了阈值。

B 冲击频率对凿岩速度的影响

凿岩速度与冲击功率呈线性关系，而冲击功率等于每次的冲击功与冲击频率的乘积。因此，凿岩机的冲击频率越高，凿岩速度越快。

C 凿岩系统匹配对凿岩速度的影响

波动力学分析表明，冲击式凿岩机的活塞质量、钎杆的截面积、钎头对岩石的凿入系数（N/m）之间，有一个最优组合。冲击凿入指数 γ 可由下式求出：

$$\gamma = \frac{(\rho a\omega)^2}{mK} \tag{3-4}$$

式中 ρ——钎杆密度，kg/m^3，取 $\rho = 7800\ kg/m^3$；

a——纵波在钎杆中的速度，m/s，取 $a = 5100\ m/s$；

ω——钎杆截面积，m^2；

m——活塞质量，kg；

K——钎头对岩石的凿入系数，N/m，它与岩石的坚固性及钎头的刃长有关，当无实测值时，对于刃长为 40 mm 的一字形钎头，K 值可按表 3-16 取值。

表 3-16 凿入系数 *K* 值 （MN/m）

岩石坚固性	坚 固	中 等	不坚固
K 值	100 ~ 500	20 ~ 100	4 ~ 20

当冲击凿入指数 $\gamma = 1 \sim 2$ 时，凿岩系统匹配较佳，可获得较高的凿岩效率。

在浅孔凿岩中，活塞直径大、行程短的凿岩机有较高的凿岩速度（这与液压凿岩机正相反）。气缸细长比是指凿岩机的气缸内径与活塞行程之比。目前，气动凿岩机的气缸细长比不大于 2。

3.2.4.3 凿岩作业条件对凿岩速度的影响

凿岩作业的某些工作条件明显影响凿岩速度。在岩石性质及凿岩机型号一定的条件下，只有这些因素才是可以控制的。了解这些影响因素，可在凿岩机的操作中能够有意识地提高凿岩速度。

A 工作气压对凿岩速度的影响

凿岩机的工作气压对凿岩速度影响较大，凿岩速度与工作气压呈线性关系。工作气压对凿岩速度的影响，可用工作气压影响系数来表示。工作气压影响系数是指不同的工作气压的凿岩速度与验收压力时的凿岩速度的比值，见表 3-17。可见，工作气压低于 0.5 MPa 时，由于输出功率过低，凿岩速度已经很低了。

表 3-17 工作气压影响系数

工作气压/MPa	0.3	0.4	0.5	0.6	0.63	0.7	1.0	1.6
气压影响系数	0.31	0.51	0.71	0.93	1.00	1.16	1.89	3.49

为保证一定的凿岩速度，空气压缩机应有良好的工作状态，以保证额定的流量和气压；输送压缩空气管的直径不应过小，并拆除迂回的管路及不必要的阀门、弯头、三通、变径接头等；加强管路的维修，减少管路的漏气。

B 钻孔深度对凿岩速度的影响

凿岩时，随着钻孔深度的增加，由于钎杆重量的增加，为克服钎子弹性变形而消耗的冲击功将增加；由于排粉阻力增加、钎杆与孔壁间的摩擦阻力增大，对于中深孔凿岩，每个钎杆接头将使凿岩速度下降10%～15%；将导致能量消耗增加，最终凿岩速度下降。对于常用的气腿式凿岩机，孔深每增加1m，凿岩速度大约递降4%～8%。

当采用独立回转式凿岩机时，由于可根据凿岩实际工况施加最佳的轴推力与转矩，孔深对凿岩速度的影响要小得多。孔深在25～30m范围内，每米仅递降1%～3%。

C 轴推力对凿岩速度的影响

凿岩时必须对凿岩机施加一定的轴推力，使钎头与孔底岩石保持良好的接触，以取得较高的凿入效率，并克服活塞前冲时使凿岩机产生后坐的现象。当轴推力不足时，钎刃将跳离孔底，只有一部分冲击能传给岩石，使凿入破碎的效率降低。同时，机体的后坐力将使活塞行程减小，冲击功下降，凿岩速度进一步下降。对球齿式钎头还会加速硬质合金球齿的磨损。此外，轴推力不足，钎杆内反射的拉伸波将增大，而缩短钎杆寿命。反之，推力过大并不能提高凿岩速度，却增加钎子的回转阻力，使钎杆钎尾产生不必要的弯曲及磨损；增加钎头与孔底的摩擦，使硬质合金过度磨损；钎杆的弯曲，使钎头被迫在倾斜位置上凿岩，造成其螺旋形磨损；还可能阻塞钎头的冲洗孔。

最佳轴推力（合理轴推力）应是能刚好抵消钎子从孔底弹起和凿岩机机体的后坐，凿速相对最高。最佳轴推力与岩石性质、工作气压及凿岩机的参数（活塞质量、冲击功、冲击频率）有关，实际上它是一个最佳范围。它随工作气压的增高而增大。独立回转式凿岩机由于有较大的转矩，其转速可调，因此最佳轴推力较大，凿速较高。

D 钎头直径与钎尾尺寸精度对凿岩速度的影响

钎头直径决定了凿岩的面积，也决定了冲击凿入系统的匹配条件，从而确定了凿入岩石能量的利用率。通常凿岩速度与炮孔直径的 n 次方成反比，n 值在1～2.5之间。当钎头的直径增大时，若凿入系统的匹配条件能得到改善，则 $n<2$；反之，$n>2$。

钎头形状对凿岩速度也有影响。钎头形式以及钎头的硬质合金片质量、刃角的角度及修磨技术等都影响凿岩速度。修磨时应保持刃角110°、侧边隙角3°，注意刃口必须保留0.5～1.0mm的钝面（旧痕）。及时和正确地修磨钎头，不仅可提高凿岩速度，而且能延长钎头的使用寿命。

钎尾尺寸应符合标准，否则将会降低凿岩速度。钎尾过长，缩短了活塞的冲程而使冲击功降低；钎尾过短，则冲击功不足。此外，钎尾的断面规格不符合标准，与钎尾套的间隙过大，将使扭矩减小，也会降低凿岩速度。

3.3 液压凿岩机与内燃凿岩机、电动凿岩机

凿岩机按使用的动力不同，除气动凿岩机外，还有液压凿岩机、内燃凿岩机和电动凿岩机等。液压、电动凿岩机属于国家实施安全标志管理的采掘设备，必须采购、使用已取得安

全标志的产品。

3.3.1 液压凿岩机

1970 年,法国蒙塔贝特(Montabert)公司首先制成可用于生产使用的液压凿岩机,随后瑞典、芬兰等国家陆续研制出各种型号的液压凿岩机并相继投放市场。此后,随着液压技术及液压器件的飞速发展,液压凿岩机的技术水平迅速提高。同时,液压凿岩机随着液压凿岩台车在世界范围内得到了迅速发展,在岩石工程中发挥了重要作用。目前,瑞典的阿特拉斯·科普柯(Atlas. Copco)公司和山特维克(Sandvik)公司(原芬兰汤姆洛克公司,现为山特维克公司的子公司)在世界液压凿岩机市场上最具竞争力,它们的销售量占世界销售总量的70%以上。其次是法国的蒙塔贝特公司和埃姆科—塞科马(Eimco-Secoma)公司、日本古河株式会社及英国、瑞士、奥地利、德国、美国等生产液压凿岩设备的公司。

我国从 20 世纪 70 年代初开始研制液压凿岩机。YYG－80 型液压凿岩机是我国第一台最早用于生产的液压凿岩机。据不完全统计,有 16 家工厂制造并鉴定了近 30 种各类液压凿岩机。其中,自行设计的近 20 种,引进技术的 5 种,属于消化改良的 4 种。自行研制的机型真正用于实际生产的数量不多,只有 YYG－80、YYG－90A 和 YYG－250A 等型液压凿岩机使用达几十台至几百台。国产液压凿岩机的主要问题是产品质量及可靠性较差,致使一些用户缺乏信心。

3.3.1.1 液压凿岩机的特点与性能

A 液压凿岩机的特点

液压凿岩机是以高压液压油为工作介质的凿岩机。液压油由柴油机、电动机驱动的齿轮泵或活塞泵升压,在凿岩机中循环流动。液压油与压缩空气相比,具有不可压缩性,因此传递能量的效率高很多。液压凿岩机的压力较高,一般为 7.5～25 MPa,相应的流量较小,从而减小了凿岩机的整体尺寸和质量。液压凿岩机一般采用独立回转,可根据岩石的坚固性和岩体的完整性自动调节为高频低能或低频高能状态工作,以提高凿岩效率。例如,在坚固而磨蚀性强的岩石中采用以冲击凿岩破碎为主,回转速度较低,轴推力较小;在中硬岩石中采用回转—冲击破碎岩石,回转速度中等,轴推力较大;在软岩中采用切削破碎岩石,回转速度较高。

液压凿岩机与气动凿岩机相比,具有下列主要特点:

(1) 能量利用率高,可提高 30%～40%。

(2) 冲击功率增加,凿岩速度快,可提高 50%～150%。

(3) 钎杆中峰值应力较低,钎具使用寿命长。

(4) 没有排气噪声,噪声小。气动凿岩机的排气噪声可占凿岩噪声的 87.4%,液压凿岩机的噪声可降低 10～15 dB,但仍超过 90 dB。

液压凿岩机存在系统复杂、价格昂贵,液压泵站的外形尺寸较大,并要随机移动等缺点,一般只能在凿岩台车上使用。此外,它对密封及液压油品种要求严格,维修技术要求高。不允许在作业现场就地解体维修,需在有专门设备的车间内由专业技术人员进行维修。

B 国内液压凿岩机性能

国产 YYTZ26C 型支腿式液压凿岩机组由液压凿岩机、液压支腿和液压站组成(见图 3-27)。液压站可灵活组合,可带 1～22 台液压凿岩机。液压凿岩机的主要参数如表 3-18所示。

(a)

(b)

图 3-27 支腿式液压凿岩机组

(a) YYTZ26C 型液压凿岩机;(b) YYTZ26-1 型液压站

表 3-18 YYTZ26C 型液压凿岩机参数

项 目	参 数
质量/kg	26
外形尺寸/mm×mm×mm	600×173×190
冲击能/N·m	50～60
冲击频率/Hz	55～60
钎杆转速/r·min^{-1}	250～300
最大转矩/N·m	55～60
系统液压/MPa	15～17
流量/L·min^{-1}	30～35
钎杆规格	H22
钻孔直径/mm	32～50

《导轨式液压凿岩机》(JB/T7169—2004)规定,导轨式液压凿岩机产品的主要参数如表 3-19所示。

表 3-19 导轨式液压凿岩机产品的主要参数

项 目	轻 型	中 型	重 型
重量/kg	≤100	>100～200	>200
冲击压力/MPa	10～16	10～24	12～25

续表 3-19

项　目	轻　型	中　型	重　型
冲击流量/L·min^{-1}	≤90	≤120	≤180
冲击能/J	≥100	≥150	≥200
冲击频率/Hz	>34	>32	>30
回转扭矩/N·m	>50	>70	>100
回转压力/MPa	>8	>10	>12
回转转速/r·min^{-1}	0~450		
回转流量/L·min^{-1}	>30	>40	>50
噪声限值/dB(A)	≤120	≤130	≤140

注:噪声限值为声功率级噪声值。

C　国外掘进凿岩台车用液压凿岩机性能

掘进凿岩台车用的液压凿岩机,阿特拉斯·科普柯公司主要有 COP 系列(见图 3-28);山特维克公司有 HLX5、HLX5T 型及 HLX1、HL500S、Hydrastar 200 型等。COP 系列液压凿岩机的型号和 HLX5 型液压凿岩机的参数如表 3-20 所示。液压凿岩机的生产率如图 3-29 所示。

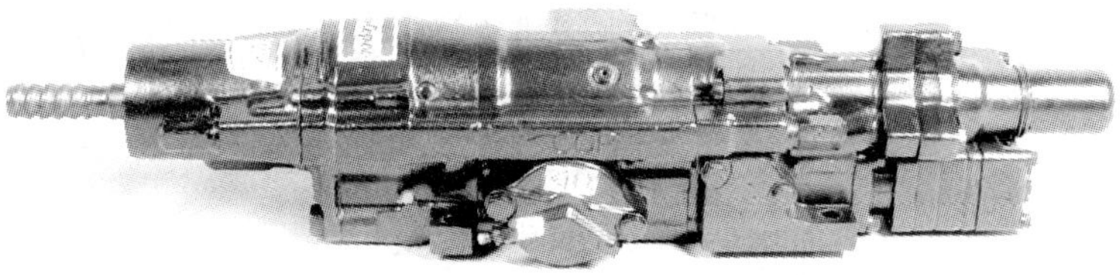

(a)

(b)

图 3-28　掘进凿岩台车用液压凿岩机

(a) COP 1838ME 型液压凿岩机;(b) COP 3038 型液压凿岩机

表 3-20　掘进凿岩台车用液压凿岩机的性能参数

项　目	COP1132	COP1638	COP1838ME/HE③	COP2238	COP3038	HLX5
质量/kg	75	173	170/174	174	165	210
长度/mm	735	1008	1008/1098	1008	990	955
冲击功率/kW	11	16	18/19	22	30	20
冲击能/N·m①	110	267	330/360	300		
冲击频率/Hz	100	60	60/42~50	73	102	

续表 3-20

项　目	COP1132	COP1638	COP1838ME/HE③	COP2238	COP3038	HLX5
钎杆转速/r·min⁻¹②	0～(500～320)	0～(370～215)	0～(340～215)	0～(340～215)	0～(380～450)	
最大转矩/N·m	330～550	440～1000	640～1000/980	640～1000		625
输入功率/kW	20	26	31/32	38		
最大液压/MPa	21.0	20.0	23.0	25.0	20.0	22.5
流量/L·min⁻¹	65	60～77	75～92/71～90	83～93		
钎杆主要规格	R28、SR28、R32	R32、R38、T38	R32、R38、T38	R38、T38	T38	R32、T38
钻孔直径/mm	33～51	33～76	38～89	51～76	43～64	43～64

① 1 N·m = 1 J。

② 钎杆最大转速由于液压马达的容积不同而不同。

③ ME 为中冲击能型，HE 为高冲击能型。

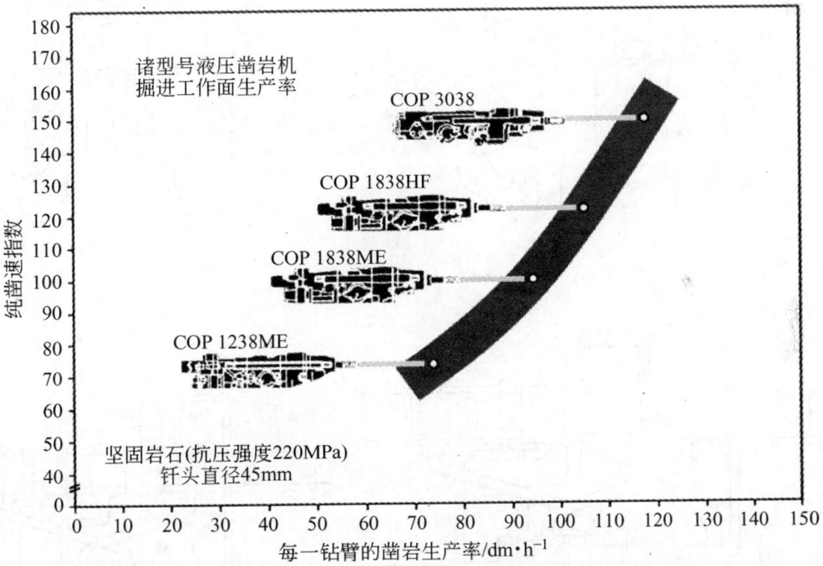

图 3-29　几种液压凿岩机的掘进工作面生产率

3.3.1.2　液压凿岩机的工作原理

液压凿岩机的冲击活塞受高压液压油的作用，在液压缸内往复运动并冲击钎尾做功。冲击活塞的配油机构按一定周期将压力油送入活塞的一个工作腔室，使活塞连续往复运动。冲击活塞的往复运动又控制配油机构的工作周期，冲击活塞与配油机构组成了液压随动机构。液压凿岩机按配油方式可分为有阀式与无阀式两类。有阀式液压凿岩机按阀的结构又可分为套阀式和芯阀式（外阀式）。按回油方式分为单腔回油和双腔回油两种，在单腔回油中又分为后腔回油和前腔回油。无阀式液压冲击机构由活塞的不同运动位置，使前腔或后腔与压力油口或回油口相通，即活塞自配油工作，它属于双腔回油。

目前，液压凿岩机多采用阀式双腔回油或后腔回油的结构形式。例如，瑞典阿特拉斯·科普柯公司的 COP 系列液压凿岩机采用有阀式双腔回油方式；瑞典山特维克公司的 HL、

HE 系列、法国蒙塔贝特公司的 HC 系列、日本古河株式会社的 HD 系列等采用后腔回油套阀方式；法国埃姆科—塞科马公司的 HYD 系列采用后腔回油芯阀方式。

A 双腔回油式液压凿岩机的工作原理

双腔回油式液压凿岩机的冲击活塞两端活塞杆的直径相同，由配流阀（换向四通芯阀）控制前、后腔交替回油，使活塞在缸体内作往复运动。它的冲击工作原理如图 3-30 所示。缸体上有三个通口称为信号孔，用于调换活塞行程。

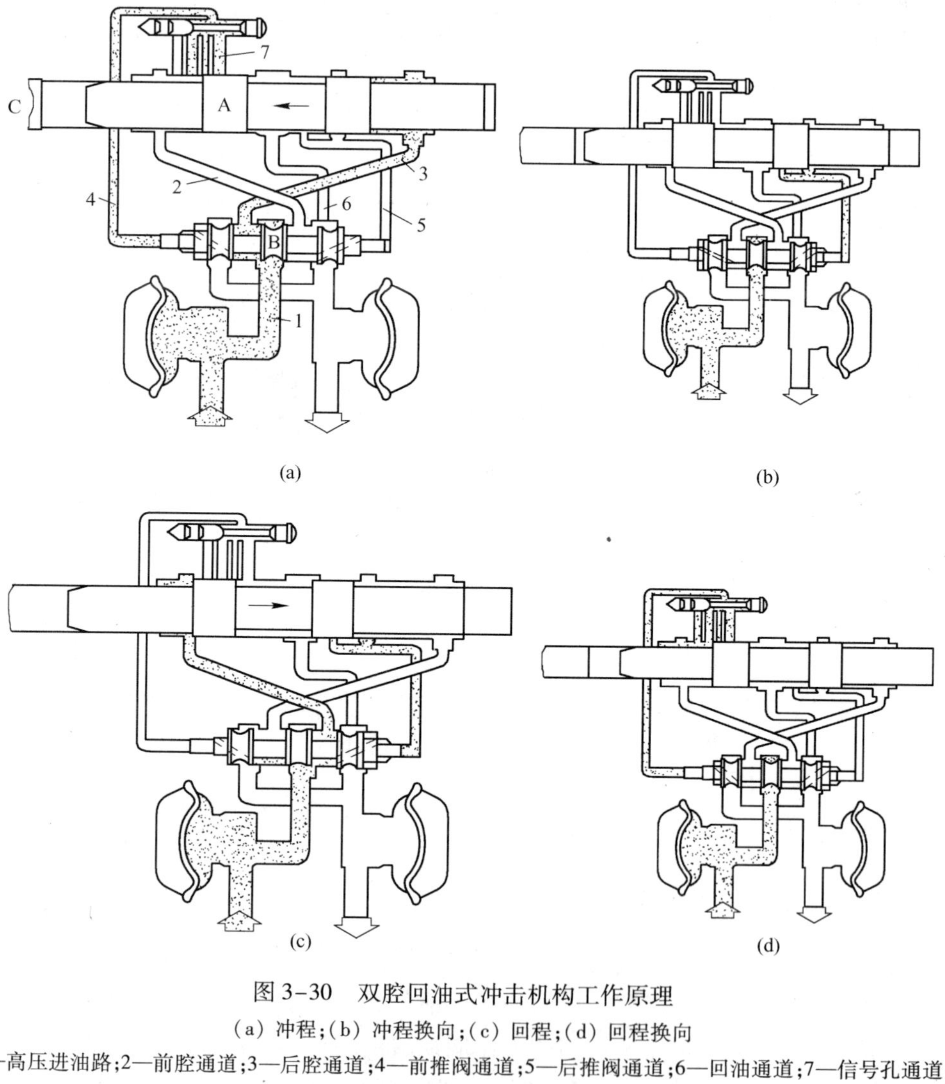

图 3-30 双腔回油式冲击机构工作原理

（a）冲程；（b）冲程换向；（c）回程；（d）回程换向

1—高压进油路；2—前腔通道；3—后腔通道；4—前推阀通道；5—后推阀通道；6—回油通道；7—信号孔通道；A—活塞；B—阀芯；C—钎尾

在冲程阶段（见图 3-30a），阀芯 B 与活塞 A 均位于末端（图中右端，下同），高压油经高压进油路 1 到后腔通道 3，进入缸体后腔，推动活塞向前（左）做等加速运动。在冲程换向阶段（见图 3-30b），活塞撞击钎尾 C，而当活塞向前移动至预定位置，打开后（右）推阀通道口（信号孔），高压油经后推阀通道 5，作用在换向阀的后（右）端面，推动阀芯换向。阀前（左）

端腔室中的油经前推阀通道4、信号孔通道7及回油通道6返回油箱,为回程做准备。进入回程阶段(见图3-30c),高压油经进油路1到前腔通道2,进入缸体前腔,推动活塞向后(右)运动。在回程换向阶段(见图3-30d),活塞向后(右)运动打开前推阀通道4,高压油经回油通道6返回油箱,同时高压油作用在阀芯前(左)端面上,推动阀芯移到后(右)端换向,阀后(右)端腔室中的油经后推阀通道5和回油通道6返回油箱。下一冲程开始,活塞与换向阀如此连续往返运动,使活塞连续冲击钎尾做功。

双腔回油的特点是瞬时流量较小,但回程有反吸补油。

B 单腔回油式液压凿岩机的工作原理

单腔回油式液压凿岩机是利用差动油缸的原理,即冲击活塞两端活塞杆的直径不同,活塞两端与缸体形成不同容积的两个腔室,冲击活塞在两腔室的压力差下工作。其中后腔回油式液压凿岩机的前腔为常压,通过改变活塞后腔的供油和回油来实现活塞的冲击往复运动。后腔回油前腔常压油套阀式液压凿岩机的冲击原理如图3-31所示。它的配流阀(换向阀)采用套阀,即套在活塞杆上与其作同轴运动的三通套阀结构。

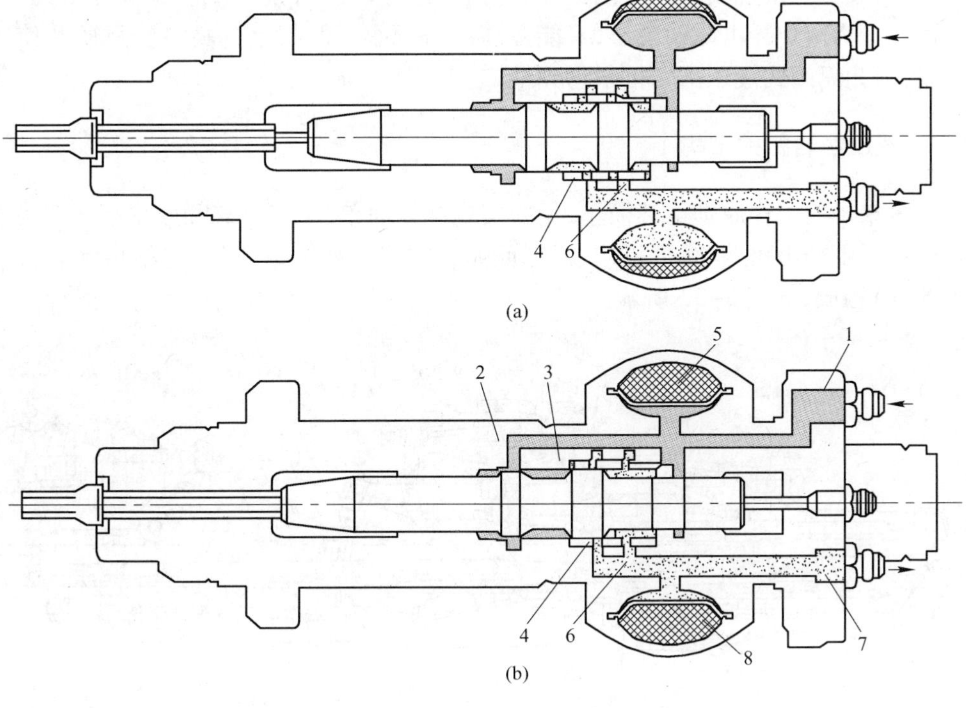

图3-31 后腔回油套阀式冲击机构工作原理

(a)冲程;(b)回程

1—进油口;2—缸体;3—配油腔;4—套阀;5—高压蓄能器;6—回油腔;7—回油;8—低压蓄能器

在冲程阶段,由于活塞台肩的后端面面积大于前端面面积,因此活塞后端面的作用力大于前端面的作用力,活塞向前作冲程运动(见图3-31a)。同时,活塞撞击钎尾做功。当活塞越过冲程换向信号孔位时,套阀4的后端面与回油腔6相通,套阀进行冲程换向,为活塞回程做准备。在回程阶段,当套阀4处于后端位置时,缸体后腔与回油7相通,于是活塞在缸体前腔压力油的作用下向后做回程运动(见图 3-31b)。当活塞超过回程换向信号孔位时,套阀的后端面与压力油相通,由于该面积大于套阀前端的面积,因此套阀向前运动,进行回程换向。压力油通过机体内部的孔道与缸体后腔相通,活塞作向后的减速运动。后腔的油一部分进入高压蓄能器 5,一部分从机体内部的通道流入前腔,直至回程终点。如此循环工作。

后腔回油的特点与双腔回油相反,回程没有反吸补油,但阀口的瞬时流量较大。

前腔回油式液压凿岩机的后腔为常压,通过改变缸体前腔的供油和回油来实现活塞的往复运动。它也有套阀式和芯阀式两种。前腔回油式液压凿岩机的活塞冲程最大速度远大于回程的最大速度,致使瞬时回油量远大于后腔回油式的瞬时流量,造成回油阻力及其压力波动过大,现已被淘汰。

C 无阀式液压凿岩机的工作原理

无阀式液压凿岩机没有专门的配流阀,而是利用活塞运动位置的变化自行配油。它的结构简单,只有一个运动件。但是,由于需要利用油的微量压缩性,使得工作腔需要较大的容积,机器的尺寸和重量较大。为使工作腔的容积不致过大,就要限制每次冲击的排量、减小活塞行程。为避免冲击能的减小,只能提高冲击频率。但频率过高将受材质及使用条件等的限制,因此无阀式液压凿岩机未得到推广。

3.3.1.3 液压凿岩机的结构

液压凿岩机的工作原理虽然简单,但要实现结构简单、工作可靠和效率高并非易事。液压凿岩机主要由冲击机构、转钎机构、钎尾反弹吸收装置和机头部分(包括供水装置和防尘系统等部分)构成,如图 3-32 所示。

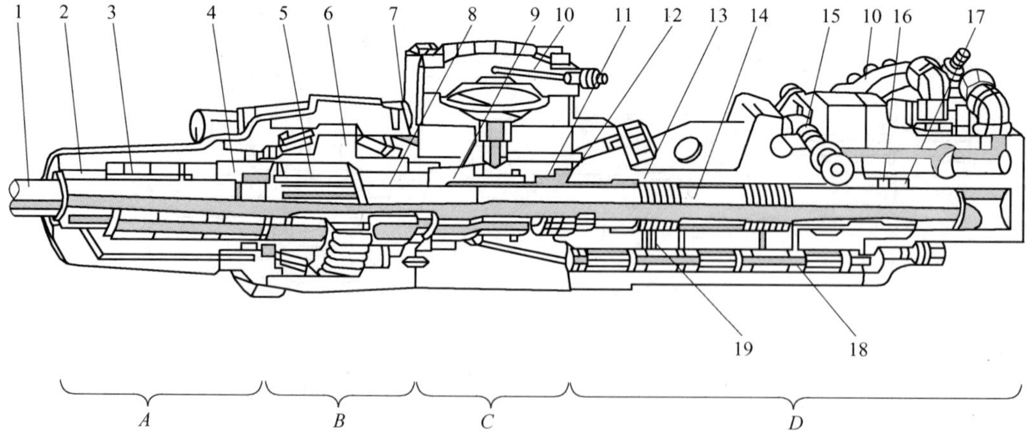

图 3-32 液压凿岩机的结构

A—机头部分;B—转钎机构;C—钎尾反弹吸收装置;D—冲击机构;

1—钎尾;2—耐磨衬套;3—供水装置;4—止动环;5—传动套;6—齿轮套;7—单向阀;8—转钎套筒衬套;

9—缓冲活塞;10—缓冲蓄能器;11—密封套;12—活塞前导向套;13—缸体;14—活塞;15—阀芯;

16—活塞后导向套;17—密封套;18—行程调节柱塞;19—油路控制孔道

A 冲击机构

冲击机构是凿岩机冲击做功的关键部件。液压凿岩机的冲击机构由缸体、活塞及配流阀、蓄能器等主要部件组成。

a 活塞

活塞是凿岩机传递冲击能量的主要零件,其形状直接影响传递能量的效率。由波动理论可知,活塞直径越接近钎尾直径、在其长度方向直径的变化越小,传递给钎杆的能量就越多。因此,液压凿岩机采用细长形的活塞,以提高凿岩速度。仅从传递能量效率的角度,由于双面回油的活塞细长且断面变化最小,显然是形状最优的活塞。两种重量接近的液压与气动凿岩机的活塞如图 3-33 所示,其效果比较如表 3-21 所示。

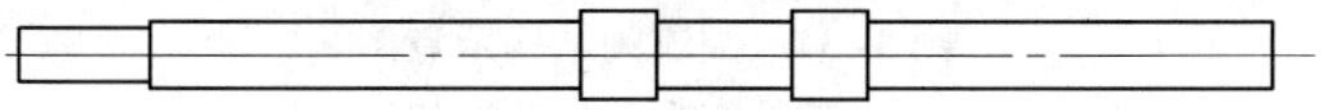

(a)

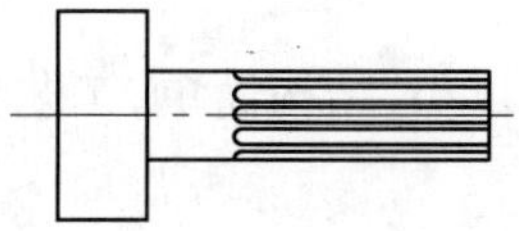

(b)

图 3-33 液压与气动凿岩机的活塞形状比较

(a) 液压凿岩机用活塞;(b) 气动凿岩机用活塞

表 3-21 液压活塞与气动活塞的效果比较

项 目	液压用活塞	气动用活塞	差值百分比/%
活塞重量/kg	9.4	7.9	+19
冲击末速度/$m \cdot s^{-1}$	10.0	9.8	+0.02
冲击能/N·m	470	379	+24
冲击频率/次·min^{-1}	2600	1648	+58
输出功率/kW	20	10	+100
钎杆中应力峰值/MPa	278	344	-20

可见,液压凿岩机的活塞重量只比气动凿岩机的大 19%,而输出功率却提高了一倍,钎杆中的应力峰值减少了 20%。

b 配流阀

液压凿岩机的配流阀(换向阀)分为套阀和芯阀两类,芯阀按形状又可分为柱状阀和筒状阀。套阀的特点是只有一个零件(套阀),它套在活塞上与活塞做同步运动配油,结构简单,套阀本身的加工工艺性好,但缸体加工难度较大。同时,受活塞的制约,套阀尺寸较大,耗油量及漏损稍大。套阀只能制成三通阀,用于单面回油机型。芯阀具有独立的阀体,阀芯在阀体内配油。它的结构及油路复杂,加工精度要求高,除可制成三通阀外,还可制成四通阀。

单面回油是利用差动油缸的原理,只需用三通阀;而双面回油则需用四通阀。三通芯阀的典型结构是三槽二台阶,即阀体上有三个槽,阀芯上有两个台肩(见图 3-34a)。四通芯阀则为五槽三台阶(见图 3-34b)。

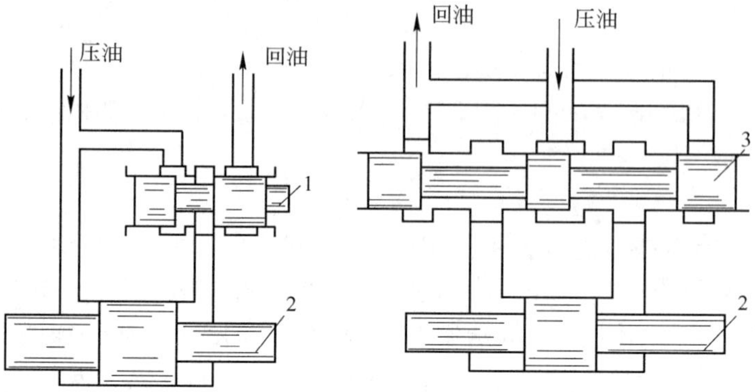

(a) (b)

图3-34 配流阀结构示意图

(a) 三通芯阀;(b) 四通芯阀

1—三通滑阀;2—活塞;3—四通滑阀

三通芯阀的长度短,阀芯质量小,结构简单,工艺性好。四通芯阀的结构复杂,工艺性较差,加工较难。

c 蓄能器

冲击机构的活塞只有在冲程时才对钎尾做功,而回程时不做功。活塞在冲击时的速度很高,瞬时流量往往超过平均工作流量的6~7倍。为使活塞在冲击时有足够的流量,可以充分利用活塞回程的能量,以减小泵的流量。有阀式液压凿岩机一般均在高压侧配置蓄能器,用以储存回程的能量,在冲程时放出液压油,补充流量的不足。同时,蓄能器还可吸收芯阀高速换向引起系统的压力冲击和流量脉动,提高工作的可靠性及各部件的寿命。无阀式液压凿岩机没有蓄能器,而是以回程时液压油的压缩来储存能量。

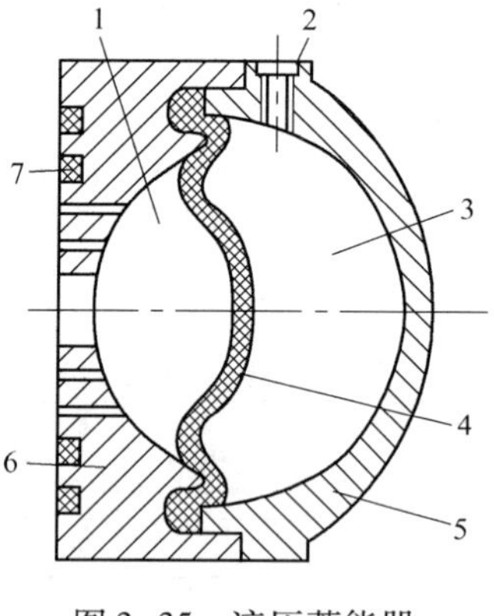

图3-35 液压蓄能器

1—蓄油腔;2—充气口;3—氮气腔;4—隔膜;5—上盖;6—底座;7—密封圈

液压凿岩机由于冲击频率较高,均采用反应灵敏的隔膜式液压蓄能器(见图3-35)。它的中间有一特制的耐油橡胶或聚氨酯隔膜,一侧预先充入氮气,另一侧与冲程油路相通。装在冲程油路的蓄能器,在活塞回程时由于后腔压力升高,压缩氮气而储能,为工作冲程补充额外的能量。有的液压凿岩机在回程油路还设有回油蓄能器,用来吸收回油的压力脉动,减少油管的振动。

d 活塞行程调节器

液压凿岩机的性能参数大多可以调节,以适应钻凿不同性质岩石的需要。活塞的冲击能通过控制供油压力或活塞冲程进行调节。活塞行程调节装置可改变活塞的行程,以得到不同的冲击能和冲击频率。活塞行程越大,冲击能就越大,而冲击频率则越低。简单的活塞行程调节装置是分档调节,较好的则是通过控制阀进行无极调节。

B 转钎机构

转钎机构用于转动钎具和装、卸钎杆。液压凿岩机由于输出转矩较大,一般均采用独立的外回转机构,即由双向摆线或齿轮液压马达驱动,经一级或二级齿轮减速后带动钎子回转。摆线液压马达的体积小、转矩大、效率高,因而得到普遍的应用。典型的转钎齿轮结构如图 3-36 所示,液压马达位于凿岩机的尾部,通过长轴 3 上的小齿轮 4、大齿轮 5 转动钎尾 6。有的液压凿岩机是将液压马达的输出轴直接插入小齿轮内。

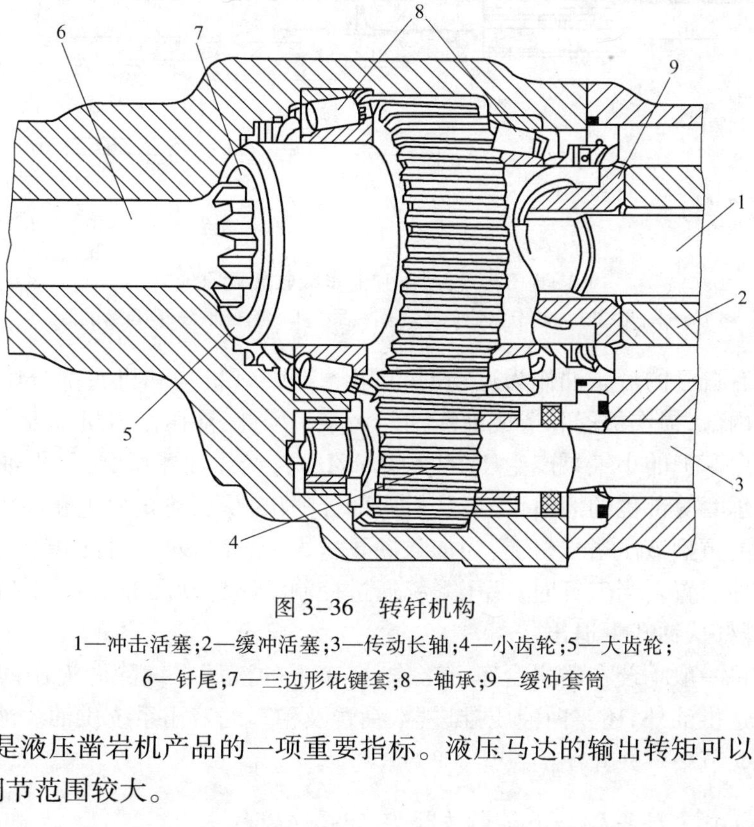

图 3-36 转钎机构

1—冲击活塞;2—缓冲活塞;3—传动长轴;4—小齿轮;5—大齿轮;
6—钎尾;7—三边形花键套;8—轴承;9—缓冲套筒

回转性能是液压凿岩机产品的一项重要指标。液压马达的输出转矩可以通过改变油泵流量来控制,调节范围较大。

C 钎尾反弹能量吸收装置

为防止冲击凿岩时钎尾的反弹力对机构的破坏,液压凿岩机都设有反弹能量吸收装置,其工作原理如图 3-37 所示。反弹力经钎尾 1 的花键端面传给回转卡盘轴套 2 后,再传给缓冲活塞 3,它的锥面与缸体间充满液压油,并与高能蓄能器 5 相通。这样,高压油可起到吸能和缓冲作用,避免反弹力直接撞击零件而影响凿岩机及钎杆的寿命。

D 供水装置与润滑、防尘系统

地下用液压凿岩机都是用压力水作为排粉的冲洗介质。供水方式分为中心供水和旁侧供水两种。中心供水与一般气动凿岩机的中心供水方式相同,压力水从凿岩机后部的注水孔通过水针从活塞中间孔穿过,进入前部钎尾,进行冲洗钻孔。中心供水的结构紧凑,机头部分体积小,但密封困难,容易漏水而冲走润滑油,造成机内零件严重磨损。同时,当水针与钎尾中心孔偏心时,会使水针密封圈的寿命降低。旁侧供水装置是液压凿岩机广泛采用的结构。它的冲洗水通过凿岩机前部的注水套进入钎尾的进水孔,进行冲洗钻孔。旁侧供水的冲洗水压可达1 MPa以上,由于水路短,易实现密封,而且即使漏水也不会影响凿岩机内部的正常润滑。缺点是增加了机头部分的长度。

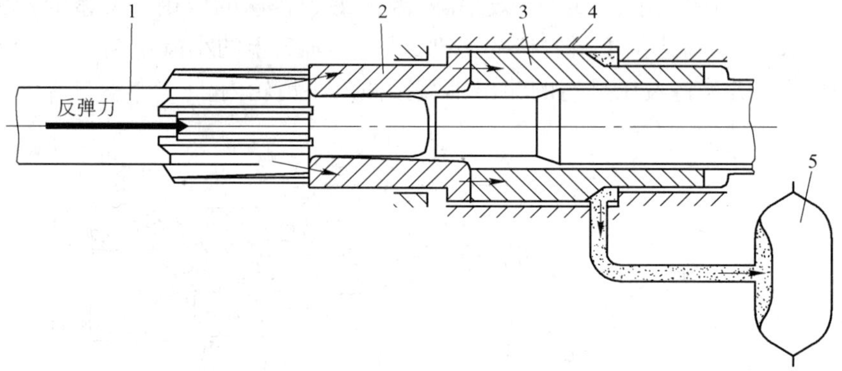

图3-37 钎尾反弹能量吸收装置原理

1—钎尾;2—回转卡盘轴套;3—缓冲活塞;4—液压油;5—高压蓄能器

冲击机构有自己的液压油作为运动副的润滑,而转钎机构和机头部分则需防止灰尘和岩粉进入机器内部,损伤机器和造成液压油的污染。因此,液压凿岩机都设有润滑与防尘系统。一般是由台车上的小气泵产生压气(约0.2 MPa),经注油器后,将压力油雾供给转钎机构和机头的支承套等部位的润滑,最后从机头部分喷出,从而防止粉尘和污物进入机体。

在一些新的重型液压凿岩机上,为加强深孔凿岩卡钎时拔出钎杆的能力,在供水装置前面加有液压反冲装置。当卡钎时,液压系统通过控制油路推动反冲活塞,对钎尾的台肩施加拔钎力,以使钎杆从钻孔中退出。

液压凿岩机一般均装在凿岩台车上工作,台车上的液压系统除向液压凿岩机的冲击器和回转液压马达供油外,还要向液压推进器、钻臂及稳车的液压系统供油。液压凿岩机的液压系统将在3.5节中一并介绍。

E 阿特拉斯·科普柯和山特维克液压凿岩机的特点

阿特拉斯·科普柯液压凿岩机的结构特点如下:

(1) 双腔回油,活塞细长,冲击端面积与钎尾的横断面积相近,有利于能量传递,并延长钎具寿命;

(2) 设有液压缓冲装置,可防止反弹力对机件的破坏;

(3) 独立供水,冲洗水压高达1.8 MPa,有利于排粉;

(4) 设有2个或3个蓄能器,常用2个高压蓄能器,当1个蓄能器的隔膜损坏时,凿岩机仍能继续工作;

(5) 机头处采用压缩空气密封,防止水雾、污物进入凿岩机内。

山特维克液压凿岩机的零部件少、结构简单。它的结构特点如下:

(1) 采用模块化结构,分为冲击机构、回转马达、变速部件和钎尾支座四大部件,每个模块独立密封,提高了密封性能。容易拆装,便于检修。

(2) 高、低压回路均装有蓄能器,在大流量的重型凿岩机中采用蓄能器并联结构。

(3) 重型凿岩机采用两个转钎马达,以增加输出扭矩,可根据需要同时使用或单独使用。

(4) 凿岩机安装在连接隔板上,来自外部的载荷(反射能量及回转转矩等)通过隔板直接传给台车的推进器架上,有效地保护了冲击机构。

(5) 冲击活塞的前腔设有液压缓冲垫,允许空打和卡钎时边冲击边拔钎。

(6) 钎尾支座采用双密封结构,防止污水进入机体。

3.3.1.4 液压凿岩机的现场性能试验

国外厂商为其液压凿岩机配有简易的维修试验设备,供用户选用。它具有动力系统及必要的液压参数测试仪表。阿特拉斯·科普柯公司、埃姆科—塞科马公司随机带的小型液压泵站,上面设有液压参数测试仪表。当在现场需要检测液压凿岩机的回转机构性能时,便可将其接上油管,在较低压力(如4.5 MPa)下运转30 s,工作应正常(见图3-38)。

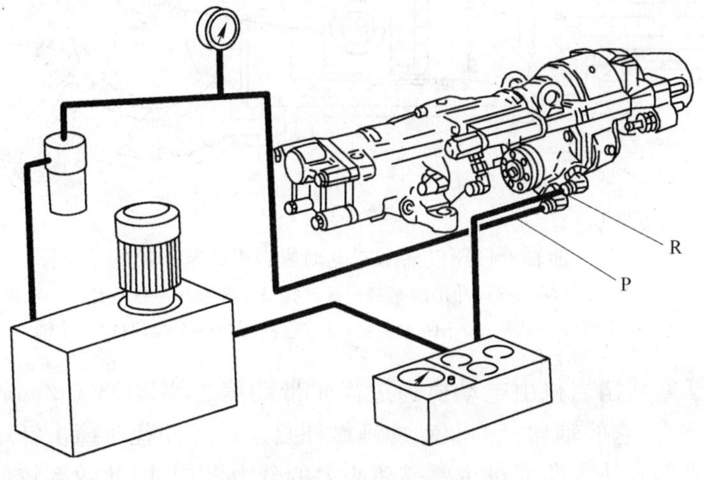

图3-38 回转性能试验
P—压力油入口;R—回油口

冲击性能试验前,先将冲击活塞及配油阀用专用定位棒与止退垫定位,再将冲击机构接上油管,使系统压力达10 MPa,测试冲击机构的泄漏量。经回转机构和冲击机构泄漏量测试后,进行冲击机构性能试验。在压力4.0 MPa下运转30 s,工作正常为合格。

3.3.2 电动凿岩机

电动凿岩机是利用电能产生较大冲击能量和连续或间断转动钎杆的凿岩机。

3.3.2.1 电动凿岩机的工作原理

电动凿岩机按结构形式可分为曲轴连杆压气活塞式、偏心块冲击活塞式和弹簧—活塞销式三种。

曲轴连杆压气活塞式电动凿岩机的结构如图3-39所示。压气活塞2装在冲击活塞3的内腔中,形成气室5。启动电机后,连杆1按逆时针方向运转,压气活塞被带动向冲击活塞方向运行。此时曲轴箱腔10内为负压,新鲜空气经单向阀8被吸入曲轴箱腔内。压气活塞继续前行,关闭冲击活塞的进气孔4,气室成密闭状态。随着压气活塞继续前行,气室内的空气压力不断增大。当压力达到某值时,冲击活塞被高速弹出,撞击钎尾9。随后反弹,造成两活塞相向运动,经排气孔6排尽气室内的残余气体。压气活塞经过死点后很快返回。此时冲击活塞的排气孔被关闭,空气不能倒吸,致使气室形成负压,于是冲击活塞随压气活塞向后运行。同时,由于单向阀关闭,曲轴箱腔内增压,当两活塞运动而使进气孔与曲轴箱腔连通,腔内压气进入气室内,冲击活塞停止返回,压气活塞很快转过后侧的下死点,开始下一个循环。曲轴连杆压气活塞式电动凿岩机的结构较复杂,加工精度要求高,因此成本较高。

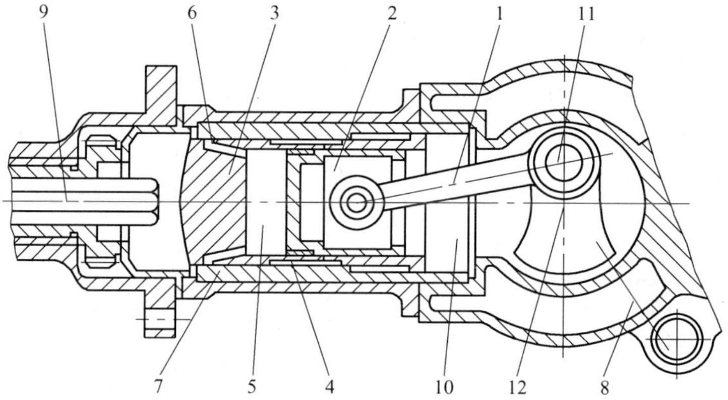

图3-39 曲轴连杆压气活塞式电动凿岩机的基本结构示意图

1—连杆;2—压气活塞;3—冲击活塞;4—进气孔;5—气室;6—排气孔;7—缸套;8—单向阀;9—钎杆;10—曲轴箱腔;11—连杆与曲轴连接轴;12—曲轴

偏心块冲击活塞式凿岩机由电动机通过齿轮带动偏心块以2300r/min高速旋转,其不平衡质量产生离心力,它的轴向分力驱动冲锤做往复运动。冲程时撞击钎尾,回程时带动转钎机构转动钎杆。偏心块式凿岩机主要靠离心力的分力做功,因此效率较低。

弹簧—活塞销式凿岩机是在曲轴连杆压气活塞式和偏心块冲击活塞式两种结构的基础上研制的。其曲柄连杆机构与压气活塞式相同。冲程时,曲柄连杆又通过活塞销和储能弹簧作用于活塞,使其获得必要的冲击速度撞击钎尾。

3.3.2.2 电动凿岩机的性能

目前,电动凿岩机多为装在机器上的电动机直接驱动的支腿式凿岩机(见图3-40)。国产曲轴连杆压气活塞式电动凿岩机的型号及规格见表3-22。小型水外冷电动机的功率为2.5~3kW。将电动凿岩机的电源频率提高,可以显著地减小其体积和重量。

表3-22 曲轴连杆压气活塞式电动凿岩机的性能参数

项 目	YDT28	YDT30	YDT31A
冲击能/J	26	45	46
冲击频率/Hz	41	35	36
转矩/N·m		18	

续表 3-22

项 目	YDT28	YDT30	YDT31A
钎子转速/r·min^{-1}		150	200
水冷电机功率/kW	3	3	3
电压(频率)/V(Hz)	380(50)	380(50)	380(50)
使用水压/MPa	0.1~0.4		0.2~0.5
凿孔直径/mm	35~43		
凿孔深度/m	4		4.5
外形尺寸(长×宽×高)/mm×mm×mm		683×260×170	680×250×150
质量/kg	28	30	31
配套设备	FTS100 型水力支架 DAS380/3 型电控箱 KSG4/0.7 矿用隔爆干式变压器 活塞式水泵组,1.5kW		FDT12 型手摇支架 DDK-380/3 型电控箱

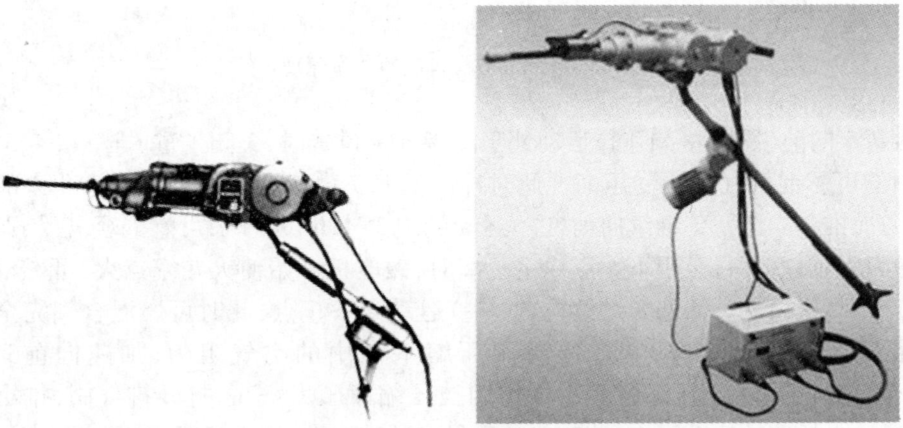

(a) (b)

图 3-40 支腿式电动凿岩机

(a) YDT28 型电动凿岩机;(b) YDT31A 型电动凿岩机

电动凿岩机的动力单一,能量利用率高;不需要建立压气站,更不需要敷设管道;结构紧凑,噪声低,无水气和油雾,卫生条件好。但凿岩速度低,在中等坚固性岩石中约为 150~200 mm/min,不及气腿式凿岩机的一半,且故障率较高。目前,电动凿岩机尚未得到广泛应用,只用于交通不便、迁移频繁、地点分散且无压气供应的小型岩巷工程。

3.3.3 内燃凿岩机

内燃凿岩机是一种由二冲程单缸汽油内燃机、空压机和凿岩机构三部分组成的手持式冲击回转凿岩机械。它利用内燃机原理,通过汽油的燃爆力驱使活塞冲击钎尾,进行凿岩。

3.3.3.1 内燃凿岩机的工作原理

内燃凿岩机在一个气缸中同时装有发动机活塞3与冲击活塞7,在气缸的直径较小缸体部分内的两活塞之间构成燃烧室6,冲击活塞7又将气缸的直径较大缸体部分分隔成上、下两个压缩室9与8(见图3-41)。

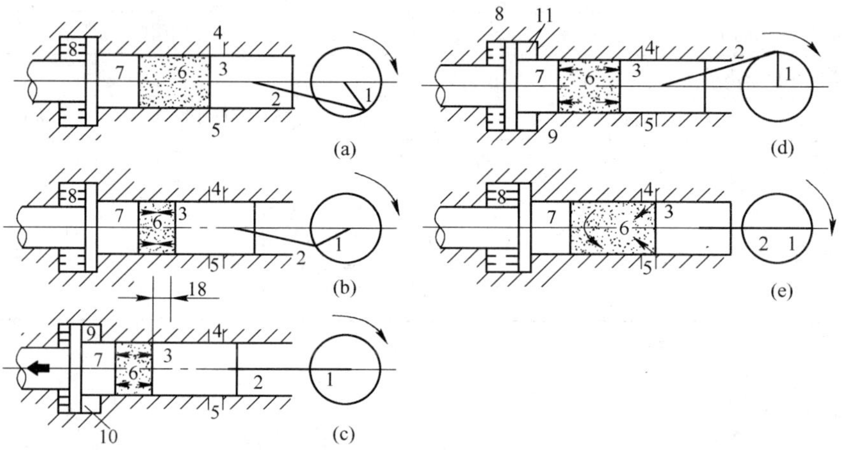

图3-41 内燃凿岩机的工作原理

当活塞3向前(图中左,下同)运动处于图3-41a位置时,关闭了进、排气口4、5,进入燃烧室6中的可燃混合气开始受压缩。此时冲击活塞7由于有前面下压缩室8中的空气阻力,不会向前推移。活塞3继续向前(左)运动到图3-41b位置时,可燃混合气受到压缩,压力急剧增高,当活塞下行至距下止点一定距离时,磁电机开始使火花塞点火,可燃混合气燃烧,膨胀产生高压做功。活塞3继续向前(左)运动到下止点,此时可燃混合气完全燃烧后而产生最高压力,使冲击活塞7能克服压缩室8中的空气阻力,加速向前运动(见图3-41c)。与此同时,下压缩室8中气体因被压缩而压力增高,打开排气阀,排出部分气体,减少对冲击活塞的运动阻力,使其能获得最大的冲击功,撞击钎尾进行凿岩。

当发动机活塞自下止点向后(右)回行时(见图3-41d),燃烧室6的容积逐渐增大,压力降低,等到打开进、排气口4、5时,其中压力已低于压缩室8中的压力,于是冲击活塞在做完冲击功后也开始回行,一直回到图3-41a所示的位置。

发动机活塞在回程中,排气口5先被打开,将废气排入大气中。随后进气口打开,曲轴箱中受压的可燃混合气从进气口涌入燃室6中,并加速排除废气。这一过程称为换气过程(见图3-41e)。在此过程终了时,便完成一个工作循环。在此循环中,曲轴旋转一圈,发动机活塞和冲击活塞都往返移动两个行程,冲击活塞对钎尾冲击一次。以后发动机继续运转时,又周而复始着新的循环。

3.3.3.2 内燃凿岩机的型号及规格

常用的YN系列内燃凿岩机(见图3-42)采用单缸风冷二冲程汽油机,无浮子式化油器,点火方式为可控硅无触点系统,主要参数如表3-23所示。

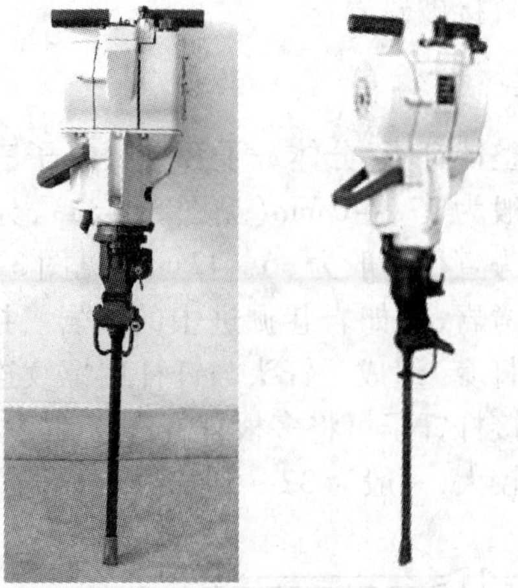

图 3-42 YN27C 型内燃凿岩机

表 3-23 内燃凿岩机的性能参数

参 数	YN25 型	YN27C 型	YN30A 型
质量/kg	26	27	28
外形尺寸/mm × mm × mm	710 × 260 × 260		760 × 330 × 235
发动机缸径 × 行程/mm × mm	60 × 65		58 × 70
发动机排量/cm^3	184	185	185
发动机负荷转速/$r \cdot min^{-1}$	2600 ~ 2900	≥2450	2700 ~ 3000
耗油量/$L \cdot min^{-1}$	≤0.12	≤0.12	≤0.13
油箱容积/L	1.8	≥1.14	≥1.65
汽油与润滑油混合比例(体积比)	12:1	9:1	12:1
钎杆空转转速/$r \cdot min^{-1}$	≥180	≥200	180
冲击频率/Hz	43 ~ 48		45 ~ 50
冲击能/J	40	≥20	≥26
转矩/N · m	18		18
钎尾规格/mm × mm	H22 × 108		
凿岩速度/$mm \cdot min^{-1}$	200 ~ 300	≥250	≥200
凿孔深度/m	≥6		

注:凿岩速度是指在 $f = 8 \sim 12$ 的岩石中,用长 600 mm 钎杆、$\phi 34$ 钎头,连续垂直凿 5 个孔的平均值。

内燃凿岩机具有动力单一、机动灵活,外壳用轻铝合金铸造,质量轻等特点。但受汽油机工作发热温升的影响,不宜长时间连续工作。它的凿岩速度较低,可靠性和耐用性远不如气动和液压凿岩机。内燃凿岩机主要用于没有电源、无压气设备的边远地区或流动性较大的野外浅孔凿岩作业。它排出的废气会污染空气,故一般只允许在露天作业。

3.4 钎 具

钎具又称凿岩工具,它是指凿岩机使用的钎头和钎杆,俗称钎子。通常将潜孔钻机使用的钻凿大孔径工具称为钻具。钎具对凿岩速度有较大的影响,同时钎具的消耗量很大,它的材质及质量直接影响凿岩的技术经济指标及作业安全。

3.4.1 钎具的组成与连接

钎杆末端的钎尾插入凿岩机的转动套筒内,通过它将凿岩的冲击功、转矩及冲洗水经钎杆传递给钎头。钎头则用来直接破碎岩石。

3.4.1.1 钎具的组成与分类

钎具按连接方式可分为整体钎子、分体钎子和接杆钎子三种。整体钎子的钎头与钎杆连在一起,钎头直径较小,一般为 27 ~ 40 mm(见图 3-43a),分体钎子的钎头与钎杆是分开的,便于更换磨损的钎头,钎头直径一般为 36 ~ 42 mm(见图 3-43b)。这两种钎子的钎杆只有一根,不能接长,用于浅孔凿岩,例如岩巷掘进中的凿岩。接杆钎子由钎尾(接杆钎尾)、钎头、多根钎杆及连接套(接杆套)组成。钎头与钎杆用螺纹连接,钎杆之间、钎杆与钎尾则用套筒连接(见图 3-43c)。接杆钎子可将多根钎杆连接在一起,使钎杆总长度满足深孔的要求。接杆钎子的钎头直径较大,一般为 32 ~ 51 mm。它用于重型凿岩机的中深孔凿岩。

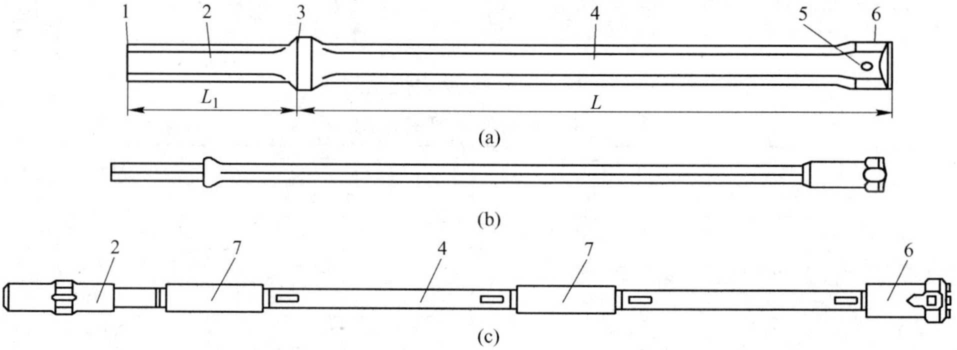

图 3-43 钎子

(a) 整体钎子;(b) 分体钎子;(c) 接杆钎子

1—钎尾端面;2—钎尾;3—钎肩;4—钎杆;5—冲洗孔;6—钎头;7—连接套

钎杆由专用的六角形或圆形的中空钎钢制造。中空钎钢的中央有孔,是吹洗炮孔的水路。圆形钎杆用于重型凿岩机上,进行接杆深孔凿岩。钎尾的形式有钎肩式、钎耳式和花键式三种。钎肩式钎尾用于轻型、中型凿岩机,在掘进工程中大量使用。其他两种则用于重型凿岩机。钎具的连接应保证连接可靠和能量传递效率高,且安装与拆卸简便。连接形式有锥体连接与螺纹连接两种。钎头与钎杆的锥体连接适用于气腿式凿岩机的浅孔凿岩,如岩巷的掘进工程;钎具的螺纹连接适用于重型凿岩机的中深孔凿岩,如采矿场中。

整体钎子的特点是:传递冲击能量的损失少,凿岩速度稍高;可钻凿直径较小的炮孔,减少凿岩工作量;没有连接钎头的麻烦,拔出钎子阻力小等。但钎头制造和修磨较困难,一般须将整体钎子运离现场进行修磨。整体钎子适用于磨蚀性中等的岩石,这时钎头与钎杆的寿命大体相同,便于同步报废。国外应用整体钎子较多,为此还专门生产了小型移动式气动砂轮,便于在掘进工作面修磨钎头。我国很少应用整体钎子,广泛应用的是分体钎子。它的特点是可以更换钎头,提高了钎杆的利用率;钎头修磨较容易,可适应各种岩石与凿岩机。进入 21 世纪以来,我国凿岩用中空钢制造技术在赶超国际先进水平的过程中取得了重大进步,为整体钎子在我国的应用创造了条件。

3.4.1.2 钎头与钎杆的锥体连接

A 钎头的锥体连接

钎头与钎杆的锥体连接属于摩擦锥结合,钎杆锥体压入钎头的锥孔中,依靠接触面的摩擦力来传递冲击力和转矩。钎杆锥顶与钎头的锥底之间留有 5 ~ 8 mm 的空隙，防止钎杆顶到钎头底面而失效。锥体连接加工简单、坚固耐用，广泛用于浅孔凿岩中。

锥体的参数及加工精度对连接质量有重要影响。锥体的锥角越小，连接越牢固，但拆卸越困难；反之则拆卸容易，但钎头容易脱落。锥角的选用与岩石坚固性和凿岩机冲击能有关。《凿岩用硬质合金钎头》(GB/T6480—2002)规定，锥角分为 4.8°和 7°、12°三种，详见图 3-44和表 3-24 的规定。

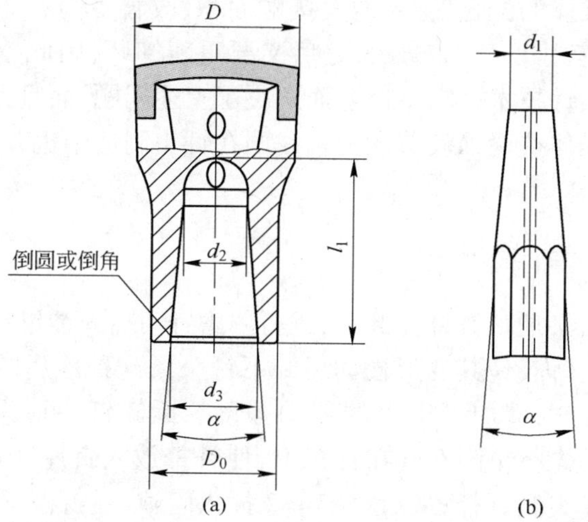

图 3-44 钎头与钎杆锥体连接构造

(a) 钎头；(b) 钎杆锥体

D—钎头公称(大端)直径；D_0—钎裤(小端)直径；d_2—钎头锥孔底直径；

d_3—钎头锥孔口直径；α—锥度；l_1—钎头锥孔深度；d_1—钎杆锥体小端直径

表 3-24 锥体连接钎头尺寸 (mm)

锥角 α/(°)	配用钎杆代号	钎头锥孔口直径 d_3		钎头锥孔底直径 d_2		锥孔深度 l_1	钎杆锥体小端直径 d_1	
		公称尺寸	允许偏差	公称尺寸	允许偏差	公称尺寸	公称尺寸	允许偏差
4.8	H19	18.9	+0.2 0	16.2	+0.2 0	≥48	16.0	0 −0.2
	H22①	22.0		19.5		≥51	19.1	
7	H19	19.0		15.2		≥47	15.0	
	H22	21.8		18.2			18.0	
	H22②	23.5		20.2			20.0	+0.2 −0.4
	H25	23.5		20.2			20.0	0 −0.2
	H22①	21.8		16.2		≥54	16.0	
	H25①	24.4		20.0			19.7	
12	H22①	22.0		15.4		≥48	14.9	
	H25①	25.1		18.4			17.9	

① 国际标准钎杆锥体；

② 锻造钎杆锥体。

目前，国内钎头直径一般为 38 ~ 43 mm，均采用 7°锥角连接。它即使在较软的岩石中，也能固定牢靠,但在坚硬岩石中则拆卸较为困难。12°锥角连接的钎头,在坚硬或整体岩体中采用重型凿岩机时效果较好。它拆卸容易,固定也较牢靠。但在软岩或有裂隙的岩体中,钎头容易脱落。4.8°锥角的连接更加牢固,但更难拆卸。它只能用于轻型凿岩机在软岩层中的凿岩,此时钎头直径多小于35mm。国外推荐使用的连接锥度为11°或12°,而与国内不同,这是由于国外采用功率较大的凿岩机。

20世纪60年代,瑞典Secoroc公司在钎头锥孔与钎杆锥体之间加垫厚0.6mm紫铜软衬垫,可以补偿锥孔与锥体的配合偏差,增大接触面积,改善受力状态。由于紫铜衬垫在使用中容易错动,一般只能用1~2个磨次,之后又要重新卸装,因此紫铜衬垫难以推广。为此,瑞典又发明了锥孔喷锌技术。它不但全面解决了上述问题,而且致密的锌涂层使锥孔壁与冲洗水隔绝,增强了壳体抗腐蚀疲劳能力。我国在钎头制造中也开始采用热喷涂技术,已发展到锥孔喷涂锌铝合金。

B 锥体连接钎头的拆卸

可卸式钎头磨钝后,必须从钎杆上卸下,进行修磨钎刃后才能继续使用。我国几十年来习惯于用手锤敲打钎头裤体,使其变形松动后卸下钎头。这种落后的拆卸钎头方法不仅降低了钎头和钎杆的寿命,也增加了工人的劳动强度。拆卸钎头应采用专用的拔钎器(见图3-45)。拆卸钎头时,先将垫圈6套在钎杆上,使钎杆放入钎座3的槽中;垫圈与钎座之间留有间隙,扳动卡子4夹紧钎杆;最后将楔子2插入间隙,锤击楔子,钎头便被挤脱下来。

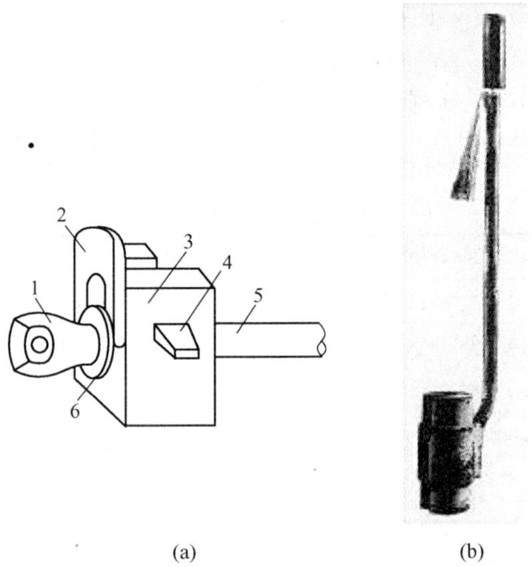

图3-45 拔钎器

(a) 拔钎器;(b) DY-I型滑锤式卸钎器

1—钎头;2—楔子;3—钎座;4—卡子;5—钎杆;6—垫圈

3.4.1.3 钎具的螺纹连接

在凿岩钎具的螺纹连接中,曾先后采用过锥形管螺纹、通用梯形螺纹和锯齿螺纹。1950年后,出现了波形螺纹、反锯齿螺纹和梯形螺纹(T形螺纹)。最新的S螺纹,又称C螺纹,实际上是一种双头梯形螺纹。S螺纹的牙型角与梯形螺纹相同,但螺距更大。它具有更小的装卸力矩，更大的承压耐磨面积，更适用于大直径螺纹连接钎具。螺纹旋向为左旋，与凿岩机回转方向相反。

A 波形螺纹

波形螺纹又称 R 螺纹。《凿岩用螺纹连接钎杆》(GB/T 6482—2007)规定，波形螺纹的结构及尺寸参数如图 3-46 和表 3-25 所示。

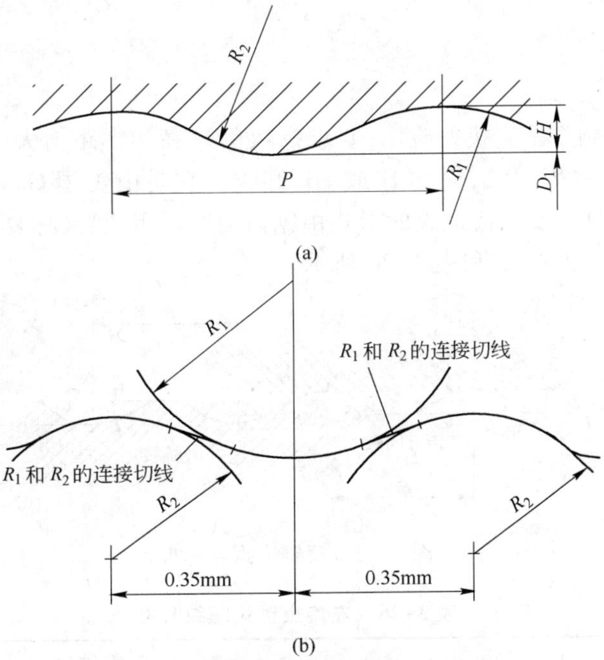

图 3-46 波形螺纹标准
(a) 内螺纹参数；(b) 内螺纹曲线放大

表 3-25 左旋波形螺纹尺寸 (mm)

螺纹公称直径 G	内螺纹				外螺纹				螺距 p
	$D_1{}^{+0.25}_{0}$	$H^{+0.20}_{0}$	$R_1{}^{\pm 0.40}$	$R_2{}^{\pm 0.40}$	$d_1{}^{0}_{-0.20}$	$h^{+0.20}_{0}$	$r_1{}^{\pm 0.40}$	$r_2{}^{\pm 0.40}$	
$R\,22(\frac{7}{8}'')$	18.86				21.84				
$R\,25(1'')$	21.76				24.74				
$R\,28(1\frac{1}{8}'')$	24.95	1.5	5.5	6	27.95	1.5	5.5	5.0	
$R\,32(1\frac{1}{4}'')$	28.36				31.34				
$R\,38(1\frac{1}{2}'')$	35.01				37.99				12.7 (12②)
$R\,45$①$(1\frac{3}{4}'')$	40.71	1.9	4.3	5.2	44.49	1.9	4.3	5.2	
$R\,50$①$(2'')$	47.01	1.5	1.5	6	49.99	1.5	5.5	6	

①《凿岩用螺纹连接钎杆》、《凿岩用硬质合金钎头》只规定到螺纹公称直径 $R38$；

② 括号内为公制螺纹螺距。

波形螺纹的螺纹面与钎杆轴线的交角为20°，螺距固定为12.7 mm(1/2″)，当螺纹直径增大时螺旋线升角β减少，如直径25 mm时β为10°，而直径增至51 mm时β为4.8°，减少50%以上。由此螺纹表面压力增高，拆卸较困难。在使用大功率凿岩机时，尤其是使用压气冲洗的情况下，波形螺纹的接口可能过紧。此外，波形螺纹的允许磨损量较小，螺纹寿命较短。

波形螺纹具有设备简单❶、加工方便、连接可靠的优点。它经过渗碳等表面强化处理后，具有足够的耐磨性。目前，以波形螺纹连接的钎具品种、规格和数量最多，主要用于直径小于32 mm的钎杆。

B 反锯齿螺纹

随着大功率、高频率凿岩机的应用，要求螺纹的牙高和螺距增大，20世纪60年代出现了一种大导程❷的反锯齿螺纹，简称H或HL螺纹。它是由美国Gardner-Denver公司提出的，因此又称GD螺纹。反锯齿螺纹的形式由锯齿与圆弧组成，又称复合螺纹。反锯齿螺纹的结构及尺寸参数如图3-47和表3-26所示。

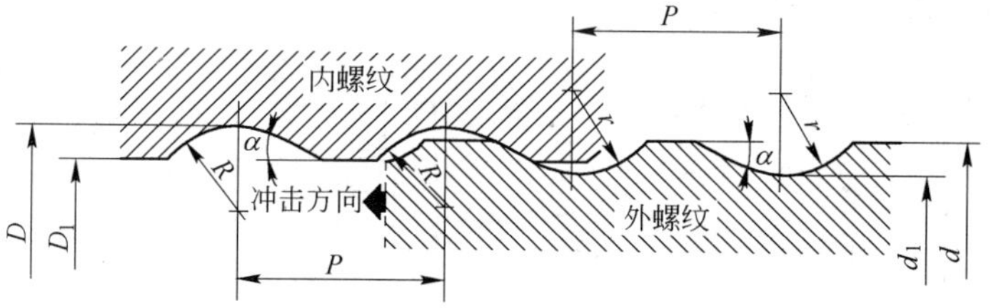

图3-47 反锯齿螺纹标准

表3-26 左旋反锯齿螺纹尺寸 (mm)

螺纹公称直径 G	内螺纹				外螺纹				螺距 P
	$D^{+0.10}_{0}$	$D_1{}^{+0.13}_{0}$	$\alpha^{\pm0.5}$	$R^{+0.40}_{0}$	$d^{0}_{-0.08}$	$d_1{}^{0}_{-0.08}$	$\alpha^{\pm0.5}$	$r^{+0.4}_{0}$	
25(1″)	27.13	23.95	22°	1.98	26.85	23.72	22°	1.98	7.26
32($1\frac{1}{4}$″)	32.69	28.22	25°	3.28	31.65	27.89	25°	2.21	10.16
38($1\frac{1}{2}$″)	38.79	33.50		4.39	37.74	33.15		3.58	12.70
45($1\frac{3}{4}$″)	44.93	39.65			43.89	39.29			
57($2\frac{1}{4}$″)	58.60	53.47		5.16	57.02	52.37		4.76	14.51
63($2\frac{1}{2}$″)	64.75	56.62		4.37	63.22	55.65		3.78	16.92

---

❶ 非圆液压仿形车床是较先进可靠的钎具螺纹加工设备。尖刀旋风铣是我国主要钎具制造厂广泛使用的螺纹加工设备，但多用于波形螺纹的加工。尖刀凸轮车床是我国钎具制造厂加工波形螺纹的常用设备，但加工螺纹的形状和尺寸精度较低。机械仿形车床是我国部分钎具制造厂开发的螺纹加工设备，可加工各种结构的螺纹，但加工螺纹的形状和尺寸精度不如非圆液压仿形车床。

❷ 导程是指同一条螺旋线上的相邻两牙在中径线上对应两点间的轴向距离，即螺纹旋转一圈所移动的轴向距离。螺距是指相邻两牙在中径线上对应两点轴向的距离。形成螺纹的螺旋线的条数称为线数，它有单线和多线螺纹之分。如果螺纹是单头的，则导程与螺距相等。如果是多头的，则导程是螺距头数的倍数。导程S与螺距P、线数n的关系为$S=n\cdot P$。

反锯齿螺纹的螺纹角大多为25°。螺距随螺纹直径的增大而加大，螺旋线升角β变化幅度小于30%，且牙侧接触线较长，耐磨性和拆卸性都优于波形螺纹。适用于直径大于38 mm的钎杆。但螺纹形状复杂，加工困难，且螺纹拐角处的摩擦过大。20世纪90年代后应用渐少，逐渐被新的梯形螺纹取代。

C 梯形螺纹

由于液压凿岩机的出现，1970年瑞典山特维克·科罗曼特(Sandvik Coromant)公司提出了新的梯形(T形)螺纹，Secoroc公司也提出FI型(梯形)螺纹。其他公司采用时常标以不同的标号，如HM、B、J、K、P等。《凿岩用螺纹连接钎杆》(GB/T 6482—2007)规定，梯形螺纹的结构及尺寸参数如图3-48和表3-27所示。

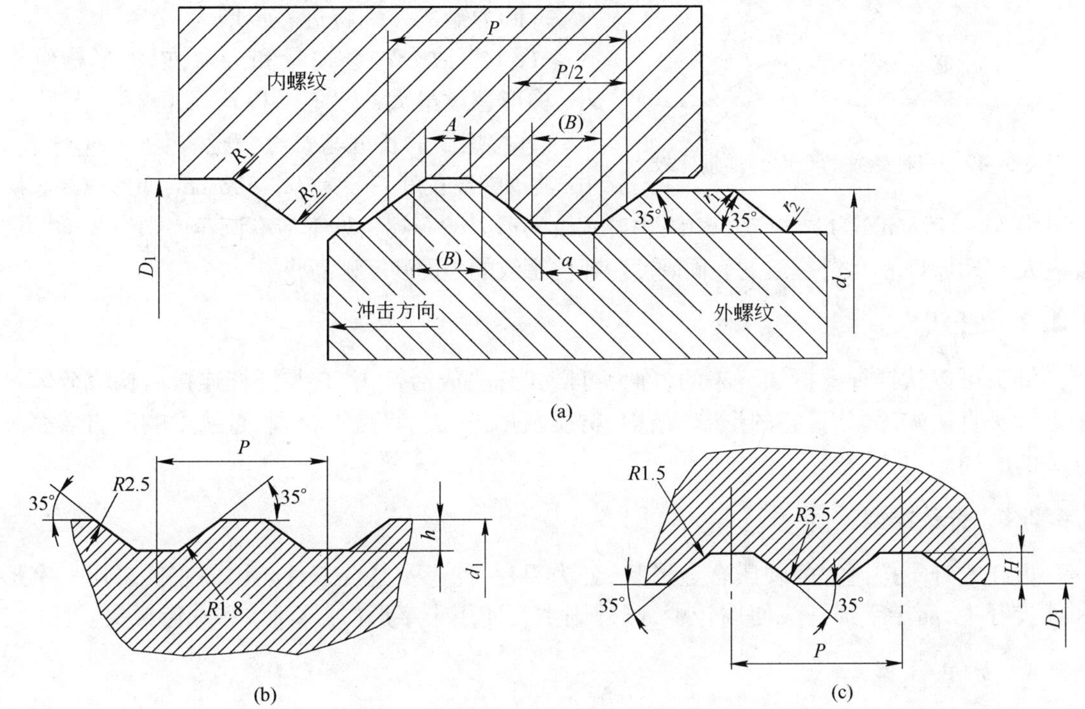

图3-48 梯形螺纹标准

(a) 螺纹连接；(b) 外螺纹放大；(c) 内螺纹放大

d_1—外螺纹直径；h—外螺纹高度；D_1—内螺纹直径；H—内螺纹高度；P—螺距

表3-27 左旋梯形螺纹尺寸 (mm)

螺纹公称直径 G	内螺纹				外螺纹				螺距 P
	$D_1{}^{+0.25}_{0}$	$H^{+0.2}_{0}$	R_1	R_2	$d_1{}^{0}_{-0.20}$	$h^{+0.2}_{0}$	r_1	r_2	
T38($1\frac{1}{2}$″)	34.20	2.3			38.20	2.3			15.63
T45($1\frac{3}{4}$″)	40.20	2.6	1.5	3.5	44.50	2.6	2.5	1.8	18.47
T51(2″)	45.60	3.0			50.80	3.0			20.32

梯形螺纹的螺距随螺纹直径的增加而增大，螺旋线升角β稳定在7.5°。螺纹角35°比波形螺纹大，牙高为2.2～3.4 mm。梯形螺纹的特点是允许磨损量大，螺纹寿命更长；拆卸

最容易,连接可靠,可传递大的冲击功和转矩。梯形螺纹已取代反锯齿螺纹,广泛用于直径大于38 mm的钎具。

D 三种螺纹的比较

波形螺纹、反锯齿螺纹和梯形螺纹三种螺纹的比较如下:

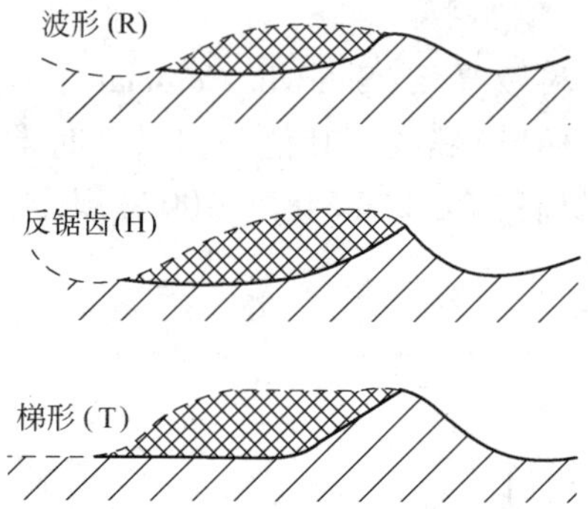

图3-49 三种螺纹的允许磨损量比较

(1)在扭紧力矩相同的条件下,螺纹的表面压力以波形螺纹最大,梯形螺纹最小,且随扭紧力矩的增大,螺纹表面压力的差别将进一步增大。

(2)在扭紧力矩相同的条件下,拆卸力矩以梯形螺纹最小,波形螺纹最大,且随扭紧力矩的增大,拆卸力矩的差别将进一步增大。

(3)螺纹允许磨损量和寿命,以波形螺纹最小,梯形螺纹最大(见图3-49)。

连接螺纹的长度与螺纹直径有关,不应少于5扣,波形螺纹长度一般为72 ~ 108 mm,梯形螺纹长度一般为80 ~ 115 mm。为防止应力集中,内外螺纹的退刀槽等拐角处都应有圆角。螺纹表面的硬度应大于HRC42,一般外螺纹的表面硬度应比内螺纹的表面硬度稍高些。

3.4.2 钎头

钎头可以从钎杆上拆卸下来的,称为可卸式钎头或活钎头,它与钎杆连接后构成分体钎子。钎头直接破碎岩石,它的形状、结构、材质及加工工艺等是否合理,直接影响凿岩效率及钎头的磨损。

3.4.2.1 钎头类型

可卸式钎头按镶焊的硬质合金形状,分为刃片、球齿及复合三种。国内主要采用一字形和球齿钎头,而十字形钎头使用较少,国外则主要使用十字形(或X形)和球齿钎头。

A 刃片钎头

《凿岩用硬质合金钎头》规定的钎头类型如图3-50所示。刃片钎头按刃片数量及排列,可分为一字形、三刃形(Y形)、十字形和X形等(见图3-50a ~ 图3-50f)。十字形和X形钎头按中心水孔处的钢芯结构又分为实芯和镶芯两种。镶芯易于铣合金片槽,但综合技术经济效果不如实芯结构。实芯采用圆头合金片,曾是瑞典Secoroc公司的专利。它的主要优点是焊缝密实,合金片应力状态得以改善;避免了镶芯的掉芯现象;节约硬质合金和芯材。缺点是片厚较小时,铣合金片槽较为困难。

一字形和十字形钎头是锥体连接最常用的钎头。一字形钎头的冲击力集中,凿入深度大,结构简单,便于制造及修磨。它的缺点是开孔较困难,在裂隙性岩体中凿岩时容易夹钎;钎头边缘的回转线速度最大、扭矩也最大,致使钎头边缘的破岩效率较低而硬质合金片的径向磨损最快;凿出的炮孔不圆,呈三角形特征。一字形钎头在我国得到了广泛的应用。但在国外,一字形钎头只用于小直径的整体钎子,如H19钎杆的钎头直径为23 ~ 34 mm,H22钎杆的钎头直径为26 ~ 41 mm。

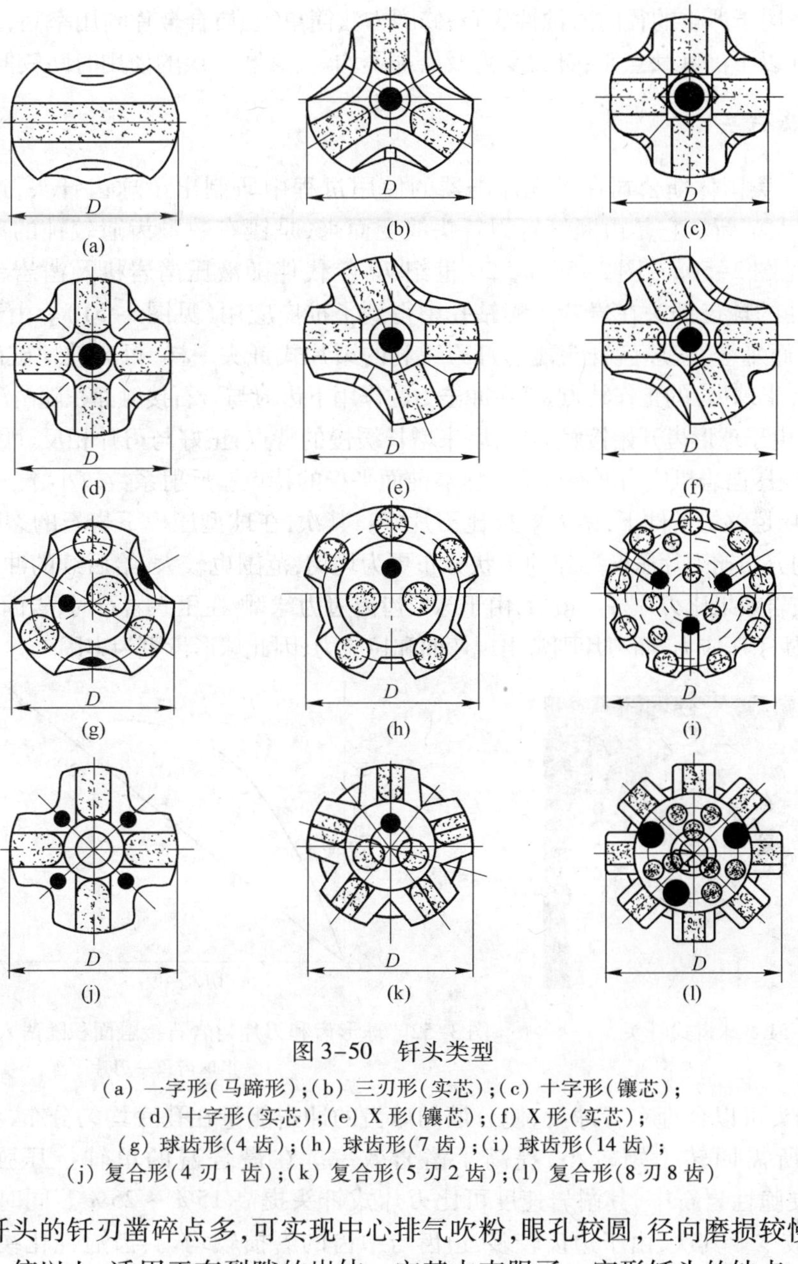

图 3-50 钎头类型

(a) 一字形(马蹄形);(b) 三刃形(实芯);(c) 十字形(镶芯);
(d) 十字形(实芯);(e) X 形(镶芯);(f) X 形(实芯);
(g) 球齿形(4 齿);(h) 球齿形(7 齿);(i) 球齿形(14 齿);
(j) 复合形(4 刃 1 齿);(k) 复合形(5 刃 2 齿);(l) 复合形(8 刃 8 齿)

十字形钎头的钎刃凿碎点多,可实现中心排气吹粉,眼孔较圆,径向磨损较慢,寿命比一字钎头高出一倍以上,适用于有裂隙的岩体。它基本克服了一字形钎头的缺点,对凿岩条件适应性较强。但十字形钎头的合金片用量大,修磨较复杂。锥体连接十字形钎头,是国际市场上刃片式钎头中的主要品种。很多国家如瑞典、加拿大等采掘工程中普遍使用十字和球齿钎头,而不用一字钎头。十字形钎头还可用于螺纹连接,此时最大直径为 64 mm。

X 形钎头是十字形的改进型,其合金片之间夹角分别为 80°和 100°或 75°和 105°。它的重复凿痕次数较少,可改善十字形钎头的凿孔呈五角形的缺陷,使成孔较圆。X 形钎头只用于螺纹连接的大直径钎头,一般直径为 64 ~ 89 mm。

刃片钎头的优点是:整体坚固性好,合金片的高度、厚度、刃角可针对岩石性质、凿岩机型和经济合理的使用寿命要求,灵活调整,可钻凿各类岩石;合金钎刃的外侧直接与岩石接触,缩径慢,尤其适用于严重的径向磨蚀性岩石;修磨方法简单,硬质合金片利用率高,合金片的残高可降至8mm以下。其缺点是:钎刃受力及磨损不均匀;修磨一次的使用时间较低,修磨频繁。

B 球齿钎头

1951年,美国休斯公司在潜孔冲击器的使用过程中研制出了球齿钎头,这是凿岩用钎头的一次重大革新。它是由断续钎刃钎头演变而来,是镶有数颗齿冠较钝的球齿形硬质合金的钎头(见图3-50g~图3-50i)。20世纪70年代伴随液压凿岩机及凿岩台车的广泛应用,较小直径的球齿钎头在岩巷工程钻孔中得到了推广应用(见图3-51)。由于液压凿岩机的冲击功大而平缓,使球齿钎头能与钎刃锐利的刃片式钎头一样,可有效地破碎岩石。

球形齿(半球齿)的工作特点是:在冲击力的作用下齿冠与岩石接触面积随凿深而变化,如图3-52所示。由于球形齿开始接触面大,后来增长缓慢的特点,正好与刃片相反。因此,球形齿比刃片更符合液压凿岩机应力波有效应力区靠前而平稳的特点。反射系数较小、能量利用率高,在凿岩机冲击功足够的条件下,凿入效果比刃片好。其次,在球型压模下岩石的裂隙发展成放射状,在孔底的分布比刃片压模裂隙的带状分布更为均匀,范围也较大,给后续的冲击作用增加许多自由面,破岩效果比刃片好。最后,由于球形齿齿冠为球型,在压入岩石时,岩面对齿面的反作用力基本上属于压应力,而刃片则常出现弯曲和拉应力,因此球形齿更为牢固。

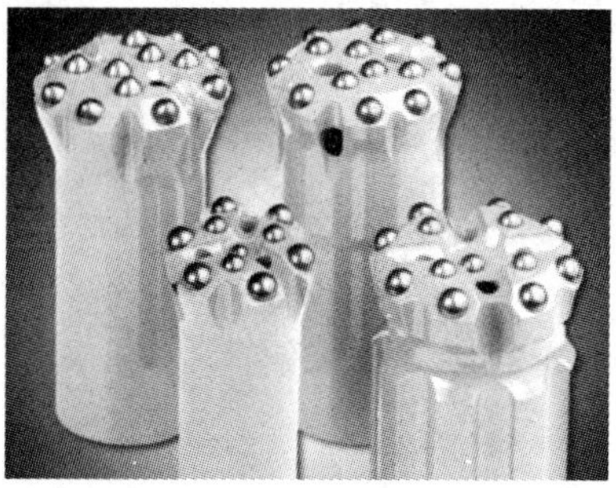

图3-51 球齿式钎头

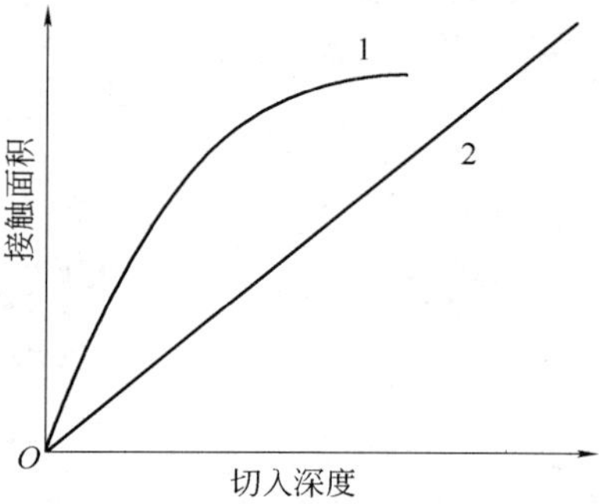

图3-52 球形齿和刃片与岩石接触面积随凿入深度的变化

1—半球齿;2—刃片

球齿钎头可以合理布置球齿,使分散的球齿的冲击能量在孔底均匀分布,将重复破碎减至最低,且所需回转力矩较小,提高了凿岩效率。在最普遍的单轴抗压强度f_r = 80 ~ 250MPa的硬脆性岩石中,其凿岩速度可比刃片式钎头提高15% ~25%。同时,岩屑呈粗颗粒状、粉尘较少。其次,由于边齿较多,边齿与中齿的磨损较均匀,齿冠钝化缓慢,且球齿钝台直径要达到齿径的2/3时,凿速才会明显下降。因此,不修磨寿命相当于同样直径刃片钎头重磨4~5次的寿命,通常作为一次性钎头使用。此外,开孔容易,不易夹钎,炮孔较圆。球齿钎头可方便地生产大直径钎头,螺纹连接的最大直径可达127mm。

球齿钎头可看作是刃片钎头的钝化和分散。它在某些凿岩条件下表现的局限性,也源于球齿齿冠的钝化、单齿体积的减小和分散。与刃片钎头相比,球齿钎头的缺点是:

(1) 周边齿带有15°~30°外倾角,承受弯曲应力,容易破碎脱落。

(2) 单齿抗碎裂能力不如刃片,单齿体积较小,齿冠较钝,在极坚韧(单轴抗压强度$f_r \geq$ 350MPa)的岩石中,凿速极慢,且极易发生早期碎齿。

(3) 在高磨蚀性岩石(石英含量高、结构致密的岩石)中,由于径向磨损过大,造成边齿脱落或钎头直径过小而提前报废。

(4) 由于齿冠较钝,不适于用内燃、电动等小功率凿岩机或气压不足的气腿式凿岩机钻凿坚硬岩石($f_r \geqslant 200$ MPa)。

(5) 总使用寿命较短,一般约为刃片式钎头的2/3。

C 复合钎头

复合钎头是复合片齿式钎头的简称,它是1996年由中国地质大学发明的。复合钎头采取边刃片、中球齿的复合方式(见图3-50 j~图3-50l)。它保留了刃片与球齿的各自优点,又避开了它们的缺点。复合钎头的特点是:边刃与中齿的受力及磨损均匀,修磨一次的使用时间较长;边刃的外侧直接与孔壁岩石接触,径向磨损较小;寿命较长。

瑞典阿特拉斯·科普柯公司生产的一种H22或R25~R35钎杆的前面为一字形的钎头,其后有连接锥体,连接锥度为6°。在它的上面套一个直径64~89 mm、中间有一定长度锥孔的球齿钎头,形成带有超前刃的组合式钎具。它不包括一字形钎头和钎尾的钎杆长度为800~2400 mm,可用于钻凿直线掏槽的大直径中空孔。

3.4.2.2 钎头的结构与参数

A 刃片钎头的结构与参数

刃片钎头的几何结构包括:钎头体型,连接形式,钎刃的数量、构造与排列,相对翼宽,排粉沟及冲洗孔等。钎头的几何参数主要有:钎头直径、刃角、钎刃弧度、隙角及连接参数等,详见图3-53。

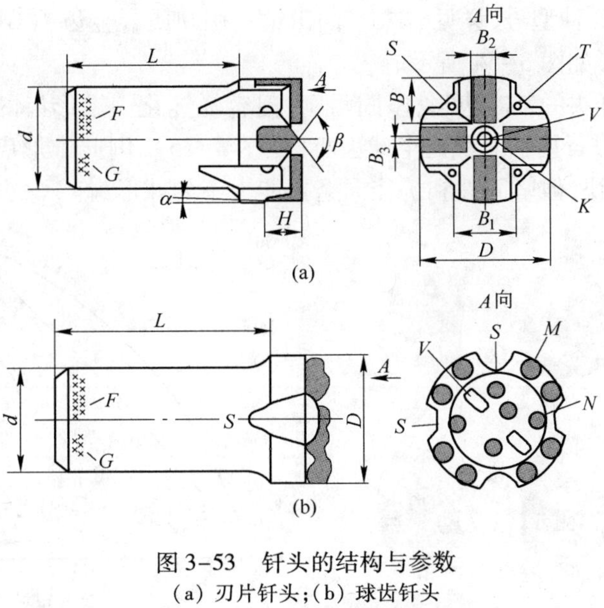

图3-53 钎头的结构与参数

(a) 刃片钎头;(b) 球齿钎头

D—钎头直径;d—裤体外径;L—裤体长度;H—合金片高;F—商标;G—标牌;
B—合金片长度;B_1—翼宽;B_2—合金片宽度;B_3—刃宽;K—隔芯;
M—边齿;N—中心齿;S—排粉沟;T—旁侧冲洗孔;
V—中心冲洗孔;α—隙角;β—刃角

一字形钎头钎刃的前端均做成圆弧形，以便作用在钎刃上的反力均指向圆心，而不产生剪力。钎刃若是平直的，则在凿岩机的冲击荷载作用下，直刃的两端将产生弯矩而易掉角。国产硬质合金片钎刃圆弧的曲率半径为 80 mm 或 110 mm。

刃角是指钎头硬质合金片两个刃面的夹角。刃角小，易凿入岩石，但易磨钝和破裂。刃角大，可提高钎刃的承载力和耐磨性，但增加了钎刃凿入岩石的阻力。一般刃角为 90° ~ 120°，在软岩中刃角可以小些，以提高凿岩速度；在硬岩中刃角应大些，以防止崩刃并减轻磨损。我国硬质合金片的刃角均为 110°。

隙角是指钎头两侧面的斜角。它可减少钎头与孔壁之间的摩擦、避免钎头卡在炮孔内。但隙角过大，会加速钎头的径向磨损，并可能产生崩角。我国硬质合金片的隙角均为 3°。

排粉沟是钎头上排出炮孔底部岩粉的沟槽。吹洗孔则是压力水从钎头排出的孔道，它在十字形钎头上是布置在顶部中心的；而一字形钎头则位于斜面的两侧。吹洗孔的总面积不应小于钎杆中心孔的断面积，以保证岩粉浆的外流速度不小于 0.5 m/min。

刃片钎头直径随着修磨而逐渐变小，因此新钎头的直径应能保证即使修磨到最后也能使药卷顺利装入炮孔。一般炮孔直径比药卷直径大 5 ~ 10 mm。岩巷掘进采用直径32 mm、35 mm的药卷，因此常用的钎头直径多为 38 ~ 42 mm。它配合 H22、H25 六角形钎杆使用。直径为 32 ~ 36 mm 的钎头则用于小直径浅孔凿岩。

B 球齿钎头的结构与参数

球齿钎头的体型结构基本与刃片钎头相同，结构参数主要是齿形。硬质合金球齿的齿形包括球形齿（半球齿，代号 CQ）、锥形齿（“弹头齿”，CZ）、楔形齿（CX）、边楔齿（CB）、平顶齿（CP）、勺形齿（CS）及双倒角球形齿（CQ1）、球面锥形齿（CZ1）、凹面楔形齿（CX1）、偏心勺形齿（CS1）等 10 种型号，详见《矿山、油田钻具用硬质合金齿》（GB2527—2008）。硬质合金球齿的常用齿形如图 3-54 所示。

球形齿是球齿钎头的基本齿形，坚固耐磨，但容易钝化。锥形齿的齿冠呈锥球形，刃角为 52° ~ 70°。它与岩石接触面积比半球齿小（见图 3-55），因此锥形齿具有较高的比压，易于凿入岩石，凿速较快，但坚固性和抗径向磨损能力不如球形齿。

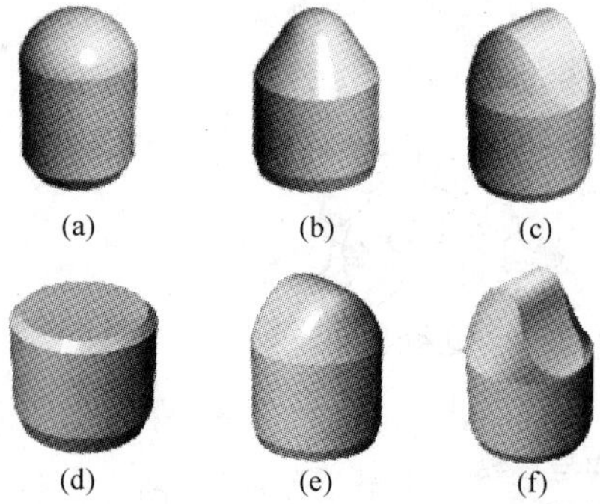

图 3-54 硬质合金球齿的常用齿形
(a) CQ 型(球形齿)；(b) CZ 型(锥形齿)；
(c) CX 型(楔形齿)；(d) CP 型(平顶齿)；
(e) CB 型(边楔齿)；(f) CS 型(勺形齿)

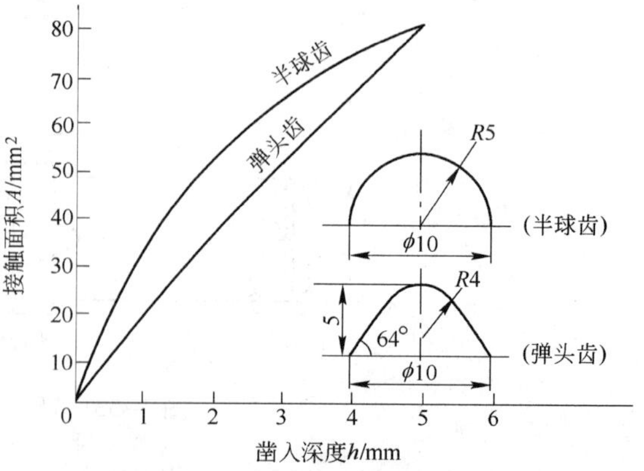

图 3-55 球形齿和锥形齿与岩石接触面积随凿入深度的变化

楔形齿的齿冠为楔形，刃角为60°~90°。它的凿入效率最高，但强度和耐磨性最差。综上可知，采用重型凿岩机凿钻坚硬、磨蚀性较高的岩石时，宜采用球形齿；采用中型凿岩机凿钻中硬以上、中等磨蚀性的岩石时，宜采用锥形齿；只有在采用轻型凿岩机凿钻中硬以下的软岩时，才能采用楔形齿。目前，小直径球齿钎头采用楔形齿的较少见。

球齿钎头的几何参数主要有：齿径、齿高（包括埋入齿深和齿冠露齿高度）、齿数、齿距及其布置。齿径应满足有足够的抗弯能力、固齿的牢固性和布齿的可能性。边齿直径可稍大些，凿岩机冲击能量大、岩石坚硬时，选用粗齿，反之选用细齿。一般齿径 $d=10\sim16$ mm。

球齿数目与钎头直径、结构形式和承受冲击能量大小有关，它是球齿钎头最重要的参数之一。齿数应满足：破岩有效、强度足够、布齿可能、重磨方便。齿距应使一次冲击的相邻两齿的凿坑直接贯通，即齿距应大于临界齿距。齿数、齿径及固齿工艺确定后，齿的合理分布对钎头的使用性能有重大影响。布齿的原则是：破岩有效，负担合理，磨损均匀；固齿牢固；修磨方便。

球齿分为中间齿和周边齿。周边齿的倾角使边齿在高频冲击荷载下产生弯矩，在球齿偏心部分形成局部高应力区，逐渐产生微裂纹，导致球齿断裂。同时，齿孔口部会形成"喇叭口"，导致边齿松动脱落。因此，周边齿倾角不宜过大。热嵌、冷压等过盈固齿的钎头，为保证边齿周围有足够的钢体厚度来提供紧固力，只能采用较大的周边齿倾角 α，一般 $\alpha=25°\sim35°$。"沉底式感应钎焊固齿"钎头的周边齿倾角可小些，一般 $\alpha=15°\sim30°$。

C 钎头的尺寸

《凿岩用硬质合金钎头》（GB/T 6480—2002）规定，锥体连接的钎头直径应符合图3-44和表3-28的规定；螺纹连接钎头的尺寸应符合图3-56和表3-29的规定。

表3-28 国产锥体连接钎头的直径及允许偏差 （mm）

钎头公称尺寸 D	公称尺寸 D 的允许偏差				钎头裤体外径 D_0
	一字形	三刃形	十字形、复合型	球齿形	
28、30、32、34、36、38 40、41、42、43、45、46	+0.6 -0.3	+0.4 -0.1	+0.4 -0.1	+0.6 0	$\leqslant D-3$

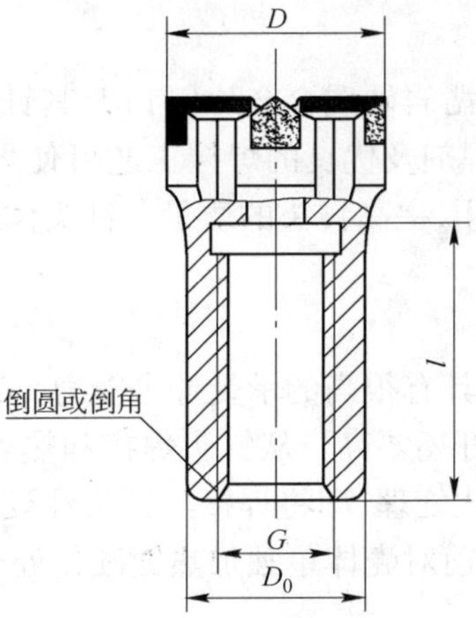

图3-56 螺纹连接钎头构造

D—钎头公称（大端）直径；D_0—钎裤（小端）直径；G—螺纹公称直径；l—钎头内孔深度

表 3-29 波形螺纹连接钎头尺寸 (mm)

<table>
<tr><th rowspan="3">钎头类型</th><th colspan="5">D</th><th rowspan="3">D_0</th><th rowspan="3">G</th><th rowspan="3">l</th></tr>
<tr><th rowspan="2">公称尺寸</th><th colspan="4">允许偏差</th></tr>
<tr><th>十字形</th><th>复合型</th><th>X 形</th><th>球齿形</th></tr>
<tr><td rowspan="7">十字形
球齿形
复合型</td><td>36
38
41</td><td colspan="2">+0.40
-0.10</td><td>+0.60
0</td><td>+0.60
0</td><td>≤D-3</td><td>22</td><td>≤70</td></tr>
<tr><td>41
42
44
45</td><td colspan="2" rowspan="2">+0.40
-0.10</td><td rowspan="2">—</td><td rowspan="2">+0.60
0</td><td>≤D-3</td><td rowspan="2">25</td><td rowspan="6">≤80</td></tr>
<tr><td>48
51</td><td>≤D-5</td></tr>
<tr><td>41
42
44
45</td><td colspan="2" rowspan="2">+0.40
-0.10</td><td rowspan="2">—</td><td rowspan="2">+0.60
0</td><td>≤D-3</td><td rowspan="2">28</td></tr>
<tr><td>48
51</td><td>≤D-5</td></tr>
<tr><td>48
50
51</td><td colspan="2" rowspan="2">+0.40
-0.10</td><td rowspan="2">—</td><td>+0.60
0</td><td rowspan="2">≤D-5</td><td rowspan="2">32</td></tr>
<tr><td>55
57
60
64</td><td>+0.90
0</td></tr>
<tr><td rowspan="2">X 形
球齿形
复合型</td><td>64
70
76
89</td><td colspan="2">—</td><td>+0.60
0</td><td>+0.90
0</td><td>≤D-5</td><td>38</td><td>≤90</td></tr>
<tr><td>102
115
127</td><td></td><td>+0.90
0</td><td>—</td><td>+0.90
0</td><td>≤D-5</td><td>45
51</td><td>≤110</td></tr>
</table>

3.4.2.3 钎头材质

钎头材质包括钎头体钢材、凿岩硬质合金片(齿)及其钎焊材料。钎头的材质是保证钎头质量的基础,而优质的焊料、焊剂及优良的焊接工艺可使焊缝坚韧牢固,确保钢材和硬质合金片(齿)的性能得到充分利用,提高钎头的质量。钎头体不允许有裂纹、毛刺。

A 钎头体钢材

钎头体钢材要求坚韧耐磨,具有很高的承受冲击能力,又易于切削加工。对钎头壳体的硬度和循环韧性❶的要求,比钎杆还要高。从钎头焊接和热处理工艺考虑,还要满足一次整体加热焊片后的空冷(正火)硬化处理,即将焊接与钎头体硬化处理工艺合二为一。因为如在钎头壳体机加工完成后、焊片前对壳体单独加热做硬化处理,合金片槽将会留下难以清除

❶ 循环韧性是指金属材料在交变载荷下吸收不可逆变形功的能力,又称金属的内耗、消振性。加载时消耗的变形功大于卸载时释放的变形功,这部分被金属吸收的功,称为内耗。

的氧化铁皮,降低钎焊质量。如在焊片后,再对壳体局部加热进行硬化处理,将导致硬质合金片(齿)和焊缝再次受热而膨胀,导致严重脱片。同时,这两种工艺均会促使钎头壳体产生薄弱的金相组织。头部硬度严重不足,腰部出现粗晶粒过渡区,使钎头不耐磨,又容易出现断腰的缺陷。我国过去采用45号和50号优质碳素结构钢制造钎头体,钎头常出现胀裤、裂裤或断腰现象。现已采用合金钢制造钎头体,提高了钎头的寿命。目前,国内推荐使用的焊片(齿)螺纹连接钎头用钢,主要有以下三种:

(1) 24SiMnNi2CrMo钢。24SiMnNi2CrMo钢是中科院金属研究所与有关单位,在参照瑞典Secoroc公司的低碳马氏体合金钢FF-710(22SiMnNi2CrMo)的基础上,研制的适于感应钎焊的含有高硅的低碳马氏体钎头专用钢种。它也可用于热嵌固齿钎头壳体。24SiMnNi2CrMo钢具有相当高的抗疲劳强度。使用时硬度应控制为HRC42~47,以充分发挥其疲劳强度高的特点。

(2) 25SiMnCrNiMoV(XGQ25)钢。25SiMnCrNiMoV钢是西宁钢厂研制的,它的性能与24SiMnNi2CrMo相近,而价格稍低。

(3) 40MnMoV钢。40MnMoV钢是不含我国稀缺的Ni、Cr的Si-Mn-Mo系贝氏体合金钢。它的淬透性好,正火性能比55SiMnMo钢更稳定。同时,可焊性好,价格低廉。40MnMoV钢用于制造锥形连接钎头,当岩石极坚硬、冲击功较大时,韧性不足。宜选用上述含Ni、Cr成分的强韧性和空淬性更好的专用钎头钢种。

热嵌固齿的球齿钎头用钢,除上述要求外,还应在装齿温度区间具有较高的线膨胀系数,并能保持较高的硬度、强度与韧性配合。国内使用的过盈固齿螺纹连接钎头用钢主要有以下两种:

(1) Q45Ni2CrMoV钢。Q45Ni2CrMoV钢是适用于热嵌固齿工艺的钎头专用钢种。它除能满足钎头用钢的一般要求外,主要特点是经过强韧化热处理后,在500~600℃回火温度范围,线膨胀系数较大,为热嵌固齿提供了有利条件。固齿后的硬度仍能保持在HRC45~48,并具有良好的强度与韧性配合。

(2) 30CrNi2MoV钢。30CrNi2MoV钢是苏联的铬镍钼钒钢30XH2MΦ。它对过热不敏感,回火稳定性好,具有良好的强度与韧性配合,屈服强度高,价格适中。

国外钎头采用Cr-Ni系优质钢,专用合金钢是在合金钎钢钢种的基础上进一步提高其韧性和耐磨性,并改善工艺性,使其与机械加工,固片、固齿工艺相协调。主要有下列用钢:

(1) 锥形连接刃片钎头用钢。如瑞典Secoroc公司的FF-710低碳马氏体合金钢,强韧性和工艺性极佳。在焊接温度下空冷,可得到板条状马氏体和残余奥氏体的混合组织,硬度为HRC40~42。

(2) 螺纹连接刃片钎头用钢。采用低、中碳强韧性的优质合金钢,如瑞典的25CrNi3Mo,它具有良好的空冷硬化能力和强韧性配合;英美两国的30Cr2Ni4Mo(En 30B),它的价格较贵;苏联的25Cr2Ni4Mo(25X2H4M)等。

(3) 热过盈固齿(热嵌固齿)钎头用钢。采用中碳45NiCrMoV强韧钢,经过强韧化处理和热嵌固齿后,壳体硬度为HRC46~48,其金相组织为回火索氏体。它具有较强的二次硬化效应,在600℃以下中温回火仍能保持相当高的强度和韧性,且此时的热膨胀系数较大,便于在此温度范围内进行热过盈固齿。

(4) 潜孔焊片钻头用钢。采用中碳高硅型合金钢,如瑞典的40Si2MnNi2Cr、美国的

25Si2Ni2CrMnMo。它们空冷后可得到马氏体和少量奥氏体的混合组织，具有相当高的硬度和韧性，无需回火便可直接使用。

B 凿岩用硬质合金

钎头上镶焊的硬质合金片、球齿为钨钴类合金，它是碳化钨粉和钴粉在高温下烧结而成的。其中碳化钨(WC)的硬度和耐磨性高，但脆性较大，而钴(Co)的韧性好，还可起到黏结作用。通常含钴量较高和碳化钨颗粒稍粗的硬质合金的韧性较好，但硬度和耐磨性较差；反之，硬度和耐磨性较高，但韧性较差，适用于中硬、硬脆和磨蚀性大的岩石。球齿的含钴量和碳化钨粒度，比相同条件下的刃片合金低，但硬度要高些。一般碳化钨含量为85%～92%、钴为8%～15%。它具有良好的抗冲击性和很高的硬度、抗压强度及耐磨性。

我国原来凿岩用的是传统单一品种YG15，它是氢保护烧结的高钴中细晶粒硬质合金。20世纪70年代研制出降低钴含量(含钴10%)的粗晶粒硬质合金YJ1、YK25，同时加入0.5%碳化钽(TaC)，提高了耐磨性，用于球齿合金的效果明显。以后又研制出以Ni基合金Ni－Co为烧结相的N系列凿岩合金，适用于刃片钎头的非均匀结构的凿岩合金K610以及添加微量(0.5%)的铈(Ce)、镧(La)、镨(Pr)、钐(Sm)、钕(Nd)等稀有金属的ZR30、ZR25凿岩合金，它的耐磨性、冲击韧性、高温韧性及使用寿命均有明显提高。20世纪80年代末，株洲硬质合金厂从瑞典Sandvik公司引进生产线，生产YK05(瑞40)、YK10(瑞38)、YK20－1(瑞42)、YK25－1(瑞702)、YK30(瑞11)、YK35(瑞CB08)系列优质凿岩合金。凿岩用硬质合金主要品种的特性及适用范围如表3-30所示。

表3-30 凿岩用硬质合金主要品种的特性及适用范围

合金牌号	钴含量/%	主要特点	适用范围
YG13C，YJ6	12～13	强度高、冲击韧性好、耐磨性较低	重型液压凿岩机，极坚硬岩石(单轴抗压强度$f_r \geqslant 180$ MPa)
YK25，YJ1	9～11	强度和耐磨性兼顾，通用性能好	重型液压凿岩机用大、中直径十字形、X形、球齿钎头，适用坚硬、中硬岩石($f_r = 120 \sim 180$ MPa)
YG11C，YK20	9～11	强度高、冲击韧性较好，但耐磨性较低	液压凿岩机用十字形、X形、球齿钎头和牙轮钻头，适用可凿性较差、而磨蚀性较弱岩石($f_r = 120 \sim 180$ MPa)
YG8C，YK10，YJ2，Y408D，YA85，N308，N309	6～9	强度较高、耐磨性好	液压凿岩机用中、小直径刃片、球齿钎头和牙轮钻头，适用可凿性较好、磨蚀性强岩石($f_r = 6 \sim 140$ MPa)
YG6，CYJ3，YK05	6	抗弯强度较低，耐磨性很好	重型凿岩机用球齿钎头，适用可凿性较好、磨蚀性强岩石($f_r = 6 \sim 120$ MPa)

注：一般钎头大直径为≥76 mm，中直径为51～76 mm，小直径为≤50 mm。

选用硬质合金的牌号，应与岩石的坚固性、磨蚀性和凿岩机的性能相适应。一般来说，极坚硬岩石和冲击能大的重型凿岩机，应侧重韧性，选用含钴量较高的硬质合金；对硬而脆、且磨蚀性强的岩石，应侧重耐磨性，选用含钴量稍低的硬质合金。应当指出，钎头的硬质合金片(齿)的耐磨蚀、抗冲击能力，不仅取决于硬质合金本身的物理力学性能，还与合金片(齿)、钎头的几何结构及参数、钎头体钢材的性能、焊接质量等有关。

3.4.2.4 合金片、齿镶嵌

A 球齿镶嵌工艺

1980 年以前,我国采用"浮放焊片钎焊"和"冷压固齿"固齿工艺。"浮放焊片钎焊" 固齿工艺的球齿柱面紧固力只有 150MPa,还不能解决排气、脱焊和焊缝氧化等问题。齿底的空气垫不但没有固齿作用,还是凿岩时应力波反射的薄弱部位。"冷压固齿"工艺,在壳体孔壁和合金球齿内将产生巨大的径向、切向和轴向三向应力,难以消除孔底的空气垫层和齿孔壁巨大的不均匀拉应力的存在,极易造成齿壁壳体的疲劳和球齿松动。后来出现了适用于中小直径球齿钎头特点,符合国情的"沉底式感应钎焊固齿"技术。它是由刃片钎头的"槽底置片钎焊"法演变过来的,即在齿孔底放入焊料,利用齿孔和毛细钎焊。它的固齿牢固,球齿与壳体的应力状态良好,球齿柱面只承受焊液冷却收缩时产生的较小的切向应力(与"热嵌固齿"相同)。目前,"沉底式感应钎焊固齿"技术已成为国产小直径球齿钎头的主要工艺。

瑞典的"热嵌固齿"("热压固齿")技术宜选用热嵌固齿工艺的钎头专用钢种,如 Q45Ni2CrMoV 钢或 24SiMnNi2CrMo 钢。嵌齿时,在所需的回火温度下,等均加热后置于压力机工作台上,先后嵌入边齿和中齿后缓慢降温。"热嵌固齿"工艺尤其适用于大、中直径钎头。此时,球齿直径较大、齿距较宽,可为球齿提供足够的紧固力。它固齿可靠,硬质合金能保持原有性能而不改变,壳体硬度可严格控制,外观好。但工艺复杂、抗径向磨损能力较弱。目前,世界各国普遍采用热嵌(热压)固齿工艺制造大、中直径球齿钎头。

B 钎焊工艺

钎头钎焊是利用熔点比壳体钢材低的焊料,在其熔化状态下将硬质合金片、齿与钎头壳体结合在一起。钎焊钎头壳体宜选用具有空冷硬化性能的低碳合金钢,如 24SiMnNi2CrMo、25SiMnCrNiMoV、40MnMoV 等。钎焊时,在对钎头体槽和合金片、齿的表面进行严格净化处理后,将合金片、齿放入钎头体槽中。使用焊料需配用焊剂,在 930 ~ 950℃ 温度下,采用感应加热钎焊,然后空冷或微风空冷,再低温缓冷,可获得良好的固片(齿)效果。

焊剂的作用是润湿、清洁、排渣和保护焊接表面及焊液不被氧化。焊剂的熔点要比焊料的低 100℃ 以上,先于焊料熔化后,有较好的流动性和适当的黏度,能很好地润湿金属表面,并与焊接面的锈斑和氧化膜迅速发生反应,生成熔渣被溶剂俘获溢出焊缝。我国钎头钎焊中,对铜基焊料一般采用脱水硼砂焊剂($Na_2B_4O_7$),无水硼砂又称无水硼酸钠、无水四硼酸钠。银基焊料配用含氟化物的 QJ102、QJ104 等焊剂。

钎焊时,若焊接面不清洁,钎焊工艺及操作不正确,将产生孔隙、夹杂、焊接面氧化、焊缝厚度不均等焊缝缺陷。它将导致焊缝有效面积减少,局部应力集中,增加裂缝疲劳。我国钎头制造厂过去对焊接组件的清洗和净化不够重视,一般采用酒精作清洗剂。工业酒精是一种酒精水溶液,含有大量羟基(OH^-)。位于电动序❶中 H 之前的金属,如 Mn、Cr、W、Zn、Fe、

❶ 电动序是在标准条件下,以氢的电极势为零作为参比标准,测得各种金属的电极势,按由小到大的次序排列成的序列表,又称电化序。一些常见金属(包括氢)的电动序是:K、Ca、Na、Mg、Al、Zn、Cr、Fe、Ni、Sn、Pb、H、Cu、Hg、Ag、Au。其中钾的电极势最小,金的电极势最大。一般情况下,在氢之前的金属能从酸中置换出 H^+,而氢之后的则不能。位于序列前面的金属能把后面的金属(或氢)离子从它的溶液中置换出来。由电动序可粗略地判断金属的腐蚀倾向。

Co、Ni、Sn、Pb 等均能从酒精溶液中置换出 H^+ 而遭到腐蚀，且不易干燥，生成锈斑。因此，清洗剂宜采用烷烃类有机溶剂、四氯化碳（CCl_4）或汽油（$C_6H_{13}-C_{12}H_{26}$）。四氯化碳去污力强、无腐蚀作用、易挥发、不燃烧，但有毒、价格昂贵，美国和日本多采用。汽油使用方便，去污力强、无腐蚀作用、易挥发，但易燃易爆。

C　钎焊材料

焊接材料包括焊料、焊剂、焊接组件清洗剂、特殊情况使用的焊缝补偿片。优良的焊接材料和焊接工艺是获得坚韧焊缝，确保钢材的力学性能和固片（齿）的质量，提高钎头使用寿命的保证。焊料应选用焊接强度和韧性好，对钢材与硬质合金表面的润湿能力强、流动性好，最好能形成具有良好强度与塑性的固溶体❶型焊缝界面的焊料。降低硬质合金片的焊接应力是对钎头焊接的一项重要要求，应选用熔点低的焊料，它还可避免高温加热时的显微组织变坏和氧化脱碳现象。

我国钎头感应钎焊使用的铜基焊料有 H62、H68 黄铜焊料，B－Cu58ZnMn、B－Cu60ZnSn－R 铜锌焊料。H62、H68 黄铜焊料的焊缝抗剪强度小，不宜使用。铜锌焊料是钎焊硬质合金最常用的焊料。B－Cu58ZnMn 焊料（HL105）加有 4% 的 Mn，可提高焊料的润湿性和钎缝的抗剪强度。B－Cu47ZnMnNiCo 焊料（HL841）加入少量的 Co，可使钎焊焊缝具有较高的冲击韧度和抗多冲疲劳❷强度，显著提高钎头的使用寿命。B－Cu60ZnSn－R 焊料可取代 H62 钎料以获得更致密的钎缝。

银基焊料是一相为银或银基固溶体组成的合金。它的熔点低，对钎头壳体与硬质合金的润湿性能好、能形成薄而坚韧的焊接界面，焊接强度高，焊接应力小，性能比铜基焊料好。国外钎头钎焊多用低温银基焊料，如欧标 L－Ag49、美标 AWS BAg－3、苏联 ПСР44 等，并配有专用的焊剂。我国适用的银基焊料有 BAg50CuZn（L304），它等同于 BAg－6；BAg50CuZnCd（L313），等同于 BAg－1a；BAg50CuZnCdNi（L315），等同于 BAg－3。

3.4.3 钎杆

3.4.3.1 锥形连接钎杆构造

锥形连接钎杆包括杆体、前端的锥体、后端的钎尾及钎肩。钎杆的质量直接影响凿岩效率和作业安全。

A　钎杆构造

气腿式和手持式凿岩机使用带钎尾的六角形钎杆，钎尾插入凿岩机的转动套筒内。钎尾的前端锻有钎肩，用以限制钎尾的插入长度，并被卡钎器卡住以防钎杆从凿岩机头内脱出。钎杆的前端车成或锻成锥体，与钎头连接，见图 3-57。

我国在 20 世纪 50 年代，由于钎钢钢种和冶轧工艺的制约，钎杆多采用 H25 六角形

❶ 液体有纯溶剂和含有溶质的溶液之分，液体溶液是由溶质以分子级均匀程度溶解到溶剂中形成的。与此类似，固体也有纯晶体和含有杂质的固体溶液之分，后者是指晶体中含有外来杂质，简称固溶体。合金中两组元在液态和固态下都互相溶解，共同形成均匀的固相，这类固相称为固溶体。

❷ 多冲疲劳是指金属材料在重复的小能量多次冲击载荷下所导致的疲劳。

中空钎钢制造。目前，由于中空钎钢材质的改善和制钎工艺的改进，以 H22 中空钎杆应用最广泛，H25 钎杆次之，而很少应用 H19 钎杆。锥体连接钎杆长度对其寿命有一定的影响。若钎杆长度过长，凿岩时容易弯曲而产生较大的弯曲应力，发生弯曲疲劳破坏。因此，在中深孔凿岩时，一般均采用长短不同的钎子组。国产六角锥体连接钎杆的长度应符合表 3-31 的规定。杆体的不直度不应大于 1.5 mm/m，同时表面应进行强化及防腐处理。

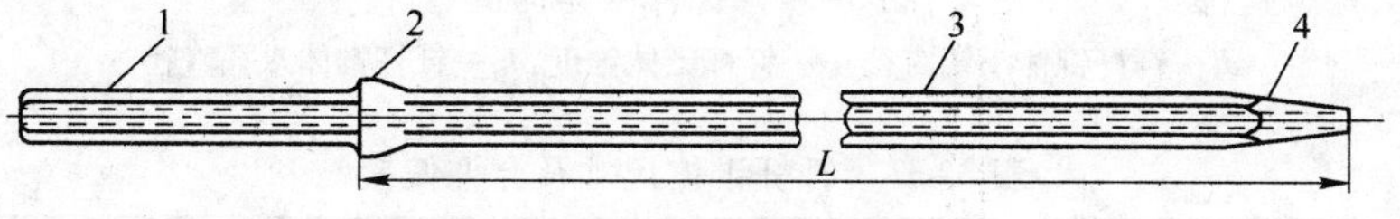

图 3-57 锥形连接钎杆

1—钎尾；2—钎肩；3—杆体；4—锥体；L—钎杆长度

表 3-31 国产六角锥体连接钎杆长度 (mm)

规格代号	长度 L	
	公称尺寸	允许偏差
H19	800、1200、1600、1800	±10
H22	2000、2200、2400、2600	
H25	3200、4000、4800	

电动凿岩机用钎杆分为Ⅰ型、Ⅱ型、Ⅲ型三种。电动凿岩机采用旁侧供水，钎尾与普通气动凿岩机用的不同。Ⅰ型钎尾是锥形，与钎杆前端的锥体相同，主要用于 YDT30 型电动凿岩机。Ⅱ型钎杆的构造如图 3-58、表 3-32 所示。Ⅲ型钎杆为整体式，钎尾构造与Ⅱ型相同。Ⅱ型、Ⅲ型钎杆主要用于 YDT28 型电动凿岩机。

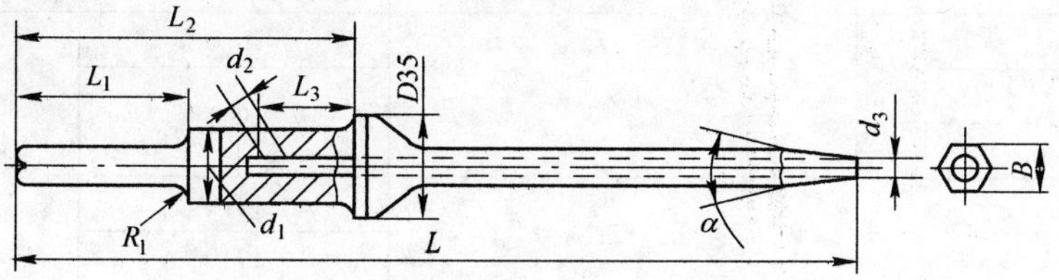

图 3-58 Ⅱ型电动钎杆构造

表 3-32 Ⅱ型电动钎杆尺寸及允许偏差 (mm)

$B^{+0.4}_{-0.2}$	$L^{\pm 20}$	$L_1{}^{+1}_{0}$	$L_2{}^{+1}_{0}$	$d_1{}^{-0.06}_{-0.16}$	$d_2{}^{+0.5}_{0}$	$L_3{}^{\pm 0.5}$	$d_3{}^{\pm 0.5}$	α/(°)
22	800、1200	90	154	27	3.5	33	14.9	12
	1600、1800						16(18.20)	7
	2400、3000						18	6

B 锥体构造

钎杆前端的锥体，用以与钎头连接。钎头锥体的小端直径可见表 3-24。《凿岩用锥体连接中空六角形钎杆》(GB/T6481—2002)规定，钎杆锥体的尺寸见图 3-59，表 3-33。

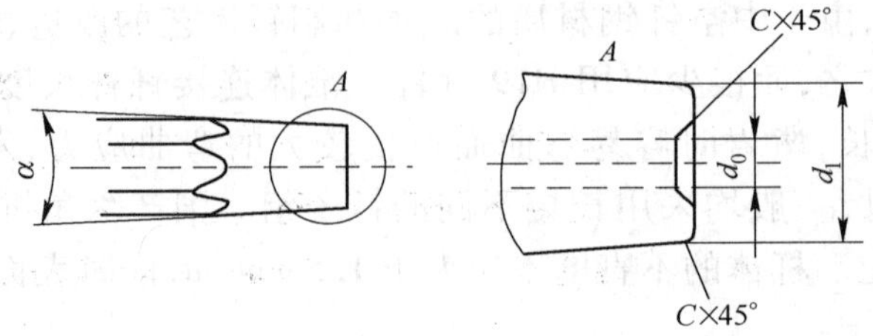

图 3-59 钎杆锥体构造

d_1—钎杆锥体小端直径;α—钎杆锥体锥度;d_0—钎杆锥体水孔直径

表 3-33 钎杆锥体尺寸及允许偏差 (mm)

规格代号	锥度 α/(°)	车制锥体小端直径 d_1		锻造锥体小端直径 d_1		锥体水孔	倒角 C	
		公称尺寸	允许偏差	公称尺寸	允许偏差	直径 d_6	公称尺寸	允许偏差
H19	7	15.0	0 -0.2	—	+0.2 -0.4	≥3.0	1.0	±0.2
H22		18.0		20.0				
H25		20.0		—				

车制锥体的表面粗糙度 R_a 不大于 12.5 μm。只有 H22 钎杆可以锻造钎杆锥体,锥体长度(锥体端面到锥体母线与六棱面相交处的距离)不应小于 27 mm,直线度偏差不应大于 0.6 mm。同时锥体应饱满,锥面不得有折叠、结疤、凹坑、裂纹及产生椭圆等现象。

允许使用锥体锥度为 4.8°或 12°的钎杆,其锥体小端直径 d_1 应符合表 3-34 的规定,与表 3-24❶ 相同。

表 3-34 钎杆锥度 4.8°和 12°的锥体尺寸

规格代号	锥度 α/(°)	锥体小端直径 d_1/mm	
		公称尺寸	允许偏差
H19	4.8	16.0	0 -0.2
H22		19.1	
H25			
H22	12	14.9	
H25		17.9	

C 钎尾构造

钎肩式钎尾由钎尾和钎肩组成。向上式凿岩机的机头内有限定钎尾长度的垫锤,因此使用没有钎肩的钎杆。钎尾插入凿岩机的转动套筒内,直接承受凿岩机的冲击力和回转力矩,冲洗炮孔的水及压气经其中心孔进入钎杆由钎头注入孔底。因此,钎尾必须韧性好、塑性变形小。

钎肩限制钎尾的插入长度,并被卡钎器卡住防止钎杆从机头内脱出。钎肩结构对钎杆寿命有较大影响。最早的钎肩为厚度 12 mm 的凸缘形,凸缘两侧采用较小圆弧($R≤3$ mm)向钎尾和钎杆过渡(见图 3-60)。由于圆弧过小而产生应力集中,致使钎杆折断的 60% ~ 90% 是发生在钎肩两侧,钎杆寿命缩短 2/3 以上。

❶ 《凿岩用硬质合金钎头》的规定中,钎头锥度为 4.8°的钎杆没有 H25 规格(见表 3-24)。

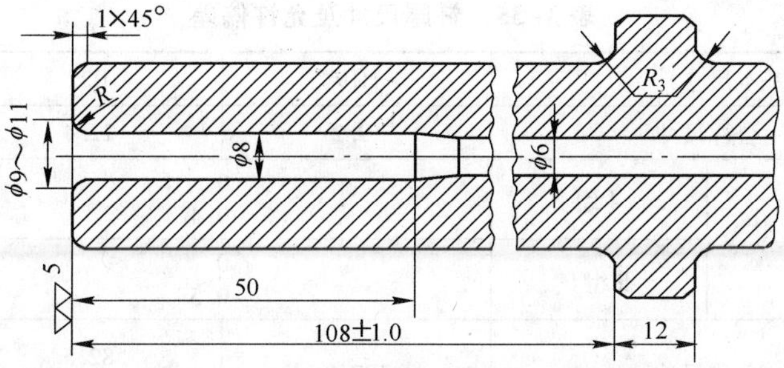

图 3-60 凸缘两侧圆弧较小的老式钎肩

国际标准的钎肩是将两个圆弧 R 加大至 16 mm，称为梨形钎肩，使用效果较好。《凿岩用锥体连接中空六角形钎杆》规定的钎肩和钎尾构造，如图 3-61 所示。钎尾端面的平整度、与钎尾轴线的垂直度是保证凿岩机活塞与钎尾完全对准冲击的重要条件。这样可使活塞的冲击荷载均匀作用在钎尾的整个承载面上，从而提高冲击能量的有效传递和延长钎杆的寿命。钎尾的中心孔应扩大到规定深度，以保证水针能顺利插入钎尾，并在钎尾转动时，不致将水针磨断。

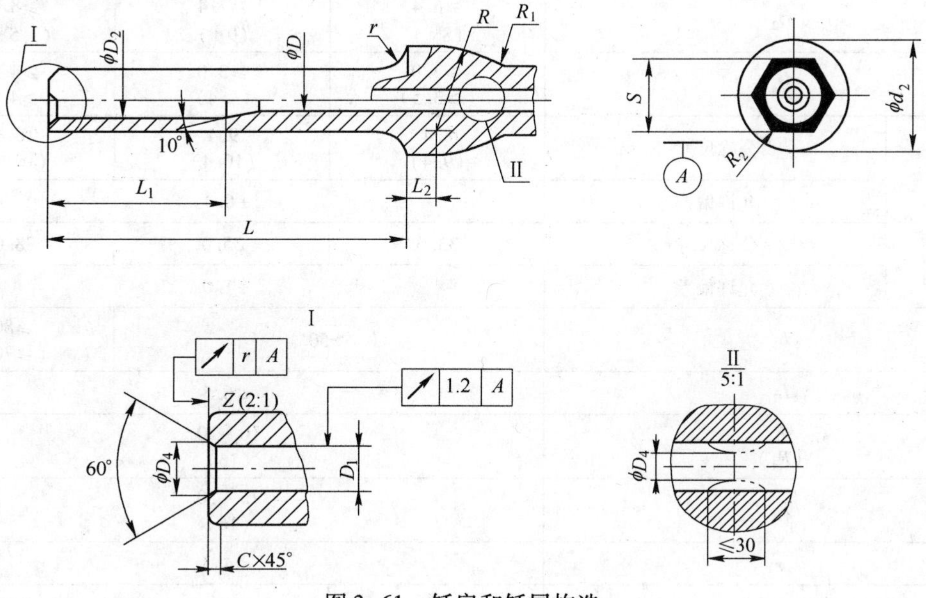

图 3-61 钎肩和钎尾构造

在钎尾与转动套筒的配合间隙相同的条件下，钎尾长度越大，活塞冲击钎尾时越不容易产生偏斜，从而提高凿岩速度，减少活塞与钎套的磨损，延长钎杆的寿命。但钎尾过长时，将使凿岩机与钎杆的尺寸和质量增大。目前，国际上气动凿岩机的钎尾公称长度分为 82.5 mm、108 mm、159 mm 三种。其中 82.5 mm 只适用于小型凿岩机，应用较少。108 mm 用于气腿式和手持式凿岩机，159 mm 则用于导轨式凿岩机。当钎尾的公称长度一定时，如果钎尾超长，则活塞冲程将缩短，冲击功降低；而长度欠短时，活塞冲击无力。《凿岩用锥体连接中空六角形钎杆》规定的钎尾尺寸及允许偏差，如表 3-35 所示。《凿岩机械与气动工具 尾柄和衬套配合尺寸》（GB/T6374—2004）的规定与其有些不同，主要是水针孔较大。此外，基本尺寸中还有 H28 规格。

表3-35 钎尾尺寸及允许偏差 (mm)

规格代号(基本尺寸)			H19	H22	H25
S	公称尺寸		19.2	22.4	25.6
	允许偏差	Ⅰ组	0 -0.4		0 -0.6
		Ⅱ组①	0 -0.5		0 -0.7
L	公称尺寸		108.0	82.5 108.0	108.0 159.0
	允许偏差		±1.0		
D_1	公称尺寸		7.0 (8)②	8.0 (9)	9.0(9.5)
	允许偏差	Ⅰ组	±0.3		
		Ⅱ组①	±0.5		
D			≥5.0 (≥5.5)	≥5.5 (≥6.1)	≥6.5 (≥6.8)
D_2			≥6.4 (8③)	≥7.4 (9③)	≥8.4 (9.5③)
D_4			≥3.0 (≥3.5)	≥3.0 (≥4)	≥4.0 (≥4.5)
D_3	公称尺寸		8.4 (9.4)	9.4 (10.4)	10.4 (10.9)
	允许偏差		±0.4		
d_3	公称尺寸		33.0	35.0	38.0
	允许偏差		±1.0		
L_1			≥50		≥80 (≥70)
L_2			≤6.5		
R (R_1)			10~20 (16)		
R_1			15~30 (16)		
r			≤4.5		
R_2			2.0 (1.5④)	2.0④	
C	公称尺寸		1.0		
	允许偏差		±2.0⑤ (±0.2)		

①《凿岩机械与气动工具尾柄和衬套配合尺寸》(GB/T6374—2004)只规定了一种允许偏差,相当于Ⅰ组;
② 括号内数值为《凿岩机械与气动工具尾柄和衬套配合尺寸》的规定;
③《凿岩机械与气动工具尾柄和衬套配合尺寸》规定了允许偏差,为 $^{+0.3}_{-0.6}$ mm;
④《凿岩机械与气动工具尾柄和衬套配合尺寸》规定允许偏差为 $^{+1}_{-0}$ mm;
⑤ 似为印刷错误,应为 ±0.2mm。

凿岩机的转动套筒与钎尾的配合间隙应符合规定,以免间隙偏大而发生偏心撞击时,使钎杆产生有害的弯曲应力和横向振动,并导致活塞与钎尾因荷载集中而破坏。

3.4.3.2 钎杆用中空钢

A 中空钢材质

钎杆用中空钢在牌号前冠以 ZK 字母,表示中空为凿岩专用,以区别于其他用途的同牌号钢。《凿岩钎杆用中空钢》(GB/T1301—2008)增加了牌号 ZK95CrMo、ZK40SiMnCrNiMo(相当于 Z708)、ZK23CrNi3Mo、ZK22SiMnCrNi2Mo,删除了 ZKT8,其化学成分见表 3-36。

表 3-36 中空钢牌号及化学成分 (%)

牌号	化学成分(质量分数)									
	C	Si	Mn	Cr	Mo	Ni	V	P	S	Cu
ZK95CrMo	0.90 ~ 1.00	0.15 ~ 0.40	0.15 ~ 0.40	0.80 ~ 1.20	0.15 ~ 0.30	—	—	≤0.025	≤0.025	≤0.25
ZK55SiMnMo	0.50 ~ 0.60	1.10 ~ 1.40	0.60 ~ 0.90	—	0.40 ~ 0.55	—	—	≤0.025	≤0.025	≤0.25
ZK40SiMnCrNiMo	0.36 ~ 0.45	1.30 ~ 1.60	0.60 ~ 1.20	0.60 ~ 0.90	0.20 ~ 0.40	0.40 ~ 0.70	—	≤0.025	≤0.025	≤0.25
ZK35SiMnMoV	0.29 ~ 0.41	0.60 ~ 0.90	1.30 ~ 1.60	—	0.40 ~ 0.60	—	0.07 ~ 0.15	≤0.025	≤0.025	≤0.25
ZK23CrNi3Mo	0.19 ~ 0.27	0.15 ~ 0.40	0.50 ~ 0.80	1.15 ~ 1.45	0.15 ~ 0.40	2.70 ~ 3.10	—	≤0.025	≤0.025	≤0.25
ZK22SiMnCrNi2Mo	0.18 ~ 0.26	1.30 ~ 1.70	1.20 ~ 1.50	0.15 ~ 0.40	0.20 ~ 0.45	1.65 ~ 2.00	—	≤0.025	≤0.025	≤0.25

ZK55SiMnMo 和 ZK35SiMnMoV 硅锰钼系均属于贝氏体钢。贝氏体钢的特点是强度和韧性配合较好,具有较高的抗疲劳强度,良好的韧性,较强的消振性能和较低的缺口敏感度❶。ZK55SiMnMo 钢适用于浅孔凿岩;ZK35SiMnMoV 钢既适用于中、深孔凿岩,也可用于浅孔凿岩。钎钢的质量不只取决其成分,更应采用优良的冶炼和轧钢技术。

国外合金中空钢大致有以下四种:

(1)高碳 Cr - Mo 系合金钢 95CrMo。它具有很高的硬化能力,热处理可采用正火工艺,以及抗拉强度高、耐磨性好、有一定的韧性、较高的疲劳强度等特点。但锻造性能较差。很多国家主要将 95CrMo 钢用于锥形连接钎杆。

(2)中碳 Cr - Ni - Mo 系合金钢。代表钢种为 30CrNi3Mo。它具有较高的强度、韧性配合良好。一些国家用以制造螺纹连接钎杆。1964 年,瑞典 Fagersta 公司开发了代号为 Z708(40SiMnCrNiMo,含 0.40% C、0.70% Cr、0.50% Ni、0.25% Mo)的新钢种。它是一种硅锰含量较大,而镍铬钼含量较低的铬镍钼钢,用于制造锥形连接钎杆,性能极佳。在相同条件下,用 Z708 制成钎杆的首锻次平均寿命,约为我国中空 55 硅锰钼钎杆的两倍多。

(3)低碳 Cr - Ni - Mo 系合金钢。如 20CrNi3Mo 钢。用它制造钎杆需要进行表面渗碳处理,以提高疲劳强度。主要用于螺纹连接钎杆,瑞典也用于极恶劣凿岩条件下的锥形连接

❶ 金属的缺口将导致应力集中,由于不能塑性变形使应力重分布,从而引起金属构件的早期断裂。金属材料对缺口的敏感性是采用缺口静拉伸试验来衡量,即用金属的缺口试样的抗拉强度 R_{mN} 与光滑试样所得的拉伸强度 R_m 之比 NSR 作为衡量静拉伸下缺口敏感度指标($NSR = R_{mN}/R_m$)。NSR 越大缺口敏感度越小,对于脆性材料如铸铁,高碳工具钢,其 NSR < 1,说明这些材料对缺口是很敏感的。

钎杆。

(4) 中碳 Cr－Mn－Mo 系合金钢。如美国 20 世纪 50 年代的 30CrMnMo 钢，它具有较高的疲劳强度和冲击性能。

B 中空钢规格

《凿岩钎杆用中空钢》(GB/T 1301—2008)规定的中空钢规格代号如表 3-37 所示。其中，六角形中空钢基本尺寸删除 38、45，增加 35 的规格；圆形中空钢增加 R39－、R46－、R52－的规格。六角形和圆形中空钢的尺寸及允许偏差分别如表 3-38 和表 3-39 所示。

表 3-37 中空钢规格代号

截面形状	公称尺寸/mm	规格代号
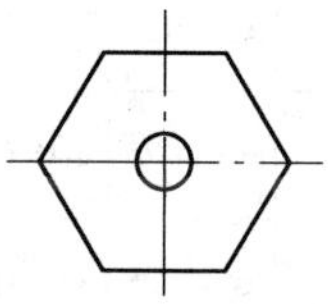	19	H19
	22	H22
	25	H25
	28	H28
	32	H32
	35	H35
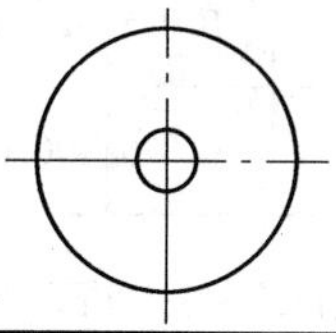	32	R32
	39	R39
	46	R46
	52	R52

注：代号中"H"代表六角形中空钢，公称尺寸是指面到面的尺寸；"R"代表圆形中空钢，公称尺寸是指直径，单位均为毫米(mm)。

表 3-38 六角形中空钢尺寸及允许偏差 (mm)

规格代号	对边距离 基本尺寸① H	对边距离 允许偏差 Ⅰ级	对边距离 允许偏差 Ⅱ级	芯孔直径② 基本尺寸① d	芯孔直径② 允许偏差 Ⅰ级	芯孔直径② 允许偏差 Ⅱ级	偏心度③ Ⅰ级	偏心度③ Ⅱ级	棱角圆弧半径 r
H19	19.0	+0.2 −0.2	+0.3 −0.3	6.0	+0.4 −0.4	+0.8 −1.0	0.5	0.8	2.5
H22	22.2	+0.2 −0.2	+0.3 −0.4	6.7	+0.4 −0.6	+0.8 −1.2	0.6	0.9	3.0
H25	25.3	+0.3 −0.2	+0.6 −0.3	7.6	+0.5 −0.5	+0.9 −1.1	0.7	1.2	3.0
H28	28.6	+0.3 −0.2	+0.7 −0.3	8.8	+0.5 −0.6	+0.9 −1.2	0.8	1.3	3.5
H32	32.0	+0.4 −0.2	+0.9 −0.3	9.5	+0.6 −0.6	+0.8 −1.2	0.9	1.4	4.0
H35	35.3	+0.3 −0.3	+0.8 −0.4	9.5	+0.6 −0.6	+1.3 −0.7	1.0	1.8	4.5

① 基本尺寸表示设计及控制点；

② 芯孔直径包括非圆的长轴和短轴尺寸；

③ 偏心度＝(最大壁厚差/2)，最大壁厚差＝最大壁厚－最小壁厚。六角形中空钢壁厚是指芯孔到六角形对边的垂线距离。

表 3-39 圆形中空钢尺寸及允许偏差 (mm)

规格代号	公称直径			芯孔直径			偏心度	
	基本尺寸 D	允许偏差		基本尺寸 d	允许偏差		Ⅰ级	Ⅱ级
		Ⅰ级	Ⅱ级		Ⅰ级	Ⅱ级		
R32	32.2	+0.3 -0.3	+0.8 -0.4	9.2	+0.5 -0.5	+0.8 -1.2	0.7	1.4
R39 -	39.0	+0.3 -0.3	+1.0 -0.4	13.0	+0.8 -0.8	+1.6 -1.6	1.0	1.7
R39	39.0	+0.3 -0.3	+1.0 -0.4	14.5	+0.8 -0.8	+1.6 -1.6	1.0	1.7
R46 -	45.8	+0.4 -0.4	+1.2 -0.6	15.0	+0.9 -0.9	+1.9 -1.9	1.2	1.9
R46	45.8	+0.4 -0.4	+1.2 -0.6	17.0	+0.9 -0.9	+1.9 -1.9	1.2	1.9
R52 -	52.0	+0.5 -0.5	+1.5 -0.7	19.0	+1.0 -1.0	+2.0 -2.0	1.4	2.0
R52	52.0	+0.5 -0.5	+1.5 -0.7	21.5	+1.0 -1.0	+2.0 -2.0	1.4	2.0

注:说明同表 3-38。

3.4.4 钎具的热处理与防腐处理

钎具在腐蚀条件下工作,承受冲击荷载、轴向及弯曲、扭转等多种交变荷载。要求钎具有良好的循环韧性和较大的内耗、较高的抗腐蚀疲劳强度。因此,一般钎具都要进行热处理、表面强化处理和防腐处理。

3.4.4.1 钎具热处理

A 钎尾热处理

凿岩机活塞的硬度一般为 HRC60 ~ 65,钎尾端部的硬度应稍低于活塞的硬度,并有较严格的要求。钎尾热处理后,要求在钎尾端部 30 mm 内的硬度为 HRC48 ~ 57。根据钎钢钢种的含碳量、合金元素含量,选择不同的硬度上、中、下限,如表 3-40 所示。

表 3-40 钎尾热处理的硬度要求

钢 种	钢 号		硬度(HRC)
	中 国	国 外	
合金工具钢	SiMn	HH1、SKC11、85CrMo	48 ~ 52
弹簧钢	ZK55SiMnMo		49 ~ 57
中、低碳合金结构钢	ZK35SiMnMoV	Z708、30CrNi3Mo、SKC23	

如果热处理未采用中频感应加热，则钎尾每边的脱碳层总深度不应大于(0.30 + 0.01S)mm，其中 S 为钎杆的对边尺寸。

B 杆体热处理

钎杆属于细长杆件，整体热处理宜选用正火❶工艺，以改善钎杆在轧制和锻造后的晶粒粗、组织不均匀或出现网状碳化物等不正常的组织，并避免整体淬火的过渡变形、开裂。同时，正火工艺经济、简单可靠。对钎杆主要是要获得具有较高疲劳强度、良好消振性能的金相组织。因此，对合金钎钢的正火，往往超出一般正火的概念。例如，55SiMnMo 钎钢，最后得到的就是粒状贝氏体复相组织。在钎杆的整体正火过程中，经常采用吹风冷却的方式，以加快冷却速度。

C 钎杆锥体与钎头壳体热处理

在车削成型或锻制钎杆的过程中，通常钎杆的锥体都不进行专门的热处理。在锥体经热锻后，一般进行空冷降至室温即可。

关于钎头壳体的硬度值，一般认为，夹持合金片、齿部位的壳体硬度值应为 HRC40 ~ 50，不宜超过 HRC50。锥体连接钎头的壳体硬度，根据钢种的不同而降为 HRC30 ~ 40。这是为了提供足够的刚度来支持合金片、齿，提高钎头的耐磨性，保证壳体具有足够的强度和韧性，防止塑性变形或脆性断裂。目前，焊片时，通常将整个钎头壳体进行整体加热，理想的温度即空淬硬化所需的焊接温度，一般不宜超过 800 ~ 900℃。采用银基或铜基焊料钎焊后，根据壳体的钢种，在自由空气或人工风流中冷却，使壳体得到适当的硬度。例如，40SiMnNiCrMoV 钢的钎头壳体硬度可达 HRC45 ~ 50 左右。这样，可使钎头的螺纹或锥孔部分及钎头外表的耐磨性和疲劳强度大为提高。

3.4.4.2 钎具表面强化处理

中空钢在轧制过程中，钢锭在加热炉中产生氧化物和轧辊的压痕，钎杆锻造过程中的热变形和冷车削缺陷，致使钎杆表面存在着大量局部的陷窝、折叠、结疤、裂纹等表面缺陷。由于表面缺陷所特有的不规则的几何形状，凿岩时将在钎杆上引起很大的局部应力集中。同时，凿岩钎杆是在反复拉压、扭转的轴向应力及附加弯曲应力状态下工作，其表面应力最大，疲劳破坏往往从表面开始。因此，对钎具进行表面强化处理，是提高钎具寿命的重要措施。

A 表面硬化处理

钎具由于热处理而产生脱碳，脱碳层降低了表面的硬度和强度，并产生对疲劳有害的残

---

❶ 将钢件加热到临界温度以上 30 ~ 50℃，使钢全部转变为均匀的奥氏体，然后在空气中自然冷却的热处理方法称为正火。亚共析碳钢的临界温度为 A_{C3}；过共析碳钢的临界温度为 A_{Cm}。共析钢是指含碳量为 0.77% 的钢；亚共析钢是指含碳量低于 0.77% 的钢；过共析钢是指含碳量为 0.77% ~2.11% 的钢(含碳量高于 2.11% 的则为铸铁)。正火能消除过共析钢的二次网状渗碳体，对于亚共析钢正火可细化晶格，提高硬度(140 ~ 190 HBS)，提高综合力学性能。正火与退火的不同是正火冷却速度比退火冷却速度稍快，因而正火组织要比退火组织更细一些，其力学性能也有所提高。此外，正火是炉外冷却不占用设备，生产率较高，因此生产中尽可能采用正火来代替退火。

余拉应力。试验表明，即使钎具表面的脱碳层很浅，疲劳强度也会急剧下降。钎具的表面硬化处理包括渗碳淬火、高频淬火、氮化和软氮化❶等技术。它们硬化钎具表面层以改善钢材的性能，促使钎具表面层产生残余压应力，达到强化目的。

B 抛丸强化

抛丸强化是利用机械或高压压缩空气，将大量钢丸高速地抛射到钎具表面上，使表面钢材产生强烈的塑性变形，形成一定厚度的冷作硬化层而具有较好的力学性能。同时，使表面钢材的比容加大，体积膨胀，产生强烈的扩展趋势。但受基体材料的制约，阻止表面钢材的扩展，使其表面层产生较大的残余压应力。从而，抵消或减小外加载荷作用于表面的张拉应力，阻止或延缓表面裂纹的产生及扩展，提高了疲劳强度。此外，钎具表面在钢丸的高速冲击下，可消除表面细小裂纹、折叠等缺陷产生的表面应力集中，或切口底部的应力集中。尤其是通过钢丸的冲击，还可消除轧制、锻造热处理过程中发生的氧化脱碳而引起的表面强度降低及易受腐蚀等。

钎具抛丸通常采用机械离心抛丸机或气动式抛丸机。机械离心抛丸机是利用叶轮转动时的离心力将弹丸抛出；气动式抛丸机是利用压缩空气将弹丸由喷嘴射出。

C 螺旋滚轧

螺旋滚轧是在锥形连接钎杆的表面滚轧出一个或多个螺旋形谷槽，促使其表面产生一定厚度的硬化层和封闭压应力区域的机械表面强化工艺。滚压可改善钎杆的表面状态，降低表面粗糙度，较大幅度地提高材料的疲劳强度。螺旋滚轧被认为是钎钢在锻制和热处理后，最有效的表面强化处理方法之一。

3.4.4.3 钎具防腐处理

在钎具表面形成防腐涂层，是提高钎具抗腐蚀能力的主要工艺技术。瑞典 Secoroc 公司在水孔壁加马氏体不锈钢内衬，并对水孔的内表面再次进行防腐处理，以求对水孔内壁强化与防腐的双重作用。防腐处理前，需要进行表面清理，有抛丸和喷砂等方法。抛丸用于钎具中的锥体和螺纹连接杆件，而钎尾、钎头等短件采用喷砂处理。钎具的防腐处理主要有：磷化挂蜡（SR 技术）、静电喷涂与内孔涂油法、自泳漆法和发黑处理等。

A SR 技术（磷化挂蜡）

瑞典 Sandvik 公司的 SR 专利技术实为磷化挂蜡处理，它是将钎具先经中温（50～70℃）、中速的锌磷酸盐 $n\mathrm{Fe(H_2PO_4)_2} \cdot m\mathrm{Mn(H_2PO_4)_2} + \mathrm{Zn(H_2PO_4)_2}$（另加有硝酸锌和正磷酸）水溶液磷化。钎具内外表面的金属 Fe 与 Zn 磷酸盐溶液中的磷酸发生化学反应，在钎具内外表面生成不溶于水的细腻灰色磷化薄膜，牢固地附着在表面上。经烘干后，再浸入

---

❶ 氮化（气体氮化）是指氮气在加热时分解出活性氮原子，被钢吸收后在其表面形成氮化层，同时向心部扩散。它是利用专门设备或井式渗碳炉来进行的。氮化可提高钢材表面的硬度和耐磨性以及疲劳强度和抗腐蚀性。软氮化即是盐浴活性氮化，是在氰盐或尿素、碳酸盐的盐浴中进行的碳氮共渗。它可显著地提高钢材的耐磨性、疲劳强度和耐腐蚀性能。

高熔点(81℃)的地蜡溶液(67 号地蜡 70%、松香 26%、蒙旦蜡❶4%)中,蜡液温度保持 90～120℃。SR 处理的防腐效果较好,成本低。但生产的环境较差,污染较重,而且产品的外观质量也不理想。

B 高压静电喷涂与内孔涂油

瑞典 Secoroc 公司采用高压静电喷涂和内孔涂油防腐处理钎杆。当钎杆进入喷射塔后,喷枪自上而下将带有 90 kV 高压电的干漆粉喷射到钎杆上(钎杆与移送机的电位为 0 V),从高电位向低电位流动,使钎杆表面均匀涂敷一层漆粉。经 200℃的温度下烘烤 1 h,出炉后可获得橘红色光亮的、又硬又韧的磁漆膜。再将一种专门的防锈油喷涂在钎杆水孔的内表面上。Secoroc 公司称,使用此种防锈油防腐,可提高钎具寿命 50% 左右。

C 自泳漆

自泳漆是自动沉积涂料的俗称,是 20 世纪 70 年代由美国 Achem 公司发明的。自泳漆防腐处理分为化学反应和物理反应两种方法。钎具防腐大多采用化学反应方法,又称化学沉积涂料或酸性沉积涂料。它是利用化学能将成膜物覆盖在钢制品表面而形成涂层。自泳涂料一般是由有机高分子的水性分散液、水性炭黑浆、氧化剂和金属活化剂等配制而成。

D 发黑处理

钢制品的表面发黑处理,又称发蓝处理。目前,发黑处理常用的方法有传统的碱性加温发黑和较新的常温发黑两种。常温发黑处理是在常温条件下,通过发黑剂与金属表面发生作用,在金属的表面形成一层无定型晶体膜层。它使金属基体与周围空气、水分或其他腐蚀介质隔绝开来,避免产生化学或电化学作用,从而提高金属的抗腐蚀能力。

3.4.5 钎杆断裂与钎头修磨

3.4.5.1 钎杆受力特点与断裂部位

钎杆断裂的特点是无明显的塑性变形,为脆性破坏;断裂面垂直于钎杆轴线,即与应力方向垂直;断裂面可见到明显的光滑老断裂区与具有晶粒的粗糙新断裂区。显然,钎杆的断裂是由疲劳所致。

A 钎杆受力特点及破坏原因

钎杆的工作条件十分恶劣。凿岩时,钎杆承受凿岩机活塞的高频冲击与气腿推力的共同作用。在冲凿岩石的瞬间,岩石产生的反作用力,经钎头传给钎杆。因此,钎杆在凿岩过程中承受高频的轴向压、拉应力,这两种应力以应力波形式通过钎杆在活塞与岩石之间往返传递,使钎杆处于拉压疲劳状态。产生的高频交变应力使钎杆产生疲劳裂缝,而地下水和湿式凿岩压力水的腐蚀作用使裂缝扩展,钎杆受力断面进一步缩小。如此腐蚀疲劳使得钎杆

---

❶ 蒙旦蜡是褐煤蜡的国外名称,它是一种稀缺矿产。蒙旦蜡是由含蜡质的煤(主要是褐煤或某些泥炭)经溶剂(苯、汽油等)萃取得到的一种含有蜡、树脂和地沥青的矿物蜡。

提前断裂,这是促使钎杆寿命缩短的主要因素。其次,细长的钎杆在凿岩时由于横向振动而产生附加的弯曲应力。尤其是钎杆弯曲,或凿岩机转动套筒磨损过大,导致活塞斜向撞击钎尾时更为严重。同时,凿岩机在带动钎杆回转时,由于孔壁和孔底岩石的阻力及钎杆的自重等,还使钎杆产生扭曲应力。不过这种扭曲应力要远小于轴向压、拉应力。此外,锻制钎肩的工艺缺陷,或钎头磨钝宽度太大,使钎杆产生的应力大为增加,均可使钎杆提前折断。

B 钎肩断裂及产生原因

在冲击凿岩中,钎杆中的应力波遇到钎肩处截面突然变化时,将产生反射和透射,同时一部分应力将残留在钎肩内,并产生应力集中,从而导致钎肩处容易断裂。钎肩断裂,可能发生在下面几个部位:

(1) 钎肩前部断裂。常发生在距钎肩平面端 16 ~ 30 mm 处,即在钎肩前部过渡圆弧的前沿处(见图 3-62)。断裂的特点是断口平整,有明显的疲劳裂缝扩展区和脆性断裂区。断裂是由于钎卡与钎肩前部撞击和摩擦造成钎杆表面损伤所致。

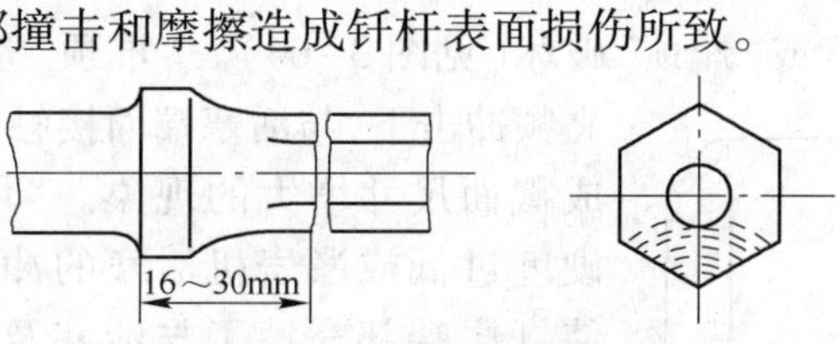

图 3-62 钎肩前部断裂

(2) 钎肩中部断裂。锻造钎肩时,由于锻造温度偏低、终锻温度不足,在钎肩表面和内孔产生折叠和裂纹,成为钎杆产生疲劳破坏的起源。同时,锻造钎肩导致水孔产生缺陷,即钎肩处的水孔比其他部分胀大,形成“喇叭”状。该处最易产生应力集中,成为疲劳裂缝的发源地,并不断扩展直至断裂。一般断裂始于水孔断面突变的喇叭口前端。

(3) 钎肩根部过渡圆弧处断裂。其特点是断口极不平整,疲劳裂缝扩展区很小,脆性断裂区很大。这主要是由于钎肩根部的过渡圆弧半径过小或钎肩的圆弧半径与钎套不匹配产生应力集中所致。此外,在钎肩后部距尾端约 50 mm 处,还可能出现从内部发展的疲劳破坏。这与水针孔断面的过渡不佳有关。

C 杆体断裂及产生原因

锥形连接钎杆的钎体一般是指钎肩前 50 mm 至锥体后 50 mm 的部位。凿岩时,若轴推力不足,钎杆在凿岩机上不断跳动,将给钎杆以很重的单个锤击,钎杆内反射的拉伸波将增大,缩短钎杆寿命;若推力过大,增加钎子的回转阻力,使钎杆产生不必要的弯曲及磨损,也会缩短钎杆寿命。此外,凿岩机与钎杆不处于同一轴线上,将增加杆体内的弯曲应力。

杆体断裂多发生在钎肩前 100 ~ 400 mm 范围内,尤其是 200mm 左右处,其次是锥体后 50 ~ 100 mm 的范围。在钎杆断裂后的横断面上,可发现以上两处的水孔横向裂纹非常密集,表明断裂是由于腐蚀疲劳所致。这与沿钎杆的应力分布有关,更主要是由于中空钎钢的内外表面缺陷以及钎尾在热加工时在钎肩前的冷热过渡区产生了“硬度谷”,又称“冶金缺口”,断裂即在距“硬度谷”6 mm 以内(见图 3-63)。“硬度谷”恰好位于相变的临界温度上,也是碳化物被球化的地方,硬度自然较低。它在凿岩时产生应力集中,致使该处的疲劳裂纹加速扩展,最终钎杆提前断裂。此外,凿岩作业中的野蛮操作也是杆体断裂的一个重要原因。

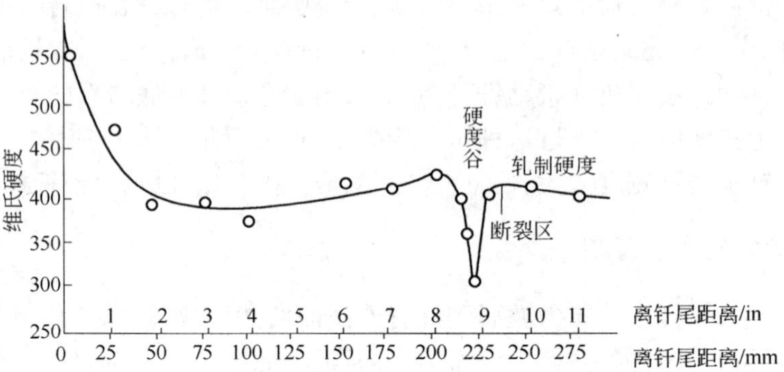

图 3-63 钎尾硬度分布

D 钎尾损坏及产生原因

钎尾端部产生“堆顶”或“炸顶”破坏（见图 3-64）。“堆顶”是指钎尾在凿岩机活塞的高频冲击下，与活塞端面接触的端部产生塑性变形，造成截面尺寸增大的现象。“堆顶”的原因是钎尾淬火硬度过低或凿岩机活塞的冲击端面有凹陷。“堆顶”使钎尾端部充填了与活塞及凿岩机六方套筒的配合间隙，致使活塞无法形成冲击接触，冲击功不能传递给钎杆和钎头进行破碎岩石，同时钎尾胀卡在凿岩机六方套筒内，使得卸钎困难，易损坏凿岩机零件和钎杆。

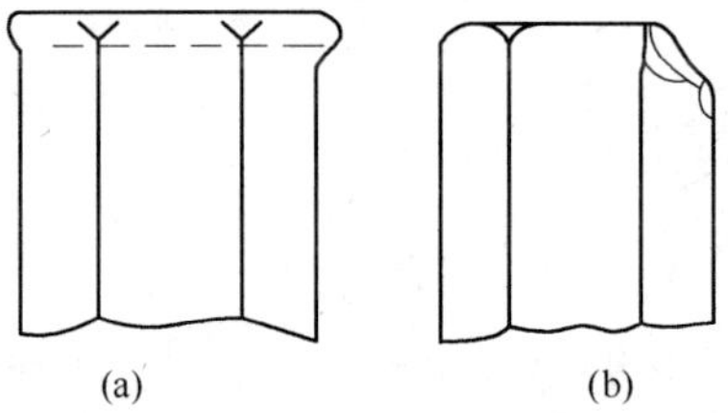

图 3-64 钎尾损坏形式
（a）“堆顶”；（b）“炸顶”

“炸顶”是指钎杆在凿岩过程中，钎尾端部产生局部崩碎，形成残缺端面的现象。“炸顶”的主要原因是由于钎尾硬度过高。如中碳中空钢 ZK55SiMnMo、Z708 等，钎尾端部的硬度高于 HRC57 时便可能“炸顶”。对于 ZK35SiMnMoV、30CrNi3Mo 等钢种，由于含碳量较低，淬火硬度不可能高，主要是淬火加热温度过高造成钎尾过热或过烧，或淬火冷却速度过快而形成微细裂缝，或只进行了淬火而未作回火处理，导致产生很大的内应力，促使钎尾端部炸裂。此外，也可能由于钎套磨损，造成活塞冲击不对中钎尾所致，由此钎尾端部不能与凿岩机活塞端面正常接触，凿岩机的冲击能量无法通过钎尾传递给钎杆和钎头进行破碎岩石，同时还将损坏活塞。

E 锥体折断及产生原因

锥体折断通常是在距锥体小端 6 ~ 8 mm 处。产生原因是受应力波的叠加作用，该处断面减小、加工锥体工艺不当更加剧了这种作用。锥体折断后，钎杆可以重新车制修复，一般可修复两次左右。但钎头往往报废或丢失。

3.4.5.2 钎头的使用与修磨

A 钎头的合理使用

凿岩时，合理操作、使用和维护是影响钎头寿命的关键。除遵守操作规程外，要特别注意调节轴推力，尽量保持在最优范围内；钎头磨钝后要及时修磨。这样不但加快了凿岩速度，还可避免钎头产生较大的应力，导致合金片断裂或崩角。此外，注意保持冲洗水的水压和水量，以使排粉通畅，降低钎头磨损，减少卡钎事故。拆卸锥形连接的钎头应用拔钎器，而不要用敲打的方法。在凿岩过程中，发现硬质合金片（齿）有破裂或折断时，应立即停机，吹净孔内岩粉，取出合金碎片。否则，遗留在孔内的硬质合金碎块将很快破坏新换的钎头。

刃片钎头在凿岩过程中，刃片外缘很快便磨成圆角，钎刃也会逐渐磨钝，使凿岩速度降低，并影响其使用寿命，应及时进行修磨。钎头及时和正确的修磨，不仅可提高凿岩速度，而且能延长其使用寿命。

在坚韧的、磨蚀性强的岩石中，钎头长期使用后，硬质合金片表面会出现网状裂纹。1965年编者在弓长岭铁矿做凿岩试验时，在磁铁矿采场中曾发现此现象。它在金相显微镜下犹如荔枝皮（见图3-65），编者称为“荔枝皮”现象（此前有人称“蛇皮”现象）。合金片上的沟纹大大降低了它的强度，凿岩时合金片往往沿着这些沟纹损坏（见图3-66）。因此，发现“荔枝皮”后应缩短修磨周期，及时磨去，以防引起合金片的破碎。

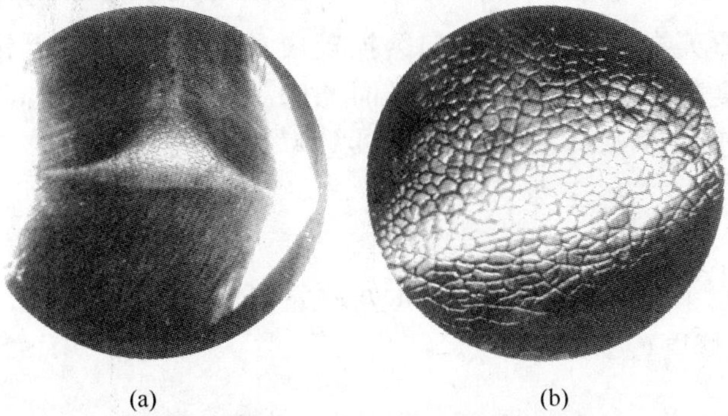

(a) (b)

图3-65 硬质合金片的“荔枝皮”现象
(a) 一字形钎头外缘的“荔枝皮”；(b)“荔枝皮”放大图

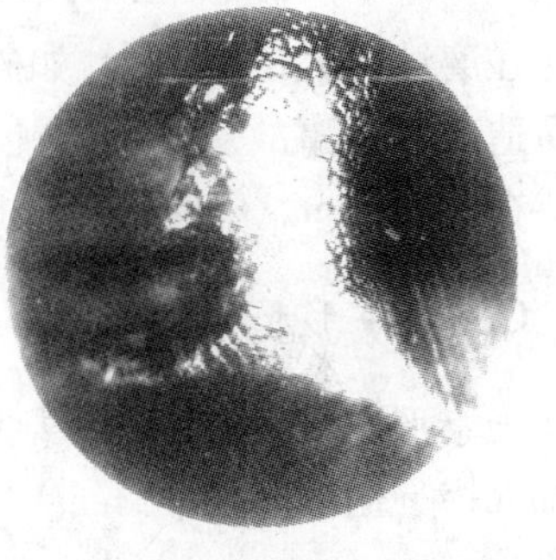

图3-66 硬质合金片沿“荔枝皮”沟纹损坏

B 一字形钎头的修磨

一字形钎头用样板检查，在距钎刃外缘5mm处测量钎刃的钝台宽度，达到表3-41规定的磨损极限时，便应及时修磨。阿特拉斯·科普柯公司配有专用检查样板（见图3-67a）。修磨标准为每个钎刃外缘圆角的长度应占整个钎刃长度的1/5（见图3-67b）；当岩石的磨蚀性较高，致使刃角外缘磨损较快时，宜按钎刃外缘圆角的宽度占硬质合金片厚度的1/2时进行修磨（见图3-67c）。

表3-41 钎头磨损极限 (mm)

岩石性质	软岩	中等岩石	坚硬岩石
钎刃磨损宽度	3.5	3.0	2.5

修磨钎头时，应保持刃角110°、侧边隙角3°，合金片的圆弧半径应符合表3-42的规定。为防止钎刃过快磨钝，刃口不得修磨成锋利状，而应保留0.5～1.0mm的钝面（旧痕）。这样，可使钎头的修磨次数增加20%～50%。刃片式钎头一般可以修磨8～10次。

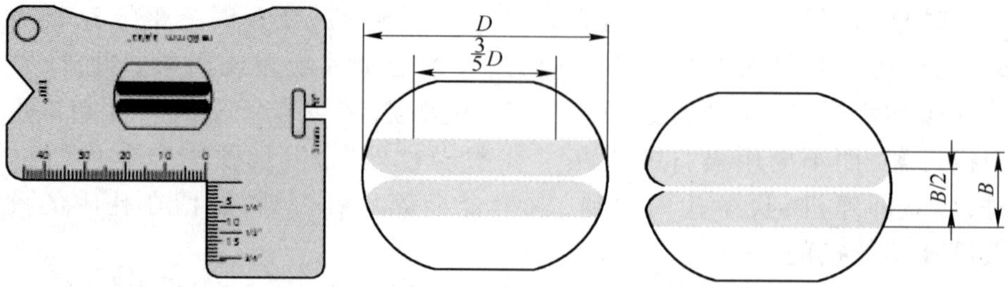

(a) (b) (c)

图 3-67 一字形钎头的修磨
(a) 检查样板;(b) 一般岩石的修磨要求;(c) 磨蚀性较高的岩石修磨要求

表 3-42 硬质合金片钎刃半径 (mm)

钎头直径	钎刃圆弧半径
26、28、32	80
34、36、38、40、42、44、46	110

在磨蚀性大的岩石中,如砂岩、石英岩等,钎刃的径向磨损较快,钎头端部形成倒锥形,容易造成卡钎事故。当钎头钝角高度达到6~8 mm时,要及时修磨。修磨后的圆弧高度宜保持在4~5 mm。修磨时尽量修磨刃高,少修磨直径,以免钎头过早报废。

C 十字形和X形钎头的修磨

十字形和X形钎头用样板检查,在距钎刃外缘5 mm处测量钎刃的钝台宽度,超过2.5 mm(液压凿岩机为3 mm)时就要修磨(见图3-68)。

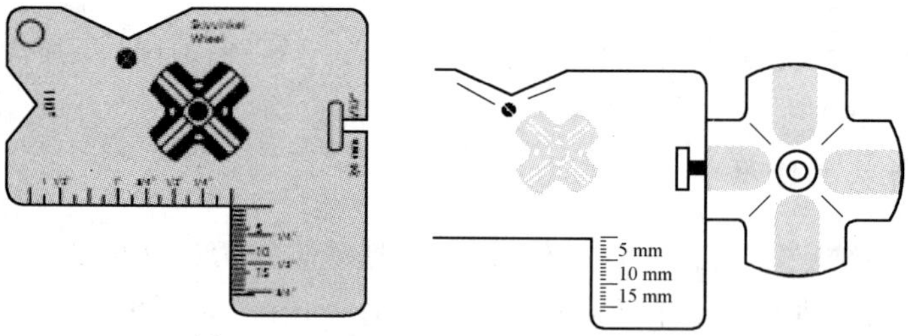

(a) (b)

图 3-68 十字形钎头的测量
(a) 检查样板;(b) 用样板测量钝台极限

修磨后要求,钎刃在$D/10$处应保留0.5 mm的旧钝台(见图3-69a);所有钎刃应在同一平面上,并与钎头轴线垂直,如钎刃高度偏差超过0.25 mm,则应重磨(见图3-69b);钎刃应与钎头轴线垂直,如有磨斜,则斜度不得超过15°(见图3-69c);钎头刃角用样板检查,倒掉所有尖棱、尖角(见图3-69d)。钎头产生倒锥形时,其钝角的圆弧高度不宜超过6 mm。修磨时,宜多磨刃高,少磨直径(见图3-69e)。随着钎头直径的缩小,应及时修磨排粉沟,以保证正常排粉,并用游标卡尺检查钎头的直径、椭圆度和隙角(见图3-69f)。

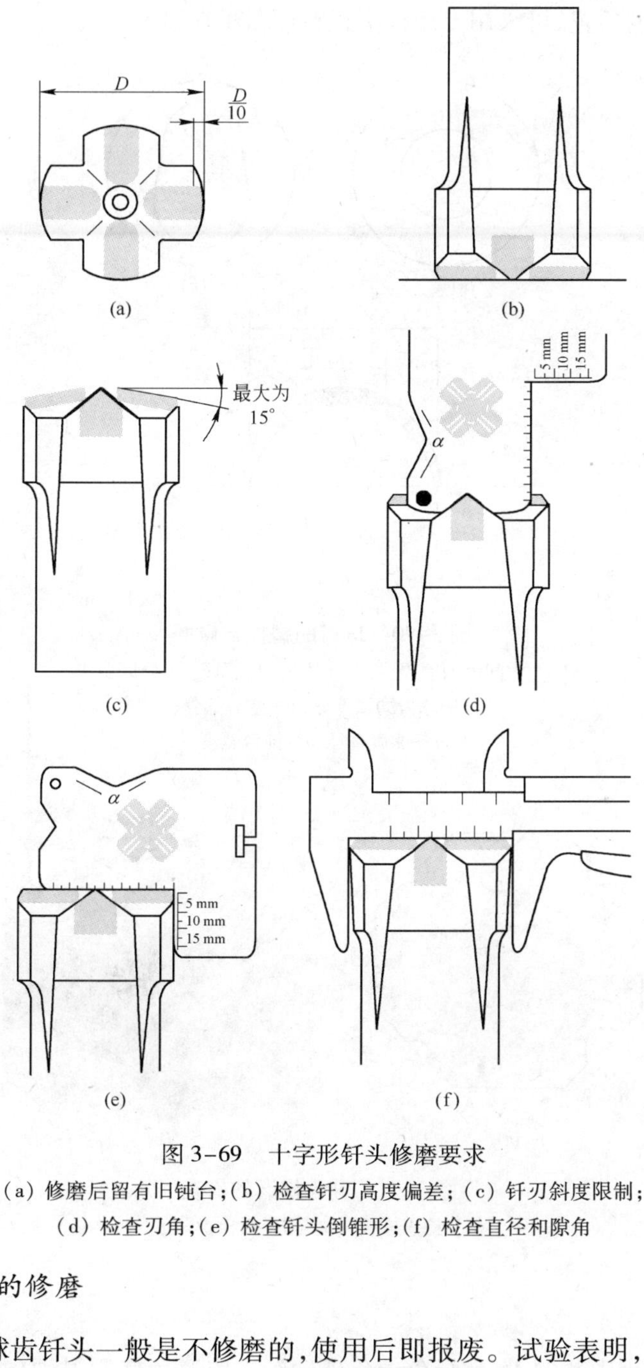

图 3-69 十字形钎头修磨要求

(a) 修磨后留有旧钝台；(b) 检查钎刃高度偏差；(c) 钎刃斜度限制；
(d) 检查刃角；(e) 检查钎头倒锥形；(f) 检查直径和隙角

D 球齿钎头的修磨

最初，小直径球齿钎头一般是不修磨的，使用后即报废。试验表明，直径 35 ~ 43 mm 锥体连接的三、四、五、六齿和直径 45 ~ 50 mm 螺纹连接的六、七、九齿的钎头，即使不重磨，其综合技术经济效果尤其是在缩短凿岩作业总时间和改善工人劳动条件方面已经十分明显。目前，由于球齿钎头在结构参数、材质、固齿工艺等方面的技术进步，使其具备了重磨条件。它的修磨间隔时间约为刃片钎头的 3 ~ 5 倍。球齿钎头中间齿的磨损较轻，磨损钝台为圆形；周边齿的磨损较重，钝台为不对称椭圆形。修磨标准为钝台宽度 b 不大于球齿直径 d 的 1/2。修磨时，为了恢复球齿表面形状和圆弧半径，要将球齿上部分硬质合金磨去（见

图 3-70）。修磨后的检查，可采用专用样板进行（见图 3-71）。

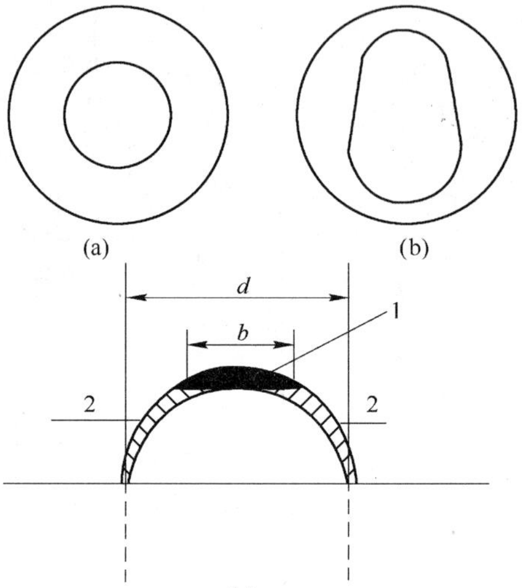

图 3-70 球齿的磨损与修磨
（a）中间齿的磨损；（b）周边齿的磨损；（c）修磨要求
1—球齿磨损部分；2—修磨部分；
d—球齿直径；*b*—钝台宽度

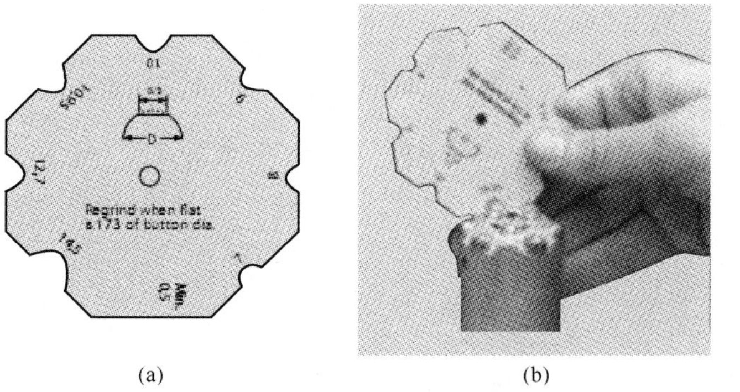

图 3-71 球齿修磨的检查
（a）检查样板；（b）用样板检查球齿

E 修磨设备

钎头修磨应采用中软的 46 目绿色碳化硅砂轮。应避免使用过硬（如氧化铝砂轮）或过粗的砂轮，以免硬质合金片局部过热而产生细微裂纹或在刃面上留下较粗的磨痕，导致凿岩时硬质合金片损坏。砂轮的圆周速度不宜过大，一般为 12 ~ 15 m/s。修磨时切忌骤热骤冷，应避免局部过热，钎刃的前端要有充足的冷却液，可采用 10 ~ 12 L/min 的中性自来水或皂化液。每次修磨深度不宜过大，一般不超过 0.02 mm，并不断转换钎头的修磨位置。

修磨十字形和 X 形钎头，可利用改装的成形砂轮，也可购置专用钎头磨床。图 3-72a 为阿特拉斯 · 科普柯公司的十字形钎头半自动修磨支架，它安装在普通砂轮机上应用。

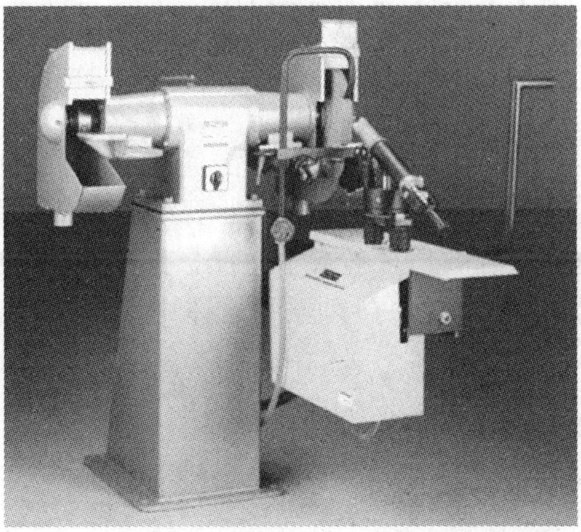

(a)

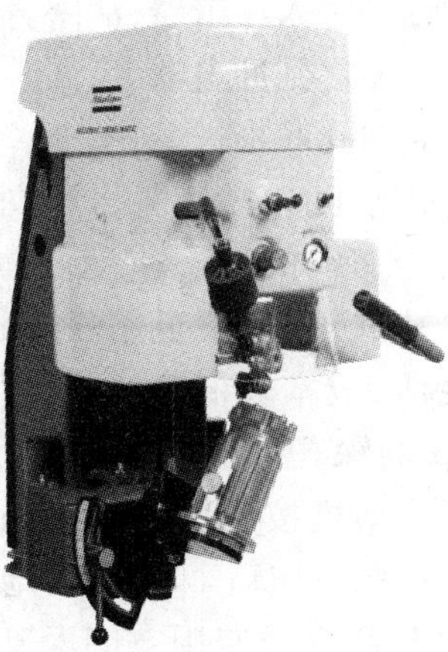

(b)

图 3-72 半自动修磨钎头设备

(a) 十字形钎头砂轮机;(b) 球齿钎头专用修磨砂轮支架

为了修磨球齿,国外一些厂家研制了专用修磨工具。图 3-72b 为阿特拉斯·科普柯公司的球齿钎头专用半自动修磨砂轮支架,它可在作业现场使用,甚至可以安装在凿岩台车上。

3.4.5.3 钎具寿命

钎头寿命主要取决于钎头的构造、硬质合金与钎头体的材质、制造工艺及岩石的坚固性和磨蚀性等。若焊料及工艺不佳使得硬质合金片焊接质量较差,可发生合金片脱落现象;或钎头体制造时产生裂纹,均可能导致钎头提前报废。钎杆的寿命,除与岩石的坚固性和凿岩机的性能有关外,主要取决于钎钢的抗腐蚀疲劳性能及钎杆的加工工艺,尤其是钎肩的锻制工艺。此外,腐蚀对钎杆寿命的影响很大,应采取措施提高钎杆的防腐性能。研究表明,当钎杆内一旦出现明显的裂纹,便会很快断裂,因此钎杆的疲劳寿命取决于无裂纹阶段寿命。

钎具寿命还与操作因素有关。凿岩时,轴推力不要过大,并避免硬质合金片受到猛烈撞击。当钎头磨钝宽度太大时,应及时修磨。修磨不合理,如刃角过小时,凿硬岩时可能使硬质合金提前损坏。此外,我国几十年来都是用手锤敲打钎头裤体拆卸钎头,将钎杆随意扔放在工作面附近的底板上,任凭地下水的侵蚀,这些落后习惯必然降低钎具的寿命。

近年来,我国的钎头由于设计较合理、硬质合金材质提高、钎头体采用优质钢材、制造和镶焊工艺的完善,使得钎头的寿命有了很大的提高。但是,国内钎具的寿命仍然比国外低很多,质量差距明显。例如,在中硬岩石中,国外钎杆一般使用寿命不低于 300 m,优质的可达 500 m 以上,而国内最好的仅为 80 ~ 150 m,差的则只有 30 ~ 60 m,而且波动很大。

3.5 潜孔钻机与掘进凿岩台车

3.5.1 潜孔钻机与钻具

3.5.1.1 潜孔钻机

潜孔钻机是将钻头与气动冲击器连接在一起,装在钻杆的前端随着凿岩而深入孔底,压气通过钻杆进入冲击器,活塞直接冲击钻头,废气从钻头排出并用来排渣。推进器通过钎杆将轴推力传递到冲击器上,回转头通过钎杆带动冲击器回转。随着钻孔的延伸,冲击器及钻头也不断向孔底推进。

潜孔钻机与接杆凿岩不同,冲击器直接潜入孔底,冲击功无需通过钻杆传递,能量损失很少。它的钻进速度基本不受孔深的影响,并可钻凿更深的孔。此外,由于冲击器深入孔底工作,降低了工作面的噪声。潜孔钻机与牙轮钻机相比,具有设备重量小,机动灵活,成本较低等特点,尤其适用于在坚硬岩石或有裂隙的岩体中钻凿直径100~150 mm的深孔。

潜孔钻机按使用压气的压力分为低气压型(气压不大于0.7 MPa)和高气压型(气压为1~2.5 MPa)。按使用地点不同,分为井(地)下潜孔钻机和露天潜孔钻机两类。地下潜孔钻机受使用空间及运输条件的限制,要求结构紧凑,尺寸较小,拆装方便。它主要用于矿山采用分层崩落法中的深孔凿岩,在岩巷掘进中可用于管棚超前支护、注浆等的大直径深孔凿岩。地下潜孔钻机按行走方式,又分为非自行式(支架式)和自行式(潜孔钻车)两种。

A 支架式潜孔钻机

支架式潜孔钻机是一种由气动马达或电机回转、气缸直接推进的钻孔设备。它可与雪橇、轮架、立柱等不同钻架组合而形成多种机型。常用的QZJ-100B型潜孔钻机属于低气压支架式钻机。它由钻具、回转供气机构、推进调压机构、操纵机构和凿岩钻架(支柱)等组成(见图3-73)。

推进调压机构由推进气缸7、滑板10、支架13、滑架14组成。压气进入气缸作用在活塞上,活塞杆通过支架带动滑板,使回转供气机构沿滑架向前滑动,给钻具以一定的轴压(推)力作用于孔底。调节气缸的进气压力,使钻具在合理轴推力下钻孔。

回转供气机构由气动马达12、减速箱11和钻杆接头、压气接头等组成。气动马达直接与减速箱连接,其空心输出轴的前端与钻杆接头连接,将回转力矩传给钻具。空心轴内装有不随其转动的供气管道,经操纵阀来的压气、水混合物由此进入钻杆,直达冲击器。

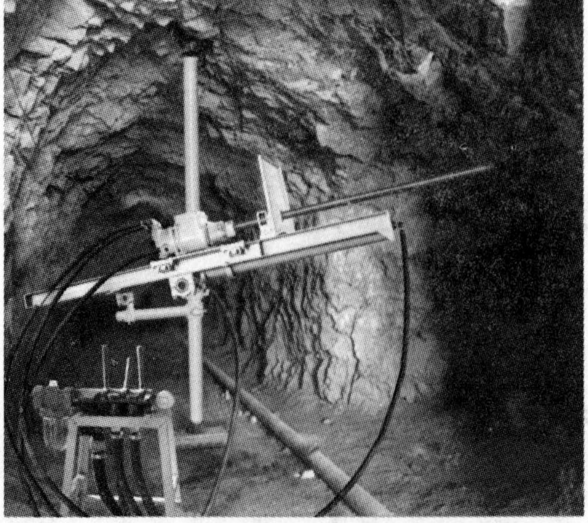

(a)

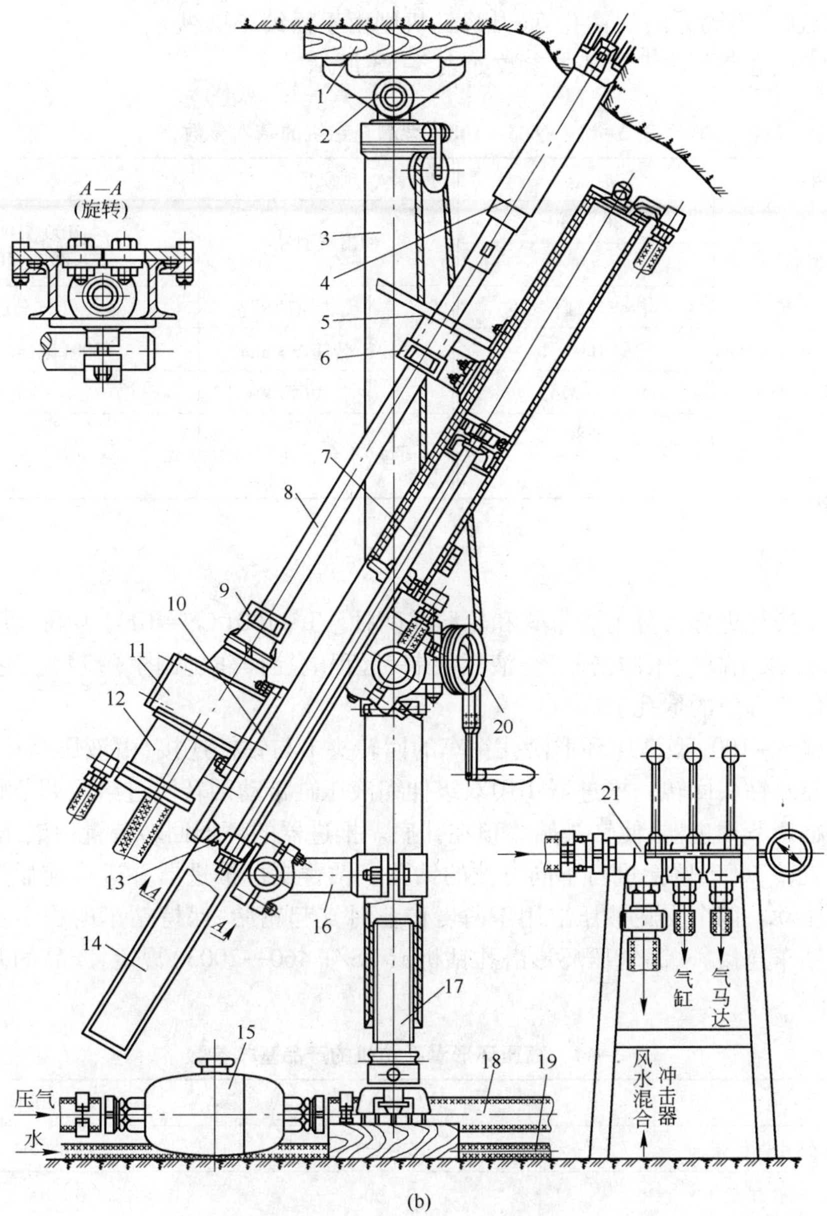

(b)

图 3-73 QZJ-100B 型潜孔钻机

(a) 工作图;(b) 结构图

1—垫木;2—上顶盘;3—支柱;4—冲击器;5—挡板;6—托钎器;7—推进气缸;8—钻杆;9—卸钎器;10—滑板;11—减速箱;12—气动马达;13—支架;14—滑架;15—注油器;16—横轴;17—升降螺柱;18—压气管;19—水管;20—手摇绞车;21—操纵阀

操纵机构有三个手柄分别控制推进气缸的往复运动、回转气动马达和开关冲击器的压气、水混合物的操纵阀。在操纵阀的进气之前装有注油器 15。供水量则由水阀控制。

凿岩钻架由上顶盘 2、支柱 3、横轴 16、升降螺柱 17、下顶盘、手摇绞车 20 等组成。凿岩时根据岩巷高度调整升降螺柱,使支柱紧顶在顶板和底板上。横轴由三部件组成,可使滑架旋转360°，以适应不同方向的钻孔，而升降钻机则由手摇绞车操纵。

QZJ－100B型潜孔钻机的基本参数如表3–43所示。

表3–43 QZJ－100B型潜孔钻机的基本参数

<table>
<tr><th colspan="2">项 目</th><th>参 数</th><th colspan="2">项 目</th><th>参 数</th></tr>
<tr><td colspan="2">钻孔直径/mm</td><td>80～130</td><td colspan="2" rowspan="2">冲击器型号</td><td rowspan="2">C100、J100B
QCZ90、CIR90</td></tr>
<tr><td colspan="2">钻孔深度/m</td><td>60</td></tr>
<tr><td rowspan="3">推进</td><td>传动方式</td><td>气缸</td><td rowspan="3">回转</td><td>原动机</td><td>压气马达</td></tr>
<tr><td>一次推进行程/mm</td><td>1000</td><td>转速/r·min⁻¹</td><td>3200(减速后90)</td></tr>
<tr><td>推进力/N</td><td>0～6374</td><td>功率/kW</td><td>4.41</td></tr>
<tr><td colspan="2">长度/mm</td><td>2380</td><td colspan="2" rowspan="2">质量(不含支柱)/kg</td><td rowspan="2">195</td></tr>
<tr><td colspan="2">高度/mm</td><td>470</td></tr>
</table>

B 潜孔钻车

潜孔钻车按行走方式分为履带式和轮胎式两种。T－100(CS－100)型高气压环形潜孔钻车为轮胎式，采用高气压冲击器，全液压控制，远程电控操作(见图3–74)。它能在360°范围内钻凿任意方位的炮孔。

T－100(CS－100)型高压环形潜孔钻车的回转头1与钻杆连接，由液压马达驱动，带动钻杆和冲击器及钻头回转。推进器4用双级伸缩液压缸带动回转头进给及调节轴推力。补偿架的补偿缸调节推进器，使钻头始终顶在孔底。推进器的环形回转装置由液压马达驱动，使推进器可旋转360°，以便进行不同方位的钻孔。钻臂支撑推进器并进行前后调幅。行走由液压马达驱动。四个支腿液压缸用于凿岩作业时支起轮胎，保持钻车的稳定。远控操纵台由线缆与钻车连接。《高气压环形潜孔钻机》(YS/T 460—2003)规定，产品的基本参数如表3–44所示。

表3–44 高压环形潜孔钻机的产品基本参数

项 目	T－100型	T－150型
钻孔直径/mm	76～127	120～254
钻孔深度/m	0～60	0～100
钻孔速度①/m·min⁻¹	0.21	
钻具回转速度/r·min⁻¹	0～65	0～30
推进力/kN	0～38	0～44
适用气压/MPa	0.8～1.8	
系统最高液压/MPa	20	25.7
回转力矩/kN·m	0.8(正转)；1.8(反转)	3.4(正转)；5.6(反转)
钻臂回转角度/(°)	0～360	
钻臂倾角/(°)	10(前倾)；75(后倾)	

续表 3-44

项　目	T－100 型	T－150 型
钻孔倾斜率/%	<1	
转弯能力	4m(内);5.7m(外)②	原地 360°
爬坡能力/(°)	20	
最小工作高度/m	3.3	
电机功率/kW	15	
外形尺寸(长×宽×高)/mm×mm×mm	3650×1790×2140	4350×1580×2360
整机质量/kg	3000	5200

① 钻孔速度是在岩石普氏系数 $f=14\sim16$、工作气压为 1.25 MPa 条件下测定;

② T－100 型钻机的转弯能力以转弯半径表示。

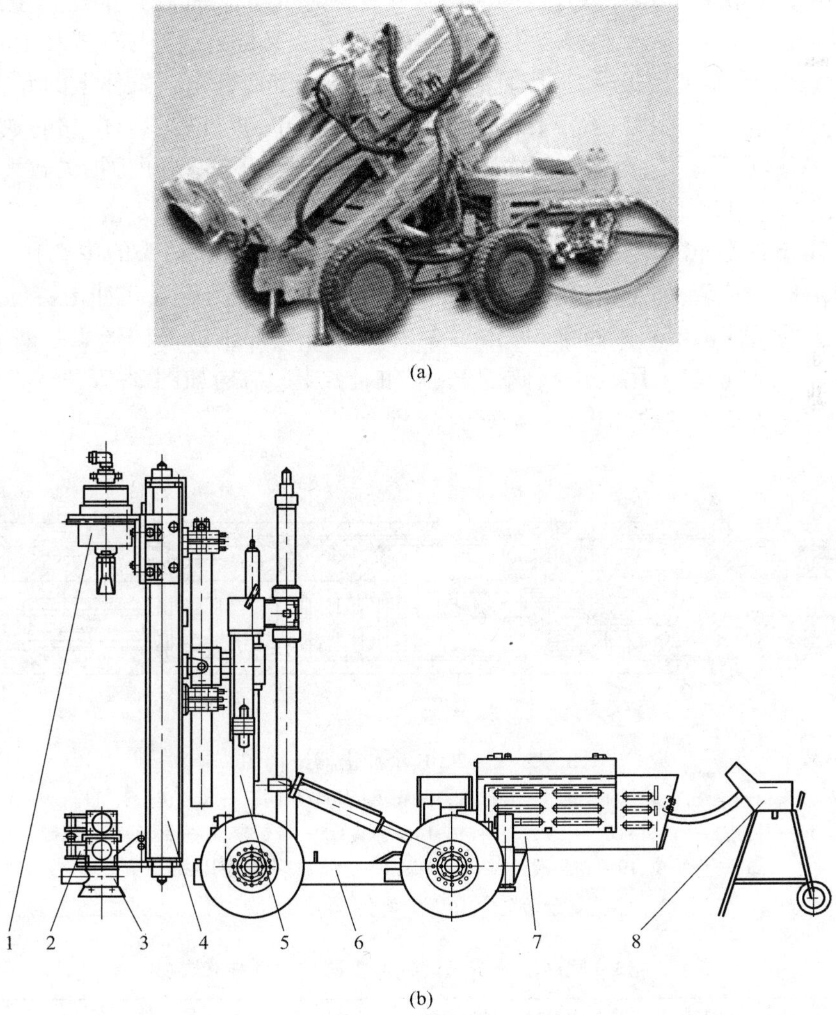

图 3-74　T－100(CS－100)型高压环形潜孔钻车

(a) 钻机外形;(b) 钻机结构示意图

1—回转头;2—自动接卸钎机;3—辅助工作机构;4—推进器;5—定位机构;6—行走底盘;7—动力系统;8—有线远控操纵台

3.5.1.2 潜孔冲击器

潜孔冲击器是以压缩空气为动力的一种气动潜孔钻具。它的原理与构造,基本与气动凿岩机相同。压缩空气由钻机经中空钻杆送入冲击器,经配气装置带动活塞直接冲击钻头尾部,并通过钻杆使其回转,因而冲击器本身没有回转机构。岩石在钻头的冲击和回转作用下被破碎成岩粉,由冲击器排除的废气吹出孔外。潜孔冲击器的结构形式很多,按配气类型分为有阀型和无阀型冲击器两种。

A 有阀型潜孔冲击器

有阀型潜孔冲击器是由配气机构的阀片控制压气的进排气路来推动活塞进行前后运动。它的结构简单、启动灵活。但在阀片换向时高压气有瞬时短路现象,耗气量较大、阀片易损坏,不适应压力变化幅度过大。有阀型潜孔冲击器按排气方式又分为旁侧排气式和中心排气式两种。旁侧排气式冲击器使用最早,工作时的废气及部分压气由冲击器缸体上的专门孔道排至孔壁后,再进入孔底。旁侧排气式潜孔冲击器的构造较简单,零件较少。但它的缺点明显:排粉效果较差,尤其是下向孔;对钻头的冷却效果较差;进排气路较多,压力损失较大;内缸外壁铣有大量凹槽及径向孔,应力集中突出,对热处理的反应敏感,工艺性较差。

中心排气式潜孔冲击器在工作时,废气及部分压气从活塞和钻头的中空孔道直接排入孔底。它的结构较复杂,加工精度要求较高,但基本消除了旁侧排气式冲击器的缺点,更适用于潜孔钻进的条件和要求。目前,冲击器多为中心排气冲击器。国产J系列的J-200B型冲击器为中心排气式,采用自由板阀配气、双缸体结构,结构如图3-75所示。国产部分潜孔冲击器的主要技术参数如表3-45所示。

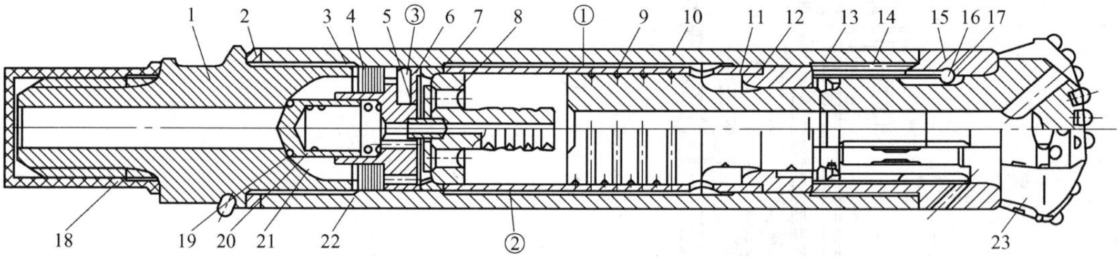

图3-75 J-200B型冲击器结构图

1—后接头;2—钢垫圈;3—调整圈;4—碟形簧;5—阀盖;6—节流阀;7—阀片;8—进气座;9—活塞;10—外缸;11—内缸;12—衬套;13—柱销;14—弹簧;15—卡钎套;16—钢丝;17—圆键;18—保护罩;19—密封圈;20—逆止塞;21—弹簧;22—磨损片;23—钻头;①—防空打孔;②—环形腔;③—孔

表3-45 国产部分低压潜孔冲击器的主要技术参数

型号		钻孔直径 /mm	单次冲击功 /J	冲击频率 /Hz	工作气压 /MPa	耗气量 /$m^3\cdot min^{-1}$	全长 /mm	质量 /kg
嘉兴冶金机械厂	J-80B	85~90	108	16	0.63	6	854	23.5
	J-100B	110~120	165	16		9	870	35.6
	J-150B	155~165	400	16		15	1012	97.0

续表 3-45

型号		钻孔直径 /mm	单次冲击功 /J	冲击频率 /Hz	工作气压 /MPa	耗气量 /m³·min⁻¹	全长 /mm	质量 /kg
嘉兴冶金机械厂	J-200B		520	17.2	0.63	24	1249	195
	J-80C		135	15.8		6.6	876	25.5
长沙矿山研究院机械厂	J-60C	65	47	8.3	0.4~0.7	4	828	10.2
	J-80B	85~100	88.2	14			775	16.5
	J-90	85~100					801	19
	J-100B	110~140	147	13.7		9	790	35
	J-150B	155~165	323.4	13.3		16	990	82
	J-170B	175~185	411.6	13.3		18	1153	115

B 无阀型潜孔冲击器

无阀型潜孔冲击器控制活塞往复运动的配气系统布置在活塞或气缸壁上，当活塞运动时，自动进行配气。它取消了有阀型冲击器的复杂配气机构，代之以简单的配气气路，气道路程短，压力损失小，结构简单。此外，由于利用压气的膨胀功，推动活塞继续运动，从而减少了压气消耗。无阀型潜孔冲击器的出现与发展，从根本上消除了有阀型潜孔冲击器的缺点。但进气时间受限制，气缸内的平均气压较低，冲击能较小。它更适合在工作气压 0.7 MPa以上时应用。国产无阀配气的 W 系列冲击器，其结构如图 3-76 所示。QCW 系列低气压潜孔冲击器的主要技术参数如表 3-46 所示。

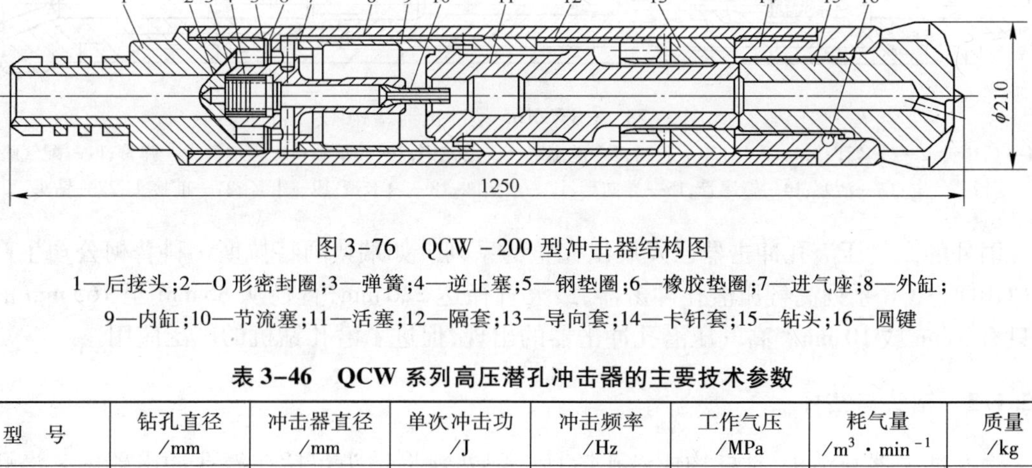

图 3-76 QCW-200 型冲击器结构图

1—后接头；2—O 形密封圈；3—弹簧；4—逆止塞；5—钢垫圈；6—橡胶垫圈；7—进气座；8—外缸；9—内缸；10—节流塞；11—活塞；12—隔套；13—导向套；14—卡钎套；15—钻头；16—圆键

表 3-46 QCW 系列高压潜孔冲击器的主要技术参数

型号	钻孔直径 /mm	冲击器直径 /mm	单次冲击功 /J	冲击频率 /Hz	工作气压 /MPa	耗气量 /m³·min⁻¹	质量 /kg
QCW54	64~80	54	40	18	0.5~0.7	3	12
QCW70	76~90	67	70	15		4	16
QCW80	90~100	80	140	15		5	22
QCW100	110~150	104	250	14		8	36
QCW130	150~175	128		14		12	64
QCW150	175~200	142	380	15	0.6~0.7	15	87
QCW200	200~250	185	500	14		20	165
QCW250	250~300	220	600	14		30	210

C 高气压潜孔冲击器

为提高潜孔钻机的凿岩速度，增加冲击器的冲击功率是关键。理论分析表明，冲击器的冲击功率与工作气压、活塞受压面积的3/2次方成比例，与活塞行程的1/2次方成比例。若增加活塞受压面积和减少活塞行程，将导致凿岩机尺寸和重量的增加，但气缸直径受炮孔直径的限制不能做得很大。而提高工作气压则是最有效、简单易行的途径。20世纪70年代中期，高气压潜孔冲击器及球齿钻头（见图3-77）被研制了出来，它使得潜孔钻机的钻进速度大为提高，同时解决了钻孔偏斜和钻头使用寿命过短的技术难题。高气压潜孔冲击器是指工作压力等于或大于1.05 MPa的潜孔冲击器。它在钻孔直径为85～220 mm时，钻进速度介于液压凿岩钻车和牙轮凿岩钻机之间。

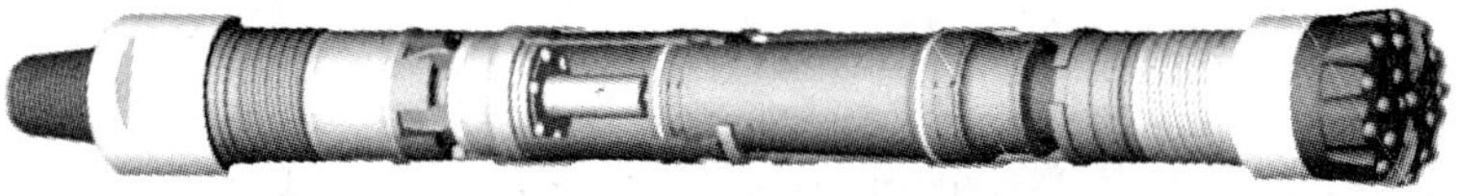

图3-77 高压冲击器示意图

高气压潜孔冲击器采用结构简单、效率较高的无阀冲击器，可节省压气的消耗。CGWZ165型冲击器的结构如图3-78所示。

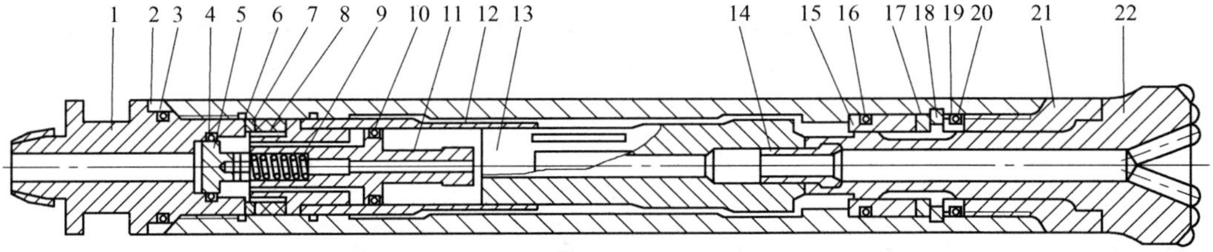

图3-78 CGWZ165型冲击器结构图

1—后接头；2—外套管；3,4,10,16,20—胶圈；5—逆止塞；6—尼龙销；7—后垫圈；8—蝶形簧；9—弹簧；11—配气座；12—气缸；13—活塞；14—钎尾管；15—导向套；17—前垫圈；18—内卡簧；19—卡环；21—前接头；22—钻头

国外的高气压潜孔冲击器已发展出完整的系列。如瑞典阿特拉斯·科普柯公司生产的SECOROC COP系列高气压潜孔冲击器，最大直径达220 mm，直径从85 mm至165 mm的级差只有5 mm或10 mm。高气压潜孔冲击器的出现，促进了潜孔钻机的广泛应用。

3.5.1.3 钻头与钻杆

潜孔冲击器与钻头、钻杆构成潜孔钻具。国外常将钻头包括在潜孔冲击器内。潜孔冲击器用钻头可分为整体钻头和分体钻头。按钻刃形状的不同，又分为刃片、球齿及复合（复合片齿式）钻头。

A 刃片钻头

潜孔冲击器用钻头过去多使用带超前刃十字形钻头和十字形钻头。十字形和X形钻头可实现中心排气吹渣。X形钻头与十字形钻头相比，重复凿痕次数较少，能防止钻孔的断面负荷不均匀现象，使成孔较圆，适于大直径钻孔。十字形钻头的一字形超前刃在前面先凿一个小孔,起定位作用(见图 3-79)。

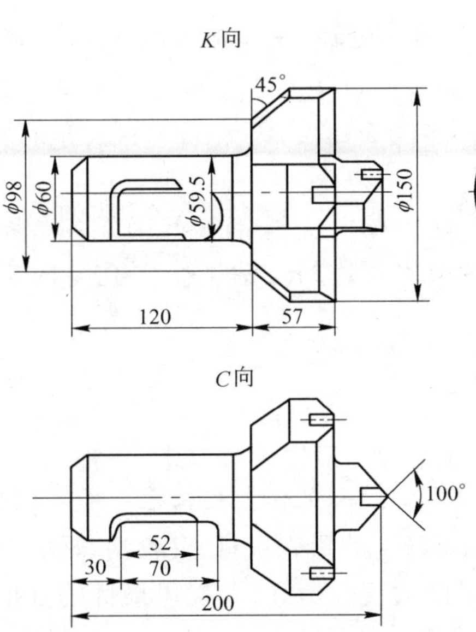

图 3-79 十字形带超前刃钻头

刃片钻头的缺点是钻刃磨损不均匀,钻刃距钻头中心越远,承受的负荷越大,磨钝越快;刃片磨钝较快,需要经常修磨;当钻头侧面磨损后,钻头体呈锥形而易于卡钻。潜孔钻头直径越大,上述弊端越突出。目前,刃片钻头已逐渐被球齿式钻头取代。

B 球齿钻头

球齿钻头按头部的翼部数目可分为二翼形、三翼形和四翼形钻头。二翼形钻头多用于小直径的冲击器。三翼形钻头的翼部强度较大,适于硬岩钻孔。四翼形钻头的排渣间隙较大,适于中硬以下岩石。按钻头端部的外形可分为平头型、圆弧头型、中间凹陷型和中间凸出型(见图 3-80)。圆弧头型和中间凸出型钻头的特点类似于带超前刃的刃片钻头。中间凹陷型钻头在凿岩时,产生突出的岩核,可起定心作用,能较好地控制钻孔的方向。

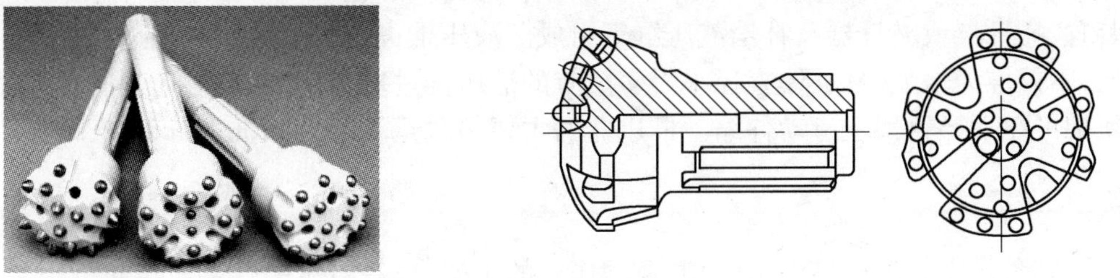

(a) (b)

图 3-80 球齿钻头

(a) 平头型和中间凹陷型;(b) 圆弧头型(J-200 型冲击器采用的四翼形钻头)

球齿钻头与刃片钻头相比,具有如下特点:球齿钻头在钻孔过程中有自修磨性能,钻进速度较稳定;可根据受力状态合理布置球齿;球齿的嵌装工艺简单。

C 钻杆

潜孔钻机利用钻杆将冲击器及钻头送至孔底，传递轴推力和转矩，并通过中空孔道向冲击器输送压气。钻杆在钻孔中要承受冲击振动、扭矩及轴压力等复杂负荷的作用，其外壁又受孔壁和岩渣的强烈摩擦及磨蚀，工作条件十分恶劣。钻杆要求有足够的强度、刚度和冲击韧性。

潜孔钻机的钻杆为中空钻杆，一般由厚壁无缝钢管及两端的焊接接头而制成。地下潜孔钻机的钻杆较短，长度一般为 0.8～1.3 m，钻一个深孔有时需要十几甚至几十根钻杆。

3.5.2 掘进凿岩台车

自 20 世纪 70 年代世界各国大量应用液压凿岩设备以来，各种用途的凿岩台车不断发展。凿岩台车按应用场所分为掘进台车、采矿台车和露天台车。掘进凿岩台车是一种在底盘上装有多台(或一台)液压凿岩机的可行走的凿岩机械，又称凿岩钻车或钻孔台车。凿岩台车可以精确定位，又能接杆钻凿较深的大直径炮孔，并提供最优的轴推力。同时，一人就能操纵台车的多台凿岩机，甚至还可远离工作面进行遥控操作。它是机械化程度较高的凿岩机械，可以提高凿岩效率，节省劳动力，改善劳动条件。凿岩台车的应用标志着凿岩机械化水平进入一个更高阶段。凿岩台车按使用动力可分为气动台车和液压台车，目前以液压凿岩台车应用最广泛。掘进台车选用的主要依据是岩巷的断面规格、掘进速度及费用等。

3.5.2.1 掘进凿岩台车的组成

掘进凿岩台车主要由推进器及凿岩机、钻臂、行走底盘、动力系统及操纵台组成。动力系统包括压气、水、电和液压系统。掘进台车的凿岩机、推进器、钻臂的动作控制阀及指示仪表等都集中设在操纵台上，进行集中操作。国外生产厂家已将上述各主要部件设计制成标准模块，由标准系列的底盘、钻臂和推进器，可组成多种不同规格的系列化掘进凿岩台车。

A 推进器

推进器是安装凿岩机并给以轴推力，使其工作的部件。它由导轨及托架、凿岩机滑架、推进装置、托钎器或夹钎器及补偿液压缸等组成。液压推进器采用液压缸推进，与气缸推进器相比，不仅推力增大，且缸体直径小得多。有的液压推进器为增加行程，还具有伸缩功能，上导轨架可在下导轨架上滑动伸缩。推进器的主要参数是轴推力和推进行程。

B 行走底盘

行走底盘是安装工作机构、动力源及操作台的机架，也是台车的行走与转向机构。它主要由行走机构、底架和稳车装置组成。稳车方式以液压缸支撑底板为最普遍。行走底盘除个别轻型台车需用外力拖曳外，一般都装有动力装置。底盘按行走方式分为轨轮式、轮胎式和履带式三类。轨轮式底盘一般用于采用轨道运输的小断面掘进凿岩台车。履带式底盘多用于露天，地下很少使用。轮胎式底盘机动灵活，可移动到任何地方，被广泛应用。底盘按结构形式可分为整体底盘和铰接底盘。铰接底盘的转弯半径小，在地下得到了广泛的应用。

C 动力系统

台车上的动力系统包括电、水、压气和液压系统,其中电、水、压气系统较为简单。液压系统在气动凿岩台车上只用于钻臂和推进器的调幅、定位动作。全液压凿岩台车的液压系统除具有上述各功能外,还具有运转和控制液压凿岩机及台车的行走、稳车的全部功能。液压系统包括独立的冲击回路、回转回路、推进回路、钻臂运动回路和行走及支撑稳定回路。每个回路都有一个或多个控制杆和控制阀系统。液压油由齿轮泵或柱塞泵❶输入回路,而液压泵则由电机或柴油机驱动。国外液压凿岩台车的液压系统由各标准化模块与管路系统组成,动力站、操作台等都是标准部件,其结构紧凑、工作可靠,便于按不同要求组成不同的液压系统。

一般液压系统可实现半自动凿岩,在凿岩过程中除少量人工扳动手柄操作外,其余全部实现自动控制,钻孔完毕后可自动停钻并退回。现在国外已有全自动的凿岩台车,它完全由计算机控制,又称为凿岩机器人。

3.5.2.2 钻臂

钻臂是凿岩台车的关键部件,它支撑并移动推进器,可以灵活准确地调整凿岩机的位置与方向,能有效地钻凿工作面上不同位置及角度的炮孔。钻臂主要由转柱、主支臂、托架及各支撑液压缸组成。位于支臂前部的托盘用来支承推进器及其上的凿岩机。国外生产厂家已将钻臂组成部件设计成标准模块,可以方便地组成不同型号与规格的系列化液压凿岩台车。

钻臂的性能取决于往复或回转液压缸的数量及布置方式。现有钻臂的各种形式的分解动作,可分析归纳如图 3-81 及表 3-47 所示。

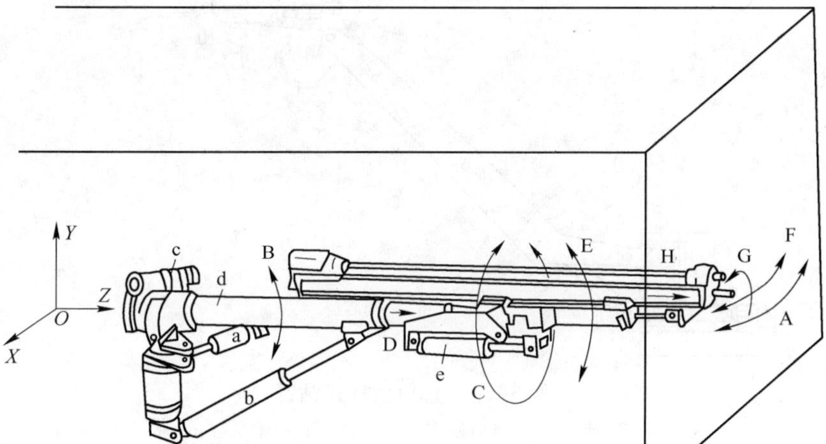

图 3-81 钻臂的分解动作

❶ 柱塞泵是通过柱塞在柱塞孔内往复运动时密封工作容积的变化来实现吸油和排油的。由于柱塞与缸体内孔均为圆柱表面,滑动表面配合精度高,因此柱塞泵的泄漏小,容积效率高,可在高压下工作。变量泵是根据负载要求速度而调节泵的输出流量,或根据负载大小而要求调节泵的输出压力。

表 3-47 钻臂分解动作

动作名称	分解动作	驱动液压缸
摆 臂	钻臂绕垂直轴 Y 摆动	液压缸 a
起 落	钻臂绕横向水平轴 X 摆动	液压缸 b
旋 转	钻臂前部绕纵向水平轴 Z 转动	部件 c
伸 缩	钻臂前部沿纵向水平轴 Z 方向移动	臂体内的伸缩液压缸 d
仰 俯	推进器绕横向水平轴 X 上下摆	液压缸 e
摆 角	推进器绕垂直轴 Y 水平摆动	（图中未画）
翻 转	推进器绕纵向水平轴 Z 方向旋转	（图中未画）
补 偿	推进器沿纵向水平轴 Z 方向转动	（图中未画）
转臂（图中未画）	钻臂绕纵向水平轴 Z 转动	（图中未画）

根据凿岩作业的实际需要，只需选取上述几种分解动作便可组成某种形式的钻臂，如CTJ－3型掘进台车的B25JD型钻臂就是由转臂、起落、仰俯和补偿等分解动作组成的。钻臂根据结构特点及运动方式，可分为直角坐标式、极坐标式、复合坐标式和直接定位式四种类型。

A 直角坐标钻臂

直角坐标钻臂是利用支臂液压缸和摆臂液压缸，使支臂按直角坐标上下左右移动方式确定孔位，又称摆动式钻臂（见图3-82）。钻臂的前部可绕自身轴线旋转，使推进器可绕支臂轴线旋转180°、270°或360°，便于钻凿底孔和周边孔。推进器通过仰俯和水平摆动液压缸来调整自身的角度和方向。

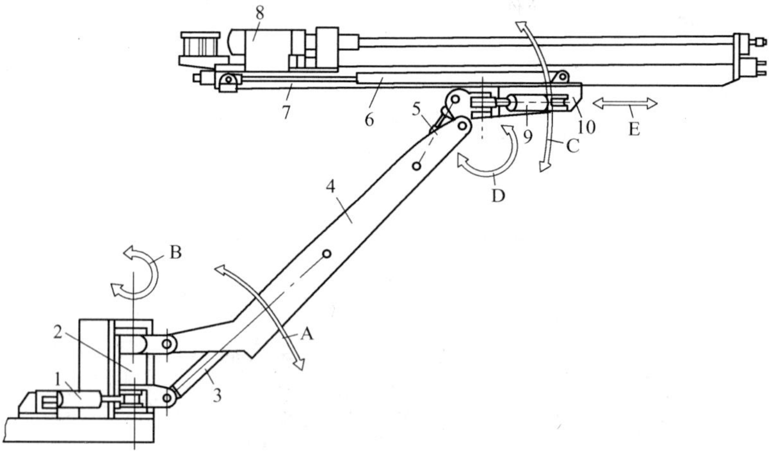

图 3-82 直角坐标式钻臂

1—摆臂缸；2—转柱；3—支臂缸；4—主支臂；5—仰俯角缸；6—补偿缸；7—推进器；8—凿岩机；9—摆角缸；10—托架；A—钻臂升降；B—钻臂水平回转；C—托架仰俯角；D—托架水平摆角；E—推进器补偿运动

直角坐标钻臂属于传统钻臂，它的结构简单、通用性强、定位直观，适合钻凿不同排列方式并带有各种角度的炮孔。但它使用的液压缸较多，在确定孔位时的操作程序较复杂。直角坐标钻臂由于存在较大的凿岩盲区❶，不能用于只有一个钻臂的凿岩台车上。

❶ 凿岩盲区是指在钻臂的各种定位范围内存在始终无法凿岩的区域。

B 极坐标钻臂

极坐标钻臂又称旋转钻臂，炮孔位置按极坐标运动的原理，由钻臂根部的旋转角度与钻臂升降角度来确定(见图3-83)。它与直角坐标钻臂相比，减少了液压缸数量。极坐标钻臂在炮孔定位时，只需做图中 A ~ D 的四种动作。

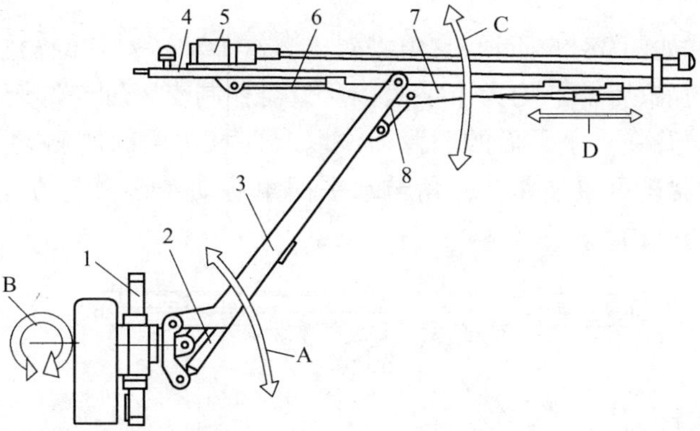

图 3-83 极坐标式钻臂

1—齿轮齿条式回转机构；2—支臂缸；3—主支臂；4—推进器；5—凿岩机；6—补偿缸；7—托架；8—仰俯角缸；A—钻臂升降；B—钻臂回转；C—托架仰俯角；D—推进器补偿运动

极坐标钻臂在确定孔位时的操作程序少、时间短，对顶板、侧帮和底板处的周边炮孔，都可贴近岩壁钻凿。但它不能钻凿楔形、锥形掏槽孔等倾斜炮孔，同时操作移位的直观性差，对于在回转中心线以下的炮孔，需将推进器翻转后凿岩。这样，将使钎杆位于下面凿岩，卡钎时难以及时发现和处理。

C 复合坐标钻臂

复合坐标钻臂如图 3-84 所示，它有一主支臂 4 和副支臂 6，其液压缸的布置与直角坐标钻臂相同，主支臂的根部还有齿轮齿条组成的回转机构1。复合坐标式钻臂综合了直角

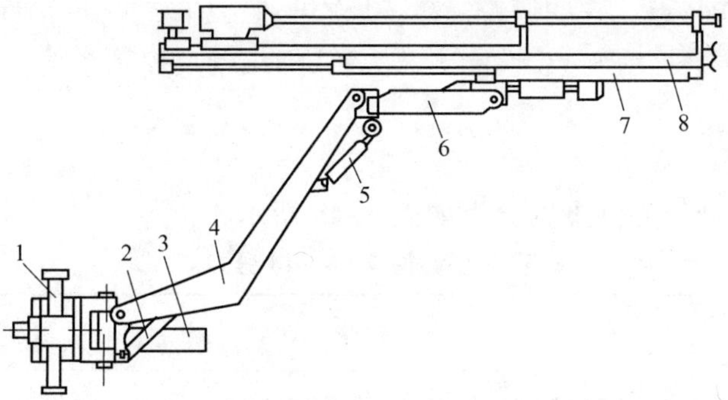

图 3-84 复合坐标式钻臂

1—齿轮齿条式回转机构；2—支臂缸；3—摆臂缸；4—主支臂；5—仰俯角缸；6—副臂；7—托架；8—伸缩式推进器

坐标式和极坐标式钻臂的特点。

复合坐标钻臂能钻凿任意方向的炮孔,消除了凿岩盲区。它既能钻正面孔,又能钻两侧任意方向的炮孔及垂直向上的锚杆孔。但它的结构复杂,外形笨重。复合坐标钻臂一般用于大型凿岩台车。

D 直接定位式钻臂

直接定位式钻臂如图3-85所示,它由一对支臂缸1和一对仰俯角缸3组成钻臂的变幅与平移机构。钻臂的前、后节点均为十字铰接。只需控制支臂缸与仰俯角缸的协调工作,便可使钻臂作垂直面的升降与水平面的摆臂动作以及任意角度的倾斜动作,这时推进器可随着平移。此外,推进器还可单独作仰俯角与水平摆角运动。钻臂前方还装有推进器的翻转机构4和托架的回转机构5。

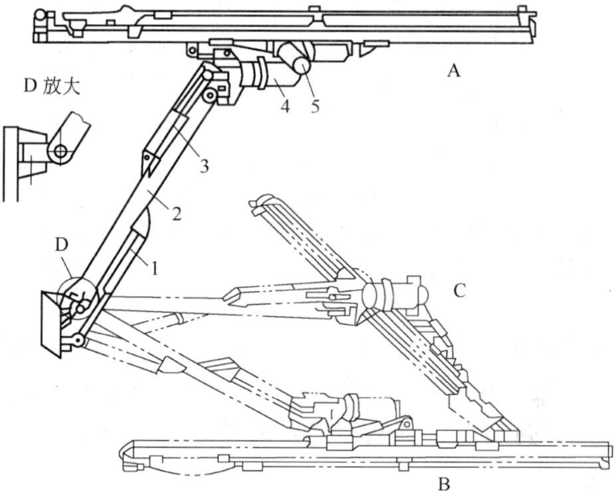

图3-85 直接定位式钻臂

A—上部钻孔位置;B—下部钻孔位置;C—垂直侧面钻孔位置;D—十字铰接;
1—支臂缸;2—主支臂;3—仰俯角缸;4—推进器翻转机构;5—托架回转机构

直接定位式钻臂既能钻凿正面的平行孔和倾斜孔,又能钻凿垂直侧壁、垂直向上及任意角度的炮孔,具有万能特点。它的调位简单,动作迅速,具有空间平移性能,操作运转平稳,定位准确可靠,无凿岩盲区等特点,性能十分完善,但结构及控制系统复杂。

E 各类钻臂的比较

上述四类钻臂的动作元件配置分类如表3-48所示。

表3-48 钻臂4-6-18分类表

运动方式	分类符号	动作元件配置	配置符号	凿岩范围图形代号
直角坐标式	XY	1. 摆臂+支撑-仰俯+摆角+补偿	XY-YXZ	①
		2. 摆臂+支撑-仰俯+摆角+翻转+补偿	XY-YXRZ	②
		3. 摆臂+支撑-伸缩+仰俯+摆角+补偿	XY-ZYXZ	①
		4. 摆臂+支撑-伸缩+仰俯+摆角+翻转+补偿	XY-ZYXRZ	②

续表 3-48

运动方式	分类符号	动作元件配置	配置符号	凿岩范围图形代号
极坐标式	R	5. 转臂 + 支撑 − 仰俯 + 补偿	RY − YZ	④
		6. 转臂 + 摆臂 + 支撑 − 仰俯 + 补偿	RXY − YZ	④
		7. 转臂 + 支撑 − 伸缩 + 仰俯 + 补偿	RY − ZYZ	④
		8. 转臂 + 支撑 − 仰俯 − 仰俯 + 摆角 + 补偿	RY − Y − YXZ	④
		9. 摆臂 + 转臂 + 支撑 − 仰俯 + 补偿	XRY − YZ	④
复合坐标式	XY − R	10. 摆臂 + 支撑 − 旋转 + 仰俯 + 摆角 + 补偿	XY − RYXZ	③
		11. 摆臂 + 支撑 − 旋转 + 伸缩 + 仰俯 + 摆角 + 补偿	XY − RZYXZ	③
		12. 摆臂 + 支撑 − 旋转 + 仰俯 + 补偿	XY − RYZ	③
	RXY	13. 转臂 + 摆臂 + 支撑 − 仰俯 + 摆角 + 补偿	RXY − YXZ	④
		14. 转臂 + 摆臂 + 支撑 − 伸缩 + 仰俯 + 摆角 + 补偿	RXY − ZYXZ	④
直接定位式	A − V	15. 后三角支撑 − 前三角摆动 + 补偿	A − VZ	⑤
		16. 后三角支撑 − 前三角摆动 + 翻转 + 补偿	A − VRZ	⑥
		17. 后三角支撑 − 伸缩 + 前三角摆动 + 翻转 + 补偿	A − ZVRZ	⑥
	A − R	18. 后三角支撑 − 伸缩 + 旋转 + 摆角 + 仰俯 + 补偿	A − ZRXYZ	⑥

凿岩范围图形

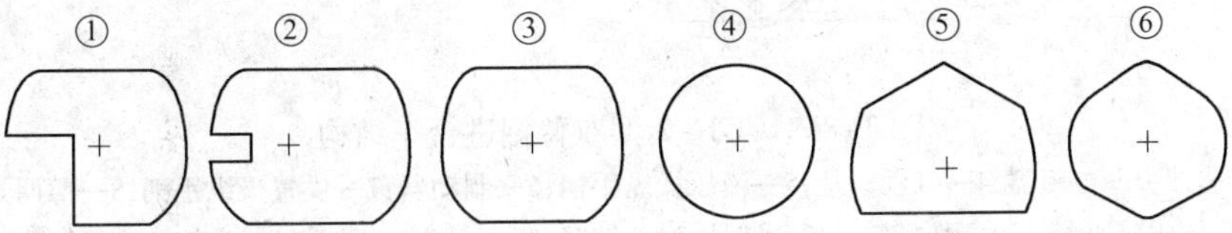

每种钻臂都具有各自的特点，适用于一定的条件。因此，选择适宜的钻臂类型十分重要。它们从功能和使用上的比较如表 3-49 所示。

表 3-49 各类钻臂的比较

钻臂类型		可钻范围利用率	适用单臂台车	适于掏槽孔	转动惯量	操作性
直角坐标式	XY	高	否	任意	最小	好
极坐标式	R	低	是	直线，不适合锥形及部分垂直楔形	最大	较差
复合坐标式	XY − R	高	是	任意	稍大	较好
	RXY	低	是	任意	最大	较好
直接定位式	A − V	低	是	任意	最小	最好
	A − R	低	是	任意	稍大	好

从表 3-49 中的比较可见：

(1) 极坐标钻臂的缺点较多，属于被淘汰产品，实际上已很少采用；

(2) 复合坐标中 XY − R 类钻臂由于综合性能优越，适用范围广；

(3) 直接定位式 A − V 类钻臂可节省对炮孔移位的时间，操作直观，为国外一些著名生产厂家所采用。

3.5.2.3 气动掘进凿岩台车

气动掘进凿岩台车采用气动凿岩机、气动推进器及稳车装置，有的行走机构也采用气动马达，而钻臂则采用液压系统。它多用于小断面的岩巷掘进作业。20 世纪 60 年代至 70 年代，我国各地自行研制出多台气动掘进台车。其中 CGJ－2 型掘进台车为双臂轮轨式，1975 年 8 月通过技术鉴定，其结构如图 3-86 所示。

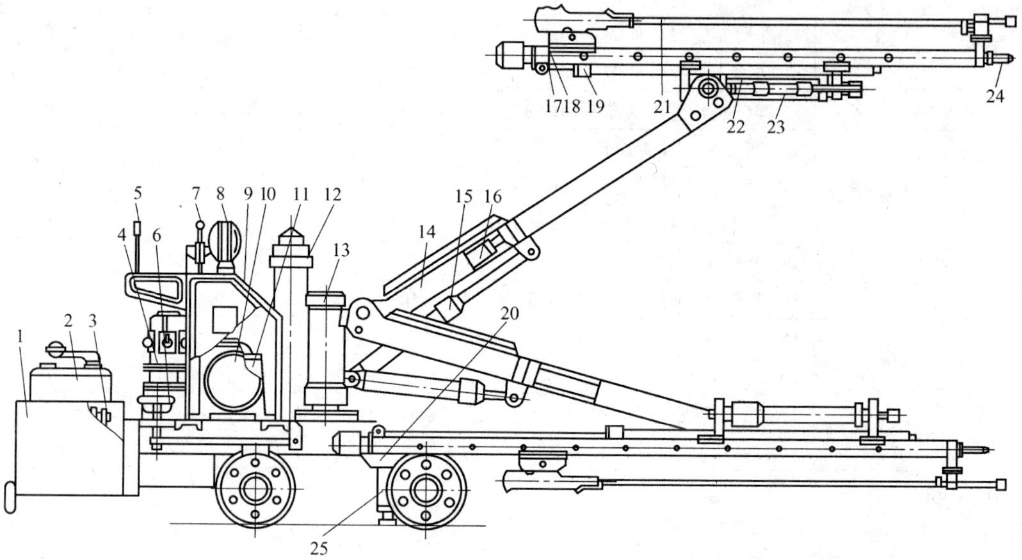

图 3-86 CGJ－2 型双臂掘进台车结构

1—挂斗；2—控制器；3—电阻器；4—气动马达；5—液压操纵手柄；6—制动器；7—供气操纵手柄；8—照明灯；9—操纵台；10—电动机；11—减速器；12—顶向气缸；13—转柱；14—钻臂；15—起落液压缸；16—仰俯角液压缸；17—凿岩机；18—推进器；19—补偿液压缸；20—车架；21—钎杆；22—回转液压缸；23—摆角液压缸；24—顶尖；25—支撑气缸

CGJ－2 型掘进台车采用 YT30 型气动凿岩机，钻臂为直角坐标式，内四连杆平移机构。推进器 18 为气动马达—螺杆式，一次推进行程为 1800 mm。在推进器底部装有一个回转液压缸 22，可使推进器导轨架翻转 0°～180°，用以减少打底孔的角度，使周边孔尽量接近设计轮廓。补偿液压缸 19 用于钻臂在变幅过程中，使推进器顶尖 24 能始终顶到工作面的岩石上。稳车装置由一个安装在车架上的顶向气缸 12 和车架下部的两个支撑气缸 25 组成，用于凿岩作业时固定台车。台车自重为 1.8 t，行走由直流电机驱动。适用的掘进断面为 3.6～9 m^2。

CTJ－3 型（原 CTJ700－3 型）三臂掘进台车为轮胎式，配用 YG80 或 YGZ70 型导轨式凿岩机，钻臂为极坐标式，动作组合为转臂、起落、仰俯和补偿，推进器为气动马达—螺杆式。台车自重为 8 t，行走驱动采用气动马达。适用的掘进断面规格为 3.0 m×3.0 m～6.0 m×4.5 m。

3.5.2.4 液压掘进凿岩台车

液压凿岩台车采用液压凿岩机及液压推进器，钻臂及稳车采用液压系统，又称全液压台车。目前，瑞典的阿特拉斯·科普柯（Atlas Copco）公司和山特维克（Sandvik）公司是世界液压台车市场占有率最高的两大公司。它们生产系列齐全的液压凿岩机，并以轨轮式、轮胎式和履带式不同行走方式的底盘及系列化的钻臂组成不同功能的液压凿岩台车（见图 3-87）。

法国塞科马(Secoma)公司生产液压台车较早,英国博特(Boart)国际公司、日本古河公司等开发液压台车较晚,但发展很快。

(a)

(b)

图 3-87 液压掘进凿岩台车

(a) Atlas Copco Boomer M2D 型凿岩台车;(b) Sandvik DT12 型凿岩台车

液压凿岩台车配用液压凿岩机,具有功率大、凿速快、机械化程度高等特点。它的液压钻臂可以伸展很大,便于在大断面上进行凿岩(见图 3-88)。单臂凿岩台车用于掘进 10 ~ 30 m^2 的断面,双臂凿岩台车用于掘进 20 ~ 120 m^2 的断面,三臂凿岩台车适用于掘进 50 ~ 200 m^2 的断面。

国外在液压凿岩台车实用化的同时,便开始引入计算机技术和自动控制技术,具有程序控制、自动对孔位、自动推进等功能。推出了具有机器人特征的半自动计算机辅助凿岩台车及全自动凿岩台车,后者也称凿岩机器人。

A 阿特拉斯·科普柯掘进液压凿岩台车

瑞典阿特拉斯·科普柯公司生产的 Boomer 系列❶液压掘进台车,钻臂数量为 1 ~ 3,可用于 6 ~ 187 m^2 的掘进断面。Boomer 104 型单臂凿岩台车是专为小断面岩巷、横巷及上向钻孔设计的(见图 3-89)。直接定位式钻臂可在各方向准确定位,配用 COP 1838ME 型液压凿岩机。用一个手柄可快速控制钻臂的摆动(±30°)与俯仰(+55°, -45°)。主支臂可伸出 900 mm,根部可旋转 360°,推进器可回转 ±114°,上仰 18°,下俯 65°。设有防卡钎系统,用回转压力控制推进力。台车采用铰接底盘,四轮驱动。

---

❶ 在 2008 年前称为“Rocket Boomer”系列。

(a)

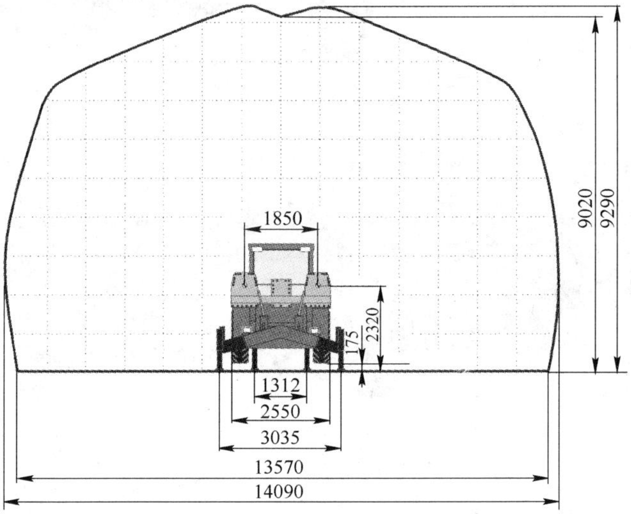

(b)

图 3-88 Boomer E2C 型掘进凿岩台车

(a) 钻臂水平伸出状态;(b) 最大凿岩断面

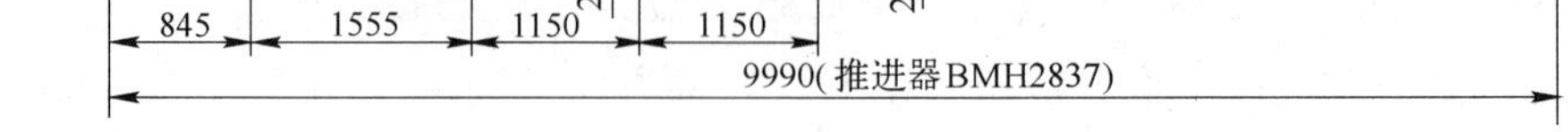

图 3-89 Boomer 104 型液压掘进台车

Boomer WE3C 型是由计算机控制的,自动钻进的三臂凿岩台车(见图 3-90)。RCS 凿岩控制系统可保证高效钻进,并具有综合故障诊断系统,能及时识别故障所在。钻臂为直接定位式,可快速、准确地在两炮孔之间移位,并自动保持平移。此外,它还装有工作平台,用于撬浮石、装药、安装锚杆及维修台车等。其支臂可向上、下起落 60°、30°或横向摆臂 40°。台车采用铰接底盘，四轮驱动，柴油机为低污染型。台车上还有电缆卷筒、增压水泵、小空压机等。阿特拉斯·科普柯公司 Boomer 系列部分最新的掘进凿岩台车的主要技术规格如表 3-50所示。

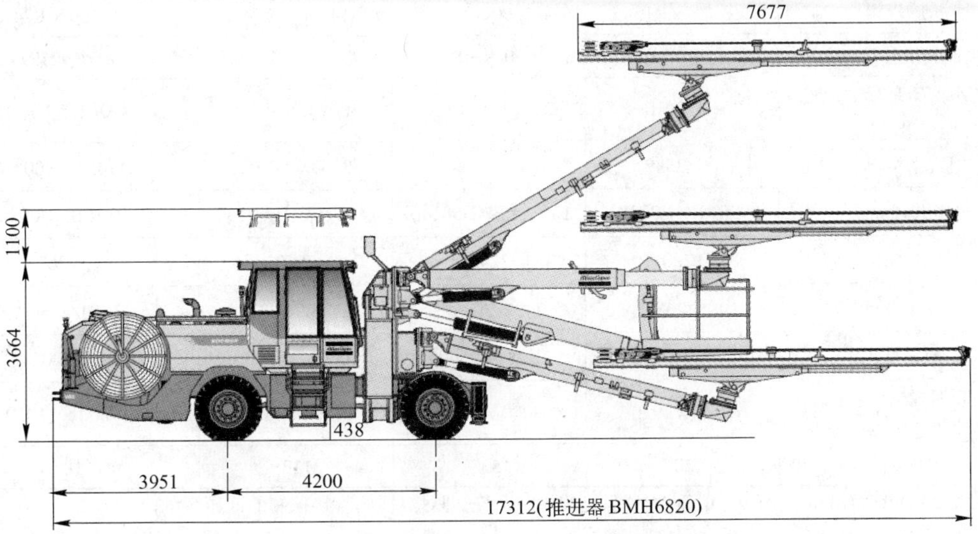

图 3-90 Boomer WE3C 型液压凿岩台车

表 3-50 阿特拉斯·科普柯公司 Boomer 系列部分掘进凿岩台车的主要技术规格

部件及性能	Boomer 104	Boomer M2D	Boomer E2C	Boomer WE3C
凿岩机型号	1 × COP1638/1838ME	2 × COP 1838ME/2238	2 × COP1838ME/2238	3 × COP1838ME/2238
钻孔最小直径/mm	51 ~ 64	51 ~ 64	51 ~ 64	51 ~ 64
钻孔深度/mm	2220 ~ 3400	3440 ~ 4670	4040 ~ 6140	4040 ~ 6140
钻臂型号、数量	1 × BUT 4B	2 × BUT 32	2 × BUT 45M	3 × BUT 45L
大臂伸缩/mm	900	1800	1800	1800
钻臂回转/(°)	360	360	360	360
推进器数量、型号	1 × BMH2825 ~ 2837	2 × BMH6812 ~ 6816	2 × BMH6814 ~ 6821	3 × BMH6814 ~ 6821
推进器长度/mm	4090 ~ 5290	5290 ~ 6500	5880 ~ 7980	5880 ~ 7980
推进补偿/mm	1500	1800	1800	1800
推进力/kN	15	20	22	22
凿岩控制系统	DCS①	DCS	RCS②	RCS
总功率/kW	59	158	158	237
液压泵电机功率/kW	1 × 55	2 × 75	2 × 75	3 × 75
底盘型号	DC4			

续表 3-50

部件及性能	Boomer 104	Boomer M2D	Boomer E2C	Boomer WE3C
发动机型号	Deutz F4L 912W	Deutz TCD 2013 L04	Deutz TCD 2013 L04	Deutz TCD 2013 L06
额定功率(2300r/m)	42 kW (57 hp)	120 kW (160 hp)	120 kW (160 hp)	173 kW (235 hp)
输出转矩(1600r/m)	198 N · m	618 N · m	618 N · m	907 N · m
轮胎规格	8.25 × R15	12.00 × R24	14.00 × R24	14.00 × R24
空压机最大供气量/$L \cdot s^{-1}$	4.4(0.7 MPa)	26(0.9 MPa)	26(0.9 MPa)	26(0.9 MPa)
冲洗水增压泵最大流量/$L \cdot min^{-1}$	80(0.7 MPa)	250(1.5 MPa)	300(1.5 MPa)	300(1.5 MPa)
回转半径/mm	4400/2539③	6600/3700③	8648/4800③	11450/5900③
长度/mm	9990(BMH2837)	13837(BMH6814)	14729(BMH6916)	17070(BMH6920)
宽度/mm	1220	2245	2550	2926
高度/mm	1985/2685④	2302/3019④	2518/3144④	3660/4760④
质量/kg	9000	21500 ~ 25600	30000 ~ 39000	44500
最大断面规格(宽 × 高)/mm × mm	4570 × 4910	9000 × 6450	14090 × 9290	19800 × 11050
最大面积/m^2	20	53	112	187

① DCS(Direct Controlled Drilling System)为直接控制系统,即对液压阀直接控制的液压系统;
② RCS(Rig Control System)为台车控制系统;
③ 斜线上为外侧回转半径,斜线下为内侧回转半径;
④ 斜线上为最小高度(驾驶舱顶篷降下状态),斜线下为最大高度(顶篷升起)。

B 山特维克掘进液压凿岩台车

原芬兰汤姆洛克(Tamrock)公司现已是瑞典山特维克(Sandvik)公司的子公司。从2008年6月开始,统一采用山特维克(Sandvik)品牌。现在的掘进凿岩台车型号与原汤姆洛克的型号对照,见表3-51。

表 3-51 山特维克公司掘进凿岩台车的型号与原汤姆洛克的型号对照表

Sandvik 新型号	Tamrock 原型号	Sandvik 新型号	Tamrock 原型号	Sandvik 新型号	Tamrock 原型号	Sandvik 新型号	Tamrock 原型号
DD 310	Axera5	DD210L①	Axera LP126XL	DD210 – V	Quasar NV	DT7②	Axera 7T
DD 320	Axera 6	DD120L①	Axera XLP	DD210	Quasar 1F	DT8②	Axera 8
DD 420	Axera 7	DD210L – V①	Axera rig			DT11②	Axera T11
DD 530	Axera 8					DT12②	Axera T12

① 为低矮型凿岩台车,专为南非低矮扁平矿体设计;
② 适用于隧道掘进的大型凿岩台车。

Sandvik DT 系列掘进凿岩台车为模块化设计,具有较高的灵活性和适应性,主要用于大断面的隧道掘进(见图3-91)。它采用较新的液压凿岩机,配备 Data TPC 电子控制液压的精确凿岩控制系统。台车还可用于锚杆支护工作。山特维克公司的部分掘进凿岩台车的主要技术规格如表3-52所示。

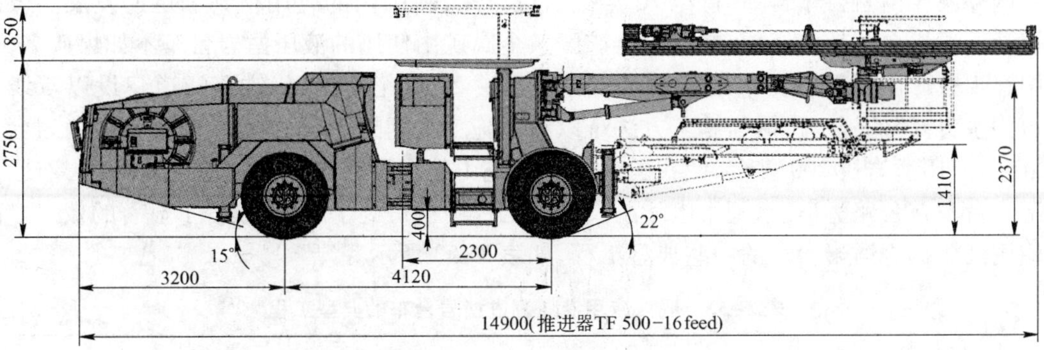

图 3-91 Sandvik DT8 型液压凿岩台车

表 3-52 山特维克公司部分掘进凿岩台车的主要技术规格

部件及性能	Sandvik DD210	Sandvik DD420	Sandvik DT8	Sandvik DT12
凿岩机型号	1×HL510S	2×HLX 5	2×HLX 5	3×HLX 5T
钻孔直径/mm	43～51	43～64	43～64	45～64
钻孔深度/mm	2440～3660		3660～6100	4270～6400
钻臂数量、型号	1×B14F	2×TB60	2×TB90 + basket (optional)	3×TB150 + basket (optional)
推进器数量、型号	1×CC2500	2×TF500－12 Fixed	2×TF 500－16	3×TF 500－18
补偿长度/mm	2000			
底盘型号	Quasar	TC7	TC8	TC12
发动机型号	Deutz F3L 912 W	MB OM904LA,	MB OM904LA	MB OM 906 LA
额定功率/kW	30	110	110	170
凿岩控制系统		2×THC560	Hydraulic THC/ Electric TPC	Data TPC
回转半径/mm	5100/3800	6300/3100	(7940～8300)/6040	
长度/mm	9090	12650	14900	17780
宽度/mm	1200	2240	2500	2900
高度(顶篷降下)/mm	2750(1950)	3200(2350)	3600(2750)	4680(3680)
质量/kg	9100	20500～23000	28000	42000
最大断面规格(宽×高)/m×m	4.4×5.5	6.4×10	8.5×14.5	11.9×18.6
断面积/m^2	24	8～60	12～111	20～195

注:回转半径的斜线上为外侧回转半径,斜线下为内侧回转半径。

C 液压掘进凿岩台车在我国的应用

我国自行设计制造的第一台全液压凿岩台车为 CGJ－2Y 型轨轮式双臂掘进台车,于 1980 年 9 月通过技术鉴定。它配用 YYG－80 型液压凿岩机,钻臂为直角坐标式,行走机构由交流电机—液压马达驱动。改革开放后,一些厂家与国外著名厂家合作生产液压凿岩台车。

国外液压凿岩台车自20世纪70年代引进以来,在国内的应用得到了迅速发展。煤矿使用液压凿岩台车较多,分布在几十个矿区。金属矿山使用的液压凿岩台车不如煤矿多,且集中在少数矿山,但在生产中也起到了重要作用。20世纪80年代铁路隧道建设以双线长隧道为主,传统的施工机械与施工方法难以满足施工工期的要求,为此引进了液压凿岩台车近百台,液压凿岩机200多台,使我国铁路隧道施工技术跨入国际先进行列。此外,液压掘进凿岩台车在公路隧道、水利水电隧洞及国防工程中也得到了应用,取得了显著的效果。国内应用液压掘进凿岩台车的一些典型工程,如表3-53所示。

表3-53 国内应用液压掘进凿岩台车的典型工程

使用单位	概 况
三山岛金矿	20世纪80年代引进法国Secoma公司4台水星14-1FP与2台Pluton 17型掘进台车,1990年产量达到日产1500t矿石的设计规模,成为国内重要黄金矿山
金川有色金属公司二矿	一期工程应用瑞典BoomerH127型与Boomer128型凿岩台车共7台,日生产能力817t矿石,超过设计规模20%。二期工程全部采用液压凿岩设备,日生产能力8000t
酒泉钢铁公司镜铁山铁矿	1987年引进Tamrock H207型掘进台车2台,采矿台车6台,无轨化生产,形成5000kt年生产能力,劳动生产率平均36.9t/工班,居全国之首
开滦矿务局	全局采用Secoma公司在国内生产的CTH10-2F型凿岩台车,掘进岩巷达1.85×10^4m,1992年台车掘进岩巷进尺占全局开拓巷道进尺14.6%,解决了采掘比失调问题
贵州开阳磷矿	1985年引进Tamrock公司Minimatic H107B凿岩台车与锚杆台车,掘进效率60m/台班($f=6\sim8$),提高了采场生产能力
京广复线大瑶山隧道	1983年引进Atlas Copco公司TH286型凿岩台车4台,完成全长14.3km的90%(断面89~118m^2),单口月均成洞99.2m,最高217m,提高掘进速度2~3倍
大秦铁路军都山隧道	应用Atlas Copco公司TH286型凿岩台车,创月进316m记录(断面100m^2)
鲁布革水电站	引水洞长9382m,应用日本古河JCH3-100C台车3台,掘进断面60.8m^2,平均月进227m,最高月进373.5m
汝城钨矿	应用国产CGJ-2Y型凿岩台车及YYG90A型液压凿岩机,掘进了400m岩巷,创月进250m记录
十三陵蓄能电站	应用国产化NH170型凿岩台车,累计掘进超过3700m隧洞

参考文献

[1] 徐小荷.采矿手册:第二卷[M].北京:冶金工业出版社,1990.
[2] 周鸿志,马飞,张文明,等.地下凿岩设备:地下采掘与工程机械设备丛书[M].北京:冶金工业出版社,2004.
[3] 洪达灵,顾太和,徐曙光,等.钎钢与钎具:特殊钢丛书[M].北京:冶金工业出版社,2000.
[4] 张国榉,符夷雄,张汉斌,等.钻车凿岩用中大直径钎头的研究[R].武昌,1994.8
[5] 本书编写组.中国冶金百科全书:采矿[M].北京:冶金工业出版社,1999.
[6] 东兆星,吴士良.井巷工程[M].徐州:中国矿业大学出版社,2004.
[7] 郭孝先,王路,黄圆月.国外液压凿岩设备[M].北京:地质出版社,1993.
[8] 吴立,闫天俊,周传波.凿岩爆破工程[M].武汉:中国地质大学出版社,2005.
[9] 甘海仁、杨永顺,李永星.我国凿岩机械现状[J].凿岩机械气动工具,2006(1)
[10] 王筑生,吴少斌.凿岩用锥形钎杆发展动态[J].凿岩机械气动工具,2007(2)
[11] 程巨强.钎钢材料的合金化设计及其材料选择[J].凿岩机械气动工具,2007(2)
[12] Atlas Copco公司.建筑与采矿设备产品样本.2008 and 2009.
[13] Tamrock公司.地下凿岩手册[M].中国冶金进口公司译.1985.

[14] Sandvik 公司．钻孔和凿岩设备、凿岩钻具和系统产品样本．
[15] 徐小荷,余静．岩石破碎学[M]．北京:煤炭工业出版社,1984.
[16] 孙延宗．硬质合金钎头在冲击—回转凿岩时的磨损——“荔枝皮”现象的探讨[J]．硬质合金使用交流,1966(1).
[17] 沈阳凿岩机械股份有限公司,天水凿岩机械气动工具研究所．JB/T1674—2004 气腿式凿岩机[S]．北京:中国标准出版社,2005.
[18] 阿特拉斯·科普柯(沈阳)建筑矿山设备有限公司．JB/T9853—2010 向上式凿岩机[S]．北京:机械工业出版社,2010.
[19] 南京工程机械厂有限公司．JB/T8718—2010 导轨式凿岩机[S]．北京:机械工业部机械研究所,2010.
[20] 天水风动机械有限责任公司．JB/T9846—2010 气动凿岩机用注油器[S]．北京:机械工业出版社,2010.
[21] 沈阳凿岩机械股份有限公司,天水凿岩机械气动工具研究所．JB/T7169—2004 导轨式液压凿岩机[S]．北京:机械工业出版社,2005.
[22] 贵阳钢厂,钢铁研究总院．GB/T6480—2002 凿岩用硬质合金钎头[S]．北京:中国标准出版社,2003.
[23] 贵阳特殊钢有限责任公司,钢铁研究总院,冶金工业信息标准研究院,等．GB/T1301—2008．凿岩钎杆用中空钢[S]．北京:中国标准出版社,2008.
[24] 贵阳钢厂,钢铁研究总院．GB/T6481—2002 凿岩用锥体连接中空六角形钎杆[S]．北京:中国标准出版社,2003.
[25] 贵阳特殊钢有限责任公司,钢铁研究总院,贵州三占集团实业有限公司,等．GB/T6482—2007．凿岩用螺纹连接钎杆[S]．北京:中国标准出版社,2008.
[26] 天水凿岩机械气动工具研究所．GB/T6374—2004 凿岩机械与气动工具尾柄和衬套配合尺寸[S]．北京:中国标准出版社,2004.
[27] 天水凿岩机械气动工具研究所．JB8684—1998．凿岩机械与气动工具安全要求[S]．北京:机械工业部机械标准化研究所,1998.
[28] 天水凿岩机械气动工具研究所．GB19872—2005 凿岩机械与气动工具噪声限值[S]．北京:中国标准出版社,2006.
[29] 国家安全生产监督管理总局．安监总规划字[2005]83 号．关于金属与非金属矿山实施矿用产品安全标志管理的通知．2005. 8. 3.

第 4 章　岩石爆破与爆破器材

爆破是指爆炸作用于周围介质造成破坏的效应。工程爆破是指利用炸药的爆炸能量对岩土、混凝土、金属等做功，以达到破碎、压实、拆除、切割等预定目的施工作业。在岩巷工程中，爆破是使炮孔周围的岩石松散破裂，并将破碎岩块抛掷出去。为此，需要了解爆破原理，熟悉爆破器材，以确保施工质量及安全。

爆炸是物质因物理变化或化学变化导致内能的高速释放而转化成机械功的过程。爆炸按其变化过程的性质，可以分为物理爆炸、化学爆炸和核爆炸三类。物理爆炸是仅有物态的急剧变化，而物质的化学成分没有变化，如锅炉爆炸、自行车轮胎“放炮”等。化学爆炸是急剧的化学反应，不仅有物态变化，而且物质的化学成分也发生变化，如炸药、沼气、粉尘的爆炸。核爆炸是由放射性物质的原子核发生裂变或聚变反应而引起的爆炸，如原子弹或氢弹的爆炸（见图 4–1）。

图 4–1　核爆炸

4.1　炸药爆炸与传爆

炸药是指在一定的外界能量激发下，能引起自持爆轰，生成大量的热量和气体产物，对周围介质做功的化合物或混合物。黑火药是我国古代四大发明之一，它在采矿业的成功应用，被认为是中世纪结束及工业革命开始的标志。

4.1.1　炸药的爆炸

炸药爆炸是指炸药在一定的起爆能（热、火花、撞击、摩擦或振动等）作用下，在极短的时间内发生氧化还原反应，产生高温高压气体。炸药爆炸属于化学爆炸，但炸药的化学反应并不都是爆炸，它必须具备一定条件才能发生爆炸。

4.1.1.1　炸药爆炸的必要条件

炸药爆炸必须同时具备放热反应、生成大量的气态产物、高速反应及传播三个必要条件，它们又称爆炸三要素。放热性为反应提供能源，生成的气态产物是膨胀做功的工质，而高速性则是产生强大功率的条件。爆炸是瞬间完成的，功率极大，但释放能量是有限的，不一定很大。

A 放热反应

炸药爆炸的实质是炸药中的化学能在瞬间转化为对介质做功的过程。化学反应释放出的热量是做功的能源，也是进一步加速化学反应的必要条件。只有放热反应才能使化学反应自行延续，并具有爆炸性。靠外界供给热量以维持化学反应的物质是不可能发生爆炸的。因此，化学反应过程是否释放热量，是决定炸药能否爆炸的首要条件，而释放热量的多少则是决定爆炸作用大小的因素之一。例如，硝酸铵在温度较低（低于150℃）时，产生分解反应，它吸热而不是爆炸：

$$NH_4NO_3 \longrightarrow HNO_3 + NH_3 - 170.8\,kJ/mol$$

将硝酸铵迅速加热到400～500℃时，便产生放热反应，发生热分解，但也不爆炸：

$$NH_4NO_3 \longrightarrow (3/4)N_2 + 2H_2O + (1/2)NO_2 + 117.6\,kJ/mol$$

硝酸铵在强烈冲能（如炸药爆炸产生的冲能）作用下，产生放热反应，并形成爆炸：

$$NH_4NO_3 \longrightarrow N_2 + 2H_2O + (1/2)O_2 + 126.4\,kJ/mol$$

炸药爆炸瞬间放出的热量主要用于对爆炸产物加热，为爆炸提供能源。

B 生成大量高温气态产物

炸药爆炸在瞬间（十至几十微秒）产生大量气体，它的体积可以是爆炸前炸药体积的数百至数千倍。这些气体被强烈地压缩在近似原有的体积之内，可产生高达数万兆帕（MPa）的压力，再加上反应的放热性，高温高压气体便迅速对周围介质膨胀做功，使其受到破坏。炸药爆炸产生气体和释放热量的多少，决定了爆炸做功的大小。

C 高速反应及传播

炸药的化学反应虽然释放出大量热量并产生大量气体，但如果没有必要的反应速度，也不能形成爆炸。只有迅速的化学反应，才能使炸药在瞬间释放出巨大的能量，达到很高的能量密度，从而形成爆炸。由于反应的高速性，反应所产生的热量在极短的瞬间来不及扩散，形成高温高压的气态产物，使爆炸具有很大的功率。这是爆炸与燃烧或其他化学反应的根本区别。例如，煤在空气中燃烧时，释放出的热量（8960 kJ/kg）是梯恩梯（TNT）炸药爆炸时释放热量的两倍多，但由于没有必要的反应速度，其功率远小于梯恩梯炸药，因此不能形成爆炸。

爆炸反应的速度通常用爆速来衡量。爆速是指爆炸过程在炸药中传播时能达到的最大稳定速度。可以认为，在同等条件下爆速高的炸药，其爆炸的威力也大。

4.1.1.2 炸药的化学反应形式

爆炸不是炸药唯一的化学反应形式。炸药在常温常压下会缓慢热分解，但在外界能量的激发下，炸药的化学变化过程则有燃烧和爆炸两种形式。它们产生不同的物理化学效应。

A 热分解

热分解是炸药化学反应的最低形式，是炸药在常温下的缓慢化学变化，反应是在整个物质内部进行的，与一般化学反应无异。炸药的热分解过程没有明显的声、光效应，一般不易察觉。它通常对温度比较敏感，温度越高，反应速度越快。其次，湿度、压力及通风条件等也会对反应速度及结果产生不同程度的影响。

炸药由于热分解而变质，结果降低了炸药的性能而影响其使用。在一定条件下，热分解可能转化为燃烧甚至爆炸，发生意外爆炸事故。因此，炸药在库房中贮存时，不宜堆放过密，并应通风良好，保持常温，避免炸药的热分解。

B 燃烧

燃烧是物质进行剧烈的氧化还原反应，伴随有发热和发光现象。它是比热分解高一级的化学反应形式，大多是由于受热或火焰引起的。燃烧与热分解不同，它不是在全部物质内同时进行，而只在局部区域(反应区)内进行，并在物质内自动传播。燃烧又与爆炸不同，燃烧生成产物的运动方向与火焰传播方向相反，因此燃烧区内的压力较低。燃烧速度取决于燃烧反应区向未反应区的传热速度，而传热主要依靠热传导和燃烧产物的扩散等较缓慢的能量传播。炸药的燃烧速度很小，一般为每秒数十毫米至每秒数十米。

炸药的燃烧速度主要与压力有关。如果燃烧生成的气体量连续少于排出的气体量，火焰后方的压力就会不断减小，燃速也随之不断降低，直至熄灭。炸药的稳定燃烧只有在燃烧区的压力保持不变的条件下才有可能，即燃烧生成的气体量与排出的气体量达到平衡。燃烧速度随压力的增大而增大。当压力增加到某一极限值后，燃烧的高温气体产物向未燃烧炸药层的颗粒空隙穿透，使大量炸药颗粒被点燃，燃烧面积迅速扩大，产生的气体将更多。由于气体产物的膨胀，在炸药中不断地产生压缩波，压缩波的叠加便形成了冲击波。当冲击波的强度达到一定数值后，炸药就由燃烧突然转化为爆炸。在爆破作业中，爆燃❶是炸药爆炸在不利条件下，由于爆轰波的衰减而转化为低一级反应的一种现象，它使爆炸威力猛降。黑火药及烟火药等的“爆炸”，实际上是爆燃反应，并非是爆炸。

一般物质在燃烧时需要外界供应氧气，而炸药本身含有丰富的氧元素或氧，燃烧时可以无须外界的氧参与反应。因此，炸药一旦着火燃烧时，切不可用砂土覆盖或用灭火器去灭火，以免加速爆燃。应打开消防水栓灭火，并尽快疏散炸药。炸药在贮存中，应创造抑制爆燃的条件，如改善库房的通风。在用焚烧法销毁炸药时，应限制一次烧毁的数量及炸药堆的厚度，以防在密闭和散热不好的条件下，燃烧的气体产物不易排出，使压力不断增高而转化为爆炸，进而酿成安全事故。

---

❶ 爆燃是可燃混合物在瞬间的燃烧，放热速度随温度升高而迅速加快，放热量大于吸热量，从而使压力突然升高的现象。爆燃的反应比燃烧激烈，有时伴有火焰、火花或燃烧颗粒飞溅的现象。反应产物向周围空间扩散的速度可接近或超过空气中的声速，以至能听到“爆炸”的声音。爆燃和燃烧没有本质的不同，它们的反应区向非反应区推进的速度，都低于反应物中的声速。产生爆燃的三个必要条件(即爆燃三要素)是：①有燃料和助燃空气的积存；②燃料和空气的混合物达到爆燃的浓度；③有足够的点火能源。

C 爆炸

爆炸是炸药的最高化学反应形式,它的反应速度非常快,在瞬间可形成高温高压气体,以极大的功率对周围介质做功,使其产生剧烈的冲击、压缩而破碎或变形。爆炸与燃烧一样,反应也是只在反应区内进行,并迅速向外传播。但爆炸与燃烧又是两种截然不同的化学反应,主要区别如下:

(1) 爆炸产物的运动方向与反应区的传播方向相同,因此产生的压力高达数千至数万兆帕(MPa),而燃烧在最初一瞬间,火焰波后的燃烧产物是向后运动的。因此,在火焰区内燃烧产物的压力大大低于爆轰波后的压力。

(2) 爆炸靠冲击波的作用来传递能量和激发反应区,而燃烧时反应区的能量则是通过热传导、气体产物的扩散和辐射传入尚未反应区并激发化学反应的。

(3) 爆炸的速度大大高于燃烧速度,在化学反应区的传播速度大于炸药中的声速,可达2000~9000 m/s,且与外界条件无关。而燃烧的传播速度则低于炸药中的声速,通常仅为每秒数十毫米至每秒数十米,且燃烧速度受外界条件的影响,尤其是随压力的不同而变化。由于反应传播速度较慢,因此对周围介质的破坏作用不剧烈。

(4) 爆炸的温度比燃烧大得多。

炸药爆炸在许多行业得到了广泛的应用,尤其是在岩石工程中。另一方面,利用爆炸是有危险的手段,也是爆破安全的主要控制对象。

上述炸药的三种基本反应形式,是与它们的必要条件相适应的。当条件改变时,反应的形式也将变化,即它们之间有密切的内在联系,可以相互转化。当爆炸过程遇到不利因素时,也可能导致爆炸中断,转变为爆燃或热分解。因此,引爆炸药时应给以足够的外能,防止出现不稳定爆炸,造成爆燃或熄爆。炸药无论是燃烧转化为爆炸或爆炸转化为燃烧,都足以引起意外事故。从爆破工程及其安全考虑,希望炸药能按照预定的反应形式进行化学反应。即使反应形式发生转变,也应该在可控制的范围内。

4.1.2 爆炸的传播

爆破作业中通常用雷管起爆炸药,雷管爆炸产生的能量激起与它靠近的局部炸药分子活化而爆炸,这局部炸药一经起爆,就会引起全部药包的爆炸。通常将炸药由起爆到全部药包爆炸结束的过程称为传爆,它是爆炸反应产生的爆轰波在炸药中传播的结果,也是爆炸生成气体和初始做功的过程。

4.1.2.1 冲击波的概念

在一定条件下,物质(固体、液体、气体)都是以一定状态(密度、温度、压力)存在的。当物质在外部作用下,某一局部发生了状态变化,如压力、温度或密度发生了改变,则认为物质被“扰动”。在弹性介质中某个局部受到扰动作用后,由于物质质点的相互作用,使物质质点由近及远发生扰动。这种扰动在介质中的传播称为波。在波的传播过程中,介质扰动状态与原始状态的交界面称为波阵面。波阵面在一定方向上的移动速度就是波的传播速度,简称波速。波在传播时,伴随有能量的传播,因此波的传播即意味着一种能量的传播。波速与扰动的强弱有关。在外界某种能量的作用下,介质的状态会发生突变,在波阵面形成强烈的压缩状态,产生压力、温度、密度的突跃式增加,具有陡峭的波阵面,并以超过该介质中的声速进行传播,称为冲击波,它是一种强压缩波。

冲击波与声波都是纵波,但它们有很大的不同,具体如下:

(1) 声波具有振动的周期性,而冲击波没有振动的周期性,波阵面的介质状态参数(速度、压力、温度、密度)突跃升至最大值。

(2) 声速与声波强度无关,而冲击波速度大大超过相同介质中的声速,并与波阵面的状态参数有关,各参数值越大,冲击波速度也越大。

(3) 声波的参量变化是连续的,并且每个变化量都很小,而冲击波的参量呈突跃式变化。

(4) 声波只引起介质的质点作弹性振动,声波过后质点将恢复到原来位置。而冲击波传播时,介质的质点向冲击波的传播方向运动,冲击波过后质点将移到新的位置。

4.1.2.2 爆轰原理

爆轰就是炸药爆炸的稳定传播过程。爆破作业中的炸药爆炸都应是爆轰。但有时会发生不稳定爆炸,甚至爆轰中断,这是应尽量避免的。爆轰对于合理使用炸药、提高炸药能量利用率、研制新品种炸药、保证安全生产等具有重要意义。

A 爆轰与稳定传爆

炸药起爆后,起爆点发生爆炸反应而产生高温、高压和高速的气体流,它在周围的炸药中激发出冲击波,并在炸药中传播,如图 4-2 所示。在冲击波的高压作用下,相临于冲击波的炸药体出现一个压缩区 abdc,cd 就是波阵面(压力突增面),在这里的压力、温度、密度都呈突跃升高。波阵面所到之处,以其高温、高压和高速度为表征的高能量压缩邻近的炸药层,使其温度突跃升高,分子活化而产生放热反应。当冲击波的强度足够大,能使温度达到炸药分解变化的临界温度时,这部分炸药便立即开始分解,进行放热反应。这时在波阵面后面形成一个化学反应区,它紧随波阵面以冲击波的速度在炸药中传播。随着冲击波的传播,产生新压缩区,而原压缩区成为化学反应区,原反应区又成为爆炸气态产物未扩散区和扩散区。化学反应放出的热量不断维持波阵面上参数的稳定,使冲击波得以稳定传播,而爆炸气态产物未扩散区储存着高能,它能防止反应区高温、高压能量的散失,确保反应稳定进行。

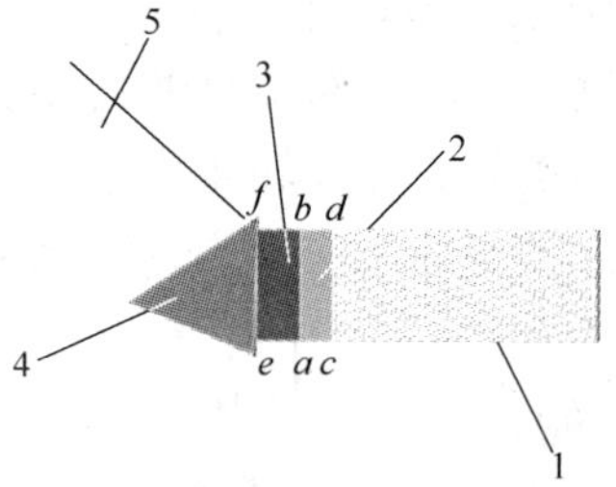

图 4-2 冲击波在炸药中的传播

1—炸药未压缩区;2—炸药压缩区;3—化学反应区;4—爆炸气态产物未扩散区;5—爆炸气态产物扩散区

冲击波在炸药中传播时,由于对炸药做压缩功而消耗能量,同时又会不断得到波阵面后面炸药反应释放出的热能补充。当冲击波的消耗与得到的能量相平衡时,冲击波的强度便不再变化,而以固有的、大于未反应炸药中声速的速度和波阵面的压力在炸药中继续向前传播,紧随波阵面后的化学反应区的传播速度也以同一速度在炸药中传播,直至全部药包的化学反应结束。这种炸药爆炸的稳定传播过程称为爆轰。爆轰是炸药典型的能量释放形式,通常猛炸药和起爆药便是以这种形式进行传爆的。简言之,爆轰是冲击波在炸药中自行传播的过程,波阵面到达之处立即引起化学反应,波阵面的后面紧跟着一个正在进行分解化学变化的反应区。反应区向未反应物质中推进的速度大于未反应炸药中的声速。波阵面在任何一瞬间都是未反应炸药与正在反应炸药的分界面。在炸药中同时发生化学反应放出能量、稳定传播的冲击波称为爆轰波,以区别于一般的冲击波。爆轰的瞬间,爆轰波波阵面上爆轰产物的运动方向与爆轰波的传播方向一致,因此波阵面上的压力,产物的密度、温度等参数值很大。

爆轰波沿炸药传播的速度,称为炸药的爆轰速度,简称爆速。爆速是炸药最重要的特征参数之一,爆轰波强度的各参数之间是互相关联的。当炸药一定时,如果知道一个参数,其他参数值便可以近似计算出来。爆速是其中唯一可以直接测量的参数,因此常用爆速来表示爆轰波的强度。爆速只取决于炸药在爆轰反应中放出的热量(爆热)和装药密度,不同炸药的爆速也不同。对一定装药密度的炸药,爆速是常数,一般为1500~9000 m/s。

如果起爆的初始冲击波强度不足,虽然能在炸药中激起分解反应,但反应放出的能量不足以补充冲击波传播的能量损耗,冲击波便迅速减弱,而不能再激起炸药的反应,最后爆炸很快便“熄灭”而停止。如果起爆的初始冲击波强度很大(即波阵面的速度和压力很大),在起始段炸药激起的反应传播速度将高于该装药条件下的炸药爆轰速度。但由于反应所提供的能量补充不了高速冲击波的能量消耗,爆轰速度便很快下降至稳定爆速。有时初始冲击波的速度虽然小于该条件下的炸药爆轰速度,但它的强度已能激起炸药自行传播的分解反应,于是反应放出的能量使得冲击波不断地加速,传播一段炸药长度后,也可达到稳定的爆速。

炸药起爆后,爆轰波如能以恒定的最高速度传播,称为理想爆轰。此时爆轰波的传播速度称为极限爆速。不同炸药的极限爆速也不同。如果由于某种原因,爆轰波不能以最高速度传播,但仍能以与一定条件相应的恒定速度传播,则称为非理想爆轰或稳定爆轰。为充分利用炸药的能量、提高爆轰效果,应力求使炸药达到理想爆轰或稳定爆轰。为此,炸药起爆的初始速度应大于或等于炸药的最低稳定传爆速度。但在实际爆破工程中,有时会因起爆能不足、炸药受潮或质量不合格、装药密度过低或药卷直径过小等不利因素造成不稳定爆炸。甚至导致爆速急剧衰减直至爆轰中断而残留未爆炸药(称为残炮)的现象。这不仅影响爆破效果,还可能造成安全事故,因此应尽量避免。

B 爆炸与爆轰

通常所谓的炸药爆炸与爆轰其实没有本质上的区别,爆炸一般是指反应过程不是以该装药条件下应有的稳定速度传播,即不以爆轰速度传播。爆炸时反应的传播速度是在增大或减小地变化着,因此爆炸是一个非稳定过程,最终或者变为爆轰,或者消失。爆轰可视为爆炸的一种特殊形式,即稳定的爆炸。

C 爆轰波与冲击波

爆轰波是一种特殊形式的冲击波,具有一个不间断释放能量以保证其稳定传播的自持反应区。它的波头跃迁非常陡,从环境压力跳到爆炸压力只有几个分子自由程的间隔。冲击波与爆轰波的关系概括如下:

(1) 爆轰波是与炸药的爆炸同时产生的,并且是只在炸药中传播的冲击波。而一般冲击波可在各种介质中传播,例如岩巷工程爆破中的冲击波则是在岩体或空气中传播,并使岩体受到一定程度的破坏。

(2) 爆轰波是爆炸在介质中产生冲击波的激发源,即介质中的冲击波是由炸药爆炸时产生的爆轰波引起的。

(3) 爆轰波具有稳定性,传播时任何断面上的状态参数都是不变的,传播速度等于爆速。而冲击波自由传播时,波阵面上的参数则随时间连续衰减,直至呈声波而消失。

4.1.2.3 径向间隙效应

在空气中多个混合炸药的药卷连续装药时,各药卷都能正常传爆。但在炮孔尤其是在深度较大的炮孔中,爆炸往往产生残炮现象。当炮孔直径大于药卷直径时,炮孔与药卷的径向间隙会影响爆轰波传播的稳定性,甚至发生爆轰中断或爆轰转变为爆燃的现象,称为径向间隙效应或沟槽效应。产生径向间隙效应的原因,一般认为是爆轰波在传爆过程,其高温高压的爆轰气体使其前端径向间隙中的空气受到强烈压缩,从而产生空气冲击波。它的波速大于沿药包传播的爆轰波的波速。这样,药卷在爆轰波到达之前已受到冲击波的强烈压缩,直径缩小而密度增大,导致爆速下降。当药卷的密度超过临界密度后,爆轰变为不稳定,最终导致爆轰中断(见图4-3)。

美国埃列克(Ireco)化学公司的M. A. 库克(Cook)和L. L. 尤迪(Udy)等人通过试验认为,径向间隙效应是由炸药爆轰在药卷外部产生的等离子体引起的。炸药起爆后在爆轰波阵面的前方有一等离子层,它对后面未反应的药卷表层产生压缩作用,阻碍了该层炸药的完全反应(见图4-4)。等离子波阵面与爆轰波阵面的距离越大,或等离子波越强烈,穿透表层就越深,能量衰减得越大。随着等离子波的进一步加强,最终引起后面药卷爆轰的熄灭。测试结果表明,等离子波的速度约为4500 m/s。

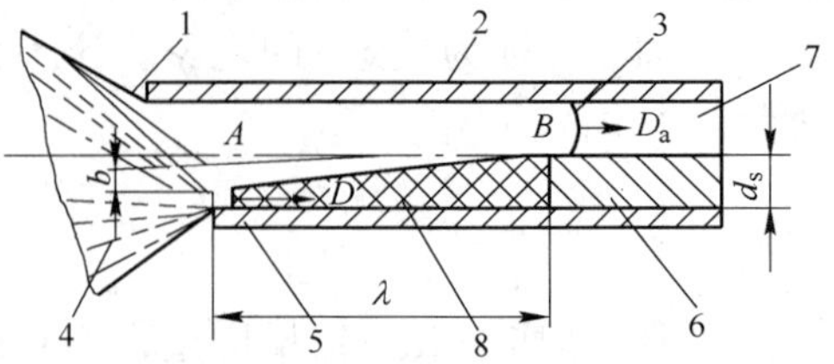

图4-3 径向间隙效应压缩药卷变形

1—产生前沿阵面;2—管壁;3—空气冲击波波阵面;4—爆轰产物;5—爆轰波波阵面;6—未受压变形炸药;7—间隙;8—被压缩炸药;D—爆速;D_a—冲击波速;d_s—药径;λ—空气冲击波波长

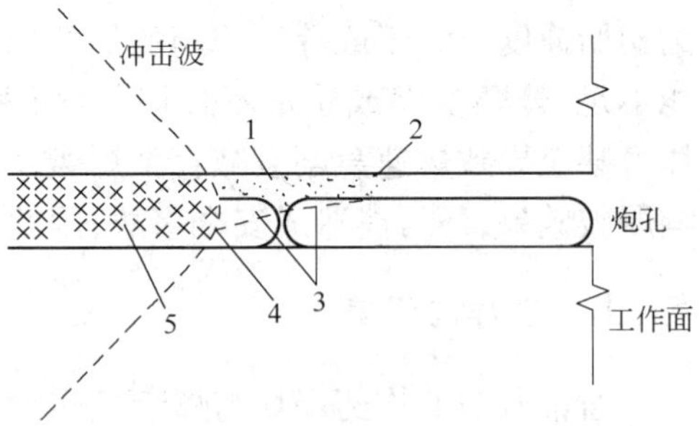

图4-4 小直径炮孔中的等离子效应

1—等离子体重新结合的产物;2—等离子体;3—炸药受等离子体作用的区域;4—爆轰波阵面;5—爆炸产物

为减少径向间隙效应,可减小装药的间隙,或采用高感度、高爆速的炸药。采用散装炸药的耦合装药可从根本上克服径向间隙效应。试验表明,采用水胶炸药可消除因径向间隙效应发生的爆轰中断现象。乳化炸药的爆速接近或超过等离子波的速度,等离子体的超前压缩作用不再存在。因此,乳化炸药的径向间隙效应很小,甚至没有。但对于含有敏化气泡的乳化炸药,随着贮存时间的增加,爆速降低,会使径向间隙效应逐渐显现出来。多数单质炸药的爆速随密度的增大而提高,因此径向间隙对单质炸药的爆轰反而有利。

4.2 岩石爆破机理

炸药能量对岩体的作用方式、岩体在炸药做功时的应力状态及破坏规律,是选择爆破方法、设计爆破方案、确定爆破参数、有效控制爆破作用的基础。因此,了解爆破作用的机理,对于提高炸药能量的利用率,改善爆破效果和获得最佳经济效益具有重要的现实意义。

4.2.1 药包的爆破作用

4.2.1.1 无限介质中单个药包的爆破作用

如果将一个球形集中药包埋藏在半无限介质(例如岩体)的极深处,即可视为是在无限介质中,并假设介质是均匀的各向同性。炸药在爆炸瞬间产生的巨大冲击压力,在其急速作用下,爆炸能量在岩石介质中以波动的形式进行传播和扰动。炸药爆炸后在周围介质中产生的应力波,由近及远向外传播,将分别形成粉碎区、破碎区和震动区。

A 岩体中的爆炸应力波

大多数岩体在炸药爆炸作用下激起的爆炸应力波主要有冲击波、弹性应力波[1]和爆炸地震波。在药包爆炸周围的近区,爆炸产生的高温高压气体,使岩石受到强烈压缩。冲击波的作用时间极短,能量密度很高,对岩石的破坏作用很大(见图4-5b)。但对大多数岩石,冲击波在传播过程中能量损失较大,应力衰减很快,持续时间很短,作用范围很小,衰减后变为弹性应力波。如前所述,在炸药中传播的爆轰波(见图4-5a)不同于在岩石中传播的冲击波,它是一种具有自持反应的特殊形式的冲击波,是不断释放能量而保证稳定传播的冲击波。爆轰波只存在于炸药中,而不存在于岩石中。但爆轰波所释放的能量是在岩石中形成冲击波的来源。

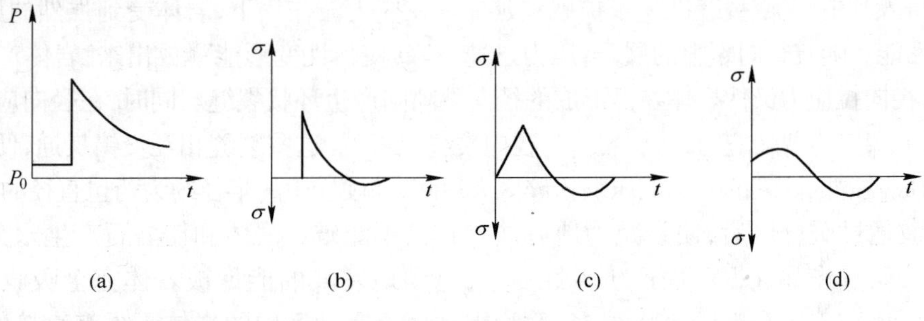

图4-5 炸药中爆轰波与岩体中应力波等的波形比较

(a) 炸药中的爆轰波;(b) 硬岩中的冲击波;(c) 岩石中的应力波;(d) 岩石中的地震波

弹性应力波的波头(前沿)变缓,但上升时间仍小于下降时间,波速接近或等于岩石中

[1] 应力与应变呈线性关系的应力波,称为弹性应力波。呈非线性关系时,则为塑性波和冲击波。

的声速(见图4-5c)。它在传播过程中的能量损失比冲击波小,衰减较慢,作用范围较大。当采用低威力炸药或不耦合装药时,在岩体中可能形成不了冲击波而直接形成弹性应力波。弹性应力波衰减后变为爆炸地震波。地震波的应力上升时间与下降时间大体相同,以声速传播,衰减更慢(见图4-5d)。虽然它的能量只有炸药爆炸总能量的2% ~6%,但由于频率低、作用时间长,作用范围却最大。

冲击波和应力波都是脉冲波,没有周期性,能对岩石造成不同程度的破坏作用。地震波则为周期振动的弹性波,不能对岩石造成直接的破坏作用,只能扩大岩体内原有的裂隙和危及爆破地点附近建筑物的安全。

B 药包爆破的内部作用

药包在无限均质岩体中爆炸时,冲击波和爆生气体对岩体产生机械破坏作用。由于药包埋藏在极深处,在地面上看不到爆炸的迹象,即药包的破坏作用只发生在岩体的内部,因此称为药包爆破的内部作用。药包爆炸后,爆轰波及高温高压爆炸气体迅速膨胀形成的冲击波作用在药包周围的岩壁上,在岩体中激起冲击波。它的压力远远超过岩石的动态抗压强度,使药包周围的岩石遭到严重破坏,粉碎成微细的颗粒,形成粉碎区(见图4-6)。由于粉碎区是处于坚固岩石的约束条件下,而大多数岩石的动抗压强度都很大,致使冲击波的能量急剧下降,其波阵面的压力很快就降至不足以粉碎岩石的程度。因此,压缩粉碎区的半径很小,仅为药包半径的几倍。为了充分利用爆炸能量,应尽量避免形成粉碎区。例如采用低威力炸药或不耦合装药。

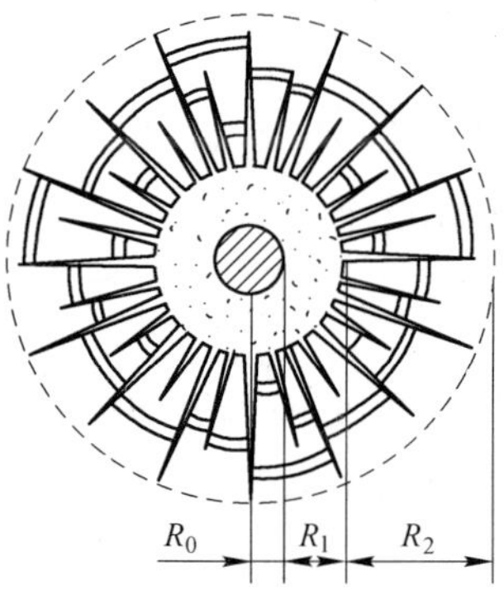

图4-6 药包爆破的内部作用
R_0—药包半径;R_1—粉碎区宽度;
R_2—破碎区宽度

粉碎区形成后,冲击波衰减为应力波,其压力已低于岩体的动态抗压强度,不能直接压碎岩体。但可使岩体处于非弹性状态,受到强烈的径向压缩,产生切向拉应力,使岩体产生永久变形。由于拉应力超过岩石的动态抗拉强度,便产生与压碎区贯通的放射状径向裂缝,爆炸产生的高压气体挤入其中,又使裂缝进一步扩展和延伸。在应力波作用下,岩体受到强烈的压缩,积蓄了弹性变形能。随着径向裂隙的展开,压力迅速下降,使弹性变形能释放出来,岩体产生反向的径向变形,径向拉应力又使岩体在已形成的径向裂隙间产生环状裂缝。同时,在径向应力和切向应力的作用下,产生剪切应力,剪切裂缝与径向裂缝成45°。这些裂缝相互交错贯通,便将岩体切割破碎,形成破碎区。它的范围比压缩粉碎区大得多,在硬岩中的半径约为药包直径的8 ~16倍。

应力波通过破碎区后,便衰减为地震波。它已不能破坏岩体和使岩石产生永久变形,只能引起岩石质点作弹性振动而产生弹性变形,直到地震波的能量被岩体完全吸收为止。它的作用范围比破碎区和粉碎区大得多,称为震动区。震动区内的岩体不再有直接的破坏,只是岩体内原有的裂隙被扩大和危及爆区附近建筑物的安全。震动区以外的岩体,则不受爆破作用的影响。

4.2.1.2 有限介质中单个药包的爆破作用

在实际的爆破作业中,药包均置于岩体内的一定深度,即是在有限介质中的爆破。在爆破作用范围内,爆破岩体与空气接触的界面,称为自由面(或临空面)。自由面上的岩石向外运动时不受阻力,自由面在爆破过程中起着重要作用。有了自由面,岩体才能向其方向破裂、破碎和移动。自由面越大、越多,爆破效果越好。为此常常在药包附近人为地创造出新的自由面。岩体内的药包重心距自由面的最小(垂直)距离,称为最小抵抗线,通常用 W 表示。最小抵抗线表示药包在岩体中爆炸时,岩石阻力的最小方向及其大小。因此,最小抵抗线的延长线方向就是爆破时岩石破碎和移动的主导方向。最小抵抗线是岩土内部药包爆破药量计算的重要参数。

A 药包爆破的外部作用

当药包的埋置深度较浅,接近自由面时,即最小抵抗线等于或小于临界抵抗线❶时,爆炸应力波除在岩体内部形成粉碎区和破碎区外,应力波到达自由面后将反射为拉伸波,形成片落(剥离)区。这是因为岩体的自由面实际上是两种不同介质的分界面。空气的密度与岩石相比可认为是零。应力波在自由面引起的位移不受限制,自由面上的应力等于零。因此,当岩体内的压缩应力波到达自由面时,在最小抵抗线方向上必将反射出大小相等、方向相反的拉伸应力波(这样才能使自由面上的应力为零),从自由面向岩体内部传播。当它引起的拉应力大于岩石的抗拉强度时,便使自由面附近的岩石产生自外向里的逐层"片落"、"剥离"破坏。同时,爆生气体不断膨胀,裂隙继续发展,最终自由面处的岩石片落破坏区与药包周围的岩石破碎区连通,使自由面处的岩体隆起,形成爆破的外部作用破坏区,这称为药包爆破的外部作用(见图4-7)。当药包埋置较深,即最小抵抗线大于临界抵抗线时,爆破只能在岩体内部形成粉碎区、破裂区和震动区,类似于上述药包爆破的内部作用。

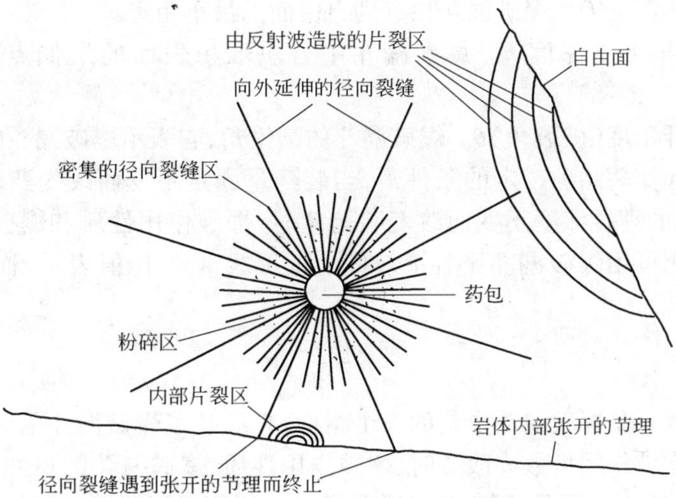

图4-7 药包埋置深度等于或小于临界抵抗线的爆破作用

应当指出,"片落"现象的产生主要与药包的几何形状、装药量大小及入射波的波长有关。装药量很大的硐室爆破容易产生"片落",而装药量小的深孔和浅孔爆破则很难产生

❶ 临界抵抗线是指爆破作用只发生在岩体内部,自由面保持完整(不出现爆破漏斗)的最小抵抗线。

"片落"现象。从自由面反射回岩体的拉伸波,即使强度不足以产生"片落",但是反射拉伸波与径向裂隙末梢处的应力场相互叠加,也可使径向裂隙大大地向前延伸。

当最小抵抗线进一步减小时,靠近自由面的岩体将完全破碎。破碎岩石中的一部分被高温高压气体抛掷出去,形成一个圆锥形的爆破凹坑,称为爆破漏斗。

B 爆破漏斗

爆破漏斗中的爆破岩块被抛起,一部分落在漏斗坑之外形成爆破堆积体或飞石,另一部分又回落到漏斗坑内,掩埋了部分爆破漏斗。在岩体性质与装药量相同的条件下,影响药包爆破的外部作用及内部作用的主要因素是埋置深度,即最小抵抗线 W。如果是条形药包,则爆破漏斗在水平地面为椭圆形,横断面近似为三角形,纵断面为梯形。构成爆破漏斗的要素(几何参数)如图4-8所示,各要素的说明如下:

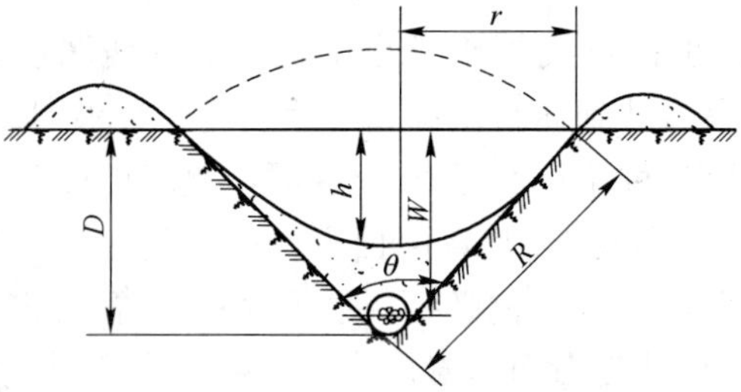

图4-8 爆破漏斗要素

(1) 最小抵抗线 W。药包重心到自由面的最小距离,在自由面为水平的情况下,它近似等于药包的埋置深度。

(2) 爆破漏斗半径 r。爆破漏斗在自由面上的圆半径,它表示爆破在自由面上的破坏范围。

(3) 爆破作用半径 R。药包重心至爆破漏斗在自由面上圆周上任一点的距离,它表示爆破在岩体中的破坏范围。

(4) 爆破漏斗深度 D。爆破漏斗顶点到自由面的最小距离。

(5) 爆破漏斗可见深度 h。爆破漏斗中岩块堆积表面的最低点到自由面的最小距离。

(6) 漏斗张开角度(破裂角)θ。爆破漏斗的圆锥角,它表示爆破漏斗的张开程度。

在岩石性质和炸药品种一定的条件下,当装药量固定不变而改变药包的埋置深度(最小抵抗线)或药包的埋置深度不变而改变装药量时,爆破作用性质和爆破漏斗的尺寸将发生变化。这种变化可用爆破漏斗半径 r 与最小抵抗线 W 的比值表示,称为爆破作用指数(用 n 来表示),即

$$n=\frac{r}{W} \tag{4-1}$$

爆破作用指数 n 是爆破漏斗形状的一个指标,它反映了爆破漏斗的大小、爆破性质、抛掷堆积情况。当爆破作用指数 n 改变时,爆破作用性质、爆破漏斗的尺寸、相应的岩石破碎和抛掷作用都将变化。n 值的增加,意味着炸药量的增加或埋置深度(最小抵抗线)的减少。根据爆破作用指数 n 的不同,可将爆破作用性质和爆破漏斗进行如下分类(见图4-9):

(1) 当 $n=1$ 时,称为正常抛掷爆破,漏斗张开角度 $\theta=90°$,漏斗中的岩石全部被破碎,且大部分岩块被抛出漏斗。

(2) 当 $1<n\leqslant 3$ 时,称为加强抛掷爆破,$\theta>90°$,漏斗中的岩块被强烈抛出。当 $n>3$ 时,破碎岩石很少,爆破漏斗的有效破坏范围并不随 n 值的增加而明显增大,工程上无实用价值。

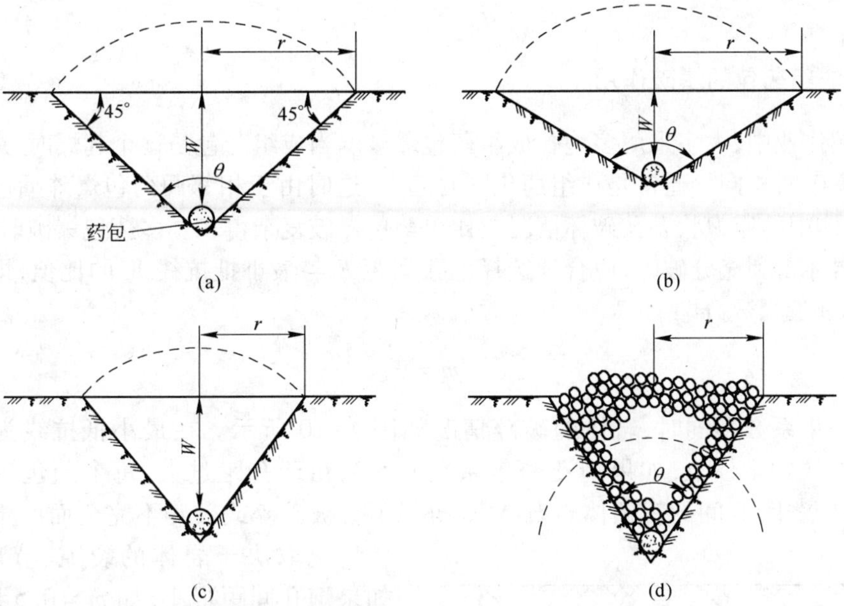

图 4-9 不同爆破作用指数 n 下的爆破漏斗

(a) 正常抛掷爆破漏斗;(b) 强抛掷爆破漏斗;(c) 弱抛掷爆破漏斗;(d) 松动爆破漏斗

(3) 当 $0.75 < n \leqslant 1$ 时,称为弱抛掷爆破或强松动爆破,$\theta < 90°$,漏斗范围的岩石受到破坏,且有少量岩块被抛出漏斗。

(4) 当 $0.4 < n \leqslant 0.75$ 时,称为松动爆破,漏斗范围的岩石受到破碎,但岩块不抛掷,地表只是出现隆起的爆堆,而见不到明显的漏斗。当 $n = 0.75$ 时为标准松动爆破。

(5) 当 $n \leqslant 0.4$ 时,称为隐藏式爆破,自由面不会破坏,不能形成爆破漏斗。此时压缩应力波传到自由面时的衰减并不大。如果最小抵抗线再增加,即 n 值再减少时,只能产生药包爆破的内部作用。

可见,改变爆破作用指数 n 值,便可产生工程爆破中所要求的各种爆破漏斗。一般认为,正常抛掷爆破($n = 1$)的漏斗体积最大。在比较炸药的做功能力或确定不同种类岩石的单位炸药消耗量时,常用正常抛掷漏斗的容积作为依据。掘进中一般采用弱抛掷爆破。松动爆破的装药量较小,炸药单耗只有正常抛掷爆破的三分之一,几乎不产生飞石,岩石抛掷不致过远,爆堆较集中,利于装岩,因此广泛应用于地下和露天的矿石回采爆破。强抛掷爆破,即 $n = 1.3 \sim 1.4$ 时,可减少清理破碎岩石的工作,多用于修筑道路、露天采矿的基建剥离表土和定向筑坝等。

在一定的岩石和炸药条件下,爆破岩石的体积 V 与所用的装药量 Q 成正比,即所谓"体积法则":

$$Q = qV \tag{4-2}$$

式中 q——所爆破岩石的单位炸药消耗量,kg/m^3。

由于正常抛掷爆破漏斗的最小抵抗线与爆破漏斗半径相等,因此其体积可用最小抵抗线求得。它即是正常抛掷爆破的爆破岩石体积,由此便可求得正常抛掷爆破所需的炸药量。根据"相似法则",在岩石性质、炸药威力和药包埋置深度都不变的情况下,仅增大或减小装药量就可获得强抛掷爆破漏斗或弱抛掷爆破漏斗,从而可以求出各种类型爆破的装药量。

4.2.1.3 成组药包的爆破作用

在爆破作业中，大多采用多炮孔成组药包爆破。当成组药包是逐个起爆时，爆破作用与单个药包爆破时相同。通常是成组药包同时起爆，这时由于相邻两药包爆炸后应力波的相互叠加，岩体中的应力状态及破坏情况要比单药包爆破复杂得多。多药包爆破时，为使相邻药包间的岩体得到充分破碎，应合理选择炮孔间距 E 与最小抵抗线 W 的比值，即炮孔密集系数(又称邻近系数) m ：

$$m=\frac{E}{W} \tag{4-3}$$

炮孔密集系数不同时，岩体的破碎情况如图 4-10 所示。在最小抵抗线为单个装药的最优抵抗线的条件下，如果炮孔密集系数 $m>2$，由于孔距过大，每个药包将形成各自独立的爆破漏斗，其间的三角体岩石 ABC 可能不会被破碎或破碎不完全而产生根底。破碎情况取决于岩体的裂隙、节理等情况。如果炮孔间距很小，如 $m=0.5$ 时，在药包的连线上将产生裂缝，爆生气体会很快沿裂缝逸散。相邻爆破漏斗之间的三角体岩石 ABC 很小，可能产生超挖。同时两爆破漏斗的一部分 CDE 重叠，浪费炸药能量。当炮孔间距等于单个装药的最优抵抗线，即 $m=1$ 时，相邻两爆破漏斗在 C 处相交，虽然在漏斗之间也留有三角体岩石 ABC，但由于药包间的相互作用，通常三角体岩石可以较好地破碎，实际破碎区为 FABG。至于有无超挖或欠挖，则取决于岩体的性质。

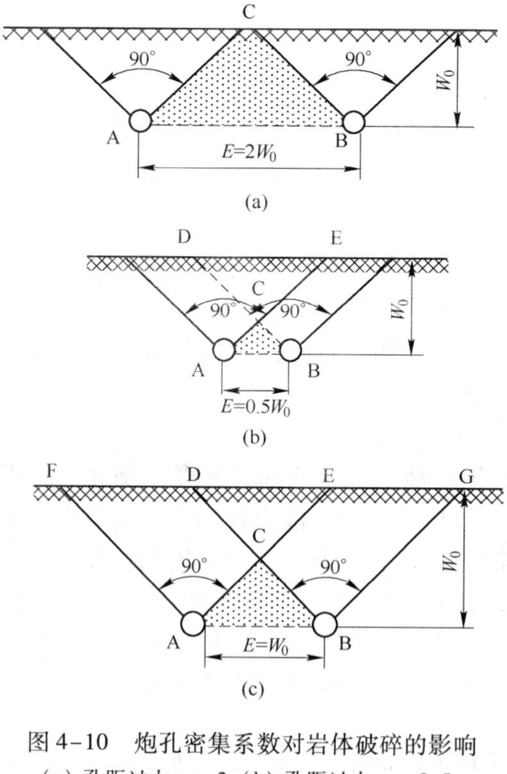

图 4-10 炮孔密集系数对岩体破碎的影响
(a) 孔距过大，$m=2$；(b) 孔距过小，$m=0.5$；
(c) 孔距等于单个装药的最优抵抗线，$m=1$

可见，炮孔密集系数 m 过小或过大，可能产生超挖或欠挖、岩石抛掷过远或大块率增多等现象。因此，正确选择炮孔密集系数 m，对提高爆破效果十分重要。炮孔密集系数 m 与岩石性质尤其是节理、裂隙的分布情况有关，一般 $m=0.8\sim2.0$。在保证爆破效果的前提下，应尽量增大炮孔间距，减少凿岩工程量。

4.2.2 爆破作用影响因素

为获得预期的爆破效果和提高爆破效率，应充分利用客观的有利因素或人为地创造有利条件，避免或克服不利因素。影响爆破作用的因素主要有炸药性能、岩体特性、自由面及爆破参数等。

4.2.2.1 炸药性能对爆破的影响

在炸药的物理性能、热化学参数和爆炸性能中，直接影响爆破作用及其效果的主要有密度、爆热、爆容和爆速。它们决定了爆轰压力、作用时间和传递给岩体的能量。破碎及抛掷岩石是靠炸药释放出的热量来做功，增加炸药的爆热和密度，可提高炸药单位体积的能量密度及爆速。当药卷直径一定时，单质炸药的爆速随密度的增大而增加。混合炸药的爆速，最初随密度的增大而增加，当增至某范围（最优密度）时爆速最大，而后随密度的增大爆速反而下降。当密度超过某极限值（临界密度）后，爆轰将变得不稳定，甚至拒爆。不同爆速的炸药，在岩石中产生的应力波参数不同，因而对岩石的爆破作用及效果也不同。

爆破时，岩石破碎是在冲击波和爆生气体膨胀压力共同作用下产生的。一般认为，对整体坚硬岩石，冲击波作用的效果较明显，应使用爆速较高的炸药；对松软并有塑性变形的岩石，宜选择爆炸气体生成量较多的炸药。炸药的爆轰压力越高，在岩体内激起的冲击波初始峰值压力就越大，而冲击波对岩石的作用时间越短，冲击波能量的利用率就越低。爆炸压力是爆轰气体产物膨胀作用在孔壁上的压力，它的大小取决于炸药的爆热、爆温和爆轰气体的体积。爆炸压力的作用时间除与炸药本身的性能有关外，还与爆破时炮泥的堵塞质量有关。爆炸压力过高，会使某些岩石在炮孔周围过度粉碎，并造成岩石破碎不均匀。因此，光面爆破和易爆的岩石，应选用低密度、低爆速但爆容较大的炸药，以减少爆炸对周边岩石的过度粉碎，并可延长爆炸气体的膨胀作用时间。

4.2.2.2 岩体特性对爆破的影响

岩体特性包括岩石的物理力学性质、动态力学性质及岩体的构造特性等，它们对于爆破作业是不可控因素。一般来说，岩石的密度和完整性越高，波速就越大。岩体通常不是理想的均质岩体，构造特性是具有层理、节理、裂隙和断层等自然弱面结构。

结构面对爆破漏斗的形成及爆破作用的影响程度，取决于结构面的产状与大小、结构面间的黏结力、结构面与炸药包的相互位置关系等。明显的裂隙能阻止爆炸能量的传递，致使破坏区的范围受到限制。当较大的裂隙、节理等结构面与应力波的传播方向垂直时，裂隙将会引起波的反射、透射，改变其传播方向，并加剧应力波能量的衰减，导致结构面另一侧的岩体得不到有效的破碎。另一方面，爆破最容易沿岩体的原生裂隙面错动或裂开。松动爆破实际上是将岩体中的弱面扩张，使岩体变成为岩块。但当裂隙通过炮孔时，可使爆轰气体过早外泄而使气体的压力急剧下降，从而影响岩石的破碎与移动，还可能导致局部产生飞石。爆生气体楔入裂隙，还可能引起“冲天炮”而造成事故。此外，结构面可能改变最小抵抗线的方向，造成超挖或欠挖。

地下水充填于岩体中的空隙中，由于应力波在水中的衰减较小，因此地下水可以补偿空隙对应力波的反射作用。

4.2.2.3 自由面对爆破的影响

自由面的数目、大小、位置、与炮孔的夹角等直接影响爆破效果。自由面的数目越少，自由面越小，爆破受到的夹制作用就越大，爆破就越困难，单位炸药消耗量就越大。最明显的是掘进工作面，它只有一个不大的自由面，当炮孔深度较大时，爆破漏斗中的一部分将遇到工作面周围岩体的极大阻力，即夹制作用，这时爆破效果就会降低（见图4-11）。自由面的数目和大小对爆破作用约束状态的影响，一般用夹制系数 K 表示，如图4-12所示。

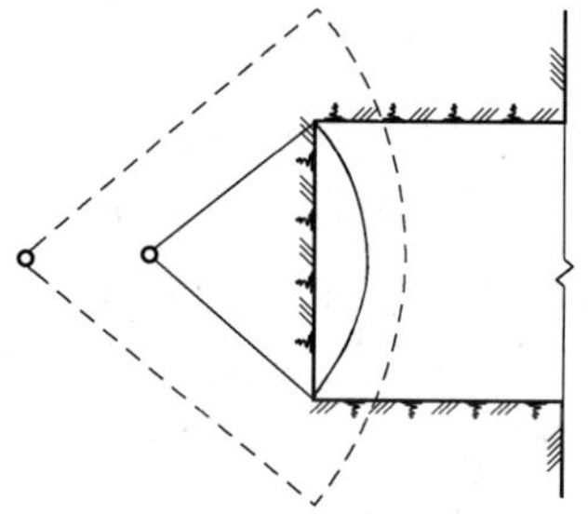

图4-11 工作面夹制现象

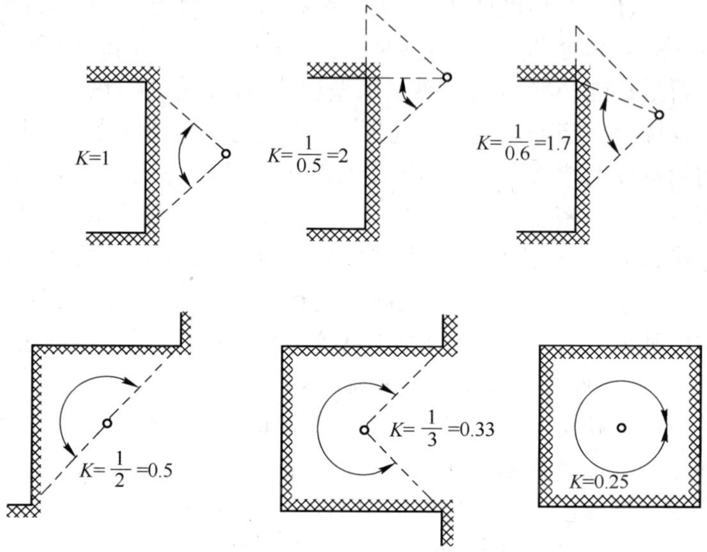

图4-12 工作面夹制系数

自由面的位置也影响爆破作用。炮孔中的装药在自由面上的投影面积越大，即夹角越小，越有利于应力波的反射，爆破效果越好。这就是倾斜掏槽效果明显的原因。

4.2.2.4 爆破参数与装药结构对爆破的影响

爆破参数中的最小抵抗线、单位炸药消耗量、孔网参数、炮孔密集系数、不耦合系数等，关系到炸药能量的时空分布及合理利用，从而影响爆破效果。炮孔密集系数的影响，可参见4.2.1.3小节。一般来说，当不耦合系数大于1时，爆轰波对孔壁的冲击作用降低，不利于岩石的破碎。这对爆破坚硬致密的岩石是十分不利的。但对于需要防止孔壁岩石过度粉碎的光面爆破，常常借助增大不耦合系数来控制爆轰波对孔壁的冲击作用。此外，连续装药或间隔装药、起爆药包的位置以及炮孔的堵塞，也会对爆破作用产生一定的影响。

4.2.3 微差爆破与光面爆破技术

4.2.3.1 微差爆破技术

微差爆破又称毫秒爆破，是相邻炮孔组之间的起爆时间间隔较小，只有几十至上百毫秒延期的爆破技术。微差爆破可减小空气冲击波及爆破地震效应；可增大一次爆破量，减少爆破次数而提高大型设备的利用率。微差爆破尤其可用于煤矿井下爆破，但必须采用煤矿许用毫秒延期电雷管，且从起爆到最后一段的延期时间不应超过130 ms。目前，微差爆破在国内外的岩巷工程中得到了广泛应用。

A *微差爆破原理*

微差爆破的作用是：先起爆的炮孔相当于单孔漏斗爆破，漏斗体内产生很多贯通裂纹，岩石向外运动,它们对于几十毫秒后第二组的起爆,相当于新增加的自由面。因此,炮孔的最小抵抗线及爆破作用方向发生了改变,加强了入射波及反射拉伸波的破碎岩石作用。此外,微差爆破还可改善岩石破碎质量:块度较均匀,大块率较低;抛掷距离较小,减少飞石的产生,岩堆集中,有利于装岩。掘进爆破只有一个自由面,夹制作用较大,采用微差爆破可为后爆炮孔创造第二个自由面。此时抵抗线较小,微差时间间隔要小些。

相邻炮孔先后以几十毫秒间隔起爆,所产生的地震波能量在时间上和空间上分散,因此多段微差爆破是控制爆破地震危害的有效手段。地震效应主要取决于单段的最大装药量,通过增加起爆段数,可在总装药量不变甚至增加的情况下,减少每段的装药量,从而降低了爆破震动。国外采用高精度延时雷管,已能做到使振动相位峰、谷叠加,而将地震效应降至最小。

B 起爆延时间隔

应用微差爆破技术的关键是选择合理的起爆延时间隔及起爆顺序。后段炮孔的起爆时刻应为先爆的岩石明显脱离岩体形成新自由面、爆炸产物的准静态压力尚未消失之时。每段起爆的间隔时间应大于从炸药爆轰到岩石开始移动的时间。有关资料介绍,经测定从爆轰开始到岩石移动的时间,脆性坚固岩石为 8 ~ 22 ms,页岩为 38 ~ 68 ms。掏槽孔从药包爆轰、形成爆炸应力波、岩体产生裂隙直至破碎岩石从槽腔中被抛出,其中以岩石从槽腔中被抛出的时间最长。它与辅助孔的爆炸应力波在第二自由面发生正反射的时间之差,即应是辅助孔与掏槽孔之间的微差时间。大断面掘进的辅助孔与周边孔的时间间隔宜大些。但每段起爆间隔时间也不宜过长,以免后段爆破不能补充前段爆破的破碎和抛掷作用。当起爆间隔时间过长,则相当于各炮孔单独起爆,这已经不是微差爆破了。

研究表明,在软到中硬岩石中,炮孔深度为 1.2 ~ 5 m 的条件下,掏槽孔各段之间的时间间隔宜取 50 ms,其余辅助孔相对于掏槽孔、辅助孔之间、周边孔对于辅助孔均可取 50 ~ 100 ms。对于坚硬岩石,间隔时间可小些。目前,我国生产的毫秒延期雷管大多为不等时差系列,且延时精度不高,从而限制了延迟时间的确定。当前主要凭借经验来决定爆破延迟时间。微差爆破延迟时间的控制可采用导爆管及导爆管毫秒雷管起爆网路、毫秒电雷管起爆网路、导爆索和继爆管起爆网路等。

4.2.3.2 光面爆破技术

普通爆破常常造成围岩不同程度的一些危害,如出现过量的超挖或欠挖;在岩体中产生裂缝或扩展了原有的裂隙和节理,降低了原有围岩的稳定性。光面爆破和预裂爆破可以控制掘进断面的周边轮廓光滑平整,降低爆破震动和空气冲击波等有害效应。从整个爆破技术来看,光面爆破和预裂爆破均属于光面爆破技术。我国通常将光面爆破和预裂爆破列为控制爆破。但是"控制爆破"的含义甚广,任何爆破都是要有控制的。例如岩石爆破的震动、抛掷方向、块度等,笼统地将光面爆破和预裂爆破也称为控制爆破似不够妥切。这里暂且称其为"爆破控制"。

A 光面爆破

光面爆破技术约在 1950 年发源于瑞典,1952 年首次在加拿大应用。光面爆破技术是在硬岩或中硬岩体中，减小周边孔间距、采用不耦合小药卷低能炸药或分段装药结构，并最后同时起爆，使岩体产生平整轮廓面的爆破技术。光面爆破的特征是在新形成的岩壁上残留清晰可见的半个孔痕，而无明显的爆破裂缝（见图 4-13）。

图 4-13 光面爆破效果

光面爆破的周边孔（又称光爆孔）与其内最外层主爆孔（又称内圈孔）之间留有一圈岩石层，即“光爆层”（见图 4-14）。它为周边孔爆破提供了自由面，光爆层的厚度就是周边孔的最小抵抗线。要求光爆孔的间距小于其最小抵抗线，即炮孔密集系数 $m=E/W<1$。

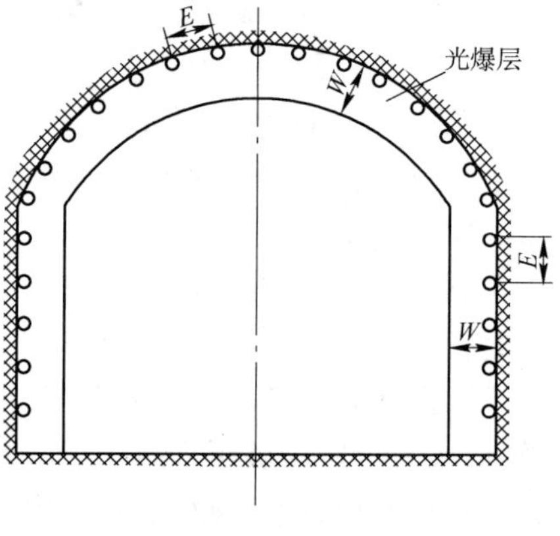

图 4-14 光爆层示意图

偏振光弹模型模拟试验表明，当两个相邻平行炮孔非常精确地同时起爆时，由于炮孔间距小于最小抵抗线，因此爆炸产生的应力波将沿其连线相向传播，在连线的中点相叠加使应力达到最大值，最终在连线位置产生裂缝。但是，实际上由于起爆器材必然存在误差，难以保证精确地同时起爆，也就难以产生应力波的叠加及其效应。这样，先爆炸的炮孔产生的径向裂隙，在相邻平行炮孔的“导向”作用下，使得在连线方向的裂隙优先发展，随后在爆炸气体的准静压作用下，使裂缝扩展贯通。贯穿裂缝形成后，周围岩体内的应力因释放而下降，从而抑制了其他方向裂隙的发展。同时，裂隙面反射了与其邻近的内圈孔的应力波向围岩的传播，因此爆破形成的围岩壁面比较平整。最后在爆破与重力的作用下将光爆层的岩石崩落。如果在周边孔之间增加一个空孔，可为贯通裂缝的形成创造更有利的条件，但这将增加凿岩工程量。

小药卷低能炸药或分段装药，使得作用在周边孔壁上的爆炸压力小于岩石的动抗压强度，而大于动抗拉强度，因此不致使孔壁产生明显的压缩破坏，并在岩壁上残留下半个孔痕。装药的不耦合程度，用炮孔直径与药卷直径的比值即不耦合系数（非耦合系数）K 来表示：

$$K=\frac{d_h}{d_c} \tag{4-4}$$

式中 d_h——炮孔直径,mm;

d_c——药卷直径,mm。

不耦合系数反映药卷在炮孔中与孔壁的接触状况。在不耦合装药中,药卷与孔壁之间有空隙,爆炸冲击波从炸药进入到间隙的空气,经孔壁反射后,再由空气进入到岩石。由于炸药与岩石的波阻抗约为空气波阻抗的 10^4 倍,在界面反射与透射引起的衰减很大。同时,空气间隙还可有效地降低炮孔内爆炸气体的压力,不致使孔壁产生明显的压缩破坏。耦合装药是炸药完全填满炮孔整个断面而没有间隙,不耦合系数最小,$K=1$。这时炸药产生的应力波直接传播到岩体中,使能量损失减至最少,但有时由于过高冲击压力而影响爆破质量。

光面爆破的特点是:掘进岩壁平整光滑,可减少超挖量4% ~6%;对围岩的扰动小,减少了应力集中,提高了围岩自身的承载能力;便于喷射混凝土支护;节省装岩、回填的工程量。光面爆破与喷锚支护结合,可节省大量混凝土,减少人工,降低工程造价,加快施工进度。因此,光面爆破是一种质量好、成本低的爆破控制技术,也是新奥法施工的基础。

光面爆破在硬岩中的效果十分明显。当岩体软弱破碎时,光面爆破不能留下半个孔痕,表面上看是效果不理想,但仍可减轻对围岩的破坏及减少超挖,其实质作用仍然很大。此外,对于软弱破碎岩体,采用预裂爆破的爆破效果会比光面爆破好。

B 预裂爆破

预裂爆破是由光面爆破演变而来的,预裂面形成的机理基本与光面爆破相似,周边的预裂孔也采用不耦合装药或低威力炸药。最大的不同是预裂孔是在主爆孔之前最先同时起爆,在预裂孔之间形成一道连续规整的预裂面(见图4-15)。它隔断了随后主爆孔爆破产生的冲击波,且装药量较少,因而对预裂面外侧保留岩体的破坏作用减至最小。预裂孔应比主爆孔提前90 ~120ms 起爆,最少不得小于50ms。预裂爆破与龟裂掏槽类似,都是在岩体内部爆破而产生裂缝。区别是预裂爆破形成的裂缝比龟裂掏槽的更窄,因此要求装药量可以少得多。

图4-15 某隧道洞口的边坡预裂爆破效果

预裂爆破没有侧向自由面,只有一个自由面,夹制作用强,破裂条件远不如光面爆破。因此,预裂孔的间距要比光面爆破小些,装药量要稍多些。同时,爆炸应力波和爆生气体的能量不能向抵抗线方向转移。实践表明,这种能量转移不会妨碍裂缝的形成,这也是预裂爆破的壁面质量不如光面爆破的原因之一。此外，预裂爆破的震动强度大，保留岩体受到一些破坏在所难免。根据三峡等水电工程的观测资料，在装药量相同的情况下，预裂爆破产生的震动影响是深孔台阶爆破的 3 ~4 倍。为此，可将预裂孔分成若干段起爆，从而减少了单段的装药量。而预裂面一旦贯穿形成，便将爆破岩体与保留岩体隔离开，随后起爆主爆炮孔时产生的应力波，在到达预裂面后便产生反射，使主爆炮孔对远处岩体的爆破地震强度减小，提高了围岩的稳定性，并形成平整的轮廓面。

实践表明，松软岩石和坚硬岩石的预裂缝宽度差别很大，松软岩石的裂缝宽度可达 10 mm，甚至更大；而坚硬岩石的裂缝宽度不超过 5 mm。葛洲坝工程的预裂缝地面宽度达 10 mm 以上，实测减震率为 48% ~70%。坚硬岩石中的预裂缝宽度虽然较小，减震效果也不明显，但坚硬岩石的动抗压强度高，使预留岩体的破坏也较小。

4.2.4 岩石爆破性及其分级

研究岩石爆破性及岩石爆破性分级，可以指导爆破工程施工，并为爆破优化提供依据。

4.2.4.1 岩石的动态力学性质

炸药爆炸应力波对岩石的破坏作用是动载，其特点是加载时间短暂，通常用变形过程的平均加载率来评价荷载的动态特性。动荷载作用下的岩石力学性能，与静载下有所不同。在炸药爆炸的作用下，岩石的动载强度要比静载强度高，尤其是抗拉强度可提高 3 ~4 倍；岩石的应变率❶可比静荷载的大 10^6 倍，且随爆源的强度及距离的不同而有很大的变化。例如，爆炸冲击波的应变率约为 10^{11}/s，而爆炸应力波的应变率只有 5×10^4/s 左右。

4.2.4.2 岩石爆破性及其分级

岩石爆破性（可爆性）是指在炸药的爆炸作用下，岩石被破碎的难易程度。它是岩石动态力学性质的一种综合体现，与岩石可凿性并不完全一致。很多研究表明，岩体的纵波速度可以反映岩体的一般特性，而岩体的波阻率 ρ 与炸药爆炸后传递给岩体能量的效率有密切关系。此外，岩体构造包括裂隙、节理、弱面和断层等可以影响炸药的能量分布、爆破漏斗形状、爆破质量及抛掷方向，从而导致不同的爆破效果。

岩石爆破性最初直接采用普氏坚固性系数 f 进行分级。其后，各国学者又先后采用不同的指标对岩石爆破性进行分级。例如，苏联的 A. Φ. 苏哈诺夫认为，采用不同的方式破碎岩石时，由于破碎机理不同，岩石表现出的坚固性也未必趋于一致。他于 1936 年直接采用在规定的标准条件❷下的炸药单位消耗量进行岩石爆破性分级。1969 年苏联的哈努卡耶夫采用岩石波阻率进行分级，此外还有用岩石弹性纵波速度，岩石抗压、抗拉、抗剪强度的平均值作为岩石爆破性分级的指标等。1984 年东北大学钮强教授提出“岩石爆破性指数”分级法，它是根据爆破漏斗体积、爆破岩石的块度分布率及岩石波阻率的大量实测数据，运用数

---

❶ 应变率是表征材料快速变形的一种度量，它是应变对时间的导数。

❷ 苏氏的标准条件为：①炸药为 2 号硝铵炸药，爆力 280 cm^3、药卷直径 30 ~32 mm；②孔深为 1 m；③巷道掘进断面为 4 ~6 m^2；④炮孔利用率不低于 0.8；⑤炮泥为黏土粗砂比为 3:1；⑥炮孔分布合理，掏槽孔采用电起爆或导爆索一次起爆。

理统计的多元回归分析,计算求得岩石爆破性指数 N,按照 N 值的级差进行岩石可爆性分级。

岩石爆破性分级可以为预估炸药消耗量,制定施工定额,优化爆破提供基本参数。采用普氏坚固性系数对岩石爆破性进行分级,具有简明,便于使用的特点。我国自解放初期引入普氏分级法以来,至今仍在沿用。很多爆破工程的设计、施工方法及定额仍按普氏岩石坚固性系数来确定。不过在确定岩石爆破性时,不能单凭岩石名称,还应按岩体的结构特征予以调整。如同岩石可凿性一样,岩石爆破性分级只有纳入岩石分级中,并作为地质勘察的指标,才能在工程施工中发挥更大的作用。若将其纳入定额中必将发挥更大的作用。

4.3 工业炸药与原材料炸药

民用爆破器材简称爆破器材,是相对于军用爆破器材而言的,它包括工业炸药与起爆器材。国防科工委《民用爆破器材目录》(科工爆字[2000]790 号文)将民用爆破器材主要分为工业炸药、工业雷管、工业索类火工品、原材料等。这里的原材料特指用于民用爆破器材生产具有爆炸危险属性的原材料,即是通称的起爆药和单质猛炸药。

4.3.1 炸药的物理化学性能

炸药的主要性能有理化性能、热化学参数、爆炸性能和安全性能等。理化性能有密度、含水率、安定性和相容性等指标。热化学参数包括爆热、爆温、爆压、爆容等。爆炸性能主要有起爆能和敏感度、爆速、做功能力、猛度、殉爆距离等指标。安全性能指标有敏感度、爆炸后有毒气体含量,煤矿许用炸药还有沼气安全性和抗爆燃性,详见《煤矿许用炸药可燃气安全度试验方法和判定》(GB18097—2000)和《煤矿用炸药抗爆燃性测定方法和判定规则》(MT378—1995)。这些参数和指标表明了炸药性能的优劣,并取决于炸药的化学成分。炸药的性能对爆破效果及爆破安全有很大影响,并可用来检验某种炸药是否合格或失效。炸药的外观、药卷密度、含水率的检验测定,详见附录 A.6.1。检验项目及其抽样方案详见附录 A.6.6。

4.3.1.1 热化学参数

炸药的热化学[1]参数,主要有爆热、爆温、爆压、爆容等。它们的测试方法,详见附录 B.8 工业炸药的热化学参数的有关内容。

A 爆热

爆热是指单位质量炸药爆炸时放出的热量,它是在定容条件下测量的。爆热是气体膨胀做功的能源。它还是决定爆速的重要因素之一,爆热越大,炸药的做功能力越强。工业炸药的爆热一般为 2900 ~ 6300 kJ/kg。

[1] 热化学是研究物理和化学过程中热效应规律的科学,它是将热力学第一定律(能量守恒和转化定律)具体运用到化学反应上,通过实验用各种量热方法准确测定物理、化学过程的热效应,计算化学反应的热量,从而根据热效应来研究有关现象及规律性。热化学是化学中化学热力学的一分支,也是物理学中热学在化学中的应用。

B 爆温

爆温是指炸药爆炸瞬间放出的热量将爆炸产物加热到的最高温度。它取决于炸药的爆热和爆炸产物的组成。一般希望炸药的爆温高些，以求得较大的威力，但对煤矿用炸药，则要求爆温控制在较低范围内，以防止引起瓦斯煤尘爆炸。单质炸药的爆温一般为3000～5000℃，民用混合炸药为2000～2500℃。

C 爆压

爆炸气体压力简称爆压，它是指炸药在一定容积内爆炸后，其气体产物的比容不再变化时的压力。爆压主要取决于装药的爆速和密度。它与炸药爆炸完成后，应力波对周围介质造成的最大压力不同，后者是动态的，是由冲击波产生的。

D 爆容

爆容是指单位质量炸药爆炸后，生成的气体产物相当于标准状态下的体积。气体产物是炸药爆炸放出热量借以做功的介质，因此爆容是与炸药做功能力有关的一个重要参数。一般炸药的爆容为0.7～1.0m^3/kg。

4.3.1.2 爆炸有毒气体含量

A 炸药的氧平衡

一般单质炸药或混合炸药都是由碳、氢、氧、氮四种元素组成的，其中碳、氢是可燃元素，氧是助燃元素。炸药中的氧元素使可燃元素氧化，使其可以减少甚至不含有毒气体。为了充分利用炸药的能量，提高爆炸威力，降低有毒气体的生成量，应力求在爆轰反应过程中，使炸药中的氧元素将碳、氢元素完全氧化成CO_2和H_2O，而避免生成CO、NO_2和NO。

炸药的氧平衡是指炸药中所含的可燃元素完全氧化后，炸药中多余的或不足的氧量。零氧平衡是炸药中的含氧量刚好与可燃元素完全氧化所需的氧量相等；负氧平衡是炸药的含氧量不足，可燃元素氧化不完全，产生CO、H_2，甚至会出现固体碳；正氧平衡是炸药的含氧量过多，可燃元素完全氧化后还有剩余氧。炸药的氧平衡是设计混合炸药配方，确定炸药适用范围及使用条件的重要依据。炸药实际爆炸反应中，在高温环境下，存在热离解作用，并不可能“完全氧化”，常产生有各种有毒分子，甚至原子。

B 爆炸有毒气体含量

炸药的爆轰产物主要是气体，俗称炮烟。它的主要成分为一氧化碳和氮氧化物，有时还可能有少量的硫化氢（H_2S）和二氧化硫，其中大多为有毒气体。此外，还有少量的水蒸气及固态的杂质、金属颗粒等。有毒气体的产生原因如下：

（1）实际的工业炸药并非零氧平衡，只能力求接近零氧平衡，因此爆炸后会生成一定的有毒气体。

（2）炸药中的钝化剂石蜡或过量的木粉会使爆轰反应不完全，使有毒气体含量增大。

（3）炸药的组分配比是在反应完全的条件下确定的，但在实际的炸药生产和贮存过程中,当炸药的颗粒较粗,混合不均匀或贮存条件不良时,可能使爆炸部分反应不完全,而使有毒气体含量增大。

（4）岩石种类、炮泥填塞质量也影响有毒气体含量。

爆炸产生的有毒气体影响岩巷工程作业人员的身体健康甚至危害生命,还对沼气和煤尘爆炸反应起催化作用。炸药爆炸后有毒气体含量是井下工业炸药的一项重要的安全指标,1 kg 炸药爆炸后产生的有毒气体含量不得大于 80 L。实践表明,炸药有毒气体含量的测定结果与测定方法有关,《工业炸药爆炸后有毒气体含量的测定》(GB18098—2000)规定采用实验室模拟法测定,实为炸药本身爆炸后的有毒气体含量。其原理是在一定的条件下,用一定量的炸药在一定容积的爆炸弹筒中爆炸,制得炸药爆炸后的气体试样。分别测定其中一氧化碳和氮氧化物的含量,再换算成有毒气体的总含量。详见附录 A. 6. 1 炸药检验中的有关内容。

4.3.1.3 安定性

炸药的安定性是指在正常贮存条件下,炸药保持其物理和化学性质不发生显著变化的能力。安定性可分为物理安定性和化学安定性。

A 物理安定性

炸药的物理安定性是指炸药保持本身物理状态的能力。常见的炸药吸湿结块、渗油、冻结、挥发和干结等现象,均属物理安定性不佳。炸药在保管和使用中应注意,禁止使用物理状态已经发生变化的炸药。尤其是硝化甘油炸药在渗油或冻结后极其敏感,严禁使用。值得注意的是,普通胶质硝化甘油炸药在 +10℃时便会冻结。

B 化学安定性

化学安定性是指炸药在保存过程中不发生分解的能力。几乎所有的炸药在常温下,都有分解的趋势,只是程度不同而已。随着温度的升高,炸药的分解速度加快,放热量加大。炸药在保管中,应降低库房内的温度,避免炸药加速分解,甚至发生自燃或爆炸。

4.3.1.4 相容性

炸药的相容性是指混合炸药各组分之间,或炸药与其他材料(如炸药、高聚物、金属或非金属材料等)混合或接触时,各组分保持其物理和化学性能不发生明显变化的能力。炸药的相容性在雷管和炸药的研制与生产中十分重要。炸药在贮存中,应对其相容性予以充分注意。例如,某些炸药存在如下的相容性问题:

（1）在雷管生产中,叠氮化铅在潮湿并含有 CO_2 的环境中,容易与铜发生反应生成敏感的叠氮化铜。因此,用叠氮化铅作起爆药的雷管不能采用铜壳。

（2）潮湿的雷汞容易与铝反应生成雷酸盐,它的敏感度比雷汞还高,极易爆炸。因此,用雷汞作起爆药的雷管,不允许用铝壳。

（3）特屈儿与硝酸铵强烈反应,放出热量而自燃,因此严禁将其与硝酸铵混合使用。

（4）梯恩梯与碱反应能生成十分敏感的物质,易着火或爆炸。

(5) 硝酸铵不与铝、铁反应,而与硝酸、硫酸、硫及铜、锌等能发生反应,应避免由此发生爆燃或爆炸的危险。

4.3.2 炸药的爆炸性能

4.3.2.1 起爆能和敏感度

炸药在平时处于相对稳定状态,只具有潜在爆炸的可能性。炸药只有获得必要的外界初始能使各元素重新组合时,才能发生爆炸。促使炸药进行爆炸反应的条件,称为起爆条件。引起炸药爆炸的外界初始能称为起爆能,它有热能、机械能和爆炸能三种。机械能多用于起爆常规武器的装药。爆炸能是用起爆药爆炸产生的爆轰波和高温高压气体产物的动能来起爆其他炸药。它是工程爆破中应用最广泛的起爆能,常用的有雷管、导爆索和中继起爆药包等爆炸能。

炸药敏感度是指炸药在起爆能的作用下,发生爆炸反应的难易程度,即炸药爆炸对外界能的需要程度,简称感度。感度是衡量炸药安全性的最重要指标。炸药感度高,对于加工制造、贮存运输及安全使用不利。炸药感度太高,不能直接用于爆破作业,只能少量用于特定的爆破器材中,如制造雷管、导爆管等。感度太低的炸药,需要很大的起爆能,增加了爆破作业的困难,并可能产生爆炸不完全或拒爆,使用也不安全。此外,炸药的感度与其威力并非一回事,如黑火药对火焰、撞击极为敏感,但其威力远不如工业炸药。

炸药对不同起爆能的敏感度并不一致,如梯恩梯炸药用火焰点着时,只能平静地燃烧,但雷管的爆炸却能使其爆炸。因此,炸药需分别测试不同起爆能的敏感度。在实际中切不可简单地以炸药的某种感度来直接衡量另一种感度。按起爆能的种类,炸药感度可分为热感度、爆轰感度、机械感度和静电火花感度等。

A 热感度

炸药热感度是指炸药在热能作用下,发生爆炸的难易程度。热能是利用加热作用,如火焰、火星、电热等形式起爆炸药。工业雷管多用热能起爆。热感度包括加热感度和火焰感度两种。加热感度是指热源均匀地加热炸药时的感度,它常用爆发点(又称爆燃温度、发火点或发火温度)来表示。爆发点是指在一定试验条件下,炸药在规定时间(通常为5 min)内起爆所需加热的最低温度。它是指加热介质的温度,而不是炸药爆炸时炸药本身的温度。炸药的爆发点不是炸药的特性参数,而与试验测定的条件紧密相关。

火焰感度是指炸药在明火(火焰、火花)的作用下,发生爆炸的难易程度。通常以导火索燃烧时喷出的火焰,连续6次点燃0.05 g起爆药(猛炸药为1 g)的最大距离或不点燃的最小距离作为火焰感度。前者用于作为起爆炸药的性能,后者用于安全的指标。普通电雷管便是利用起爆药的火焰感度来引爆起爆药的。有些炸药对温度比较钝感,但对火焰很敏感,如黑火药一接触火星便燃烧爆炸。

B 爆轰感度

爆轰感度是指炸药在雷管或其他炸药爆炸的作用下,发生爆轰的难易程度,又称起爆感度。单质炸药通常用极限起爆药量即保证炸药起爆所需的最小起爆药量来表示爆轰感度。

如A炸药能使B炸药完全起爆的最小起爆药量,称为B炸药的极限起爆药量。一般雷管便是利用加强药的爆轰感度来起爆加强药的。工业炸药一般按用工业雷管是否能可靠起爆来区分其爆轰感度,能用8号雷管可靠起爆的炸药称为该炸药具有8号雷管感度。起爆硝铵类炸药的爆轰感度还可用殉爆距离来表示。对于爆轰感度低的炸药,如粒状铵油炸药、浆状炸药等,必须采用起爆药柱来起爆。

C　机械感度

炸药机械感度是指炸药在机械能作用下发生爆炸的难易程度。机械能是通过撞击、摩擦、挤压和针刺等机械作用,使炸药分子间产生剧烈的相对运动,产生热效应起爆炸药。机械感度主要分为撞击感度和摩擦感度。撞击感度(冲击感度)一般用落锤仪测定,用爆炸的百分率来表示。摩擦感度常用摆式摩擦仪测定,也用爆炸百分率来表示。详见国军标《炸药试验方法》(GJB772A—1997)。

机械感度主要影响炸药在贮存、运输和使用中的安全。机械感度高的炸药会给爆破作业带来不安全因素,因此民用炸药不希望机械感度高。但是,军火弹药的引信一般是利用机械作用引爆的,机械感度对其引爆有着重要的意义。

D　静电火花感度

静电火花感度是指炸药在静电放电时,在电火花的作用下发生爆炸的难易程度。它采用储存高电压的固定电容器对炸药试样上的电极间隙放电产生电火花而引起炸药燃烧或爆炸来测定。不同电压下的电火花能量不同,其发生燃烧或爆炸的百分数,即是炸药静电火花感度。炸药的颗粒间及与其他物体间相互摩擦时都会产生静电。在炸药和起爆器材的加工制造中以及机械化装药(如铵油炸药)时,由于产生静电均可能发生爆炸事故。

4.3.2.2　爆轰稳定性

爆轰稳定性是指炸药爆炸后,能否连续、完全爆炸的能力。它主要受炸药的化学成分、爆轰感度及装药密度、药卷直径(或药包大小)、起爆能量等因素影响。

A　装药密度

炸药的密度是指单位体积炸药的质量。密度直接影响爆速及其他爆炸性能,如做功能力、猛度、殉爆距离等。如前所述,当药卷直径一定时,单质炸药的爆速随密度的增大而增加。混合炸药在最优密度时爆速最大,而超过临界密度后,爆轰变为不稳定,甚至拒爆。

炸药多制成药卷,以便于工程中的使用。因而爆破作业中的炸药密度多为装药密度。散装炸药,如多孔粒状铵油炸药、乳化铵油炸药和浆状炸药等,装入炮孔内的密度也为装药密度。爆破作业要求装药密度应达到规定值,以免影响炸药的爆炸性能。在做炸药的性能试验时,装药密度必须满足试验标准的规定,以使试验结果具有可比性。

B　临界熄爆直径

爆速与药卷直径有关,当药卷直径小于某一值后便完全不能传爆,此时的药卷直径称为临界熄爆直径。不同炸药的临界熄爆直径不同,如单质猛炸药的临界熄爆直径很小,一般仅为数毫米，因此导爆索的药芯直径虽然只有3.6～4.0mm，仍然具有良好的爆轰稳定性；乳化炸药的临界熄爆直径为16～18mm；浆状炸药的临界熄爆直径为100mm，但加入敏化剂后可降至32mm。临界熄爆直径越小的炸药，其爆轰稳定性越好。临界熄爆直径对小直径药卷的稳定爆轰尤为重要。

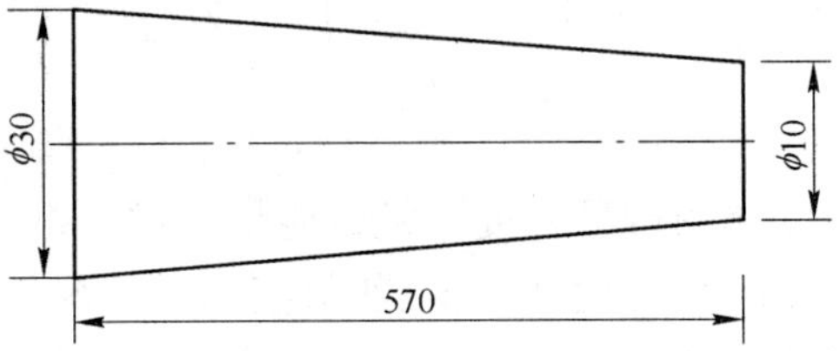

图4-16 锥形纸筒

炸药的临界熄爆直径可采用锥形装药进行测定。《小直径药卷炸药技术条件》(MT/T931—2005)规定，用纸袋纸在模具上卷成锥形纸筒(见图4-16)，厚度不超过三层。在纸筒中装入测试炸药，密度控制在试样原密度的范围内。

将装药放在铝板(600mm×80mm×4mm)上，两头用细线捆扎牢固。在装药大头端插入雷管，插入深度约为雷管长度的2/3。起爆后，用直尺测量铝板上的爆痕长度，精确至1mm。按下式计算炸药的临界熄爆直径d_r：

$$d_r = d_1 - \frac{l}{L}(d_1 - d_2) \tag{4-5}$$

式中 d_1——装药大头直径，mm；
d_2——装药小头直径，mm；
l——铝板爆痕长度，mm；
L——装药总长度，mm。

平行测定两次，两次结果相差不应超过3mm。取其平均值，精确至1mm。如果平行测定超差，可加测一次，并作如下处理：

(1) 加测结果与前两个结果均不超差，取三次测定结果的平均值。

(2) 加测结果只与前两个结果之一不超差，则取这两个不超差结果的平均值。

(3) 如加测结果与前两个结果均超差，则应重新取样测定。

4.3.2.3 爆速

A 炸药的爆速

爆速是爆轰传播速度的简称，它是指在炸药爆轰过程，爆轰波波阵面在炸药中传播的稳定速度。在装药密度一定的条件下，炸药的爆速是常数。应当指出，炸药的爆速与爆炸化学反应速度是完全不同的两个概念。爆炸的化学反应速度是指在单位时间内反应完成的物质质量，其单位是g/s。此外，导爆管是以低能冲击波来传播的，而不是炸药的爆轰。因此，将其传播速度称为爆速(即爆轰速度)是不合适的，只能称为传爆速度。

爆速是反映炸药爆炸性能的重要指标，也是炸药唯一可直接测量的爆轰参数，又可间接地表示出其他爆轰参数值，是计算其他爆轰参数的依据。低威力炸药的爆速介于1500～2500m/s，高威力炸药的爆速介于2500～7000m/s。对于同一类型的炸药，爆速越大，爆轰波的压力越高，爆炸的威力也越大。

B 影响爆速的因素

爆速除与炸药本身的化学性质如爆热、化学反应速度有关外，还受装药密度、含水率、起爆能及药卷外壳约束、装药直径等因素的影响。

（1）装药密度。如前所述，当药卷直径一定时，单质炸药的爆速随密度的增大而增加。混合炸药在最优密度时爆速最大，而超过临界密度后，爆轰变为不稳定，甚至拒爆。乳化炸药的最优密度为1.05～1.30 g/cm^3，铵油炸药为0.85～1.05 g/cm^3。

（2）含水率。炸药中的水分增加时，爆速降低。此外，炸药加工的粒度不够或不均匀，也会降低炸药的爆速。

（3）起爆能。如果起爆能过小，炸药不能激起自行加速反应，传爆便很快衰减，直至爆速降为零而熄爆。当起爆能稍小时，炸药初始爆速低于稳定爆速，经过一段时间后才能达到稳定爆速。当起爆能适中时，炸药可以达到或接近稳定爆速，炸药的威力得以充分发挥。如果起爆能很大，炸药初始爆速大于稳定爆速，随后降至稳定爆速。因此，工业炸药对雷管的起爆能有一定的要求。在深孔爆破中采用导爆索或起爆药包进行起爆，就是为了提高炸药的爆速，增加其爆炸威力。

（4）装药外壳约束条件。装药外壳可以限制炸药爆轰时反应区爆轰产物的侧向发散，从而减小炸药的临界直径。当药卷直径较小时，增加外壳的约束可以提高爆速，效果与增大装药直径相同。当药卷直径大于极限直径后，外壳约束就不起作用了。

（5）药卷直径。炸药爆轰产生的能量实际并未全部用于传播，而有一部分会通过表面积向周围散失。药卷的直径越小，相对单位体积的表面积就越大，散失的能量所占的比例也越大。因此，爆速随药卷直径的减小而减慢。

C 临界直径和极限直径

在一定装药密度下，能使爆轰稳定传播的最小药卷直径称为临界直径。当药卷直径从临界直径逐渐增大，爆速也逐渐增高，最后达到稳定值。此后再增大药卷的直径，爆速也不再增高。在一定装药密度下，炸药爆速不再增加时的最小药卷直径称为极限直径。不同炸药的临界直径和极限直径不同。极限直径一般为临界直径的8～13倍。常用的炸药卷直径为32 mm或35 mm，远未达到它的极限直径，不可避免地出现非理想爆轰，炸药能量损失很大。因此，增大药卷的直径便可以增大最优密度和爆速。

D 爆速测定方法

爆速可采用测速仪法或导爆索法测定。导爆索法简易方便，但它的测定误差较大，且受操作因素的影响较大，现已较少采用。测速仪法的测试精度高，为仲裁法。由于电子技术及其产品的迅速发展，目前一般应采用测速仪法。

a 试样要求

如上所述，爆速除了取决于炸药本身外，还与装药密度、药卷直径、炸药粒度及药卷的包装（约束条件）有关，因此测定爆速应在标准条件下进行。对于具有雷管感度且有药卷包装的炸药，均采用原包装药卷作试样。散装炸药应改装成药卷，药卷外径一般为32 mm或35 mm，炸药密度的偏差不得大于0.05 g/cm^3。对不具有雷管起爆感度的炸药，可在强约束条件下或加起爆药卷（柱）起爆。有关标准的规定如下：

（1）无雷管起爆感度的乳化炸药应采用内径为150 ±3 mm，壁厚为4 ±1 mm的PVC塑料管装药。在药筒开口端的中心部位装入起爆药柱，使其完全埋入炸药中，雷管插入起爆药柱的中心孔内。起爆药柱为注装梯恩梯❶,直径为60±3mm,长度为103±5mm,重量为450±2g。也可用其他能量相当的起爆药柱代替。

(2)多孔粒状铵油炸药应采用ϕ50mm×5mm×350mm的焊接钢管装药,加50g 2号岩石铵梯炸药❷,装药密度不应小于0.9g/cm³。

(3)含水炸药试样的温度不应低于5℃,否则采取升温措施,但升高温度不应超过25℃。

b 测速仪法

测速仪法的测试原理是利用爆轰气体产物因电离而具有良好导电性的特点,记录传播时间。引爆炸药后,爆轰波到达传感元件时,它将温度、压力、电离度或发光等效应信息传至电信号形成电路,转换为电信号。测出相距l的一对传感元件之间的时间间隔t,即可求出该段炸药的平均爆速。原来采用示波器和脉冲信号发生器记录传播时间,现已普遍采用爆速仪或数字测时仪直接测定炸药爆速(见图4-17)。

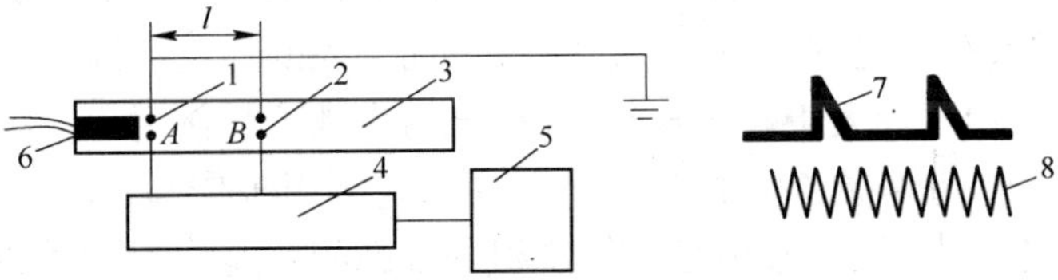

(a)

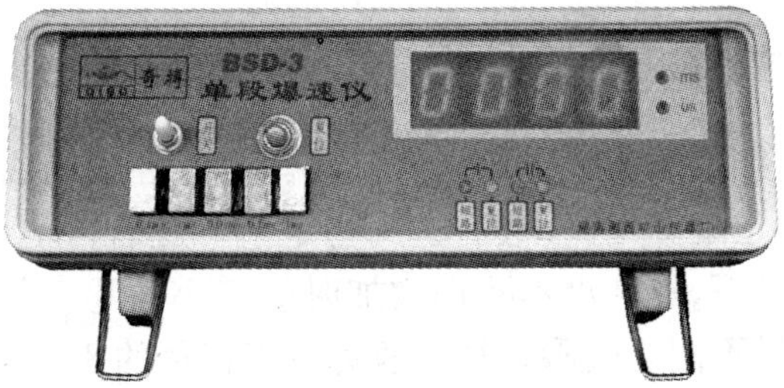

(b)

图4-17 测速仪法测定炸药爆速

(a)测速仪法原理;(b)BSD-3型爆速仪

1,2—探针;3—试样;4—脉冲信号发生器;5—示波器;6—雷管;7—脉冲信号;8—时标

传感元件可采用丝式电离探针,也可采用光、压力传感元件或其他效应传感元件。丝式电离探针用直径为0.10~0.15mm的铜芯漆包线制成。爆轰产物因高温高压而电离,爆轰波到达探针时将其导通。测距l应根据仪器精度和炸药爆速确定,使测定长度的相对误差不大于2%;测时相对误差不大于1%。通常取l=50.0mm,对爆速大于5000m/s的炸药,可适当加长测距。允许在1个试样上安装2个以上的传感元件,但测距必须相同。8号雷管插入深度为15mm,雷管底部距最近的测点不应小于2倍试样直径。另一端的测点距试样末端不应小于20mm。对需加起爆药卷(柱)或强约束条件起爆的试样,测点距起爆药卷

---

❶ 按梯恩梯装填方法的不同,可分为注装法和压装法两类。注装法是将梯恩梯熔化后、浇注成形或注入弹体的方法。

❷ 2号岩石铵梯炸药现已停止使用,可用2号岩石乳化炸药或岩石粉状炸药代替,有待修改标准。

(柱)与试样的接触面或雷管底部不应小于3倍试样直径。向爆速仪时输入测距后,即可直接显示爆速。采用数字测时仪时,按下式计算其爆速值 D_i:

$$D_i = \frac{l}{t_i} \times 10^3 \tag{4-6}$$

共测试5个试样或5个试段,按下式计算平均爆速 $\overline{D}$ 及标准差 S:

$$\overline{D} = \sum_{i=1}^{n} \frac{D_i}{n} \tag{4-7}$$

$$S = \sqrt{\frac{1}{n-1}\sum_{i=1}^{n}(D_i - \overline{D})^2} \tag{4-8}$$

式中 D_i——第 i 个试样或试段的爆速值,m/s;

$\overline{D}$——爆速平均值,m/s;

l——测距,mm;

t_i——第 i 个试样或段的时间间隔值,μs;

n——测试数据个数,$n=5$;

S——标准差,m/s。

标准差 S 的允许值为:粉状炸药不大于150m/s;含水炸药不大于200m/s。当标准差 S 超出允许值时,应进行复试。

c 导爆索法

导爆索法又称道特里什法,其原理是用对比测定的方法,即利用已知爆速的导爆索与待测的炸药相比较,求出炸药某一段长度的平均爆速,试验方法如图4-18所示。铅板(或铝板)长为250~300mm、宽40~60mm、厚3~5mm。在其一端M处刻一横向深痕。在试样上选取A、B两点,其间距 l_{AB} 不小于100mm,其他要求同爆速仪法。截取长度不小于1.5m的导爆索,在其中点处做一记号,并将其对准铅板上的M处,用胶布或胶带将板上的导爆索段固定在板的中心线处,并使中心部位的导爆索与板之间有2~3mm的间隙。再将导爆索的两端分别插入试样的A、B两点,插入深度为药包直径的一半。对需加强约束条件起爆的试样,应预先在钢管或其他硬质材料管上钻孔,然后再装药。其余同上。

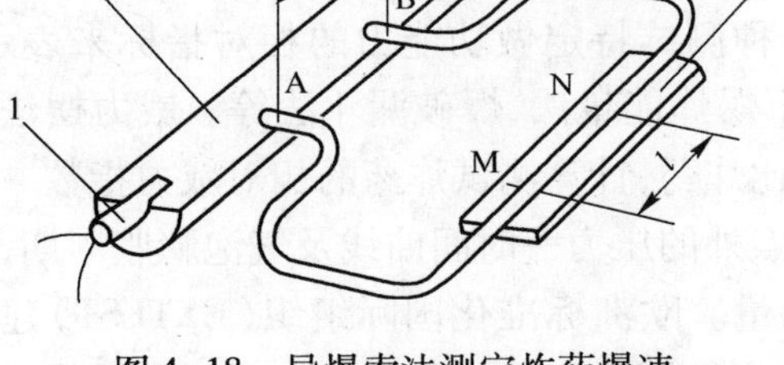

图4-18 导爆索法测定炸药爆速

1—雷管;2—试样;3—导爆索;4—铅板或铝板

起爆后,A、B两端的导爆索先后被引爆,各自传爆后爆轰波在N点相遇,由于波的叠加致使压力增大,在铅板上留下明显的爆痕。测量出M、N两点的距离 l,已知导爆索的爆速为 D_c,即可推导出炸药的爆速 D 为

$$D = \frac{l_{AB}}{2l} D_c \tag{4-9}$$

式中 D——炸药爆速值,m/s;

l_{AB}——试样上AB段距离,mm;

l——导爆索中点M与爆轰波相遇点N的距离,mm;

D_c——导爆索爆速,m/s,可查产品说明书或向生产厂索取,简化试验可取6500 m/s。

平行测定两次,按式(4-9)计算单发的爆速值,再计算其平均值$\overline{D}$及绝对差Δ:

$$\overline{D}=\frac{D_1+D_2}{2} \tag{4-10}$$

$$\Delta=|D_1-D_2| \tag{4-11}$$

式中 $\overline{D}$——炸药爆速平均值,m/s;

D_1,D_2——第1次、第2次试验测得的爆速值,m/s;

Δ——两发试验结果的绝对差,m/s。

《工业炸药爆速测定方法》(GB/T13228—91)规定,绝对差Δ不应超过爆速平均值$\overline{D}$的10%,否则应进行复试。导爆索法的精度与导爆索爆速的准确度及距离l_{AB}、l的测定准确度有关。此外,精确确定爆轰波相遇点N点较为困难,导爆索插入试样的深度的误差也会使导爆索的实际中点M产生偏差。在导爆索爆速的误差为1.5%~2.0%的条件下,测定爆速的最大相对误差可控制在±5%以内。

4.3.2.4 做功能力(爆力)

A 爆炸威力与做功能力

炸药的爆炸威力是指其爆炸所具有的总能量。做功能力是指炸药在介质中爆炸对其做机械功的能力,它是炸药爆炸对介质整体的压缩、破坏和抛掷的能力。做功能力是衡量炸药相对威力的重要指标之一,它取决于炸药的爆热、爆温和爆炸生成气体的体积。《炸药做功能力试验 铅𡏖[1]法》(GB12436—1990)规定,做功能力为炸药的型式检验项目。

由于炸药做功的绝对数值难以测量,常用各种测试特定做功能力的相对指标来表示。如铅𡏖扩张法、威力摆法(又称威力臼炮法)、水下爆炸能量法、爆破漏斗法等。威力摆法是测出爆炸后炮体的最大摆角,然后以梯恩梯为参比炸药,计算测试炸药的相对威力指数。水下爆炸能量法是在水池中作大药量爆炸,测定测点外的压力—时间曲线及气泡膨胀周期,再计算出炸药在水中爆炸的冲击能、气泡能及总能量。欧洲标准化国际组织(EXTEST)建议采用1kg和8kg两种炸药量进行水下爆炸试验。爆破漏斗法是将两种或两种以上质量相同的炸药,埋入同样深度的均质土或砂中起爆,然后在地面测定爆破漏斗两个互相垂直方向的直径,取其平均值,再测量漏斗可见深度。计算爆破漏斗的体积,进行比较。爆破漏斗法简单易行,更适合钝感炸药。但其测试精度低,只能作定性比较,且只有在相同条件下测定的结果才有可比性,而目前还没有统一的测定条件。

B 铅𡏖扩张法测定工业炸药的做功能力

我国采用铅𡏖扩张法(又称特劳茨铅柱试验)测定工业炸药的做功能力(称为爆力)。它是将炸药放在规定的铅𡏖中爆炸,用铅𡏖体积的增量来表示炸药的做功能力。铅𡏖为直径

[1] 𡏖(读音dao)意为圆柱体。

200 mm、高 200 mm 的圆柱体，其中央有一直径 25 mm，深 125 mm 的内孔。《炸药做功能力试验铅垮法》规定，将 10 g 炸药装入内径为 24 mm 的纸筒内，然后放上带孔圆纸板（厚 1.75 mm，外径 23.75 mm，内径 7.5 mm）。再放入内径为 24.5 ±0.1 mm 的专用铜模中，用专用铜冲子将药包中心压出直径 7.5 mm，深 12 mm 的孔，控制装药密度为 1 g/cm^3。然后将药包装入铅垮的中心圆孔内，在药包的中心孔内插入铜壳 8 号电雷管，再用粒度为 0.40 ~ 0.71 mm 的石英砂填满（图 4-19a）。含水炸药试样的温度不应低于 5℃，否则应采取升温措施，但升高温度不应超过 25℃。

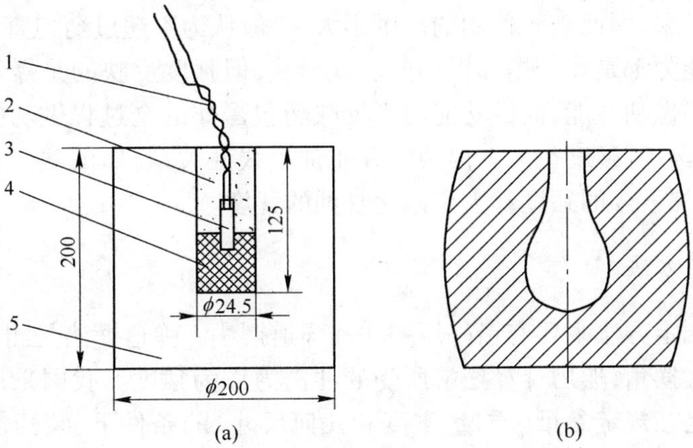

图 4-19　铅垮法测定爆力

（a）铅垮装药；（b）爆炸后铅垮

1—电雷管脚线；2—石英砂；3—铜壳电雷管；4—药包；5—铅垮

起爆后，炸药在铅垮内产生冲击压缩，中心圆孔被扩大成梨形（见图 4-18b）。爆力按下式计算：

$$X = (V_2 - V_1)(1 + K) - 22 \tag{4-12}$$

式中 X——炸药的爆力，用铅垮孔扩大值表示，mL；

V_1——爆炸前铅垮孔的容积，$V_1 = 59$ mL；

V_2——爆炸后铅垮孔的容积，可用注射器或量筒注水测其容积，mL；

K——温度修正系数，%，按表 4-1 采用。

式中的 22(mL) 为铜壳 8 号电雷管在 15℃时的爆力值。

表 4-1　温度修正系数 *K* 值　（%）

铅垮温度/℃	-30	-25	-20	-15	-10	-5	0
K	+18	+16	+14	+12	+10	+7	+5
铅垮温度/℃	+5	+8	+10	+15	+20	+25	+30
K	+3.5	+2.5	+2.0	0	-2.0	-4.0	-6.0

应当指出，由于铅垮对爆炸的抵抗力随壁厚的减薄而减小，其扩大值并不与炸药的威力呈线性关系。威力小的炸药，测定的爆力常偏小，威力大的却偏大，如黑火药的测定爆力只有约 30 mL，而黑索今的爆力却高达 500 mL，相差近 17 倍，其实它们的做功能力相差没有这么大。此外，铅垮扩张法也不能确切地反映炸药破碎脆性岩石的能力。

4.3.2.5 猛度

A 猛度的特点

炸药的猛度是指炸药爆炸的瞬间,冲击波和爆轰产物对与其接触的局部固体介质(如岩石、混凝土、金属弹体等)产生的压缩、破碎能力。它是炸药爆炸产生的冲击波和应力波的强度,表征炸药的做功功率,是常用的炸药性能指标之一。猛度与爆速、爆轰压力及其作用时间有关。炸药的爆速、爆轰压力越大,压力作用时间越短,猛度越高。猛度由于是爆轰产物直接作用的结果,因此破碎作用的范围不大,一般认为不超过药包直径的2~2.5倍。

猛度与做功能力都是炸药爆炸做功的表现形式,但猛度反映的是爆炸初始阶段在爆炸气体高压作用下的做功性能,而做功能力则反映药包爆炸的全过程做功的总能力。一般情况下,威力大的炸药,其猛度也大。但两者并非都呈线性关系,如黑索今和硝化甘油炸药的威力基本相同,但黑索今的猛度却大于硝化甘油的猛度。

B 猛度测定方法

猛度常用的测定方法主要有铅柱压缩法和弹道摆法。弹道摆法是测出定量炸药在摆端爆炸后摆锤的最大摆角,然后计算摆端所受的冲击力作为猛度。我国采用铅柱压缩法测定炸药的猛度。它是在规定参量(质量、密度和几何尺寸)的条件下,装药爆炸时对铅柱进行压缩,用压缩值作为炸药的猛度。《炸药猛度试验 铅柱压缩法》(GB12440—90)规定,铅柱直径为40±0.3mm,高为60±0.3mm。对于粉状炸药,在压模内放入内径40mm的纸筒,将50.0±0.1g炸药装入纸筒内,在炸药上面放置带孔圆纸板(厚度1.5~2.0mm,外径39.5±0.2mm,内径7.5±0.1mm)。用冲子将药包中心压出直径7.5mm,深15mm的孔,控制装药密度为1g/cm^3。对于颗粒状炸药,则直接将炸药倒入纸筒内,自然堆集后测量装药高度,计算出装药密度。将钢底座(厚度不小于20mm、尺寸不小于200mm的中碳钢板❶)放置在坚硬的基础(混凝土厚度不小于100mm)上,依次放置铅柱、圆钢片(直径41±0.2mm、厚10±0.1mm的优质碳素结构钢)和药包,它们应在同一轴线上,并用细绳将装置固定在钢底座上。最后装入8号瞬发电雷管(见图4-20a)。

对于需要加钢管约束的炸药,焊接钢管的外径为48mm,壁厚3.5mm,长60mm。这时圆钢片的直径改为44.0±0.2mm,见图4-20b。多孔粒状铵油炸药采用外径为50mm,壁厚5mm,长60mm的焊接钢管装药,总装药量为50g,其中含5g 2号岩石铵梯炸药❷,装药密度为0.8~0.9g/cm^3。测定时,必须严格控制装药密度,否则将影响测定猛度的准确性。含水炸药试样的温度不应低于5℃,否则应采取升温措施,但升高温度不应超过25℃。

起爆后,铅柱被压缩成蘑菇形,分别量出铅柱上相互垂直的直径上4点的压缩前后的高度差,取其平均值(mm)即为该炸药的猛度(见图4-21)。每个试样做两个平行试验,对单

---

❶ 优质碳素结构钢按含碳量不同可分为三类:低碳钢(C≤0.25%)、中碳钢(C为0.25%~0.6%)和高碳钢(C>0.6%)。优质碳素结构钢是指含碳量C小于0.8%的碳素钢,它所含的硫、磷及非金属夹杂物比碳素结构钢少,力学性能较为优良。

❷ 2号岩石铵梯炸药现已停止使用,可用2号岩石乳化炸药或岩石粉状炸药代替,有待标准修改。

质炸药和粉状混合炸药，两次试验的猛度差值不应大于1.0mm；对其他物理状态的混合炸药，则不应大于2.0mm。

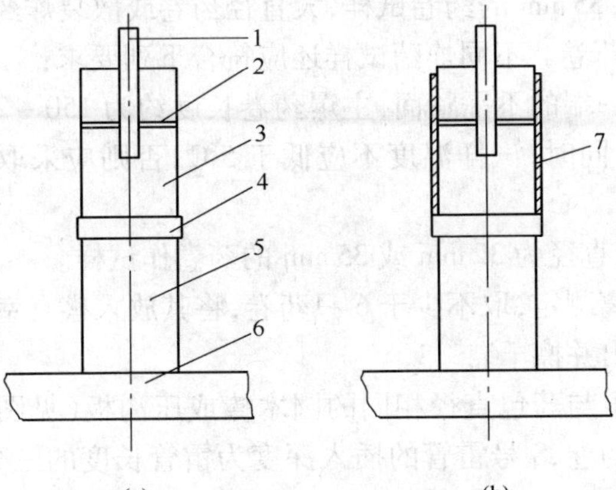

图4-20 铅柱压缩法测定猛度的试验装置
（a）标准法；（b）加钢管约束法
1—雷管；2—带孔圆纸板；3—药卷；4—圆钢片；
5—铅柱；6—钢底座；7—钢管

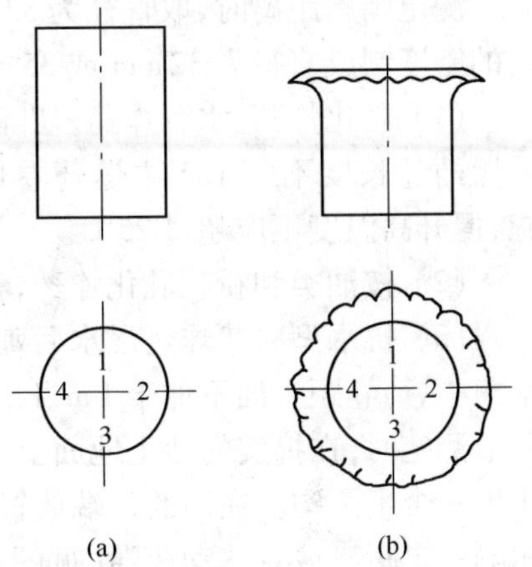

图4-21 铅柱压缩法测量猛度值
（a）未压缩的铅柱；（b）压缩后的铅柱

当铅柱的压缩值大于25mm时，应采用减半装药量进行试验，雷管插入炸药中的深度改为5mm。也可装药量不变，而采用双圆钢片进行试验。

4.3.2.6 殉爆距离

A 殉爆与殉爆距离

殉爆是指一个药包（主动药卷）发生爆炸时，由于冲击波的作用引起相隔一定距离的另一个药包（从动药卷）产生爆炸的现象。殉爆其实称为“诱爆”更为确切。殉爆的实质是药包爆炸时，会在空气中产生冲击波，由它引爆了相隔一定距离的另一个炸药包。殉爆距离是指将规定直径和一定质量的同种炸药的药卷制成主动药卷和从动药卷，通过空气能引起从动药卷殉爆的两药卷端面间的最大距离，以厘米（cm）计。殉爆度是殉爆距离与药包直径之比，一般为2～8。殉爆距离用来衡量炸药的爆炸冲击能，也能反映炸药的爆轰感度。它是衡量工业炸药爆炸性能的重要指标之一，也可作为炸药储存期性能的检验指标。同时，殉爆现象对于炸药库及炸药车间的安全距离，处理拒爆事故等均有重要意义。

影响殉爆距离的因素有装药密度、药卷的药量和直径、药卷外壳，药包的爆轰感度及两药卷的空间物质（介质性质）等。装药密度对主爆药卷和从爆药卷的影响不同，主爆药卷的密度增大，殉爆距离也增加；在一定范围内，从爆药卷的密度减小，殉爆距离增加。药卷药量和直径增大，殉爆距离也增加。如果主爆药卷有坚硬外壳，甚至将两药卷用管子连接起来，可以显著增加殉爆距离。主爆药卷与从爆药卷的轴线对正时，殉爆距离最大，它们的轴线垂直时，殉爆距离最小。此外，如果两药卷之间不是空气，而是砂土、金属或水等密实介质，则殉爆距离将明显减小。

B 殉爆距离测定方法

测定殉爆距离时，取直径为32 mm或35 mm的药卷试样，大直径药卷或散装炸药则按规定的密度制成直径为32 mm或35 mm的药卷。不同炸药试样还应符合下列要求：

（1）乳化炸药、水胶炸药，切除药卷一端的不平整面，主爆药卷长度约为150～200 mm，从爆药卷长度不应小于主爆药卷长度。同时，试样温度不应低于5℃，否则应采取升温措施，但升高温度不应超过25℃。

（2）铵油类和粉状乳化炸药，直接取直径为32 mm或35 mm的药卷作试样。

（3）抗水型粉状炸药浸水后殉爆距离测定，取不少于6只药卷，将其放入盛有室温水的水槽中，药卷距水面不低于1 m，1 h后取出并擦干。

测定时，在捣实的沙土地面上，用一根与药包直径相同的圆木棒或压沟板（见图4-22）压出一个半圆沟。在沟的一端放置主动药卷，8号雷管的插入深度为雷管长度的三分之二。相隔一定距离放置从动药卷（见图4-23）。

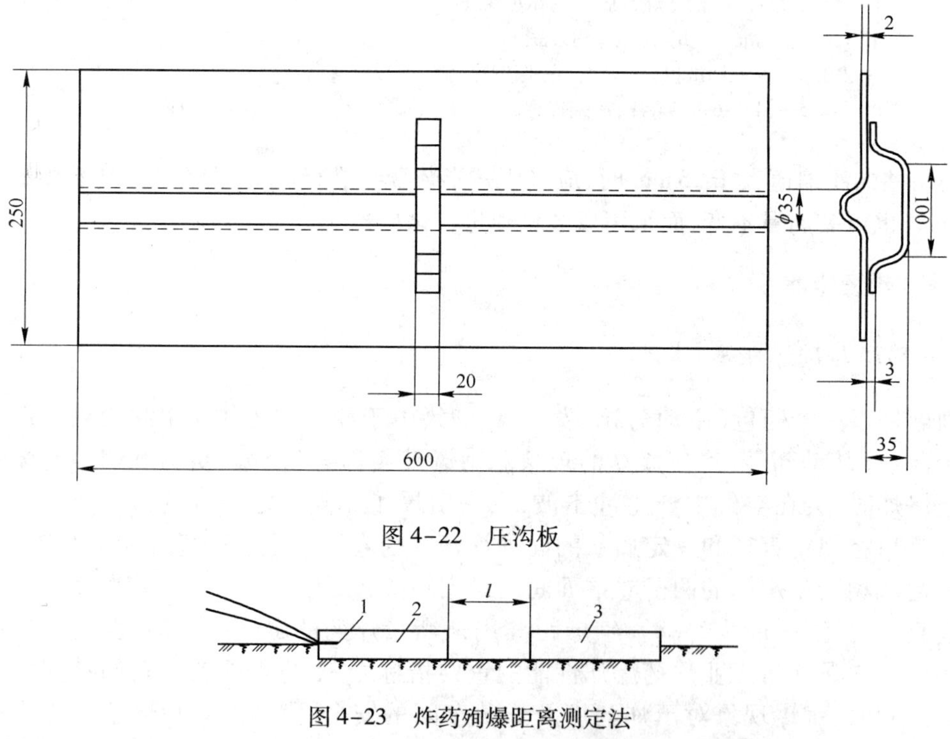

图4-22 压沟板

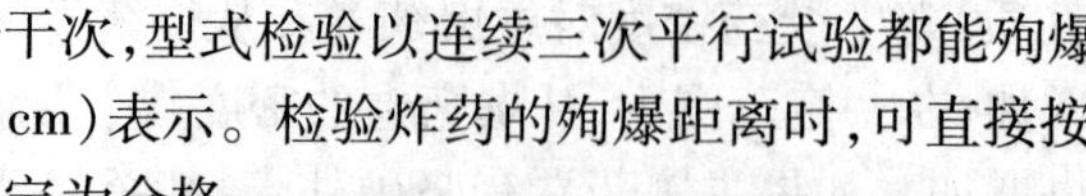

图4-23 炸药殉爆距离测定法

1—雷管；2—主动药卷；3—从动药卷

起爆后，要求现场不仅无残留药，而且放置从动药卷的地方应产生明显的爆坑，则判定为殉爆。试验应进行若干次，型式检验以连续三次平行试验都能殉爆的最大距离，即为该炸药的殉爆距离，以厘米（cm）表示。检验炸药的殉爆距离时，可直接按产品规定的殉爆距离，连续三次都能殉爆即判定为合格。

4.3.3 常用工业炸药

工业炸药是指用于非军事的采矿和工程爆破等作业的猛炸药，又称民用炸药。通常所讲的炸药就是指工业炸药。它是以氧化剂与可燃剂为主体,按氧平衡原理构成的爆炸性混合物。

4.3.3.1 工业炸药的特点与种类

A 工业炸药的特点

工业炸药都是多组分的混合炸药,可根据要求的性能调配不同的组分。它具有下列特点:

(1) 爆炸性能良好,具有较高的爆速、足够的爆炸威力和适当的爆轰感度,较低的机械感度。既可保证制造、运输、贮存和使用过程的安全,又能保证使用时起爆容易。

(2) 炸药基本达到或接近零氧平衡,爆后产生的有毒气体含量必须在规定的范围内。

(3) 安定性好,具有一定的贮存期。

(4) 原料来源广泛、价格低廉、制造工艺简单。

B 工业炸药的种类

工业炸药种类繁多,主要品种有硝铵类炸药、铵油炸药和含水炸药三类。此外,硝化甘油炸药又称胶质炸药,是最早取代黑色炸药的工业炸药。它的抗水性强、密度大、爆炸威力大。但机械感度高,容易冻结,有一定的毒性,是安全性最差的一种炸药,并且生产时污染环境,价格昂贵。20 世纪 70 年代后,由于含水炸药特别是乳化炸药的出现,使得硝化甘油炸药的应用范围日益缩小,现在只有少量生产,用于特殊场合。过去我国个别矿山还曾用过液氧炸药。硝铵类炸药是以硝酸铵(NH_4NO_3)为主要成分的炸药,其中硝酸铵单独可以成炸药现已被我国列入火工品进行管理。铵梯炸药是含有梯恩梯的粉状硝铵类炸药,它一直是我国应用最广泛的工业炸药品种。由于采用较多的梯恩梯作敏化剂,炸药生产过程毒性大、污染严重。我国已停止生产和使用❶。

工业炸药按使用条件分为岩石型炸药、露天型炸药和煤矿许用炸药。岩石型炸药允许在地下和露天爆破中使用,但不得用于有沼气和煤尘爆炸危险的作业面;露天型炸药只允许用于露天爆破;煤矿许用炸药主要用于有沼气和煤尘爆炸危险的作业地点,它可用于任何场合。煤矿许用炸药中添加了消焰剂,它是一种热容量大的物质,常用氯化钠或氯化铵。消焰剂能吸收部分爆热而降低爆温,使爆轰的火焰小,持续时间短,不致引起矿井大气的局部高温,爆炸后生成的灼热固体残渣少。《煤矿许用炸药井下可燃气安全度试验方法和判定规则》(MT 61—1997)规定,煤矿许用炸药按安全性分为 5 级,其中最常用的是 1 ~ 3 级。各级别的沼气安全性的合格标准如表 4-2 所示。

---

❶ 国防科工委《关于编报 2008 年民爆物品生产计划的通知》(委爆字[2007]113 号)指出,“2008 年起不再安排铵梯炸药、火雷管、导火索的生产计划。”2008 年 1 月 1 日起已经停止生产铵梯炸药。国防科工委、公安部《关于做好淘汰导火索、火雷管、铵锑炸药相关工作的通知》(科工爆[2008]203 号文)要求,2008 年 3 月 31 日后停止销售铵梯炸药,2008 年 6 月 30 日后停止使用铵梯炸药。

表 4-2 煤矿许用炸药

安全等级	要　求	用　途
1 级	100 g 炸药通过发射臼炮试验合格	可用于低瓦斯矿井的岩石掘进工作面
2 级	150 g 炸药通过发射臼炮试验合格	可用于低瓦斯矿井的煤层采掘工作面、半煤岩掘进工作面
3 级	450 g 炸药通过发射臼炮试验合格或 150 g 炸药通过巷道内悬吊试验合格	可用于高瓦斯矿井、低瓦斯矿井的高瓦斯区域，可用于沼气和煤尘双突出的作业面
4 级	250 g 炸药通过巷道内悬吊试验合格	
5 级	450 g 炸药通过巷道内悬吊试验合格	

注：有煤（岩）与瓦斯突出危险工作面必须使用安全等级不低于 3 级的煤矿许用含水炸药。

C　工业炸药的包装

工业炸药中，除多孔粒状铵油炸药、乳化铵油炸药和浆状炸药主要用于露天采矿，采用散装外，一般均制成药卷。药卷的底端向内凹入，起聚能穴的作用。爆炸能量在聚能穴所指方向比较集中，有利于传爆，装药时应注意药卷的方向。药卷外径有 32 mm、35 mm、38 mm、42 mm 等，常用的药卷规格见表 4-3。其中最常用的是外径 32 mm、35 mm，质量 150 g 的药卷。此外，还有外径 27 mm、药量 140 g 的小药卷。药卷采用纸箱包装，每箱质量为 24 kg。

表 4-3 药卷规格

外径/mm	32 ± 1	35 ± 1	35 ± 1
装药净质量/g	150 ± 3	150 ± 3	200 ± 5

注：粉状乳化炸药的质量公差为 ± 7 g。

4.3.3.2 乳化炸药与其他含水炸药

乳化炸药是含水炸药的典型代表。含水炸药确切地应称为含水硝铵炸药，而铵锑类和铵油类炸药是不含水的硝铵类炸药。美国人库克（Cook）和加拿大人法南姆（Farnam）于 1956 年发明了浆状炸药，它首次以水作为炸药的主要成分，突破了硝铵类炸药怕水的传统，以水抗水，改善了硝铵炸药的抗水性。浆状炸药是炸药发展史上的一次革命，被誉为“第三代炸药”。在此基础上又出现了水胶炸药。1969 年美国人布鲁姆（H. F. Bluhm）发明了乳化炸药，它具有威力大、感度高、抗水性好等特点，被誉为“第四代炸药”。乳化炸药是当前世界上发展最快、使用最多的工业炸药。20 世纪 70 年代末我国开始制造乳化炸药，并迅速得到广泛的应用。目前，水胶炸药只有两三个工厂在生产，浆状炸药的产量也很少。

A　乳化炸药

乳化炸药的外观为乳白色、淡黄色或银灰色，呈乳胶状，又称乳胶炸药。它是由氧化剂水溶液的分散粒子分布在油介质中，形成油包水型乳化物的混合炸药。油介质包围氧化剂的水溶液微珠，油介质称为连续相或外相；氧化剂的水溶液微珠称为分散相或内相。氧化剂仍以硝酸铵为主，添加硝酸钠以降低溶液的析晶点，使物理稳定性和爆炸能力明显提高。油介质为燃料油、石蜡或两者的混合物。乳化剂是乳化炸药的关键组分，是一种表面活性剂，可降低水和油的表面张力，一般加在油相中。水相和油相分别由泵送入高速旋转剪切的乳化器中生成感度极低的乳胶基质。乳化炸药不含有爆炸性的敏化剂和胶凝剂，而乳胶基质又不具有雷管起爆感度，因此需要加入“敏化”物质，使炸药具有雷管感度。国内常用亚硝酸钠或 H 发孔剂，分解后产生微小气泡；国外多采用空心玻璃微珠[1]等多孔物质。当乳化炸药受到强冲击波（如雷管爆炸形成）的作用，使其内部的空气微泡受到绝热压缩而形成高热点（灼热核），从而导致乳化炸药产生爆轰。乳化炸药由于含有较多的水，做功能力不比铵油炸药高，在硬岩中使用时，需要加入铝粉、硫黄粉等。

乳化炸药按用途分为岩石、煤矿许用、露天三类。岩石乳化炸药具有较好的爆轰性能，一般具有雷管感度，安定性较好，便于贮存，包装成小药卷出厂。露天乳化炸药的抗水性好，一般不具有雷管起爆感度，主要以散装形式使用，因而不要求具有长期贮存的安定性。《乳化炸药》（GB18095—2000）规定的性能指标见表 4-4。

表 4-4 乳化炸药的主要性能指标

项 目	岩石乳化炸药		煤矿许用乳化炸药			露天乳化炸药	
	1 号	2 号	一级	二级	三级	有雷管感度	无雷管感度
药卷密度/$g \cdot cm^{-3}$	0.95～1.30		0.95～1.25			1.10～1.30	—
炸药密度/$g \cdot cm^{-3}$	1.00～1.30		1.00～1.30			1.15～1.35	1.00～1.35
爆速/$m \cdot s^{-1}$	≥4500	≥3200	≥3000	≥3000	≥2800	≥3000	≥3500
猛度/mm	≥16	≥12	≥10	≥10	≥8	≥10	—
做功能力/mL	≥320	≥260	≥220	≥220	≥210	≥240	—
殉爆距离/cm	≥4	≥3	≥2	≥2	≥2	≥2	—
撞击感度	爆炸概率≤8%						
摩擦感度	爆炸概率≤8%						
热感度	不燃烧不爆炸						
爆炸后有毒气体含量/$L \cdot kg^{-1}$	≤80					—	
可燃气安全度	—		合格			—	
使用保证期/d	180		120			120	15

注：1. 表内数据均为使用保证期有效，使用保证期自炸药制造完成之日起计算；
2. 混装车生产的无雷管感度露天乳化炸药的爆速不应低于 4200 m/s 。

乳化炸药的优点是：爆轰感度较高，具有雷管起爆感度；爆炸性能与 2 号岩石炸药基本相同，临界直径为 12～16 mm；密度可调范围宽，一般在 0.95～1.35 g/cm^3 之间，具有不同的爆炸威力，适用性强；不含猛炸药，爆炸后有毒气体含量低，环境污染小；机械感度低，安全性能好，生产和使用安全；具有一定的流动性，便于机械化装药。乳化炸药与浆状炸药、水胶炸药相比，抗水性更强，物理性能稳定、原料广泛，成本低。乳化炸药与硝铵炸药、铵油炸药相比，具有优良的抗水性，几乎不吸湿，不易结块，可以较长时间浸泡在水中。因此，乳化炸药特别适合于有水场合的爆破作业。乳化炸药的缺点是不易装填成药卷和不便在炮孔中装药，影响装药效率，缺乏长期贮存的安定性。2 号岩石乳化炸药具有不黏手、威力大、抗水性好等特点，可代替 2 号岩石铵梯炸药，用于有水或无水的露天及无可燃气或无矿尘爆炸危险的地下爆破工程。

[1] 如澳瑞凯（威海）爆破器材有限公司生产的 PowergeLTMMagnum 3151 型乳化炸药。

B 粉状乳化炸药

乳化炸药虽然具有很多突出的优点，但它的膏脂状形态给生产、运输、贮存和使用带来一些不便。粉状乳化炸药是将乳化后的乳胶基质雾化成细小胶粒，经冷却后形成粉状或颗粒状而制成的乳化炸药，便于制成药卷方便使用。它是我国于20世纪90年代研制成功，具有自主知识产权的工业炸药。粉状乳化炸药无需引入敏化气泡就具有雷管起爆感度，并具有一定的抗水性能。它的临界直径小，爆速、猛度、殉爆距离等均优于2号岩石铵梯炸药。粉状乳化炸药按用途分为岩石和煤矿许用两类。《粉状乳化炸药》(WJ9025—2004)规定的性能指标见表4-5。

表4-5 粉状乳化炸药的主要性能

项目	岩石粉状乳化炸药	一级煤矿许用粉状乳化炸药	二级煤矿许用粉状乳化炸药	三级煤矿许用粉状乳化炸药
药卷密度/$g \cdot cm^{-3}$	0.85~1.05			
爆速/$m \cdot s^{-1}$	≥3400	≥3200	≥3000	≥2800
做功能力/mL	≥300	≥240	≥230	≥220
猛度/mm	≥13.0	≥10.0	≥10.0	≥10.0
殉爆距离/cm	≥5	≥5	≥5	≥5
撞击感度/%	≤15			
摩擦感度/%	≤8			
爆炸后有毒气体含量/$L \cdot kg^{-1}$	≤80			
可燃气安全度(以半数引火量计)/g	—	≥100	≥180	≥400
抗爆燃性	—	合格	合格	合格
保质期/d	180	120		

粉状乳化炸药可用于地下掘进爆破中，已成为替代铵梯炸药的最具竞争力的品种之一。此外，还有用于光面爆破的低爆速小直径的粉状乳化炸药药卷。

C 浆状炸药

浆状炸药是最早的含水炸药，与乳化炸药相反，它和水胶炸药都是水包油型的含水炸药。浆状炸药是以胶凝剂稠化的氧化剂(硝酸铵)饱和水溶液为连续相，而以燃料油及敏化剂为分散相，通过交联剂形成网状结构的悬浮体或凝胶状的含水炸药。硝酸铵的饱和水溶液使其不再吸水，并增加密度和可塑性，改善爆炸性能。但加水后会降低炸药的感度，因此必须加入敏化剂。敏化剂早期用梯恩梯，后来改用铝粉，近期则用非金属粉末和脂肪胺的硝酸盐、醇类硝酸酯或乳化油等，并辅以微气泡敏化。胶凝剂是浆状炸药的关键成分，它使氧化剂水溶液变为胶状体，并使各种物态不同的成分胶结在一起，使其中未溶的硝酸盐类颗粒、敏化剂颗粒等悬浮于其中，提高了抗水性能。

浆状炸药是一种高威力的抗水炸药。它的优点是：抗水性强；密度大(可达$1.5g/cm^3$)，爆炸威力大；有一定流动性，能充满整个炮孔，从而增强爆破效果，且便于机械化装药；制造和使用安全；原料广泛、成本低。缺点是理化安定性和防冻性较差；临界直径较大，爆轰感度较低，一般不具有雷管起爆感度。浆状炸药曾在露天矿的有水深孔爆破中广泛应用，现已被乳化炸药所代替。

D 水胶炸药

水胶炸药是浆状炸药的发展,与浆状炸药并无严格的区别,也是由氧化剂水溶液、黏胶剂、敏化剂等基本成分组成,经溶解混合后,悬浮于有胶凝剂的水溶液中,再经化学交联而成的凝胶状含水炸药。它与浆状炸药的主要不同是采用硝酸甲胺水溶液为主要敏化剂,它比硝酸铵更易溶于水,明显改善了氧化剂的耦合状况,同时又是可燃剂,从而提高了爆炸性能。水胶炸药的氧化剂主要是硝酸铵和硝酸钠,使得析晶点降低,物理安定性和爆炸性能明显提高。黏胶剂具有良好的黏胶效果,可以保持炸药性能的相对稳定。水在水胶炸药中是黏胶剂的主要溶剂,而水在乳化炸药中则是氧化剂的重要溶剂。水胶炸药按适用范围分为岩石型、露天型与煤矿许用型三类。岩石水胶炸药的主要性能与岩石乳化炸药相似,《水胶炸药》(GB18094—2000)规定的性能指标见表4-6。

表4-6 水胶炸药的主要性能

项 目	岩石水胶炸药		煤矿许用水胶炸药			露天水胶炸药
	1号	2号	一级	二级	三级	
药卷密度/$g \cdot cm^{-3}$	1.05~1.30		0.95~1.25			1.05~1.30
爆速/$m \cdot s^{-1}$	≥4200	≥3200	≥3200	≥3200	≥3000	≥3200
做功能力/mL	≥320	≥260	≥220	≥220	≥180	≥240
猛度/mm	≥16	≥12	≥10	≥10	≥10	≥12
殉爆距离/cm	≥4	≥3	≥3	≥2	≥2	≥3
撞击感度/%	爆炸概率≤8					
摩擦感度/%	爆炸概率≤8					
热感度	不燃烧,不爆炸					
爆炸后有毒气体含量/$L \cdot kg^{-1}$	≤80					—
可燃气安全度	—		合格			—
使用保证期/d	270		180			

注:1. 表内数据均采用直径为32 mm或35 mm的药卷进行测试;
2. 表内数据均为保证期内有效,使用保证期为自炸药制造完成之日起计算;
3. 不具有雷管感度的炸药可不测做功能力、猛度、殉爆距离。

水胶炸药的优点是:抗水性和爆炸威力比浆状炸药更好,爆轰感度高,具有小直径的雷管起爆感度;理化安定性较好,不吸湿、不结块;可塑性好,密度及爆炸性能可在较大范围内调节,适用于多种爆破场合;机械感度和热感度较低,运输、贮存和使用安全。但其生产成本较高,爆炸后生成的有害气体较多,冬季水胶炸药冻结后,要升温到正常起爆温度(5℃)以上时才能使用。水胶炸药可用于地下小直径(35 mm)的炮孔爆破,尤其适用于地下坚硬岩石中的有水深孔爆破。目前主要用于一些特殊场合,如在煤矿井下有沼气和煤尘涌出的危险工作面使用。

4.3.3.3 铵油类炸药

铵油类炸药是以硝酸铵和柴油为主要成分的混合炸药。它最显著的特点是成本低廉、制作简便和比较钝感,使用安全。铵油炸药的缺点是爆炸威力和感度低,除少数可以用8号雷管起爆外,一般需用起爆药包(由10%普通炸药制成)来起爆;易吸湿结块,结块后爆炸性能严重恶化;贮存期短,宜现场制作现用。铵油类炸药易燃,在密闭条件下可转为爆炸。燃烧时产生大量有毒气体,且不易被扑灭。铵油类炸药由于不防水且密度低(0.80~0.85 g/cm^3),限制了它的应用范围。

20世纪70年代,我国研制出粉状铵松蜡炸药(增加了松香和石蜡)和铵沥炸药(用软化点不低于60℃的30号沥青代替松香)、铵沥蜡炸药(增加了沥青和石蜡)等炸药。它们克服了铵梯炸药和普通铵油炸药吸湿性强和贮存期短的缺点,具有一定的抗水性,同时保持了铵油炸药的原料来源广、易加工、成本低和使用安全等优点。但爆炸后有毒气体含量较大。

铵油类炸药按硝酸铵种类的不同,可分为不同的铵油炸药,此外还有乳化粒状铵油炸药。

A 粉状铵油炸药

粉状铵油炸药是以粉状结晶硝酸铵、柴油及木粉制成的铵油炸药,加入少量的木粉用以防止炸药结块。它一般是在炸药厂加工,采用轮碾机热加工的,颗粒较细、拌和均匀。粉状铵油炸药是细粉状铵油炸药,可由雷管直接起爆,多用于地下。此外,可采用冷加工,但颗粒较粗、拌和较差,为粗粉状铵油炸药,不具有雷管感度。它适用于露天爆破,应用10%感度高的炸药作起爆药。

粉状铵油炸药的主要性能见表4-7。

表4-7 铵油炸药的主要性能

项 目	指 标	项 目	指 标
药卷密度/g · cm^{-3}	0.95~1.10	水分/%	≤0.30
爆速/m · s^{-1}	≥3.2×10^3	水分(有效期内)/%	≤0.50
猛度/mm	≥12	殉爆距离/cm	≥3
做功能力/mL	≥300	殉爆距离(有效期内)/cm	≥2
爆炸后有毒气体含量/L · kg^{-1}	≤100	使用保证期/d	180

B 改性铵油炸药

改性铵油炸药是在铵油炸药的基础上发展起来的,不含梯恩梯,是替代工业粉状铵梯(油)炸药的一种环保型工业炸药。改性铵油炸药是硝酸铵加入改性剂,一般采用气流凸轮粉碎机对硝酸铵进行改性和干燥,使改性硝酸铵达到一定的细度(控制在150目左右,200目筛下物不超过15%)后,再加入复合油相,经过球磨混药连续工艺,加入木粉混合而成的一种粉状炸药。改性铵油炸药的主要性能如表4-8所示。

表4-8 改性铵油炸药的主要性能

<table>
<tr><th>项 目</th><th>指 标</th><th colspan="2">项 目</th><th>指 标</th></tr>
<tr><td>爆速/m · s^{-1}</td><td>≥3200</td><td rowspan="2">有效期内</td><td>水分/%</td><td>≤0.50</td></tr>
<tr><td>猛度/mm</td><td>≥12</td><td>殉爆距离/cm</td><td>≥3</td></tr>
<tr><td>做功能力/mL</td><td>≥320</td><td colspan="2">使用保证期/d</td><td>180</td></tr>
<tr><td>殉爆距离/cm</td><td>≥4</td><td colspan="2"></td><td></td></tr>
</table>

改性铵油炸药由于不含梯恩梯，在生产和使用过程中不会对人体产生伤害，也不会对环境产生严重污染。它的细度比工业铵油炸药的细度高，其药卷产品的装药密度比铵油炸药的药卷密度大，并具有防潮、防结块、爆炸后有毒气体生成量少的特点。改性铵油炸药的爆炸性能、安全性、可靠性及贮存稳定性能都优于工业粉状铵梯（油）炸药。

C 多孔粒状铵油炸药

多孔粒状铵油炸药是由多孔粒状硝酸铵和柴油，一般不加木粉制成的铵油炸药，它是铵油炸药的特征品种。多孔粒状硝酸铵的表面充满孔隙，吸油率高。它对柴油的吸附特性决定了炸药的混制过程既简单又快捷，疏松性和流动性较好，适用于机械化装药。一般多用于露天矿的深孔爆破，在现场采用混装车进行混制后，直接装药。多孔粒状铵油炸药不易结块，但不抗水，威力较低，不能用雷管直接起爆。《多孔粒状铵油炸药》（GB17583—1998）规定的主要性能指标见表4-9。

表 4-9 多孔粒状铵油炸药的主要性能指标

项目	水分/%	爆速/m·s^{-1}	猛度/mm	做功能力/mL	有效期/d	有效期内	
						水分/%	爆速/m·s^{-1}
指标	≤0.3	≥2800①	≥15②	≥278	30	≤0.5	≥2500

① 爆速测定是采用长50mm，直径为50mm，壁厚5mm的焊接钢管装药，加50g 2号岩石炸药作起爆药，装药密度不小于0.9g/cm^3；

② 猛度的测定是采用长60mm，直径为50mm，壁厚5mm的焊接钢管装药，总装药量为50g（其中含5g 2号岩石铵梯炸药作起爆药），装药密度不小于0.8g/cm^3。2号岩石铵梯炸药已被淘汰，有待修改标准。

D 膨化硝铵炸药

膨化硝铵炸药不含梯恩梯，是用膨化硝酸铵代替普通结晶型硝酸铵或多孔粒状硝酸铵，用复合高热值油相材料代替柴油，加入木粉混合后制成的炸药。膨化硝酸铵是用表面活性剂将硝酸铵饱和溶液膨化，强制发泡析晶而成。由于膨化硝酸铵含有微气孔、比表面积❶大，自身得到敏化。膨化硝铵炸药按使用范围分为岩石膨化硝铵炸药和煤矿许用膨化硝铵炸药。《膨化硝铵炸药》（WJ9026—2004）规定的性能指标见表4-10。

表 4-10 膨化硝铵炸药的主要性能指标

项目	岩石膨化硝铵炸药	煤矿许用膨化硝铵炸药			
		一级	一级抗水	二级	二级抗水
水分/%	≤0.3	≤0.3			
药卷密度/g·cm^{-3}	0.80～1.00	0.85～1.05			
爆速/m·s^{-1}	≥3200	≥2800	≥2800	≥2600	≥2600
做功能力/mL	≥298	≥228	≥228	≥218	≥218

❶ 比表面积是指单位质量物质的总表面积（m^2/g）。它是用于评价粉体或多孔性材料的活性、吸附、催化等多种性能的重要物理属性。一般比表面积大的多孔物质，活性大，吸附能力强。测定比表面积的方法有气体吸附法和溶液吸附法两种。

续表 4-10

项目		岩石膨化硝铵炸药	煤矿许用膨化硝铵炸药			
			一级	一级抗水	二级	二级抗水
猛度/mm		≥12.0	≥10.0	≥10.0	≥10.0	≥10.0
殉爆距离/cm	浸水前	≥4		≥4	≥3	≥3
	浸水后	—		≥2	—	≥2
爆炸后有毒气体含量/$L \cdot kg^{-1}$		≤80				
可燃气安全度(以半数引火量计)/g		—	≥100		≥180	
抗爆燃性		—	合格		合格	
保质期/d		180	120			
保质期内	殉爆距离/cm	≥3			≥2	
	水分/%	≤0.5			≤0.5	

膨化硝铵炸药几乎不结块,较好地克服了粉状铵梯炸药的缺点。它是一种低成本、高性能、无污染的工业炸药,现已逐步推广应用,可取代2号岩石铵锑炸药。

E 乳化粒状铵油炸药

乳化粒状铵油炸药又称高能铵油炸药,国外称重铵油炸药,它是在乳化炸药(或乳胶基质)中掺入超过30%的多孔粒状铵油炸药(或多孔粒状硝酸铵)的机械混合物。国产乳化粒状铵油炸药的密度为1.10~1.35 g/cm^3,爆速为3200~4500 m/s,猛度大于11 cm,殉爆距离大于3 cm,不能用单发8号雷管直接起爆。它除在炸药厂加工外,也可在混装车上现场混制。

乳化粒状铵油炸药的密度比铵油炸药大,成本低,威力大,抗水性好。但抗水性随着铵油炸药的比例增加而降低。它广泛应用于含水炮孔或非水孔的大爆破工程中。

4.3.3.4 光面爆破专用炸药

在光面爆破中,为减少爆炸冲击波的强度并延长爆炸气体膨胀的作用时间,应采用小直径药卷的低能炸药,即低密度、低爆速、低猛度,并具有较高爆轰感度和较小临界直径。为此,有时可在炸药中加入惰性稀释剂,如沙子、硅藻土[1]等。瑞典诺贝尔公司的古立特(Gurit)炸药是光面爆破专用的低爆速炸药。它是以硝化甘油为敏化剂,适量的硅藻土为吸收剂的粒状炸药。药卷采用高强度塑料管包装,直径为11 mm、17 mm、22 mm,长度为450 mm、470 mm。2000年澳大利亚澳瑞凯(ORICA)公司推出能量可变的Novalite系列低爆速炸药,共有5个品种,其密度和爆速的变化范围见表4-11。它在不含单质猛炸药的条件下,能将密度调节到0.3 g/cm^3,并能保持稳定的爆轰状态。

[1] 硅藻土是一种生物成因的硅质沉积岩,主要由古代硅藻遗体组成,其化学成分主要是SiO_2(通常占85%以上),并含有少量的Al_2O_3、Fe_2O_3、CaO、MgO、K_2O、Na_2O、P_2O_5和有机质。硅藻土的矿物成分主要是蛋白石及其变种,其次是黏土矿物——水云母、高岭石和矿物碎屑。硅藻土具有质轻、多孔、吸水和渗透性强的特性,孔隙率达80%~90%,能吸收其本身重量1.5~4倍的水。

表 4-11 Novalite 系列低爆速炸药的性能

性 能	Novalite1100	Novalite800	Novalite600	Novalite450	Novalite300
密度/$g \cdot cm^{-3}$	1.1	0.80	0.60	0.45	0.30
爆速/$m \cdot s^{-1}$	4300	3600	3200	2700	2200

国内也曾研制出多种光面爆破专用炸药,见表 4-12。有的光面爆破还使用了小直径(27 mm)的粉状乳化炸药。

表 4-12 国产光面爆破专用炸药

炸药名称	药卷规格($d \times l$)/mm × mm	装药密度/$g \cdot cm^{-3}$	爆速/$m \cdot s^{-1}$
低爆速炸药	20 × 200		1800
2 号煤矿水胶炸药	25 × 500		3650
T-1 水胶炸药	25 × 1250		5800
EL-102 乳化油	20 ×	1.05 ~ 1.30	3500
2 号光爆炸药	22 ×	1.00	2100 ~ 3000
3 号光爆炸药	22 ×	1.00	1600 ~ 1800

《小直径药卷炸药技术条件》(MT/T931—2005)规定,小直径药卷炸药的主要性能指标如表 4-13 所示。其余药卷密度、做功能力、猛度、炸药爆炸后有毒气体及撞击感度、摩擦感度、热感度等应符合相应产品标准的规定,煤矿许用炸药的可燃气安全度和抗爆性应合格。

表 4-13 小直径药卷炸药的主要性能指标

项 目	岩石炸药	煤矿许用炸药	露天炸药
爆速/$m \cdot s^{-1}$	≥3100	≥2500	
殉爆距离/cm	≥2		
临界熄爆直径/mm	≤18		
抗间隙效应	在内径 32 mm 无缝钢管中的爆轰长度不小于 2 m		
抗水性能	在 98 kPa 水压下浸泡 2 h 后能完全爆轰		
保质期/d	180	120	

注:1. 表内指标均为使用保证期内有效,使用保证期自炸药制造完成之日起计算;
2. 抗水性能只针对乳化炸药、水胶炸药。

抗间隙效应的测定方法为:取内径 32 mm、壁厚 2 ~ 3 mm 的无缝钢管,长度为 2.4 m,将其一端用钢板封闭。将炸药药卷依次装入水平放置的无缝钢管内,各药卷之间不得有空隙,装药长度为 2 m。在药卷的最末端插入雷管,然后用封孔材料堵塞。起爆后,根据残余钢管的长度,判定爆轰长度。平行测定两次,每次装药均全部爆轰为合格。

抗水性能的测定方法为:将药卷一端的封口打开,放入盛有室温水的水罐中,使药卷在 98 kPa 压力下保持 2 h。然后取出,在药卷的开口端插入 8 号雷管,插入深度约为雷管长度的 2/3。起爆后,现场应无残药,且放置药卷的地方产生爆坑,判定药卷完全爆轰。平行测定两次,药卷均应完全爆轰。

4.3.4 常用原材料炸药

起爆药和猛炸药被《民用爆破器材目录》列为原材料类别。它们在民用爆破器材中不单独使用，只是制造雷管、导爆索、导爆管的原材料及作为工业炸药的敏化剂。

4.3.4.1 起爆药

起爆药是指在很小的初始冲能(如火焰、电能、针刺、撞击和摩擦等)激发下就能产生爆炸，爆轰的成长期短，很快由燃烧转变成爆轰的炸药。它的燃烧速度及其随压力的增加而增加的速率都比猛炸药大得多，因此很容易由燃烧转为爆轰。但起爆药的爆炸威力和猛度不如猛炸药，主要用作雷管的起爆药，引发猛炸药爆炸。起爆药的特性如表4-14所示。

表4-14 起爆药的特性

学名(简称)及分子式	特 性
雷汞 (MF) $Hg(CNO)_2$	外观为白色或灰白色的微细晶体，有毒。在温度大于50℃时即自行分解，在160~165℃时发生爆炸。干燥雷汞的撞击、摩擦和火化感度极高，潮湿的或压制的雷汞感度降低。潮湿的雷汞易与铝反应生成雷酸盐，它比雷汞的感度还高。因此，用雷汞作起爆药的雷管不允许使用铝壳
叠氮化铅又称氮化铅 (LA) $Pb(N_3)_2$	通常为白色或淡黄色的针状晶体，有毒。受潮后仍有爆炸能力，可用于水下起爆。突出优点是爆轰成长期极短，起爆能力大，极限药量小，耐压性能好，生产对环境的污染小。但生产工艺复杂，火焰感度低，在潮湿含有 CO_2 的环境中，容易与铜发生反应生成敏感的氮化铜，因此用叠氮化铅作起爆药的雷管不能用铜壳
三硝基间苯二酚铅 又称斯蒂芬酸铅(LTNR) $C_6H(NO_2)_3O_2Pb \cdot H_2O$	外观为黄棕色晶体。热安定性好，高于100℃时仍不分解，在200℃时才开始爆炸。撞击感度较低，摩擦感度一般，火焰感度较高，易积蓄静电。燃烧转爆轰时间较长，起爆能力较差，略低于雷汞。一般不单独使用，与叠氮化铅组成混合起爆药，是当今国外雷管的主要起爆药之一
二硝基重氮酚(DDNP) $[C_6H_2(NO_2)_2ON_2]$	外观为黄色或黄褐色晶体，有毒。干燥的二硝基重氮酚在75℃时开始分解，在170~175℃时爆炸。安定性好，在常温下长期放在水中的爆炸性能不降低。起爆性良好，起爆能力接近叠氮化铅。机械感度比叠氮化铅和雷汞低，热感度介于两者之间。生产工艺简便、安全，原料来源广泛、成本低廉。一直是国产雷管的主要起爆药。但长期以来存在两个难以克服的问题：耐压性差，易造成雷管半爆和瞎火；在DDNP及其原料的生产过程中，产生大量难以处理的废水，严重污染环境
碱式苦味酸铅·叠氮化铅复盐 K·D复盐起爆药 $C_6H_2(NO_2)_3OPbOH \cdot Pb(N_3)OH \cdot 2Pb(N_3)_2$	兼有三硝基间苯二酚铅火焰感度高和叠氮化铅起爆能力大、耐压性好等优点，且撞击感度、静电火花感度与DDNP相当。K·D复盐的生产废水量少，废水成分简单，易于处理。解决了DDNP带来的废水处理困难的缺陷，消除了环境污染
叠氮化铅·三硝基间苯二酚铅 D·S共沉淀起爆药	为叠氮化铅与三硝基间苯二酚铅共沉淀❶包覆成长的二元化合物，习称D·S共晶起爆药。它既有叠氮化铅的起爆能力，又兼有三硝基间苯二酚铅的良好火焰感度，可改善叠氮化铅的爆炸性能。但D·S共沉淀起爆药的静电感度和摩擦感度较高，对生产不利

❶ 共沉淀是一种沉淀从溶液中析出时，引起某些可溶性物质一起沉淀的现象。

续表 4-14

学名(简称)及分子式	特 性
硝酸肼镍 (硝酸三肼合二镍的简称) (NL) $[Ni(N_2H_4)_3](NO_3)_2$	外观为淡紫色粉末晶体。它是利用滤液❶将硝酸镍和水合肼分别配制成硝酸镍溶液和水合肼溶液,在搅拌的条件下同时加入反应器中,保持一定的温度和时间后抽滤洗涤,在潮湿状态下加入胶体石墨进行钝化处理,制得的一种配合物❷起爆药。硝酸肼镍具有安全性好,生产工艺简单,产品性能好和质量稳定的特点。它对紫铜、铝和钢等不起化学作用。
高氨酸三碳酰肼合镉 (GTG) $[Cd(NH_2NHCONHNH_2)_3](ClO_4)_2$	外观为白色多面体结晶,流散性好。它是高氨酸盐配合物的高能钝感起爆药,其摩擦感度、撞击感度和静电感度与太安猛炸药相当,起爆药威力与 D·S 共沉淀起爆药和 K·D 复盐起爆药相当。安定性和相容性良好,制备工艺简单。在开放条件下难以被火焰点燃,从本质上保证了生产、使用和贮存过程的安全性

2006 年国防科工委发布的《民器用爆破材行业"十一五"规划纲要》要求加快优化产品结构,到"十一五"末期,基本淘汰高污染的起爆药剂。硝酸肼镍起爆药是南京理工大学研制成功的雷管用新型起爆药。它在制备过程中的母液可循环利用,基本无工业废水,对环境无污染。硝酸肼镍可代替 DDNP、D·S 共沉淀起爆药和 K·D 复盐起爆药。GTG 起爆药是北京理工大学在引进俄罗斯 CCP 起爆药的基础上改进制成的。它的生产用原材料毒性远低于叠氮化铅生产用原材料的毒性,母液无色透明,可循环使用,保护了生态环境。

4.3.4.2 猛炸药

猛炸药是指通常需在起爆药的激发下,利用爆轰释放的能量对介质做功的高威力单一化合物炸药,又称为单质猛炸药,以与习惯上也列为猛炸药的工业炸药区别。它的感度比起爆药低,在开放点火的条件下,只燃烧不爆炸,需用起爆药的爆轰才能起爆。猛炸药主要用作雷管的加强药、导爆索和导爆管的药芯,还大量用作混合炸药的敏化剂。猛炸药主要有梯恩梯、黑索今、奥克托今、太安和特屈儿等。它们的特性如表 4-15 所示。

表 4-15 单质猛炸药的特性

名 称 (简称)	学 名 [分子式]	特 性
梯恩梯 (TNT)	2,4,6—三硝基甲苯 $[C_6H_2CH_3(NO_2)_3]$	工业生产的梯恩梯为淡黄色小薄片,有毒。在常温下不分解,180℃时才显著分解。吸湿性很小,几乎不溶于水。常温下的机械感度较低,热安定性好,遇火能燃烧,在大量燃烧或密闭条件下可转化为爆炸。通常作为衡量和比较炸药爆炸性能的基准炸药,如测定炸药威力常用的弹道臼炮法,即是以其当量百分数来表示,威力摆法也是用其当量值来表示。曾是硝铵类炸药的主要敏化剂,单独使用是重要的军用炸药

❶ 使液固或气固混合物中的流体强制通过多孔性过滤介质,将其中的悬浮固体颗粒加以截留,从而实现混合物的分离。液固混合物的过滤在压差(包括重力造成的压差)或离心力作用下进行。待过滤的混合物称为滤浆,穿过过滤介质的澄清液体称为滤液,被截留的固体颗粒层称为滤饼。

❷ 配合物是配位化合物的简称,也称错合物、络合物。它包含由中心原子或离子与几个配体分子或离子以配位键相结合而形成的复杂分子或离子,通常称为配位单元。凡是含有配位单元的化合物都称为配合物。

续表 4-15

名 称（简称）	学 名［分子式］	特 性
黑索今（RDX）	环三亚甲基三硝胺［$(CH_2)_3(NNO_2)_3$］	外观为白色晶体，有毒。不吸湿，几乎不溶于水；化学安定性良好；热安定性好，50℃以下长期贮存不分解；机械感度和爆轰感度比梯恩梯高，威力明显大于梯恩梯。但制造成本较高。我国民用作为雷管加强药、导爆索及导爆管
奥克托金（HMX）	环四亚甲基四硝胺［$(CH_2)_4(NNO_2)_4$］	外观为白色结晶粉末。与黑索今为同系物❶，有四种晶型，常用的是β-型。密度、爆速、爆热均大于黑索今。难溶于水，化学安定性好于梯恩梯，具有一定的耐热性。着火后会转为爆轰。是已知猛炸药中综合性能最好的一种，但生产成本昂贵。我国民用于导爆管
太安（PETN）	季戊四醇四硝酸酯［$C(CH_2ONO_2)_4$］	外观为无色晶体，毒性小。几乎不溶于水，是硝酸酯基炸药中化学性质最稳定的一种。威力大于黑索今，但由于密度较小，单位体积的威力比黑索今小得多；机械感度和爆轰感度比黑索今高；传爆性能好；耐水性较好，当含水30%时仍能被引爆；其他爆炸性能与黑索今相近。用途与黑索今相似，我国用于制造导爆索，欧美国家用作雷管的加强药
特屈儿（CE）	三硝基苯甲硝胺［$C_6H_2(NO_2)_3N(NO_2)CH_2$］	外观为淡黄色晶体，毒性较大，难溶于水。机械感度和热感度较高，在180～190℃时爆炸；爆轰感度和威力比梯恩梯高。与硝酸铵强烈反应，放出热量而自燃，因此严禁将其与硝酸铵混合使用。可用作雷管的加强药，也可与梯恩梯混合用作炮弹的装药。现已逐渐被黑索今、太安代替

常用单质猛炸药的主要性能如表4-16所示。由于炸药的爆炸性能与测定时的密度有关，同时不同文献给出的指标也不相同。因此，表中有的指标给出的是范围。

表4-16 常用单质猛炸药的主要性能

名 称	密度/$g \cdot cm^{-3}$	爆速/$m \cdot s^{-1}$	做功能力	猛 度
梯恩梯	1.57～1.64	6760～6900	285～300 mL	16.5～18 mm
黑索今	1.66～1.76	8300～8670	475～500 mL	16～29 mm
奥克托金	1.84～1.90	9000～9124	162%	150%
太 安	1.45～1.74	7270～8400	500 mL（174%）	15～23 mm（120%）
特屈儿	1.61～1.65	7250～7500	475 mL	22 mm

注：做功能力和猛度用百分数表示的是相对于梯恩梯炸药的做功能力和猛度。

4.4 起爆与传爆器材

工业炸药为了安全，大多感度较低，必须利用爆炸能来引爆。引起炸药发生爆炸反应的过程称为起爆。起爆与传爆器材是指用来按要求的时间引爆炸药或传爆的器材，它包括工业雷管和工业索类火工品。工业雷管是装有起爆药和加强药，用以起爆工业炸药的一种圆管形的起爆器材，简称雷管。雷管是当前应用最广泛的一种起爆器材，用它引爆炸药是目前爆破作业与军事爆炸的主要手段。雷管的起爆药引爆后，爆炸急速达到稳定爆轰速度，产生的冲击波引爆加强药，加强药释放出更大的能量，最终起爆炸药。它包括工业电雷管、导爆管雷管、磁电雷

❶ 结构相似，在分子组成上相差一个或几个 CH_2 原子团的物质，互称为同系物，它们的化学性质相似。

管等。《民用爆炸物品安全管理条例》规定,雷管应编码打号。工业索类火工品是具有连续细长装药的索状工业火工品的总称。它包括导爆管和导爆索等。

2006年国防科工委发布的《民器用爆破材行业"十一五"规划纲要》要求加快优化产品结构,到"十一五"末期,高性能导爆管雷管、高性能导爆索将占据主导地位;基本淘汰导火索、工业火雷管。如今,导火索、火雷管已被淘汰,从2008年6月30日后便停止了使用。起爆与传爆器材检验项目的试验方法,详见附录A.6.2~A.6.5,检验项目及其抽样方案详见附录A.6.6。

4.4.1 工业电雷管

工业电雷管是由电冲能转化为热能引爆的雷管,简称电雷管。它主要分为普通瞬发电雷管和普通延期电雷管、煤矿许用瞬发电雷管和煤矿许用延期电雷管、抗干扰电雷管以及电子雷管等系列。抗干扰电雷管包括抗杂散电流电雷管、抗静电电雷管等。《工业电雷管》(GB8031—2005)按电雷管的电流感度分为普通型、钝感型和高钝感型三类❶。

4.4.1.1 电雷管的特点与构造

A 电雷管的特点

电雷管的优点是:可实现远距离起爆大量药包,爆破安全性较高;起爆前可用仪表检查电雷管和起爆网路的电阻值,用以评估其连接质量,起爆可靠性高。它的缺点是:网路设计、敷设和连接要求较高;准备工作量大、操作复杂、作业时间长;普通电雷管不具有抗杂散电流和静电的能力,在有杂散电流的场合或露天爆破遇有雷电时,可能发生早爆事故。

电雷管曾是主要的起爆器材,广泛应用于各种爆破作业。在有沼气和煤尘爆炸危险的作业面,只允许使用安全电雷管,包括安全瞬发电雷管和安全毫秒延期电雷管(最后一段的延期时间不得超过130ms),而不得使用普通电雷管、导爆管和普通导爆索。目前,在很多场合,电雷管已被导爆管及其雷管所代替。电雷管广泛用于煤矿及其他地下有瓦斯的掘进爆破中。国家多次强调要求煤矿采用8号金属壳许用电雷管,因为它的爆炸合格率高、威力较大,有利于引爆含水型煤矿许用炸药。

B 普通电雷管的构造

瞬发电雷管是在通电瞬间爆炸的电雷管,又称即发电雷管。它是在火雷管(见图4-24a)的前面加入一个引火头及脚线组成,即由引火头、起爆药、加强药和加强帽、脚线及管壳组成(见图4-24b)。加强帽是中心有孔的金属罩,它使药室封闭,缩短起爆药的爆轰成长期,提高起爆药的起爆能力,还可防止起爆药受潮。管壳一端插入引火头,底端为平底或凹槽形的聚能穴,聚能穴可增强雷管的起爆能力。管壳有金属(钢、铝、铜、覆铜钢)壳和纸壳。金属壳的外径为6.9~7.1mm;纸壳的外径为8.0~8.2mm。纸壳将被金属壳代替。

起爆药具有很高的火焰感度,且在极短的时间内达到稳定爆轰速度,又称主(正)起爆药、副装药。加强药又称副起爆药、主装药、传爆药等。它的感度相对较低,需用起爆药引

❶ 行业标准《工业雷管分类与命名规则》(WJ/T9031—2004)按雷管的电感度分为普通感度、钝感、高钝感和特钝感等4类,代号分别为A、B、C、D,并将煤矿许用雷管称为抗可燃气雷管。

爆,但爆炸威力大,用以加强雷管的起爆能力。我国的加强药主要使用黑索今或太安。雷管的起爆能力,按加强药的药量分成10个等级,即1~10号。它是指起爆能力相当于标准雷汞雷管的号数,号数越大,起爆能力越大。常用的是8号和6号雷管。

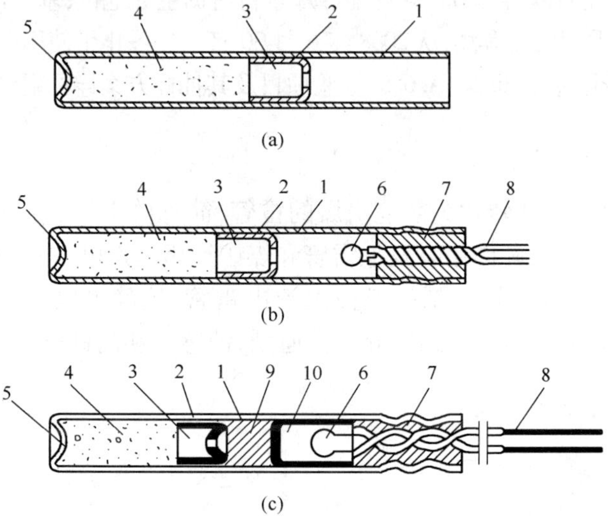

图4-24 电雷管结构

(a) 火雷管(雷管半成品);(b) 瞬发电雷管;(c) 毫秒延期电雷管

1—管壳;2—正扣内管;3—起爆药;4—加强药;5—聚能穴;6—引火头;

7—密封塞;8—脚线;9—延期药;10—反扣内管

引火头由桥丝和引火药头组成。引火药头由易燃物质(引燃剂)构成。桥丝实为电阻丝,电雷管通电后桥丝发热,使引火药头爆燃,此后即使电流中断,也能引爆起爆药。电雷管的电特性取决于引火头的性能。桥丝常用直径为35~40 μm的镍铬丝,它是点焊在脚线上的。过去我国多用康铜丝做桥丝,因其便于手工锡焊。引火头可分为弹性引火头、刚性引火头和直插式引火头。弹性引火头是将桥丝直接焊接在脚线的叉头上,它结构简单、制造容易,目前国内多采用(见图4-24)。但由于其结构及工艺固有的一些缺陷,导致电发火参数偏差大,电性能均一性差,同时在塑料塞封口卡紧时,脚线叉头发生位移,容易造成药头破裂。刚性引火头是将桥丝点焊在金属片或线路板上,然后与脚线卡接或焊接,再用塑料塞包紧固定,如图4-25所示。在两个金属片的中间用绝缘塑料固定桥丝距离,导电片的一端焊桥丝,另一端焊脚线,形成"三明治"结构,然后涂点火药,从而可以保证桥丝电阻的一致性。刚性引火头在塑料塞卡紧过程中不会发生破裂,同时电雷管质量较好,废品率少。目前国外多采用刚性引火头。

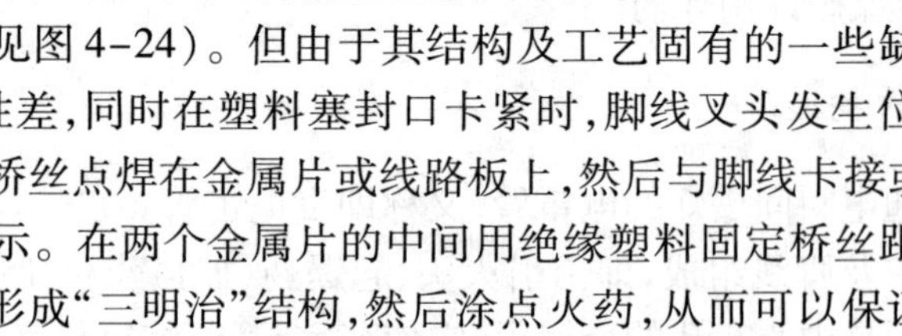

图4-25 刚性引火头结构

1—药头;2—桥丝;3—硅胶套;4—固定块;5—钢带;6—封口塞;7—脚线

脚线多为聚氯乙烯绝缘的铁线或铜线,铁芯线的直径为0.52 mm,铜芯线的直径为0.45 mm。脚线必须是两种颜色,一般长度为2.0 ±0.1 m。国外电雷管的脚线一端都有一个连接保护套,两根脚线在任何时候都是短路并与外界绝缘的。

延期电雷管在瞬发电雷管的引火头与起爆药之间,装有延期药或专用延时导火索段。在通电后起延时爆炸的作用(见图4-24c)。秒延期电雷管装的是一段燃速较精确的专用导火索,由其长度控制延期时间。为及时排出导火索燃烧时生成的气体,以免压力升高而影响燃烧速度,在管壳上设有排气孔,并用蜡纸密封,防止雷管受潮。秒延期电雷管可实现分段爆破,但它的延期时间过长、精度过低。毫秒延期电雷管是用延期药取代导火索,通过它的药量和配方来控制延期时间,以毫秒计。延期药燃烧时只产生少量的气体,燃烧环境压力变化不大而燃烧速度稳定,延时更为精确。毫秒延期电雷管是实现微差爆破的重要器材。

C 特殊电雷管的构造

法国生产的复式点火头电雷管,有两根平行桥丝、4根脚线,组成两个点火电路,以提高起爆的可靠性。

抗杂散电流电雷管是一种能防止一定杂散电流的电雷管。它与普通电雷管的区别是采用了钝感的引火头。同样可有瞬发和毫秒延期电雷管。20世纪60年代编者参与研制的低阻杂散电流毫秒电雷管,是用直径为60 μm的铜丝作为桥丝,由于电阻很低,因此它的最大安全电流和发火冲能都很大。与此相似的有德国的HU型电雷管、奥地利的P型电雷管、西班牙的“极不敏感”型电雷管和英国等的高压电雷管。瑞典VA系列电雷管较钝感,起爆电流为1.3 A。它也是采用直径较粗、阻值较低的桥丝材料。据瑞典诺贝尔炸药公司称,该电雷管可在最大70 kV的动力线附近和最大110 W传输能量的无线电发射器附近使用,不需要特殊的间隔安全距离。

抗静电电雷管采取的主要措施有:管壳套抗静电绝缘套管,套管上面有保护性火花泄孔;在管壳内与脚线药头之间设硅胶套,用以泄放积累的静电;采用半导体封口塞,封口塞中安装放电片或放电电阻等。自从导爆管广泛应用后,完全可以用它来代替抗杂散电流电雷管和抗静电电雷管。

1979年,英国帝国化学工业诺贝尔炸药公司利用电磁感应原理发明了磁电雷管(Magnadet)。它的脚线环绕在一个铁氧体磁环上,形成闭合回路。起爆时,用一根塑料铜线穿过各雷管的磁环,作为互感器的原线圈,将其两端接到爆破母线上。用特定的电容式起爆器输出频率为10 ~30 kHz的高频电流,在副线圈上感应出电压为1 ~2 V的电流引燃引火头。磁电雷管的雷管脚线处于常闭状态,变传统的直流起爆为交流起爆。直流电不能在磁环中感应出电流;而普通50 Hz、60 Hz交流电低于该系统的起爆频率,也不能引爆雷管。引火头部分又做了防静电措施,对无线电射频更为安全。因此,它是具有防静电、防杂散电流、防雷电、防射频电流的四防雷管。俄罗斯也有类似的电雷管,即ЕДВ—1增强型电雷管。1985年日本油脂公司研制了类似的磁电雷管和磁电起爆系统。同年我国也研制出了不同型号的磁电雷管,并已应用于油田的射孔作业及某些特定的爆破作业中。

4.4.1.2 电雷管的主要性能参数

在选用电雷管和设计起爆网络时,应了解电雷管的主要性能参数,以保证爆破作业的质量及安全。电雷管的电参数必须达到国家标准,它可以用爆破器材综合参数测试仪或雷管电参数测试仪进行测试,有的测试仪还可测试炸药、导爆索和导爆管的爆速。目前,《工业电雷管》(GB8031—2005)还没有规定电雷管的点燃时间、传导时间及反应时间等参数,有待今后作出相应规定。电雷管的保质期为18个月。

A 电阻

电雷管的全电阻包括桥丝与脚线串联的总电阻。《工业电雷管》只规定,采用镍铬桥丝的全电阻,对于镀锌铁芯脚线不大于6.3Ω,上下限差值不大于2.0Ω;铜芯脚线不大于4.0Ω,上下限差值不大于1.0Ω。目前,国内各厂家生产的电雷管的电阻值各不相同,因此《爆破安全规程》(GB6722—2003)仅规定电雷管电阻值的偏差不得大于产品说明书的规定。例如,辽宁华丰化工有限公司生产的普通电雷管的脚线为铜质,长3m。其中瞬发和毫秒电雷管的脚线直径为0.5mm,全电阻为1.5~2.5Ω;秒延期和半秒延期电雷管的脚线直径为0.45mm,全电阻为1.7~2.7Ω。国产电雷管的电阻值可以参考表4-17。

表4-17 国产电雷管的电阻值

桥丝材料	桥丝电阻/Ω	脚线长度/m	脚线材料	全电阻/Ω	允许误差/Ω
镍 铬	2.5~3.0	2	铁 线	5.6~6.3	±0.40
			铜 线	2.8~3.8	±0.42
康 铜	0.7~1.0	2	铁 线	2.5~4.0	±0.13
			铜 线	1.0~1.5	±0.13

电雷管的全电阻决定了电雷管在起爆电网上获得能量的大小。应当指出,电雷管的发火冲量和引燃时间与其电阻的关系不大,因此在串联起爆网路中,不必对电雷管的电阻提出过严的要求。

瑞典VA系列电雷管的桥丝电阻为0.2Ω。脚线长度为2~35m,共8种。为简化爆破网路设计,全电阻均为3.6Ω,而与脚线长度无关。为此,脚线根据其长短,采用不同材料及不同直径的芯线,详见表4-18。

表4-18 瑞典VA系列电雷管脚线材料 (mm)

芯线材质	芯线直径		
镀锡铜芯线	0.51	0.60	0.67
镀锡黄铜芯线	0.63	0.67	
镀锡铁芯线	0.40	0.53	0.69

B 安全电流

电雷管的安全电流是指20发串联电雷管通以恒定直流电流持续5min,不致引燃电雷管引火头的最大电流。电雷管规定安全电流是为了保证爆破作业的安全,并作为设计爆破专用仪表输出电流的依据。《爆破安全规程》规定,测量普通电雷管仪表的最大输出电流不得大于30mA,作业场地的杂散电流也不得超过30mA。《工业电雷管》规定的安全电流如表4-19所示。常用的普通型电雷管的安全电流原来规定为0.18 A，现改为0.20 A。

表4-19 电雷管的电性能指标

类　型	安全电流/A	最小发火电流/A	发火冲能/$A^2\cdot ms$	串联起爆电流/A	抗静电电压(2000 pF)/kV
普通型	≥0.20	≤0.45	2.0~7.9	≤1.2	≥8
钝感型	≥0.30	≤1.00	8.0~18.0	≤1.5	≥10
高钝感型	≥0.80	≤2.50	80.0~140.0	≤3.5	≥10

编者参与研制的低阻抗杂散电流毫秒电雷管的安全电流为2.4 A。德国代那迈特诺贝尔公司(Dynamite Nobel AG)和奥地利夏富勒公司(Schaffler Co)生产的电雷管，根据其防护对象分为普通型、钝感型和特钝感型雷管。其中钝感型雷管用于防静电，特钝感型雷管用于防静电、杂散电流和雷电，其特性见表4-20。

表4-20 德国和奥地利电雷管的电性能指标

性　能		德国代那迈特诺贝尔公司			奥地利夏富勒公司		
		A型(普通型)	U型(钝感型)	HU(特钝感)	A型(普通型)	F型(钝感型)	P型(特钝感)
桥丝电阻/Ω	额定值				1~2.5	0.4~0.9	0.08~0.11
	平均值				1.5	0.8	0.09
安全冲能/$mW\cdot s\cdot\Omega^{-1}$		0.8	8	1100			
发火冲能/$mW\cdot s\cdot\Omega^{-1}$	额定值	3	16	2500	0.8~3	8~16	1100~2500
	平均值				1.5	11	1800
安全电流/A	额定值	0.18	0.46	4	0.13	0.45	4
	平均值				0.25	0.75	4
发火电流/A		0.3	1.5	25			
5发串联发火电流/A	额定值				0.8	1.8	25
	平均值				0.75	1.75	25

C　最小发火电流

最小发火电流❶是指对电雷管通以20 s❷的恒定直流电流，在0.95的置信水平下，计算出发火概率为99.99%的电流值。电雷管规定的最小发火电流见表4-19。低阻抗杂散电流毫秒电雷管的最小发火电流值为2.9 A。瑞典VA系列电雷管为1.3 A。德国和奥地利生产的电雷管的最小发火电流见表4-20。

D　点燃时间与传导时间

点燃时间是指从通入最小发火电流到引火头被点燃的时间，又称引燃时间、发火时间。传导时间是指从引火头点燃到雷管爆炸的时间，一般小于1 ms。点燃时间与传导时间之和

❶ 1987年版《工业电雷管》称单发发火电流。

❷ 1987年版《工业电雷管》规定为30 s。

称为动作时间或反应时间，它是电雷管从通电到爆炸的时间。电雷管的通电时间只要超过最大点燃时间，以后即使切断电源也能引爆电雷管。因此，在设计起爆网络时，必须保证电雷管的通电时间超过最大点燃时间。

E 发火冲能与安全冲能

电雷管通电后，使引火头的桥丝发热，当引火头的引燃剂温度升至发火点时，便开始燃烧而引爆起爆药。在点燃时间内桥丝发出的热量是由其获得的能量决定的，后者可按焦耳定律计算：

$$Q = I^2 Rt \tag{4-13}$$

由此可有

$$I^2 t = \frac{Q}{R} \tag{4-14}$$

式中 Q——能量，J；

I——直流电流强度，A；

R——桥丝电阻，Ω；

t——点燃时间，s。

式(4-14)中的 $I^2 t$ 称电冲能(electrical impulse)[1]，是桥丝单位电阻提供所需的最小能量。它的单位为 $A^2 \cdot ms$，或 mJ / Ω，国外常标记为 mW · s / Ω。电冲能是表征电雷管电感度的特征参数，即电雷管对电流的敏感程度。它的倒数称为电雷管敏感度，即 $S_m = 1/I^2 t$。

电雷管的发火冲能是指在给定的 0.95 的置信水平下，满足规定的发火可靠度(概率)为99.99%的电冲能最小值。安全冲能是指在给定的置信水平下，满足电雷管规定的不发火可靠度的电冲能最大值。当电流较小时，由于点燃时间较长致使引火头的热损失较大，因而发火冲能较大。发火冲能随电流的增大而减小，当电流增大到某值时，点燃时间很小，引火头的热损失可以忽略不计，这时电雷管的发火冲量为一个定值。实践表明，在 2 倍百毫秒发火电流时，认为发火冲量已趋于稳定，是确保单发电雷管发火的最小电流值。因此，发火冲能通常用 2 倍百毫秒发火电流的平方与在此电流作用下规定发火概率的通电时间的乘积来表示。《工业电雷管》规定的发火冲量值，见表 4-19。1970 年，编者对研制的低阻抗杂散电流毫秒电雷管采用标准电容器对电雷管放电的测试方法(2004 年行业标准《工业电雷管发火冲能测试方法》也规定了用电容放电法测定)，测定的最小发火冲能为 650 $A^2 \cdot ms$，最大发火冲量为 800 $A^2 \cdot ms$。德国和奥地利生产的电雷管的最小发火冲能见表 4-20。

发火冲能是电雷管的一个动力特性参数，其重要性不亚于最小发火电流和串联起爆电流。发火冲能与电阻无关，因此电阻不能成为电雷管感度的准则。应当指出，在电雷管串联时要求电阻误差过严是无道理的。在岩巷掘进中，普遍使用电容式起爆器进行电雷管的起爆，而不是用电力网来起爆。此时计算起爆网路需要用发火冲能参数，而不是准爆电流，详见附录 B. 13. 3 电容式起爆器的计算。目前，国内对电雷管的发火冲能并未得到应有的重视，1988 年版的《工业电雷管》就已经列入了发火冲能这一参数及其测试方法，但至今很多

---

[1] 1987 年版《工业电雷管》称为发火冲量，《民用爆破器材术语》(GB/T14659—2003)和 2005 年版《工业电雷管》均称为发火冲能。

厂家都未给出电雷管的发火冲能值。

F 串联起爆电流

在电起爆网路中，由于每发电雷管的发火冲能和传导时间都不相同，必须保证每发电雷管的电流都大于最小发火电流，才有可能准爆。国家标准规定，串联起爆电流是指能使20发串联电雷管全部起爆的最小恒定直流电流。2005年版《工业电雷管》已按电流感度将电雷管分为普通型、钝感型和高钝感型三类，规定的串联起爆电流值见表4-19。应当指出，当串联电雷管数大于20发时，具有最小发火冲能、最大发火冲能和最小传导时间的电雷管出现的概率将增加，因此起爆电流也应增加。《爆破安全规程》(GB6722—2003)规定，起爆流经每发雷管的电流应满足表4-21的要求。它是进行起爆网路设计的重要依据。上述准爆电流值应是指普通型电雷管。

表4-21 电雷管准爆电流 (A)

电雷管类型	直流电流	交流电流
一般爆破	≥2.0	≥2.5
硐室爆破	≥2.5	≥4.0

在串联起爆网路中，准爆条件不仅是必须保证每个电雷管上的电流都大于最小发火电流。如果点燃时间小的电雷管先爆炸使起爆电路断开，而此时点燃时间大的电雷管还没有点燃，就会发生拒爆事故。为了保证所有电雷管都能爆炸，最先起爆的电雷管应晚于最后被点燃的电雷管，即必须满足下列准爆条件：

$$t_{max} \leqslant t_{min} + \theta_{min} \tag{4-15}$$

式中 t_{max}——电雷管的最大点燃时间，即发火冲能最大的电雷管的点燃时间，s；

t_{min}——电雷管的最小点燃时间，即发火冲能最小的电雷管的点燃时间，s；

θ_{min}——电雷管的最小传导时间，s。

将式(4-15)中各项乘以I^2，并以K_{max}代替$I^2 t_{max}$，K_{min}代替$I^2 t_{min}$，则可求得串联时的准爆电流值：

$$I \geqslant \sqrt{\frac{K_{max} - K_{min}}{\theta_{min}}} \tag{4-16}$$

式中 I——串联准爆电流，A；

K_{max}——电雷管的最大发火冲能，$A^2 \cdot s$；

K_{min}——电雷管的最小发火冲能，$A^2 \cdot s$；

其他符号意义同前。

应当指出，按式(4-16)求出的准爆电流，是在起爆网路中同时存在最大发火冲能、最小发火冲能及最小传导时间的电雷管的条件下推导的，它比《爆破安全规程》的规定值大得多。但是，这在实际爆破工程中几乎是不可能的。应当指出，电雷管的点燃时间或发火冲能与电阻的关系不大。点燃时间或发火冲能的不一致性主要是由于引火头引燃药的物理结构不均匀造成的，而不是由于电阻的不一致性造成的。增加起爆电流，可以缩小t_{max}与t_{min}或K_{max}与K_{min}的差值，因而使起爆更可靠。

G 静电感度

电雷管的静电感度是《工业电雷管》(GB8031—2005)新增加的性能参数。它是指在串联电阻为0Ω的条件下,电容量为2000 pF的电容器充电后,对电雷管的脚线与管壳之间放电,电雷管不发火的最大充电电压值。规定的静电感度见表4-19。

4.4.1.3 延期电雷管的延期时间系列

延期电雷管从通电到爆炸的时间称为延期时间。延期电雷管按延期时间分为秒延期电雷管、半秒延期电雷管、1/4秒延期电雷管和毫秒延期电雷管。《工业电雷管》(GB8031—2005)规定的延期时间系列标准详见表4-24。其中25 ms等间隔延期系列为新增加的。表中除末段外,任何一段的上限规格(U)为该段名义延期时间与下段名义延期时间的中值(精确到表中的位数),下限规格(L)为该段名义延期时间与上段名义延期时间的中值(精确到表中的位数)加一个末位数。末段的上规格限则为本段名义延期时间与本段下规格限之差,再加上本段名义延期时间。

每发延期电雷管都有区分段别的明显标志。1~5段延期电雷管若采用脚线颜色区别段数时,应符合表4-22的规定。

表4-22 延期电雷管各段的脚线颜色

段 别	1	2	3	4	5
脚线颜色	灰、红	灰、黄	灰、蓝	灰、白	绿、红

西安庆华民用爆破器材有限责任公司生产的高精度延期电雷管,分为25 ms、50 ms、100 ms、200 ms、250 ms、500 ms、1000 ms等间隔延期电雷管。其中,25 ms等间隔延期电雷管完全符合表4-24中第3毫秒系列的要求;50 ms等间隔延期电雷管共16段,至800 ms。100 ms等间隔延期电雷管共15段,至1500 ms。

应当指出,延期电雷管只有通以足够大的起爆电流,其延期时间才是稳定和准确的。编者在参与研制低阻抗杂散电流毫秒电雷管时,对3666发、最小发火电流为3.3A的雷管延期时间进行测试,其与起爆电流的关系如图4-26所示。可见,延期电雷管要求有一个“稳定延时电流”,它约为3~4倍最小发火电流。《工业电雷管》规定,测定延期时间的起爆电流(恒定直流电流)如表4-23所示。它与表4-19中的最小发火电流的倍数也同时列入表4-23中。

表4-23 延期电雷管测定延期时间的起爆电流

电雷管类型	普 通 型	钝 感 型	高 钝 感 型
起爆电流/A	1.2	1.5	3.5
起爆电流/最小发火电流	2.67	1.50	1.40

电雷管的延期时间可用毫秒雷管测试仪测定,测试仪还可测定导爆管雷管和引火头的延期时间以及炸药、导爆索、导爆管的爆速。

表 4-24　延期电雷管的延期时间系列

段别	第 1 毫秒系列/ms			第 2 毫秒系列/ms			第 3 毫秒系列/ms			1/4 秒系列/s			半秒系列/s			秒系列/s		
	名义延期时间	下规格限	上规格限	名义延期时间	下规格限	上规格限	名义延期时间	下规格限	上规格限	名义延期时间	下规格限	上规格限	名义延期时间	下规格限	上规格限	名义延期时间	下规格限	上规格限
1	0	0	12.5	0	0	12.5	0	0	12.5	0	0	0.125	0	0	0.25	0	0	0.50
2	25	12.6	37.5	25	12.6	37.5	25	12.6	37.5	0.25	0.126	0.375	0.5	0.26	0.75	1	0.51	1.50
3	50	37.6	62.5	50	37.6	62.5	50	37.6	62.5	0.50	0.376	0.625	1.0	0.76	1.25	2	1.51	2.50
4	75	62.6	92.5	75	62.6	87.5	75	62.6	87.5	0.75	0.626	0.875	1.5	1.26	1.75	3	2.51	3.50
5	110	92.6	130.0	100	87.6	112.4	100	87.6	112.5	1.00	0.876	1.125	2.0	1.76	2.25	4	3.51	4.50
6	150	130.1	175.0	—	—	—	125	112.6	137.5	1.25	1.126	1.375	2.5	2.26	2.75	5	4.51	5.50
7	200	175.1	225.0	—	—	—	150	137.6	162.5	1.50	1.376	1.625	3.0	2.76	3.25	6	5.51	6.50
8	250	225.1	280.0	—	—	—	175	162.6	187.5	—	—	—	3.5	3.26	3.75	7	6.51	7.50
9	310	280.1	345.0	—	—	—	200	187.6	212.5	—	—	—	4.0	3.76	4.25	8	7.51	8.50
10	380	345.1	420.0	—	—	—	225	212.6	237.5	—	—	—	4.5	4.26	4.74	9	8.51	9.50
11	460	420.1	505.0	—	—	—	250	237.6	262.5	—	—	—	—	—	—	10	9.51	10.49
12	550	505.1	600.0	—	—	—	275	262.6	287.5	—	—	—	—	—	—	—	—	—
13	650	600.1	705.0	—	—	—	300	287.6	312.5	—	—	—	—	—	—	—	—	—
14	760	705.1	820.0	—	—	—	325	312.6	337.5	—	—	—	—	—	—	—	—	—
15	880	820.1	950.0	—	—	—	350	337.6	362.5	—	—	—	—	—	—	—	—	—
16	1020	950.1	1110.0	—	—	—	375	362.6	387.5	—	—	—	—	—	—	—	—	—
17	1200	1110.1	1300.0	—	—	—	400	387.6	412.5	—	—	—	—	—	—	—	—	—
18	1400	1300.1	1550.0	—	—	—	425	412.6	437.5	—	—	—	—	—	—	—	—	—
19	1700	1550.1	1850.0	—	—	—	450	437.6	462.5	—	—	—	—	—	—	—	—	
20	2000	1850.1	2149.9	—	—	—	475	462.6	487.5	—	—	—	—	—	—	—	—	—
21	—	—	—	—	—	—	500	487.6	518.4	—	—	—	—	—	—	—	—	—

注：第 2 毫秒系列为煤矿许用毫秒延期电雷管。该系列为强制性的。

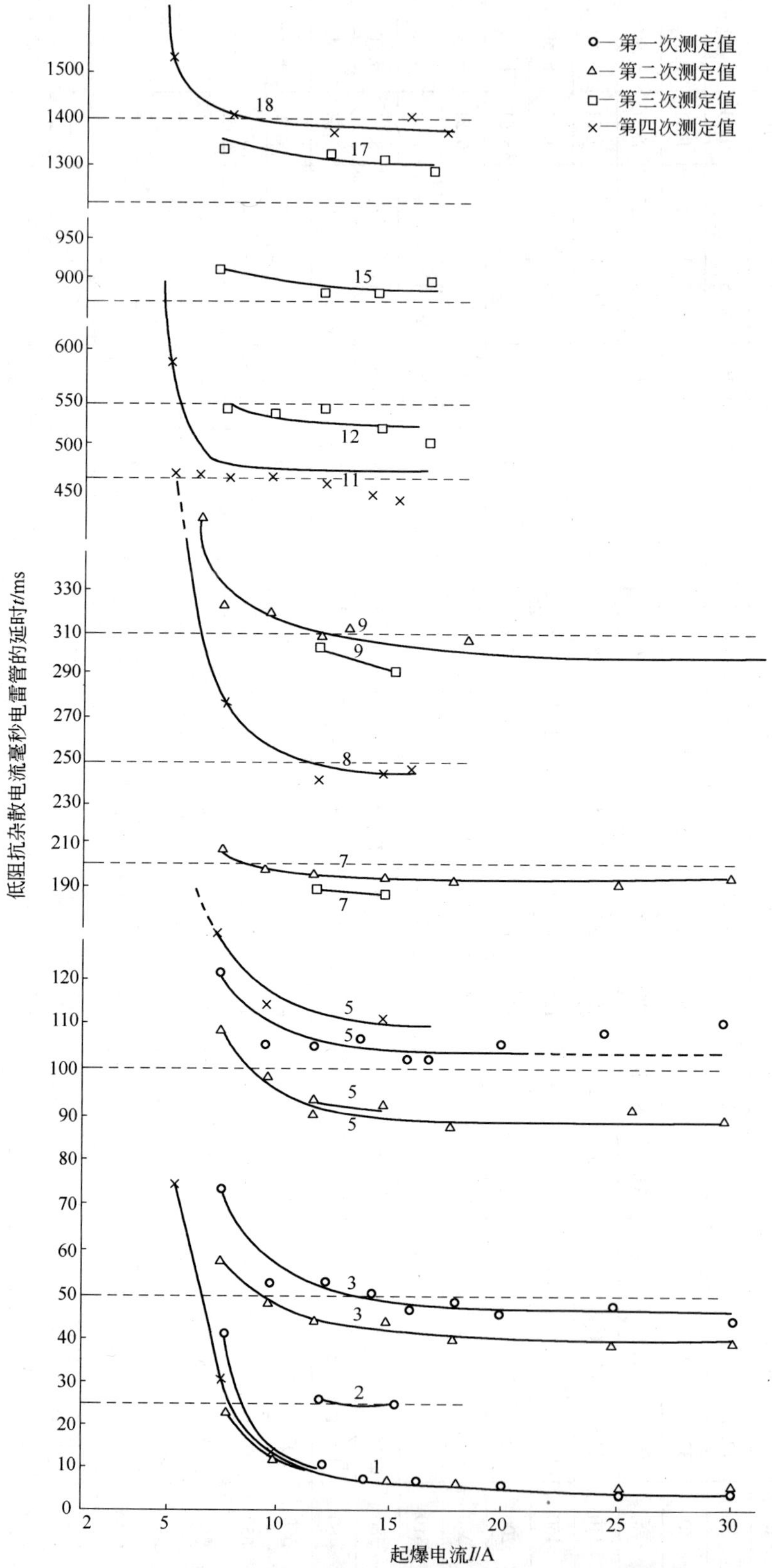

图 4-26 低阻抗杂散电流毫秒电雷管的延时与起爆电流的关系

4.4.2 塑料导爆管与导爆管雷管

塑料导爆管是瑞典诺贝尔炸药公司于1967年发明的，又称诺雷尔（Nonel）管。它现已成为一种全新的非电起爆系统的主体。我国于1978年试制导爆管雷管成功，并得到迅速推广，是较早使用导爆管雷管的国家之一。

4.4.2.1 塑料导爆管

塑料导爆管是在高压聚乙烯透明软管的内壁涂有炸药薄层，以低速传播冲击波的挠性管状起爆器材，简称导爆管（见图4-27）。管壁涂的炸药薄层常用奥克托金或黑索今与少量铝粉及硬脂酸等混合制成。导爆管的内壁呈银白色金属光泽，传爆后金属光泽消退，变成暗灰色。还有一种变色导爆管，它的管壁颜色在传爆后由淡红色变为暗灰色或由灰白（或银白）色变为墨黑色。

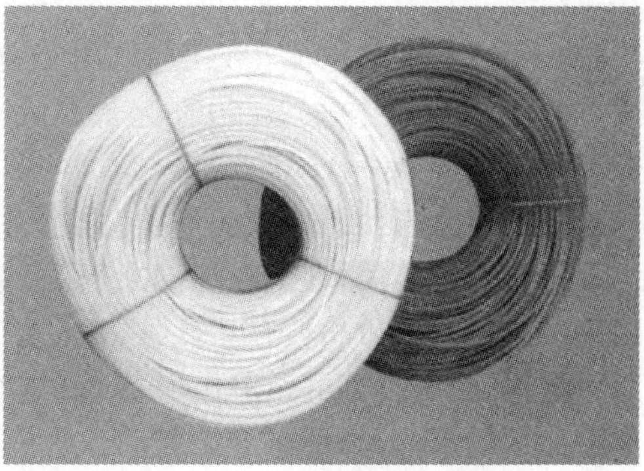

图4-27 导爆管

导爆管外径为2.8～3.2mm，偏差为±0.15mm，每卷长度为250m或500m。导爆管具有一定的机械强度，传爆时管壁不会破坏。导爆管按其抗拉性能分为普通导爆管和高强度导爆管两类。

导爆管对受热、撞击和静电很不敏感，只能用产生冲击波的起爆器材激发，常用雷管、导爆索、激发枪、激发笔等激发。当导爆管的一端被激发后，便在管内产生低能冲击波进行传播，发出一道闪电般的白光，并伴有不大的声响。管壁内表面上的猛炸药随冲击波的传播而产生爆炸，大约经过300mm长度后便进入稳定传爆状态。这是因为，它释放出的能量补偿了冲击波在管中传播消耗的能量，得以维持冲击波不衰减而稳定传播，此即所谓"管道效应"。当冲击波传到导爆管另一端的雷管时，便将其引爆。由于导爆管内壁的炸药量很少，产生的冲击波能量不大，传爆后的管体完整无损。

应当指出，按经典爆轰原理，导爆管管壁上的炸药极少，远小于炸药稳定爆轰的临界量，稳定爆轰是不可能的。可见，导爆管的传爆过程并非是炸药的爆轰过程，其传播速度应称为传爆速度，而不能称为爆速（爆轰速度）。导爆管的传爆速度分为1650±50m/s、1750±50m/s、1850±50m/s和1950ms±50m/s四种规格。

《塑料导爆管》（WJ/T2019—2004）规定的性能指标如表4-25所示。其中低温耐折性、抗油性能与变色性能为新增加的性能指标。保质期为3年（原来为2年）。贮存时应将其两端热熔封口，以防进水受潮。

表4-25 导爆管性能

性能	要求
传爆速度	在温度为10～30℃的条件下，传爆速度不应小于1600m/s，且同批的传爆速度偏差不应大于100m/s
起爆感度	在-40～50℃的温度范围内，用一发8号电雷管应能可靠地引爆20根导爆管
传爆可靠性	在温度为10～30℃的条件下，起爆应能正常传爆，且除起爆端外其他处的管壁不应被击穿

续表 4-25

性 能	要 求
抗震性能	在震动试验机上震动 5 min 后,测试导爆管的传爆可靠性应符合上述要求
抗拉性能	普通导爆管在温度 20 ±5℃、拉力≥68.6 N、持续时间 1 min 的条件下,不应被拉断。高强度导爆管在温度 20 ±5℃、拉力≥196 N、持续时间 1 min 的条件下,不应被拉断;在温度 80 ±5℃、拉力≥58.8 N、持续时间 1 min 的条件下,不应被拉断
低温耐折性	在温度为 -40 ±3℃的条件下,贮存 1h 后取出,导爆管不应开裂、折断。然后测试传爆可靠性,应符合上述要求。
抗油性能①	在温度为 80 ±5℃、压力为 0.3 ±0.02 MPa 的 0 号轻质柴油中,保持压力、自然降温 24 h 后,传爆可靠性应符合其要求
变色性能②	变色导爆管在传爆前后,管壁颜色应发生明显改变

① 抗油性能只是针对抗油型导爆管的性能指标;

② 变色性能只是针对变色导爆管的性能指标。

塑料导爆管的静电火花感度,可用工业电雷管静电感度试验仪配以起爆针进行测试。采用升降法求得使导爆管 50% 起爆的静电能量,以此来表征导爆管的静电火花感度值 E0.50。

导爆管不能直接引爆工业炸药,只能引爆其他导爆管或雷管。它的传爆距离不受限制,在水中仍可正常传爆,甚至在局部断药、扭结、对折、管端对接时均能正常传爆。同时,抗拉强度高,铺设方便,价格便宜。此外,它在受到机械撞击时不爆炸,在猛烈燃烧的火中只是燃烧而不爆炸,具有良好的抗静电、抗杂散电流性能,使用十分安全,不带雷管的导爆管可作为非危险品运输,十分方便。导爆管用于敷设起爆网路及制造导爆管雷管。

4.4.2.2 导爆管雷管

A 导爆管雷管及分类

导爆管雷管是由导爆管冲击波激发的雷管,原来称为非电雷管(见图 4-28)。它相当于去掉电引火头的电雷管用一个塑料联结套与导爆管装配组成。塑料联结套的前面有气室,用以减缓冲击波的速度和压力(见图 4-29)。《导爆管雷管》(GB19417—2003)规定,雷管的导爆管的基本长度为 $3_{-0.1}^{\ 0}$ m;每 10 发导爆管雷管扎成一扎,卷成外径不小于 100 mm 的管圈,并用两条绳索分别捆扎管圈;导爆管雷管的保质期为 2 年。

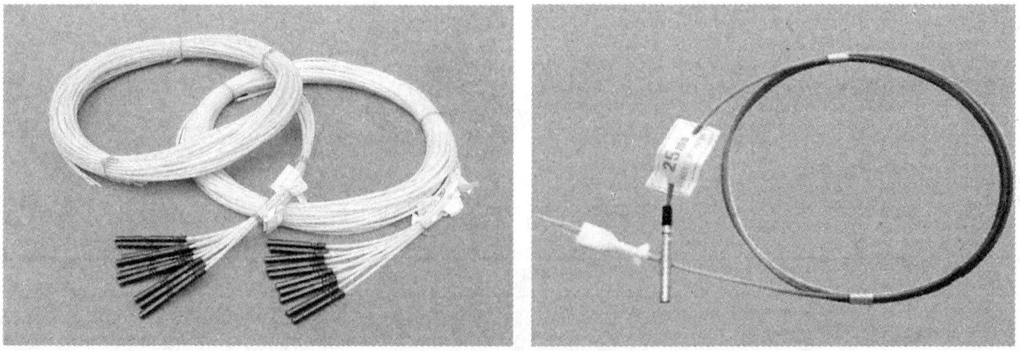

图 4-28 导爆管雷管

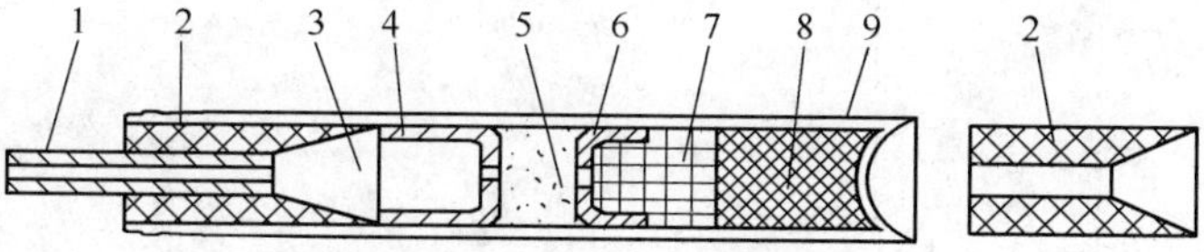

图 4-29 导爆管延期雷管构造

1—导爆管;2—塑料联结套;3—消爆空腔;4—空信帽;5—延期药;
6—加强帽;7—起爆药;8—加强药;9—金属管壳

导爆管雷管按抗拉性能分为普通型导爆管雷管和高强度型导爆管雷管;按起爆时间和耐水性分为普通瞬发导爆管雷管、普通延期导爆管雷管、耐水瞬发导爆管雷管和耐水延期导爆管雷管等系列。延期导爆管雷管又分为毫秒导爆管雷管、1/4 秒导爆管雷管、半秒导爆管雷管和秒导爆管雷管。

高精度毫秒雷管延时精确,可形成 25 ms 等间隔延期电雷管。它的导爆管抗拉力很大,如澳瑞凯(威海)爆破器材有限公司产品的抗拉力为 343N,并在导爆管一端装有塑料 J 型连接钩或其他型式的连接件,用于和导爆索网路连接(见图 4-30)。在接力式起爆网路中,长延时的高精度毫秒雷管用于孔内延期起爆雷管。

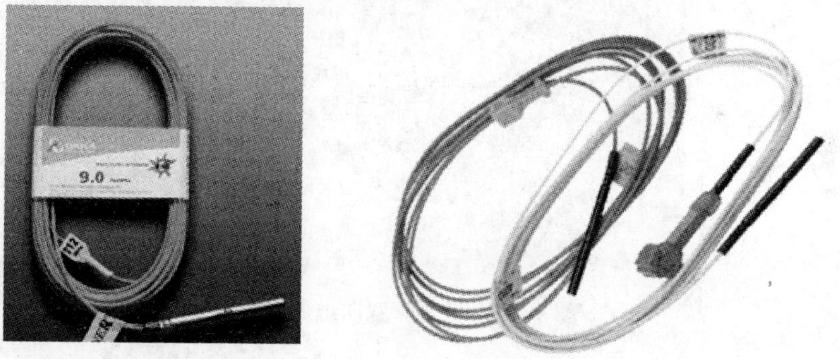

(a) (b)

图 4-30 高精度毫秒延期雷管

(a)澳瑞凯(威海)爆破器材公司的产品;(b)西安庆华民爆公司的产品

地表干线雷管是一种新型的低能量雷管,它的起爆威力适中,不会损坏爆破网路;延期精度高、毫秒间隔较小,是专为孔外延时起爆导爆管、导爆索设计的。地表干线雷管由一个导爆管延期雷管、塑料连接块及塑料钩组成(见图 4-31)。它的特点是导爆管长度较长,并具有较高的耐磨性和抗拉力;雷管镶嵌在塑料连接块中,塑料钩可以快速、可靠地与延期导爆管雷管连接成导爆管延期起爆网路。澳瑞凯(威海)爆破器材有限公司生产的地表干线雷管的导爆管的抗拉力为 167 N,长度分为 5 m、6 m、7 m、9 m、10 m、12 m。

地表干线雷管用于接力式起爆网路中的孔外(地表)延时传爆。它可将多个炮孔连接起来。通常孔内用相同段别的雷管,采用接力方式,通过地表延期来控制起爆顺序,可以实现逐孔起爆,从而提高大规模爆破的效果和工作效率。地表干线雷管适用于无瓦斯、无矿尘爆炸危险的井下或露天爆破场所。

导爆管双向继爆管与导爆索配合使用,可实现毫秒爆破,并可连成环形网络,以提高起爆的可靠性(见图 4-32)。

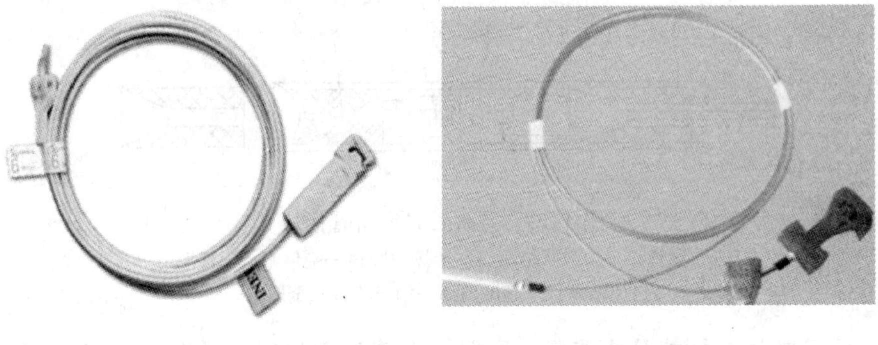

(a) (b)

图4-31 地表干线雷管

(a)澳瑞凯(威海)爆破器材公司的产品;(b)西安庆华民爆公司的产品

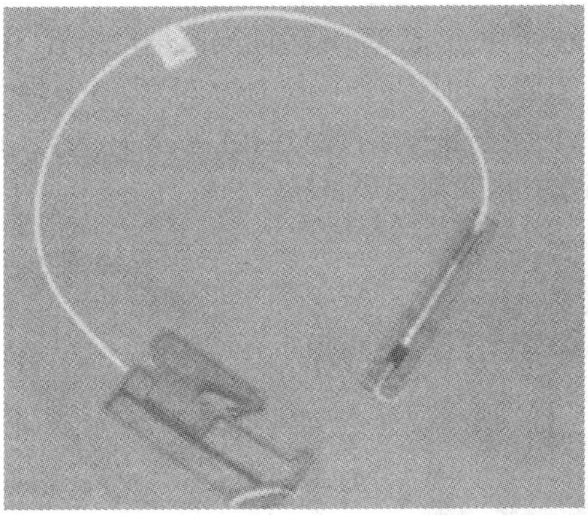

图4-32 导爆管双向继爆管

B 导爆管雷管延期时间系列

《导爆管雷管》(GB19417—2003)规定的延期时间系列标准见表4-26。比较表4-26和表4-22的电雷管延期时间系列标准,可见导爆管毫秒雷管的第一系列和第二系列与电雷管的第1毫秒系列和第3毫秒系列完全相同。导爆管毫秒雷管第三系列为其特有,多达30段。

表4-26 导爆管雷管的延期时间标准

段别	毫秒导爆管雷管/ms			1/4秒导爆管雷管/s	半秒导爆管雷管/s		秒导爆管雷管/s	
	第一系列	第二系列	第三系列	第一系列	第一系列	第二系列	第一系列	第二系列
1	0	0	0	0	0	0	0	0
2	25	25	25	0.25	0.50	0.50	2.5	1.0
3	50	50	50	0.50	1.00	1.00	4.0	2.0
4	75	75	75	0.75	1.50	1.50	6.0	3.0
5	110	100	100	1.00	2.00	2.00	8.0	4.0

续表 4-26

段别	毫秒导爆管雷管/ms			1/4 秒导爆管雷管/s	半秒导爆管雷管/s		秒导爆管雷管/s	
	第一系列	第二系列	第三系列	第一系列	第一系列	第二系列	第一系列	第二系列
6	150	125	125	1.25	2.50	2.50	10.0	5.0
7	200	150	150	1.50	3.00	3.00	—	6.0
8	250	175	175	1.75	3.60	3.50	—	7.0
9	310	200	200	2.00	4.50	4.00	—	8.0
10	380	225	225	2.25	5.50	4.50	—	9.0
11	460	250	250	—	—	—	—	—
12	550	275	275	—	—	—	—	—
13	650	300	300	—	—	—	—	—
14	760	325	325	—	—	—	—	—
15	880	350	350	—	—	—	—	—
16	1020	375	400	—	—	—	—	—
17	1200	400	450	—	—	—	—	—
18	1400	425	500	—	—	—	—	—
19	1700	450	550	—	—	—	—	—
20	2000	475	600	—	—	—	—	—
21	—	500	650	—	—	—	—	—
22	—	—	700	—	—	—	—	—
23	—	—	750	—	—	—	—	—
24	—	—	800	—	—	—	—	—
25	—	—	850	—	—	—	—	—
26	—	—	950	—	—	—	—	—
27	—	—	1050	—	—	—	—	—
28	—	—	1150	—	—	—	—	—
29	—	—	1250	—	—	—	—	—
30	—	—	1350	—	—	—	—	—

澳瑞凯(威海)爆破器材有限公司生产的高精度导爆管雷管,为 25 ms 等间隔延期电雷管,共分 1~20 段,延期时间为 25~500 ms。西安庆华民用爆破器材有限责任公司生产的高精度延期导爆管雷管,延期时间范围广(25 ms~12 s,共 60 段),如表 4-27 所示。

表 4-27 西安庆华民爆公司高精度延期导爆管雷管的延期时间系列 (ms)

段别	延期时间	段别	延期时间	段别	延期时间	段别	延期时间
1	25	7	175	13	325	19	475
2	50	8	200	14	350	20	500
3	75	9	225	15	375	21	550
4	100	10	250	16	400	22	600
5	125	11	275	17	425	23	650
6	150	12	300	18	450	24	700

续表 4-27

段别	延期时间	段别	延期时间	段别	延期时间	段别	延期时间
25	750	34	1600	43	3400	52	6000
26	800	35	1800	44	3600	53	6500
27	900	36	2000	45	3800	54	7000
28	1000	37	2200	46	4000	55	7500
29	1100	38	2400	47	4300	56	8000
30	1200	39	2600	48	4600	57	9000
31	1300	40	2800	49	4900	58	10000
32	1400	41	3000	50	5200	59	11000
33	1500	42	3200	51	5500	60	12000

地表干线雷管的毫秒间隔较小，如澳瑞凯地表延期雷管为：9 ms（绿色）、17 ms（黄色）、25 ms（红色）、42 ms（白色）、65 ms（蓝色）、100 ms（黑色），共6段。

4.4.3 普通导爆索与继爆管

4.4.3.1 普通导爆索

A 普通导爆索及分类

普通导爆索是以猛炸药为药芯，用棉线、纸条或塑料等作被覆层，能按一定爆速传递爆轰的索状起爆器材，简称导爆索。它的结构和外形与导火索相似，只是药芯为黑索今或太安，呈白色，药芯中间有4根芯线穿过。为与导火索区别，导爆索表面用红线缠绕或用红色塑料包覆。在药芯的细度、密度相同的条件下，太安的爆轰感度略优于黑索金，但黑索金的制造原料广泛，机械感度低于太安，生产较安全。当采用特制的细结晶黑索金时，其爆轰感度也不低于太安。近年来，国内外研制出一种每米装药量很少的导爆索，称为低能导爆索。它起爆导爆管网路时，可以避免普通导爆索由于爆炸能量过大而可能炸断网路的弊病。

普通导爆索是目前生产和使用最多的一种导爆索。它按包缠物不同分为棉线普通导爆索、塑料普通导爆索。棉线导爆索以棉线、纸条为包缠物，沥青、石蜡为防潮层（见图4-33）。塑料导爆索以化纤或棉线为内包缠物，外层涂覆热塑性塑料。棉线导爆索有一定的抗水性能，可在水下起爆；塑料导爆索具有更好的抗水性能和防油性能。

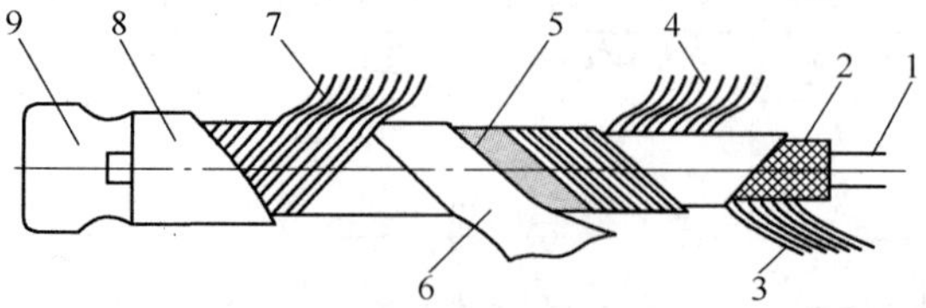

图4-33 棉线普通导爆索结构

1—芯线；2—黑索今或太安；3—内线层；4—中线层；5—沥青；6—纸条层；7—外线层；8—涂料层；9—防潮帽

普通导爆索在爆轰过程中火焰强烈，只能用于没有瓦斯的岩巷中。在有瓦斯或煤尘爆炸危险的煤巷或岩巷中应使用安全（煤矿许用）导爆索。它是在普通导爆索的药芯或外壳内加入适量的食盐作为消焰剂，以减小爆轰过程中的火焰，降低温度。

B 普通导爆索的性能与应用

《普通导爆索》（GB9786—1999）规定，装药量不应小于10.5 g/m，棉线导爆索的外径不大于6.2 mm，塑料导爆索的外径不大于6.0 mm，其他性能如表4-28所示，保质期为5年。

表4-28 普通导爆索性能

性能	要求
爆速	爆速不得低于6000 m/s
传爆性能	按规定的连接方式，应爆轰完全
抗水性能	棉线导爆索在深度为1 m、水温为10～25℃的静水中浸4 h后，应爆轰完全；塑料导爆索在水压为50 kPa、水温为10～25℃的静水中浸5 h后，应爆轰完全
起爆性能	1.5 m长的导爆索应能完全起爆1个符合《引信传、导爆管装药和药柱、药块通用规范》（WJ85—2000）规定的200 g压装梯恩梯药块
耐热性能	导爆索在50±2℃条件下，保温6 h后，应爆轰完全
耐寒性能	导爆索在-40±2℃条件下，冷冻2 h后，棉线导爆索不应洒药及露出内层线；塑料导爆索的塑料涂层不应破裂。都应爆轰完全
火焰感度	导火索的火焰喷到导爆索的端面药芯上，导爆索不应被引爆
抗拉性能	导爆索承受500N静拉力后，应爆轰完全

注：火焰感度测试中的导火索现已淘汰，试验方法有待修改标准。

导爆索需用雷管引爆。导爆索具有良好的传爆性能，而且还有一定的爆炸威力，可直接引爆乳化炸药，也可作为独立的爆破源。导爆索不受杂散电流、静电和射频电流的影响。导爆索与继爆管配合使用，可实现非电毫秒爆破。它的机械感度比雷管低得多，在保管、运输、装药过程中的危险性大为降低。导爆索起爆的缺点是价格昂贵，起爆网路不能用仪表检查。

在深孔爆破中采用低爆速炸药（如铵油炸药）时，如果用雷管起爆，炸药的爆炸是从一点开始然后向孔底方向传爆，爆轰过程较长而降低了爆破效果。有时炮孔底部炸药的密度由于受上部炸药爆轰产生的压力作用而增大，可能爆炸不完全或产生燃烧，甚至拒爆。采用导爆索起爆时，由于它的爆速高，炮孔内的炸药几乎是同时爆轰，提高了爆破效果，更可消除径向间隙效应。同时，炮孔内的装药中没有雷管，在装药及处理拒爆时安全得多，更不会在被爆破物（如岩石、矿石）中留下未爆炸的雷管，避免了在装渣、运渣时发生意外爆炸事故的危险。此外，导爆索还用于严格要求炸药同时起爆的场合，如光面爆破中的周边孔。国内多采用间隔装药，并用导爆索串联各药卷起爆。

4.4.3.2 继爆管

继爆管是专门与导爆索配套使用的非电毫秒延期传爆器材（见图4-34）。它只是延长传爆时间而不直接用来起爆炸药，与前述各类雷管均为起爆器材相比，有着明显不同的作用。这里按《工业雷管分类与命名规则》（WJ/T9031 2004）和国防科工委《民用爆破器材目录》（科工爆字[2000]790号文）的分类，将其列入工业雷管类。

图4-34 继爆管

继爆管实质是由不带引火头的毫秒延期电雷管与消爆管组成,它分为单向和双向两种,其结构如图4-35所示。单向继爆管只能向一个方向传爆,使用时主动端和被动端不能接错。双向继爆管在两个方向是对称的,两个方向都可延时传爆,使用方便,但价格稍高。

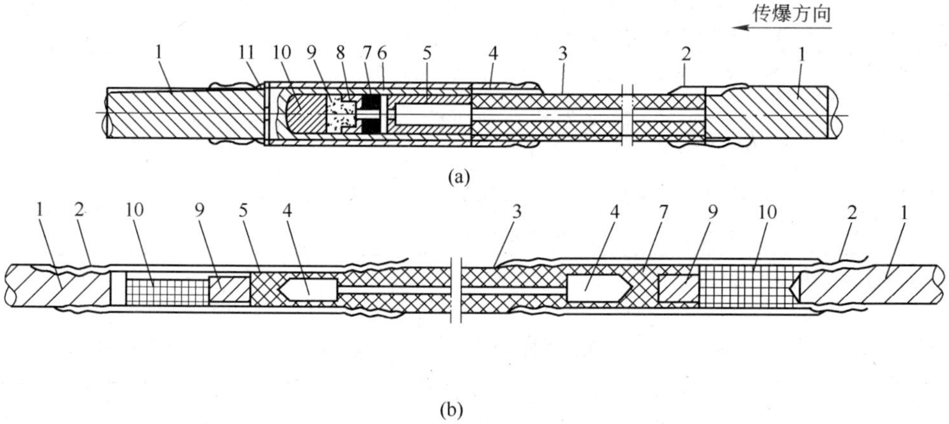

图4-35 国产继爆管结构

(a)单向继爆管;(b)双向继爆管

1—导爆索;2—连接套;3—消爆管;4—外套管;5—大内管;6—纸垫;

7—延期药;8—加强帽;9—起爆药;10—加强药;11—雷管壳

单向继爆管中的消爆管(又称熄爆管)将主动端导爆索传来的爆轰波的压力降低,使其不能击穿延期药而直接引爆起爆药致使失去延期作用,但又能引燃延期药,经过预定时间后再引爆起爆药,将爆轰波延期传至被动端导爆索。双向导爆管主动端的导爆索爆轰,引起主动端起爆药爆轰,主动端延期药随之爆燃,并使冲击波迅速降低,高温高压高速气流通过消爆管后,进一步减低冲击波对被动端延期药的冲击,并控制一定的热量足以将其点燃,延期后引爆被动端的起爆药,再引爆被动端导爆索爆轰。

继爆管的传爆能力不小于8号雷管,在 -40 ± 2℃的低温条件下,性能无明显变化。一些继爆管的延期时间见表4-29。

继爆管使用时,将主动、被动导爆索分别插入导爆管的主动、被动端口内,用连接管卡紧。继爆管原来主要用于大型露天采矿的深孔爆破,现在可用导爆管及其雷管来代替导爆索及继爆管的起爆网路,可以明显节省爆破费用。

表 4-29 继爆管的延期时间标准 (ms)

段别	单向继爆管		双向继爆管			
	J-MS-1 型	Le-1 型	YMB-1 型 1 系列	YMB-1 型 2 系列	华丰厂产品	庆华厂产品
1	15 ±5	10 ±3	10 ±4	10 ±3	15(17)	10
2	30 ±7	25 ±4	25 ±5	20 ±3	25	25
3	50 ±7	50 ±5	40 ±6	30 ±3	40(35)	40
4	75 ±7		55 ±7	40 ±4	55	55
5	100 ±8		78 ±8	50 ±4		75
6	125 ±10		100 ±9	60 ±4		95
7	155 ±10			70 ±4		
8				80 ±4		
9				90 ±4		
10				100 ±4		

4.4.4 新型雷管与雷管无损检测

4.4.4.1 无起爆药雷管

在民用爆破器材中，最危险的是工业雷管，而在雷管中最危险的是起爆药。它对热、摩擦和撞击都十分敏感，直接影响雷管在制造、运输、贮存和使用中的安全性。同时，起爆药属于禁运物质，雷管生产厂必须自建起爆药生产车间。生产废水中含有大量酚，严重污染环境。我国首创的无起爆药雷管（NPED）是雷管发展史上具有突破意义的进步，它取消了起爆药，只装加强药，最大限度地提高了雷管的安全性。现在已由瑞典诺贝尔公司买下专利权并投入生产，今后有望应用于各领域的爆破作业。

A 起爆原理

雷管只装加强药，要在极短的时间内由燃烧转变为爆轰是很困难的。无起爆药雷管是利用炸药在有约束（密闭）条件下可由燃烧转变为爆轰的现象来实现的。在特制的薄壁金属圆管（钢体）内，装入特定低密度猛炸药（一般为黑索金）构成“起爆体”（起爆元件）。加强药柱分两次装药，首次底部装药的密度大，它决定了雷管的爆炸威力；在其前面的装药密度稍小，作为传爆药，以便于引爆。无起爆药雷管同普通有起爆药雷管一样，可制成电雷管和导爆管雷管（见图 4-36）。

无起爆药延期雷管的延期药燃烧后，其点火能量使“起爆体”燃烧。它由于受到金属圆管的约束，释放出的热量很难散发，使得温度和压力急剧上升，在数微秒或数十微秒内完成由燃烧转为爆轰，引爆雷管底部的加强药柱。

无起爆药雷管构造简单，使用安全，性能稳定。它的延期时间、起爆方法与普通雷管相同。

B 冲击感度

无起爆药雷管的最大特点是敏感度较低，制造、运输、贮存和使用中较安全。表 4-30 为无起爆药雷管的冲击感度与普通雷管的对比试验结果。可见，无起爆药雷管安全得多。

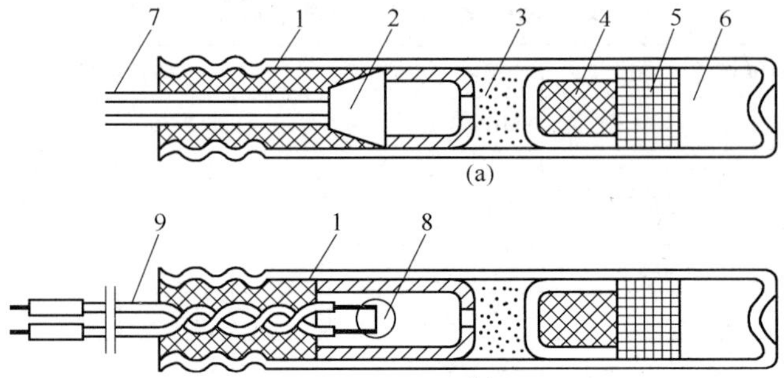

图 4-36 无起爆药雷管结构
(a)无起爆药延期导爆管雷管;(b)无起爆药延期电雷管
1—雷管壳;2—消爆空腔;3—延期药;4—起爆体;5—低密度猛炸药;
6—加强药;7—导爆管;8—引火头;9—脚线

表 4-30 无起爆药雷管冲击感度对比试验

雷管名称	冲击部位	落锤质量 /kg	落下高度 /m	试验雷管数量 /发	爆炸数量 /发	爆炸率 /%
普通雷管	起爆药	2	1.2	10	10	100
无起爆药雷管	起爆体	2	1.2	10	0	0
	雷管整体	4 10 14	1.2 1.7 1.4	10	0	0

4.4.4.2 数码雷管

数码雷管又称电子雷管,是一种可以任意设定并准确实现延期时间的新型电雷管,它是起爆器材领域最引人注目的进展。数码雷管可视为由传统瞬发雷管外挂电子延时电路构成。它的内部装有微型电脑芯片,用以取代普通电雷管的电点火头和化学延期药。它不仅大大地提高了延时精度,而且最大限度地减少了由于引火头所需能量的不同而引起的延时误差。图 4-37 为澳大利亚澳瑞凯(ORICA)公司生产的 i-kon 数码雷管。它的延期时间设定范围为 1 ms ~ 15 s,当延时为 0 ~ 500 ms 时,延时精度为 ±0.05 ms;501 ~ 1500 ms 的精度为 ±0.01% ,比传统毫秒电雷管的延期精度高得多。

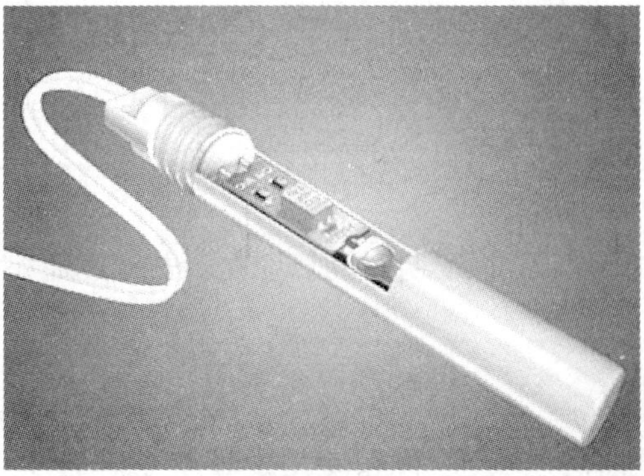

图 4-37 澳瑞凯公司的 i-kon 数码雷管

数码雷管具有高精度和高可靠性,装入炮孔后每只雷管可以根据指令实现任意的延时时间,具有对静电、射频电流和杂散电流安全等突出优点。通过起爆网路上的编码器读取和保存特定的雷管识别码,可对每发雷管设定延期时间及进行测试。编码器连接到特定的电容式电子起爆器上。2006 年 5 月 20 日我国成功地进行了三峡大坝三期围堰的爆破,它共有1700多个炮孔和药室,分为971段,共用了2506支数码雷管。这是国内首次大规模使用数码雷管,全部从澳瑞凯公司进口。我国贵州久联民爆器材发展股份有限公司已于2006年8月成功研制出电子延时雷管。

4.4.4.3 火工品的无损检测(DNT)和无损评价(NDE)

工业CT(ICT)是工业计算机断层成像技术的简称,它与医用CT的基本原理相同,主要用于工业产品的无损检测(DNT)和无损评价(NDE)。工业CT技术以二维断层图像或三维立体图形直观、准确、清晰地呈现被检测产品的内部结构、材料差异及缺陷状况,是当今世界上最先进的无损伤检测技术和质量评价手段。锥束CT为三维CT,它与二维扇束CT相比,具有射线利用率高、一次可重建多幅图像、扫描时间短等优点。传统的扇形束扫描每次只能得到一个断层图像,而锥形束扫描每次扫描能得到至少上千层的断层图像(见图4-38)。目前,工业CT机首先应用于航天、航空、国防等重要部门。

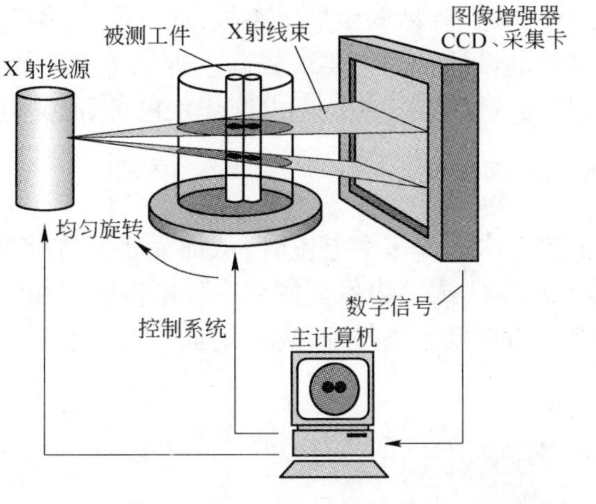

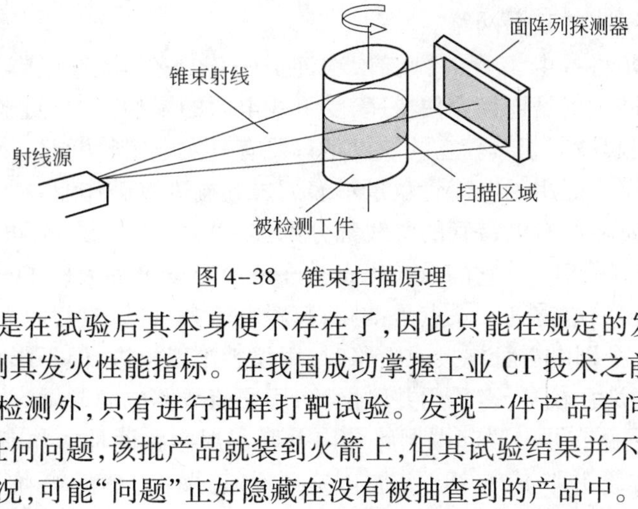

图4-38 锥束扫描原理

火工品的特点是在试验后其本身便不存在了,因此只能在规定的发火可靠度(概率)下,通过抽样来检测其发火性能指标。在我国成功掌握工业CT技术之前,航天火箭对点火器等火工品除常规检测外,只有进行抽样打靶试验。发现一件产品有问题,该批产品即报废;如果没有发现任何问题,该批产品就装到火箭上,但其试验结果并不能百分之百地代表所有检测对象的状况,可能“问题”正好隐藏在没有被抽查到的产品中。重庆大学ICT研究中心于1996年研制出专用工业CT装备,用于航天火工品的全面质量检查与控制。至今已完成“神舟”五号、六号,“嫦娥一号”探月火箭等的数万件火工品的检测任务,为确保我国航天工程质量作出了巨大贡献。

4.5 起爆方法

起爆网路是指将多个起爆器材按一定要求连接在一起进行统一起爆的网路。它包括电起爆网路、非电起爆网路及混合起爆网路。非电起爆网路有导爆管起爆网路和导爆索起爆网路。不同的起爆网路,采用不同的起爆方法。宜优先采用国家推广的导爆管起爆系统或低能导爆索起爆系统,其次是电雷管起爆系统,导火索和火雷管起爆系统现已被淘汰。在水量较大情况下,孔内使用导爆索时应采用以太安为药芯的塑料导爆索。

4.5.1 电起爆方法

电起爆方法是利用电能通过导线引爆电雷管再起爆炸药的起爆方法。电起爆曾广泛应用于各种爆破工程。电雷管起爆的优点是:可远距离起爆,利于安全;可用仪表检查电雷管及起爆网路的连接质量,保证起爆可靠;可同时起爆大量的炮孔或药室。它的缺点是:普通电雷管受杂散电流和静电的影响,易发生早爆事故;如延期段数很多时,实现困难;当炮孔较多时,网路较复杂,对网路的设计和施工要求较高。近二十几年来,由于导爆管起爆的逐步扩大应用,并充分显示其优越性,在某些范围电起爆法已被导爆管起爆法取代。

4.5.1.1 电起爆网路

爆破作业中大多需要一次起爆多个电雷管,从而需将其连接成电起爆网路。电起爆网路由电雷管、连接导线和电源组成。为保证网路中各电雷管都能准爆,应采用同厂同型号同批号的电雷管。电起爆网路在低温条件下,高段别毫秒雷管的延期时间及精度易产生波动,选用时应充分注意。

A 起爆网路的连接形式

电起爆网路的连接形式与电路相对应,可以有串联、并联或混合连接。混联起爆网路是由串联和并联支路组成的起爆网路。

串联起爆网路是将各电雷管的脚线依次连成一串,最后将首尾脚线连到爆破母线上(见图4-39a)。它的优点是连接方便快速,受母线电阻的影响不大,便于用仪表检查。由于起爆电流小,适于用起爆器起爆。它的缺点是只要有一发电雷管断路,就会导致全部电雷管拒爆。串联起爆网路广泛用于电雷管数量不多的岩巷掘进爆破作业。

并联起爆网路是将所有电雷管的脚线都分别连到两根连接线上,再由其接到母线或直接连到电源上(见图4-39b)。它的最大优点是在电源容量足够大(如交流电网)的条件下,网路中可以连接较多的电雷管。缺点是:网路起爆电流大,母线应截面大、电阻小;要求各电雷管的全电阻相近;个别电雷管漏接或断路时,用仪表难以检查,但不影响其他电雷管准爆。在竖井掘进中,由于炮孔较多,多采用并联网路,用交流线路电源起爆。

简单混联起爆网路有并串联起爆网路和串并联起爆网路两种。并串联网路一般是每个炮孔内用2发电雷管并联成一组,增加可靠性和起爆能,然后各炮孔之间再串联(见图4-39c)。它的缺点是当有一支雷管断路或没连接好,则流过另一单支雷管的电流势必是其他雷管的两倍,它有可能提前起爆而破坏整个电路。并串联网路一般用于较重要的爆破作业,如露天深孔爆破。它也是用简单电爆网路激发导爆管网路的混合起爆网路中最常用的形式。

串并联网路是先将各数目相同的电雷管串联成组,然后各组再用连接线并联(见图 4-39d)。它的突出优点是在同等电源条件下,可比串联网路起爆更多的电雷管。但要求合理分组,使各串联组的电阻尽量相近,爆破母线的电阻要小。隧道工程的断面较大,一次起爆的电雷管较多,为适应起爆器的能力,通常采用串并联网路。此外,地下深孔爆破多采用串并联网路。

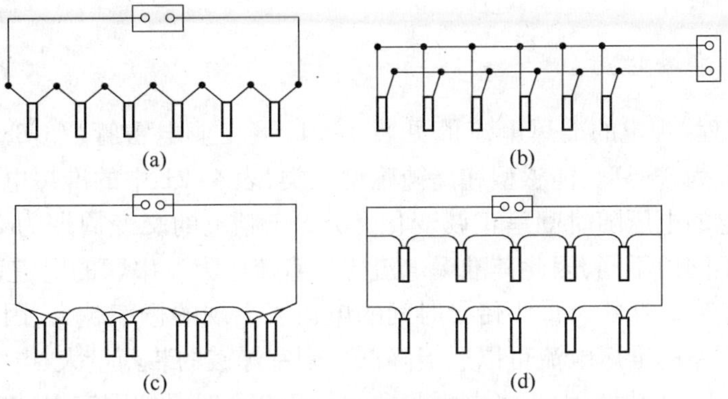

图 4-39 电起爆网路的连接方式

(a)串联;(b)并联;(c)并串联;(d)串并联

在大爆破中还可采用串—并—串联或并—串—并联等复杂混联起爆网路。此时应保证先爆炸的炮孔不会影响其他电雷管的准爆。硐室爆破还采用复式起爆网路,即两套并—串—并联网路,以确保网路的准爆。混联起爆网路一般采用交流电源或强力起爆器起爆。

B 起爆网路总电阻的计算

为保证起爆网路中各电雷管的电流基本相同,电雷管的电阻差值不得大于产品说明书的规定。前面已指出,电雷管的发火冲量和引燃时间与电阻的关系不大,因此对电雷管的电阻提出过严的要求是没必要的。电起爆网路的计算方法是以电工学中的欧姆定律为基础。计算时,将电雷管视为电阻,并假设各电雷管的电阻相等。首先应计算起爆网路的总电阻。串联起爆网路的总电阻按下式计算:

$$R_c = mR_d + R_l \tag{4-17}$$

并联起爆网路的总电阻,按下式计算:

$$R_c = \frac{R_d}{n} + R_l \tag{4-18}$$

简单混联起爆网路的总电阻,按下式计算:

$$R_c = \frac{m}{n}R_d + R_l \tag{4-19}$$

式中 R_c——起爆网路总电阻,Ω;

R_d——电雷管全电阻,Ω;

R_l——爆破母线电阻,Ω;

m——串联的电雷管数(或串联支路的电雷管数),发;

n——并联电雷管数(或并联的支路数),发。

式(4-17)和式(4-18)是式(4-19)的特定形式,即分别为 $n=1$ 和 $m=1$ 时的条件。在串并联网路中应使各串联支路的电阻值相近，以保证各串联支路的电流相近。

在大爆破电爆网路中，各串联支路用连接线依次并联，最后用一段连接线再连接到爆破母线上，形成梯格并联网路的形式。用常规计算方法，要由远端支路逐个向近端用连分数先求出总电阻，计算异常麻烦。这时，可利用 Z 变换的算法，十分便捷，参见附录 B. 13. 2 梯格并联网路计算的内容。

C 电雷管的准爆电流

《爆破安全规程》规定的准爆电流值见表 4-21。《工业电雷管》(GB8031—2005)按电流感度将电雷管分为普通型、钝感型和高钝感型三类，表 4-21 中的准爆电流是指普通型电雷管而言。交流电的电压随时间呈正弦变化，50Hz 工频电的交变周期为 20 ms。起爆电流由于通电的瞬间不同而不同，因此其准爆电流应比直流电大。串联的电雷管数越多，具有最大发火冲能和最小发火冲能及最小传导时间的电雷管出现的概率越大，因此起爆电流也应越大。并联起爆网路的准爆电流可以适当降低。硐室爆破的装药量大、电雷管多，拒爆后果严重，准爆电流应比一般爆破大。当电雷管数大于 300 发时可按硐室爆破考虑。

此外，毫秒电雷管的延期时间随起爆电流的增加而减小，当电流达到某值后，延时才趋于稳定。因此，为了延时稳定，起爆电流也应增大。“延时稳定电流”约为最小发火电流的 3 ~4 倍。但是，起爆电流也不应过大，以防电雷管的桥丝熔断而产生电弧，使动作时间大为缩短而发生拒爆，即所谓“桥丝效应”。美国杜邦公司《爆破手册》规定，电雷管的熔断电流为 10A。

采用电容式起爆器起爆时，电容式起爆器输出的是高压脉冲电流，电压和电流随时间呈指数下降，欧姆定律已不适用，需要采用发火冲能来计算，具体计算方法参见附录 B. 13. 3 电容式起爆器的计算。

4. 5. 1. 2 电起爆方法

A 爆破导线

爆破导线按其在起爆网路中的位置，一般可分为端线、连接线、区域线和爆破母线(简称母线，又称主线)。端线用来接长电雷管的脚线，使之能引出炮孔或药室外的导线；连接线是连接相邻炮孔或药室的导线；区域线是指在同一起爆网路中包括几个分区时，连接线与母线之间的连接导线；母线是连接连接线或区域线与起爆电源之间的导线。当网路范围较小时，通常没有区域线。掘进爆破中，通常用连接线将串联的电雷管脚线直接与母线连接。

起爆网路的通电时间很短，一般不超过 20 ms，因此爆破导线的截面不需按常规的连续荷载规定的安全电流来选择，只要满足网路电阻的要求即可。掘进中通常采用起爆器起爆，它的电压较高(一般都在 1000 V 以上)，爆破导线应有较高的绝缘强度(额定电压)，尤其是采用输出电压较高的起爆器时，更应注意导线的耐压(试验电压)。此外还应有一定的抗拉抗折性能。使用旧的爆破导线时，应经检测合格后才能使用。连接线不得重复使用。

在掘进爆破和露天深孔爆破中，端线、连接线多用截面为 0. 40 ~0. 60 mm 的 DB 系列电雷管引爆用聚氯乙烯绝缘电线，其规格见表 4-31。它的绝缘层颜色分为灰、红、黄、蓝、绿及白色。

表 4-31 电雷管引爆用聚氯乙烯绝缘电线规格

型号	名称	导线标称直径/mm	绝缘层最小厚度/mm	电线外径/mm	20℃时直流电阻 $/\Omega \cdot m^{-1}$
DBV-1/DBV-2	铜芯薄型/铜芯厚型	0.40	0.15/0.20	0.85~0.95/0.90~1.00	0.150
		0.45	0.15/0.20	0.85~0.95/0.90~1.00	0.119
		0.50	0.15/0.25	0.90~1.00/1.20~1.30	0.090
		0.60	0.17/0.25	1.00~1.10/1.20~1.30	0.067
DBGV-1/DBGV-2	镀锌钢芯薄型/镀锌钢芯厚型	0.44	0.15/0.20	0.85~0.95/0.90~1.00	0.838
		0.47	0.15/0.20	0.85~0.95/0.90~1.00	0.734
		0.52	0.15/0.25	0.90~1.00/1.20~1.30	0.600
		0.59	0.17/0.25	1.00~1.10/1.20~1.30	0.466

掘进爆破的母线敷设至距工作面 20~30 m 处，它可重复使用。爆破母线要求截面较大，具有一定的机械强度及柔软性，可选用单芯或双芯镀锌聚氯乙烯绝缘爆破母线，如表 4-32 所示。其绝缘层的颜色分为灰、红、黄、白和绿色。

表 4-32 煤炭行业标准爆破母线规格

种类	结构（股数）	单丝直径/mm	导电线芯直径/mm	母线直径/mm	母线外形尺寸/mm	单芯直流电阻 $/\Omega \cdot m^{-1}$
单芯	7	0.52±0.02	1.56±0.06	3.00±0.20	—	≤0.09
双芯	2×7			—	(6.50×3.00)±0.20	

在硐室爆破中，一般端线、连接线和区域线使用标称截面为 0.5~1.0 mm 的双芯铜芯电线，母线采用不小于 1.5 mm 的单芯或双芯铜芯电线。地下大爆破的连接线截面一般为 2.5~16 mm^2。区域线的截面一般大于 6 mm^2。由于母线的电阻对网路总电阻影响较大，一般截面大于 35 mm^2。此外，爆破导线的截面应按电阻校核，一般总电阻不宜大于 5~10 Ω。电线线芯不同截面积的电阻值见表 4-33。

表 4-33 电线线芯电阻值

线芯标称截面积/mm^2	0.75	0.8	1.0	1.5	2.5	4.0	6.0	10	16	25	35
导线电阻/$\Omega \cdot km^{-1}$	23.3	21.9	17.5	11.7	7.0	4.4	2.92	1.75	1.09	0.70	0.50

B 检测仪表

为保证电起爆网路的可靠性，应对电雷管和起爆网路进行电阻检测或导通。重要的爆破作业在接成网路前，应测量雷管和各导线的电阻值，在接成网路后检测是否符合设计要求及与理论值的偏差。

检测时，必须使用专用的爆破电桥或爆破欧姆表，其工作电流必须小于 30 mA。严禁使用普通万用表进行检测。爆破电桥或爆破欧姆表属于实施安全标志管理的矿用安全检测仪表，必须采购使用已取得安全标志的产品。使用最多的是 205 型线路电桥，它的工作电流小于 18 mA（见图 4-40a）。

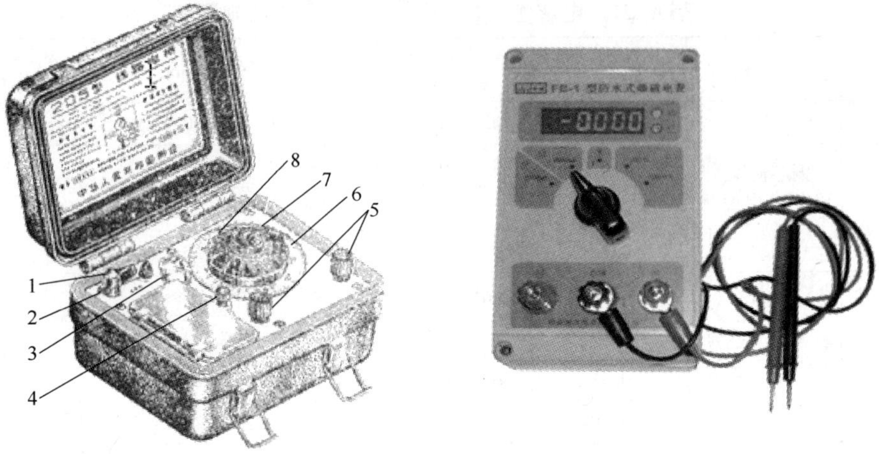

(a) (b)

图 4-40 电爆破测量仪

(a)205 型线路电桥;(b)FB－1 型防水爆破电表

1—转换开关;2—调整钮;3—检流表;4—电池室盖固定螺钉;

5—接线柱;6—刻度盘;7—按钮;8—指示线

FB－1 型防水爆破电表是测量电雷管电阻和杂散电流的两用表(见图 4-40b)。它的电阻挡最小分辨率为 0.01Ω,测量精度为 ±0.5%;测量杂散电流的雷管等效电阻值为 4Ω,以兼顾铜脚线和铁脚线雷管,使用方便。编者研制的 BCJX－5040 型起爆器,附有直读式不平衡测量电桥,精度高于 205 型电桥,测量电流小于 3mA。

编者在研究杂散电流时,首先提出了"杂散电流源"的概念。将待测两点视为一个"等效杂散电流源",则杂散电流值由全电路欧姆定律所确定:

$$I=\frac{E}{R+r} \tag{4-20}$$

式中 I——杂散电流值,A;

E——等效杂散电流源电动势,U;

r——等效杂散电流源内阻,Ω;

R——电雷管电阻,Ω。

可见杂散电流值不但与电雷管电阻有关,还与杂散电流源的内阻有关。测量杂散电流的原理是间接测量电雷管等效电阻上的电压降,再用欧姆定律换算成杂散电流值(见图 4-41a)。选用杂散电流测定仪时,应注意其等效电阻值尽量与使用的电雷管电阻值相近,以使检测的杂散电流值较准确。编者于 1969 年研制的 ZC－1 型杂散电流测定仪,等效电阻值有 3 挡:2.5、5.0、25Ω,以适应不同电阻的电雷管及求得等效杂散电流源内阻(见图 4-41b)。它的特点是改变雷管的等效电阻值时,表盘刻度不变,可以直接读出杂散电流值。

C 起爆电源

能够提供足够起爆电流的电源,都可以用作起爆电源。起爆电源可利用交流动力或照明电源,掘进爆破中常用的是起爆器。在有沼气或煤尘爆炸危险的场合,不得使用普通接触器(开关)接通交流电来起爆,只能使用防爆型起爆器。

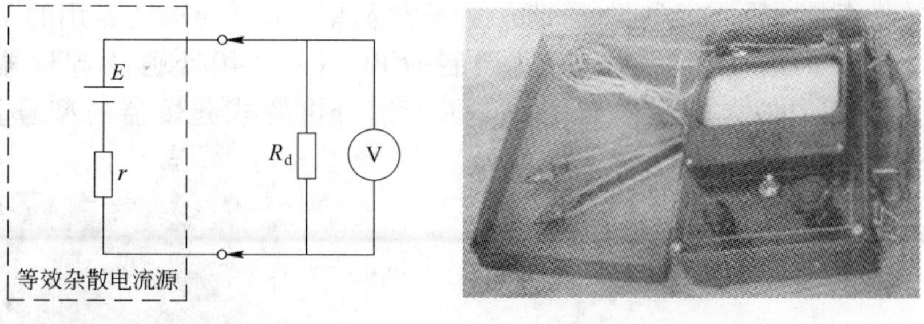

(a) (b)

图 4-41 杂散电流测量

(a)杂散电流测量原理;(b)ZC－1 型杂散电流测定仪

a 交流电源

交流电源即工频交流电,分为额定电压为 220 V 的照明电和 380 V 的动力电。交流电源的电压虽然不高,但输出容量大、供电可靠。它适用于电雷管多、网路复杂、起爆线路长、起爆电流要求高的地下采矿的中深孔大爆破。竖井掘进多采用并联起爆网路,也采用交流电网作起爆电源。

交流电压为正弦波,起爆电流取决于合闸瞬间的相位,按额定电压(有效值)计算的准爆电流可能大于、小于或等于直流的准爆电流。最不利的通电时间是对称“跨在”交流电压零点的两侧。因此,交流电的准爆电流要比直流电大许多。准确计算则要考虑交流电的角频率、电雷管的最小传导时间及最大、最小发火冲能等。在最不利条件下,对某型号电雷管计算的交流准爆电流是直流的 6.7 倍。但实际上爆破网路中的电雷管数量有限,最钝感和最敏感的电雷管及具有最小传导时间的电雷管同时出现或单独出现的概率是很小的。因此,实际的交流电准爆电流可以大为降低。目前,有一种相控起爆器,输入交流电压后,可在交流电压最佳相位的瞬间触发晶体闸流管实现无触点起爆。然后起爆器自锁,使输出线路没有电压。

采用交流电源起爆时,必须在电源与起爆网路连接处设置上锁的起爆开关箱,其中装两个双刀双掷刀闸,分别作为电源开关和起爆开关。起爆刀闸平时应放在另一掷处,处于短路连接状态。日本《金属矿山规程》要求起爆开关必须具有起爆后能自动断电的功能,以防止变压器因短路而损坏,又可保证起爆有足够的时间。

b 起爆器

起爆器是能向电起爆网路输出起爆所必需电流的起爆器具,煤炭行业称为发爆器,石油行业称为爆炸机。起爆器可分为发电机式和电容式两类。发电机式起爆器的重量大、起爆能力小,现已很少采用。电容式起爆器属于直流脉冲式起爆电源,它是将储存在电容器中的能量瞬间对起爆网路放电来引爆电雷管。电容式起爆器按充电方式又分为发电机式和晶体管式两种。发电机式是将发电机输出的直流电经倍压正流后,对电容器进行充电,国内很少采用。晶体管式起爆器是由直流电压变换器将电池或蓄电池的低压直流电经晶体管振荡器变成高频电流,通过高频变压器升压后整流为高压直流电,对电容器充电。起爆器按使用场合分为矿用防爆型和非防爆型两类。在有沼气、煤尘爆炸危险的场合,必须使用矿用防爆型起爆器。

起爆器的优点是不需固定电源,携带方便,操作简单。图4-42a为常用的MFB-100型防爆发爆器,图4-42b为编者于1970年研制的BCJX-5040型强力起爆器,至今它仍然是世界上起爆能力最大的起爆器之一。国产部分电容式起爆器的型号及主要技术指标如表4-34所示。

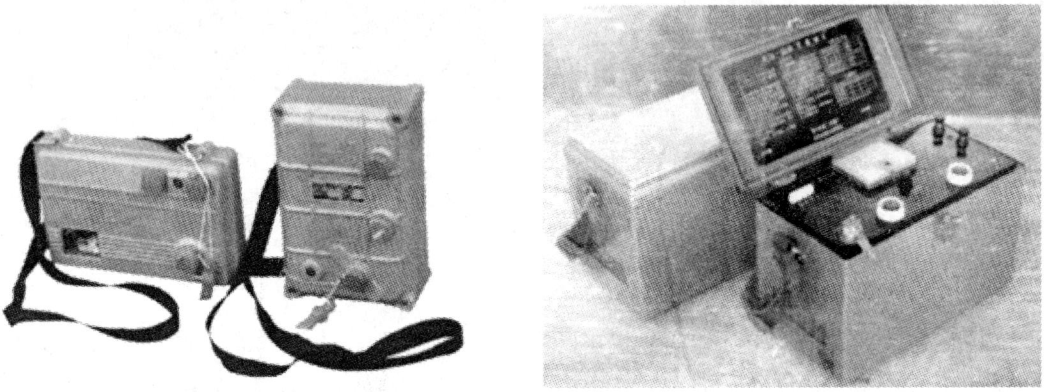

(a) (b)

图4-42 电容式起爆器

(a)MFB-100型防爆发爆器;(b)BCJX-5040型强力起爆器

表4-34 国产电容式起爆器型号及主要技术指标

类型	型号	引爆能力/发	输出峰值电压/V	引爆电容量/μF	引爆能量/J	允许外电阻/Ω	电源	充电时间/s	外形尺寸/mm×mm×mm	质量/kg
非防爆矿用型	KG-150	150/100②	1800	—	—	620	LR20电池6V	≤20	207×137×48	1.45
	KG-200	200/150②	2500	—	—	920				1.6
	KG-300	300/200②	3000	—	—	1220				
	GM-1000S	1100/660②	1900	60	108④	—	LR20电池4.5V	<60	—	2.5
	GM-2000S	2600/2000②	2000	—	—	—	QX-1蓄电池8V	<80	360×165×184	3
	YJGN-400	400/200②	2000	—	—	1000	LR20电池7.5V	4~8	—	1.6
	YJGN-1000	1000/500②	1800	—	—	900		15	—	2.0
	YJQL-1500	1500/750②	2700	—	—	1350	7.2V	20	—	2.5
	YJQL-4000	4000/2000②	3600	—	—	1800	LR20电池13.5V	30	—	7.5
	BCJX-5040	串并5000③ 抗杂100	5000	40	500	抗杂250⑤	蓄电池12V,3Ah	20~30	370×195×225	15.5
煤矿用防爆型	MFB-50①	-/50	960	—	8.1	320	LR20电池4.5V	2~6	—	—
	MFB-100①	-/100	1800	5	8.1	620	LR20电池6V	3~6	165×105×102	—
	MFB-150①	-/150	2200	—	≥8.7	920		≤20	—	—
	MFB-200①	-/200	2900	47	≥8.7	1220			207×137×48	1.6

① 安全供电时间小于4 ms。

② 分别为铜脚线/铁脚线。

③ 实际引爆能力远超过该值。

④ 为编者计算。

⑤ 母线电阻为15 Ω。

目前国产起爆器的特性代号十分混乱。《煤矿用电容式发爆器》(GB7958—2000)规定了型号命名规则,但它只是针对煤矿用的小型起爆器。它是将额定引爆雷管的发数作为主参数,似不如采用输出峰值电压与电容量作为主参数。因为额定引爆发数取决于电雷管的发火冲能,大容量起爆器还与起爆网路连接方式有关。现在《工业电雷管》已按电雷管的电流感度分为普通型、钝感型和高钝感型三类,它们的发火冲能相差很大。因此,发爆器的主参数选为额定引爆发数既不方便使用,又容易引起误解而产生拒爆。

电容式起爆器最关键的参数是起爆电容量与输出峰值电压,据此可求得其引爆能量,核算产品说明书中的起爆能力和允许爆破网路的电阻。尤其当电雷管的发火参数变化较大时,更可重新计算新的起爆能力(参见附录 B. 13. 3 电容式起爆器的计算)。编者研制的 BCJX－5040 型起爆器(获冶金部科技成果奖和安徽省科技成果奖),即以输出峰值电压与电容量作为主参数,型号中的“50”代表 50×100 V,即 5000 V,“40”代表 40 μF。当前国产和国外进口的起爆器中有相当一部分均未标出起爆电容量。

此外,从表 4–34 还可以看出,除 BCJX－5040 型起爆器给出母线电阻外,其余起爆器均未给出母线电阻,同时大容量起爆器的允许外电阻也未指明网路的连接方式,这不利于确保起爆网路的准爆。

4.5.2 导爆管起爆方法

导爆管起爆网路是用导爆管传递冲击波激发导爆管雷管,引爆炸药的起爆网路,它属于非电起爆方法。导爆管起爆网路的优点是:作为主要耗材的导爆管为非危险品,它不受静电、杂散电流、射频电流等影响,联网时可用电灯照明,使用十分安全;操作简单,成本低廉;微差爆破时,一次引爆的雷管数量不受限制,既可用于小型爆破,更适用于大型爆破。但导爆管本身的缺陷、周围杂物对其轻微损伤都可能造成网路拒爆,尤其是当爆区太长或延期段数太多时,爆破岩石或空气冲击波、地震波均可能破坏起爆网路。其次,高寒地区塑料管硬化会降低传爆性能。导爆管起爆网路与电起爆网路相比的缺点,是不能用仪表检查网路的连接质量。目前,导爆管起爆网路在掘进爆破中得到了广泛应用,也是深孔爆破中应用最多的起爆网路。但导爆管起爆不能用于有沼气或煤尘的场合。

4.5.2.1 导爆管起爆网路的形式

导爆管起爆网路由导爆管和激发元件、连接元件或传爆元件、起爆元件组成。激发元件是用来激发网路起始端的导爆管,使其产生冲击波的元件。导爆管不能直接引爆炸药,通常用导爆管雷管作为起爆元件来引爆炮孔内的炸药。用图示法表示导爆管起爆网路时,定义的图例如图 4–43 所示。

A 导爆管的基本连接形式

导爆管的基本连接形式,编者认为可对应于电起爆网路连接形式的实质来划分。电起爆网路的连接形式是将电雷管视为电阻,按普通电路分为串联、并联(簇联是其特殊形式)及串并联、并串联等基本连接形式。按照上述划分原则,导爆管的基本连接形式可相应分为并联、簇联和串联三种(见图 4 44b)。并联由干线导爆管和支线导爆管组成,只能孔内延时。并联在导爆管起爆网路中很少应用,因为它远不如簇联方便。

簇联是将多根导爆管雷管的导爆管均匀地捆绑在起爆的爆导爆管雷管周围,它是并联的特殊形式,是组成支路的不可缺少的连接方式。1只8号雷管最多可击发50根以上的导爆管,考虑到目前导爆管的质量和捆绑时的操作特点,《塑料导爆管》(WJ/T2019—2004)规定1只8号雷管最多可击发20根导爆管。簇联操作简单,适用于炮孔较密集(如掘进工作面)和采矿用孔内延时的网路。

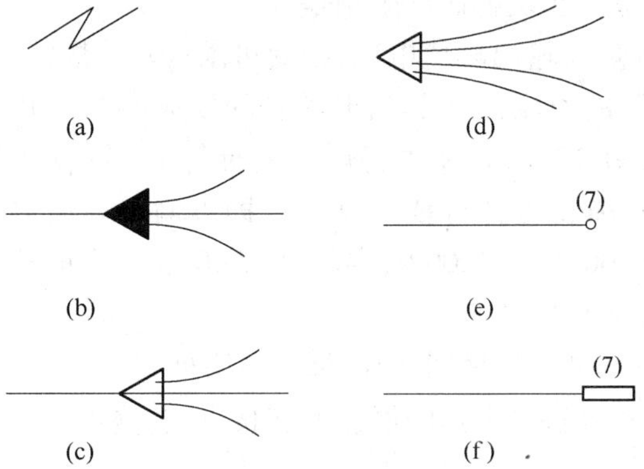

图4-43 导爆管起爆网路图示法图例
(a)激发起爆点;(b)传爆元件;
(c)分流式联结元件;(d)反射式联结元件;
(e)炮孔内导爆管雷管及其段别;(f)导爆管传爆雷管及其段别

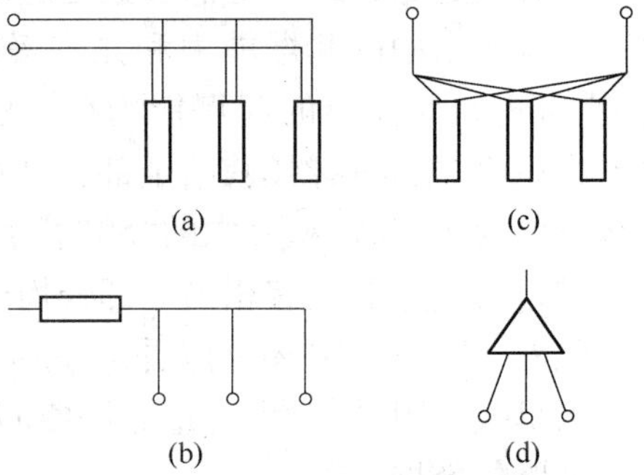

图4-44 电雷管与导爆管的并联连接
(a)电雷管并联;(b)导爆管并联;
(c)电雷管簇联;(d)导爆管簇联

导爆管雷管只有1根导爆管,无法满足串联电路的依次首尾连接的定义。导爆管串联是将传爆元件的导爆管雷管串联形成接力网路,如图4-45所示。导爆管串联可利用雷管延时的累加性,达到各传爆点不同延时的目的。接力网路是构成网路分段起爆的基础,同段导爆管雷管串联累加组成等时间差起爆;不同段串联累加组成不等时间差起爆。

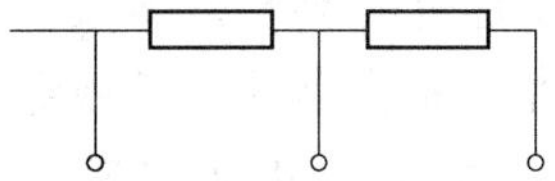

图4-45 导爆管的串联连接

B 常用起爆网路

常用的导爆管起爆网路形式是在上述基本连接形式的基础上形成的。编者将其分为并并联、簇簇联、簇串联起爆网路等。并并联起爆网路即通称的分段并联(见图4-46a)。簇簇联起爆网路是将各炮孔的导爆管分成若干束,每束导爆管直接用胶布或聚丙烯塑料带均匀地捆绑在1发传爆导爆管雷管的周围,再将各传爆导爆管雷管的导爆管端集中在上一级传爆雷管上,直至在1处激发可使整个网路起爆(见图4-46b)。有的将其称为簇并联,编者认为按基本连接形式称为簇簇联更为确切。掘进爆破一般采用簇簇联起爆网路。簇串联起爆网路是被传爆导爆管雷管的导爆管端与传爆导爆管雷管依次成串相接,每个连接点再簇联若干个导爆管雷管(见图4-46c)。它具有簇联和串联的共同优点。当以延时导爆管雷管作为传爆元件,则每经过一个连接点,其后连接的药包起爆时间就延迟一段时间,整个网路的药包便按一定时差一组(个)一组(个)地依次起爆,因此称为接力式起爆网路。对于重要的工程爆破,为了提高起爆网路的可靠性,可采用复式起爆网路。

导爆管延期起爆网路可分为孔内延期起爆网路和孔外延期起爆网路两种。上述常用起爆网路均可实现孔内延时或孔外延时。孔内延期起爆是在每个炮孔内采用不同段别的导爆管雷管实现的,如同电起爆网路一样。孔外传爆元件采用瞬发雷管或导爆索,仅起传爆作用,不起延时作用。一次爆破的分段数目取决于导爆管雷管延时系列的总段数,常采用簇簇联起爆网路。它的优点是第一个炮孔起爆时,其余炮孔内的雷管已全部引燃,爆破网路不会受到先爆药包产生的岩块破坏而使后爆药包拒爆,可保证网路起爆可靠。但受延期雷管的段数限制,总延时段数不能太多。一般炮孔不多时,可采用孔内延期起爆。

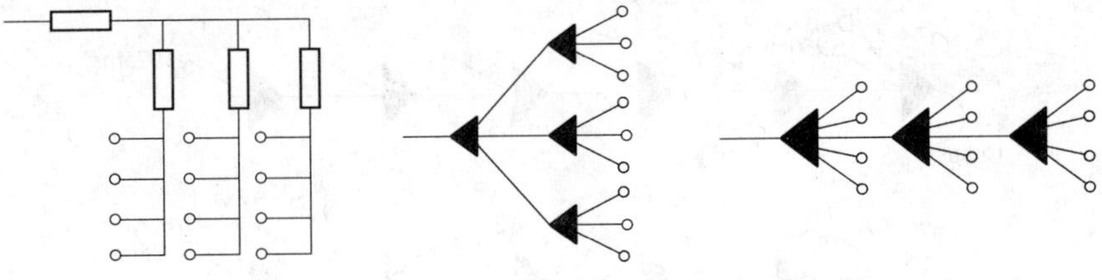

图 4-46 常用的导爆管起爆网路形式
(a)并并联起爆网路;(b)簇簇联起爆网路;(c)簇串联起爆网路

孔外延期起爆是在孔外采用地表干线雷管,炮孔内雷管采用高精度的高延时段雷管,且炮孔内的雷管必须在所有地表干线雷管起爆后才能起爆,防止先爆炮孔抛掷的石块砸断还未起爆的网路,造成拒爆。地表干线雷管是专为孔外延时起爆导爆管、导爆索设计的低能量雷管。孔外延期起爆的优点是:

(1) 用很少段数的导爆管雷管便可实现多段起爆,传爆雷管配用的毫秒雷管的段数可根据爆破作业的需要确定,一次爆破只需同一段的毫秒雷管,并可减少操作差错。

(2) 不会出现串炮现象,且微差时间准确,从而保证了微差爆破效果。

(3) 可进行任意段数的微差爆破,各段延时调整方便,在实际爆破中已成功地进行过 49 段的微差爆破。

露天采矿由于炮孔间距较大,起爆网路的保护相对容易,可采用普通精度的雷管,炮孔内采用瞬发导爆管雷管的孔外延期起爆网路。目前,这种孔外延期起爆网路已在国内的一些露天矿山中得到大力推广。

C 接力式起爆网路

大爆破中常采用接力式导爆管起爆网路,它的所有孔内均可装同一段雷管,由孔外进行毫秒延期起爆;也可采用孔内、孔外采用不同段的雷管同时进行延时起爆。一般采用孔外传爆雷管串联、孔内起爆雷管并联网路。每个雷管除引爆与其直接相连的炮孔内的雷管外,还引爆下一延时段的传爆雷管。通过孔外逐级延时接力传爆,可以只用几个段别的导爆管雷管,就能使大量炮孔实现等延期间隔的逐孔起爆,理论上它的传爆段数不受限制。为了防止提前破坏,接力网路中的孔内起爆雷管采用高段,孔外传爆雷管采用低段。这样,当最先起爆的炮孔引爆时,孔外接力网路早已全部传爆完毕,孔内雷管均已引燃,无须担心爆破岩块对网路的破坏。现以图 4-47 为例来具体说明。采用《导爆管雷管》(GB19417—2003)规定的第三系列等时差毫秒导爆管雷管(见表 4-26)或西安庆华公司生产的高精度延期导爆管雷管(见表4-27)、澳瑞凯(威海)爆破器材有限公司生产的 Exel®毫秒非电雷管,它的延期时间为25 ms 等时差。孔外雷管①的段别不受限制,孔间接力雷管采用第2段雷管延时25 ms、排间传爆雷管采用第7段延时150 ms、孔内雷管采用第21段延时650 ms。

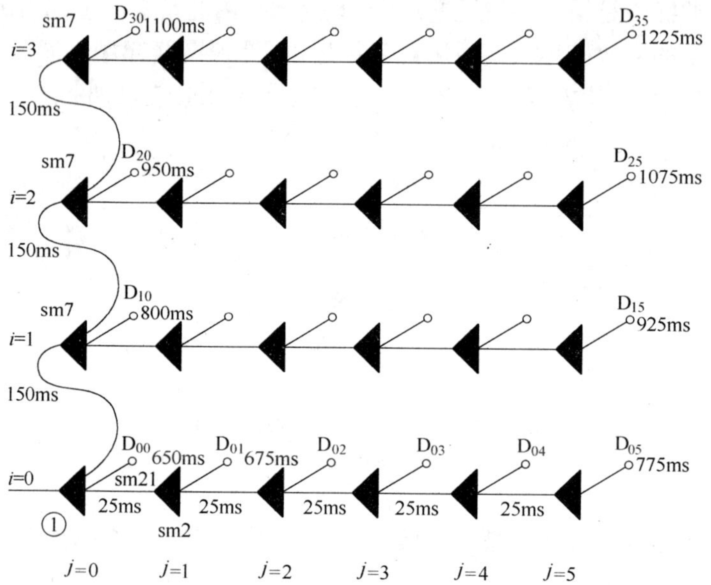

图4-47 孔内孔外接力网路算例

由图4-47可见,最后一排(第4排)最后一个孔外接力雷管的点燃时间为

$$150\ \text{ms}\times 3+25\ \text{ms}\times 5=575\ \text{ms}$$

小于第1排第1个炮孔的起爆时间650 ms,因此接力式网路是安全可靠的。

接力式起爆网路可看成二阶矩阵。这样有条件式:

$$150\ i+25\ j<650 \tag{4-21}$$

$$25(i+1)(j+1)<650 \tag{4-22}$$

各炮孔起爆延时的计算式:

$$t_{ij}=150\ i+25\ j+650 \tag{4-23}$$

例如

$$t_{05}=150\times 0+25\times 5+650=775\ \text{ms}$$

$$t_{30}=150\times 3+25\times 0+650=1100\ \text{ms}$$

$$t_{35}=150\times 3+25\times 5+650=1225\ \text{ms}$$

排内最多延期段数:

$$j_{\max}=\frac{t_{i_{\max}}}{t_{\mathrm{j}}}=\frac{150}{25}=6$$

排数不受限制,即

$$i\rightarrow\infty$$

应当指出,上述起爆网路不得采用第一系列毫秒导爆管雷管,因为它的段数越高,雷管的延时精度越差,离散程度越大。例如,它的第13段虽然也是延时650 ms,但其误差为±50 ms,已远大于孔间延时25 ms,这样孔内雷管就可能出现跳段现象。

设计网路时，应尽量使导爆管的传爆顺序与炮孔起爆顺序一致。这样，即使起爆网路在某节点产生拒爆，已爆炮孔的爆破效果也不受影响。同时，拒爆部分在网路修复后，仍可继续起爆。此外，还应注意前后排对应炮孔的起爆时差不宜相差过大。一般抵抗线小于4 m时应小于75 ms，以减少大块。若时差大于100 ms，则先爆炮孔可能影响后爆炮孔。当抵抗线等于或大于6 m时，时差应小于100～150 ms。由于我国尚无专用传爆雷管，为使不重段，常用(第一系列)第5段雷管(名义延期时间110 ms)作为排间传爆雷管，以错开起爆时差。

4.5.2.2 导爆管连接

导爆管可以在管内传播冲击波，但对管外的作用极小，不能引爆与导爆管外壁接触的导爆管。因此，导爆管不能搭接连接或直接将导爆管与导爆管捆扎在一起，也不宜采用简单对接的方法，因为两根导爆管的切口很难做到一致，对接时往往在接口处留下缝隙，影响冲击波的传播，造成拒爆。导爆管的连接必须采用专门的连接器件才能将一个导爆管内的冲击波传给其他导爆管。连接器件分为直接连接的连接元件和带传爆雷管的传爆元件两类。

A 连接元件

连接元件主要用于孔内延期起爆的连接，用高压聚乙烯压注而成，分为分流式和反射式两种。分流式连接元件是利用导爆管正向传爆原理，即导爆管中的冲击波沿其轴向方向的强度最大与导爆管轴向的起爆感度最高的原理，因此当断药不大于15 mm时，仍然能继续传爆。反射式连接元件的原理是利用密闭空间加强空气冲击波的反射来激发被爆导爆管。

连通管为分流式连接元件，长度为46±2 mm，管壁厚度不小于0.7 mm，内径为3.1±0.15 mm(见图4-48a)。使用时，将主动导爆管从正向插入，被爆导爆管插在另一侧，插入深度不小于10 mm。注意不要留有空孔，而应堵上不用的孔，以减少能量损失，提高传爆的可靠性。连通管没有传爆雷管，提高了作业的安全性，降低了成本。但连通管与导爆管之间的抗拉能力较小，防水性能较差。利用连通管实现复式网路连接比较困难，现已基本不使用了。

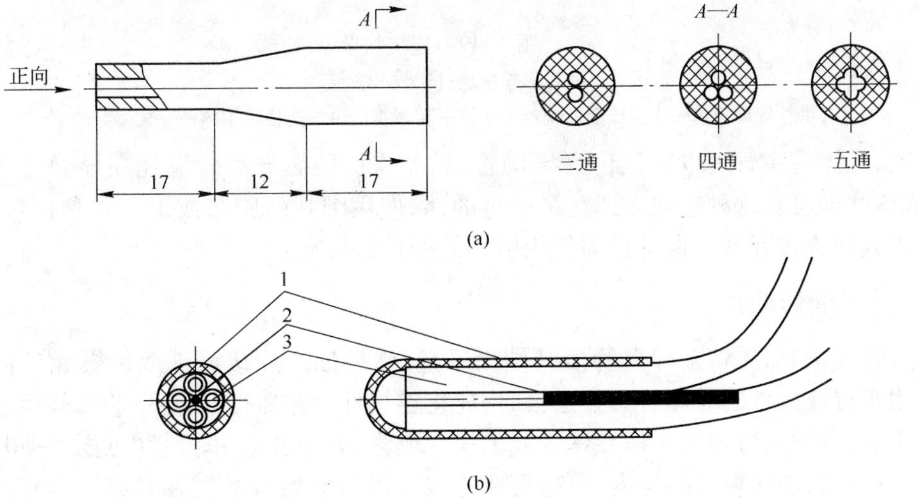

图4-48 集束式连接元件

(a)连通管；(b)反射四通

1—四通；2—牙签或导爆管段；3—导爆管

反射四通为反射式连接元件。它是一个外径为10 mm、长度为40 mm 的塑料帽,封口端为圆弧形,开口端的内侧有4个半圆柱形缺口,用作导爆管的插口,外侧有放置缩口金属箍的沿口(见图4-48b)。使用时,将来自炮孔和连接方向的4根导爆管分别插入开口端,要求4根导爆管安装平齐牢固,距四通底部不大于5 mm。用缩口金属箍固定牢固,也可用牙签或一小段头部削尖的导爆管插入紧固。当其中一根导爆管被引爆后,它产生的冲击波传递至四通底部,经反射后便将其余三根导爆管引爆。

由于导爆管不能像导爆索那样搭接传爆,因此传爆管在起爆网路的节点处必须断开。采用反射四通连接,可使炮孔起爆导爆管或支干导爆管同时接受两个方向传来的冲击波,这与导爆索的环形结点相似,更可将导爆管连接成网格式闭合网路,提高起爆的可靠性。如果采用分流式连通管连接,则炮孔起爆导爆管或支干导爆管只能接受一个方向传来的冲击波,这显然不如反射四通连接优越。因此,反射四通是目前最常用的一种塑料连接元件。

B 传爆元件

传爆元件内装有传爆雷管,从主动导爆管传来的冲击波激发传爆雷管爆炸,再激发其周围的被爆导爆管。传爆元件内的雷管可用瞬发雷管或延期雷管。采用瞬发雷管时与连接元件的作用相同,只是可以传爆更多的导爆管;采用毫秒延期雷管时,可以同时起到传爆和延时的作用,实现孔外延期,相当于导爆索起爆网路中的继爆管。传爆用的连接块由普通塑料制成,中间大孔用来插导爆管雷管,周围小孔则用于插导爆管,如图4-49所示。雷管爆炸后,即将小孔的导爆管激发。

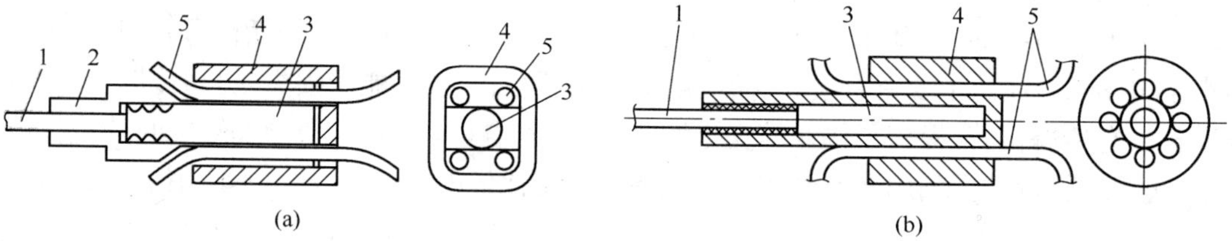

图4-49 连接块

(a)方形连接块;(b)圆形连接块

1—雷管导爆管;2—连接块上的塑料卡子;3—传爆雷管;4—连接块主体;5—被爆导爆管

其实,导爆管雷管可以直接传爆导爆管,只需将被传爆导爆管绑扎在导爆管雷管的周围,形成簇联即可。这种连接方式是最经济的,除使用绑扎的胶布或聚丙烯塑料带外,不需另外购置其他连接元件。这是目前使用较多的一种传爆方式。

C 导爆管的连接

导爆管连接时,先切割导爆管使其端面平整,然后插入连接元件或传爆元件内进行连接。使用带有连接件的导爆管雷管连接时,先将连接件的扣盖打开,逐一将导爆管或导爆索装入凹槽后,卡槽内可容纳5根导爆管或1根导爆索,合上扣盖并扣紧(见图4-50)。为防止导爆管从塑料连接块的挂钩内脱落,可在连接块外侧导爆管的尾端打结。炮孔内的导爆管不得有接头。

一种传爆采用无起爆药的新型传爆系统由双向点火管、导爆管延期点火管和三通连接块组成,也可由延期引爆管、孔内雷管和连接块组成(见图4-51)。它们的起爆网路连接只需进行插接,具有连接方便,传爆能量适中、可靠等特点,克服了其他起爆系统因威力较大,造成网路被切断的缺点。该传爆系统可用于岩巷掘进等各类爆破作业中。

图 4-50 连接件进行网路连接

(a) (b)

图 4-51 传爆采用无起爆药的新型传爆系统

(a)延期点火管和三通连接块;(b)延期引爆管和连接块

为防止导爆管在切割后受潮、进水或其他小颗粒堵塞管腔,在切割导爆管后,余下导爆管的端头必须密封。密封可用火柴烧熔导爆管的端头,然后用手捏紧即可,再用时需将端头剪去 100 mm。导爆管在连接时不得打折、扭曲或拉细。

4.5.2.3 导爆管起爆

导爆管可用能产生强烈冲击波的起爆器材引爆,如导爆管雷管或电雷管、导爆索、起爆针、火帽激发枪等。激发枪形同手枪,将导爆管插入枪管内,装上火帽扣动扳机,撞击火帽激发导爆管。火帽是一种与导爆管直径大体相同的金属帽,内敷少量引爆炸药。

一发 8 号雷管可以从侧向引爆 50 根或更多的导爆管,但在实际使用时不应超过 20 根。金属雷管爆炸后,底部聚能穴产生的射流速度约为 3000 ~ 3300 m/s,大于导爆管的传爆速度(约 2000 m/s)。如果雷管的飞散金属碎片切断或嵌入网路中未爆的导爆管,则冲击波将在此处中断,造成其后的雷管拒爆。因此,导爆管簇联的激发雷管应反向连接,即聚能穴朝向与传爆方向相反(见图 4-52)。这是与导爆索起爆的不同之处,也可用胶布将聚能穴包裹,防止射流的穿透作用。

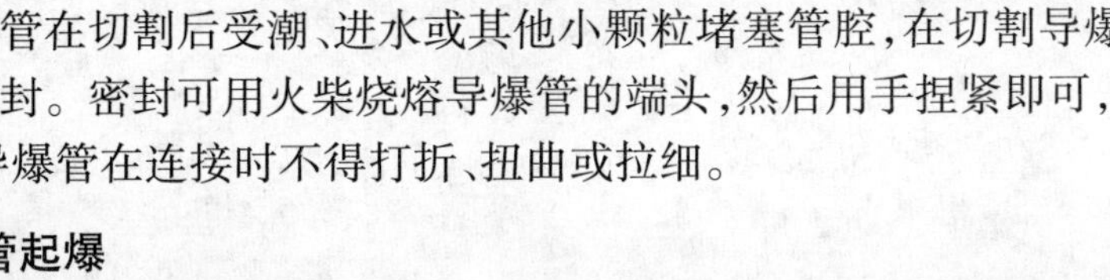

图 4-52 簇联导爆管的反向连接

1—导爆管;2—传爆导爆管雷管;3—引爆导爆管雷管;4—导爆管

导爆管雷管可用起爆针配用电雷管起爆器进行起爆（见图4-53）。起爆针由通针和针座两部分组成，使用时将起爆针插装在导爆管内，利用起爆器发出的高压电使通针的两个电极产生电火花来起爆导爆管。为减少引爆导爆管的长度，一般将起爆针的两根电线与爆破母线连接，用高压（“高能”）起爆器进行远距离起爆。

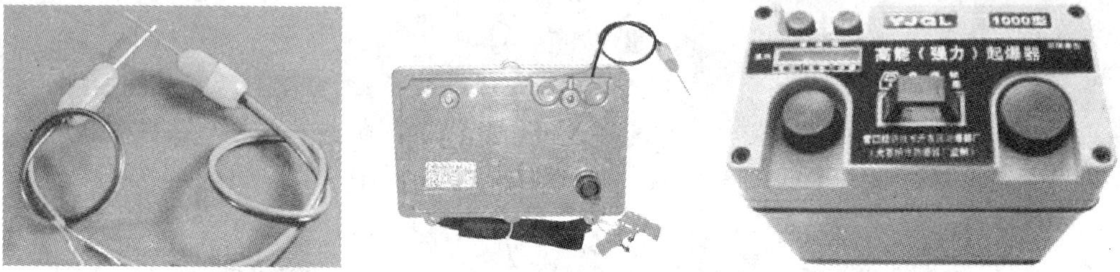

(a) (b)

图4-53 通用起爆针与高压起爆器

（a）CZ系列通用起爆针；（b）高压起爆器

当导爆管雷管数量较少时，可采用导爆管击发器插入导爆管直接起爆。击发器用大功率开关管产生高频脉冲，将电池的低压升至1300 V以上的高压（见图4-54a）。也可将专用起爆针插入专用起爆器（或电雷管导爆管两用起爆器）上起爆（见图4-54b）。

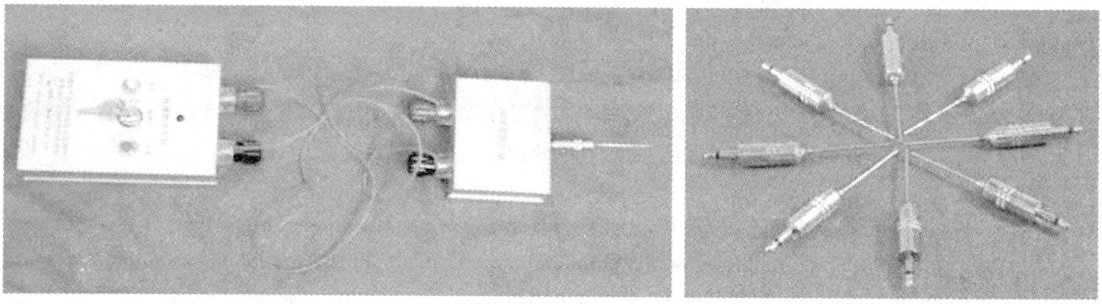

(a) (b)

图4-54 击发器与专用起爆针

（a）击发器；（b）CZ系列专用起爆针

采用导爆索起爆导爆管网路是近年来出现的方法，它使掘进工作面上导爆管网路的混乱现象得到根本改善，又克服了导爆索起爆网路不能实现孔内毫秒延时爆破的缺点。导爆索与导爆管应采用垂直连接，也可采用T形结或绕结（见图4-55）。

(a) (b)

图4-55 导爆管与导爆索的垂直连接

（a）绕结；（b）T形结

导爆索与导爆管不宜采用成锐角的绑扎方式,因为操作时很难保证它们的夹角大于30°~45°。当导爆索与导爆管靠拢时,由于导爆索的爆速在6000m/s以上,约为导爆管传爆速度的3倍,导爆索产生的爆轰波可能超前炸断导爆管而产生拒爆。

4.5.3 导爆索起爆方法

利用导爆索产生的爆炸能引爆药包的起爆方法称为导爆索起爆法,导爆索本身需用雷管起爆,它属于非电起爆法。导爆索起爆网路由导爆索、继爆管及雷管组成。它的优点是:起爆网路连接简单,起爆能力大,利用继爆管可实现延期段数不多的微差起爆;导爆索的爆速高,可精确地同时起爆;炮孔内无雷管,又不受杂散电流和静电的影响,装药及处理盲炮时安全;导爆索有一定的耐水能力,耐折和耐损性能远大于导爆管,可靠性优于导爆管起爆法。它的缺点是:成本高;延时用的继爆管是不常用的起爆器材,价高精度低;实现多段微差爆破较困难。

导爆索微差起爆网路原来主要用于露天深孔爆破,随着导爆管起爆技术的应用,应用导爆索微差起爆网路已大为减少。目前,在光面爆破、预裂爆破的间隔装药中,导爆索用作辅助起爆系统;在深孔爆破中,常用导爆索起爆爆速较低的铵油炸药或乳化粒状铵油炸药;在硐室爆破中,同一药室的主起爆体与副起爆体之间、同时起爆的不同药室的起爆体之间,一般采用导爆索串联以保证同时起爆。普通导爆索不能用于有沼气或煤尘的场合。

4.5.3.1 导爆索的连接

敷设导爆索起爆网路时,首先应清楚总体传爆方向,然后连接每个节点,使其符合传爆方向的要求。其次,使用单向继爆管时应分清引爆端和传爆端,切不可连错方向。由于导爆索爆炸产生的冲击波可将小块岩石破碎击飞,因此起爆网路不得用石块固定掩埋。

A 导爆索的连接及要求

导爆索之间、雷管与导爆索之间的连接只要求绑扎在一起即可,通常采用胶布绑扎。导爆索需要接长时,可采用搭接(扎结)、打结(水手结,束结或称套结、T形结)方法(见图4-56)。搭接是标准的连接方法,可用于干导爆索的接头或炮孔引爆导爆索与干导爆索的连接。只有在导爆索的干燥部分才允许使用打结的方法连接。水手结连接牢固,传爆性能最可靠,主要用于炮孔内的接头,有时也用于干导爆索的接头。分支导爆索与主干导爆索、引爆导爆索与分支导爆索的连接可采用分段并连或簇联(见图4-57)。

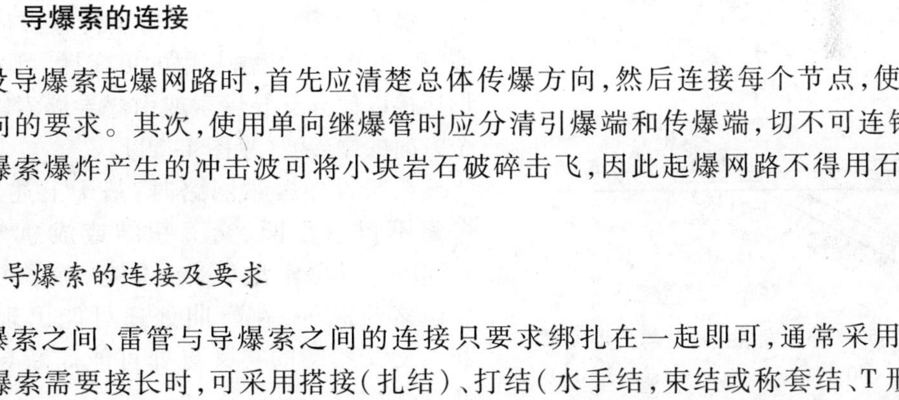

(a) (b) (c)

图4-56 导爆索的接长

(a)搭接;(b)水手结;(c)束结(T形结)

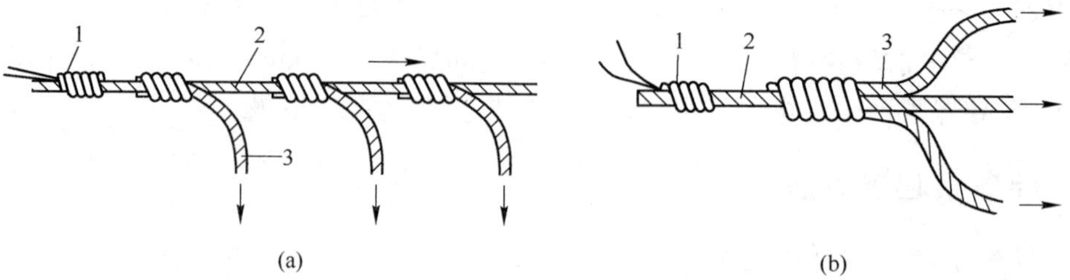

图4-57 导爆索的连接

(a)分段并联;(b)簇联

1—雷管;2—主干索;3—分支索

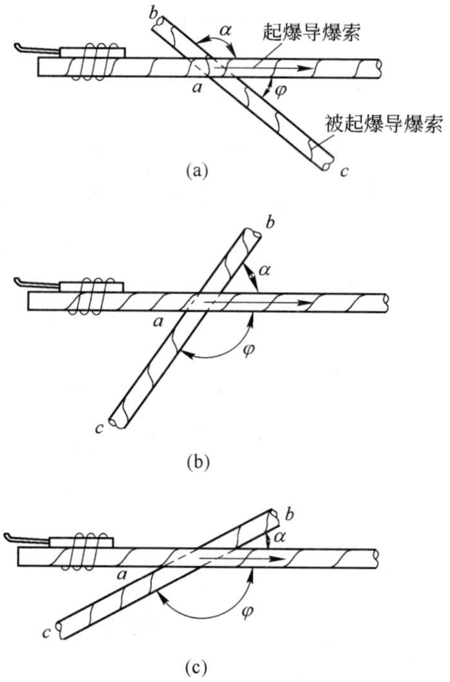

图4-58 导爆索搭接角度与传爆关系

(a)$\varphi<90°$;(b)$\varphi=90°\sim130°$;(c)$\varphi>130°$

导爆索传爆具有方向性,导爆索的爆轰波强度在其传播方向上最大;而相反方向的强度最小;随着导爆索与传播方向夹角的增大,爆轰波在导爆索方向的强度逐渐减弱。分支导爆索搭接在主干导爆索上,当夹角 $\varphi<90°$时能可靠传爆;当夹角 $\varphi=90°\sim130°$时,不能可靠传爆;当夹角 $\varphi>130°$时,则不能传爆(见图4-58)。因此,导爆索在搭接时,必须使分支导爆索的接头迎向传爆方向,即分支导爆索与主干导爆索的传爆方向应一致,其夹角按传爆方向应小于或等于90°。为提高起爆的可靠性,可采用三角形连接以使分支导爆索或引爆导爆索能接受两个方向的爆轰波(见图4-59)。

在敷设导爆索网路时,基于上述原因,导爆索不得盘小圈、交叉扭结或成急弯(见图4-60)。导爆索盘小圈或急弯,除了可能折断导爆索药芯外,在弯曲处还可能出现爆轰中断。交叉扭结的交叉点处可能炸断导爆索而使爆轰中断。

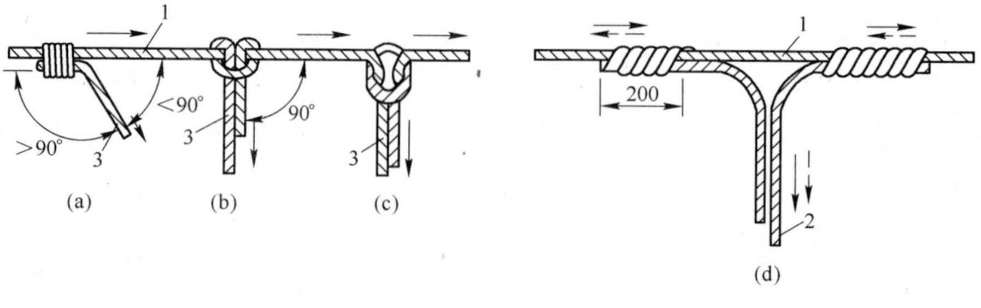

图4-59 导爆索的连接

(a)搭接;(b)套接;(c)水手结;(d)三角形结

1—主干索;2—支干索;3—引爆索

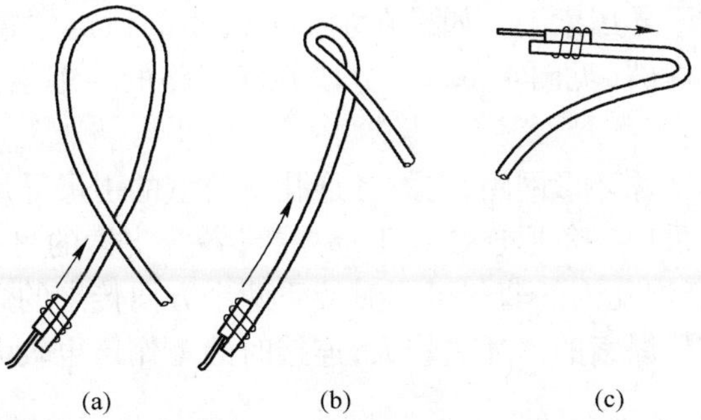

图4-60 导爆索敷设的不良现象
(a)盘小圈;(b)交叉扭结;(c)急弯

B 导爆索与炸药的连接

制作导爆索起爆药卷时,可将导爆索插入药卷内或沿药卷兜底,用胶布或细绳包扎牢固,如图4-61a、b所示。在硐室爆破中,为增加起爆体中导爆索的起爆能量,常制作导爆索结,将其放入起爆箱中作为起爆体。它是用一根长约4m的导爆索,在一端折叠成0.7m长一段双索,再平均叠3次,外围用单根导爆索紧密缠绕成如图4-61c所示的形式。

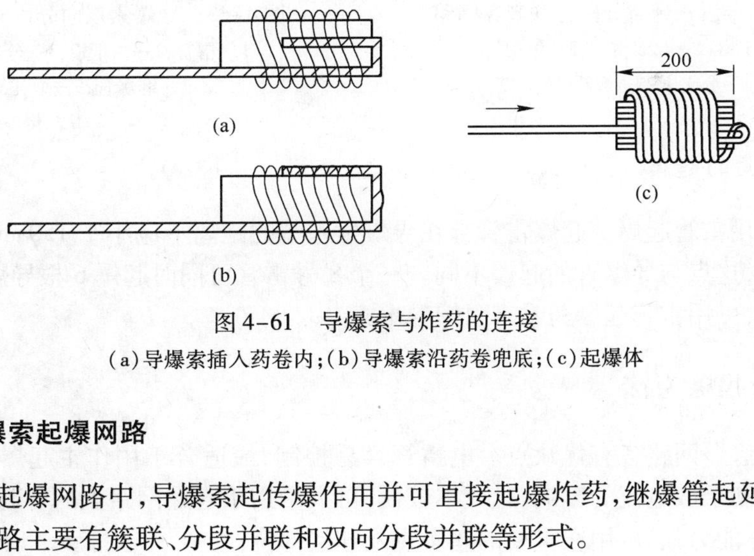

图4-61 导爆索与炸药的连接
(a)导爆索插入药卷内;(b)导爆索沿药卷兜底;(c)起爆体

4.5.3.2 导爆索起爆网路

在导爆索起爆网路中,导爆索起传爆作用并可直接起爆炸药,继爆管起延时传爆作用。导爆索起爆网路主要有簇联、分段并联和双向分段并联等形式。

A 簇联

簇联是将所有炮孔的导爆索捆扎成一束或几束,然后与1根主导爆索相连接。它可使各炮孔几乎同时起爆,但导爆索的消耗量较大。簇联一般只用于炮孔不多且较集中的爆破作业。

B 分段并联网路

分段并联网路由一根主干导爆索、分支导爆索和炮孔或药室中的引爆导爆索组成。在炮孔或药室外敷设1条主干导爆索,将各炮孔的引爆导爆索并连在相应的分支导爆索上,而各分支导爆索再连到主干导爆索上。如果在主干导爆索的适当位置接入继爆管,便可实现分支导爆索之间的微差爆破(见图4-62)。分段并联网路的导爆索消耗量较少,适应性强,得到了广泛应用。

双向分段并联网路又称环形网路,它的各炮孔或药室的引爆导爆索与分支导爆索、分支导爆索与主爆导爆索均采用三角形连接或T形连接,各分支索的另一端彼此连通形成环形网路(见图4-63)。由于炮孔内的药包可同时接受两个方向传来的爆轰波,起爆可靠性比分段并联网路高得多。但导爆索的消耗量较大,连接时的工作量也较大。

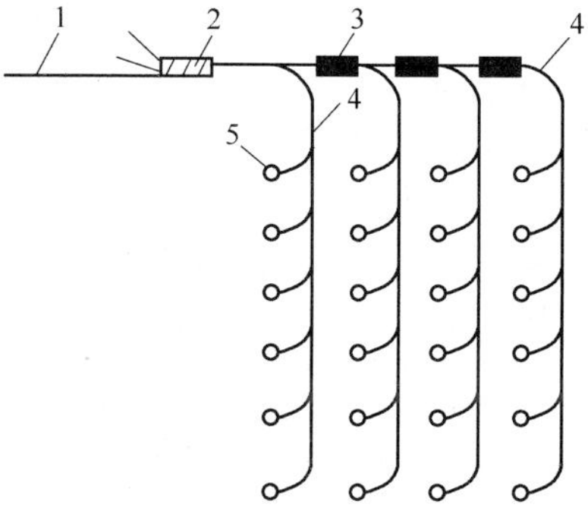

图4-62 导爆索延时分段并联起爆网路
1—主干索;2—起爆雷管;3—继爆管;
4—分支索;5—炮孔药包

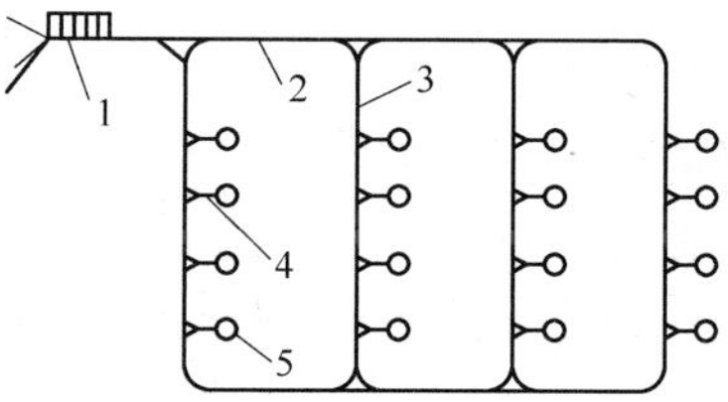

图4-63 导爆索双向分段并联网路
1—雷管;2—主干索;3—分支索;
4—继爆管;5—炮孔

C 导爆索的起爆

导爆索可用雷管起爆。起爆雷管绑在导爆索末端的距离不应小于150 mm,且聚能穴应朝向传爆方向,这点与导爆管的起爆不同。一个8号雷管可同时起爆6根导爆索,当需要起爆7根以上时,可用雷管起爆药卷来引爆导爆索。

4.5.4 混合起爆方法

上述几种起爆网路各有优缺点。电雷管容易控制,最适合于用作主起爆雷管。导爆管雷管不受静电和杂散电流的影响,且成本较低,可大量用于起爆网路上的各起爆点。导爆索传爆迅速,起爆能力强,可用在重要的起爆点及连接部位。

实际爆破工程中,常采用它们的混合起爆网路。导爆索与电雷管的混合起爆网路主要用于光面爆破、预裂爆破和大直径深孔爆破、硐室爆破中,导爆索用作辅助起爆。当同段起爆的炮孔数目较多且距离较远时,可以采用导爆管与导爆索混合起爆网路。它主要有两种形式,一种是同排炮孔用导爆索连接,排间导爆索用不同段别的导爆管雷管或电雷管连接(见图4-64a);另一种是同排炮孔内装同段导爆管雷管,它们连接在同一根导爆索支线上。各排导爆索再与不同段别的导爆管雷管连接(见图4-64b)。由于导爆索的爆速比导爆管的传爆速度高得多,可以保证炮孔同时起爆。

设计起爆网路时,应在充分考虑各种起爆器材优缺点的基础上,结合爆破现场的实际情况,从安全和经济上合理地进行设计。

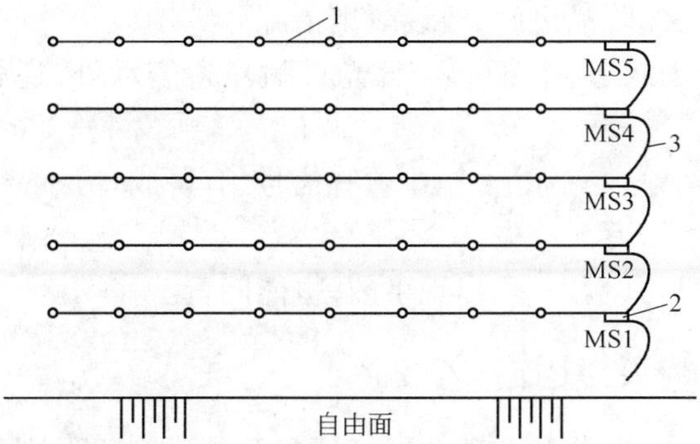

(a)

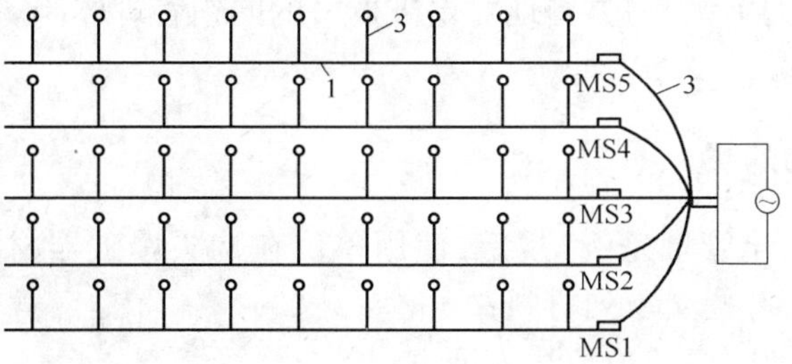

(b)

图 4-64 导爆管与导爆索的混合起爆网路
(a)同排炮孔用导爆索连接;(b)同排炮孔内装同段导爆管雷管
1—导爆索;2—导爆管雷管;3—导爆管

4.6 爆破器材的安全管理

爆破器材属于危险品,应进行严格管理。《民用爆炸物品安全管理条例》(国务院令第466号,2006年5月10日)明确规定,国家对民用爆炸物品的生产、销售、购买、运输和爆破作业实行许可证制度。爆破材料的购买、运输与贮存,应严格执行《民用爆破物品安全管理条例》、《爆破安全规程》等的有关规定。爆破作业单位应建立安全管理制度、岗位安全责任制度、爆破器材登记制度,制定安全防范措施及事故应急预案,设置安全管理机构或配备专职安全管理人员。

爆破工程技术人员应参加培训,通过省或国家公安机关考试并取得相应的《爆破安全作业证》。爆炸物品从业单位应对本单位的从业人员(爆破作业员、仓库保管员、安全员及押运员)进行专业技术培训,经考核合格后,方可上岗作业。爆破员应经设区的市级人民政府公安机关考核合格,取得《爆破作业人员许可证》后,按规定的类别、作业范围和级别持证上岗,从事爆破作业。考核标准见《爆破作业人员安全技术考核标准》(GA53—93)。

爆破作业为了保证安全,必须遵守下列原则:

(1) 限量。限量就是限制了危险的程度。

(2) 分散。使危险局部化,殉爆距离之外是不能起爆的。

(3) 隔离。使不能互相加强。除了制作起爆药包装入炮孔外,任何时候,任何场合不得把雷管和炸药放在一起；危险品之间，要设隔离措施。

(4) 规避。除了要避火、避电、避光（日光直晒）、避震动外，还必须避人、避居民区、避闹市区。

(5) 标识。存储、运输须有标记，作业须有信号、有警戒。

(6) 赘余。多层保护，万无一失。

(7) 明责。平时各居其责，一旦出现事故，也能问责。

4.6.1 爆破器材的购买与运输

爆破器材的购买与运输，涉及办理合同签证和开具运输证明的管理级别，应考虑接收地与供应方的行政区域的关系，需方当地对爆破器材的购销管理体制。同时，应尽量考虑实现环节较少的直供方式。

4.6.1.1 爆破器材的购买

《民用爆破物品安全管理条例》规定，使用单位在购买爆破器材时，应向所在地县级公安机关提出购买申请，并提交下列材料：

(1) 工商营业执照或事业单位法人证书；

(2)《爆破作业单位许可证》或其他合法使用的证明；

(3) 购买单位的名称、地址、银行账户；

(4) 购买爆破器材的品种、数量和用途说明。

公安机关经审查后核发《民用爆炸物品购买许可证》，并载明许可购买的品种、数量、购买单位及许可的有效期。购买单位应自购买成交之日起的3日内，将购买的品种、数量向所在地县级公安机关备案。

4.6.1.2 爆破器材的运输

爆破器材选用运输方式的基本原则，首先是安全，其次才是经济和便捷。当爆破器材的批量较大时，应首选铁路运输。铁路运输在运输时的振动较小，运输事故概率小，运费低廉，但制约因素较多，首要条件是接收地应有危险品编组站，否则无法卸车。当批量较少时，可采用汽车运输。汽车运输的最大优点是方便快捷，可做到库对库直接交接，省去中间环节，但当路途遥远时，安全风险较大，尤其是途中有山路或遇到雨雪天气时风险更大。

A 运输的一般规定

爆破器材运输的一般规定如下：

(1) 运输爆破器材前，收货单位应向运达地的县级公安机关提出申请，并提交包括下列内容的材料：

1) 使用单位提供的《民用爆炸物品购买许可证》；

2) 运输器材的品种、数量、包装材料和包装方式；

3) 运输器材的特性、出现险情的应急处置方法；

4) 运输时间、起始地点、运输路线、经停地点。

（2）公安机关经审查后核发《民用爆炸物品运输许可证》，载明收货单位、销售企业、承运人，一次性运输有效期限、起始地点、运输路线、经停地点，爆破器材的品种、数量。爆破器材运达目的地后，收货单位应进行验收并在《民用爆炸物品运输许可证》上签注，在3日内将其交回发证机关核销。

（3）严禁携带爆破器材搭乘公共交通工具或进入公共场所，禁止邮寄爆破器材，禁止在托运的货物、行李、包裹、邮件中夹带爆破器材。导爆管由于管内炸药量极少，不能被枪击、冲撞或燃烧等引爆，因此在运输中可不作为危险品处理。

B 装卸作业

装卸爆破器材时，应遵守安全操作规程。装卸人员必须经过岗位培训，应有专人在场监督，并设置警卫，无关人员不得进入。运输车辆距爆破器材库门不应小于2.5 m。装卸时应严格按照通知的品种、规格和数量进行搬运。装卸作业结束后，作业场所必须清理干净，防止遗留爆破器材，交接人员做好交接记录。装卸爆破器材时，还应遵守下列规定：

（1）装卸前应检查运输工具确保完好，清除车内的一切杂物，爆破器材不得与其他货物混装。

（2）装卸作业宜在白天进行，遇雷电或暴风雨时禁止装卸。作业场所严禁明火，汽车必须熄火和制动，不得添加燃料。

（3）普通汽车的车厢底部应铺软垫，产品包装箱不得倒置或侧放，且超出车厢的高度不大于包装箱高度的三分之一。车厢应用篷布覆盖，捆绑牢固后，再关严车厢栏板。

（4）在同一危险作业区内，不得同时装卸炸药和雷管等起爆器材。同车（船）运输两种及以上爆破器材时，应遵照表4-35的规定。

（5）在特殊情况下，必须同车装运起爆器材和炸药时，应经单位负责人书面批准后进行，且装运的数量和方式应满足：炸药少于1000 kg，雷管少于1000发，导爆索少于2000 m；雷管应装在有检验合格证的保险箱内，其内壁应衬有软垫，并固定在车辆的前部；炸药和导爆索不得装在保险箱上。

（6）装卸作业时不宜穿戴易产生静电的化纤服装，禁止穿带钉子的鞋，不得携带烟火和手机。装卸搬运应轻拿轻放，不得摩擦、撞击、抛掷、翻滚爆破器材包装箱（袋），不得脚踏包装箱（袋）或站在包装箱上作业。

（7）采用吊车装卸时，一次起吊的重量不得超过起重能力的50%。起爆器材不得使用普通叉车装卸，当采用电动叉车装卸炸药时，应使用有防爆合格证的专用叉车。

C 道路运输

道路运输是指机动车辆运输的方式，是相对铁路运输而言的。运输爆破器材不得使用翻斗车、自卸汽车和各种挂车。道路运输必须配备押运员，并应随车携带《民用爆炸物品运输许可证》。押运员在接收爆破器材时，应与库房管理员当面点清品种、数量；在运至接收地时，应与接收人员办妥有关交接手续。道路运输爆破器材时，应遵守下列规定：

（1）爆破器材的装载应符合国家有关标准和规范，车厢内不得载人。

（2）运输车辆的安全技术状况应符合国家有关安全技术标准的要求。汽车应具有防盗、防火、防热、防雨、防潮和防静电等安全性能。汽车的排气管应设在车前下侧，并配带隔热和熄灭火星装置。同时，电气线路绝缘良好，连接牢固，油箱、油路严密不漏油，刹车良好。

（3）雷管与炸药（包括导爆索）必须分别用不同的车辆运输，不得混装。每辆车上必须配备一个水型灭火器和一个二氧化碳灭火器。运输车辆应按规定悬挂或安装符合国家标准的易燃易爆危险物品警示标志，并按规定的线路行驶。

（4）运输雷管的车辆在前面行驶，运输炸药的车辆随后，并保持一般行车安全距离。车辆应保持安全车速（40 km/h）。运输炸药的车辆可携带无线通讯设备，运输雷管车辆上的无线通讯设备必须关闭。途中经停应有专人看守，并远离建筑设施和人口稠密的地方，不得在许可以外的地点经停。

（5）中途不得进入加油站加油。当必须加油时，应将爆破器材卸到安全地点后再进行加油。当车辆出现故障，需要检查油路、电气系统时，应将爆破器材卸到离居民点 200 m、离修车点 50 m 以外的地方。

（6）遇有暴雨和雷电天气时，车辆应停在远离建筑物的地方。出现危险情况应立即采取必要的应急处置措施，并报告当地公安机关。

（7）在高速公路上运输爆破器材，应按国家有关规定执行。

D 往爆破作业地点的运输

用人工往爆破地点运输爆破器材时，应遵守下列规定：

（1）领到爆破器材后，应直接送到爆破地点，不得乱丢乱放。

（2）一人一次运送的爆破器材数量不应超过：雷管 5000 发，拆箱（袋）运搬炸药 20 kg，或背运原包装炸药一箱（袋），挑运原包装炸药二箱（袋）。

（3）一人不得同时携带雷管和炸药。雷管和炸药应分别放在专用背包（木箱）内，不得放在衣袋里。

（4）不得用电机车运输炸药。用手推车运输爆破器材时，载重量不应超过 300 kg。运输中应采取防滑、防摩擦和防止产生火花等安全措施。

（5）如在现场采用配有无线电发射机的交通工具运输电雷管时，应将电雷管装在密闭的金属安全箱内。从金属箱内取出或放入电雷管时，应关闭发射机。

4.6.1.3 爆破器材的质量交验

爆破器材的质量交验一般按照相关国家或行业标准规定的指标和抽样方案进行。需要说明的是国标和行标制定的技术指标考虑和照顾了全国水平，指标为比较先进水平，有些企业为了提高其产品质量水平，制定了高于国标和行标的企业标准。因此，供需双方应对产品的技术指标和执行的标准予以明确。由于爆破器材的检验受到检测设备和场地的限制，抽检项目应由双方协商确定。当出现争议时，可寻求具有检测资质的中间机构或双方认可的第三方，委托信誉较高、技术力量较强的爆破器材生产企业负责抽检验收。

4.6.2 爆破器材的贮存

爆破器材应贮存在专用仓库内。专用仓库应符合国家有关安全规范，并按规定设置技术防范设施。

4.6.2.1 爆破器材库

A 爆破器材库的要求

爆破器材库的选址、建筑结构、安全设施及允许最大存药量等应符合《爆破安全规程》的有关规定。库房应有防火、防雷、防盗及防小动物进入的设施。库边应无杂草和灌木丛，库周围25 m范围内应无针叶树或竹林。爆破器材库区的防雷设施、消防设施、供电和通信等有关要求，详见《爆破安全规程》。

库房内应保持干燥、通风良好，室温不超过35℃，相对湿度控制在45%～70%。库房内不应安装灯具，宜自然采光，但应有防止阳光直射的措施。可以在库外安装探照灯投射照明，探照灯灯具距库房不应小于3 m。采用移动照明时，应使用防爆电筒或手提式防爆应急灯，不得使用电网供电的手提灯。

B 临时性爆破器材库的要求

临时性爆破器材库宜采用平房，允许利用结构坚固但不住人的各种房屋及车棚等作为临时性爆破器材库。它应设置在不受山洪、滑坡和危石等威胁的地方，周围应设简易围墙或铁刺网，其高度不应小于2 m。库内地面必须平整无缝，墙、地板、屋顶和门为木结构的，应涂防火漆，窗、门必须装有外包铁皮。

临时性爆破器材库的最大贮存量为：炸药10 t，雷管20000发，导爆索10000 m。库内应设独立的雷管库房和发放间，发放间的面积不小于9 m^2。库内应有足够的消防器材。

在爆破作业现场临时存放爆破器材的，应具备临时存放爆破器材的条件，并设专人管理、看护，不得在不具备安全存放条件的场所存放爆破器材。

4.6.2.2 爆破器材的贮存、收发与库房管理

爆破器材库内应设仓库负责人，配备符合要求的专职保管员和守卫人员。建立健全严格的责任制度、收发记账制度、安全管理制度、治安保卫制度、防火制度、保密制度等。

A 库房管理

爆破器材库房的管理应遵守下列规定：

（1）建立出入库检查、登记制度，收存和发放爆破器材必须进行登记，做到账目清楚，账物相符。如实记载领取、发放爆破器材的品种、数量、编号及领取、发放人员的姓名。领取、发放爆破器材的原始记录应保存两年备查。

（2）每间库房贮存爆破器材的数量。不应超过库房设计的允许容量。专用仓库应指定专人管理、看护。

（3）进入库房和发放间的人员不应穿带钉的鞋和易产生静电的化纤衣服。严禁无关人员进入仓库区内，严禁在仓库区内吸烟、用火以及把其他容易引起燃烧或爆炸的物品带入仓库区内，严禁在库房内住宿和进行其他无关的活动。

（4）爆破器材如果发生丢失、被盗、被抢，应立即报告当地公安机关。

B 爆破器材的贮存

爆破器材应采取分区分库分品种贮存,分类管理。若受条件限制,需要在同一仓库内存放两种以上爆破器材时,应按表4-35执行,并应分别堆放和有明显标志。

表4-35 爆破器材同库存放的规定

爆破器材名称	雷管类	黑火药类	导爆索类	硝铵类炸药	属 A_1 级单质炸药	属 A_2 级单质炸药	射孔弹⑥类
雷管类②	○①	×①	×	×	×	×	×
黑火药类	×	○	×	×	×	×	×
导爆索类③	×	×	○	○	○	○	○
硝铵类炸药	×	×	○	○	○	○	○
属 A_1 级单质炸药④	×	×	○	○	○	○	○
属 A_2 级单质炸药⑤	×	×	○	○	○	○	○
射孔弹类	×	×	○	○	○	○	○

① "○"表示可同库存放,"×"表示不应同库存放;
② 雷管类包括电雷管、导爆管雷管;
③ 导爆索类包括各种导爆索和以导爆索为主要成分的产品,包括继爆管和爆裂管❶;
④ 属 A_1 级单质炸药类为黑索今、太安、奥克托今及以它们为主要成分的混合炸药或炸药柱(块);
⑤ 属 A_2 级单质炸药类为梯恩梯、苦味酸及以梯恩梯为主要成分的混合炸药或炸药柱(块);
⑥ 射孔弹用于石油勘探开发的射孔作业。

爆破器材的贮存,应遵守下列规定:

(1) 分批存入的爆破器材应分堆存放,以便按出厂时间和有效期的先后顺序发放,避免某些爆破器材存放时间过长而变质。对验收不合格的产品应另库存放。

(2) 爆破器材应堆放稳固整齐,留有搬运通道。堆垛之间应留有检查、清点爆破器材的通道。主要通道宽度不应小于1.2m,人行检查、清点通道宽度不应小于0.6m。通道严禁堆放任何物品。

(3) 各种炸药和导爆索应堆放在高度大于100mm的垫木上,爆破器材包装箱与墙壁的距离宜大于0.4m。炸药类、导爆索成品箱的码放高度不应超过1.8m,纸箱不应超过1.5m,一般不宜多于5箱,宽度以4箱为限,每堆不超过770箱。雷管及其他起爆器材成品箱的码放高度不应超过1.6m,每堆不超过300箱。当雷管箱放在木架上时,每格只可放一层。

(4) 对入库的爆破器材,应加强管理,定期清点检查。一旦发现包装霉烂、变质、过期和性能不合标准时,应立即停止发放使用,并报负责人进行销毁处理。

C 爆破器材的收发

爆破器材库应建立出入库检查登记制度,爆破器材收发账、领取和清退制度,定期

❶ 爆裂管主要用于石材的爆裂,其主要技术指标:直径11~17mm,长度250mm、500mm,爆速1400~1900m/s,装药密度0.75~0.85g/m³,装药量80g/m。一般孔距为250~300mm,操作时用配套的塑料连接管将两根爆裂管连同导爆索连接在一起,用8号雷管起爆导爆索。

核对账目,做到账物相符。严格登记手续,领取爆破器材应由负责人签字,其数量不得超过当班用量。作业后剩余的爆破器材必须当班清退回库,并应有验收手续方可入库。每天下班前应清点爆破器材。严防爆破器材非法流入社会。爆破器材的收发还应遵守下列规定:

(1) 对新购进的爆破器材,应具有验收合格证,并应逐个检查包装情况,并按规定做性能检测。

(2) 爆破器材的发放应在单独的发放间里进行,并按出厂时间和有效期的先后顺序发放使用,不应在库房内发放。发放雷管时,应严格检查其编码。

(3) 开启炸药、雷管箱时,不应使用能产生火花的工具。变质的、过期的和性能不详的爆破器材不得发放使用,发现硝铵类炸药吸潮结块应及时处理。

4.6.2.3 新入库和贮存中的爆破器材检验

新入库的爆破器材应进行检验,贮存中的爆破器材应定期抽样检验,内容包括包装检查、外观检查和性能检验。

A 新入库爆破器材的包装检查

爆破器材在运输过程中可能发生变化,因此新入库的爆破器材必须进行检验。检查包装情况应逐箱(袋)进行,查看包装有无破损、封缄是否完整,品名、数量、出厂日期、工作牌号的字迹是否清楚,包装内有无浸湿或渗油痕迹等。发现有过期或包装破损严重的器材时,应立即与供应商联系,退回或更换器材。

B 爆破器材的外观检查

爆破器材在贮存期间,常因温度、湿度或其他环境因素的影响,发生物理或化学变化,导致爆破器材变质。如果使用变质的爆破器材,不仅会降低爆破效果,严重的可能发生爆破事故。因此,爆破器材在贮存期间和使用前,均应进行外观检验,它是保证爆破安全和爆破效果的一项重要措施。

保管员应定期抽样检查库存器材的外观和状态。检查雷管管壳上的编号是否清晰,发现过期或变质的器材,应进行严格的检验。当超过保质期、出厂日期不明或质量可疑时,应由爆破技术人员对每批入库的爆破器材的性能进行抽样检验。

C 爆破器材的性能检验

爆破器材贮存期间的检验项目显然不需要完全按照厂家生产的所有项目来进行。但是,目前《爆破安全规程》对贮存、使用期间检验的项目,尤其是抽样方案、判定规则及复验规则均无相应的标准、规定。因此,只能参照相应国家或行业标准的产品技术条件和性能标准进行检验。爆破器材在贮存和使用中性能检验的主要项目有:

(1) 炸药性能检验包括做功能力(通常做爆破漏斗试验)、猛度、殉爆距离、爆速等。

(2) 雷管性能检验包括抗震性能、起爆能力(铅板穿孔试验)、起爆炸药试验。电雷管还包括安全电流、串联起爆电流检验。起爆炸药试验是将 1 发雷管插入检验合格的 2 号岩石乳化炸药药卷内,起爆后炸药应全部爆炸,不留残药,并在地面上留下深坑为合格。试验不少于3次。

(3) 导爆索性能检验包括起爆性能、传爆性能检验,爆速和抗水性能检验等。

炸药性能的检验结果与试验条件密切相关,检验应严格按照相应的国家或行业标准进行,其检验结果才有可比性。性能检验应在安全地点进行,并应符合下列规定:

(1) 样品准备间(地点)距场地作业区边缘的最小距离不应小于35 m。在准备间(地点)的雷管与炸药应分开放置,且雷管应放在安全箱内。

(2) 一次试验的最大炸药量不宜大于1 kg。

(3) 试验时,在引爆前应发出音响警戒信号。只有在人员撤离后,才可将雷管插入药卷中。试验结束后,应检查和清理试验场地,确认无残留爆炸物(尤其是残留的雷管)后方可离开场地。剩余的爆破器材应按有关规定处理。

(4) 爆炸性能检验应建立完整的试验记录,并由试验的主要操作人员共同签字。

发现爆破器材性能不合格时,应立即通知爆破器材库负责人尽快处理。爆破器材库负责人或爆破工作领导人根据检验结果,确定是否继续保管、使用或销毁。

D 爆破器材的应急避险及灭火方法

爆破器材的应急避险及灭火方法,应按下列规定进行:

(1) 粒状或粉状铵油类炸药、含水炸药、导爆索着火时,应立即打开消火栓用水灭火,同时撤离人员。禁止用砂、石或土压盖。

(2) 塑料导爆管着火时,应戴上防护用具灭火。可用水、干粉或二氧化碳灭火器灭火,也可用砂土压盖灭火。

(3) 发现雷管类起爆器材异常时,应立即撤离现场。

4.6.3 爆破器材的销毁

爆破器材经检验确认已经变质或过期失效的,应及时清理出库,并予以销毁。根据销毁爆破器材的种类,分别采用爆炸法、焚烧法、溶解法、化学分解法。销毁时应加强安全管理。

4.6.3.1 销毁的一般规定

爆破器材销毁的一般规定如下:

(1) 爆破器材销毁前,应登记造册,提出销毁实施方案,说明被销毁爆破器材的名称、数量、销毁原因、销毁方法、销毁地点及时间。报省、自治区、直辖市国防科技工业主管部门、所在地县级公安机关组织监督销毁。

(2) 销毁时应有技术安全人员监督,以保障销毁全过程的安全。销毁后应有销毁记录,并由两名以上销毁人员签字。

(3) 销毁场地应选在偏僻的安全地带,距周围的建筑物不小于200 m,距铁路、公路不小于50 m,半径50 m内不得有易燃物。

(4) 常用爆破器材的销毁方法见表4-36。

(5) 待销毁的爆破器材严禁在阳光下暴晒。用爆炸法、焚烧法进行销毁时,应确定警戒范围,并在通往销毁场地的路口设置警戒岗哨,在引爆或点火前应发出音响警戒信号。

表 4-36 常用爆破器材的销毁方法

爆破器材名称	许用方法	禁用方法
电雷管	爆炸法	焚烧法
导爆管雷管	爆炸法	焚烧法
导爆索	爆炸法	
塑料导爆管	焚烧法	
乳化炸药	水加热溶解法	
改性铵油炸药	水溶解法	

4.6.3.2 爆破器材的销毁方法

爆破器材的销毁方法有爆炸法、焚烧法、溶解法及化学分解法。化学分解法是用化学药品分解起爆药，如叠氮化铅、二硝基重氮酚等，使其失去爆炸能力。

A 爆炸法

爆炸法适用于尚未丧失爆炸性能的炸药和雷管、继爆管、导爆索等，并且只有确认它们能完全爆炸时，才允许用爆炸法销毁。销毁雷管或传爆性能不好的炸药时，可增加爆炸能进行起爆。爆炸法销毁时应遵守下列规定：

（1）被销毁的爆破器材应放在销毁坑内。当销毁场地周围没有自然屏障时，销毁坑周围宜设置高度不低于 3 m 的防护土堤。

（2）一次起爆的爆破器材不应超过 20 kg，且应分段起爆，并避免彼此发生殉爆。

（3）零散的电雷管或导爆管雷管应将脚线或导爆管剪下，整齐地放入纸盒内。然后将雷管或继爆管包装好后再埋入土中销毁。

（4）起爆应采用电雷管、导爆索或导爆管，使用的起爆器材必须是经检验的合格品。

（5）每次起爆后应在 10 min 后，人员方可进入现场检查。对于未爆炸或爆炸不完全的爆破器材，应等待 30 min 后并确认无危险时，方可进入现场处理。

B 焚烧法

焚烧法适用于燃烧不会引起爆炸的爆破器材，如导爆管、丧失爆炸能力的炸药。雷管和继爆管不得用焚烧法销毁。焚烧法销毁时应遵守下列规定：

（1）爆破器材不得装在容器内或成箱成堆地进行焚烧，不同品种的爆破器材不应在一起焚烧，爆破器材不应直接点燃焚烧。

（2）燃料可采用数量足够的蜡纸或木材等。燃料堆的方向应与当时的风向平行，并应符合如下要求：

1）炸药应在燃料堆上铺成长 1 ~ 2 m，宽 200 ~ 300 mm，厚度不超过 100 mm 的长条，每条炸药的质量不得超过 10 kg。条间距离为 3 ~ 5 m，同时点燃的条数不应多于 3 条。

2）导爆索不得成团或堆积在一起，应将索卷松开铺成宽度小于 1 m，厚度小于 100 mm 的长条，每条质量不得超过 10 kg。条间距离不少于 3 m，每次不超过 2 条。

（3）焚烧前，应仔细检查炸药，严防其中混有雷管或其他起爆器材。焚烧时应在上风侧先点燃燃料堆，在焚烧过程中不准添加燃料。

(4) 只有确认燃料堆已完全熄灭，才准进入焚烧场地进行检查。若发现有未完全燃烧的爆破器材时，应从中捡出另行焚烧。

(5) 需在同一地点分多次焚烧时，每次烧毁后应待地面降至常温后，再清理场地。当发现有未烧毁的爆破器材时，应立即组织就地烧毁。然后才可进行第二次焚烧。

(6) 烧毁后必须检查场地，并用冷水冷却或用土掩埋焚烧残留物。在确认销毁彻底后，方可撤离人员。

C 溶解法

溶解法适用于能溶于水的不抗水硝铵类炸药和黑火药。在容器中溶解销毁爆破器材时，对不溶解的残渣应收集在一起，经检验确认失去爆炸性能后，再用焚烧法销毁。严禁将爆破器材直接丢入河塘江湖或下水道中进行溶解销毁，以免造成环境污染。

参考文献

[1] 徐小荷．采矿手册：第二卷[M]．北京：冶金工业出版社，1990.
[2] 陈庆凯，梅志学，赵德孝．工程爆破技术与安全管理[M]．沈阳：东北大学出版社，2002.
[3] 管伯伦．爆破工程[M]．北京：冶金工业出版社，1993.
[4] 吴立，闫天俊，周传波．凿岩爆破工程[M]．武汉：中国地质大学出版社，2005.
[5] Лулье А. И. Элестрическое взрывание зарядов[M]. Москва：Госгортехиздат，1963.
[6] 于亚伦．工程爆破理论与技术[M]．北京：冶金工业出版社，2004.
[7] 顾毅成．爆破工程施工与安全[M]．北京：冶金工业出版社，2004.
[8] 吴子俊．工程爆破操作员读本[M]．北京：冶金工业出版社，2004.
[9] 张永哲．爆破器材经营与管理[M]．北京：冶金工业出版社，2004.
[10] 东兆星，吴士良．井巷工程[M]．徐州：中国矿业大学出版社，2004.
[11] 陈华腾，钮强，向以信．拆除控制爆破技巧[M]．沈阳：辽宁科技出版社，1995.
[12] 陈华腾，钮强．爆破技术手册[M]．沈阳：辽宁科技出版社，1991.
[13] 鞍钢矿山研究所，鞍山市公安局．爆破员手册．
[14] 阜双陆．导爆索·爆破器材丛书[M]．北京：国防工业出版社，1975.
[15] 李谷贻．继爆管[M]．北京：冶金工业出版社，1982.
[16] 杨军，熊代余．岩石爆破机理——庆贺钮强教授80华诞学术论文集[M]．北京：冶金工业出版社，2004.
[17] 鲍姆 Ф. А，等．爆炸物理学[M]．众益，译．北京：科学出版社，1963.
[18] 徐小荷．梯格并联电气爆破网路新的简捷计算法[J]．爆破器材，1982(4).
[19] 中国地质学会探矿工程专业委员会．坑掘工程论文集[C]. 1982.
[20] 国务院令第466号．民用爆炸物品安全管理条例．2006.
[21] 国务院法制办公室政法司，国防科学技术工业委员会民爆监管局，国防科学技术工业委员会政策法规司，公安部治安管理局．民用爆破物品安全管理条例释义[M]．北京：中国市场出版社，2006.
[22] 国务院令第344号．危险化学品安全管理条例．2002.
[23] 武汉安全环保研究院，北京矿冶研究总院，铁道科学研究院铁科所，等．GB6722—2003．爆破安全规程[S]．北京：中国计划出版社，2004.
[24] 国家安全生产监督管理局令第29号，国家煤矿安全监督局．煤矿安全规程．2010.

[25] 美国炸药制造贮运使用手册[M]. 冶金工业部安全环保研究院,译. 爆破安全规程资料汇编.
[26] 美国杜邦公司. 爆破手册[M]. 冶金工业部安全环保研究院,译. 爆破安全规程资料汇编.
[27] 苏联统一爆破安全规程[S]. 冶金工业部安全环保研究院,译. 爆破安全规程资料汇编.
[28] 本书编写组. 中国冶金百科全书:采矿[M]. 北京:冶金工业出版社,1999.
[29] 中国兵器工业标准化研究所,南京理工大学,西安近代化学研究所. GB/T14659—2003 民用爆破器材术语[S]. 北京:中国标准出版社,2004.
[30] 国营云南安宁化工厂,煤炭科学研究总院爆破技术研究所,煤炭科学研究总院抚顺分院,等. GB18095—2000 乳化炸药[S]. 北京:中国标准出版社,2000.
[31] 国家民用爆破器材质量监督检验中心. WJ9025—2004 粉状乳化炸药[S]. 北京:中国标准出版社,2004.
[32] 南京理工大学. WJ9026—2004 膨化硝铵炸药[S]. 北京:中国标准出版社,2004.
[33] 山西兴安化学材料厂,煤炭科学研究总院爆破技术研究所,中国兵器工业标准化研究所,等. GB18094—2000 水胶炸药[S]. 北京:中国标准出版社,2000.
[34] 冶金工业部长沙矿冶研究院,中国有色金属总公司长沙矿山研究院,中国兵器工业标准化研究所. GB17583—1998 多孔粒状铵油炸药[S]. 北京:中国标准出版社,1999.
[35] 国营庆阳化工厂. GB12436—1990 炸药作功能力试验 铅ｔ法[S]. 北京:中国标准出版社,1991.
[36] 华东工学院民用爆破器材研究所. GB12440—1990 炸药猛度试验 铅柱压缩法[S]. 北京:中国标准出版社,1991.
[37] 华东工学院民用爆破器材研究所. GB/T13228—1991 工业炸药爆速测定方法[S]. 北京:中国标准出版社,1991.
[38] 国营庆阳化工厂. GB12438—1990 工业粉状铵梯炸药试验方法[S]. 北京:中国标准出版社,1990.
[39] 国家煤矿防爆安全产品质量监督检验中心. MT/T932—2005 工业炸药密度、水分、殉爆距离的测定[S]. 北京:中国煤炭工业出版社,2005.
[40] 国家煤矿防爆安全产品质量监督检验中心. MT/T931—2005 小直径药卷炸药技术条件[S]. 北京:中国煤炭工业出版社,2005.
[41] 国家民用爆破器材质量监督检验中心,全国民用爆破器材产品长沙质量监督检验站,煤炭工业淮北爆破器材产品质量监督检验中心,等. GB18098—2000 工业炸药爆炸后有毒气体含量的测定[S]. 北京:中国标准出版社,2000.
[42] 辽宁华丰化工(集团)有限公司,中国兵器工业标准化研究所. WJ/T9031—2004 工业雷管分类与命名规则[S]. 北京:中国标准出版社,2004.
[43] 阜新矿务局十二厂,北京京煤集团有限责任公司化工厂,西安庆华民用爆破器材有限责任公司,等. GB8031—2005 工业电雷管[S]. 北京:中国标准出版社,2006.
[44] 辽宁华丰化工(集团)有限公司. GB19417—2003 导爆管雷管[S]. 北京:中国标准出版社,2004
[45] 民用爆破器材研究所. GB/T13225 ~ 13227—1991 工业雷管试验方法[S]. 北京:中国标准出版社,1991.
[46] 国家民用爆破器材质量监督检验中心. WJ/T9044—2004 工业雷管最小发火电流试验方法[S]. 北京:中国标准出版社,2004.
[47] 国防科技工业民用爆破器材研究所,中国兵器工业标准化研究所. WJ/T9039—2004 工业雷管发火冲能试验方法[S]. 北京:中国标准出版社,2004.
[48] 晋东化工厂. GB9786—1999 普通导爆索[S]. 北京:中国标准出版社,2000.
[49] 抚顺庆威化工有限责任公司,国家煤矿防爆安全产品质量监督检验中心,山东银光化工集团有限责任公司. WJ/T2019—2004 塑料导爆管[S]. 北京:中国标准出版社,2004.
[50] 国营晋东化工厂. GB/T13224—1991 工业导爆索试验方法[S]. 北京:中国标准出版社,1992.

[51] 上海电缆研究所,煤炭科学研究总院抚顺分院,武汉爆破线厂,等. GB18014—1999 电雷管引爆用聚氯乙烯绝缘电线[S]. 北京:中国标准出版社,1999.

[52] 煤炭科学研究总院抚顺分院,沈阳二三厂. MT376—1995 爆破母线 技术条件[S]. 北京:中国标准出版社,1995.

[53] 煤炭科学研究总院抚顺分院,德力西集团华夏防爆电器实业公司. GB7958—2000 煤矿用电容式发爆器[S]. 北京:中国标准出版社,2000.

[54] 国防科工委民用爆破器材服务中心,兵器工业第五设计研究院. WJ9049—2005 民用爆破器材企业安全管理规程[S]. 北京:中国标准出版社,2005.

[55] 国防科工委. 科工爆字[2000]790 号. 民用爆破器材目录.

[56] 2006 年国防科工委. 民用爆破器材行业"十一五"规划纲要.

[57] 国防科工委. 委爆字[2007] 113 号. 关于编报 2008 年民爆物品生产计划的通知.

[58] 国防科工委,公安部. 科工爆[2008]203 号. 关于做好淘汰导火索、火雷管、铵梯炸药相关工作的通知.

第5章 掘进工程

掘进在这里是指平巷掘进,即开凿岩巷的作业。岩巷工程的掘进方法主要有凿岩爆破法和隧道掘进机(TBM)法两种。凿岩爆破法是目前破碎岩石的一种最常用的方法,俗称打眼放炮。它是传统的矿山开拓巷道掘进方法,隧道工程一直沿用矿山的凿岩爆破法,因而称为“矿山法”,现在则普遍称为“钻爆法”。凿岩爆破法由凿岩、爆破、出渣❶、辅助作业及传统的临时支护等基本作业组成。它的适应性强,可在各类岩体中掘进各种类型的岩巷工程,在目前以至今后相当长的一段时期内都将是岩巷的主要掘进方法,是其他方法不可能代替的。掘进工程应是岩巷工程的一个分部工程❷。掘进工程所用的设备、材料及构件,必须符合产品标准和设计文件,并具有出厂合格证。国家安全生产监督管理总局规定,对涉及生命安全、危险性较大的矿用产品实施安全标志管理。要求企业必须采购、使用已取得安全标志的矿用产品。

5.1 洞口工程

洞口是岩巷进入山体之门。洞口工程是指进洞之前,需要完成的洞口边坡、仰坡土石方及其排水系统、进洞后的暗洞段工程。它是岩巷施工关键的第一步,边仰坡施工、截水沟施工和洞口施工互相关联,往往一项工程安排不周就会影响其他工程,因此应全面考虑,妥善安排,尽快进洞。

5.1.1 洞口段划分

洞口段一般是指洞口的浅埋段,即掘进可能给仰坡造成不良影响的洞口范围。从开始开挖的点设置洞门,明挖至洞顶与仰坡相同标高处,为洞口位置,此段称为明洞段。从此暗挖到埋深为2~2.5倍自然冒落拱❸高度(或掘进断面跨度的2倍)处,为洞口工程结束点,此段称为暗洞段。明洞段加暗洞段即为洞口段。由此继续掘进即为一般洞身(见图5-1)。

---

❶ 行业习惯将爆破出的岩石块称作“碴(读作“zhā”)石”,但“碴”在《现代汉语词典》中读“chá”,作方言,指“(皮肉)被碎片碰破”。本文按汉字国家规范一律统一为“渣石”,“渣”读“zhā”,作“碎屑”。

❷ 分部工程是指将单位工程(岩巷工程)按专业性质、工程部位等的不同而划分确定的工程项目,它是单位工程的组成部分。

❸ 俄国学者M. M. 普罗托奇雅可诺夫(Протодьяконов)于1907年提出自然平衡拱假说。岩体中存在着很多纵横交错的节理、裂隙等结构面,将岩体切割成尺寸不等、形状各异、整体性完全破坏的小块岩体。由于岩块间相互楔入与镶嵌,可将其视为具有一定内聚力的松散体。当岩巷掘进后由于应力重新分布,使洞室围岩发生破坏,首先引起顶部岩体塌落。同时,顶板的压力通过圆拱传递到巷道的两帮上,冒落至某一高度时便停止了,最终岩体进入新的平衡状态,形成一轮廓线为抛物线的自然平衡拱或自然冒落拱,即所谓的压力拱。

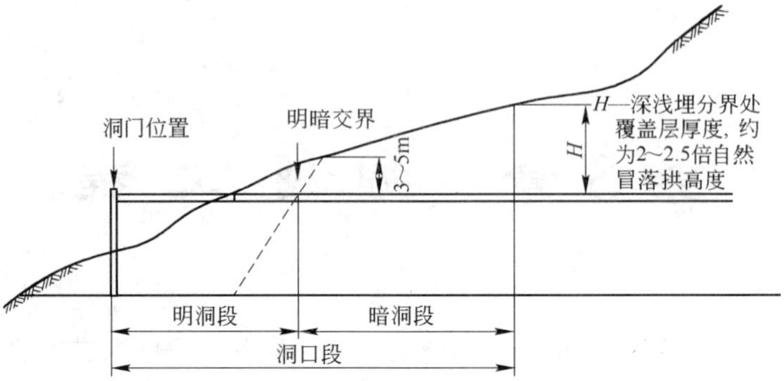

图5-1 洞口段划分

随着人们环保意识的提高和隧道施工技术的进步，特别是随着高速铁路的修建，洞门设计既要满足结构安全稳定、环保美观的要求，又要满足减缓微气压波影响的要求。近年来出现了一种无端墙(斜切式)洞口(见图5-2)。它的特点是尽量不破坏山体的自然形态，洞口不设置洞门端墙，仅修建混凝土环框，防止山坡落石。无端墙洞口适用于洞口岩体坚硬稳定(Ⅰ、Ⅱ级围岩)且地形陡峻无排水要求的岩巷。

(a)

(b)

图5-2 无端墙洞口

(a)秦岭终南山公路隧道；(b)斜切式帽檐洞门

5.1.2 洞口段施工

岩巷洞口段由于埋深浅，表层又往往风化严重、岩体破碎且地表水汇集，地面易塌陷，施工难度较大。当岩巷轴线与地层走向呈斜交，洞口外的山坡遭到破坏后，更容易滑坡，并对岩巷产生偏压。因此，洞口段施工，尤其是暗洞段施工的难度较大，“进洞难”是岩巷工程的特点。

5.1.2.1 洞口段施工

岩巷洞口段施工包括洞口边坡、仰坡的土石方开挖及防护，洞口排水系统，洞口加强段及洞门工程等。其施工流程参见图5-3。

洞口底板标高必须高于当地历史最高洪水水位1 m以上。洞口走向宜与该处地形等高线正交,以免一侧开挖面过高和支护承受偏压。洞口段施工应根据地质条件、地表沉陷控制及保障施工安全等因素,选择合理的开挖方法及支护方式。洞口段施工应符合下列要求:

(1) 洞口段开工宜避开雨期、融雪期及严寒季节,防止雨季山洪暴发危及洞口施工的安全。

(2) 施工道路的引入和施工场地的平整应尽量减少对原有地貌的破坏和对洞口岩体的影响。

(3) 洞口开挖前,应先清除洞口开挖范围内可能滑塌的表土、树木,检查边坡、仰坡上方的山坡稳定情况,清除悬石,处理危石。然后平整洞顶地表,排除积水。

(4) 洞口土石方应自上而下分层开挖、分层支护,严禁掏底开挖或上下重叠开挖。结合正洞开挖方法,预留进洞台阶,形成进洞工作面及边坡、仰坡。

(5) 大型岩巷工程在切口前宜钻检查孔,其数量、深度和布置方式,应根据具体条件确定。对检查钻孔应分层进行抽水试验。检查孔钻进结束后,除施工中还需利用的钻孔外,其余均用强度等级不低于 M10 的水泥砂浆严密封堵。

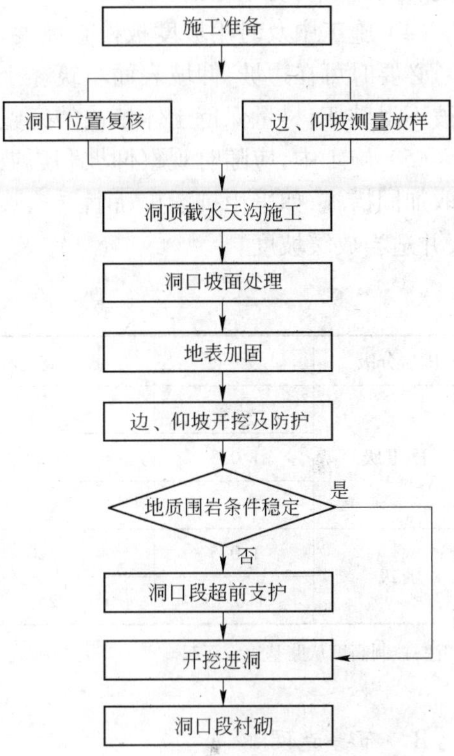

图 5-3 洞口段施工流程图

(6) 洞口段施工期间应实施不间断监测和防护。

5.1.2.2 边坡、仰坡和截排水沟施工

洞口段的边坡、仰坡防护或加固,应避免出现深路堑或高边坡,尽量减少对山体的破坏,符合设计要求和环境保护、水土保持的有关规定。同时,结合地形条件做好排水系统,防止水土流失。

A 边坡和仰坡施工

洞口的边坡和仰坡,必须保持稳定,避免大挖、大刷。如必须大开挖时,边坡的坡度与控制高度允许值可按表 5-1 选用。

边坡和仰坡施工应符合下列要求:

(1) 按设计要求进行边坡、仰坡测量放样,然后自上而下开挖仰坡和边坡,并减少对岩土体的扰动。

(2) 当边坡、仰坡的岩石坚固性系数 $f>3$,需要爆破时,应以浅孔小台阶松动爆破为主,且预留光爆层,局部采用气镐或人工配合修整,严禁采用硐室爆破。

(3) 洞口土方采用机械施工时,边坡、仰坡应预留约 300 mm 厚的整修层,然后采用人工刷坡、夯实整平,防止超挖。

(4) 施工中及时用坡度板检查坡度,待坡度检查合格后,应按设计要求及时施作挡护结构。必要时可在边坡、仰坡表面填筑黏土隔水层,减少雨水渗入岩巷内。边坡、仰坡以外的植被不得破坏,尽量保持土体植被的完整。

(5) 施工中,应随时观察仰坡和边坡的状态,如发现有滑动、开裂等不稳定现象,应及时采取加固措施,如采用抗滑桩、钢管桩、喷锚支护和地表注浆等方法对洞口地表进行加固处理,并适当放缓坡度。

表 5-1 洞口边坡、仰坡控制高度

围岩分级	坡 度	控制高度/m	围岩分级	坡 度	控制高度/m
Ⅰ、Ⅱ级	贴壁	<15	Ⅳ级	1:0.75	<15
	1:0.3	<20		1:1	<18
	1:0.5	25		1:1.25	20
Ⅲ级	1:0.5	<20	Ⅴ~Ⅵ级	1:1.25	<15
	1:0.75	25		1:1.5	<18

注:控制高度从路基边缘算起。

B 布鲁克网

目前,边坡防护已有喷锚支护、干(浆)砌护坡(墙)、喷播植草❶、嵌补等成熟技术。布鲁克网是瑞士布鲁克集团研制开发的一种标准化的边坡柔性防护系统,简称 SNS 系统(见图 5-4)。它是利用柔性网承受塌落岩石的冲击,通过两端的立柱及拉绳将其传递到岩石或位于稳定岩层的钢筋混凝土基座上,从而阻止塌落岩石的滚落。布鲁克网主要由基础(锚杆、混凝土基座)、挂网柱、高强度柔性网组成。它的防冲击能力强,可适应各种复杂的地形地貌;施工布置灵活,施工机具简单、工期短;系统开放,可自由排水,避免了边坡失稳,并可实施坡面绿化,如客土喷播❷或土工格栅种草❸。

布鲁克网分为覆盖式主动防护和拦截式被动防护两类。主动防护系统的柔性网分为钢丝绳网、普通钢丝格栅(又称铁丝格栅)和 TECCO(钛克)高强度钢丝格栅三种。拦截式被动防护系统柔性网由钢丝绳网或 ROCCO(若铠)环形网构成,用以拦截边坡上的塌落岩石,因此又称“拦石网”。布鲁克主动防护系统的分类特征及主要适用条件列于表 5-2。

---

❶ 喷播植草是结合喷播和免灌两种技术而成的新型绿化方法,将草籽与保水剂、黏合剂、绿色纤维覆盖物及肥料等,在搅拌容器中与水混合成胶状的混合浆液,用压力泵将其喷播在待播土地上。与传统机械作业相比,效率高、成本低,对播种环境要求低,对环境无污染。

❷ 客土喷播是将含有植物生长所需营养的基质材料混合胶结材料喷附在岩基坡面上,在岩基坡面上创造出宜于植物生长硬度、牢固且透气、与自然表土相近,又能不被冲刷的基质层。再将植物种子喷播在基质层上,种植出可粗放管理的植物群落,最大程度地恢复自然生态。

❸ 土工格栅种草是将格栅铺设在边坡的浅层,上面铺以少量耕土或腐殖土,在其上种草,为绿化和植被恢复创造有利条件。它用于边坡坡度较缓的强风化石质边坡和砂性土边坡上。

图 5-4 覆盖式布鲁克网

表 5-2 布鲁克主动防护系统的分类特征及适用条件

型 号	网 型	固定方式	防护功能
GAR1	钢绳网	边缘锚固 + 边缘支撑绳 + 缝合绳	主动—被动系统，围护作用，部分抑制崩塌的发生，限制大块落石的运动范围
GAR2	钢绳网	系统锚固 + 纵横向支撑绳 + 缝合绳，孔口凹坑 + 张拉	坡面加固，抑制大块崩塌和风化剥落的发生，限制局部或少量大块落石移动范围
GPS1	钢绳网 + 格栅	同 GAR1	同 GAR1，用于小块落石
GPS2	钢绳网 + 格栅	同 GAR2	同 GAR2，用于较小松动岩石
GER1	格 栅	同 GAR1，但用铁线缝合	同 GAR1，用于落石块体较小
GER2	格 栅	同 GAR2，但用铁线缝合	同 GER1，但防护能力略强
GES1	格栅 + 喷种草籽	同 GER1	同 GER1，坡面绿化，抑制水土流失
GES2	格栅 + 喷种草籽	同 GER2	同 GER2，坡面绿化，抑制水土流失

施工时，将钢丝绳网、普通钢丝格栅覆盖在有潜在地质灾害的坡面上，再固定在钢丝绳锚杆和(或)支撑绳上。TECCO 高强度钢丝格栅通过钢筋(可施加预应力)和专用锚垫板固定，必要时可采用边沿支撑绳和钢丝绳锚杆固定(见图 5-5)。

图 5-5 在边坡上铺设布鲁克网

布鲁克网对塌落岩石发生区域集中、频率较高或坡面施工作业难度较大的高陡边坡是一种非常有效而经济的方法。目前，它已在国内山区铁路、公路、矿山、水电和市政工程中的岩土工程、地质工程领域得到了推广应用。

C 截水沟和排水沟施工

岩巷洞口段边坡、仰坡坡顶的天沟、截水沟应结合永久排水系统及早修建，并在进洞前完成。根据地形和设计文件，一般可在距边坡、仰坡边缘 5 m 处人工开挖截水沟。洞口上方截水沟的沟底距模筑混凝土拱顶外缘的高度不小于 1 m。洞口防排水应保证设计或临时过渡的排水系统畅通无阻，并应满足下列要求：

(1) 地表的坑洼、钻孔、探坑等用黏土填平，并分层夯实。

(2) 洞口排水沟应与两侧路基边沟顺接，组成洞口排水系统。其水流应防止冲刷边坡及破坏环境。出水口应防止顺坡漫流，防止冲刷路基坡面、排渣场及危害农田水利设施。

（3）截水沟和排水沟的截面应符合设计要求，断面过水量应按洪水频率[1] 4%设计。沟槽宜用M7.5浆砌片石砌筑，并用水泥砂浆勾缝、抹面。

（4）洞外路堑向岩巷内为下坡时，应将路基边沟挖成反坡，向路堑处排水，必要时在洞口外3～5 m位置设横向截水沟，拦截地表水流向洞内。

5.1.2.3 进洞开挖

A 进洞方法

进洞方法取决于诸多因素，如地质条件、地形条件、岩巷特点、施工机具配备情况、洞外相邻建筑的影响等。其中最主要的是地质条件和地形条件。施工中应根据实际情况，综合选定开挖进洞方法：

（1）全断面进洞。当岩巷断面较小，洞口段围岩级别不低于Ⅱ级（隧道围岩分级，下同），且山坡较陡时，可直接采用全断面开挖进洞。初始10～20 m区段的掘进，应将爆破进尺控制在2 m以内。洞口3～5 m区段可挂网喷射混凝土或喷射钢纤维混凝土，并设置钢拱架加强支护。其余地段可采用素喷射混凝土支护，必要时可在拱部设置局部锚杆或模筑混凝土支护。全断面进洞的施工净空大，作业干扰小，可充分发挥机械效率，但容易塌方。

（2）台阶法进洞。当洞口段地层条件良好，围岩级别为Ⅲ～Ⅳ级及以上时，宜采用台阶法进洞。台阶长度以1.5倍洞径为宜，爆破进尺控制在1.5～2 m。严格按照设计要求，及时做好支护，可采用系统锚杆和钢筋网喷射混凝土，必要时设置钢拱架加强支护。

（3）分部开挖法进洞。当洞口段围岩为Ⅴ级及以下时，可采用环形开挖预留核心土法、双侧壁导坑法、中隔壁法（CD法）、交叉中隔壁法（CRD法）等分部开挖法进洞。掘进前应按设计对围岩进行预加固，如超前小导管或管棚支护。掘进进尺应控制在1 m以下，宜采用人工开挖或减弱爆破。及时进行网喷混凝土和系统锚杆支护，刚度大的型钢支架，间距为0.5～1 m，并应紧贴掘进工作面，其距离小于1倍洞跨。必要时可在底板施作临时仰拱。掘进后应立即施作模筑钢筋混凝土支护，防止围岩松动，其长度一般不小于10 m。

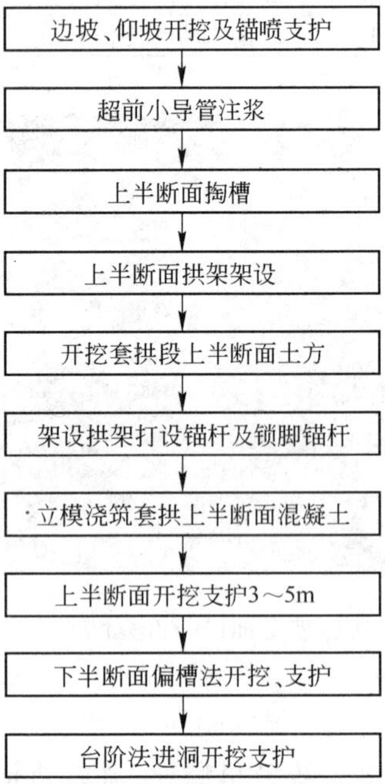

图5-6 套拱施工流程图

B 套拱法进洞

当地层条件差，可采用套拱法施工进洞，其施工工艺流程如图5-6所示。

套拱施工的各项作业应按下列要求进行：

（1）开挖。根据测量放线，在钢拱架安设部位，采用人工

[1] 洪水频率是指某一数量级的洪水随机变量出现的次数与系统随机变量总数的比值。水文学习惯称的“频率”，即数理统计学上的“概率”。洪水频率即某种洪水可能出现的概率，用百分数表示。

为主、气镐辅助的方式进行掏槽开挖。土槽高度(纵向方向)宜与初期支护厚度相同,要求内表面成型好,无超挖和欠挖,以保证初期支护的厚度。在掏槽过程中,应防止损坏超前小导管,以便立钢拱架时将拱架与注浆管相焊接,参见图5-7。

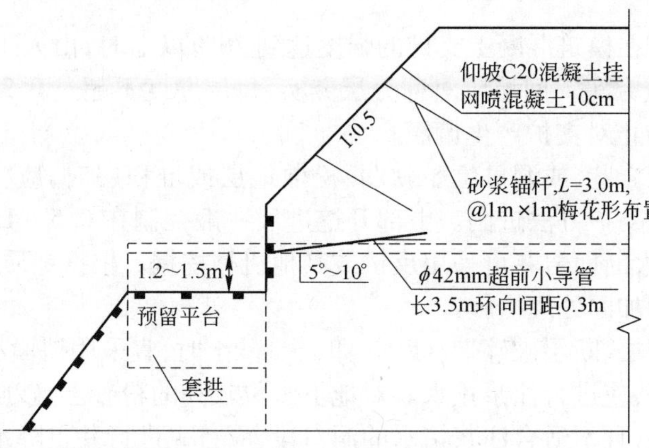

图5-7 套拱施工示意图

(2)拱架的架设。钢拱架可采用工字钢,其尺寸应在设计断面的基础上外放200mm,以确保套拱段初期支护的净空尺寸,防止因拱顶下沉及侧墙收敛而侵入净空。架设钢拱架时,应满足如下要求:

1)架设前,在拱架脚部铺垫50mm厚的水泥砂浆找平层,并在砂浆上铺设50mm厚方木板,防止钢拱架下沉。铺设木板时要注意对钢拱架标高的控制。

2)钢拱架安设时要保证中线、法线的准确,并保证其不偏、不倾斜。

3)第一榀钢拱架要镶嵌在事先挖好的土槽中,钢拱架应采用螺栓连接。在安设时应避免切割钢拱架及钢管,并与超前小导管焊接。

4)上断面钢拱架架设完后,在拱架中焊接直径为22mm的钢筋作为纵向连接筋。同时,挂双层钢筋网。钢筋网采用直径为8mm的钢筋,网格间距为200mm×200mm,挂设时两片钢筋网搭接长度不得小于200mm。

5)钢拱架架设完成后,应打设锁脚锚管。锁脚锚管可采用直径为42mm的注浆钢管,长度宜为2.5m,并与钢拱架焊接。

(3)立模、浇筑混凝土。套拱内模板可采用10mm的木板吊在套拱内侧。浇筑混凝土应从下向上分层、两侧对称地同步进行,防止因高差过大造成拱架移位。

(4)套拱段上台阶开挖。在套拱浇筑完成且混凝土达到规定强度后,进行洞内上断面开挖及支护。开挖时,宜在套拱结束段中部留1m×5m(长×宽)的核心土体。

(5)套拱段下台阶开挖。在上断面开挖3~5m后,开始进行下台阶的开挖及支护。开挖宜采用偏槽法进行,即先沿岩巷中线开挖左下侧土体,开挖循环为0.8m,土体预留边坡坡度宜为1:0.5,以保证土体稳定。在左下侧边墙土方开挖和仰拱完成后,侧墙素喷40mm厚混凝土,立侧墙拱架并打设锚杆、锁脚锚杆、挂网分层喷射混凝土至设计厚度,仰拱直接喷射混凝土至设计厚度。最后开挖下断面右侧土石方,施工方法与左侧相同。

C 进洞开挖

岩巷进洞开挖应满足下列要求:

（1）爆破应以浅孔松动爆破为主。洞口段掘进后,应及时进行初期支护和模筑混凝土施工。

（2）洞口段开挖至底板高程后,应及时施作排水侧沟及出水口,并与洞外排水系统协调连通。

（3）当设计为斜切式洞门时,应严格测量放线及模板制作,以确保定位准确、曲面圆顺、接缝严密、线条美观。

（4）拱顶回填应在模筑混凝土支护的强度达到70%以上时,由人工夯填至超过拱顶上1 m后,方可采用机械夯实。回填应对称分层夯实,每层厚度不超过0.3 m,两侧回填顶面的高差不大于0.5 m,防止对支护产生偏压。

对于浅埋或偏压岩巷,或洞口位于软弱、松散地层或堆积层时,应"先护后挖",采用地表预加固和围岩超前支护方法进洞。上部开挖进尺一般控制在0.5～1 m,尽量不用爆破而用气镐或人工开挖,大断面岩巷可采用反铲或其他机械挖掘。根据地质条件和地下水情况,洞口地表可采用下列加固处理措施:

（1）地层为堆积层、断层破碎带、沙砾(卵)土、砂土时,宜采用地面注浆预加固地层。

（2）有地下水时,应进行注浆止水。对地下水位较高的粉砂土、砂质粉土或淤泥质夹薄层砂性土的富水地层,且不适合注浆堵水的洞口段,应首先进行井点降水。

（3）超前支护可采用管棚、小导管、锚杆等。还可架设型钢支架,一般采用18～22号工字钢,间距为0.5～1 m。待全断面开挖并施作喷锚支护后,不必考虑量测数据,而应及早施作模筑混凝土支护,防止地表沉陷。

D　洞口管棚施工

管棚可以有效降低洞口滑坡和塌方的危险,是复杂地质条件下进洞的好方法。洞口管棚施工通常采用套拱,用套拱定位。管棚施工应符合下列要求:

（1）管棚施工前,掘进预留核心土,作为钻机和施工套拱的工作平台。工作平台的宽度一般为2.5 m,高度宜为2 m,平台两侧的宽度宜为1.5 m。

（2）安装套拱模板的同时,安装孔口管,其位置应准确。

（3）在浇筑套拱混凝土后,沿掘进工作面的拱部,向前方围岩钻一排扇形孔,直径比钢管外径大30～40 mm。钻孔时由高孔位向低孔位,隔孔钻进。

（4）将钢管插入钻孔内形成管棚,可利用钻机的冲击力和推力低速顶进钢管。

（5）管棚注浆前,向掘进工作面、拱圈及孔口管周围岩面喷射100 mm厚的C25混凝土进行封闭,防止注浆时从岩体缝隙跑浆。

（6）在钢管周围及孔口用塑胶泥封堵,预留排气孔,连接注浆管及三通接头。进行压水试验后,进行注浆。当排气孔流浆时,便可停止注浆。

5.1.3 洞口段施工安全

洞口段施工应加强量测,控制围岩变形,并采取下列技术措施:

（1）洞口土石方应自上而下分层开挖、分层支护,严禁掏底开挖或上下重叠开挖。

（2）位于陡峭、高边坡的洞口,应增设安全棚、安全栅栏或安全网,危险段应采取加固措施。

（3）爆破掘进时,应采取短进尺、弱爆破、早支护,减少对围岩的扰动。

（4）及时施工仰拱或临时仰拱,并设置拱脚锚杆,提高拱脚处围岩的承载力。

（5）地质条件差或有涌水时,可采用地表预注浆结合洞内环形固结注浆。

洞口施工前及施工中,必须根据洞口附近的地形、山体风化层(坡积层)厚度、地质条件、环境条件等，预估可能发生的各种危险，采取相应的安全技术措施。洞口段施工可能出现的危险及措施选择可参见表5-3。

表5-3 洞口段施工可能出现的危险及措施选择

可能出现危险		措施选择								
		护坡	刷坡	防滑桩	地表排水沟	洞内排水沟	地表加固围岩	超前钢管	管棚	注浆
滑坡			☆	☆	☆		☆			
斜面崩塌							☆		☆	☆
地表下沉							☆	☆	☆	☆
偏压				☆						
地基承载力不足		☆								
工作面坍塌						☆	☆	☆	☆	☆
涌水					☆	☆				☆
施工时间	掘进前		☆	☆	☆		☆		☆	☆
	掘进中					☆		☆		☆
	掘进后	☆								

可能出现危险		措施选择							
		墙部打桩	工作面喷锚	初期支护闭合	加固底部围岩	钢架下垫板	锚杆喷射混凝土	提早模筑混凝土	环形导洞
滑坡									
斜面崩塌							☆		
地表下沉								☆	
偏压				☆					
地基承载力不足		☆		☆	☆	☆		☆	
工作面坍塌			☆	☆					☆
涌水									
施工时间	掘进前	☆							
	掘进中	☆	☆	☆	☆		☆		☆
	掘进后				☆	☆		☆	

5.2 凿岩工程

凿岩是指用凿岩机具以机械方法破碎岩石，在矿岩中钻凿出特定眼孔的工程技术，其名称术语，各行业或施工现场的称谓并不统一，例如煤炭行业称为钻眼（钻眼有时特指回转式切削破碎岩石），露天矿山常将深孔凿岩称为穿孔。在岩石或矿石中进行凿岩作业称为凿岩工程。眼孔大多用来装填炸药，爆破岩石，称为炮眼或炮孔。此外，钻孔还用于锚杆支护、管棚超前支护和围岩注浆等。为便于选择不同的凿岩机械与钻具，通常又按直径分为小直径（≤51 mm）、中直径（51～76 mm）和大直径（>76 mm）；按深度又分为浅眼（≤5 m）、中深孔（5～15 m）和深孔（>15 m）。现场习惯上将直径小于或等于51 mm、深度不大于5 m的称为炮眼；直径大于51 mm、深度大于5 m的称为炮孔。本书一律称为炮孔，以便于各行业术语在叙述中的统一规范。凿岩工程应是掘进分部工程的一个分项工程❶。

5.2.1 凿岩作业

凿岩作业是掘进工程中比较繁重的工序，约占掘进循环总时间的40% ~50%，在硬岩中或在装渣运输机械化程度较高时，甚至可达50% ~75%。因此，提高凿岩的机械化水平，大力推广凿岩台车，对减轻劳动强度、缩短凿岩时间、提高掘进速度具有重要意义。

5.2.1.1 凿岩机与钎具

A 凿岩机与钎具的选择

目前，凿岩采用最多的是7655(YT23)型及YT24型气腿式凿岩机。凿岩机的数量取决于岩巷断面尺寸、炮孔数量及炮孔深度和要求的掘进速度等。一般情况下，每台凿岩机可占1.5 ~2.0 m^2，在坚硬岩石中可降至1.0 ~1.5 m^2。当断面大于12 m^2时，宜采用凿岩台车凿岩。岩巷掘进施工组织设计应包括凿岩机的型号及数量。

炮孔直径取决于凿岩机型号及炸药药卷直径，它应比药卷直径大5 ~10 mm。目前，国内药卷直径一般为32 mm、35 mm，因此炮孔直径多采用38 ~43 mm。由此便可选择相应直径的钎头。此外，钎头的最大直径受凿岩机冲击功的限制。落锤试验表明，每种岩石都有一个临界单位刃长冲击功。只有凿岩机活塞施加给钎头的单位刃长冲击功大于其临界值时，岩石才会产生碎片剥落；而在小于临界值时，则岩石只有表面伤痕，不能产生凿坑。计算表明，7655型凿岩机能够勉强配用最大直径为76 mm的X形钎头，液压凿岩机由于冲击功大，没有钎头最大直径的限制。

B 压缩空气、水及润滑油

气动凿岩机工作时，若气压过高会加速零部件的损耗；而气压过低则凿岩机的效率明显降低，甚至不能工作。要求凿岩机气压应保持0.63(或0.5) MPa左右，最低不得低于0.4 MPa。同时，凿岩机进气口处的压缩空气应干燥。

凿岩要求采用湿式凿岩。应使用洁净的软水，水压一般为0.2 ~0.3 MPa，每台凿岩机的供水量为3 ~5 L/min。当水压过低时，冲洗岩粉不良，凿岩速度降低；水压过高超过气压时，水将进入气缸内部，破坏机器的正常润滑，降低凿岩效率并锈蚀零部件。当不得已使用酸性或碱性水时，在凿岩作业完毕应及时注入一些润滑油，关闭水阀后空转稍许时间。

目前，国内还没有凿岩机专用润滑油。气腿式凿岩机可用L-AN46全损耗系统用油(原机械油)，它相当于原40号机械油。当气温较低时，可降低其黏度等级；而气温较高时，可提高其黏度等级。气腿式凿岩机的台班耗油量约为0.5 kg。

5.2.1.2 标定炮孔

凿岩前应标设岩巷的中线和腰线，用中线指示岩巷的掘进方向，用腰线控制岩巷的

---

❶ 分项工程是分部工程的组成部分，它是将分部工程按主要工种、材料、施工工艺、设备类别等分解为一些简单的施工过程。

高程，以保证掘进工程的质量。由此为基准画出掘进断面的设计轮廓线，根据爆破作业说明书标出炮孔的位置，经检查无误后方可开始凿岩。激光指向仪可以准确、方便地确定中线及高程，而隧道激光断面仪更可直接在工作面上标出开挖轮廓线及炮孔位置。

A 测量中线和腰线

中线由测量人员用经纬仪标设，腰线用水准仪或经纬仪标设。直线岩巷的中线和腰线宜每隔 30 m 设一组，每组均不少于 3 个中线点，其间距不宜小于 2 m。腰线一般距轨道顶面或底板高 1 m 处。经纬仪常采用伪倾角法测量中线。水准仪用水平线法标定腰线点，即计算两腰点之间的高差，以水准仪给定的水平线为基准线，便可标出新的腰线点，一般标在岩巷无水沟一侧的墙上。

在每次凿岩前，凿岩人员应将中线和腰线延至工作面上。传统的标定中线方法可采用"串线法"，同时用皮尺测量距离。图 5-8a 为"瞄直法"，它是在顶板上一组的 3 个中线点 1、2、3 上悬挂垂球线。观测者站在点 1 垂球线的后面，沿 1、2、3 点的方向瞄视，另一人在工作面上手持矿灯并左右调整，使其正好置于所瞄视线上。这时矿灯的位置就是岩巷中线的位置。图 5-8b 为"拉线法"，将细线系于中线点 1 的垂球线上，线的另一端拉至工作面，并使细线与中线点 2 和 3 的垂球线相切，线的端处即是中线的位置。

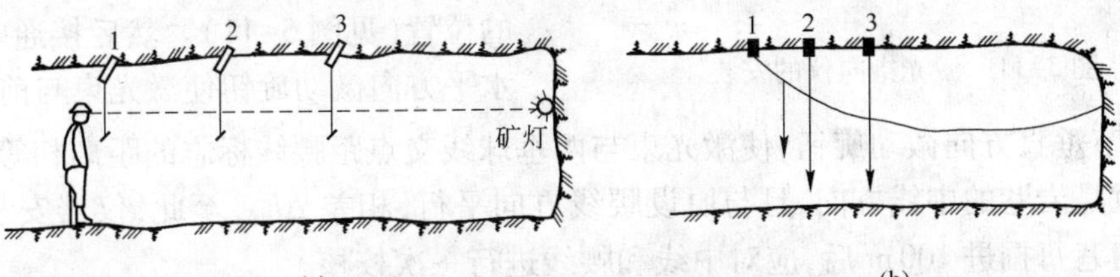

图 5-8 "串线法"标定岩巷中线

（a）"瞄直法"；（b）"拉线法"

长度较小的岩巷可用半圆仪标定腰线，如图 5-9 所示。将线绳固定在原有的腰线点 3 上，在绳上挂好半圆仪，另一端拉向拟设的腰线点处，并上下移动线绳，使半圆仪的读数为零，作临时标志 4′，4′与 3 两点为同一标高。

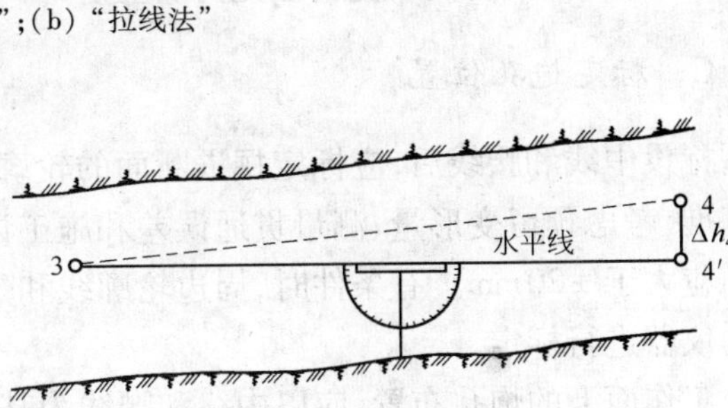

图 5-9 悬挂半圆仪标定腰线

丈量 3、4′点的距离 $l_{34'}$，按岩巷的设计坡度 i 计算点 3 与点 4 的高差 Δh：

$$\Delta h = l_{34'} \times i \tag{5-1}$$

从点 4′垂直向上（上坡）或向下（下坡）量出高差 Δh，即得新设腰线点 4。

B 激光指向仪标设中线和腰线

激光指向仪是利用氦氖气体激光器发出一束单色可见光，经光学聚焦后，照射到掘进工作面上，可同时给出中线和腰线的仪器（见图5-10）。激光指向仪的有效射程可达600～1000 m，具有定向准确、操作简单、寿命长、标设时不影响掘进作业等特点，目前已广泛用于矿山巷道、交通隧道的掘进作业。

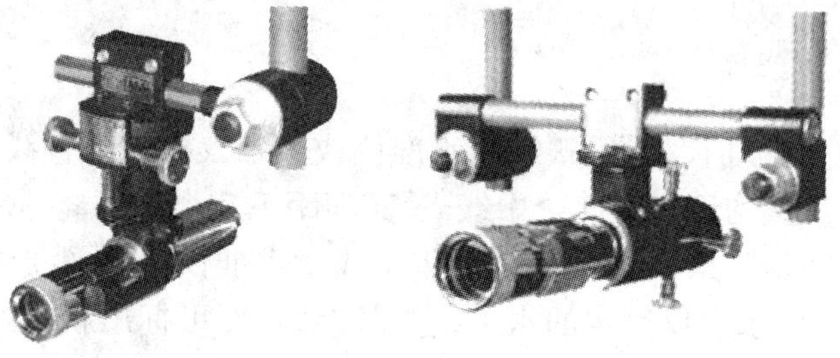

图5-10 激光指向仪

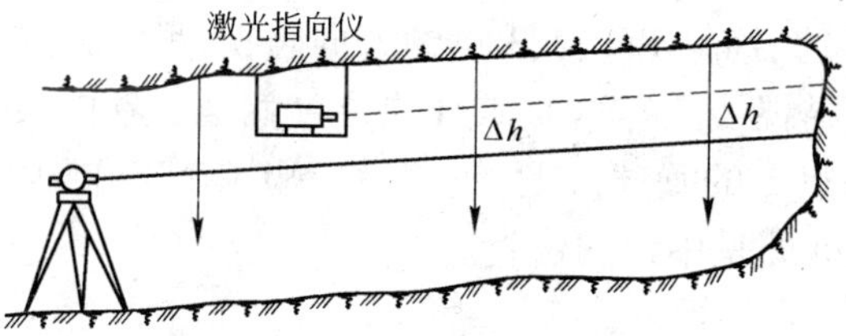

图5-11 激光指向仪的安装

激光指向仪固定在距工作面70 m以外的顶板中心线的安装架、梁架或锚杆上。然后将指向仪安装在其上面。标定时先用经纬仪标设出3个中线点，并悬挂垂球线，再根据岩巷的坡度在垂球线上标出腰线点的位置（见图5-11）。然后接通电源，调节水平方向微动旋钮使激光束与前方两垂球线相切；调节垂直方向微动旋钮，使激光束与两垂球线交点距腰线标志的距离相等。这时的光束方向就是岩巷的中线方向，且与原设腰线方向平行，相差Δh。至此，仪器安装完毕，可供使用。岩巷每掘进100 m后，应对中线和腰线进行一次校核。

凿岩前，接通激光指向仪的电源，即可指示出腰线和中线方向，十分方便。在直线长岩巷掘进中，激光指向仪的优越性尤为明显。

C 标定炮孔位置

标设中线和腰线后，应标定掘进断面的轮廓线。它应以模筑混凝土支护的设计轮廓线为基准，考虑预留变形量、测量贯通误差和施工误差等因素适当放大。掘进轮廓线的放样误差不应大于±20 mm。有条件时，周边轮廓线和炮孔的放样可采用隧道激光断面仪或其他类似的仪器进行标定。

工作面上的炮孔布置，应以中线和腰线为基准，先在工作面上的掘进断面轮廓线确定拱顶中心和两个拱脚的周边孔，然后依次布置掏槽孔、周边孔和辅助孔，并做出标记。当设计的炮孔位置恰好是“残孔”（上次爆破遗留下的残余炮孔），或该处岩面不平、岩体有裂隙时，可在其周围100 mm（或5倍炮孔直径）范围内重新布孔，但周边孔只能在轮廓线上选择。为防止卡钎及影响爆破效果，应避免在节理、裂隙中布置炮孔。

5.2.1.3 凿岩作业

标定炮孔位置和做好凿岩前的准备工作后，便可进行凿岩作业。

A 凿岩的一般要求

凿岩应采用湿式凿岩,严禁干打孔。掘进凿岩的一般要求如下:

(1) 当使用多台凿岩机同时作业时,应进行合理分区凿岩。每台凿岩机钻凿固定的炮孔,而底孔宜由全部凿岩机分别承担,以使底孔大致同时完成,为底孔及时装药创造条件。

(2) 由于爆破后的工作面凸凹不平,为控制炮孔深度及保证各孔底位于同一平面上,应以一个炮孔的深度为标准来调整各炮孔的实际孔深。为此可在钎杆上做出相应标记。

(3) 为控制炮孔的角度,尤其是楔形掏槽孔的角度,可先在钎杆上做好等于孔长的基准点标记,由领钎工在开孔位置用炮棍确定垂直工作面的基准线。从基准线到基准点的垂直距离可根据所需角度事先算好,由领钎工用尺量定。对于顶孔的仰角和底孔的俯角,不必先找基准线,可利用顶板或底板直接确定。

(4) 光面爆破为了保持岩巷轮廓形状,光爆孔口应在掘进断面的轮廓线上,而孔底则向外斜 100~150 mm,并保持各光爆孔彼此平行。爆破后形成"两炮衔接台阶",但应使其减至最小。

(5) 当孔深大于 2 m 时,应使用钎子组。开孔时用短钎子及直径稍大的钎头,待钻到 1~1.3 m 深度后,再换用长钎杆及直径稍小的钎头凿岩。

(6) 采用直线掏槽时,大直径中空孔可以先用一般钎头凿岩,然后再用大直径钎头扩孔。

(7) 当凿岩高度超过 2.5 m 时,应为气腿式凿岩机配备凿岩台架。

B 凿岩作业要点

开孔时,应用小进气量,减小轴推力和冲击力,并用大量冲洗水。待钎头凿入 10~15 mm 后再逐渐增加进气量,以免断钎或凿岩机脱落伤人。如在无水的情况下开孔,会使硬质合金片、齿温升过高,一旦打开冲洗水,将使硬质合金片、齿急速冷却而产生细微裂纹。同时,也会增加卡钎的危险,或造成钎头内的水孔堵塞。凿岩时,凿岩工应站在凿岩机的侧后方,随时防备断钎伤人。钎杆、凿岩机及气腿应保持在同一铅垂面,并避免凿岩机左右摇晃,以防卡钎或断钎。钎杆应保持平直(周边孔和楔形掏槽孔除外),在炮孔的中央旋转,以减少钎杆与孔壁的摩擦。

凿岩时的工作气压、轴推力、排岩粉、炮孔深度及钎尾尺寸对凿岩速度的影响,可参见 3.2 节(影响凿岩速度因素中的有关内容)。这样便可在操作中能有意识地采取提高凿岩速度的正确措施。凿岩机的轴推力直接影响凿岩速度、钎具和凿岩机的寿命。凿岩机的轴推力有一最佳区间,若推力过小,凿岩机的振动增大,并产生回弹,凿岩速度降低;如果推力过大,则钎头紧顶孔底,使凿岩机超负荷运转,零件过早磨损,凿岩速度也降低,并易卡钎。气腿用以支持凿岩机的质量,又可给凿岩机以较佳的轴推力(见图 5-12)。

随着炮孔深度的增加,凿岩机不断前进,气腿的倾角 α 逐渐减小,致使支持凿岩机质量的向上力 R_Z 逐渐减小、轴推力 R_T 逐渐增大。因此,在凿岩过程中应适时调节凿岩机的调压阀,增加气腿的推力 R,以平衡凿岩机的质量。当气腿的倾角 α 过小时,应及时向前

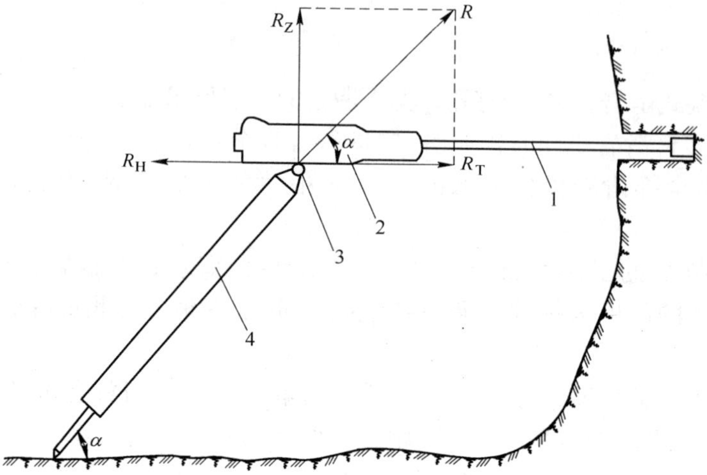

图 5-12 气腿式凿岩机推进示意图
1—钎具;2—凿岩机;3—连接轴;4—气腿

移动气腿的支地点,重新调节其推力。这样不但可以提高凿岩速度,还可以延长钎具寿命。光爆孔的轴推力不要过大,适当控制器凿速,以免炮孔偏移方向。当遇到岩质变化时更需注意。

凿岩中应保持供水压力符合要求,缺水或停水时应立即停止凿岩作业。及时排粉可减少卡钎故障,水流还可冷却钎头,延长其使用寿命。凿岩过程中,要注意凿岩机的声响,观察运转情况,发现问题后,应立即停机检查。同时,还要注意观察注油器的贮油量及出油情况。凿岩机的排气应是干燥并微含油雾,用手拭之有油滑感。若手上的油滑感过弱或过强,说明注油量过少或过多,应及时调节注油器的注油量。如果排气口喷雾或结冰,说明压气中含水,不但易使零件锈蚀,还影响工作面的视野。这时应放出油水分离器中的水,并检查凿岩机的冲洗装置。

向上式凿岩机作业时,要注意气腿的给气量,防止凿岩机上下跳动产生夹钎或断钎。注意沿钎杆流下的岩浆不得接近钎套,其间距至少应有 20mm。否则,表明排粉吹扫力不足,应检查钎套上的吹气孔是否通畅。内回转导轨式凿岩机在进行接杆凿岩时,当用完一根钎杆后应关闭压气减小压气量,反转卸钎尾。如从正转立即变为反转,由于惯性作用将产生很大的冲击力,会降低棘爪和螺旋棒的使用寿命。

5.2.1.4 凿岩故障及处理

凿岩中常见的故障主要有卡钎、钎头脱落、不排粉、不进孔及钎杆断裂等。发现故障后应及时进行处理。

A 卡钎

卡钎是在凿岩中钎头卡在炮孔内,钎杆不能正常转动的现象。卡钎时凿岩机将处于超负荷运转,应迅速消除,以防损坏零件。首先,立即减小轴推力,通常可以逐渐趋于正常。否则,应立即停机,用专用扳手转动钎杆使其松动,再开中气使钎子徐徐转动。严禁用敲打钎杆的方法处理卡钎。凿岩时产生卡钎的原因及预防方法如下：

(1) 由于气腿忽高忽低致使钎子受力不均，或轴推力过大，钎杆过长，变形过大，或岩体有裂隙而卡钎。凿岩时，应使凿岩机与钎子保持一条线，气腿的推力适中，不可过大。凿深孔时，应使用钎子组。

(2) 由于岩粉未吹净，使钎头转动困难，凿岩时应密切注意岩粉的冲洗情况，当排粉正常时，岩粉浆便顺孔口徐徐流下。否则，要进行加强吹粉。若仍然无效，则先检查钎尾的水孔和钎尾状态，再检查水针，更换磨损零件。拔钎前，将凿岩机的操纵阀扳至强吹位置，加强吹扫岩粉。

(3) 由于钎头掉棱、掉角，使炮孔卡钎且不圆时，应注意钎杆的摆动及凿岩速度，发现钎杆摆动的幅度过大时，应停止凿岩作业，拔出钎子检查并更换钎头。

(4) 为防止炮孔打在岩体的节理、裂隙中或被松动的岩石块卡住，在定孔位时应避开节理、裂隙。

B 钎头脱落

采用活钎头凿岩时，钎头有时可能掉在孔底。产生原因及处理方法如下：

(1) 由于钎头与钎杆的连接锥角过大或不一致而掉钎头时，可换一根钎杆，插到孔内与钎头连接，取出钎头。

(2) 由于钎头与钎杆连接处断裂而掉钎头时，可用带钩的钢丝插入孔底，穿入钎头的出水孔将其带出；也可用木炮棍插入孔底并适当用力，使断裂的破口扎入炮棍头部，将其带出。

C 不排粉或不进孔

凿岩时，如发现不排粉或不进孔，可能是钎头或钎杆的出水孔堵塞，钎头磨钝或硬质合金片脱落。此时应立即停机，吹净孔内岩粉，取出硬质合金碎块。否则，遗留在孔内的硬质合金碎块将很快破坏新换钎头的硬质合金片(齿)。

D 钎杆断裂

钎杆的工作条件十分恶劣，细长的钎杆除了产生冲击疲劳应力、弯曲应力和扭曲应力等复杂应力外，还与岩壁岩石产生剧烈的摩擦，并受到冲洗水和地下水的腐蚀。钎杆的破坏多为腐蚀疲劳断裂。当钎杆折断时，应迅速抱住凿岩机，避免钎杆弹出伤人。钎杆断裂的处理十分简单，但却可能发生伤人事故。钎杆常见的断裂部位及产生原因，可参见 3.4 节的有关内容。

5.2.1.5 凿岩台架和凿岩台车的应用

隧道的掘进断面很大，多台凿岩机需在凿岩台架上进行作业(见图 5-13)。

图 5-13 隧道掘进凿岩台架

液压凿岩机的功率大、凿速快、质量大，要求有各种性能完善的液压凿岩台车为其作业平台。一人在驾驶室内或棚下就能操纵台车的多台凿岩机，可加快凿岩速度、提高劳动生产率，并改善劳动条件（见图5-14）。凿岩台车的应用标志着凿岩机械化提高到了一个新的水平。

图5-14 作业中的掘进凿岩台车

凿岩台车与气腿式凿岩机相比，可以精确定位，并提供最优的轴推力，又能接杆钻凿较深的大直径炮孔，适于大断面掘进。我国自20世纪70年代引进国外先进的液压凿岩台车以来，它们在矿山巷道，铁路、公路隧道，水利水电隧洞的掘进工程及国防工程中得到了应用，取得了显著的效果。

5.2.2 凿岩作业质量

凿岩作业质量是取得良好爆破效果（如炮孔利用率[1]、掘进进尺）和爆破安全作业的前提。炮孔分布不合理不仅降低爆破效果，还可能造成盲炮、飞石等危害。影响光面爆破质量的因素，除合理的爆破参数外，光爆孔的凿孔精度是保证光面爆破质量的先决条件。凿岩作业质量更是决定了岩巷的方向、坡度、断面规格等。炮孔在爆破后便不存在了，表现的却是爆破质量，因此必须加强凿岩质量的控制。凿岩成孔后应检查炮孔的位置、深度及角度，这是体现“过程控制”、确保爆破质量的重要措施。

5.2.2.1 炮孔位置

凿岩完毕，按炮孔布置图进行检查并做好记录，对不符合要求的炮孔应重新凿孔。铁路、公路隧道和地下铁道施工规范的要求如下：

（1）掏槽孔孔口和孔底的间距偏差不得大于50mm。

（2）辅助孔孔口排距、行距的偏差不得大于100mm。

（3）内圈孔至光爆孔的排距误差不得大于50mm。当孔深大于2.5m时，内圈孔宜有与光爆孔相同的外斜率。

（4）光爆孔位置可根据围岩情况作适当调整，硬岩时在掘进轮廓线上；软岩时可向内偏移50～100mm。光爆孔的间距偏差不得大于50mm。

（5）光爆孔外插角互相平行且孔底落在同一铅垂面上。

---

[1] 炮孔利用率是指爆破后的实际循环进尺与炮孔深度之比。

应当指出,要求孔位偏差不大于50 mm,似乎偏严。因为设计孔位可能恰好是上次爆破遗留下的“残孔”或是该处岩面不平难以开眼、岩体有裂隙,此时都需要在设计孔位的附近重新标定孔位;同时气腿式凿岩机在开孔时也有一定的误差。

5.2.2.2 炮孔角度

楔形和锥形掏槽孔的角度应准确,直线掏槽孔应平行,以保证掏槽效果和提高炮孔利用率。辅助孔应平行。

光爆孔的外插角应尽量减小,外插角的方向与该点轮廓线的法线一致。《爆破安全规程》(GB6722—2003)规定外插角为1°~2°,偏差不大于1°;隧道和地下铁道要求的外插角斜率,当孔深小于3 m时宜为5%(50 mm/m);孔深大于3 m时不宜大于3%。同时,光爆孔底不得超出掘进轮廓线外150 mm。

5.2.2.3 炮孔深度

除掏槽孔和要求的底孔深度应比其他炮孔深100 mm外,其他各炮孔的孔底均应位于同一铅垂面,以提高炮孔利用率。当工作面凹凸较大时,应按实际情况调整各炮孔的深度。炮孔实际深度的偏差不宜大于100 mm。

5.2.3 凿岩卫生与安全

凿岩机工作时会产生大量粉尘和噪声,严重危害作业人员的身体健康。凿岩时必须降低工作面的粉尘浓度,加强对噪声的个体防护,达到国家有关标准的要求。此外,周围环境因素和机械事故也会对凿岩人员造成伤害,必须高度重视凿岩作业的安全。

5.2.3.1 凿岩降尘

掘进必须采用湿式凿岩,严禁干打孔,作业时不得拆出水针。当缺水或停水时,应立即停止凿岩作业。掘进工作面应加强通风,采取综合降尘措施。

在掘进作业中,每月应至少测定两次掘进工作面空气中的矽尘浓度。《工业场所有害因素职业接触限值 第1部分:化学有害因素》(GBZ2.1—2007)规定,当空气中矽尘的游离二氧化硅含量为10%~50%时,总粉尘的时间加权平均容许浓度为1 mg/m^3,呼吸性粉尘的时间加权平均容许浓度为0.7 mg/m^3。

5.2.3.2 凿岩噪声防护

噪声危害人体健康,主要是损伤听力。人员长期在噪声环境下工作,将导致耳聋发病率增高。有关统计表明,在80 dB(A)以下的噪声环境下,工作40年不致耳聋;当超过80 dB(A)后,每增加5 dB(A),噪声性发病率约增加10%。气动凿岩机的噪声主要有排气噪声、活塞冲击钎尾的机械噪声、钎杆和机体的振动噪声及钎头冲凿岩石的噪声等。气动凿岩机的噪声为广谱性噪声,并随工作气压的增高而增大。国家有关产品标准规定的凿岩机噪声限值见表5-4。

表5-4 凿岩机噪声限值

凿岩机类型	质量/kg	验收气压/MPa	声功率级/dB(A)
手持式	≤10	0.4	114
	>10～22		120
	>22		124
气腿式	≤22	0.63	125
	>22～25		126
	>25		127
向上式	≤35.5		128
	>35.5～45		132
导轨式	—		132

《工业场所有害因素职业接触限值 第2部分:物理因素》(GBZ2.2—2007)规定的噪声职业接触限值为:每周工作5d,每天工作8h的稳态噪声限值和非稳态噪声[1]限值均为85dB(A)。否则应采取消声、吸声、隔声、减振[2]等技术措施,达不到标准的必须使用个体防护用具。由表5-4可见,气动凿岩机的噪声远远超过85dB(A),凿岩作业时应佩戴耳塞、耳罩、防噪声帽等。性能良好的耳塞,可隔断噪声30～48dB(A)。

5.2.3.3 凿岩作业安全

凿岩作业时,常会发生浮石松动脱落伤人,钎杆折断、压气管脱落飞起伤人及凿"残孔"的残药爆炸伤人等安全事故。凿岩作业前,必须进行"四检查"和"四清除",即检查和清除炮烟,检查和清除顶、帮、工作面的浮石,检查和清除盲炮,检查和清除支护的不安全因素(变形或损坏)。

A 一般安全规定

国家安全生产监督管理总局规定,对电动、液动、气动钻机(车)实施安全标志管理,使用的凿岩机必须是取得国家安全标志的产品。凿岩时应遵守下列安全规定:

(1)爆破后应在规定的时间之后进入工作面,检查有无拒爆及盲炮,发现后应由爆破人员处理。当炮烟浓度未消或瓦斯浓度偏高时,凿岩作业人员不得进入掘进工作面。

(2)凿岩作业前,应准备好有关设备和工具,如照明设备、长短撬棍等,严格执行"敲帮问顶"制度。检查工作面及周围岩体有无松动,如发现工作面及周围岩体有安全隐患,应立

---

[1] 稳态噪声是指在观察期间,采用声级计的"慢挡"动态特性测量时,声级波动小于3dB(A)的噪声;非稳态噪声是指在观察期间,采用声级计的"慢挡"动态特性测量时,声级波动大于等于3dB(A)的噪声。

[2] 消声是在凿岩机气流的通道口安装消声器,阻止噪声传播,而允许气流通过。它是防止空气动力性噪声的主要方法。吸声是用吸声材料或吸声结构,吸收噪声能量。吸声材料的表面具有多孔,内部具有大的空隙率。当声波入射到材料的空隙后,由于摩擦力和黏滞阻力,使声能转化为热能而被吸收掉。流体(气体和液体)在流动时都存在黏滞性,液体越黏稠,越不容易流动。这是由于不同流体分子在结构上的差异造成的。黏稠流体的分子结构,导致在不同流层之间存在一种阻碍相对运动的阻力,称为"黏滞阻力",又叫"内摩擦力"。隔声是用屏蔽物对噪声源或人耳进行屏蔽或密闭,使其不能传出或传入。减振是为预防设备负荷突增突减时的噪声,通常是装设减振器及弹性联轴器。

即处理。处理松动岩石时,操作人员应站在安全地点,使用长柄工具从安全地点由外向里逐步进行。

(3) 保持压气管路完好,并应满足以下要求:

1) 凿岩机连接到分风器和分水器的橡胶软管长度,不宜超过10 m,并宜使用整根软管。橡胶管如有磨损老化、局部漏气或鼓起现象,应及时更换。

2) 凿岩作业前,应用压气将管路内及接头处的水分和杂质吹出,接水软管也应放水冲洗其中的污物。压气软管的接头必须拧紧,防止脱落伤人。

3) 开启送气阀前,应通知现场有关人员后,方可送气。在出气口前方,不得有人工作或站立。严禁用眼睛直接观察分风器或软管的接头。

4) 凿岩作业时,不得使软管弯曲出现锐角、扭曲、缠绕或打结等现象,并随时观察软管接头、机械连接部位是否松动,以防松动脱落伤人。

5) 在安装、拆卸和更换凿岩机的工作部件时,应先关闭供气阀以切断供气管路,并不得将工具指向他人及操作者本人。

(4) 凿岩作业时,气腿应支撑牢靠,以防气腿滑动伤人。开孔和凿岩结束时,严禁戴手套扶钎杆和拔杆。禁止肩扛钎杆或站在凿岩机钎杆下方。

(5) 在高于底板2 m处或倾角大于30°的坡面上作业时,应系安全带和安全绳。

B 防止工作面透水

通过流沙层或可能突然涌水的地段,应制订凿岩安全措施。在凿岩过程中应注意观察工作面,发现透水预兆,如工作面"冒汗"、空气变冷、产生雾气,顶板来压或淋水加大、底板鼓起或产生裂隙出现渗水等现象时,应立即停止凿岩作业,并报告有关负责人。如情况紧急,可立即发出警报,撤出所有受涌水威胁的人员。在制订落实安全措施后,必须先探水,在判定安全后方可继续进行凿岩作业。

C 严禁凿"残孔"

在任何情况下都严禁在"残孔"内继续凿岩,即使在"残孔"中没有发现剩余炸药。因为一切"残孔"中都可能残存未爆炸的炸药。此外,在"残孔"附近凿岩时应避免凿穿"残孔",在距有炸药炮孔的50 mm范围以内严禁凿岩。美国的地下矿山要求,在难以判断有无"残药"时,应将直线掏槽孔从工作面的一侧改到另一侧,以免钻凿到残孔。确保爆破时装药全部爆炸,是消除凿"残孔"造成事故的最根本措施。

D 防止钎杆突然折断

钎杆在使用前,应检查是否有裂纹或过大的弯曲。尤其应注意距尾端约50 mm处、钎肩前部过渡圆弧的前沿处、钎肩前200 mm处附近和前端锥体后50～100 mm的范围内有无裂纹。当钎杆折断时,应迅速抱住凿岩机,防止钎杆跳出伤人。为防止凿岩作业中钎杆突然折断伤人,应遵守下列规定:

(1) 凿岩时,操作人员应站在凿岩机的后侧方,一脚在前、一脚在后,并随时提防钎杆突然折断。不得站在凿岩机钎杆的下方,严禁骑在气腿上操作。

(2) 凿岩机不得左右摇晃,气腿的推力不可过大,以免断钎。如遇卡钎或钎杆转速减慢时，应立即减少轴向推力。如钎杆仍不转时，应立即停机排除故障。

(3) 使用手持式凿岩机垂直向下作业时，不得将身体全部压在凿岩机上。凿岩机向上或使用向上式凿岩机作业时，应保持凿岩方向，并不得长时间全速运转。

5.3 爆破工程

爆破工程是指在岩体中采用炸药爆破的方法进行破碎岩石或矿石的作业。掘进爆破作业应采用光面爆破使岩巷的断面规格、方向和坡度符合设计要求。爆破工程应是掘进分部工程的一个分项工程。

5.3.1 炮孔种类及掏槽孔形式

5.3.1.1 炮孔种类

为了获得良好的爆破效果，应在掘进工作面正确布置炮孔。工作面的炮孔按其作用及位置可分为掏槽孔、辅助孔和周边孔。对于平巷和斜井掘进，周边孔又可分为顶孔、底孔和帮孔（见图5-15）。

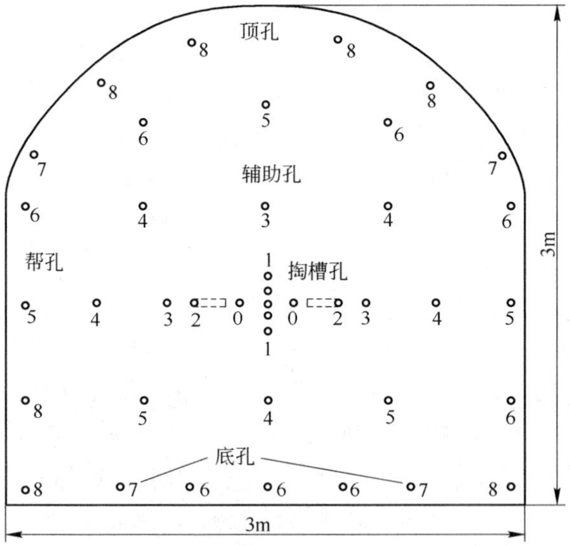

图5-15 掘进工作面的炮孔

A 掏槽孔

岩巷掘进的特点是工作面为一个狭小的自由面，四周岩体对爆破有很强的夹制作用，爆破困难。掏槽孔是为增加爆破自由面，减小最小抵抗线，在掘进工作面中央部位布置的炮孔，它是最先起爆的炮孔（还包括不装药的空孔）。掏槽孔的作用是在工作面中央部位首先爆炸，将其中的岩石破碎并抛出而形成一个槽腔，为其后的炮孔爆破增加第二个自由面（见图5-16）。掏槽孔一般布置在掘进断面的中央偏下处，以便凿岩作业时控制方向，并有利于其他多数炮孔的岩石能借助自重崩落。

B 周边孔

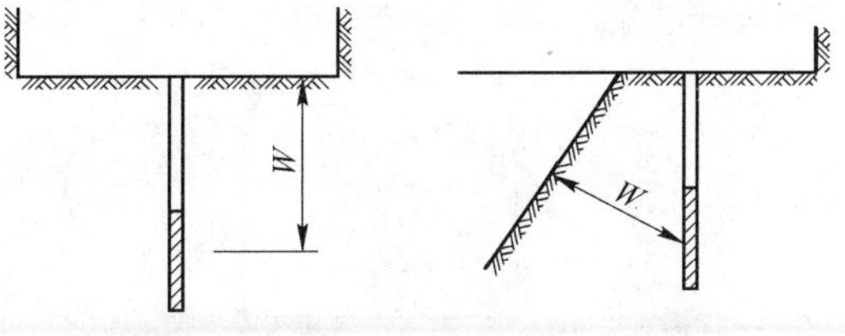

图 5-16 最小抵抗线示意图

(a) 掏槽孔只有 1 个自由面;(b) 辅助孔可有 2 个自由面

周边孔是沿岩巷周边轮廓布置的炮孔,用以崩落岩巷的周边岩石,控制并形成设计断面轮廓。周边孔的孔口一般距掘进断面轮廓以内 100 ~ 250 mm,并向外倾斜 3° ~ 5°,以利凿岩机工作,并保证断面轮廓不缩小。

光面爆破的周边孔又称光爆孔,它的直径及间距越小,光面爆破效果越好。光爆孔与其临近的一排辅助孔连线的垂直距离,称为光爆层厚度,它也是光爆孔的最小抵抗线。光爆层厚度直接影响光面爆破的效果,它应根据岩石性质、炸药性能和炮孔直径等确定。当最小抵抗线过小时,爆轰作用过大,会造成爆破过分破碎并形成超挖;当最小抵抗线过大时,光面层岩石破碎不良而产生大块,甚至不能从围岩中崩落下来。

C 辅助孔

辅助孔是均匀布置在掏槽孔与周边孔之间的炮孔,又称扩大孔或崩落孔。它的作用除逐步扩大掏槽体积外,主要是崩落大量的岩石。当断面较大时可有多层辅助孔。有时将紧挨周边孔的内层辅助孔称为内圈孔。

辅助孔应均匀交错地布置在掏槽孔与周边孔之间,方向一般是垂直于工作面。它的间距与岩石性质有关,应使爆破出的岩石块度适合装渣的需要,一般可取 400 ~ 600 mm。

5.3.1.2 掏槽孔的形式

掏槽孔的爆破质量直接影响整个掘进的爆破质量。掏槽孔按其方向可分为倾斜掏槽和直线掏槽两类。掏槽孔的形式对掏槽孔的爆破效果有很大的影响。掏槽孔的形式必须结合岩石情况、凿岩机具条件、炸药性能、操作人员水平和习惯来选取,并反复实践,调整参数,才能达到较好的效果。

A 倾斜掏槽

倾斜掏槽又称斜孔掏槽,它与自由面(工作面)斜交,使孔底装药集中,爆破可形成抛掷漏斗。它是岩巷掘进中传统的一种掏槽方式。倾斜掏槽可分为楔形掏槽和锥形掏槽两种。楔形掏槽由数对(一般为 2 ~ 4 对)对称的相向倾斜的炮孔组成,爆破后形成楔形槽腔。楔形掏槽又分为垂直楔形掏槽和水平楔形掏槽。垂直楔形掏槽的炮孔呈水平对称布置,有利于凿岩,且便于和装渣平行作业,是最常用的一种倾斜掏槽(见图 5-17a)。水平楔形掏槽呈垂直对称布置。只有工作面的岩体为水平节理时,才用水平楔形掏槽。锥形掏槽的孔底集中于一点附近,它多用于向下掘进的圆形竖井爆破(见图 5-17b)。在岩巷掘进中,由于凿岩困难,很少应用。

在节理、裂隙发育或具有软弱夹层的围岩中,掏槽孔应布置在薄弱部位,并尽量与围岩结构面垂直,而不与节理、裂隙平行。必要时可采用单向倾斜掏槽,即掏槽孔排列成一排,并朝一个方向倾斜。

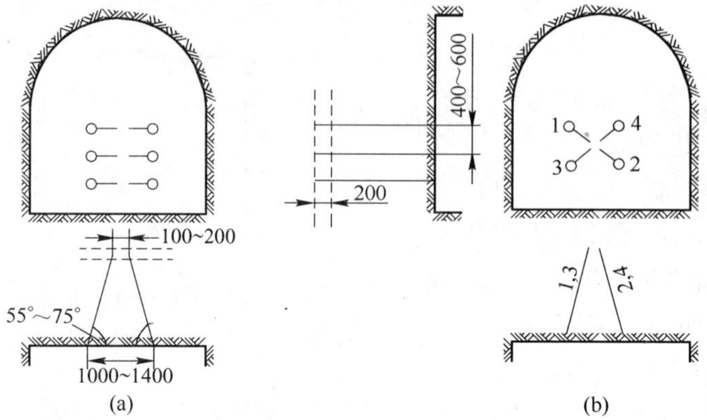

图 5-17 倾斜掏槽
(a) 垂直楔形掏槽；(b) 锥形掏槽

垂直楔形掏槽一般为 2 ~ 4 对掏槽孔。它的炮孔对数与围岩的坚固性有关，一般Ⅳ级围岩为 2 对，Ⅲ级围岩为 2 ~ 3 对，Ⅱ级围岩为 3 对，Ⅰ级围岩为 3 ~ 4 对。每对炮孔的孔底距离为 100 ~ 200 mm，孔口距离则取决于孔深和夹角。楔形掏槽的孔深应比其他炮孔深 200 mm，以保证爆破后开挖深度一致。掏槽孔与工作面的夹角与岩石性质有关，岩石坚硬，则夹角应偏小。若夹角过小，虽可形成掏槽，却进尺过浅，爆破效率低；若夹角过大，将使残孔过长，很难形成掏槽。楔形掏槽的参数与岩石坚固性系数 f 的关系，参见表 5-5。原芬兰 Tamrock 公司认为，掏槽孔与工作面的夹角一般应小于 60°。

表 5-5 楔形掏槽的主要参数

岩石坚固性系数 f	炮孔数目/对	炮孔与工作面夹角/(°)	两排炮孔的距离/m
2 ~ 6	2	75 ~ 70	0.6 ~ 0.5
6 ~ 8	2 ~ 3	70 ~ 65	0.5 ~ 0.4
8 ~ 10	3	65 ~ 63	0.4 ~ 0.35
10 ~ 12	3	63 ~ 60	0.35 ~ 0.3
12 ~ 16	3	60 ~ 58	0.3 ~ 0.2
16 ~ 20	3 ~ 4	58 ~ 55	0.2

在大断面隧道掘进中，当岩石极坚固难爆或孔深较大时，为加大掏槽深度，可采用双层、三层甚至四层楔形掏槽，称为复式（或多层）楔形掏槽。每对掏槽孔可完全对称，两层（两阶）掏槽孔在工作面上应互相交错布置。掏槽孔逐层由浅到深，与工作面的夹角由小到大。各层掏槽孔与工作面的夹角，应使其孔底所作垂线 h_i 与前一个掏槽的孔底连线 L_iR_i（自由面）相交于侧墙上（见图 5-18a）。每对掏槽孔也可近似对称，由岩巷内的两点分别作各层掏槽孔（见图 5-18b）。

楔形掏槽的优点是：充分利用了自由面，适用于各种岩石；掏槽体积大，岩石易抛出；单位炸药消耗量较低等。它的缺点是：掏槽孔的深度受岩巷宽度限制，也不利于应用凿岩台车；凿岩角度不易掌握，尤其当复式掏槽时更为突出，要求凿岩人员具有较熟练的技术；爆破碎石的抛掷距离大且岩堆分散，不利于装渣并容易损坏设备和支护，特别是掏槽角度不对称

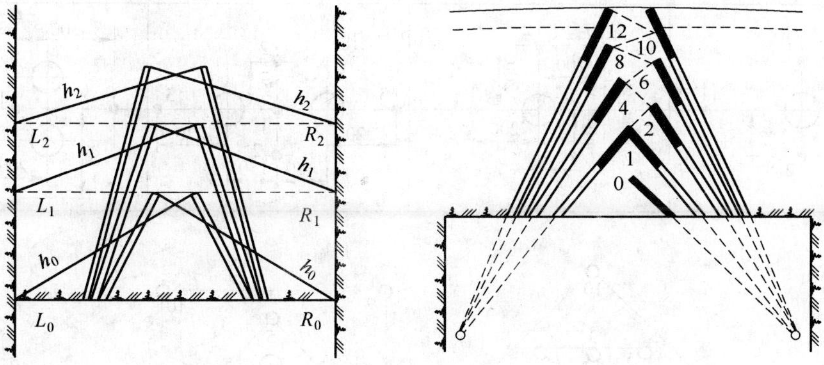

(a) (b)

图 5-18 复式楔形掏槽

(a) 三层楔形掏槽;(b) 四层楔形掏槽

h_0,h_1,h_2—孔底至自由面的垂线;0 ~ 12—起爆顺序

时更为严重;当炮孔深度改变时,必须修改掏槽孔的几何参数,不可能设计出适用于任何炮孔深度的通用掏槽参数。垂直楔形掏槽孔常用于中硬以上的均质岩石(孔深小于 2 m,断面大于 4 m^2)的爆破作业。

B 直线掏槽

直线掏槽也称垂直掏槽,它的掏槽孔全都垂直于工作面,炮孔之间距离较近且互相平行,一般设有一个或数个不装药的空孔。空孔的直径一般较大,它起附加自由面的作用,并对爆炸应力和爆破方向起集中导向作用。垂直掏槽又可分为龟裂掏槽、桶形掏槽和螺旋掏槽等。

龟裂掏槽是垂直一排 5 ~ 7 个平行孔,孔距为 80 ~ 150 mm。它的特点是各掏槽孔都处在一个平面内,装药孔与空孔相间排列,爆后可形成一条缝隙。由于掏槽宽度较小,目前很少应用。

桶形掏槽是由数个平行炮孔组成,大多采用对称形式,其中一个或几个为空孔,又称角柱掏槽(见图 5-19a)。空孔直径一般大于装药孔直径,但也可以相同。阿特拉斯·科普柯公司推荐在大断面采用凿岩台车时,可采用 2 个或 3 个大中空孔的桶形掏槽,3 个大中空孔的用于大掘进断面,并建议中空孔的直径为 89 mm(见图 5-19b)。桶形掏槽的掏槽体积大,有利于辅助孔的爆破。它没有向外抛渣作用,因此通常将空孔加深并在孔底装一卷炸药,在全部掏槽孔起爆后再起爆,以便抛出岩石。桶形掏槽特别适用于向上掘进的天井爆破。

著名的"瑞典四方形掏槽"如图 5-20 所示,其基本点是围绕中心大空孔,由里向外布孔,并计算每层四方形的爆破参数。

炮孔深度 L:

$$L = 0.15 + 34.1D_2 - 39.4D_2^2 \tag{5-2}$$

循环进尺 X:

$$X = 0.95L \tag{5-3}$$

式中 D_2——不装药大孔直径,m。如有几个大孔,则按当量直径 D_2'代入。

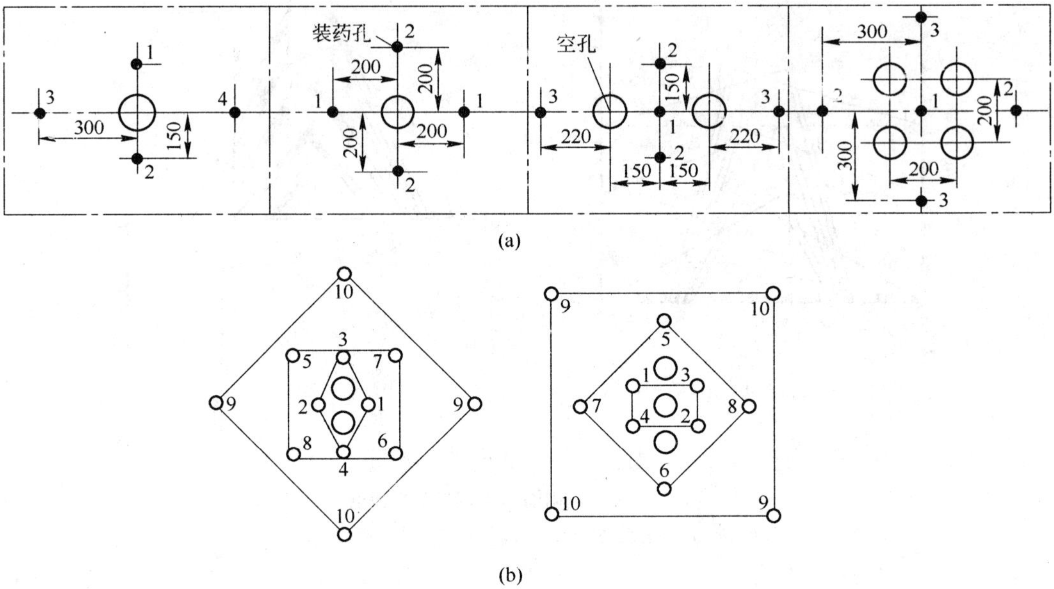

图 5-19 大直径空孔桶形掏槽

（a）一般桶形掏槽；（b）阿特拉斯·科普柯公司推荐在大断面中的桶形掏槽

$$D_2' = \sqrt{N_B} D_2$$

式中 N_B——大孔数目。

掏槽孔布孔尺寸：

第一个方形：$B_1 = 1.5D_2$，正方形边长：$L_1 = \sqrt{2}B_1$；

第二个方形：$B_2 = L_1$，正方形边长：$L_2 = 1.5\sqrt{2}B_2$；

其他方形：$B_{3,4} = L_{2,3}$，正方形边长：$L_{3,4} = 1.5\sqrt{2}B_{3,4}$。

螺旋掏槽是桶形掏槽的发展和理想形式，其中心为 1 个大直径空孔，各装药孔围绕它呈螺旋形排列，距离依次递增，由近及远逐次起爆，逐步扩大掏槽，最终形成非对称的桶形掏槽（见图 5-21）。中空孔的直径一般为 75～120 mm。各装药孔距中空孔的距离分别为空孔直径的 1.1～1.5 倍、1.3～2.5 倍、2～3.5 倍、3～4.5 倍。使用气腿式凿岩机时，大直径中空孔

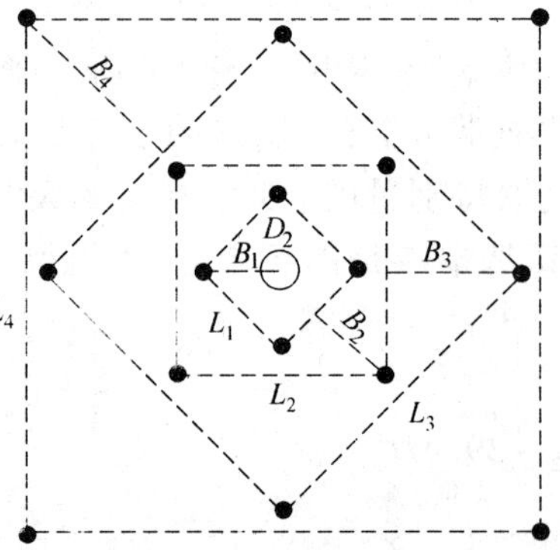

图 5-20 四方形掏槽计算图

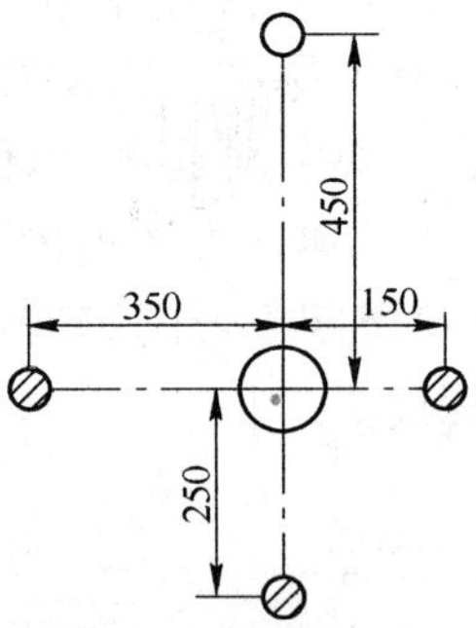

图 5-21 螺旋掏槽

可先用一般钎头凿岩，然后再用大直径钎头扩孔。螺旋掏槽爆破后，往往留有被压实的岩渣。为此常将空孔加深 200 ~ 400 mm，反向装 1 ~ 2 个药卷最后起爆，以加强抛掷作用。

研究表明，中空孔的数量和直径 d 及其与装药孔间距 a 对于直线掏槽十分重要。直径 d 与间距 a 的关系如图 5-22 所示。可见，在装药量及装药密度一定的条件下，孔距由大变小，岩石破坏类型依次由塑性变形变为破碎、完全抛掷直至两孔贯穿。当孔距 $a < 1.5d$ 时，槽口中的岩石会破碎并完全抛出，形成“破碎抛离”的理想效果；当 $a = (1.5 \sim 2.1)d$ 时，只是单独的“破碎”，而不能抛出，破碎的岩石大部分仍残留在槽腔中，尤其对于塑性岩石，其碎块或碎屑可能在槽腔中重新“固结”，而使掏槽失败；当 $a > 2.1d$ 时，岩石只能产生“塑性变形”，即使装药量再大，也只能在槽腔中形成“挤死”、“固结”现象。

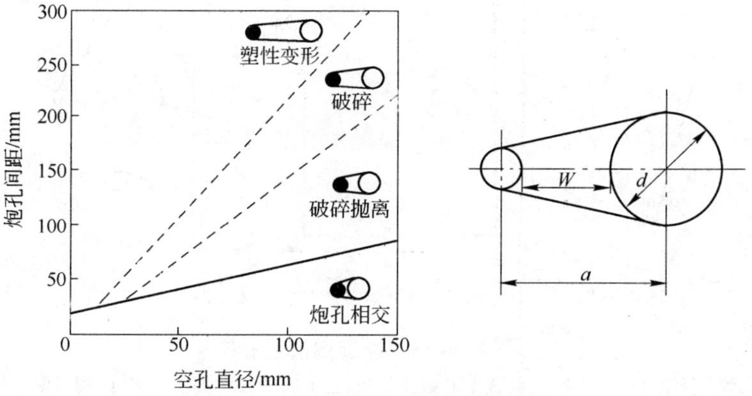

图 5-22 爆破效果与中空孔参数的关系

a—装药孔与空孔间距；d—空孔直径；W—最小抵抗线

如果受凿岩机的限制，不能钻凿大直径空孔时，也可用一般炮孔来代替，如图 5-23a 所示。炮孔间距可参考上面标准螺旋掏槽的参数适当减小。当遇到坚韧难爆的岩石时，可增加两个辅助空孔 O_1、O_2。当中空孔为一般炮孔时，还可装药，形成无空孔螺旋掏槽，如图 5-23b 所示。中心孔首先爆破后，附近的岩石被粉碎和压缩，形成一个漏斗形空洞。它的直径比炮孔直径大 2 ~ 6 倍，约 200 mm，为掏槽孔创造辅助自由面。为解决钻凿大直径空孔的困难，有双连中空孔的双螺旋掏槽（“科罗曼特”掏槽），如图 5-23c 所示。双连中空孔的直径不是很大，却可显著增加中空孔的面积。双连中空孔的螺旋掏槽可采用铝合金模板进行凿岩。图 5-23d 为有中空大孔的两层“科罗曼特”掏槽。

直线掏槽与倾斜掏槽相比，其特点是炮孔深度不受掘进断面尺寸的限制；操作简单，变更循环进尺时不需改变钻孔倾斜角度；各掏槽孔相互平行，掏槽的里外体积大小相近，使辅助孔的最小抵抗线较小；破碎岩石的块度较均匀，抛掷距离适度，岩堆较集中，利于装渣。它的缺点是采用气腿式凿岩机时，钻凿大直径中空孔困难；螺旋掏槽要求毫秒延期雷管的段数较多；掏槽孔之间的平行度要求较高。随着凿岩台车的推广应用，由于直孔掏槽不需要调整钻孔角度，其液压凿岩机钻凿大直径中空孔容易，而且循环进尺不受岩巷宽度限制，因此近

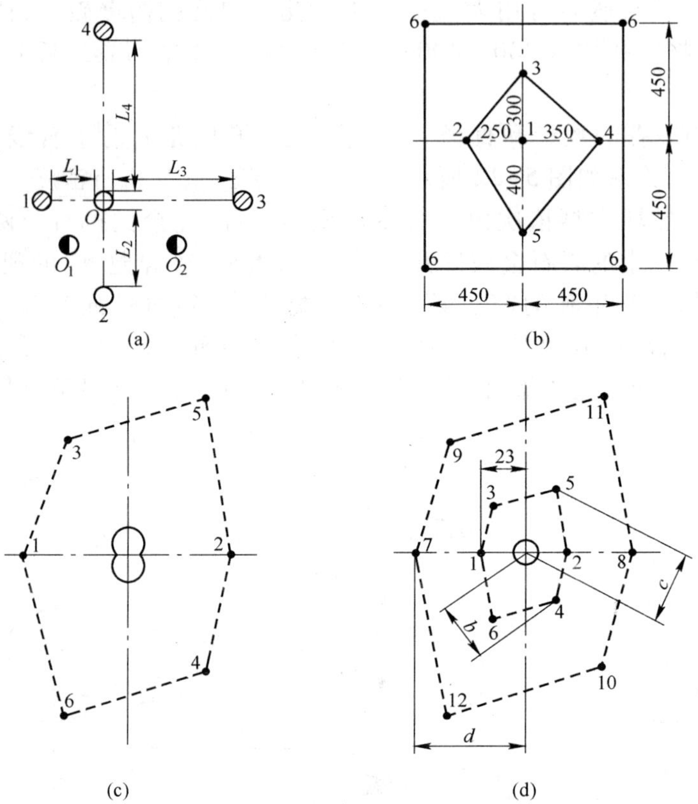

图5-23 螺旋掏槽变形

(a) 小直径空孔螺旋掏槽;(b)无空孔螺旋掏槽;(c) 科罗曼特掏槽;(d) 两层科罗曼特掏槽

年来直孔掏槽得到了广泛的应用。

5.3.2 爆破参数

爆破参数包括炮孔的几何参数、装药参数和起爆参数。它们关系到炸药能量的时空分布及合理利用,从而影响爆破效果。合理布置工作面上的炮孔及优化爆破参数是取得良好爆破效果和加快掘进速度的重要保证。爆破参数的选取方法主要有工程类比法、计算法及现场试验法等。每个工程的具体地质条件和现场施工条件都不同,应根据上述方法初选参数,再通过现场试验确定。隧道爆破工程可在洞外路堑边坡上做单孔爆破成缝试验及三孔爆破成缝试验,以确定光爆孔的爆破参数。必要时可做掏槽的分解爆破试验,以确定掏槽的类型及有关参数。

5.3.2.1 炮孔的几何参数

炮孔的几何参数包括炮孔的直径、深度、间距、数量、最小抵抗线及炮孔布置等。它们取决于爆破工程的类型及采用的爆破方法。

A 炮孔直径

炮孔直径直接影响凿岩速度、炮孔数量、炸药消耗量、岩巷断面轮廓的平整度及破碎岩石的块度。炮孔直径大，意味着药卷直径也可以增大，从而减少了炮孔数目。但凿岩速度将下降，岩巷轮廓的平整度不好，爆破的岩石块大，并影响围岩的稳定性。炮孔直径主要根据凿岩机性能和炸药性能及药卷直径等确定。

炮孔直径应与药卷直径相匹配，力求避免产生径向间隙效应。不耦合系数宜为1.1～1.4。目前，岩巷掘进中大多采用气腿式凿岩机，药卷直径为32～35 mm，而炮孔直径通常比药卷直径大5～10 mm，因此炮孔直径多采用38～43 mm。应当指出，在这种情况下很难避免径向间隙效应，因此炮孔深度不宜过大。当采用凿岩台车凿岩时，炮孔直径可以增至45～51 mm。

B 炮孔深度

炮孔深度简称孔深，它是指炮孔底至孔口的长度。岩巷爆破的特点是在单自由面条件下，炮孔深度受到断面夹制作用的影响。对于某种岩石，当装药量与最小抵抗线相适应时，其爆破漏斗的角度是一定的。当孔深适宜时，爆破漏斗中的岩石均处于自由面范围内，爆破效果较好。如果最小抵抗线过大，爆破漏斗超过自由面范围，一部分岩石将受到工作面周围岩体的极大阻力即工作面的夹制作用，岩石很难崩落下来，容易产生“冲天炮”❶。即使能崩落下来，也将产生较多的大块岩石。当最小抵抗线过小时，既浪费炸药，又使岩块抛掷过远而降低装渣效率，甚至个别飞石可能引起爆破事故。为了提高炮孔利用率、获得良好的爆破效果，应根据岩石性质、炸药威力及装药量等正确选取最小抵抗线。岩石爆破是一个极其复杂的过程，在确定最小抵抗线时多采用类比法，即根据类似工程的经验数据来确定。也可采用经验公式计算的方法，然后根据试验数据进行修正。由岩巷爆破的最小抵抗线即可确定炮孔深度，参见图5-16。此外，周边孔和辅助孔的孔底应在同一铅垂面上，以保证掘进工作面平整。掏槽孔的垂直深度一般应比其他炮孔的垂直深度大200 mm，以获得较好的掏槽效果。

表5-6 气腿式凿岩机的适宜孔深(m)

岩石坚固性系数 f	掘进断面/m^2	
	≤12	>12
1.5～3	2～3	2.5～3.5
4～6	1.5～2	2.2～2.5
7～20	1.2～1.8	1.5～2.2

炮孔深度与凿岩机性能有关，采用气腿式凿岩机时，炮孔深度宜为1.5～2.5 m，可按表5-6选取。孔深超过2.5 m后，气腿式凿岩机的凿岩速度将明显下降。在条件允许并能保证爆破效率的情况下，应尽量增大孔深，以提高循环进尺。断面大于8 m^2的岩巷采用液压凿岩台车时，直孔掏槽的炮孔深度可增至3～4 m，不少隧道工程的孔深已超过6 m（钻孔直径为48 mm，中空孔直径为102 mm）。

表5-7 垂直楔形掏槽孔的深度(m)

岩石坚固性系数 f	3～4	5～7	8～10	11～15
掏槽垂直孔深度	0.8B	0.7B	0.6B	0.5B

注：B为岩巷宽度(m)。

小断面岩巷或大断面岩巷的导坑或局部掘进采用垂直楔形掏槽时，其炮孔长度将受岩巷宽度的限制，炮孔深度不宜过大，一般为岩巷宽度的0.5～0.8倍，参见表5-7。

此外，炮孔深度还决定每个掘进循环的凿岩

❶ 冲天炮是指炮孔内的装药在爆炸时未能对岩体产生破坏作用，而是沿炮孔口方向崩出的现象。产生原因主要有最小抵抗线过大、炮孔的间距过大、炮孔的填塞质量不好等。

和装渣工作量、循环进尺及每班的循环次数。孔深应与装渣、运输能力及循环作业方式相适应，即孔深应能保证每班完成整循环，实现正规循环作业。这样，每班的工作任务明确，便于组织和管理。当要求严格按照循环图表作业时，孔深应按总循环图表及凿岩作业时间等条件，采用有关公式计算并经试验确定。

C 炮孔间距与炮孔数量

炮孔间距取决于岩石性质、炸药性能和炮孔直径等因素，它直接影响爆破效果。当各炮孔的装药量一定时，若炮孔间距过大，爆破后将形成多个“独立”的爆破漏斗，结果出现明显的根底；如果炮孔间距过小，则炮孔爆破作用重叠过多，浪费炸药，且抛渣过远而不利装渣，还可能发生飞石事故。掏槽孔的孔距由于其形式的不同而不同，可见前面的相关介绍。辅助孔与掏槽孔、辅助孔之间的距离可取 400 ~ 600 mm。最小抵抗线应小于同排（或同一环形）炮孔的间距，一般为孔距的 0.7 ~ 1.0。底孔间距一般为 500 ~ 700 mm。为给装渣与凿岩平行作业创造条件，通常采用抛渣爆破，将底孔间距缩小至 400 mm 左右，并将孔深加大 200 mm。两底角孔受围岩的夹制作用最强，且多有石渣堆积，致使其爆破负荷较大，其间距应适当减小（或增加该处的装药量），以消除爆破死角。光面层的里圈孔与光爆孔的间距应小些，可按最小抵抗线和炮孔密集系数确定。

炮孔数量取决于掘进断面、炮孔间距。它直接影响断面轮廓的平整度、破碎岩石的块度等。炮孔过少，断面轮廓不平整，岩石块度过大，不利于装渣；炮孔过多，凿岩工作量大，掘进时间增加。实际上，炮孔间距确定后，炮孔数量便大致固定了。在保证爆破效果的条件下，应尽量减少炮孔数量。岩巷掘进的炮孔数量可参考表 5-8 选取。

表 5-8 炮孔数量参考表

掘进断面积/m^2	岩石坚固性系数 f						
	4	6	8	10	12	15	20
3	7 ~ 8	9 ~ 10	10 ~ 11	11 ~ 13	12 ~ 14	13 ~ 15	15 ~ 18
4	8 ~ 9	10 ~ 11	11 ~ 13	13 ~ 15	14 ~ 16	16 ~ 18	16 ~ 21
5	9 ~ 10	11 ~ 13	13 ~ 15	14 ~ 16	16 ~ 18	17 ~ 20	20 ~ 23
6	10 ~ 11	12 ~ 14	14 ~ 16	16 ~ 18	18 ~ 20	19 ~ 22	22 ~ 25
7	11 ~ 12	13 ~ 15	15 ~ 17	17 ~ 19	19 ~ 21	21 ~ 24	23 ~ 27
8	11 ~ 13	14 ~ 16	16 ~ 18	18 ~ 20	20 ~ 23	22 ~ 25	25 ~ 29
9	12 ~ 14	15 ~ 17	17 ~ 20	20 ~ 23	22 ~ 24	23 ~ 27	27 ~ 31
10	13 ~ 15	16 ~ 18	18 ~ 21	22 ~ 24	23 ~ 25	25 ~ 28	28 ~ 33
12	14 ~ 16	17 ~ 20	20 ~ 23	23 ~ 25	24 ~ 28	27 ~ 31	31 ~ 36
14	15 ~ 17	18 ~ 21	21 ~ 24	24 ~ 27	26 ~ 30	29 ~ 33	33 ~ 39
16	16 ~ 18	20 ~ 23	23 ~ 25	25 ~ 29	26 ~ 32	31 ~ 38	36 ~ 41

炮孔数量也可按炮孔平均分配炸药量的原则来估算：

$$N = \frac{Q}{Q_0} = \frac{q\eta LS}{\frac{aLg}{l}} = \frac{q\eta lS}{ag} \tag{5-4}$$

式中 N——炮孔数；

Q——掘进每循环所需炸药量，kg；

Q_0——每个炮孔的平均装药量，kg；

q——单位炸药消耗量，kg/m^3，见后面相关内容；

η——炮孔利用率，可取 $\eta = 0.80 \sim 0.95$，孔深较小时取大值，

L——炮孔垂直深度，m；

S——岩巷掘进断面积，m^2；

a——平均装药系数（平均装药长度 L_1 与炮孔长度 L 之比），一般取 $a = 0.5 \sim 0.7$；

g——每个药卷的质量，kg；

l——每个药卷的长度，m。

式(5-4)中的炮孔利用率 η 对炮孔数有较大的影响。在估算出炮孔数量后作炮孔布置图，并作适当调整，便可得出炮孔数目。通过现场试验，在尽量提高炮孔利用率的条件下，进行调整修正，最终确定炮孔数量。

D 炮孔布置

合理的炮孔布置可提高爆破效果，它的核心是选择掏槽孔的形式。布置炮孔的顺序是：首先选择掏槽的形式并布置掏槽孔，然后布置周边孔及里圈孔，最后在其间布置其他辅助孔。炮孔布置的要求如下：

(1) 一般将掏槽孔布置在掘进工作面的中央偏下处，以使底部岩石破碎、减少飞石。当岩石的性质有差异时，掏槽孔应布置在岩石爆破性较弱（软弱夹层）的部位；在层状地层中，则布置在同一地层内。

(2) 光面爆破的周边孔沿掘进断面均匀布置。先在拱顶中央、两拱脚、底板与两帮相交处布置周边孔，再大致按等距离布置其他周边孔，以使掘进断面符合质量要求。

(3) 均匀布置靠近光爆孔的辅助孔（内圈孔），应特别注意均匀的光爆层是有效实现光面爆破不可忽视的环节。当炮孔垂直深度大于 2.5 m 时，里圈孔与周边孔应有相同的向外倾角。

(4) 底孔控制底板的标高，它的孔口应高于底板标高 150 ~ 200 mm，以利于凿岩并防止底孔灌水，而孔底则应低于底板标高 100 ~ 200 mm，防止底板逐渐抬高。此外，按设计排水沟的位置，应单独布置 1 个底孔。

(5) 根据断面确定辅助孔的排数，按辅助孔的数量由内向外逐排均匀交错布置。目的是保证逐步扩大掏槽的体积、崩落大量岩石，并使岩石块度适于装渣和避免崩坏支护及设备，保证一个炮孔的药卷起爆不会带出相邻炮孔内的药卷。

(6) 适当调整周边孔和辅助孔的数量与位置。

隧道工程的掘进断面较大，炮孔数量较多，同组起爆的组数较多，每组的炮孔数也较多。

某公路隧道工程的炮孔布置图如图 5-24 所示，某铁路隧道工程的炮孔布置图如图 5-25 所示。国外大断面掘进的炮孔布置图如图 5-26 所示。

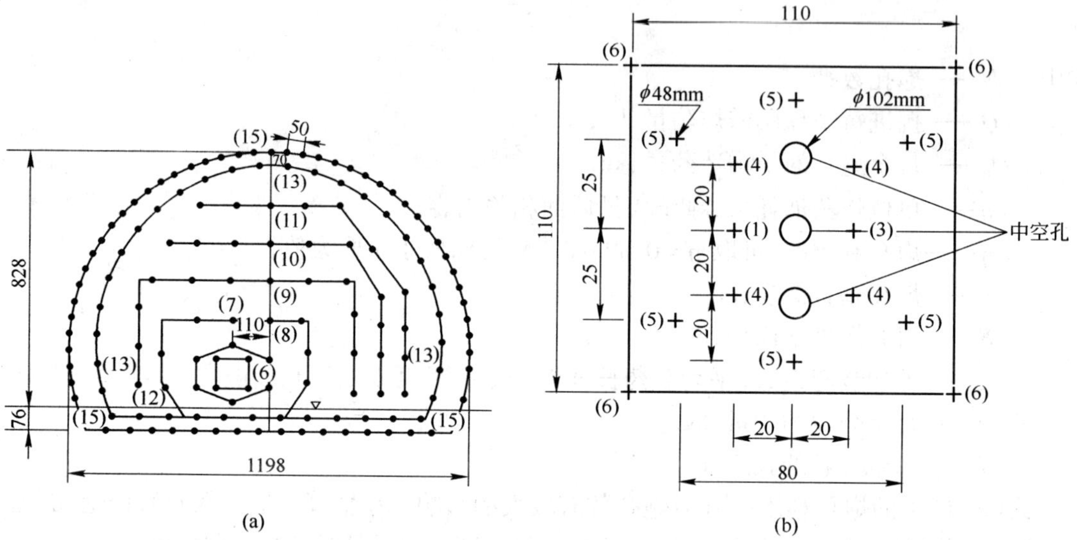

图 5-24 公路隧道工程的炮孔布置图示例(单位:cm)
(a) 炮孔布置图;(b) 掏槽形式

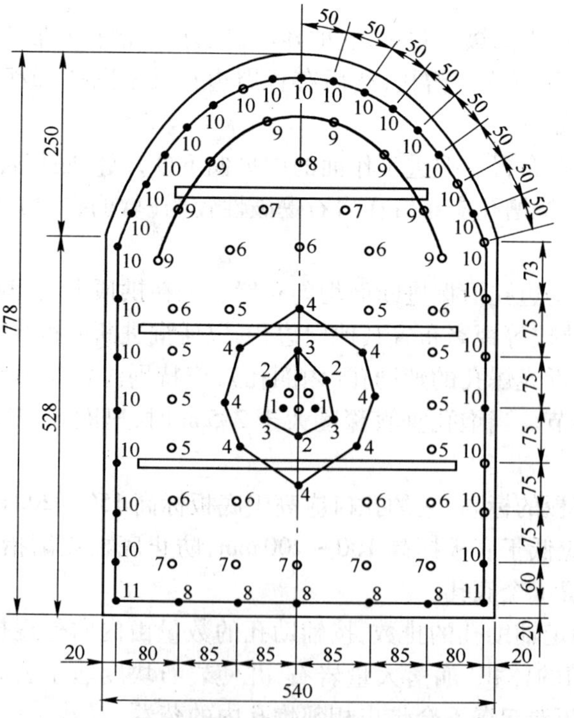

图 5-25 铁路隧道工程的炮孔布置图示例(单位:cm)
(实心孔为掏槽孔;未注数字的炮孔为中空孔,不装药)

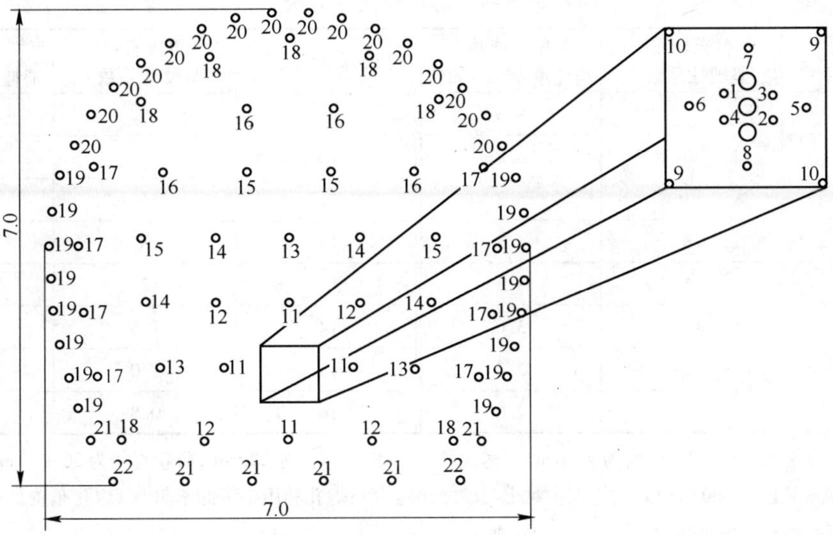

图 5-26 国外大断面掘进的炮孔布置图

5.3.2.2 装药与起爆参数

装药参数包括装药量及装药结构,起爆参数有起爆顺序及其间隔时间等。

A 单位炸药消耗量

单位炸药消耗量 q 是指爆破 1 m^3 实体岩石(原岩)所需的炸药量,即一次爆破所需的总炸药量 Q 与其爆破下来的实体岩石总体积 V 之比:

$$q = \frac{Q}{V} \tag{5-5}$$

单位炸药消耗量是一个重要的爆破参数,它在某种意义上可代表岩石的爆破性。单位炸药消耗量直接影响爆破效果及爆破成本,如炮孔利用率、破碎岩石块度及装渣效率、断面轮廓平整度、围岩稳定等。影响单位炸药消耗量的因素有:

(1) 炸药性能。炸药威力大,单位炸药消耗量小;反之,单位炸药消耗量就大。

(2) 岩石的物理力学性质。岩石坚韧,单位炸药消耗量大,反之则小。在一定限度内,岩体的层理、节理、裂隙发育时,单位炸药消耗量会减少。

(3) 自由面的数量及大小。掘进岩巷只有一个自由面,当断面较小时,爆破所需克服的岩巷周边阻力较大,单位炸药消耗量将增加;当断面较大时,单位炸药消耗量将减少。

(4) 炮孔的直径和深度。

苏联的 A. Φ. 苏哈诺夫(A. Φ. Суханов)就是采用单位炸药消耗量作为岩石爆破性分级指标的,如表 5-9 所示。表中还列入了普氏岩石坚固性系数 f 作为对比,因此由岩石坚固性系数 f 便可得到单位炸药消耗量 q。

表 5-9 苏氏爆破性分级

苏氏爆破性分级	普氏岩石坚硬性系数 f	单位炸药消耗量 q/kg · m^{-3}	苏氏爆破性分级	普氏岩石坚硬性系数 f	单位炸药消耗量 q/kg · m^{-3}
1	20	8.3	9	6	1.5
2		6.7	10	5	1.25
3		5.3	11	4	1.0
4	18	4.2	12	3	0.8
5	15	3.8	13	2	0.6
6	12	3.0	14	1.5	0.5
7	10	2.4	15	1.0	0.4
8	8	2.0	16	0.8	0.3

注：当时的测定条件是，掘进断面为 4 ~ 6 m^2；2 号硝铵安全炸药，爆力为 280 mL，药卷直径为 30 ~ 32 mm；炮孔深度为 1 m；填塞长度为 300 mm 以上，炮泥中黏土与砂之比为 3∶1；炮孔利用率不低于 80%；炮孔布置合理，掏槽孔用电雷管或导爆索一次起爆。

在掘进爆破中，单位炸药消耗量 q 通常可按工程类比法根据工程预算定额选取或利用经验公式计算。目前，虽然计算公式很多，但都不能进行精确计算。应当指出，后编的预算定额大多是参考已有的其他行业的相应预算定额，再适当放宽指标来制定的，因此应采用最早编制的预算定额来确定单位炸药消耗量 q。表 5-10 为 1981 年的《矿山井巷工程预算定额》规定的单位炸药消耗量定额。用爆破漏斗试验确定时，一般松动爆破的单位炸药消耗量约为标准抛掷爆破的三分之一。铁路隧道工程的单位炸药消耗量如表 5-11 所示。

表 5-10 平巷、平硐掘进单位炸药消耗定额 (kg/m^3)

掘进断面/m^2	岩石坚固性系数 f				
	2 ~ 3	4 ~ 6	8 ~ 10	12 ~ 14	15 ~ 20
≤4	1.23	1.77	2.48	2.96	3.36
4 ~ 6	1.05	1.50	2.15	2.46	2.93
6 ~ 8	0.89	1.28	1.89	2.33	2.59
8 ~ 10	0.78	1.12	1.69	2.04	2.32
10 ~ 12	0.72	1.01	1.61	1.90	2.10
12 ~ 15	0.66	0.92	1.36	1.78	1.97
15 ~ 20	0.64	0.90	1.31	1.67	1.85
>20	0.60	0.86	1.26	1.62	1.80

表 5-11 铁路隧道工程单位炸药消耗定额 (kg/m^3)

工程项目		围岩级别			
		特坚岩石(Ⅰ)	坚硬岩石(Ⅱ ~ Ⅲ)	次坚岩石(Ⅲ ~ Ⅳ)	软弱岩石(Ⅴ)
导洞	4 ~ 6 m^2	2.9	2.3	1.8	1.5
	7 ~ 9 m	2.5	2.0	1.6	1.3
	10 ~ 12 m	2.25	1.8	1.5	1.2

续表 5-11

工程项目		围岩级别			
		特坚岩石(Ⅰ)	坚硬岩石(Ⅱ~Ⅲ)	次坚岩石(Ⅲ~Ⅳ)	软弱岩石(Ⅴ)
扩大炮孔		1.10	0.85	0.7	0.6
周边炮孔		0.90	0.75	0.65	0.55
底部炮孔		1.4	1.2	1.1	1.0
半断面(多台阶)	拱部	1.0~1.1			
	底部	0.5~0.65			
全断面		1.4~1.6			

注:岩石级别为铁路隧道工程分级。

将表 5-11 中岩石级别划分的单轴饱和抗压强度 R_c 与大致的普氏岩石坚硬性系数 f 相比较,如表 5-12 所示。

表 5-12 铁路隧道围岩分级与普氏岩石坚硬性系数 f 对照

围岩级别	单轴饱和抗压强度 R_c/MPa	相当于普氏岩石坚硬性系数 f
Ⅰ	硬质岩,>60	8~10
Ⅱ	硬质岩,>30;软质岩,30	6~8
Ⅲ	硬质岩,>30;软质岩,5~30	<4
Ⅳ	硬质岩,>30;软质岩,5~30	<4

比较表 5-11 与表 5-12 可见,铁路隧道工程对于"特坚岩石"($f>10$)的单位炸药消耗量 q 只有一挡,如果是按 $f>12$ 的条件取值,则对于较软岩石的单位炸药消耗量 q 就必然偏大。比较表 5-11 与表 5-10 可以看出,铁路隧道工程单位炸药消耗定额的 q 确实偏大。此外,半断面和全断面的单位炸药消耗定额 q 与岩石级别无关,似不妥当。

表 5-10 和表 5-11 中所列定额是按 2 号岩石硝铵炸药制定的。但铵梯炸药已从 2008 年 6 月 30 日后停止使用,定额有待重新编写。采用其他炸药时,可按做功能力进行修正:

$$q' = \frac{320}{P}q \tag{5-6}$$

式中 q'——采用炸药的单位炸药消耗量,kg/m³;

q——2 号岩石硝铵炸药的单位炸药消耗量,kg/m³;

P——采用炸药的作功能力,mL。

根据工程定额选取或经验公式计算单位炸药消耗量 q 后,应通过现场试验对 q 进行调整,最后综合爆破效果和经济效果来确定。单位炸药消耗量确定后,便可计算炮孔的装药量。炮孔利用率对单位炸药消耗量 q 的影响较大,因此在实际爆破作业中,应力求提高炮孔利用率。

B 炮孔装药量

炮孔装药量是影响爆破效果的重要因素。装药量不足,会降低炮孔利用率,导致断面轮廓不整齐、块度偏大,甚至岩石爆破不下来;药量过多,则会破坏围岩稳定,导致抛渣分散,影响装渣,而且不安全。合理的装药量与岩石性质、自由面状况、爆破条件、崩落岩石量等因素有关。通常采用体积法计算一个掘进循环的总装药量:

$$Q = qV = qSL\eta \tag{5-7}$$

式中 Q——一个掘进循环的总装药量,kg;

q——单位炸药消耗量,kg/m^3;

V——爆破岩石的实体体积,m^3;

S——岩巷掘进断面积,m^2;

L——炮孔垂直深度,m;

η——炮孔利用率,可取 $\eta = 0.80 \sim 0.95$,孔深较小时取大值。

求出总装药量 Q 后,可按各类炮孔的爆破特性进行分配。掏槽孔的装药量比其他炮孔大 20% ~30%。底孔最后起爆,当采用抛掷爆破时,它们除要破碎该区的岩石外,还要克服压在其上的已爆的岩石重量,并将它们向后抛出适当距离,以便装渣。因此,装药量也应大些,介于掏槽孔与辅助孔之间,每个底孔可增加 1 ~2 个药卷。两底角孔的装药量还应适当增加(或增加角部附近的底孔)。拱顶周边孔应控制装药量,防止出现超挖。

炮孔的装药量,也可由炮孔的装药系数 a 和线装药密度(又称装药集中度)q_1来确定。装药系数 a 是指装药长度与炮孔长度之比,而线装药密度 q_1是指炮孔单位装药段长度的装药量。注意装药集中度不同于线装药密度,它是指全部炮孔平均单位长度(包括填塞段长度)的装药量。炮孔装药量的计算式如下:

$$q_i = a_i L q_1 \tag{5-8}$$

式中 q_i——每个掏槽孔、辅助孔、周边孔的装药量,kg;

a_i——掏槽孔、辅助孔、周边孔的装药系数,按表 5-13 或表 5-14 中的 a 值采用;

L——炮孔长度,m;

q_1——线装药密度,kg/m,可按表 5-15 中的 q_1值采用。

表 5-13 炮孔装药系数 a_i

岩石坚固性系数 f	3 ~4	5 ~6	8	10	15 ~20
掏槽孔	0.55	0.60	0.65	0.70	0.80
辅助孔	0.45	0.50	0.55	0.60	0.70
周边孔	0.45	0.55	0.60	0.65	0.75

表 5-14 炮孔装药系数 a_i

隧道围岩级别	Ⅳ、Ⅴ	Ⅲ	Ⅱ	Ⅰ
掏槽孔、底孔	0.5	0.55	0.6	0.65 ~0.80
辅助孔	0.4	0.45	0.5	0.55 ~0.70
其他周边孔	0.4	0.45	0.55	0.60 ~0.75

表 5-15 线装药密度 q_1

药卷直径/mm	32	35	38	40	45	50
单位长度质量/kg·m^{-1}	0.78	0.96	1.10	1.25	1.59	1.90

注:表中的线装药密度 q_1为 2 号岩石硝铵炸药的,目前已停止使用,采用其他类型炸药时应修正。

各炮孔的装药量确定后,最好通过现场实际爆破试验进行调整,最后综合爆破效果和经济效益来确定。

C 装药结构

装药结构是指药卷在炮孔中的分配形式、起爆药卷的位置及填塞情况。掘进爆破均采用柱状装药结构。它按炮孔的径向形式可分为耦合装药与不耦合装药,按轴向形式可分为连续装药与分段装药等。不耦合装药又称非耦合装药,它是指药卷外表面与炮孔壁之间存在一定间隙的装药方式。一般采用药卷装药的均为不耦合装药,光面爆破要求较大的不耦合程度。耦合装药则是药卷表面与炮孔壁密切接触、没有间隙,一般只有在采用装药器装药时才能实现。在掘进爆破中,除光面爆破的光爆孔常采用分段装药外,一般均采用连续装药,各药卷彼此紧密相接。不同的装药结构具有不同的能量分布,采用合理的装药结构才可能提高爆破效果。

按起爆药卷的位置,可分为正向起爆装药和反向起爆装药两种方式。正向起爆装药是先将普通药卷依次装入炮孔内,最后装入起爆药卷。所有药卷和雷管的聚能穴均朝向孔底。实际作业中一般将起爆药卷装在孔口的第二个药卷位置(见图 5-27a)。反向起爆装药是将起爆药卷装在距孔底第二个药卷位置,所有药卷和雷管的聚能穴均朝向孔口(见图 5-27b)。

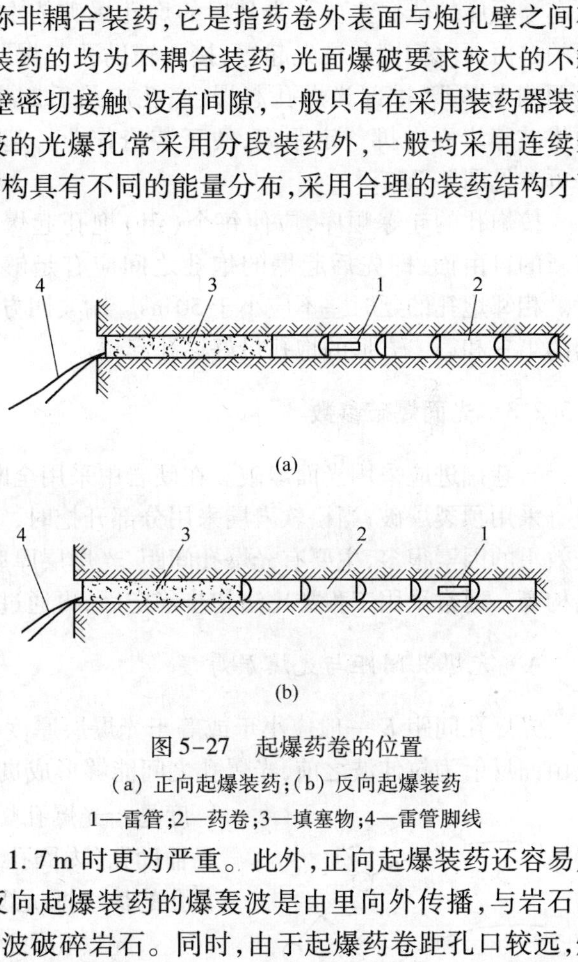

图 5-27 起爆药卷的位置

(a) 正向起爆装药;(b) 反向起爆装药

1—雷管;2—药卷;3—填塞物;4—雷管脚线

过去多采用正向起爆装药,由于爆轰波由外向里传播,将孔底的药卷压实,使其密度增大,可能产生拒爆。实践中,掏槽孔的孔底常留有残药,炮孔利用率较低。当装药长度较大,如超过 1.7 m 时更为严重。此外,正向起爆装药还容易产生“带炮”现象,且处理拒爆时较危险。反向起爆装药的爆轰波是由里向外传播,与岩石向自由面运动的方向一致,有利于反射拉伸波破碎岩石。同时,由于起爆药卷距孔口较远,爆炸气体的压力保持时间较长,爆炸能量利用较充分,可提高炮孔利用率。发生拒爆时,掏出炮泥再装入一个起爆药卷重新起爆即可,处理比较安全。实践表明,岩石越坚固、炸药爆速越低、炮孔深度越大,反向起爆装药的爆破效果越明显。但反向起爆装药的雷管脚线或导爆管较长,装药稍显麻烦,在有水的炮孔中起爆易受潮拒爆。反向起爆装药的传爆方向指向炮孔口,易从炮孔口喷火引起瓦斯、煤尘爆炸。在高瓦斯地段采用毫秒爆破时,宜采用正向起爆装药,若采用反向起爆装药,必须制定安全技术措施。只要充填足够长度的炮泥,反向起爆装药的安全性就会有较大的提高。

炮孔口填塞良好可阻止爆轰气体过早泄出，增加气体压力的作用时间，提高爆破效果，这在浅孔时尤为明显。此外，填塞良好还可保证炸药反应完全，释放热能多，减少有毒气体的生成量。填塞不佳往往是产生冲天炮、孔口飞石或加剧空气冲击波的重要原因。因此，炮孔填塞应有足够的长度及质量。填塞长度与装药量或炮孔长度有关，通常为装药长度的1/3～1/2。光面爆破的光爆孔的填塞长度应大于300 mm。

D 炮孔起爆参数

起爆参数包括起爆的顺序、间隔时间及起爆方法等。它们是影响爆破效果及爆破安全的重要因素。炮孔起爆顺序的依据主要是为其后的炮孔爆破依次增加新的自由面。掏槽孔最先起爆，接着辅助孔起爆，然后是两侧光爆孔、拱部光爆孔起爆，底孔应最后起爆，以便将破碎岩石抛掷一定距离，便于装渣作业。起爆顺序可参见图5-28。

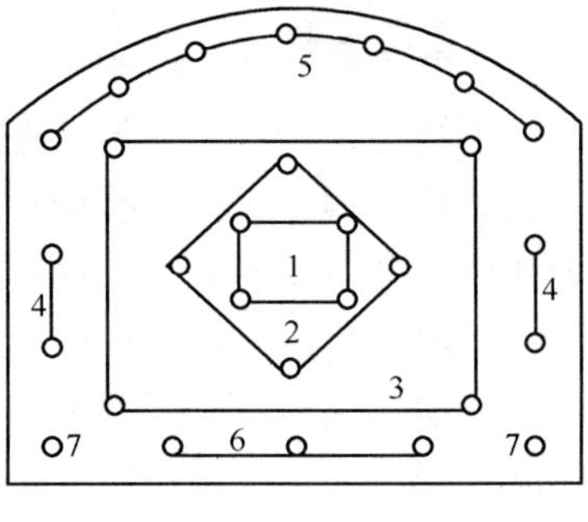

图5-28 岩巷掘进炮孔起爆顺序
1—掏槽孔；2，3—辅助孔；4—两侧孔；5—拱顶孔；6—底中孔；7—底角孔

按炮孔的起爆顺序，应使每个（组）炮孔起爆时都有新的自由面，即先后起爆的炮孔之间应有足够的延时。相邻炮孔的延时差不应小于50 ms。瑞典四方形掏槽的第一和第二方形的炮孔最好逐孔起爆。

5.3.2.3 光面爆破参数

岩巷掘进应采用光面爆破。在硬岩中采用全断面一次开挖时，可采用光面爆破；在软岩中宜采用预裂爆破；当松软岩层采用分部开挖时，宜采用预留光面层光面爆破。影响光面爆破效果的因素很多，主要有光爆孔间距、光爆层厚度、光爆孔的密集系数、装药集中度及装药结构等。通常采用工程类比法初步确定后，再通过现场试爆加以修正。

A 光爆孔间距与光爆层厚度

光爆孔间距 E 一般应小于或等于光爆层厚度 W，以便光爆孔的爆炸压缩波在从光爆层自由面反射为拉伸波之前，光爆孔之间能够形成贯通裂缝，保证光面爆破的效果。光爆层厚度是指光爆孔爆破的那部分岩体，即光爆孔与其邻近的辅助孔（内圈孔）之间的一圈岩石层的厚度，它就是光爆孔的最小抵抗线 W（见图5-29）。

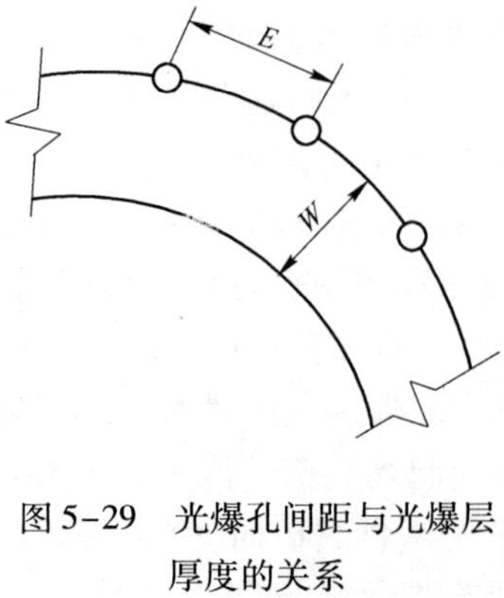

图5-29 光爆孔间距与光爆层厚度的关系

光爆孔间距 E 与光爆层厚度 W 的关系可用炮孔密集系数（又称邻近系数、相对间距）K 来反映：

$$K=\frac{E}{W} \tag{5-9}$$

式中 K——炮孔密集系数；

E——光爆孔间距；

W——最小抵抗线。

炮孔密集系数 K 是光面爆破的一个十分重要的参数，对光面爆破效果影响较大。一般 $K=0.8\sim1.0$，岩石坚固、完整时取大值；岩石松软、破碎时取小值；岩巷在曲线段应比直线段稍小，曲率大的应比曲率小的小些。

光爆孔间距 E 和岩石的极限抗压强度与极限抗拉强度的比值或炮孔直径有关，一般有 $E=(10\sim14)d$，d 为光爆孔直径。当炮孔直径为 38 ~ 43 mm 时，光爆孔间距约为 350 ~ 500 mm。对于岩巷跨度较小、岩石坚硬且节理裂隙发育的岩体，光爆孔间距宜小些；对于软质或完整性好的岩体，光爆孔间距可大些。此外，炸药的品种对光爆孔间距也有一定影响。光爆层厚度与掘进断面和岩石性质、地质构造有关。断面大的光爆孔受到的夹制作用小，光爆层容易崩落，光爆层厚度可大些。坚硬完整的岩体，光爆层宜薄些，松软破碎的岩体，光爆层可厚些。光爆层厚度一般为 500 ~ 800 mm。

B 光爆孔外插角

为保持掘进断面形状，光爆孔的中心应在掘进断面的轮廓线上，而孔底则向外倾斜 100 ~ 150 mm，或按岩石坚固性系数 f 由表 5-16 确定。这样爆破后便形成两次爆破衔接台阶（见图 5-30），又称岩面不平整度或起伏差。它在下一循环凿岩时，能使凿岩机有足够的工作空间。岩面不平整度应力求减至最小，要求凿岩人员具有熟练的技术。

表 5-16 光爆孔底距岩巷断面轮廓线的距离 (mm)

岩石坚固性系数 f	3 ~ 4	4 ~ 6	6 ~ 8	8 ~ 15	> 15
孔底超出轮廓线距离	200 ~ 100	100 ~ 50	50 ~ 0	0	50 ~ 100

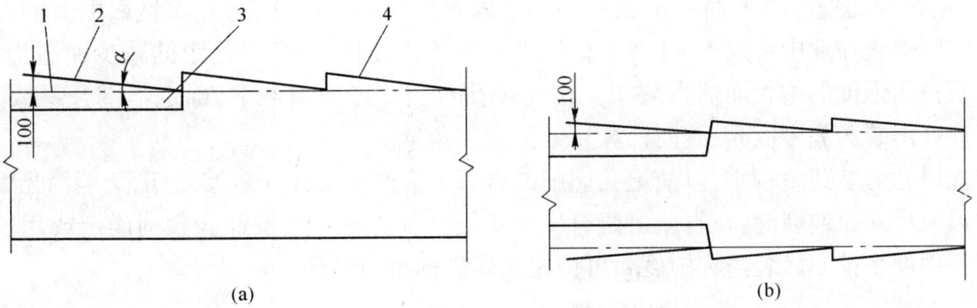

图 5-30 光爆孔的外插角

(a) 拱部；(b) 侧墙

1—设计轮廓线；2—光爆孔；3—光面层；4—实际轮廓线

C 光爆孔装药及装药量

在光面爆破中，选用合适的炸药品种和装药结构是获取良好光面爆破效果的重要条件。为减少爆破对围岩的破坏，宜采用低爆速、低猛度及传爆性能好的炸药。采用不耦合装药，空气间隙可有效降低炮孔内爆炸气体和冲击波的初始压力峰值，避免药包附近岩石粉碎区的形成，减轻径向裂隙对孔壁的破坏，从而减少明显的爆震裂缝，提高炮孔痕迹率，增加围岩的稳定性。不耦合程度用不耦合系数（或非耦合系数）K（或 K'）来表示（见图 5-31）：

$$K=\frac{d_h}{d_c} \tag{5-10}$$

$$K' = \frac{V_h}{V_c} \tag{5-11}$$

式中 d_h——炮孔直径，mm；

d_c——药卷直径，mm；

V_h——炮孔体积，cm^3，$V_h = \pi d_h^2 l_h$；

V_c——药卷体积，cm^3，$V_c = \pi d_c^2 l_c$；

l_h——炮孔有效长度，mm；

l_c——药卷总长度，mm。

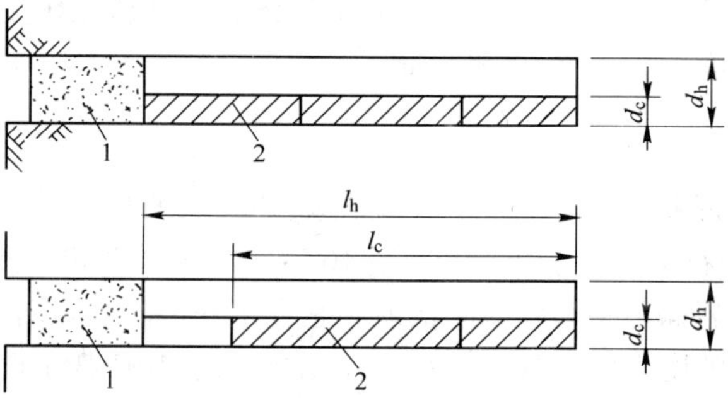

图5-31 不耦合系数计算图

1—填塞物（炮泥）；2—药卷

当 $K=1$ 时，表示药卷与孔壁间没有空隙，即为耦合装药。研究表明，当 $K=1.1\sim3.0$ 时，作用在炮孔壁岩石上的冲击压力将小于岩石的动抗压强度，可获得良好的光面爆破效果。实际爆破作业中可取 $K=1.5\sim2.5$，$K'=4\sim6$，它们应随光爆孔距的减少而适当增大，随岩石抗压强度的增大而适当减小。在光爆孔直径一定的条件下，确定不耦合系数 K 后，即可计算出装药集中度 q_1，继而计算光爆孔的装药量。

光爆孔的装药量较小，以使炮孔周围的岩石不会产生粉碎性压缩破坏，又能沿光爆孔的连线形成贯穿拉伸裂缝，在岩壁上留有半个孔痕。装药量一般按经验数据确定或用较低的装药集中度来控制。装药集中度 q_1 可按松动爆破的单位炸药消耗量计算：

$$q_1 = qEW \tag{5-12}$$

式中 q_1——装药集中度，kg/m；

q——松动爆破单位炸药消耗量，kg/m^3，可按一般单位炸药消耗量的1/3采用；

E——光爆孔间距，m；

W——光爆层厚度，m，可取 $W=(14\sim16)d$，d 为光爆孔直径，mm。

由光爆孔长度和装药集中度 q_1 即可求出光爆孔的装药量。当光爆孔采用空气间隔装药，用导爆索串联各药卷起爆时，普通导爆索可按20 g/m 折算为2号岩石乳化炸药。确定光爆孔的装药量后，应通过现场实际爆破试验进行调整，最后综合爆破效果和经济效益来确定。

此外，均匀的光爆层是有效实现光面爆破不可忽视的因素，靠近光爆孔的内圈孔的装药量应适当减小。因为它先于光爆孔起爆，如果装药量过大，可能使其爆破范围超过设计界面，致使光面层厚度不均而影响光面爆破的效果。甚至在光爆孔起爆之前先将控制界面破坏，从而形成超挖，降低光爆质量。这在地质条件不好时，尤为重要。

D 光爆孔装药结构

炮孔直径一般为38～43 mm，药卷直径为32 mm、35mm，非耦合系数显然不能满足上述要求。若改用直径为22 mm，25mm 的小直径药卷，可使不耦合系数增加到1.7～2.0（见图5-32a）。此外，药卷应尽量置于炮孔断面的中心，以保证孔壁各处均不被粉碎。国外采用炮孔中心定位器进行定位，它是带固定片的塑料套管。装药时，固定片启动，直径变得比炮孔直径稍大，当药包被推入炮孔后，药卷便锁定在中心位置。为了克服孔底围岩的较大夹持作用，可在孔底装一个标准直径的药卷，这对于坚固岩石尤为必要。

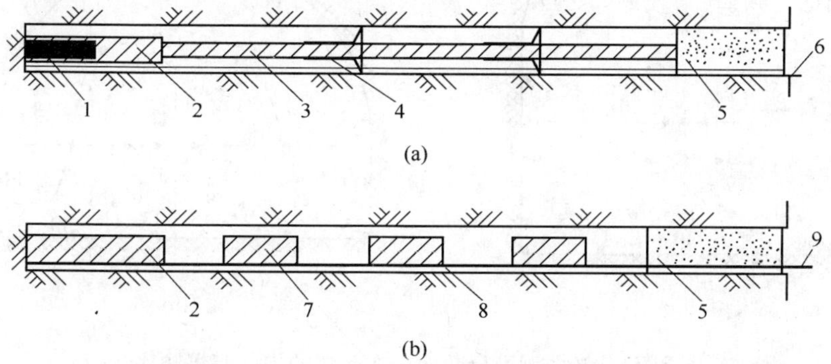

图5-32 光爆孔装药结构

（a）小直径药卷连续装药；（b）普通药卷间隔装药

1—雷管；2—底部加强装药卷；3—小直径药卷；4—中心定位器（翼叶套管）；5—炮泥；6—脚线或导爆管；7—半个药卷；8—固定竹片；9—导爆索

国内由于小直径药卷的规格品种很少，目前大多仍然使用直径为32 mm、35 mm 的乳化炸药药卷，为此采用空气间隔装药，用导爆索串联各药卷起爆（见图5-32b）。通常将通用直径的药卷一分为二，半个药卷的间距可由装药集中度均匀分布确定，一般为120～300 mm。为控制间隔的距离，使药卷置于炮孔断面的中心，并防止药卷窜动，可将各药卷及导爆索绑在竹条上。空气间隔装药适用于孔深不大于2 m 的情形。由于孔底岩石的夹持作用较大，在硬岩或孔深较大时，可在孔底放置一个整药卷。空气间隔装药中的导爆索有可能提前遭受破坏而拒爆，应采取保护措施。为此还可采用导爆索双向环形连接（见图5-33）。

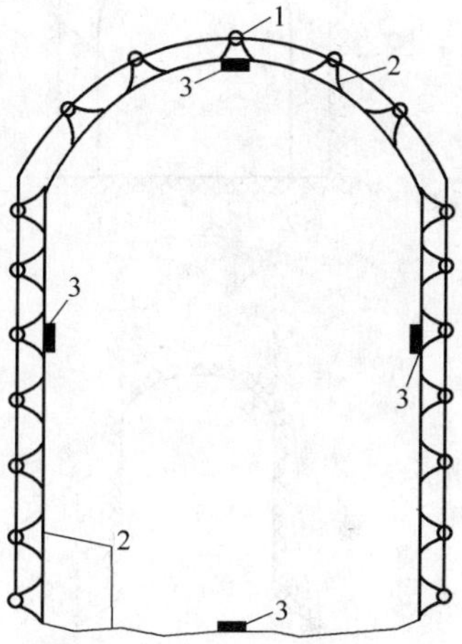

图5-33 隧道光爆孔的导爆索闭合起爆网路

1—炮孔；2—导爆索；3—起爆雷管

光爆孔的炮泥应堵塞良好，堵塞长度不得小于300 mm，以延长爆轰气体的作用时间，并保证炮孔只产生裂缝而不出现爆破漏斗。

E 光面爆破起爆

光爆孔和预裂孔应同时起爆，以保证各光爆孔之间产生贯通裂缝，并抑制其他方向的裂隙发育。光面爆破起爆分为全断面一次爆破和预留光面层爆破两种方法。

全断面一次爆破需采用多段毫秒雷管(见图5-34),它适用于较小的掘进断面。如果有25 ms等间隔延期电雷管,大断面岩巷也可以采用全断面一次爆破。光爆孔与辅助孔的起爆间隔宜稍大些,但不宜超过100 ms。当采用间隔时间较小的毫秒雷管时,可跳段应用。全断面一次爆破的操作简单,易于推广。缺点是需用多段毫秒雷管,光爆孔高段毫秒雷管的延时误差较大,难以保证最后同时起爆。

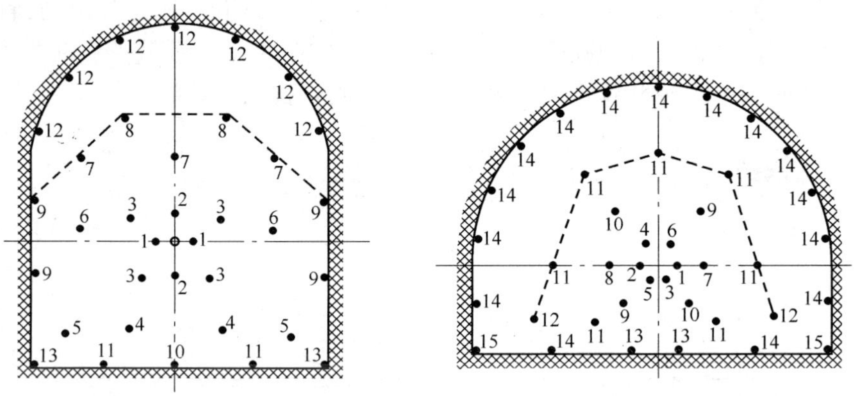

(a) (b)

图5-34 光面爆破全断面一次起爆的炮孔起爆顺序

(a) 拱顶光爆层;(b) 拱顶与侧墙光爆层

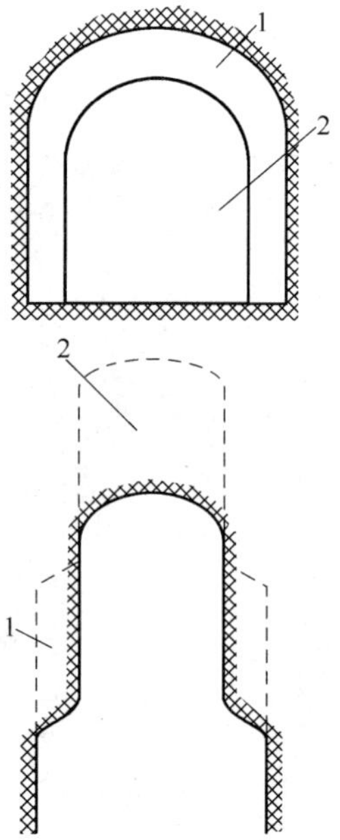

图5-35 预留光爆层爆破示意图

1—预留光爆层;2—超前掘进区

预留光面爆破也称普通光面爆破法,它是先用普通爆破法超前一两个循环爆破出除光爆层以外的稍小的粗略断面,给周边留下一个厚度较均匀的光爆层(见图5-35)。光爆孔与下一循环的掏槽孔同时凿岩,光爆孔首先起爆。当先爆破的断面高度不够,影响装渣时,可改用预裂爆破。它的优点是预裂孔首先起爆,可采用0段毫秒雷管,延时精度高。其次,“光爆层”的自由面上没有岩渣阻挡,夹制作用小。但凿岩、爆破和装渣作业复杂,只适用于较大断面的掘进。

如果围岩稳定性较差,或岩巷断面较大,为减少爆破震动,光爆孔也可分组起爆。将整个断面的炮孔分为几个区,采用孔内延时与孔外延时相结合的方法,孔外延时采用地表干线雷管,连接各分区的炮孔雷管,如图5-36所示。分区爆破的一个重要原则是:炮孔内的雷管必须在所有地表干线雷管全部起爆后才能起爆,以防先爆炮孔抛掷的石块砸断还未起爆的网路,造成拒爆。图中最先起爆的炮孔内的雷管延时276 ms,而最大炮孔外延时为176 ms。

预裂爆破时,为了确保降震作用,必须使预裂孔超前于主爆破孔起爆,其超前时差不得少于表5-17的规定。

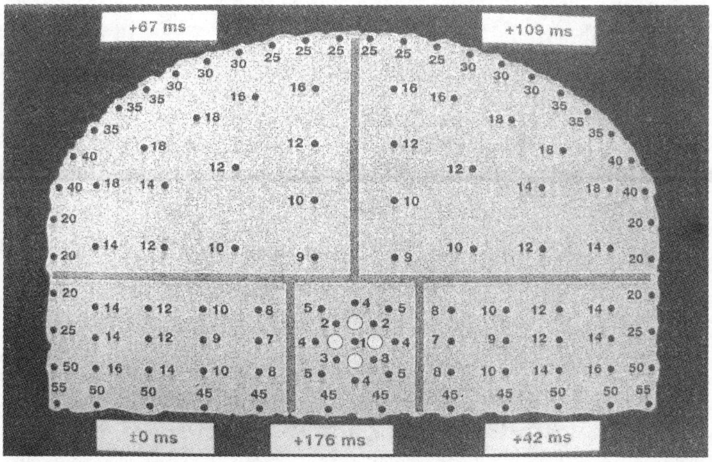

(a)

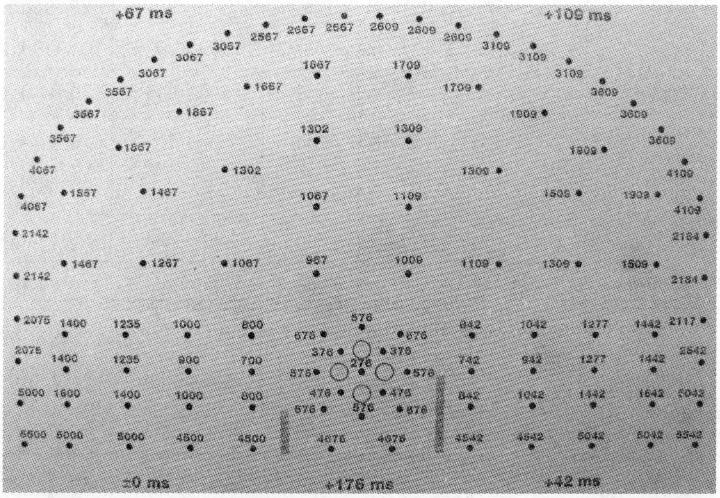

(b)

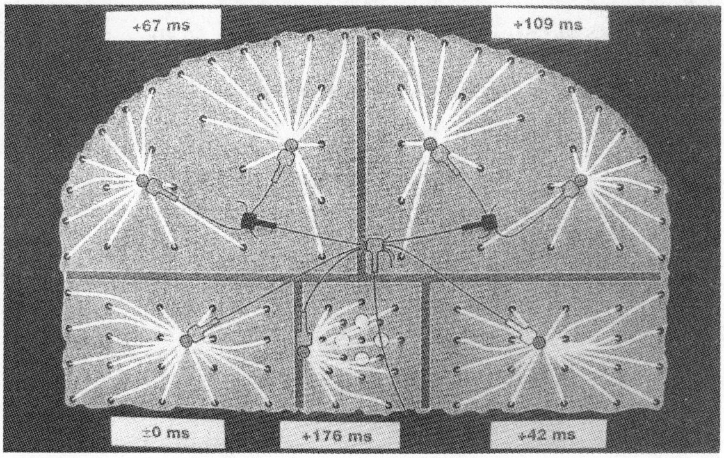

(c)

图 5-36　导爆管分区起爆

(a) 炮孔起爆顺序及分区；(b) 炮孔内雷管延时时间；(c) 分区连接

表 5-17 预裂孔超前主爆孔起爆的时差 (ms)

岩石性质	超前时差
坚硬岩石	50～75
中等坚硬岩石	75～150
松软岩石	150～200

F 实用光面爆破参数

马鞍山矿山研究院于20世纪60年代通过现场大量试验提出了光面爆破参数，如表5-18所示。

表 5-18 马鞍山矿山研究院光爆孔参数

岩体情况	开挖部位及跨度/m		炮孔间距①/mm	光面层厚度/mm	炮孔密集系数②	装药集中度/kg·m^{-1}
整体稳定性好，中硬至坚硬岩石	顶拱	≤5	600～700	500～700	1.0～1.1	0.20～0.30
		>5	700～800	700～900	0.9～1.0	0.20～0.25
	侧墙		600～700	600～700	0.9～1.0	0.20～0.25
整体稳定性一般或欠佳，中硬至坚硬岩石	顶拱	≤5	600～700	600～800	0.9～1.0	0.20～0.25
		>5	700～800	800～1000	0.8～0.9	0.15～0.20
	侧墙		600～700	700～800	0.8～0.9	0.20～0.25
节理、裂隙发育，破碎松软岩石	顶拱	≤5	400～600	700～900	0.6～0.8	0.12～0.18
		>5	500～700	800～1000	0.5～0.7	
	侧墙		500～700	700～900	0.7～0.8	0.15～0.20

① 炮孔直径为35～45 mm；

② 炮孔密集系数大于1适用于特别坚硬、完整的岩体。

《锚杆喷射混凝土支护技术规范》(GB50086—2001)给出的光面爆破的爆破参数如表5-19所示。公路隧道工程与其基本相同，而铁路隧道、地下铁道工程则略有不同，也列入表5-19。

表 5-19 光面爆破参数

岩石类别	饱和单轴抗压强度f_r/MPa（岩石坚固性系数f）	装药非耦合系数	光爆孔间距 E/mm	光面层厚度 W/mm	炮孔密集系数 E/W	装药集中度 q_l/kg·m^{-1}
硬　岩 [(极硬岩)]	>60 (f= >8～10)	1.2～1.5 (1.25～1.5)	550～700 〈(500～600)〉	700～850 〈(550～750)〉 [600～800]	0.8～1.0 〈(0.8～0.85)〉 [0.7～1.0]	0.30～0.35 (0.25～0.30)
中硬岩 [(硬岩)]	30～60 (f=6～8)	1.5～2.0	450～650 (400～500) 〈400～450〉 {450～600}	600～750 〈(500～600)〉 [600～800]	0.8～1.0 〈(0.8～0.85)〉 [0.7～1.0]	0.20～0.30 (0.15～0.25)

续表 5-19

岩石类别	饱和单轴抗压强度 f_r/MPa（岩石坚固性系数 f）	装药非耦合系数	光爆孔间距 E/mm	光面层厚度 W/mm	炮孔密集系数 E/W	装药集中度 q_1/kg·m^{-1}
软　岩	≤30 (f<4)	2.0~2.5	350~500 (350~450) 〈300~450〉 {300~500}	400~600 [〈(450~600)〉]	0.5~0.8 〈(0.75~0.8)〉	0.07~0.15 [(0.07~0.12)]

注：1. 表中所列参数适用于炮孔深度为1.0~3.5(4.0)m，炮孔直径为40~50mm，药卷直径为20~32(35)mm的情形；

2. 圆括号内数值为《铁路隧道钻爆法施工工序及作业指南》(TZ231—2007)与其不同的参数，尖括号内数值为《铁路隧道工程施工技术指南》(TZ204—2008)与其不同的参数，方括号内数值为《铁路隧道施工规范》(TB10204—2002)和《地下铁道工程施工及验收规范(2003年版)》(GB50299—1999)与其不同的参数，大括号内数值为《公路隧道施工技术细则》(JTG/T F60—2009)与其不同的参数；

3. 表中装药集中度 q_1 为2号岩石硝铵炸药(目前已停止使用)的，采用其他类型炸药时应修正；

4. 当断面小或围岩软弱、破碎，对曲线、折线开挖成形要求较高时，光爆孔间距 E 应取较小值；

5. 光面层厚度(光爆孔抵抗线) W 值在一般情况下应大于光爆孔间距 E 值。软岩在取较小 E 值时，W 值应适当增大；

6. 炮孔密集系数 E/W，对软岩取小值，硬岩及断面小时取大值。

《公路隧道施工技术细则》(JTG/T F60—2009)给出的预留光面层光面爆破的爆破参数见表5-20。

表 5-20　预留光面层光面爆破参数

岩石类别	饱和单轴抗压极限强度 f_r/MPa	装药非耦合系数	光爆孔间距 E/mm	光面层厚度 W/mm	炮孔密集系数 E/W	装药集中度 q_1/kg·m^{-1}
硬　岩	>60	1.25~1.5	600~700	700~800	0.7~1.0	0.20~0.30
中硬岩	30~60	1.5~2.0	400~500	500~600	0.8~1.0	0.10~0.15
软　岩	≤30	2.0~2.5	400~500	500~600	0.7~0.9	0.07~0.12

注：1. 表中所列参数适用于炮孔深度为1~3.5(1~1.5)m，炮孔直径为40~50mm，药卷直径为20~32(25)mm的情形。括号内数值为《地下铁道工程施工及验收规范(2003年版)》与其不同的参数；

2. 表列装药集中度 q_1 为按2号岩石硝铵炸药确定的，目前其已停止使用，采用其他类型炸药时应修正。

预裂爆破的周边孔间距和周边孔至内辅助孔的间距应较光面爆破为小，而装药集中度和装药量则应多些。《公路隧道施工技术细则》给出的预裂爆破的爆破参数如表5-21所示。

表 5-21　预裂爆破参数

岩石类别	饱和单轴抗压极限强度 R_b/MPa	装药非耦合系数	周边孔间距 E/mm	周边孔至内辅助孔间距/mm	装药集中度 q_1/kg·m^{-1}
硬　岩	>60	1.2~1.3	400~500	400	0.35~0.40 (0.30~0.40)
中硬岩	30~60	1.3~1.4	400~450	400	0.25~0.35 (0.20~0.25)
软　岩	≤30	1.4~2.0	300~400 (350~400)	300(350)	0.09~0.19 (0.07~0.12)

注：1. 括号内数值为《铁路隧道施工规范》(TB10204—2002)和《地下铁道工程施工及验收规范(2003年版)》(GB50299—1999)与其不同的参数；

2. 其余说明同表5-19。

西班牙地矿技术学院给出采用“瑞典四方形掏槽”的炮孔爆破参数如表5-22所示。表中B_s，L_s值参见图5-20及相应计算式。

表5-22 爆破参数

炮孔种类		最小抵抗线 B/m	炮孔间距 L/m	装药集中度 q_1/kg·m^{-1}	填塞长度/m
掏槽孔		B_s, s=1,2,3,4	L_s, s=1,2,3,4	q	$0.2B$
光爆孔		$19D_1$	$15D_1$	$90D_1^2$	
底　孔		B	$1.1B$	q	$0.2B$
辅助孔	上部	B	$1.1B$	q	$0.5B$
	两侧	B	$1.1B$	q	$0.5B$
	下部	B	$1.2B$	q	$0.5B$

注：$B=0.88q^{0.35}$；$q=\frac{\pi}{4}d_1^2p$；D_1—装药炮孔直径，m；q—装药集中度，kg/m；d_1—药卷直径，m；p—药卷炸药密度，kg/m^3。

5.3.2.4 爆破设计书及爆破作业说明书

A 爆破设计书

爆破设计书是岩巷工程施工组织设计的一个重要组成部分，是指导和验收爆破工程的技术文件。它在施工中应根据地质条件的变化及时进行修改补充。爆破设计书的主要内容有：

（1）爆破工程的原始资料，包括掘进岩巷的名称、用途、位置、断面形状及尺寸，岩石性质、地质条件；

（2）选用的凿岩爆破器材，包括凿岩机的型号、数量，炸药、雷管的品种、规格；

（3）爆破参数的选择计算，包括掏槽形式，炮孔的数量、直径、深度、角度及其布置，单位炸药消耗量、炮孔装药量、装药结构；

（4）起爆网路的设计与计算，包括起爆方式及顺序；

（5）爆破作业的安全措施。

B 爆破作业说明书

爆破作业说明书（作业图表）是在爆破设计书的基础上编制的，是用以指导和检查凿岩爆破作业的技术文件。岩巷所有爆破作业地点都必须编制爆破作业说明书，放炮员必须按它进行爆破作业。爆破作业说明书的内容及要求如下：

（1）炮孔布置图。标明掘进工作面的断面尺寸，炮孔的位置、数量、深度、角度及炮孔编号，并用正面图、平面图和剖面图表示。

（2）炮孔说明表。说明炮孔几何参数和装药参数，包括炮孔的名称、深度、角度、使用炸药、雷管的品种及延期段数、装药量、填塞长度、连线方式和起爆顺序等。

（3）周边孔装药结构图。如光面爆破的间断装药结构图。

（4）预期爆破效果和经济指标表。包括炮孔利用率、每循环进尺、每循环爆破实体岩石、单位炸药消耗量、岩巷每延米的炸药和雷管消耗量、掘进断面每平方米的雷管消耗量等。

下面是某岩巷工程的爆破作业图表，它采用直孔掏槽和光面爆破，详见图 5-37 ~ 图 5-38 和表 5-23 ~ 表 5-25。表 5-24 中“小计”的同段总装药量是为了估算爆破震动强度。

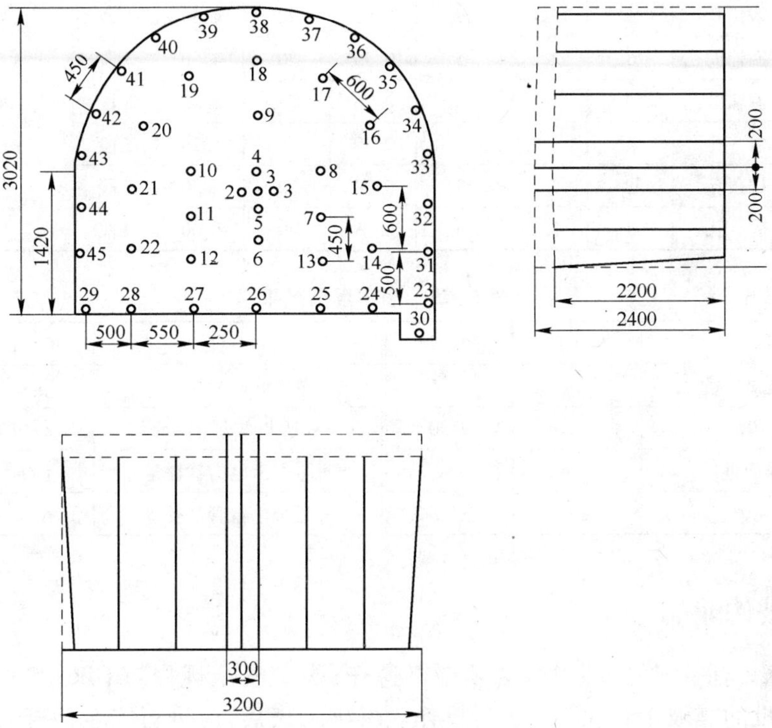

图 5-37 工作面炮孔布置图

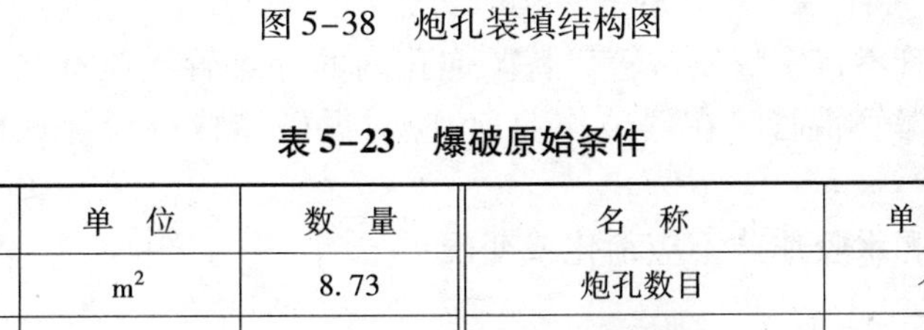

图 5-38 炮孔装填结构图

表 5-23 爆破原始条件

名 称	单 位	数 量	名 称	单 位	数 量
岩巷掘进断面	m^2	8.73	炮孔数目	个	45
岩石坚固性系数 f		4 ~ 6	电雷管数目	个	44
炮孔深度	m	2.2	总装药量	kg	27.5

表5-24 炮孔装药量及起爆顺序

孔 号	炮孔名称	孔数/个	孔深/m	装药量				毫秒雷管段别	连线方式	装药结构
				单孔		小计				
				卷数	质量/kg	卷数	质量/kg			
1	空 孔	1	2.4	0	0	0	0		串 联	连续反向起爆装药
2~5	掏槽孔	4	2.4	7	1.05	28	4.20	1段		
6~11	一圈辅助孔	6	2.2	5	0.75	30	4.50	3段		
12~22	二圈辅助孔	11	2.2	5	0.75	55	8.25	5段		
31、32、44、45	帮 孔	4	2.2	2	0.30	8	1.20	7段		
33~43	拱顶孔	11	2.2	2	0.30	22	3.30	7段		
23~39	底 孔	8	2.2	5	0.75	40	6.00	9段		

表5-25 预期爆破效果

名 称	单 位	数 量	名 称	单 位	数 量
每循环炮孔总长度	m	99.5	单位炸药消耗量	kg/m^3	1.6
炮孔利用率	%	91.0	每延米炸药消耗量	kg/m	13.8
每循环工作面进尺	m	2.0	每平方米电雷管耗量	个/m^2	2.5
每循环爆破实体岩石	m^3	17.5	每延米电雷管消耗量	个/m	22.0

5.3.3 爆破作业

爆破作业具有一定的危险性，必须严格遵守《爆破安全规程》(GB6722—2003)的有关规定，按照审批的爆破作业说明书进行操作。爆破结束后，应进行安全检查，并将剩余的爆破器材及时如数地交回爆破器材库。

5.3.3.1 装药前的准备

爆破必须使用质量符合国家或行业标准的爆破器材，严禁使用不合格的爆破器材。爆破器材在使用前，必须进行现场检查。电容式起爆器至少每月通电一次，对电解电容器进行赋能❶，并检验起爆器的充电电压、外壳绝缘性能。爆破专用电桥、欧姆表及导通器的工作电流应小于30mA，并每月检验一次。

A 爆破器材的检查

第一段延期雷管不得用瞬发雷管代替。炮孔内的导爆管不应有接头，深孔爆破可专门订制长导爆管的导爆管雷管。在爆破作业前，应对爆破器材进行外观检查，并应符合下列要求：

(1) 乳化炸药和水胶炸药不应稀化或变硬；

❶ 长期不用的电解电容器，由于氧化膜的分解，容量、耐压都有一定的衰减。电解电容器在第一次使用，或长期不用时，应先加低压(1/2额定耐压)老化一段时间，称为电解电容器的赋能。

(2) 导爆管内应无异物或堵塞,管体应无折伤、穿孔、油污,端头封口应完好;

(3) 导爆索表面应匀称且无折伤、压痕、变形、霉斑、油污;

(4) 雷管的管体不应有压扁、破损、锈蚀,注意不得试图擦拭雷管上的污物。

检测电雷管要在专门的安全场所,必须使用专用的爆破电桥或爆破欧姆表,应尽快完成并立即取下,并将两根脚线的导体裸露部分重新绞合短路。同一电起爆网路应使用同厂、同型号、同批的电雷管。电雷管在使用前应测试电阻值,电阻差值不得大于产品说明书的规定,或镍铬桥丝电雷管不大于0.8Ω,康铜桥丝电雷管不大于0.3Ω。电雷管的发火冲量和引燃时间与其电阻的关系不大,因此在串联起爆网路中,不必对电雷管的电阻提出过严的要求。但在串并联网路中应使各串联支路的电阻值相近,以使各串联支路的电流相差不大。

在潮湿或有水环境中使用的爆破器材,应作防潮、防水处理;当使用抗水炸药时,应对起爆器材作防水处理。

B 起爆器材加工

切割导爆管时,应使用锋利的刀具在木板上垂直横切,不得使用剪刀。导爆管的端头应切除不小于5mm的端头部分,中间有缺陷的部分也应切除。加工起爆药卷应在凿岩作业完成、无关人员撤离后,在爆破现场的安全地点进行加工,数量以当次用量为限。加工起爆药卷时,还应符合下列要求:

(1) 加工电雷管起爆药卷时,必须在避开电气设备及导电体的爆破地点附近进行。

(2) 从成束的电雷管中抽取单个电雷管时,应将成束的电雷管脚线理顺后,拉住脚线的前端脚线将电雷管抽出。不得用手拉住脚线硬拽管体或用手拉管体硬拽脚线。抽出的单个电雷管,必须立即将其脚线的导体裸露部分扭结短路,直至连线时方可打开。

(3) 加工起爆药卷时,在药卷端部用铜、铝或竹制锥子扎一深度为6~10mm的小洞,将电雷管或导爆管雷管全部插入药卷内。电雷管用脚线将药卷缠牢,导爆管雷管用胶布或细绳绑扎牢固(见图5-39)。严禁将电雷管斜插在药卷的中部或捆在药卷的外面。

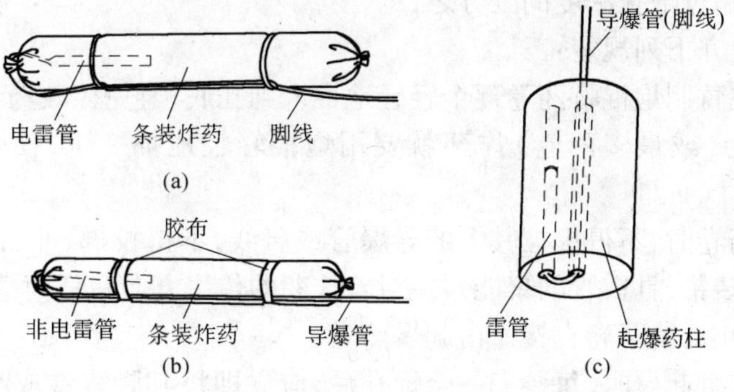

图5-39 起爆药卷制作
(a) 电雷管;(b) 导爆管雷管;(c) 起爆药柱

(4) 深孔爆破的电雷管脚线需要用端线接长时,接头应牢固结实,并用胶布包扎好。

C 清理检查炮孔

装药前,应检查顶板的稳定情况,清理工作面,将压气、水软管和电缆移至安全地点,凿岩机搬至30m以外的安全地点,然后清理炮孔。可用带有阀门的专用吹管插入孔底,用压气将炮孔内的岩粉和泥浆吹出。对底孔还应将其中的积水吹出。注意操作人员应站在吹管的一侧,防止被吹出的岩渣击伤或眯孔。吹管可采用直径25mm钢管制作。

炮孔清理完成后,用炮棍检查炮孔的深度、角度、方向和炮孔内部情况,发现不符合要求时,应及时处理。当有缩孔、坍塌或有裂缝时,处理后才能装药。

5.3.3.2 装药与填塞

炮孔装药的质量是影响爆破质量的重要因素。填塞质量则直接影响爆破效率及有害气体的生成量。除扩壶爆破[1]外,禁止无填塞爆破。有条件时,炮孔装药作业可采用自动装药和自动填塞机械。

A 装药

炮孔装药应符合下列要求:

(1) 装药时,在作业现场不得采用明火照明,电气照明应采用低于36V的安全电压,可用投光灯、矿灯照明。

(2) 有水的炮孔,尤其是底孔,必须使用抗水炸药或加防水套,以免受潮拒爆。

(3) 当炮孔深度小于0.6m时,不得装药爆破,以免产生"冲天炮"。在卧底、刷帮、挑顶等特殊条件下,如确需进行浅孔爆破时,必须制订安全措施,封满炮泥,报批后再作业。

(4) 采用普通电雷管起爆时,自起爆药卷进入装药警戒区开始,警戒区内便应停电,并随时监测现场的杂散电流。只有在杂散电流值小于30mA时,才允许装起爆药卷。

(5) 在有沼气或煤尘的地层中爆破时,炮孔深度不得小于0.65m。装药前及爆破后必须检查爆破地点20m以内风流中的沼气浓度,如沼气浓度超过1%时,严禁装药爆破。此外,当炮孔深度小于0.9m时,装药长度不得超过炮孔深度的一半;当炮孔深度大于0.9m时,装药长度不得超过炮孔深度的三分之二。

装药操作应遵守下列规定:

(1) 用木质或竹制炮棍将药卷逐个轻轻地推入到孔底,避免擦破药卷包装纸,严禁用铁棍装药。每装一卷(或最多两卷)炸药就要用炮棍轻轻地捅一下,使炮孔内的药卷紧密接触。

(2) 装起爆药卷时,不得提拉其上的导爆管或脚线,不得投掷、冲击起爆药卷。应注意雷管的段号,不要装错,且雷管的聚能穴应对着炸药的传爆方向。任何情况下都不得直接捣固起爆药卷,并防止后续药卷直接撞击起爆药卷。

(3) 使用电雷管起爆时,每装完一个炮孔后,应立即将其脚线卷成小卷悬空,以便于检查。使用导爆索起爆时,应将其与装入炮孔的第一个药卷绑扎在一起,并在装药时拉紧导爆

---

[1] 扩壶爆破是深孔爆破中增加单孔爆炸威力的一种技术,它是深孔钻到底后,在底部放入少量炸药进行扩底,可以多次扩底形成壶状,最后在其中装入炸药进行爆破。

索,防止继续装药时弄断导爆索或妨碍装药。

(4) 光爆孔采用间隔装药时,可将药卷和导爆索绑扎在竹片上,间隔长度应符合爆破作业说明书的要求,且不得松动。装药时应将竹片贴近炮孔下壁送入孔内。

(5) 装药时,应记住炮棍插入的深度。如果连续两次的插入深度与药卷长度有差别,表明药卷已被卡在炮孔内。这时,如果还未放入起爆药卷,可用非金属长杆处理,取出卡孔物体;如果已经装入起爆药卷,可用压气吹管将药卷吹出或补装起爆药卷。不得用其他工具冲击、挤压,或企图将药卷强行穿过障碍顶入;也不得硬拉导爆管、导爆索或电雷管脚线。

B 填塞

填塞炮孔的炮泥常用1:3的黏土和砂加入20%的水拌和制成,以手捏紧刚好不散开为宜。炮泥的可塑性较好,并能提供较大的摩擦力。装药前,将炮泥糅合成直径略小于炮孔直径、长度为100~150mm的圆柱体备用。不得使用石块或易燃材料填塞炮孔。填塞时,每放入一个炮泥后便用炮棍小心捣实,避免出现空洞或填塞不密实。填塞过程应避免破坏雷管的导爆管、脚线及导爆索。当炮泥在炮孔内被卡住时,可用非金属杆或压气处理。

填塞长度与炮孔长度及装药量有关,通常为装药长度的35%~50%,应符合下列要求:

(1) 炮孔深度为0.6~1m时,填塞长度不得小于炮孔深度的一半;

(2) 炮孔深度为1~2.5m时,填塞长度不得小于500mm;

(3) 炮孔深度超过2.5m时,填塞长度不得小于1m;

(4) 光爆孔和预裂爆破孔,应从药包顶端用炮泥封实,且填塞长度不小于300mm。

5.3.3.3 连接起爆网路

装药与填塞完成后,开始将起爆药卷连接成起爆网路。在实际爆破中,常常由于连接错误或连接不良,造成拒爆。操作时应严格按审批的爆破作业说明书,由爆破员认真进行。在起爆网路可能受到破坏的部位,应采取保护措施。电起爆网路完成后,应进行测试。

A 电起爆网路的连接与测试

起爆网路的连接,应在全部炮孔装填完毕、无关人员均撤至安全地点之后进行。电雷管应按事先设计的顺序逐个连接。电雷管从领取到连线前,两根脚线必须始终扭结短路,绝缘外皮不得有破口或磨损。连接顺序应简洁清晰,防止网路交叉或螺旋形连接。

起爆网路的连接应由工作面向起爆地点依次进行,最后到达起爆地点,并符合下列要求:

(1) 裸露的接头必须悬空,且彼此相距足够的距离,更不得与金属物体或围岩接触。

(2) 连接线与母线的两个接头应错开100mm左右,并在接头处打结以防接头拉脱。

(3) 脚线、爆破线的接头连接方法与普通电气工程要求相同:

1) 电雷管脚线之间、脚线与爆破线连接时,可将剥开的两线头顺向并拢,在中间倒折回来拧紧缠绕成一股。

2) 电雷管脚线或爆破线与线径较粗的导线连接时,可将两线头成十字形搭接,将线径细的单股导线紧紧缠绕在粗线上;线径较粗的单股或多股导线连接时,将剥开的两线头对向交叉,再互相依次拧在一起。

3）所有接头都应连接牢固，裸露部位用绝缘胶布包扎严密。实践表明，接头不牢形成虚接，会造成整条网路的电阻飘忽不定，难以判断故障的位置。

（4）网路连接完成后、撤离工作面之前，应全面检查所有接头是否完好，不得有接地、短路或开路。

（5）母线与爆破电源连接之前，应测量网路总电阻值，并注意网路电阻是否稳定。测量时，应使用专用爆破电桥。

爆破导线应符合下列要求：

（1）连接线不得重复使用。导线敷设时，应“直而不紧”，留有10%～15%的余量，防止连线时拉得过紧，甚至拉断。

（2）爆破母线的截面积应满足起爆网路总电阻的要求，同时绝缘良好，不得使用裸导线。

（3）爆破母线应随用随挂，不得使用固定母线，以免发生误接母线。母线在导通或检测起爆网路电阻之前，必须一直扭结短路。

（4）母线应挂在输电电缆、电线的对侧。当只能挂在同侧时，母线必须悬空挂在电缆下方，并保持300 mm以上的距离。母线与钢轨、管道的距离必须大于1 m，并悬空架设。

在复杂的大爆破中，应在连接过程中，随时逐段测量电阻，以便及时发现问题。全部网路连好后，应有专人按设计复核电阻，发现问题进行检查，分析故障的原因和地点。一般采用“二分之一淘汰法”查找，即将整个网路一分为二，分别测量电阻，再将不正常的一半一分为二，进行测量。这样不断缩小检查范围，直至找到故障点，并加以消除为止。

B 导爆管网路连接

装药完成后，所有雷管的导爆管都自然下垂覆盖了整个工作面，显得十分混乱，容易出现漏接、错接的错误。为此可先按“就近连接（尽量缩短炮孔到传爆雷管的距离）、清晰有序”的原则将导爆管收拢成束。连接导爆管网路时，应符合下列要求：

（1）炮孔内的导爆管不得有接头。连接时应防止异物进入导爆管内，防止导爆管拉细或管壁破损。

（2）连接时将过长的导爆管切掉或卷起来靠边摆放。切割导爆管时，应使用锋利的刀具在木板上垂直横切，不得使用剪刀剪断，也不得在有水的地方进行切割。

（3）在接入传爆雷管前，应检查雷管段数、导爆管的根数及管束数量。

（4）成对的楔形掏槽孔要求同时起爆，为减少起爆时间的误差，连接时宜将其分到同一组，由一个雷管激发。

（5）对各导爆管应采取防护措施，防止由于掘进工作面狭窄，雷管聚能穴炸断导爆管。炮孔外相邻的传爆雷管之间也应留有足够的距离。

起爆网路连接完成后，将导爆管各束拉起，进行全面检查。检查导爆管有无漏接或中断、破损；有无打结或打圈，网路连接方式是否正确。发现问题后立即处理。

导爆管网路用雷管起爆时，激发雷管的连接应符合下列要求：

（1）一发雷管簇联最多允许起爆20根导爆管，将各导爆管沿激发雷管周围径向均匀排列，并用胶布或聚丙烯塑料带捆扎牢固，捆扎不少于5层。

（2）导爆管簇联激发雷管应反向连接，即聚能穴朝向与传爆方向相反，或用胶布将聚能穴包裹。防止金属雷管爆炸后,飞散的金属碎片切断或嵌入导爆管未爆部分,造成其后的雷管拒爆。雷管反向连接处的导爆管不得对折,以免降低传爆速度,导致延期时间不准,甚至产生拒爆。

(3) 簇联导爆管的端部距激发雷管底部应超出 150 mm 以上,防止切割后的导爆管端头浸水受潮后降低起爆性能。

(4) 导爆管不得打结,如有一处打结会降低传爆速度,而有两个或以上的死结时,则会产生拒爆。

用导爆索起爆导爆管网路时,宜采用垂直连接,以防导爆索产生的冲击波击断导爆管而造成引爆中断。

C 导爆索网路连接

药卷炸药的爆速虽然比导爆索小,但威力却大得多,可能将导爆索炸断而中断传爆,因此应采取保护网路的措施。导爆索的连接应符合下列要求:

(1) 导爆索连接时,应将其多余部分切除,防止它在爆轰时引爆附近的干线导爆索,造成传爆中断。切割时应使用锋利的刀具在木板上垂直横切,不得用剪刀剪断导爆索。禁止切割已接上雷管或已插入炸药里的导爆索。

(2) 导爆索的接头应连接可靠,确保爆轰波的可靠传递。两根导爆索搭接时,中间不得夹有异物或药卷,搭接长度不应小于 150 mm,防止传爆不充分而使正在成长的爆轰波中断。

(3) 分支导爆索与干线导爆索搭接连接时,应确保传爆方向应一致,即传爆方向的夹角应小于 90°。同时,支线导爆索在连接处的弯曲半径不得过小,以免改变药芯的密度,影响支线导爆索的起爆及传爆,甚至熄爆。

(4) 导爆索中间不应打结或打圈。导爆索应避免交叉敷设。否则应在两根交叉导爆索之间设置厚度大于 10 mm 的木垫块,以防诱爆而改变原有的起爆顺序。

(5) 导爆索端部距起爆雷管应留出 150 mm 以上的长度绑扎,并使雷管聚能穴朝向导爆索的传爆方向。

导爆索连接完毕,应认真检查起爆网路,主要内容如下:

(1) 网路连接方式是否正确、雷管段数是否与设计相符,雷管绑扎是否符合要求。

(2) 有无漏接或中断、破损,有无打结或打圈,支路的拐角是否小于 90°。

(3) 网路保护措施是否可靠。

5.3.3.4 爆破警戒与起爆

从炸药运入现场开始,便应设置爆破警戒区。无关人员不得进入,确保爆破作业的安全,减小可能的爆破事故的影响范围。

A 爆破警戒与避炮

爆破警戒区的范围由审批的爆破作业说明书确定,一般为距爆破地点 15 m 的范围。在警戒区边界应设置明显标志,并派出岗哨。执行警戒人员应坚守岗位,在发出解除信号之前,不得撤离。在两个地点同时分段相向掘进、当两个工作面相距 15 m 时,只准一个工作面爆破,并在所有通向两个工作面的安全地点设置警戒。当两个平行岩巷的间距小于20 m时,爆破之前应通知相邻岩巷的作业人员,撤至安全地点。警戒信号包括声、光信号,应使警戒区内的人员都能清楚地听到或看到。警戒信号包括预警信号、起爆信号和解除信号。预警信号发出后,警戒区内开始清场,包括上述相向掘进或平行掘进的作业人员都应撤至安全地点。

起爆网路连接完成后,所有人员应撤至不受飞石、有害气体(炮烟)及爆破震动伤害的安全地点。独头岩巷的安全距离不应小于200 m。此外,还要预防顶部围岩掉落石块,人员不得在无模筑混凝土支护、无强力防护设施和无新鲜风流的地方避炮。

B 起爆

起爆前,班(组)长清点人数,确认无误后下达起爆命令。随后爆破员先发出起爆信号,并等待5s以上方可起爆。

采用电雷管爆破时,必须按《爆破安全规程》的有关规定进行,并加强岩巷内的电源管理,防止漏电引起早爆事故。采用起爆器起爆时,应检验其输出峰值电压及外壳绝缘性能,并待其充电电压升至足够高后再进行起爆。采用交流动力电起爆时,电源功率应能提供电爆网路的准爆电流;爆破前应测量交流电压,检查电源开关是否接触良好。

5.3.3.5 爆后安全检查

爆破的有毒气体浓度过大时,可能伤害进入工作面人员的健康和生命。同时,炮烟和粉尘使工作面的可见度降低,返回人员难以判明浮石或塌方的危险。因此,爆破人员不得过早进入爆破工作面,尤其是独头掘进岩巷。爆破后,经过充分的通风,排除炮烟和粉尘,至少经过15 min后, 检查人员方可进入爆破工作面。

首先通过岩堆状况初步判断有无盲炮,发现时应及时上报或处理,收集残余爆破器材。然后查看顶板和侧帮有无浮石,支护有无变形、破坏或其他可疑现象。同时,用水喷撒岩堆,经检查确认有毒气体浓度降至安全值后,进行“敲帮问顶”。检查人员可站稳在爆破岩堆上,用长钢钎撬下浮石,并敲击顶板和侧帮,检查是否有不明显、而在围岩内部已分离的岩块。

在妥善处理并确认无误后,经爆破班(组)长同意,发出解除警戒信号后,其他工作人员方可进入爆破地点工作。

5.3.4 爆破作业质量

爆破作业质量是用对爆破本身及其后续工序有重要影响的一些指标和效果来衡量的,包括掘进方向和断面规格,超挖和欠挖;炮孔利用率、爆破进尺;单位炸药消耗量;破碎岩石块度及其构成,岩堆的集中程度等。它们对掘进速度、支护效果及成本都有很大的影响。

5.3.4.1 爆破效果

爆破后,应对开挖断面形状、轮廓尺寸及爆破效果进行检验,其中炮孔利用率直接影响爆破效率及掘进进尺。爆破效果应符合下列要求:

（1）开挖断面符合设计要求，轮廓圆顺，开挖面平整。超挖情况需在出渣后进行检查。

（2）爆破进尺达到设计要求，爆出的渣石块度满足装渣要求。

（3）炮孔痕迹保存率和两次爆破衔接台阶符合标准。

（4）在浅埋、软弱破碎围岩、邻近有建筑物等特殊情况地段爆破时，应采用仪器监测围岩爆破扰动范围和振速。

（5）特殊环境下的爆破作业应对噪声、空气污染和粉尘进行监测。

爆破效果与围岩的岩质有关。《公路隧道施工技术细则》（JTG/T F60—2009）规定的爆破效果如表5-26所示。

表5-26 爆破效果指标

爆破效果	弱岩	中硬岩	硬岩
围岩稳定性	围岩稳定，无大的剥落或坍塌	围岩稳定，基本无剥落	围岩稳定，无剥落现象
围岩扰动深度①/m	≤1	≤0.8	≤0.5
竖向震动速度②/mm·s^{-1}	≤50	≤80	≤120
炮孔利用率③/%	100	≥95	≥90
渣石块度	渣石块度满足装渣要求	渣石块度满足装渣要求，渣堆集中，最大抛距20m	渣石块度满足装渣要求，渣堆集中，最大抛距20m。采用深孔爆破时，最大抛距30m

① 围岩扰动深度是指爆破后受其影响自岩壁至岩体内部的扰动深度；

② 竖向震动速度是指距掘进工作面1倍洞径处的洞内拱顶质点垂直向震动速度；

③ 炮孔利用率以月平均炮孔利用率计。

爆破后围岩扰动深度可采用声波法在现场量测。它应在爆破后尽快量测，并与围岩由于应力场重分布等原因而产生的松弛加以区分。竖向震动速度，可以是所要求部位的实测质点震动速度，也可以是根据实地区段量测振速后，由回归经验公式推算的质点震动速度。并应监测下列对象的振动：

（1）洞口附近的建筑物和构筑物；

（2）浅埋岩巷的地表建筑物和构筑物；

（3）相邻的岩巷或地下构筑物；

（4）每当实施新的爆破设计时，包括新喷的喷射混凝土、刚脱模的模筑混凝土。

爆破后检查爆破效果，分析原因及时修正爆破参数。根据地层节理裂隙发育、岩性软硬情况及爆破后渣石的块度，及时修正孔距、装药量，尤其是光爆孔的装药量。根据爆破振速，调整单段起爆炸药量及雷管段数。

5.3.4.2 炮孔痕迹率与两次爆破衔接台阶

光面爆破应保持围岩的完整，岩壁上的残留炮孔痕迹（半个炮孔）应清晰可见，且炮孔壁不应有明显的爆震裂缝。同时，两次爆破的衔接台阶应符合要求（见图5-40）。

A 炮孔痕迹率

围岩完整性可用炮孔痕迹率来衡量。炮孔痕迹率又称孔痕保存率、炮孔痕迹保存率、残

图5-40 光面爆破清晰可见的残留炮孔痕迹和两次爆破衔接台阶

留炮孔痕迹率，简称孔痕率、半孔率。炮孔痕迹率 ξ 按下式计算：❶

$$\xi = \left(\frac{n_1}{n}\right) \times 100\% \tag{5-13}$$

式中 n_1——残留有痕迹的炮孔数，应是孔痕长度大于2/3炮孔长度的炮孔数❷；

n——光爆孔总数。

松散软岩很难保证炮孔痕迹，可不强求炮孔痕迹率，只要掘进轮廓成形较好，周边基本平整、圆顺即可。炮孔痕迹率是检验光面爆破质量的主要指标之一，也是简单有效的检验方法。在凿岩精度达到要求的前提下，计算时可按目测的数据为准。光面爆破或预裂爆破的炮孔痕迹率，隧道工程按围岩性质的不同应符合表5-27的规定。水电部门规定的炮孔痕迹率与节理裂隙的发育程度有关，如表5-28所示。通过炮孔痕迹率检查，可以及时修正凿岩爆破参数，以取得良好的光面爆破效果。

表5-27 隧道工程炮孔痕迹率

围岩性质		硬 岩	中硬岩	软 岩
炮孔痕迹率/%	铁路隧道	≥80	≥60	—
	公路隧道	≥80	≥70	≥50

表5-28 水电工程炮孔痕迹率

节理裂隙发育程度	不发育岩体	较发育和发育岩体	极发育岩体
炮孔痕迹率/%	≥80	80~50	50~10

光爆孔的爆震裂缝显示装药量、装药结构的合理性。通常用震裂缝率来衡量，它是指爆破后岩壁上有肉眼可见的爆震裂缝的炮孔数占光爆孔总数的百分比。震裂缝率是检验爆破

❶ 还有将炮孔痕迹率定义为爆破壁面上残留的炮孔痕迹总长与周边孔总长的百分比，但如此定义似乎操作性差。

❷ 也有细分为Ⅲ级及以上围岩，炮孔痕迹长度大于炮孔深度的70%的计入；Ⅳ级及以下围岩，炮孔痕迹大于炮孔深度的50%的计入。

对围岩扰动破坏和光面爆破质量的一个指标，尤其是对较完整、坚硬的岩体更为重要。震裂缝率在Ⅲ级以上的围岩中一般应小于25%。

B 两次爆破衔接台阶

为保持掘进断面形状，光爆孔的中心应在掘进断面的轮廓线上，而孔底需向外倾斜100～150 mm。这样爆破后便形成了两次爆破衔接台阶，它是指相邻两次爆破的光爆孔衔接处的岩面台阶，又称两炮衔接台阶、岩面不平整度或起伏差。两次爆破衔接台阶可为下一循环的凿岩机提供足够的作业空间。在满足凿岩作业要求的前提下，应力求减小两次爆破衔接台阶的尺寸，这要求凿岩人员具有熟练的技术。

隧道工程要求两次爆破衔接台阶，采用凿岩机且炮孔深度在3 m以内时，不得大于150 mm；炮孔深度大于3 m，或采用凿岩台车凿岩时，应根据具体机型而定，但不得大于250 mm。目前，国内常用的瑞典阿特拉斯、山特维克（原芬兰汤姆洛克）、日本古河等凿岩台车凿岩时所需的两次爆破衔接台阶为50～70 mm。

5.3.4.3 大块岩石的处理

A 岩石块度

爆破应力求减少大块岩石，破碎块度均匀，岩堆集中便于装渣，并避免对设备机具及支护结构的损坏。破碎块度是一个相对概念，“大块”是指爆破后超过工程要求或装渣设备能力的、需进行二次破碎的岩块。大块率是指一次爆破后产生的“大块”与总爆破岩石的百分比。当采用装岩机装渣时，一般要求破碎块度不大于300 mm。

B 大块岩石的处理

爆破后出现的大块岩石或根底，可用气镐或二次爆破进行处理。根底是爆破效果不良的产物，具有多自由面和残存裂隙的特点。二次爆破是指用爆破方法破碎“大块”或清除根底。二次爆破时，应注意合理装药，防止飞石危害，注意安全距离，并加大警戒范围。它有炮孔（浅孔）爆破法和外覆爆破法两种。炮孔爆破法是在大块岩石的适当部位凿一个孔深为大块厚度的1/2～1/3的炮孔，装药量按大块的体积计算，见表5-29。当二次爆破的炮孔深度小于0.6 m时，必须封满炮泥，并制定安全措施。

表5-29 炮孔爆破法单位炸药消耗量

岩石坚固性系数 f	3～5	6～9	10～14	≥15
单位炸药消耗量/$kg \cdot m^{-3}$	0.12	0.15	0.17	0.21

外覆爆破法是将炸药直接放在大块表面的低洼处，炸药量约为炮孔爆破法的1/10。上面要覆盖两倍药卷厚度的炮泥，或相当的装满水的塑料口袋。

5.3.5 爆破安全

5.3.5.1 爆破作业安全

爆破工程具有一定的危险性。爆破施工前，应制定爆破安全与施工现场管理的规章制度。爆破作业必须严格遵守《爆破安全规程》(GB6722—2003)。施工单位负责本单位爆破器材的购买、运输、贮存和使用,并承担安全责任。安全员负责安全管理。爆破技术人员应参加培训,经省或国家公安机关考试并取得国家《爆破安全作业证》。爆破员和保管员、安全员及押运员应进行专业培训后上岗。爆破员应经设区的市级公安机关考核,取得《爆破作业人员许可证》,按规定的类别、作业范围和级别持证上岗。

A 爆破安全事故

爆破安全事故主要有两种情况:一是在爆破器材的运输、贮存、加工及现场操作时由于处置不当而引发事故;二是炸药爆炸时产生的有害效应,如有毒气体、飞石、地震波、空气冲击波及噪声等引起人员的伤害及附近设备的破坏。表5-30是编者根据我国1973~1981年冶金矿山爆破事故100例的统计数据做的分析。其中因火雷管引起的事故最多,我国从2008年6月30日已停止使用火雷管,这必将大大减少爆破事故。

表5-30 我国冶金矿山爆破事故100例统计

序 号	事故原因	发生次数
1	导火索违章点火、查看,质量不佳	34
2	爆破后过早进入工作面炮烟中毒	26
3	盲炮处理不当,打残孔	13
4	警戒不严,信号不明,安全距离不够	10
5	处理雷管、炸药不当	4
6	飞石事故	4
7	气体爆燃、爆炸事故	3
8	硫化矿炸药自爆	2
9	电爆破事故	1
10	其 他	3

由表5-30可见,绝大多数事故是由于违反爆破安全规程所致,其次是爆破人员缺乏必要的知识所致。爆破器材即使存在质量因素,但只要加强检测,安全事故也有可能避免。掌握爆破事故的发生规律,便可采取相应的预防措施,这是爆破安全的重要技术保障。

B 爆破作业安全规定

爆破作业时,必须遵守下列安全规定:

(1)爆破作业应在上一循环喷射混凝土终凝3h后进行。有临时支护的掘进工作面,爆破前必须检查及加固靠近工作面10m内的支护。

(2)模筑混凝土支护紧跟掘进交叉作业时,模筑混凝土支护距掘进工作面应大于20m,且混凝土强度大于设计强度的60%时,方可进行爆破。

(3)两个平行岩巷同向掘进,当间距为30~50m时,两个掘进工作面应保持合理的纵向距离,以避免爆破震动的影响;当纵向间距小于20m时,必须采取措施防止后面的岩巷爆破时对前面岩巷产生不良影响。

(4) 当岩巷对穿、斜交、立交掘进时，必须有准确的实测图。两个相向对掘的岩巷，测量人员应及时提供两个贯通工作面间距离数据。当两工作面相距 40 m 时，两头施工应加强联系，统一指挥，爆破前应通知另一头停止作业，并撤至安全地点后，方可爆破。当两工作面相距 15 m 时，应停止一方掘进，并封闭一侧，并在其后适当位置设立明显标志。对于岩体破碎的岩巷，应将预留安全贯通距离加大至 30 m。

(5) 严禁装药与凿岩平行作业。

(6) 采用普通电雷管起爆时，从带有电雷管的起爆药卷进入装药警戒区开始，警戒区内便应停电，并随时监测现场的杂散电流。只有在杂散电流值小于 30 mA 时，才允许装起爆药卷。装药前，电灯及电线应撤离工作面，装药时应用投光灯、矿灯照明。

(7) 起爆器及其开关钥匙必须由爆破员亲自掌管，在装药及连线之前，不得将起爆器带到爆破地点。爆破人员作业时，不得穿戴化纤衣物，以防产生静电。

(8) 在有沼气或煤尘的岩巷中掘进时，必须使用煤矿许用安全炸药，只允许使用安全瞬发电雷管和安全毫秒延期电雷管，且最后一段的延期时间不得超过 130 ms。禁止使用秒或半秒延期电雷管，不得使用普通电雷管、导爆管和普通导爆索，且不得用动力电源作起爆电源，只能使用矿用防爆型起爆器。

(9) 起爆前，所有人员必须撤至不受飞石及爆破产生的有害气体、震动伤害的安全地点。安全地点至掘进工作面的距离，在独头岩巷内不应小于 200 m；对大断面采用全断面开挖时，应根据爆破方法与装药量计算确定安全距离。

(10) 爆破后必须进行充分通风排烟，至少通风 15 min，待工作面的有害气体浓度降至规定的标准后安全检查人员方才可重返工作面。主要检查有无残余炸药及雷管，顶板及两帮有无松动的岩块，支护有无变形或开裂等现象。如发现盲炮、残余炸药及雷管时，必须由原爆破人员按规定进行处理。

当爆破作业地点出现下列情形之一时，不得进行爆破作业：

(1) 围岩有冒顶、滑帮、涌水危险或炮孔温度异常，工作面与支护的距离超过设计规定或临时支护被损坏。

(2) 在极软弱破碎地段，当围岩稳定的可靠时间较短，不能满足装药爆破时间要求时；在软弱破碎地段，当初期支护未达到设计预定强度时。

(3) 爆破参数或施工质量明显不符合设计要求，如炮孔布置、凿岩质量有明显偏差。当现场岩体条件与爆破作业说明书有较大差异时，不得随意变更爆破参数，而应由爆破设计人员进行修改。

(4) 通道不安全或者通道阻塞，光线不足或无照明，或危险区边界上未设警戒。

(5) 距工作面 20 m 内风流中沼气含量大于等于 1%，或者有沼气突出征兆。

5.3.5.2 爆破安全距离

爆破对附近人员及其他保护对象可能产生的有害效应，称为爆破有害效应，如爆破引起的地震波、空气冲击波、飞石等。爆破时，人员距爆破点的允许安全距离，应按各有害效应分别核定，并取它们的最大值。《爆破安全规程》规定，对于加强抛掷爆破（爆破作用指数 $n<3$）的爆破作业，应首先考虑飞石和爆破地震波的允许安全距离。

A 个别飞石的允许安全距离

个别飞石是指爆破时被抛掷出远距离的个别岩块，它是由于爆破时生成的爆炸气体急剧膨胀并从岩体的薄弱部位冲入空气中，使前面的个别岩块获得较大的能量而形成的。《爆破安全规程》(GB6722—2003)将个别飞石改称为“个别飞散物”，它包括爆破时抛掷出远距离的个别岩块和其他物体，但在掘进爆破中的个别飞散物主要就是个别飞石，因此这里仍称为“个别飞石”。它产生的主要原因有：

(1) 由于岩体的不均匀性，岩体软弱处的爆破阻力较小，容易冲出。当最小抵抗线平行节理裂隙或最小抵抗线方向有软弱夹层时，容易产生飞石。

(2) 爆破参数不合理，如装药量过大或炮孔深度过浅、最小抵抗线过小，微差爆破的延时间隔过小等。

(3) 炮孔的填塞长度不够或填塞质量不佳，致使爆炸气体从孔内冲出，将表面的岩石抛掷过远。

(4) 二次爆破时容易产生飞石，尤其是孤石浅孔爆破时更甚。

控制爆破产生飞石的主要措施如下：

(1) 避免药卷位于岩石软弱夹层，防止从其中冲出飞石。慎重对待断层、软弱层、张开裂隙、成组发育的节理等地质构造中的爆破，必要时调整装药量、采取间隔堵塞等。

(2) 合理设计爆破参数，不得超量装药。装药前应认真检查各炮孔的最小抵抗线，如与设计不符，必须修正装药量。

(3) 保证填塞密实及其长度，填塞物中不得夹杂碎石。

为预防由于飞石导致的安全事故，确定爆破的安全距离就显得特别重要。《爆破安全规程》在个别飞石对人员的安全距离规定中，并未包括巷道和隧道。《铁路隧道施工规范》(TB10204—2002)规定，独头掘进岩巷爆破的最小允许安全距离为200 m。带拐弯巷道无须遵守此规定。

B 爆破震动的允许安全距离

炸药在岩石中爆炸时，将使近区内的岩石产生破碎或破裂，而在近区以外则不能使岩石产生明显破裂，只能引起岩石的质点产生弹性振动。它以弹性波的形式，即地震波向外传播，引起地面震动。爆破震动与地震相比，频率较高，若将振动速度换算成加速度时，会有很大的数值。因此，《爆破安全规程》采用振动速度来推断结构物的受害限界，即采用保护对象所在地的允许质点峰值振动速度作为爆破震动效应的破坏判据，而不采用地震等级。采用振动速度比采用位移、加速度或能量更有规律，更方便和更接近实际。爆破震动主要与爆炸距离、装药量及地层条件有关。爆破震动的允许安全距离可按萨道夫斯基经验公式计算：

$$R = \left(\frac{K}{v}\right)^{\frac{1}{\alpha}} \cdot Q^{\frac{1}{3}} \tag{5-14}$$

式中 R——爆破震动的允许安全距离，m；

Q——装药量，微差爆破时为装药量最多一段的炸药量，kg；

v——保护对象所在地的允许质点峰值振动速度,cm/s,按表5-31采用;

K——爆破点至保护对象间的岩体影响系数,按表5-32采用;

α——岩体的衰减系数,按表5-32采用。

表5-31 爆破震动安全允许振速

序号	保护对象		安全允许振速/cm·s^{-1}		
			<10 Hz	10~50 Hz	50~100 Hz
1	土窑洞、土坯房、毛石房屋		0.5~1.0	0.7~1.2	1.1~1.5
2	一般砖房、非抗震的大型砌块建筑物		2.0~2.5	2.3~2.8	2.7~3.0
3	钢筋混凝土结构房屋		0.0~4.0	3.5~4.5	4.2~5.0
4	一般古建筑与古迹		0.1~0.3	0.2~0.4	0.3~0.5
5	水工隧道		7~15		
6	交通隧道		10~20		
7	矿山巷道		15~30		
8	水电站及发电厂中心控制室设备		0.5		
9	新浇大体积混凝土	龄期:初凝~3 d	2.0~3.0		
		龄期:3~7 d	3.0~7.0		
		龄期:7~28 d	7.0~12		

注:1. 表列频率为主振频率,系指最大振幅所对应波的频率;

2. 频率范围可根据类似工程或现场实测波形选取,选取频率时也可参考下列数据:深孔爆破10~60 Hz;浅孔爆破40~100 Hz。有特殊要求的根据现场具体情况确定。

表5-32 K、α值

岩体	K	α
坚硬岩石	50~150	1.3~1.5
中硬岩石	150~250	1.5~1.8
软岩石	250~350	1.8~2.0

混凝土破坏的位移振动速度,一般推断为25~35 cm/s,由于地层条件有很多不确定因素,允许质点峰值振动速度一般都取5倍以上的安全系数。表5-31规定的水工隧道的允许质点峰值振动速度v值,相当于自然地震7度烈度稍强;交通隧道的v值相当于7~8度烈度;而矿山巷道的v值则相当于8度烈度稍强。《煤矿安全规程》(国家安全生产监督管理总局,2010年)规定,围岩不稳定但有良好支护的矿山巷道,允许质点峰值振动速度$v=10$ cm/s;围岩中等稳定有良好支护的矿山巷道,$v=15$ cm/s;围岩稳定无支护的矿山巷道,$v=20$ cm/s。

岩巷掘进时,喷射混凝土作业一般要求靠近工作面,这样它会受到爆破的强烈作用,尤其是刚喷射的混凝土。日本试验表明,喷射混凝土距工作面0.75 m,龄期1.5 d,爆破后在混凝土中产生的最大振动速度为56.3 cm/s,喷射混凝土未出现有害的开裂。目前,对此还没有相应的规定,一般认为喷射混凝土的爆破最大振动速度应控制在50 cm/s以下。

选取爆破震动安全允许振速时,应符合下列要求:

(1) 建筑物的安全允许振速,应综合考虑建筑物的重要性、建筑质量、新旧程度、自振频率、地基条件等因素;

(2) 省级以上(含省级)重点保护古建筑与古迹的安全允许振速,应经专家论证选取,并报相应文物管理部门批准;

(3) 隧道、巷道的安全允许振速,应综合考虑其重要性、围岩条件、断面、埋深、爆源方向、地震的振动频率等因素。

在某些情况下,保护对象至爆破点的距离已知,且不能改变。这时要求根据允许极限振动速度,求出保证爆破震动安全的允许最大装药量。由式(5-14)变换可有:

$$Q_{max} = \left(\frac{v}{K}\right)^{\frac{3}{\alpha}} R^3 \tag{5-15}$$

式中 Q_{max}——允许最大装药量,微差爆破时为装药量最多一段的炸药量,kg;

R——爆源中心到振速控制点的距离,m;

其余符合意义同前。

为了有效控制爆破震动的危害,应采取减震措施降低爆破震动。采用多段微差爆破是最有效的措施,它的各段爆破相对独立,震动效应主要取决于最大一段的装药量。在总装药量不变甚至增加的情况下,增加段数便可减少最大一段的装药量,从而降低爆破震动。此外,还可采用预裂爆破,它最先形成的预裂缝,可有效抑制爆破应力波的传播,降低主爆破产生的震动效应。

C 爆破空气冲击波的允许安全距离

炸药爆炸的部分能量通过不同形式传播给周围的空气,使其压力、密度急剧上升,便形成了空气冲击波。它由人耳能听到的噪声与人耳听不到的超低频和超高频成分组成。它可不同程度地对人体造成伤害。爆破空气冲击波沿地下岩巷传播时,比地面半无限空间的传播要慢,因此允许安全距离更大。但一般岩巷掘进用的炸药量不大,空气冲击波的危害并不突出。此外,地下岩巷的条件复杂,空气冲击波的形成机制及其传播规律的研究成果目前还不成熟,作出安全距离的统一规定还有困难,因此《爆破安全规程》(GB6722—2003)仅规定空气冲击波的"安全距离由设计确定"。

5.3.5.3 爆破对环境的有害影响及控制

炸药在爆破岩石做功的同时,还会产生一些有害效应。除上述的个别飞石、地震波和空气冲击波外,还会对环境产生有害影响,如产生有害气体、污染粉尘、爆破噪声等。防尘措施将在7.2节综合防尘中的有关部分详细介绍。

A 爆破产生的有害气体及控制

爆破产生的有害气体不但污染环境,还严重危害作业人员的身体健康和生命安全。常用的碳氢氧型炸药在爆炸时,生成的最有害气体是一氧化碳和氮的氧化物。炸药各组成配比是按反应完全的条件下确定的,而实际爆轰往往部分反应并不完全,使得炸药爆炸后的有毒气体含量增加。爆破后有害气体的浓度,除与炸药品种及药卷构造有关外,还与装药量、装药及填塞操作情况有关。例如，当药卷直径较大时，爆炸反应较完全，生成的有害气体较少；装药密度较大时，生成的二氧化氮（NO_2）较少；耦合装药的有害气体比不耦合装药的少；炮孔填塞质量好，可以抑制有毒气体的生成。此外，炮孔的岩石性质也影响爆破后有害气体的浓度或成分，如在煤层中爆破时会生成较多的一氧化碳（CO）；而在硫化矿层中会生成少量的硫化物。

《爆破安全规程》规定，地下爆破作业点的炮烟浓度，应每月测定1次。当炸药量增加或更换炸药品种时，应在其爆破前后测定爆破有害气体的浓度。"测定方法应按GB18098（《工业炸药爆炸后有毒气体含量的测定》）的方法来监测爆破后有害气体的浓度"，爆破有害气体的浓度不应超过表5-33的标准。《GBZ2.1—2007 工业场所有害因素职业接触限值 第1部分：化学有害因素》（GBZ2.1—2007）规定的相应有毒气体允许浓度（职业接触限值），见表7-1。由表7-1可见，它的规定要严于表5-33。

表5-33　地下爆破作业点有害气体允许浓度

有害气体名称		CO	N_nO_m	SO_2	H_2S	NH_3	Rn（氡浓度）
允许浓度	按体积/%	0.00240	0.00025	0.00050	0.00066	0.00400	3700Bq/m^3
	按质量/mg·m^{-3}	30	5	15	10	30	

注：氮氧化物的允许浓度为换算成二氧化氮（NO_2）的。

这里需要指出，一般炸药爆破产生的有害气体中并不含有氡。氡浓度指标（Bq❶）应是放射性矿井爆破才有的指标。实践表明，有害气体含量的测定结果与测试方法有关，而《工业炸药爆炸后有毒气体含量的测定》是采用实验室模拟法，测定炸药产品本身的爆炸后有毒气体含量。由于它与爆破现场条件无关，无法反映上述诸多影响因素，因此对地下爆破作业点的实际炮烟浓度是无意义的。爆破产生的有害气体的测定应按《工作场所空气中有害物质监测的采样规范》（GBZ159—2004）进行。在爆破现场实际采样，然后分析测定。只需规定采样的标准方法，如采样时段、采样时间、工作面采样的位置与数量等，这有待《爆破安全规程》的修订。

预防炮烟中毒，除上述要求定期测量地下爆破作业点的炮烟浓度外，在爆破前后应加强通风和洒水，并采取措施向死角盲区引入风流，驱散比重小的CO。洒水可将溶解度较高的NO_2、N_2O_4、N_2O_3转变为亚硝酸或硝酸，又可将难溶于水的氮氧化物（如NO）从碎石或裂隙中驱赶出来，随风流吹出工作面。

实践表明，要消除炮烟的危害，只采取通风、洒水的措施是不够的，还必须从源头上减少有毒气体的生成量。例如，选用产生有害气体少的炸药，如水胶炸药和某些乳化炸药；采用散装炸药的耦合装药方式等。此外，还应采取下列主要措施：

（1）提高装药及填塞的质量，确保炸药反应完全，避免半爆或爆燃；

（2）不使用明显变质或完全失效的炸药，不过量装药；

❶ Bq为放射性活度单位贝可（勒尔）的符号，定义1Bq = 1s^{-1}，相当于每秒发生1次衰变。过去一直采用居里（Ci）为单位，1Bq = (1/3.7×10^{10}) Ci。放射性活度是指在给定时刻，处于特定能态的一定量放射性核素，在dt时间内发生核跃迁数的期望值除以dt，即通过实验观察得到的放射性物质的衰变速率。放射性核素是确定数目的质子和中子结合而成的原子核，大多为不稳定核素。

（3）对于爆轰感度较低的炸药，如铵油类炸药，应加大起爆能；

（4）在潮湿的炮孔中应使用具有适当抗水性能的药卷，并在装药后尽快起爆；

（5）岩巷爆破后，至少通风15 min后，人员才可重返工作面。

B 噪声控制

炸药爆炸时，在爆源附近的空气中形成冲击波，随着传播距离的增加，空气冲击波逐渐衰减为声波，这是爆破噪声的主要来源。此外，破碎岩石的破裂、运动、碰撞及落地时也会发出噪声。爆炸噪声的特点是持续时间短，属于高声压级间歇性脉冲噪声。要求每一个脉冲都小于140 dB。为控制爆破噪声，应事先通知附近人员，并采取以下措施：

（1）确保炮孔的填塞长度及填塞质量；

（2）采用微差爆破，减少最多一段装药量；

（3）在二次爆破中，优先采用钻孔爆破法，避免采用外覆爆破法。

5.3.6 盲炮与早爆

盲炮又称瞎炮，是一种非正常的爆破现象。早爆是指炸药在起爆之前自行爆炸的现象。早爆是爆破工程中危害最大的爆破事故，往往造成人员伤亡，但又是可以预防的爆破事故。

5.3.6.1 盲炮产生原因及预防

盲炮可分为拒爆、半爆及残药三种情况。拒爆是指起爆后，雷管、炸药或其他火工品全都没有被引爆的现象，主要是由于雷管等起爆器材未爆炸。半爆是指雷管爆炸而炸药未爆炸的现象。残药是指炸药爆轰不完全，炮孔内留有残药的现象。盲炮不仅影响爆破效果，还是爆破的不安全因素。每次爆破后，应彻底检查是否有盲炮。遗憾的是，并不是总能够很容易地找到拒爆或半爆的炸药。为此，应清理工作面，仔细观察盲炮的一些表征，如爆破后残留较长的炮孔，爆破岩堆比正常情况小，岩石破碎较差或松动不佳，通常装渣较困难及在岩堆中有残药等。在这些情况下要特别警惕存在盲炮。必须建立这样的观点：处理盲炮要比预防拒爆困难得多。爆破作业产生盲炮的原因很多，主要是由于操作不当、爆破器材产品质量不佳或贮存保管不善变质引起的。

A 部分雷管拒爆

雷管拒爆通常都是只有少数雷管拒爆，产生的原因较为复杂，主要有：

（1）操作不当，主要表现如下：

1）装药、填塞时个别雷管的导爆管被拉细、折断，脚线被拉脱，导爆索的药芯被损坏；

2）个别导爆管雷管、电雷管漏接或连接不良，导爆管绑扎不牢或有死结、对折；

3）毫秒雷管与导爆管之间的连接处卡口不严，致使异物（如水、泥沙、岩屑）进入导爆管内或四通连接件内；

4）电起爆网路连接错误或接头接地，炮孔有水，线路接头绝缘不良造成电流分流或短路，起爆电流偏小；

5）导爆索连接时搭接长度不够，或传爆方向接反，即支索的接头背向传爆方向，支索与干索的传爆方向相反；

6）导爆管、导爆索起爆网路的掩护措施不当或起爆网路由于其他原因被碰坏、拉断；

7）起爆顺序不当，起爆网路被先爆炮孔炸断或带出。

（2）导爆管和导爆索质量不佳，主要表现如下：

1）导爆管内炸药中含有杂质，断药长度较大，管壁破损，管径拉细；

2）导爆索受潮变质，起爆能力不足或导爆索的药芯渗入水或油类物质。

（3）电雷管质量不佳、电爆网路设计不正确或起爆电源有故障，主要表现如下：

1）电雷管的脚线折断或绝缘破损致使短路、漏电；

2）同一网路中采用了不同厂家、不同结构性能或不同批号的电雷管；

3）大爆破网路中各并联支路的电阻不平衡；

4）起爆器的输出峰值电压不足或电雷管的数量超过起爆器的最大起爆能力；

5）动力电起爆的电压或功率不足，电源内部阻抗过大。

此外，电雷管存在隐蔽缺陷，多为引火头钝感或受潮、气室有缺陷而导致电雷管钝感。桥丝短路、桥丝与脚线焊接不好，引火头与桥丝脱离等，均可导致个别电雷管拒爆。至于桥丝断面减少，使熔断电流（或熔断冲量）急剧降低或传导时间过小等缺陷则不多见。当电雷管的起爆电流过大（例如超过 10 A），在延期电雷管中可能发生桥丝熔断而产生电弧，造成断路而产生拒爆。

B 全部雷管拒爆

雷管全部拒爆是极少见的，通常是由于操作不当引起的，产生的主要原因有：

（1）母线断路或短路，其接头严重接触不良；

（2）串联网路中有脚线或桥丝断路的电雷管；

（3）起爆器损坏。

C 雷管起爆但炸药未爆

雷管起爆而炸药未爆的半爆现象，产生的主要原因有：

（1）起爆药卷加工不良，装药操作不当；

（2）药卷受潮或在有水的炮孔中使用了不抗水的炸药；

（3）炸药变质或过期；

（4）雷管质量不佳，起爆能力不足。

D 起爆药卷爆炸而部分炸药未爆

有时起爆药卷爆炸了，但炮孔中有部分炸药没有爆炸。产生残药的原因如下：

（1）炸药变质或过期；

（2）起爆能量不足或起爆方法不当；

（3）装药不当或药卷之间夹有岩渣；

（4）当装药长度较大并采用正向起爆装药时，可能将孔底的药卷压实，使其密度增大，发生径向间隙效应而产生残药，尤其是掏槽孔的孔底常留有残药；

（5）发生“带炮”现象。

E 盲炮的预防

为防止发生盲炮，应针对上述盲炮的产生原因，采取相应措施，例如：

（1）改善爆破器材的贮存保管条件，防止爆破器材变质，加强爆破器材的性能检验，禁止使用性能不符合要求的爆破器材。

（2）提高爆破设计质量，炮孔布置应考虑抵抗线、炮孔间距及可见的薄岩层或夹层的影响；将正向起爆装药改为反向起爆装药，以减少“带炮”现象。

（3）装药后应尽快起爆，减少药卷受潮的可能。当工作面有水时，应使用抗水炸药，采取可靠的防水措施，避免爆破器材受潮。并在连接部位加强绝缘措施。

（4）同一电爆网路中不使用不同厂家的电雷管，同一厂家的也不混用不同型号的电雷管；镍铬桥丝雷管的全电阻，镀锌钢芯脚线的上下限差值不应大于2.0Ω；铜芯脚线的上下限差值不应大于1.0Ω。

（5）经常检测爆破母线的电阻及其对地绝缘电阻，起爆器材保持良好状态。

（6）改善操作技术，在装药时注意不要损坏雷管的导爆管或脚线；连接时不要漏接；导爆管、导爆索起爆网路的掩护措施应确保爆破网路不被损坏。

此外，增大起爆电流有助于克服电雷管引燃感度的差异。前述的电雷管隐蔽缺陷是难以避免的，且用仪表也无法检测，由此导致部分电雷管的拒爆是难免的。但是，爆破中电雷管存在隐蔽缺陷是极少见的，并可统计分析出不同起爆网路的发生概率。对于重要的爆破工程可采用复式起爆网路或混合起爆网路，以避免拒爆的发生。发生盲炮后，应根据现象查明产生原因，采取相应的补救措施，并避免再次出现同样原因的盲炮。

5.3.6.2 盲炮处理

A 处理盲炮的安全规定

处理盲炮是爆破作业中最危险的操作，应由经验丰富的爆破员十分小心地进行。处理时，必须严格遵守《爆破安全规程》的有关规定。为保证处理盲炮时的安全，必须遵守下列规定：

（1）处理前，应设置警戒，无关人员不得进入警戒区，区内禁止进行其他作业。

（2）电起爆网路发生盲炮时，应切断电源，并将爆破母线和拒爆的电雷管脚线短路。

（3）盲炮应在当班处理完毕。若当班不能处理或未处理完时，应在现场将盲炮的情况（如盲炮的数量、装药数量、起爆药包的位置、处理方法及处理意见等）交接清楚，由下一班继续处理。

（4）处理后，应仔细检查爆破岩堆，收集残余的爆破器材并上交销毁。在不能确认岩堆没有残留的爆破器材之前，应采取有效的预防措施。

（5）盲炮处理后，应由处理者填写登记卡或提交报告，说明产生盲炮的原因，每个盲炮的位置、药量，处理方法与结果及预防措施等。

B 处理盲炮的方法

炸药部分未爆与全部未爆的处理方法相同。不得将未爆炸的起爆药包从炮孔中拉出或

掏出,严禁从拒爆的炮孔中强行拉出雷管的导爆管或脚线。处理盲炮的具体方法如下:

(1) 导爆管起爆的拒爆,应检查导爆管是否破损或断裂。如果发现有破损或断裂时,修复后可重新起爆。

(2) 对于漏接、连接不良或短路的电雷管,经过适当处理后,可重新起爆。由于起爆网路被破坏而产生的拒爆,如果用爆破电桥检查拒爆炮孔内的电雷管脚线仍然导通,而周围岩石的最小抵抗线变化不大或最小抵抗线足够大,同时电雷管脚线的长度又足够进行连接时,可以重新连接脚线后再起爆。

(3) 对于反向起爆装药的拒爆,可用木、竹或其他不产生火花材料制成的工具轻轻掏出口部的填塞物及少量炸药,装入新的起爆药卷将其引爆。

(4) 处理非抗水炸药的拒爆时,可将填塞物掏出,再向炮孔内注水,使其失效,但应采取回收雷管的措施。

(5) 严禁利用压气吹拒爆炮孔,可用压气水喷管冲洗拒爆炮孔。喷管为直径 25 mm 的钢管,在其后端设有两个接头,相距 100 ~ 150 mm,分别连接水管和压气管。处理时,将喷管口插入拒爆炮孔内并加以固定,然后人员撤至安全距离外,接通压气和水吹出填塞物及炸药。但应采取回收雷管的措施。

(6) 对于浅孔爆破的拒爆,可钻凿与其平行的炮孔,再装炸药起爆。平行炮孔与拒爆炮孔的距离不应小于 300 mm,为确定平行炮孔的方向,可从拒爆的炮孔口掏出部分填塞物。

5.3.6.3 迟爆

迟爆是指起爆后,炮孔内的炸药并不立刻爆炸而是延迟一段时间,甚至滞后很长时间后突然爆炸的现象。它是盲炮的一种特殊形式,但比盲炮更加危险。编者于 20 世纪 60 年代在南京某矿山进行抗杂散电流毫秒电雷管的工业性试验时,曾遇到由于炸药"滞火"引起的迟爆。试验是在无底柱分段崩落法采场,在扇形深孔内的大直径起爆药卷只装入抗杂电雷管,而未采用导爆索辅助起爆。在地面起爆后立即通风排烟,大约 30 min 后下井进行爆破检查时发现炮孔内有大量拒爆的脚线,崩落的矿石堆非常小。同时,正中的炮孔口处显现明亮的红光,其下部的矿石堆上也有一团明亮的红色"物体",并伴有"嘶嘶"响声。见此异常现象,编者等三人便立即紧急撤离。当急行拐至运输巷道后便听到巨大的爆炸声,所幸无人伤亡。第二天处理盲炮时,发现很多炮孔的炸药未爆,大多数电雷管的脚线被炸断。重新连接后再次起爆,炮孔内炸药均正常爆炸。

后来几经分析认为,硝铵炸药属于低爆速炸药,在只用雷管起爆的深孔爆破时,炸药的爆炸是从起爆点开始再向孔底方向传爆,爆轰过程较长。编者研制的 BCJX-5040 型起爆器的输出电压高达 5 kV,当时限于条件,爆破母线采用的是普通塑料绝缘电线,由井下连至地面的长度较大,由于地下潮湿可能使其绝缘电阻下降,导致起爆能量不足(这从电雷管的最大安全电流规定 5 min 便可看出),电雷管的点燃时间延长。同时,不能激起炸药的分解反应,由于得不到能量的补充,冲击波很快衰减为声波,以声速在炸药中传播,导致炸药的爆轰转化为爆燃,以每秒几毫米至几百毫米的传播速度燃烧,即所谓"滞火"现象。由于炮孔很深、装药量很大,因此爆燃时间很长。由于炸药在炮孔中处于相对封闭的状态下,导致炮孔内的温度和压力不断升高,燃速也越来越快。炸药燃烧接近炮孔口时,炽热微粒由于压力的增高而从炮孔中喷出,便呈现明亮的红光。当压力增加到某一极限值后,燃烧的高温气体产物向未燃烧炸药层的颗粒空隙穿透,使大量炸药颗粒被点燃,燃烧面积迅速扩大,并产生大量气体。由于气体产物的膨胀,在炸药中不断地产生压缩波,压缩波的叠加便逐渐形成了冲击波。当冲击波的强度达到一定数值后,炸药就由燃烧突然转化为二次爆轰。

显然,无论是电起爆还是非电起爆,药卷都可能发生"滞火"现象,因此爆破后不得试图提前进入现场检查。如果偶然遇到或怀疑有燃烧的药包时,必须立即撤至安全地点。至少在一小时之内不得进入该地区。

5.3.6.4 早爆产生原因及预防

早爆多发生在装药过程中或装药结束后,由于雷管受到机械作用或外界电流作用而爆炸,最终引爆炸药。操作不当或外界电流均可能引起早爆。外界电流在这里是指在爆破作业地点出现的杂散电流、静电、雷电、工频或射频感应电流等。当外界电流超过电雷管的最小发火电流或超过抗静电电压时,就可能引起电雷管的早爆。

A 操作不当引起早爆及其预防

某些操作不当可能引起早爆,主要有下列情况:

(1) 雷管外壳破损、被砸碰,试图擦拭雷管上的污物;装起爆药卷时使雷管受到冲击、挤压。

(2) 装药时损坏了电雷管的脚线绝缘,或两脚线头未绞合短路,又误触带电设备。

(3) 使用普通万用表测量电雷管电阻,或提前误接交流电等。

(4) 盲炮未及时处理或处理时采用强行拉出雷管等危险方法。

导爆管或导爆索起爆网路中的起爆雷管,应在连接检查后、起爆之前再绑扎到导爆管或导爆索上。为防止电雷管早爆,在任何情况下电雷管的脚线在连线之前,都必须始终处于短路状态。在导通或检测起爆网路电阻之前,爆破母线的两端必须一直短路。

B 杂散电流引起早爆及其预防

杂散电流是指流散在矿体或岩体中的无序电流。除大地自然电流外,岩巷内的杂散电流主要是强电源对地漏电引起的,且多在金属矿体和金属物体中积聚。架线式电机车的钢轨之间的导电及钢轨与底板之间的绝缘一般都不太好,导致一部分电流不经钢轨而是经大地返回变流站,从而产生杂散电流,这是产生杂散电流的最主要原因。因此,远离架线式电机车钢轨处的杂散电流就较小。其次,电气设备或导线绝缘破坏时产生的漏电也会形成杂散电流。同时,电导率较大的岩体如铁矿床中的杂散电流较大。当杂散电流大于电雷管的最小发火电流时,便可能发生早爆事故。1959 年 10 月,河北铜矿在掘进平巷时,连接电雷管的一根母线搭在钢轨上,另一根又碰到巷道的岩帮上,结果引起 19 个炮孔中的 7 个早爆。国外也曾发生过多起杂散电流引起的早爆事故。

编者于 1968 年提出"杂散电流源"及其具有内阻(称为"等效内阻")的概念。因此,采用测定等效电雷管电阻上的电压来换算"电雷管的杂散电流"时,必须同时注明等效电雷管的电阻值,否则是无意义的。还应说明,用电压表直接测量"杂散电流的电压"也是毫无意义的。因为杂散电流源的等效内阻不同,用测得的电压值除以电雷管电阻得出的电流值,并非是真正流经电雷管的杂散电流值。为此编者试制出 ZC—1 型杂散电流测定仪,它可以改变等效电雷管的电阻值，以适应不同的电雷管，并通过测量不同等效电阻值的杂散电流值可求得"杂散电流源"的内阻，从而可以求出流经不同电阻电雷管的杂散电流值。分析表明，"杂散电流源"的等效内阻越小，杂散电流越大；电雷管的电阻越小，杂散电流越大。实测的等效内阻一般都大于12Ω，但在铁矿采用架线式电机车运输的条件下，钢轨之间或钢轨与金属管道之间，等效内阻可以小于0.8Ω。对5个铁矿和铜矿的实测表明，在钢轨之间或与金属管道之间，当电机车驶近30m以内时，最大杂散电流可以高达5.7A（等效电阻为1Ω）、7.0A（等效电阻为2.5Ω）。此外，曾发现杂散电流测定仪在较长时间内毫无显示，而低阻杂散电流毫秒电雷管的引火头却突然发火的现象。说明确实存在瞬间大的杂散电流脉冲，其冲量大于低阻杂散电流毫秒电雷管的发火冲能（650 ~ 800 A^2 · ms）。在掘进工作面基本测不出杂散电流，仅在钢轨对底板之间测出过最大杂散电流（6mA，等效电阻为2.5Ω）。

为了预防杂散电流引起的早爆事故，可采用抗杂散电流电雷管。当用普通电雷管起爆时，在装药和连线时应全程监测杂散电流。在采矿大爆破中，应采取局部停电或全部停电等措施。在采用架线式电机车运输的金属矿山中应避免采用电雷管起爆。目前，可以采用导爆管起爆网路来代替电起爆网路，从而从根本上消除杂散电流引起的早爆事故。

C 静电引起早爆及其预防

当采用压气装药器向炮孔内装散状炸药时，输药管内的高速炸药颗粒与管壁之间的摩擦、炸药颗粒之间的撞击会产生静电，电压可达30kV，甚至60kV。如果静电不能及时泄入大地而继续积累，最终将产生强烈的火花放电，可能引起电雷管早爆。此外，爆破员穿着的各层衣服，尤其是化纤与其他不同质料的衣服之间相互摩擦会产生静电，它也可能引起早爆。美国海军武器研究所的测试表明，在摩擦面积为1 m^2、人体电容为200 μF、相对湿度为50%的条件下，在尼龙内衣与羊毛外衣之间可以产生2057 V的静电。日本的测试表明，穿腈纶裤的女工在行走时，静电电压可达40kV，人体的带电能量为0.1mJ，而衣服之间摩擦产生的静电能量可达13mJ。这些静电可能引爆电雷管。据美国巴立士地壳研究室的资料，井下穿着塑料雨衣的矿工在行走时产生的静电能量足以引爆普通电雷管。

为了预防静电引起电雷管的早爆，爆破现场的操作人员不得穿着化纤及化纤毛混纺的衣服，尤其不要将毛衣与化纤衣服相间穿着。由于压气装药器在岩巷掘进中很少应用，这里对其防静电措施不作介绍，可参考有关资料。

D 雷电引起早爆及其预防

雷电的特点是放电时间极短、能量极度集中，电流高达几万甚至几十万安培，温度达 2×10^4℃。如果爆破区被雷电击中，就可能引起电爆网路中的全部或部分炮孔内的炸药早爆。雷电引起的早爆事故大多发生在露天爆破作业中，它的特点是往往发生在整个爆破区，而不是个别炮孔；往往是间接引爆，而不是直接击中电爆网路。即使远离雷击点的爆破区，由闪电产生的强大电磁场和静电感应，都可能对地下的起爆系统造成早爆。

采取电爆网路母线短路及用绝缘胶布包裹接头等措施，对防雷电来说都是无效的。为了预防雷电引起的早爆事故，在雷雨天应停止采用电爆网路的爆破作业。在进入雷暴高发期时，应采用雷暴监测仪监测雷暴的距离（见图5-41）。

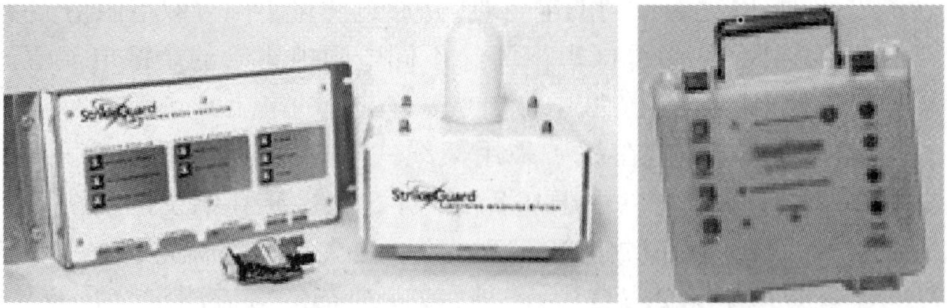

(a) (b)

图5-41 雷暴监测仪

(a) 斯高达(StrikeGuard)雷电预警系统;(b) SKS-EP型手提式雷暴预警仪

当雷暴距离爆破区40 km时,应发出警报,做好随时撤离的准备;当雷暴距爆破区15 km时,应将爆破器材留在爆破区,撤离所有人员至安全区,待雷暴远离后再返回爆破区工作。如在连线时突然出现雷雨天气,应立即停止作业,迅速将电爆网路的母线与连接线或区域线断开,严防网路形成闭合回路,随后人员迅速撤离至安全地点。对电磁感应和静电感应引起的早爆,最好的办法就是采用导爆管起爆系统。

E 工频感应电流引起早爆及其预防

在高压输电线、电机车架空线的接地钢轨及变压器等处都存在电磁场,如果在它们附近敷设电爆网路,尤其是构成闭合回路时,可在电爆网路中产生感应电流。当感应电流超过电雷管的最小发火电流时,便可能引起电雷管早爆。《爆破安全规程》规定,电力起爆时爆破区与高压输电线的允许安全距离如表5-34所示。

表5-34 爆破区与高压输电线的允许安全距离

输电线电压/kV		3~6	10	20~50	50	110	220	400
安全允许距离/m	普通电雷管	20	50	100	100	—	—	—
	抗杂电雷管	0	0	0	0	10	10	16

当爆破区位于上述允许安全距离之内时,不得使用普通电雷管进行爆破作业,应改用非电或抗杂散电流电雷管起爆。瑞典VA型电雷管据介绍不需特殊的安全距离,可在最大70 kV的动力线附近使用。为了预防工频感应电流引起电雷管的早爆,当电爆网路平行于动力线或接地钢轨敷设时,应尽量使电爆网路远离动力线或接地钢轨,并尽量将电爆网路构成的环形回路所包围的面积减至最小。两根母线的间距不得大于150 mm,最好是绞接在一起。

F 射频感应电流引起早爆及其预防

电视台、无线电广播电台及雷达站都发射强大的射频电磁场。在其附近敷设的电爆网路,无论是短路或开路,都可接收到射频电能。当感应电流超过电雷管的最小发火电流时,便可能引起电雷管早爆。发射机的功率越大、距离越近,早爆的危险越大。中波发射机的功率较大,因此早爆的危险性较大。移动无线电台的功率虽然小,但它可能靠近爆破区,有时危险性更大。如果电雷管的两根脚线形成偶极天线,或一根脚线悬空、另一根搭接入地而形成倒L型天线,或电爆网路形成环形天线,均会接收较大的射频电磁场的能量,从而增加早爆的危险。1982 年 4 月在武汉雷达学校附近进行拆除爆破时，放在室内加工好的起爆药卷由于感应射频电流而发生早爆。日本曾发生由于 50 W 中波发射的射频而引起装有电雷管的 2.25 kg 炸药早爆的事故。瑞典 VA 电雷管据介绍不需特殊的安全距离，可在最大 110 W 传输能量的无线电发射器附近使用。《爆破安全规程》规定，电力起爆时爆破区与电视台或广播电台发射机的允许安全距离，应符合表 5-35、表 5-36 和表 5-37 的规定。

表 5-35 调频广播(FM)和甚高频(VHF)、超高频(UHF)电视发射机的允许安全距离

发射机功率/W	1 ~ 10	$10 \sim 10^2$	$10^2 \sim 10^3$	$10^3 \sim 10^4$	$10^4 \sim 10^5$	$10^5 \sim 10^6$	$10^6 \sim 5 \times 10^6$
FM、VHF 允许安全距离/m	1.5	6.0	18.0	60.0	182.0	609.0	—
UHF 允许安全距离/m	0.8	2.4	7.6	24.4	76.2	244.0	609.0

表 5-36 中长波调幅(AM)广播电台的允许安全距离

发射机功率/W	2 ~ 25	25 ~ 50	50 ~ 100	100 ~ 250	250 ~ 500	500 ~ 1000
允许安全距离/m	30	45	67	100	136	198
发射机功率/kW	1 ~ 2.5	2.5 ~ 5	5 ~ 10	10 ~ 25	25 ~ 50	50 ~ 100
允许安全距离/m	305	455	670	1060	1520	2130

表 5-37 移动式调频(FM)发射机的允许安全距离

发射机功率/W	1 ~ 10	10 ~ 30	30 ~ 60	60 ~ 250	250 ~ 600
安全允许距离/m	1.5	3.0	4.5	9.0	13.0

为了预防射频感应电流引起电雷管的早爆，在加工起爆药包、装药、填塞及连线时，爆破现场均不得使用手机、对讲机等无线电通讯设备。此外，爆破母线应采用双绞线，尽量不使电雷管的两根脚线形成偶极天线或长天线。当爆破区位于上述允许安全距离之内时，不得采用普通电雷管的爆破作业，应改用非电起爆。

5.4 出渣工程

出渣是指将爆破的渣石运出掘进岩巷，排至地面的排渣场地。它包括装渣(又称装岩)、运输和排渣三个工序。出渣是岩巷掘进中最繁重、最费工时的工序，通常占掘进循环作业时间的 35% ~50%。目前，出渣已普遍采用装载机械作业。提高装载机械的装渣能力及运输能力，对加快掘进速度和降低成本具有重要意义。出渣运输方式应根据岩巷的断面规格、长度，掘进方法，机械设备配套能力及施工进度等因素综合确定。人工装渣的劳动强度大、速度慢。目前，仅在缺少装渣机械或断面小而无法使用机械装渣时，才采用人工装渣。装渣与运输能力应协调配套，一般运输机械配置能力不宜小于装渣能力的 1.2 倍。

5.4.1 装渣机械

装载机是在岩巷工程中对岩石或矿石等松散物料完成铲装作业的设备。它按使用动力可分为电动装载机、气动装载机、内燃机驱动装载机；按行走方式可分为轨轮式装载机、轮胎式装载机、履带式装载机。轮胎式装载机移动灵活、工作范围不受限制，但在有水的土质围岩中,可能会打滑和下陷。岩巷掘进中常用的装载机有铲斗装载机、扒爪类装载机及耙斗装载机等。2005年12月2日国家发改委发布的《产业结构调整指导目录(2005年本)》将装岩机制造项目列入限制类,只有立爪式装载机除外,是不限制生产的装载机。

5.4.1.1 铲斗装载机

铲斗装载机利用机械前进使铲斗插入岩堆铲起渣石,通过铲斗的提升和翻转,将渣石卸入矿车或转载设备中。它是间歇式非连续装载机。铲斗式装载机由铲斗、行走底盘、提升机构、回转机构、动力及操作机构等部分组成。装渣时,依靠自身质量和运动速度所具有的动能,将铲斗插入岩堆,铲满后将渣石卸入矿车内或料仓内由运输机构卸入转载机。然后铲斗回到铲取位置,开始下一铲装循环。铲斗装载机按卸载方式分为后卸式铲斗装载机和侧卸式铲斗装载机两类。

A 后卸式铲斗装载机(装岩机)

后卸式铲斗装载机通称装岩机,它是正铲后卸的轻型装载机。装岩机利用机体前方的铲斗铲起岩块,经机体上方将岩块倒入机后的矿车内,然后铲斗在横梁上缓冲弹簧的反作用下,自动下放到铲取位置。装岩机按行走方式分为轨轮式装岩机、履带式装岩机和轮胎式装岩机(见图5-42)。国产装岩机的行走方式大多为轨轮式。装岩机按动力分为电动和气动两类。电动装岩机又分为隔爆式装岩机、非隔爆式装岩机。电动装岩机的优点是能源输入简单、方便,能量利用率高,使用操作容易、维修简便等。但它的控制元件多,地下涌水量较大时易烧电机,在有沼气的工作面需使用防爆型装岩机。气动装岩机可以自行调速,装渣时的插入力和铲取力均可自行调节,缓冲性能较好,使用安全。但压气输入不方便,能量利用率低,维修较麻烦。气动式装岩机适用于涌水量较大的岩巷工程。

(a) (b) (c)

图5-42 装岩机

(a) 轨轮式电动装岩机;(b) 履带式电动装岩机;(c) 轮胎式气动装岩机

ZYC-20B(Z-20B)型电动装岩机是我国应用最早的地下装渣机械,也是目前岩巷掘进中应用最多的装渣机械。它的构造如图5-43所示。装岩机的型号及规格见表5-38。

装岩机具有结构简单、适应性强、工作可靠、操作维修简便等特点。此外,装渣时可同时进行凿岩,互相干扰小,可实现装渣与凿岩平行作业。但其工作宽度一般只有1.7~3.5m,工作长度较短,轨轮式装岩机需要随时将轨道延伸至岩堆,斗容量小,且一进一退间歇装渣,生产率较低。装岩机主要适用于小断面岩巷及倾角小于8°的斜巷掘进装渣。它是目前国内的岩巷掘进中,应用最广泛的装载机。

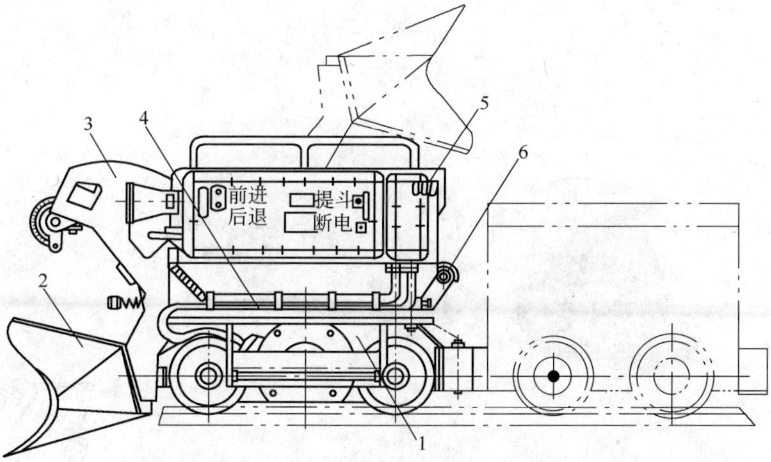

图 5-43 ZYC-20B 型电动装岩机的构造示意图

1—行走机构;2—铲斗;3—斗臂;4—回转台;5—缓冲弹簧;6—提斗机构

表 5-38 装岩机的主要技术参数

指 标	电动型			气动型	
	Z-17B(ZCZ-17)	ZYC-20B(Z-20B)	ZYC-28	ZQ-13(ZCQ-13)	ZZQ-26(ZCZ-26)
铲斗容积/m^3	0.17	0.20	0.20	0.13	0.26
装载宽度/mm	1700	2200	2200	1700	2700
生产率/$m^3 \cdot h^{-1}$	25~30	30~40	30~45	15~20	50
岩石最大尺寸/mm	500	400	—	300	750
最小断面($b \times h$)/mm×mm	1800×1800	3000×2500	—	1800×1800	3000×2500
轨距/mm	550,600	600	600,900	600	600,762
行走速度/$m \cdot s^{-1}$	1.0	0.79	0.97	1.02~1.40	1.20
装机功率/kW	2×10.5	10.5+13	13+15	2×8.5(hp)	(20+12)(hp)
外形尺寸(长×宽×高)/mm×mm×mm	2175×1040×1750	2372×1604×2192	2370×1604×2145	2000×970×1600	2375×1010×2290
质量/t	1.75	4.88	5.16	2.00	2.70

B 侧卸式铲斗装载机

侧卸式铲斗装载机的基本构造与装岩机相似,也是在正面铲取岩石,但在设备的前方侧转卸载,行走方式多为履带式(见图 5-44)。由于是侧面卸载,转载设备布置在它卸载的一侧。它铲取的岩石可直接卸到转载设备前面的料仓内,通过转载设备转卸到矿车中。这样就可以连续装满一列矿车,提高了装渣效率。

侧卸式铲斗装载机的特点是铲斗比机身宽,容积大;铲斗的侧壁很低,通常一边无侧壁,因此插入阻力小,容易装满铲斗;不受岩石块度、硬度限制,更有利于装载硬岩;功率大,提升和翻转的行程较短,装渣生产率高;履带行走机动性好,装渣宽度不受限制;铲斗还可兼作活动平台,用于挑顶和安装锚杆等。它适用于大断面岩巷的装渣。

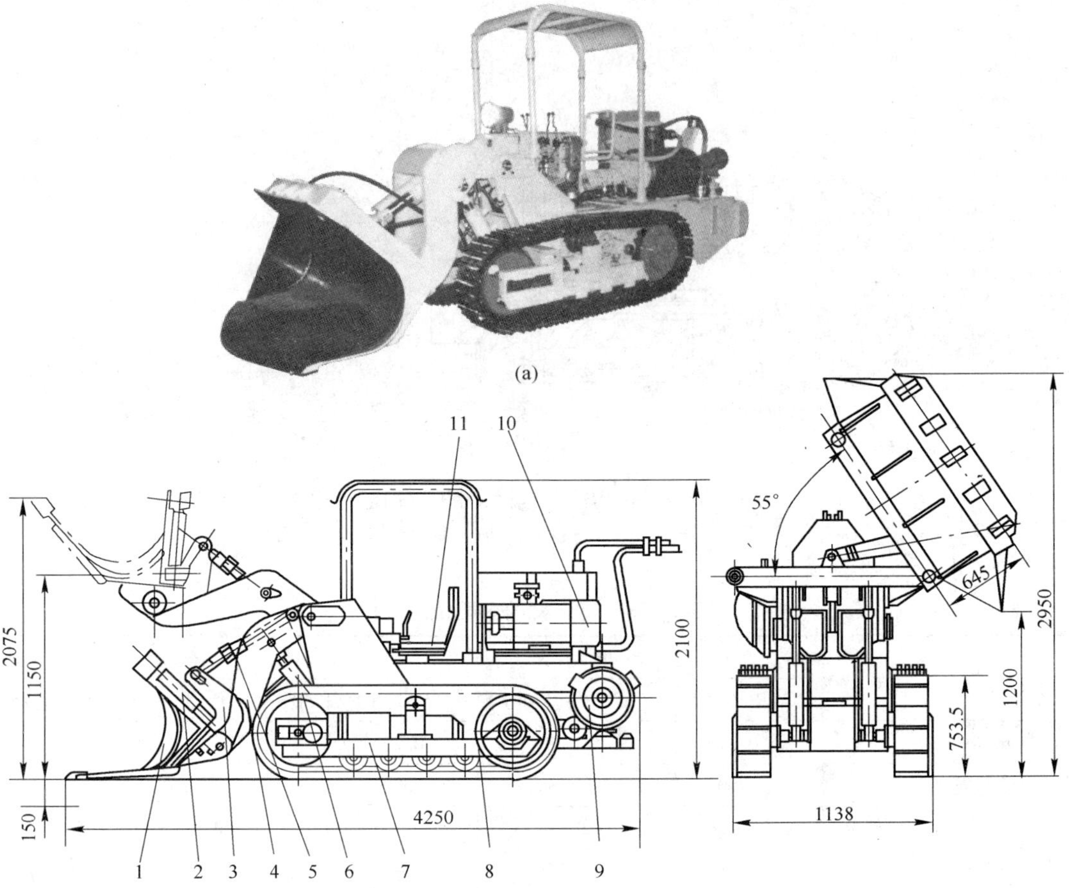

图 5-44 ZLC-60 型全液压侧卸式铲斗装载机

(a) 外形图;(b) 结构示意图

1—铲斗;2—侧卸液压缸;3—铲斗座;4—大臂;5—拉杆;6—提升液压缸;7—行走机构;
8—主动链轮;9,10—电机;11—司机座

5.4.1.2 扒爪类装载机

扒爪类装载机的前面有一对耙爪,耙爪将岩石耙取到后面的带式(刮板或链板)输送机上,再转运到运输车辆内。扒爪类装载机是一种连续装渣机械。扒爪类装载机的装载宽度大、生产效率高。它适用于断面较大的岩巷装渣。扒爪类装载机按耙爪及其动作原理可分为蟹爪装载机、立爪装载机和蟹立爪装载机。

A 蟹爪装载机

蟹爪装载机在前方倾斜的铲板上设置一对蟹爪形耙爪,耙爪交替扒取岩石,并通过设备本身的运输机构将岩石转运到后面的运输车辆的装载机。目前应用较多的是履带行走的电动蟹爪装载机。蟹爪装载机主要由蟹爪装载机构、转载输送机、行走底盘、液压和电控系统及喷水降尘系统等组成(见图 5-45)。它在底盘前端装有可升降的楔形集料板,其前端的铲板上装有一对蟹爪,由液压马达或电动机驱动,连续以 180°相位差交替地扒取岩石。转载输送机是通用的刮板输送机,有的前段采用刮板输送机,后段搭接胶带输送机。国产部分蟹爪装载机的型号及性能见表5-39。

(a)

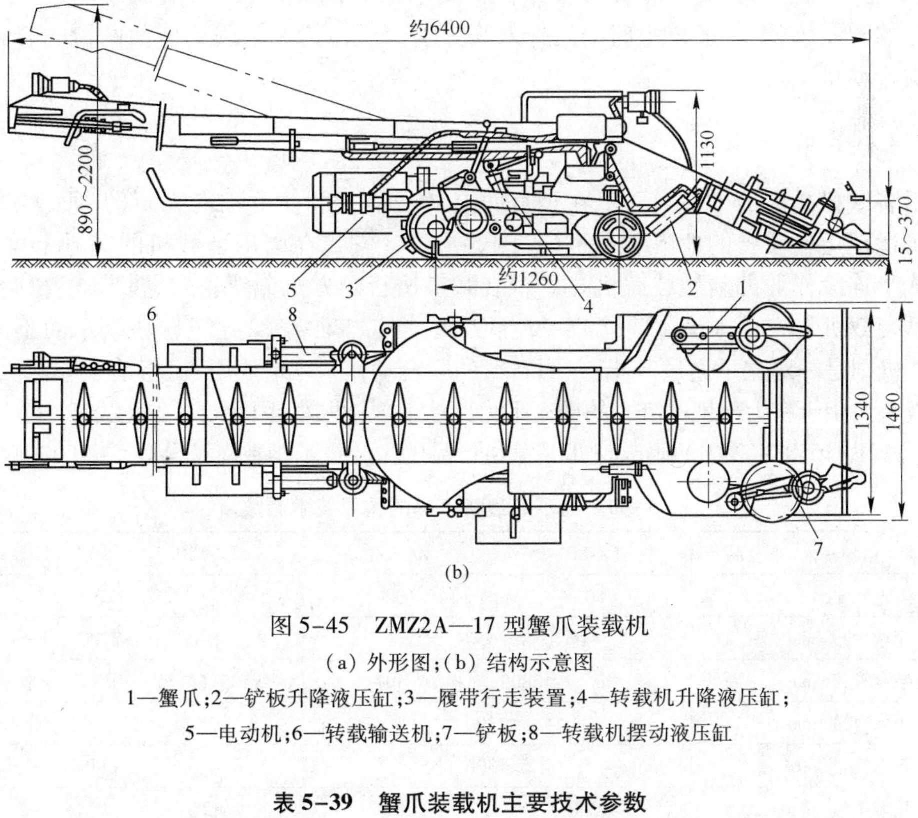

(b)

图5-45 ZMZ2A—17型蟹爪装载机

(a) 外形图;(b) 结构示意图

1—蟹爪;2—铲板升降液压缸;3—履带行走装置;4—转载机升降液压缸;5—电动机;6—转载输送机;7—铲板;8—转载机摆动液压缸

表5-39 蟹爪装载机主要技术参数

指 标	ZS—60	ZMZ2A—17	ZXZ60	LB—150	ZB—1
生产率/$m^3 \cdot h^{-1}$	60	40	60	150	150~180
岩石适合块度/mm	350~600	300	—	600~700	500~600
铲板宽度/mm	1350	1590	1600	2150	2220
耙爪动作频率/次·min^{-1}	35	45	31.8	35	35
行走速度(插入/调动)/$m \cdot s^{-1}$	0.1/0.37	—/0.29	0.208/—	0.163/0.595	0.16/0.316
转载机尾摆角/(°)	±30	±45	±30	±30	—

续表 5-39

指　标	ZS—60	ZMZ2A—17	ZXZ60	LB—150	ZB—1
机头动力	液压马达	电动机	电动机	电动机	电动机
机头功率/kW	—	—	2×13	2×13	2×15
行走动力	液压马达	电动机	电动机	电动机	电动机
行走功率/kW	2×7	—	30	2×13	2×15
装机功率/kW	32	17	64.5	83.5	97.5
外形尺寸(长×宽×高)/mm×mm×mm	7570×1350×1720	7200×1460×2200	8100×1600×1770	8770×2150×1790	8837×2290×1960
质量/t	6.0	4.1	15	23	20

蟹爪装载机连续装渣，装载宽度大、生产效率高，设备高度低，产生粉尘少。但结构复杂，制造工艺和维修保养要求高，爪齿易磨损，要求爆破底板平整，以便铲板推进。此外，受蟹爪拨渣的限制，岩石块度较大时的工作效率显著降低。为了清除工作面两帮的岩石，装载机需多次移动机位。

B　立爪装载机

立爪装载机是由前方一对立爪在竖直面上从岩堆上部往下耙取岩石，并通过本身的转载输送机运至运输设备的地下装载机(见图5-46)。它是在蟹爪装载机的基础上发展的一种上取式半连续作业的新型装载机。立爪装载机按行走方式分轨轮式、履带式、轮胎式等。

蟹爪装载机装渣时，倾斜铲板需插入岩堆，可能使岩堆塌落，甚至压住蟹爪而不能工作。立爪装载机则是一对立爪通过升降臂、回转臂的联合动作来耙取岩石，可将前方和两侧的岩石扒到铲板上。由于在上部耙取渣石的插入阻力比从下部耙取小，因而要求的动力较小。《立爪挖掘装载机》(JB/T5503—2004)规定，立爪装载机产品的主要技术参数应符合表5-40的规定。

表5-40　立爪装载机产品的主要技术参数

指　标	LZ-80	LZ-100	LZ-120	LZL-120
装载能力/$m^3 \cdot h^{-1}$	80	100	120	
耙取宽度/mm	≥2650		≥2900	
装载宽度/mm	≥3800(转槽)		≥4000(转槽)	任意
工作高度/mm	≤2300		≤2500	≤3200
耙取高度/mm	≥1300		≥1345	
耙取深度/mm	≥200	≥250		
卸载高度/mm	≥1400			
最小转弯半径/m	7	9		≤5.9
电机总功率/kW	45			55
质量/t	≤9.4		≤11.7	≤14.5
运输最大外形尺寸(长×宽×高)/m×m×m	5.70×1.80×2.10	6.40×1.95×2.30	7.10×2.10×2.50	9.10×2.40×3.20

注：1. 型号中“LZ”为轮轨式立爪装载机；“LZL”为履带式立爪装载机；
2. 工作高度为立爪装载机工作时，机器最高点与行走支承面间的距离。

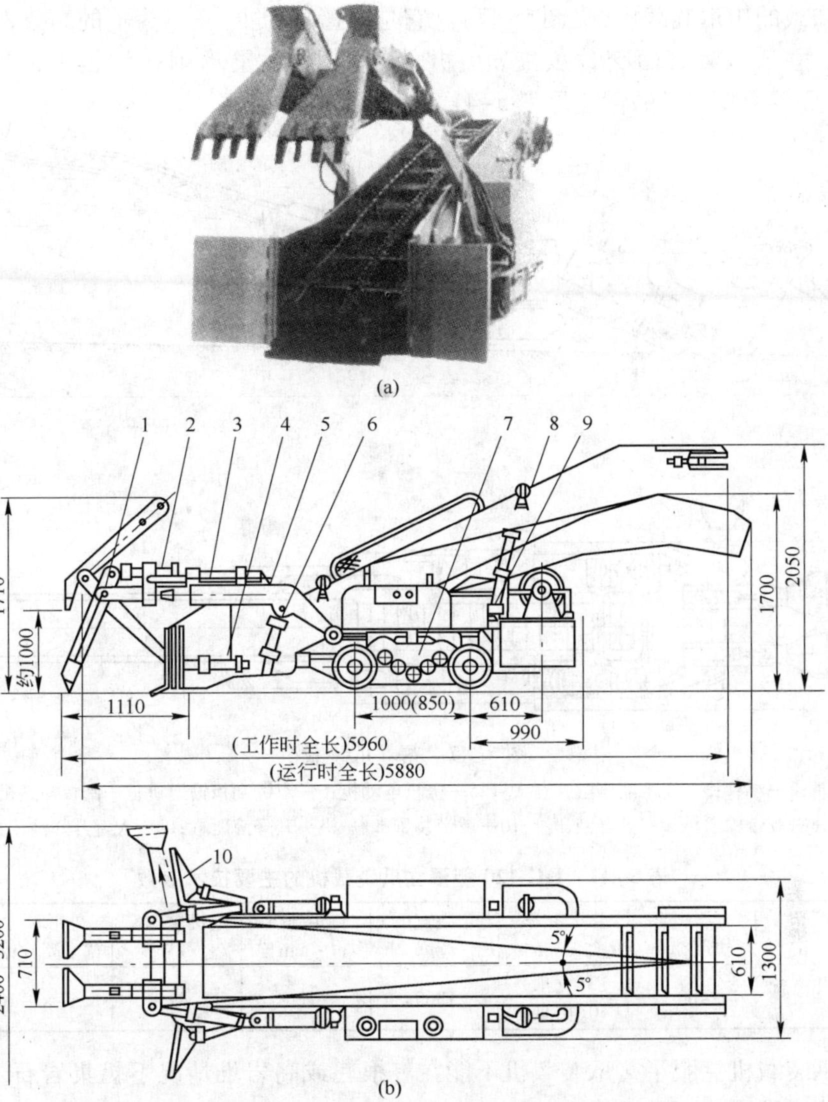

图 5-46 LA—60 型立爪装载机示意图

(a) 外形图;(b) 结构示意图

1—立爪;2—耙取液压缸;3—回转液压缸;4—集渣液压缸;5—工作大臂;6—大臂液压缸;7—行走底盘;8—刮板输送机;9—支撑液压缸;10—集渣门

立爪装载机的性能比蟹爪装载机好,立爪机构简单可靠、动作灵活;对岩巷断面和岩石块度适应性强,当岩石块度较大时,也能保证较高的生产率,特别适用于装载岩石块度小于500~650 mm 的硬岩;轨轮式的工作宽度可达 3.8 m,工作长度可达到轨端前方 3 m,生产效率较高;还能挖排水沟和清理底板。但爪齿易磨损,操作较复杂,维修要求高。立爪装载机可与凿岩台车、梭式矿车或其他运输设备组成机械化作业线。

C 蟹立爪装载机

蟹立爪装载机是由蟹爪在铲板平面、立爪在竖直面交替耙取物料,并通过本身的运输设备将岩石卸载的扒爪装载机(见图5-47)。它是以蟹爪为主、立爪为辅的高效连续作业的新型装载机。立爪在竖直面交替扒集岩石并给蟹爪喂料,蟹爪则在铲板平面取料和送料。HG-120型蟹立爪装载机的性能见表5-41。

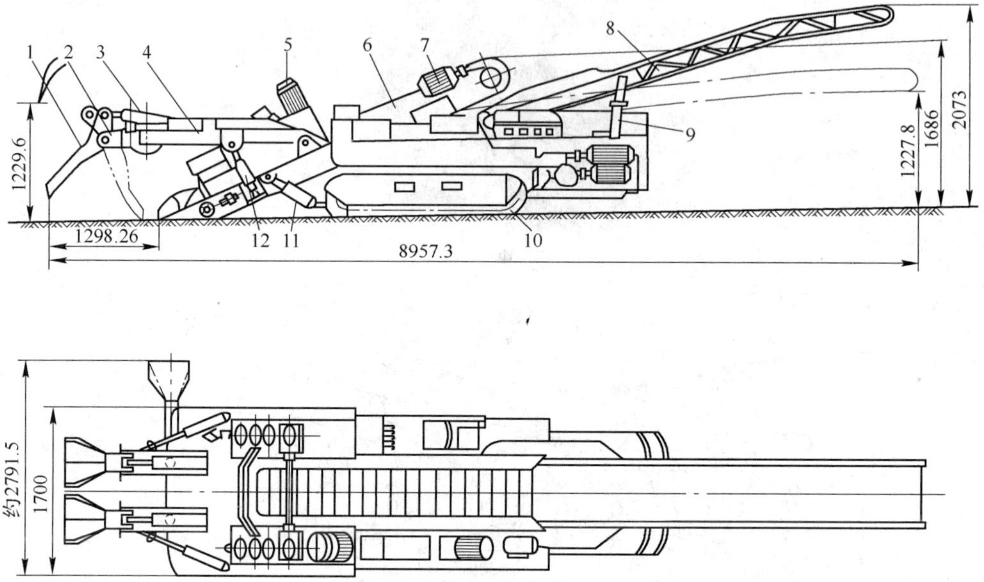

图5-47 蟹立爪装载机

1—立爪;2—小臂;3—立爪液压缸;4—大臂;5—蟹爪电动机;6—双链刮板输送机;7—刮板输送机电动机;8—胶带输送机;9—升降液压缸;10—履带装置;11—机头升降液压缸;12—大臂升降液压缸

表5-41 HG-120型蟹立爪装载机的主要技术参数

指标	生产率 $/m^3 \cdot h^{-1}$	岩石适合块度/mm	耙装频率/次·min^{-1}	耙装宽度/mm	行走速度 $/m \cdot min^{-1}$	电机总功率/kW	外形尺寸(长×宽×高)/m×m×m	质量/t
参数	120	400	13(立爪) 40(蟹爪)	1365	12	41	8.47×3.10×1.96	10

蟹立爪装载机克服了蟹爪装载机不能在有根底或高岩堆情况下扒集岩石、立爪装载机扒取岩石速度较慢并可能碰坏刮板的缺点。它的立爪既可将岩堆上的悬石耙下,也可将岩巷两侧的岩石喂给蟹爪,加大装载宽度,同时改善了蟹爪插入岩堆时阻力较大的不利工况,减少对铲板插入深度的要求,又保证了蟹爪的满载作业。当底板爆破留有根底、铲板无法插入岩堆时,由于立爪是超前铲板工作,因此也能正常装渣,并为二次爆破根底创造条件。

5.4.1.3 挖斗装载机

挖斗装载机简称挖装机,它是利用前端的反铲将渣石耙至集料斗,经自身的刮板输送机输送至尾部,将渣石卸入自卸汽车或梭式矿车等运输工具。挖装机由挖掘装置、回转装置、输送装置和行走装置组成。行走方式多为履带式,用于断面较小的也有轮轨式和轮胎式(见图5-48)。它采用双动力系统,在进洞行走或洞外作业时使用柴油动力,在洞内装渣时采用电动全液压装置,从而可有效地减较少洞内空气的污染。

国内隧道工程应用较多的挖装机为德国夏夫(Schaff)公司生产的ITC312-H3型履带式挖装机(见图5-49)。它的装渣能力为3~3.5m^3/min,电机功率为90kW,柴油发动机功率为112

kW,重量为 27 t,可用于掘进断面为 15 ~ 50 m^2 的装渣。此外,夏夫公司还生产配有岩石击碎机的 ITC312-H3 型、ITC420-E68 型大功率等挖装机,增加了清底和修凿断面轮廓的功能。

图 5-48 挖斗装载机

(a) 轨轮式挖装机;(b) 轮胎式挖装机

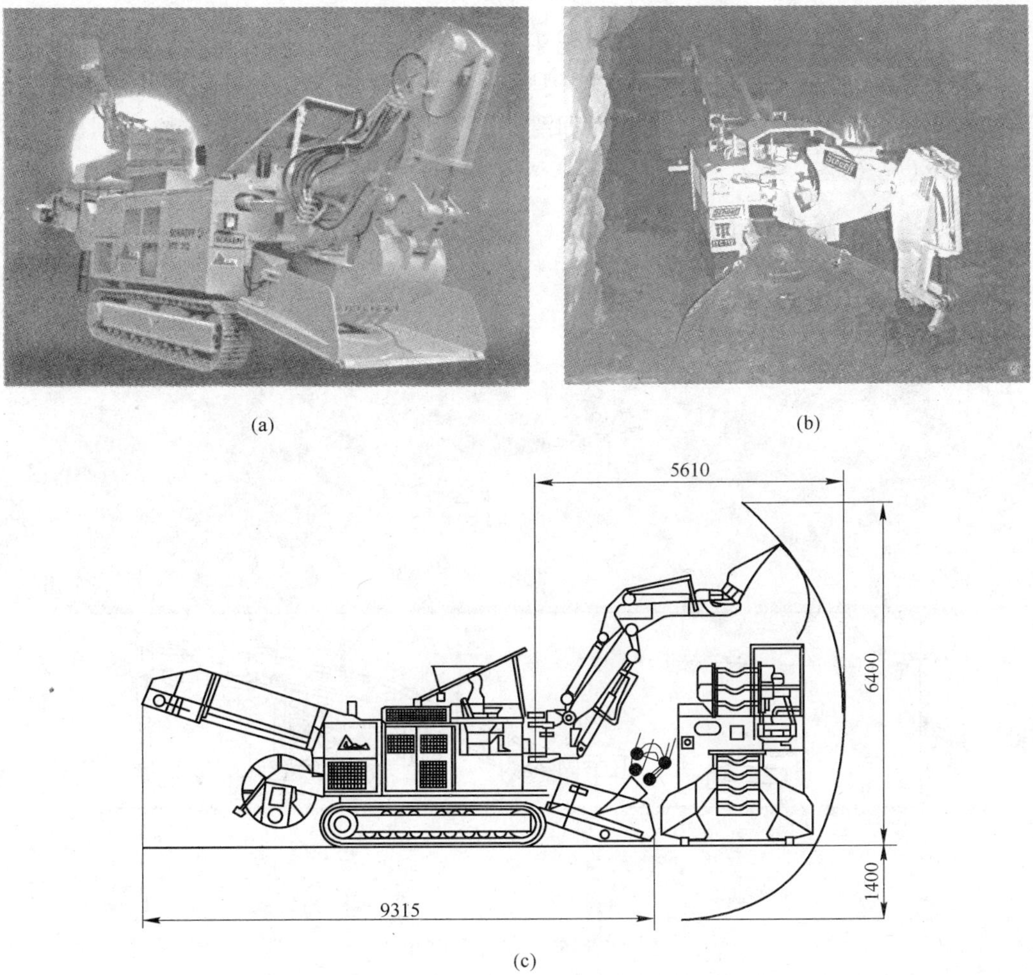

(c)

图 5-49 ITC312-H3 型履带式挖装机

(a) 外形图;(b) 正在装渣作业;(c) 结构示意图

国产 WZ330 型挖装机是在 ITC312 型挖装机的基础上研制的，其主要技术参数见表 5-42。行业标准设有 LW-150、LWL-150、LWL-200、LWL-250 等型号。

表 5-42 WZ330 型挖装机的主要技术参数

指 标	参 数	指 标	参 数
装载能力/$m^3 \cdot h^{-1}$	330	电机功率/kW	90
挖斗扒取宽度/mm	8500	柴油机功率/kW	132
挖斗扒取高度/mm	6500	整机质量/t	32
挖斗下挖深度/mm	1000	长(运输状态)/mm	15600
卸渣高度/mm	3500	宽(运输状态)/mm	2500
最小离地间隙/mm	250	高(运输状态)/mm	2700

5.4.1.4 耙斗装载机

耙斗装载机是用绞车和钢丝绳牵引耙斗往复运动来耙取破碎岩石，经装车台卸入矿车的地下装载机。它采用轨轮行走方式，需用机车牵引，电力驱动。耙斗装载机由扒矿机和装车台组成。扒矿机由耙斗、绞车、钢丝绳和滑轮组等组成。装车台由进料槽、中间槽、卸料槽和台车组成(见图 5-50)。

(a)

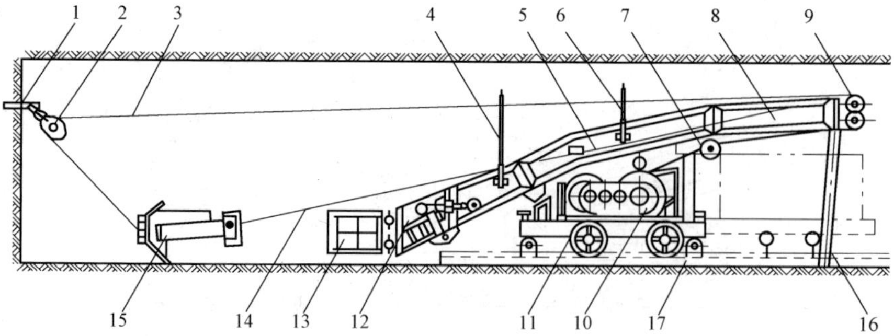

(b)

图 5-50 耙斗装载机

(a) 外形图；(b) 构造图

1—固定楔；2—尾轮；3—返回钢丝绳 4，6—钎子；5—中间槽；7—托轮；8—卸料槽；9—头轮；10—绞车；11—台车；12—进料槽；13—簸箕挡板；14—工作钢丝绳；15—耙斗；16—撑脚；17—卡轨器在工作面上锚固尾滑轮的固定楔由楔体和紧楔组成，它分为硬岩用和软岩用两种，软岩用固定楔也能用于硬岩（见图5-51）。

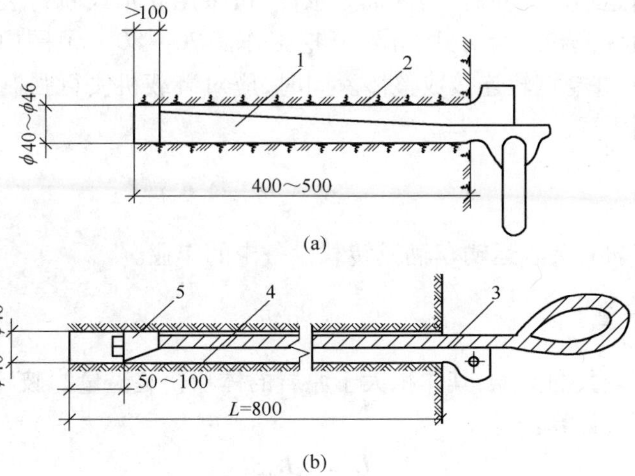

图5-51 尾滑轮固定楔结构

（a）硬岩用固定楔；（b）软岩用固定楔

1—楔体；2—紧楔；3—钢丝绳；4—钢管；5—圆锥套

耙斗装岩机的生产率随耙渣距离的增加而降低，一般耙渣距离以 6～20 m 为宜，大于 20 m 时装渣效率将明显下降。耙斗装载机的结构简单、制造和维修容易、搬运和操作简便，是我国煤矿巷道掘进的主要装渣设备，也可用于斜井（倾角小于 35°）掘进的装渣。

5.4.1.5 装载机的选择

选用装载机时，要考虑岩巷断面的规格和资金条件，对施工工期和机械化程度的要求及操作、维修条件等。装载机的选型配套，应能满足高效装渣作业、装渣能力与掘进能力及运输能力相适应的要求，并保证装运能力大于最大的掘进能力。装载机应移动方便、污染小、易于维修。各类装载机的特点及适用条件归纳如表5-43所示，该表可作为选择装载机的参考。

表5-43 各类装载机的特点

装载机类型	特点
后卸铲斗装载机	卸载时扬斗后卸，铲斗容积小，岩石块度不能太大；间歇式装渣效率低，一般生产能力只有 25～40 m^3/h；卸载时粉尘大；要求熟练的操作技术；装渣宽度较小。用于断面较小的岩巷掘进
侧卸铲斗装载机	铲取能力大，对大块岩石、坚硬岩石的适应性强；履带行走移动灵活，装载宽度大，清底干净；操作简单、省力。但构造复杂，价格高，维修要求高。适用于断面大于 12 m^2 的岩巷掘进
蟹爪装载机、立爪装载机、蟹立爪装载机	连续装渣，可与大容积的运输设备或转载机械配合应用，生产效率高。但构造较复杂，价格高，蟹爪的铲板易磨损，若装坚硬岩石，对制造工艺与材料耐磨度要求较高
耙斗装载机	构造简单，操作和维修容易。但体积较大，移动不便，妨碍其他机械同时工作，耙齿和钢丝绳的损耗大，底板清理不干净，人工辅助工作量大，效率低。主要用于煤矿巷道、倾斜岩巷的掘进

当前，普遍采用后卸式装载机，尤其是岩巷的断面不大于 12 m^2 时。当断面较大且采用无轨运输时，宜采用轮胎式侧卸铲斗装载机。当岩巷断面大于 12 m^2 且长度大于 500 m 时，

也可采用履带式侧卸铲斗装载机与侧卸式矿车组成混合式装渣运输系统。如果要求机械化程度高、掘进速度快，而且资金又允许，可采用立爪式或蟹立爪式装载机。当岩巷开挖长度大于500 m，用无轨运输时，为降低洞内油烟浓度，可采用立爪式轨行装载机装渣。此时，采用无轨运输与有轨装渣相结合方式，在距开挖工作面70～80 m范围内铺设轨道，轨枕可采用120型槽钢代替，并与钢轨连接成整体。同时，应对装载机实行强制保养制度，以提高装载机的完好率和利用率。

5.4.2 装渣

装渣是将破碎岩石装入运输车辆或转载设备中的作业。

5.4.2.1 装渣量计算

破碎岩石存在较大的空隙，其体积大于原岩的体积。装渣量为破碎后的岩石体积，单循环的装渣量可按下式计算：

$$Q = K_1 K_2 S L \tag{5-16}$$

式中 Q——装渣量 m^3；

K_1——岩石松散系数，它是指破碎后的松散岩石体积与原岩体积之比，主要取决于岩石的粒度组成及破碎之后的块度形状，按表5-44或表5-45采用；

K_2——超挖系数，一般可取 $K_2 = 1.15 \sim 1.25$；

S——掘进断面面积，m^2；

L——循环进尺，m。

表5-44 常见岩石的岩石松散系数

岩石名称	闪长岩	辉长岩	花岗岩	安山岩	玄武岩	流纹岩	粗面岩	砾岩	砂岩
松散系数	1.5	1.6	1.6	1.6	1.5	1.5	1.5	1.5	1.5
岩石名称	页岩	白云岩	石灰岩	片麻岩	大理岩	石英岩	片岩	蛇纹岩	板岩
松散系数	1.35	1.6	1～1.6	1.5	1.6	1.55	1.6	1.4	1.5

表5-45 隧道工程按围岩级别的岩石松散系数

岩体级别	Ⅰ	Ⅱ	Ⅲ	Ⅳ	Ⅴ		Ⅵ	
岩土名称	石质	石质	石质	石质	硬黏土	砂夹卵石	黏性土	砂砾
松散系数	1.85	1.8	1.7	1.6	1.35	1.3	1.25	1.15

5.4.2.2 装渣作业

装渣前，必须“敲帮问顶”、清理浮石，检查有无拒爆的雷管或残药，再冲洗顶帮和在岩堆上洒水，通风除尘，清道，然后进行装渣作业。

A 装岩机装渣

装岩机装渣时，低速驶向岩堆，在距渣堆1～1.5 m处将铲斗放下，距轨面50～100 mm。

启动行走机构向前冲,使铲斗插入渣堆。然后急速开动和停止提升电动机,通过链条牵引使铲斗抖动。在装满渣石后,提升铲斗并后退,将渣石抛卸到后面的矿车内。操作前进、提升、后退、回转等动作需连贯进行。回转机构可使铲斗相对底盘左右回转一定角度,扩大装渣宽度,铲取岩巷两侧的渣石。装渣顺序是先装中间轨道上的渣石,再装两侧的渣石。

随着工作面向前推进,需不断延伸轨道,通常采用临时短轨组与爬道使其紧跟工作面。为将轨道尽量铺近工作面,在凿底孔时便接入不同长度的临时短轨。短轨组的长度可为1 m、1.5 m、2 m、2.5 m 或 0.7 m、0.9 m、1.4 m。当临时短轨的总长度达到标准轨道长度时,便将它们更换为永久轨道。当装岩机接近工作面时,可在临时短轨的前边扣上爬道。然后在爬道后端用枕木垫起,再用装岩机碰头冲顶爬道(见图 5-52)。将爬道顶入一段距离后,便可抽出所垫枕木,装岩机即可在爬道上行驶继续装渣。同时,调车设备也应及时向前移动,以缩短调车距离,加速调车作业。

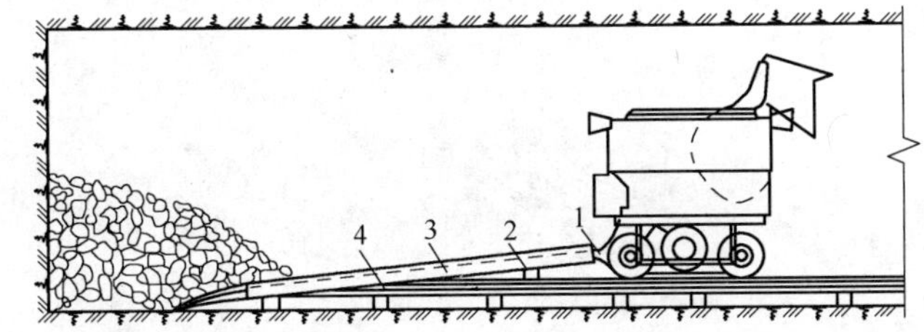

(a)

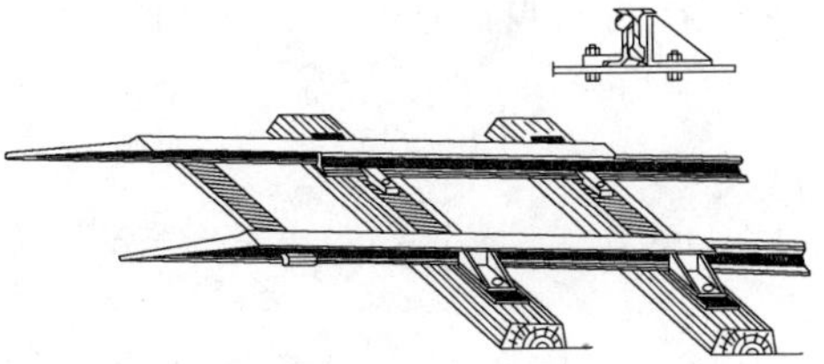

(b)

图 5-52 爬道示意图

(a) 爬道安装;(b) 爬道构造

1—装岩机碰头;2—垫木;3—临时短轨;4—爬道

影响装渣效率的主要因素有渣石块度及硬度、岩堆形状、矿车容积、调车设备及司机操作技术等,具体如下:

(1) 渣石块度影响铲斗的装满程度,当块度过大时,还增加铲斗插入岩堆的难度,使装岩机的效率明显降低。表 5-46 为石灰石不同块度装渣效率的试验结果。

表 5-46 岩石块度对装渣效率的影响

岩块平均直径/mm	相对铲斗装满率/%	相对装车耗时系数
50 ~ 100	100	1.00
100 ~ 200	83	1.12
200 ~ 300	71	1.47
300 ~ 400	55	1.94
>400	50	2.58

(2) 实测表明,当岩堆高度大于 0.6 m 时,铲斗容易装满,装渣效率较高。

(3) 矿车容积大可减少调车的次数,但装渣时铲斗只能将岩石倾入其前部,从而降低了装满率。矿车容积通常以 0.6 ~ 0.75 t 最好,最大不宜超过 1 t。

（4）调车时间，即空车换重车所需时间，它决定了装岩机的间歇时间，一般调车时间约占总装渣时间的30% ~70% 。因此，改进调车设备是提高装渣效率的重要措施。

（5）装岩机司机的操作技术熟练，可提高装渣效率，减少机械故障。

B 扒爪类装载机装渣

蟹爪装载机装渣时，先放下铲板，再开动行走机构。装载机高速行驶，前冲使铲板插入渣堆。两个蟹爪连续以180°相位差交替将渣石扒集到转载输送机上，运到后部的运输设备内。装渣过程中，铲板可以上下摆动，以便插入岩堆。刮板输送机的尾部可在一定范围内升降和水平移动，以调节卸载位置。

立爪装载机装渣时，开动机器向前冲，将铲板插入渣堆。升起并伸出立爪，下降立爪插入渣堆，向内耙取渣石，由转载输送机送到尾部卸载。装渣过程中，立爪应始终保持从渣堆顶部开始耙集渣石，这比铲斗装岩机要先插入渣堆内再铲取渣石更合理。两立爪可以同时工作，也可单独工作；既可正面耙取，也可向外回转作侧面耙取（见图5-53a）。轮胎式立爪装载机可与自卸卡车组成无轨出渣系统（见图5-53b）。

(a)

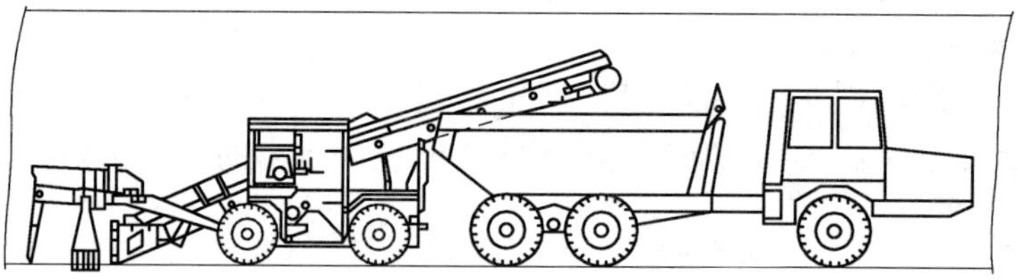

(b)

图5-53 立爪装载机装渣

（a）轨轮式立爪装载机与梭式矿车的出渣系统；（b）轮胎式立爪装载机与自卸卡车的出渣系统

在单线运输方式中，由于立爪装载机是在其机身上面将岩石从前运至后面的，因此会车点只是为自卸卡车调头的需要，可每隔150 ~ 300 m 甚至更大距离设一个会车点。

C 反铲挖掘机装渣

隧道的掘进断面很大，可以直接采用地面施工机械进行装渣。图5-54为某隧道应用反铲挖掘机为自卸卡车装渣。

图 5-54 隧道用反铲挖掘机为自卸汽车装渣

5.4.3 运输与卸渣

岩巷施工的洞内运输主要是向外运渣和向内进料，它分为有轨运输和无轨运输两种方式。在中、小断面或掘进长度较大的独头岩巷中，多采用有轨运输方式；在大断面岩巷中多选择无轨运输方式。为了减少岩巷内污染气体的排放浓度，改善洞内空气质量，当大断面岩巷掘进长度大于 3 km，或中小断面岩巷掘进长度大于 1.5 km 时，装运作业可采用轮式（或履带）装载机与有轨运输组成的混合装运方式。

5.4.3.1 有轨运输

矿山巷道掘进多采用有轨运输，一般采用轻型窄轨线路，小型机车牵引运输车辆。小型机车采用矿用架线式电机车、电瓶机车或内燃机车。常用的运输车辆有矿车、梭式矿车等。有轨运输的优点是洞内空气污染较轻，设备简单，占用空间小，较为经济。缺点是轨道铺设及其维修的工作量大，调车作业复杂，延伸轨道会影响装渣和其他作业。采用有轨运输时，洞外应根据需要设调车、编组、卸渣、进料、设备维修等线路。有轨运输的适应性较强，适用于长度较大的岩巷。

A 轨道

轨道直接承受机车和矿车等车辆的车轮传来的巨大压力，并将其传递给路基，同时起运行的导向作用。它由钢轨、轨枕、联结零件、道床、防爬设备和道岔等主要部件组成（见图 5-55）。

矿山巷道工程通常采用轻型钢轨，轨型有 15 kg/m、22 kg/m、30 kg/m 等，隧道工程的断面较大，要求钢轨不小于 38kg/m。轨型应根据运输车辆的装载量和牵引机车的规格确定，参见表 5-47。

表 5-47 轨型选用 (kg/m)

车辆类型及质量	1.5 t 矿车	3 t 矿车	7 t、8 t 电机车	10 t、14 t 电机车
适用轨型	15	22	22、30	≥30

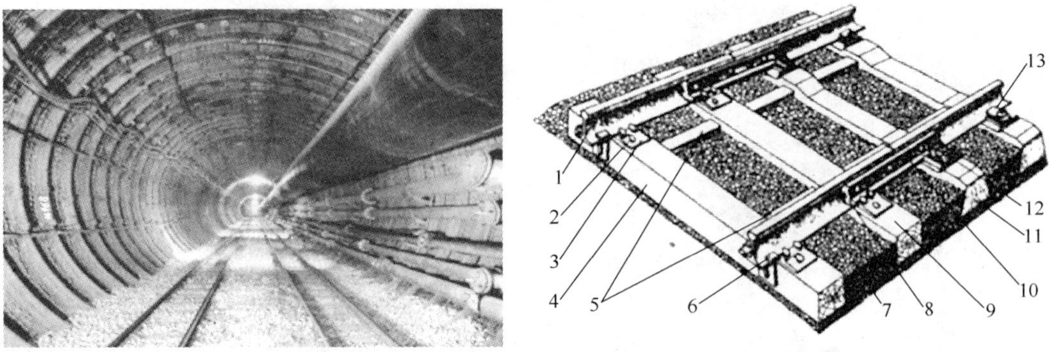

(a) (b)

图5-55 轨道的基本组成

(a) 岩巷内的轨道;(b) 轨道的基本组成示意

图(b)中画出两种轨枕和多种类型扣件是为示例之用,并非现场线路的实际使用情况

1—钢轨;2—普通道钉;3—垫板;4,9—木轨枕;5—防爬撑;6—防爬器;7—道床;8—双头夹板;10—螺栓;11—钢筋混凝土轨枕:12—扣板式中间联结零件;13—弹片式中间联结零件

轨距是指两根钢轨工作面内侧的距离❶,我国采用的窄轨轨距分为600 mm、762 mm、900 mm三种。轨距应根据装载机、牵引机车及矿车的规格选择。轨枕通常采用木轨枕,它的间距不宜大于700 mm,木轨枕的规格可按表5-48选择。

表5-48 木轨枕规格

轨距/mm	轨型/kg·m^{-1}	宽度($^{0}_{-10}$ mm)	高度(±10 mm)	长度(±20 mm)
600	15	150	120	1200
	22	160	140	
	30	180	160	
762	15	150	120	1500
	22	160	140	
	30	180	160	
900	15	150	120	1600
	22	160	140	
	30	180	160	

注:18 kg/m钢轨的轨枕可参照15 kg/m轨型轨枕制作;24 kg/m钢轨的轨枕可参照22 kg/m轨型轨枕制作。

轨道的坡度,人力推车时应小于1.5%;机车牵引时不宜大于2.5%。轨道曲线半径是指线路中线的曲线半径。它应根据运输设备的行驶速度和轴距按表5-49确定,并调整为以米为单位的整数值。岩巷线路中常用的曲线半径为9 m、12 m、15 m、20 m、25 m、30 m、35 m、40 m。

❶ 轨距的测量方法为两根钢轨头部内侧间与线路中线垂直方向上的距离,在轨顶面以下规定的部位量取。由于钢轨头部断面的圆弧及侧面斜度的不同,这个规定的部位在不同的国家有不同的数值,我国为16 mm。实际测量可用专用的JTGC轨距尺。

表 5-49 轨道的曲线半径

弯道转角 α/(°)	行驶速度 v/m·s^{-1}	最小曲率半径
≥90	≤1.5	车辆最大轴距的 7 倍
	>1.5	车辆最大轴距的 10 倍
<90		车辆最大轴距的 10 倍
带转向架的大型车辆,如梭式矿车、槽式列车		按车辆技术条件的要求

车辆在弯道上行驶,为防止车轮轮毂挤压钢轨,甚至被卡死,弯道的轨距应适当加宽;为防止轮毂挤压外轨,甚至翻车,外轨应适当抬高。曲线两端与直线连接处设置缓和曲线。轨道加宽是将内轨向弯道中心移动 ΔS_p 值,外轨抬高是垫厚外轨下面的道砟,可按下式计算:

$$\Delta S_p = \frac{180S_B^2}{R} \tag{5-17}$$

$$\Delta h = \frac{100S_p v^2}{R} \tag{5-18}$$

式中 ΔS_p——轨距加宽值,mm;

S_B——车辆的最大轴距,m;

R——弯道的曲线半径,m;

Δh——外轨抬高值,mm;

S_p——轨距,m;

v——车辆通过弯道的速度,m/s。

线路根据需要,应在适当位置设置道岔和转辙器。转辙器用以改变车辆行驶的轨道,又称扳道器。道岔规格用号码 M 来表示,窄轨道岔的号码 M 共分为 2、3、4、5、6 等五种。它由岔心角 α 来确定,新标准的岔心角 α 值如表 5-50 所示。道岔号码 M 越小,行车越平稳,但道岔的曲线半径和曲线长度也越大。道岔选择的原则为:与线路的轨距一致;轨型与线路轨型相符,可相同或高一级,但不能低一级;与行驶车辆相适应;符合行驶车辆的速度要求。隧道工程的断面较大,要求道岔型号不小于 6 号。

表 5-50 道岔的岔心角 α 对照表

道岔规格 M	新标准岔心角度值 α	原标准岔心角度值 α
2	26°33′54″(26.565°)	28°04′38″(28.077°)
3	18°26′06″(18.435°)	18°55′30″(18.925°)
4	14°02′10″(14.036°)	14°15′00″(14.250°)
5	11°18′36″(11.310°)	11°25′16″(11.421°)
6	9°27′44″(9.462°)	9°31′38″(9.527°)

铺轨时,先在底板上用粒度为 20～30 mm 的不易风化的碎石铺设道床。轨枕埋入道砟的深度为其高度的 1/2～2/3,轨枕以下的道床高度应与钢轨的规格相适应,轻轨不小于 100 mm;38 kg/m 以上的钢轨不小于 200 mm。钢轨接头处应并排铺设两根轨枕,在道岔处需铺设长轨枕。轨道铺设应符合下列规定:

(1) 平面误差应不大于 5 mm,直线段的轨距偏差为 +5 mm、-2 mm。

（2）轨道接头的间隙不得大于5mm，水平高差不大于2mm。直线段两条轨道顶面的高低差、曲线段外轨按设计加高后与内轨的顶面高低偏差，均不得大于5mm。曲线段应设置轨距拉杆。

（3）道砟的粒度及铺设厚度应符合标准要求，轨枕下面应捣实。轨枕的规格及数量应符合标准要求，轨枕间距偏差不得超过50mm。轨枕应用道砟填实。

（4）车辆距岩巷壁或支护边缘的净距不小于200mm；双线的线间净距不小于200mm，不另设人行道。单线应设人行道，其净宽不小于700mm，错车道的线间净距不小于400mm。

（5）架线电机车运行的平行钢轨之间，每隔50m应连接1根断面积不小于$50mm^2$的铜线或其他具有等效电阻的导线。线路上所有钢轨的接缝处，都必须用导线连接。连接后每个接缝处的电阻值应符合表5-51的规定。

表5-51 轨道接缝处的电阻值

钢轨规格/$kg \cdot m^{-1}$	15	18	22	24	30
电阻值/Ω	≤0.00027	≤0.00024	≤0.00021	≤0.00020	≤0.00019

（6）所有不作电机车运输用的轨道（不通电轨道）与架线电机车轨道的连接处必须加以绝缘，第一绝缘点设在两种轨道的相接处；第二绝缘点设在不通电的轨道上，距第一绝缘点的距离必须大于一列车的长度。

B 调车设备

调车作业是在装渣作业中采用矿车运输时，当一个矿车装满后必须退出，调换另一个空车继续装渣。装载机装渣时影响生产率的关键是调车作业，应选择合理的调车方式及转载设备，减少装渣等车的间歇时间。同时，还要加强调车的组织，及时运出重车和供应空车（见图5-56）。轨道布置形式有单车道和双车道两种。

图5-56 岩巷调车场

单车道的运输能力低，调车困难，一般用于小断面或地质条件较差的岩巷掘进。为调车方便和提高运输能力，在路线上应设置错车道，铺设错车道岔，构成单向错车道或环形错车道（见图5-57a）。错车道的长度一般为矿车长度的1.5~2倍或能容纳整个列车。错车道的间距应根据装渣作业时间和行车速度确定，一般约为300m。第一个错车道可以是单向错车道，供装岩机调车用。它距工作面约10~20m，且随工作面的推进而增加。单轨运输还可采用翻框式调车器，它的结构简单、移动方便。

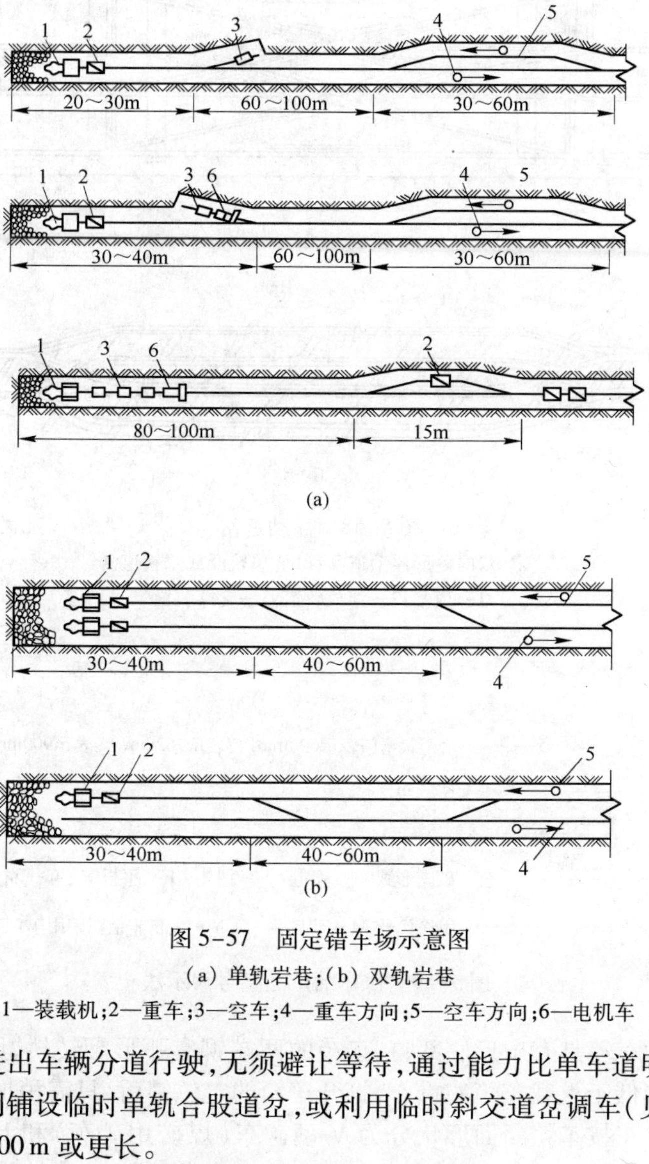

图 5-57 固定错车场示意图

(a) 单轨岩巷；(b) 双轨岩巷

1—装载机；2—重车；3—空车；4—重车方向；5—空车方向；6—电机车

双轨运输时，进出车辆分道行驶，无须避让等待，通过能力比单车道明显提高。为了调车，只需在双轨之间铺设临时单轨合股道岔，或利用临时斜交道岔调车(见图 5-57b)，它的间距一般为 100～200 m 或更长。

错车道由于不能经常紧跟工作面，致使调车距离较长，装岩机的工作利用率只有 20%～30%。浮动道岔是临时安装在原有轨道上的一组完整道岔(见图 5-58)。它结构简单，可以随时移动，使道岔与工作面的距离保持为 15～25 m。双向菱形浮动道岔用于双轨运输岩巷。装岩机可通过浮动道岔，在两条轨道上交替装渣。它的缺点是体积笨重，搬运困难。单轨浮放双轨道岔适用于单轨运输岩巷。

C　*矿车*

矿车是岩巷掘进中最常用的运输车辆。国产矿车按形式分为翻斗式矿车、固定车箱式矿车、侧卸式矿车、底卸式矿车、平板式矿车和材料车等。矿车的产品型号表示法，如图 5-59 所示。

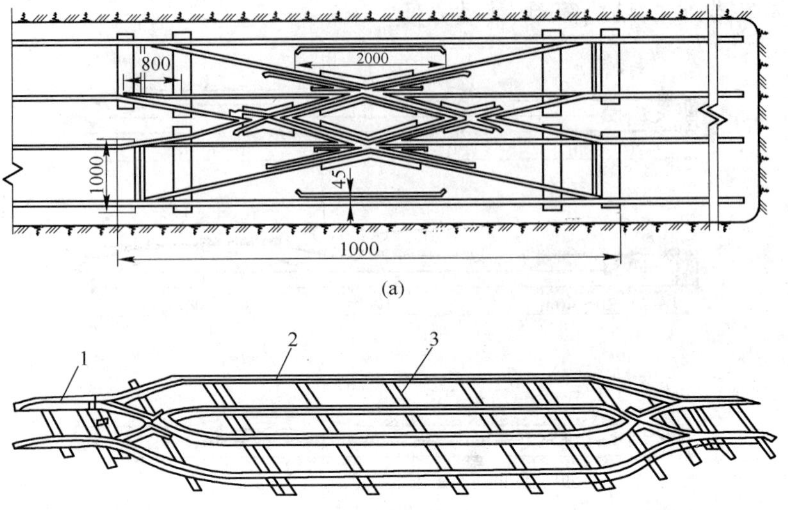

图 5-58 浮动道岔

（a）双向菱形浮动道岔；（b）单轨浮放双轨道岔

1—道岔；2—浮放轨道；3—支撑装置

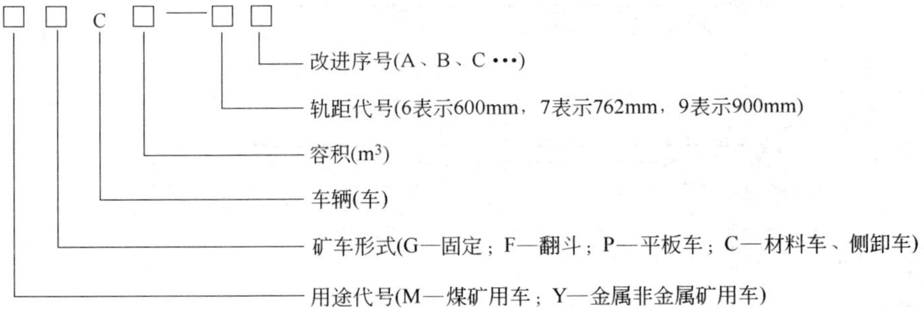

图 5-59 矿车的产品型号表示法

翻斗式矿车的车箱具有扇形底部，在车箱的两端铆有弧形翻转轨，用以支承在车架上。弧形钢环的圆心稍低于重载车箱的重心，打开车箱的定位销后，只需稍加用力便可将车箱翻转卸载。翻斗式矿车按车箱断面形状分为V型矿车（煤矿用矿车）和U型矿车（金属非金属矿车）两种（见图5-60）。《矿用窄轨车辆 第2部分：翻斗式矿车》（GB/T2885.2—2008）规定，翻斗式矿车的主要规格见表5-52、表5-53。

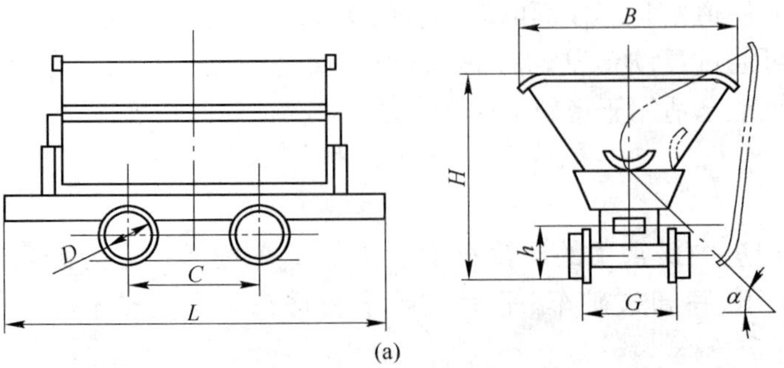

(a)

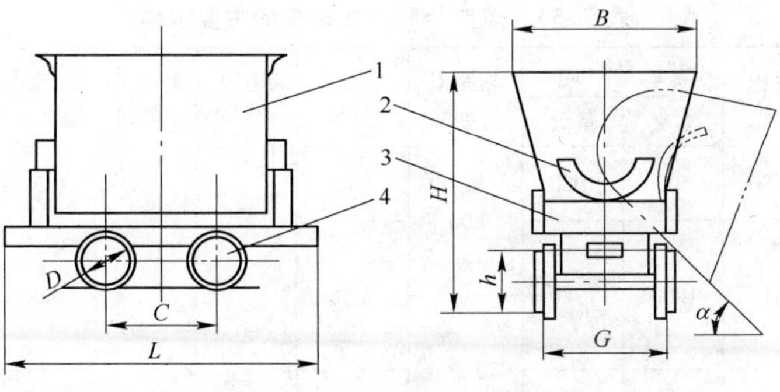

(b)

图 5-60 翻斗式矿车结构

(a) 煤矿用矿车;(b) 金属非金属矿车

1—车箱;2—弧形翻转轨;3—车架;4—车轮

表 5-52 金属非金属矿翻斗式矿车的主要规格

<table>
<tr><th>型号①</th><th>容积
/m³</th><th>装载量②
/kg</th><th>轨距 G
/mm</th><th>轴距 C
/mm</th><th>牵引力
/kN</th><th>卸载角
α/(°)</th><th>外形尺寸(长×宽×高③)/mm×mm×mm</th><th>自重
/kg</th></tr>
<tr><td>YFC 0.50-6
(KFU 0.50-6)</td><td>0.50</td><td>1250</td><td rowspan="4">600</td><td rowspan="2">500</td><td rowspan="9">60</td><td rowspan="9">≥40</td><td>1500×850×1050</td><td>≤550</td></tr>
<tr><td>YFC 0.55-6
(KFU 0.55-6)</td><td>0.55</td><td>1380</td><td>1600×850×1150</td><td>≤570</td></tr>
<tr><td>YFC 0.60-6
(KFU 0.60-6)</td><td>0.60</td><td>1630</td><td>550</td><td>1600×920×1200</td><td>≤610</td></tr>
<tr><td>YFC 0.70-6
(KFU 0.70-6)</td><td rowspan="2">0.70</td><td rowspan="2">1750</td><td rowspan="4">600</td><td>1650×980×1200</td><td>≤710</td></tr>
<tr><td>YFC 0.70-7
(KFU 0.70-7)</td><td>762</td><td>1650×980×1200</td><td>≤720</td></tr>
<tr><td>YFC 0.75-6
(KFU 0.75-6)</td><td rowspan="2">0.75</td><td rowspan="2">1880</td><td>600</td><td>1700×980×1250</td><td>≤740</td></tr>
<tr><td>YFC 0.75-7
(KFU 0.75-7)</td><td>762</td><td>1700×980×1250</td><td>≤750</td></tr>
<tr><td>YFC 1.10-6</td><td rowspan="2">1.10</td><td rowspan="2">2000</td><td>600</td><td rowspan="2">700</td><td rowspan="2">2400×980×1250</td><td rowspan="2">≤900</td></tr>
<tr><td>YFC 1.10-7</td><td>762</td></tr>
</table>

① 括号内的型号为原按车箱形状划分的表示方法;

② 装载量按物料松散密度 $\rho=2500\,kN/m^3$ 计算;

③ 矿车高度自轨面算起。

翻斗式矿车可用人力向两侧翻转卸载,卸载角大于40°,在无牵引机车时还可用人力推送。它结构简单、轻便灵活、卸载方便、适应性强,广泛用于岩巷的运渣作业。

固定车箱式矿车的车箱固定在车架上,如图 5-61 所示。固定车箱式矿车分为金属非金属矿车和煤矿用矿车两种。《矿用窄轨车辆 第1部分:固定车箱式矿车》(GB/T2885.1—2008)规定,固定车箱式矿车的主要规格见表 5-54、表 5-55。

D 梭式矿车

梭式矿车是一种具有窄长的大容积车体,底部装有装载和卸载用刮板或链板输送机的

表 5-53 煤矿用翻斗式矿车的主要规格

型号①	容积/m^3	装载量②/kg 名义	装载量②/kg 最大	轨距 G/mm	轴距 C/mm	牵引力/kN	卸载角 α/(°)	外形尺寸(长×宽×高③)/mm×mm×mm	自重/kg
MFC 0.80-6 (KFV 0.80-6)	0.80	500	1080	600	600	60	≥40	1850×1200×1200	≤560
MFC 1.10-6 (KFV 1.10-6)	1.10	1000	1980		800			2400×1400×1300	≤680
MFC 1.10-7 (KFV 1.10-7)				762					≤690
MFC 1.50-7 (KFV 1.50-7)	1.50	1250	2700		1000			3360×1750×1450	≤1120
MFC 1.50-9 (KFV 1.50-9)				900					≤1140

① 括号内的型号为原按车箱形状划分的表示方法;

② 名义装载量按物料松散密度 $\rho=900\,kN/m^3$ 计算,最大装载量按物料松散密度 $\rho=1800\,kN/m^3$ 计算;

③ 矿车高度自轨面算起。

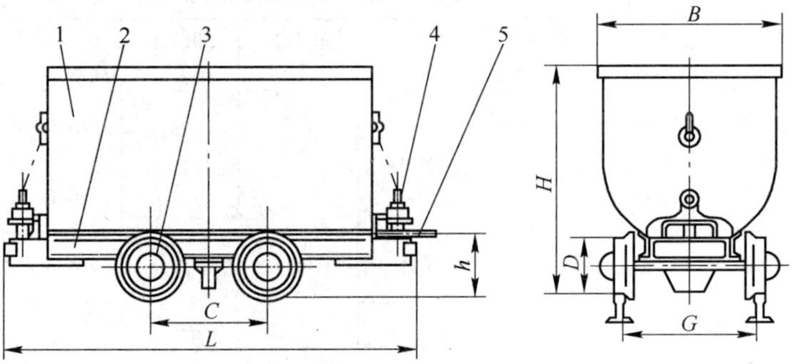

图 5-61 固定车箱式矿车结构

1—车箱;2—车架;3—车轮;4—插销;5—连接器

表 5-54 金属非金属矿固定车箱式矿车的主要规格

型 号	容积/m^3	装载量①/t	轨距 G/mm	轴距 C/mm	牵引力/kN	外形尺寸(长×宽×高②)/mm×mm×mm	自重/kg
YGC 0.5-6	0.5	1.25	600	400	60	1200×850×1000	≤450
YGC 0.7-6	0.7	1.75		500		1500×850×1050	≤500
YGC 1.2-6	1.2	3		600		1900×1050×1200	≤720
YGC 1.2-7			762				≤730
YGC 2-6	2	5	600	1000		3000×1200×1200	≤1330
YGC 2-7			762				≤1350
YGC 4-7	4	10	762	1300		3700×1330×1550	≤2620
YGC 4-9			900				≤2900
YGC 10-7	10	25	762	4500 (850)③	80	7200×1500×1550	≤7000
YGC 10-9			900				≤7080

① 装载量按物料松散密度 $\rho=2500\,kN/m^3$ 计算;

② 矿车高度自轨面算起;

③ 括号内尺寸为转向架自身轨距。

表 5-55 煤矿用固定车箱式矿车的主要规格

型 号	容积 /m^3	装载量[①]/t		轨距 G /mm	轴距 C /mm	牵引力 /kN	外形尺寸(长×宽×高[②]) /mm×mm×mm	自重 /kg
		名义	最大					
MGC 1.1-6	1.1	1	1.8	600	550	60	2000×880×1150	≤610
MGC 1.7-6	1.7	1.5	2.7		750		2400×1050×1200	≤720
MGC 1.7-9				900	600		2100×1150×1300	≤970
MGC 3.3-9	3.3	3	5.3		1100		3450×1320×1300	≤1320

① 名义装载量按物料松散密度 $\rho = 900\,kN/m^3$ 计算,最大装载量按物料松散密度 $\rho = 1600\,kN/m^3$ 计算;

② 矿车高度自轨面算起。

有轨出渣运输设备,简称梭车(见图 5-62)。梭式矿车的车体装在两个转向架上,车体向前倾斜,便于卸料端与其后面梭车的装料端相配合。将渣石装入车厢的装渣端,连续转动的刮板或链板运输机便将其转载至卸渣端。

图 5-62 梭式矿车

梭式矿车分为短距离型和长隧道型两种。当运输距离较短时,列车由两辆短距离型梭车组成。渣石经前面梭车转运至后面梭车内,待后面梭车装满后,由机车牵引至岩巷外的排渣场。开动运输机,将石渣自动卸下。它既可在后端卸渣,又能向两侧卸渣,因此卸渣不受排碴场地的限制。与此同时,前面的梭车继续装渣,第二辆梭车由机车运回后再次与第一辆梭车搭接。这样就可保证装载机连续作业。当运输距离较长时,列车用长隧道型梭车组成,梭车的数量能装完一次循环的全部渣石。长隧道型梭车的尾部没有挡板,列车在一个作业循环中,始终连接在一起,列车的刮板输送机可组成一个长串输送装置进行转载。待装渣作业全部完成后,由机车一次将列车运出岩巷后卸渣(见图 5-63)。

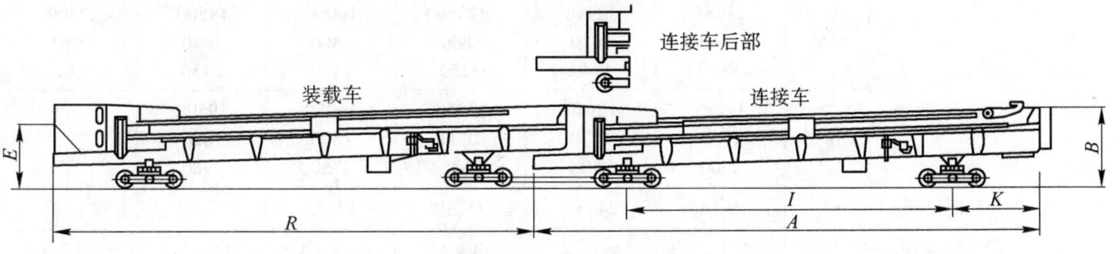

图 5-63 长隧道型梭式矿车

国产小型梭式矿车的技术参数如表5-56所示。其中SD系列搭接梭车的前车卸料可伸入后车装料端,可搭接转载,又能搭接运行。可单车或组列使用。大容积梭式矿车的技术参数如表5-57所示,它是根据铁路隧道工程的施工特点,适用于单个的大容积梭式矿车装渣。

表5-56 国产小型梭式矿车的技术参数

型 号	S(B)4	SD(B)4	S(B)6	SD(B)6	S(B)8	SD(B)8
容积/m^3	4		6		8	
载重/t	10		15		20	
轨距/mm	600,762			600,762,900		
搭接高度/m	1.2					
最小转弯半径/m	8	15	10	18	12	20
最大运行速度/$km \cdot h^{-1}$	20	15	20	15	20	15
卸载时间/min	1		1.2		1.5	
电动机功率/kW	10.5			13.0		18.5
自重/t	6.5		8.4		10.5	
外形尺寸(长×宽×高)/mm×mm×mm	6025×1280×1620	6250×1270×1740	7014×1450×1700	7160×1450×1770	9540×1570×1700	9600×1560×1840

注:型号中带有B的为防爆型,其余为非防爆型。

表5-57 国产大型梭式矿车的技术参数

型 号		S(B)14,SD(B)14	SS(B)16,SSD(B)16	SS(B)20,SSD(B)20	SS(B)25,SSD(B)25	SS(B)30,SSD(B)30	SS(B)40
容积/m^3		14	16	20	25	30	40
载重/t		28	32	40	48	55	75
轨距/mm		600,762,900			762,900		
装载高度/mm	S型	1445	1480	1590	1650	1730	1850
	SD型	1380	1420	1520	1580	1650	
最小转弯半径/m	S型	15	18	20	25	30	35
	SD型	22	25	30	40	50	
最大运行速度/$km \cdot h^{-1}$		20					
卸载时间/min		2	2	2.5	3	4	5
电动机功率/kW		18.5	2×18.5	2×22	2×22	2×22	2×30
自重/t	S型	12.6	17.5	19.4	24.5	28.8	37.5
	SD型	12.9	17.8	19.8	24.9	29.3	
外形尺寸(长×宽×高)/mm×mm×mm	S型	11255 1710 1800	12940 1670 1840	12960 1800 2250	16050 1800 2450	19500 1850 2450	22500 1850 3100
	SD型	11255 1710 2300	12940 1670 2400	12960 1800 2680	16050 1800 2750	19500 1850 2980	
荐用钢轨		≥18	24,33	33,38	38,43	38,43	43,50
适用岩巷断面/m^2		≥3.4×3.4	≥4×4	≥4×4.5	≥4.5×4.5	≥5×5.5	≥5×6

注:型号中带有B的为防爆型,其余为非防爆型。

梭式矿车综合了矿车灵活、结构简单与槽式列车容积大、能连续转载、自动卸渣的优点。它的特点是连续装载,转载、运输和卸载设备合一,可减少调车和出渣时间。梭式矿车的缺点是结构复杂、使用费用较高。梭式矿车通常与扒爪装载机配合使用,可以大大提高出渣效率,工时利用率可超过80%。它也可用铲斗式装载机装载。图5-64为在隧道工程施工中的梭式矿车。

图5-64 隧道施工中的梭式矿车

E 牵引机车

牵引机车分为电机车和内燃机车两种,电机车又分为架线式电机车和蓄电池电机车。蓄电池电机车具有体积小,无废气污染,不需架设供电线路,使用方便、安全等优点。但它的牵引力较小,需经常充电,并需安装专门的充电设备。内燃机车的牵引力较大,但排出大量废气而使洞内空气污染。我国矿用架线式电机车的牵引电机和牵引电网均为直流电,电压等级分为100(97)V,250V,550V。巷道掘进的运输通常采用小吨位(黏着质量❶为1.5t,3t,最大7t)的窄轨直流矿用架线式矿山电机车或蓄电池电机车(见图5-65)。

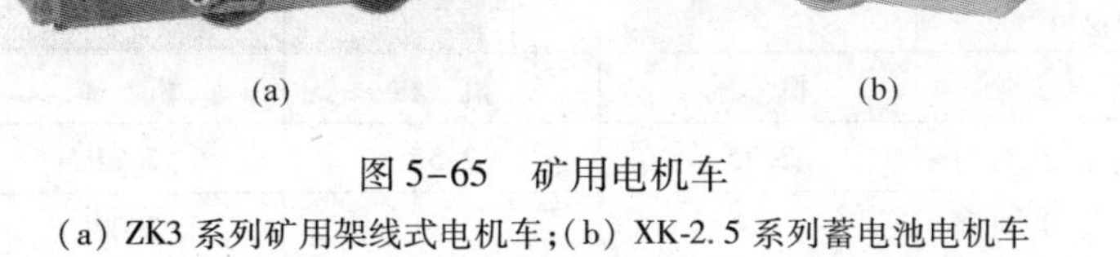

(a) (b)

图5-65 矿用电机车

(a) ZK3系列矿用架线式电机车;(b) XK-2.5系列蓄电池电机车

窄轨电机车是指轨距小于标准轨距的电力机车,国内使用的窄轨轨距有600mm,762mm,900mm三种。它要求轨道的坡度为0.3%~0.5%,局部最大坡度不超过3%。ZK

❶ 黏着力其实就是一种摩擦力,它是指机车车轮与钢轨之间的摩擦力,只是行业习惯称为黏着力。机车的黏着质量,对电力机车和内燃机车,由于全部车轮均为动轮,因此机车黏着质量即是机车的计算质量。

系列矿用直流架线式电机车的黏着质量有1.5 t、3 t、7 t、10 t、14 t、20 t等，小时制牵引力❶为2.84～42.9 kN。当不便架设牵引电网时，可采用蓄电池式电机车。它的黏着质量有2 t、2.5 t、8 t、12 t等。常用电机车的型号规格见表5-58、表5-59。

表5-58 矿用架线式电机车的技术性能

技术特征		ZK1.5—6/100，ZK1.5—7/100，ZK1.5—9/100	ZK3—6/250，ZK3—7/250，ZK3—9/250	ZK7—6/250，ZK7—7/250，ZK10—9/250	ZK7—6/550，ZK7—7/550，ZK10—9/550
黏着质量/t		1.5	3	7,10	7,10
轨距/mm		600,762,900	600,762,900	600,762,900	600,762,900
固定轴距/mm		650	816	1100	1100
弯道最小曲率半径/m		5	5,7	7	7
制动方式		机械	机械	机械，电气	机械，电气
轮缘牵引力/kN	小时制	2.84/2.11（强/弱）	4.7	13.05	15.11
	长时制	0.736/0.392（强/弱）	1.51	3.24	4.33
速度/km·h^{-1}	小时制	4.54/6.47	9.1	11	11
	长时制	6.6/12.5	12.0	16.9	16
	最大	—	—	25	25
额定电压/V		100	250	250	550
牵引电机功率/kW	小时制	3.5	12.2	21	24
	长时制	1.35	—	7.4	9.6
外形尺寸/mm	长	2100	2700	4500	
	宽	750,1050	950,1250	1060,1360	
	高	1450,1550	1550	1550	

表5-59 煤矿防爆特殊型蓄电池电机车的技术性能

技术特征		CDXT—2.5	XK2.5—6/48KBT，XK2.5—7/48KBT，XK2.5—9/48KBT	CCXT—5	XK5—6/90KBT，XK5—7/90KBT，XK5—9/90KBT
黏着质量/t		2.5		5	
轨距/mm		600,762,900			
固定轴距/mm		650	650	890	850
最小曲率半径/m		5	5	6.5	6
制动方式		机械	机械	机械	机械
轮缘牵引力/kN	小时制	2.75	2.55	7.24	7.06
	长时制	—	—	2.00	—
速度/km·h^{-1}	小时制	4.5	4.54	7	7
	长时制	6	—	—	—

❶ 小时制牵引力是电机车在较短时间的工作条件下能达到的牵引力，它表示机车的过负荷能力。小时制牵引力是相对于持续制（长时制）牵引力而言的。

续表 5-59

技术特征		CDXT—2.5	XK2.5—6/48KBT, XK2.5—7/48KBT, XK2.5—9/48KBT	CCXT—5	XK5—6/90KBT, XK5—7/90KBT, XK5—9/90KBT
牵引电机功率/kW	小时制	3.5	3.5	7.5	7.5
	长时制	—	—	—	—
蓄电池组额定电压/V		48		96	90
蓄电池组容量(5 小时制)/Ah		330		330	330,385
外形尺寸/mm	长	2150	2330	3200	2850
	宽	910,1064,1072	914,1076,1214	1000,1300	1000,1105,1243
	高	1380	1550	1550	1550

5.4.3.2 无轨运输

无轨运输是指岩巷内没有轨道,采用轮胎式自卸卡车进行的运输作业。它具有运输效率高、车辆行驶灵活、不需铺设轨道、配套设施少、管理简单等优点。缺点是内燃机驱动,作业时排出大量废气而污染环境,必须加强施工岩巷的通风。

无轨运输适用于大断面和中等长度的岩巷掘进,排渣场距洞口较远或坡度较大的施工场所。它在国外已得到广泛的应用,国内则多用于机械化程度较高的隧道工程。

A 运输设备

无轨运输应采用柴油内燃机械和车辆,洞内严禁使用汽油内燃机械。铲运机适用于 300 ~ 2000 m 的运渣,大于 2000 m 则宜采用自卸卡车(见图 5-66)。

(a)

(b)

图 5-66 铲运机出渣

(a) 地下铲运机;(b) 某水电站工程铲运机出渣

铰接式矿用自卸卡车的车身低矮、形状近似于岩巷断面，采用铰接底盘、转弯半径小，方便在丁字形岩巷内转向，四轮驱动，载重量大，达 20～60 t（见图 5-67）。铰接式矿用自卸卡车特别适合断面较小的岩巷工程运渣。

(a)

(b)

(c)

图 5-67 铰接式矿用自卸卡车

（a）阿特拉斯·科普柯 MT 系列；（b）卡特彼勒地下采矿卡车；（c）AJK 系列

隧道工程的断面较大，可以采用普通的自卸汽车运渣（见图 5-68）。国内一般采用 15～25 t 的自卸汽车。

图 5-68 普通的自卸汽车运渣

采用无轨运输的柴油内燃车辆必须具有高效尾气净化装置或掺加净化添加剂，尾气中的有毒、有害气体成分应符合有关国家标准。

B 洞内道路

无轨运输的洞内运输道路应符合下列要求：

（1）洞内宜铺设简易路面，其平整度、强度应满足运输车辆运行的要求。采用超前铺底或先修筑仰拱，可较好地解决路面的质量问题。同时，做好排水及路面的维修工作。

（2）无轨运输的车道净宽，单车道不得小于车宽加 2 m，并每隔 150 ~ 300 m 设一个会车点；双车道不得小于两倍车宽加 2.5 m。会车视距[1]宜大于 40 m。

（3）从掘进工作面到排渣场，必须设置会车场所、转向场所及行人安全通道。

（4）在洞口、交道口、狭窄的施工场地，必须设置明显的警示标志。

C 减少内燃机械车辆废气排放的措施

采用内燃机械和车辆时，其排出的废气对人体极为有害。研究表明，虽然大型柴油车排放的 CO 量只有汽油车的 1% ~ 10%，但它排出的其他有害气体，却是汽油车的 3 倍以上。为减少机械车辆的废气排放，应采取下列措施：

（1）机械车辆安装高效尾气净化装置或掺加净化添加剂，使用质量较好的高标号燃油；

（2）加强机械车辆的维护与保养，严禁超载，禁止废旧机械车辆进入施工现场；

（3）改善洞内路面交通环境，使路面平整。

5.4.3.3 卸渣

排渣场应根据地形条件、弃渣利用、运渣条件、车辆类型，并结合当地自然环境、水土保持、人文景观等因素综合考虑，妥善布置排渣路线和卸渣设备。排渣场的布置应方便卸渣，并满足安全、环保的要求。排渣场坡面应按设计要求进行复垦或渣顶整平造田，做好绿化覆盖。坡脚处或与原地面衔接处，均应按设计要求修筑挡墙护坡和永久排水系统，以确保地表径流不致冲蚀渣堆。排渣场不应设在堵塞河流、污染环境、毁坏农田的地段。

排渣场的路面应坚实、平整。有轨运输的卸渣场线路应设安全线，并设置 1% ~ 3% 的上坡道，便于重车减速停车和空车启动。卸渣台应搭设牢固，并设有挂钩、栏杆，轨道末端应有可靠的制动装置、挡车器和防止翻车装置以及足够宽的卸车平台。卸渣宜采用自动卸渣、机械卸渣设备和平渣设备。排渣场通常采用侧向倒渣。随着渣石的堆积，逐步将卸渣轨道侧向移动或向前延伸。

5.4.4 出渣安全

在出渣作业中，常会发生装岩机或矿车挤伤人、脱轨伤人，行驶撞人，矿车自动滑行伤人，操作人员触电等安全事故。必须采取相应预防措施。装渣、运输设备要经常检查维修。

5.4.4.1 装渣安全

装渣作业前，应“三检查”（检查岩巷及工作面的顶、帮，检查有无盲炮，检查渣堆中有无残留的炸药或雷管），发现问题及时处理；进行初喷混凝土；同时，进行通风除尘，冲洗岩帮和向渣堆上洒水。确认工作面安全及通风、照明符合要求后，方可进行装渣作业，并应遵守下列规定：

---

[1] 会车视距是指两辆对向行驶的汽车能在同一车道上相遇及时制动并停车所必须的安全视距。它由双方驾驶员反应时间内行驶的距离、双方汽车的制动距离和安全距离三部分组成。

(1) 装岩机与岩巷两帮的间距,在操作人员所在一侧,由装岩机至岩巷侧壁或支护、风管等设备的距离,均应大于400 mm。装岩机最大工作高度与岩巷顶板的安全距离不应小于200 mm。

(2) 装岩机运行的轨道应平直、无沉陷,道钉固定牢固。临时轨道铺设不得马虎,防止装岩机发生出轨道事故。

(3) 装岩机开机前,应通知周围人员撤到机械活动范围以外的安全地点,并发出开机信号。禁止任何人在靠近铲斗的工作范围内及挂在装岩机后的矿车附近停留或作业,以免铲斗或抛掷的渣石伤人。严禁脚踏轨道(包括临时轨道)和铲斗。

(4) 耙斗装载机在装渣前,必须将机身和尾轮固定牢靠。严禁在耙斗运行范围内进行其他作业或行人。在倾斜巷道移动耙斗机时,下方不得有人。

(5) 装渣时,发现渣堆中有残留的炸药、雷管时,应立即处理。同时,应注意观察工作面围岩的稳定情况,发现松动岩石或有塌方征兆时,必须先处理再装渣。

5.4.4.2 运输安全

轨道运输设备(包括电机车、梭式矿车、矿车及其连接件)、无轨运输设备(包括地下运矿车、地下铲运机)、连续运输设备(包括带式输送机、刮板输送机及液力耦合器❶)及矿用电缆属于国家实施安全标志管理的运输设备,必须采购、使用已取得安全标志的产品。

A 有轨运输安全

轨道敷设不符合技术标准,如坡度过大、转弯半径过小、轨道敷设质量低等,容易引起车辆脱轨,发生翻车事故。轨道和架空线应遵守下列规定:

(1) 轨道应设专人进行维修,使其经常处于良好状态,各项指标符合有关规定。

(2) 轨道旁临时堆放的材料,距钢轨外缘的距离不得小于800 mm,高度不得大于1 m。散落在道床两侧的废渣及杂物应随时清除。

(3) 架线式电机车的供电线与人行道应分别设在岩巷两侧;滑触线的悬挂高度(自轨面算起),线路电压低于500 V时,不低于1.8 m;线路电压高于500 V时,不低于2 m。架空线线夹两侧的横拉线应设有瓷瓶与架空线绝缘。线夹与顶板或支架横梁的距离,不应小于200 mm。

(4) 滑触线应设分段开关,分段距离不应超过500 m。每一条支线也应设分段开关。

有轨运输作业时应遵守下列规定:

(1) 机动车牵引不得超载。翻斗车的装载高度不得超过车顶面500 mm,宽度不得超过车宽。

(2) 列车连接必须良好,并采用不能自行脱钩的连接装置。不能自动摘挂钩的车辆,其两端的碰头或缓冲器的伸出长度不应小于100 mm。机车摘挂后调车、编组和停留时,应有

---

❶ 刮板输送机中的液力耦合器是安装在电动机与负载之间的传动装置。液力耦合器是以液体为工作介质的一种非刚性联轴器,又称液力联轴器。它的泵轮与涡轮组成一个可使液体循环流动的密闭工作腔,泵轮装在输入轴上,涡轮装在输出轴上。电动机带动输入轴旋转时,液体被离心式泵轮甩出。这种高速液体进入涡轮后即推动涡轮旋转,将从泵轮获得的能量传递给输出轴。最后液体返回泵轮,形成周而复始的流动。

防溜车措施。

(3) 运行不得超速。在洞内施工地段、视线不良的曲线段以及通过道岔或洞口平交道等处时,运行速度不得大于10km/h;其他地段在采取有效的安全措施后,运行速度不宜大于20km/h。

(4) 列车或单独机车行驶时,必须前有照明灯,后有红灯。

(5) 车辆在同方向行驶时,两组列车的间距不得小于100m。

(6) 人力推翻斗车时,应遵守下列规定:

1) 一人只准推一辆车,推车时两手不得放在矿车两侧。

2) 推车时必须时刻注意前方,在开始推车、停车及脱轨,发现前面有人或障碍物时,或从坡度较大的区段向下推车,接近道岔、通过弯道时,推车人员必须及时发出信号并减速慢行。

3) 当轨道坡度小于0.5%时,同向推车的间距不得小于10m;坡度为0.5% ~1.0%时,不得小于30m;而坡度大于1.0%时,不得人力推车。

4) 车辆必须有可靠的制动装置。在能自行滑动的线路上运行时,车速不得超过3m/s,并严禁松手溜放。

B 无轨运输安全

严禁使用汽油作燃料的车辆进洞。柴油内燃车辆应使用低污染的柴油发动机,并有废气净化装置,或在柴油中掺入柴油净化添加剂。净化后的废气中有害物质的浓度应符合《工业场所有害因素职业接触限值 第1部分:化学有害因素》(GBZ2.1—2007)的有关规定。同时,洞内应加强通风。无轨运输作业应遵守下列规定:

(1) 车辆的顶部至岩巷顶板的距离不应小于0.6m。

(2) 运行不得超速,在洞内施工作业地段、模板台车处、视线不良的曲线段、通过岔道和错车时,行车速度不应大于10km/h;其他地段在采取有效的安全措施后,行车速度不宜大于20km/h。

(3) 同向行驶的车辆,前后两车的距离应大于20m,洞内能见度较差时还应加大距离。车辆行驶中严禁超车,交会车时两车间的安全距离应大于500mm。洞内倒车或转向时应有专人指挥。

(4) 在洞口、交道口、模板台车处及狭窄的施工场地,必要时应设专人指挥交通。

5.4.4.3 卸渣作业安全

卸渣作业时应遵守下列规定:

(1) 卸渣应在规定的卸渣路线上依次进行,不得干扰其他施工作业。卸渣轨道末端应设置可靠的挡车装置及标志。

(2) 卸渣时应有专人指挥,并及时平整。人工卸渣时,应将车辆停稳制动,严禁站在斗车内扒渣。

(3) 电瓶车牵引梭式矿车或矿车卸渣时,必须用铁楔将车轮两个方向楔紧,不得用渣石或木条代替铁楔。

(4) 自卸卡车卸渣时,必须将车辆停稳制动,不得边行驶边卸渣。卸渣后应及时使车厢复位,严禁举升车厢行驶。

5.5 掘进施工质量标准

为保证岩巷的掘进质量及了解掘进计划的完成情况,施工中应定期进行检查验收。验收内容包括岩巷的掘进方向、坡度和断面规格等。岩巷方向与坡度的检查,可结合标定中线和腰线同时进行。掘进施工质量取决于爆破作业的质量,而爆破作业质量又与凿岩作业质量密切相关。

5.5.1 超挖和欠挖控制

岩巷掘进断面应以模筑混凝土支护的设计轮廓线为基准,并考虑预留变形量、测量贯通误差和施工误差等因素适当放大。在掘进爆破中,超出设计断面轮廓以外,多挖的岩体称为超挖部分,简称超挖;未达到设计轮廓的,称为欠挖部分,简称欠挖。欠挖需要清除,增加成本和工期。超挖将增加装运渣量,超挖空间还要用混凝土回填,并使岩巷表面不平整,给后续的喷射混凝土、防水、模筑混凝土支护作业增加难度。过大的超挖还将影响围岩的稳定。超挖的危害要大于欠挖。

5.5.1.1 超欠挖产生的原因

掘进产生超欠挖的原因很多,大致可分为两类。一类是为保证模筑混凝土的设计断面尺寸,考虑到预留变形量、测量贯通误差和施工误差等因素而适当放大掘进断面。这是允许的,也是必需的,但应力求减小。此外,正常的两次爆破衔接台阶,一般不计为超挖。另一类是由于地质构造、凿岩爆破或其他施工原因造成的超挖,则应避免。它们产生的主要原因如下:

(1) 地质构造条件变化。竖向倾斜地层易在两拱角处形成超挖;水平成层岩体易形成“门框形”断面,在“框角”处超挖最大。岩巷垂直于岩层走向时,爆破作用为整体的,超挖较少;当平行岩层走向时,则超挖较多。节理发育的岩体,更易产生局部超挖。

(2) 凿岩操作不当。凿岩前不放轮廓线或放样不准确;炮孔位置不正确;凿岩人员技术不熟练致使炮孔定位或钻进角度控制不好。

(3) 爆破方法与参数不当。即使采用光面爆破,若参数不合理,如光爆孔的装药结构、线装药密度不合理,也会对炮孔壁产生过度破坏而造成超挖;光爆孔的布置及其间距不当或雷管段数较少、延时误差较大,将使超挖量增加。

(4) 施工管理问题。如为了避免欠挖,人为不适当地放大断面轮廓尺寸;为了缩短凿岩时间而减少炮孔数量,同时加大装药量。

对276个掘进循环的超欠挖统计分析(如图5-69所示)表明影响最大的是凿岩精度(占44.2%),其次是爆破技术(占20.3%)、施工管理(占17.6%)。这三项影响因素共达82.2%。而测量放线(占7.6%)、地质变化(占6.1%)等的影响较小。

5.5.1.2 控制超欠挖的措施

针对上述产生超欠挖的原因,可采取相应措施,防止或减少超、欠挖。

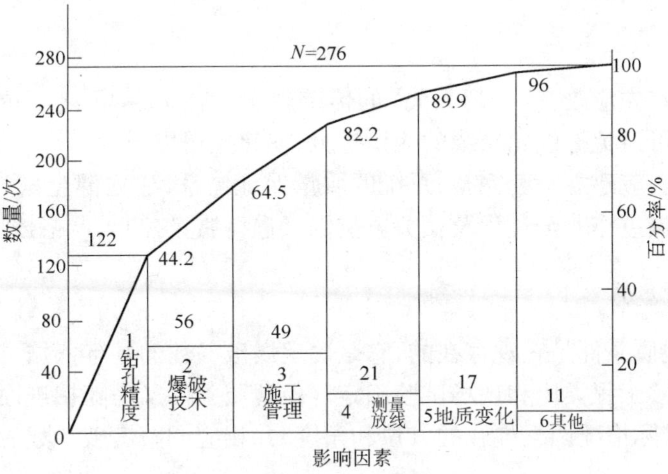

图 5-69 影响超欠挖因素的统计分析

A 提高测量放线精度与凿岩技术

提高测量放线精度与凿岩技术，要求如下：

(1) 控制超欠挖，首先应控制掘进断面轮廓的精度。在保证中线和高程准确的基础上，保证轮廓线的准确。测量放样时，必须标出掘进轮廓线及炮孔位置。

(2) 凿岩技术对超欠挖的影响是最大的，主要有周边孔的开孔位置、外插角和孔深。实际上，控制光爆孔的外插角较为困难，但控制其开孔位置较容易。

为减少超欠挖量，还可借助激光指向仪、测斜仪辅助定向，或采用计算机控制的凿岩台车凿岩。

B 爆破技术参数合理匹配

爆破技术对超欠挖的影响较大，仅次于凿岩技术的影响。显然，采用光面爆破和预裂爆破可比普通爆破降低超挖量。岩巷工程要求采用光面爆破，并应符合下列要求：

(1) 爆破参数。它主要包括单位炸药消耗量 q、光爆孔的布置及线装药密度 q_1 等。平均线性超挖与单位炸药消耗量 q 成线性正相关的关系。光爆孔间距 E 较小可减少超挖，而最小抵抗线 W 处于某一范围内，才能减少超挖。因此，应使炮孔密集系数 E/W 处于合理的范围内。

(2) 爆破器材及装药结构。采用合理的炸药和雷管及装药结构，可减少爆破震动和应力波对围岩的破坏作用，从而有利于减少超挖。光面爆破宜使用低密度、低爆速、低猛度炸药。试验表明，小直径药卷连续装药的效果最好，可比间隔装药和集中装药分别减少超挖16%和28%。此外，采用延时精度高的毫秒雷管，控制内圈炮孔的爆破效果，均可减少超挖。

(3) 爆破方式。大断面岩巷由于掘进方式的不同，爆破方式可有全断面一次爆破、台阶法爆破、导洞先行扩大爆破和预留光爆层爆破等方式。当地质条件允许时，全断面一次爆破(包括台阶法)有利于减小爆破重复振动、减少工序和干扰，便于快速掘进。预留光爆层爆破和导洞先行扩大爆破，有利于减少超挖，改善断面轮廓。

C 加强施工组织管理

为控制超挖,首先应改变“宁超无欠”的传统观念,树立“少超少欠”的观点。容许有一定程度的欠挖,就可避免掘进轮廓线的无谓扩大,使超挖得以减少。

为控制超欠挖,应建立一套完整、系统的质量保证体系,建立健全凿岩、测量、爆破质量管理检验制度,对掘进作业全过程及相关影响因素进行质量控制、严格按设计施工及验收。

D 适应地质条件变化

岩巷掘进的地质条件是客观存在的,它是确定爆破参数的基本依据。目前,爆破设计主要是根据施工经验、工程类比和现场试验确定。但地质条件又是随掘进而不断变化的,在现场施工中应根据实际情况调整炮孔的方位和角度,并相应调整爆破参数。

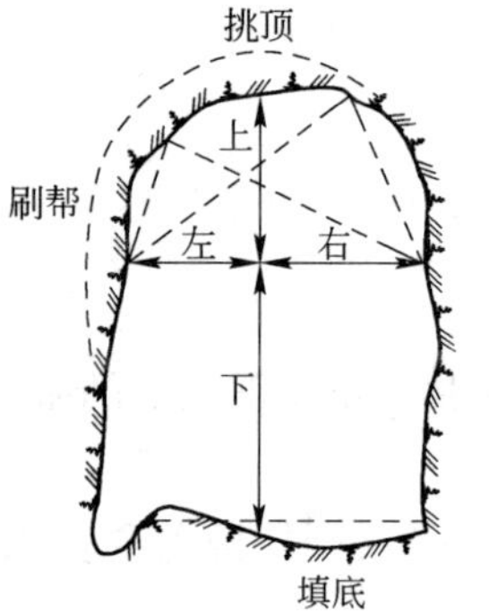

图5-70 岩巷断面规格检查

5.5.1.3 超欠挖检验

岩巷断面规格的检查,对重要、大跨度岩巷,一般每掘进5~10m进行一次。当发现与设计要求不符时,应立即通知掘进班组进行挑顶、刷帮或填底。

A 检验方法

传统的检验超欠挖方法是以中线和腰线为基准,测量中线到两帮的距离和腰线到顶板、底板的距离,并交会出拱与两帮的交接处,拱顶变形点的断面形状。由此便可确定超挖与欠挖,如图5-70所示。

目前,岩巷工程测定超欠挖的方法很多,如表5-60所示。

表5-60 隧道超欠挖的测定方法

仪器或设备	测定方法
全站仪	在测点处粘贴反光片,使用具有免棱镜测距功能的全站仪测量各点的三维坐标,通过计算绘制掘进断面,与设计断面进行比较
隧道断面检测仪	隧道断面检测仪可以直接检测掘进断面
激光指向仪或激光经纬仪	用激光指向仪或激光经纬仪在掘进工作面上的光束测定特定部位超欠挖线形值
防水板铺设专用台车	当防水板铺设专用台车移动时,用直尺测量测点至轮廓刚架的最小距离,并考虑喷射混凝土厚度,即可确定超欠挖值

B 激光断面检测仪测量

激光断面检测仪测量掘进断面的原理是:以某物理方向(如水平方向)为起算方向,按一定间距(角度或距离)依次测定仪器旋转中心与实际掘进轮廓线的交点之间的距离及该距离与水平方向的夹角。将这些距离端点依次相连即可获得实际的掘进轮廓线。再通过控制导线获得断面的定点定向数据,利用计算机软件对数据进行编辑处理,自动完成实际掘进轮廓线与设计掘进轮廓线的空间三维匹配。激光断面检测仪还可以测量净空断面位移。

BJSD-4 型隧道断面检测仪主要由检测主机和专用 PDA(个人数码助理)控制器两部分组成(见图 5-71)。它为控制检测头完成各项测量功能而设计的软件界面,包括当前断面测量及前方断面测量、激光指示炮孔位置、轮廓放样、量测围岩变形(收敛)、显示超欠挖结果等,还可计算土石方量。BJSD-4 型激光断面检测仪的主要技术参数见表 5-61。

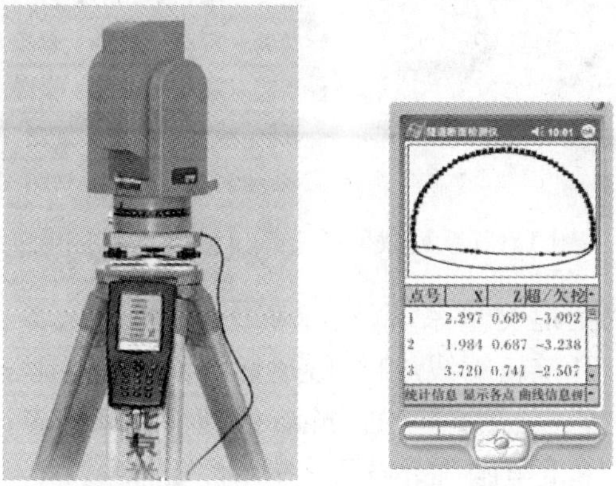

(a) (b)

图 5-71 BJSD-4 型激光断面检测仪

(a) 激光断面检测仪;(b) PDA 的土石方量显示界面

表 5-61 BJSD-4 型激光断面检测仪的主要技术参数

指 标	检测半径/m	检测精度/mm	检测方位角/(°)	角度分辨率/(°)	角度精度/(°)
参 数	0.3~60	±1	30~330	0.01	≤0.1

使用时,首先在微机的专用软件界面上设置完成"标准隧道断面"的形状及炮孔的位置。然后将上述数据通过串口线传到检测头侧面的 PDA 控制器中。按照 PDA 控制器上面的人机对话菜单进行操作,即可实现掘进断面的超欠挖操作。

C 全站仪测量

全站仪是全站型电子速测仪(Electronic Total Station)的简称,它是将电子经纬仪、激光测距仪组合一起,能同时进行测角、测距作业的光学测量仪器。因其一次安置仪器就可完成测站的全部测量工作,因此称为全站仪。全站仪由测角系统、测距系统、数据处理部分、通讯接口、电源部分及显示屏、键盘等组成。带有红色可见激光免棱镜测距功能❶的全站仪,配合 TECS 系列断面测量系统软件,便可进行掘进断面检测(见图 5-72)。它可完成获取、存储、显示、分析、修正隧道断面的空间数据,使隧道断面测量能快速获取超、欠挖情况并提供断面图形、图表及数据报表。此外,它还可取代收敛计进行净空测量及对喷射混凝土厚度进行无损检测。

---

❶ 无棱镜测量技术是基于相位法原理,发出的红色激光束直径极小,可非常精确地打到目标上,保证高精度的距离测量。与有棱镜测量相比,其优点是只要测点的反射介质符合免棱镜测量的条件,就不需要在测点上放置棱镜,即可测量出该点的三维坐标,是测量不易到达目标点时的理想工具。利用无棱镜测量技术也可对棱镜进行超长距离的测量。

图5-72 采用TECS系列软件的全站仪测量隧道的断面数据示意图

徕卡全站仪中文机载隧道测量系统，可以解决各种线形、各种轮廓的隧道施工测量问题，包含超欠挖随机检测、开挖轮廓线放样、隧道横断面测量、围岩收敛测量或隧道中心线放样及桌面数据后处理等功能（见图5-73）。除后处理模块运行于计算机外，其他模块全部运行于全站仪内，无需PDA掌上电脑等外挂设备辅助，无需通过电缆线才能访问全站仪，作业快速，性能稳定、操作简单。它可运行于具有免棱镜测距功能的全站仪上，对于具有伺服马达的仪器更可实现自动测量。

图5-73 徕卡全站仪测量掘进断面

测量时，可在岩巷内任意位置设站，定向完毕后，即可检测岩巷内壁任意点的超欠挖情况，检测结果实时显示；系统可消除工作面凹凸不平的影响，可以快速、准确地在掘进工作面上放样出开挖轮廓线；可以快速、精确地获取被监测点的变形值，计算围岩收敛值。

5.5.2 掘进质量标准

《铁路隧道工程施工质量验收标准》（TB10417—2003）规定了掘进施工质量标准。施工质量验收的检验项目分为主控项目和一般项目。主控项目是指岩巷工程中对安全、卫生、环境保护和公众利益起决定性作用的检验项目；一般项目为除主控项目以外的检验项目。凿岩机械分别采用气腿式凿岩机或凿岩台车时，毛洞的尺寸偏差是不同的，因此允许尺寸偏差应该有所区别。

5.5.2.1 主控项目

（1）岩巷掘进断面的中线、高程必须符合设计要求。岩巷起点的高程与设计规定相差不宜超过 100 mm。岩巷坡度（包括水沟的坡度）必须符合设计规定，局部允许偏差为 ±0.1%。

（2）岩巷掘进不应欠挖。当岩体完整、石质坚硬（抗压强度大于 30 MPa），并确认不影响模筑混凝土结构的稳定和承载力时，允许岩石的个别突出部分（每 1 m^2 内不宜大于 0.1 m^2）欠挖，而隆起高度不得大于 50 mm。但拱脚和墙脚以上 1 m 范围内严禁欠挖。

在完整的硬岩及中硬岩体中掘进时，往往在个别部位产生欠挖，如采取二次爆破，则可能造成更大的超挖，且二次扰动围岩。因此，允许适当欠挖。

5.5.2.2 一般项目

（1）不同部位的允许超挖值应符合表 5-62 的规定。

表 5-62 隧道允许超挖值 (mm)

项目		围岩级别			检查方法和间距
		硬岩（Ⅰ）	中硬岩、软岩（Ⅱ～Ⅳ）	破碎岩、土（Ⅳ、Ⅴ）	
拱部	平均线形超挖	100	150	100	水准仪或断面仪；每 20 m 一个断面
	最大超挖	200	250	150	
侧墙每侧线形超挖		100			尺量；每 20 m 检查 1 处
仰拱、隧底	平均线形超挖	100			水准仪；每 20 m 检查 3 处
	最大超挖	250			

注：1. 本表适用于炮孔深度不大于 3 m 的岩巷，炮孔直径为 40～50 mm，当炮孔深度大于 3 m 时可根据实际情况确定；

2. 平均线形超挖值 = $\frac{超挖横断面积}{爆破设计开挖断面周长（不包括隧底）}$；

3. 最大超挖值是指最大超挖处至设计开挖轮廓切线的垂直距离；

4. 表列数值不包括测量贯通误差、施工误差。

由于拱部凿岩方向较难掌握，其允许超挖值可比侧墙、仰拱、隧底稍大些。硬岩的完整性较好，掘进轮廓控制较易，而中硬岩的完整性较差，爆破后易破碎，轮廓不易控制。软岩虽然完整性更差，但一般不用爆破，只要精心施工就可控制超挖。因此，不同岩性的允许超挖值不同。

（2）岩巷底板允许平均超挖值为 100 mm，局部突出每 1 m^2 内不应大于 0.1 m^2，侵入断面不大于 50 mm。

（3）排水沟应与侧墙基础同时开挖，一次成型，且侧墙基础和排水沟的高程应符合设计要求。

5.6 隧道掘进机及其施工

隧道掘进机集掘进与支护于一体，一次将整个隧道断面成型，采用高新技术对全部作业进行控制和监视，使掘进过程始终处于最佳状态。在相同的条件下，隧道掘进机的掘进速度为常规钻爆法的4~10倍，最高日进尺可达150 m。它具有快速、优质、安全、有利于环境保护等优点，现已广泛应用于水利水电，铁路、交通隧道，矿山开采，市政，国防等工程中。

5.6.1 隧道掘进机

隧道掘进机是一种开挖岩巷的专门机械，它利用旋转并推进刀盘，通过盘形刀具以碾压、切削方式破碎岩石，同时完成出渣、支护等作业，连续掘进，一次成洞。由于隧道掘进机能完成多种作业，又称联合掘进机。国内习惯上将用于岩石地层开挖的全断面隧道掘进机(Tunnel Boring Machine)称为隧道掘进机(简称TBM)，而用于软岩和土层的则称为盾构机。盾构机主要由稳定开挖面、掘进及排土、管片支护及壁后注浆三大部分组成。它适用以V级围岩为主和地下水位较高的城市浅埋隧道(如地铁)或越江隧道施工。盾构机具有泥水压、土压平衡等维护开挖面的稳定功能[1]，而隧道掘进机则不具备稳定开挖面的功能，这也是盾构机区别于隧道掘进机的主要方面。

5.6.1.1 隧道掘进机的发展历史

1846年意大利人Maus发明了隧道掘进机。1952年美国罗宾斯(Robbins)公司开发制造出了现代意义上的第一台软岩隧道掘进机，1956年又研制成功了中硬岩隧道掘进机，从此掘进机真正进入实用阶段。目前，国外隧道掘进机技术已相当成熟，可用于复杂的地质条件，是当今世界上公认的快速开挖隧道的最有效机械之一。瑞典阿特拉斯·科普柯公司生产的Jarva MK27型隧道掘进机经过改装，其掘进直径可在6.4~12.4 m之间变化。法国的斯特拉堡工地实现了人们在办公室控制掘进机的操作。在都灵的Gcodata总部办公室可以直接从计算机屏幕上获取远在葡萄牙Porto地铁工程中运行的一台直径8.8 m的土压平衡式盾构机的所有施工图像和参数，并据此发出指令进行遥控操作。

1966年上海水工机械厂生产出我国第一台隧道掘进机，其直径为3.4 m。在云南下关西洱河水电站引水隧道进行工业性试验，最高月进尺为48.5 m。它还在杭州市人防工程中进行过试验。到目前为止，国内共生产了14台隧道掘进机，直径为2.5~5.8 m。其中SJ-58型改进隧道掘进机，于1981年11月于引滦入唐工程的古人庄隧道进行应用性掘进，两条主干线隧道的直径为5.8 m，施工长度分别为1444.5 m和1302.7 m，总长2747.2 m。工程于1983年3月掘进贯通，历时15个月零21天，这是我国第一条用隧道掘进机施工的中型断面隧道。国内生产的隧道掘进机在设计制造、机械性能、配套设备、操作控制及施工适应性等

---

[1] 泥水式盾构机是通过加压泥水或泥浆(一般为膨润土悬浮液)来稳定开挖面，其刀盘后面有一个密封隔板，与开挖面之间形成泥水室，里面充满了泥浆。以泥水压力来抵抗开挖面的土压力和水压力以保持开挖面的稳定。土压平衡式盾构机是把土料(必要时添加泡沫等对土质进行改良)作为稳定开挖面的介质，刀盘后隔板与开挖面之间形成泥土室，泥土室的内土压可由刀盘旋转开挖速度和螺旋输出料器出土量(旋转速度)进行调节。并保持一定的压力去平衡开挖面土压力。

方面与国外引进的隧道掘进机相比,有较大的差距,最高月进尺不超过300 m。

5.6.1.2 隧道掘进机的破岩原理

隧道掘进机的刀具基本可分为滚刀和削刀两类。滚刀破岩是通过滚刀对岩石施加强大的压力,在岩石表面上滚动来破碎岩石。根据滚刀的型式又可分为盘式滚刀和齿型滚刀。盘式滚刀的每只圆盘刀具在50~200 kN的压力下,在岩石表面切出"切入坑",并随着滚刀的滚动,各切入坑连通而形成一条条的"破碎沟"。破碎沟之间的岩石受到滚刀侧刃的挤压而剪切破碎。齿型滚刀又分为楔齿型滚刀和球齿型滚刀。齿型滚刀转动时,楔齿或球齿的齿尖产生切向拉力破坏岩石表面,再由齿尖的楔入继续产生剪切破坏。球齿型滚刀耐磨,适用于硬岩掘进。

削刀工作时,在垂直挤压力和水平切割力的作用下,在刀尖处形成切碎区,随着刀具的回转运动,便形成剪切破碎区。削刀继续回转在岩面上留下环形切削槽,使岩石破碎。总之,不论是滚刀还是削刀,都是先形成破碎沟或切削槽,然后再由后进刀具剪切破碎余下的大部分岩石。

5.6.1.3 隧道掘进机的构造与类型

A 隧道掘进机的构造

隧道掘进机开挖破岩是通过安装在机头刀盘上的多个刀具旋转完成的,回转刀盘将岩块削落,装在刀盘上的铲斗将石渣装入皮带机运到存料斗,经后配套系统,再用其他运输工具运到洞外排渣场。

隧道掘进机由主机和配套系统两大部分组成,配套系统在隧道掘进机中称为后配套系统。主机用于破碎岩石、装载及转载渣石,包括切割机构(刀盘)、传动装置、水平支撑和推进机构、机架、出渣及操作室等。后配套系统包括运渣、运料系统、液压锚杆钻机、注浆系统、激光导向系统、供电装置、供水系统、排水系统、通风除尘系统及安全保护系统等(见图5-74)。

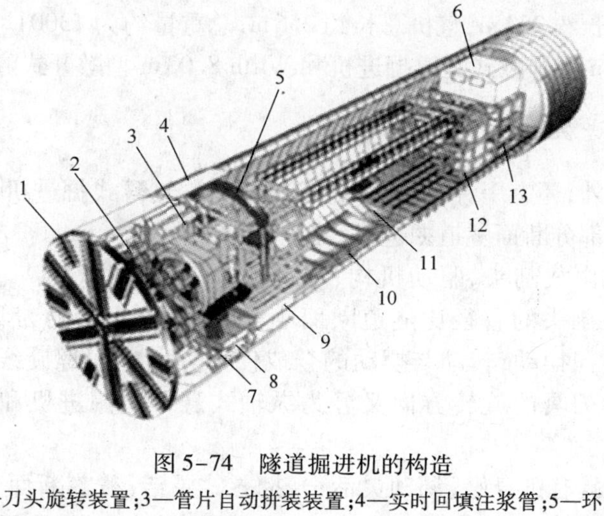

图5-74 隧道掘进机的构造

1—刀头;2—刀头旋转装置;3—管片自动拼装装置;4—实时回填注浆管;5—环向保持系统;6—控制室;7—微调液压缸;8—推进液压缸;9—管片供应系统;10—管片堆放传送带;11—管片起重机;12—盾后第一间;13—液压装置

B 隧道掘进机的类型及特点

隧道掘进机分为敞开式和护盾式两类。敞开式隧道掘进机配置了钢拱架安装和喷锚等辅助设备,以适应地质变化。常用于硬岩(Ⅱ级、Ⅲ级),采取有效支护手段后,也可用于软岩隧道掘进。护盾式又分为单护盾、双护盾、三护盾。单护盾隧道掘进机常用于软岩,它在推进时需用管片进行支护,其工作原理类似盾构机。单护盾隧道掘进机与盾构机的主要区别有两点:一是单护盾隧道掘进机采用皮带机出渣,而盾构机则采用螺旋输送机出渣或采用泥浆泵通过管道出渣;二是单护盾隧道掘进机不具备平衡开挖面的功能,而盾构机则采用土仓压力或泥水压力平衡开挖面的水、土压力。双护盾隧道掘进机与单护盾隧道掘进机相比,掘进与安装管片可同时进行,施工速度较快。双护盾隧道掘进机对地质条件的适应性较强,能适应软岩(Ⅲ级、Ⅳ级),也能适应硬岩或软硬岩交互地层。三护盾掘进机采用3个护盾、2套撑靴系统、2套液压推进缸、3套稳定撑靴。2套支撑推进系统交替使用,没有换步,可以连续掘进,掘进速度快。敞开式和双护盾、三护盾式隧道掘进机的特点如表5-63所示。

表5-63 敞开式与护盾式TBM的特点对比

类 型	掘进速度	支护速度	二次支护方式	管片预制	设备费用	工程成本
敞开式	根据地质情况调整掘进速度。受地质和设备性能影响	地质条件好时只需要进行锚网喷,支护工作量小,速度快;地质差时需要超前加固,支护工作量大,速度慢	根据围岩情况,可进行二次混凝土支护	无	低	低
双护盾式、三护盾式	与敞开式相同	采用管片支护,支护速度快	采用管片支护,可不进行二次支护	必须	高	高

一般情况下,在良好地质中应用敞开式隧道掘进机;整条隧道地质条件都较差、但开挖面能自稳时,可采用单护盾隧道掘进机;双护盾隧道掘进机常用于复杂地层的长隧道开挖。开敞式隧道掘进机在我国应用稍多些,如西康线秦岭铁路隧道引进的德国维尔特(Wirth)公司B850/1000E型敞开式隧道掘进机。它的刀盘直径为8.8 m,主机长22 m,重量约为800 t,连接桥加后配套系统长约234 m,整机总长约256 m,总重量约为1300 t。辽宁大伙房输水隧洞采用Robbins 8.03 m型开敞式隧道掘进机和Wirth 8.03 m型敞开式隧道掘进机。

C 自由断面掘进机

除全断面掘进机外,还有一种自由断面掘进机,又称悬臂式掘进机。它是一种集开挖、装渣和行走于一体的部分断面隧道掘进机(见图5-75)。

自由断面掘进机由截割头、驱动机构、履带行走机构、耙爪装渣、中间运输转载等几大功能部件组成。截割头的直径比隧道断面小得多,截割头上的刀具采用旋转式刀具,并在转臂上可沿各方向摆动,转动与摆动的合成使刀具以空间螺旋线切割岩石。自由断面掘进机按截割头上刀具的旋转方向又分为纵轴式悬臂式掘进机和横轴式悬臂式掘进机(见图5-76)。

自由断面掘进机具有机身轻、调动灵活;开挖方式灵活;截割断面整齐规范、超欠挖量小;购置费用较低等优点。它对大断面隧道可分部开挖,小断面隧道则可进行全断面开挖。自由断面隧道掘进机适用于软及中硬岩石和长度较短的隧道的掘进。

图 5-75 施工中的自由断面掘进机

(a) (b)

图 5-76 自由断面掘进机
(a) 红旗 EBZ135/EBZ160 型纵轴式悬臂掘进机;(b) EBH340 型横轴式悬臂掘进机

5.6.2 隧道掘进机施工

隧道掘进机结构复杂,售价昂贵,庞大笨重,运输、安装时间长,耗电量巨大、对供电质量要求较高。同时,隧道掘进机一体化作业的工序衔接紧密。这些都对施工组织管理水平要求较高。

5.6.2.1 隧道掘进机的施工工艺

A 施工前准备

在工程承包合同签字后,承包商从订货制造、运输安装到开始掘进一般需要 9 个月到 1 年的时间。隧道掘进机的体积和自重较大,达数百吨至上千吨,需要拆开运输。

施工现场的准备工作,包括用电线路的架设,通往施工现场的道路、桥梁的修筑和加固,及其他临时工程的施工;落实排渣场,建成出渣线;采用护盾式隧道掘进机时,还要建成混凝土管片生产预制厂,它的生产能力要与掘进速度相适应;做好掘进准备工作以及技术培训和编制材料、机具需要量计划等。同时,组织好隧道掘进机大件的运输、安装、调试工作。这些应与隧道掘进机的购置同步进行。图 5-77 为在洞口组装隧道掘进机的情况。

图 5-77 在隧道洞口组装隧道掘进机

B 开挖洞口

用钻爆法先在洞口掘进一段,长度应大于掘进机机身全长,并完成模筑混凝土支护。同时,将施工用的电、水、压气及道路(如使用有轨运输需铺设钢轨)、激光定向点等引入洞内,准备掘进(见图 5-78)。

C 掘进作业

掘进一个循环作业,可分为掘进与后盾和尾部设施延伸两个阶段。掘进为第一阶段。先通过紧固装置将隧道掘进机的后盾紧固在岩壁上,再驱动电动机并在推进液压缸的作用下,带动刀头旋转破岩,切削前进一个进尺深度。此时配套辅助设备均停留在洞内,出渣列车在皮带机底部接渣。在掘进过程中,可控制推进液压缸的油量来完成掘进机的转向。

(a)

(b)

图 5-78 隧道洞口的隧道掘进机

(a) Wirth TB880E 型 TBM 进入天山左线隧道口;(b) 西班牙 Pajares 高速铁路隧道口的 Wirth TBM

第二阶段为后盾和尾部设施延伸阶段。当刀头与前盾向前推进一个进尺深度完成掘进、暂停工作后,借助紧固装置将前盾固定在岩壁上,松开后盾的紧固装置,通过推力液压缸的反作用力,向前推进一个进尺深度。后续列车由固定在刀头支架的一组特别牵引液压缸向前推进。同时,通过操纵相应的装置,自动延伸风筒、水管、电缆和轨道,至此完成一个掘进循环。

D 洞内混凝土管片安装

当围岩条件差时,需安装预制混凝土管片支护。根据围岩级别选择相应的管片型号。在专用弓形车上装运管片,分组装侧、顶部管片和底部管片,并根据每组片数按规定顺序装车。管片运到工作面后,由安装人员用机械手在工作面吊运、安装管片。管片安装完毕后,在管片与围岩间填充豆粒石,然后进行回填注浆。安装管片后的隧道内部,如图5-79所示。

图5-79 安装管片后的隧道内部

E 洞内运输与出渣

隧道掘进机存料斗内的渣石通过皮带机、汽车、梭式矿车或矿车将石渣运出洞外。由于掘进机速度快,出渣量大,一般只有卸车方便的梭式矿车才能与隧道掘进机出渣量相匹配。

F 通风与除尘

隧道掘进机工作时尽管没有废气污染,但破岩时产生大量岩粉,虽经水雾降尘和水沫除尘,还会有10%~15%的微粒岩粉需要处理,而隧道掘进机施工可以在较长距离内不开支洞。因此,通风除尘显得尤为重要。当隧道长度超过一定长度时,可采用压入式通风,风机串联安装,通过风筒排出洞外。可采用柔性涂覆布风筒悬挂于拱顶。

G 贯通后拆分隧道掘进机

隧道贯通后,可在洞内将隧道掘进机拆分为几大件。拆分件的大小可根据起吊、运输能力及隧道模筑混凝土后的断面来确定。

5.6.2.2 隧道掘进机施工的几个问题

A 电、水和压气供应

隧道掘进机的主要动力是电,耗电量巨大,并对供电质量要求较高。它有一套完整的供电和配电系统，对电压的变化反应敏感，当电压高于或低于额定值时，都会自动停机或不能启动。因此，一般隧道掘进机都是用高压电缆输电到机上或机后设置的随机变压器上，将高压电变为适用的电压。它使用电器设备的电压复杂，有400 V、220 V、36 V、24 V、12 V、6 V等，是经多次变压而获得的。目前，我国隧道掘进机随机变压器的电压大都为6 kV/400 V，而野外到工作面的输电线路的电压大都为10 kV，因此需在洞口设置降压站将电压降为6 kV的电压。

隧道掘进机的用水量较少，主要是用以冷却刀盘和降尘。降尘是通过将水增压后喷出水雾进行。对各种油的冷却是通过冷凝器进行热交换。因此，对水质的要求较高，要求过滤或沉淀。送到机上的水压力不低于0.2 MPa，当输水距离很长时，应考虑压力损失并采取增压措施。用水量由断面大小和水文地质情况确定，按掘进断面面积计算。为保证隧道掘进机能连续掘进，水池容量应为每日用水量的2～3倍。

隧道掘进机本身不需要压气。机后辅助设施所需插筋孔，可用电动凿岩机钻孔。如岩石破碎，需随机进行喷锚支护，则可根据喷锚工程量配备压气供应。

B 场外及场内运输

隧道掘进机部分零、部件的重量很大，对运输途径的公路等级、桥梁容许荷载等都应予以调查考核。隧道掘进机的部分部件体积庞大，超宽、超长，对特级超限件如通过铁路运输时，必须与铁路部门联系，作特殊处理。

场内运输可分两个部分，一是设备进场时，大型拖车的回转及起吊设备的布置、待组装件的堆放等，要求有足够宽的通道和场地；二是运行时运输设备的调度要灵活，能最大限度地发挥运输设备的效率。

C 洞口场地

隧道掘进机是一个多环节又密切联系的联合作业系统，它包括破岩、装渣、转运机构、调车机构及部分辅助设施。为满足庞大系统的组装和初始运行条件，需要有较大的场地。施工的洞口场地宽度应大于20 m，从掘进工作面计起的最小长度应大于250 m，才能满足运输和吊装的要求（见图5-80）。

图5-80 在隧道洞口组装好的隧道掘进机

当现场地形及施工场地布置受到限制时,需在洞内组装、拆卸隧道掘进机。这时需用钻爆法先在洞口掘进出隧道掘进机组装洞。它由后配套组装洞、主机组装洞、始发洞和渐变过渡段等部分组成,各部分的断面、洞长应结合隧道掘进机的结构特性和运行特性综合确定(见图 5-81)。

图 5-81 组装洞内的隧道掘进机

D 超前地质预报与不良地质地段的超前处理

隧道掘进机施工是一种机械化程度很高的全断面施工技术,但它的设备庞大,受地质条件的影响较大,对地质条件的适应性远没有钻爆法灵活。如果在施工中突然遇到地质灾害,使机器被卡、被淹或被埋,将进退两难而难以处理。如果处理不当甚至会带来灾难性的后果,可造成长时间停机,并威胁施工人员和机械设备的安全。

根据国内外的施工经验,做好超前地质预报对隧道掘进机的顺利施工十分重要。超前地质预报技术有地球物理勘探技术(三维地震 CT 成像)、隧道地震预报(TSP 探测技术)、地质雷达法(GPR 法)、BEAM 地质预报系统及常规地质钻探技术等。在隧道施工的不同阶段,可利用上述不同的方法,查明隧道(洞)的地质情况,指导隧道掘进机掘进。

根据超前预报判断可能遇到的不良地质地段,应采取超前支护如超前锚杆、预注浆等确保施工安全。遭遇特殊不良地质时,可采取钻爆法绕前处理。

5.6.3 隧道掘进机的应用

5.6.3.1 隧道掘进机的施工特点及适用条件

隧道掘进机可以快速地全断面一次完成掘进和支护施工,利用监测、遥控及电子信息技术对掘进过程进行全面制导和监控,并使掘进过程始终处于最佳状态。它具有速度快(是钻爆法的 3~10 倍)、隧道成型好、机械化程度高、工人劳动强度低、作业环境与施工安全性好的特点。隧道掘进机法对于长大隧道(洞)的综合施工造价较低。

目前,隧道掘进机法掘进也存在一些问题,主要是对不良地质条件的适应性较差,不如钻爆法灵活，特别是在遇到溶洞、涌水等不良地质条件时，掘进速度明显下降。其次，它的结构复杂，前期购置费非常昂贵，刀具寿命短(其费用可占总费用的85%)，电力消耗大，掘进成本高。此外，机体庞大笨重，装拆时间长，转移运输不便，辅助作业时间长，机器作业率低。由于一体化作业，工序衔接紧密，对施工人员的技术与组织管理水平要求较高。

目前，隧道掘进机法掘进适用于：

(1) 直径为3～12 m的隧道。直径过小时，后配套系统不易布置，施工困难；断面过大时，又会带来电能不足、运输困难、造价昂贵等问题。

(2) 掘进地层的岩石单轴抗压强度范围为3～385 MPa的隧道，但以50～150 MPa为优。

(3) 要求掘进速度快的隧道，如日进尺15～18 m，平均月进尺450 m以上的隧道工程。

国外实践表明，当隧道长度与直径之比大于600时，采用隧道掘进机施工是经济的。经济掘进长度大于2 km。在一些发达国家中，一些部门还明确规定长度3 km以上的隧道必须采用隧道掘进机法施工。我国铁路隧道规定，新建铁路隧道长度大于10 km，且工程地质和水文地质条件、施工场地、运输条件适宜时，宜优先考虑掘进机法施工方案。

隧道掘进机施工不适合于有大型的岩溶暗河发育、高地应力、软岩大变形、可能发生较大规模突水涌泥等的特殊不良地质条件。

5.6.3.2 国外隧道掘进机的应用概况

目前，全世界已生产200多台隧道掘进机，分别在20多个国家的隧道、矿山等各类工程中使用。据不完全统计，截止到2007年底，全世界长度大于10 km的隧道已超过100座。近几年掘进的隧道(洞)已有30%～40%是由隧道掘进机完成的。在北美，隧道掘进机开挖的隧道已占90%以上。英吉利海峡隧道工程自1987年9月开工，1991年6月主体工程完成，1993年底全线通车，共采用了11台隧道掘进机，只用三年多时间就打通了三条总长150 km的海底隧道，可以说是隧道工程施工的里程碑，集中体现了当前世界隧道掘进机的发展水平。其他采用隧道掘进机掘进的著名大型隧道还有东京湾海底隧道和荷兰生态绿心隧道等，瑞士阿尔卑斯山戈特哈德铁路隧道已于2010年10月全线贯通，全长57 km。当前，在建和拟建的大型隧道项目有日韩海底隧道(长约120 km)、白令海峡铁路隧道(俄罗斯连接美国阿拉斯加，长约97 km)等，其中大部分将优先采用隧道掘进机施工。

原西德有8台隧道掘进机用于煤矿巷道掘进，每年掘进的岩巷有10～20 km。平均掘进速度可达10～20 m/日，最佳达36 m/日；平均月进尺一般为300～400 m，最高月进尺达600m。美国甚至将隧道掘进机装在地下指挥中心内，以便出入口被核武器摧毁堵塞时，用于掘进新的逃生出口。

5.6.3.3 国内隧道掘进机的应用概况

我国最早应用隧道掘进机施工的是水利水电工程，自1985年开始至今已用于7项工程。铁路隧道最早是1995年用于西安安康铁路秦岭Ⅰ线隧道施工，至今已完成3项工程。这些工程为我国发展隧道掘进机法及其施工技术打下了良好的基础。今后，随着我国的经济发展和技术进步，隧道掘进机法在我国隧道(洞)施工过程中的应用将会日益增多。我国99%以上的山岭隧道是采用钻爆法掘进的，与发达国家相比，总体技术难度与技术含量还有很大差距。目前，我国应用隧道掘进机施工的一些工程如表5-64所示。

表 5-64 我国应用隧道掘进机施工的一些工程

隧洞(道)名称	施工时间	隧洞(道)长度/km	TBM 类型	施工情况
贵州天生桥二级水电站引水隧洞	1985 ~ 1990	9.550	Robbins10.8m 敞开式 ×2(二手货)	由于选型与地质条件不适应,溶洞十分发育及其他不良地质条件,严重影响施工进度。最低进尺 31 m/月,最高 92 m/月,累计仅掘进 7.5 km,取得一定的经验
甘肃引大入秦工程 30A 隧洞/38 号隧洞	1991 ~ 1992	11.649/5.400	Robbins 180 型 5.53m 双护盾	意大利 CMC 公司施工,最高进尺 75.2 m/日,平均 980 m/月,最高 1400.2 m/月
山西万家寨引黄入晋南干线工程无压引水隧洞	1997 ~ 2001	TBM 施工总长度 125.25	Robbins 双护盾 ×5,法国法马通(FCI)双护盾 ×1	共 7 条隧洞,其中总干 6、7、8 号隧洞采用 1 台 Robbins 6.125 m TBM 施工,南干 4、5、6、7 号隧洞采用 3 台 Robbins、1 台法国法马通产品,直径 4.82 ~ 4.94 m。其中 7 号隧洞长达 43.5 km,为世界第一隧洞,创造进尺 113 m/日、1637 m/月的纪录
西康铁路秦岭 I 线隧道	1995 ~ 1999	18.456	Wirth TB880E 型 8.8 m 敞开式 ×2	我国当时最长铁路隧道、世界单线铁路隧道长度第六。北口 TBM 施工 5.244 km,南口 TBM 施工 5.621 km。1998 年平均进尺 252.36 m/月、1999 年平均 290.64 m/月,最高 524.48 m/月
西(安)合(肥)线桃花铺 1 号铁路隧道	2000 ~ 2002	7.234	敞开式 ×1(秦岭隧道用的)	TBM 掘进长度为 6.2 km,最高进尺 551.82 m/月
西(安)南(京)线磨沟岭铁路隧道	2000 ~ 2002	6.114	敞开式 ×1(秦岭隧道用的)	TBM 掘进 4.653 km,最高进尺 573.9 m/月
昆明掌鸡河引水隧洞	2003 ~ 2007		二重集团与 Robbins 合作制造 3.65 m 双护盾	遇到多条密布小断层,超前钻孔注浆设备虽设计有考虑,但实际未配置,掘进困难,后全部改用钻爆法施工
辽宁大伙房输水隧洞	2005 ~ 2009.4	85.32	Robbins 8.03 m 敞开式 ×2, Wirth 8.03 m 敞开式 ×1	TBM 施工 65 km,世界最长隧洞,连续出渣采用皮带机
新疆大坂输水隧洞	2005.1 ~ 2009.8	30.68	德国海瑞克(Herrenk) 6.755 m 双护盾	其中 19.7 km 用 TBM 施工
青海引大济湟引水隧洞	2008 ~	24.166	Wirth TB593E/TS 型 5.93 m 双护盾 ×1	用 TBM 施工长度 19.94 km
锦屏二级水电站 1、3 号引水隧洞东端	2008.11 ~	14.144	RobbinsTB401-319 型 12.4 m 敞开式,海瑞克	埋深大(一般埋深 1500 ~ 2000 m,最大埋深达 2525 m),地质条件复杂,有高地应力及岩爆,涌水,有害气体
吐(鲁番)库(尔勒)二线中天山左线隧道	2007.11 ~	22.452	敞开式 ×2(秦岭隧道、桃花铺 1 号隧道用的)	其中 13.5 km 用 TBM 施工,平均进尺 380 m/月,最高 505 m/月

参考文献

[1] 中煤第五建设公司,中煤第一建设公司,中煤第三建设(集团)有限责任公司,等. 煤矿井巷工程质量验收规范[S]. 北京:中国计划出版社,2010.

[2] 中铁二局集团有限公司. TB10204—2002 铁路隧道施工规范[S]. 北京:中国铁道出版社,2002.

[3] 中铁一局集团有限公司,中铁隧道集团有限公司. TZ204—2008 铁路隧道工程施工技术指南[S]. 北京:中国铁道出版社,2008.

[4] 中铁隧道集团有限公司. TZ231—2007 铁路隧道钻爆法施工工序及作业指南[S]. 北京:中国铁道出版社,2007.

[5] 中铁二局集团有限公司. TB10417—2003 铁路隧道工程施工质量验收标准[S]. 北京:中国铁道出版社,2004.

[6] 中交第一公路工程局有限公司,重庆交通科研设计院,重庆交通大学,等. JTG F60—2009 公路隧道施工技术规范[S]. 北京:人民交通出版社,2009.

[7] 中交第一公路工程局有限公司,河南省路桥建设集团有限公司,重庆交通科研设计院,等. JTG/T F60—2009 公路隧道施工技术细则[S]. 北京:人民交通出版社,2009.

[8] 中铁一局集团公司,铁路工程技术标准所. TZ 214—2005 客运专线铁路隧道工程施工技术指南[S]. 北京:中国计划出版社,2005.

[9] 铁道第二勘察设计院. TB10003—2005 铁路隧道设计规范[S]. 北京:中国铁道出版社,2006.

[10] 重庆交通科研设计院. JTGD70—2004 公路隧道设计规范[S]. 北京:人民交通出版社,2004.

[11] 北京市城乡建设委员会. GB50299—1999 地下铁道工程施工及验收规范:2003 年版[S]. 北京:中国计划出版社,2004.

[12] 地质矿产部勘察技术公司. DZ0141—94 地质勘察坑探规程[S]. 北京:地质出版社,1995.

[13] 成都勘测设计研究院,北京勘测设计研究院,水利水电规划设计总院. DLT5050—2000 水利水电工程坑探规程[S]. 北京:中国电力出版社,2001.

[14] 中铁二局集团有限公司. TB10304—2009 铁路隧道工程安全技术规程[S]. 北京:中国铁道出版社,2009.

[15] 天水凿岩机械气动工具研究所. JB8684—1998 凿岩机械与气动工具安全要求[S]. 北京:机械工业部机械标准化研究所,1998.

[16] 甘肃省建筑工程总公司. JGJ33—2001 建筑机械使用安全规程[S]. 北京:中国建筑工业出版社,2001.

[17] 武汉安全环保研究院,北京矿冶研究总院,铁道科学研究院铁科所,等. GB6722—2003. 爆破安全规程[S]. 北京:中国计划出版社,2004.

[18] 国防科学技术工业委员会民用爆破器材服务中心,中国兵器工业第五设计研究院,中国兵器工业标准化研究所. WJ9049—2005 民用爆破器材企业安全管理规程[S]. 北京:中国标准出版社,2005.

[19] 国家安全生产监督管理局令第 29 号,国家煤矿安全监督局. 煤矿安全规程. 2010.

[20] 国家安全生产监督管理总局. 安监总规划字[2005]83 号. 关于金属与非金属矿山实施矿用产品安全标志管理的通知. 2005.

[21] 国务院第 344 号令. 危险化学品安全管理条例. 2002.

[22] 四川省建筑工程总公司. GBJ 201—83 土方与爆破工程施工及验收规范[S]. 北京:中国建筑工业出版社,1984.

[23] 中国建筑科学研究院. GB50300—2001 建筑工程施工质量验收统一标准[S]. 北京:中国建筑工业出版社,2001.

[24] 中钢集团武汉安全环保研究院,中钢集团马鞍山矿山研究院,中国有色工程设计研究总院,等. GB16423—2006 金属非金属矿山安全规程[S]. 北京:中国标准出版社,2006.

[25] 高福聚. 矿山测量[M]. 北京:冶金工业出版社,1996.

[26] 曹燮明. 采矿手册:第一卷[M]. 北京:冶金工业出版社,1988.

[27] 徐小荷．采矿手册:第二卷[M]．北京:冶金工业出版社,1990.
[28] 东兆星,吴士良．井巷工程[M]．徐州:中国矿业大学出版社,2004.
[29] 张庆贺．地下工程[M]．上海:同济大学出版社,2005.
[30] 编写组．中国冶金百科全书:采矿[M]．北京:冶金工业出版社,1992.
[31] 周鸿志,马飞,张文明,等．地下采掘与工程机械设备丛书——地下凿岩设备[M]．北京:冶金工业出版社,2004.
[32] Atlas Copco. Standard drill steel equipment[M]. Sweden. 1974.
[33] 阿特拉斯公司．地下工程设备指南[M]. 1987/1988.
[34] Tamrock 公司．地下凿岩手册[M]．中国冶金进口公司译. 1985.
[35] 宋宝钟．岩巷风钻打眼[M]．北京:煤炭工业出版社,1977.
[36] 中国地质学会探矿工程专业委员会．坑掘工程论文集[C]. 1982.
[37] 吴立,闫天俊,周传波．凿岩爆破工程[M]．武汉:中国地质大学出版社,2005.
[38] 陈庆凯,梅志学,赵德孝．工程爆破技术与安全管理[M]．沈阳:东北大学出版社,2002.
[39] 管伯伦．爆破工程[M]．北京:冶金工业出版社,1993.
[40] 邹定祥．实用爆破技术简明教程[M]．香港:星岛出版有限公司. 2009.
[41] 于亚伦．工程爆破理论与技术[M]．北京:冶金工业出版社,2004.
[42] 顾毅成．爆破工程施工与安全[M]．北京:冶金工业出版社,2004.
[43] 吴子俊．工程爆破操作员读本[M]．北京:冶金工业出版社,2004.
[44] 张永哲．爆破器材经营与管理[M]．北京:冶金工业出版社,2004.
[45] 陈华腾,钮强,向以信．拆除控制爆破技巧[M]．沈阳:辽宁科技出版社,1995.
[46] 陈华腾,钮强．爆破技术手册[M]．沈阳:辽宁科技出版社,1991.
[47] 国务院第 466 号令．民用爆破物品安全管理条例. 2006.
[48] 国务院法制办公室政法司,国防科学技术工业委员会民爆监管局,国防科学技术工业委员会政策法规司,公安部治安管理局．民用爆破物品安全管理条例释义[M]．北京:中国市场出版社,2006.
[49] 美国炸药制造贮运使用手册[M]．冶金工业部安全环保研究院译．爆破安全规程资料汇编.
[50] 美国杜邦公司．爆破手册[M]．冶金工业部安全环保研究院译．爆破安全规程资料汇编.
[51] 苏联统一爆破安全规程[S]．冶金工业部安全环保研究院译．爆破安全规程资料汇编.
[52] 中国地质学会探矿工程专业委员会．坑探工程第一次学术会议论文选集[C]. 1982.
[53] 阜双陆．爆破器材丛书——导爆索．北京:国防工业出版社,1975.
[54] 王荣祥,李捷,任效乾．矿山工程设备技术[M]．北京:冶金工业出版社,2005.
[55] 谢锡纯,李晓豁．矿山机械与设备[M]．徐州:中国矿业大学出版社,2000.
[56] 高梦熊．地下装载机——结构、设计与使用[M]．北京:冶金工业出版社,2002.
[57] 洛阳矿山机械工程设计研究院有限责任公司,中国恩菲工程技术有限公司,云南金马机电制造厂. GB/T2885. 2—2008 矿用窄轨车辆 第 2 部分:翻斗式矿车[S]．北京:中国标准出版社,2009.
[58] 洛阳矿山机械工程设计研究院有限责任公司,中国恩菲工程技术有限公司,山东省淄博生建机械厂. GB/T2885. 1—2008 矿用窄轨车辆 第 1 部分:固定车箱式矿车[S]．北京:中国标准出版社,2009.
[59] 北京煤矿学院．快速建井[M]．北京:煤炭工业出版社,1963.
[60] 关宝树．隧道工程施工要点集[M]．北京:人民交通出版社,2003.
[61] 周爱国．隧道工程现场施工技术[M]．北京:人民交通出版社,2004.
[62] 彭立敏,刘小兵．交通隧道工程[M]．长沙:中南大学出版社,2003.
[63] 李国锋,定文其,李志厚,等．特殊地质公路隧道动态设计施工技术[M]．北京:人民交通出版社,2005.

[64] 杨新安,吴德康. 铁道与城市轨道交通工程丛书——铁路隧道[M]. 上海:同济大学出版社,2003.
[65] 杨其新,王明年. 地下工程施工与管理[M]. 成都:西南交通大学出版社,2005.
[66] E. Hoek,E. T. Brown. 岩石地下工程[M]. 连志升,田良灿,王维德,等译. 北京:冶金工业出版社,1986.
[67] 煤炭科学研究总院抚顺分院,德力西集团华夏防爆电器实业公司. GB7958—2000 煤矿用电容式发爆器[S]. 北京:中国标准出版社,2000.
[68] 南昌通用机械有限责任公司. JB/T5503—2004 立爪挖掘装载机[S]. 北京:中国标准出版社,2004.
[69] 陈馈. TBM在铁路隧道施工中的应用前景[J]. 建筑机械,2006.
[70] 吴世勇,王鸽,徐劲松,等. 锦屏二级水电站TBM选型及施工关键技术研究[J]. 岩石力学与工程学报,2008(10),27(10).

第6章 软弱岩体掘进

掘进遇到不良地质地段时，初期支护的承载力应满足掘进后围岩稳定的要求，防止围岩失稳，产生冒顶、坍塌等事故。不良地质包括软岩、断层破碎带、涌水、溶洞及瓦斯涌出等，其中以软岩和断层破碎带、涌水最为常见。根据围岩条件，可采用超前支护、注浆预加固地层，选择不同的掘进方案，除全断面开挖法外，广泛采用台阶法和分部开挖法等。

6.1 软弱围岩及其支护

6.1.1 软岩及其分级

1981年东京国际软岩学术讨论会建议，将软弱、风化和破碎的岩体统称为软弱围岩。岩体是由岩块（结构体）和结构面（节理、裂隙、软弱夹层等）组成的结构体，根据组成软岩的岩块强度和结构面特性的不同，可将软岩划分为不同的类型。《工程岩体分级标准》（GB50218—94）依据岩石坚硬程度（岩石单轴抗压强度f_r）和岩体完整程度（岩体完整性系数K_v）给出“岩体基本质量”，据此对岩体稳定性进行分级。由于结构特征与完整性的不同，软岩又分为四级，类型为软弱型、破碎型、高应力型、软弱破碎型，见表6-1。由岩石坚硬程度、岩体完整程度和岩体基本质量指标BQ，可见软岩的围岩分级均为Ⅴ级。

表6-1 软岩分级

级别	软岩类型	主要特征	分级指标	岩体基本质量指标BQ
Ⅰ	软弱型	岩块强度低、岩体完整性较好	$f_r<30$，$0.15<K_v<0.55$	<250
Ⅱ	破碎型	岩体完整性差、岩块强度较高	$30<f_r<60$，$K_v<0.15$	
Ⅲ	高应力型	岩体完整性差、岩块强度较高、高地应力或采动应力❶	$260>3f_r+250K_v>160$，$f_r/\sigma<5$	
Ⅳ	软弱破碎型	岩块强度低、岩体完整性差	$f_r<5$，$K_v<0.15$	<150

注：f_r—岩石单轴抗压强度，MPa；

K_v—岩体完整性系数，$K_v=(v_{pm}/v_{pr})^2$，其中v_{pm}为岩体弹性纵波速度，km/s，v_{pr}为岩石弹性纵波速度，km/s；

σ—垂直洞轴线方向的最大初始应力，MPa。

❶ 采动应力是指矿山巷道或硐室的围岩应力，由于受到附近采矿场生产的影响，而导致应力重新分布、叠加而产生的高应力。

6.1.2 软岩的变形特点及支护原则

不同类型软岩的变形规律及支护的作用机理不同，支护原理也不同，在施工中应采用不同的支护方案。

6.1.2.1 软弱型软岩的变形特点及支护原则

软弱型软岩的岩块强度很小，变形以岩块变形为主，结构面的影响较小。围岩变形的特点是变形量大，变形持续时间长，变形速度长时间居高不下，表现为明显的流变变形[1]特征。它的破坏机理以塑性变形[2]和流变变形为主。软弱型软岩的破坏形式主要有大变形量的顶板及两帮收敛变形、持续性的挤压流动性底鼓等。

支护应采用承载力大的全封闭支护结构，同时适当释放地压。

6.1.2.2 破碎型软岩的变形特点及支护原则

破碎型软岩的变形是由岩块变形和结构面滑移两部分组成，以松动塌落变形和流变变形为主。它的破坏形式主要有顶板冒落、两帮片落、大变形量的顶板及两帮收敛变形等。

支护原则为加固结构面，提高岩体的整体强度。支护应采用承载力大的全封闭支护结构，同时适当释放地压。

6.1.2.3 高应力型软岩的变形特点及支护原则

高应力型围岩的变形，在岩石强度较低时，以流变变形为主；当岩体强度较高时，则以松动塌落为主，如冒顶、片帮。高地应力区的破坏形式主要有大变形和岩爆两种。岩爆是在高地应力的硬质岩地层中掘进时，岩体应力突然释放而引起岩块爆裂，一般是自行向外抛射的现象。当变形量很大且持续时间很长时，将产生持续不断的破坏以致深入到围岩的深部，使围岩塑性区不断扩大造成大规模坍塌，围岩破坏具有明显的时效性。

支护必须控制持续不断的变形，要求支护及时且封闭。岩石强度大的，支护应有一定的承载力和刚度，能承受一定的压力；岩石强度低的，支护允许变形，甚至是较大的变形，以释放地压。

6.1.2.4 软弱破碎型软岩的变形特点及支护原则

软弱破碎型软岩兼有软弱型与破碎型软岩的变形特点，变形机理十分复杂，表现为来压迅猛，持续快速变形，具有强烈的流变变形特性。

支护原则为采用超高承载力的全封闭支护结构，同时加固围岩。

6.1.3 渗水涌水地段的支护

岩巷掘进中，经常发生渗水或涌水现象，不仅影响正常施工，还降低围岩的稳定性，尤其

---

[1] 材料的流变性主要表现为蠕变和应力松弛两方面。蠕变是指材料在恒定载荷作用下，变形随时间的延续而增大的过程。材料在恒定应变下，应力随着时间的延续而减小至某个有限值，这一过程称为应力松弛。

[2] 材料在外力作用下产生而在外力去除后不能恢复的那部分变形（永久变形）称为塑性变形。

是软岩更为严重,甚至导致塌方。在掘进过程中,当遇到前方围岩破碎且有较大渗水或涌水时,一般可采取如下措施:

(1) 查清地下水的来源及流量。如无涌水先兆,可采取排水措施。

(2) 加强排水工作,增加排水管。

(3) 加强超前支护和初期支护,可采用喷射钢纤维混凝土。

(4) 在模筑混凝土或注浆的浆液中,添加速凝剂,加快混凝土的硬化。

在初期支护喷射混凝土完成后、二次支护模筑混凝土浇筑之前,如果初期支护出现裂缝,发生渗漏水现象,一般可采用固结注浆处理,即在渗水处设置注浆孔,采用水泥—水玻璃浆液注浆,同时应紧跟模筑混凝土施作,必要时并予以加强,提高排水能力。模筑混凝土施作后,如果出现渗漏水,可采用注浆堵水,即进行小导管注浆,或将渗水的混凝土凿开,埋设排水软管,将水引至排水沟内,再用混凝土填平。一般不需加强模筑混凝土支护,只有当初期支护的监测数据,如围岩压力、钢筋应力等明显增大时,才需要加强模筑混凝土支护。

某隧道工程围岩整体性较差,受渗水的影响,围岩出现不稳定现象,但还未发生局部坍塌。采取的措施是:加强超前支护和初期支护,稳定掘进工作面。采用16号工字钢拱架,喷射钢纤维混凝土,超前小导管注入水泥—水玻璃浆液等措施,而未加强二次支护。

6.2 超前支护

当围岩自稳时间为24h时,可采用环形掘进,并及时喷射混凝土封闭围岩。当围岩自稳时间为12~24h时,为确保掘进顺利进行和施工安全,必须采用超前支护后再掘进。超前支护也称预支护、辅助支护,它是在岩巷掘进前采用锚杆、小导管、管棚等沿岩巷外轮廓以小角度插入前方围岩中,对围岩预先加固的支护。工程实践表明,掘进工作面前方的斜上方(拱部)围岩对岩巷的稳定具有较大的影响。因此,掘进前改善这部分围岩的稳定状况,对增加岩巷的稳定极为重要。超前支护包括超前锚杆、超前小导管预注浆、管棚、临时仰拱封底等。小导管注浆和管棚注浆还兼有预加固地层的作用。

超前支护与预加固的选用,应根据围岩条件、涌水情况、施工方法、进度要求、机械配套情况和环境要求等因素综合确定。可以单独采用一种方法,也可以几种方法共同使用。一般在设计阶段应对辅助措施有初步考虑,并在施工图中表示出来。在施工阶段往往还要根据掘进的具体情况进行修改。

6.2.1 超前锚杆

超前锚杆是在掘进之前,在工作面沿断面轮廓线以稍大的外插角纵向钻孔,安设锚杆,形成对前方围岩的预锚固。它作为支护拱顶的辅助方法,相当于传统的插板作用。

6.2.1.1 超前锚杆特点与参数

A 超前锚杆特点

超前锚杆使用凿岩机钻孔,施工简便。但它的柔性较大,整体刚度较小,加固围岩的效果和范围有限。超前锚杆宜与钢拱架配合使用。

超前锚杆主要适用于围岩应力较小，地下水较少，岩体软弱破碎，掘进工作面有可能坍塌的地段。当围岩压力较大时，由于其后期支护刚度不大，从而限制了超前锚杆的应用。

B 超前锚杆支护参数

超前锚杆的设置应充分考虑岩体结构面的特征，一般是在拱部纵向设置，称为拱部超前锚杆（见图6-1）。必要时可局部设置在拱脚附近，横向斜下方一定角度，称为侧墙超前锚杆。拱部超前锚杆设置范围的半弧长 $l=(1/2\sim1/3)a$，式中 a 为岩巷拱部外弧半长。根据围岩情况，超前锚杆可采用双层或三层，前后两组支护在纵向有不小于1 m的水平投影搭接长度。

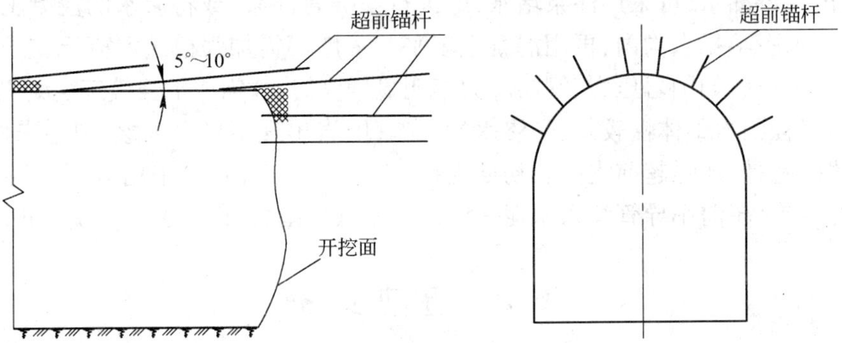

图6-1 超前锚杆

超前锚杆宜采用早强水泥砂浆锚杆或树脂锚杆，也可采用组合中空锚杆，以尽早发挥超前支护作用。水泥砂浆的强度等级不应低于M20。若用普通水泥砂浆，则爆破时其强度可能还未达到要求。当岩体较破碎时，可采用中空注浆锚杆或自钻式锚杆，它将锚杆和注浆管的功能合二为一，注浆后无需拨出即成为一根锚杆，但成本较高。

超前锚杆的长度宜为3~3.5 m，且大于循环进尺的两倍加1 m的搭接长度。超前锚杆通常与系统锚杆同时施工，并与格栅拱架配合使用，从格栅拱架的腹部穿过并与其焊接。近年来铁路隧道和地下铁道采用的超前锚杆参数如表6-2所示，可供参考。

表6-2 超前锚杆和小导管施工参数

围岩级别	锚杆直径/mm	小导管外径/mm	纵向间距/m	环向间距/mm	外插角/(°)	
					锚 杆	小导管
Ⅵ	18~20	30~40	2.5~3.5	300~400	10~20	5~15
Ⅴ	20~22	40~50	3~5	250~350		

6.2.1.2 超前锚杆施工

超前锚杆的安装一般采用先注浆后插杆体的工艺，施工流程及要求如下：

（1）超前锚杆的钻孔直径较小，可用气腿式凿岩机钻孔或凿岩台车沿岩巷外轮廓线外钻孔（见图6-2）。钻孔应尽量避开地下水涌水严重的部位。

（2）注浆可利用锚杆注浆罐或砂浆泵向钻孔内注入早强水泥砂浆。将搅拌好的砂浆装入注浆罐并充满注浆管路。注浆过程中要始终保持注浆罐内有足够的砂浆（保持容量的

1/4以上)，尤其是注入最后一个钻孔时，防止压气将孔内的砂浆吹掉，确保安全。

(3) 为保证注浆饱满，注浆时先将注浆管插至孔底，再退出 50 ~ 100 mm 后打开进气阀，利用压气将水泥砂浆压入孔内。随砂浆的注入缓慢匀速地拔出注浆管，并始终保持注浆管口埋在砂浆内，避免砂浆中出现空洞。注浆压力不宜大于 0.4 MPa。待注浆到孔深的 2/3 时，停止注浆。

(4) 插入锚杆并缓慢推入，如有困难可用锤轻轻打入。锚杆插入钻孔的长度不应小于锚杆长度的 90%。钢筋锚体在使用前，应矫直和除锈，并用水润湿，以增强水泥砂浆与其的锚固力。

(5) 将锚杆端头与钢拱架焊接牢固。

图 6-2 超前锚杆钻孔

中空注浆锚杆或自钻式锚杆施工时，用凿岩机将其钻进至设计深度后，在锚杆尾部安装止浆塞，用快速注浆接头将锚杆尾端与注浆泵相连，进行注浆，最后安装垫板和紧固螺母。

6.2.2 超前小导管注浆

超前小导管注浆是在岩巷掘进前，用喷射混凝土封闭掘进工作面，沿拱部轮廓线向外，以一定外插角将直径小于 50 mm、管壁带孔的钢管打入围岩中，并通过钢管进行渗透注浆，在岩巷拱部形成固结体的加固围岩方法。

6.2.2.1 超前小导管注浆特点与参数

A 超前小导管注浆特点

超前小导管具有锚杆的超前支护和注浆加固围岩的共同作用，它可改良工作面前方围岩的结构，在其外面形成厚度为 0.5 ~ 1 m 的加固层。小导管注浆与钢拱架、围岩共同形成超前支护结构，使围岩稳定，控制洞口段地表沉降(见图 6-3)。

超前小导管比超前锚杆长，支护刚度和预支护效果均大于超前锚杆，但施工工期较长，对掘进循环影响较大。超前小导管比管棚简便易行、灵活经济、施工设备简单。但由于注浆压力不高，浆液扩散范围较小(一般只有 0.4 ~ 0.5 m)，因此支护能力不如管棚。

超前小导管注浆适用于自稳时间很短的软弱围岩或断层及其影响带、浅埋地段及有崩塌危险洞口的超前支护，也用于塌方处理。

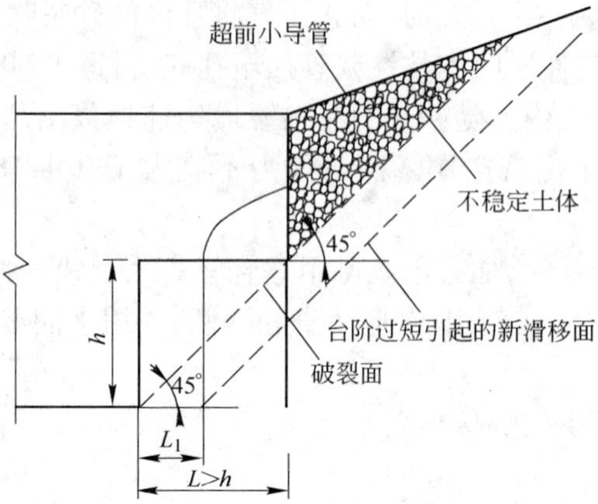

图6-3 超前小导管注浆的作用

B 小导管注浆支护参数

小导管注浆的作用范围取决于布局、密度、管径、外插角及浆液的配合比等。超前小导管的布置及注浆半径如图6-4所示。超前小导管可设置两层甚至更多层。

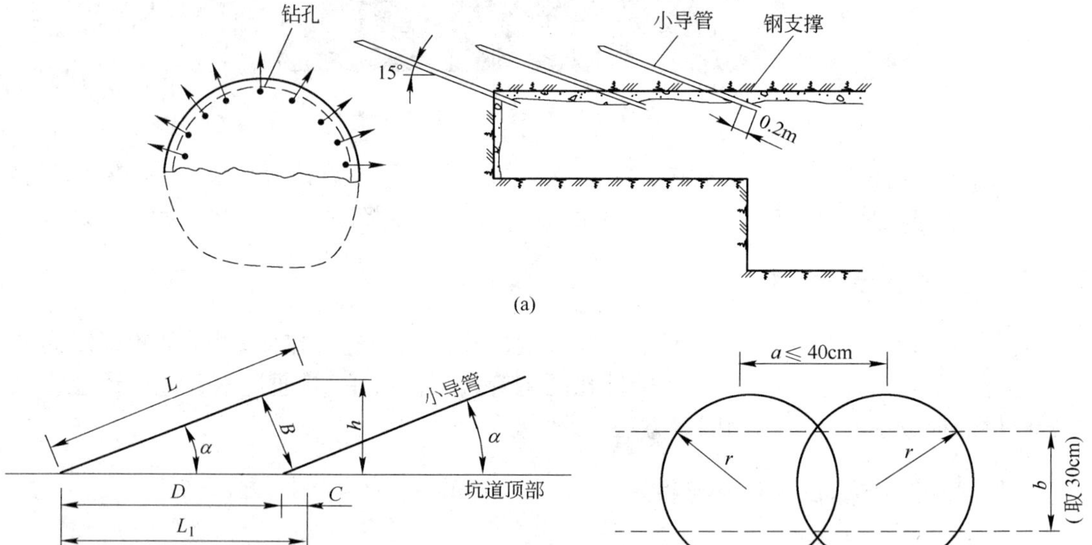

图6-4 超前小导管注浆

(a) 超前小导管布置;(b) 小导管长度与纵向间距关系;(c) 注浆半径及径向孔距选择

超前小导管注浆支护的参数如下:

(1) 纵向加固长度为掘进进尺的2~3倍,且不小于0.4倍洞跨,小导管长度一般为3~6m。两组小导管纵向的水平搭接长度为0.5~1m。

(2) 横向加固拱顶范围为120°,下部采用长锚杆。外插角(小导管与岩巷纵轴线的夹角)与小导管的长度和钢拱架的间距有关,一般为10°~15°。

(3) 环向间距根据前方地质条件及自稳能力,按注浆范围叠加原则确定。小导管间距为实测浆液扩散半径的1.5~1.7倍,一般为300~500mm。

(4) 小导管应与格栅拱架配合使用。小导管尾部的外露端通常支在工作面后方的格栅拱架上并与其焊接,与其共同组成超前支护系统。

近年来铁路隧道和地下铁道采用的超前小导管注浆参数如表6-2所示,可供参考。

6.2.2.2 超前小导管施工

小导管注浆的工艺流程为钻孔→下管→封堵孔口→喷射混凝土封堵工作面→连接→调试注浆管路→注浆等。

A 小导管的制作

小导管的制作应符合下列要求:

(1) 小导管宜采用热轧无缝钢管(也可用焊接钢管),直径ϕ38~50mm,长度一般为3~6m。

(2) 小导管的前端100~200mm制成圆锥体封闭,便于插入钻孔内。尾部长1000mm范围不钻孔,作为预留止浆段。其余部分钻注浆孔,孔径为6~8mm,孔间距为200~300mm,呈梅花形布置。尾端焊接直径6~8mm钢筋箍(见图6-5)。

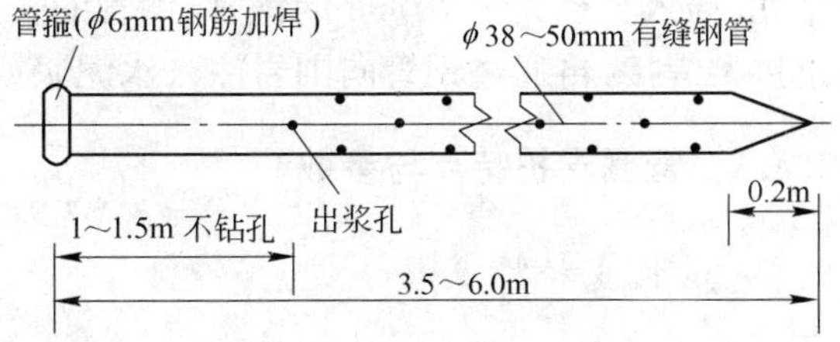

图6-5 超前小导管构造

B 钻孔、安装小导管

小导管钻孔和安装应符合下列要求:

(1) 钻孔采用气腿式凿岩机或凿岩台车,钻孔直径比小导管直径大15~20mm,渗透系数大的地层间隙大些。钻孔深度按小导管长度确定。钻孔完成后,用吹管将孔吹净,并避免塌孔。

(2) 钻孔过程中,用测斜仪检查钻孔的倾角,严格控制小导管的方向。

(3) 在小导管尾后300mm处用蘸有水泥—水玻璃(C.S)胶泥的麻丝缠绕成不小于孔径的纺锤状,并用胶带缠紧。将小导管插入钻孔内,利用凿岩机或气镐将小导管顶入孔内,使麻丝与孔壁塞紧。当围岩松软时可用锤击直接打入。钢管顶进钻孔内的长度应大于管长的90%,且露出喷射混凝土150~300mm,以便连接孔口阀门及注浆管路。

(4) 小导管尾部从格栅拱架的腹部穿过,并与其焊牢。在小导管口部戴好保护帽,防止喷射混凝土时堵塞小导管。

(5) 对工作面及5m范围内的围岩喷射混凝土封闭作为止浆墙,厚度为50~100mm。

(6) 以后每个掘进循环后,钻一排小导管孔,以保证搭接长度。

C 小导管注浆

小导管注浆应采用专用注浆泵进行,并符合下列要求:

（1）管路连接完成后，进行压水试验，检查管路及工作面有无渗漏现象。

（2）在拌和机内制备水泥浆液。在加水的同时，加入外加剂一起搅拌，待水量加足后，继续搅拌1 min。再投入水泥，搅拌时间不少于3 min，此后在注浆过程中也需不停搅拌。配制水泥浆或水玻璃浆液时，严防水泥包装纸或其他杂物混入。拌和好的浆液在进入注浆槽和注浆泵之前，均应过滤。

（3）注浆顺序为由拱脚向拱顶逐孔注浆。注浆压力不应过高，一般为0.5～1 MPa。控制进浆速度，一般在30L/min以内。当注浆压力达到1 MPa，且注浆量也达到设计要求时，即可停止注浆。如果压力上升，流量减少，当孔口压力已达到0.5 MPa时，虽然注浆量未达到计算值，也应结束注浆。

（4）为加速注浆，可在小导管后安装分浆器，一次可注入3～5根小导管。

注浆后至开始掘进的时间间隔与浆液种类有关，采用单液水泥浆时约为8 h；采用水泥—水玻璃浆液时约为4 h。掘进时应保留1.5～2 m厚的止浆墙，防止下次注浆时跑浆。

6.2.3 管棚支护

管棚支护是在岩巷掘进前，沿掘进工作面的外轮廓线，以一定间距和较小的外插角向前方钻孔，插入直径大于70 mm的钢管，钢管的长度也比超前小导管大得多，并将钢管尾部与型钢拱架焊接，再通过钢管向围岩注入水泥浆或砂浆，与围岩形成整体的超前支护体系。

6.2.3.1 管棚支护特点与参数

A 管棚支护特点

管棚支护具有如下特点：

（1）管棚支护需要与型钢拱架配合使用，钢管作为纵向支护，型钢拱架作为横向支护，同时作为管棚末端的支撑。管棚注浆后，使其与围岩共同组成刚度和承载力较大的承载拱。随着掘进的推进，它将支承岩巷上面的破碎围岩。

（2）管棚采用充填挤压注浆。稠度较大的浆液通过管壁孔注入周围岩体，对其充填挤压，改善管棚周围附近围岩的整体性，并起阻水帷幕的作用。

（3）管棚与初期支护配合可以发挥更强大的支护作用。

（4）管棚可作为独立的加固围岩方法，用作永久支护结构。

应当指出，管棚钢管注入砂浆后将会形成类似钢管混凝土的“钢管砂浆”，从而大大提高砂浆的抗压强度。似无必要再于钢管中放入钢筋笼。

管棚支护的刚度大，能阻止和限制围岩变形，提前承受早期围岩压力。它的承载力和加固范围比超前小导管预注浆大。管棚支护可以防止围岩松弛，减少拱顶下沉和地表沉降，提高掘进工作面的稳定性，有效降低塌方的危险。但管棚支护的施工技术复杂，精度要求高，造价高，施工速度慢。因此，只有在必需时才采用管棚超前支护。

管棚支护适用于浅埋或自稳时间小于12 h，甚至没有自稳能力的围岩，如洞口堆积体、砂土质地层、强膨胀性地层、裂隙发育岩体、断层破碎带等不良地质的施工以及处理大塌方。

B 管棚支护参数

管棚可分为短管棚和长管棚。通常将钢管长度小于15 m的称为短管棚；钢管长度大于

15 m 的称为长管棚。短管棚一次超前支护距离较小，钻孔和顶入管棚较容易，但与掘进作业频繁交叉进行，占用循环时间较多。长管棚一次超前支护距离大，安装管棚次数少，与掘进作业的干扰少，适用于采用大中型机械的大断面掘进。管棚设置如图 6-6 所示。

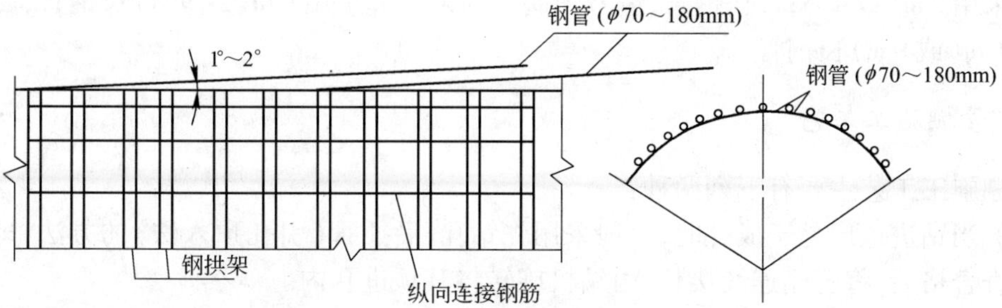

图 6-6 管棚设置示意图

管棚超前支护支护参数的选择应符合下列要求：

（1）管棚长度应根据地质、钻孔设备及施工条件确定，一般为 10～40 m。管棚的前端应超过软弱破碎围岩的长度加上因掘进而造成工作面松弛范围的长度。如需设置管棚段的长度较大，应分段设置。

（2）为保证掘进后管棚仍有足够的超前长度，纵向两排管棚的水平搭接长度应大于 3 m。

（3）由于采用管棚支护的软弱围岩常采用台阶法掘进，因此管棚一般只布置在岩巷的拱部，径向布置范围根据台阶的划分而定，一般为 120°左右。管棚外插角应考虑钻具下垂的影响，一般为 1°～5°，外插角应随着管棚长度的增大而减小。

（4）管棚环向间距应根据地质条件、施工长度及水平钻孔的弯曲量确定，钢管中心距宜为管径的 2～3 倍，如果考虑防塌和防水，一般为 300～500 mm。

6.2.3.2 管棚施工

A 管棚制作

管棚的制作应符合下列要求：

（1）钢管为厚壁热轧无缝钢管，壁厚不宜小于 6 mm，直径一般为 70～168 mm。需要刚度大时可选用直径为 178～219 mm，甚至 325 mm 或更大。

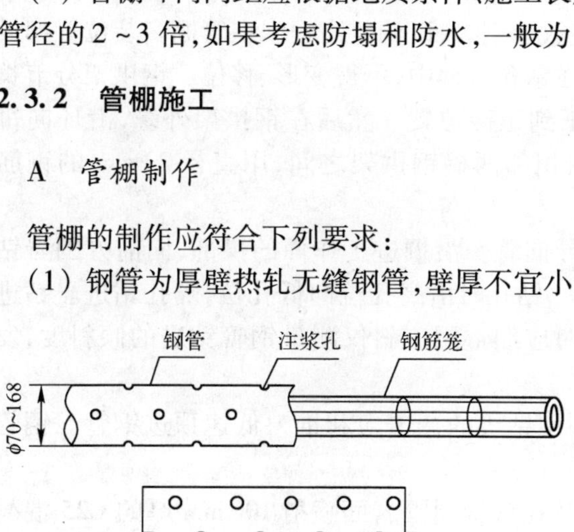

图 6-7 管棚钢管构造

（2）钢管采用分段连接，宜用螺纹连接，螺纹长度不小于 150 mm，管箍也为厚壁。钢管也可采用 V 形对焊连接。

（3）第一节钢管的前端制成圆锥体，以便插入钻孔内。钢管上钻有梅花形排列的注浆孔，直径为 10～16 mm，间距为 150～200 mm（见图 6-7）。最后一节钢管的尾部在 1.5～3m 的范围不钻孔，作为预留止浆段。

(4) 钢管的接头在纵向应错开，同一截面内的接头数不大于50%，相邻钢管的接头至少错开1m。为此钢管长度一般分为3m(或4.5m)和6m(或9m)两种。编号为奇数钻孔的第一节采用3m(或4.5m)长钢管，编号为偶数的第一节采用6m(或9m)长钢管，以后每节均采用6m(或9m)长钢管。

B 管棚施工工艺

管棚施工工艺主要有下列两种：

(1) 当钻进地层易于成孔时，一般采用先钻孔、后插管(引孔顶入法)的方法，即钻孔完成经检查合格后，将管棚连续接长，由钻机旋转将其顶进孔内。

(2) 当地质状况复杂，遇有砂卵石、岩堆、漂石或破碎带不易成孔时，可采用跟管钻进工艺，即将套管与钻杆同时钻入，成孔后取出内钻杆，顶进管棚，拔出外套管。

C 钻孔与注浆

在管棚施工中应设置控制点，以便检查岩巷断面的尺寸和形状。拱顶处设中线控制点，岩巷直线段的间距宜为10m，曲线段为5m。高程施工控制点宜每隔10m设一个。已掘进的断面中线、高程偏差应小于±30mm。

管棚钻孔、安装施工应符合下列要求：

(1) 检查并标出掘进断面的中线和高程，轮廓线应符合设计要求。

(2) 每个管棚循环施工前，先扩大岩巷作为施工管棚的工作室，以免管棚侵入岩巷净空。工作室的轮廓线应比岩巷的设计断面大300~500mm，长度应满足钻机作业的要求。同时搭设作业平台。

(3) 清除底脚处的虚渣，在超挖处应垫放型钢等，以调整高程。在管棚安装位置架设至少三榀型钢拱架作为管棚导向架。钢拱架在钻孔过程中，不得变形、移位。钢拱架分节长度一般宜小于4m。根据中线和高程将其校正到正确位置。然后在钢拱架外缘，沿环向每隔2m用对口楔子将钢拱架与岩壁间揳紧。在相邻两榀钢拱架之间，用直径22mm的钢筋拉结，其环向间距约为1m。

(4) 钢拱架内设置孔口管作为管棚的导向管。沿掘进工作面的拱部，向前方围岩钻一排扇形孔，其直径比钢管外径大30~40mm。钻孔时由高孔位向低孔位，隔孔钻进。钻进时如产生卡钻、塌孔，应注浆后再钻进。钻孔时应经常用测斜仪测量钢管钻进的倾斜度，发现偏斜超标时应及时纠正。

(5) 将钢管插入钻孔内形成管棚，可利用钻机的冲击力和推力低速顶进钢管。钢管的尾部架设在钢拱架上，并焊接牢固。

(6) 管棚注浆前，向掘进工作面、拱圈及孔口管周围岩面喷射100mm厚的C25混凝土进行封闭，防止注浆时从岩体缝隙跑浆。

(7) 在钢管周围及孔口用塑胶泥封堵，预留排气孔，连接注浆管及三通接头。进行压水试验后，进行注浆。在注浆过程中，随时根据设计参数和围岩稳定情况调整注浆压力，一般注浆初压宜为0.5~1MPa，终压宜为2MPa。当排气孔流浆时，便可停止注浆。

(8) 注浆结束后，及时扫排注浆管内的胶凝浆液，用水泥砂浆充填密实。对于非注浆孔,直接充填即可。

6.2.3.3 钻孔设备和跟管钻进技术

管棚和深孔预注浆的钻孔直径较大,需采用大型水平钻机。由于孔深较大,应以较大直径开孔,埋设孔口管后的钻孔直径要减小,而在钻至后半部时,钻孔直径还要再减小。当出现卡钻、塌孔时,应进行注浆后再钻孔。

A 大孔径钻孔设备

由于管棚的孔径和孔深较大,钻孔应采用与管棚钢管直径与长度相适应的钻机进行。一般当长度小于15 m时,可采用凿岩台车或重型凿岩机(导轨式凿岩机,如YGZ-100型独立回转式凿岩机)钻孔。长度大于15 m时,需用大型水平钻机,如工程钻机、轻型潜孔钻机(孔径小于200 mm)或岩芯钻机(地质钻机)。钻机应具有大扭矩和冲击功率,以便能在破碎地层中钻出深孔,并要求定位准确,可多方位钻孔及移动方便。

目前,工程钻机的生产厂家及型号很多,常用的YG系列或MD系列锚固工程钻机(见图6-8)的主要技术参数见表6-3。YG-80型锚固工程钻机为全液压驱动动力头式钻机,它为分体式结构,由主机、液压动力泵站及操纵台三部分组成,并通过高压油管及快速接头连接。

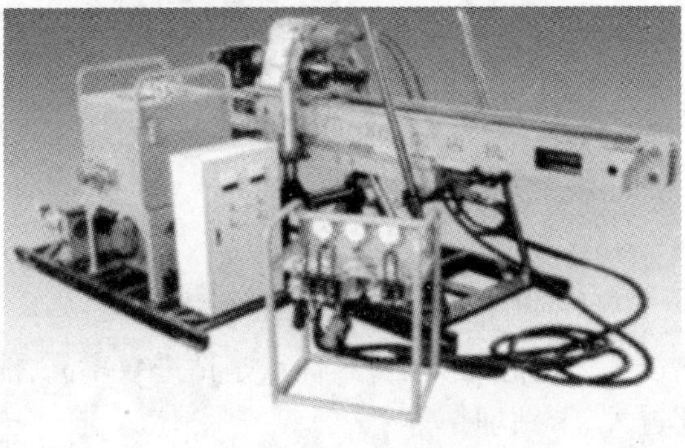

(a)

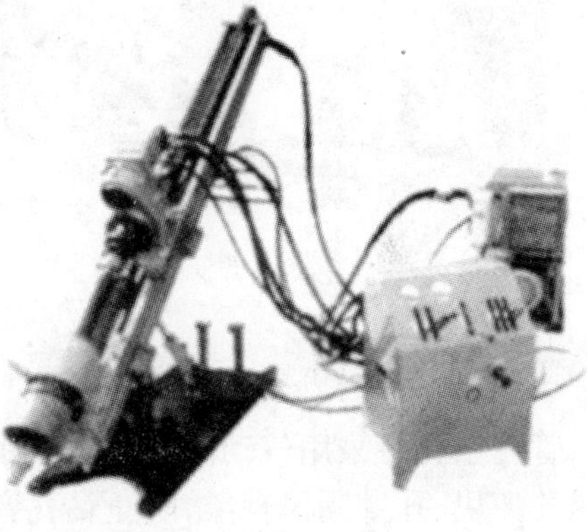

(b)

图6-8 锚固工程钻机

(a) YG-80型钻机;(b) MD-60型钻机

表6-3 锚固工程钻机主要技术参数

技术参数	YG-60	YG-80	MD-30	MD-60	MD-80
钻孔直径/mm	65~130	130~220	65~130	90~185	100~210
钻孔深度/m	60~80	80~100	30~50	50~80	60~100
钻孔角度/(°)	0~360	0~360	-15~90	-10~90	-10~90
钻杆规格(直径×长度)/mm×mm	89×1500	114×1500,89×1500	73×1000,63.5×1000	89×1000,102×1000	89×1500、102×1500

续表 6-3

动力头	转速/r · min^{-1}		0 ~ 160 0 ~ 60	0 ~ 118(快挡) 0 ~ 42(慢挡)	8 ~ 180	11 ~ 188
	最大转矩/N · m		3500	1600	3000	
	进给行程/mm	1800	1800	1200	1800	1800
	最大进给力/kN		30	15	5 ~ 25	60
	最大起拔力/kN		45	22	50	30
液压系统额定压力/MPa			18			
电机功率/kW		22	30	15	22 + 1.1	30 + 1.5
钻机质量/kg		1300	1700		1550	1750
最大部件质量/kg			200		300	

大型岩巷工程可选用管棚钻机,目前已有国内产品(见图 6-9)。管棚钻机能够便捷调整钻进方位,可以任意角度钻进,便于在洞中狭小空间内快速定位钻孔。同时,钻机采用新的除尘手段,在钻进过程中无粉尘。

(a) (b)

图 6-9 管棚钻机

(a) 国产 YGL - 100A 型全液压管棚钻机;(b) 德国 KR80412 - 3 型隧道全液压履带管棚钻机

管棚钻孔可采用气动潜孔冲击器跟管钻进工艺的施工方法,其优点是钻进效率高,能避免塌孔掉块、孔壁漏风现象,防止钻孔弯曲度过大、卡钻埋钻等事故。

B 钻孔偏斜的预防

管棚大直径深孔对钻孔的偏斜要求严格,一般不得超过 1%。因此钻机本身要求工作稳定,定位可靠。此外,钻孔时还应采取下列措施:

(1) 钻机应在平整坚实的底板上作业,底板上的浮渣和松石必须清除干净。

(2) 根据钻孔直径选用相应直径的钻杆。钻杆直径过小,容易产生偏斜,还会由于排粉的环形面积增大,使排气流速降低,影响排粉效果。一般排粉的流速应大于 15 ~ 25 m/s,常用钻杆直径与钻孔直径的匹配见表 6-4。

表 6-4 钻杆直径与钻孔直径匹配 (mm)

钻孔直径	90 ~ 105	105 ~ 127	127 ~ 152	152 ~ 203	203 ~ 225
钻杆直径	76	89	114	127(133)	140(133)

(3) 根据围岩情况,合理调节钻杆的轴推力和转速。推力过大,不仅引起钻头漂移造成钻孔偏斜,还会加剧钻头的磨损。向下钻孔时,随孔深的增加,推力应考虑钻杆重量的影响。

(4) 钻架应定位准确,钻孔过程中应用测斜仪严格控制上仰角度。

(5) 在钻杆上加装三翼形稳杆器,可显著减少钻孔偏斜。

(6) 采用跟管钻进技术,可使钻孔偏斜减至最小。

C 跟管钻进技术

在第四纪覆盖层、坡积层、砂卵石层、砂砾石层等地层中钻孔时,不但钻速慢、钻孔易弯曲,且极易发生塌孔,卡钻、埋钻等孔内事故。跟管钻进技术是利用潜孔冲击器破碎岩石,同步跟入套管保护钻孔孔壁,能有效防止塌孔,解决复杂地层钻进成孔难的技术。同时,利用套管的刚性导向作用,还可减少钻孔弯曲。跟管钻具按其结构形式可分为偏心跟管钻具和同心跟管钻具两种。偏心扩孔跟管钻具与冲击器配套使用,具有结构简单、使用方便、成本较低且终孔直径大等特点,因此得到了广泛的应用。

偏心跟管钻具主要由导正花键轴、偏心钻头及连接横销组成(见图6-10)。导正花键轴一端的花键直接与潜孔冲击器相连接,另一端的偏心孔与偏心钻头相配接,在配接部分设有横销孔和非圆周型环形凹槽。横销插入花键轴的孔内,同时进入偏心钻头上的环形凹槽中,将偏心钻头与导正花键轴连接起来。在钻头的台阶面上设有凸出键块,键块可沿花键轴的环形凹槽滑动,使钻头可绕导正花键轴上的偏心孔转动一定角度,转动位置分别为偏心钻头的张开和收拢状态。

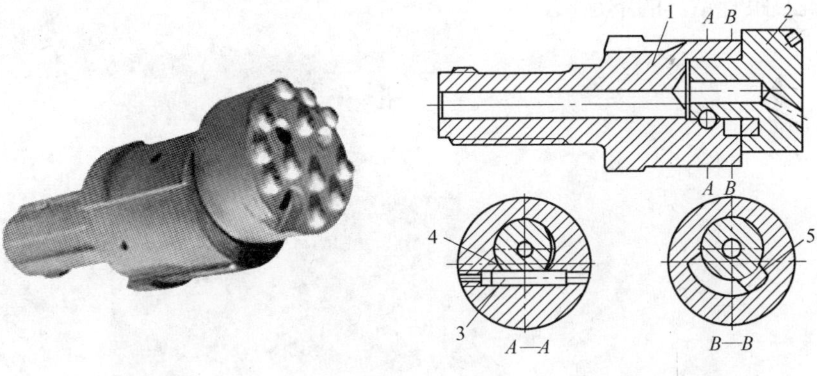

(a) (b)

图6-10 偏心跟管钻具

(a) PG 型外形图;(b) 结构图

1—导正花键轴;2—偏心钻头;3—横销;4—环形凹槽;5—凸出键块

偏心扩孔跟管钻具组合由偏心跟管钻具与跟管用的套管与套管靴组成(见图6-11)。扶正器和导正器共同保证套管与钻杆同轴,防止套管偏斜。偏心钻具通过套管靴与冲击器连接,当中心钻杆正转时,偏心钻头在套管靴前按回转方向偏心张开,钻头可以钻出比套管外径大的钻孔。冲击器同时驱动套管靴,使套管与钻孔同步跟进,保护钻孔。钻孔完成后,将偏心钻具反向旋转一定角度,偏心钻头便可收拢,通过套管靴从套管内提出。PG 型偏心跟管钻具的技术参数可见表6-5。

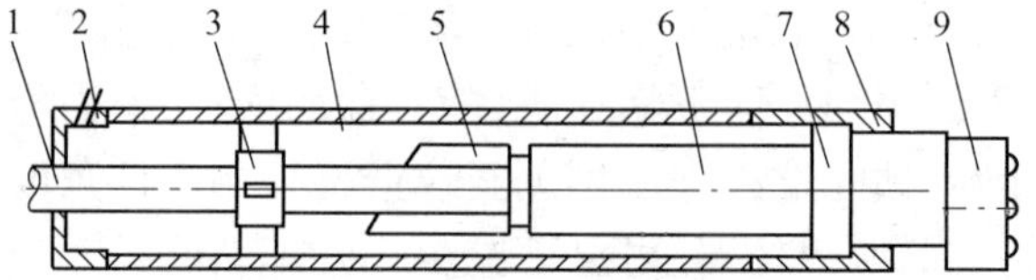

图 6-11 PG 型偏心跟管钻具组合

1—钻杆；2—排粉罩；3—扶正器；4—套管；5—取粉管；
6—冲击器；7—导正器；8—套管靴；9—偏心钻具

表 6-5 PG 型偏心跟管钻具技术参数 (mm)

偏心钻具型号	冲击器型号	钻孔直径	管套规格	套管靴内径	钻杆外径
PG89	WZP - 70	99	89	68	60
PG108	WZP - 90	118	108	87	73
PG127	WZP - 100	138	127	104	73
PG146	WZP - 110	158	146	122	89
PG168	WZP - 130	180	168	141	89
PG178	WZP - 130	191	178	150	89

上述偏心钻具遇到地层岩性不均时，容易呈螺旋形而非直线形钻进；遇有大块孤石时，由于阻力的增大而限制了偏心钻头的扩孔作用。带有偏心扩孔套的偏心跟管钻具如图 6-12 所示。它的前面为普通钻头正常钻孔，同时起定位作用，后面的偏心扩孔套只起扩孔作用，从而克服了上述偏心跟管钻具的不足。

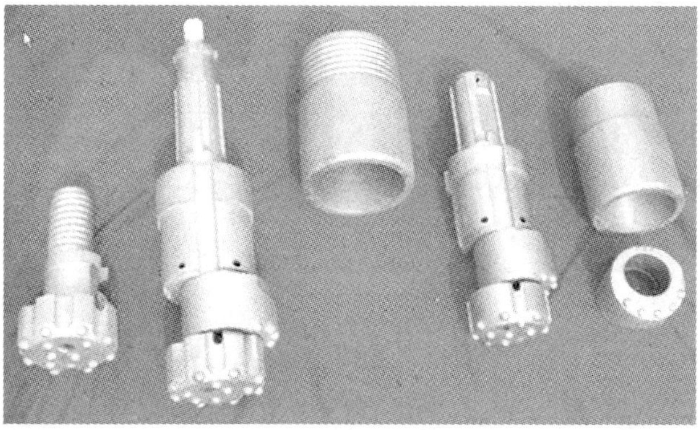

图 6-12 带有偏心扩孔套的偏心跟管钻具

跟管钻进技术采用潜孔钻机，其输出性能应能满足低速大扭矩的要求，一般首选动力头式锚固钻机。为减少加接套管的辅助时间，一次能跟进较长的套管，宜采用长行程钻机。套管采用左旋螺纹连接，螺纹部分长 150 mm。为便于加接钻杆和套管，除第一根套管外，其余套管的长度应与钻杆相同。第一根套管的长度应根据钻机的高度、夹持工具及所配短钻杆长度确定，以方便夹持和装卸套管的操作。

D 跟管钻进操作

跟管钻进根据需要可以一次跟管到位，或先跟管钻进至需要深度后，再用常规钻头钻至设计深度。开孔前应检查设备，保证设备状态良好，对组合好的偏心钻具应检查螺纹连接是否紧固，偏心钻头是否张、收灵活。跟管钻进技术的具体钻进操作如下：

(1) 先用同径常规钻头钻孔约 1 m 深，为套管钻进提供定位和导向作用。将第一根套管套入钻具，使偏心扩孔器露在套管靴之外，手动张开偏心钻头，防止套管掉下。

(2) 开钻前使偏心钻头伸出套管靴，并张开偏心钻头，确认钻头到达孔底后先回转，待正常后，再开压气进行钻进。当第一根套管跟进到管上端距孔口 200～300 mm 处，开孔工作结束。

(3) 正常钻孔时，应采取低转速、低进给压力、高上返风速。当遇到特别松散或具有较大裂隙的地层时，更要减小进给压力，降低进给速度，并反复进行排渣清孔。

(4) 在跟管钻进的过程中，边加钻杆边加套管。加接钻杆和套管时应先拧紧钻杆螺纹，然后再焊接或拧紧连接套管，要求螺纹连接牢固。

(5) 跟管钻进至设计深度后，反转使偏心钻头或偏心扩孔套旋回，将偏心钻具组合从套管中拔出。最后用高压气彻底冲扫钻孔。

6.2.4 超前支护施工质量标准

6.2.4.1 超前锚杆施工质量标准

《公路隧道施工技术规范》(JTG F60—2009)规定，超前锚杆施工质量标准应符合表 6-6 的规定。

表 6-6 超前锚杆施工质量标准 (mm)

项 目	规定值或允许偏差	检验方法和频率
长 度	不小于设计尺寸	尺 量
钻孔位置	±50	
钻孔深度	±50	
钻孔直径	符合设计要求	

此外，钻孔的外插角偏差不应超过 1°～2°，锚入长度不小于设计长度的 90%。

6.2.4.2 超前小导管预注浆施工质量标准

《铁路隧道工程施工质量验收标准》(TB10417—2003)规定了如下的超前小导管预注浆施工质量标准。

A 主控项目

主控项目应达到以下质量标准：

(1) 超前小导管用钢管的品种、级别、规格和数量必须符合设计要求，进场检验质量必须合格。

(2) 超前小导管与格栅拱架的连接应符合设计要求。

(3) 超前小导管的纵向搭接长度应符合设计要求。

B 一般项目

注浆浆液的强度和配合比应符合设计要求，且浆液应充满钢管及其周围的空隙。《公路隧道施工技术规范》规定，超前小导管注浆的施工质量标准应符合表6-7的规定。

表6-7 超前小导管注浆施工质量标准

项 目	规定值或允许偏差	检验方法和数量
长度/mm	不小于设计尺寸	尺量：检查10%①
钻孔位置/mm	±50	
钻孔深度/mm	+50，0	
钻孔直径/mm	符合设计要求	
钻孔外插角②/(°)	2	仪器测量
注浆压力/MPa	符合设计要求	压力表：全部检查

①《铁路隧道工程施工质量验收标准》(TB10417—2003)规定，钻孔位置和钻孔深度每循环抽查3根；
② 钻孔外插角项目为《铁路隧道工程施工质量验收标准》的规定，《地下铁道工程施工及验收规范》规定的钻孔外插角允许偏差为5‰。

此外，《地下铁道工程施工及验收规范》(GB50299—1999，2003年版)规定，采用锤击或凿岩机顶入超前小导管时，顶入深度不应小于管长的90%。

6.2.4.3 管棚施工质量标准

《铁路隧道工程施工质量验收标准》规定了如下的管棚施工质量标准。

A 主控项目

主控项目应达到以下质量标准：
(1) 管棚用钢管的品种、级别、规格和数量必须符合设计要求，进场检验质量必须合格。
(2) 管棚搭接长度应符合设计要求。

B 一般项目

在钻孔过程中应检查钻孔偏差，每钻进2～3 m检查1次。钻孔施工的允许偏差和检验方法应符合表6-8的规定。注浆浆液的强度和配合比应符合设计要求，且浆液应充满钢管及其周围的空隙。

表6-8 管棚施工允许偏差和检验方法

项目	钻孔外插角/(°)	孔距/mm	孔深/mm	检验数量	检验方法
指标	1①	±150②	±50	全数检查	仪器测量、尺量

①《地下铁道工程施工及验收规范》规定，钻孔的外插角允许偏差为5‰；
②《铁路隧道钻爆法施工工序及作业指南》(TZ231—2007)规定，孔距允许偏差50 mm。

《公路隧道施工技术细则》(JTG/T F60—2009)规定，在施工中应设置控制点，便于检查断面的尺寸和形状。拱顶处设中线控制点，岩巷直线段的间距宜为10 m，曲线段为5 m。高程施工控制点宜每隔10 m设一个。已掘进的断面中线、高程等偏差应小于±30 mm。

6.2.5 超前支护施工安全

超前支护应在完成掘进工作面的加固后进行，每循环之间应有足够的搭接长度与初期支护有效配合。特殊地质条件的岩巷，应根据具体的地质情况采取超前支护、预加固处理方案及安全保障措施。

管棚和超前小导管施工时，应遵守下列规定：

(1) 施工前，检查钻机、注浆机及配套设备、压气、水管等施工机具的安全性能，压气、水管和注浆管接头应连接牢固。

(2) 管棚和超前小导管注浆施工时，应指定专人对掘进工作面的安全进行观测。

(3) 地下水压较高的岩巷，应选择适合的钻孔设备，并采取防止突水突泥冲出的反推或栓锚措施。安装带有止水阀门的孔口管，并安装牢固。作业时，人员不得站在孔口正面，且应远离孔口。

潜孔钻机凿岩作业时，应遵守下列规定：

(1) 作业前，应检查钻具、推进机构、压气系统、电气系统及防尘装置等，确认完好后，方可使用。

(2) 钻进中，不得反转电动机或回转减速器，防止钻杆脱落。

(3) 钻杆规格不符合要求或磨损严重的不得使用，已断在孔内的钻杆，应采用专用工具取出。加接钻杆前，应将钻杆中心孔吹洗干净，避免杂物进入冲击器。

(4) 钻机短时间停止工作时，应供给少量压缩空气，防止岩粉侵入冲击器；若较长时间停钻，则应将冲击器提离孔底 1~2 m 并加以固定。

(5) 发生卡钻时，应立即减小轴推力，并加强回转和冲洗，使之逐渐恢复正常。如卡钻严重，必须立即停机，用工具扭转钻杆并向外拉，使钻具回转松动，然后边送压气边提钻，直至恢复正常。

(6) 钻孔时，如发现钻杆不前进且不停跳动时，应将冲击器退出孔外进行检查。如发现钻头硬质合金片破损时，对小块碎片可采用压缩空气强行吹出；对大块碎片可采用小于孔径的杆件，利用黄泥将其从孔中黏出。

6.3 预加固地层

在极松散、破碎、软弱地层，或有大量涌水的软弱地段或断层破碎带中，除采用超前支护外，还可采用注浆预加固地层，提高围岩的承载力和自稳能力，然后再掘进，称为地层预加固或地层改良。地层预加固包括地表喷锚预加固、预注浆加固地层、水平高压喷射注浆加固等。6.2 节介绍的超前小导管预注浆支护也可看作是预加固地层。

6.3.1 洞口段地表喷锚预加固

浅埋洞口段由于覆盖层较薄、地层表面风化严重，掘进时可能出现边掘边塌，难以进洞。在偏压洞口段，由于一侧边坡掘进过高，往往形成不稳定边坡，危及施工安全。地表锚杆是一种地表预加固的措施，适用于洞口浅埋地段及某些偏压地段。它可在地层中形成棒状加固体，提高岩体的抗剪能力，阻止掘进后的围岩变形。在洞口段采用地表喷锚预加固地层，不但可使进洞顺利,更可加大边坡角,降低掘进高度。它比传统的密排支架简单、有效;比注浆加固地层简单、经济,得到了日益广泛的应用。

6.3.1.1 洞口竖向锚杆预加固

当洞口的自然坡面平缓、覆盖层较浅或地层软弱时,往往洞口掘进后地层不能自稳,这时可采用竖向砂浆锚杆预加固。锚杆宜垂直地表设置,根据地形及地层层面具体情况也可倾斜设置。锚杆长度可根据岩巷的覆盖层厚度和实际施工能力确定,最好将锚杆伸至模筑混凝土拱圈的外缘,以加强锚杆固定地层的作用。确定锚杆加固范围的方法如下:

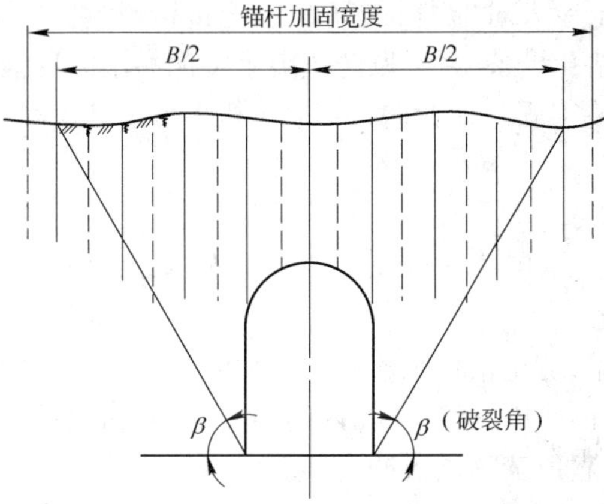

图6-13 地表锚杆加固宽度估算

(1) 经验法。横向加固宽度 $B \geqslant (1 \sim 2)b$,纵向加固长度为浅埋段的长度,也可按从洞口至埋深 $h \leqslant 2b$ 的长度作为加固长度,其中 b 为洞口宽度。

(2) 破裂面估算法。按普氏自然拱理论,可将岩体视为特殊的松散体,掘进后侧墙将产生滑移。在浅埋段会产生破裂面,破裂面上的岩体会产生下沉,因此破裂面与地表的两个交点之间的宽度就是地表下沉变形的宽度 B,如图6-13所示。

图6-13中,破裂角 $\beta = 45° + \frac{\varphi_0}{2}$,其中 φ_0 为岩体的似摩擦角,可用岩石的普氏坚固性系数 f_0 估算:$\varphi_0 = \arctan f_0$。一般取锚杆加固宽度略大于 B,即每边加宽1~2 m。

竖向锚杆加固的经验参数如下:

(1) 锚杆间距为1.5~2 m,纵向宜密些,横向可稀些,呈梅花形布置。

(2) 地表砂浆锚杆宜采用HRB335(20MnSi)螺纹钢筋,直径为16~22 mm,由单根钢筋或多根钢筋并焊组成。

(3) 锚杆孔直径应大于杆体直径30 mm以上,一般为50 mm,锚杆与孔壁之间填充M20水泥砂浆。普通砂浆的配合比为水泥∶砂为1∶1~1∶1.5(质量比),水灰比宜为0.45~0.50,砂的粒径不宜大于2.5 mm。

为保证预加固的效果,应在锚固砂浆达到设计强度的70%以上时,才能进行下方岩巷的掘进。竖向锚杆预加固适用于浅埋、洞口地段和某些偏压地段的岩巷工程。

6.3.1.2 洞口仰坡表层喷锚预加固

洞口仰坡表层预加固是先按设计坡度刷坡,然后沿坡面喷射混凝土预加固,必要时加设与坡面垂直的锚杆及钢筋网,或竖直打入仰坡表层(见图6-14)。洞口仰坡表层喷锚预加固适用于松软砂土质地层仰坡的加固,可防止表层剥落或坍塌。

洞口仰坡表层喷锚预加固的加固范围同竖向锚杆预加固。洞口仰坡表层喷锚预加固的经验参数如下:

(1) 喷射混凝土厚度为50~100 mm。

（2）锚杆采用HRB335螺纹钢筋，直径为16～22mm，长度为1.5～2m，横向间距为2m，纵向间距为1～1.5m，按梅花形布置。

（3）锚杆孔径大于40mm，锚杆与孔壁之间填充M20水泥砂浆。

（4）钢筋网用直径6～8mm的HPB235钢筋，编扎成400mm×400mm的网格，与锚杆露出端焊接。

6.3.1.3 洞口上方陡坎喷锚预加固

陡坎是指洞门端墙施工前，模筑混凝土拱顶外缘至仰坡坡脚的陡立壁面。当陡坎的岩体软弱时，可在陡坎中打入水平锚杆（或小导管），必要时加设钢筋网，并喷射混凝土将陡坎封闭（见图6-15）。

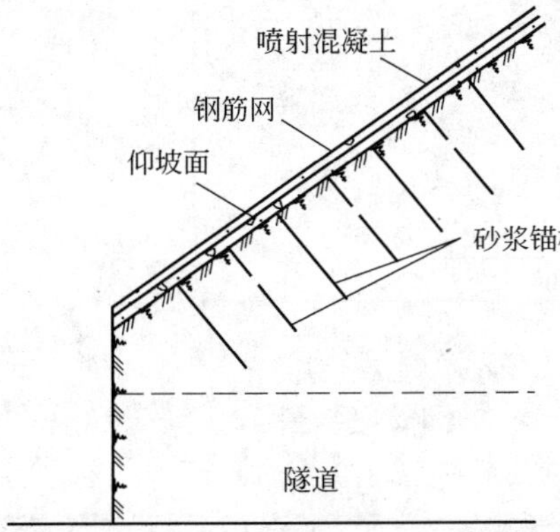

图6-14 仰坡表层加固

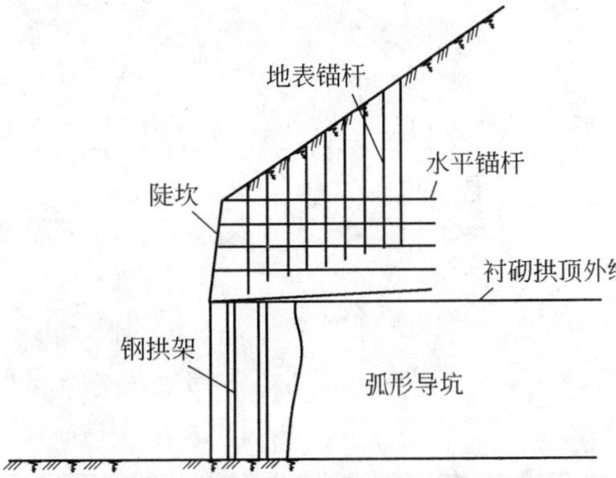

图6-15 洞口上方陡坎加固

陡坎喷锚加固的范围一般为陡坎范围。锚杆用HRB335螺纹钢筋，直径20～25mm，长度3～5m，间距为2～1.5m，按梅花形布置。其余同洞口仰坡表层预加固。采用长度较大的锚杆或锚索时，应采用先锚后注水泥浆工艺。

6.3.2 深孔预注浆加固

深孔预注浆加固是在岩巷的纵向形成较大范围的伞形辐射状加固区，也称帷幕注浆。它对沙质土可取得较好的效果，而在黏性土中的效果不佳。深孔预注浆加固岩层费工、费时、费料，施工复杂，因此仅在特殊困难地段且必要时才采用。它多用于有水及大跨度、地表不允许有过大沉陷的地下工程。深孔预注浆加固及水平高压旋喷注浆加固岩层，详见本书姊妹篇《岩巷工程施工——支护工程》一书第7章的有关内容。

6.4 大断面岩巷掘进方法

大断面岩巷的掘进方法除全断面开挖法外，在软弱围岩中主要有台阶法和分部开挖法等。选择施工方法时，应以安全及工程质量为前提，根据岩巷的围岩条件、埋深、断面规格、结构形式、机械设备配置、工期要求、施工成本等因素，选择适宜的掘进方法。掘进方法还应具有较大的适应性，当地质条件变化时应及时变更设计，调整施工方法。在改变掘进方法时，应采取过渡措施，做好工序衔接，并采用相应的辅助施工措施，以保证施工安全。

6.4.1 全断面开挖法

6.4.1.1 全断面开挖法的特点

全断面开挖法是按设计断面将岩巷一次基本掘进成形,再施作支护的施工方法(见图6-16、图6-17)。它的特点为:掘进断面与作业空间大,可采用大型机械配套作业,互相干扰少;工序简单,便于施工组织管理;掘进一次成形,对围岩扰动次数少,有利于围岩稳定。但全断面开挖的渣石数量较多,钻爆和出渣又必须顺序作业,因此宜配有凿岩台车和高效率装渣机械,才能提高掘进速度。

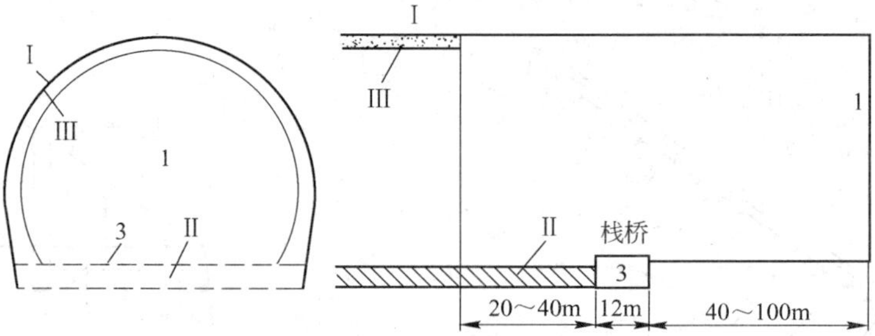

图6-16 全断面开挖法施工工序示意图

1—一次全断面开挖;Ⅰ—初期支护;3—底部开挖;

Ⅱ—底板(仰拱)浇筑;Ⅲ—拱墙模筑混凝土支护

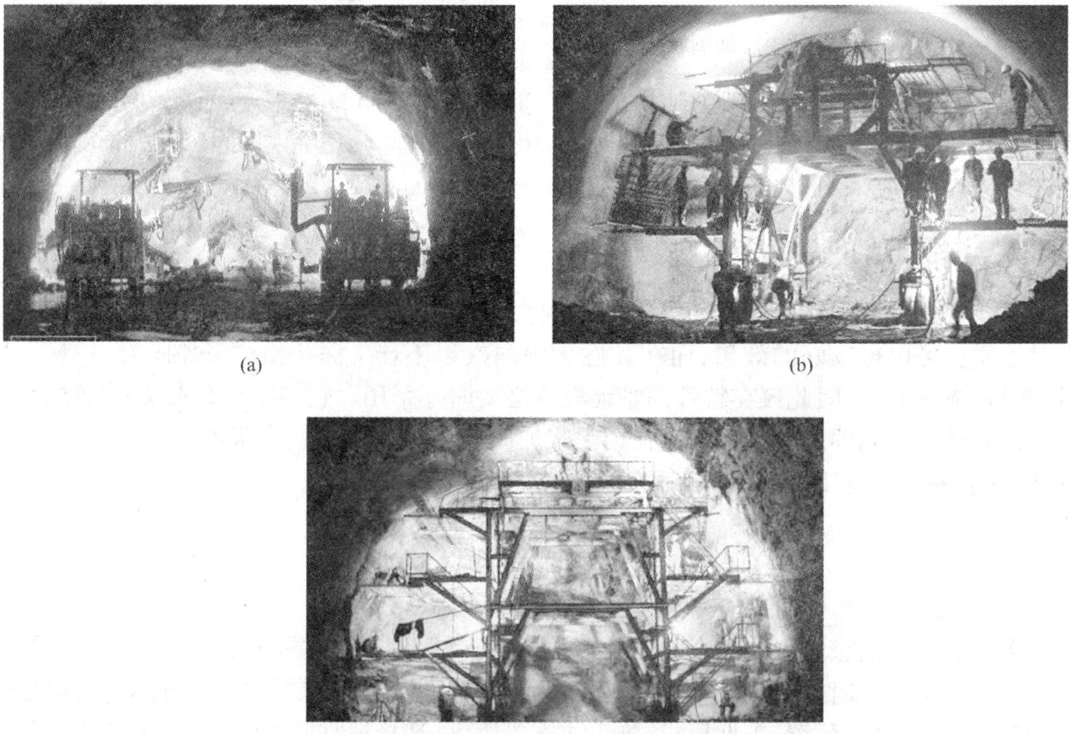

图6-17 全断面掘进的隧道工程

(a) 采用凿岩台车;(b),(c) 采用凿岩机与施工台架全断面开挖法施工应符合下列要求：

(1) 由于爆破震动较大，应采用多段微差爆破，并严格控制单段最大装药量。

(2) 掘进断面与作业空间大，工序简单，应采用大型配套机械化作业，各道工序尽量平行交叉作业，缩短循环时间。

(3) 确定合理的循环进尺，确保两个循环的接茬位置平滑、圆顺。

(4) 每循环爆破后及时找顶，初期支护施作前应按要求进行地质素描。

全断面开挖法适用于围岩自稳性好，无地下水或地下水不大的岩巷工程。它可用于Ⅰ级、Ⅱ级围岩岩巷施工，或Ⅲ级围岩的中小跨度岩巷。Ⅳ级围岩中跨度岩巷和Ⅲ级围岩大跨度岩巷在采用了有效的预加固措施后，也可采用全断面法掘进。目前，由于岩土控制变形分析法(新意法)施工技术的应用和施工机械的开发，选择施工方法已不完全取决于地质条件，有向采用全断面法，尤其是全断面法与超短台阶法结合的趋势。从而可以采用大型机械作业，显著提高掘进效率。

6.4.1.2 岩土控制变形分析法施工技术

目前，铁路隧道工程要求在软弱破碎围岩中宜积极采用岩土控制变形分析法施工技术。岩土控制变形分析法(ADECO-RS 法)是意大利的 Pietro Lunardi 教授于 20 世纪 70 年代中期创立的，国内称为“新意法”(新意大利隧道施工法 New Italian Tunneling Method，简称 NITM)。它是一种系统的全断面机械化开挖的隧道设计、施工技术。ADECO-RS 法通过对工作面前方“超前核心土”的勘察、量测，预报围岩的应力 - 应变形态，并根据隧道开挖后围岩稳定、暂时稳定、不稳定划分为 A、B、C 三种类型，依此进行信息化设计和施工。它在软弱破碎围岩条件下施工的基本原则如下：

(1) 全断面开挖；

(2) 运用超前支护和加固措施以减小或避免围岩变形；

(3) 紧跟掘进工作面及时支护封闭，以减小隧道变形。从而实现隧道全断面开挖，确保安全穿越各种地层，尤其是复杂不良地层。

新意法设计由测量阶段、诊断阶段和处治阶段组成。新意法施工包括以下三个阶段：

(1) 实施阶段。实施稳定支护手段，控制变形现象。

(2) 监控阶段。对掘进过程中的围岩变形进行量测及核对(量测“工作面挤压变形”、工作面及其后方间隔一定距离的收敛)。

(3) 设计调整阶段：评价围岩变形，获得工作面及隧道洞身稳定支护体系间的平衡。

新意法与新奥法相比具有以下不同：

(1) 地层变形的分析方式不同。新奥法对地层变形的分析仅限于掘进工作面的后方，且主要对隧道收敛进行分析；新意法不仅对工作面后方的地层变形(收敛)进行分析，而且更注重对工作面及其前方地层的变形(“工作面挤出变形”和“预收敛”)进行分析。

(2) 对地层变形的控制方式不同。新奥法采用锚杆、喷射混凝土、钢拱架、施作仰拱等手段，对工作面后方的隧道施加约束作用；新意法不仅要求隧道的支护措施(包括模筑混凝土和仰拱)紧跟工作面，以对隧道提供连续的约束作用，而且要求对“超前核心土”采取防护和加固措施，提高其强度和变形特性，对隧道提供超前约束作用。

6.4.1.3 导洞超前全断面扩挖法

导洞超前全断面扩挖法是指在岩巷设计断面内的适当位置先开挖一条导洞，待超前一定长度后再按设计断面进行扩挖、支护及其他作业的一种施工方法。该法起源于无大型机械的手工作业时代，目前，在国外，导洞超前全断面扩挖的施工方法仍得到广泛应用，近年来我国隧道、隧洞工程中也有应用。为控制超欠挖，提高爆破效果，有条件时可采用导洞超前全断面扩挖法，它具有以下优点：

（1）便于大型机械化作业，减少出渣二次搬运。

（2）超前导洞可起到超前地质预测预报作用，便于采取应急措施，处理不良地质问题。

（3）超前导洞可减小爆破对围岩的扰动，减少单位掘进长度的炸药用量。

（4）在具有不同围岩级别的地质条件下，无需频繁变换施工机械和作业平台，设备利用率高。

导洞超前全断面扩挖法可用于邻近有建筑物需要控制爆破震动速度的隧道工程，但应控制导洞超前距离。当围岩地下水较丰富时，用下导洞超前可降低地下水水位，对于大断面隧道尤为适用。

6.4.2 台阶开挖法

6.4.2.1 台阶开挖法的分类

台阶开挖法是将岩巷设计断面分成两次或三次掘进，先掘进上半断面，待掘进至一定距离后再同时掘进上、下半断面（分别凿岩，一次爆破）的施工方法，又称正台阶法（见图6-18）。可根据地层条件、断面规格和机械配备情况选择两台阶或三台阶开挖。

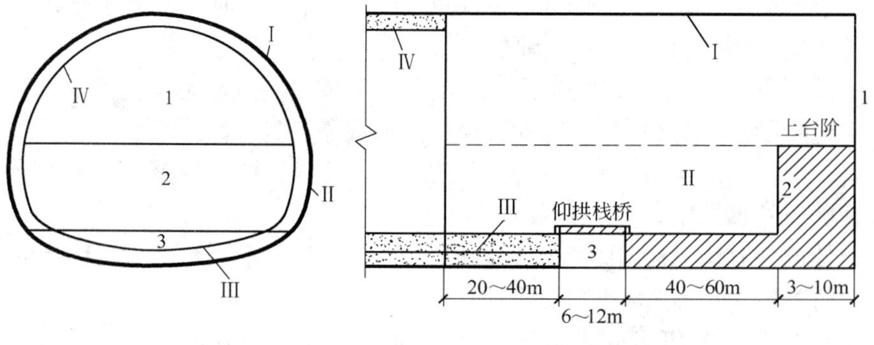

图6-18 台阶法施工工序示意图

1—上台阶开挖；Ⅰ—上台阶初期支护；2—下台阶开挖；Ⅱ—下台阶初期支护；
3—底部开挖；Ⅲ—仰拱及填充混凝土；Ⅳ—拱墙模筑混凝土支护

台阶法按上台阶超前长度分为长台阶法、短台阶法和微台阶法三种。长台阶法的上台阶超前约50 m或大于5倍洞跨。施工时上下断面都可配备同类较大型机械进行平行作业，当机械不足时也可交替作业。当隧道长度较短时，可将上部断面全部挖通后，再挖下半断面。它的掘进断面小，有利于维持围岩的稳定，施工干扰较少，可进行单工序作业。

短台阶法的台阶长度为5~50m或大于1~1.5倍掘进宽度,一般为10~15m,保持拉开工作面以减少干扰。它在上部出渣时,对下部施工干扰较大,不能全部平行作业。

超短台阶法是全断面法的一种变形,台阶长度一般为3~5m。上部台阶既能进行凿岩和喷锚支护,又可利用爆破将渣石直接抛掷到下部台阶进行装岩。它的缺点是上下台阶的作业相互干扰大,只能采用交替作业,施工速度慢。

岩巷采用台阶法掘进,推荐采用短台阶或超短台阶,便于初期支护尽快封闭成环,尽量减少上部围岩和初期支护的变形,同时便于上部断面使用挖掘机械配合翻渣,减少人工翻渣量,加快施工进度。

6.4.2.2 台阶开挖法施工

台阶法施工时应解决上、下台阶作业的相互干扰,下部施工应减少对上部围岩、支护的影响。下台阶爆破可采用在下台阶的水平炮孔,也可采用在上台阶的垂直炮孔。台阶法施工应符合下列规定:

(1)台阶长度、高度和数量应根据围岩条件、岩巷断面尺寸和施工机械设备情况确定。在确保围岩稳定的条件下,尽量便于机械作业。台阶长度应符合如下要求:

1)当围岩自稳能力较好、掘进跨度不大时,为方便作业,台阶长度宜控制为10~50m。

2)围岩稳定性较差时,台阶长度宜控制在一倍洞径,一般为3~10m以内。

3)当围岩不稳定时,应缩短进尺,宜为1~1.5m,防止上台阶的初期支护下沉过大。

(2)下台阶开挖后必须及时喷射混凝土进行封闭。当上台阶采用钢拱架时,必须及时安装下部钢拱架,并喷射混凝土,严禁拱脚长时间悬空。

(3)围岩整体性较差时,应采取措施减少下台阶开挖时对上台阶围岩及支护的扰动。下台阶应在上台阶喷射混凝土强度达到设计强度的70%以上时掘进。

(4)对不稳定的围岩,必要时上下台阶可分左、右两侧交错掘进,并及时施作初期支护和仰拱。

两部台阶法可用于Ⅲ级围岩以上的大跨度岩巷,也可用于Ⅳ级围岩以上地段的中小跨度岩巷。三部台阶法可用于Ⅲ、Ⅳ级围岩的岩巷。Ⅴ级围岩的中小跨度隧道在采取了有效的预加固措施后,也可采用台阶法掘进。短台阶或超短台阶两种方法可缩短仰拱封闭时间,改善初期支护受力条件,便于控制围岩变形。当遇软弱围岩时需慎重考虑,必要时可采用超前支护稳定掘进工作面,以保证施工安全。

6.4.3 分部开挖法

分部开挖法是将大断面开挖转化为小断面开挖,有利于施工安全,主要有环形开挖预留核心土法、双侧壁导坑法、中洞法、中隔壁法(CD法)和交叉中隔壁法(CRD法)等。合理确定各部的尺寸,确保各部结构受力合理非常重要。采用分部开挖,不仅各分部要及时进行初期支护、封闭成环,而且整个断面也要求尽快成环,以改善整个初期支护结构的受力状态。分部开挖法有大量的临时支护需要适时拆除,这将使其受力体系发生转换。为安全起见,必须通过监控量测来确定临时支护的拆除时间、一次拆除的长度(一般不得大于15m)。分部开挖法适用于软弱围岩中掘进。Ⅵ级围岩自稳性差,易坍塌,必须在采取适当预加固措施后,才能保证结构和施工的安全。

6.4.3.1 环形开挖留核心土法

A 环形开挖留核心土法

环形开挖留核心土法是先开挖上部环形拱部导坑,再开挖中部核心土,然后开挖下部两侧墙,最后开挖下部核心土的施工方法(见图6-19)。模筑混凝土支护采用先墙后拱法施作。

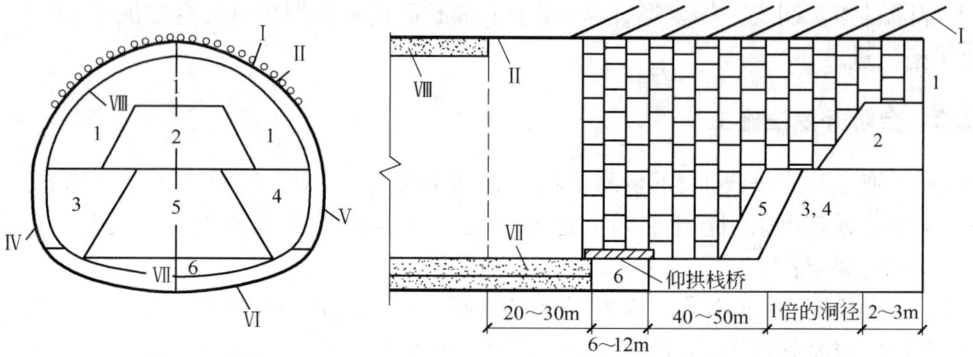

图6-19 环形开挖预留核心土法施工工序示意图

Ⅰ—超前支护;1—上部环形导坑开挖;Ⅱ—上部初期支护;2—上部核心土开挖;3,4—下台阶两侧开挖;Ⅳ,Ⅴ—下台阶两侧初期支护;5—下台阶核心土开挖;6—仰拱开挖;Ⅵ—仰拱初期支护;Ⅶ—仰拱及填充混凝土;Ⅷ—拱墙模筑混凝土支护

环形开挖留核心土法施工时应符合下列规定:

(1) 环形开挖每部长度应为0.5~1m,预留核心土的断面面积应满足围岩稳定的要求,一般不应小于整个断面积的50%。

(2) 环形开挖后应及时施作喷锚支护,挂钢筋网,安设型钢拱架或格栅拱架,相邻钢拱架应用钢筋连接,并施作锁脚锚杆。全断面初期支护完成距拱部掘进工作面不宜超过30m。

(3) 核心土与下台阶开挖应在上台阶支护完成且喷射混凝土强度达到设计强度的70%后进行。

(4) 上部环形,左、右侧墙分部,中部核心土开挖应各错开3~5m进行平行作业。

(5) 当地质条件差,围岩自稳时间较短时,开挖前应在拱部设计开挖轮廓线以外进行超前支护。

环形开挖留核心土法与超短台法相比,主要优点是:台阶可以加长,一般可取1倍洞跨;与侧壁导坑法相比,机械化程度较高,施工速度可加快;核心土及下部开挖是在拱部初期支护的保护下进行的,施工安全性好。

环形开挖预留核心土法可用于Ⅵ、Ⅴ级围岩或一般土质围岩的中小跨度隧道施工。

B 三台阶七步开挖法

三台阶七步开挖法是在环形开挖留核心土法基础上变化而来的。它分为上、中、下三个台阶和七个开挖面,各部分的开挖和支护沿岩巷纵向错开,平行推进(见图6-20)。

三台阶七步开挖法施工时,开挖顺序及要求如下:

(1) 开挖应以机械施工为主,必要时辅以弱爆破。各分部平行作业,平行施作初期支护，各分部初期支护应衔接紧密，及时封闭成环。

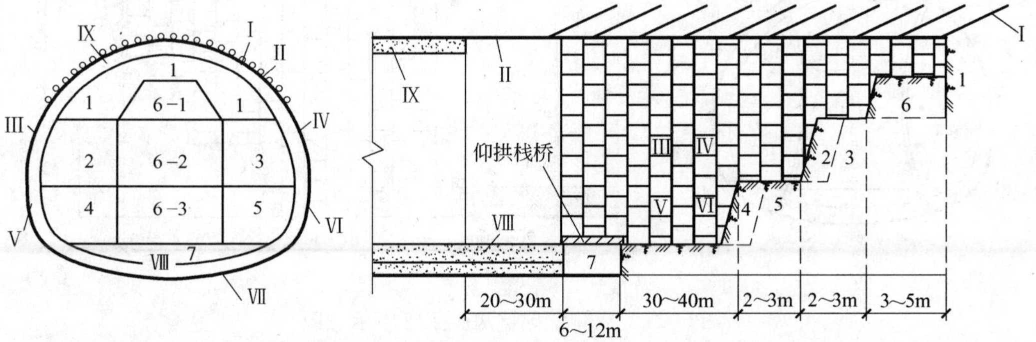

图6-20 三台阶七步开挖法施工工序示意图

Ⅰ—超前支护；1—上部环形导坑开挖；Ⅱ—上部初期支护；2，3—中部两侧开挖；Ⅲ，Ⅳ—中部两侧初期支护；4，5—下部两侧开挖；Ⅴ，Ⅵ—下部两侧初期支护；6-1，6-2，6-3—上、中、下部核心土开挖；7—仰拱开挖；Ⅶ—仰拱初期支护；Ⅷ—仰拱及填充混凝土；Ⅸ—拱墙模筑混凝土支护

（2）拱部超前支护完成后，开挖上部环形导坑，预留核心土的长度宜为3~5m，宽度宜为岩巷开挖宽度的1/3~1/2，上部开挖的矢跨比应大于0.3。开挖循环进尺应根据钢拱架的间距确定，最大不得超过1.5m。

（3）中、下部分的左、右侧开挖高度宜为3~3.5m，进尺应根据钢拱架的间距确定，最大不得超过1.5m。左、右侧部分错开2~3m。

（4）上、中、下部分预留核心土的开挖进尺与相应部分的循环进尺一致。

（5）仰拱应紧跟下部施作，及时闭合构成稳定的支护系统。仰拱分段长度宜为4~6m，循环开挖长度宜为2~3m。仰拱开挖后及时施作初期支护，完成两个底部开挖和支护循环后，及时施作仰拱混凝土支护。

（6）洞内临时排水系统应及时完善，避免地下水浸泡拱、墙脚基础。

（7）通过监控量测了解围岩和支护的变形情况，及时调整支护参数和预留变形量，确保施工安全。

三台阶七步开挖法适用于具备一定自稳条件的Ⅳ级、Ⅴ级围岩地段的中小跨度岩巷，也可用于具备一定自稳条件的Ⅲ级、Ⅳ级围岩地段的大跨度岩巷。

6.4.3.2 双侧壁导坑法

双侧壁导坑法又称眼镜法，它是先掘进岩巷两侧的导坑，并及时施作导坑四周的初期支护及临时支护，必要时施作侧墙模筑混凝土支护。两侧导坑的高度宜到起拱线。然后根据地质条件、断面规格，对中央剩余部分采用二台阶或三台阶开挖的施工方法（见图6-21）。

双侧壁导坑法变大跨度为小跨度、变大断面为小断面掘进，有助于围岩稳定，施工安全。双侧壁导坑法掘进的隧道工程如图6-22所示。

双侧壁导坑法施工时，应符合下列规定：

（1）侧壁导坑的断面形状为尖拱形，导坑断面宽度不宜大于整个岩巷跨度的1/3。

（2）侧壁导坑、中央部分宜采用短台阶法开挖，台阶长度为3~5m。导坑超前中间土体10~15m，可独立同步开挖和支护。侧壁导坑采用短台阶法开挖，左右侧壁导坑可同步施工。

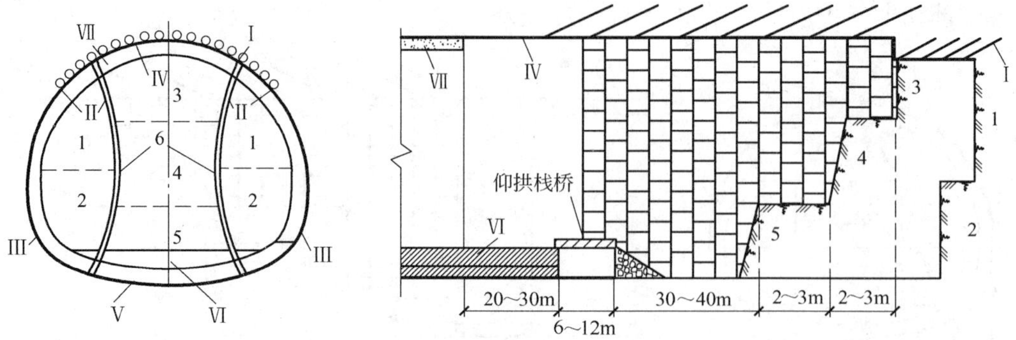

图 6-21 双侧壁导坑法施工工序示意图

Ⅰ—超前支护；1—左（右）侧导坑上部开挖；Ⅱ—左（右）侧导坑上部初期支护；2—左（右）侧导坑下部开挖；Ⅲ—左（右）侧导坑下部初期支护；3—中央上部开挖；Ⅳ—中央上部初期支护与左右侧支护Ⅱ闭合；4—中央中部开挖；5—中央下部开挖；Ⅴ—中央下部初期支护与左右侧支护Ⅲ闭合成环；6—拆除临时支护；Ⅵ—仰拱及填充混凝土；Ⅶ—拱墙模筑混凝土支护

(a)

(b)

图 6-22 双侧壁导坑法隧道施工

（a）先开挖、支护两侧导坑；（b）后开挖、支护中央部分

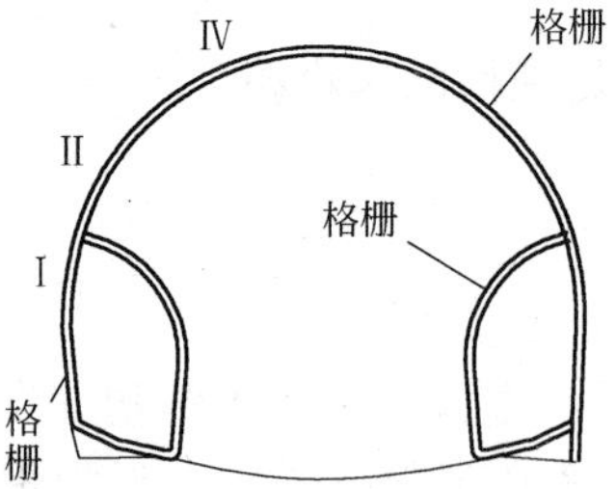

图 6-23 侧壁导坑应用格栅临时支护尽早封闭成环

Ⅰ,Ⅱ,Ⅳ—支护顺序

（3）各部掘进后，应及时进行初期支护及临时支护，并尽早封闭成环（见图 6-23）。

（4）全断面初期支护封闭成环后，当量测支护体系变形很小时，方可拆除临时支护，并及时施作仰拱和模筑混凝土支护。一次拆除长度一般不宜超过 15 m，并加强监控量测。

双侧壁导坑法在中央部分开挖后，拱部钢架与两侧壁钢架的连接是技术难点。在两侧导坑施工中，钢架位置应准确定位，确保各部钢架连接后在同一铅垂面上，防止钢拱架扭曲。

国内外工程实践表明，与台阶法开挖相比，侧壁导坑法尤其是双侧壁导坑法开挖引起的地表下沉量较小，特别适用于扁平大跨度浅埋隧道开挖。现场实测表明，双侧壁导坑法引起的地表下沉仅为短台阶法的 1/2 左右。但它进度慢、成本高。双侧壁导坑法应用比较广泛，适用于Ⅴ、Ⅵ级围岩的大跨度隧道及浅埋地段的岩巷施工。

6.4.3.3 中隔壁法(CD法)和交叉中隔壁法(CRD法)

A 中隔壁法(CD法)

中隔壁法(CD法)又称单侧壁导坑法,是德国于1981年创造,我国引进的先进施工方法。它是将岩巷分为左右两部分分别开挖,先在岩巷一侧采用台阶法自上而下分两台阶或三台阶分层开挖,每层台阶掘进后均及时施作喷锚支护,安设钢架,联结弧形中隔壁墙及底部临时仰拱,待喷射混凝土达到设计强度的70%以上时,再分层开挖岩巷的另一侧,其分层数及支护形式与先开挖的一侧相同,最后及时施作全断面封闭成环(见图6-24)。

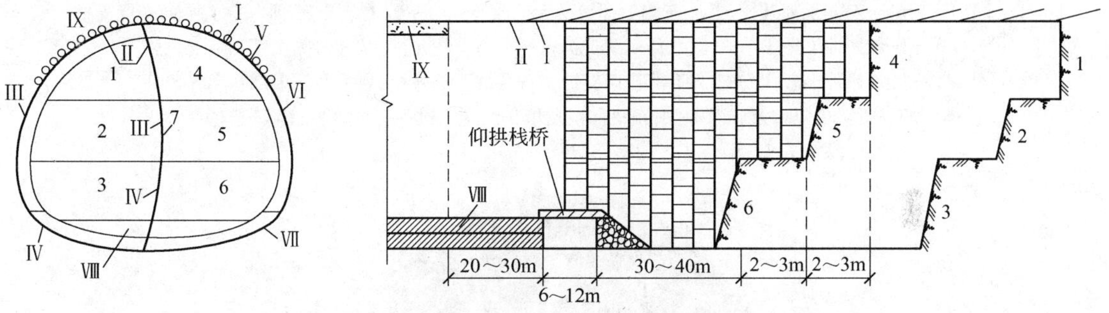

图6-24 中隔壁法施工工序示意图

Ⅰ—超前支护;1—左侧上部开挖;Ⅱ—左侧上部初期支护;2—左侧中部开挖;Ⅲ—左侧中部初期支护;
3—左侧下部开挖;Ⅳ—左侧下部初期支护;4—右侧上部开挖;Ⅴ—右侧上部初期支护;
5—右侧中部开挖;Ⅵ—右侧中部初期支护;6—右侧下部开挖;Ⅶ—右侧下部初期支护;
7—拆除中隔墙;Ⅷ—仰拱及填充混凝土;Ⅸ—拱墙模筑混凝土支护

中隔壁法一般适用于Ⅳ、Ⅴ级围岩的岩巷施工,也可用于浅埋地段需要控制地表沉降的岩巷施工。实践表明,中隔壁法是浅埋大跨度隧道通过软岩的有效施工方法。

B 交叉中隔壁法(CRD法)

交叉中隔壁法(CRD法)为日本首创,它是将岩巷分成左右两部分,再上下分层,两侧交叉掘进,分部封闭成环的施工方法。每开挖一部均及时施作锚喷支护,安设钢架,施作中隔壁,安装底部临时仰拱,封闭成环。临时仰拱与中隔壁一样,应有向下鼓的弧形。一侧超前的上、中部初期支护完成且喷射混凝土达到设计强度的70%以上时,再开挖另一侧的上、中部,并进行支护。然后再开挖原来一侧的最下部分,并延长中隔壁墙,施工临时仰拱,封闭成环。最后开挖并支护另一侧的下面部分,最终岩巷整个断面封闭成环(见图6-25)。交叉中隔壁法掘进的隧道工程如图6-26所示。

交叉中隔壁法适用于Ⅴ、Ⅵ级围岩及围岩较差的浅埋地段的岩巷施工。

C (交叉)中隔壁法施工要点

为方便采用机械化作业,提高掘进进度,应尽量减少开挖台阶,采用大断面台阶。中隔壁法和交叉中隔壁法施工时,应符合下列规定:

(1) 每一部的开挖高度应根据地质条件、岩巷断面规格及施工设备确定,各部的底部高

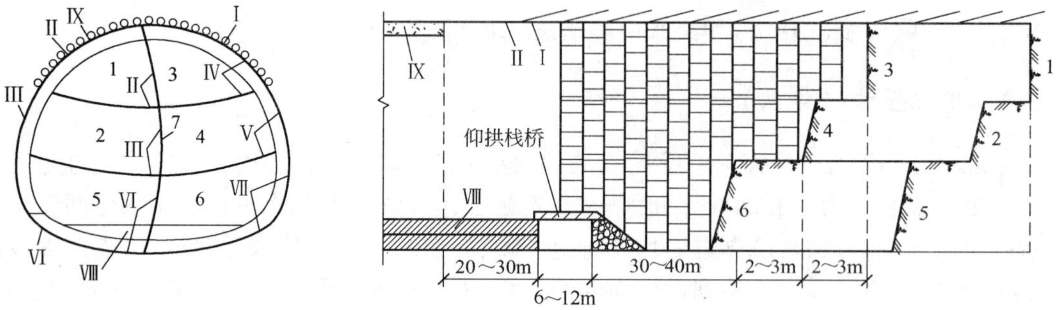

图 6-25 交叉中隔壁法施工工序示意图

Ⅰ—超前支护;1—左侧上部开挖;Ⅱ—左侧上部初期支护成环;2—左侧中部开挖;Ⅲ—左侧中部初期支护;
3—右侧上部开挖;Ⅳ—右侧上部初期支护;4—右侧中部开挖;Ⅴ—右侧中部初期支护;
5—左侧下部开挖;Ⅵ—左侧下部初期支护;6—右侧下部开挖;Ⅶ—右侧下部初期支护;
7—拆除中隔墙及临时仰拱;Ⅷ—仰拱及填充混凝土;Ⅸ—拱墙模筑混凝土支护

图 6-26 交叉中隔壁法(CRD 法)隧道施工

程应与钢架接头处一致。同层左、右两侧沿纵向应错开一定距离,保持在 10 ~ 15 m,同侧上、下台阶相距应保持 3 ~ 5 m。宜缩短各部掘进工作面的间距,使初期支护尽早封闭成环。

(2) 各部开挖时,周边轮廓应尽量圆顺,以减小应力集中。

(3) 开挖后应及时施作初期支护、中隔壁。中隔壁应为向外弯向后开挖侧的弧形。

(4) 在喷射混凝土的强度达到设计强度的 70% 以上时,方可进行下一分部的掘进。当地质条件较差时,每个台阶的底部均应按设计要求设置临时钢拱架或临时仰拱。

(5) 中隔壁在浇筑仰拱前应逐段拆除,一次拆除长度应根据监控量测数据确定,但不宜超过 15 m。临时支护拆除后,应及时施作仰拱混凝土和拱墙模筑混凝土支护,封闭成环。

(6) 特殊情况下可将中隔壁浇筑在仰拱内,待铺设防水板时再割断。

D 临时仰拱和中隔壁

在岩巷穿过软弱破碎带、膨胀岩及塌方体等地段时,为减少变形,采用分部开挖方法常常需要设置临时仰拱。它一般采用格栅拱架或型钢拱架,并应满足下列要求:

(1) 临时仰拱应根据围岩情况及量测数据,确定设置区段。

(2) 当需要提供水平支撑力时,临时仰拱应设置成水平直线形。

（3）临时仰拱应与拱部、侧墙的初期支护同步施工，并用螺栓连接，以便迅速闭合。

（4）临时仰拱与侧墙的连接部位，应施作锁脚锚杆予以加强。

（5）拆除临时仰拱时，应加强监控量测工作，必要时应对初期支护予以加强。

中隔壁法和交叉中隔壁法的关键是中隔壁的拆除时机。中隔壁拆除必须要等围岩变形稳定后才能进行，如果过早拆除中隔壁，该处围岩会加速变形，最终导致失稳、坍塌。拆除时应加强监控量测，拆除时间的判定标准为拱顶下沉的7d增量小于2mm，净空位移的7d增量小于4mm。

6.4.4 大断面岩巷掘进安全

6.4.4.1 全断面开挖法掘进安全

全断面开挖法掘进时，应遵守下列规定：

（1）采用全断面开挖法时，应控制各段同时起爆的最大装药量，减少爆破震动对围岩的影响。

（2）当地质条件较差时，必须对围岩进行超前支护或预加固，并控制循环进尺。

（3）当地质条件发生变化时，必须根据情况及时变换适宜的掘进方法。

6.4.4.2 台阶法掘进安全

台阶法掘进时，应遵守下列规定：

（1）当围岩条件较差、掘进工作面不稳定时，应采用短进尺，或上下台阶分左、右两部错开掘进，或预留核心土措施，必要时采用喷射混凝土或玻璃纤维锚杆对掘进工作面进行加固。

（2）当围岩地质较差、变形较大时，上部断面开挖后应立即施作锁脚锚杆、扩大拱脚、加设临时仰拱等措施，控制围岩和初期支护变形量。

（3）下台阶开挖后，必须及时喷射混凝土进行封闭。当上台阶采用钢拱架时，必须及时安装下部钢拱架，并喷射混凝土，严禁拱脚长时间悬空。

6.4.4.3 分部法掘进安全

分部法掘进时，应遵守下列规定：

（1）开挖进尺宜控制在1m以内，并应选用机械开挖、人工配合的施工方法。特殊情况采用弱爆破开挖时，必须严格控制装药量。

（2）各分部在开挖后应及时进行初期支护及临时支护，并尽早封闭成环。

（3）各分部的钢拱架基脚应施作锁脚锚杆，或采用扩大拱脚等措施，减少拱脚下沉量。

（4）临时支护的拆除应根据监控量测数据逐段进行，每段拆除长度不应大于15m。

6.5 软岩减轻震动爆破

在软弱围岩中掘进岩巷，为减轻爆破的地震效应，维护围岩稳定，宜采用软岩减轻震动控制爆破技术。

6.5.1 半断面微台阶爆破开挖法

在软岩中为减轻爆破震动可采用半断面微台阶爆破开挖法。它是洞身拱部超前约3～5m,以满足新奥法施工工作台的需要。此后拱部与下半部可同时爆破掘进,同时采用降低爆破震动强度的措施,以尽量维护围岩的稳定。在洞身掘进的正面始终保持一个3～5m的微台阶。试验表明,拱部采用光面爆破,侧墙采用预裂爆破(或采用气镐掘进修边),减震效果较好。洞身掘进后,应立即进行喷锚支护(见图6-27)。

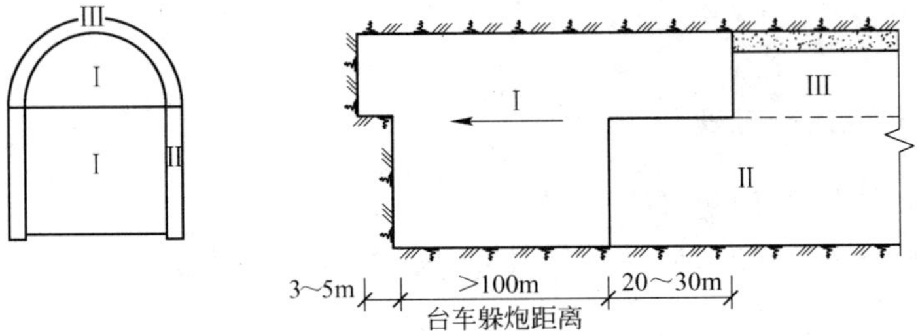

图6-27 半断面微台阶爆破开挖法

半断面微台阶爆破开挖法与传统的分部开挖法相比,具有以下优点:

(1) 洞身上下同时爆破,减少了对围岩的扰动次数。

(2) 降低了单位装药量和凿岩量,减少了炸药和雷管总消耗量。

(3) 工序简单、干扰少。超前工作面主要是掘进和初期喷锚支护,后面的模筑混凝土支护可以平行作业。

(4) 工作面宽敞,有利于采用大型机械进洞,通风排水条件好,工作条件改善,生产效率高。

半断面微台阶爆破开挖法适用于在软弱围岩或风化破碎围岩中采用新奥法的隧道施工。

6.5.2 减轻震动爆破

减轻震动爆破技术包括控制循环进尺,确定合理的爆破参数,以尽量减轻爆破对围岩的扰动,维护围岩自身的稳定性,并获得良好的断面形状。

6.5.2.1 控制循环进尺

在软弱岩层中,为了控制每段装药量及总装药量,减轻对围岩的扰动,应采用浅孔微差爆破。循环进尺宜为0.8～1.5m,通常选用1.1m左右。

6.5.2.2 确定合理的爆破参数

A 掏槽形式

有关爆破质点振动速度的测试表明,在一般情况下掏槽孔爆破的震动强度比其他炮孔的震动强度大。为减小掏槽爆破的震动强度,从第1段承担小部分岩体掏槽开始,分段掏槽,逐步扩大槽腔。这样掏槽的每段药量比辅助孔和周边孔的每段药量小得多,一般不超过

1 kg，如图 6-28 所示。某隧道实测表明，图中掏槽形式的爆破产生的最大质点振动速度要比其他炮孔小得多。

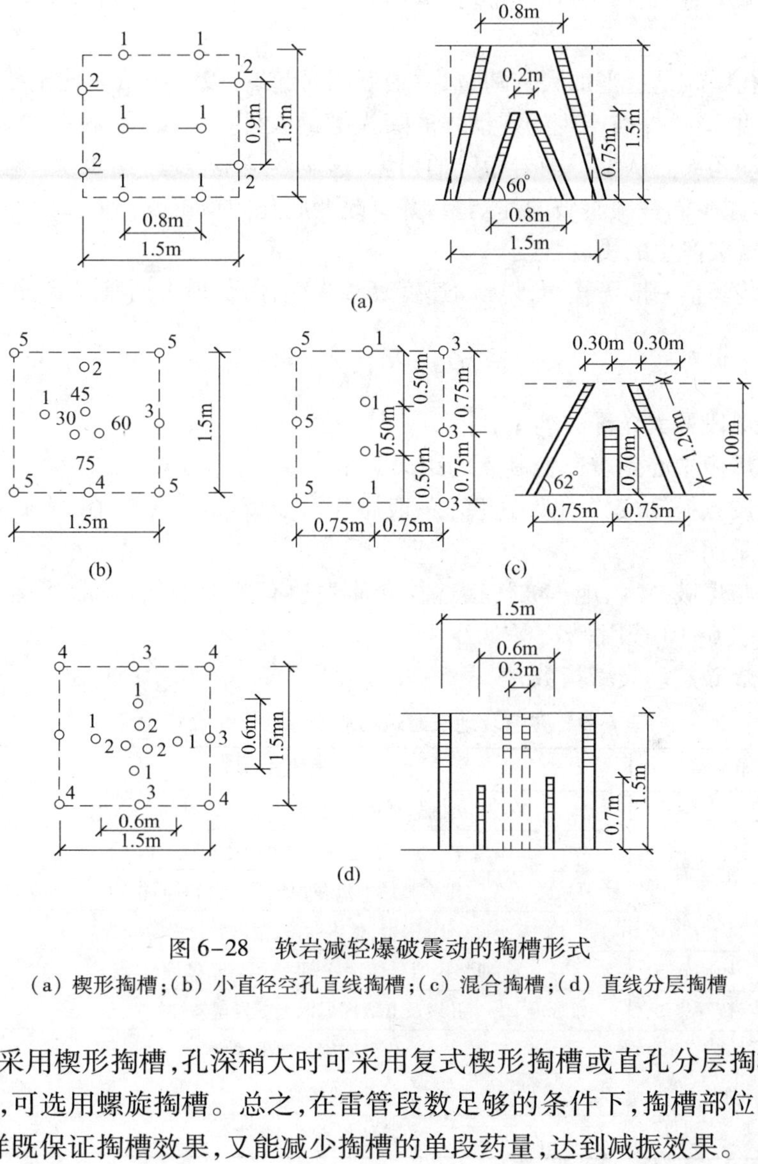

图 6-28 软岩减轻爆破震动的掏槽形式
（a）楔形掏槽；（b）小直径空孔直线掏槽；（c）混合掏槽；（d）直线分层掏槽

掏槽孔可采用楔形掏槽，孔深稍大时可采用复式楔形掏槽或直孔分层掏槽。有条件钻大直径空孔时，可选用螺旋掏槽。总之，在雷管段数足够的条件下，掏槽部位的岩体应逐次进行爆破，这样既保证掏槽效果，又能减少掏槽的单段药量，达到减振效果。

B 炮孔数量与炮孔布置

在炮孔直径为 35 ~ 42 mm，掘进断面积为 5 ~ 50 m^2 的条件下，单位面积炮孔数可为 1.5 ~ 4.5 个/m^2。通常当岩体完整坚硬，掘进断面较小时，单位面积炮孔数较多，反之则较少。对于光面爆破，炮孔数目应增加 20% 左右。

通常内圈孔的间距应比其他辅助孔小些，比周边孔大些，约为周边孔间距的 1.5 倍，且间距为抵抗线的 0.7 倍左右。底孔应比辅助孔适当加密，与内圈孔相近，并应有一定的下插角度。

C 炸药选用与单段最大装药量

软弱围岩的岩石抗拉强度较低,波阻抗 ρc 也较小。在周边孔爆破时,为充分发挥炸药的最大效率和减小对围岩的破坏,应选择低爆速炸药(如光爆专用炸药)与之匹配可取得良好的效果。

传统的底孔爆破是适当加大装药量,并最后同时起爆,以便抛渣而便于装岩。隧道爆破震动的观测表明,隧道爆破产生的震动强度除掏槽最大外,其次便是底孔爆破,有时它甚至比掏槽孔的震动还大。从维护围岩稳定的角度,这显然是不合理的。因此,应将底孔分成几段分开起爆,以减少同一次爆破的炸药量,并可改变底孔的抵抗线方向,减小底孔的抵抗线,从而减小底孔爆破产生的震动强度。

单段最大装药量一般可按爆破震动速度衰减规律,由萨道夫斯基经验公式变换后可有:

$$Q_m = R^3\left(\frac{v_{kp}}{K}\right)^{\frac{3}{\alpha}} \tag{6-1}$$

式中 Q_m——单段最大允许装药量,kg;

R——爆源中心到震速控制点的距离,m;

v_{kp}——质点振动安全允许速度,一般距工作面 5 m 处控制在 5cm/s,或按表 6-9 采用;

K——与爆破技术、地震波传播途径介质性质有关的系数,按表 5-31 采用,或参考表 6-10 选用;

α——爆破震动衰减指数,按表 5-31 采用,或参考表 6-10 选用。

表 6-9 隧道及地表建筑物质点振动安全允许速度

适用条件		地质特征或建筑物特征	v_{kp}/cm·s^{-1}
隧道内距工作面1倍洞径处	软 岩	Ⅳ~Ⅴ级围岩整体性好,掘进后自稳时间4h以上	5
		Ⅴ级围岩整体性差,掘进后自稳时间4h以下	3
		Ⅴ级围岩整体性极差,掘进后自稳时间很短	1.5
		Ⅴ级(偏低)围岩,整体性差,掘进后自稳时间极短	<1
	中硬岩	Ⅲ级围岩整体性好,Ⅱ级围岩整体性较差	10
	硬 岩	Ⅱ级及Ⅱ级围岩以上围岩整体性好	15
地表建筑物		比较坚固的砖砌楼房	≤2.3
		一般砖砌楼房	≤1.5
		质量差的陈旧建筑物	<0.8

表 6-10 国内某些隧道实测的 K 值、α 值

隧道名称	地质特征	K 值	α 值	$Q^{1/3}/R$ 值
枫林一号	Ⅴ级围岩,页岩与砂质页岩,深灰、灰绿色呈薄层状,层厚1~2cm	16.23	1.29	0.1~0.3
下坑隧道	极严重风化破碎的千枚岩,f=1~1.5,呈近似直立片状层理	41.52	1.67	0.04~0.4
金家岩隧道	砂岩节理裂隙发育,f=1~1.5,岩石单轴抗压强度0.8~2.2MPa	324.87	2.40	0.03~0.09
普济隧道	泥砂岩,地层单向构造节理稍发育	370.52	2.11	0.02~0.1

D 爆破时间间隔

实测表明,在软弱围岩中爆炸应力波的振动频率较低,一般低于100 Hz。纵向和横向振动持续时间最大可达到200 ms左右;竖向可达100 ms左右。为避免振动的叠加作用,毫秒雷管宜跳段使用,尤其是第1~5段的低段雷管,各段的间隔时间可控制在100 ms左右。为满足各段间隔时间的要求,毫秒雷管应有足够的段数。

E 装药结构

软岩爆破的周边孔装药结构一般采用以下三种形式:比较破碎软弱的围岩,采用双导爆索;软岩类属中等围岩,采用导爆索与小直径药卷间隔装药、用竹片绑扎的结构,同时孔底药量适当加强;较完整的软弱围岩,可采用专用小直径光爆炸药的连续装药结构。上述各装药结构均要求填塞炮泥,长度大于300 mm。

其他炮孔均采用连续装药结构,而将炮泥直接填塞在药卷的前面,实践证明这种填塞方法比在孔口填塞的爆破效果好。

6.5.2.3 断层破碎带爆破

断层破碎带的爆破施工与上述软岩隧道减轻震动爆破施工相似,因为断层破碎带也属于软弱围岩。因此,前面介绍的原则及施工方法均适用,但还应考虑断层破碎带的一些特性。

断层破碎带的爆破除上述的减少循环进尺、控制装药量外,关键是合理布置周边孔及其装药参数和装药结构,应尽量避免对围岩的扰动破坏,以保证良好的轮廓成形。必要时,周边可密集钻孔,隔孔装药。其次,还应采用适宜的掏槽形式、爆破参数及起爆顺序。辅助孔根据减震爆破的原理进行参数设计,逐段控制装药量。

6.6 围岩变形破坏与施工

岩巷掘进后,围岩应力产生重分布。对于均质岩体,只要洞壁各点的应力均未超过岩体强度,围岩将处于弹性变形阶段,岩巷不需支护便能保持稳定。但在大多情况下,由于围岩应力状态的变化较大,围岩周边形成一定范围的松弛区,或岩体强度较低,加之节理裂隙的存在,围岩的变形将增大而丧失稳定性。围岩在破坏前的变形,一般可分为三个阶段:开始时围岩变形发展较快,变形速度不断下降;然后是变形速度长时间保持不变,呈缓慢增长;最后是变形速度逐渐增加,直至破坏。岩巷掘进时,应加强监控量测。当发现围岩和支护体系变形速率异常时,应立即采取有效措施,情况严重时应将全部人员撤离危险区域。

6.6.1 围岩变形破坏的基本类型

围岩变形破坏的形式和特点,除与岩体内的初始应力状态和岩巷断面形状有关外,主要取决于围岩的岩性(脆性或塑性)和岩体结构。围岩破坏通常是从岩巷周边,尤其是从最大的压应力或拉应力集中部位开始,然后逐渐向围岩内部发展,最终可形成拱顶或两帮塌方,甚至岩体大范围移动。因此,需要支护或加固围岩,防止破坏事故发生。

6.6.1.1 整体块状和厚层状岩体的变形与破坏

整体块状和厚层状结构的岩体具有很高的强度和抗变形能力。岩体很少有断层、弱面及节理,所含裂隙水极少。它在力学属性上可视为均质、各向同性的连续介质。应力与应变呈线性关系,常表现为弹性变形。变形的大小受岩体初始地应力的制约。围岩具有很好的承载力和自稳能力。它的变形破坏形式主要有张裂塌落、劈裂剥落、块体滑移及岩爆等。

张裂塌落是在岩巷拱顶处,由于产生拉应力集中而超过岩体的抗拉强度时,拱顶围岩就将发生张裂破坏。尤其是当拱顶发育有近于垂直的构造裂隙时,即使产生的拉应力较小也可使岩体开裂,产生垂直的张性裂缝。被垂直裂缝切割的岩体在自重作用下变得很不稳定,特别是当有近水平方向的软弱结构面发育时,往往造成拱顶塌落。

劈裂剥落是由于岩巷周边的切向压应力过大,使围岩浅部发生平行的密集破裂,并产生剥落。一些平行的劈裂将围岩切割成厚度由几十毫米到几百毫米的“薄板”并沿壁面剥落。由于围岩应力条件的不同,劈裂剥落可发生在拱顶,也可发生在侧墙。劈裂剥落的范围一般不超过岩巷的半跨。

块体滑移是块状岩体中常见的破坏形式之一,常是结构面组合交切形成的不稳定块体滑出的形式。其破坏规模与形态受结构面的分布、组合形式及其与岩巷掘进方向的相对关系控制。当岩巷轴线与结构面走向一致时,由两条或两组倾向相反、连续性强的断层或裂隙切割而可能形成三角形塌落拱(见图6-29a)。如果两组倾角大的裂隙或断层虽不相交,但被另一组倾角小的结构面切割时,可能形成方形塌落拱(见图6-29b)。此外,倾角大的软弱结构面可能引起侧帮的滑移,图6-29c所示为侧帮岩体由于两组裂隙滑移而产生的分离体。

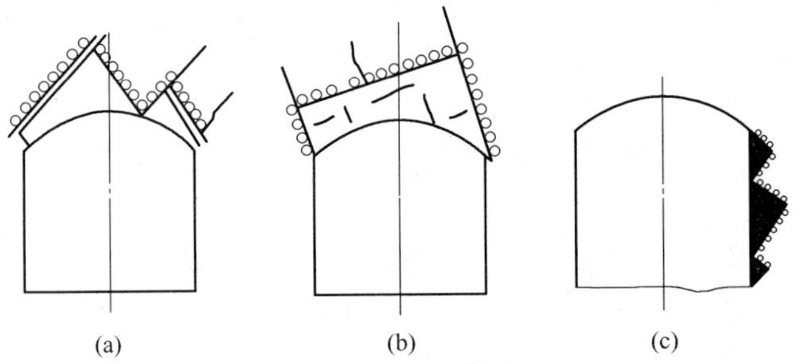

图6-29 大裂隙形成的岩体塌落
(a) 三角形塌落拱;(b) 方形塌落拱;(c) 侧帮滑移

6.6.1.2 层状岩体的变形与破坏

层状结构的岩体是由完整性不同或软硬相间的层状地层组成的。它可分为厚层和薄层两类,其中厚层的变形与破坏形式与块状结构基本相同,已如上述。薄层岩体中的弱面以层理、片理为主,常夹有软弱夹层、层间错动面及地下水。其力学性质表现为正交各向异性的连续介质,应力应变受地层组合控制。层状岩体的变形破坏主要受其产状及组合等因素控制,常表现为层面破裂,岩层弯曲、折断而向岩巷内滑移或塌落。弯折内鼓是层状尤其是薄层状岩体变形破坏的主要形式。

在水平层状岩体中，拱顶岩层可视为两端固定的梁板。在顶板压力作用下，梁板将产生弯曲变形、开裂。当岩层较薄时，如不支护任其发展，则将逐层折断而塌落，最终形成三角形塌落拱（见图6-30a）。当薄岩层与中厚岩层相间存在时，一般拱顶要塌落到中厚岩层以后才会趋于稳定。在倾斜层状岩体中，破坏常表现为沿倾斜方向一侧岩层弯曲塌落，另一侧边墙岩层滑移的形式（见图6-30b）。在直立层状岩体中，拱顶在拉应力的作用下，产生沿层面的纵向拉裂，岩柱受重力作用易被拉断塌落；侧壁则因压力平行于层面，常发生纵向弯折内鼓，进而危及拱顶的安全（见图6-30c）。

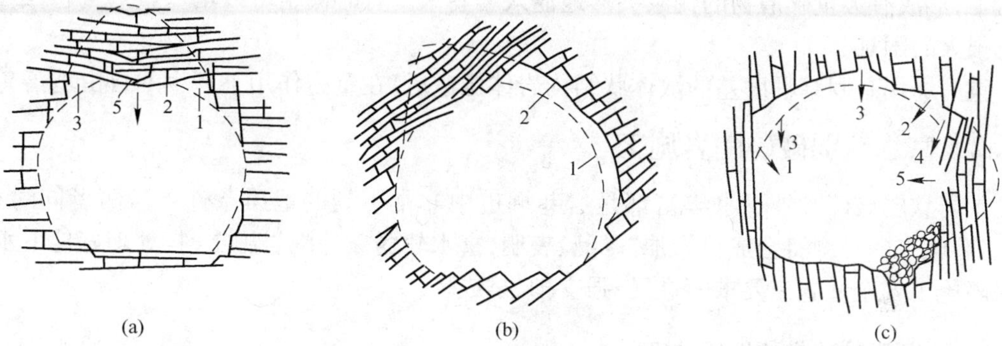

图6-30 岩巷轴线走向平行于薄层状围岩的弯折内鼓破坏
（a）水平层状岩体；（b）倾斜层状岩体；（c）直立层状岩体
1—设计断面；2—破坏区；3—崩塌；4—滑动；5—弯曲、张裂及折断

当岩巷轴线与层状围岩的走向有一定交角时，围岩的稳定性尤其是侧壁的稳定性会大大改善。经验表明，当交角大于20°时，侧壁不易失稳。

6.6.1.3 碎裂岩体的变形与破坏

碎裂岩体是指断层、褶皱、岩脉❶穿插挤压和风化破碎如次生夹泥的岩体。这类围岩的变形破坏形式常表现为崩塌和滑动。破坏特征和规模主要取决于岩体的碎裂程度（节理的发育程度）及含泥量（层面的固接强度）。碎裂松动是在碎裂岩体中掘进后，由于围岩应力超过其强度时，岩块沿多组已有断裂的结构面发生剪切错动而松弛，并围绕岩巷形成一定的碎裂松动带。在以岩块刚性接触为主的碎裂围岩中，由于变形时岩块错动，互相挤压，将产生一定的阻力，而不易产生大规模塌方。当夹泥含量较大时，由于岩块间失去刚性接触，则易产生大的塌方。尤其是当有地下水活动时，更易导致拱顶的坍塌和侧壁的失稳。碎裂松动是碎裂岩体变形破坏的主要形式。松动带的厚度会随时间的推移而逐步增大，必须及时采取加固措施，防止围岩继续变形、破坏。

6.6.1.4 松软岩体的变形与破坏

松软岩体是指强烈构造破碎、强烈风化，具有大量夹泥且块状呈棱面接触的岩体或新近堆积的松散土体，结构呈鳞片状、碎屑状、颗粒状、碎块状等。松软岩体的整体强度遭到极大

---

❶ 岩脉为充填在岩石裂隙中的板状侵入岩体。它横切岩体，与层理斜交。岩脉的宽度一般为几十厘米至数十米，长度可由数十米至数千米，个别大的可达几十公里以上。

破坏，而接近松散介质。它在力学属性上表现为弹塑性、塑性或流变性。松软围岩在应力重分布和地下水分的作用下，极易变形破坏。变形破坏的形式以拱形冒落为主，但当围岩结构不均匀或松软岩体仅构成围岩的局部时，则常表现为塑性挤出、塑流涌出和重力坍塌等。

塑性挤出是在松软岩体掘进后，当围岩应力超过其强度时，松软的塑性岩体向岩巷内自由空间挤出的现象。挤压性（大变形）围岩是指在软弱、破碎等围岩地段掘进岩巷时，受高地应力的影响，造成岩巷挤压产生大变形。

塑流涌出是当岩巷穿过含有饱和水的断层破碎带时，其中的松散破碎物质与水一起在压力下，形成有大量碎屑物的泥浆突然地涌入岩巷中。有时甚至可以堵塞整个岩巷，给施工造成很大的困难。

重力坍塌是固结程度差的散体状结构岩体掘进后，在重力作用下产生的自由坍落。

6.6.2 富水软弱破碎围岩施工

围岩软弱破碎和地下水丰富都是岩巷掘进中非常不利的地质条件。当两者同时存在时，岩巷施工的难度将会成倍增加。经验表明，富水软弱破碎围岩施工时，处理好地下水，才能保障施工安全。施工要求短进尺、强支护、早成环。

6.6.2.1 断层破碎带的地质特征

断层破碎带与一般软弱岩体相比，最大的特点是破碎。它的岩石单轴抗压强度一般高于软弱岩体，同时断层破碎带虽然节理裂隙发育、岩体破碎，但互相嵌接的岩块具有一定的自稳能力，因此断层破碎带的自稳能力相对于软弱岩体较强。断层破碎带如不受到过分扰动，并及时进行初期支护，安全一般是有保证的。

当破碎岩体的线裂隙率及面裂隙率❶较大（通常大于20%）且裂隙张开度较大时，尤其地下水又较发育时，应将其视作软弱岩体来处理。

6.6.2.2 富水软弱破碎围岩掘进

A 掘进一般要求

在富水软弱破碎围岩中掘进时，应符合下列规定：

（1）采用超前地质预报，提前了解掘进工作面前方的地质、地下水情况。预报的重点包括前方围岩级别、断层、软弱破碎带的位置、地下水活动情况等。

（2）做好监控量测，主要是拱顶下沉和净空变形，必要时进行钢拱架内力量测。随时分析观测数据，反馈信息，指导掘进作业。

（3）掘进断面较小时，宜采用台阶法、预留核心土环形法开挖；掘进断面大时，宜采用中隔壁法、交叉中隔壁法或双侧壁导坑法，并尽早使初期支护封闭成环。

（4）宜采用对围岩扰动小的控制爆破、局部松动爆破、机械或人工掘进方式，循环进尺

---

❶ 裂隙率是指岩体中裂隙的体积与包括裂隙在内的岩体体积之比，即体积裂隙率。野外工作时，一般测定岩体的面裂隙率或线裂隙率。面裂隙率是单位面积岩体上裂隙面积所占的比例，即在测量面积内每根裂隙的宽度和长度乘积的总和与进行裂隙测量的岩体面积之比。线裂隙率是与裂隙走向垂直方向上单位长度内裂隙宽度所占的比例，即裂隙宽度总和与测量线段的长度之比。

宜为0.5~1.5m。

(5) 岩巷施工过程,一旦发现浑水、携带泥沙、顶钻、高压喷水、水量突然增大等异常现象时,应立即停止施工,分析原因,采取措施进行处理。

B 环形开挖法

断层破碎带的施工方法通常采用半断面微台阶法施工。在岩层风化破碎程度严重以致几乎没有自稳能力的情况下,可采用环形开挖法。它是中间留核心,周边先环形爆破的方法(见图6-31)。环形掘进后,进行初期支护,然后爆破掘进核心部分。

环形开挖法的主要优点如下:

(1) 第一次掘进量小,装渣时间短,有利于及时喷射混凝土封闭围岩和架设钢拱架;

(2) 核心部分岩体作为对工作面的一种支撑,可防止来自工作面的正面压力而产生的坍塌;

(3) 环形爆破挖出的沿周边的环形槽,在后续主体部分爆破时可起到较好的隔振作用,有利于围岩的稳定;

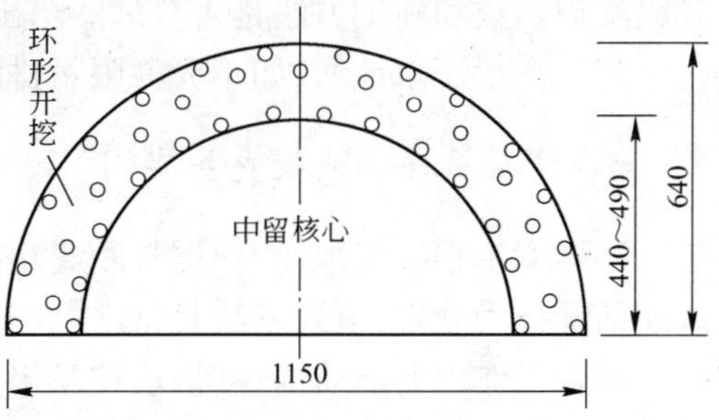

图6-31 环形开挖示意图

(4) 如果某部位出现剥落坍塌,抢险人员可利用中间留核心部分作为临时工作台,方便处理塌方的作业。

6.6.2.3 富水软弱破碎围岩防排水

在富水断层破碎地段,支护前应及时排水,防止塌方。防排水系统施工,除满足一般防排水的要求外,还应符合下列要求:

(1) 采用超前地质预报,提前了解掘进工作面前方的地下水情况。对排水与堵水方案进行技术、经济、环境保护等多方面比较,确定治水、防塌的措施。

(2) 超前钻孔排水宜保持10~20m的超前距离。当涌水量特别大时,可采用超前适当距离的导坑排水。

(3) 在承压水地段,当允许限量排水时,模筑混凝土背后的排水管道必须顺畅地连接到岩巷内的排水沟。防止地下水在混凝土支护背后聚集,对其产生压力。

(4) 洞内涌水对周边生态环境影响较大时,宜采用注浆堵水。岩巷埋深小于20m时,可采用地表注浆堵水;埋深超过20m时,应采用工作面预注浆堵水。预注浆可固结破碎岩体,减少地层渗透系数,降低涌水量,提高围岩稳定性。

(5) 如涌水量较大,支护时对主要涌水口暂不进行封堵支护。待涌水减少或无水时,再进行支护或进行固结封堵,迫使水流改变流向。

(6) 在少量集中渗水、淋水地段,在将要通过的透水层部位,可采用排水孔法或排水管法,布置一定数量的排水孔或埋设排水管,将渗水、淋水集中到排水孔内导出;也可采用金属网法,在钢筋网背后铺设过滤层或隔水层,将其固定在围岩上,通过软管排水。随即喷射混凝土。

(7) 排水盲管安装前,应对岩面进行整平;纵、横向排水管应在模筑混凝土施工前完成;基底应清理干净,确保排水顺畅。

6.6.2.4 富水软弱破碎围岩岩巷支护

A 支护的一般要求

富水软弱破碎围岩的岩巷支护应符合下列规定：

（1）岩巷支护宜采用超前小导管预注浆、管棚、钢拱架、钢筋网、喷射混凝土等多种支护手段构成强支护体系。

（2）加强对围岩与支护的变形观察与位移量测，必要时对钢拱架内力进行量测。及时判断支护参数和施工方法是否合理。当出现异常现象时，应加大量测频率。

（3）在承压水地段，如不允许限量排水时，应修筑抗水压模筑混凝土支护。

B 断层破碎带地段支护实例

某隧道工程施工地段，根据长距离超前地质预报位于断层破碎带，用探地雷达进行短距离超前预报为软岩，节理发育且富水。

结合工作面的地质描述，该段按Ⅴ级处理，实施超前支护，具体做法如下：

（1）对于软岩破碎带，从拱脚线计起在掘进轮廓线以外，设置双排超前注浆小导管，加固围岩。上下层小导管交错布置，仰角分别为5°和45°。小导管采用ϕ42 mm×4 mm无缝钢管，长4.5 m，前后搭接1.5 m，环向间距500 mm，一个循环进尺3 m。注浆采用水泥—水玻璃浆液，注浆扩散半径为3 m，加固岩层厚度约5 m。

（2）对于软硬岩石互层破碎带，超前支护结构同上，只是小导管的长度改为4 m，循环进尺为2.5 m。

（3）当软岩层位于拱脚处时，增加临时仰拱，以增强拱脚处围岩的稳定性，保证初期支护稳定。临时仰拱为200 mm厚的喷射钢纤维混凝土。

对于断层破碎带的初期支护，采用锚杆和喷射钢纤维混凝土加固拱部围岩，具体做法如下：

（1）锚杆长6 m，间距为0.8 m×0.8 m，按梅花形布置。注浆小导管的布置同锚杆，钢管为ϕ42 mm×4 mm无缝钢管，注入水泥—水玻璃浆液。

（2）钢拱架采用20号工字钢，间距750 mm。在钢拱架的两侧各布置两根锁脚小导管，钢管为ϕ42 mm×4 mm无缝钢管，长6 m，注入水泥—水玻璃浆液。

（3）喷射CF25钢纤维混凝土，厚220 mm，钢纤维掺量为35 kg/m^3。初期支护预留沉降量为120 mm，根据现场监控量测数据进行调整。

（4）为防止拱脚处收敛变形过大，应增设临时仰拱，使初期支护封闭成环。仰拱采用喷射CF25钢纤维混凝土，厚220 mm。

6.6.3 挤压性围岩和膨胀岩施工

挤压性围岩和膨胀岩地段的掘进，应根据围岩变形特性、岩巷断面尺寸、结构受力性状、地下水活动状态等因素综合确定施工方法。施工中，应对围岩压力及其流变情况进行监控量测，分析其变化规律。同时，探明地下水的分布范围和规律，以及对施工的影响程度，以便根据围岩动态采取相应的施工措施。

6.6.3.1 挤压性围岩和膨胀岩

A 挤压性围岩

挤压性围岩是指在软弱、破碎等围岩如显著变质的岩带的片岩、千枚岩等地段开挖岩巷时，受高地应力的影响，造成岩巷挤压产生大变形（见图6-32）。

有的地层由于受到强烈的地质构造作用使破裂带中产生很大的应力（以剪应力为主的构造应力）。随着岩巷的掘进，应力得到释放而产生强大的膨胀性地压力。一般Ⅴ、Ⅵ级围岩在两个月内产生超常的变形，可判断为挤压性围岩。

图6-32 挤压性大变形的矿山巷道

B 膨胀岩

膨胀岩是指在水的物理化学作用下，易产生体积增大、破碎或分解，并随时间而发展的岩石。膨胀岩按膨胀机理可分为黏土质膨胀岩和化学膨胀岩。黏土质膨胀岩是含有较多强亲水矿物的塑性岩石，如黏土岩、页岩、泥岩等沉积岩，受热液变质作用❶的花岗片麻岩、蒙脱石化凝灰岩等。强亲水矿物是指蒙脱石、伊利石和高岭土等。化学膨胀岩是吸水后变相或结晶体积增大的岩石，如含硬石膏和无水芒硝❷的岩石。当岩石中含有蒙脱石、伊利石等达到一定数量，岩巷开挖后遇到空气中的水分，在2～3d变形较大而且快，可判断为膨胀岩。膨胀岩的综合判定可参照表6-11进行。

膨胀岩按膨胀性可分为弱膨胀岩、中膨胀岩和强膨胀岩三级，见表6-12。它是以试验数据为基础，只要满足其中两项即应划为该级别的膨胀岩。

表6-11 膨胀岩判别标准

项　目	极限膨胀力/kPa	极限膨胀率/%	干燥饱和吸水率/%	自由膨胀率/%	蒙脱石、伊利石含量/%
指　标	>100	>3	>10	>30	≥15

表6-12 膨胀岩分级标准

等　级	极限膨胀力/kPa	极限膨胀率/%	干燥饱和吸水率/%	自由膨胀率/%
弱膨胀岩	100～300	3～15	10～30	30～50
中膨胀岩	300～500	15～30	30～50	50～70
强膨胀岩	>500	>30	>50	>70

---

❶ 热液变质作用是指变质作用由极度的热力、压力和新化学物质的介入而引起的岩石构成成分的变化过程。

❷ 硬石膏和无水芒硝都是硫酸盐矿物，属于蒸发岩中最常见的盐类矿物。蒸发岩是在封闭、半封闭的环境中，由于在干旱炎热的气候条件下，强烈的蒸发作用而形成的化学沉积岩。硬石膏的成分为无水硫酸钙（$CaSO_4$），无水芒硝的成分为无水硫酸钠（Na_2SO_4）。硬石膏与石膏（又称生石膏，$CaSO_4 \cdot 2H_2O$）不同的是它不含结晶水。在潮湿的环境下硬石膏会吸收水分变成石膏。硬石膏是重要的造岩矿物，很多岩石中都有它的成分。

C 膨胀岩变形

膨胀岩不同于一般岩石,具有遇水膨胀的特殊工程性质。膨胀岩对温度、湿度、应力、地下水等环境因素极为敏感。膨胀岩岩体常表现为明显的软弱、破碎、流变等特性。在其中掘进后,自由面的形成改变了岩巷附近地下水的运动规律,在压力差的作用下,地下水将由围岩内部向岩巷周围渗透和运动,它与空气中的水分一起,使得围岩吸收水分膨胀向岩巷内强烈鼓出变形,称为膨胀内鼓。这种膨胀变形随着时间的推移而逐渐增大。有时刚掘进时的膨胀并不大,但数天至数十天之后会产生强烈的膨胀;有时膨胀及其增长率虽不大,但可持续数年之久。特别是地层经过断裂、褶皱作用而产生的破碎带,掘进暴露后受地下水和空气中的水分的作用,会产生强烈的体积膨胀。

这种膨胀使拱顶下沉,底鼓,围岩内突和坍塌,导致支护变形和破坏,喷射混凝土开裂,拱腰开裂,锚杆轴力增大,托板变形,甚至杆体断裂,钢拱架变形挠曲等。变形(净空位移或拱顶下沉)初期不仅绝对值很大,而且位移速度很大,使围岩塑性区不断扩大。如不加以控制或控制不及时,将会造成大规模坍塌。在施工中必须予以极大的关注。

6.6.3.2 挤压性围岩和膨胀岩掘进

膨胀性围岩如不与水接触,便不会产生膨胀。因此,应加强围岩排水,采取“以防为主,防、堵、截、排相结合”的原则,并结合水文地质条件,因地制宜。在膨胀性围岩中施工时,应以尽量减少对围岩的扰动和防止受水浸湿为原则。

掘进不宜分部或尽量少分部,可采用全断面法、短台阶法、微台阶法等。全断面闭合时间较晚,应注意防止侧墙混凝土受压向内变形。台阶法的优点是分层开挖少、相互干扰小,且能较早闭合,宜优先采用微台阶法。如采用短台阶法,应尽量缩短台阶长度,上台阶宜采用临时仰拱并结合加强排水、打设锚杆等措施防止底鼓。在大断面、浅埋的中、强膨胀岩的岩巷中采用双侧壁导坑法,可防止上半断面支护下沉。

在挤压性围岩和膨胀岩地段掘进时,应符合下列要求:

(1) 适当增加掘进断面,并加大预留变形量。

(2) 尽量采用非爆破开挖(如机械或人工开挖),减少对围岩的扰动,中间部分可采用弱爆破进行开挖。

(3) 采用钻爆法开挖时,应短进尺、多循环,同时确保开挖断面轮廓圆顺。

(4) 短进尺逐次掘进岩巷断面各分部,分部掘进不得超前独进。防止先行分部随着后续工作面的靠近而受到地层偏压,从而可能导致地压力再次增大,致使分部施作的支护难以承受。

(5) 加强对围岩内部应力、应变的监测,制定相应对策。

膨胀岩地段在施工时应采取以下防排水措施:

(1) 岩巷掘进前,填平浅埋地段地表的低洼处,封闭洞顶小河沟谷,可采用浆砌片石封闭,防止地表水下渗。

(2) 在断层破碎带、节理发育、地下水丰富地段,应及时施作排水盲沟或采用弹性软式透水管,将地下水导入沟槽,引排至岩巷内的排水沟。如局部渗流,可采用注浆堵水。

(3) 施工期间顺坡排水时,应设置专门的防渗漏排水沟槽,严禁在膨胀岩体上直接挖沟排放。反坡施工排水时,必须有完善的排水设施,并保证抽、排水设备的完好,严禁水渗流至掘进工作面。

6.6.3.3 挤压性围岩和膨胀岩支护

A 支护一般要求

挤压性围岩和膨胀岩地段的支护应符合下列要求:

(1) 根据变形量的预测,加大预留变形量,一般为 200 ~ 300 mm,避免由于侵限而拆除初期支护,并为增加喷射混凝土的厚度留有余地。

(2) 根据地层压力,改变断面形状,加大侧墙的曲率,直至变为圆形断面。

(3) 岩巷掘进后,围岩向内挤压变形一般在岩巷的四周同时发生,因此仰拱应尽早完成,及时封闭成环,以限制围岩变形。

(4) 模筑混凝土支护应及时施作,以尽快恢复洞壁因岩体掘进而解除的部分围岩应力,并减少围岩膨胀变形。拱部、侧墙应一次施工完成,并与围岩充分接触。混凝土支护应有足够的承载力和刚度。

(5) 如果施工中断时,应采用封闭掘进工作面的临时支护措施。

B 加强初期支护

膨胀性围岩地段宜加强初期支护,并具有一定的承载力和刚度。采用钢纤维喷射混凝土、长锚杆和重型钢拱架组合的联合支护,可提高初期支护的整体刚度。初期支护应符合下列要求:

(1) 初期支护的原则为"先放后抗、先柔后刚",允许一定的变形,以控制围岩持续不断的变形。强膨胀岩地段可采用可压缩锚杆,设置可伸缩钢拱架或活动接头,分层喷射混凝土,逐层加强抗力,或预留纵向伸缩缝,以满足围岩的膨胀量。

(2) 采用配有长锚杆的柔性支护,锚杆长度宜超过 1.5 倍的塑性区范围,一般为 4 ~ 9 m,确保各分部掘进的稳定。必要时增设超前锚杆。

(3) 初期支护应紧跟掘进,及时封闭成环,尽快对围岩施加约束。采用早强水泥或普通水泥加速凝剂的喷射混凝土,尽早初喷混凝土封闭岩面,防止围岩湿度的变化。

(4) 采用钢筋网或双层钢筋网喷射混凝土。在渗水地段,应调整喷射混凝土的配合比。必要时可采用钢纤维喷射混凝土。

(5) 加强基脚,控制底鼓和侧壁挤入。在拱脚及侧壁部位增设长锚杆,以抵抗拱脚处的推力;向两侧打底部锚杆;设底部横撑,打底部锚杆。

膨胀岩岩巷的支护参数,可根据工程类比法或参照表 6-13 确定。

表 6-13 膨胀岩的岩巷支护参数

膨胀岩等级	喷射混凝土			锚 杆		钢架间距 /m	钢筋混凝土支护厚度/mm
	分层厚度/mm	总厚/mm	钢筋网	长度/m	间距/m		
弱膨胀岩	70,80	150	单层	3.0	1.5	1.0	300
中膨胀岩	50,100,50	200	双层	3.5	1.2	0.8	400
强膨胀岩	50,70,80,50	250	双层	4.0	1.0	0.5	500

C 可压缩支护、可拆换支护和可增补支护

强膨胀岩地段的支护应适应围岩大变形的特性，在不使围岩失稳的条件下，允许围岩有一定的变形，甚至是较大的变形，以释放围岩压力，但又能适当地约束围岩的变形。支护形式可采用可增补支护、可压缩支护和可拆换支护等特殊支护。其支护参数可根据设计或工程类比确定。具体要求如下：

（1）可增补支护是分次喷射混凝土、增设锚杆等支护，待围岩基本稳定后，再构筑模筑混凝土支护。

（2）可压缩支护是在变形时允许支护有相当大的可缩变形，并能保持一定的支护抗力。如可伸缩式锚杆、预留纵向伸缩缝的喷射混凝土、可缩式U形钢支架、设置缓冲层等。以达到“先柔后刚，先放后抗”的目的。采用可缩式钢架时，应快速封闭成环。要求如下：

1）可缩式钢架的滑动节点的数量及全部节点的活动量，应满足围岩的膨胀量与约束量。支护的总压缩量应与预留变形量一致。

2）为防止喷射混凝土开裂，可采用湿喷钢纤维混凝土、多层钢纤维喷射混凝土，或增设钢筋网喷射混凝土。喷射混凝土设纵向伸缩缝，其间隔为3 m，宽度为200 mm。

（3）可拆换支护是设置钢架及其外侧的可拆换背板。钢架具有足够的刚度和承载力，在大变形压力下不致变形或破坏；而背板则有足够的柔性，允许有较大的变形，以尽量释放围岩变形能量。当背板将丧失承载力时，拆除背板并铲除侵入的围岩，重新设置背板。直至围岩基本稳定，施作模筑混凝土支护。

D 提前施作模筑混凝土支护

挤压性围岩变形短时间很难达到稳定。当采取上述加固措施后，若收敛速度仍然达不到围岩基本稳定的判据（喷射混凝土表面没有再发展的明显裂缝；周边位移速率有明显的减缓趋势；收敛量已达总收敛量的80%以上），应在围岩和初期支护基本稳定后，提前施作模筑混凝土支护，并预留变形量。模筑混凝土支护应符合下列要求：

（1）提高模筑混凝土支护的刚度，增加其厚度，采用钢筋混凝土或钢纤维混凝土，以提高其韧性。

（2）模筑混凝土支护的施工应采用仰拱超前、墙拱整体一次浇筑方式。

（3）采用台阶法掘进时，在上半部浇筑拱圈的同时在底部设置临时混凝土仰拱或喷射混凝土作临时仰拱，使其形成临时封闭结构。为加强拱墙模筑混凝土的质量，可设置连接钢筋，使拱墙连接成一个整体。当进行下层台阶施工时，拆除临时仰拱，并尽快浇筑永久仰拱。

（4）模筑混凝土的施工缝、变形缝应根据防水要求，结合地下水情况、防水材料特点等因素合理设置。

日本中佐久间隧道在发生大变形后，采取了钢支架下面增加垫板、下半断面及早闭合等措施，继而增加锚杆，缩短台阶长度，采用仰拱闭合等。由于仰拱的刚度不足，而该处的单轴抗压强度只有0.36 MPa，围压比为0.44，因此围岩受到剪切产生塑性流动而挤出。最后，在底脚处采用高压喷射注浆法（旋喷注浆法）进行加固，问题得到了解决。

6.6.4 岩爆防治与施工

岩爆是在高地应力区的硬脆性岩体中掘进时，由于地应力重新分布，岩巷周边岩体产生应力集中，在高地应力的作用下，使岩体中聚积的弹性变形能突然释放，转移为动能，使岩体产生突发性的脆性断裂破坏，自由面产生岩块爆裂向外抛掷、剥落、掉块的现象（图 6-33）。岩爆与塌方、冒顶有明显的不同，它属于突发性地质灾害。

图 6-33 岩爆

在软弱岩石中，由于在弹性变形能还不大时便使岩石产生塑性变形，不能聚积很大的变形能，因此软弱岩石中很少发生岩爆现象。岩爆是围岩压力的一种特殊现象，有时称为冲击地压。岩爆不仅直接威胁作业人员与施工设备的安全，而且严重地影响施工进度，增加工程造价。严重的岩爆可能造成岩巷工程的严重破坏和人员伤亡。

6.6.4.1 岩爆发生规律与监测预报

研究岩爆的发生、发展规律，对于岩巷施工的安全与经济有着重要意义。当岩巷施工中可能发生岩爆时，应对掘进工作面前方的围岩特性、水文地质情况等进行预测、预报。

A *岩爆发生规律*

岩爆在未发生前一般无明显的预兆，虽经仔细找顶也无空响声。在认为不会掉落石块的地方，也会突然发生岩爆。它一般在掘进后陆续出现，多在 24 h 内，尤其集中在爆破后的 2 ~ 3 h，但可延续 1 ~ 2 个月，甚至长达 1 年以上。岩爆发生地点为掘进工作面及其附近（距工作面 2 ~ 3 m 以内及距 1 ~ 1.5 倍洞跨范围），但个别的也有发生在远离工作面数百米处。某隧道工程发生岩爆次数与距工作面距离、掘进时间的关系曲线如图 6-34 所示。

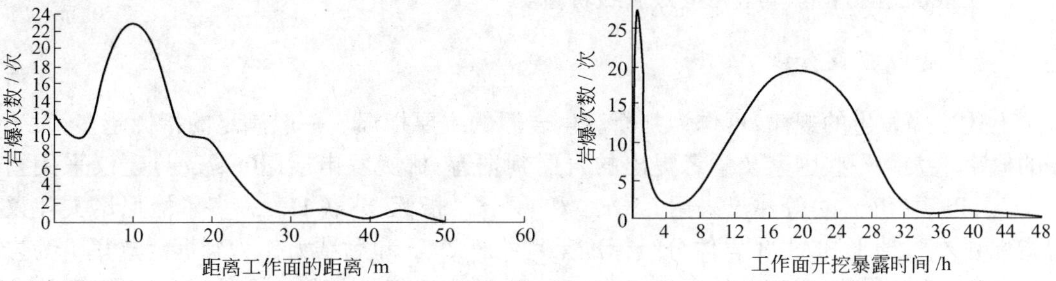

(a) (b)

图 6-34 某隧道发生岩爆的规律

(a) 岩爆次数与距工作面距离的关系；(b) 岩爆次数与掘进时间的关系

根据国内外发生岩爆的工程实践及基本数据，可归纳岩爆发生的一般规律如下：

(1) 岩爆多发生在脆性硬质岩中，一般岩石单轴抗压强度 $f_r \geq 80$ MPa，多数超过 100 MPa。

脆性岩石,如石英岩、花岗岩、正长岩、闪长岩、花岗闪长岩、大理岩、片麻岩等岩体,地应力在达到峰值强度后,岩石便急剧断裂。

(2) 岩爆多发生在结构完整或基本完整的岩体中,因为只有它们才能积蓄足够的弹性应变能,这是发生岩爆的必要条件之一。而断层带和节理密集发育的地带不会发生岩爆。

(3) 岩爆多发生在干燥无涌水的条件下,有涌水时很少发生岩爆。这是因为结构面的裂隙水使岩体的强度降低,其储存与释放的能量比围岩处于干燥环境下的能量低。

(4) 岩爆多发生在埋深大于 700 ~ 800 m 的地应力较大处,如最大初始主应力 $\sigma_{max} > 0.15 f_r$(岩石单轴抗压强度)。但也有在埋深 50 m 左右发生岩爆的实例。因为地应力是岩体内积蓄的弹性应变能的具体表现。

此外,岩爆还与岩巷的断面形状、施工顺序、支护方式及爆破震动有关。这些因素影响围岩的应力分布,或当围岩处于临界平衡时,动力扰动使围岩失稳。

B 岩爆基本形态

岩爆由于释放能量不同,强度也不同,按其基本形态,可分为如下三类:

(1) 破裂松脱型。岩块呈块、板、鳞片状爆裂,爆裂声微弱。爆裂的岩块需经过一段时间后才从母岩表面弹射下来,部分岩块自上而下坠落。弹射速度一般小于 2 m/s,弹射距离较小。此类型为微弱岩爆。

(2) 爆裂弹射型。爆出的岩块呈片状弹射或剥离,射出来的岩块多为中间厚、周边薄的贝壳状。较大块体的直径为 300 ~ 500 mm,厚度为 100 ~ 300 mm。发生岩爆的洞壁岩面一般光滑平整,多在掘进工作面及其附近的拱顶、拱脚部位,严重时可造成岩爆性塌方。岩爆发生前连续发生犹如破竹般的噼啪声,随后有岩粉出现。岩片的弹射速度一般为 2 ~ 5 m/s,爆裂声响如同鞭炮。此类型为中等岩爆。

(3) 爆炸抛石型。巨石抛射,声响如炮弹爆炸,抛石体积可达数立方米至数十立方米。弹射速度一般大于 5 m/s,抛射距离为数米至一二十米。通常伴有剧烈的气浪和巨响,甚至还伴有周围岩体的振动,可测到相当于 4.6 级的震级。岩爆集中于爆破后的掘进工作面,数分钟后便很快趋于平稳。此类型为强烈岩爆。

C 岩爆判据及分级

上述岩爆发生的规律,可作为判断产生岩爆的主要指标。一般满足的指标越多,发生岩爆的概率越大。一些国家及学者提出的岩爆判据有:挪威罗申斯(Russenes)建议采用指标 I_s/σ_{max},巴顿(Barton)等建议采用 f_r/σ_{max} 和 f_t/σ_{max} 指标,苏联 H. A. 多尔恰尼诺夫建议采用指标 σ_t/f_r,瑞士 SIA198 岩体分级标准采用指标 f_r、φ 和黏结力作为判据。这里 I_s 为岩石点荷载强度指数;f_r 为岩石单轴抗压强度;σ_{max} 为地应力场中的最大主应力;f_t 为岩石抗拉强度;σ_t 为岩巷周边切向应力;φ 为围岩的内摩擦角。其他判据还有弹性应变能指数、能量冲击指数等。我国采用围压强度比 σ_{max}/f_r 或其倒数 f_r/σ_{max} 等两项指标作为岩爆的判据。工程实例中,岩爆发生在围压强度比 $\sigma_{max}/f_r = 0.2 \sim 0.3$ 之间的频率较高。

目前,国内尚无统一的岩爆强度分级标准。我国铁路部门的经验分级标准如表 6-14 所示。

表 6-14 岩爆强度分级

分 级	围压强度比(σ_{max}/f_r)	岩石单轴抗压强度 f_r/MPa	围岩级别	埋深/m
微弱岩爆	0.1 ~ 0.2	80 ~ 120	Ⅱ、Ⅲ	<200
中等岩爆	0.2 ~ 0.3	120 ~ 180		200 ~ 700
强烈岩爆	>0.3	>180	Ⅰ、Ⅱ	>700

《工程岩体分级标准》(GB50218—94)采用围压强度比的倒数 f_r/σ_{max} 作为指标,并规定 $f_r/\sigma_{max}=4\sim7$ 为高应力,即相当于上面发生中等岩爆的指标;$f_r/\sigma_{max}<4$ 为极高应力,即相当于上面发生严重岩爆的指标。

围岩的单轴抗压强度低于 80 MPa 时,几乎不会发生岩爆;而强度大于 180 MPa 后,对岩爆强度的增加作用则不明显。

D 岩爆监测预报

岩爆监测预报对保证岩巷掘进安全有重要的意义,可采用下列方法进行地质预报:

(1) 以超前探孔为主,辅以地震波,电磁波、钻速测试等监测手段。超前钻孔出现饼化现象的地段,发生岩爆的危险性很大。

(2) 观察掘进工作面及其附近局部岩体表面的剥落,监听岩体内部发出的各种声响,分析岩石的“动态特性”。

(3) 采用工程地质类比法进行宏观预报。

目前,监测岩爆主要有声发射监测技术、微震监测系统和地质断面成像技术等,其中以声发射监测技术的应用较多。各监测方法简介如下:

(1) 声发射法(AE 法)。岩石在压力作用下发生变形和开裂的破坏过程中,必然以脉冲形式释放其内部储存的弹性能,产生应力波或发射瞬态弹性波的现象,后者称为声发射(AE),也称为地音。显然,声发射信号的强弱反映了岩体破坏时释放能量的大小。声发射监测技术是利用岩石临近破坏前有声发射这一现象,通过高灵敏的声波探测器(见图 6-35)对岩体内部进行监测和分析,评定岩爆可能发生的技术。

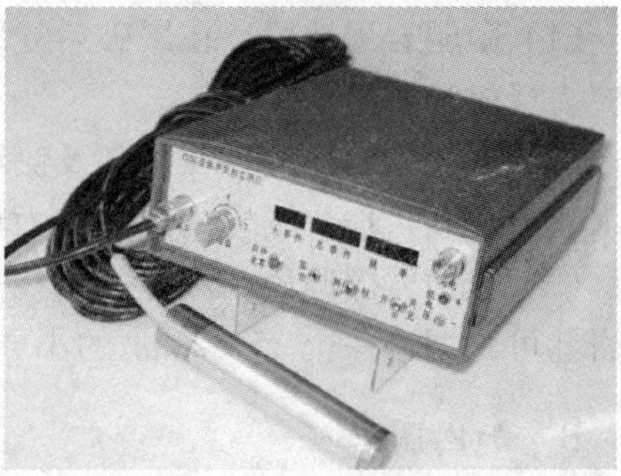

图 6-35 岩体声发射监测仪

(2) 电磁辐射法(EMR 法)。20 世纪 80 年代,苏联学者在一些矿山进行电磁辐射(EMR)的监测时发现,随着岩爆灾害的增加,电场强度明显升高。不同矿山分别为 8 ~ 25 mV/m、150 ~ 200 mV/m,这些经验值较离散。后来他们提出了预测岩爆的理论标准:157 个电磁脉冲/10s。

(3) 微震监测系统。对矿区开采过程的微震监测表明,在岩爆发生之前震动急剧增加,而在岩爆过后,震动明显减少。根据震相曲线和地震学理论,有可能确定发生岩爆的震源位置。

(4) 地质断面成像技术。地质断面成像技术是在地下硬岩中进行地震试验,得到岩体中异常情况的地质断面图像,从而鉴别和确定高应力区域。它可以非常灵敏地确定岩体的完整性、质量和各向异性,判定高应力地点。

目前,对岩爆还不能进行准确的预报,但在爆破后找顶或施作初期支护之前,采用上述方法对重点地段进行监测,可提高这些作业的安全性。

6.6.4.2 岩爆的防治

当初次揭露有发生岩爆倾向的地层时,要特别注意岩爆的防治。岩爆的防治应遵循“以防为主,防治结合”的原则,加强对掘进工作面前方的围岩特性、水文地质情况等进行预测、预报。当发现可能发生较强烈的岩爆时,应及时研究施工对策,采取防治措施。

A 解除应力与改变围岩性质

应力解除法是在岩巷掘进之前,通过在工作面向前方围岩钻大直径超前钻孔或在超前钻孔中进行松动爆破及纵向切槽等,在岩体内部造成一个破碎带,形成一个低弹性区,诱使岩巷洞壁和工作面的围岩应力释放,也称超前应力解除法。施工时可在工作面上钻5~6个超前钻孔,深15~20m,既可起到超前钻探地质的作用,又可起到释放工作面地应力的作用。由于是在坚硬岩体的内部爆破,因此除装药孔外,还需要钻一些容积补偿孔(非装药孔),才能形成破碎带。破碎带的宽度由装药量控制,具体数值由计算和试验确定。

改变围岩的物理力学性质是向岩壁喷射高压水或向超前钻孔内注入高压水,促使岩体软化,从而消除或减缓岩爆程度。应当指出,注入软化方法可能对围岩的稳定产生一定的影响。

不同的岩爆级别,可分别采取改变围岩物理力学性质或应力解除的技术措施:

(1) 微弱岩爆地段。在爆破后立即对工作面及其附近的岩壁上洒水,软化围岩表层,促使应力释放和调整。

(2) 中等岩爆地段。在拱部及侧墙轮廓线以外100~150mm范围内钻注水孔,注入高压水,软化围岩,加快围岩内部的应力释放。

(3) 强烈岩爆地段。深埋岩巷在工作面上钻多个直径大于70mm的应力释放孔。大断面岩巷可先掘进一个15~20m^2的小导洞,使岩体中的高地应力得到部分释放,再进行掘进。

B 加固围岩

在岩爆地段可加强支护或进行超前支护,以改善工作面及距其1~2倍岩巷直径范围内的围岩应力状态。加固围岩可采取下列措施:

(1) 对于岩爆强烈的掘进工作面,可采用超前锚杆锁定前方围岩。锚杆长度一般为爆破进尺的两倍,并分别在两个循环中完成。这样在一个循环的爆破之后,锚杆外边的部分被切掉,但仍有一部分锚杆存留在围岩中,可预加固下一循环所要爆破的岩体。

(2) 当岩爆发生频繁且较剧烈时,可采用钢丝网、钢纤维喷射混凝土或钢拱架,配合锚杆支护对围岩进行加固。钢纤维喷射混凝土的柔性比普通喷射混凝土大得多,能承受较大的变形而不开裂。钢丝网本身也可作为一种防护设施而单独使用,防止岩爆石块崩落伤人、砸坏机械设备。

根据岩爆强度选用不同的围岩加固措施,如表6-15所示。

表 6-15 根据岩爆强度选用不同的围岩加固措施

岩爆强度	加固围岩措施
轻微岩爆	喷射混凝土,安设膨胀锚杆按要求使用标准托板,工作面的锚杆长度应为两倍循环进尺,对下一循环所要爆破的岩体进行预加固
中等岩爆	如上喷射混凝土,安设屈服膨胀锚杆,长度同上,在托板与岩面之间加设木板
强烈岩爆	布置系统屈服膨胀锚杆,喷射钢筋网混凝土

应当指出,在易发生岩爆的坚硬围岩中,大规模加固围岩将显著增加施工成本及影响施工进度。加固围岩及注水软化等方法,是在岩爆发生后或正在发生时进行的,施工不安全。它们的实质是抵制围岩能量的释放,而当受到扰动后,围岩中的变形能量会继续释放,造成锚杆失效、喷射混凝土裂穿等。

C 合理施工措施

在可能发生岩爆的岩巷中施工时,应采取合理的施工方法,降低围岩应力,使其小于岩体强度,避免或减轻岩爆的危害。一般可采取如下措施:

(1) 掘进采取"短进尺、弱爆破、强支护",每循环进尺宜控制在 1 ~ 2 m 以内,严格控制装药量,减少对围岩的扰动,改善围岩应力状态。

(2) 加强光面爆破技术,使掘进断面周边圆顺,降低岩爆发生的强度。

(3) 在拱部及侧墙布设预防岩爆的短锚杆,锚杆长度为 2 m 左右,间距为 0.5 ~ 1.0 m,挂网喷射钢纤维混凝土。

(4) 加强支护,模筑混凝土支护要紧跟掘进进行,以尽量减少围岩暴露的时间及面积。

6.6.4.3 岩爆地段施工安全措施

强烈岩爆可破坏支护、堵塞岩巷,造成重大的人员伤亡事故。轻微岩爆也会威胁施工人员的安全。当发现有较强烈岩爆存在的可能性时,应及时采取施工措施。岩爆区的施工安全措施,主要是躲避和清除浮石,具体规定如下:

(1) 当岩爆强度为中等及以下时,可在凿岩台车、装渣机械及运输车辆上加装防护钢板,防止岩爆弹射出的岩块伤及作业人员和砸坏施工设备。

(2) 中等以上岩爆地段,应选用以机械作业为主的施工方法,如采用凿岩台车凿岩,机械手喷射混凝土。

(3) 每一循环内,在工作面、拱部和侧壁清除 2 ~ 3 次浮石,尤其适用于破裂松脱型岩爆。

一旦发生岩爆,应采取下列处理措施:

(1) 立即停止作业进行待避,同时作好岩爆现象的观察记录,如岩爆的位置、强度、类型、数量及爆裂声响度等。

(2) 当岩爆引起塌方时,应迅速将人员及施工机械撤到安全地点。

(3) 待岩爆停止后,清除岩爆产生的松动岩块,增加安装后能立即提供抗力的摩擦型锚杆(缝管式、水胀式、楔管式),注意它不能替代系统锚杆。同时,喷射厚度为 50 ~ 80 mm 的钢纤维混凝土,抑制掘进工作面围岩的剥落,采取挂钢筋网或用钢支架加固。

(4) 采取释放围岩内部高应力的技术措施。

6.7 塌方预防与处理

岩巷掘进遇到不良地质地段时,初期喷锚支护承载力的增长速度不能满足围岩稳定的要求,如不加控制或控制不及时,可能导致围岩失稳,产生冒顶、坍塌等事故。一旦发生塌方事故,不仅延误工期、大幅度增加工程费用,还可能造成人员伤亡,在岩巷施工中必须予以极大的关注。岩巷掘进除配备普通机械、机具、材料外,现场还要有应急资源准备,如地质钻机和防坍专用机械设备、仪器,并准备一定数量的专用支护材料、注浆材料及其他专用器材,确保施工安全。

6.7.1 塌方及预防

塌方是指因地层结构不良,地下水活动或施工方法及措施不当,岩巷的顶部突然坍塌,也称坍方。在岩巷掘进中,由于地质条件的变化,塌方是一种较常见的事故。施工中,应注意排除导致塌方的各种因素,尽可能避免塌方的发生。

6.7.1.1 塌方的界定及规模划分

A 塌方的界定

塌方与超挖或局部坍塌不同,可用塌方平均高度(塌方量/塌方平面面积)加以区分:当塌方平均高度≥0.7 m 时,判定为塌方;当塌方平均高度 <0.7 m 时,则为超挖或局部坍塌。

B 塌方规模的划分

当围岩地质条件较好,塌方只是局部的松软夹层,坍穴不高、纵向延伸不长,或当塌方体未将岩巷全部堵塞,塌方在较长的时间内不再发展或基本停止,人员有可能进入塌空区观察处理的,属于小塌方。大塌方的塌穴高、塌渣数量大,塌渣体完全堵住洞身,或塌方还继续不停地扩展,人员无法进入塌方区,无法查明塌空区的形状和大小。一般塌方规模的大小,常以塌方量、塌空区高度、长度范围及塌渣的补给情况来区分。国标《工程岩体分级标准》对塌方的划分标准见表6-16。铁路隧道和公路隧道按塌方体积进行分级,标准见表6-17。

表6-16 《工程岩体分级标准》的塌方规模划分

塌方规模	指 标
小塌方	塌方高度小于3 m,或塌方体积小于30 m^3
中塌方	塌方高度为3~6 m,或塌方体积为30~100 m^3
大塌方	塌方高度大于6 m,或塌方体积大于100 m^3

表6-17 隧道工程塌方分级

塌方规模	小型	中型	大型	特大型
塌方分级符号	Ⅰ	Ⅱ	Ⅲ	Ⅳ
塌方体积/m^3	≤300	300~1000	1000~5000	>5000

可见隧道工程对塌方规模的划分指标比国标《工程岩体分级标准》的划分标准大了10倍。显然,塌方规模的划分还应与其断面规格有关。编者认为,塌方规模的划分,宜采用相对指标,如单位断面积的塌方体积(m^3/m^2),则更为科学。塌方规模不同,处理方法也不同。

6.7.1.2 塌方产生的原因

岩巷掘进时,造成塌方的原因多种多样,可概括为地质因素,如地质条件突变、地下水变化等和工程因素,如设计不当、施工方法不当及技术管理问题等。

A 地质因素

塌方的地质因素属于自然属性,通常难以避免,但又是决定性的。某隧道工程的不良地质地段与塌方分布图如图6-36所示。

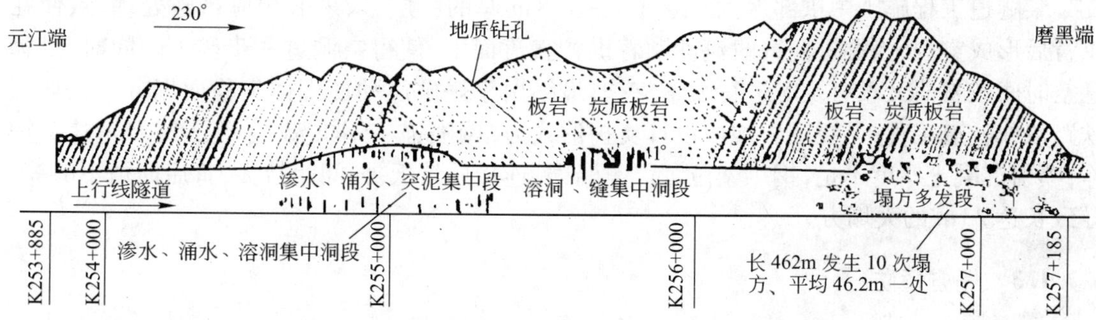

图6-36 某隧道工程不良地质地段与塌方分布图

工程实践表明,在下列地质条件下可能发生不同程度的塌方:

(1)在断层破碎带地段或在薄层的小褶曲、错动发育地段,可能发生从小规模到大规模的塌方。断层处由于破碎程度不同,可能发生一次塌方或多次塌方。

(2)在互层地层中,如第三纪的砂岩与页岩互层中,少量涌水便可使固结程度低的砂岩发生崩落,残留的泥岩部分将呈块状剥落。崩落程度依据砂岩层的固结程度、层理面的间距及固结程度、砂岩中的含水量、水压等条件而不同。一般塌方的规模较小,多在涌水状态急剧变化的时期发生。

(3)在有层理面的容易崩塌的围岩中,可发生中等规模到大规模的塌方。由于层理面的结合强度及掘进工作面状况、涌水等,可能在数小时内发生数次塌方。

(4)在强风化的围岩中,可能发生较大的塌方。有涌水时,塌方的规模会更大。

(5)岩巷穿越地层覆盖过薄地段,如在沿河傍山、沟谷凹地、丘陵浅埋地段和偏压地段时,极易发生塌方。

(6)在大变形围岩,如膨胀性围岩、挤压性围岩中,遇水易于软化、膨胀或崩解,可发生比较小到大规模的塌方。

(7)有突发涌水或大量涌水时,容易产生塌方,并加剧塌方的规模。

B 工程因素

岩巷设计考虑不周引起的塌方的主要表现为:

(1) 岩巷选位时,地质调查不周,未能作详细的分析,或未能查明可能塌方的因素,未避开可以绕避的不良地质地段。

(2) 缺乏较详细的岩巷所处位置的工程地质及水文地质资料,导致施工方案失误。

施工方法及措施不当引起的塌方的主要表现为:

(1) 掘进顺序及方法与地质条件不相适应,工序间距安排不当,围岩暴露过久,引起围岩松动、风化、导致塌方。或地质条件发生较大变化时,未及时修正施工方法。

(2) 喷锚支护不及时,喷射混凝土的厚度不符合要求,钢拱架设立不合要求。

(3) 洞口地段支护不当,洞口刷方过高或地表水处理不当引起塌方。

(4) 爆破的炸药量过大,由于震动引起塌方。对松动岩石检查不重视,处理不及时,措施不当而引起塌方。

(5) 按新奥法施工的岩巷,未按规定进行监控量测,或信息反馈不及时,决策失误。

某隧道工程施工中拱部遇到一层1.2~1.8m厚的沙层,未采取相应措施处理,致使在拱背后形成空洞,当掘进侧壁时流沙顺着拱背直流而下,使得空洞进一步扩大。同时,拱脚悬空时间较长而又没有及时进行喷锚支护,最终由于爆破震动使土体失稳而塌方。又如某铁路双线隧道工程,V级围岩地段设计支护形式为"网喷锚+钢拱架"。施工时严重违章操作,喷射混凝土厚度不足,钢拱架位置严重错误,连接质量低劣,间距拉大,背后回填不够等,导致长达23m的大塌方。

6.7.1.3 塌方预防

加强施工地质预测、预报是避免和防止塌方事故发生的根本措施。施工中为预防塌方,应针对上述塌方产生的原因,采取相应的措施。预防塌方包括组织管理、技术管理、质量管理等方面的内容,防止塌方应成为岩巷施工管理的一个重要指标。

A 加强施工技术管理

施工前,应分析地质资料,制定通过裂隙、节理、断层等不良地质地段的施工方案及预防塌方的措施。施工中,应加强技术管理,力求围岩及支护的稳定,并做好下列工作,防止塌方的发生:

(1) 全面了解地质资料及地下水资料,理解设计意图,并及时与现场实际情况对比,采取合理的掘进与支护方案。

(2) 严格按照施工图设计文件及施工组织设计的要求进行掘进与支护施工,未经批准不得擅自改变掘进方法及支护形式。

(3) 加强地质超前预报工作,发现掘进工作面前方有异常现象时,应及时研究并采取相应措施。

(4) 加强对围岩、地表、支护、地下水等观察及监控量测工作,发现异常情况应暂停施工,并迅速采取应对措施。

B 施工要求

合理的掘进方法,可以归纳为"先排水、短进尺、弱爆破、强支护、早衬砌、勤量测",稳步前进。对软弱围岩、特殊岩土和不良地质地段,应采取正确的掘进方法和有效的支护形式。

具体要求如下：

（1）先排水。地下水是引发塌方的主要原因之一，在施工前和施工中，除了注浆封堵围岩渗水外，还应加强排水。

（2）短进尺。合理协同作业，尽量缩短各工序间的距离，减少围岩暴露时间。

（3）弱爆破。爆破震动是引发塌方的外在因素之一，应采用软岩减轻震动爆破技术，主要是浅炮孔，严格控制装药量，减少对围岩的扰动。此外，爆破与支护作业的时间间隔不得过小。

（4）强支护。及时进行初期支护，使喷锚支护具有足够强度，以阻止围岩变形及塌落，这对提高岩巷的整体稳定性具有重要作用。钢拱架的背板应背严、背实，背板后面用石块充填严密。

（5）早衬砌。紧跟掘进进行模筑混凝土支护，及早封闭成环。在Ⅲ、Ⅳ级围岩中，应根据监控量测结果确定模筑混凝土的最佳施作时间。

（6）勤量测。经常对围岩和初期支护进行监控量测，了解并控制围岩的稳定状况。一旦发现初期支护变形过大，应尽快采取加强或补救措施，防止塌方发生。

（7）预防洞口发生塌方。及时防护和加固洞口的边、仰坡。当地质条件较差时，进洞之前应先进行预加固。

6.7.2 塌方处理

发生塌方后应及时处理，防止塌方继续扩大。处理时必须加强安全措施，极力避免和防止发生新的人员伤亡事故。如果有人员被埋、受伤，应首先抢救人员，保证安全，再处理塌方。塌方如果处理不当，将遗留工程质量隐患，给以后使用及维护管理带来困难。

6.7.2.1 塌方处理的一般要求

岩巷发生塌方后，抢险、救援和处理应按照应急预案，在保证安全的基础上有序、快速地进行。塌方处理按"宁早勿迟，宁强勿弱"的原则，进行"先加固，防扩展，后处理"、"治塌先治水，治塌先加固"。塌方处理措施要避免盲目性，防止坍塌继续扩大。根据塌方规模的不同，分别采用"小塌清，先支后清"和"大塌穿，先棚后穿"进行快速处理。

岩巷施工中的塌方十分复杂，形成的塌空区极不规则。因此，处理塌方没有一成不变的通用方法，应因地制宜具体分析，采取合理可行的处理方法。塌方处理应遵守下列规定：

（1）发生塌方后，应及时迅速处理，不得随意拖延时间。处理前，应规定进退的路线、顺序及安全待避点。同时做好必要物资的保障。

（2）处理前，应详细调查塌方的范围、形状，塌穴的地质构造，地下水的分布、活动情况等，分析塌方发生的原因，判断塌方类型及发展趋势，在此基础上研究制定处理方案。有条件时还可应用超前地质预报方法进行探查，以求准确掌握塌方状况。

（3）处理前，应加强防排水的技术措施。塌方体内有地下水活动时，清理岩巷内的排水沟，并用排水管、槽将地下水引至排水沟排出。无法引排时，可采用注浆堵水。

（4）尽早加固塌方附近的未坍塌部分，防止塌方扩大。

塌方处理可以采用前面介绍的超前支护和预加固的各种方法，如喷锚支护、注浆、管棚、加强模筑混凝土支护、设置防护拱等技术措施，对塌方体和围岩进行加固。然后开挖塌落岩石，进行支护与回填。

6.7.2.2 中小塌方处理

在围岩级别为Ⅱ～Ⅳ级，节理发育、以未风化或轻度风化为主的岩体中，由于局部破碎，有断层或破碎带、软弱夹层等地质构造，发生塌方时一般规模较小。塌方体呈碎石状，黏土及砂的含量较少，一般不超过30%。小塌方的支护和回填较容易，可按“先支后清”的原则处理。发生塌方后，在自然冒落拱范围内的岩石还有继续坍塌的可能，侧壁常常不稳定。这时如果先清除塌落岩石，可能会使侧壁失去支撑而松动滑落，岩巷增大，自然冒落拱进一步扩大而再次塌方。如此反复，极有可能引发大塌方。小塌方处理应尽快处治塌穴，可采用喷锚封闭，或架设临时支架。然后在安全有保证的情况下，进行塌方段增强支护、模筑混凝土施工。

A “两层支护与防护”法

当塌空区横断面的矢跨比 $h/B<0.7$ 时，可采用“外层初期支护”（W）加“内层初期支护”（N），再加“防护”（F）的方法进行处理，铁路隧道工程称为WNF法。具体施工方法如下：

（1）加固塌方体两端的洞身。在塌方的后方5～10 m范围内，采用钢拱架及小导管注浆加固围岩，紧跟施作模筑钢筋混凝土支护。

（2）清除塌方渣石，利用围岩暂时稳定期，尽快沿坍塌面采用喷锚支护加固未塌的岩体（W）。

（3）施作钢架混凝土支护壳体（N），用钢架将内、外层初期支护连成整体，并用长锚杆将其与未塌围岩锚固。

（4）沿内层初期支护依次设防水层、1 m厚混凝土护拱及1 m以上的土石缓冲层（F）。

WNF法的特点是工序多、处理周期长、成本高，但安全可靠。

B “支护与防护”法

当塌空区的高度较大，矢跨比 $h/B\geqslant0.7$ 时，由于难于设置内层初期支护，采用只有“外层初期支护”（W）加“防护”（F）的方法进行处理，铁路隧道工程称为WF法。具体施工方法如下：

（1）加固塌方体两端的洞身，方法同WNF法。

（2）清除塌方渣石，利用围岩的自稳能力，沿坍塌面外层进行初期支护（W）。

（3）设置与WNF法相同的防水层、防护拱及缓冲层（F）。

WF法虽然未设内层初期支护及其联系钢架，但由于矢跨比较大而再次塌方的可能性较小，仍能基本确保施工安全。同时，成本却大为降低，处理周期缩短很多。由于设有1 m厚的混凝土防护拱及1 m以上的土石缓冲层，即使在隧道完工后的运营时期发生一定规模的塌方，其抗冲击能力仍能保证运营的安全。

C 小导管注浆法

发生塌方后，应尽快喷射混凝土，封闭塌空区的顶部及其周边。在处理塌方前，先完成末塌方地段的模筑混凝土支护，然后用小导管注浆加固塌方顶部的松散岩体及塌方渣石。(见图6-37)小导管的间距可比超前支护时适当减小。当塌方体内有孤石，导管不能进入预定的深度时，可改用自进式锚杆。注浆从下到上依次进行，待达到强度后清理塌渣。当出渣达到钢拱架的位置时，立即架设钢拱架。最后采用锚喷支护加固。

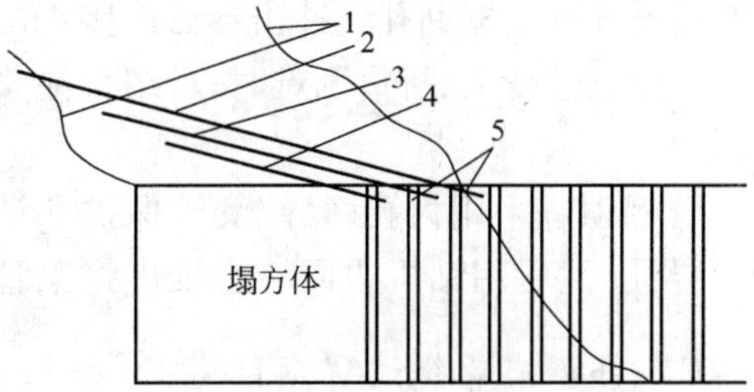

图6-37 自进式锚杆处理塌方

1—塌方轮廓线；2—长度为6 m的锚杆；3—长度为5 m的锚杆；4—长度为4 m的锚杆；5—已变形钢拱架

目前，小导管注浆法应用较多。它适用于规模不大、岩体较松散的塌方。

6.7.2.3 大型塌方的处理

大型塌方多发生在土质或土夹石地段中。如果人员无法进入塌方区时，可利用探地雷达、地震层析成像等方法对塌方的规模和性质进行探测。为保护塌空区顶部围岩的稳定，应采取“先护后挖”的方法穿越塌方体。可将塌方体视为松散破碎的地层，在塌体内采用管棚和预注浆予以稳定。当成孔困难时，可采用跟管钻进钻孔。注浆范围应在初期支护以外，有不小于3~5 m固结厚度。当渗透注浆效果不理想时，可采用超细水泥劈裂注浆。再按微台阶法、侧壁导坑法掘进或采用迂回导坑法，探明地质、释放地应力。同时，采取短进尺、弱爆破掘进导坑穿越塌方体，并尽快完成模筑混凝土支护。穿越前必须加强塌方部位的两端支护，防止塌方延伸。

A 注浆固结加管棚法

工程实践表明，采用注浆与管棚相结合是处理大型塌方的有效技术手段。处理大塌方时，可采用以渗透注浆为主，管棚整体加固为辅的处理方法，铁路隧道工程称之为“Z”法。具体施工方法如下：

(1) 首先在塌方区的后方设置止浆墙，可采用素混凝土构筑，一般厚度约为1 m，或浆砌块石，厚度为1.5~2 m。然后安设注浆孔口管，钢管的直径为80~150 mm，长2.5~3.0 m。注浆管可采用直径为70 mm，长度为4 m的钢管。

(2) 对整个塌方体及其周边围岩进行预注浆加固，一般采用循环注浆法或导管跟进后退注浆法，浆液采用水泥浆液或水泥—水玻璃浆液，注浆顺序自下而上。

(3) 在预留变形的基础上向塌方体或周边岩体进行管棚支护，一般钢管直径为80~159 mm，长度为10~32 m。管棚布设在模筑混凝土支护轮廓外350~500 mm、起拱线以上150 mm的范围内。管棚通常与钢拱架配合应用，钢拱架间距通常为300~800 mm。最后，向管棚内灌注水泥砂浆。

B 塌方体钻孔与套管顶进管棚

当塌方体中埋有格栅拱架、锚杆或注浆小导管时，一般钻头遇到后无法继续钻进。为此，在钻孔开始阶段可采用专门设计的合金钻头进行切割钻进，它可切割 ϕ22 mm 钢筋、ϕ42 mm 小导管及8 mm厚的钢板。当钻孔深度超过2 m后，基本碰不到格栅拱架、锚杆和注浆小导管了，可改用潜孔冲击器钻孔。冲击器后连接4m长的扶正器,以保证钻孔的方向。如果钻孔较深,遇到岩土黏性变大,排屑困难时,可结合注浆泵向孔中注入高压水,与高压气混合将黏性碎末吹出。

管棚顶进采用大孔引导、套管保护和钻机推进相结合的工艺,即先钻大于管棚钢管直径的引导孔,然后用钻机边回转边推进将钢管顶进。

C 补掘岩巷绕过冒顶区

当塌方较大而长度较小,不易处理,且造成堵塞作业人员的严重情况时,为了迅速营救被困人员,可采取另掘绕道的方法,绕过塌方区进行抢救。迂回岩巷应在围岩稳定段掘进,最后处理塌空区,直至完成整个塌空区的支护。

在不影响使用要求的前提下,可与设计单位协商研究,避开围岩破碎带,放弃塌方地段,修改部分岩巷的轴线或交叉口的连接形式等。必要时,还可将通天塌方改造成通风竖井。

6.7.2.4 洞口塌方处理

A 洞口一般塌方处理

洞口段的埋深较浅,地质条件通常较差,如第四纪堆积层、风化岩等,掘进时易产生塌方。由于进洞前一般要刷坡,因此洞口塌方通常是中小型塌方。只有洞口的岩壁陡峭、附近又存在较大的断层或滑动面,才有可能出现进洞不久洞口发生大型塌方。塌方后,滑动体由于卸载基本稳定。但有时滑动体仍处于不稳定状态,则必须进行处理。洞口塌方的处理如下:

(1) 大型塌方的塌方体不必全部清除,可采取挖台阶的形式清除一部分,再进行喷锚网加固,并在仰坡上适当位置设浆砌片石挡墙进行防护。

(2) 加强岩巷内模筑混凝土支护,如增加厚度、改为钢筋混凝土或钢架混凝土支护。

(3) 当塌方是由于洞口附近的滑动体引起,且塌方发生后滑动体尚未稳定时,必须先对滑动体进行加固,可采用自钻式锚杆、预应力锚索或抗滑桩❶,然后再处理塌方。

B 塌方冒出地表处理

在浅埋岩巷或深埋岩巷的洞口段,有时塌方可塌至岩巷上方地表。这时就不能采用清渣的方法,而应先处理地面塌陷口,后处理岩巷内的塌方。当地层条件极差时,可在塌穴口附近地面打设地表锚杆,洞内采用管棚和钢架支护。处治时可采用下列步骤:

(1) 对塌陷口进行喷射混凝土封闭,并进行防排水处理,在其四周挖截、排水沟。同时,在塌陷口部搭设遮盖棚,防止地表水渗入塌体。当地层极差时,应采用地表注浆加固,防止塌方继续发展和扩大。

(2) 设置止浆墙封闭塌体表面,安设注浆孔口管。采用循环注浆法或导管跟进后退注浆法,对塌体进行注浆加固。

---

❶ 抗滑桩是穿过滑坡体深入到滑床的桩柱,用以支挡滑体的滑动力,稳定边坡。它适用于浅层和中厚层的滑坡。但对正在活动的滑坡打桩阻滑需要慎重,以免因震动而引起新的滑动。根据滑坡体的厚度、推力大小,防水要求和施工条件等,可选用木桩、钢板桩、混凝土桩或钢筋(钢轨)混凝土桩等。

(3) 打设大管棚,并灌注水泥砂浆。

(4) 在大管棚的掩护下掘进,施作模筑混凝土支护。

(5) 洞内模筑混凝土支护通过塌方体后,及时采用灰土分层夯填密实地表塌陷区,并高出原地面。

6.7.2.5 塌方体的开挖与支护

A 塌方体开挖

塌落岩石的处理一般在初期加固完成后或塌方暂时达到自稳时进行。开挖时应根据工程类比预留下沉量,即扩大拱顶的开挖断面。当断面较大时,塌方处理完成后,可采用半断面台阶法开挖,即先上部后下部的顺序清除塌落岩石。塌方体的开挖应符合下列要求:

(1) 采用“两层支护与防护”法(WNF 法)和“支护与防护”法(WF 法)处理的塌方,由于塌方体已全部清除,掘进是在未塌方的围岩中进行的。根据围岩级别、地质构造、地下水活动情况等因素,综合确定掘进方法。在塌方影响范围(一般为 10 ~ 30 m)内,应严格遵守“短进尺、弱爆破”的原则进行掘进。

(2) 采用注浆与管棚整体加固法(“Z”法)处理的塌方,根据塌方体的岩性采用不同的掘进方法:

1) 当塌方体为松散岩石时,通常注浆效果较好,固结体的抗压强度可达 10 MPa,可采用全断面光面爆破法进行掘进。

2) 如果岩石本身强度较高,只是呈破碎状,而黏土和砂的含量较少时,注浆加固后的塌方体的整体性和承载力大大提高,可相当于Ⅲ ~ Ⅳ级围岩条件。这时可采用全断面光面爆破法掘进,但进尺一般不宜超过 2 m。

3) 如果塌方体为颗粒状,如泥质,则注浆效果难以保证。可采用台阶法或分部掘进法,循环进尺宜为 0.8 ~ 1.0 m,并严格控制爆破装药量。也可按“短进尺、弱爆破、早封闭”的原则,采用全断面掘进,并尽快完成模筑混凝土支护。必要时,可采用气镐或人工掘进。

B 塌空区支护

塌方体开挖后,塌空区应及时进行喷锚支护。锚杆宜采用早期强度高的快硬水泥卷锚杆、树脂锚杆等。根据注浆加固和管棚支护效果,可选择钢筋网、钢纤维或钢拱架喷射混凝土。当塌空区横断面的矢高比 $h/B \geqslant 0.7$,难以设置内层初期支护时(见前面的 WF 法),可在塌空区内设置横向和竖向支撑杆件。采用 7.5 号角钢横向和竖向支撑两侧和顶部的坍塌面,竖向间距为 8 ~ 10 m,横向间距为 2 ~ 2.5 m,角钢两端与锚杆端头焊接(见图 6-38)。

塌方段模筑混凝土支护上的荷载要比未塌前增大很多,应根据塌方的大小和地质情况,加强模筑混凝土支护的承载力。为此优先考虑提高混凝土的强度等级或改用钢筋混凝土,必要时在模筑混凝土内增设型钢(如 20 号或 14 号工字钢)或钢轨拱架。当塌空区高度较小、锚喷后围岩稳定、填充密实、填充料固结后的自重不需模筑混凝土来承受时,模筑混凝土支护也可不加强。

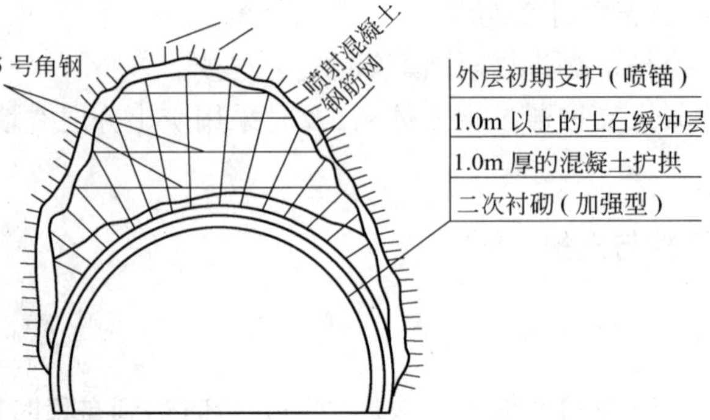

图6-38 大塌空区的处理

C 塌空区回填

模筑混凝土支护完成后,其背后与塌空区周壁间必须及时充填密实。塌方的回填量要比一般模筑混凝土背后回填大得多,难度也大,应给予足够重视。根据其规模、形状、所处岩巷断面位置,对塌空区处理后的空腔采取下列不同措施:

(1) 塌腔较小时,对位于侧墙或拱腰以下的塌穴,可在浇筑混凝土之前用浆砌片石或干砌片石喷射混凝土将其充填;对位于拱部的塌穴,可在模筑混凝土后通过压注水泥砂浆或细石混凝土充填。

(2) 塌腔较大时,位于侧墙或拱腰以下的塌穴,可在浇筑混凝土之前用浆砌片石回填一定厚度,再用块石填实;位于拱部的塌穴,可在模筑混凝土后分层压注水泥砂浆和轻质材料充填。

(3) 位于拱部、全部填满有困难的特大塌腔,可在特殊加强的模筑混凝土背后压注一定厚度的轻质材料,并做好余下塌腔的排水设施。

(4) 塌方段增强模筑混凝土支护背后的空腔压注水泥砂浆充填密实。

6.7.3 处理塌方实例

具体塌方应具体分析,采取合理可行的处理方法。下面介绍几个塌方处理的典型实例,供实际处理时参考。

6.7.3.1 隧道洞口塌方处理

某公路双线隧道工程,在洞口附近发生塌方,长约10m。围岩为Ⅴ级,全风化花岗岩,地下水较多,隧道底部和上部均有渗水。在洞口右侧距隧道中线1.8m处的拱部有一降水管,拱部地下水沿降水管周边大量渗出。塌方原因除地质和地下水条件外,施工中未采取超前支护,在台阶法施工时,上台阶的格栅拱架直接放在沙土层中,未设置纵向托梁(见图6-39)。

塌方处理分为地表处理、洞内处理和塌方段开挖与支护,具体的措施及步骤如下:

(1) 地表处理:

1) 采用喷射混凝土和钢筋挂网,封闭地表。

2) 用灰土堵塞裂缝,用M10砂浆修补截、排水沟,并设置变形观测点。

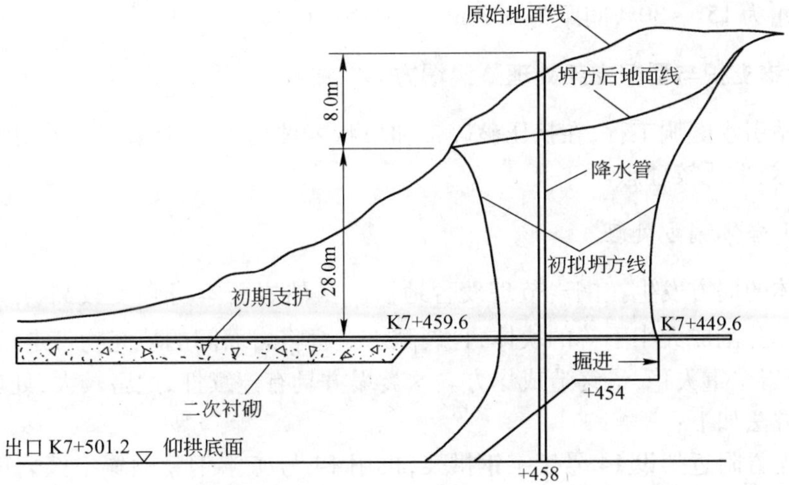

图 6-39 洞口处塌方断面形状示意图

3）在塌方体稳定 3d 后，清刷坍塌口的松动土方，刷方、夯填，然后埋设注浆管（ϕ42 mm，$L=5$ m），注入水泥砂浆，再用喷锚网封闭坍塌口，局部用砂袋回填仰坡上方的凹陷处。

4）按设计坡度分台阶清刷仰坡，在仰坡顶设置钢管降水井进行抽水。

（2）洞内处理：

1）清理洞内排水沟，在临近塌方体处设集水坑集中排水。

2）设置浆砌块石止浆墙，厚 1.5 m。

3）安设注浆管，直径 70 mm，长 2.5 m。循环注浆：选用单液浆，渗水较多处采用双液浆；注浆长度为 4 m，分 3 次完成，注浆压力为 1 ~ 1.5 MPa。注浆厚度要求将拱顶标高 3 m 以上的洞内塌方体全部固结，且固结强度达到 2 ~ 3 MPa。

（3）塌方段开挖与支护：

1）先施作超前小导管注浆，钢管直径为 42 mm，长 4 m，间距为 0.5 m。

2）采用挖马口[1]的方法，分别掘进两侧壁，之后立即进行喷锚支护，并将格栅拱架顺接下来，形成整体。每侧掘进高度为 1.5 ~ 2 m，长度为每循环 1 m，掘进后立即进行喷锚支护，并安设格栅。具体参数为：锚杆直径为 22 mm，长 3.5 m，喷射混凝土厚 250 mm，分 2 ~ 3 次完成，格栅拱架底部采用 22 号槽钢纵向托底，格栅间距为 0.8 m，并用 22 mm 钢筋纵向连接。

3）最后掘进核心土。

虽经两次注浆（通过注浆管的整体注浆，其次是超前小导管预注浆），但在风化花岗岩中的注浆效果仍不理想，掘进后可见到浆体呈树枝状薄片分布，而未能形成 2 ~ 3 MPa 的注浆固结体。但仍可起到一定的“挤压致密”作用。采取的应变措施如下：

（1）分部掘进时，拱顶和拱脚的下沉变形较大，采取临时加设仰拱进行封闭，效果较好。

（2）为防止掘进时拱顶局部坍塌，每掘进 2 m，施作一密排的超前锚杆，直径为 22 mm，

---

[1] 隧道侧壁浇筑混凝土支护前，为加快侧壁开挖进度，在保证不塌方的情况下，于两侧交错跳槽开挖，每侧也跳槽开挖，如开挖分为 10 段，首先开挖 1、4、7、10 段，并支护完毕；再开挖 2、5、8 段，最后开挖 3、6、9 段。这种间隔开挖的方式称为马口开挖，每次开挖的地方称为马口。

长3.5 m,仰角为15°~30°,间距为0.3 m。

6.7.3.2 喷锚支护与型钢支架处理隧洞塌方

某水电站引水隧洞工程,在挤压破碎带和块状岩体地段发生塌方。采用喷锚支护与型钢支架处理,效果比较理想。

A 块状岩体塌方处理

块状岩体的塌方发生在围岩节理发育地段。虽然岩石本身强度较高(f_r > 30 MPa),但结构面将岩体分割成大小不等的块体,且裂隙水发育将岩面间的填充物带走,岩体的整体性较差,导致围岩严重失稳,最终造成塌方。这类塌方具有连续性,危害较大,处理时要求循序渐进。处理方法如下:

(1) 在塌方附近架设14号工字钢拱架,再用14号工字钢紧贴塌空区岩面制作一钢支架,间距为500 mm。钢拱架与钢支架之间用10号槽钢焊接相连,形成桁架,承受围岩压力(见图6-40)。

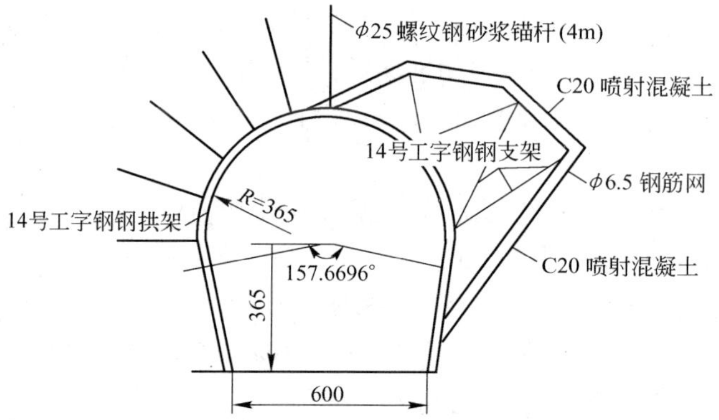

图6-40 块状岩体塌方处理

(2) 在紧贴塌空区岩面的工字钢支架上焊接钢筋网,钢筋直径为8 mm,网格间距为100 mm×100 mm。局部破碎处的网格间距改为50 mm×50 mm,防止小的掉渣。

(3) 钢拱架、钢支架的排间均用10号槽钢焊接,以增强其整体性。

(4) 从安全区向塌方区按梅花形布设锚杆,锚杆为直径25 mm的HRB335、HRB400钢筋,长度为4 m,间距为500 mm×500 mm,并将锚杆与钢支架焊接。再以1 m×1 m间距钻排水孔,孔深4 m,并用塑料管将裂隙水集中引出。然后对塌空区的周边围岩喷射混凝土,厚度为200 mm。

(5) 施作超前锚杆,采用能立即提供初始锚固力的锚杆,如早强水泥砂浆锚杆。锚杆长4 m,外插角为37°~45°。开挖后,应立即对围岩进行喷射混凝土封闭。

B 挤压破碎带塌方处理

挤压破碎带发生塌方后,先加固未塌方处,防止塌方继续发展,然后再进行加固,处理方法如下(见图6-41):

(1) 先对塌空区顶部和周边喷射50 mm厚的C20混凝土,封闭岩面,防止塌方扩大。

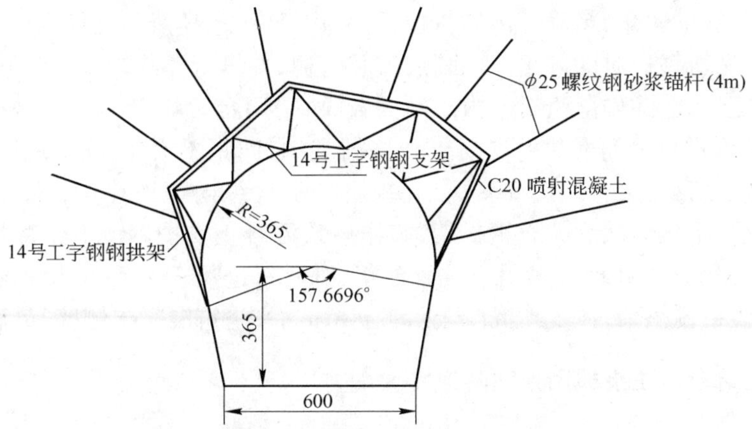

图6-41 挤压破碎带塌方处理

(2) 施作径向锚杆,锚杆的规格和支护参数同块状岩体塌方处理,自上而下进行。

(3) 布设钢筋网与锚杆焊接,再喷射150mm厚的C20混凝土。

(4) 清理塌落渣石,深入1~2m后架设14号工字钢拱架,形成稳定的初期支护。

钢筋网喷射混凝土可用钢纤维喷射混凝土代替。例如,某隧道工程是先在坍塌处喷射100mm厚的钢纤维混凝土,封闭塌空区岩面。再架设16号工字钢拱架,间距为300mm。然后喷射180mm厚的钢纤维混凝土,阻止塌方继续发展。

6.7.3.3 小导管注浆与管棚处理隧道塌方

某公路隧道工程的塌方规模较大,对拱部的塌方体采用小导管注浆和管棚进行处理。管棚能承受很大的塌方体荷载,可保证全部处理过程都在安全条件下进行。处理方法如下(见图6-42):

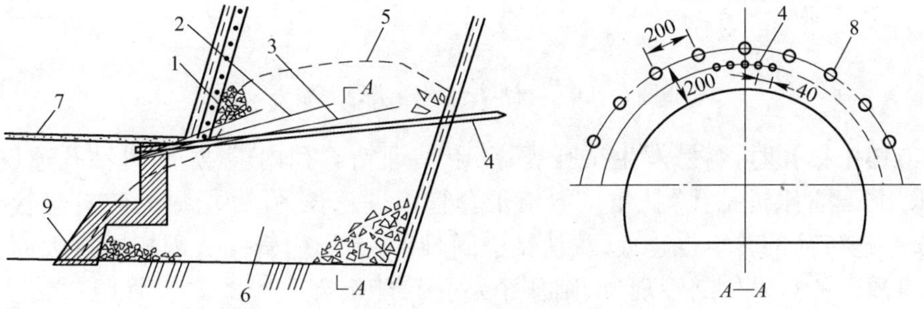

图6-42 小导管注浆和管棚处理塌方

1—第一次注浆;2—第二次注浆;3—第三次注浆;4—管棚;5—塌线;6—塌方体;7—初期支护;8—注浆孔;9—混凝土止浆墙

(1) 首先在塌方后6~10m的过渡段内喷射混凝土,增加锚杆,并用钢拱架加固。

(2) 再喷射C20混凝土封堵拱部工作面,厚度为300mm。

(3) 在架设管棚(钢管为ϕ108mm×5mm)之前先进行ϕ42小导管注浆。小导管的长度为4.5m,间距为1.5m×1.5m,呈梅花形布设,采用凿岩机钻孔并将小导管顶进,再进行注浆。

(4) 采用水平钻机钻管棚孔,并探测塌方体的长度小于40m,因此管棚可以一次跨过塌方区。为保证管棚的倾角,精确核定钻机位置,采用经纬仪、挂线与钻杆导向相结合的方法,反复调整,确保钻机钻进时的倾角。钻孔后安装管棚,并进行注浆。

待塌方稳定后,清除塌落渣石。由于断面较大,采用台阶法自上而下进行,每次进尺不超过1.2m。紧跟进行钢筋网喷射混凝土和格栅支护,间距不大于1m,纵向之间用钢筋连接。必要时采用型钢支架。掘进5m后,在拱脚处加设纵向型钢托梁,并向塌方体内伸入100mm,以防钢架下沉。然后架设钢拱架,施作模筑混凝土支护。待上半部塌方体贯通后,再进行下半部的塌方体处理。采用小导管注浆加固,每进尺3m后,立即初喷混凝土,紧跟挂钢筋网和架设格栅拱架,再复喷混凝土。掘进6m后,浇筑混凝土侧壁,最后浇筑仰拱。

6.7.3.4 管棚结合预注浆加固处理隧道特大塌方

某公路隧道改建工程,当扩挖至大断层时发生了大塌方。估计塌方高度约为50m,长度约为18m,塌空区已延至断层外岩体。为了稳定塌方体,确保开挖时安全,并使管棚钻孔的方向准确,在长管棚施工前,先对塌方体进行前进式分段预注浆,加固塌方体。注浆分段长度为5m。以水泥浆为主,内掺速凝剂,必要时采用水泥—水玻璃浆。根据塌方的地质特点,确定在拱部设置ϕ89mm管棚,长度为26m,间距为300mm,结合预注浆加固在掘进轮廓线外形成约4m厚的加固圈(见图6-43)。

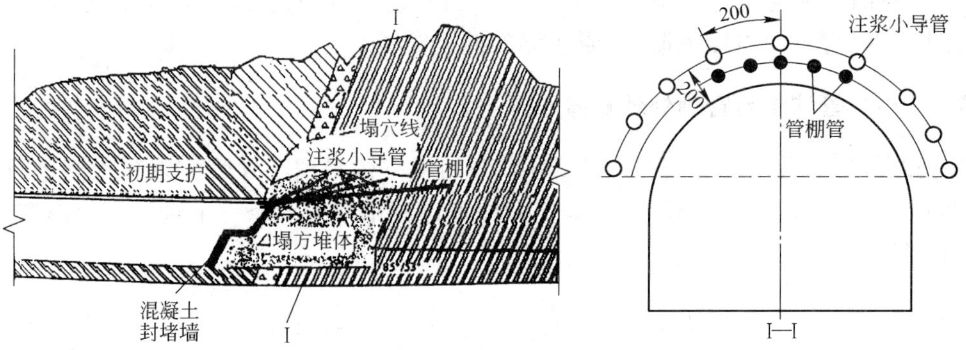

图6-43 管棚结合预注浆处理塌方

在塌方体中钻孔时,容易发生钻孔坍塌、卡钻埋钻等孔内事故,同时钻孔速度慢、易弯曲,因而采用"套管跟进钻孔"技术。但由于套管跟进越长,孔壁坍塌的碎石与管壁的摩擦阻力越大,钻进负荷的转矩也越大,致使钻进困难,并易产生管接头因扭矩过大而损坏或断管等严重事故。一旦发生断管现象,则整个钻孔只能废弃。因此,"套管跟进钻孔"技术一般只能有效地预防20m长的塌孔、卡钻等故障。为此,在前18m为保证ϕ89mm管棚的顺利顶进,采用预设ϕ127mm导向管,ϕ108mm套管跟进钻孔。而后8m则采用"自带钻头顶管"工艺钻进下管,即在管棚钢管前端安装ϕ90mm钻头,钻至设计深度(26m)后,再取出ϕ108mm套管。封孔注浆。

由于塌方体内有许多块石相互镶嵌,致使塌方体内的空洞大而多,有些空洞直接与塌方区相连,注浆时浆液在压力作用下会通过这些空洞泄流至塌方区,而不能在管棚附近均匀扩散,无法形成注浆加固圈。为此,采用"间歇注浆法",即当长时间注浆压力上不来时,说明浆液顺空隙泄流至塌方区,这时将浆液凝结时间调整至30~50s,注浆1~5min,停40s,待注入浆液初凝变稠后再注浆。如此反复,则原先的泄浆通道逐渐变小并最终堵塞,浆液即可在管棚周围均匀扩散。管棚施工完成后,在工作面钻 3 个检查孔,结果前 17 m 回水好,17 m 后回水逐渐减少,24 m 后基本无回水,说明注浆效果前段要好于后段。

管棚注浆由于加固范围的限制,很难保证厚 4 m 的加固圈。因此,在开挖时还需设置小导管注浆补强。由于 17 m 后的注浆效果不如前段,加强了后 5 ~ 10 m 段的小导管注浆。

开挖与小导管注浆交替进行,即每注浆一个循环掘进 1.5m(支护 3 榀钢拱架)。采用分部开挖,并以人工铁铲或气镐开挖为主,在局部未塌方部位或巨大岩块出露处,采用控制装药量的爆破。根据工程类比在开挖时预留 200mm 的下沉量,即扩大拱顶开挖断面 200mm。掘进施工时应特别注意后 5 ~ 10 m 段的安全。

紧跟上半部开挖进行喷锚支护,然后开挖下半部与喷锚支护。每开挖一个循环,立即架设格栅拱架及网喷锚支护,格栅拱架的间距按循环进尺为 0.5 m。这样使喷锚支护与注浆加固的塌方体形成整体支护结构。此外,在侧壁与底板相交处设置锁脚锚杆,采用 ϕ25 mm、长 4 m 的中空注浆锚杆。最后,铺底施工模筑混凝土支护。

参考文献

[1] 中铁一局集团有限公司,中铁隧道集团有限公司 . TZ204—2008 铁路隧道工程施工技术指南[S]. 北京:中国铁道出版社,2008.

[2] 中铁隧道集团有限公司 . TZ231—2007 铁路隧道钻爆法施工工序及作业指南[S]. 北京:中国铁道出版社,2007.

[3] 中铁二局集团有限公司 . TB10204—2002 铁路隧道施工规范[S]. 北京:中国铁道出版社,2002.

[4] 中交第一公路工程局有限公司,重庆交通科研设计院,重庆交通大学,等 . JTG F60—2009 公路隧道施工技术规范[S]. 北京:人民交通出版社,2009.

[5] 中交第一公路工程局有限公司,河南省路桥建设集团有限公司,重庆交通科研设计院,等 . JTG/T F60—2009 公路隧道施工技术细则[S]. 北京:人民交通出版社,2009.

[6] 中铁二局集团有限公司 . TB10417—2003 铁路隧道工程施工质量验收标准[S]. 北京:中国铁道出版社,2004.

[7] 中铁一局集团有限公司,铁路工程技术标准所 . TZ214—2005 客运专线铁路隧道工程施工技术指南[S]. 北京:中国铁道出版社,2005.

[8] 北京市城乡建设委员会 . GB50299—1999 地下铁道工程施工及验收规范:2003 年版[S]. 北京:中国计划出版社,2004.

[9] 中国铁路工程总公司 . TB10223—2004 铁路隧道衬砌质量无损检测规程[S]. 北京:中国铁道出版社,2004.

[10] 湖北省水利厅 . SL234—1999 泵站施工规范[S]. 北京:中国水利水电出版社,1999.

[11] 铁道第二勘察设计院 . TB10003—2005 铁路隧道设计规范[S]. 北京:中国铁道出版社,2006.

[12] 重庆交通科研设计院 . JTGD70—2004 公路隧道设计规范[S]. 北京:人民交通出版社,2004.

[13] 电力工业部中南勘测设计研究院 . DL5077—1997 水工建筑物荷载设计规范[S]. 北京:中国电力出版社,1998.

[14] 中铁二局集团有限公司 . TB10304—2009 铁路隧道工程安全技术规程[S]. 北京:中国铁道出版社,2009.

[15] 甘肃省建筑工程总公司 . JGJ33—2001 建筑机械使用安全技术规程[S]. 北京:中国建筑工业出版社,2001.

[16] 李国锋,定文其,李志厚,等．特殊地质公路隧道动态设计施工技术[M]. 北京:人民交通出版社,2005.
[17] 杨其新,王明年．地下工程施工与管理[M]. 成都:西南交通大学出版社,2005.
[18] 周爱国．隧道工程现场施工技术[M]. 北京:人民交通出版社,2004.
[19] 彭立敏,刘小兵．交通隧道工程[M]. 长沙:中南大学出版社,2003.
[20] 关宝树．隧道工程施工要点集[M]. 北京:人民交通出版社,2003.
[21] 杨新安,吴德康．铁道与城市轨道交通工程丛书——铁路隧道[M]. 上海:同济大学出版社,2003.
[22] 东兆星,吴士良．井巷工程[M]. 徐州:中国矿业大学出版社,2004.
[23] 徐小荷．采矿手册:第二卷[M]. 北京:冶金工业出版社,1990.
[24] 李相然,赵春富,张绍河．工程建设加固技术丛书——地下与基础加固技术[M]. 北京:中国建筑工业出版社,2005.
[25] 尚岳金,王清,蒋军,等．地质工程学[M]. 北京:清华大学出版社,2006.
[26] 张倬元．工程地质分析原理[M]. 北京:地质出版社,1994.
[27] 徐则民,黄润秋,范柱国,等．长大隧道岩爆灾害研究进展[J]. 自然灾害学报．2004,13(2).

第7章 辅助作业

在岩巷施工中，掘进和喷锚支护、模筑混凝土支护为基本作业。辅助作业是指为基本作业提供必要的施工条件，并直接为其服务的作业。例如，作业人员需要新鲜空气，工作面需要照明，掘进和支护作业中需要供给压缩空气、电力、压力水和排水。辅助作业包括通风与防尘、压缩空气供应、施工供水与排水、施工供电与照明等。

7.1 作业环境卫生标准

岩巷工程的作业环境卫生标准，主要有空气中有害物质（有毒物质和粉尘）的浓度、温度、噪声和照度标准等。

7.1.1 空气卫生标准

目前，《公路隧道施工技术规范》（JTG F60—2009）空气卫生标准中的有毒气体和粉尘的允许浓度已采用《工业场所有害因素职业接触限值》（GBZ2—2002）中的有毒气体和粉尘的职业接触限值。现在，《工业场所有害因素职业接触限值》（GBZ2—2002）已修订为《工业场所有害因素职业接触限值 第1部分：化学有害因素》（GBZ2.1—2007）和《工业场所有害因素职业接触限值 第2部分：物理因素》（GBZ2.2—2007）。

7.1.1.1 职业接触限值

职业接触限值（OEL）是职业性有害因素的接触限制量值，是指劳动者在职业活动过程中长期反复接触，对绝大多数接触者的健康不引起有害作用的容许接触水平。化学有害因素的职业接触限值包括时间加权平均容许浓度、短时间接触容许浓度和最高容许浓度三种。

A 时间加权平均容许浓度（PC-TWA）

时间加权平均容许浓度（PC-TWA）是指以时间为权数规定的8h工作日、40h工作周的平均容许接触浓度。它是评价工作场所环境卫生情况和劳动者接触水平的主要指标。在评价职业病危害的控制效果时，尤其应着重进行时间加权平均容许浓度的监测、评价。

B 短时间接触容许浓度（PC-STEL）

短时间接触容许浓度（PC-STEL）是指在满足时间加权平均容许浓度的前提下，容许短时间（15 min）接触的浓度。要求在监测时间加权平均容许浓度的同时，对浓度变化较大的工作地点，进行该项监测、评价。它是与8 h时间加权平均容许浓度相配套的一种短时间接触限值，即使当日的8 h时间加权平均容许浓度符合要求，短时间接触浓度也不应超过短时间接触容许浓度。目的是防止劳动者接触过高的波动浓度，避免引起刺激、急性伤害或影响健康。粉尘的短时间接触容许浓度为该粉尘的时间加权平均容许浓度的接触上限值。

C 最高容许浓度(MAC)

最高容许浓度(MAC)是指工作地点[1]在一个工作日内任何时间有毒化学物质均不应超过的浓度。最高容许浓度是对急性伤害大、刺激作用强和(或)危害性较大的有毒物质而制定的最高容许接触限值。工作场所中有毒物质的浓度必须控制在最高容许浓度以下，任何情况都不容许超过此限值。

7.1.1.2 空气卫生标准

岩巷工程内空气卫生状况的主要影响因素是爆破产生的有毒气体。常用的碳氢氧型炸药在爆炸时，生成的最有害气体是一氧化碳和氮的氧化物。目前，在隧道工程中很多是采用柴油施工机械和无轨运输出渣，使作业环境发生了很大变化。柴油机械排放的气体，尤其是氮氧化物(NO_x)[2]产生量比CO产生量大，已成为不容忽视的因素。有毒气体不但污染环境，还严重危害作业人员的身体健康和生命安全。

掘进工作面作业环境的空气，应符合下列卫生标准：

(1) 空气中的氧气含量在作业过程中应始终保持在19.5%以上。

(2)《爆破安全规程》(GB6722—2003)规定的地下爆破作业点有害气体允许浓度如表5-32所示。《工业场所有害因素职业接触限值 第1部分：化学有害因素》(GBZ2.1—2007)规定了工作场所[3]空气中化学物质的允许浓度，取其中与表5-32对应的有毒气体种类的允许浓度，如表7-1所示。

表7-1 岩巷工作场所空气中有毒气体允许浓度 (mg/m^3)

名称			时间加权平均容许浓度(PC-TWA)	短时间接触容许浓度(PC-STEL)	最高容许浓度(MAC)
一氧化碳(CO)	非高原		20	30	—
	高原	海拔2000~3000m	—	—	20
		海拔>3000m	—	—	15
二氧化碳(CO_2)			9000	18000	—
二氧化氮(NO_2)			5	10	—
一氧化氮(NO)			15	30	—
二氧化硫(SO_2)			5	10	—
硫化氢(H_2S)			—	—	10
氨(NH_3)			20	30	—

注：表中有毒气体均无潜在化学致癌性。

[1] 工作地点是指劳动者从事职业活动或进行生产管理而经常或定时停留的岗位作业地点。

[2] 《环境空气质量标准》(GB3095—1996)修改单(国家环境保护总局文件环发[2000]1号)取消了氮氧化物(NO_x)指标，改用一氧化氮(NO)。

[3] 工作场所是指劳动者进行职业活动的全部地点。

对比表 7-1 和表 5-32 可知,《工业场所有害因素职业接触限值 第 1 部分:化学有害因素》对 PC-TWA 的规定要严于《爆破安全规程》。

(3) 掘进工作面主要是游离二氧化硅(SiO_2)粉尘,喷射混凝土工作面主要是游离二氧化硅粉尘和水泥粉尘。根据《工业场所有害因素职业接触限值 第 1 部分:化学有害因素》的相应规定,工作场所空气中的粉尘容许浓度如表 7-2 所示。在复合 PC-TWA 的前提下,短时间接触粉尘的超限倍数为 PC-TWA 的两倍。由表 7-2 可见,硅尘允许浓度要严于执行多年的作业地点粉尘含量大于 10% 的允许浓度为 2 mg/m³ 的标准。

表 7-2 岩巷工作场所空气中粉尘允许浓度 (mg/m^3)

名称		时间加权平均容许浓度(PC-TWA)		潜在化学致癌性分类
		总粉尘①	呼吸性粉尘②	
硅尘	10% ≤游离 SiO_2 含量≤50%	1	0.7	G1(结晶型)③
	50% <游离 SiO_2 含量≤80%	0.7	0.3	
	游离 SiO_2 含量 >80%	0.5	0.2	
煤尘(游离 SiO_2 含量 <10%)		4	2.5	
水泥粉尘(游离 SiO_2 含量 <10%)		4	1.5	
电焊烟尘		4	—	G2B④

① 总粉尘是指可进入整个呼吸道(鼻、咽和喉、胸腔支气管、细支气管和肺泡)的粉尘,简称总尘。技术上是用总粉尘采样器按标准方法在呼吸带测得的所有粉尘。

② 呼吸性粉尘是指按呼吸性粉尘标准测定方法所采集的可进入肺泡的粉尘粒子,其空气动力学直径均小于 7.07 μm,空气动力学直径 5 μm 粉尘粒子的采样效率为 50%,简称吸尘。某颗粒物(任何形状和密度)与相对密度为 1 的球体在静止或层流空气中若沉降速率相等,则球体的直径称为该颗粒物的空气动力学直径,又称气体动力学当量直径。

③ G1 是国际癌症研究中心(IARC)对化学物质的潜在化学致癌性分类的致癌性标识,表示为确认人类致癌物。

④ G2B 同上,表示为可疑人类致癌物。

(4) 有毒气体和粉尘的测定应按《工作场所空气中有害物质监测的采样规范》(GBZ159—2004)进行,如无规定时,也可用国内公认的测定方法检测。

(5)《锚杆喷射混凝土支护技术规范》(GB50086—2001)规定,喷锚作业区的粉尘浓度不应大于 10 mg/m³;测点位置、取样数量应符合表 7-3 的规定。占总数 80% 及以上的测点试样的粉尘浓度应符合粉尘容许浓度,其他试样不得超过 20 mg/m³。每半月至少应测定一次。

表 7-3 喷射混凝土粉尘测点位置和取样数量

测尘地点	测点位置	取样数/个
喷头附近	距喷头 5.0 m、距底板 1.5 m 高,下风侧设点	3
喷射机附近	距喷射机 1.0 m、距底板 1.5 m 高,下风侧设点	3
洞内拌料处	距拌料处 2.0 m、距底板 1.5 m 高,下风侧设点	3
喷射作业区	岩巷的跨中,距底板 1.5 m 高,作业区下风侧设点	3

注:粉尘采样应在喷射混凝土作业正常、粉尘浓度稳定后进行,每个试样的取样时间不得少于 3 min。

7.1.1.3 工作场所气象条件

工作场所的空气温度不得超过 28°C,超过时应采取降温或其他防护措施。《工业场所有害因素职业接触限值 第 2 部分:物理因素》(GBZ2.2—2007)规定,井下采掘工作场所的气象条件应符合表7-4的规定。

表7-4 井下采掘工作场所的气象条件

干球温度/℃	相对湿度/%	风速 v/m·s^{-1}	备 注
≤28	不规定	$0.5<v\leq1.0$	上 限
≤26		$0.3<v\leq0.5$	—
≥18		$v\leq0.3$	增加工作服保温量

注:上限值不是舒适限值,劳动者仍有一定的闷热感,但可保证不发生中暑,并能防止常见病、多发病的高发。

7.1.2 噪声标准

噪声是声音的一种,是人不需要的、使人感到厌烦的声音。生产过程中产生的噪声称为生产性噪声,也称工业噪声。岩巷施工中的噪声源,主要有凿岩、爆破、装岩及运输、喷射混凝土、局部通风机及空压机等。岩巷内的噪声与洞外不同,在同等水平条件下,由于洞内空间的限制,将更为严重些。国家原规定,工作场所操作人员每天连续接触噪声8h,噪声声级卫生限值❶为85~90dB(A)。矿山和隧道等工程取上限,规定噪声不宜大于90dB。

《工业场所有害因素职业接触限值 第2部分:物理因素》(GBZ2.2—2007)规定的噪声职业接触限值为:每周工作5d,每天工作8h的稳态噪声限值和非稳态噪声❷限值均为85dB(A);每周工作5d,每天工作时间不等于8h,需计算8h等效声级,限值为85dB(A);每周工作不是5d,需计算40h等效声级,限值为85dB(A),如表7-5所示。

表7-5 工作场所噪声职业接触限值

接触时间	接触限值/dB(A)	备 注
5天/周 =8h/天	85	非稳态噪声计算8h等效声级
5天/周≠8h/天	85	计算8h等效声级
≠5天/周	85	计算40h等效声级

《工业企业设计卫生标准》(GBZ1—2002)规定,每天接触噪声8h的噪声声级卫生限值为85dB(A);对于操作人员每天接触噪声不足8h的场合,可根据实际接触噪声的时间,按接触时间减半、噪声声级卫生限值增加3dB(A)的原则,确定其噪声声级限值,但最高限值不得超过115dB(A),见表7-6。

表7-6 工作地点噪声声级的卫生限值

日接触噪声时间/h	8	4	2	1	1/2	1/4	1/8	最高限
卫生限值/dB(A)	85	88	91	94	97	100	103	115

❶ 噪声对人们的危害程度,除噪声的强度和频率外,还有作用时间。反映这三者作用效果的噪声量度称等效连续声级。这里的卫生限值即是等效连续声级。噪声等效声级(简称LEQ)是指在规定的时间内,某一连续稳态噪声的A计权声级,具有与时变的噪声相同的均方A计权声级,则这一连续稳态声的声级即为此时变噪声的等效声级。

❷ 稳态噪声是指在观察期间,采用声级计的"慢挡"动态特性测量时,声级波动小于3dB(A)的噪声;非稳态噪声是指在观察期间,采用声级计的"慢挡"动态特性测量时,声级波动不小于3dB(A)的噪声。

7.1.3 照度标准

光源每秒发出的可见光量之和称为光通量，它反映的是发光量，单位是流明(lm)。光照到不同物体上，被照亮物体单位面积上的入射光通量，称为照度。照度的单位是勒克斯(lx)，$1\ lx = 1\ lm/m^2$。当照度为0.1 lx时，人们能大致看清周围物体；照度为20 ~ 30 lx时，人们可以工作。200 lx照度相当于日光不直接照在露天地面上，人眼感觉最舒服。

岩巷施工照明应符合下列规定：

(1) 岩巷内的照明应充足、均匀，尽量缩小照明的明暗差别，并不得有闪烁现象；

(2) 采用普通光源照明时，其照度应满足表7-7的要求。不安全因素较大的地段应加大照度。表7-7的标准借鉴了国外隧道施工的规定，对以往标准作了较大的提高。

表7-7 岩巷施工照明标准 (lx)

施工作业地段	最小照度
掘进工作面	50
其他作业地段	30
运输通道	15
成洞地段	10

7.2 局部通风与综合防尘

在岩巷施工中，由于人员呼出二氧化碳，凿岩、爆破和出渣时产生大量粉尘，爆破更是产生有毒气体，如有内燃机械作业，它将排出大量有害尾气等，这些都使岩巷内的空气受到严重污染。掘进工作面为独头岩巷，空气流通困难，一般需采用机械强制通风。为岩巷提供足够的新鲜空气，冲淡、排除有害气体和降低粉尘浓度，使工作面的空气质量达到作业环境卫生标准，以改善劳动条件，保障作业人员身体健康。

7.2.1 局部通风方式

局部通风是指在未贯通的岩巷内进行掘进作业时，用以排出有害气体、粉尘、污浊空气和送入新鲜风流进行稀释的机械通风，又称独头岩巷通风。掘进工作面一般为独头岩巷，空气难以流通，而掘进作业又会使空气受到严重污染。当掘进的独头岩巷长度小于150 m时，依靠洞内、外的温差或高差产生的空气对流，形成的自然通风一般可以满足施工需要。当独头岩巷的掘进长度超过150 m时，应采用机械通风，它还可降低工作面的温度。

7.2.1.1 基本通风方式

岩巷施工一般采用风筒式通风，即采用局部通风机(简称局扇)与风筒，在工作面形成局部风流的系统。风筒式通风的设备简单、灵活方便、易于拆卸。但由于通风断面小，风筒随着工作面的推进需要不断接长，使通风阻力增大。局部通风方式按岩巷内空气的流向可分为压入式、抽出式和混合式三种。通风方式应根据岩巷掘进长度、断面规格、施工方法、设备条件等综合确定，宜采用压入式或混合式通风。

A 压入式通风

压入式通风是指局部通风机将新鲜风流经风筒压送到工作面，而污浊空气则经岩巷排出的通风方式（见图7-1a）。为保证通风效果，局部通风机及其启动装置应安装在有新鲜空气流过的岩巷内，进风口在上风侧，并距掘进岩巷的出口不得小于10 m，以免产生循环风流。为尽快排出工作面的炮烟，风筒排风口距工作面的距离不宜大于10 m。压入式通风送入的是新鲜空气，温度相对较低，通风设备宜安装在岩巷断面的偏下部位。当掘进岩巷出口处的炮烟浓度降到允许浓度时，即认为排烟过程结束。

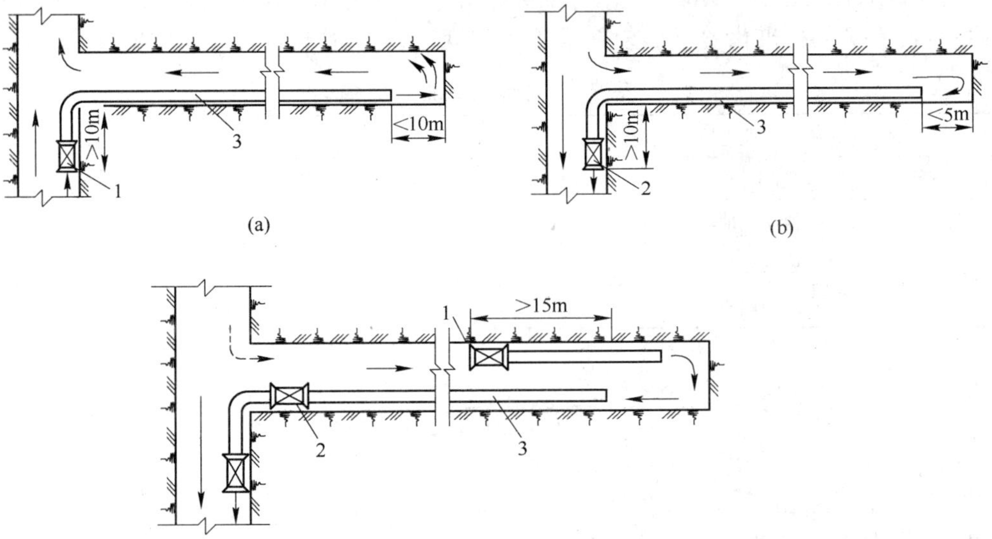

图7-1 三种通风方式安装要求

（a）压入式通风；（b）抽出式通风；（c）混合式通风

1—压入式通风机；2—抽出式通风机；3—风筒

压入式通风的优点是：风筒送风口的射流有效射程较长，能迅速稀释和排出工作面的炮烟；回风不通过局部通风机，通风安全；回风沿岩巷流出，沿途可带走掘进岩巷内的粉尘和有害气体；为正压通风，可用普通橡胶或塑料柔性风筒，安装和连接较方便。它的缺点是：有害气体流经整个掘进岩巷，造成环境污染，不利于其他作业人员；若将整个岩巷的空气都稀释到允许浓度，需要压入的风量较大；如果风筒连接不好，漏风较严重。

压入式通风适用于长度较短的岩巷通风，单机可用于100～400 m的独头岩巷通风，多机串联后可用于400～800 m的独头岩巷通风。

B 抽出式通风

抽出式通风是指局部通风机将工作面的污浊空气吸入风筒后排出的通风方式，此时工作面处于低压状态，新鲜风流将经岩巷流入工作面，形成空气对流（见图7-1b）。风筒的抽出口与工作面的距离不得超过5 m，排风口必须安装在主要岩巷风流的下风侧，并距掘进岩巷出口不小于10 m。抽出的炮烟及内燃机械排放的废气，温度相对较高，通风设备宜安装在岩巷断面的中上部。当炮烟抛掷区❶内的炮烟浓度降到允许浓度时,即认为排烟过程结束。

抽出式通风的优点是:回风不污染岩巷;排出炮烟所需的风量较小;在有效吸程❷内排尘的效果较好。但由于风筒吸风口的有效吸程较短,只有在风筒口离工作面很近的条件下,才能取得满意的效果。这样在爆破时风筒易被石块砸坏。此外,由于回风流经局部通风机,当工作面有瓦斯涌出时,如果叶轮与机壳相碰或其他原因产生火花,可能引起瓦斯爆炸,因此有瓦斯涌出时禁止采用。抽出式通风适用于长度在400 m以内的独头巷道通风,但一般很少单独使用,常与压入式通风配合组成混合式通风。

C 混合式通风

混合式通风是用两台局部通风机,分别经风筒将新鲜风流压送到工作面,并将工作面的污浊空气排出的通风方式(见图7-1c)。混合式通风是以抽出为主,压入为辅。压入式局部通风机可随掘进工作面的推进及时向前移动。混合式通风应注意如下事项:

(1)两个风筒布置在岩巷的两侧,且抽出风筒在上面,压入风筒在下面;

(2)抽出风量应比压入风量大20%~30%,以防有害气体在岩巷内扩散;

(3)抽出风筒口到工作面的距离应大于炮烟抛掷长度,压入风筒口到工作面的距离应小于或等于压入风流的有效射程❸,一般不大于5 m;

(4)抽出风筒的吸风口应滞后压入风筒的排风口5 m以上,压入局部通风机可装在掘进岩巷内,但其吸风口距抽出风筒的吸风口不应小于15 m,以防形成风流短路;

(5)当一组局部通风机向前移动时,另一组局部通风机的风筒应相应接长,并保持两组风筒吸风口的交错距离。

混合式通风兼有压入式和抽出式通风的优点,整个岩巷及工作面的空气都新鲜。但压入式局部通风机靠近工作面,噪声较大,同时安装及管理较复杂。它适用于长度为800~1500 m的独头掘进岩巷的通风。

7.2.1.2 长岩巷通风

长岩巷由于风筒长,使其风阻和漏风增大,给通风造成一定的困难。为此,多采用混合式通风,使用大功率局部通风机及大直径风筒,可采用单节长度大的柔性风筒,并保证风筒的连接质量。同时,局部通风机应具有50%的储备功率。为克服较大的通风阻力,常采取多台局部通风机串联工作,局部通风机应采用同一型号,也可采用子午加速局部通风机或对旋式局部通风机。根据近年来我国隧道工程的通风实践,不同长度的隧道推荐采用以下三种通风形式:

(1)独头掘进岩巷长度小于800 m时,可用1台37 kW或55 kW的轴流风机,风筒直径宜为0.7~1.0 m;

(2)独头掘进岩巷长度为1500 m左右,可用2台55 kW轴流风机或2台37.5 kW的变

---

❶ 炮烟抛掷区即爆破后的炮烟弥漫区。炮烟抛掷区长度即是炮烟弥漫长度。

❷ 抽出式通风为负压通风,在风筒吸口附近形成一股流入风筒的风流。距吸口越远风速越小,能吸入炮烟的距离称为有效吸程。

❸ 工作面爆破后,炮烟充满迎头形成炮烟抛掷区。风流由风筒射出后,形成紊动射流使炮烟被卷吸到射出的风流中,它们掺混后共同向前移动。风流从风筒出口到转向点的距离,称为有效射程。

速多级风机串联,风筒直径宜为1.0m;

(3) 独头掘进岩巷长度大于2000m时,可用2台110kW轴流风机串联,风筒直径宜为1.0~1.2m。

串联局部通风机按其布置方式,可分为集中串联和间隔串联两种。集中串联是将两台局部通风机连接在一起,它的风压大,全长均处于正压状态,可防柔性风筒抽瘪,管理方便(见图7-2a)。但靠近局部通风机的风筒承受风压较高,漏风较大,柔性风筒容易胀裂。间隔串联是将两台或几台局部通风机分散串联在风筒中间,它的风压分布较均匀,风筒承压较低,漏风较少(见图7-2b),但管理较复杂。当两台局部通风机相距过远时,其连接风筒可能出现负压段,产生污风循环或抽瘪柔性风筒现象(见图7-2c)。一般两台局部通风机的间距不宜超过风筒全长的40%。长岩巷通风通常采用集中串联方式,局部通风机之间用短(5~8m)的柔性风筒或刚性风筒。当风压过大可能胀破风筒时,可采用间隔串联方式。

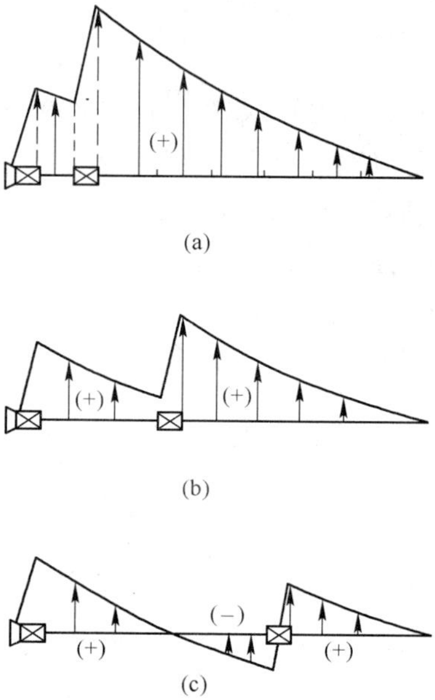

图7-2 局部通风机串联布置的全长风筒风压
(a) 集中串联;(b) 间隔串联;(c) 局部通风机间距过远

20世纪70年代,我国某煤矿的送风距离达到3795m,工作面的风量仍可达到85m^3/min,另一钨矿在903m长的独头掘进巷道,工作面的风量达到97m^3/min。20世纪90年代,当时我国最长的秦岭铁路隧道,在长达18.4km的隧道施工中,解决了独头9.0km(断面为28~31m^2)的通风技术。主要措施是采用大风量、高风压的轴流风机,高强度低摩阻的柔性风筒。风筒采用试生产的柔性涂覆布,直径达1.3m,每节长度为25~32m,最长一节为100m。实测全程平均百米漏风率为1.03%,风筒末端的风量为420~473m^3/min。爆破后30~40min,掘进工作面的CO含量降为99×10^{-6}、NO_x含量降为2.5×10^{-6},粉尘的质量浓度降至1.44~2.1mg/m^3。挪威在修建24.5km的双向公路隧道中,未采用巷道通风(即平行导坑的辅助通风)方式,只采用风筒的局部通风便完成了施工。

7.2.2 通风设备

岩巷工程常用的通风设备有局部通风机和风筒。局部通风机、辅助通风机和导风筒及风筒涂覆布分别属于国家实施安全标志管理的通风装备和矿用非金属制品,必须采购、使用已取得安全标志的产品。

7.2.2.1 局部通风机

通风机是由输入的机械能来提高气体压力并排送气体的机械,是一种从动的流体机械。通风机按气体流动方向的不同,常用的有轴流式和离心式两种。离心通风机主要由叶轮和蜗形机壳组成。当电机带动叶轮旋转时,叶片流道间的空气随叶片旋转,在离心力作用下经叶端被抛出叶轮，进入机壳。在机壳内速度逐渐减小，压力逐渐升高并排出。与此同时，在叶根处形成较低的压力(低于进风口压力)，外部空气在压差的作用下自叶根流入叶道，如此便形成连续的流动。气体在叶轮内的流动主要是在径向平面内，因此又称径流通风机。轴流式通风机一般由叶轮、圆筒形机壳和集流器等组成。当电机驱动叶轮在机壳内旋转时，处于叶片迎面的气流受挤压，静压增加；而叶片背面的气体静压降低。于是叶片迎面的高压气流由叶道沿轴向排出，同时叶轮入口处形成负压而将外界气体吸入叶轮，如此便形成连续的流动。轴流式通风机的风量大、效率高、结构紧凑、重量轻，但风压较低。

局部通风机是直接安装在风筒上的轴流式或其他类型的通风机，主要用于掘进岩巷的局部通风。这要求它的体积小、效率高、噪音低、坚固耐用，一般均采用轴流式通风机。我国长期以来使用仿制苏联的 JBT 系列普通轴流式局部通风机。1980 年以来，开始研制不同类型的局部通风机，主要有普通轴流式、子午加速和对旋式等局部通风机。

A 普通轴流式局部通风机

普通轴流式局部通风机的结构简单，性能基本可满足局部通风要求(见图 7-3)。但它的风量、风压偏低，全风压效率只有 60% ~70%，噪声高达 103 ~ 118 dB(A)。JBT 系列轴流式局部通风机的主要参数见表 7-8。

图 7-3 JBT 轴流式通风机

表 7-8 JBT 系列通风机型号及主要参数

型 号	叶轮直径 /mm	转 速 /$r \cdot min^{-1}$	全风压/Pa	风 量 /$m^3 \cdot min^{-1}$	电机功率 /kW	级 数	质量/kg
JBT-41	400	2900	147.2 ~ 735.6	75 ~ 112	2	1	120
JBT-42			294.3 ~ 1471.5		4	2	150
JBT-51	500		245.3 ~ 1177.2	145 ~ 225	5.5	1	175
JBT-52			490.5 ~ 2354.4		11	2	235
JBT-61	600		343.4 ~ 1569	250 ~ 390	14	1	315
JBT-62			686.7 ~ 3139.2		28	2	410

B 子午加速通风机和斜流式通风机

子午加速通风机的特点是叶轮子午流道截面沿流动方向逐渐减小，使气流的子午速度逐渐增加，气流进、出口相对速度比值增大。它的压力系数高，在叶片安装角足够大时，单级子午加速通风机的压力和全压效率可与普通型双级轴流风机相当，而结构较为简单。BKJ67-11/KJ67-11 系列和 GKJ 系列通风机为子午加速通风机的典型代表。GKJ 系列的风量为 2 ~ 4 m^3/s，风压为 780 ~ 3100 Pa，全压效率为 82% ~86%，噪声为 84 ~ 99 dB(A)。BKJ67-11/KJ67-11 系列的机号有 No. 3. 2、No. 3. 8、No. 4. 5、No. 5. 0、No. 5. 6、No. 6. 3、No. 7. 1、No. 8、No. 9(叶轮直径 ϕ320 ~ 900 mm)等 9 个(见图 7-4)。BKJ67-11 系列配用 KB 型矿井隔爆电动机，为防爆型通风机。

BKJ67-11/KJ67-11 系列通风机的性能曲线如图 7-5 所示，主要参数见表 7-9。它的结构紧凑，体积小，重量轻。同时，最高效率达 90%，且高效区宽，比 JBT 系列提高 15% ~ 30%；噪声比 JBT 系列降低 5 ~ 8 dB(A)。BKJ67-11/KJ67-11 系列通风机的送风距离为 80 ~ 600 m，串联通风可达 1200 m。

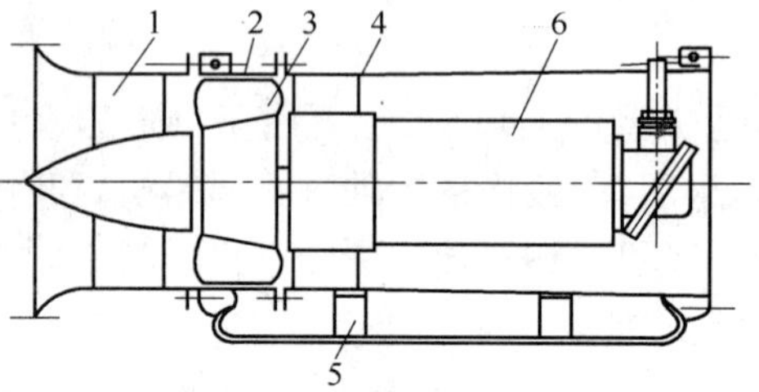

图 7-4 BKJ67-11/KJ67-11 型子午加速通风机构造

1—前风筒；2—主风筒；3—叶轮；4—后风筒；5—滑架；6—电动机

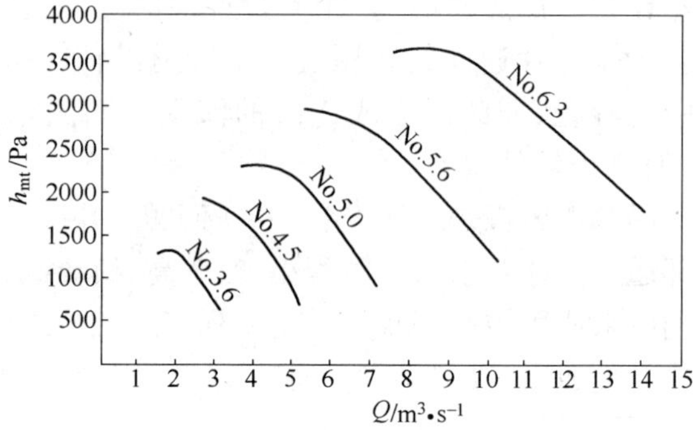

图 7-5 BKJ67-11/KJ67-11 型子午加速通风机性能曲线图

表 7-9 BKJ67-11/KJ67-11 型局部通风机的主要技术参数

机 号	叶轮直径 /mm	转 速 /r · min^{-1}	全风压 /Pa	风 量 /m^3 · min^{-1}	电机功率 /kW
No. 3. 6	360	2950	600 ~ 1200	80 ~ 150	2. 5
No. 4. 0	400	2950	800 ~ 1500	120 ~ 210	5. 0
No. 4. 5	450	2950	1000 ~ 1900	170 ~ 300	8. 0
No. 5. 0	500	2950	1200 ~ 2300	240 ~ 420	15
No. 5. 6	560	2950	1500 ~ 2900	330 ~ 570	22
No. 6. 3	630	2950	2000 ~ 3700	470 ~ 800	42

斜流式通风机采用锥形轮毂叶轮，叶轮为轴流式风机的变形，气流沿叶片中心为散射形，并向气流方向倾斜，又称混流式通风机(见图 7-6)。

(a) (b) (c)

图 7-6 斜流式局部通风机

(a) SJG 系列鼓形风筒；(b) GXF 系列直形风筒；(c) 外包消声型风筒

斜流式通风机的流量大于离心式风机，全压高于轴流式风机，体积小于离心式风机。它的高效运行区宽，压力范围介于单级轴流式通风机和对旋式通风机之间，风压值为同直径单级轴流风机的2倍，相当于普通双级轴流式风机；静压效率高、噪声低，在整个工作区间内，其本体(级)噪声只有85~95 dB(A)。

C 对旋式通风机

对旋式通风机是具有旋转方向相反的两个或两个以上叶轮的局部通风机。它分为压入式对旋通风机和抽出式对旋局部通风机。对旋式通风机由集流器、机壳、两级叶轮及电动机和消声扩散筒等组成，它采用外包复式消声装置(见图7-7)。风机的I级、II级叶轮分别由两个型号及容量相同、旋转方向相反的隔爆专用电动机驱动。气流通过集流器流入I级叶轮，再经II级叶轮升压排出，两级叶轮互为导叶。

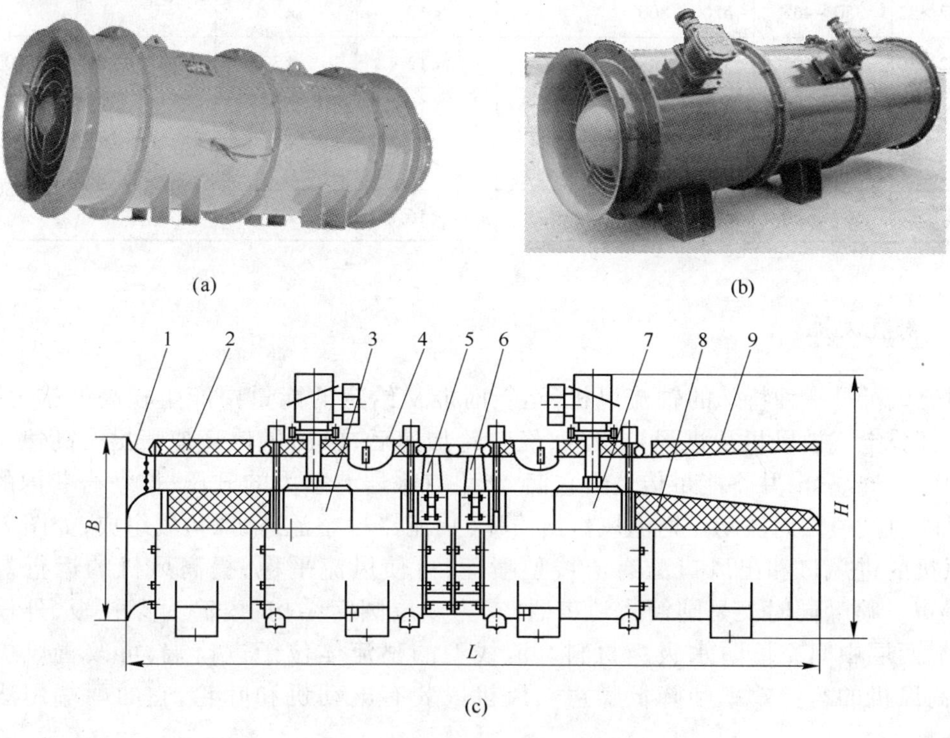

图7-7 矿用低噪声对旋式通风机

(a) FD系列(非隔爆型)外形；(b) FBD系列(隔爆型)外形；(c) FBDII系列构造

1—集流器；2—前消声筒；3—I级电动机；4—机壳；5—I级叶轮；

6—II级叶轮；7—II级电动机；8—扩散器；9—消声层

对旋式局部通风机具有效率高、风压高(即出口风速大)、流量大、送风距离远、噪声低、比A声级❶不大于16 dB(A)等特点。此外，根据不同通风要求，既可整机使用，又可分级使

❶ 比A声级是指通风机在单位流量(1 m^3/min)和单位全压(1 mmHg)下所产生的A声级。用它可以更好地表征通风机的噪声性能，因为风机噪声的声级，不仅与其结构形式有关，还与其工况(全压和风量)有关。因此，目前国内外多采用比A声级作为通风机噪声的限值指标。

用，以减少能耗。1995 年以来，对旋式局部通风机已大量用于煤矿的掘进工程中。FBDII 系列对旋式局部通风机设有不停机加、排油装置，可在运行中进行注油、排油，使电机在恶劣环境下可长期可靠地安全运行。它的主要技术指标及推荐风筒直径和有效通风距离如表 7-10 所示。

表 7-10 FBDII 系列对旋式局部通风机主要技术指标

机 号	风 量 /$m^3 \cdot min^{-1}$	全风压 /Pa	效率 /%	比 A 声级 /dB(A)	电机功率 /kW	推荐风筒直径/mm	有效通风距离/m
No. 5/2 × 7.5	170 ~ 300	3600 ~ 400	81	< 10	2 × 7.5	500	1000
No. 5.6/2 × 15	230 ~ 390	5000 ~ 550	85	< 12	2 × 15	600	1500
No. 6/2 × 18.5	285 ~ 470	5700 ~ 650	83	< 12	2 × 18.5	700	1500
No. 6.3/2 × 22	350 ~ 465	5200 ~ 800	81	< 12	2 × 22		
No. 6.7/2 × 30	420 ~ 600	6000 ~ 1500	83	< 12	2 × 30	800	2000
No. 6.7/2 × 37	450 ~ 650	6300 ~ 1500	83	< 12	2 × 37		2500
No. 7.5/2 × 45	530 ~ 710	7100 ~ 1500	83	< 12	2 × 45	1000	3500
No. 8/2 × 55	660 ~ 950	7100 ~ 1500	81	< 16	2 × 55	1200	

D 射流风机

射流风机是一种特殊的轴流风机，运行时能从给定的能量中产生较高的推力，流经岩巷的部分空气被风机从进风口吸入，经叶轮加速后，由出风口高速喷出。高速气流与岩巷内的空气混合，并将能量传送给它们，产生克服岩巷阻力的升压，推动岩巷内的空气沿风机喷射气流方向流动。射流风机由喷嘴（集流器）、整流体、风机段组成，如图 7-8 所示。风机的进风口和出风口配有流线型喷嘴，可使风流平稳，提高风机的运行效率和降低噪声。喷嘴同时又是圆筒式消声器，它为双层圆筒结构，内筒为穿孔板，外筒由钢板制成，两层中间充填防水吸声材料。流线型的整流体位于进口端，可改善风机内流场，提高风机的运行效率和降低噪声。风机段装有电动机和叶轮，它的两端用法兰与喷嘴连接。

射流风机具有能耗低、推力高、安装容易、维护简便等优点。它一般悬挂在隧道的顶部或两侧，不需要连接风筒，不占用交通面积，是一种很经济的通风方式。射流风机主要用于运营隧道，用作接力式通风。在施工岩巷中，当风速过小时，可用它来提高岩巷内的风速。

7.2.2.2 风筒

风筒是引导风流沿着一定方向流动的管道，用于和局部扇风机配合进行局部通风。风筒分为刚性风筒和柔性风筒。刚性风筒可用于各种通风方式，坚固耐用。但单节长度小、接头多，笨重、搬运和安装不便，在弯曲岩巷中使用困难。柔性风筒轻便，安装、运输和贮存方便，但容易被划破。刚性风筒有钢制风筒和玻璃钢风筒等，其规格参见表7-11。

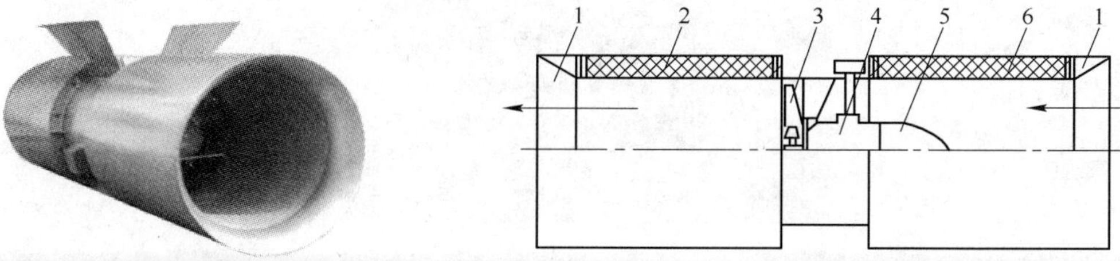

(a) (b)

图7-8 射流风机

(a) 外形图；(b) 结构示意图

1—喷嘴；2—出风消声器；3—叶轮；4—电动机；5—整流体；6—进风消声器

表7-11 刚性风筒规格

名　称	直径/mm	长度/m	壁厚/mm	法兰厚/mm	质量/kg·m^{-1}
钢制风筒	400	2.0、2.5	2.0	8	23.4
	500/600	2.5、3.0	2.0		28.3/34.8
	700	2.5、3.0	2.5		46.1
	800/900/1000	3.0	2.5		54.5/60.8/68.0
玻璃钢风筒	700	3.0	2.2	8	12
	800	3.0	2.5		14

以前，由于我国生产的柔性风筒结构陈旧、接头气密性差、通风阻力大、不能用于抽出式通风等问题长期未能解决，因此岩巷施工多采用刚性风筒。近年来，我国研制出涂覆布柔性风筒，并可用于抽出式通风。它按适用的通风方式分为正压风筒和负压风筒。正压风筒如图7-9所示，负压风筒是在涂覆布的里面加有螺旋弹簧钢丝或钢圈（见图7-10）。风筒节与节的连接采用快速接头软带，结构如图7-11所示。

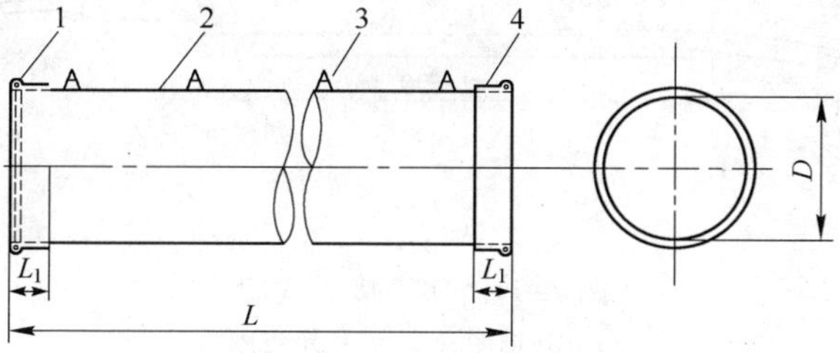

图7-9 涂覆布正压风筒

1—端圈；2—吊环安装线；3—吊环；4—反边

涂覆布风筒采用圆周经、纬向无缝的筒状风筒涂覆布，经高温热合工艺制作。涂覆布具有阻燃、抗静电性能。涂覆布按织物材料分为玻璃纤维织物、玻棉织物、合成纤维织物；按涂

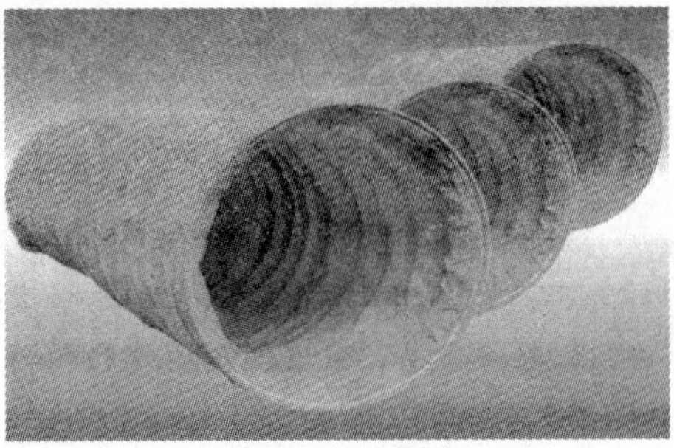

(a)

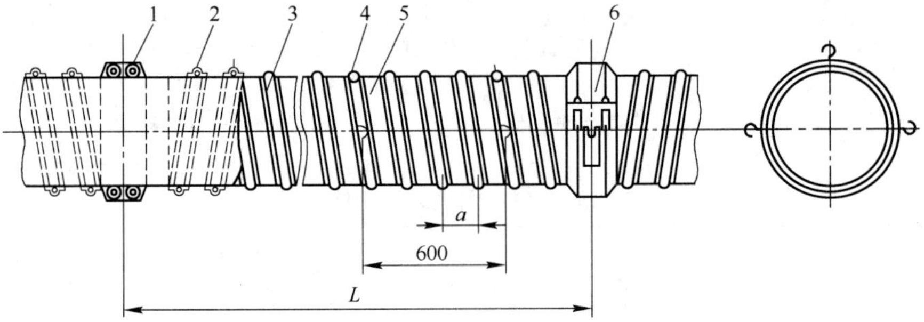

(b)

图 7-10 涂覆布负压风筒

(a) 外形图;(b) 结构示意图

1—接头;2—吊环;3—塑料压条;4—螺旋钢丝;5—风筒体;6—连接软带

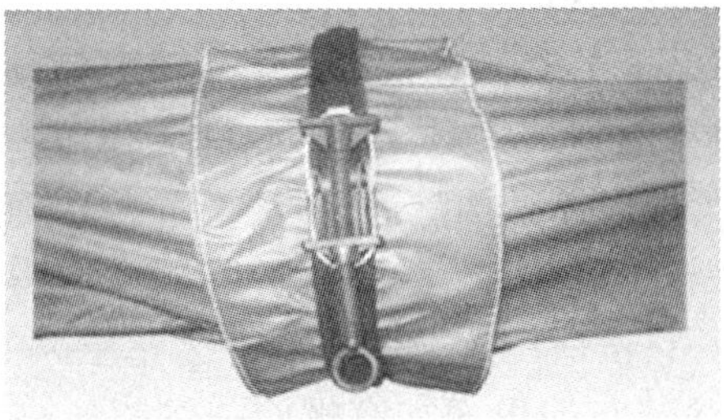

(a)

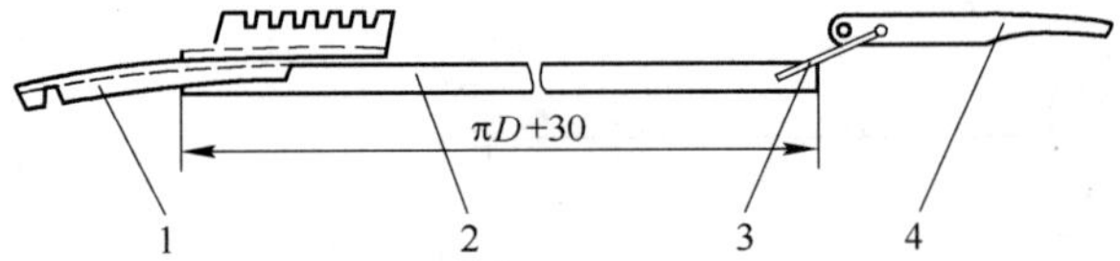

(b)

图 7-11 快速接头软带

(a) 外形图;(b) 结构示意图

1—压板组件;2—软带;3—钢绞线;4—手柄

敷材料分为橡胶、塑料、橡塑混合物,这样相互搭配共有 9 种不同的涂覆布。从而可有 9 种不同涂覆布的涂覆布风筒。涂覆布风筒的规格见表 7-12、表 7-13,百米风阻和漏风率见表 7-14。

表 7-12 涂覆布柔性正压风筒规格尺寸

项 目	公称尺寸	允许偏差
风筒内径 D/mm	300,400,(450),500,600,800,1000	$^{+6}_{0}$
风筒长度 L/m	5,10,20	$^{+100}_{0}$

表 7-13 涂覆布柔性负压风筒规格尺寸

风筒规格/mm	直径及公差		长度及公差		螺旋弹簧钢丝或弹簧钢圈节距 a/mm		弹簧钢丝直径/mm	端圈钢丝直径/mm
	公称直径/mm	公差/mm	公称长度 L/m	公差/mm				
300	300	$^{+6}_{0}$	3,5,10	$^{+150}_{0}$	100	150	5	8
400	400							
500	500						6	9
600	600							
800	800				100	—	7	10
1000	1000	$^{+10}_{0}$			100	—	8	

表 7-14 柔性风筒通风性能

风筒内径/mm	百米风阻/$N\cdot s^2\cdot m^{-8}$		百米漏风率/%	
	正压风筒	负压风筒	正压风筒	负压风筒
300	≤811.0	≤1728.0	≤4.0	≤5.0
400	≤196.0	≤410.0		
(450)	≤122.0			
500	≤54.0	≤134.0		
600	≤24.0	≤54.0		
800	≤6.0	≤13.0		
1000	≤2.0	≤4.0		

注:通风性能为每条风筒长度 10 m 时的数据。

涂覆布风筒具有单节长度大、纵向无接缝、接头紧密、风阻和漏风小、膨胀率低、重量轻、安装方便等特点。它在安装时可以转弯,运输贮存时可折叠。目前,在岩巷掘进中以柔性风筒为主,刚性风筒为辅。瑞典 Gia 公司生产的 Swedvent 柔性风筒,由阻燃型高强度材料制作,直径为 0.2 ~ 3 m,每节长度为 10 ~ 500 m,配有快速接头,安装及维修方便。

7.2.2.3 通风设备的安装与运行

局部通风机应有备用数量,一般为计算能力的 50%。岩巷内的空气每月至少取样分析一次。

A 局部通风机的安装与运行

局部通风机的安装与运行应符合下列要求:

(1) 局部通风机应有保险装置,发生故障时能自动关机。局部通风机安装应牢固,并满足通风设计的要求。

(2) 作业人员进入独头工作面之前,必须先开动局部通风设备,岩巷内有人作业时,不得关闭局部通风机。如需关闭时,受影响的掘进工作面必须停止作业。

(3) 混合式通风的压入和抽出两台局部通风机必须同时开动。

(4) 当岩巷内的风速小于通风要求的最小风速时,可布设射流风机升压,带动岩巷内的空气沿风机喷射气流的方向流动。

(5) 通风防尘工作应有专人负责。

B 风筒的安装与运行

风筒的安装与运行应符合下列要求:

(1) 风筒宜优先采用高强、低阻的阻燃型柔性风筒。每节风筒的长度宜尽量加大,以减少接头数量。靠近局部通风机部分的柔性风筒应使用加强型风筒。

(2) 风筒挂设应平直、牢固,接头严密。弯管半径不得小于风筒直径的3倍,不宜采用90°弯头。采用涂覆布风筒时,每个吊环均应吊挂,即吊挂间距为600 mm,每节风筒的两端距端圈的吊挂间距为200 mm。

(3) 风筒的风口距掘进工作面的距离,应根据设计要求确定。混合式通风的风筒出风口距掘进工作面的距离,应通过计算确定,同时当压入式局部通风机向前移动时,抽出式通风的风筒也应相应接长。

(4) 风筒应设专人经常检查维护,发现风筒破损时,应及时修补或更换,以减少漏风。

7.2.3 通风计算

局部通风机的功率、风筒的直径应根据岩巷独头掘进的通风长度、断面规格、运输方式和通风方式等计算确定。通风计算主要是计算风量、漏风量、风阻(风压)等。详见附录A.8“通风计算”的有关内容。

7.2.3.1 风量计算

局部通风应满足作业环境的劳动卫生要求。局部通风机的通风量应按下列要求分别计算,取其中的最大值:

(1) 按冲淡爆破产生的有害气体计算。有害气体中的CO对人体危害较大,且化学性质较稳定,因此以CO为衡量标准,将其他有害气体都折算为CO含量进行计算[1]。一般折算按1 kg炸药产生40 L的CO计。要求每次爆破后,在20~30 min内排除掘进工作面的炮烟。排除炮烟所需风量与通风时间、炸药量、岩巷断面积等有关。不同的通风方式,排除炮烟的效率不同。

(2) 按满足岩巷内作业人员呼吸所需风量计算。按每人不少于4 m^3/min的标准计算

---

[1] 当采用无轨运输出渣时,柴油机排放的氮氧化物NO_x量比CO量大,已成为不容忽视的因素。与过去以排除CO为主的通风相比,在采用无轨运输时的通风对象主要是NO_x。

同时作业最多人数时所需风量,另加 10% ~20% 的风量备用。

(3) 按冲淡内燃机械产生的有害气体计算。内燃机械作业时排出的有害气体,经通风冲淡后应符合表 7-1 的规定。通常按单位功率所需风量指标计算同时作业的内燃机械所需供风量,金属非金属矿山要求 4 m^3/(min · kW),铁路隧道要求不小于 3 m^3/(min · kW),公路隧道要求不宜小于 4.5 m^3/(min · kW)。

(4) 按排除有害气体所需岩巷最小风速及允许最大风速验算。全断面掘进的风流速度不得低于 0.15 m/s,分部开挖的导洞中风速不得低于 0.25 m/s,但均不得大于 6 m/s。岩巷使用柴油运输设备时,工作面的风流速度应大于 0.5 m/s,巷道的风流速度应大于 0.6 m/s。铁路长大隧道施工经验表明,只要风速达到最小风速,即可稀释同一时间爆破作业产生的有害气体。

此外,若处于高海拔地区,由于气压较低,还需对供风量进行修正。

7.2.3.2 漏风量计算

局部通风机的供风量除满足上面计算的需要风量外,还应考虑漏失的风量,一般用风筒漏风系数来考虑。漏风系数与风筒的材质、直径、总长度及接头质量有关,参见表 7-14。

7.2.3.3 风压(风阻)计算

局部通风机在出风口保持规定风速的条件下,应将所需风量送到工作面。在空气流动时,必须具有一定的通风压力,用以克服风筒对风流产生的阻力。通风阻力即是所需的通风压力。风阻与风压的因次相同,数值相等,方向相反。

风筒的风阻包括摩擦阻力和局部阻力。摩擦阻力是指由于风流与风筒内壁的摩擦及风流中空气分子之间的扰动和摩擦而产生的阻力,也称沿程阻力。局部阻力是指风流经过风筒的转弯、交叉、断面变化等局部位置时,由于风速或气流方向发生突然变化而导致风流本身产生剧烈的冲击,由此产生的阻力。在按通风机的全压曲线选型时,还需计算风筒出口的动压损失。

7.2.3.4 局部通风机和风筒的选择

根据求得的风量和风压两个基本参数,便可从局部通风机的技术性能表或通风机的全压特性曲线(此时还需依据风筒出口的动压损失)中选取合适的局部通风机型号及规格。当计算风量很大,又无大功率通风机时,可采用并联局部通风机方式解决。当风筒较长,需要提高风压时,可采用多台风机串联。

风筒直径应根据通风量、风筒长度及岩巷断面综合考虑确定,并与局部通风机配套。同一管路的风筒直径宜相同。风筒内的风速一般控制在 10 ~ 15 m/s。由于摩擦阻力与风筒直径的 5 次方成反比,因此长大岩巷在净空允许的情况下,应尽量选用大直径风筒。

小断面掘进岩巷的长度为 500 m 左右时,一般功率为 5.5 ~ 14 kW 的局部通风机便可以满足掘进通风的要求。施工现场通常根据经验选取局部通风机和风筒,如表 7-15 所示。FBDII 系列对旋式局部通风机推荐风筒直径和有效通风距离参见表 7-10。

表 7-15 局部通风机和风筒配套经验数据

局部通风机				通风距离 /m	工作面有效风量 /$m^3\cdot min^{-1}$	风筒直径 /mm	备注
BKJ 型	JBT 型	功率/kW	台数				
BKJ60-No. 4	JBT-41	2	1	<300	60~70	400	
2BKJ60-No. 4	JBT-42	4	1	300	60~70	400	
BKJ56-No. 5	JBT-51	5.5	1	<300	120	450~500	
BKJ56-No. 5	JBT-51	5.5	1		60~70	450~500	
2BKJ56-No. 5	JBT-52	11	1	300~500	120	450~500	
BKJ56-No. 5	JBT-51	5.5	1		120	600	
2BKJ56-No. 5	JBT-51	11	1		60~70	450~500	
BKJ56-No. 5	JBT-52	5.5	1	500~1000	60~70	600	
2BKJ56-No. 5	JBT-51	11	1		120	600	
2BKJ56-No. 5		11	1	>1000	60~70	600	
2BKJ56-No. 6	JBT-62	28	1	1500	250	800	风筒节长 50 m
2BKJ56-No. 6		28	2	2000	500	1000	

7.2.4 综合防尘

粉尘危害人体健康，必须采取有效措施降低粉尘浓度。综合防尘措施主要有：湿式凿岩、喷雾洒水、加强通风、个人防护等。实践证明，严格执行综合防尘措施，可以将工作面的粉尘浓度降低到国家规定的标准以下。

7.2.4.1 粉尘的危害与测量

A 粉尘及其危害

在岩巷施工中，凿岩、爆破、出渣、喷射混凝土等作业都会产生粉尘，其中以凿岩和喷射混凝土产生的粉尘最多。掘进工作面的粉尘，凿岩产生的约占总粉尘量的85%，爆破产生的约占10%，出渣只占5%。粉尘中悬浮于空气中的称浮尘，已沉落的称落尘。尘粒大小以其平均直径或其投影的定向长度表示，称为粒度。粉尘按粒度可分为小于2 μm、2~5 μm、5~10 μm和大于10 μm四个粒级。

粉尘对人体的危害程度取决于进入人体的粉尘的物理化学性质、粉尘量、侵入途径和沉着部位等因素。含有游离二氧化硅的粉尘，尤其是含游离二氧化硅70%以上的粉尘，对人体的危害最为严重。粉尘侵入人体的途径主要有：呼吸系统、眼睛、皮肤等，其中以呼吸系统为主要途径，它可导致硅肺病。粉尘的粒径不同对人体的危害也不同，小于10 μm的粉尘能长期悬浮于空气中，捕获困难，最易被吸入人体内，危害性最大。其中荷电粉尘、溶解度小的粉尘、新鲜粉尘、硬度大的粉尘、不规则形状的粉尘对人体危害最大。因此，必须采取综合防尘措施，将工作面的粉尘浓度降至容许浓度（见表7-2）。

B 粉尘的测量

岩巷作业地点应定期测定风速、温度、湿度、粉尘浓度，掌握粉尘浓度的变化情况。掘进工作面应每月至少测定两次，其他工作面可每月测定一次。每月测定一次岩巷内的有毒、有害气体的浓度,每半年测定一次空气成分。粉尘的测定应按《工作场所空气中有害物质监测的采样规范》(GBZ159—2004)进行。喷射混凝土的测点位置、取样数量应符合表7-3的规定。

建立硅尘作业职工健康登记卡片,对接触粉尘满一年的作业人员进行职业性健康检查,并建立健康登记卡片,对患有职业病者,按规定及时予以治疗或调换工作。

7.2.4.2 综合防尘措施

加强通风是防尘的主要措施,但还需采取综合降尘措施,把握减尘、降尘、集尘、排尘及个体防护等环节。

A 减尘

减尘就是减少在凿岩、爆破、出渣和喷射混凝土作业中的粉尘生成量。减尘的主要措施如下:

(1) 净化风源。新鲜风流连续经过几个工作面时,在两个工作面之间或混合式通风系统中两组风筒交错的距离范围内,应根据防尘效果决定是否增加喷雾器,以净化风流中的粉尘。

(2) 控制装药量,避免岩石过度粉碎。

(3) 采用水封爆破。水封爆破是利用装满水的水炮泥袋代替炮泥堵塞炮孔,爆炸后使水变成雾或蒸气,可以吸附粉尘(见图7-12)。

B 降尘

降尘就是使粉尘不飞扬。降尘的主要措施如下:

(1) 凿岩作业应采用湿式凿岩,它可减少80%的粉尘,是降尘的最主要措施。凿岩时必须严格执行先开水后开气和先关气后关水的规定,或采用气水联动装置,防止瞬时干式凿岩。

(2) 凿岩用水含有的固体悬浮物不应大于150 mg/L,供水量应达到排粉量的10~20倍,一般不少于3~5 L/min,必要时可在水中加入湿润剂。

(3) 当水源缺乏、容易冻结或岩性不适于湿式凿岩时,可采用带有捕尘设备的干式凿岩。但干式捕尘的问题较多,尤其是开孔时捕尘效果差。因此,采用的防尘措施应达到规定的粉尘容许浓度,否则严禁干式凿岩。

(4) 在距工作面15~20 m处安装除尘喷雾器,在爆破前2~3 min打开喷水装置,爆破后30 min左右关闭。图7-13为降尘喷头。

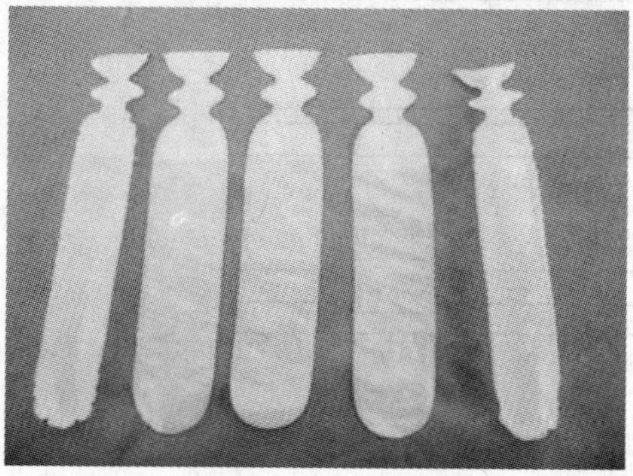

图7-12 水炮泥袋

图7-13 降尘喷头

(5) 凿岩、出渣前应清洗工作面10 m以内的四周岩壁。爆破后和装渣时,向岩堆和附近的岩壁上喷雾洒水(不宜淋水的膨胀岩除外),黏结细粒粉尘。洒水不仅能降低爆破、装渣产生的粉尘,还可溶解少量有害气体,并能降低工作面的温度。喷雾、洒水设备应指定专人管理和维护,不得随意拆除。

(6) 喷射混凝土应采用湿喷工艺。

C 集尘

集尘是利用集尘机扑集粉尘,然后进行处理。它是改善作业环境的重要措施,一定要改变重通风、轻集尘的倾向。工程实践表明,单纯依靠通风很难彻底解决岩巷内的粉尘含量,必须辅以集尘器扑尘。这是国外的普遍做法,也是我国在通风与集尘技术方面与国外的差距。岩巷中的粉尘有的是局部的,而有的是在整个岩巷内,因而有效地扑集粉尘、处理粉尘比较困难。集尘器设置在掘进工作面和喷射混凝土作业附近的方法如图7-14所示。

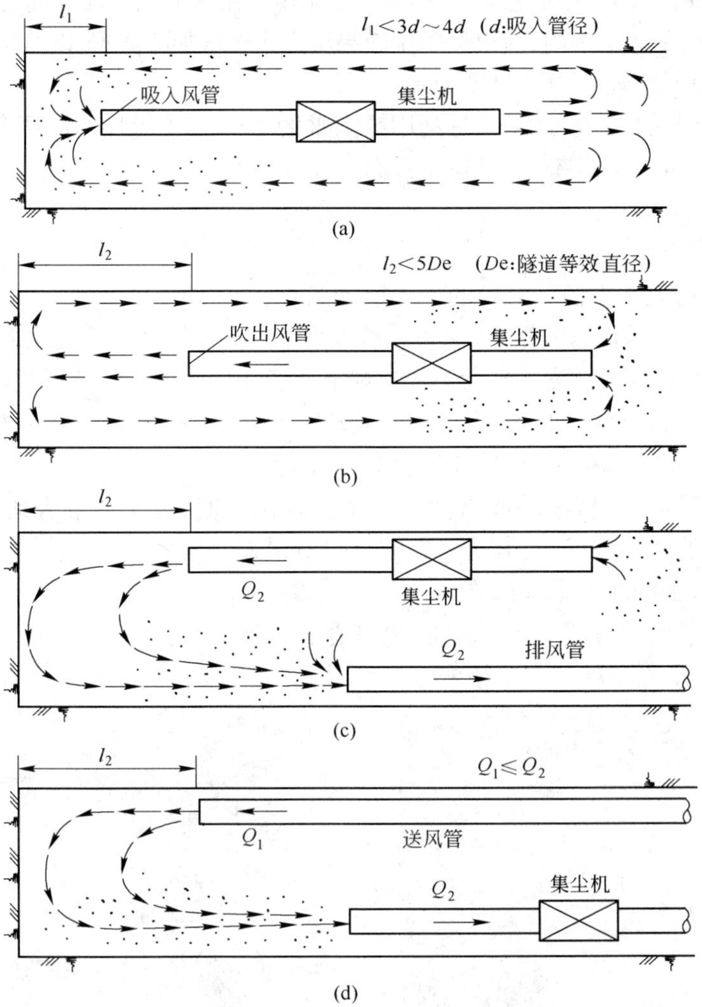

图7-14 集尘器及与风筒布置示意图

(a) 抽出循环方式;(b) 压入循环方式;(c) 集尘器与抽出式通风;(d) 集尘器与压入式通风

采用集尘器进行循环处理时，宜优先选用抽出式，当有困难时可采用压入式。与通风联合应用时，不同通风方式的集尘效果不同。集尘器与压入式通风组合时，可有效地防止粉尘向工作面后方扩散。与抽出式通风组合时，由于吸收工作面粉尘的效果较差，在工作面后方的粉尘量较多，适用于将除尘后的空气送到工作面的情况。某小断面隧道喷射混凝土的集尘器设置实例如图 7-15 所示。

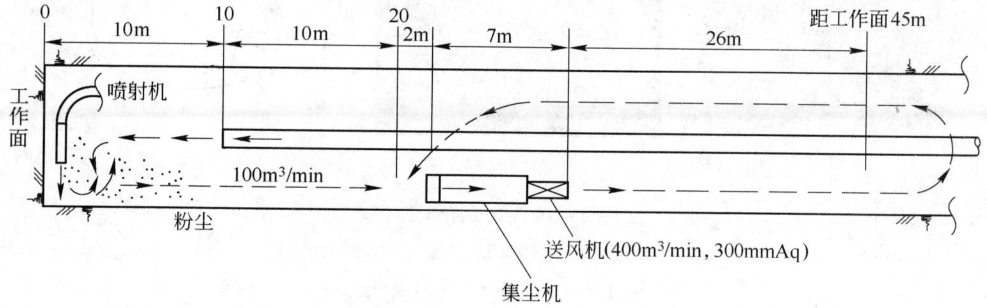

图 7-15 某小断面隧道喷射混凝土的集尘器设置实例

集尘器设在工作面后方 22 m 处，压入式风筒的出口距工作面 10 m。当风量为 100 m^3/min 时，集尘器的处理风量为 390 m^3/min，因此其中有 290 m^3/min 的风量可投入再循环。

D 排尘

排尘就是将粉尘排出工作面。排尘的主要措施是加强通风，通风应满足下列要求：

(1) 做好局部通风，合理确定通风方式及风机位置，保证风量和风速。

(2) 在主要作业工作面中，应始终开动风机，保持连续通风。

(3) 加强通风管理，采取措施切实堵塞漏风和降低风阻。

E 个体防护

岩巷通过上述减尘、除尘、集尘和排尘措施后，残存在工作面空气中的粉尘浓度已经大为降低，但粉尘浓度仍可能未达到国家标准，因此还需采取个体保护措施。它是直接减少粉尘进入人体的有效措施。在我国职业防护技术落后的年代，纱布口罩曾被普遍用于防尘。但近年来，随着我国在防护标准、检测技术和制造技术上的进步以及社会防护意识的普遍增强，已经认识到用纱布口罩防尘的低效。早在 2000 年原国家经贸委《劳动防护用品配备标准》(国经贸安全[2000]189 号)中就已明文规定，纱布口罩不得作为防尘口罩使用。防尘口罩全称自吸过滤式防尘口罩，是一种靠佩戴者呼吸克服部件阻力，用于防尘的过滤式呼吸护具。防尘口罩被国家列为特种劳动防护用品，实行工业产品生产许可证制度和安全标志认证制度。防尘口罩可分为简易防尘口罩、复式防尘口罩。

简易防尘口罩是吸气和呼气都通过滤料的防尘口罩，一般为一次性使用产品(见图 7-16)。《自吸过滤式防尘口罩通用技术条件》(GB/T2626—92)规定，简易式防尘口罩的阻尘效率❶不应小于 90%。简易防尘口罩具有简单、轻便(重量小于 70 g)、视野影响小等

❶ 阻尘效率是指在一定的粉尘浓度和气流条件下，测尘滤膜在不佩戴防尘口罩时的增重值和佩戴防尘口罩时的增重值之差，与不佩戴防尘口罩的测尘滤膜增重值之比，用百分数(%)表示。

优点。它的缺点是呼出的水汽易润湿滤料,使粉尘黏附聚积,增加呼吸阻力。因此,简易防尘口罩不宜在具有高粉尘浓度的场所长时间使用,只适用于粉尘浓度小,分散度低、毒性小、工人劳动强度不大的工作场所。

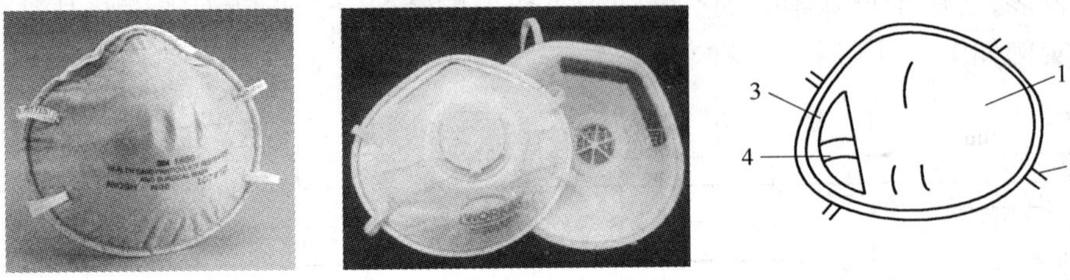

(a) (b) (c)

图7-16 简易防尘口罩

(a) 通用型;(b) 带呼气阀型;(c) 结构示意图

1—滤料;2—系带;3—口罩内边;4—支架

复式防尘口罩是配有滤尘盒和呼吸阀,吸气与呼气分离,呼出的气体不通过滤尘盒的防尘口罩。它由滤尘盒、呼气阀、吸气阀、头带、半面罩等组成(见图7-17)。复式防尘口罩设有1~2个过滤盒,过滤材料为超细合成纤维。为了扩大过滤面积,增加容尘量,降低吸气阻力,滤料可做成折叠式。内层的滤料可以替换。半面罩由塑料或橡胶制成,为了使其周边与人的颜面吻合,边缘贴有泡沫塑料、橡胶或充气垫圈,橡胶半面罩做成带有弹性的内卷边式边缘或套上棉织物衬垫等。

(a) (b) (c)

图7-17 复式防尘口罩

(a) 301-1型;(b) M80-3型;(c) 结构示意图

1—半面罩;2—系带;3—滤尘盒;4—呼吸阀

复式防尘口罩具有阻尘效率高、呼吸阻力小、可随时更换滤料、方便使用等特点。《自吸过滤式防尘口罩通用技术条件》规定,复式防尘口罩的阻尘效率必须不小于95%。由于呼气阀呼出的气体不通过滤料,作业人员可长时间戴用,其呼吸阻力变化不大,但它的重量较重(小于150g)。复式防尘口罩适用于粉尘浓度高、分散度大、有毒粉尘及工人劳动强度较大的作业场所。

7.3 压缩空气供应

在岩巷施工中,广泛应用以压缩空气(简称压气)为动力的气动机械及气功工具。常用的有气动凿岩机、气镐、气动装岩机、混凝土喷射机、注浆机等。压气动力相比电力有很多优点:容易实现凿岩机、风镐等冲击机构高速往复、冲击的要求,过载能力大,无火花生产安全,故障少且操作及维修容易等。但使用压气动力的成本比直接使用电力要高得多。气动机械及气动工具所需的压气都是由空气压缩机(简称空压机)生产的。压气供应系统包括空压机站(或移动式空压机)和输送压气管道。

7.3.1 空气压缩机站与移动式空压机

固定式空气压缩机需要安装在空气压缩机站内,便于工作及维护管理。目前,移动式空压机的容量已经很大,在一定条件下可以代替空气压缩机站。在电力供应能得到满足时,应优先采用电动空压机。

7.3.1.1 空气压缩机

空气压缩机(简称空压机)是将空气压缩成具有一定压力的压气设备。它按动力分为电动空压机和柴油空压机;按安装方式可分为固定式空压机、无基础快装式空压机和移动式空压机;按工作原理可分为活塞式空压机、离心式空压机、回转式空压机和螺杆式空压机等。

A 活塞式空压机

活塞式空压机是一种最常见的容积式压缩机。它由曲柄连杆机构将驱动机的旋转运动变为气缸活塞的直线往复运动,由活塞与气缸共同组成工作腔。在吸气过程,活塞运动使气缸内的容积增大,形成局部真空,吸气阀打开,空气在大气压作用下由吸气阀进入气缸腔内(见图7-18a)。随后是压缩(排气)过程:活塞向相反方向运动,工作腔内空气受到压缩而使压力升高,吸气阀关闭,在压力达到足够高时,排气阀被打开,压缩空气进入排气管(见图7-18b)。这样,依靠活塞在气缸内的往复运动,并借助吸、排气阀的自动开闭,使气体周期性地进入气缸工作腔,进行压缩并排出。大多数空气压缩机是多缸多活塞的组合。常用L型活塞式空压机的型号及技术特征见表7-16。

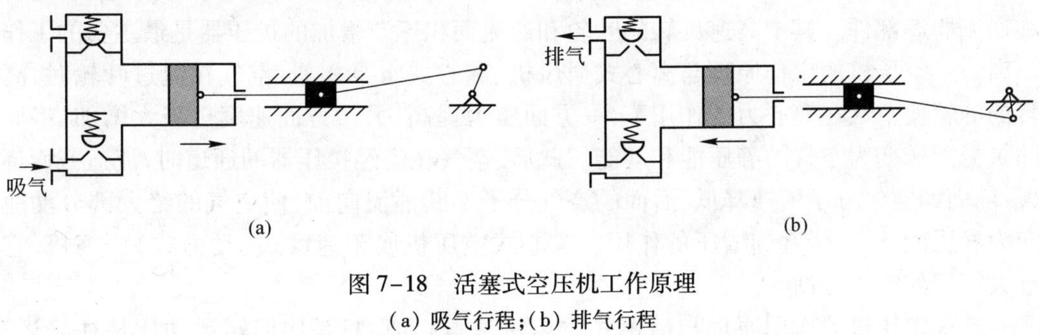

图7-18 活塞式空压机工作原理
(a) 吸气行程;(b) 排气行程

活塞式空压机的缺点是:效率低;易损件多,有气阀、活塞、活塞环、连杆瓦等,连续运行的可靠性差;为往复间断性供气,运行时气流脉动大;往复式运动机构存在不可消除的惯性力,运行时振动大,噪声高。我国过去普遍应用活塞式空压机,但活塞式空压机现在属于将要淘汰的产品。

表 7–16 低压活塞式空压机技术特征

项目			3L—10/8	L2—10/8—1	41—20/8	L3.5—20/8 2L3.5—20/8
压缩机	排气量/$m^3 \cdot min^{-1}$		10	10	21.5	20
	进气压力/MPa		0.098	0.098	0.098	0.098
	额定排气压/MPa		0.784(0.8)	0.784(0.8)	0.784(0.8)	0.784(0.8)
	转速/$r \cdot min^{-1}$		480	980	400	975(730)
	行程/mm		200	120	240	120(140)
	气缸数×气缸直径/mm	一级	1×300	1×275	1×420	1×380(1×420)
		二级	1×180	1×170	1×250	1×220(1×250)
	轴功率/kW		<60	<55	≤118	120
	排气温度/℃		<160	<160	<160	—
	冷却水消耗量/$t \cdot h^{-1}$		—	<2.4	4	4.8
	外形尺寸(长×宽×高)/mm×mm×mm		1898×875×1813	1550×942×1275	2260×1550×1935	1840×850×1420
	质量/kg		1700	1300	2800	1800
电动机	额定电压/V		220/380	380	220/380	380(220/380)
	额定功率/kW		75	55	130	130
	额定转速/$r \cdot min^{-1}$		975	980	730	975(730)
储气罐	容积/m^3		—	1.5	2.5	2.5
	直径×高/mm×mm		—	1000×2260	1100×3500	1000×3560
	重力/N		—	4200	8700	6300

注:参数下面划有横线的表示各制造厂的数据不同。

B 离心式空压机和回转式空压机

单级离心式空压机主要由吸气室、叶轮、扩压器、蜗壳等组成。对于多级压缩机,还有弯道和回流器等部件。其中高速旋转的叶轮和通流面积逐渐增加的扩压器是最主要的工作部件。离心式空压机的工作原理与离心式通风机、离心式水泵相似:空气在流过叶轮时,高速旋转的叶轮使空气在离心力的作用下,一方面压力提高,另一方面速度也极大增加,将原动机的机械能转变为空气的静压能和动能。此后,空气在流经扩压器的通道时,流道截面逐渐增大,前面的空气分子流速降低,后面的空气分子不断涌流向前,使空气的绝大部分动能又转变为静压能,进一步起到增压的作用。离心式空压机属于速度式(动力式)压缩机,它适用于大容量的空压机站。

回转式空压机的作用原理与活塞式空压机基本相似,只是用回转运动代替往复运动。回转式空压机在我国很少应用。

C 螺杆式空压机

螺杆式空压机是一种新型的回转容积式空压机,它在机壳内水平装有一对相互啮合、高精密度的主、副螺杆。主螺杆在节圆外具有凸齿,又称阳螺杆或阳转子;副螺杆在节圆外具有凹齿,又称阴螺杆或阴转子。主螺杆与原动机连接,并带动副螺杆旋转。在机体两端,分别开设吸气口和排气口(见图 7-19)。

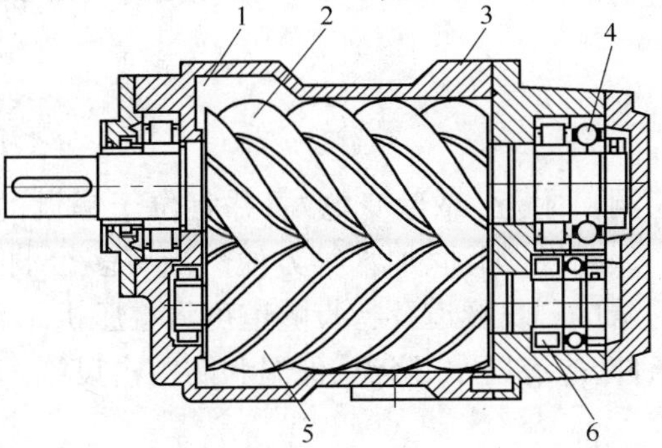

图 7-19 螺杆空压机结构

1—吸气口;2—阳螺杆;3—机体;4—轴承;5—阴螺杆;6—轴承

螺杆式压缩机的工作循环可分为吸气、压缩和排气三个过程:

(1) 吸气过程。当螺杆转动时,阴、阳螺杆的齿沟空间在转至进气端壁开口时,其空间最大,并与大气相通,外界空气被吸入由阴、阳转子及壳体组成的封闭腔内。当空气充满整个齿沟时,螺杆的进气端面转离了机壳的进气口,齿沟间的空气被封闭。

(2) 压缩过程。随着螺杆的转动,齿间容积由于转子齿的啮合而不断减小,导致气体被压缩而压力升高。

(3) 排气过程。当齿沟空间与排气口连通后,压缩气体开始被排出。随着齿间容积的不断减小,压缩气体被完全排出,从而连续地产生压缩空气。

螺杆空压机的压比大,排气温度低,尤其不怕气体中带液、带尘。螺杆式空压机的优点突出:

(1) 结构简单,零部件少,内部无摩擦,没有易损件,有灰尘时不致损伤机器,因而连续运行可靠,寿命长,大修间隔期长,可达$(4\sim8)\times10^4$ h;

(2) 没有不平衡惯性力,动力平衡性好,高速运转平稳,可实现无基础运转,特别适合用作移动式压缩机;

(3) 适应性强,具有强制输气的特点,容积流量几乎不受排气压力的影响,排气稳定,在宽广的转速范围内能保持高效率,适用于多种工况。

(4) 操作相对简单,自动化程度高,可实现无人值守运转,维护方便。

(5) 单位排气量体积小,重量轻,节省占地面积。

螺杆式空压机的缺点为:运转噪声较大,一般情况下需安装消声降噪设备;长期运转后螺杆间隙变大,定期修复或更换费用较高。

螺杆式空压机已在发达国家得到了广泛的应用。2000 年,我国有关部门发文要求,国内企业在中低压空压机的使用上,应逐步淘汰运行费用高、可靠性低的活塞式空压机,用高效的螺杆压缩机取而代之。螺杆式空压机特别适用制造无基础快装型空压机。

7.3.1.2 空气压缩机站

空气压缩机站(简称空压机站)主要由空压机及其冷却系统、附属装置(空气过滤装置和储气罐)、配电设备及压气管道组成。储气罐用于均衡气压及分离压气中的油和水等杂质。

A 空压机站的选址

空压机站应建在岩巷洞口附近,靠近变电站,并宜位于铺设的主压气管道的同侧。此外,还需考虑空压机的出入、调换、加油、加水等方便。当有多个洞口需集中供应压气时,可选在靠近压气用量较大的洞口。长隧道及特长隧道可将空压机站布设在洞内适当位置。空压机站根据当地的气象条件,应有防水、降温、保温和防雷击设施。距离居民区较近时,应有降噪减震措施。

空压机站内装有固定式空压机或无基础快装式空压机,空压机组采用并列式布置,两台空压机之间的净距不小于1.5 m。当缺少外来电源时,岩巷长度小于1000 m的空压机站可采用内燃空压机。

B 空压机站的生产能力

空气压缩机站的设备能力应能满足同时工作的各种气动机具最大耗气量和气压的要求。空压机站的生产能力(供气量)可按下式计算:

$$Q = (1 + K_b)K_e\left(\sum_1^n K_s K_m mq + aL\right) \tag{7-1}$$

式中 Q——生产能力,m^3/min;

K_b——空压机备用系数,一般取 $K_b = 0.75 \sim 0.90$;

K_e——海拔高度影响系数,按表7-17采用;

n——各类型气动机具的种类;

K_s——同类型气动机具的同时工作系数,按表7-18、表7-19采用;

K_m——气动机具磨损漏气系数,一般取 $K_m = 1.0 \sim 1.2$,新设备取 $K_m = 1.0$;

m——同类型气动机具数量;

q——同类型气动机具耗气量,m^3/min;

a——管道每千米漏气量,$m^3/(min \cdot km)$,一般取 $a = 1.5 \sim 2.0\ m^3/(min \cdot km)$;

L——压气管路的理论长度,即实际铺设的管路长度与配件折算的管路长度之和,km。

表7-17 海拔高度影响系数 K_e

海拔高度/m	0	305	610	914	1219	1524	1829	2134	2438	2743	3048	3658	4572
K_e值	1.00	1.03	1.07	1.10	1.14	1.17	1.20	1.23	1.26	1.29	1.32	1.37	1.43

表7-18 凿岩机和气镐的同时工作系数 K_s

同时工作台数	2~3	4~6	7	8	9~10	15	20	30
K_s值	0.9	0.8	0.77	0.75	0.7	0.6	0.58	0.5

表 7-19 其他气动机具的同时工作系数 K_s

机械类型	同时工作台数	K_s值
锻钎机	1～2	1.00～0.75
	3～4	0.65～0.50
气动装岩机	1～2	1.00～0.75
	3～4	0.70～0.50
槽式列车	1～2	1～0.7
	3～4	0.65～0.55
注浆机	1～2	1～0.75
	3～4	0.70～0.55
混凝土喷射机	1～2	1～0.75
气动混凝土输送泵	1～2	1～0.6

根据计算确定空压机站的生产能力后，便可选择空压机的类型、台数及适当容量的储气罐。多台空压机宜选用同一类型的，便于操作和维修。一般可选用 12～20 m^3/min 的空压机，当用气量较大时，可增选 40 m^3/min 空压机搭配使用。由于施工中压气负荷的波动，为避免空压机的回风空转，可选择一台容量较小(约为其他空压机容量的一半)的空压机进行组合。同时，单机最大容量不宜超过备用容量。备用机的台数可按总供气量的 20%～50% 来确定，但不少于 1 台。

7.3.1.3 移动式空压机

当岩巷工程的总供气量小于 20 m^3/min 或采用分散供应压气时，可采用移动式空压机。长距离岩巷工程可采用电力移动式空压机，在施工准备阶段电力设备尚未完善时，可使用柴油移动式空压机作为过渡(见图 7-20)。拖车结构根据功率大小可分为单轴双轮拖车和双轴四轮拖车。

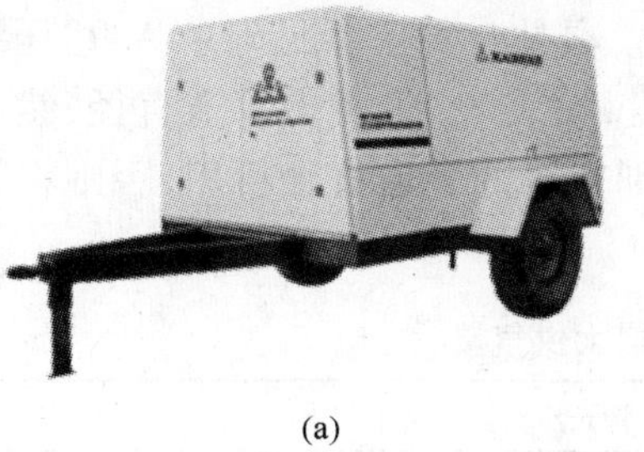

(a)

(b)

图 7-20 移动式空压机

(a) 电动移动空压机；(b) 柴油移动空压机

井下移动式空压机属于执行安全标志管理的产品，必须采购、使用已取得安全标志的移动式空压机。常用的移动式空压机的型号及技术特征见表 7-20。

表7-20 部分柴油移动式螺杆空气压缩机的主要技术特征

型 号	工作压力/MPa	排气量/$m^3 \cdot min^{-1}$	功率/kW	噪声/dB(A)	外形尺寸/mm×mm×mm	质量/kg
LGCY-8/7	0.7	8	65		3750×1950×1800	1700
LGCY-12/7		12	110		3850×2100×2100	2500
LGCY-17/7		17	132		3750×1900×2250	3500
LGCY-21/7		21	250		4250×2000×2350	4800
PDS185S	0.7	5.0	38	67	2470×1450×1330	805
PDS375S		10.3	73	75	3600×1956×1720	1830
PDS655S		18.5	129	74	3650×1685×2070	2850
PDS750S		21.2	143	75	3800×1630×2070	3250

7.3.2 输气管道敷设及分配

输气管道包括主管道、支管道及临时管道。主管道是指空压机站至洞口的管路,支管道是指由洞口至各作业面的管路,临时管道是指由支管末端连接到分风器的高压软管。气动机具通过较细的高压软管连接到分风器上。输气管道还应考虑在岩巷施工中发生意外事故时,可能把管道作为紧急排水、通信和给被阻断人员提供空气和食物之用。

7.3.2.1 输气管道的选择

A 管道直径

空压机生产压气的压力一般为0.7~0.9 MPa。压气在压气管道中,由于管壁的摩擦阻力及弯头、接头、阀门等产生的局部阻力,使其压力逐渐降低,称为压力损失。目前,国产轻型凿岩机的使用气压为0.4~0.6 MPa,工作面压气管末端的气压不应低于0.6 MPa,以保证通过高压软管输送到气动机具的工作压力不低于0.5 MPa,即压力损失 $\Delta P=0.1$ MPa。因此,输气管道的直径应根据最大输气量、输气管路长度、闸阀型号规格及数量等条件计算确定。独头岩巷的输气管路长度大于2000 m时,宜考虑设增压气站。

输气管道的压力损失,一般可按达西公式计算。具体计算可参见附录A.9“压缩空气管道计算”,也可根据最大供气量和输气管道理论长度,按表7-21查得管道直径,然后根据有关资料查出压力损失 ΔP 值。如果 $\Delta P\leqslant0.1$ MPa,则查得的管道直径可用,否则将管道直径加大一级,重新验算。

表7-21 压气管允许最大供气量 (m^3/min)

压气管内径/mm	压气管长/m										
	100	200	400	600	800	1000	1250	1500	2000	3000	5000
50	16	11	8	6	5						
70	46	33	32	19	16	15					
100	98	70	50	40	35	31	28	25	22	18	14
125	177	125	89	72	68	56	50	47	40	32	25

续表 7-21

压气管内径 /mm	压气管长/m										
	100	200	400	600	800	1000	1250	1500	2000	3000	5000
150	289	205	145	119	102	92	83	75	65	53	41
200		436	309	252	218	196	174	160	138	113	87
250						348	315	284	245	202	158
300									401	325	303

注:本表是按压气管始端压力为0.7MPa,末端压力为0.6MPa,即管道的压力损失为0.1MPa计算的。

高压软管的压力损失较大,应尽量缩短其长度,以保证气动机具的工作压力不低于0.5MPa。高压软管的压力损失与其管径和长度有关,见表7-22。

表7-22 橡胶软管的压力损失 (MPa)

压气量 /$m^3 \cdot min^{-1}$	软管内径 /mm	软管长度/m					
		5	10	15	20	25	30
2.5	19	0.008	0.018	0.020	0.035	0.040	0.055
	25	0.004	0.008	0.013	0.017	0.021	0.030
3	19	0.010	0.020	0.030	0.050	0.060	0.075
	25	0.006	0.012	0.018	0.024	0.040	0.045
4.0	19	0.020	0.040	0.055	0.080	0.100	0.110
	25	0.010	0.025	0.040	0.050	0.060	0.075
10	50	0.002	0.004	0.006	0.007	0.010	0.015
20		0.010	0.020	0.035	0.050	0.055	0.065

B 管道选择

主管道一般选用内径大于100mm的焊接钢管,当内径大于150mm时,应采用碳素钢或低碳锰钢无缝钢管。支管道选用100mm以下的钢管。管壁厚度与钢管内径、压气的压力等有关,一般为3~9mm。临时管道通常用直径50mm的高压软管,连接凿岩机和风镐的软管内径一般为25或19 mm。

7.3.2.2 输气管道的安装及分配

输气管道安装分为地面主管道和岩巷内支管道的安装。输气管路在使用中应有专人检查、养护,以减少压气在管道输送中的压气量和压力损失。

A 输气管道安装的一般要求

输气管道安装的一般要求如下:

(1) 输气钢管在安装前应进行检查,不得有裂纹、创伤、凹陷等缺陷,管内不得留有残余物或其他杂物。

(2) 各种闸阀在安装前应拆开清洗,重新安装后进行水压试验,合格后方可使用。

(3) 管路布置应合理,尽量平直,减少弯曲,管路弯曲的曲率半径不应小于管径的4倍。

(4) 钢管接头应严密,用法兰盘连接时,应装密封圈并用螺栓紧固。管径小于100 mm时,可采用焊接连接。

(5) 输气管道敷设完成后,应严格按有关规定,以1.5倍的工作压力进行水压试验。合格后,才能进行最后的防腐层涂敷,并按《工业管路的基本识别色、识别符号和安全标识》(GB7231—2003)的规定,在表面刷涂淡灰色。

B 输气主管道的安装

输气主管道的安装应符合下列要求:

(1) 在空压机站总管道上应安装总闸阀,主管道每隔200 ~ 500 m安装分闸阀,便于控制和维修管理。

(2) 靠近空压机150 m以内的主管道,法兰盘接头密封宜用耐热材料制成的垫片,如石棉衬垫。

(3) 主管道在空旷处可直接沿地面敷设在混凝土管墩上。当管线穿过车行道路时,应将管道埋于地下,并在管道外加套管。套管应涂防腐层,在套管两端与管道之间的空隙内进行密封,防止进入水或其他杂物。

(4) 当洞外地段的主管道长度超过100 m且气温变化较大时,宜设置伸缩管,防止管道开裂损坏。严寒和寒冷地区的主管道应采取防冻措施。

(5) 当主管道的长度超过1000 m时,应在管道的最低处设置油水分离器,定期放出管道中的积水和油,保持管内的清洁与干燥。

C 输气支管道的安装

输气支管道的安装应符合下列要求:

(1) 支管道应敷设在电缆电线相对的一侧(有水沟一侧),与水管在同侧,在靠人行道一侧的支架上,便于检修和保证施工安全。

(2) 支架不应妨碍运输、影响排水沟施工。

(3) 支架与管墩的间距一般为3 ~ 9 m。但考虑管道安装及维修更换的方便,多采用每节钢管设两个支承点。

(4) 管道高度一般不超过轨道的轨面,若管径较大而超过轨面时,应适当增加其与轨道的距离。

(5) 支管末端距掘进工作面的距离宜保持在30 m内。

D 工作面压气分配

支管末端用高压软管连接到分风器上,连接分风器的高压软管内径一般为50 mm。当采用导洞或台阶法时,通往各工作面的高压软管长度不宜大于50 m。分风器与凿岩机用内径25 mm的软管连接,软管长度不宜大于10 m,通往上导洞、挖底地段的软管长度不宜大于15 m。工作面的压气管与水管的布置见图7-21。

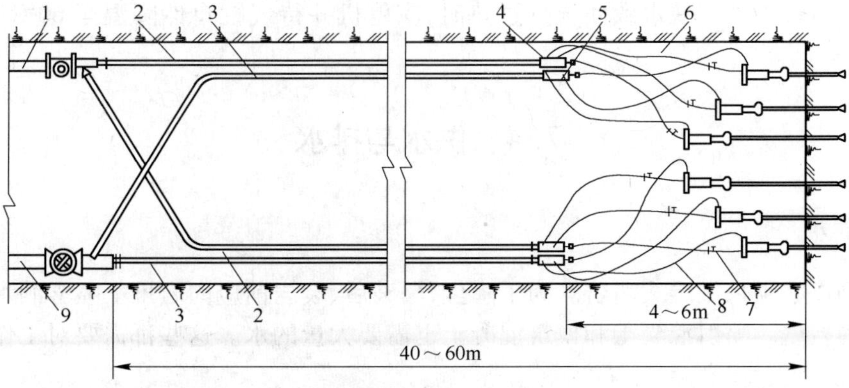

图7-21 工作面压气管与水管布置

1—供水支管(ϕ25～50 mm);2—橡胶集中水管(ϕ25 mm);3—橡胶集中压气管(ϕ50 mm);4—分水器(ϕ100 mm);5—分风器(ϕ150 mm);6—橡胶小水管(ϕ13 mm);7—水管接头;8—橡胶小压气管(ϕ25 mm);9—压气支管(ϕ100～150 mm)

7.3.3 空气压缩机使用安全规定

空压机站应配备一定数量的灭火器。空气压缩机使用应符合下列安全规定:

(1) 空气压缩机作业区应保持清洁、干燥,储气罐应位于通风良好处,距储气罐 15 m 以内不得进行焊接或热加工作业。

(2) 储气罐和输气管路应每三年做一次水压试验,试验压力为额定压力的 150%。压力表和安全阀每年至少校验一次。

(3) 空气压缩机启动前,应作如下重点检查:

1) 燃油及润滑油应添加充足,储气罐内无存水;

2) 各连接部位紧固,各防护装置齐全良好,各运动机构的运动及各部阀门的开闭灵活,安全阀灵敏可靠;

3) 电动空压机的电动机及启动器外壳接地良好,接地电阻不大于 4Ω。

(4) 空气压缩机应在无载状态下启动,启动后先低速空运转,检查各仪表指示值符合要求,运转正常后,逐步进入有载荷运转。储气罐内压力不得超过铭牌额定压力。

(5) 停机时,应先卸去载荷,然后分离主离合器,再停止电动机或内燃机的运转。

(6) 停机后,应关闭冷却水阀门,打开放气阀,放出各级冷却器和储气罐内的油、水和储气,方可离岗。

(7) 当电动空气压缩机运转中突然停电时,应立即切断电源,等来电后重新在无载荷状态下启动。

(8) 发现如下情况之一时,应立即停机检查,找出原因并排除故障后,方可继续运转:

1) 漏水、漏气、漏电或冷却水突然中断;

2) 压力表、温度表、电流表指示值超过规定值;

3) 排气压力突然升高,排气阀、安全阀失效;

4) 机械有异常声响或电动机电刷产生强烈火花,进、排气阀,轴承及各部位有异常声响或过热现象。

（9）当运转中由于缺水致使气缸过热时，应停机并待气缸自然降温至60℃以下时，方可加水。

7.4 供水与排水

7.4.1 供水

岩巷掘进必须采用湿式凿岩。为了降尘，爆破后、装岩前应向岩堆上喷雾洒水及清洗工作面附近的岩壁。喷射混凝土和模筑混凝土也需要大量的水。这些都需要对工作面供水。

7.4.1.1 供水要求

A 供水的一般要求

岩巷施工供水方案的选择及设备的配置应符合下列要求：

（1）施工和生活用水必须经过水质鉴定，并满足有关标准的要求。供水量应满足施工和生活用水的需要。

（2）有高位自然水源时，应建水池蓄水利用，并符合如下要求：

1）水池不得设于岩巷的正上方，水池基础应置于坚实地基上；

2）水池的高度应能保证洞内最高用水点的水压要求（一般不应小于0.3 MPa），水池的容量应满足洞内外集中用水的要求，并有一定的储备量；

3）水池顶部必须设防护棚，四周设防护栏，并有明显的安全警示标志。

（3）无条件修建高位水池时，可采用低位抽水向蓄水池供水。这时抽水站的水泵扬程应为取水点与水池高差的1.5～2倍，并有备用水泵。

（4）蓄水池和水管根据当地的气象情况选择，必要时采取防寒措施。

B 水质要求

凡不含有害矿物质、没有污染、没有臭味的天然水均可作施工用水，但仍应做好水质化验工作。湿式凿岩与防尘用水的水质应符合表7-23的要求。混凝土拌和用水不得含油、糖、酸等杂质，水质应符合《混凝土拌和用水标准》（JGJ63—2006）的规定（可参见本书姊妹篇《岩巷工程施工——支护工程》一书的相关内容）。生活用水应符合现行国标《生活饮用水卫生标准》（GB5749—2006）的规定。符合要求的饮用水可不经检验而直接作为施工用水。

表7-23 湿式凿岩与防尘用水的水质要求

水质项目	允许值
含有固体悬浮物	≤150 mg/L，其粒度不得大于0.3 mm
pH值	6.5～8.5
大肠菌总数	≤3个/L

C 用水量与水压估算

施工用水量应考虑生产用水、生活用水和消防用水，根据工程情况、机械用水量、施工进度、施工人数及气候等因素确定。初步估算时，可参考表 7-24 用水量估算指标确定，再加一定储备。蓄水池容积一般为 50 ~ 150 m^3。

表 7-24 施工用水量估算指标

用途		指标	说明
生产用水	凿岩机用水/$m^3 \cdot (h \cdot 台)^{-1}$	0.2	
	喷雾洒水用水/$m^3 \cdot (min \cdot 台)^{-1}$	0.03	按每次爆破后喷雾洒水 30 min 计
	装岩喷雾洒水用水		与凿岩、喷雾洒水时间错开，不另计算
	模筑混凝土用水/$m^3 \cdot h^{-1}$	1.5	包括洗骨料、混凝土拌和、养护
	空压机用水/$m^3 \cdot (d \cdot 台)^{-1}$	5	其中大部分可考虑循环使用
生活用水	生活用水/$m^3 \cdot (h \cdot 人)^{-1}$	0.02	按生产工人平均用水量为 0.1 ~ 0.15 m^3/d，非生产工人平均用水量为 0.08 ~ 0.12 m^3/d 验算
	浴池用水/$m^3 \cdot 次^{-1}$	15	

施工工地的临时住房标准较低，除按消防要求设计、施工及临时住房布置等方面做好防火工作外，还应按临时建筑房屋每 3000 m^2 的消防耗水量为 15 ~ 20 L/s 即 0.3 ~ 0.4 L/(m^2 · min)，按灭火时间 0.5 ~ 1.0 h 计算消防用水贮备量。

目前，国产轻型凿岩机的使用水压为 0.2 ~ 0.5 MPa，工作面的水压不应小于 0.3 MPa。

7.4.1.2 供水设备

施工用水的水源可以是山上自流水、泉水、河水或钻井取水。供水应采用集中供水方式，由水源自流引导或用水泵提升至蓄水池贮存，并通过管道输送到使用地点。

A 蓄水池

当施工现场附近有高山自然水源时，应蓄水利用，除可用以沉淀过滤外，还可利用高差来保证岩巷内最高用水点的水压。蓄水池的位置应选在基底坚固的山上，并避开岩巷的顶部，以防水池下沉开裂、漏水，甚至山体滑动或渗入岩巷、造成塌方。蓄水池的高度应能满足工作面的水压不小于 0.3 MPa，因此可按下式计算：

$$H \geqslant K_1(30 + \Delta h) \tag{7-2}$$

$$\Delta h = \Sigma h_1 + \Sigma h_2 \tag{7-3}$$

式中 H——蓄水池与岩巷内最高工作面的高差，m；

K_1——水压储备系数，可取 $K_1 = 1.2$；

Δh——输水管道的全部水头损失，m；

h_1——输水管道的摩擦损失，m；

h_2——输水管道的局部损失，m。

蓄水池的容量应满足洞内外集中用水的需要，并有一定的储备量。若水源为高山自流水，当水源的流量大于最大用水量时，蓄水池起稳压作用，一般容积为 20 ~ 30 m^3；如果水源的流量小于最大用水流量或采用机械提升时，则根据每班最大耗水量并考虑必要的储备量来计算蓄水池的容积：

$$V = 24K_2K_3(Q_c + Q_s) \tag{7-4}$$

式中 V——水池容积，m^3；

K_2——调节系数，一般 $K_2 = 1.1 \sim 1.2$；

K_3——蓄水系数（为水池容积/昼夜用水量），当昼夜用水量小于 1000 m^3 时，取 $K_3 = 1/4 \sim 1/6$；当昼夜用水量为 2000～3000 m^3 时，取 $K_3 = 1/6 \sim 1/8$；

Q_c——生产用水量，m^3/h；

Q_s——生活用水量，m^3/h。

B 水泵

水泵是输送水或使水增压的机械。水泵按工作原理主要有容积式和动力式两类。容积式水泵是依靠包容水的密封工作空间容积的周期性变化，将能量周期性地传递给水，使水的压力增高，直至将水强行排出。它又可分为齿轮式、叶片式、柱塞式三类。动力式水泵是靠快速旋转的叶轮对液体的作用力，将机械能传递给水，使其动能和压力增加，再通过壳体，将大部分动能转换为压力而实现水的输送，又称叶轮式水泵或叶片式水泵。离心式水泵是最常见的动力式水泵。

离心式水泵的工作原理为：叶轮在动力机带动下高速旋转，水被灌入泵内被叶轮带动一起旋转，由于离心力的作用，水被甩向叶轮边缘，在蜗形壳体内将动能转变为压能，使水压升高，经外壳上与叶轮成切线方向的出水管被甩出。由于压力差，使得外面的水不断进入泵内（见图 7-22）。如此反复循环，便将水从低处泵到高处。

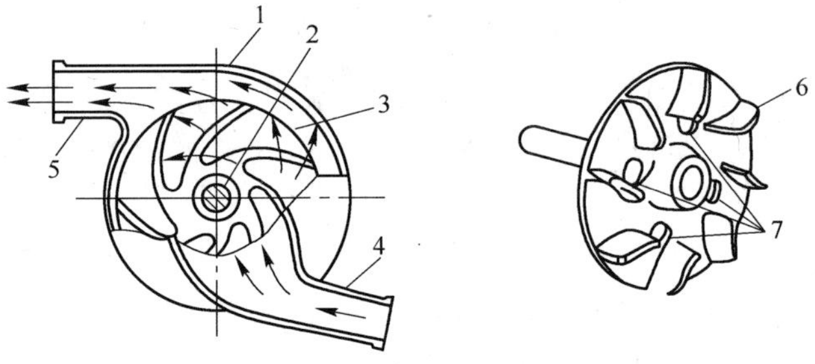

图 7-22 离心式水泵工作原理

（a）水泵结构及原理；（b）水泵叶轮

1—水泵壳体；2—水泵轴；3—叶轮；4—进水管；5—出水管；6—叶片；7—减压孔

离心式水泵依据不同的结构特点又可有不同的分类，参见表 7-25。

表 7-25 离心式水泵的分类

分类方式	类 型	特 点
按泵轴方位	卧式泵	泵轴位于水平位置
	立式泵	泵轴位于垂直位置
按吸入方式	单吸泵	水从一侧流入叶轮，存在轴向力
	双吸泵	水从两侧流入叶轮，不存在轴向力，泵的流量近于单吸泵的两倍
工作叶轮级数	单级泵	泵轴上只有一个叶轮
	多级泵	泵轴上有两个或两个以上的叶轮，水依次流过每级叶轮。级数越多，扬程越高

续表 7-25

分类方式	类 型	特 点
按壳体形式	分段式泵	壳体按与轴垂直的平面部分段,节段之间用长螺栓连接
	中开式泵①	壳体在通过轴中心线的平面上剖分(泵壳结合缝)
	水平中开式泵	在通过轴中心线的水平面上开有结合缝
	垂直结合面泵	结合面与轴中心线相垂直
	蜗壳泵	装有螺旋形压水室,如常用的端吸式悬臂离心泵②
	透平式泵	装有导叶式压水室的离心泵

① 中开式泵在检修时无需拆卸进水管、排出管及电动机;
② 悬臂式离心泵的泵壳是一个整体,并将泵体与吸入盖的组合件安装在轴承托架上。

水泵最主要的参数为流量和扬程。岩巷工程的水泵所需扬程可按下式计算:

$$H = h' + a\Delta h \tag{7-5}$$

式中 H——水泵扬程,m;

h'——蓄水池与水源之间高差,m;

a——水头损失系数,按 a =1.05~1.10 采用;

Δh——管道的全部水头损失,m。

根据水泵扬程和水管内径,即可选择水泵型号。泵站应有备用的水泵。

C 供水管道

凿岩机的工作水压不应低于 0.3 MPa,水管的直径应根据最大供水量、管路长度、弯头数量、闸阀型号规格及数量等条件,经计算确定。主管道的直径一般为 75~150 mm,支管直径为 50 mm。

供水管道的安装和使用应符合下列要求:

(1) 水管在安装前应进行检查,不得有裂纹、创伤、凹陷等缺陷,管内不得留有残余物或其他杂物。

(2) 供水管路敷设应平顺,尽量减少弯头,接头应严密不漏水。

(3) 蓄水池应加设防护装置,其总输水管上应安装总闸阀,主管道上每隔 300~500 m 安装一个分闸阀。

(4) 岩巷内的支水管应敷设在压气管的同侧,即电缆电线的相对一侧,不得妨碍运输和影响排水沟施工。当与排水沟同侧时,不得影响排水。

(5) 供水管道同时供应几个掘进工作面用水时,应在分管处安装闸阀。

(6) 与压气管道一样,水管的末端距工作面的距离宜保持为 30 m,并用高压软管连接到分水器上,软管内径一般为 50 mm,长度不宜大于 50 m。凿岩机用内径 13 mm 的软管与分水器连接,长度不宜大于 15 m(参见图 7-21)。

(7) 供水管路在使用中应有专人负责检查、养护。冬季应注意管道保温。

7.4.2 排水

岩巷掘进时,围岩会有地下水渗漏,严重时可能会出现大量涌水。同时,施工中也会产生大量生产废水,如湿式凿岩的岩浆水、降尘的喷洒水、喷射混凝土和模筑混凝土的废水等。它们都需要及时排出岩巷外。岩巷施工前应根据岩巷的工程地质、水文地质勘察资料制定防排水方案。掘进中应按现场施工方法、机具设施等情况，采取不妨碍施工的防排水措施。

7.4.2.1 洞外防排水

洞外防排水主要是做好洞口的防洪及排水设施，如截水沟和排水沟等，避免雨季到来时山洪或地面雨水流入洞内。其次是将地下水与地表上有直接补给关系的洼地或泄水缝隙用黏土回填密实。排渣场和其他堆积物必须避开山洪方向，避免堵塞渠沟、河道。雨季应有专人检查洞口的防洪设施。

7.4.2.2 洞内排水

洞内排水是利用纵向排水沟，它在掘进时在岩巷的一侧同时开凿。排水沟的坡度与岩巷底板一致，并不小于0.5%；断面则由排水量确定。洞内排水系统不得淤积、堵塞，确保排水通畅。

掘进时，还应对洞内的出水部位、水量大小、涌水情况、变化规律、补给来源及水质成分等做好观测和记录，并不断改进防排水措施。

7.5 供电与照明

岩巷掘进中使用的电力装岩机、局部通风机、水泵等设备及作业必不可少的照明，都需要电力供应。岩巷内的用电负荷集中，并且随着施工机械化程度的不断提高，耗电量也越来越大。为了保证施工质量和施工安全，对供电可靠性的要求也越来越高，施工供电显得越来越重要。国家对供电的控制装置、变压器、电机、保护装置及矿用电缆均实施安全标志管理，必须采购、使用已取得安全标志的产品。

7.5.1 供电

7.5.1.1 岩巷供电的要求

A 供电的一般要求

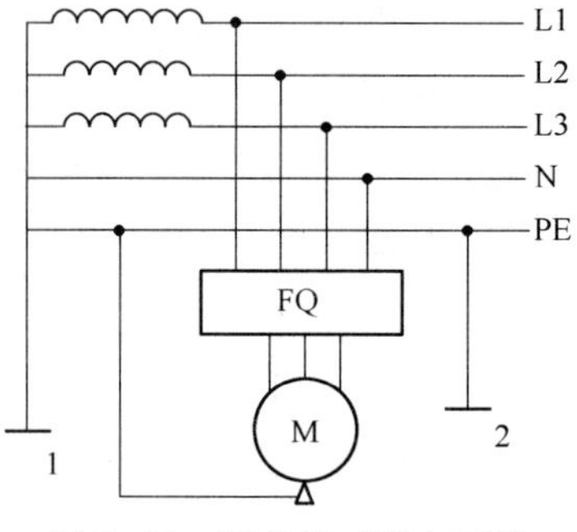

图7-23 岩巷施工供电系统

L1，L2，L3—相线；N—工作零线；PE—工作接地线；FQ—漏电保护器；M—电动机；1—工作接地；2—重复接地

岩巷施工的供电方式有地方电网供电和自设发电机供电两种。一般应尽量采用地方电网供电，只有在边远地区远离地方电网时，才自设发电站。此外，当地方电网供电不稳定时，自设发电机可作备用。

岩巷施工供电应采用380/220 V 三相五线系统（TN—S 接零保护系统），如图7-23 所示。

B 供电电压

岩巷施工的供电电压应符合下列要求：

（1）供电线路一般为低压380/220 V 的TN—S

制，长距离大断面岩巷工程可采用6～10 kV 高压供电。

（2）动力设备的标准电压为380 V。

（3）一般作业地段的照明电压不得大于36 V，潮湿和易接触带电体的场所应采用24 V电压。已完成模筑混凝土的地段和不作业地段可采用220 V，但有瓦斯地段不得大于110 V。

（4）手提作业灯（行灯）的电压为12 V、24 V，特别潮湿的场所或在金属容器和金属管道内使用的行灯，其电压不得超过12 V。

（5）线路末端的电压降不得大于10%，36 V和24 V线路的电压降不得大于5%。

C 施工总用电量估算

为选择变压器、发电机、各类开关设备及线路导线，应确定施工总用电量。由于所有用电设备并不都是同时工作，且用电设备工作时也不是都处于额定工作状态，因此确定总用电量时，不能简单地将用电设备的容量相加。一般施工现场的总用电量可采用下式估算：

$$S = K_1\left(K_2\frac{\sum_i K_i P_i}{\eta\cos\varphi} + K_3\sum_j P_j\right) \tag{7-6}$$

式中 S——施工总用电量，kV·A；

K_1——供电备用系数，一般取 $K_1 = 1.05 \sim 1.10$；

K_2——动力负荷系数，主要考虑不同类型设备带负荷工作的情况，一般取 $K_2 = 0.75 \sim 1.0$；

K_i——动力设备同时使用系数，按表7-26采用；

P_i——各动力设备的额定输入功率，kW；

η——动力设备的平均效率，一般 $\eta = 0.83 \sim 0.88$，按 $\eta = 0.85$ 采用；

$\cos\varphi$——平均功率因数，按 $\cos\varphi = 0.5 \sim 0.7$ 采用；

K_3——照明设备同时使用系数，一般取 $\eta = 0.6 \sim 0.9$；

P_j——各照明设备的额定输入功率，kW。

表7-26 动力设备同时使用系数

设备类型	K_i值
局部通风机	0.8～0.9
施工电动机械	0.65～0.75
大型掘进机	1.0

注：10台以下取下限，10台以上取上限。

当照明用电量相对于动力用电量很小时，为简化计算，估算时可在动力用电量之外加10%～20%，作为总用电量：

$$S = (1.1 \sim 1.2)K_1K_2\frac{\sum_i K_i P_i}{\eta\cdot\cos\phi} \tag{7-7}$$

式中,符号意义同式(7-6)。

7.5.1.2 变电站和移动电站

变电站是指输电线路为6~35 kV/500 V的降压站。根据电气设备总用电量和线路电压等级选择变压器。变电站的设置应满足有关规定。岩巷内施工配电分为低压进洞和高压进洞两种,由此变电站相应设在洞外或洞内。

A 洞外变电站设置

220 V供电的有效距离一般为800~1300 m,在独头掘进条件下,当岩巷长度小于1000 m时,可采用低压进洞,变电站设在洞外。要求系统采用三级配电系统,并采用TN—S接零保护系统,二级漏电保护系统。

岩巷工程供电采用低压进洞时,变电站的设置应满足下列要求:

(1) 变电站应靠近供电范围的负荷中心,一般可在大负荷的附近,以减小线路损耗。同时,宜靠近电源进线一侧,以避免高压线跨越施工地区,增加施工安全。同时,应在运输、运行、检修方便和地基稳固、安全可靠的地方。

(2) 变电站应设置防雷击和防风装置。

(3) 变电站的电源线需跨越施工地区时,其最低点距人行道和运输线路的高度应满足表7-27的要求。

表7-27 电源线最低点距人行道和运输道路的高度

电压/kV	最低高度/m
35	≥7.5
6~10	≥6.5
0.4	≥6.0

(4) 架设低压线路进洞时,应在洞口电杆上安装一组低压阀型避雷器[1]。

B 洞内变电站设置

当输电线路过长时,即使按导线的经济电流密度选用最大断面,也仍可能满足不了线路末端的电压降小于10%的规定,这时宜采用高压进洞。变电站设在岩巷内,在成洞地段用6~10 kV高压钢带铠装电缆送电,将高压变为400/380 V后再送至施工地段。

洞内变电站的设置应符合下列要求:

(1) 洞内高压变压站应设在干燥的地方,它与混凝土侧墙或岩壁的距离不得小

[1] 阀型避雷器的最基本元件是火花间隙和非线性工作电阻片,它们串联叠装在密封的瓷套管内。当雷电波侵入电力系统时,由于电压很高,非线性电阻的阻值变得很小,火花间隙被迅速击穿,雷电流便流入大地,从而防止雷电波的侵入。当线路上的过电压消失后,非线性电阻的阻值恢复变大,火花间也恢复为断路状态,使线路与大地保持绝缘,恢复正常的运行。

于300 mm,并按规定设置防护栅栏及灯光、轮廓标❶等警示标志。高压变电站只允许值班人员进内操作。

(2) 无瓦斯岩巷可采用中性接地系统的普通变压器。

(3) 洞内高压变压站应采用井下高压配电装置或相同电压等级的油开关柜❷,不应使用跌落式熔断器❸,并有防尘措施。低压应采用成套组合电器和带负荷调压变压器,也可采用带有空气断路器❹的井下低压配电盘或临时装设自动空气开关。

(4) 洞内敷设的高压电缆,在洞外与架空高压线连接时,应安装相同电压等级的一组阀型避雷器及开关设备。

C 变压器的选择

变压器容量应按电气设备总用电量确定,即根据式(7-6)或式(7-7)估算的施工总用电量来选择变压器,其容量应等于或略大于总用电量。电动机的启动电流一般为额定电流的5~7倍,当采用单台变压器供电,而电动设备容量超过变压器容量的1/3时,其巨大的启动电流会引起很大的线路电压降,可能影响其他电动设备的正常运转,有时还会对整体供电线路造成危害。为保证供电质量,应适当增加启动附加容量。变压器最大容量确定如下:

(1) 当单台电动设备的最大容量小于或等于总用电量的1/3时,

$$S_e = S \tag{7-8}$$

(2) 当单台电动设备的最大容量大于总用电量的1/3时,

$$S_e = 3\mu \cdot S \tag{7-9}$$

式中 S_e——变压器最大容量,kV·A;

S——施工总用电量,kV·A;

μ——最大容量单台电动机械的容量与总用电量的比值。

计算出变压器容量后,便可以选择相应型号及规格的供电变压器。

D 移动电站

岩巷工程在建设初期、变电站尚未建成之前,可先采用移动电站供电。移动电站(柴油发电机组)可分为车载电站、箱式电站和拖车电站三种。车载电站是将柴油发电机组安装

---

❶ 轮廓标是具有逆反射性能的标牌。反射光线从靠近入射光线的反方向向光源返回的反射称为逆反射。它是光线反射的一种特殊形式。

❷ 高压油开关的动、静触头装在充满变压器油的特别灭弧室内,可切断正常的负荷电流和短路的事故电流。而隔离开关的两个触头裸露在空气中,没有特殊的灭弧装置,不能切断负荷电流,更不能切断短路电流。但隔离开关有明显的断开点,可保证检修人员的安全。在电力系统中,油开关与隔离开关配合使用。

❸ 跌落式熔断器在熔体熔断后,载熔件可自动跌落以提供隔离断口。它是10kV配电线路分支线和配电变压器一次侧最常用的一种短路保护开关,可进行设备投、切操作之用。

❹ 空气断路器是一种绝缘介质为空气的断路器。高压断路器(或称高压开关)是变电所主要的电力控制设备,它具有灭弧特性,当系统正常运行时,它能切断和接通线路及各种电气设备的空载和负载电流;当系统发生故障时,它和继电保护配合,能迅速切断故障电流,防止扩大事故范围。低压断路器又称自动空气开关,它是一种既有手动开关作用,又能自动进行失压、欠压、过载和短路保护的电器。

在相应的厢式车辆内。箱式电站是将标准集装箱改装成不同规格、不同需求的厢式机房(见图7-24)。

图7-24 箱式电站

拖车电站由柴油发电机组及拖车两部分组合而成(见图7-25)。拖车结构根据功率大小,分为单轴双轮和双轴四轮。拖车电站的常用功率为100 kW ~ 500 kW,具体规格可参见生产厂家的产品样本。小型岩巷工程主要采用拖车电站。

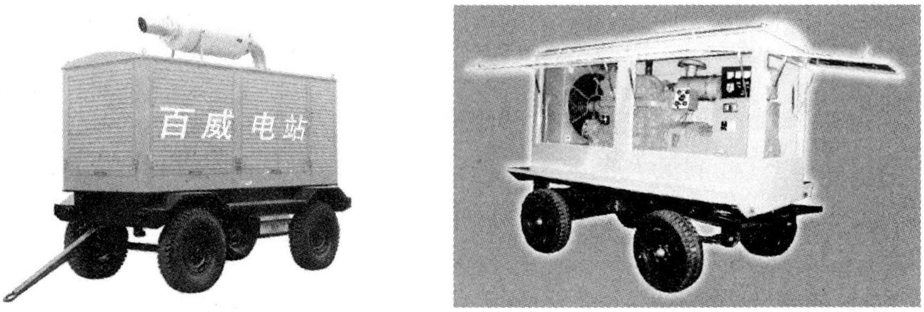

图7-25 拖车电站

移动电站的主用机组是在柴油机标定功率范围内,在一定的环境条件下,连续工作12 h,其中可超载1 h工作的常用机组。机组连续工作超过12 h后,只能在90%的标定功率范围内运行。若在100%标定功率范围内运行,一年内的运行时间不超过500 h,超负载运行时间不超过25 h。备用机组是在柴油机最大功率(1 h功率)范围内,在一定的环境条件下工作的应急机组。它在主用电源故障断电或突发性事故时作应急使用。备用机组一般一次可运行几小时,最多不超过12 h,一年内使用时间不超过200 h。

7.5.1.3 导线的选择与线路布置

A 导线的选择

供电线路由于阻抗而产生的电压降,称为线路电压损失,通称电压降。导线的断面积应使供电线路末端的电压降不超过额定电压的10%。同时,还应符合国家对经济电流密度的规定,即铜导线的经济电流密度为1.40 A/mm^2。一般不宜采用加大导线截面积减少电压降来增加送电线路距离的方法。通过对岩巷工程施工中供电线路的有功负荷、无功负荷、线路感抗、设备电气特性等因素进行分析简化、推导后，供电线路电压降可按下面应用公式计算：

$$\Delta U_1 = \frac{54IL}{1000SI_i}$$

$$\Delta U_3 = \frac{936IL}{1000SI_i} \tag{7-10}$$

式中 ΔU_1，ΔU_3——单相线路、三相线路的计算电压降，V；

L——送电距离，m；

I——线路通过的电流强度，A；

I_i——经济电流密度，A/mm^2，铜导线取 $I_i = 1.4\ A/mm^2$；

S——导线截面积，mm^2。

根据式(7-10)可求出所需的导线截面积，然后选择导线的型号及规格。

B 线路布置和安装要求

岩巷内的电力线路必须采用绝缘导线。由于岩巷施工的特点，电力线路安装分两次进行。进洞初期对于掘进、未进行模筑混凝土的地段，先用铜芯橡套电缆架设施工地段的临时线路。橡套电缆应有专供接地用的芯线，接地芯线不得兼作其他用途。随着工作面的推进，在已完成模筑混凝土的地段改用塑料(橡胶)绝缘铜芯电线敷设固定线路。更换下来的电缆可继续供推进的掘进工作面使用。

工作面的动力用电采用绝缘电缆，照明导线使用防潮绝缘导线。岩巷内电缆、电线的布置和安装应符合下列要求：

(1) 涌水岩巷的电动排水设备、瓦斯岩巷的通风设备和斜井、竖井内的电气装置均应采用双回路输电，并有可靠的切换装置。

(2) 动力干线上的每一分支线，必须在接头与所接设备之间安装开关和熔断器。熔断器的额定电流不应大于绝缘导线长期连续负载的允许载流量的1.5倍。分支至所接设备的连线应采用橡套电缆。严禁在动力线上加挂照明设施。照明线路只可在总分支接头处安装开关和熔断器。分支接头处按规定搭接，并用绝缘胶布包裹。

(3) 输电干线或动力电线路与照明线路安装在岩巷同一侧时，应在压气、水管相对的一侧。同时，必须分层架设：高压在上，低压在下；干线在上，支线在下；动力线在上，照明线在下。高压电缆之间、低压电缆之间的距离不得小于50 mm。当高、低压电缆敷设在岩巷的同一侧时，高、低压电缆的间距不得小于100 mm。

(4) 当电缆与压气管和水管同侧平行敷设时，不得直接悬挂在压气管和水管上，而应设在压气和水管的上方，且净距不小于300 mm。电缆上严禁悬挂任何物件。

(5) 电缆、电线距人行底板的悬挂高度，电压小于110 V的不小于2 m；电压为110～400 V的不小于2.5 m，并保证电缆在矿车脱轨时不致受到撞击，且电缆坠落时不会落到轨道上；6～10 kV电缆不应小于3.5 m。在水平或倾角小于45°的岩巷内，电力电缆的悬挂点间距，不得超过3 m；控制与信号电缆及小断面电力电缆的悬挂点间距应为1～1.5 m。

(6) 电缆每隔一定距离及分路点上，应悬挂注明编号、用途、电压、型号、规格、起止地点等的标志牌。

(7) 当必须在水平岩巷的个别地段沿地面敷设电缆时，应用铁质或非燃性材料覆盖。

不得在排水沟中敷设电缆，也不得用木板覆盖电缆沟。

（8）通电使用的多余电缆不得盘绕堆放，以免增加线路电压降，甚至使电缆过热发生燃烧。

电话和信号电缆，应与电力电缆分挂在岩巷的两侧。如受条件限制而敷设在同侧时，应敷设在电力电缆上方100 mm以上的地方。

7.5.2 照明与通信

在岩巷施工中，照明与通风一样重要。如果照明不足，会引起作业人员的视力疲劳，降低劳动效率，甚至发生安全事故。岩巷施工照明可分为直接作业地点的临时或局部照明、不进行作业的通道的长期与大范围照明两种。

7.5.2.1 照明电光源

岩巷工程照明，过去普遍采用白炽灯和荧光灯等普通电光源。它们的价格低廉、使用方便，但效率低、耗电量大、亮度较弱。长弧氙灯的辐射光谱与日光非常接近，但光效较低。自20世纪80年代出现了光色好、光效更高的电光源后，长弧氙灯作为照明光源已基本上被取代。现在开始使用低压卤钨灯和多种新型高强气体放电灯，如高压钠灯、金属卤化物灯（简称金卤灯）等。它们具有亮度大、光效高、节约能源、寿命长等优点。采用新光源的照明灯如图7-26所示，它使用高压钠灯或金卤灯。电光源的主要特性如表7-28所示。

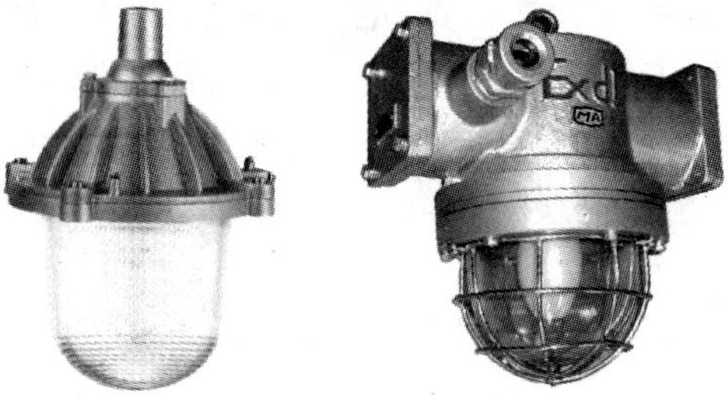

(a)　　(b)

图7-26　新光源照明灯

（a）防水防震泛光灯；（b）矿用（隔爆型）灯

表7-28　照明光源特性

光源类型	初始输出光通量①/×10³lm	发光效率②/lm·W⁻¹	平均寿命③/×10³h
白炽灯	0.6～1.5	9.7～17.4	2～6
荧光灯	6.8～15.5	61～72	10
高压钠灯	95～140	95～140	15～24
低压钠灯	18～33	100～183	10～18
金卤灯	34～100	85～100	10～15

① 光通量表示单位时间辐射光能量的多少，它的单位为流明（lm）。初始输出光通量，对白炽灯是指刚开始点燃时的光通量；荧光灯和其他气体放电灯则是指老练100 h后的光通量。

② 发光效率表示电光源将电能转化为光的能力，即单位耗电量发出的光通量，简称光效。

③ 平均寿命是指点燃一批灯泡中损坏50%时的小时数。

当悬挂高度在4 m及以下时，宜采用荧光灯；当悬挂高度在4 m以上时，宜采用高强气体放电灯；当不宜采用高强气体放电灯时，也可采用白炽灯。新型电光源在隧道工程施工中的应用，可以大幅度地增加工作面的照度和节约电能，保证操作质量和施工安全。

7.5.2.2 照明布设

在隧道工程中，大型机械的使用越来越多，加快了施工速度，运渣自卸汽车的速度也在提高。因此，不仅在直接作业的工作面，而且在模筑混凝土已完成地段也要保证足够的照度。

A 照明灯具的布设

作业地段必须有足够的照度，照度标准如表 7-7 所示。照明标准是按照度，单位是勒克斯(lx)确定，但施工现场通常用一定高度电光源的电功率来控制。岩巷中不同地段的普通电光源灯具布置要求可见表 7-29。

表 7-29 普通电光源(白炽灯)灯具的布置要求

照明部位		灯具间距/m	悬挂高度/m	灯泡容量/W
凿岩、装渣、支护作业面		15 W/m^2，断面较大可采用投光灯		
未进行模筑混凝土的地段	其他作业地段	4	2 ~ 3	60
	运输巷道	6	2.5	100
	特殊作业或不安全地段	2 ~ 3	3 ~ 5	100
已完成模筑混凝土的运输巷道	用白炽灯	10	4 ~ 5	100
	用荧光灯	20 ~ 30	4 ~ 5	40

注：灯具间距在直线段取下限，曲线段取上限。

成洞(已完成模筑混凝土)地段宜采用节能新光源，如卤钨灯、低压钠灯、高压钠灯、金卤灯(钪钠灯、钠铊铟灯、镝灯)等。新光源用于隧道工程的布置要求见表 7-30。

表 7-30 隧道工程中新型电光源的布置要求

工作地段	照明布置
掘进工作面后 40 m 作业段	卤钨灯每侧 36 V500 W 各 2 盏或 300 W 7 盏，以不少于 2000 W 为准，灯具离底板高 4 m
掘进工作面后 40 ~ 100 m 区段	高压钠灯 400 W 2 盏与钠铊铟灯 400 W 2 盏，间距 15 m，灯具离底板高 5 m
掘进工作面后 100 m 至支护岩巷末端	高压钠灯每侧 400 W 各 1 盏，间距 40 m
喷射混凝土作业面	卤钨灯 36 V500 W 或 300 W
模板台车浇筑混凝土作业段	台车前 10 ~ 15 m 增设高压钠灯每侧 400 W 各 1 盏，台车上亮度不足时，增设卤钨灯 36 V300 W 或 500 W
已完成模筑混凝土支护岩巷	高压钠灯 400 W 1 盏，间距 40 m
洞外场地	高压钠灯，间距 200 m

通道是施工人员往来和运输车辆通行的必经之地，除要有足够的照度外，还应力求保持均匀的照明亮度。在主要运输通道等重要处所应有安全照明，洞内每隔 50 ~ 100 m 应设应

急照明灯一盏。

渗漏水地段的照明应采用橡胶电缆，掘进工作面附近应采用防水灯头和灯罩。含有瓦斯地段的照明必须采用防爆灯具。照明灯具要尽量减少明暗差别，并减少眩光和阴影。此外，照明灯具必须安全可靠，线路架设必须符合安全用电管理规定。

B 作业地段照明

作业地段的照明必须采用便携式安全照明变压器箱。它必须使用双绕组型安全隔离变压器，严禁使用自耦变压器。变压器的容量不宜过大，输入电压为220 V，输出电压不大于36 V，并宜另有32 V、24 V 和12 V 三挡（见图7-27）。它应设置在接近工作地点的安全、干燥处，其机壳必须接地。

在挑顶、清理浮石等作业时，还应增加移动照明，以增加亮度。手提作业灯（行灯）的手柄应绝缘良好、耐热、防潮；灯头应无开关；灯泡外部有金属保护网。同时，用绝缘电缆连接到安全变压器上，长度不得大于100 m。

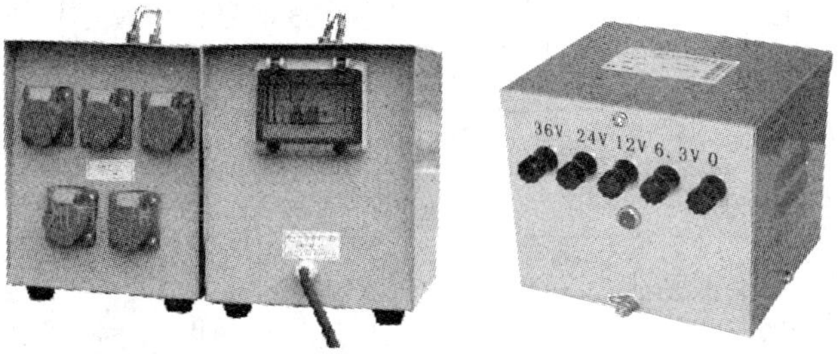

图7-27 便携式安全照明变压器箱

7.5.2.3 通信

洞内各作业工作面应与洞外调度始终保持通讯畅通。用于突发事故的应急通讯宜采用有线电话。电话线宜采用钢管作护管，并布置在不易被机械、落石破坏的地方，宜沿压气、水管侧敷设。电话机宜采用防水、防震、防火的防爆电话机。电话机宜安装在距掘进工作面最近的洞室内或有防护设施的台架上。

7.5.3 安全用电技术

岩巷工程必须保障施工现场用电安全，防止触电和电气火灾事故发生。用电设备和线路的安装、巡查、维修和拆除必须由电工严格执行操作规程来完成，并应有人监护。定期检查应按分部、分项工程执行，其执行周期最长为每月一次。对安全隐患必须及时处理，并应履行复查验收制度。

7.5.3.1 外电线路及配电安全

A 外电线路

在外电架空线路的正下方，不得进行施工作业、搭设作业棚、建造生活设施或堆放设备、构件、材料或其他杂物等。施工现场的机动车道与外电架空线路交叉时，架空线路的最低点与路面的最小垂直距离应符合表 7-31 的规定。否则必须采取绝缘隔离防护措施，并悬挂醒目的警示标志。

表 7-31 机动车道与架空线路交叉的最小垂直距离

外电线路电压等级/kV	<1	1~10	35
最小垂直距离/m	6.0	7.0	7.0

B 配电线路

配电线路应符合有关规定。采用 TN-S 制配电的电缆线路必须采用五芯电缆，电缆中包括全部工作芯线和用作保护零线或保护线的芯线。

C 配电箱及开关箱

配电箱及开关箱应符合下列要求：

(1) 总配电箱的电器应具备电源隔离、正常接通与分断电路以及短路、过载、漏电保护功能。电源隔离开关分断时应有明显的可见分断点。

(2) 分配电箱应装设总隔离开关、分路隔离开关及总断路器、分断路器或总熔断器、分路熔断器。

(3) 开关箱必须装设隔离开关、断路器或熔断器以及漏电保护器。当漏电保护器同时具有短路、过载漏电保护功能时，可不装设断路器或熔断器。

(4) 每台用电设备必须有自己的专用开关箱，严禁用同一个开关箱直接控制 2 台或以上的用电设备，包括插座。

(5) 高压分线部位应设明显的危险警示标志。

(6) 线路跳闸后，严禁强行送电，应在查明原因排除故障后，方可送电。

(7) 配电箱、开关箱应定期检查、维修，周期不宜超过 1 个月。进行维修、检查时，必须将其前级的电源隔离开关分闸断电、挂接地线，严禁带电作业。同时，悬挂“禁止合闸，有人工作”字样的停电标示牌，停送电必须由专人负责。

7.5.3.2 接地与接零保护

接地与接零保护应符合下列要求：

(1) 专用的电源中性点直接接地的 220/380 V 的 TN 制低压系统，必须采用三级配电系统、TN-S 接零保护系统、二级漏电保护系统。

(2) 在使用专用变压器供电的 TN-S 接零保护系统中，电气设备的金属外壳必须与保护零线连接。保护零线应由工作接地线、配电间(总配电柜)的电源侧零线、电源进线零线重复接地处或总漏电保护器的电源侧零线处引出，形成局部 TN-S 接零保护系统。

(3) 当施工现场与外电线路共用同一供电系统时，电气设备的接地、接零保护应与原系统保持一致。不得一部分设备做保护接零，另一部分设备做保护接地。

(4) 采用TN系统做保护接零时,工作零线(N线)必须通过总漏电保护器,保护零线(PE线)除必须在配电间(总配电柜)处做重复接地外,还必须在配电系统的中间处或末端处做重复接地。

(5) 在TN接零保护系统中,通过总漏电保护器的工作零线(N线)不得与保护零线(PE线)再做电气连接。

(6) 在TN接零保护系统中,保护零线(PE线)应单独敷设。PE线上严禁装设开关、熔断器或断线,严禁通过工作电流。重复接地线必须与PE线相连接,严禁与工作零线(N线)相连接。

(7) 岩巷施工中使用的电气设备严禁采用TN-C方式进行供电,而应该使用专用变压器供电的TN-S接零保护系统进行供电。

(8) 低压进洞的TN系统220/380V进线端,应设置中心接地装置,以保证安全用电。

(9) 使用一次侧电压50V以上的接零保护系统供电、二次侧电压小于50V的安全隔离变压器时,二次侧不得接地,并应将二次线路用绝缘套管保护或采用橡胶护套软线。

(10) 施工现场临时用电的电力系统,严禁利用大地作相线或零线。

(11) 保护零线(PE线)必须采用绝缘导线。配电装置与电动机械连接的PE线应采用截面不小于2.5mm^{2}的绝缘多股铜线。

(12) 移动式发电机供电的用电设备,其金属外壳或底座应与发电机的接地装置可靠连接。

7.5.3.3 电气设备防护

设置电气设备的场所,应能避免遭到物体打击和机械损伤,否则应做防护处理。电气设备的周围不得存放易燃易爆物品。

7.5.3.4 照明安全

A 照明供电

照明供电应符合下列要求:

(1) 岩巷掘进和支护作业面的照明,一般电压不应大于36V;潮湿和易触及带电体场所的照明电压不得大于24V;特别潮湿的场所或在金属容器和金属管道内使用的行灯,其电压不得超过12V。

(2) 照明变压器必须使用双绕组型安全隔离变压器,严禁使用自耦变压器。

(3) 照明开关箱内必须装设隔离开关、短路与过载保护电器和漏电保护器。

B 照明灯具

照明灯具应符合下列要求:

(1) 照明灯具的金属外壳必须与保护零线(PE线)连接。

（2）地面220 V照明灯具距地面不得低于3 m，洞内220 V照明灯具距底板不得低于2.5 m。

（3）照明灯具与易燃物的距离，普通灯具不得小于300 mm；聚光灯、卤钨灯及金属卤化物灯等高热灯具与易燃物的距离不得小于500 mm，且不得直接照射易燃物。否则应采取隔热措施。

7.5.3.5 安全作业

电工行业是一个高危行业，许多安全事故的发生，原因就是违反安全规程进行操作。电工进网作业许可证是保障电力安全生产的需要，有利于督促从业电工掌握相关的安全规章制度和操作规范，提升职业技能和安全素质，杜绝事故的发生。电工必须经国家现行标准考核合格后，持证上岗，进入电网从事电气安装、试验、检修、运行等工作，且电工等级应与工程的难易程度和技术复杂性相适应。其他用电人员必须通过相关安全教育培训，考核合格后方可上岗工作。岩巷工程的有关安全作业，除应遵守电工安全作业规程外，还应遵守下列规定：

（1）线路及接头不得裸露，并经常检查，发现有裸露时立即包扎。

（2）在需要触及导电部分时，应首先切断开关封锁，防止误合闸。然后必须先用测电笔检查，确认无电后方可开始工作。

（3）配电箱、开关箱内不得随意挂接其他用电设备。

（4）各种过电流保护装置不得加大容量，不得用任何金属丝代替熔丝。

（5）进行高压操作时，必须戴绝缘手套和穿绝缘靴。

（6）施工现场停止作业1 h以上时，应将动力开关箱断电上锁。

参考文献

[1] 中国疾病预防控制中心职业卫生与中毒控制所，复旦大学公共卫生学院，华中科技大学同济公共卫生学院，等. GBZ2.1—2007 工业场所有害因素职业接触限值　第1部分：化学有害因素[S]. 北京：人民卫生出版社，2007.

[2] 北京大学公共卫生学院，中国疾病预防控制中心职业卫生与中毒控制所，华中科技大学公共卫生学院，等. GBZ2.2—2007 工业场所有害因素职业接触限值 第2部分：物理因素[S]. 北京：人民卫生出版社，2007.

[3] 中国疾病预防控制中心，北京市疾病预防控制中心，复旦大学公共卫生学院，等. GBZ1—2002 工业企业设计卫生标准[S]. 北京：法律出版社，2002.

[4] 中国疾病预防控制中心职业卫生与中毒控制所，湖北省疾病预防控制中心. GBZ159—2004 工作场所空气中有害物质监测的采样规范[S]. 北京：人民卫生出版社，2004.

[5] 冶金部建筑研究总院，煤炭科学研究院，铁道部科学研究院，等. GB50086—2001 锚杆喷射混凝土支护技术规范[S]. 北京：中国计划出版社，2001.

[6] GBJ213—90 矿山井巷工程施工及验收规范[S].

[7] 中交第一公路工程局有限公司，重庆交通科研设计院，重庆交通大学，等. JTG F60—2009 公路隧道施工技术规范[S]. 北京：人民交通出版社，2009.

[8] 中交第一公路工程局有限公司，河南省路桥建设集团有限公司，重庆交通科研设计院，等. JTG/T

F60—2009 公路隧道施工技术细则[S].北京:人民交通出版社,2009.
[9] 中铁一局集团有限公司,中铁隧道集团有限公司.TZ204—2008 铁路隧道工程施工技术指南[S].北京:中国铁道出版社,2008.
[10] 中铁隧道集团有限公司.TZ231—2007 铁路隧道钻爆法施工工序及作业指南[S].北京:中国铁道出版社,2007.
[11] 中铁一局集团有限公司.TZ214—2005 客运专线铁路隧道工程施工技术指南[S].北京:中国铁道出版社,2005.
[12] 中铁二局集团有限公司.TB10204—2002 铁路隧道施工规范[S].北京:中国铁道出版社,2002.
[13] 北京市城乡建设委员会.GB50299—1999 地下铁道工程施工及验收规范:2003 年版[S].北京:中国计划出版社,2004.
[14] 中铁二局集团有限公司.TB10304—2009 铁路隧道工程安全技术规程[S].北京:中国铁道出版社,2009.
[15] 武汉安全环保研究院,北京矿冶研究总院,铁道科学研究院铁科所,等.GB6722—2003.爆破安全规程[S].北京:中国计划出版社,2004.
[16] 甘肃省建筑工程总公司.JGJ33—2001 建筑机械使用安全规程[S].北京:中国建筑工业出版社,2001.
[17] 沈阳建筑大学.JGJ46—2005 施工现场临时用电安全技术规程[S].北京:中国建筑工业出版社,2005.
[18] 中国地质调查局,等.AQ2004—2005 地质勘探安全规程[S].北京:煤炭工业出版社,2005.
[19] 中钢集团武汉安全环保研究院,中钢集团马鞍山矿山研究院,中国有色工程设计研究总院,等.GB16423—2006 金属非金属矿山安全规程[S].北京:中国标准出版社,2006.
[20] 国家安全生产监督管理总局.安监总规划字[2005]83 号.关于金属与非金属矿山实施矿用产品安全标志管理的通知.2005.
[21] 张庆贺.地下工程[M].上海:同济大学出版社,2005.
[22] 本书编写组.中国冶金百科全书:采矿[M].北京:冶金工业出版社,1992.
[23] 徐小荷.采矿手册:第二卷[M].北京:冶金工业出版社,1990.
[24] 东兆星,吴士良.井巷工程[M].徐州:中国矿业大学出版社,2004.
[25] 彭立敏,刘小兵.交通隧道工程[M].长沙:中南大学出版社,2003.
[26] 杨新安,吴德康.铁道与城市轨道交通工程丛书——铁路隧道[M].上海:同济大学出版社,2003.
[27] 杨其新.王明年.地下工程施工与管理[M].成都:西南交通大学出版社,2005.
[28] 关宝树.隧道工程施工要点集[M].北京:人民交通出版社,2003.
[29] 李国锋,定文其,李志厚,等.特殊地质公路隧道动态设计施工技术[M].北京:人民交通出版社,2005.
[30] 周爱国.隧道工程现场施工技术[M].北京:人民交通出版社,2004.
[31] 谢锡纯,李晓豁.矿山机械与设备[M].徐州:中国矿业大学出版社,2000.
[32] 王荣祥,李捷,任效乾.矿山工程设备技术[M].北京:冶金工业出版社,2005.
[33] 陈庆凯,梅志学,赵德孝.工程爆破技术与安全管理[M].沈阳:东北大学出版社,2002.
[34] 于亚伦.工程爆破理论与技术[M].北京:冶金工业出版社,2004.
[35] 劳动部第 4 号令.矿山安全法实施条例.1996.
[36] 国家安全生产监督管理局,国家煤矿安全监督局第 16 号令.煤矿安全规程. 2004.
[37] (90)化矿字第 291 号.化学矿山安全规程.1990.
[38] 煤炭科学研究总院重庆分院,四川远见实业有限公司,淮南亿万达集团有限责任公司橡塑厂,等.MT164—2007 煤矿用涂覆布正压风筒[S].北京:煤炭工业出版社,2007.
[39] 煤炭科学研究总院重庆分院,四川远见实业有限公司,淮南亿万达集团有限责任公司橡塑厂,等.

MT165—2007 煤矿用涂覆布负压风筒[S]. 北京:煤炭工业出版社,2007.
[40] 煤炭科学研究总院重庆分院. GB/T20105—2006 风筒涂覆布[S]. 北京:中国标准出版社,2006.
[41] 冶金部安全环保研究院. GB/T2626—92 自吸过滤式防尘口罩通用技术条件[S]. 北京:中国标准出版社,1992.
[42] 上海劳动保护研究所,上海氯碱化工股份有限公司. GB7231—2003 工业管路的基本识别色、识别符号和安全标识. [S]. 北京:中国标准出版社,2003.

附　录　A

A.1　国家标准《工程岩体分级标准》

工程岩体是指岩石工程影响范围内的岩体，也称围岩。国标《工程岩体分级标准》(GB50218—94)采用岩体基本质量指标(BQ)进行工程岩体稳定性的分级。工程岩体分级采用定性与定量相结合的方法，并分两步进行。先确定岩体基本质量，再结合具体工程的特点确定岩体级别。

A.1.1　岩体基本质量的分级因素

岩体基本质量是指岩体固有的、影响工程岩体稳定的最基本属性，它由岩石坚硬程度和岩体完整程度两个因素确定。

A.1.1.1　岩石坚硬程度划分

岩石坚硬程度采用定性划分和定量划分两种方法确定。

A　*岩石坚硬程度定性划分*

岩石坚硬程度的定性划分可按表 A-1 进行。

表 A-1　岩石坚硬程度定性划分

名　称		定 性 鉴 定	代表性岩石及风化程度
硬质岩	坚硬岩	1. 锤击声清脆，有回弹，震手，难击碎； 2. 浸水后，大多无吸水反应	未风化～微风化的：花岗岩、正长岩、闪长岩、辉绿岩、玄武岩、安山岩、片麻岩、石英片岩、硅质板岩、石英岩、硅质胶结的砾岩、石英砂岩、硅质石灰岩等
	较坚硬岩	1. 锤击声较清脆，有轻微回弹，稍震手，较难击碎； 2. 浸水后，有轻微吸水反应	1. 弱风化的坚硬岩； 2. 未风化～微风化的：熔结凝灰岩、大理岩、板岩、白云岩、石灰岩、钙质胶结的砂岩等
软质岩	较软岩	1. 锤击声不清脆，无回弹，较易击碎； 2. 浸水后，指甲可刻出印痕	1. 强风化的坚硬岩； 2. 弱风化的较坚硬岩； 3. 未风化～微风化的：凝灰岩、千枚岩、砂质泥岩、泥灰岩、泥质砂岩、粉砂岩、页岩等

续表 A-1

名称		定性鉴定	代表性岩石及风化程度
软质岩	软岩	1. 锤击声哑,无回弹,较易击碎; 2. 浸水后,手可掰开	1. 强风化的坚硬岩; 2. 弱风化～强风化的较坚硬岩; 3. 弱风化的较软岩; 4. 未风化的泥岩等
	极软岩	1. 锤击声哑,无回弹,有较深凹痕,手可捏碎; 2. 浸水后,可捏成团	1. 全风化的各种岩石; 2. 各种半成岩

注:未风化:结构构造未变,岩质新鲜;

微风化:结构构造、矿物色泽基本未变,部分裂隙面有铁锰质渲染;

弱风化:结构构造部分破坏,矿物色泽变化较明显,裂隙面出现风化矿物或存在风化夹层;

强风化:结构构造大部分破坏,矿物色泽明显变化,长石、云母等多风化成次生矿物;

全风化:结构构造全部破坏,矿物成分除石英外,大部分风化成土状。

B　岩石坚硬程度定量划分

岩石坚硬程度的定量指标,采用岩石单轴饱和抗压强度 f_r,按表 A-2 确定。

表 A-2　f_r 与定量划分的岩石坚硬程度的对应关系

坚硬程度	坚硬岩	较坚硬岩	较软岩	软岩	极软岩
岩石单轴饱和抗压强度/MPa	$f_r>60$	$60\geqslant f_r>30$	$30\geqslant f_r>15$	$15\geqslant f_r>5$	$f_r\leqslant 5$

注:岩石单轴饱和抗压强度范围的数学形式,是按《岩土工程勘察规范》(GB50021—2001)修正的,《工程岩体分级标准》的极软岩为 $f_r<5$。

f_r 应采用实测值。当无条件取得实测值时,也可由点荷载强度试验按下式换算:

$$f_r=22.82I_{s(50)}^{0.75} \tag{A-1}$$

式中　$I_{s(50)}$——实测的岩石点荷载强度指数,即直径为 50 mm 圆柱形试件径向加压时的点荷载强度,或经尺寸修正后的岩石点荷载强度指数,N/mm^2。

A.1.1.2　岩体完整性划分

岩体完整程度采用定性划分和定量划分两种方法确定。

A　岩体完整性定性划分

岩体完整程度的定性划分,可按表 A-3 进行。现场鉴定结构面的结合程度时,除注意结构面缝隙的宽度外,还应注意结构面两侧壁岩性的变化、充填物的性质(来源、成分、颗粒大小)、胶结情况及赋水状态等,综合分析评价它们对结合程度的影响。

表 A-3　岩体完整性定性划分

完整程度	结构面①发育程度		主要结构面的结合程度③	主要结构面类型	相应结构类型
	组数	平均间距②/m			
完　整	1 ~ 2	>1.0	结合好或结合一般	节理、裂隙、层面	整体状或巨厚层状结构
较完整	1 ~ 2		结合差	节理、裂隙、层面	块状或厚层状结构
	2 ~ 3	1.0 ~ 0.4	结合好或结合一般		块状结构
较破碎	2 ~ 3		结合差	节理、裂隙、层面、小断层	裂隙块状或中厚层状结构
	≥3	0.4 ~ 0.2	结合好		镶嵌碎裂结构
			结合一般		中、薄层状结构
破　碎	≥3	0.4 ~ 0.2	结合差	各种类型结构面	裂隙块状结构 碎裂状结构
		≤0.2	结合一般或结合差		
极破碎	无序		结合很差		散体状结构

① 结构面是指岩体开裂或易开裂的面，如层面、节理、断层、片理，又称不连续面；

② 平均间距指主要结构面（1 ~ 2 组）间距的平均值；

③ 结构面的结合程度，应根据结构面特征确定：

结合好：张开度小于 1 mm，无充填物、张开度 1 ~ 3 mm，为硅质或铁质胶结，张开度大于 3 mm，结构面粗糙，为硅质胶结；

结合一般：张开度 1 ~ 3 mm，为钙质或泥质胶结，张开度大于 3 mm，结构面粗糙，为铁质或钙质胶结；

结合差：张开度 1 ~ 3 mm，结构面平直，为泥质或泥质和钙质胶结，张开度大于 3 mm，多为泥质或岩屑充填；

结合很差：泥质充填或泥夹岩屑充填，充填物厚度大于结构面的起伏差。

《岩土工程勘察规范》（GB50021—2001）规定的岩体厚度分类，如表 A-4 所示。

表 A-4　岩体厚度分类

层厚分类	巨厚层	厚　层	中厚层	薄　层
单层厚度 h/m	$h>1.0$	$1.0\geqslant h>0.5$	$0.5\geqslant h>0.1$	$h\leqslant 0.1$

B　岩体完整性定量划分

岩体完整程度的定量指标为岩体完整性指数 K_v。K_v 应针对不同的工程地质岩组或岩性段，选择有代表性的点、段，测定岩体弹性纵波速度，并在同一岩体中取样测定岩石弹性纵波速度，按下式计算：

$$K_v = \left(\frac{v_{pm}}{v_{pr}}\right)^2 \tag{A-2}$$

式中　v_{pm}——岩体弹性纵波速度，km/s；

v_{pr}——岩石弹性纵波速度，km/s。

定性划分的岩体完整程度与岩体完整性指数（K_v）的对应关系，如表 A-5 所示。

表 A-5　K_v 与定性划分的岩石完整程度的对应关系

K_v	>0.75	0.75 ~ 0.55	0.55 ~ 0.35	0.35 ~ 0.15	<0.15
完整程度	完　整	较完整	较破碎	破　碎	极破碎

岩体完整性指数 K_v 应采用实测值。当无条件取得实测值时，可用岩体体积节理数 J_v，按表 A-6 确定对应的 K_v 值。

表 A-6　J_v 与 K_v 对照表

J_v/条·m^{-3}	<3	3~10	10~20	20~35	>35
K_v	>0.75	0.75~0.55	0.55~0.35	0.35~0.15	<0.15

岩体体积节理数 J_v，应针对不同的工程地质岩组或岩性段进行节理(结构面)统计。除成组节理外，对延伸长度大于1m的分散节理也应予以统计，即需要加上分散节理的条数 S_k，以使计算的 J_v 值更符合实际。硅质、铁质、钙质充填后再胶结的节理，其结构面已不再成为分割岩面的界面，在确定 J_v 值时不予统计。岩体 J_v 值根据节理统计结果按下式计算：

$$J_v = \sum_{i=1}^{n} S_i + S_k \tag{A-3}$$

式中　J_v——岩体体积节理数，条/m^3；

S_i——第 i 组节理每米长测线上的条数，共有 n 组；

S_k——每立方米岩体非成组节理条数，条/m^3。

岩体体积节理数 J_v 的统计，宜选择在具有三维空间的岩体露头上或掘进的岩面上进行。每一测点的统计面积不小于2m×5m。测线布置应垂直于被测的一组结构面走向，测线长度不小于5m。结构面稀少时，测线宜适当加长。先统计与每一条测线正交的结构面条数，或每一组节理的平均间距，然后按式(A-3)计算 J_v 值。

A.1.2　岩体基本质量分级

A.1.2.1　岩体基本质量级别

A　岩体基本质量指标 BQ

岩体基本质量指标 BQ，应根据岩石坚硬程度的定量指标和岩体完整程度的定量指标，按下式计算：

$$BQ = 90 + 3f_r + 250K_v \tag{A-4}$$

式中　f_r——岩石单轴饱和抗压强度，MPa；

K_v——岩体完整性指数。

式(A-4)的限制条件如下：

(1) 当 $f_r > 90K_v + 30$ 时，应取 $f_r = 90K_v + 30$；

(2) 当 $K_v > 0.04f_r + 0.4$ 时，应取 $K_v = 0.04f_r + 0.4$。

B　岩体基本质量级别的确定

岩体基本质量分级，应根据岩体基本质量的定性特征和岩体基本质量指标 BQ，两者相结合，按表 A-7 确定。它即是对工程岩体的初步分级。

表 A-7　岩体基本质量分级

基本质量级别	岩体基本质量的定性特征	岩体基本质量指标(BQ)
Ⅰ	坚硬岩，岩体完整	>550
Ⅱ	坚硬岩，岩体较完整； 较坚硬岩，岩体完整	550~451

续表 A-7

基本质量级别	岩体基本质量的定性特征	岩体基本质量指标(BQ)
Ⅲ	坚硬岩,岩体较破碎; 较坚硬岩或软硬岩互层,岩体较完整; 较软岩,岩体完整	450~351
Ⅳ	坚硬岩,岩体破碎; 较坚硬岩,岩体较破碎~破碎; 较软岩或软硬岩互层,且以软岩为主,岩体较完整~较破碎; 软岩,岩体完整~较完整	350~251
Ⅴ	较软岩,岩体破碎; 软岩,岩体较破碎~破碎; 全部极软岩及全部极破碎岩	≤250

表中"岩体基本质量的定性特征"应由表 A-1 和表 A-3 所确定的岩石坚硬程度和岩体完整程度组合确定。

有时会出现根据岩体基本质量的定性特征与岩体基本质量指标(BQ)确定的级别不一致的现象,这可能是由于定性评级不符合岩体的实际级别,也可能是测试数据在选用或实测时缺少代表性,或两者同时存在导致的。应通过对定性划分和定量指标的综合分析,确定岩体基本质量指标。必要时,应重新进行测试重新确定岩体级别。为提高定级的准确性,宜由有经验的人员作定性分级,定量指标测试的地点与定性分级的岩体部位应相同。

A.1.2.2 岩体的物理力学参数

岩体的物理力学参数反映了岩体的稳定性及质量的高低,它们与决定岩体基本质量的岩石坚硬程度和岩体完整程度密切相关。岩体的物理力学参数可按表 A-8 选用。结构面的抗剪峰值强度参数取决于两侧岩石的坚硬程度和结构面本身的结合程度,可按表 A-9 选用。

表 A-8 岩体物理力学参数

岩体基本质量级别	重力密度 /kN·m^{-3}	抗剪峰值强度		变形模量 E /GPa	泊松比 ν
		内摩擦角 φ/(°)	黏聚力 C/MPa		
Ⅰ	>26.5	>60	>2.1	>33	<0.2
Ⅱ		60~50	2.1~1.5	33~20	0.2~0.25
Ⅲ	26.5~24.5	50~39	1.5~0.7	20~6	0.25~0.3
Ⅳ	24.5~22.5	39~27	0.7~0.2	6~1.3	0.3~0.35
Ⅴ	<22.5	<27	<0.2	<1.3	>0.35

表 A-9 岩体结构面抗剪峰值强度

序号	两侧岩体的坚硬程度与结构面的结合程度	内摩擦角 φ/(°)	黏聚力 C/MPa
1	坚硬岩,结合好	>37	>0.22
2	坚硬~较坚硬岩,结合一般; 较软岩,结合好	37~29	0.22~0.12

续表 A-9

序 号	两侧岩体的坚硬程度与结构面的结合程度	内摩擦角 φ/(°)	黏聚力 C/MPa
3	坚硬~较坚硬岩,结合差; 较软岩~软岩,结合一般	29~19	0.12~0.08
4	较坚硬~较软岩,结合差~结合很差; 软岩,结合差; 软质岩的泥化面	19~13	0.08~0.05
5	较坚硬岩及全部软质岩,结合很差; 软质岩的泥化层本身	<13	<0.05

A.1.3 工程岩体详细分级

对于实际的工程岩体,仅确定基本质量级别还不能满足设计和施工的要求,应结合实际工程的特点,对岩体基本质量指标 BQ 进行修正。当存在高初始应力现象时,应对岩体初始应力状态进行评估。

A.1.3.1 岩体基本质量指标(BQ)修正

A 岩体基本质量指标的修正值[BQ]

工程岩体详细定级时,当遇到有地下水;或工程轴线或走向的方位与主要软弱结构面产状的组合关系影响岩体稳定性,且仅由一组起控制作用时;或存在高初始应力现象时,应对岩体基本质量指标 BQ 进行修正。其修正值[BQ]可按下式计算:

$$[BQ] = BQ - 100(K_1 + K_2 + K_3) \tag{A-5}$$

式中 [BQ]——岩体基本质量指标修正值;

BQ——岩体基本质量指标;

K_1——地下水影响修正系数,按表 A-10 采用;

K_2——主要软弱结构面产状影响修正系数,按表 A-11 采用;

K_3——高应力区或极高应力区的初始应力状态影响修正系数,按表 A-12 采用。高应力区或极高应力区是按表 A-13 进行评估确定的。

表 A-10 地下水影响修正系数 K_1

地下水出水状态		BQ 值			
		>450	450~351	350~251	≤250
潮湿或点滴状出水		0	0.1	0.2~0.3	0.4~0.6
淋雨状或涌流状出水	水压≤0.1 MPa 或单位出水量≤10L/(min·m)	0.1	0.2~0.3	0.4~0.6	0.7~0.9
	水压>0.1 MPa 或单位出水量>10L/(min·m)	0.2	0.4~0.6	0.7~0.9	1.0

表 A-11 主要软弱结构面产状影响修正系数 K_2

结构面产状及其与洞轴线的组合关系	结构面倾角为30°~75°,洞轴线与结构面走向夹角<30°	结构面倾角>75°,洞轴线与结构面走向夹角>60°	其他组合
K_2	0.4~0.6	0~0.2	0.2~0.4

注:其他组合是指以下四种情况:结构面倾角<30°,洞轴线与结构面走向夹角为任意值;倾角为任意值,夹角为30°~60°;倾角<75°,夹角>60°;倾角<30°或>75°,夹角<30°。

表 A-12 初始应力状态影响修正系数 K_3

初始应力状态	BQ 值				
	>550	550~451	450~351	350~251	≤250
极高应力区	1.0		1.0~1.5		1.0
高应力区	0.5			0.5~1.0	

若无表中情况时，修正系数为零。应当指出，采用 K_2 修正适用于存在一组起控制作用结构面的情况。如果有两组或两组以上起控制作用的结构面，组合情况复杂得多，不能用修正岩体基本质量的方法，而需要通过稳定分析解决。当[BQ]出现负值时，应按特殊问题处理。

B *岩体初始应力状态评估*

对于岩体初始应力状态，当无实测资料时，可根据工程埋深、地形地貌、地质构造运动史、主要构造线和掘进过程中出现的岩爆、岩芯饼化等特殊地质现象，按下列方法对初始应力场作出评估：

（1）较平缓的孤山体，一般情况下，初始应力的垂直方向应力为自重应力，水平方向应力不大于 $\gamma \cdot H/(1-\nu)$。其中 γ 为岩体重力密度（kN/m^3），H 为工程埋深（m），ν 为岩体泊松比。

（2）通过对历次构造形迹的调查和对近期构造运动的分析，以第一序次为准，根据复合关系，确定最新构造体系，据此确定初始应力的最大主应力方向。当垂直方向应力为自重应力，且是主应力之一时，水平方向主应力较大的一个，可取（0.8~1.2）H 或更大。

（3）当埋深大于 1000 m 时，随着深度的增加，初始应力场逐渐趋向于静水压力分布，大于 1500 m 以上时，一般可按静水压力分布考虑。

（4）在峡谷地段，从谷坡至山体以内，可区分为应力释放区、应力集中区和应力稳定区。峡谷的影响范围，在水平方向一般为谷宽的 1~3 倍。对两岸山体，最大主应力方向一般平行于河谷。在谷底较深部位，最大主应力趋于水平且转向垂直于河谷。

（5）地表岩体剥蚀显著地区，水平方向应力仍按原覆盖厚度计算。

（6）发生岩爆或岩芯饼化现象时，应考虑存在高初始应力的可能。此时，可根据岩体在掘进过程中出现的主要现象和评估基准 f_r/σ_{max}，按表 A-13 进行评估。f_r 为岩石单轴饱和抗压强度（MPa）；σ_{max} 为垂直洞轴线方向的最大初始应力（MPa）。评估其属于高应力区还是极高应力区，并对岩体基本质量指标 BQ 进行修正。

表 A-13 初始应力状态评估

初始地应力状态	岩体性质	掘进过程中出现的主要现象	评估基准 f_r/σ_{max}
高应力	硬质岩	掘进中可能出现岩爆，洞壁岩体有剥离和掉块现象，新生裂缝较多，成洞性较差	4~7
	软质岩	岩芯时有饼化现象，掘进中洞壁位移显著，持续时间较长，成洞性差	

续表 A-13

初始地应力状态	岩体性质	掘进过程中出现的主要现象	评估基准 f_r/σ_{max}
极高应力	硬质岩	掘进中时有岩爆发生,有岩块弹出,洞壁岩体发生剥离,新生裂缝多,成洞性差	<4
	软质岩	岩芯常有饼化现象,掘进中洞壁岩体有剥离,位移极为显著,甚至发生大位移,持续时间长,不易成洞	

A.1.3.2 工程岩体详细分级确定

工程岩体详细分级以修正后的岩体基本质量指标[BQ],按表 A-7 对工程岩体进行详细定级。

对于跨度等于或小于 20 m 的岩巷工程,对已确定级别的岩体,当其实际自稳能力与表 A-14 中相应的自稳能力不相符时,应对岩体级别作相应调整。

A.1.4 岩体自稳能力

在岩巷工程的设计和施工中,人们最关心的是围岩稳定性和围岩的压力特征。分级标准中还给出了岩体自稳能力与岩体级别的关系(见表 A-14)。岩体自稳能力是指在不支护的条件下,岩体不产生任何形式破坏的能力。此外,根据表 A-14 中的塌方规模及其塌方高度,可估算出围岩松动压力值。

表 A-14 岩巷工程岩体自稳能力

岩体级别	自稳能力
Ⅰ	跨度≤20 m 时,可长期稳定,偶有掉块,无塌方
Ⅱ	跨度为 10~20 m 时,可基本稳定,局部可能发生掉块或小塌方; 跨度<10 m 时,可长期稳定,偶有掉块
Ⅲ	跨度为 10~20 m 时,可稳定数日至 1 月,可能发生小、中塌方; 跨度为 5~10 m 时,可稳定数月,可能发生局部块体位移及小、中塌方; 跨度<5 m 时,可基本稳定
Ⅳ	跨度>5 m 时,一般无自稳能力,数日至数月内可能发生松动变形、小塌方,进而发展为中、大塌方。埋深小时,以拱部松动破坏为主;埋深大时,有明显塑性流动变形和挤压破坏; 跨度≤5 m 时,可稳定数日至 1 月
Ⅴ	无自稳能力

注:1. 小塌方:塌方高度<3 m,或塌方体积<30 m^3;
2. 中塌方:塌方高度为 3~6 m,或塌方体积为 30~100 m^3;
3. 小塌方:塌方高度>6 m,或塌方体积>100 m^3。

A.2 《锚杆喷射混凝土支护技术规范》的围岩分级

《锚杆喷射混凝土支护技术规范》(GB50086—2001)规定,围岩级别的划分,应根据岩体结构、结构面发育特征、岩石坚硬性、岩体声学性质、地下水和地应力状况等因素综合确定,如表 A-15 所示。

表 A-15 《锚杆喷射混凝土支护技术规范》围岩分级表

<table>
<tr><th rowspan="3">围岩级别</th><th colspan="7">主要工程地质特征</th><th rowspan="3">毛洞稳定情况</th></tr>
<tr><th rowspan="2">岩体结构</th><th rowspan="2">构造影响程度,结构面发育情况和组合状态</th><th colspan="2">岩石强度指标</th><th colspan="2">岩体声波指标</th><th rowspan="2">岩体强度应力比 S_m</th></tr>
<tr><th>单轴饱和抗压强度/MPa</th><th>点荷载强度/MPa</th><th>岩体纵波速度 V_{pm} /km·s^{-1}</th><th>岩体完整性指标 K_v</th></tr>
<tr><td>Ⅰ</td><td>整体状及层间结合良好的厚层状结构</td><td>构造影响轻微,偶有小断层。结构面不发育,仅有 2~3 组,平均间距大于 0.8m,以原生节理和构造节理为主,多数闭合,无泥质充填,不贯通。层间结合良好,一般不出现不稳定块体</td><td>>60</td><td>>2.5</td><td>>5</td><td rowspan="2">>0.75</td><td rowspan="3">—</td><td>毛洞跨度为 5~10m 时,长期稳定,无碎块掉落</td></tr>
<tr><td rowspan="2">Ⅱ</td><td>同Ⅰ级围岩结构</td><td>同Ⅰ级围岩特征</td><td>30~60</td><td>1.25~2.5</td><td rowspan="2">3.7~5.2</td><td rowspan="2">毛洞跨度为 5~10m 时,围岩能较长时间(数月至数年)维持稳定,仅出现局部小块掉落</td></tr>
<tr><td>块状结构和层间结合较好的中厚层或厚层状结构</td><td>构造影响较严重,有少量断层。结构面发育,一般为 3 组,平均间距为 0.4~0.8m,以原生节理和构造节理为主,节理面多数闭合,偶有泥质充填,贯通性较差,有少量软弱结构面。层间结合较好,偶有层间错动和层面张开现象</td><td>>60</td><td>>2.5</td><td>>0.5</td></tr>
<tr><td rowspan="4">Ⅲ</td><td>同Ⅱ级围岩结构</td><td>同Ⅱ级围岩特征</td><td>20~30</td><td>0.85~1.25</td><td rowspan="4">3.0~4.5</td><td>>0.75</td><td rowspan="4">>2</td><td rowspan="4">毛洞跨度为 5~10m 时,围岩能维持一个月以上的稳定,主要失稳形式为局部掉块、塌落</td></tr>
<tr><td>同Ⅱ级围岩块状结构和层间结合较好的中厚层或厚层状结构</td><td>同Ⅱ级围岩块状结构和层间结合较好的中厚层或厚层状结构特征</td><td>30~60</td><td>1.25~2.50</td><td>0.50~0.75</td></tr>
<tr><td>层间结合良好的薄层和软硬岩互层结构</td><td>构造影响较严重。结构面发育,一般为 3 组,平均间距为 0.2~0.4m,以构造节理为主,节理面多数闭合,少有泥质充填。岩层为薄层或以硬岩为主的软硬岩互层,层间结合良好,少见软弱夹层、层间错动和层面张开等现象</td><td>>60
(软岩,>20)</td><td rowspan="2">>2.50</td><td rowspan="2">0.30~0.50</td></tr>
<tr><td>碎裂镶嵌结构</td><td>构造影响较严重。结构面发育,一般为 3 组,平均间距为 0.2~0.4m,以构造节理为主,节理面多数闭合,少数有泥质充填,块体间牢固咬合</td><td>>60</td></tr>
</table>

续表 A-15

围岩级别	主要工程地质特征							毛洞稳定情况
	岩体结构	构造影响程度，结构面发育情况和组合状态	岩石强度指标		岩体声波指标		岩体强度应力比 S_m	
			单轴饱和抗压强度 /MPa	点荷载强度 /MPa	岩体纵波速度 V_{pm} /km·s^{-1}	岩体完整性指标 K_v		
Ⅳ	同Ⅱ级围岩块状结构和层间结合较好的中厚层或厚层状结构	同Ⅱ级围岩块状结构和层间结合较好的中厚层或厚层状结构特征	10~30	0.42~1.25	2.0~3.5	0.50~0.75	>1	毛洞跨度为5 m时，围岩能维持数日到一个月的稳定，主要失稳形式为冒落或片帮
	散块状结构	构造影响严重，一般为风化卸荷带。结构面发育，一般为3组，平均间距为0.4~0.8 m，以构造节理或卸荷裂隙、风化裂隙为主，贯通性强，多数张开，夹泥，夹泥厚度一般大于结构面的起伏高度，咬合力弱，构成较多的不稳定块体	>30	>1.25	>2.0	>0.15		
	层间结合不良的薄层、中厚层和软硬岩互层结构	构造影响严重。结构面发育，一般为3组以上，平均间距为0.2~0.4 m，以构造节理、风化节理为主，大部分微张（0.5~1.0 mm），部分张开（>1.0 mm），有泥质充填，层间结合不良，多数夹泥，层间错动明显	>30（软岩，>10）		2.0~3.5	0.20~0.40		
	碎裂状结构	构造影响严重，多数为断层影响带或强风化带。结构面发育，一般为3组以上，平均间距0.2~0.4 m，大部分微张（0.5~1.0 mm），部分张开（>1.0 mm），有泥质充填，形成许多碎块体	>30					
Ⅴ	散体状结构	构造影响很严重，多数为破碎带、全强风化带或破碎带交汇部位。构造节理及风化节理密集，节理面及其组合杂乱，形成大量碎块体。块体间多数为泥质充填，甚至呈石夹土状或土夹石状	—	—	<2.0	—	—	毛洞跨度为5 m时，围岩稳定时间很短，约数小时至数日

注：1. 围岩按定性分级与定量指标分级有差别时，一般应以低者为准。
2. 本表声波指标以孔测法的测试值为准。如果用其他方法测试时，可通过对比试验，进行换算。
3. 层状岩体按单层厚度可划分为：厚层，大于0.5 m；中厚层，0.1~0.5 m；薄层，小于0.1 m。
4. 一般条件下，确定围岩级别时，应以岩石单轴饱和抗压强度为准；当洞跨小于5 m、服务年限小于10年的工程确定围岩级别时，可采用点荷载强度指标代替岩块单轴饱和抗压强度指标，可不做岩体声波指标测试。
5. 测定岩石强度，做单轴抗压强度测定后，可不做点荷载强度测定。

岩体完整性指标与国标《工程岩体分级标准》（GB50218—94）一样，用岩体完整性系数 K_v 表示，K_v 可按式（A-2）计算。当无条件进行声波实测时，也可用岩体体积节理数 J_v 表示，按表 A-6 确定 K_v 值。只是表中 K_v =0.35~0.15 对应的 J_v 为 20~25；K_v <0.15 对应的 J_v >25。当有地应力数据时，岩体强度应力比的计算如下：

$$S_m = \frac{K_v f_r}{\sigma_1} \tag{A-6}$$

式中 S_m——岩体强度应力比；

f_r——岩石单轴饱和抗压强度，MPa；

K_v——岩体完整性系数；

σ_1——垂直洞轴线的较大主应力的实测值，kN/m^2。当无地应力实测数据时

$$\sigma_1 = \gamma \cdot H \tag{A-7}$$

γ——岩体重力密度，kN/m^3；

H——隧洞顶覆盖层厚度，m。

遇到有地下水，或主要软弱结构面产状影响岩体稳定性时，应修正围岩级别：

（1）当地下水发育时，对Ⅲ、Ⅳ级围岩，应根据地下水的类型、水量、软弱结构面数量及其危害程度，适当降级。

（2）当岩洞轴线与主要断层或软弱夹层的夹角小于30°时，对Ⅱ～Ⅳ级围岩，应降一级。

A.3 行业标准围岩分级

A.3.1 铁路隧道围岩分级

《铁路隧道设计规范》(TB10003—2005)、《铁路隧道施工规范》(TB10204—2002)、《客运专线铁路隧道工程施工技术指南》(TZ 214—2005)、《铁路工程岩土分类标准》(TB10077—2001)中的围岩分级标准不尽相同。其中《铁路隧道设计规范》(TB10003—2005)的围岩分级标准向国标《工程岩体分级标准》(GB50218—94)靠拢,但分为Ⅰ~Ⅵ级,共6级。定性指标及分级因素基本与《工程岩体分级标准》相同,但没有采用岩体基本质量定量指标(BQ)。对有关影响因素则采用定性判断加以修正。

A.3.1.1 围岩基本分级

岩石坚硬程度的划分未采用《工程岩体分级标准》中的"定性鉴定"项目(见表 A-1),而直接采用岩石单轴饱和抗压强度 f_r 划分,但硬质岩的名称稍有不同,未对风化程度作出定义(见表 A-16)。

表 A-16 岩石坚硬程度定性划分

岩石类别		单轴饱和抗压强度 f_r /MPa	代表性岩石
硬质岩	极硬岩	$f_r>60$	未风化或微风化的花岗岩、片麻岩、闪长岩、石英岩、硅质灰岩、硅质胶结的砂岩或砾岩等(正长岩、辉绿岩、玄武岩、安山岩、石英片岩、硅质板岩、石英砂岩)
	硬　岩	$30<f_r\leqslant 60$	弱风化的极硬岩; 未风化或微风化的熔结凝灰岩、大理岩、板岩、白云岩、灰岩、钙质胶结的砂岩、结晶颗粒较粗的岩浆岩等
软质岩	较软岩	$15<f_r\leqslant 30$	强风化的极硬岩;弱风化的较坚硬岩; 未风化或微风化的云母片岩、千枚岩、砂质泥岩、钙泥质胶结的粉砂岩或砾岩、泥灰岩、泥岩、凝灰岩等(泥质砂岩、粉砂岩、页岩)
	软　岩	$5<f_r\leqslant 15$	强风化的坚硬岩;弱风化或强风化的较坚硬岩;弱风化的较软岩; 未风化的泥岩、煤、泥质胶结的砂岩和砾岩等
	极软岩	$f_r\leqslant 5$	全风化的各种岩石; 成岩作用差的岩石(各种半成岩)

注:代表性岩石中有下划线的为《铁路隧道设计规范》特有的,括号内的为未列入的《工程岩体分级标准》代表性岩石。

岩石完整程度的划分与《工程岩体分级标准》的划分(见表 A-3)有较大的不同,见表 A-17。K_v 的计算式可参见 A.1 节的有关内容。

表 A-17 岩体完整程度的划分

完整程度	结构面特征	结构类型	岩体完整性指数 K_v
完 整	结构面 1~2 组，以构造节理或层面为主，裂隙为密闭型	巨块状整体结构	$K_v > 0.75$
较完整	结构面 2~3 组，以构造节理、层面为主，裂隙多呈密闭型，部分为微张型，少有充填物	块状结构	$0.75 \geq K_v > 0.55$
较破碎	结构面一般为 3 组，以节理及风化裂隙为主，在断层附近受构造影响较大，裂隙以微张型和张开型为主，多有充填物	层状结构，块石、碎石状结构	$0.55 \geq K_v > 0.35$
破 碎	结构面大于 3 组，多以风化型裂隙为主，在断层附近受构造作用影响大，裂隙宽度以张开型为主，多有充填物	碎石角砾状结构	$0.35 \geq K_v > 0.15$
极破碎	结构面杂乱无序，在断层附近受构造作用影响大，宽张裂隙全为泥质或泥夹岩屑充填，充填层厚度大	散体状结构	$K_v \leq 0.15$

围岩基本分级可按表 A-18 确定。其中的"岩体特征"与《工程岩体分级标准》中的"岩体基本质量的定性特征"相同，定量分级指标限于条件尚未成熟，采用围岩弹性纵波速度，而未采用"基本质量指标 BQ"。围岩弹性纵波速度划分标准与《锚杆喷射混凝土支护技术规范》稍有不同（见表 A-15）。

表 A-18 围岩基本分级

级别	岩体特征	围岩弹性纵波速度 /km·s^{-1}
Ⅰ	极硬岩，岩体完整	>4.5
Ⅱ	极硬岩，岩体较完整； 硬岩，岩体完整	3.5~4.5
Ⅲ	极硬岩，岩体较破碎； 硬岩或软硬岩互层，岩体较完整； 较软岩，岩体完整	2.5~4.0
Ⅳ	极硬岩，岩体破碎； 硬岩，岩体较破碎或破碎； 较软岩或软硬岩互层，且以软岩为主，岩体较完整或较破碎； 软岩，岩体完整或较完整	1.5~3.0
Ⅴ	软岩，岩体破碎至极破碎； 全部极软岩及全部极破碎岩（包括受构造影响严重的破碎带）	1.0~2.0
Ⅵ	受构造影响很严重，呈碎石、角砾及粉末、泥土状的断层带	<1.0

注：本表省略了原表中的"土体特征"栏。

A.3.1.2 围岩分级修正

隧道围岩级别在围岩基本分级的基础上，结合隧道工程的特点，考虑地下水状态、初始地应力状态、围岩风化等因素的影响，进行修正。它采用的是按定性判断加以修正，与《工程岩体分级标准》的定量修正不同。

地下水状态的分级，按表 A-19 确定。地下水级别对围岩级别的修正，按表 A-20 进行。

表 A-19　地下水状态的分级

级　别	地下水状态	渗水量/L·(min·10m)$^{-1}$
Ⅰ	干燥或湿润	<10
Ⅱ	偶有渗水	10～25
Ⅲ	经常渗水	25～125

表 A-20　地下水影响的修正围岩级别

地下水状态级别	下列围岩基本分级的修正级别					
	Ⅰ	Ⅱ	Ⅲ	Ⅳ	Ⅴ	Ⅵ
Ⅰ	Ⅰ	Ⅱ	Ⅲ	Ⅳ	Ⅴ	—
Ⅱ	Ⅰ	Ⅱ	Ⅳ	Ⅴ	Ⅵ	—
Ⅲ	Ⅱ	Ⅲ	Ⅳ	Ⅴ	Ⅵ	—

对于围岩初始地应力状态，当无实测资料时，与《工程岩体分级标准》相同，按表 A-13 评估。围岩初始地应力状态对围岩级别的修正，则按表 A-21 进行。

表 A-21　初始地应力影响的修正围岩级别

初始地应力状态	下列围岩基本分级的修正级别				
	Ⅰ	Ⅱ	Ⅲ	Ⅳ	Ⅴ
极高应力	Ⅰ	Ⅱ	Ⅲ或Ⅳ①	Ⅴ	Ⅵ
高应力	Ⅰ	Ⅱ	Ⅲ	Ⅳ或Ⅴ②	Ⅵ

① 围岩为较破碎的极硬岩或较完整的硬岩时，定为Ⅲ级；围岩为完整的较软岩或较完整的软硬互层时，定为Ⅳ级；

② 围岩为破碎的极硬岩或较破碎及破碎的硬岩时，定为Ⅳ级；围岩为完整及较完整的软岩、较完整及较破碎的较软岩时，定为Ⅴ级。

隧道洞身埋深较浅时，应根据围岩受地表的影响情况进行修正。当围岩为风化层时，应按风化层的围岩基本级别考虑；围岩仅受地表影响时，应较相应围岩降低 1～2 级。

A.3.1.3　施工简化分级

《铁路隧道施工规范》(TB10204—2002)、《客运专线铁路隧道工程施工技术指南》(TZ 214—2005)对围岩的完整性作了适当简化，并增加了围岩掘进后的稳定状态指标，便于施工中的判定。围岩分级判定如表 A-22 所示。

表 A-22　铁路隧道围岩分级判定

围岩级别	围岩主要工程地质条件		围岩弹性纵波速度 v_p /km·s^{-1}	围岩开挖后的稳定状态（单线隧道）
	主要工程地质特征	结构特征和完整状态		
Ⅰ	硬质岩（单轴饱和抗压强度 f_r>60 MPa）：受地质构造影响轻微，节理不发育，无软弱面（或夹层）；层状岩层为厚层，层间结合良好	呈巨块状整体结构	>4.5	围岩稳定，无坍塌，可能产生岩爆
Ⅱ	硬质岩（f_r>30 MPa）：受地质构造影响较严重，节理较发育，有少量软弱面（或夹层）和贯通微张节理，但其产状及组合关系不致产生滑动；层状岩层为中厚层或厚层，层间结合一般，很少有分离现象，或为硬质岩石偶夹软质岩石	呈大块状砌体结构	3.5～4.5	暴露时间长，可能会出现局部小坍塌；侧壁稳定；层间结合差的平缓岩层，顶板易塌落
	软质岩（f_r≈30 MPa）：受地质构造影响轻微，节理不发育；层状岩层为厚层，层间结合良好	呈巨块状整体结构		

续表 A-22

围岩级别	围岩主要工程地质条件		围岩弹性纵波速度 v_p /km·s^{-1}	围岩开挖后的稳定状态（单线隧道）
	主要工程地质特征	结构特征和完整状态		
Ⅲ	硬质岩（$f_r > 30$ MPa）：受地质构造影响严重，节理发育，有层状软弱面（或夹层），但其产状及组合关系尚不致产生滑动；层状岩层为薄层或中厚层，层间结合差，多有分离现象；或为硬、软质岩石互层	呈块（石）碎（石）状镶嵌结构	2.5～4.0	拱部无支护时可产生小坍塌，侧壁基本稳定，爆破震动过大易坍塌
	软质岩（$f_r \approx 5$～30 MPa）：受地质构造影响较严重，节理较发育；层状岩层为薄层、中层或厚层，层间结合一般	呈大块状砌体结构		
Ⅳ	硬质岩（$f_r > 30$ MPa）：受地质构造影响很严重，节理很发育；层状软弱面（或夹层）已基本被破坏	呈碎石状，压碎结构	1.5～3.0	拱部无支护时可产生较大的坍塌，侧壁有时失去稳定
	软质岩（$f_r \approx 5$～30 MPa）：受地质构造影响严重，节理发育	呈块（石）碎（石）状，镶嵌结构		
	土体：1. 略具压密或成岩作用的黏性土及砂性土； 2. 黄土（Q_1、Q_2）； 3. 一般钙质、铁质胶结的碎石土、卵石土、大块石土	1、2项呈大块状，压密结构； 3项呈巨块状，整体结构		
Ⅴ	石质围岩位于挤压强烈的断裂带内，裂隙杂乱，呈石夹土或土夹石状	呈角（砾）碎石状，松散结构	1.0～2.0	围岩易坍塌，处理不当会出现大坍塌，侧壁经常小坍塌；浅埋时易出现地表下沉（陷）或塌至地表
	一般第四系的半干硬至硬塑的黏性土及稍湿至潮湿的一般碎石土、卵石土、圆砾、角砾土及黄土（Q_3、Q_4）	非黏性土呈松散结构，黏性土及黄土呈松软结构		
Ⅵ	软塑状黏性土及潮湿的粉细砂等	黏性土呈易蠕动的松软结构，砂性土呈潮湿松散结构	<1.0（饱和状态的土<1.5）	围岩极易坍塌变形，有水时土砂常与水一齐涌出；浅埋时易塌至地表

注：1. 表中“围岩级别”和“围岩主要工程地质条件”栏，不包括膨胀性围岩、多年冻土等特殊岩土；
2. 关于隧道围岩分级的基本因素和围岩基本分级及其修正，可按前面“围岩基本分级”和“围岩分级修正”确定。

A.3.2 公路隧道围岩分级

《公路隧道设计规范》（JTG D70—2004）的分级方法基本执行国标《工程岩体分级标准》（GB50218—94）的思路及方法，将1990年版《公路隧道设计规范》（JTJ026—90）的围岩等级改为围岩分级，与铁路隧道一样分为Ⅰ～Ⅵ级，共6级。同时，将围岩分级的序列调整为与《工程岩体分级标准》相同，即Ⅰ级围岩的稳定性最好，Ⅵ级为土体，稳定性最差。应当指出的是，当前有关公路隧道施工的部分书籍仍然采用旧规范《公路隧道设计规范》（JTG026—90）的分级序列，这一点是应该引起注意的。

《公路隧道设计规范》（JTG D70—2004）中，岩石坚硬程度和岩体稳定程度的定性划分、定量划分及其定量指标与《工程岩体分级标准》相同，并且采用相同的岩体基本质量的定性特征（称“围岩或土体主要定性特征”）和基本质量定量指标BQ两个指标进行分级，只是在围岩或土体主要定性特征（《工程岩体分级标准》称“基本质量的定性特征”）中增加了结构类型，并作了修正。岩石坚硬程度的定性划分、岩石单轴饱和抗压强度 f_r 与岩石坚硬程度划分的关系，与《工程岩体分级标准》相同，可分别参见表 A-1、表 A-2。

《公路隧道设计规范》中，岩体完整程度的定性划分、岩体完整性指标 K_v 与岩体完整程度的对应关系、K_v 与岩体体积节理数 J_v 的对应关系，也与国标《工程岩体分级标准》相同，可分别参见表 A-3、表 A-5、表 A-6。

《公路隧道设计规范》中，围岩基本质量定量指标 BQ、基本质量定量指标修正值[BQ]的计算公式及地下水、主要软弱结构面产状、初始应力状态影响的修正等均与国标《工程岩体分级标准》相同，可分别参见式(A-4)、式(A-5)及表 A-10、表 A-11、表 A-12。公路隧道围岩分级，基本与国标《工程岩体分级标准》的岩体基本质量分级相同，参见表 A-7，只是将《工程岩体分级标准》中"基本质量的定性特征"改称为"围岩主要定性特征"，并有细微差异，见表 A-23。

表 A-23 岩体基本质量分级与《工程岩体分级标准》的差异

围岩级别	围岩主要定性特征（《公路隧道设计规范》）	岩体基本质量的定性特征（《工程岩体分级标准》）
Ⅰ	坚硬岩，岩体完整，巨整体状或厚层状结构	坚硬岩，岩体完整
Ⅱ	坚硬岩，岩体较完整，块状或厚层状结构； 较坚硬岩，岩体完整，块状整体结构	坚硬岩，岩体较完整； 较坚硬岩，岩体完整
Ⅲ	坚硬岩，岩体较破碎，巨块（石）碎（石）状镶嵌结构； 较坚硬岩或较软硬岩层，岩体较完整，块状体或中厚层结构	坚硬岩，岩体较破碎； 较坚硬岩或软硬岩互层，岩体较完整； 较软岩，岩体完整
Ⅳ	坚硬岩，岩体破碎，碎裂结构； 较坚硬岩，岩体较破碎～破碎，镶嵌碎裂结构； 较软岩或软硬岩互层，且以软岩为主，岩体较完整～较破碎，中薄层状结构	坚硬岩，岩体破碎； 较坚硬岩，岩体较破碎～破碎； 较软岩或软硬岩互层，且以软岩为主，岩体较完整～较破碎； 软岩，岩体完整～较完整
Ⅴ	较软岩，岩体破碎； 软岩，岩体较破碎～破碎； 极破碎各类岩体，碎、裂状，松散结构	较软岩，岩体破碎； 软岩，岩体较破碎～破碎； 全部极软岩及全部极破碎岩

注：1.《公路隧道设计规范》的Ⅳ、Ⅴ级中还有土体定性特征，另有Ⅵ级为土体，均省略；
2. 表中有下划线的内容，为《公路隧道设计规范》增加的内容及两标准、规范不同的内容。

A. 3. 3 水工隧洞围岩分类

水工隧洞的围岩分类，岩洞按《水利发电工程地质勘察规范》(GB 50287—2006)的规定执行。围岩分类的稳定性评价及支护类型应符合表 A-24 的规定。围岩工程地质分类，分为围岩初步分类和围岩详细分类。

表 A-24 围岩工程地质分类

围岩类别	围岩稳定性评价	支护类型
Ⅰ	稳定：围岩可长期稳定，一般无不稳定块体	不支护或局部锚杆或喷射薄层混凝土。大跨度时，喷射混凝土，系统锚杆加钢筋网
Ⅱ	基本稳定：围岩整体稳定，不会产生塑性变形，局部可能产生掉块	
Ⅲ	局部稳定性差：围岩承载能力不足，局部会产生塑性变形，不支护可能产生塌方或变形破坏。完整的较软岩，可能暂时稳定	喷射混凝土，系统锚杆加钢筋网。大跨度时，并加强柔性或刚性支护

续表 A-24

围岩类别	围岩稳定性评价	支护类型
Ⅳ	不稳定:围岩自稳时间很短,规模较大的各种变形和破坏都可能发生	喷射混凝土,系统锚杆加钢筋网。大跨度时,并加强柔性或刚性支护,或浇筑整体混凝土支护
Ⅴ	极不稳定:围岩不能自稳,变形破坏严重	

注:大跨度地下洞室是指跨度大于 20 m 的地下洞室。

A. 3. 3. 1 围岩初步分类

围岩初步分类主要依据反映围岩坚固性的岩质类型和岩体结构类型或岩体完整程度,而地下水状况由于对较完整的硬质岩的影响不大,因此仅作为限定判据而用于对软质岩和较破碎硬质岩的分类。初步分类应符合表 A-25 的规定。

表 A-25 围岩初步分类

岩质类型	岩体结构类型	岩体完整程度	围岩初步分类	
			类别	说明
硬质岩	整体状或巨厚层状结构	完整	Ⅰ、Ⅱ	坚硬岩定Ⅰ类,中硬岩定Ⅱ类
	块状结构	较完整	Ⅱ、Ⅲ	坚硬岩定Ⅱ类,中硬岩定Ⅲ类
	次块状结构			
	厚层状或中厚层状结构			
	互层状结构		Ⅲ、Ⅳ	洞轴线与地层走向夹角小于 30°时,定Ⅳ类
	薄层状结构	完整性差	Ⅳ、Ⅲ	岩质均一,无软弱夹层时,可定Ⅲ类
	镶嵌结构		Ⅲ	—
	块裂结构		Ⅳ	—
	碎裂结构	较破碎	Ⅳ、Ⅴ	有地下水时,定Ⅴ类
	碎块状或碎屑状结构	破碎	Ⅴ	—
软质岩	整体状或巨厚层状结构	完整	Ⅲ、Ⅳ	较软岩无地下水时定Ⅲ类,有地下水时定Ⅳ类;软岩定Ⅳ类
	块状或次块状结构	较完整	Ⅳ、Ⅴ	无地下水时定Ⅳ类,有地下水时定Ⅴ类
	厚层、中厚层或互层状结构			
	薄层状或块裂结构	完整性差	Ⅴ、Ⅳ	较软岩无地下水时定Ⅳ类
	碎裂结构	较破碎		
	碎块状或碎屑状散体结构	破碎	Ⅴ	—

镶嵌结构与块裂结构的完整程度相同,但岩块间的结合程度不同。镶嵌结构的岩块嵌合紧密,而块裂结构的岩块间有泥质物或岩屑充填,结构松弛,两者的工程地质性状差别较大。

岩质类型的确定与《工程岩体分级标准》(GB50218—94)基本相同,只是软质岩中取消了"极软岩",见表 A-26。

表 A-26 岩质类型划分

岩质类型	硬质岩		软质岩	
	坚硬岩	较坚硬岩	较软岩	软岩
岩石单轴饱和抗压强度/MPa	$f_r>60$	$60\geqslant f_r>30$	$30\geqslant f_r>15$	$15\geqslant f_r>5$

岩体完整程度的划分应符合表 A-27 的规定。

表 A-27 岩体完整程度划分

岩体完整程度	完整	较完整		完整性差		较破碎	破碎
结构面发育组数	1~2	1~2	2~3	2~3	2~3	>3	无序
结构面间距/m	>1.0	1.0~0.5	0.5~0.3	0.3~0.1	<0.1	<0.1	—
结构面发育程度	不发育	轻度发育	中等发育	较发育	发育	很发育	—

注:结构面间距是指主要结构面间距的平均值。

鉴于层状结构岩体中不属于层面的其他裂隙的存在,其间距在评价岩体结构特征时必须考虑,因此根据结构面的间距又将层状结构岩体分为五个亚类。名称仍沿用层状岩体的单层厚度分类,但两者划分是有差别的。岩体结构类型的划分应符合表 A-28 的规定。

表 A-28 岩体完整程度划分

结构类型	亚 类	岩体结构特征
块状结构	整体状结构	岩体完整,呈巨块状,结构面不发育,间距大于 1 m
	块状结构	岩体较完整,呈块状,结构面轻度发育,间距一般为 1~0.5 m
	次块状结构	岩体较完整,呈次块状,结构面中等度发育,间距一般为 0.5~0.3 m
层状结构	巨厚层状结构	岩体完整,呈巨厚层状,结构面不发育,间距大于 1 m
	厚层状结构	岩体较完整,呈厚层状,结构面轻度发育,间距一般为 1~0.5 m
	中厚层状结构	岩体较完整,呈中厚层状,结构面中等度发育,间距一般为 0.5~0.3 m
	互层状结构	岩体较完整或完整性差,呈互层状,结构面较发育或发育,间距一般为 0.3~0.1 m
	薄层状结构	岩体完整性差,呈薄层状,结构面发育,间距一般小于 0.1 m
镶嵌结构	镶嵌结构	岩体完整性差,岩块嵌合紧密或较紧密,结构面较发育~很发育,间距一般为 0.3~0.1 m
碎裂结构	块裂结构	岩体完整性差,岩块间有岩屑或泥质充填,嵌合中等紧密或较松弛,结构面较发育~很发育,间距一般为 0.3~0.1 m
	碎裂结构	岩体较破碎,岩块间有岩屑或泥质充填,嵌合较松弛或松弛,结构面很发育,间距一般小于 0.1 m
散体结构	碎块状结构	岩体破碎,岩块夹岩屑或泥质物,嵌合松弛
	碎屑状结构	岩体极破碎,岩屑或泥质物夹岩块,嵌合松弛

A.3.3.2 围岩详细分类

围岩详细分类以控制围岩稳定的岩石强度、岩体完整程度、结构面状态、地下水和主要结构面产状五项因素评分之和的总评分为基本判据,并考虑围岩应力状态,以围岩强度应力比 S 为限定判据,最后综合评定围岩类别,如表 A-29 所示。表中的围岩总评分 T 是岩石强度、岩体完整性、结构面状态、地下水和主要结构面产状等五项因素的评分之和。其中岩石强度、岩体完整程度和结构面状态为基本因素,其评分为正值;地下水和主要结构面产状为修正因素,其评分为负值。

表 A-29 围岩详细分类

围岩类别	围岩总评分 T	围岩强度应力比 S
Ⅰ	$T>85$	>4
Ⅱ	$85\geqslant T>65$	>4
Ⅲ	$65\geqslant T>45$	>2
Ⅳ	$45\geqslant T>25$	>2
Ⅴ	$T\leqslant 25$	—

注：Ⅰ、Ⅱ、Ⅲ、Ⅳ类围岩，当其强度应力比 S 小于表中数值时，围岩类别宜相应降低一级。

围岩强度应力比 S 可根据式（A-6）计算。它是反映围岩应力与围岩承载能力相对关系的定量指标。通过围岩强度应力比 S 控制各类围岩的变形破坏特性，即Ⅰ、Ⅱ类围岩不允许出现岩爆或塑性挤出变形，要求 $S>4$；Ⅲ、Ⅳ类围岩只允许局部出现岩爆或塑性挤出变形，要求 $S>2$。否则，围岩类别应降级。

五项因素的各自评分，应分别按表 A-30 ~ 表 A-34 的评分标准确定。

表 A-30 岩石强度评分

岩质类型	硬质岩		软质岩	
	坚硬岩	中硬岩	较软岩	软岩
饱和单轴抗压强度 f_r/MPa	>60	$60\geqslant f_r>30$	$30\geqslant f_r>15$	$15\geqslant f_r>5$
岩石强度评分 A	30 ~ 20	20 ~ 10	10 ~ 5	5 ~ 0

注：1. $f_r>100$ MPa 时，岩石强度的评分 A 为 30；

2. 当岩体完整程度与结构面状态评分之和小于 5 时，岩石强度评分 A 大于 20 的，按 20 评分。

表 A-31 岩体完整程度评分

岩体完整程度		完整	较完整	完整性差	较破碎	破碎
岩体完整性系数 K_v		$K_v>0.75$	$0.75\geqslant K_v>0.55$	$0.55\geqslant K_v>0.35$	$0.35\geqslant K_v>0.15$	$K_v\leqslant 0.15$
岩体完整性评分 B	硬质岩	40 ~ 30	30 ~ 22	22 ~ 14	14 ~ 6	<6
	软质岩	25 ~ 19	19 ~ 14	14 ~ 9	9 ~ 4	<4

注：1. 当 60 MPa$\geqslant f_r>$30 MPa（中硬岩），岩体完整性程度与结构面状态评分之和大于 65 时．按 65 评分；

2. 当 30 MPa$\geqslant f_r>$15 MPa（较软岩），岩体完整性程度与结构面状态评分之和大于 55 时．按 55 评分；

3. 当 15 MPa$\geqslant f_r>$5 MPa（软岩），岩体完整性程度与结构面状态评分之和大于 40 时．按 40 评分；

4. 当 $f_r<$5 MPa，属特软岩，岩体完整性程度与结构面状态不参加评分。

表 A-32 结构面状态评分

结构面状态	张开度 W/mm	闭合 $W<5.0$		微张 $0.5\leqslant W<5.0$									张开 $W\geqslant 5.0$	
	充填物	—		无充填			岩屑			泥质			岩屑	泥质
	起伏粗糙情况	起伏粗糙	平直光滑	起伏粗糙	起伏光滑或平直粗糙	平直光滑	起伏粗糙	起伏光滑或平直粗糙	平直光滑	起伏粗糙	起伏光滑或平直粗糙	平直光滑	—	—
结构面状态评分 C	硬质岩	27	21	24	21	15	21	17	12	15	12	9	12	6
	较软岩	27	21	24	21	15	21	17	12	15	12	9	12	6
	软岩	18	14	17	14	8	14	11	8	10	8	6	8	4

注：1. 结构面的延伸长度小于 3 m 时，硬质岩、较软岩的结构面状态评分另加 3 分，软岩另加 2 分；结构面延伸长度大于 10 m 时，硬质岩、较软岩减 3 分，软岩减 2 分；

2. 当结构面张开度大于 10 mm、无充填时，结构面状态的评分为 0。

表 A-33 地下水状态评分

活动状态			渗水滴水	线状流水	涌水
水量 q/L·(min·10m 洞长)$^{-1}$ 或压力水头 H/m			$q \leqslant 25$ 或 $H \leqslant 10$	$25 < q \leqslant 125$ 或 $10 < H \leqslant 100$	$q > 125$ 或 $H > 100$
基本因素评分 T'	$T' > 85$	地下水评分 D	0	0 ~ -2	-2 ~ -6
	$85 \geqslant T' > 65$		0 ~ -2	-2 ~ -6	-6 ~ -10
	$65 \geqslant T' > 45$		-2 ~ -6	-6 ~ -10	-10 ~ -14
	$45 \geqslant T' > 25$		-6 ~ -10	-10 ~ -14	-14 ~ -18
	$T' \leqslant 25$		-10 ~ -14	-14 ~ -18	-18 ~ -20

注:基本因素评分 T' 为岩石强度评分 A、岩体完整性评分 B 与结构面状态评分 C 之和。

表 A-34 主要结构面产状评分

结构面走向与洞轴线夹角		90°~60°				<60°~30°				<30°			
结构面倾角		>70°	70°~45°	<45°~20°	<20°	>70°	70°~45°	<45°~20°	<20°	>70°	70°~45°	<45°~20°	<20°
结构面产状评分 E	洞顶	0	-2	-5	-10	-2	-5	-10	-12	-5	-10	-12	-12
	边墙	-2	-5	-2	0	-5	-10	-2	0	-10	-12	-5	0

注:按岩体完整程度分级为"完整性差"、"较破碎"或"破碎"的围岩,不进行主要结构面产状评分的修正。

A.3.3.3 围岩分类适用条件

本围岩分类不适用于埋深小于两倍洞径或跨度的地下洞室和特殊土、喀斯特洞穴发育地段的地下洞室。极高地应力区和极软岩($f_r < 5$ MPa)的围岩分类可根据工程实际情况进行专门研究。

大跨度地下洞室的围岩分类除采用本分类外,尚应采用其他有关国家的标准综合评定,还可采用国际通用的围岩分类(如 Q 系统分类)对比使用。

A.3.4 煤炭行业围岩分类

煤炭行业是我国最早应用喷锚支护的行业,也是应用喷锚支护最普及的行业。根据喷锚支护设计和施工的需要,按照煤矿岩体的特点制定的围岩分类,如表 A-35 所示。表中的岩体描述将岩体分为完整、层状、块状、破碎四种:

(1) 完整岩体:层理和节理裂隙的间距大于 1.5 m;

(2) 层状岩体:层与层的间距小于 1.5 m;

(3) 块状岩体:节理裂隙的间距小于 1.5 m、大于 0.3 m;

(4) 破碎岩体:节理裂隙的间距小于 0.3 m。

当地下水影响围岩的稳定性时,应考虑适当降级。

表 A-35 煤炭行业围岩分类

围岩分类		岩体描述①	岩巷道掘进后围岩的稳定状态②	岩种举例
类别	名称			
Ⅰ	稳定岩层	1. 完整、坚硬岩层,$f_r > 60$ MPa,不易风化; 2. 层状岩层层间胶结好,无软弱夹层	围岩稳定,长期不支护无碎块掉落现象	完整的玄武岩、石英质砂岩、奥陶纪石灰岩、茅口石灰岩、大冶厚层石灰岩

续表 A-35

围岩分类		岩体描述①	岩巷道掘进后围岩的稳定状态②	岩种举例
类别	名　称			
Ⅱ	稳定性较好岩层	1. 完整、比较坚硬岩层，f_r = 40 ~ 60 MPa； 2. 层状岩层，胶结较好； 3. 坚硬块状岩层，裂隙面闭合，无泥质充填物，f_r > 60 MPa	能维持1个月以上稳定，可能产生局部岩体掉落	胶结好的砂岩、砾岩、大冶薄层石灰岩
Ⅲ	中等稳定岩层	1. 完整的中硬岩层，f_r = 20 ~ 40 MPa； 2. 层状岩层以坚硬岩层为主，夹有少量软岩层； 3. 比较坚硬的块状岩层，f = 40 ~ 60 MPa	围岩的稳定时间仅有几天	砂岩、砂质页岩、粉砂岩、石灰岩、硬质凝灰岩
Ⅳ	稳定性较差岩层	1. 完整的较软岩层，f_r < 20 MPa； 2. 中硬的层状岩层； 3. 中硬的块状岩层，f_r = 20 ~ 40 MPa	围岩很容易产生冒顶片帮	页岩、泥岩、胶结不好的砂岩、硬煤
Ⅴ	不稳定岩层	1. 易风化潮解、剥落的松软岩层； 2. 各种破碎岩层		炭质页岩、花斑泥岩、软质凝灰岩、煤、破碎的各类岩石

①f_r 为岩石的饱和抗压强度；

② 岩巷道掘进后围岩的稳定状态是对于跨度为 3 ~ 5 m 的巷道。

A.3.5 《岩土工程勘察规范》的围岩分类

《岩土工程勘察规范》（GB50021—2001）规定，其围岩分类的适用范围是除水利工程，铁路、公路和桥隧工程以外的工程建设岩土工程勘察。在进行岩土工程勘察时，应鉴定岩石的地质名称和风化程度，并进行岩石坚硬程度、岩体完整程度和岩体基本质量等级的划分。

A.3.5.1 岩石坚硬程度分类

A　定量分类

岩石坚硬程度分类的定量指标采用岩石单轴饱和抗压强度 f_r，划分标准同《工程岩体分级标准》（GB50218—94），见表 A-2。当无条件取得实测值时，也可用点荷载试验强度，方法与《工程岩体分级标准》相同，参见式（A-1）。当岩体完整程度为极破碎时，可不进行岩石坚硬程度分类。

B　定性分类

当缺乏有关试验数据时，可定性划分。方法与《工程岩体分级标准》相同，见表 A-1。稍有区别的是：将《工程岩体分级标准》内“较软岩”的代表性岩石中的页岩、泥质砂岩划入下一档"软岩"中。岩石风化程度的划分与《工程岩体分级标准》有些不同，见表 A-36。

表 A-36 岩石风化程度分类

风化程度	野外特征	风化程度参数指标	
		波速比 K_v	风化系数 K_f
未风化	岩质新鲜,偶见风化痕迹	0.9~1.0	0.9~1.0
微风化	结构基本未变,仅节理面有渲染或略有变色,有少量风化裂隙	0.8~0.9	0.8~0.9
中等风化	结构部分破坏,沿节理面有次生矿物,风化裂隙发育,岩体被切割成岩块,用镐难挖,需用岩芯钻钻进	0.6~0.8	0.4~0.8
强风化	结构大部分破坏,矿物成分明显变化,风化裂隙很发育,岩体破碎,用镐可挖,干钻不易钻进	0.4~0.6	<0.4
全风化	结构基本破坏,但尚可辨认,有残余结构强度,可用镐挖,干钻可钻进	0.2~0.4	—
残积土	组织结构全部破坏,已风化成块,锹镐易挖掘,干钻易钻进,具有可塑性	<0.2	—

注：1. 波速比 K_v 为风化岩石与新鲜岩石的压缩波速度之比；
2. 风化系数 K_f 为风化岩石与新鲜岩石的单轴饱和抗压强度之比；
3. 岩石风化程度，除按野外特征和定量指标划分外，也可根据当地经验划分；
4. 花岗岩类岩石，可采用标准贯入试验划分：N≥50 为强风化；50>N≥30 为全风化；N<30 为残积土；
5. 泥岩和半成岩，可不进行风化程度划分。

当软化系数[1]等于或小于 0.75 时，应定为软化岩石；当岩石具有特殊的成分、结构或特殊性质时，应定为特殊性岩石，如易溶性岩石、膨胀性岩石、崩解性岩石、盐渍化岩石等。

A.3.5.2 岩体完整性分类

A 定量分类

岩体完整程度的划分，与《工程岩体分级标准》相同，采用完整程度指标 K_v，按式(A-2)计算，分类见表 A-5。

B 定性分类

当缺乏有关试验数据时，可定性划分。方法与《工程岩体分级标准》相同，见表 A-3。只是"完整"、"较完整"和"较破碎"岩体的"主要结构面类型"中删去了"节理"。同时，给出了岩体按结构类型的划分，见表 A-37；岩层厚度分类，见表 A-4。

---

[1] 岩石浸水饱和后强度降低的性质，称为软化性，通常用软化系数表示。软化系数(K_R)是指岩石试件的饱和抗压强度与烘干抗压强度的比值。$K_R>0.75$ 时，岩石的软化性弱，工程地质性质较好；$K_R \leqslant 0.75$，岩石软化性较强，工程地质性质较差。

表 A-37 岩体完整程度的划分

岩体结构类型	岩体地质类型	结构体形状	结构面发育情况	岩土工程特征	可能发生的岩土工程问题
整体结构	巨块状岩浆岩和变质岩,巨厚层沉积岩	巨块状	以层面和原生、构造节理为主,多呈闭合型,间距大于1.5 m,一般为1～2组,无危险结构	岩体稳定,可视为均质弹性各向同性体	局部滑动或坍塌,深埋洞室岩爆
块状结构	厚层状沉积岩,块状岩浆岩和变质岩	块状,柱状	有少量贯穿性节理裂隙,结构面间距0.7～1.5 m。一般为2～3组,有少量分离体	结构面互相牵制,岩体基本稳定,接近弹性各向同性体	
层状结构	多韵律薄层、中厚层状沉积岩,副变质岩	层状,板状	有层理、片理、节理,常有层间错动	变形和强度受层面控制,可视为各向异性弹塑性体,稳定性较差	可沿结构面滑塌,软岩可产生塑性变形
碎裂状结构	构造影响严重的破碎岩层	碎块状	断层、节理、片理、层理发育,结构面间距0.2～0.5 m,一般3组以上,有许多分离体	整体强度很低,并受软弱结构面控制,呈弹塑性体,稳定性很差	易发生规模较大的岩体失稳,地下水加剧失稳
散体状结构	断层破碎带,全风化带及强风化带	碎屑状	构造和风化裂隙密集,结构面错综复杂,多充填黏性土,形成无序小块和碎屑	完整性遭极大破坏,稳定性极差,接近松散体介质	

A. 3. 5. 3 岩体基本质量等级分类

岩体基本质量等级按其坚硬程度和完整程度进行划分,见表 A-38。

表 A-38 岩体基本质量等级分类

坚硬程度	完整程度				
	完整	较完整	较破碎	破碎	极破碎
坚硬岩	Ⅰ	Ⅱ	Ⅲ	Ⅳ	Ⅴ
较硬岩	Ⅱ	Ⅲ	Ⅳ	Ⅳ	Ⅴ
较软岩	Ⅲ	- Ⅳ	Ⅳ	Ⅴ	Ⅴ
软　岩	Ⅳ	Ⅳ	Ⅴ	Ⅴ	Ⅴ
极软岩	Ⅴ	Ⅴ	Ⅴ	Ⅴ	Ⅴ

对岩体基本质量等级为Ⅳ、Ⅴ级的岩体,鉴定和描述除按上述要求外,还应符合下列规定:

(1) 对软岩和极软岩,应注意是否具有软化性、膨胀性、崩解性(崩解性又称湿化性,是指黏性土浸入静水后,由于土粒间的结构联结和强度丧失,使土体崩散解体的特性)等特殊性质；

（2）对极破碎岩体，应说明破碎的原因，如断层、全风化等；

（3）开挖后是否有进一步风化的特性。

A.3.6 地铁工程岩体基本质量分级标准

《地下铁道工程施工及验收规范》(GB50299—1999)(2003 年版)给出了工程岩体基本质量分级标准表，如表 A-39 所示。表 A-39 基本与《工程岩体分级标准》的"岩体基本质量分级"(见表 A-7)相同，只是增加了"岩体稳定分类"项。

表 A-39 工程岩体基本质量分级标准表

岩体稳定分类	基本质量级别	岩体基本质量定性特征	岩体基本质量指标 BQ
稳定岩体	Ⅰ	坚硬岩，岩体完整	>550
	Ⅱ	坚硬岩，岩体较完整 较坚硬岩，岩体完整	550～451
中等稳定岩体	Ⅲ	坚硬岩，岩体较破碎 较坚硬岩或软硬岩互层，岩体较完整 较软岩，岩体完整	450～351
	Ⅳ	坚硬岩，岩体破碎 较坚硬岩，岩体较破碎～破碎 较软岩或软硬岩互层，且以软岩为主，岩体较完整～较破碎 软岩，岩体完整～较完整	350～251
不稳定岩体	Ⅴ	较软岩，岩体破碎 软岩，岩体较破碎～破碎 全体极软岩及全体极破碎岩	<250

注：岩体基本质量定性特征和基本质量指标 BQ 的计算方法及参数选择，按《工程岩体分级标准》(GB50218—94)规定执行。

A.4 岩石点荷载强度试验

岩石点荷载强度试验是将岩石试样放在两个球端圆锥压头之间，对试样施加集中荷载，直至破坏，根据破坏荷载求得岩石点荷载强度（指数）。点荷载强度可换算成抗拉或抗压强度，并可作为岩石强度分类及岩体风化分类的指标，也可用于评价岩石强度的各向异性程度。点荷载强度试验适用于各类岩石，尤其适用于不规则岩块。由于点荷载强度试验的试验设备轻便、适于现场测试，试验时间短、成本低，因此虽然试验精度较低，但仍得到广泛应用。尤其对于严重风化的低强度岩石，易于测得点荷载强度。

A.4.1 仪器设备

岩石点荷载强度试验采用点荷载试验仪，也可采用材料试验机及锥端压头。点荷载试验仪包括加载系统、压力表、标距测量部分。加载系统由手压油泵（千斤顶）、承压框架，球端圆锥压头组成（见图 A-1）。

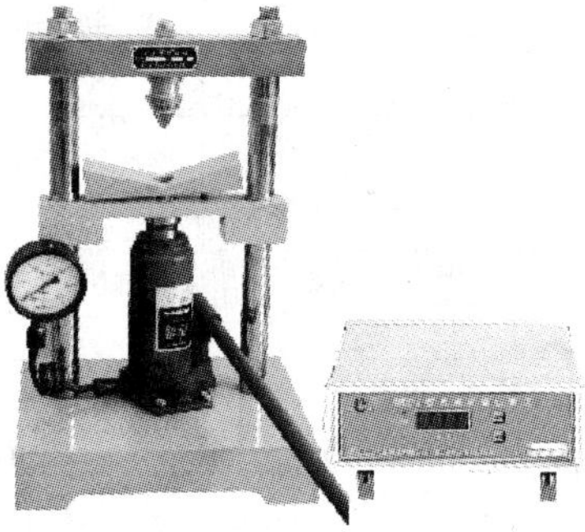

(a)

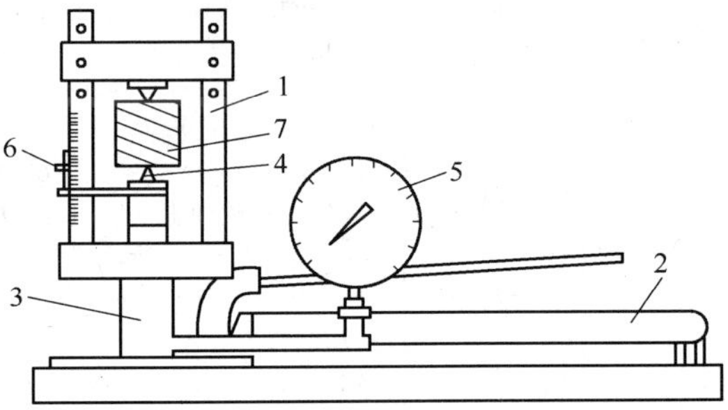

(b)

图 A-1 点荷载试验仪

（a）SYDZ-3 型岩石点荷载仪；（b）岩石点荷载试验仪示意图

1—承压框架；2—手压卧式液压泵；3—千斤顶；4—锥端压头；5—压力表；6—游标尺；7—试样

承压框架具有足够的刚度，在最大破坏荷载反复作用下不会产生永久变形。球面圆锥压头采用坚硬材料制成，其球端曲率半径为 5 mm，圆锥的顶角为 60°（见图 A-2）。油泵出力约为 50 kN。压力表的量程为 10 MPa，其测量精度应保证达到破坏荷载读数 P 的 2%。标距测量部分采用 0.2 mm 刻度钢尺或位移传感器，测量精度为 ±0.2 mm。

东北大学徐小荷教授研制的便携式点荷载试验仪如图 A-3 所示。它的最大加载力为 50 kN，重量只有 6.5 kg，一个人可以轻松地携带在现场进行试验。

A.4.2 试样

点荷载强度试验的试样可采用钻孔岩芯，或从岩石露头、勘探坑槽、岩巷掘进中采集的岩块。试样在采集和制备时，应避免产生裂缝。试样的尺寸应符合下列规定：

（1）当采用岩芯试样做试验时，应垂直层理钻取，对两端无特殊要求。径向试验的试样

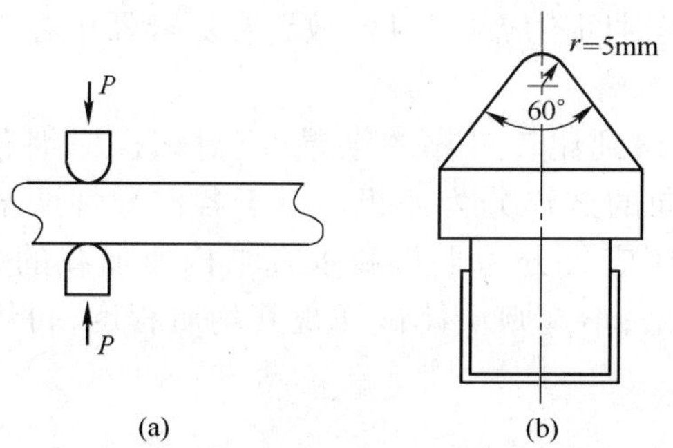

图 A-2 点荷载试验及球面圆锥压头

(a) 点荷载示意图;(b) 球面圆锥压头

图 A-3 便携式点荷载试验仪

长径比不应小于 1.0,以消除端头效应的影响;轴向试验时,加载两点间距与直径之比宜为 0.3 ~1.0(见图 A-4a、b)。

(2) 当采用方块体或不规则块体试样做试验时,加载两点间距宜为 30 ~50 mm,且与加载处平均宽度之比宜为 0.3 ~1.0,试样长度不应小于加载两点间距。试样在加载点附近的岩面应修平整(见图 A-4c)。

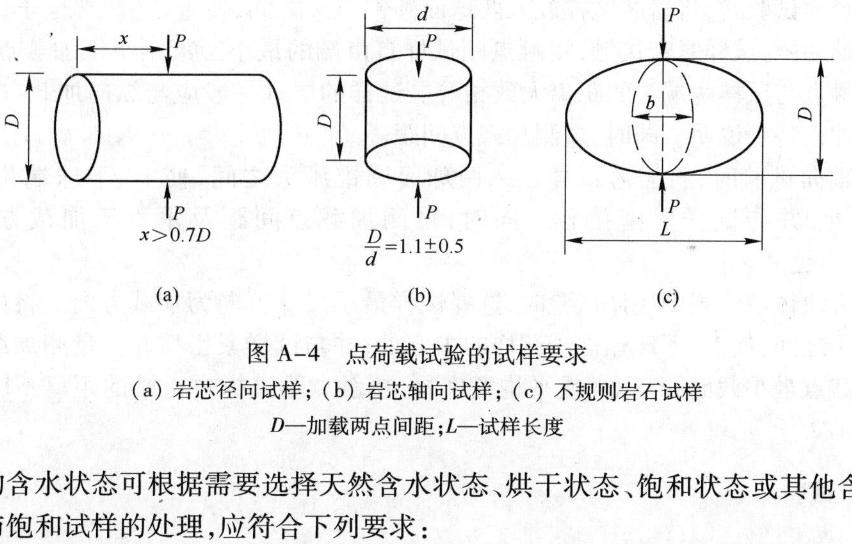

图 A-4 点荷载试验的试样要求

(a) 岩芯径向试样; (b) 岩芯轴向试样; (c) 不规则岩石试样

D—加载两点间距;L—试样长度

试样的含水状态可根据需要选择天然含水状态、烘干状态、饱和状态或其他含水状态。烘干试样与饱和试样的处理,应符合下列要求:

(1) 烘干试样是在 105 ~110℃温度下烘干 24 h。对于含有结晶水矿物的岩石应降低烘干温度,一般可采用烘干温度 60 ± 5℃,或用抽气干燥缸在真空压力表读数为 100 kPa 及 23 ~60℃的温度范围内使之干燥。

(2) 饱和试样的处理方法有:

1) 自由浸水法。将试样放入水槽中,先注水至试样高度的 1/4 处,以后每隔 2 h 分别注水至试样高度的 1/2 和 3/4 处,6 h 后全部浸没试样(如试样高度很小,允许分 1/2、1 等份浸水),试样在水中自由吸水 48 h。

2) 煮沸法。煮沸容器内的水面始终高于试样,煮沸时间不少于 6 h,放置在原容器中冷却至室温后取出。

3) 真空抽气法。饱和容器内的水面始终高于试样,启动真空泵至真空压力表(或真空表)的读数为-0.1[1],并无气泡冒出为止,但总抽气时间不应少于4h,放置在原容器中在大气压力下静置4h后取出。

(3)由于点荷载试验结果的离散度高,为了得到比较可靠的结果,应对试样仔细分组。首先,将肉眼可辨的、工程地质特征大致相同的试样分为一组。对于各向异性明显的岩石(如层理、片理明显的沉积岩和变质岩),还应再分为平行和垂直结构面加载的2个亚组。岩芯试样视其均质程度,每组取5~10个;不规则块体试样视其均质程度,每组取15~25个。

A.4.3 测定方法

A.4.3.1 试样安装

试样安装前,先检查点荷载试验仪的上、下两个球端圆锥压头是否准确对中。然后将试样放在试验仪中,摇动手压油泵升起下锥头,使球面圆锥压头与试样的最短边方向(即H方向)紧密接触,尽量使接触点与试样中心重合。当需要测定结构面(层理、片理、节理等)的强度时,则应确保两加载点的连线位于同一个结构中。

试样安装应符合下列要求:

(1)径向试验时,将岩芯试样放入两球面圆锥压头之间,使上、下球端位于试样的一个直径的两端,并与试样紧密接触,接触点距试样自由端的最小距离不小于加载点间距的1/2,并使接触点与试样两端头的距离大致相等。试样的层理一般应与纵向加载方向平行,其他方向应加以特别说明。同时,量测加载点间距。

(2)轴向试验时,将岩芯试样放入两球面圆锥压头之间,使上、下球端位于岩芯试样的圆心处,并与试样紧密接触。同时,量测加载点间距及垂直于加载方向的试样宽度。

(3)方块体或不规则块体试验时,选择试样最小尺寸方向为加载方向。将试样放入球面圆锥压头之间,使上、下球端位于试样的中心处,并与试样紧密接触。量测加载点间距及通过两加载点最小截面的宽度(或平均宽度)。接触点距试样自由端的距离不应小于加载点间距的1/2。

A.4.3.2 试验

岩石点荷载强度试验应按下列步骤进行:

(1)试样安装后,调整压力表指针为零。

(2)匀速加载,加载速度以在10~60s内能使试样破坏(相当于0.05~0.1MPa/s)为准。记录压力表读数或破坏荷载。

(3)对加压过程中出现的现象和破坏后的试样进行描述。

---

[1] 真空压力表是将真空表与压力表做在一起,刻度从-0.1到0再到正值(如0.5),单位为MPa,"0"刻度表示一个标准大气压,负值表示真空度的相对值,正值表示表压力。真空表的刻度从-0.1到0。真空度的绝对值即是绝对压力,计算公式为:

$$绝对压力=(0.1+真空压力表读数)(MPa)$$

A.4.3.3 破坏面尺寸测量

在破坏面贯穿整个试样,并通过上、下两个加载点的为有效试验。如果破坏面局部沿岩石中原有裂隙面或只通过一个加载点,表明产生了局部破坏,则该次试验无效,应舍弃。

对有效试验的破坏面尺寸进行测量。测量的尺寸包括上、下两加载点间的距离 D 和垂直于两加载点连线的平均宽度 W。测量误差不得超过 ±0.2 mm。

软岩试验时,压头可能压入试样,这时应测量压入量,并修正加载点间距离 D。

A.4.4 测定结果计算

A.4.4.1 点荷载强度计算

试验成果整理应符合下列要求:

(1) 计算试样破坏荷载:

使用材料试验机时,表盘读数即为试样的破坏荷载;使用点荷载试验仪时,试样破坏荷载按下式计算

$$P = C \cdot F \tag{A-8}$$

式中 P——试样破坏荷载,N;

C——仪器标定系数(千斤顶的活塞面积),mm^2,见于仪器说明书;

F——试样破坏时的压力表读数,MPa。

(2) 计算单个试样的点荷载强度指数:

$$I_s = \frac{P}{D_e^2} \tag{A-9}$$

式中 I_s——点荷载强度指数,MPa;

P——试样破坏荷载,N;

D_e——试样等效直径,为与破坏面面积相等的圆面积直径,mm,可按下列公式确定:

岩芯试样径向试验时

$$D_e^2 = D^2$$

$$D_e^2 = DD'$$

岩芯试样轴向、方块体或不规则试样试验时

$$D_e^2 = \frac{A}{\frac{\pi}{4}} = \frac{4DW}{\pi}$$

$$D_e^2 = \frac{4D'W}{\pi}$$

D——两加载点间距,mm;

D'——上下锥端发生贯入后,试样破坏瞬间的加载点间距,mm;

W——通过两加载点最小截面的宽度或平均宽度,mm;

A——试样的破坏面面积,即两压头接触点平面的最小断面积,mm^2;

其余符号意义同前。

A. 4. 4. 2 点荷载强度修正

点荷载强度指数 I_s 与试样形状、尺寸有关。为得到一致性的结果便于比较,应进行尺寸修正。国际岩石力学学会实验方法委员会 1985 年修订的推荐"测定点荷载强度建议方法"(简称 ISRM 法)规定,当两加载点间距不等于 50 mm 时,应以两加载点间距 $D=50$ mm 的径向试验为标准进行修正。修正后的点荷载强度指数用 $I_{s(50)}$ 表示。

(1) 当其试验数据较多,且同组试样中的等效岩芯直径具有多种尺寸时,应根据试验结果,绘制 D_e^2—P 的关系曲线,并在曲线上查找 $D_e^2=2500\ \mathrm{mm}^2$ 对应的 P_{50} 值,按下列公式计算岩石点荷载强度指数:

$$I_{s(50)}=\frac{P_{50}}{2500} \tag{A-10}$$

式中 $I_{s(50)}$——经尺寸修正后的岩石点荷载强度指数,MPa;

P_{50}——根据 D_e^2—P 关系曲线中 $D_e^2=2500$ mm 时的 P 值,MPa。

(2) 当试验数据较少时,不宜采用上述方法修正,而应按下列公式计算岩石点荷载强度指数:

$$I_{s(50)}=F\cdot I_s \tag{A-11}$$

式中 F——尺寸修正系数,可按下式计算,或由修正曲线查出,如图 A-5 所示,

$$F=\left(\frac{D_e}{50}\right)^m \tag{A-12}$$

m——修正指数,由同类岩石的经验值确定;

其余符号意义同前。

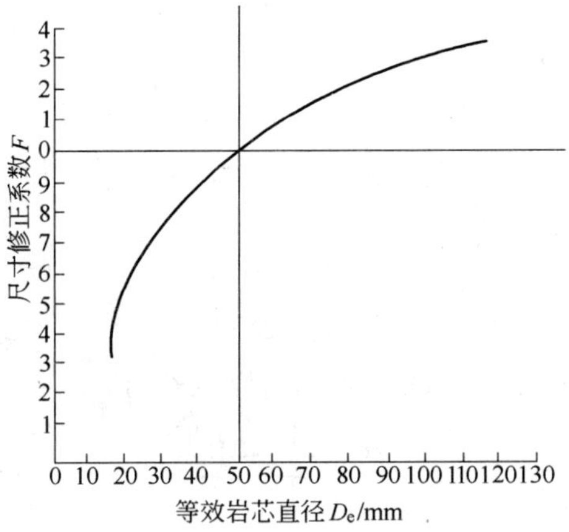

图 A-5 尺寸修正系数曲线

A. 4. 4. 3 平均值及偏离度计算

计算的垂直和平行弱面的各试样点荷载强度指数 $I_{s(50)}$,应取平均值。采取切尾平均法计算,即试件数 $n>10$ 时,去掉两个最高值和两个最低值;当试件数 $n<10$ 时,仅去掉一个最高值和一个最低值。再求余下各试件 $I_{s(50)}$ 的算术平均值,取至小数点后二位(精确至

0.01)，作为该组岩石的点荷载强度指数：

$$\bar{I}_{s(50)} = \frac{1}{n}\sum_{i=1}^{n} I_{s(50)i} \tag{A-13}$$

式中　$\bar{I}_{s(50)}$——试样平均点荷载强度指数，MPa；

$I_{s(50)i}$——第 i 个试样的点荷载强度指数，MPa；

n——每组试样个数。

每组试样点荷载强度指数的偏离度（变异系数）：

$$V = \frac{M}{\bar{I}_{s(50)}} \times 100\% \tag{A-14}$$

式中　V——偏离度；

M——点荷载强度指数的标准差，MPa，按下列公式确定：

$$M = \sqrt{\frac{\sum_{i=1}^{n}(I_{s(50)i} - \bar{I}_{s(50)})^2}{n-1}}$$

A.5 地质灾害分级

铁路、公路隧道工程根据地质的复杂程度和对隧道施工安全和诱发环境问题的危害程度,将地质灾害分为A、B、C、D四级,如表A-40所示。

表A-40 地质灾害分级

分级影响因素		A级(严重)	B级(较严重)	C级(一般)	D级(轻微)
地质复杂程度(包括物探异常)	岩溶❶发育程度	岩溶发育极强,厚层块状质纯石灰岩。以大型暗河、水平廊道、较大规模溶洞、垂直竖井和落水洞❷为主,地下洞穴系统基本形成。岩溶密度大于15个/km^2,最大泉流量大于50 L/s,钻孔岩溶率①大于10%	岩溶发育强烈,中厚层石灰岩夹白云岩。地表溶洞落水洞密集。沿断层、层面、不整合面等有显著溶蚀,中小型串珠状溶穴发育,地下洞穴系统未形成,有小型暗河或集中径流。岩溶密度5~15个/km^2,最大泉流量10~50 L/s,钻孔岩溶率5%~10%	岩溶发育中等,中薄层石灰岩。地表出现溶洞,沿裂隙、层面溶蚀扩大为岩溶化裂隙或小型洞穴,裂隙连通性差,少见集中径流,常有裂隙水流。岩溶密度1~5个/km^2,最大泉流量5~10 L/s,钻孔岩溶率2%~5%	岩溶发育微弱,不纯石灰岩与碎屑岩互层。以裂隙状岩溶或溶孔❸为主,裂隙不连通,裂隙透水性差。最大泉流量小于5 L/s,钻孔岩溶率小于2%
	涌水涌泥程度	特大突水(涌水量大于1×10^5 m^3/d)、大型突水(涌水量为1×10^4~1×10^5 m^3/d)、突泥,高水压	中小型突水(涌水量为1×10^3~1×10^4 m^3/d)、突泥	小型突水(涌水量100~1000 m^3/d)、涌泥	涌水量小于100 m^3/d,涌突水可能性极小
	断层稳定程度	大型断层破碎带、自稳能力差、富水,可能引起大型失稳坍塌	中型断层带,软弱,中~弱富水,可能引起中型坍塌	中小型断层,弱富水,可能引起小型坍蹋	中小型断层,无水,掉块
	地应力影响程度	极高应力(拉森斯判据,即岩石点荷载强度与围岩最大切向应力的比值小于0.083,或f_r/σ_{max}②<4),开挖过程中硬质岩时有岩爆发生,有岩块弹出,岩体有剥离;软质岩岩芯常有饼化现象,位移极为显著	高应力,中等岩爆(拉森斯判据为0.083~0.15,或$f_r/\sigma_{max}=4\sim7$),开挖过程中硬质岩可能出现岩爆,岩体有剥离和掉块现象;软质岩岩芯时有饼化现象,岩体位移显著	弱岩爆(拉森斯判据为0.15~0.20),轻微变形	无岩爆(拉森斯判据大于0.20),无变形
	瓦斯影响程度	瓦斯突出:瓦斯放散初速度③大于或等于10,煤的坚固性系数$f\leqslant0.5$,瓦斯压力$P\geqslant0.74$ MPa,煤的破坏类型④为Ⅲ类(强烈破坏煤)、Ⅳ类(粉碎煤)、Ⅴ类(全粉煤)	高瓦斯,全工区的瓦斯涌出量大于或等于0.5 m^3/min	低瓦斯,全工区的瓦斯涌出量小于0.5 m^3/min	无

❶ 岩溶是指可溶性岩石尤其是碳酸盐类岩石(如石灰岩、石膏等),受含有二氧化碳流水的溶蚀,有时并加以沉积作用的形成过程及其所产生现象的总称,曾称"喀斯特"。

❷ 暗河又称地下河,是具有河流主要特性的位于岩溶区地下水的有水通道,它由地下溶洞、地下湖、溶隙河连接它们的廊道系统组成。溶洞是岩溶作用所形成的地下岩洞的通称,它是地下水沿可溶性岩体的各种构造面(层面、节理面或断裂面),特别是沿各种构造面交叉的地方,逐渐溶蚀、崩塌和侵蚀而开拓出来的洞穴。落水洞是消泄地表水的近于垂直的或倾斜的洞穴,常作为连通地表水与地下河的通道,是流水沿垂直裂隙进行溶蚀、侵蚀作用并伴有塌陷而形成的。落水洞进一步发展,崩塌作用加剧,就可形成一种垂向深井,称之为竖井。竖井也可由洞穴顶板塌陷而成,有时由竖井可以看到暗河的水面。

❸ 溶孔是可溶岩中直径小于几厘米的小孔。它多是沿成岩孔隙、构造节理扩大溶蚀形成的。它可以分散成单个出现,也可以由许多溶孔组合成蜂巢状。

续表 A-40

分级影响因素	A级(严重)	B级(较严重)	C级(一般)	D级(轻微)
地质因素对隧道施工安全影响程度	危及施工安全,可能造成重大安全事故	存在安全隐患	可能存在安全问题	局部可能存在安全问题
诱发环境问题的程度	可能造成重大环境灾害	如施工、防治不当,可能诱发一般环境问题	特殊情况下可能出现一般环境问题	无

注:1. 岩溶率是反映可溶岩(主要是碳酸盐岩)分布区在一定地段内岩溶发育程度的指标,曾称喀斯特率。钻孔岩溶揭露率是指在一定深度或层位的条件下,揭露到孔洞的钻孔占勘探钻孔总数之百分比。其他还有:点岩溶率(单位面积内岩溶空间形态的个数)、线岩溶率(单位长度上岩溶空间形态长度之百分比)、面岩溶率(单位面积上岩溶空间形态面积的百分比)、体岩溶率(孔洞体积占所测量可溶岩体积之百分比)。

2. f_r 为岩石单轴饱和抗压强度(MPa);σ_{max} 为最大地应力(MPa)。

3. 瓦斯放散初速度(Δp 值)表示含有瓦斯的煤体暴露时,放散瓦斯快慢(即由吸附态转化为游离态)的一个指标,是煤层突出危险性区域预测等的重要参数之一。煤的瓦斯放散初速度 Δp,是指粒度为 0.20~0.25 mm 的煤样 3.5 g,在 0.1 MPa 压力下吸附瓦斯后向固定真空空间释放时,用压差 Δp(mmHg)表示的 10 s~60 s 时间内释放出瓦斯量指标。

4. 煤破坏类型是指按煤被破碎的程度划分的类型。在构造应力作用下,煤层发生碎裂和揉皱。中国采煤界为预测和预防煤与瓦斯突出,将煤被破碎的程度分为五种类型。第Ⅰ类型:煤未遭受破坏,原生沉积结构、构造清晰;第Ⅱ类型:煤遭受轻微破坏,呈碎块状,但条带结构和层理仍可识别;第Ⅲ类型:煤遭受破坏,呈碎块状,原生结构、构造和裂隙系统已不保存;第Ⅳ类型:煤遭受强破坏,呈粒状;第Ⅴ类型:煤被破碎成粉状。第Ⅲ、Ⅳ、Ⅴ类型的煤具有煤与瓦斯突出的危险性。

A.6 爆破器材检验

A.6.1 炸药检验

炸药产品的国家标准和行业标准规定的逐批检验项目，一般包括炸药的水分、殉爆距离及药卷的密度、外径、质量等。水分和殉爆距离、爆速可按有效期内的要求进行检验。抗水炸药还应测定浸水后的殉爆距离。做功能力、爆炸后有毒气体含量仅为型式检验项目。爆速、猛度为周期检验。

每批工业炸药不应超过20t。从每批产品中抽取4个包装件（小直径药卷为纸箱，散装产品为1大包），再从每个包装件中分别抽取1个中包（散装产品至少1kg），按试验需要量从每个中包内分别抽取药卷。抽取的试样应注明产品名称及批号、生产厂家、生产日期、购进日期、取样时间和采样者姓名。检验项目包括外观检查、爆炸性能检验和物理化学安定性检验。

A.6.1.1 外观检验

首先对购进的炸药进行外观检查：包装有无破损，封缄是否完整，有无浸湿性痕迹等。国家标准规定，产品的包装件应保持完好无破损，每个包装件表面应有清晰、正确的标志。标志的内容包括：制造厂名、炸药名称、规格、批号、制造日期、净重、毛重、体积及爆炸物品标志等。

然后取出部分药卷内的产品进行检验，对于粉状炸药应能用手捻开，没有硬块。对于乳化炸药应呈胶态，不破乳❶，不析晶硬化。渗油检验为：在包装箱及药卷内外都无液体油迹时，即认为无渗油现象。如果打开药卷包装纸，在药卷纸内部接触处的油线宽度达6mm或在药卷纸内外发现有液体油斑时，说明有渗油现象。此时可用玻璃棒蘸取一小滴油珠放入有水的试管中，若油珠下沉则证明渗油严重。该批炸药应立即按《爆破安全规程》（GB6722—2003）的有关规定进行处理。

A.6.1.2 炸药和药卷密度测定

A 炸药密度测定

炸药密度测定有量筒法和密度杯法。测试时，按试验程序进行两次平行测定，取其算术平均值至二位小数。

a 密度杯法

密度杯法的原理是在已知容积的密度杯❷内装满炸药，用天平称量，炸药质量除以密度

---

❶ 乳化炸药放置一段时间后由于热力学自发过程，已形成的胶粒（油包水微滴）大量聚结，使比表面减少，由于界面膜破裂，初期水相从油相中渗出，最终水相与油相分层并晶析的现象，称为破乳。

❷ 密度杯由不锈钢制成，圆柱形，大开口，方便倒入、倒出及清洗。紧密的不锈钢盖有一个向上的斜坡至顶部中央的小孔，使多余的样品材料可溢出而不产生气泡，以增加测试精度。有两种不同尺寸的容积：100mL体积的ISO标准尺寸及50mL的特定体积，保证误差在1mg（0.001%）之内。

杯容积,即为炸药密度。测定时,用天平称量密度杯,精确至 0.5 g。然后在密度杯中装满炸药,称其质量,精确至 0.5 g。炸药密度按下式计算:

$$\rho = \frac{m_2 - m_1}{V} \tag{A-15}$$

式中 ρ——炸药密度,g/cm^3;

m_2——装满炸药后密度杯的质量,g;

m_1——空密度杯的质量,g;

V——密度杯容积,cm^3。

b 量筒法

量筒法的原理是将一定质量的炸药放入一定体积的水中,以水的体积增量去除炸药质量的商,即为炸药密度。测定程序如下:

(1) 在 500 mL 量筒中加入约 300 mL 的水,读取水的体积,精确至 2.5 mL。

(2) 称取炸药试样约 100 g,精确至 0.5 g。允许用塑料薄膜垫衬,其尺寸不大于 100 mm × 100 mm × 0.05 mm。

(3) 将炸药试样缓慢地放入量筒水中,并轻轻振动量筒,使炸药表面吸附的气泡排除。待水面上升平稳后,读取量筒中水的体积,精确至 2.5 mL。

炸药密度按下式计算:

$$\rho = \frac{m}{V_2 - V_1} \tag{A-16}$$

式中 m——试样质量,g;

V_2——放入试样后水的体积,mL;

V_1——放入试样前水的体积,mL;

其余符号意义同前。

B 药卷密度测定

药卷密度测定有卡尺"量爪套"测量法、直接法和量筒法。

a 卡尺"量爪套"测量法

用卡尺测量的药卷长度,是指药卷两端凹处之间的距离。为此,可用薄镀锌钢板制作两个带凸起的量爪套(见图 A-6)。将它们分别套在卡尺的固定量爪和活动量爪上,并使其间的距离为一个固定值。这样便可用卡尺测量药卷的长度。

测定程序如下:

(1) 用架盘天平称取药卷的质量,精确至 0.5 g。

(2) 用带有量爪套的卡尺测量药卷的长度,以药卷一端的凹处至另一端的凹处计算,精确至 1 mm。

(3) 倒净药卷包装纸筒内的炸药,称取纸筒的质量。同时将纸筒压扁,用直尺测量其两端各距 30 mm 处的纸筒宽度,精确至 1 mm,取其平均值作为半周长。

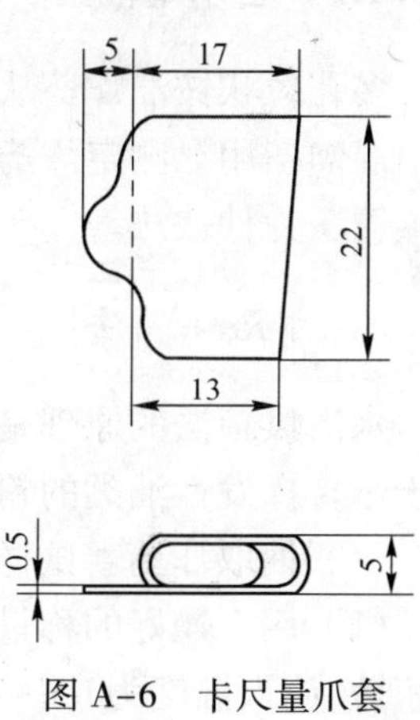

图 A-6 卡尺量爪套

药卷密度按下式计算:

$$\rho = \frac{\pi(m_1 - m_2)}{C_1^2(L_1 - L_2)} \tag{A-17}$$

式中 m_1, m_2——药卷质量、纸筒质量,g;

L_1, L_2——测量药卷长度的卡尺读数、固定量爪和活动量爪之间距离的固定值,cm;

C_1——药卷的半周长,cm;

其余符号意义同前。

按试验程序进行四次平行测定,取其算术平均值至两位小数。

b 直接法

取药卷试样称其质量,精确至0.5 g。用直尺测药卷最左端至最右端的长度,精确至1 mm。再沿药卷中心轴线方向将药卷包装纸筒剖开,取出炸药,用直尺测包装纸筒中段的周长,精确至1 mm。药卷密度按下式计算:

$$\rho = \frac{4\pi m}{C^2 L} \tag{A-18}$$

式中 m——药卷质量,g;

C——药卷周长,cm;

L——药卷长度,cm;

其余符号意义同前。

按试验程序进行两次平行测定,取其算术平均值至两位小数。

c 量筒法

量筒法的原理是将称量好的药卷放入一定体积的水中,药卷质量除以水的体积增量所得的值,即为药卷密度。测定程序如下:

(1) 在1000 mL量筒中加入水约500 mL,读取水的体积,精确至1 mL。

(2) 称取一只药卷试样的质量,精确至0.5 g。缓慢地将其放入量筒的水中,轻轻振动量筒,使药卷表面吸附的气泡排出,待水面上升平稳后,记下水面上升后量筒水的体积,精确至1 mL。

药卷密度按式(A-16)计算。按试验程序进行两次平行测定,取其算术平均值至两位小数。

A.6.1.3 含水率检验

多孔粒状铵油炸药从采样的炸药样品中,取其上、中、下三个部位的炸药样品,放入广口瓶中混匀备用。测定炸药水分含量有水浴烘箱法、真空烘箱法和水分测定器法三种,其中水浴烘箱法为仲裁法。

A 水浴烘箱法

水浴烘箱法的原理是将定量的试样在规定的温度下烘干,损失的质量即是水分。它适用于不含挥发性油类的粉状炸药的水分测定。测定程序如下:

(1) 抽取炸药卷试样,倒入广口瓶中混匀备用。

(2) 用干燥好的称量瓶(60 mm×30 mm)称取5 g±0.2 mg炸药试样,将其摊平。打开称量瓶盖,放入温度为65~70℃的水浴烘箱内。干燥后取出,再放入干燥器中冷却20 min后

(《工业炸药密度、水分、殉爆距离的测定》(MT/T 932—2005)规定,干燥 20 min 后取出,再放入干燥器中冷却 15 min 后),称其质量。

水分含量按下式计算

$$X=\frac{m_1-m_2}{m}\times 100\% \tag{A-19}$$

式中 X——水分含量,%;

m——试样质量,g;

m_1——烘干前试样和称量瓶总质量,g;

m_2——烘干后试样和称量瓶总质量,g。

按试验程序进行两次平行测定,精确至 0.01%,平行误差不大于 0.03%。取其算术平均值至两位小数。

B 真空烘箱法

真空烘箱法的原理是将定量的炸药试样在规定的负压及温度下烘干,损失的质量即是水分。它仅适用于不含有易挥发性油类的粉状炸药的水分测定。测定程序如下:

(1) 抽取炸药卷试样,倒入广口瓶中混匀备用。

(2) 用干燥好的称量瓶称取试样 5 g,精确至 0.2 mg,将其摊平。打开称量瓶盖,放入温度 65 ~ 70℃的真空烘箱中,真空表的读数不低于 -0.08,烘 20 min 后取出,放入干燥器中冷却 15 min,进行称量。

水分含量按式(A-19)计算。按试验程序进行两次平行测定,取其算术平均值至两位小数,平行误差不大于 0.03%。

C 水分测定器法

水分测定器法的原理是以溶剂萃取❶试样中挥发性油的同时,试样中所含水分也一起蒸出,待油水分层后,读出水分的体积,即可计算出水分含量。它适用于含有柴油、机油等油类的铵油类炸药的水分测定。

水分测定器如图 A-7 所示。其中圆底烧瓶的容量为 500 mL,直型式冷凝管的长度为 250 ~ 300 mm,连接水分接收器的最小刻度值为 0.02 mL,电热套为 500 mL。

测定程序如下:

(1) 首先制作无水甲苯,即在分析纯的甲苯中加入过量的氯化钙吸收后,用滤纸将氯化钙滤出。

(2) 抽取炸药卷试样,倒入广口瓶中混匀备用。

(3) 称取准备好的炸药试样 50 ± 0.01 g,装入圆底烧瓶中,再加入 250 ~ 300 mL 脱水甲苯。连接水分接收器和直形冷凝管,打开冷凝管上的进水管和出水管,使冷却水流通。

---

❶ 萃取是利用系统中的组分在溶剂中有不同的溶解度来分离混合物的单元操作。通过萃取,能从固体或液体混合物中提取出所需要的化合物。萃取有两种方式:①液—液萃取:用选定的溶剂分离液体混合物中某种组分,溶剂必须与被萃取的混合物液体不相溶,具有选择性的溶解能力,且有好的热稳定性和化学稳定性,并有小的毒性和腐蚀性。②固—液萃取,也称浸取,是用溶剂分离固体混合物中的组分。萃取的操作过程并不造成被萃取物质化学成分的改变(或说化学反应),因此萃取操作是一个物理过程。

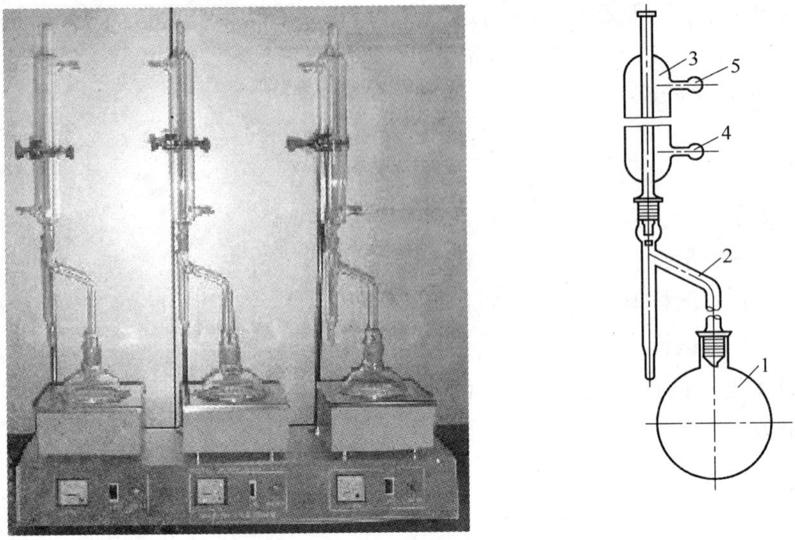

(a) (b)

图 A-7 水分测定器

（a）三联水分测定器；（b）水分测定器结构示意图

1—圆底烧瓶；2—水分接收器；3—直形冷凝管；4—冷却水进口；5—冷却水出口

（4）在油浴或电加热套中加热圆底烧瓶至瓶内液体沸腾，水、油和甲苯被蒸发沿冷凝管上升。经冷却水冷凝后，水、油和甲苯不断回流至水分接收器中。其中水下沉到底部，直至水分接收器管中水的体积不再增加、上层的溶剂变为透明时停止蒸馏。

（5）待水分接收器冷却至室温，管内液体清晰分层后，读取水分接收器中水的体积，精确至 0.02 mL。

炸药水分含量 X 按下式计算：

$$X = \frac{\rho \cdot V}{m} \times 100\% \qquad (A-20)$$

式中 ρ——水的密度，g/cm^3；

V——水分接收器中水的体积，mL；

m——试样质量，g。

按试验程序进行两次平行测定，允许偏差不大于 0.10%，精确至 0.01%。取算术平均值，精确至两位小数，平行误差不大于 0.03%。

A.6.1.4 炸药爆炸后有毒气体含量测定

《工业炸药爆炸后有毒气体含量的测定》（GB18098—2000）是采用实验室模拟法测定炸药爆炸后有毒气体含量。同时规定了试剂和材料的配制、仪器和设备的规格。

A 气体试样制备方法

气体试样制备可采用爆炸弹筒及钢炮法或小型爆炸弹筒法。其中爆炸弹筒及钢炮的气体试样制备方法为仲裁法。

a 爆炸弹筒及钢炮法

气体试样制备装置如图 A-8 所示。爆炸弹筒为外径 600 mm、内径 350 mm、内部深

550 mm 的钢制圆筒，钢炮为外径 240 mm、高 300 mm、内径 45 mm、深 200 mm 的钢制圆柱体。压力表的最大量程为 0.1 MPa、精度 1.5 级，真空表的精度为 1.5 级，U 形水银压差计的分度值为 0.133 kPa，准确度 ±0.1 kPa。

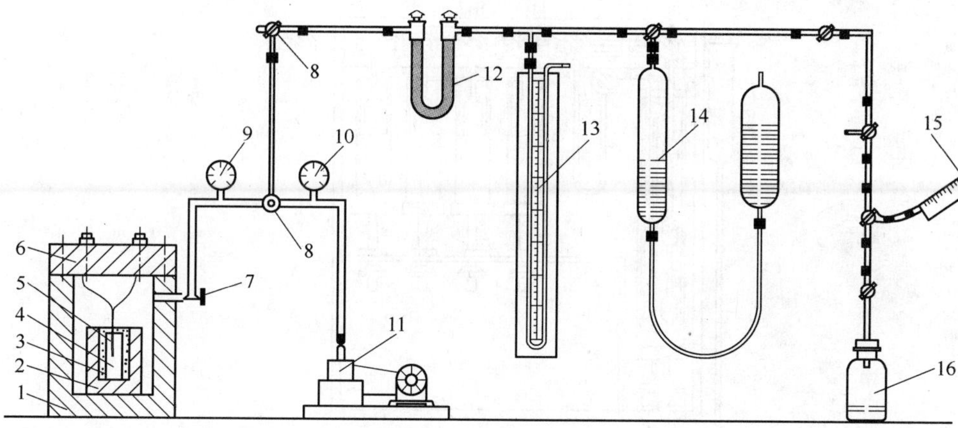

图 A-8 气体试样制备装置

1—爆炸弹筒；2—钢炮；3—石英砂；4—药卷；5—雷管；6—爆炸弹筒盖；7—总阀；8—三通阀；9—压力表；10—真空表；11—真空泵；12—U 形干燥管；13—U 形水银压差计；14—贮气瓶；15—注射器；16—采样瓶

测定程序如下：称取 110.0 ±0.5 g 原装药卷（直径大于 35 mm 的药卷装制成直径 35 mm），将 8 号瞬发金属壳电雷管的 2/3 插入药卷中央，然后装入钢炮的孔内。再称取 300.0 ±0.5 g 石英砂（二氧化硅含量不低于 90%，粒度为 0.40 ~0.63 mm），自然充填在药卷周围及上部。将电雷管脚线分别接在爆炸弹筒盖的两个接线柱上，盖紧爆炸弹筒盖。启动真空泵抽气，使爆炸弹筒内剩余压力不大于 4.0 kPa。引爆炸药，待爆炸弹筒内的气体冷却至室温后，读取大气压力、室温及 U 形水银压差计压差值。大气压力应进行纬度和温度修正。最后用球胆采集气体试样，供一氧化碳含量测定用。采集前，球胆应用气体试样冲洗 3 次。用采样瓶采集供氮氧化物含量测定用的气体试样。

b 小型爆炸弹筒法

小型爆炸弹筒较小，其容积不小于 15 L，并省去钢炮，其他与前相同。同样，称取 110.0 ±0.5 g 原装药卷，装入相应直径、已知质量的玻璃筒内制得药包，将电雷管的 2/3 插入药卷中央。再称取一定量石英砂（石英砂和玻璃筒的总质量约为 110 g），自然堆积在装药的上部，不得加压。将药包悬吊在爆炸弹筒中，电雷管的脚线连到引爆电极上。以后的抽真空、起爆及读数与爆炸弹筒及钢炮法相同。

B 一氧化碳含量的测定

测定一氧化碳的含量可采用化学吸收法、红外线气体分析法和气相色谱法。其中化学吸收法为仲裁法。

a 化学吸收法

化学吸收法的原理是：爆炸生成气体中的二氧化碳利用氢氧化钾溶液吸收，氧气用焦性没食子酸溶液吸收，一氧化碳用氨性氯化亚铜溶液吸收，测定其前后的体积变化即可计算出一氧化碳的体积分数。化学吸收法采用气体分析仪进行测定(见图 A-9)。

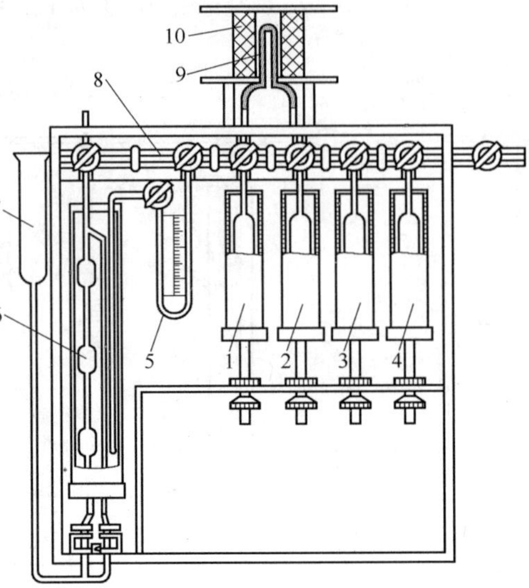

图 A-9 气体分析仪示意图

1—氢氧化钾溶液吸收器;2—焦性没食子酸溶液吸收器;3—氨性氯化亚铜溶液吸收器;4—硫酸溶液吸收器;5—补偿压力计;6—双臂量气管;7—以水银为限定液的水准瓶;8—梳形管;9—氧化铜管;10—电炉

测定步骤如下:

(1) 在吸收瓶中分别注满氢氧化钾溶液、焦性没食子酸溶液、氨性氯化亚铜溶液和硫酸溶液,并在各吸收瓶的液面上放入液体石蜡。在水准瓶中注入封闭液,双臂量气管的水套中注入蒸馏水。

(2) 由氮气瓶充入氮气,检查梳形管测定系统的气密性。或按气体分析仪操作说明,检查测定系统是否漏气。

(3) 向双臂量气管中通入 100.0 ±0.1 mL 气体试样。

(4) 将双臂量气管中的气体试样依次压入氢氧化钾溶液吸收器和焦性没食子酸溶液吸收器中,分别进行反复吸收,直至将二氧化碳与氧气完全吸收。再压入氨性氯化亚铜溶液吸收器中吸收一氧化碳,压入硫酸溶液吸收器中除去氨气。最后,测量吸收后剩余气体的体积。

气体试样中的一氧化碳含量按下式计算:

$$\varphi_1 = \frac{V_1 - V_2}{V_0'} \times 100\% \tag{A-21}$$

式中 φ_1——气体试样中一氧化碳的体积分数,%;

V_1——通过氨性氯化亚铜溶液吸收器前的气体体积,mL;

V_2——通过硫酸溶液吸收器后的气体,mL;

V_0'——气体试样的体积,mL。

平行测定两次,允许偏差不应大于 0.5%,取算术平均值作为结果,并精确至 0.1%。

b 红外线气体分析法

不同分子结构的各种物质具有对光波(电磁辐射)选择吸收的特点。红外线气体分析法根据一氧化碳对一定波长的红外线有特征(选择性)吸收,且一氧化碳含量与能量损失符合比耳定律[1],用一氧化碳标准气校正,直接测得结果。在一定范围内,吸收值与一氧化碳浓度呈线性关系。红外线气体分析法采用红外线气体分析仪进行测定,其精度不应低于0.1%(见图A-10)。

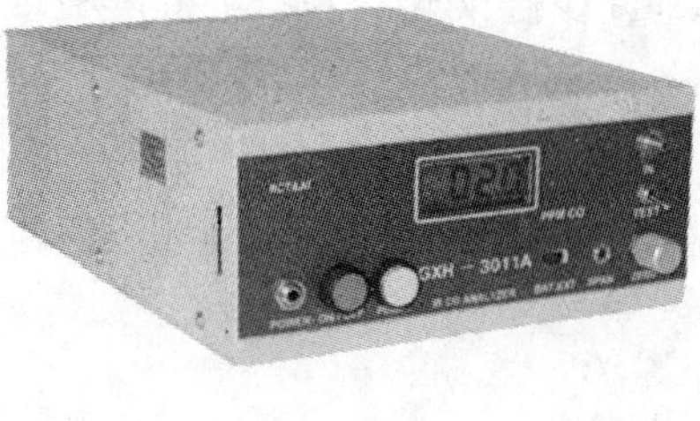

图A-10 便携式红外线CO分析器

根据吸收值确定样品中一氧化碳的浓度,用一氧化碳标准气样(含量应与被测组分中的一氧化碳含量接近)校正,可直接测得一氧化碳的体积分数 φ_1。测定步骤如下:

(1) 启动红外线气体分析器,待其稳定后,校正零点,通入一氧化碳标准气校正满度。

(2) 向红外线气体分析器中通入一定量的气体试样,测出一氧化碳的体积分数。

平行测定两次,允许偏差不应大于0.5%,取算术平均值作为结果,并精确至0.1%。

红外线气体分析法具有测试仪器轻便、响应快速、准确性高等特点。相对于化学吸收法和气相色谱法操作简单。

c 气相色谱法

气相色谱法是用气体做流动相的色谱法,是一种物理的分离方法。利用被测物质各组分在不同两相(气、固或液)间分配系数(溶解度)的微小差异,当两相做相对运动时,这些物质在两相间进行反复多次的分配,使原来分配系数只有微小差异的组分产生很大的效果,从而使不同组分得到分离。气相色谱法采用气相色谱仪进行测定(见图A-11)。

(a) (b)

图A-11 气相色谱仪

(a) GC-4008B型煤矿实验室用气相色谱仪;(b) SP-3430型气相色谱仪

测定一氧化碳含量的气相色谱仪是在以适当的固定相做成的柱管(色谱柱)内,利用气体(载气,为纯度99.99%的氩气)作为流动相,使试样在气体状态下展开,在色谱柱内分离后,各种成分先后进入热导检测器,用记录仪记录色谱图。根据色谱上出现的物质成分峰面积或峰高进行定量。用气相色谱仪可直接测得一氧化碳的含量及测定误差。测定步骤如下:

(1) 开机后按如下条件把仪器调整到工作状态:氩气流量20～40 mL/min,柱前压0.1 MPa,色谱柱温度和检测器温度为常温。

---

[1] 当试样溶液的光程长度固定时,溶液的吸光度正比于吸光成分的浓度,称为比耳定律。当浓度固定时,吸光度正比于溶液的光程,称为朗伯定律。简单地说,比尔定律就是当一单色光通过有色溶液时,溶液的吸光度与其浓度成正比。

(2) 待基线稳定后,设置色谱数据处理机的工作参数。

(3) 用注射器注入一氧化碳一级标准物质三次,求一氧化碳的校正因子(色谱数据处理机自动计算)。

(4) 向气相色谱仪中通入一定量的气体试样,测出一氧化碳的含量及测定误差。

平行测定三次,允许偏差不应大于0.5%,取算术平均值作为结果,并精确至0.1%。

C 氮氧化物含量的测定

炸药爆炸气体中所含的氮氧化物主要是一氧化氮和二氧化氮。测定氮氧化物含量可采用容量分析法或分光光度法。其中容量分析法为仲裁法。

a 容量分析法

容量分析法是用过氧化氢将爆炸气体中的一氧化氮氧化成二氧化氮,二氧化氮被水吸收形成酸,可用标准碱(氢氧化钠)溶液滴定。根据碱溶液的消耗量,即可计算出产物中氮氧化物的体积分数 φ_2。测定步骤如下:

(1) 在采样瓶中装入100 mL过氧化氢溶液和2 mL十二烷基苯磺酸钠溶液。

(2) 将采样瓶抽真空,至剩余压力不大于4.0 kPa时,充以1000~3000 mL气体试样,剧烈摇动10 min,静置5~10 min。

(3) 将采样瓶中的吸收液转移到500 mL锥形瓶中,用水冲洗采样瓶三次,加热煮沸,冷却至室温。加入2~3滴混合指示剂,用0.1 mol/L氢氧化钠标准溶液滴定至绿色为终点。

气体试样中氮氧化物的含量按下式计算:

$$\varphi_2 = \frac{22.4 \times c_1 \times V_3}{V_0''} \times 100\% \qquad (A-22)$$

式中 φ_2——气体试样中氮氧化物的体积分数,%;

c_1——氢氧化钠标准溶液的浓度,mol/L;

V_3——滴定消耗的氢氧化钠标准溶液的体积,mL;

V_0''——标准状态下气体试样的体积,mL。

平行测定两次,允许偏差不大于0.2%,取算术平均值作为结果,并精确至0.01%。

b 分光光度法

有色溶液对光线是有选择性地吸收,不同物质的分子结构不同,对不同波长光线的吸收能力也不同,每种物质都具有其特性的吸收光谱。分光光度法利用紫外光、可见光、红外光或激光等单色光测定物质溶液的吸收程度,对物质进行定性定量分析。分光光度法是比色法的发展,具有较高的精度。而比色分析法是利用比较溶液颜色的深浅来测定溶液中物质含量,它只限于在可见光区。分光光度法使用的仪器称为分光光度计,它从含有各种波长的混合光中将每一单色光分离出来,其光谱带宽很窄,然后测量其强度(见图A-12)。

炸药爆炸时,生成的氮氧化物主要是一氧化氮和二氧化氮。其中一氧化氮被空气中的氧氧化成二氧化氮,二氧化氮被氢氧化钠溶液吸收生成硝酸盐和亚硝酸盐,加入显色剂后显现出桃红色。分光光度法即是根据其显色强度与二氧化氮含量成正比来测定二氧化氮的含量。

测定时,首先绘制工作曲线,方法如下:

(1) 用刻度吸管分别吸取亚硝酸钠标准溶液0 mL、0.5 mL、1.0 mL、1.5 mL、2.0 mL、2.5 mL、

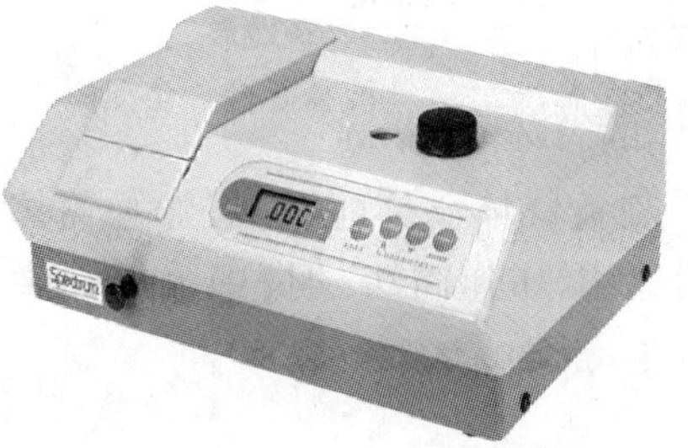

(a)

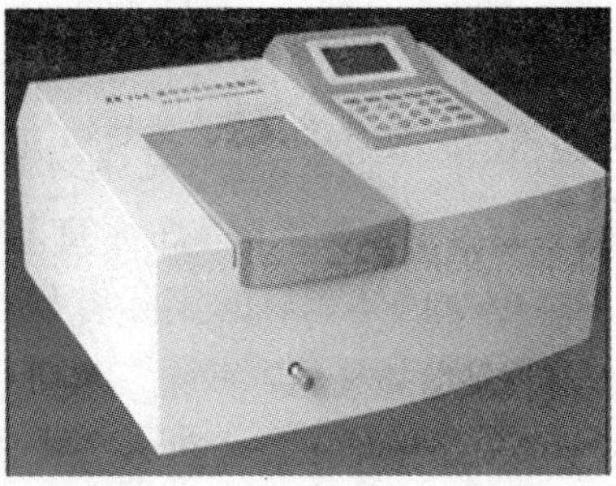

(b)

图 A-12 分光光度计

(a) SP-722 可见分光光度计；(b) KD754PC 紫外可见分光光度计

3.0 mL、4.0 mL、6.0 mL、7.0 mL 于比色管中，其对应的二氧化氮质量为 0 mg、0.001 mg、0.002 mg、0.003 mg、0.004 mg、0.005 mg、0.006 mg、0.008 mg、0.010 mg、0.012 mg、0.014 mg，分别加吸收液至 15 mL 刻度。

(2) 用移液管分别吸取 5 mL 显色溶液加入比色管中。然后，将比色管置于 25 ± 1℃ 恒温水浴中，保温约 30 min，使其完全显色。

(3) 在分光光度计上用 1 cm 比色皿，以零标准溶液作参比，在波长为 545 nm（绿光，所用波长要选择被测物质的最大吸收波长）处测出每个已知不同浓度的标准液的吸光度。

(4) 以二氧化氮的质量为横坐标，吸光度为纵坐标绘制工作曲线。它在选定的浓度范围内标准曲线应是一条直线。

二氧化氮的测定步骤如下（参见图 A-8）：

(1) 用注射器从贮气瓶中分别取 40 mL 干燥气体试样，注入两个装有 15 mL 二氧化氮吸收液的真空采样瓶中。气体试样经 24 h 氧化和吸收后，用于测定。

(2) 准确吸取 5 mL 显色溶液于采样瓶中，按绘制工作曲线方法操作，以试剂空白溶液作参比测定吸光度。根据吸光度在工作曲线上查得该试样所对应的二氧化氮的质量（mg），然后换算成二氧化氮体积分数。

气体试样中氮氧化物的含量按下式计算：

$$\varphi_2 = \frac{a \times 6.4 \times 10^{-5}}{V''_0} \times 100\% \tag{A-23}$$

式中 φ_2——气体试样中氮氧化物的体积分数，%；

a——从工作曲线上查得的 NO_2 的质量，mg；

V''_0——标准状态下气体试样的体积，L。

式（A-23）中的“6.4×10^{-5}”为换算系数，即 1 mg 二氧化氮气体在标准状况下所占的体积（L/mg）。

平行测定两次，允许偏差不大于 0.3%，取算术平均值作为结果，并精确至 0.01%。

D 有毒气体总量的计算

a 标准状态下炸药爆炸后气体的总体积

在标准状态下，每千克炸药爆炸后气体的总体积按下式计算：

$$V_0=\frac{V_r(P_4+P_1-P_2-P_3)\times 273\times 1000}{101.3\times(273+t)m} \tag{A-24}$$

式中 V_0——标准状态下，每千克炸药爆炸后气体的总体积，L/kg；

V_r——容积，L，采用“爆炸弹筒及钢炮法”制备气体试样时，为爆炸弹筒体积减去钢炮所占体积后的实际容积；采用“小型爆炸弹筒法”时，即为爆炸弹筒的实际容积；

P_4——U 形水银压差计的压差值，kPa；

P_1——测定时的大气压力，kPa；

P_2——爆炸弹筒抽真空后的剩余压力，kPa；

P_3——测定时室温为 t 时的空气饱和水蒸气压力，kPa；

t——测定时的室温，℃；

m——测定用药卷的质量，g。

式（A-24）中的“273”为摄氏温度换算为绝对温度的常数，“1000”是将千克换算为克，“101.3”为毫米汞柱与千帕斯卡的换算系数 0.1333 与标准状况大气压力 760 mmHg 的乘积。

b 炸药爆炸后生成的一氧化碳和氮氧化物的体积

每千克炸药爆炸后，生成的一氧化碳和氮氧化物的体积，按下式计算：

$$V'=\varphi_1 V_0 \tag{A-25}$$

$$V''=\varphi_2 V_0 \tag{A-26}$$

式中 V'——每千克炸药爆炸后生成的一氧化碳体积，L/kg；

V''——每千克炸药爆炸后生成的氮氧化物体积，L/kg；

V_0——标准状态下的每千克炸药爆炸后产生的气体体积，L/kg；

φ_1——气体试样中一氧化碳的体积分数，%；

φ_2——气体试样中氮氧化物的体积分数，%。

c 炸药爆炸后生成的有毒气体总量

每千克炸药爆炸后，生成的有毒气体总量是按标准状态下折算成一氧化碳体积计，其中氮氧化物折算成一氧化碳的毒性系数为 6.5。按下式计算：

$$V=V'+6.5V'' \tag{A-27}$$

式中 V——每千克炸药爆炸后生成的有毒气体总量，L/kg；

V'，V''——同式（A-25）和式（A-26）。

平行测定两次，允差不超过 10 L/kg，取较大值作为最终结果，并修约至个数位。

A.6.2 雷管检验

起爆器材检验的项目包括：外观检验、爆炸性能检验和物理化学安定性检验。电雷管还有电参数检验。

A.6.2.1 雷管检验程序

导爆管雷管的抽样检验程序如图 A-13 所示，电雷管的检验程序如图 A-14 所示。

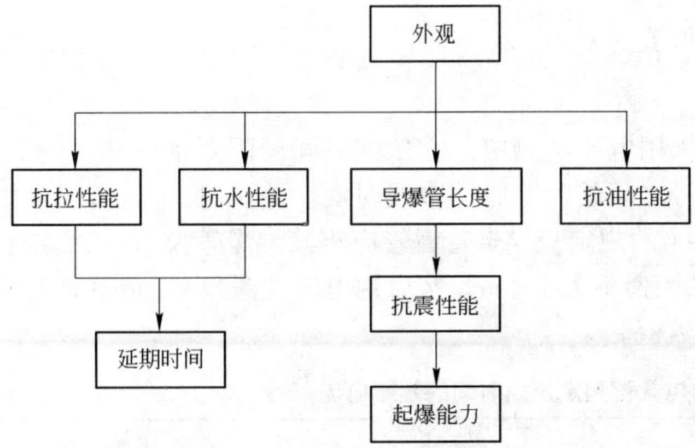

图 A-13 导爆管雷管的抽样检验程序

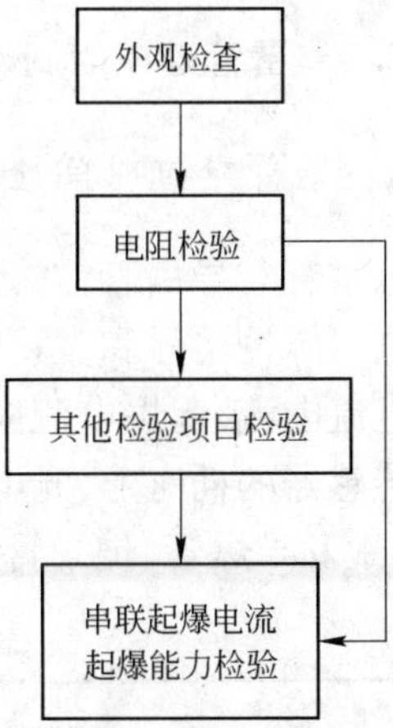

图 A-14 电雷管的检验程序

A.6.2.2 雷管外观检验

雷管的表面不应有目视可见的浮药、锈蚀、砂眼、开裂或残缺。检验时，注意不得试图擦拭雷管表面的浮药、污物或锈蚀。电雷管的脚线不应有绝缘层破损或芯线锈蚀。导爆管雷管允许有轻微污垢、口部裂缝或机械损伤。导爆管不得有破损、断药、拉细、进水、管内杂质、塑化不良、封口不严。导爆管与雷管的结合应牢固，不应脱出或松动。雷管应有明显易辨的段别标志。

A.6.2.3 雷管起爆性能检验

A 震动试验

震动试验是将雷管在震动试验机上震动 10 min，不应发生爆炸、结构松散或损坏现象。

B 起爆能力（铅板穿孔）试验

雷管铅板穿孔试验是以铅板的穿孔直径表示其威力，检验其起爆能力是否合格。试验应在具有隔爆和安全防护的爆炸箱内进行（见图 A-15）。圆形铅板的直径为 30 ~ 40 mm，8 号雷管的铅板厚度为5 mm，6 号雷管为 4 mm。铅板放在孔径为 20 ~ 25 mm 的钢圈上，雷管直立在铅板的中心位置。起爆后，铅板被穿孔，用游标卡尺分别测量两个相互垂直的直径，取其算术平均值。铅板的穿孔直径不小于雷管的外径为合格，这是仲裁法。

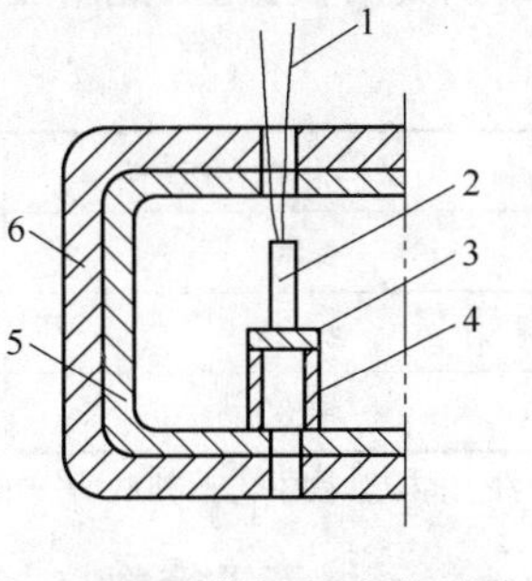

图 A-15 雷管铅板穿孔试验
1—脚线或导爆管；2—雷管；3—铅板；4—钢圈；5—铅衬；6—防爆箱

每批雷管试验不少于 20 发，全部合格则该批为合格。若有 1 发不合格，则该批雷管判为不合格。应当指出，雷管铅板穿孔试验仅表明雷管底部方向的猛度，并不代表雷管的整体起爆能力，整体起爆能力还应包括雷管爆炸对侧向作用的威力。

A.6.2.4 雷管延期时间检验

A 雷管延期时间检验方法

电雷管与导爆管雷管的延期时间采用电测法测定。它依据时间间隔测量原理，即测定起始电压脉冲信号和截止电压脉冲信号之间的时基脉冲数或时间。测试时，电雷管通以恒定的直流电流，起爆电流应符合表A-41的规定。导爆管雷管应将其导爆管拉直后，固定在光电传感器的插座上，光电管与起爆端距离不大于1 m。然后用电火花激发器（或其他激发装置）激发导爆管，记录管显示的时间数值。

表A-41 延期电雷管测定延期时间的起爆电流

电雷管类型	普通型	钝感型	高钝感型
起爆电流/A	1.2	1.5	3.5

B 检验合格判定

《工业电雷管》(GB8031—2005)规定，除末段外，任何一段的上限规格(U)为该段名义延期时间与下段名义延期时间的中值（精确到表4-24中的位数），下限规格(L)为该段名义延期时间与上段名义延期时间的中值（精确到表4-24中的位数）加1个末位数。末段的上限规格则为本段名义延期时间与本段下限规格之差，再加上本段名义延期时间。

a 电雷管判定

《工业电雷管》规定的延期时间合格的判定为：首先根据试样延期时间的标准偏差值、试样延期时间的上限规格、下限规格及试样延期时间的平均值，按相应公式计算出接受曲线的横坐标值(x)、纵坐标值(y)。它们在接受曲线图上对应的点若位于接受曲线内（包括曲线上），则判为合格，否则为不合格。接受曲线与检验的批量有关，具体可见《工业电雷管》(GB8031—2005)附录A。

检验延时中若出现拒爆或爆炸不完全（以发现雷管残体为据），则以该批（如划小批时则以该大批）做测定延时试验和铅板试验的全部试样总数与全部拒爆及爆炸不完全的总数合计来判定（见表A-42）。若全部拒爆及爆炸不完全的总数小于或等于表中规定的界限数时，仍判铅板试验合格。如试样总数大于表中的界限数时，除补足延期时间测定值外，允许补试一次铅板试验，此时不应再出现拒爆或爆炸不完全，且不允许连续补试。

表A-42 拒爆及爆炸不完全的界限数

试样总数/发	发生拒爆及爆炸不完全的界限数/发
≥80	1
≥125	2
≥200	3

注：试样总数中包括补试所需的数量。

b 导爆管雷管判定

《导爆管雷管》(GB19417—2003)规定，试验中只出现1发非进水所致拒爆或半爆，应记录备查，并可从外观检验合格的样本中再随机抽取1发补做试验，追加测试值并重新计算;若出现2发或2发以上非进水所致拒爆或半爆,则不再补测,直接判为延期时间不合格。

试验中若只出现1个极端测试值时,根据试样延期时间的标准偏差值、试样延期时间的最大值、最小值及试样延期时间的平均值,计算出上、下侧统计值 G_n、G'_n。若 G_n 或 G'_n 大于临界值时,判定该极端测试值为异常值,否则判为非异常值,按正常测试值处理。临界值可按检出水平值和试样数量查得。异常值的处理应符合下列规定:

(1) 当试验中只出现1个极端测试值并被判为异常值时,应将其剔除并记录备查,可再从样本中随机抽取1发补做试验,追加测试值。

(2) 如果试验中出现2个或2个以上极端测试值,或补测后又出现极端测试值时,则不进行异常值的判定,直接进行结果计算。

A.6.2.5 电雷管电参数检验

《工业电雷管》规定,电雷管的检验项目包括电阻、安全电流、最小发火电流、串联起爆电流、发火冲能、静电感度和电雷管延期时间及抗拉性能、抗水性能、耐温性能等。《工业电雷管发火冲能测试方法》(WJ/T9039—2004)还增加了安全冲能指标。电雷管在使用前主要是外观检查和电阻测定。目前,最小发火电流、发火冲能、安全冲能已经采用数理统计方法测定,试验方法及存在的问题详见A.6.3。编者认为,安全电流和串联起爆电流也应改用数理统计方法来测试,并且安全电流和最小发火电流可以参照发火冲能和安全冲能的测试方法一次测定。这些有待于将来标准的补充修订。

A 电阻检验

电雷管的导通和电阻值检查,必须使用专用的爆破电桥或爆破欧姆表,其工作电流应小于30 mA。电雷管不得有断路、短路或电阻值不稳定现象。《工业电雷管》只是规定,桥丝采用镍铬丝的全电阻,镀锌钢芯脚线不大于6.3 Ω,上、下限差值不大于2.0 Ω;铜芯脚线不大于4.0 Ω,上、下限差值不大于1.0 Ω。目前,国内各厂家电雷管的电阻值各不相同,因此《爆破安全规程》规定,电雷管的电阻差值不得大于产品说明书的规定。当电雷管的电阻值相差过大时,不宜在同一起爆网路中使用,宜分开贮存,分批使用。

B 安全电流检验

检验安全电流时,对电雷管试样通以安全电流值的恒定直流电流,电流测量仪的分辨率不应低于0.01 A。持续时间5 min,电雷管不应爆炸。允许将20发电雷管串联连接后试验。应当指出,《工业电雷管》认为在5 min(之前为1 min)内不发火,再长的时间也不会发火了。但编者在研制抗杂散电流电雷管时,曾发现有14 min才发火的,从而对其检验规定为15 min。

C 串联起爆电流检验

串联起爆电流试验应与铅板试验合并试验。检验时,将20发电雷管试样串联连接,测量电阻后,通以规定的串联起爆电流值的恒定直流电流,持续时间不少于20 s,电雷管应全部爆炸。电流表的分辨率不应低于0.05 A。

A.6.3 电雷管最小发火电流和发火冲能试验与升降法试验

A.6.3.1 兵器行业标准的升降法试验

电雷管的最小发火电流和发火冲能的测试，均属于电雷管的感度试验。兵器行业标准《工业电雷管发火冲能测试方法》(WJ/T9039—2004)和《工业电雷管最小发火电流试验方法》(WJ/T9044—2004)均规定，采用升降法试验程序测定，在0.95置信水平下，计算出试样发火概率为99.99%的最小发火电流或发火冲能。

A 试验设计

在电雷管的感度试验中，所施加的外界作用称为“刺激”，刺激的度量值称为“刺激量”。例如，电雷管最小发火电流试验中的发火电流值；电雷管发火冲能百毫秒电流法试验中的发火时间；电雷管发火冲能电容放电法试验中的发火电压值等均为试验的刺激量。

电雷管升降法试验的设计如下：

(1) 选定初始刺激量水平(X)：可根据同类电雷管的资料，用数发试样进行试验，试测最小发火刺激量和最大不发火刺激量，取两者的中位数❶作为初始刺激量水平(X)。

(2) 确定试验刺激量步长❷(升降法)：根据试测的最小发火刺激量和最大不发火刺激量的差值，确定刺激量步长(d)。一般应使试验刺激量水平数❸为4~6个，并使试验结果满足下式：

$$S < d < 1.5S \tag{A-28}$$

式中，S为样本标准差。S还要按式(A-30)校验最终结果。

(3) 升降规则：在$X_j(j=1,2,\cdots)$水平下发火，在X_{j+1}水平应减少一个步长d；反之，应增加一个步长。每次升降幅度不应超过1个步长，也不应采用不相等的步长。

每发雷管只能受试一次，不得重复试验。对不发火的雷管，在测试电路断开后应停留一定时间，方可从爆炸箱内取出，并置于安全防护罩内待处理。

B 试验数据记录和整理

试验数据的记录和整理如下：

(1) 试验数据分别采用表格进行记录和整理，示例如表A-43、表A-44所示。

---

❶ 中位数为统计学名词，它是指将数据排序后，位置在最中间的数值，又称中值。中位数将数据划分为相等的上下两部分，一半的数据比它大，而另外一半数据比它小。中位数代表着数据总体的中等情况。当数据的个数为奇数时，取中间的那个数；当数据的个数为偶数时，取中间那两个数的平均数，即当样本数为奇数时，中位数为第$(N+1)/2$个数据；当样本数为偶数时，中位数为第$N/2$个数据与第$(N/2)+1$个数据的算术平均值。

❷ 步长是指两个变换刺激量之差的绝对值。

❸ 在科学试验中，影响试验指标的要素，即被变动的并设有待比较的一组处理的因子称为试验因素，简称因素或因子。将一个因素分成若干量的等级称为水平。单因素试验的处理就是因素的水平；多因素试验的处理就是各因素水平的组合。

表 A-43 试验记录表示例

刺激量水平（单位）	试验序号							
	1	2	3	4	5	6	7	8	…
$X-3d$									
$X-2d$			2		2				
$X-d$		1		1		2		1	
X	1						1		
$X+d$									
$X+2d$									
$X+3d$									

注："1"表示发火；"2"表示不发火。

表 A-44 数据统计表示例

刺激量水平（单位）	水平量 i	检验结果		发火结果整理		不发火结果整理	
		n	n'	in	i^2n	in'	i^2n'
$X-3d$	0						
$X-2d$	1						
$X-d$	2						
X	3						
$X+d$	4						
$X+2d$	5						
$X+3d$	6						
$\sum$		$N=\sum n_i$ =	$N'=\sum n_i'$ =	$A=\sum in_i$ =	$B=\sum i^2n_i$ =	$A=\sum in_i'$ =	$B=\sum i^2n_i'$ =

注：n 为发火发数；n'为不发火发数。

（2）数据取舍规则：有效样本数应从首端出现相反符号的前一发开始计数，至尾端出现相反符号的后一发为止。如示例表 A-42 中，数据首端应从第 2 发开始记数，尾端应记至第 7 发。

（3）确定有效样本量(N)：一般发火总数($\sum n_i$)与不发火总数($\sum n_i'$)应相等或相差一发。相等时，选$\sum n_i$ 或$\sum n_i'$ 作为有效样本量(N)；不相等时，选数值较小的一个作为有效样本量(N)。有效样本量(N)不得少于 20 发。

（4）计算统计量 A、B：它应与有效样本量一致，采用发火数时，$A=\sum in_i$，$B=\sum i^2n_i$；采用不发火数时，$A=\sum in_i'$，$B=\sum i^2n_i'$。

其中 i 为各试验电流值水平所构成的等差数列的序号，电流值最小值(X_0)对应于 $i=0$。

C 统计计算

（1）发火概率为 50% 时的发火刺激量 $\overline{X}$ 按下式计算，计算精确至 0.001 A：

$$\overline{X}=X_0+d\left(\frac{A}{N}\pm\frac{1}{2}\right) \tag{A-29}$$

式中 $\overline{X}$——发火概率为 50% 时的发火刺激量；

X_0——对应于 $i=0$ 的刺激量最小值；

d——试验步长；

A——统计量，按数据统计表（表 A-43）采用；

N——有效样本量。

式（A-29）中括号内第 2 项，当有效样本量为发火时，取减号；有效样本量为不发火时，取加号。

（2）样本标准差 S 按下式计算[1]，计算精确至 0.001 A：

$$S = 1.620d\sqrt{M + 0.029}$$

$$M = \frac{B}{N} - \left(\frac{A}{N}\right)^2 = \frac{NB - A^2}{N^2} \qquad (A-30)$$

式中 S——样本发火刺激量的标准差，A；

M——方差数；

B——统计量，按数据统计表（表 A-43）采用；

其余符号意义同式（A-29）。

（3）发火刺激量上、下限按下式分别计算：

$$X_p = \overline{X} + P_U S$$

$$X_L = \overline{X} - P_U S \qquad (A-31)$$

式中 X_p，X_L——发火刺激量的上、下限；

P_U——分位数，若规定置信水平为 0.95，发火概率上限 P_U 取 99.99% 时，或发火概率下限 P_L 取 0.01% 时，$P_U = 3.719$；

S——样本标准差；

其余符号意义同式（A-29）。

A.6.3.2 电雷管最小发火电流和发火冲能的试验

A 电雷管最小发火电流的升降法试验

电雷管最小发火电流的试验原理是对其通以恒定直流电流，时间为 20 s（1987 年版《工业电雷管》规定为 30 s），按升降法试验程序进行测定。在 0.95 置信水平下，计算发火概率为 50% 时的发火电流值 $\overline{X}$ 和样本标准差 S。然后计算出发火概率为 99.99% 的电流值，即为最小发火电流。最小发火电流可采用雷管电参数测试仪测定。图 A-16 为 DC9801 型智能雷管电参数测试仪，它可测试电雷管的电阻、发火电流、安全电流、串联准爆电流、发火冲能、延期时间等电参数。

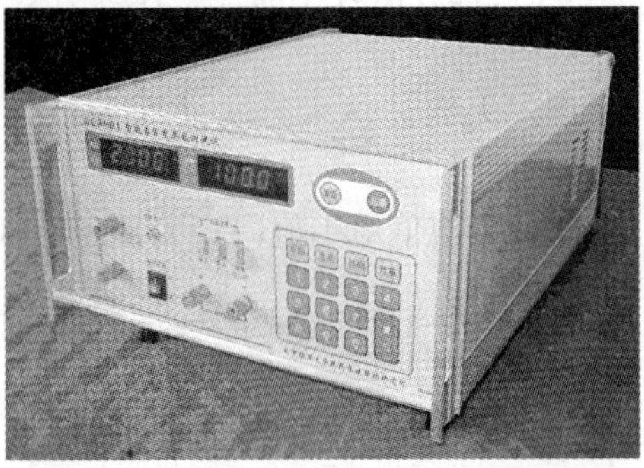

图 A-16 DC9801 型智能雷管电参数测试仪

试验电雷管应先经电阻检验合格，每发雷管只准测定一次，不得重复使用。《工业电雷管最

[1] 《工业电雷管发火冲能测试方法》和《工业电雷管最小发火电流试验方法》中的样本标准差 S 计算式均为 $S = 1.620(M + 0.029)d$，似不妥，详见 A.6.3.3 小节“关于升降法测定样本的统计分布参数的看法”。

小发火电流试验方法》并未说明是否可用引火头来代替电雷管进行试验，而《工业电雷管发火冲能测试方法》(WJ/T9039—2004)明确允许用引火头代替电雷管。电雷管最小发火电流的升降法试验步骤如下：

(1) 进行试验设计，如上述。确定电流初始值和步长。

(2) 取一发试样，放入爆炸箱(防爆箱)内，然后将脚线接到雷管参数测试仪的电流输出端。

(3) 将定时开关设定在20 s挡上，电流调到初始值，向雷管通电。根据试验现象，判定电雷管爆炸或不爆炸。

(4) 根据上一发的试验结果，若为爆炸就将试验电流减少一个步长，不爆炸时则增加一个步长，继续重复试验。直至获得不少于40发的有效数据。

(5) 最后，按式(A-29)计算发火概率为50%时试样的发火电流 $\overline{X}$，按式(A-30)计算样本标准差 S，$\overline{X}$ 和 S 均精确至0.001 A。再按式(A-31)计算最小发火电流 X_p，精确至0.01 A。

B　电雷管发火冲能和安全冲能的升降法试验

电雷管发火冲能的试验分为百毫秒电流法和电容放电法，其中百毫秒电流法为仲裁法。《工业电雷管》和《工业电雷管发火冲能测试方法》均允许用引火头来测定发火冲能。应当指出，用引火头测定时，通电时间是引火头的点燃时间，而用电雷管测定时，则通电时间是反应时间，即点燃时间与传导时间之和，两者并不完全相同。

a　百毫秒电流法试验

百毫秒发火电流是指通电时间100 ms，电雷管达到99.99%发火概率所需施加的最小恒定直流电流。电雷管发火冲能和安全冲能试验的百毫秒电流法原理是：认为两倍百毫秒电流值是确保串联电雷管发火的最小电流值，它的发火冲能已趋于稳定(见图A-17)。为此，首先求出百毫秒发火电流，再以两倍百毫秒发火电流值的恒定直流电流，用不同的时间向电雷管试样通电，提供起爆电冲能。在给定置信水平(0.95)下，分别计算出试样发火概率上限 P_U 和下限 P_L 的发火时间，然后计算出电雷管的发火冲能和安全冲能。电雷管(或引火头)样本量为100发，均需经电阻检验合格。百毫秒电流法可采用雷管电参数测试仪测定。测定方法如下：

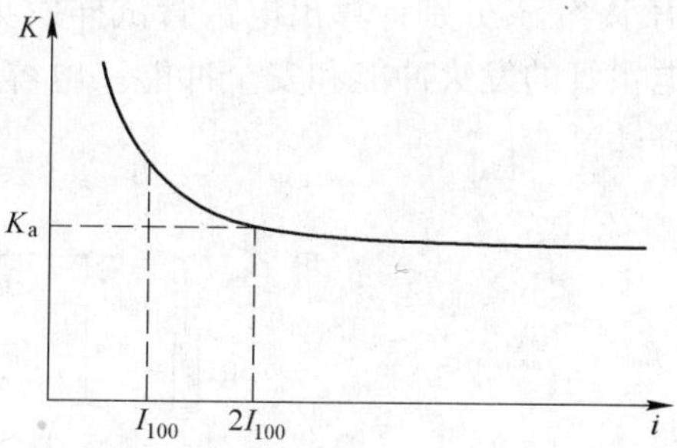

图 A-17　发火冲能与发火电流的关系

(1) 百毫秒发火电流试验。百毫秒发火电流试验时，样本量为50发，输出电流的时间设定为100 ms。按升降法试验步骤如下：

1) 进行试验设计，如上述。确定电流初始值和步长。

2) 取一发试样，放入爆炸箱内，然后将脚线接到雷管参数测试仪的电流输出端。

3) 将输出电流时间固定设为100 ms，电流调到初始值，向雷管通电。根据试验现象，判定电雷管爆炸或不爆炸(引火头为发火或不发火)。

4) 根据上一发的试验结果，若为发火就将试验电流减少一个步长，不发火时则增加一个步长,继续重复试验,直至试验完规定的试样。

5）按式(A-29)计算发火概率为50%时试样的发火电流 $\overline{X}$,按式(A-30)计算样本标准差 S。再按式(A-31)计算给定置信水平(99.99%)下发火概率上限 P_U 对应的发火电流作为百毫秒发火电流,并修约至0.001 A。

(2) 两倍百毫秒发火电流的发火时间测试。两倍百毫秒发火电流的发火时间测试时,输出电流设定为两倍百毫秒发火电流,样本量也为50发。按升降法试验步骤如下:

1）进行试验设计,如上述。确定通电时间初始值和步长。

2）取一发试样,放入爆炸箱内,然后将脚线接到雷管参数测试仪的电流输出端。

3）将输出电流固定设为两倍百毫秒发火电流,输出电流的时间调到初始值,向雷管通电。根据试验现象,判定电雷管爆炸或不爆炸(引火头为发火或不发火)。

4）根据上一发的试验结果,若为发火就将通电时间减少一个步长,不发火时则增加一个步长,继续重复试验,直至试验完规定的试样。

5）按式(A-29)计算发火概率为50%时试样的发火时间 $\overline{X}$,按式(A-30)计算样本标准差 S。再按式(A-31)计算给定置信水平(99.99%)下的发火概率上限 P_U 和下限 P_L,分别计算发火概率为 P_U 和 P_L 的发火时间,并修约至0.01 ms。

(3) 发火冲能和安全冲能计算。发火冲能和安全冲能分别按下式计算:

$$K_a = I^2 t_a \tag{A-32}$$

$$K_s = I^2 t_s \tag{A-33}$$

式中 K_a, K_s——发火冲能、安全冲能,A^2ms 或 mJ/Ω;

I——两倍百毫秒发火电流值,A;

t_a, t_s——发火概率为上限 P_U、下限 P_L 的发火时间,ms。

b 电容放电法试验

电容放电法的原理是对电容器(电容量规定为22±1.1 μF)充电至一定电压,在规定的放电常数(放电回路总电阻为10 Ω)的条件下对电雷管试样放电,提供起爆电冲能。在给定置信水平下,分别计算出电雷管试样发火概率为上限 P_U 和下限 P_L 的发火电压,然后计算出电雷管的发火冲能和安全冲能。电容放电法的测试装置,见图A-18。样本量也为50,按升降法试验。

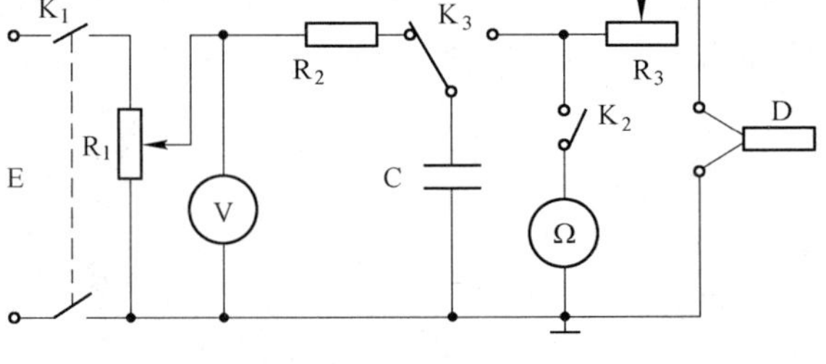

图 A-18 电容放电法的测试原理图

E—直流稳压电源;K_1—电源开关;K_2—测量电阻开关;K_3—双掷水银开关;

R_1—线绕变阻器(阻值不小于3 kΩ,10W);R_2—固定电阻(阻值不小于2 kΩ,1 W);

R_3—线绕变阻器(10 Ω);V—电压表(精度为1级);Ω—电阻表(精度为±0.1 Ω);

C—电解电容器(22 μF ±5%,耐压160 V);D—雷管试样

按升降法试验,测定步骤如下:

(1) 进行试验设计,如上述。确定充电电压初始值和步长。

(2) 测试装置的各开关置于图 A-18 所示位置,将一发试样放入爆炸箱内,然后将其脚线连接到测试装置的输出端。

(3) 闭合开关 K_2,调节电阻 R_3,使电阻表的读数为 10 Ω(当电雷管的电阻大于或等于 10 Ω 时,应使 R_3 大于电雷管的电阻),然后断开 K_2。

(4) 闭合开关 K_1,调节电阻 R_1,对电容器 C 充电至电压初始值,将开关 K_3 转向对试样放电。判定电雷管爆炸或不爆炸(或引火头发火或不发火)。

(5) 根据上一发的试验结果,若为发火就将充电电压(也是放电电压)减少一个步长,不发火时则增加一个步长,继续重复试验,直至试验完规定的试样。

(6) 按式(A-29)计算发火概率为 50% 时的发火电压 $\overline{X}$,按式(A-30)计算样本标准差 S。再按式(A-31)计算给定置信水平(99.99%)下的发火概率上限 P_U 和下限 P_L,分别计算发火概率为 P_U 和 P_L 的发火电压,精确至 0.01 V。

最后,按下式分别计算发火冲能 K_a 和安全冲能 K_s,精确至 1 位小数:

$$K_a = \frac{1}{2R} C U_a^2 \times 10^{-3} \qquad (A\text{-}34)$$

$$K_s = \frac{1}{2R} C U_s^2 \times 10^{-3} \qquad (A\text{-}35)$$

式中 R——放电回路总电阻值,Ω,这里 $R = 10\ \Omega$;

C——电容器的电容量,μF,这里 $C = 22\ \mu F$;

U_a, U_s——发火概率为上限 P_U、下限 P_L 的发火电压值,V;

其余符号意义同式(A-32)和式(A-33)。

A.6.3.3 关于升降法测定样本的统计分布参数的看法

A 升降法的基本概念

一个样本的平均数 $\overline{X}$ 和离差 S 是统计分布的最重要参数,有了它便可知道分布的概貌。离差是数据围绕其平均值分布的分数与集中程度。如果要测定一个人群的跳远能力分布,每人只能测一次,那么让每人各跳一次,记录其所跳的距离 X_i,便可得到如下平均数 $\overline{X}$ 和离差 S:

$$\begin{cases} \overline{X} = \dfrac{\sum X_i}{N} \\ S = \sqrt{\dfrac{\sum X_i^2}{N} - \overline{X}^2} \end{cases} \qquad (A\text{-}36)$$

如果要测定人群的跳高能力分布,就没有这么容易了。每人只跳一次,困难是标杆应放在什么高度上。火工品的许多性能参数确定,也如跳高,每个样品只能测一次,事先又不能确定"标杆"的高度。测定只有"通过"、"不通过"两种,并不知道究竟盈、亏多少。这时就得利用所谓升降测定样本的统计分布参数方法。

B 操作步骤

升降法的操作步骤如下:

(1) 按既往经验取中等水平为“标杆”的基准起点 X_0，每增、减一步的步距为 d，其值的大小也由既往经验的离差 S 决定，则

$$S < d < 1.5S$$

这样，“标杆”的高度就有几级，平常有4~5等即可。各级以…，-2，-1，0，1，2，…，j，…表示，相应的高度是：…，X_0-2d，X_0-d，X_0，X_0+d，X_0+2d，…，X_0+jd，…，至于“0级”定在哪里（即 X_0 选在哪个高度）对结果是没有影响的。但选在靠中间部位，计算较省事。

(2) 测定开始，“标杆”放在 X_0 高度为宜（在别的高度也无妨），测定一个样本，如能通过（即大于“标杆”高度），增加一级高度，测定下一个样本；若未通过（即小于“标杆”高度），则减小一级高度，再测定下一个样本。如此辗转进行，直到测完全部样本为止。

(3) 记录格式见表A-44，列是“标杆”高度，行是样本测定顺序，最后右边是统计结果。凡测定值高于“标杆”的，在相应格内记“+”，低于“标杆”的记“-”。统计每个步距内的“+”、“-”记录次数，以 n_j^+、n_j^- 表示。求其总和：

$$N^+ = \sum n_j^+$$

$$N^- = \sum n_j^-$$

平常 N^+、N^- 相等，或差一个数。测定的样本容量应大于50。

(4) 斩头断尾得到有效记录。由于第一次测定的“标杆”高度有随意性，开始几次测定若不改变符号，则只保留改变符号前的一个记录为有效。最后几次测定若没有改变符号，则只取改变后第一个记录为有效，其余尾部删除。

(5) 为了保证准确性，应符合下列条件，否则校正后重新测算：

$$S < d < 1.5S$$

$$M = \frac{M^+ + M^-}{2} > 0.25$$

C 计算平均数和离差

一阶距：$A^+ = \sum jn_j^+$；$A^- = \sum jn_j^-$

平均值：$\overline{X}^+ = X_0 + d\left(\frac{A^+}{N^+} + \frac{1}{2}\right)$；$\overline{X}^- = X_0 + d\left(\frac{A^-}{N^-} - \frac{1}{2}\right)$

二阶距：$B^+ = \sum j^2 n_j^+$；$B^- = \sum j^2 n_j^-$

方差系数：$M^+ = \frac{B^+}{N^+} - \left(\frac{A^+}{N^+}\right)^2$；$M^- = \frac{B^-}{N^-} - \left(\frac{A^-}{N^-}\right)^2$

离差：$S^+ = 1.62d\sqrt{M^+ + 0.029}$；$S^- = 1.62d\sqrt{M^- + 0.029}$

应当指出，兵器行业标准《工业电雷管最小发火电流试验方法》（WJ/T9044—2004）和《工业电雷管发火冲能测试方法》（WJ/T9039—2004）中离差的原式为 $S = 1.62d(M + 0.029)$ 是不妥的。因为离差是不能相加的，只有方差才可相加。

最后得到

平均值：
$$\overline{X} = \frac{\overline{X}^+ + \overline{X}^-}{2}$$

离差：
$$S = \sqrt{\frac{(S^+)^2 + (S^-)^2}{2}}$$

注意，离差是有单位的，它与 $\overline{X}$、d 一致。

D 记录表格形式

记录表格形式示例如表 A-45 所示。

表 A-45 记录表格

水平 X_j	等级 j	测定顺次																						n_j^+	n_j^-
		1	2	3	4	…					…	i	…									…	…		
10	−2									+														1	0
35	−1								−		+												+	2	1
60	0	+						−				+		+		+		+				−		4	2
85	1		+		+		−						−		−		−		+		−			3	5
110	2			−		−														−				0	3
135	3																							0	0
N^+																								10	
N^-																									11

表 A-45 中第一次测定为超越“+”，第二次为超越“+”，第三次为亏欠“-”，因此删除第一次的记录，保留第二、第三次为有效记录。为了简洁，表 A-45 中仅列出 22 次测定，实际上要有 50 次以上才能保证其准确性。

E 校验比较

升降测定样本的统计分布参数方法，与直接测定计算结果到底有何差别，物理实验是不好做的，可以用数值实验来验算。设有下列 100 个测定数据，采自一个样本❶。先用升降法检查通过情况。得出平均值和离差，再与直接用统计理论计算进行比较。

1.36	1.49	1.43	1.41	1.37	1.40	1.32	1.42	1.47	1.39
1.41	1.36	1.40	1.34	1.42	1.42	1.45	1.35	1.42	1.39
1.44	1.42	1.39	1.42	1.42	1.30	1.34	1.42	1.37	1.36
1.37	1.34	1.37	1.37	1.44	1.45	1.32	1.48	1.40	1.45
1.39	1.46	1.39	1.53	1.36	1.48	1.40	1.39	1.38	1.40
1.36	1.45	1.50	1.43	1.38	1.43	1.41	1.48	1.39	1.45
1.37	1.37	1.39	1.45	1.31	1.41	1.44	1.44	1.42	1.47
1.35	1.36	1.39	1.40	1.38	1.35	1.42	1.43	1.42	1.42
1.42	1.40	1.41	1.37	1.46	1.36	1.37	1.27	1.37	1.38
1.42	1.34	1.43	1.42	1.41	1.41	1.44	1.48	1.55	1.37

算例列表计算结果如表 A-46 所示。

❶ 引自中国科学院数学研究所统计组编．常用数理统计方法．北京：科学出版社，1973：1。

表 A-46 算例表

水平 X_j	等级 j	1	2	…	i	…	99	100	n_j^+	n_j^-
1.25	-1								0	0
1.30	0								1	0
1.35	1								26	1
1.40	2								20	26
1.45	3								3	20
1.50	4								0	3
1.55	5								0	0
N^+									50	
N^-										50

在此例中，设 0 级为 $X_0 = 1.30$，$d = 0.05$。共有 $j = -1,0,1,2,3,4,5$ 六级。

$$A^+ = \sum jn_j^+ = 0\times1 + 1\times26 + 2\times20 + 3\times3 = 76$$

$$A^- = \sum jn_j^- = 1\times1 + 2\times26 + 3\times20 + 4\times3 = 125$$

$$\overline{X}^+ = X_0 + d\left(\frac{A^+}{N^+} + \frac{1}{2}\right) = 1.30 + 0.05\left(\frac{76}{50} + \frac{1}{2}\right) = 1.401$$

$$\overline{X}^- = X_0 + d\left(\frac{A^-}{N^-} - \frac{1}{2}\right) = 1.30 + 0.05\left(\frac{125}{50} - \frac{1}{2}\right) = 1.400$$

$$B^+ = \sum j^2 n_j^+ = 1^2\times26 + 2^2\times20 + 3^2\times3 = 133$$

$$B^- = \sum j^2 n_j^- = 1^2\times1 + 2^2\times26 + 3^2\times20 + 4^2\times3 = 333$$

$$M^+ = \frac{B^+}{N^+} - \left(\frac{A^+}{N^+}\right)^2 = \frac{133}{50} - \left(\frac{76}{50}\right)^2 = 0.3496$$

$$M^- = \frac{B^-}{N^-} - \left(\frac{A^-}{N^-}\right)^2 = \frac{333}{50} - \left(\frac{125}{50}\right)^2 = 0.4100$$

以上写法与兵器行业标准《工业电雷管最小发火电流试验方法》和《工业电雷管发火冲能测试方法》完全相同，只是统计理论上意义更加明确。

$$S^+ = 1.62d\sqrt{M^+ + 0.029} = 1.62\times0.05\sqrt{0.3496 + 0.029} = 0.0498$$

$$S^- = 1.62d\sqrt{M^- + 0.029} = 1.62\times0.05\sqrt{0.4100 + 0.029} = 0.0537$$

最后得到

平均值：
$$\overline{X} = \frac{\overline{X}^+ + \overline{X}^-}{2} = \frac{1.401 + 1.400}{2} = 1.4005$$

离差：
$$S = \sqrt{\frac{(S^+)^2 + (S^-)^2}{2}} = \sqrt{\frac{0.0498^2 + 0.0537^2}{2}} = 0.05178$$

如果用统计理论方法直接计算上例中 100 个数据，由式（A-36）可得到平均值：$\overline{X} = 1.406$；离差：$S = 0.048$。可见升降测定样本的统计分布参数方法是有一定准确性的。

F 样本的置信范围

初步地可将样本统计分布视为正态的,由正态分布理论可以知道:

(1) 单边:

$$置信范围 < \overline{X} + u_1 S$$

或

$$置信范围 > \overline{X} - u_1 S$$

(2) 双边:

$$\overline{X} - u_1 S < 置信范围 < \overline{X} + u_1 S$$

其中,u 是正态分布的分位数❶,它与置信率的关系如表 A-47 所示。

表 A-47 置信率与分位数的关系

置信率 α	0.90	0.95	0.99	0.999	0.9999
单边分位数 u_1	1.28	1.65	2.41	3.09	3.72
双边分位数 u_2	1.65	1.96	2.58	3.29	3.89

如在上例中置信率为 99% 时,有置信范围小于 $1.40 + 2.41 \times 0.052 = 1.525$,或大于 $1.40 - 2.41 \times 0.052 = 1.27$。有 99% 在 $1.40 - 2.58 \times 0.052 = 1.27$ 到 $1.40 + 2.58 \times 0.052 = 1.53$ 之间。

G 与兵器行业标准的比较

如按兵器行业标准《工业电雷管最小发火电流试验方法》和《工业电雷管发火冲能测试方法》的方法计算:

$$S = 1.620(M + 0.029)d$$

则有

$$S^+ = 1.62 \times (0.3496 + 0.029) \times 0.05 = 0.0307$$

$$S^- = 1.62 \times (0.4100 + 0.029) \times 0.05 = 0.0356$$

平均值为

$$S = 0.0332$$

与统计理论方法 $S = 0.048$ 相差较大,因此《工业电雷管最小发火电流试验方法》和《工业电雷管发火冲能测试方法》的计算结果是不正确的,原因是离差的计算式不正确。

此外,按《感度试验用升降法》(GJB377—87)修正法查其中计算用表 A4,可得

$$\rho^+ = 0.637 \quad S^+ = 0.0319$$

$$\rho^- = 0.727 \quad S^- = 0.0364$$

离差平均值 $S = 0.0342$

可见,同样与统计理论方法直接计算 $S = 0.048$ 相差较大。

---

❶ 分位数为概率分布分位数的简称,它是对随机变量的某个取值,当与该值相应的分布函数为 P 时,则该值为 P 分位数。根据应用的需要,分位数有三种不同的称谓,即 α 分位数、上侧 α 分位数与双侧 α 分位数。当随机变量 X 的分布函数为 $F(x)$,实数 α 满足 $0 < \alpha < 1$ 时,α 分位数是使 $P\{X < x\alpha\} = F(x\alpha) = \alpha$ 的数 $x\alpha$,上侧 α 分位数是使 $P\{X > \lambda\} = 1 - F(\lambda) = \alpha$ 的数 λ,双侧 α 分位数是使 $P\{X < \lambda_1\} = F(\lambda_1) = 0.5\alpha$ 的数 λ_1、使 $P\{X > \lambda_2\} = 1 - F(\lambda_2) = 0.5\alpha$ 的数 λ_2。

A.6.4 导爆管检验

《塑料导爆管》(WJ2019—2004)规定,导爆管的检验项目包括外观、外径、传爆速度、起爆感度、传爆可靠性、抗拉性能、抗震性能、低温耐折性、抗油性能及变色性能(变色导爆管的指标)。其中外观、外径、传爆速度、传爆可靠性及变色性能为逐批检验项目,起爆感度和抗震性能为周期检验项目,抗拉性能、低温耐折性、抗油性能仅为型式检验。型式检验的要求可参见《塑料导爆管》。

A.6.4.1 外观与外径检验

导爆管的外观和外径检验如下:

(1) 外观检验:截取长度为 2 ±0.1 m 的导爆管试样,目视检查管壁应无破孔、明显硬块、白点或嵌入杂质,管外表面应无明显的划痕、鳞纹,管内应无可见的堵药、水或其他杂质。

(2) 外径检验:截取长度为 2 ±0.1 m 的导爆管试样,用分度值不大于 0.02 mm 的外径千分尺测量试样任一截面的外径,应为 2.8 ~3.2 mm,偏差为 ±0.15 mm。

A.6.4.2 传爆速度测定

导爆管的传爆速度测定可采用光电法或电探针法。其中光电法为仲裁法,电探针法可用于某些光电法不便检测的导爆管。

A 光电法

光电法是采用光电靶作传感元件,用测时仪测定传爆时间。导爆管试样的长度为 2 ±0.1 m。两光电靶的间距为 500 ±2 mm,首靶距起爆端不小于 1.3 m。首先,试样和测时仪在温度为 10 ~30℃的条件下放置 15 min 以上,将试样的任一端按首靶到末靶的顺序插入光靶的固定管中,两靶间的试样不应弯曲或过于拉紧。然后用电火花起爆器或其他等效起爆装置在起爆端起爆试样,测时仪记录时间。传爆速度按下式计算,计算结果保留到整数位:

$$D = \frac{0.5}{t} \tag{A-37}$$

式中 D——导爆管试样爆速,m/s;

t——测时仪显示的时间,s。

如果由于起爆器的原因致使试样未能起爆时,允许再次起爆,但应将起爆端剪掉约 100 mm。

B 电探针法

电探针法是采用电探针测定导爆管的传爆时间。测时仪、测试条件和导爆管试样的长度,两探针孔的位置及间距与光电法相同。首先准备电探针:取直径为 0.05 ~0.10 mm 的铜芯漆包线长 300 mm,将其两端各除去约 70 mm 长的绝缘层,穿入直径不大于 0.3 mm 的钢针内,对折后并将其绞合约 40 mm 长。两探针应沿导爆管的径向穿过它的药芯层,并将探针绞合部分穿过探针孔,在对折处剪断,取出钢针,使其成为两根互相绞合并绝缘的导线(见图 A-19)。再将探针与导爆管密切贴合。将探针与测时仪连接,起爆导爆管试样,记录测时仪的时间。按式(A-37)计算爆速。

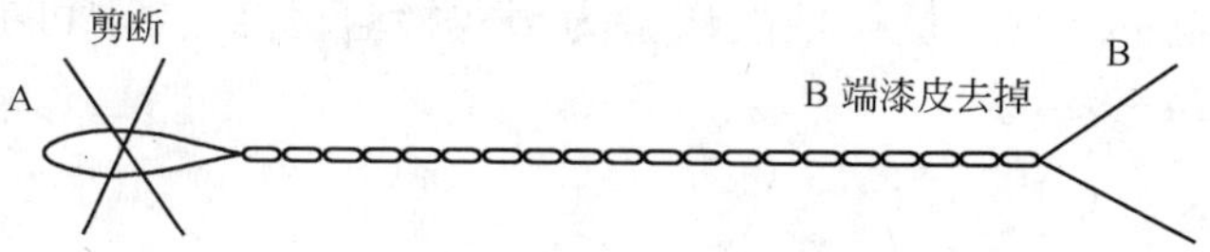

图 A-19 断—通探针

A.6.4.3 起爆感度试验

试验用塑料连接块为低密度聚乙烯树脂注塑而成,如图 A-20 所示。截取 20 根长度为 2.0±0.1m 的导爆管试样,将它们从无中心孔的一面插入塑料连接块的孔内,并在另一面伸出约 100mm,另一端用绳捆扎在一起。再将雷管插入中心孔内。用起爆器起爆后,试样应全部爆炸。用连接块连接导爆管试样为仲裁法。

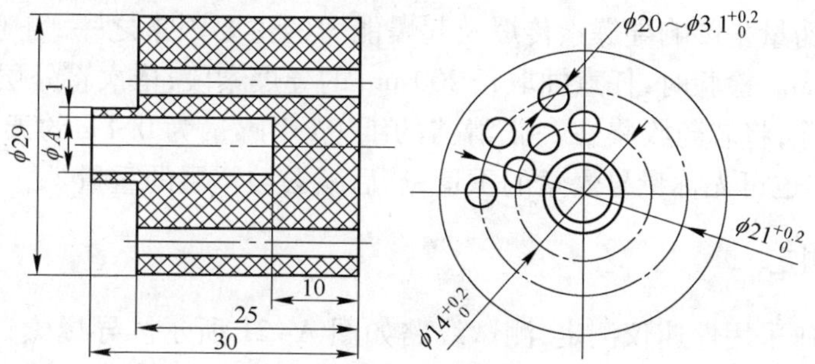

图 A-20 塑料连接块

ϕA—雷管外径

当无连接块时,在采取防止雷管飞片击伤导爆管试样的措施后,也可将导爆管沿雷管径向用胶布或聚丙烯塑料带均匀捆扎在雷管的加强药部位,捆扎应不少于 5 层,并宜采用正向起爆。

A.6.4.4 传爆可靠性试验

割取 20 根长度为 2.0±0.1m 的导爆管试样,将其封口端切开。在温度为 10～30℃ 的条件下,用电火花起爆器或其他起爆装置逐根起爆。导爆管试样均应正常传爆,且除起爆端外其他处的管壁均不得被击穿。

A.6.4.5 抗震性能试验

导爆管抗震性能试验是在震动试验机上进行的。震动试验机的凸轮转速为 60±1r/min,落高为 150±2mm。导爆管试样长度为 2.0±0.1m,将其两端封口,并卷成直径不小于 100mm 的管卷。将试样管卷垂直放入震动试验机的木箱内,并将空隙塞紧。连续震动 5min 后,进行传爆可靠性试验,应能通过。

A.6.5 导爆索检验

《普通导爆索》(GB9786—1999)规定,检验项目包括外观、尺寸、装药量、爆速、传爆性能、起爆性能、火焰感度、抗水性能、抗拉性能、耐热性能、耐寒性能等。其中外观、尺寸、装药量、爆速、传爆性能、抗水性能为出厂检验项目，但未区分逐批检验和周期检验项目。耐热、耐冻性能试验，火焰感度试验、抗拉性能试验为型式检验，详细要求可参见《工业导爆索试验方法》（GB/T13224—91）。

A. 6. 5. 1　外观检验

导爆索的外观可部分反映其内在质量。例如，外层棉纱层的质量，可影响导爆索的耐折、抗拉、抗水性能。要求棉线导爆索的表面不应有油垢或严重的扭折、擦伤。外层线不应同时缺 2 根及以上，允许只缺 1 根（或并线），且长度不得超过 7 m。表面有油垢或折伤痕迹，则可能有油脂渗入药芯或药芯折断。塑料导爆索的塑料层的厚度应均匀，无气泡、沙眼或裂纹，无严重折伤和油污。导爆索头应套有索头帽或涂防潮剂。

A. 6. 5. 2　装药量检验

导爆索的装药量是影响导爆索传爆及起爆能力的主要因素之一，普通导爆索的装药量不应小于 10. 5 g/m。检验时，任意抽取长 200 mm 的导爆索段，依次将外层线、纸条、中层线、内层线和芯线剥除，将芯药收集在一张清洁的纸上，用感量为 0. 1 g 的天平称量，再折合成 1 m 长的装药量。也可先称量导爆索的重量，然后减去被覆层的重量。

A. 6. 5. 3　爆速测定

导爆索的爆速采用爆速仪测定，测试线路如图 A-21 所示。导爆索试样长度约 1 m，在距一端 300 mm 处扎探针孔 A，在距 A 孔 500 ± 1 mm（靶距）处扎探针孔 B，两探针孔均应穿过药芯。允许取约 1. 5 m 长导爆索，按靶距 1000 mm 制作试样。

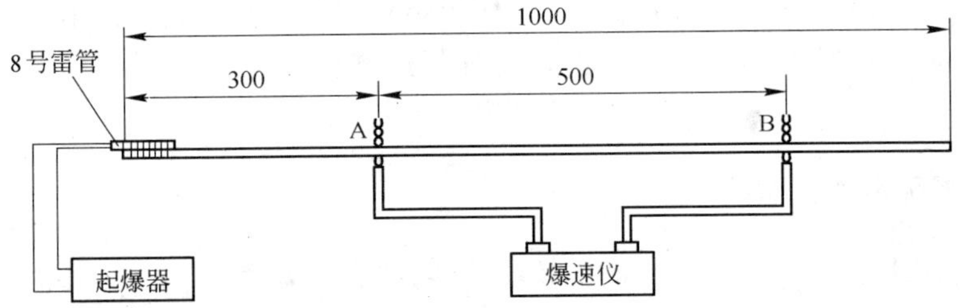

图 A-21　爆速测定示意图

探针是用直径为 0. 1 ~ 0. 3 mm、长 300 mm 的漆包线两端各除去绝缘层长约 70 mm，对折后将对折处绞合约 40 mm 制成的。它适用于“通—断”触发方式，如采用“断—通”方式触发时，则将探针在对折处剪断，使其成为两根互相绝缘的绞合导线。在导爆索靠近 A 孔的端部绑扎 8 号雷管。起爆后测定传爆时间，按靶距计算导爆索的爆速，精确至 1 m/s。导爆索的爆速不应小于 6000 m/s。

A. 6. 5. 4　传爆性能试验

在导爆索的搭接（扎结）、束结（套结）和水手结三种连接方式中，以水手结的传爆性能最可靠。因此，传爆性能试验时只采用搭接和束结。取 8 m 长导爆索，切成 1 m 长的 5 根，余下 1 根 3 m 长，按图 A-22 所示方法连接。搭接的接头用线或细绳捆牢，束结应接触紧密。用8号雷管起爆后,各段导爆索均完全爆轰为合格。这种连接试验,除了检验导爆索传导爆轰的能力,同时还反映了对同种导爆索的爆轰感度及导爆索对雷管的爆轰感度。

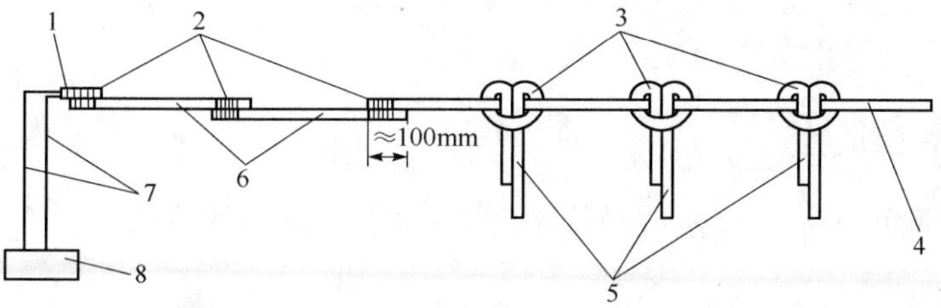

图 A-22 导爆索传爆性能试验的连接方法
1—8 号雷管;2—线或细绳;3—束结;4—3 m 长导爆索;
5,6—1 m 长导爆索;7—导线;8—起爆器

《工业导爆索试验方法》还规定了感爆性能试验:将2m长导爆索截成1m长两段,互相搭接,搭接长度约130mm。与上述传爆性能试验不同的是,在搭接处用黄纸板若干层(层数根据产品技术条件确定)隔开,然后用细绳或胶带捆牢。一端捆扎8号雷管,起爆后导爆索应完全爆轰(见图 A-23)。

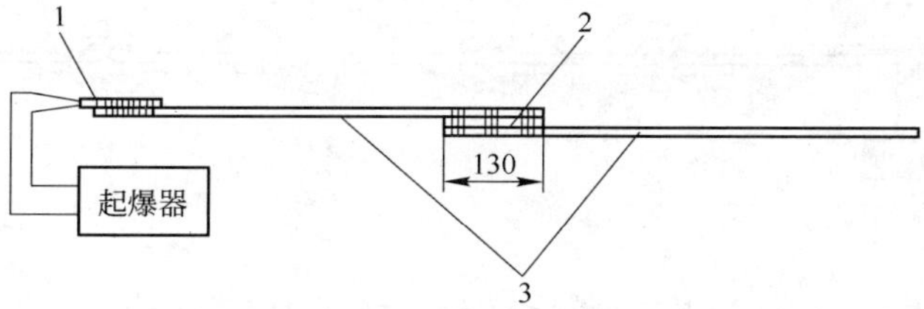

图 A-23 导爆索感爆性能试验示意图
1—8 号雷管;2—黄纸板;3—1 m 长导爆索

A.6.5.5 起爆性能试验

取1.5m长导爆索1根,将一端插入压装梯恩梯炸药块的雷管孔内,并在炸药块上缠绕3圈,用细绳或胶带捆牢,然后将8号雷管绑扎在导爆索余下的一端(见图 A-24)。梯恩梯炸药块的密度为1.50~1.59 g/cm^3,重量为200 g,尺寸为100 mm×50 mm×25 mm。起爆后,梯恩梯炸药块应完全爆轰。

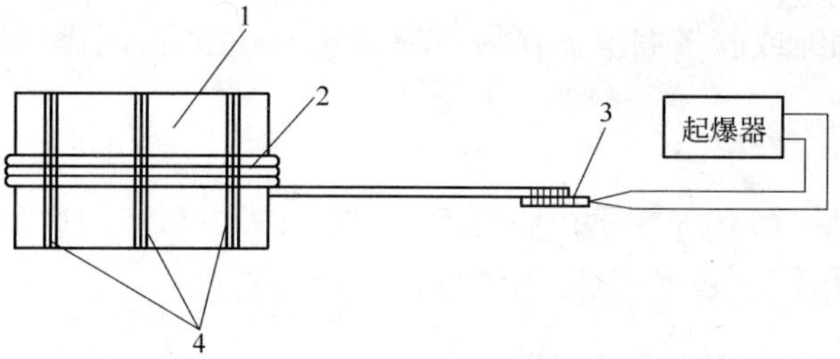

图 A-24 导爆索起爆性能试验示意图
1—200 g 压装梯恩梯炸药块;2—导爆索;3—8 号雷管;4—细绳或胶带

A. 6. 5. 6 火焰感度检验

取50 mm长的导爆索和导火索各1根，放在同一轴线上，它们的端面相接触。将导火索从另一端面点燃，当导火索的火焰从与导爆索接触端喷出时，导爆索不应发生爆轰，判为合格。目前，导火索已停止生产和使用，该检验方法有待修改。

A. 6. 5. 7 抗水性能试验

抗水性能试验可用水手结法或搭接法，其中水手结法为仲裁法。

A 水手结法

水手结法是取长约5.5 m的导爆索，将两端索头密封，卷成直径不小于250 mm的索卷。棉线导爆索应放入深度为1 m、温度为10～25℃的静水中，浸4 h。塑料导爆索则放入水温为10～25℃的密闭容器中，加压至50 kPa，保持5 h。然后取出导爆索，擦去表面水迹，切除索头部分长约200 mm。再切成1 m长5根，按图A-25所示方法连接。用8号雷管起爆后，各段导爆索均完全爆轰，判为合格。

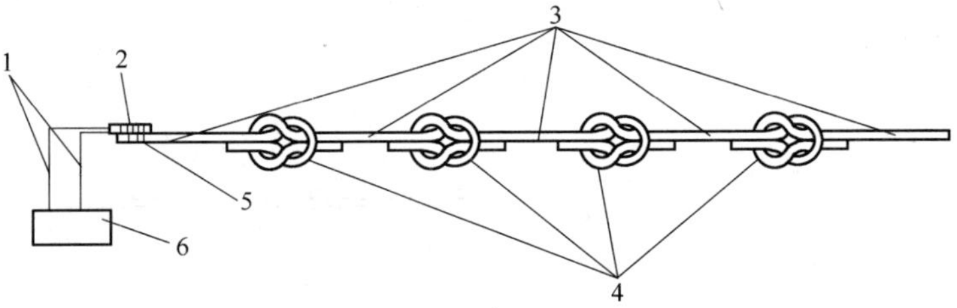

图A-25 导爆索抗水性能试验的连接方法

1—导线；2—8号雷管；3—1 m长导爆索；4—水手结；5—线或细绳；6—起爆器

B 搭接法

搭接法是将2 m长导爆索的两个索头，用防潮覆盖剂封好后晾干。然后浸入水温为10～25℃的压力容器中，压力与时间按产品的技术条件要求执行。对于压力不超过10 kPa的产品，可直接浸放在静水中，水的深度应达到压力指标。棉线导爆索放置水中的深度、浸水时间，塑料导爆索的浸水时间均与上述水手结法相同。

取出后检查外观无异常，去掉索头部分长约50 mm，将试样均分成两段。将其互相搭接约100 mm长，并用细绳或胶带捆牢。在另一端绑扎8号雷管，起爆后应完全爆轰。

A. 6. 5. 8 抗拉性能检验

取500 mm长的导爆索，一端悬吊在线夹上，另一端逐渐增加负荷至500 N，保持1 min，不应被拉断，取下后用雷管起爆，应完全爆轰，判为合格。

A. 6. 6 爆破器材检验项目与抽样方案

爆破器材产品的国家标准和行业标准对其检验项目和抽样方案有明确规定，制成品经质量检验合格后方能出厂。抽样方案是指为检验而规定的样本量和有关接收准则的方案。产品检验分为出厂检验和型式检验,出厂检验又分为逐批检验和周期检验。逐批检验是指对系列批中的每一批都进行的检验。周期检验是为判断在规定周期内(按时间规定,或按制造的单位产品数量规定),生产过程的稳定性是否符合规定要求,从逐批检验合格的某批或若干批中抽取样本的检验。型式检验是在生产定型、投产验收、停产半年以上恢复生产或原材料、产品结构、生产工艺发生重大变化而可能影响产品性能时进行。型式检验包括全部性能项目。

A.6.6.1 乳化炸药检验项目与抽样方案

A 乳化炸药检验项目与组批规则

《乳化炸药》(GB18095—2000)规定,检验项目如表 A-48 所示。

表 A-48 乳化炸药检验项目

序号	检验项目	出厂检验		型式检验
		逐批检验	周期检验	
1	药卷密度	√	—	√
2	炸药密度	—	—	√
3	爆 速	—	√	√
4	猛 度	—	√	√
5	殉爆距离	√	—	√
6	做功能力	—	—	√
7	撞击感度	—	—	√
8	摩擦感度	—	—	√
9	热感度	—	—	√
10	炸药爆炸后有毒气体含量	—	—	√
11	可燃气安全度	—	—	√
12	使用保证期	—	—	√

注:“√”表示必检项目;“—”表示不检项目。

组批规则为:每个检验批应由具有基本相同的材料、工艺、设备等条件,并在相近时间内制造的同品种的产品组成,批量不应超过 30 t。

B 乳化炸药抽样方案

a 逐批检验

药卷密度和殉爆距离的抽样方案按《计数抽样检验程序 第 1 部分:按接收质量限(AQL)检索的逐批检验抽样计划》(GB/T2828.1—2003)的规定,使用每百单位产品不合格数为批质量指标,采用二次抽样方案,见表 A-49。

表 A-49 乳化炸药的药卷密度和殉爆距离的抽样方案

<table>
<tr><th>项目</th><th>可接受质量水平①
AQL</th><th>检验水平②
IL</th><th>批量/kg</th><th>样本字码</th><th colspan="2">抽样方案</th></tr>
<tr><td rowspan="4">指标</td><td rowspan="4">10</td><td rowspan="4">S－1</td><td rowspan="2">≤7000</td><td rowspan="2">C</td><td colspan="2">正常:3,3/0,2;1,2
加严:5,5/0,2;1,2
放宽:2,2/0,2;1,2
特宽:2,2/0,3;3,4</td></tr>
<tr><td>累计样本量:
63～79</td><td>放宽界限数:
0</td></tr>
<tr><td rowspan="2">7001～30000</td><td rowspan="2">D</td><td colspan="2">正常:5,5/0,3;3,4
加严:5,5/0,2;1,2
放宽:2,2/0,2;1,2
特宽:2,2/0,3;3,4</td></tr>
<tr><td>累计样本量:
63～79
80～99
100～124</td><td>放宽界限数:
0
1
2</td></tr>
</table>

注:抽样方案中的样本量(n)、接收数(A_c)、拒收数(R_e)均以"次"为单位。

① 可接受质量水平AQL是可以接受的连续交检批的过程平均上限值,即不合格品率的上限值(可允许的最差过程平均质量水平),又称合格质量水平。过程平均是一系列连续提交的检验批的平均质量,以"批次不合格品率"或"每百单位产品不合格数"表示。AQL是可接收与不可接收的过程平均的分界线,是与抽样检验方案相关的一个质量参数。抽样检验方案是为了进行抽样检验而确定的一组规则,包括对样本量及通过样本检验结果来判断该批是否合格的判断规则等。

② 检验水平是抽样方案的一个预先选定的特性,主要作用在于明确批量N和样本量n间的关系,当N确定时,只要明确检验水平,就可以检索到样本量字码和n。《计数抽样检验程序 第1部分:按接收质量限(AQL)检索的逐批检验抽样计划》(GB/T 2828.1—2003)规定,检验水平分为一般检验水平和特殊检验水平两类。一般检验包括Ⅰ、Ⅱ、Ⅲ三个检验水平,无特殊要求时均采用一般检验水平Ⅱ。特殊检验(又称小样本检验水平)分为S－1、S－2、S－3、S－4四个检验水平,一般用于检验费用较高并允许有较高风险的场合。

每批应从不少于4个包装件中随机抽取试样,2个样本可以一次随机取出,但应分为第一样本和第二样本,允许在包装过程中取样。

抽样检验从正常检验开始,进行宽严调整时应严格执行《计数抽样检验程序 第1部分:按接收质量限(AQL)检索的逐批检验抽样计划》(GB/T2828.1—2003)规定的转移规则和表A-49规定的放宽界限数。

b 周期检验

爆速和猛度抽样方案按《周期检验计数抽样程序及表(适用于对过程稳定性的检验)》(GB/T2829—2002)执行,使用每百单位产品不合格数为批质量指标,采用一次抽样方案,见表A-50。

表 A-50 乳化炸药爆速和猛度抽样方案

项 目	不合格质量水平RQL①	检验水平DL	检验周期/批	抽样方案
指 标	40	1	10	2/0,1

注:抽样方案中的样本量(n)、接收数(A_c)、拒收数(R_e)均以"次"为单位。

① 不合格质量水平RQL是指在抽样检验中,认为不可接受的批质量下限值。

周期检验的样本应在本周期制造的单位产品数量超过一半之后，从经逐批检验合格的某批中随机抽取。

c　型式检验

型式检验的试样应按《随机数的产生及其在产品质量抽样检验中的应用程序》（GB/T10111—2008）规定的方法随机抽取，样品总量不应少于 15 kg，无雷管感度产品不应少于60 kg。

判定规则与复验规则如下：

（1）全部检验项目均符合标准规定，判定提交检验批产品合格。

（2）撞击感度、摩擦感度、热感度、炸药爆炸后有毒气体含量、可燃气安全度五项中有一项测定结果不符合标准规定，判定提交检验批产品不合格。

（3）当药卷密度、炸药密度、殉爆距离、爆速、猛度、做功能力六项中有两项以上（不含两项）测定结果不符合标准规定，则判定提交检验批产品不合格；如有一项或两项测定结果不符合规定，应对不符合规定的项目进行加倍复验，复验结果均符合规定时，仍判定提交检验批产品合格，否则为不合格。

A. 6. 6. 2　粉状乳化炸药检验项目与抽样方案

A　粉状乳化炸药检验项目与组批规则

《粉状乳化炸药》（WJ9025—2004）规定，检验项目如表 A-51 所示。

表 A-51　粉状乳化炸药检验项目

序号	检验项目	出厂检验		型式检验
		逐批检验	周期检验	
1	药卷密度	√	—	√
2	殉爆距离	√	—	√
3	猛　度	—	√	√
4	爆　速	—	√	√
5	做功能力	—	—	√
6	炸药爆炸后有毒气体含量	—	—	√
7	可燃气安全度	—	—	√
8	抗爆燃性	—	—	√
9	撞击感度	—	—	√
10	摩擦感度	—	—	√

注："√"表示必检项目；"—"表示不检项目。

提交检验批应由同一工艺生产的产品组成，批量不应超过 25 t。

B　粉状乳化炸药抽样方案

a　逐批检验

药卷密度和殉爆距离的抽样方案和转移规则按《计数抽样检验程序　第 1 部分：按接

收质量限(AQL)检索的逐批检验抽样计划》(GB/T2828.1—2003)执行,不合格分类均为B类,采用二次抽样方案,检验水平为S-1,AQL值为10,批质量指标为每百单位产品不合格数,抽样方案示例参见表A-52。

表A-52 粉状乳化炸药抽样方案示例(35000~150000支)

检验项目	AQL(RQL)	IL(DL)	抽样方案	样本单位
药卷密度	10	S-1	正常:5,5/0,3;3,4 加严:5,5/0,2;1,2 放宽:2,2/0,2;1,2	1支药卷
殉爆距离				2支药卷
爆　速	(40)	(Ⅱ)	5,5/0,2;1,2	1支药卷
猛　度		(Ⅰ)	2/0,1	

b 周期检验

爆速和猛度的抽样方案按《周期检验计数抽样程序及表(适用于对过程稳定性的检验)》(GB/T2829—2002)执行,检验周期为10批,不合格分类均为B类,猛度采用一次抽样方案,爆速采用二次抽样方案,批质量指标为每百单位产品不合格数,RQL值和检验水平见表A-53。抽样方案示例参见表A-52。

表A-53 粉状乳化炸药猛度和爆速的RQL值和检验水平

检验项目	不合格质量水平RQL值	检验水平
猛　度	40	Ⅰ
爆　速		Ⅱ

c 型式检验

型式检验的判定规则与复验规则如下:

(1) 全部检验项目均符合标准规定,判定提交检验批产品合格。

(2) 炸药爆炸后有毒气体含量、可燃气安全度、抗爆燃性、撞击感度、摩擦感度五项中有一项测定结果不符合标准规定,判定提交检验批产品不合格。

(3) 当药卷密度、殉爆距离、猛度、爆速、做功能力五项中有两项以上(不含两项)测定结果不符合标准规定,则判定提交检验批产品不合格;如有一项或两项测定结果不符合规定,应对不符合规定的项目进行加倍复验,复验结果均符合规定时,仍判定提交检验批产品合格,否则为不合格。

d 抽样

检验试样应按《随机数的产生及其在产品质量抽样检验中的应用程序》(GB/T10111—2008)规定的方法随机抽取,周期检验的2个样本可以一次随机取出,允许在产品包装过程中取样;型式检验的样品总量不应少于12 kg。

A.6.6.3 其他炸药检验项目与取样

其他炸药在这里主要是指膨化硝铵炸药、多孔粒状铵油炸药、水胶炸药等。

A 检验项目

《膨化硝铵炸药》(WJ9026—2004)、《多孔粒状铵油炸药》(GB17583—1998)、《水胶炸药》(GB18094—2000)规定的检验项目不尽相同,见表 A-54。型式项目为包括做功能力、爆炸后有毒气体含量等全部项目。

表 A-54 三种炸药的检验项目

序号	检验项目	膨化硝铵炸药	多孔粒状铵油炸药	水胶炸药
1	水 分	√①③	√①	—
2	药卷密度	√①	—	—
3	炸药密度	—	—	√①
4	殉爆距离	√①③	—	√①
5	爆 速	√②	√②	√②
6	猛 度	√②	√②	√②
7	做功能力	√	√	√
8	炸药爆炸后有毒气体含量	√	—	√
9	可燃气安全度	√	—	√
10	抗爆燃性	√	—	—
11	撞击感度	—	—	√
12	摩擦感度	—	—	√
13	热感度	—	—	√
14	使用保证期	√	√	√

注:"√"表示必检项目;"—"表示不检项目。

① 为逐批检验项目;

② 为周期检验项目;

③ 膨化硝铵炸药的殉爆距离分为浸水前和浸水后的,还有在保质期内的殉爆距离和水分。

B 取样

三种炸药检验的取样标准,见表 A-55。抽取的试样应注明购进日期、生产厂家、产品名称及批号、生产日期、取样时间和采样者名称。

表 A-55 三种炸药检验抽样标准

炸药名称	检验批	取样数量	周期检验项目检验周期
膨化硝铵炸药	≤25 t	≥12 kg	每 10 批
多孔粒状铵油炸药	≤20 t(年产量≤2000 t) ≤50 t(年产量>2000 t)	散装产品为 6 个包装件,每件至少 1 kg; 混装产品在装孔过程中取不少于 6 kg	每 5 批
水胶炸药	≤40 t	≥12 kg	每 5 批

A. 6. 6. 4 电雷管检验项目与抽样方案

A 电雷管检验项目与组批规则

《工业电雷管》(GB8031—2005)规定,检验项目如表 A-56 所示。

表 A-56 电雷管检验项目

序号	检验项目	出厂检验		型式检验
		逐批检验	周期检验	
1	外　观	√	—	√
2	脚线长度	—	√	√
3	电阻值	√	—	√
4	抗震性能	√	—	√
5	安全电流	—	√(每天)	√
6	最小发火电流	—	—	√
7	发火冲能	—	—	√
8	串联起爆电流	√	—	√
9	静电感度	√	—	√
10	起爆能力	—	—	√
11	抗拉性能	—	√(7d)	√
12	抗水性能	—	√(30d)	√
13	耐温性能	—	—	√
14	可燃气安全度	—	—	√
15	延期时间	√	—	√

注:"√"表示必检项目;"—"表示不检项目。

组批规则为:以基本相同的材料、结构、工艺、设备等条件下,制造的产品组成一个提交检验批,批量不应超过 15 万发。延期时间允许以小批进行,再由若干小批组成大批进行其他项目验收。

B 电雷管抽样方案

a 逐批检验

逐批检验分为逐批计数检验和逐批计量检验。计数检验是根据产品技术标准规定的一组或一项技术要求,确定单位产品是否合格,或计算单位产品的不合格数的检验。逐批计数检验项目的不合格分类和抽样方案见表 A-57。其中除抗震性能和串联起爆电流外,均按《计数抽样检验程序　第 1 部分:按接收质量限(AQL)检索的逐批检验抽样计划》(GB/T2828. 1—2003)执行。

表 A-57 电雷管逐批计数检验项目的不合格分类和抽样方案

检验项目	不合格分类	抽样方案		抽样方案类型
		AQL	检验水平	
外　观	B 类不合格:有砂眼、开裂	0. 4	Ⅱ	二次抽样
	C 类不合格:残缺、锈蚀、浮药、绝缘层破损	1. 0		
电阻值	B 类不合格:断路、短路、电阻值不稳	0. 25		
	C 类不合格:电阻值超差	0. 65		

续表 A-57

检验项目	不合格分类	抽样方案		抽样方案类型
		AQL	检验水平	
抗震性能	A 类不合格:震动爆炸	20/0,1		一次抽样
	B 类不合格:结构损坏、断路、短路、电阻值不稳	20,20/0,2;1,2		二次抽样
串联起爆电流	B 类不合格:拒爆,串联丢炮(串联通电未爆,通以最小发火电流仍能爆炸)			
起爆能力	B 类不合格:爆炸不完全、铅板穿孔直径小于雷管外径	1.0	S-4	

注:A 类不合格是指单位产品的极重要质量特性不符合规定,或单位产品的质量特性极严重不符合规定;
B 类不合格是指单位产品的重要质量特性不符合规定,或单位产品的质量特性严重不符合规定;
C 类不合格是指单位产品的一般质量特性不符合规定,或单位产品的质量特性轻微不符合规定。

表 A-57 中抽样方案(20,20/0,2;1,2)表示为二次抽样,首次随机抽取 20 发试样,若全部合格,判定该批次产品为合格;若有 2 发不合格,则判定该批次产品为不合格;若有 1 发不合格,允许再随机抽取 20 发进行复试。如果两次试验结果,共有 1 发不合格,该批次产品仍判定为合格;若共有 2 发不合格,则判定该批次产品为不合格。其他抽样方案的含义,以此类推。(20/0,1)表示为一次抽样,随机抽取 20 发试样,若全部合格,判定该批次产品为合格;若有 1 发不合格,即判定该批次产品为不合格,且不得复试。

计数抽样方案示例参见表 A-58。

表 A-58 电雷管计数抽样方案示例(批量为 3201～10000 发)

检验项目	A 类不合格		B 类不合格		C 类不合格	
	出厂检验	型式检验	出厂检验	型式检验	出厂检验	型式检验
外 观	—	—	正常:125,125/0,3;3,4 加严:125,125/0,2;1,2 放宽:50,50/0,2;1,2	200,200/1,3;2,3	正常:125,125/2,5;6,7 加严:125,125/1,3;4,5 放宽:50,50/0,3;3,4	200,200/3,7;6,7
脚线长度	—	—	—	—	25,25/0,2;1,2	25,25/0,2;1,2
电阻值	—	—	正常:125,125/0,2;1,2 加严:200,200/0,2;1,2 放宽:80,80/0,2;1,2	200,200/0,2;1,2	正常:125,125/1,3;4,5 加严:200,200/1,3;4,5 放宽:80,80/0,3;3,4	200,200/2,4;4,5
抗震性能	20/0,1	20/0,1	20,20/0,2;1,2	20,20/0,2;1,2	—	—
安全电流	20/0,1	20/0,1	—	—	—	—
最小发火电流	—	—	—	按试验所需样本量一次取足	—	—
发火冲能	—	—	—	按试验所需样本量一次取足	—	—
串联起爆电流	—	—	20,20/0,2;1,2	20,20/0,2;1,2	—	—

续表 A-58

检验项目	A类不合格		B类不合格		C类不合格	
	出厂检验	型式检验	出厂检验	型式检验	出厂检验	型式检验
起爆能力	—	—	正常:32,32/0,2;1,2 加严:50,50/0,2;1,2 放宽:20,20/0,2;1,2	50,50/0,2;1,2	—	—
静电感度	—	20,20/0,2;1,2	—	—	—	—
抗拉性能	—	—	20,20/0,2;1,2	20,20/0,2;1,2	—	—
抗水性能	—	—	25,25/0,2;1,2	25,25/0,2;1,2	—	—
耐温性能	—	20/0,1	—	—	—	—

注:单位产品,除最小发火电流、发火冲能为1组外,其余均为1发。

逐批计量检验的检验项目为延期时间,其抽样方案按《计量抽样检验程序 第1部分:按接收质量限(AQL)检索的对单一质量特性和单个AQL的逐批检验的一次抽样方案》(GB/T6378.1—2008)执行,采用"S"法❶,综合双侧规格限❷,AQL值为2.5,检验水平为S-4。抽样方案示例参见表A-59。

表A-59 电雷管延期时间的计数抽样方案示例

批 量		1201~3200	3201~10000	10001~35000	35001~150000
接收曲线图字码		G	H	I	J
样本量	正常检验	15	20	25	35
	加严检验	15	20	25	35
	放宽检验	5	7	10	15

提交检验批作为孤立批检验时,按型式检验方案执行。

b 周期检验

周期检验除安全电流外均按《周期检验计数抽样程序及表(适用于对过程稳定性的检验)》(GB/T2829—2002)执行。周期检验项目的不合格分类和抽样方案见表A-60。抽样方案示例参见表A-58、表A-59。

表A-60 电雷管周期检验项目不合格分类和抽样方案

检验项目	不合格分类	抽样方案		检验周期/d	抽样方案类型
		RQL值	检验水平		
脚线长度	C类不合格:长度超差	8	Ⅱ	30	二次抽样
安全电流	A类不合格:试验时发生爆炸	20/0,1		1	一次抽样
抗拉性能	B类不合格:封口塞移动、脚线损坏	10	Ⅱ	7	二次抽样
抗水性能	B类不合格:拒爆、爆炸不完全	8	Ⅱ	30	二次抽样

❶ "S"法是核查总体标准差未知时,利用样本均值与样本标准差来判定核查总体是否不合格的方法。

❷ 综合双侧规格限是指对上、下限规格规定了一个总的生产方风险质量和使用方风险质量(或可接收质量水平AQL)的双侧规格限。

c 型式检验

型式检验的抽样方案,如表 A-61 所示。

表 A-61 电雷管型式检验抽样方案

序号	检验项目	不合格分类	抽样方案	抽样方案类型
1	外观	B 类不合格:有砂眼、开裂	200,200/1,3;2,3	二次抽样
		C 类不合格:残缺、锈蚀、浮药、绝缘层破损	200,200/3,7;6,7	二次抽样
2	脚线长度	C 类不合格:长度超差	按 GB/T2829,RQL 为 8,检验水平为Ⅱ	二次抽样
3	电阻值	B 类不合格:断路、短路、电阻值不稳	200,200/0,2;1,2	二次抽样
		C 类不合格:电阻值超差	200,200/2,4;4,5	二次抽样
4	抗震性能	A 类不合格:试验时爆炸	20/0,1	一次抽样
		B 类不合格:结构损坏、断路、短路、电阻值不稳	20,20/0,2;1,2	二次抽样
5	安全电流	A 类不合格:试验时爆炸	20/0,1	一次抽样
6	最小发火电流	B 类不合格:不符合相关指标	按试验所需样本量一次取足	随机抽样
7	发火冲能	B 类不合格:不符合相关指标		
8	串联起爆电流	B 类不合格:拒爆,串联丢炮(串联通电未爆,通以最小发火电流仍能爆炸)	20,20/0,2;1,2	二次抽样
9	静电感度	A 类不合格:在电容为 2000 pF、串联电阻为 0 Ω 及规定的充电电压下,对雷管脚线—管壳放电,试验时爆炸	20,20/0,2;1,2	二次抽样
10	起爆能力	B 类不合格:爆炸不完全、铅板穿孔直径小于雷管外径	50,50/0,2;1,2	二次抽样
11	抗拉性能	B 类不合格:封口塞移动、脚线损坏	按 GB/T2829, RQL 为 10,检验水平为Ⅱ	二次抽样
12	抗水性能	B 类不合格:拒爆、爆炸不完全	按 GB/T2829,RQL 为 8,检验水平为Ⅱ	二次抽样
13	耐温性能	A 类不合格:发生爆炸	20/0,1	一次抽样
14	可燃气安全度	A 类不合格:引爆可燃气	25,25/1,3;2,3	二次抽样
15	延期时间	B 类不合格:不符合延期时间指标	按 GB/T6378.1,用“S”法,综合双侧规格限,AQL 为 2.5,检验水平为 S-4,执行加严方案	一次抽样

A.6.6.5 导爆管雷管检验项目与抽样方案

A 导爆管雷管检验项目与组批规则

《导爆管雷管》(GB19417—2003)规定,检验项目如表 A-62 所示。

表 A-62 导爆管雷管检验项目

序号	检验项目	出厂检验		型式检验
		逐批检验	周期检验	
1	外 观	√	—	√
2	导爆管长度	√	—	√
3	起爆能力	√	—	√
4	抗震性能	√	—	√
5	抗水性能	—	√	√
6	抗拉性能	—	√	√
7	延期时间	√	—	√
8	抗油性能	—	√	√

注:"√"表示必检项目;"—"表示不检项目。

周期检验开始时执行逐批检验,当连续3批合格,便从下一批开始,改为每10批抽检。以后如果出现1批不合格,则从下一批重新开始逐批检验。

组批规则为:以基本相同的材料、结构、工艺、设备等条件下,制造的产品组成一个提交检验批,批量不应超过3.5万发。

B 导爆管雷管抽样方案

外观、导爆管长度、起爆能力和抗震性能的抽样方案按《计数抽样检验程序 第1部分:按接收质量限(AQL)检索的逐批检验抽样计划》(GB/T2828.1—2003)执行。批质量指标为每百单位不合格品数,除抗震性能的A类不合格采用一次抽样方案外,其余均采用二次抽样方案。不合格分类、AQL值和检验水平见表A-63。抽样方案示例参见表A-64。

表 A-63 导爆管雷管外观、导爆管长度、起爆能力、抗震能力的不合格分类和抽样方案

检验项目	不合格分类	AQL值	检验水平
外 观	B类不合格:雷管表面有明显浮药、管体裂缝、严重砂眼,导爆管进水、破损、断药,管口导爆管松动	0.4	Ⅱ
	C类不合格:雷管表面有锈蚀、严重裂缝或机械损伤,导爆管有拉细、管内有杂质、塑化不良、封口不严,无段别标志或标志不清	0.65	
导爆管长度	C类不合格:小于规定尺寸下限	4.0	S-4
起爆能力	B类不合格:按要求试验后出现拒爆、半爆	1.5	
	C类不合格:铅板试验穿孔直径小于雷管外径	2.5	
抗震性能	A类不合格:按要求试验后出现爆炸	0.65	S-3
	B类不合格:按要求试验后出现结构松散或损坏	1.5	S-4

表 A-64 导爆管雷管抽样方案示例(批量为 3201 ~ 10000 发)

检验项目		出厂检验		型式检验
		逐批检验	周期检验	
外观	B 类不合格	正常:125,125/0,3;3,4 加严:125,125/0,2;1,2 放宽:50,50/0,2;1,2	—	125,125/0,2;1,2
	C 类不合格	正常:125,125/1,3;4,5 加严:125,125/0,3;3,4 放宽:50,50/0,2;1,2	—	125,125/0,3;3,4
导爆管长度(C 类不合格)		正常:125,125/1,3;4,5 加严:125,125/0,3;3,4 放宽:8,8/0,2;1,2	—	20,20/0,3;3,4
起爆能力	B 类不合格	正常:20,20/0,2;1,2 加严:20,20/0,2;1,2① 放宽:8,8/0,2;1,2	—	20,20/0,2;1,2
	C 类不合格	正常:20,20/0,3;3,4 加严:20,20/0,2;1,2 放宽:8,8/0,2;1,2	—	20,20/0,2;1,2
抗震性能	A 类不合格	正常:20/0,1 加严:32/0,1 放宽:8/0,1	—	32/0,1
	B 类不合格	正常:20,20/0,2;1,2 加严:32,32/0,2;1,2 放宽:13,13/0,2;1,2	—	32,32/0,2;1,2
抗拉性能(B 类不合格)		—	12,12/0,2;1,2	12,12/0,2;1,2
抗水性能(B 类不合格)		—	20,20/0,2;1,2	20,20/0,2;1,2
抗油性能(B 类不合格)		—	20,20/0,2;1,2	20,20/0,2;1,2
延期时间(B 类不合格)		正常:20 加严:20 放宽:7	—	20

注:样本单位为发。

① 标准原文如此,“正常”的接收准则似应与 C 类不合格一样为(0,3;3,4),或“加严”的抽样数量有所增加。

抗拉性能、抗水性能和抗油性能的抽样方案按《周期检验计数抽样程序及表(适用于对过程稳定性的检验)》(GB/T2829—2002)执行。批质量指标为每百单位不合格品数,采用二次抽样方案。不合格分类、AQL 值和检验水平见表 A-65。抽样方案示例参见表 A-64。

表 A-65 导爆管雷管抗拉性能、抗水性能、抗油性能的不合格分类和抽样方案

检验项目	不合格分类	AQL 值	检验水平
抗拉性能	B 类不合格:按要求试验后导爆管从卡口塞内脱出	15	Ⅱ
抗水性能	B 类不合格:按要求试验后出现半爆、拒爆	10	Ⅱ
抗油性能	B 类不合格:按要求试验后出现半爆、拒爆	10	Ⅱ

延期时间的抽样方案按《计量抽样检验程序 第 1 部分:按接收质量限(AQL)检索的对单一质量特性和单个 AQL 的逐批检验的一次抽样方案》(GB/T6378.1—2008)执行,采用

“S”法综合双侧规格限,AQL值取2.5,检验水平取S-4。抽样方案示例参见表A-64。

A.6.6.6 导爆管检验项目与抽样方案

A 导爆管检验项目与组批规则

《塑料导爆管》(WJ2019—2004)规定,检验项目如表A-66所示。

表A-66 导爆管检验项目

序号	检验项目	出厂检验		型式检验
		逐批检验	周期检验	
1	外观	√	—	√
2	外径	√	—	√
3	爆速	√	—	√
4	起爆感度	—	√	√
5	传爆可靠度	√	—	√
6	抗拉性能	—	—	√
7	抗震性能	—	√	√
8	低温耐折性	—	—	√
9	抗油性能	—	—	√
10	变色性能	√	—	√

注:“√”表示必检项目;“—”表示不检项目。

组批规则为:以基本相同的材料、结构、工艺、设备等条件下,制造的导爆管组成一个提交检验批,批量不应超过500km。

B 导爆管抽样方案

a 逐批检验

导爆管的外观、外径、爆速、传爆可靠性和变色性能进行逐批检验。抽样方案和转移规则按《计数抽样检验程序 第1部分:按接收质量限(AQL)检索的逐批检验抽样计划》(GB/T2828.1—2003)执行。采用二次抽样,不合格分类、AQL值和检验水平见表A-67。抽样方案示例参见表A-68a、b。

表A-67 导爆管逐批检验项目的不合格分类和抽样方案

检验项目	不合格分类	AQL值	检验水平
外观	B类不合格:管壁破孔,管内有可见的堵药、断药、水和固体杂质	1.5	S-4
	C类不合格:管壁有明显的硬块、白点和嵌入杂质;管外表面有明显的划痕、鳞纹	4.0	
外径	C类不合格:不符合规定	4.0	
爆速	B类不合格:不符合规定	4.0	S-3
传爆可靠性	B类不合格:传爆中断、除起爆端外的管壁被击穿	2.5	
变色性能	C类不合格:变色导爆管起爆前后颜色无明显改变	4.0	

表 A-68a 导爆管抽样方案示例(批量为 3201～10000 发)

检验项目	B 类不合格		C 类不合格	
	出厂检验	型式检验	出厂检验	型式检验
外 观	正常:20,20/0,2;1,2 加严:32,32/0,2;1,2 放宽:13,13/0,2;1,2	50,50/0,3;3,4	正常:20,20/1,3;4,5 加严:20,20/0,3;3,4 放宽:8,8/0,2;1,2	50,50/2,5;6,7
外 径	—	—	正常:20,20/1,3;4,5 加严:20,20/0,3;3,4 放宽:8,8/0,2;1,2	50,50/2,5;6,7
爆 速	正常:13,13/0,3;3,4 加严:13,13/0,2;1,2 放宽:5,5/0,2;1,2	20,20/0,3;3,4	—	—
起爆感度	20,20/0,2;1,2	20,20/0,2;1,2	—	—
传爆可靠性	正常:13,13/0,2;1,2 加严:20,20/0,2;1,2 放宽:8,8/0,2;1,2	20,20/0,2;1,2	—	—
抗震性能	12,12/0,2;1,2	12,12/0,2;1,2	—	—
变色性能	—	—	正常:13,13/0,3;3,4 加严:13,13/0,2;1,2 放宽:5,5/0,2;1,2	20,20/0,3;3,4

注:单位产品为 2 m。

表 A-68b 导爆管抽样方案示例(批量为 10001～35000 发)

检验项目	B 类不合格		C 类不合格	
	出厂检验	型式检验	出厂检验	型式检验
外 观	正常:32,32/0,3;3,4 加严:32,32/0,2;1,2 放宽:13,13/0,2;1,2	50,50/0,3;3,4	正常:32,32/2,5;6,7 加严:32,32/1,3;4,5 放宽:13,13/0,3;3,4	50,50/2,5;6,7
外 径	—	—	正常:32,32/2,5;6,7 加严:32,32/1,3;4,5 放宽:13,13/0,3;3,4	50,50/2,5;6,7
爆 速	正常:13,13/0,3;3,4 加严:13,13/0,2;1,2 放宽:5,5/0,2;1,2	20,20/0,3;3,4	—	—
起爆感度	20,20/0,2;1,2	20,20/0,2;1,2	—	—
传爆可靠性	正常:13,13/0,2;1,2 加严:20,20/0,2;1,2 放宽:8,8/0,2;1,2	20,20/0,2;1,2	—	—
抗震性能	12,12/0,2;1,2	12,12/0,2;1,2	—	—
变色性能	—	—	正常:13,13/0,3;3,4 加严:13,13/0,2;1,2 放宽:5,5/0,2;1,2	20,20/0,3;3,4

注:单位产品为 2 m。

b 周期检验

导爆管的起爆感度和抗爆性能进行周期检验。抽样方案按《周期检验计数抽样程序及表(适用于对过程稳定性的检验)》(GB/T2829—2002)执行。检验周期为10批。采用二次抽样,不合格分类、AQL值和检验水平见表A-69。抽样方案示例参见表A-68a、b。

表A-69 导爆管周期检验项目的不合格分类和抽样方案

检验项目	不合格分类	AQL值	检验水平
起爆感度	B类不合格:拒爆、爆炸不完全	10	Ⅱ
抗震性能	B类不合格:传爆中断、除起爆端外的管壁被击穿	15	Ⅱ

周期检验开始时采用逐批检验,如连续3批合格(不包括再次提交的检验批),则从下一批开始,改为周期检验,即每10批进行抽检。以后如果出现1批不合格,则从下一批重新执行逐批检验。

c 型式检验

导爆管型式检验的抽样方案,按表A-70执行。

表A-70 导爆管型式检验的不合格分类和抽样方案

检验项目	不合格分类	抽样方案	抽样方案类型
外 观	B类不合格:管壁破孔,管内有可见的堵药、断药、水和固体杂质	50,50/0,3;3,4	二次抽样
	C类不合格:管壁有明显的硬块、白点和嵌入杂质;管外表面有明显的划痕、鳞纹	50,50/2,5;6,7	二次抽样
外 径	C类不合格:不符合要求	50,50/2,5;6,7	二次抽样
爆 速	B类不合格:不符合要求	20,20/0,3;3,4	二次抽样
起爆感度	B类不合格:拒爆、爆炸不完全	20,20/0,2;1,2	二次抽样
传爆可靠性	B类不合格:传爆中断、除起爆端外的管壁被击穿	20,20/0,2;1,2	二次抽样
抗拉性能	B类不合格:被拉断	5/0,1	一次抽样
抗震性能	B类不合格:传爆中断、除起爆端外的管壁被击穿	12,12/0,2;1,2	二次抽样
低温耐折性	B类不合格:缠绕后塑料层开裂、折断,传爆可靠性试验后传爆中断、除起爆端外的管壁被击穿	5,5/0,2;1,2	二次抽样
抗油性能	B类不合格:传爆中断、除起爆端外的管壁被击穿	12,12/0,2;1,2	二次抽样
变色性能	C类不合格:变色导爆管起爆前后颜色无明显改变	20,20/0,3;3,4	二次抽样

A.6.6.7 导爆索检验项目与抽样方案

A 导爆索检验项目与组批规则

《普通导爆索》(GB9786—1999)规定,检验项目如表A-71所示。

表 A-71　导爆索检验项目

序号	检验项目	出厂检验	型式检验
1	外　观	√	√
2	尺　寸	√	√
3	装药量	√	√
4	爆　速	√	√
5	传爆性能	√	√
6	起爆性能	—	√
7	抗水性能	√	√
8	耐热性能	—	√
9	耐寒性能	—	√
10	火焰感度	—	√
11	抗拉性能	—	√

注:"√"表示必检项目;"—"表示不检项目。

组批规则为:以基本相同的材料、工艺、设备等条件下,制造的产品组成一个提交检验批,批量不应超过 20 km。

B　导爆索抽样方案

导爆索的抽样方案按《计数抽样检验程序　第 1 部分:按接收质量限(AQL)检索的逐批检验抽样计划》(GB/T2828. 1—2003)执行。检验项目的不合格分类、AQL 值和检验水平及抽样方案类型见表 A-72。型式检验时执行加严方案。抽样方案示例参见表 A-73。

表 A-72　导爆索产品检验的不合格分类和抽样方案

检验项目	不合格分类	AQL 值	检验水平	抽样方案类型
外　观	B 类不合格:有气泡、孔眼、裂纹,严重扭折、擦伤及油污	1. 0	Ⅱ	一次抽样
	C 类不合格:涂料或塑料涂层厚度不均匀,外层线同时断 2 根及以上(当连续断线长度超过 1 m 时,每断 1 m 长统计为 1 个不合格,最后 1 段不足 1 m 时统计为 1 个不合格),断(并)1 根外层线长度超过 7 m(当连续断线长度超过 7 m 时,每断 7 m 长统计为 1 个不合格,最后 1 段不足 7 m 时统计为 1 个不合格),索卷中两段之间未用连接管或细绳连接,索头未套防潮帽或未涂防潮剂,每卷中的索段超过 5 段或最短的一段少于 2 m	2. 5	Ⅱ	一次抽样
尺　寸	C 类不合格:棉线导爆索直径大于 6. 2 mm,塑料导爆索直径大于 6. 0 mm,索卷长度小于 49. 5 m	4. 0	S-2	一次抽样
装药量	B 类不合格:装药量少于 10. 5 g/m	6. 5	S-1	二次抽样
爆　速	B 类不合格:爆速小于 6000 m/s	6. 5	S-2	二次抽样
传爆性能	B 类不合格:爆轰不完全	10	S-1	二次抽样

续表 A–72

检验项目	不合格分类	AQL 值	检验水平	抽样方案类型
起爆性能	B 类不合格:爆轰不完全	6.5	S-1	二次抽样
抗水性能	B 类不合格:浸水后试验爆轰不完全	10	S-1	二次抽样
耐热性能	B 类不合格:爆轰不完全	10	S-2	二次抽样
耐寒性能	B 类不合格:棉线导爆索有洒药或露出内层线;塑料导爆索涂层破裂,爆轰不完全	10	S-2	二次抽样
火焰感度	B 类不合格:导爆索被引爆	2.5	S-1	一次抽样
抗拉性能	B 类不合格:被拉断,爆轰不完全	10	S-1	二次抽样

注:外观检验 AQL 值是指每百单位产品不合格数。

表 A–73 导爆索抽样方案示例(批量为 10000 ~ 20000 发)

检验项目	B 类不合格		C 类不合格		单位产品
	出厂检验	型式检验	出厂检验	型式检验	
外 观	正常:500/10,11 加严:500/8,9 放宽:200/5,6	500/8,9	正常:500/21,22 加严:500/18,19 放宽:200/10,11	500/18,19	1 m
尺 寸	—	—	正常:3/0,1 加严:5/0,1 放宽:2/0,1	5/0,1	1 卷
装药量	正常:5,5/0,2;1,2 加严:8,8/0,2;1,2 放宽:3,3/0,2;1,2	8,8/0,2;1,2	—	—	0.2 m
爆 速	正常:5,5/0,2;1,2 加严:8,8/0,2;1,2 放宽:3,3/0,2;1,2	8,8/0,2;1,2	—	—	1 m
传爆性能	正常:3,3/0,2;1,2 加严:5,5/0,2;1,2 放宽:2,2/0,2;1,2	5,5/0,2;1,2	—	—	8 m
起爆性能	—	8,8/0,2;1,2	—	—	1.5 m
抗水性能	正常:3,3/0,2;1,2 加严:5,5/0,2;1,2 放宽:2,2/0,2;1,2	5,5/0,2;1,2	—	—	5 m
耐热性能	—	5,5/0,2;1,2	—	—	4 m
耐寒性能	—	5,5/0,2;1,2	—	—	4 m
火焰感度	—	5/0,1	—	—	0.05 m
抗拉性能	—	5,5/0,2;1,2	—	—	0.5 m

A.7 爆破成缝试验

《铁路隧道施工规范》(TB10204—2002)和《公路隧道施工技术规范》(JTG F60—2009)规定,光面爆破和预裂爆破应根据成缝试验确定周边孔的间距及其装药量、装药结构、堵塞长度等爆破参数。

A.7.1 爆破成缝试验步骤

爆破成缝试验应按下列步骤进行:

(1) 核对隧道地质情况;

(2) 选择与隧道工程实际地质条件相似的洞内或露天试验场;

(3) 按施工要求确定炮孔深度;

(4) 进行单孔爆破成缝试验。

A.7.2 光面爆破爆破成缝试验

光面爆破爆破成缝试验分为单孔爆破成缝试验和排孔爆破成缝试验。首先进行单孔爆破成缝试验,然后进行排孔爆破成缝试验。

A.7.2.1 单孔爆破成缝试验

单孔爆破成缝试验,应符合下列要求:

(1) 试验前,可先参照有关钻爆参数表,初选单孔药量、装药集中度及装药结构等参数。

(2) 试验时,通过调整药量、装药结构、堵塞长度等,直到爆后孔口只出现裂缝而不产生爆破漏斗为止。此时装药深度即为实际的临界深度(装药重心至孔口距离)。

A.7.2.2 排孔爆破成缝试验

排孔爆破成缝试验,应符合下列要求:

(1) 参照有关钻爆参数表,初选炮孔间距,进行排孔爆破成缝试验,直到不出现爆破漏斗,而只出现孔间贯通裂缝为止。

(2) 可根据排孔爆破得出的炮孔间距 E,参照有关光面爆破参数表中的相对距离 E/W,定出不同的抵抗线 W。再进行试验,得出最小抵抗线 W 值。

(3) 爆破试验得出的有关参数,还应在洞内进行试爆,再次调整各值,得出最佳参数供实际使用。

A.7.3 预裂爆破成缝试验

预裂爆破成缝试验,应符合下列要求:

(1) 单孔爆破成缝试验同光面爆破。

(2) 根据单孔爆破成缝试验,参考装药结构和预裂爆破参数表,初选炮孔间距,进行排孔爆破成缝试验,直到不出现爆破漏斗而只出现孔间贯通裂缝为止,缝宽一般应为5~10mm。

A.8 通风计算

岩巷施工的通风计算是为了供给所需的新鲜空气，选择合适的通风机，布置合理的通风管道，满足施工作业的环境要求。岩巷施工的通风计算，因施工方法、断面规格、爆破器材、炸药种类、施工设备等不同而变化。目前，所用的通风计算公式大都是从矿井通风及铁路运营通风的计算公式类比或直接引用。

A.8.1 风量计算

风量计算一般按以下几个方面计算并取其中最大的数值，考虑漏风因素进行调整，并加备用系数后，作为选择风机的依据。

A.8.1.1 按同时爆破的最大炸药量计算

通风方式不同，风量的计算方法也不相同，以下分别介绍。

（1）压入式通风

$$Q_{bp}=\frac{7.8}{t}\sqrt[3]{A(S\cdot l_d)^2} \tag{A-38}$$

式中 Q_{bp}——风筒出风量，m^3/min；

t——爆破后的通风时间，min；

A——同时爆破的炸药量，kg；

S——掘进岩巷的净断面积，m^2；

l_d——工作面至炮孔被稀释到安全浓度的距离，m，可按 $l_d=400A/S$ 计算，当掘进岩巷长度小于 l_d 时，用岩巷长度代替。

（2）吸出式通风

$$Q_{be}=\frac{18}{t}\sqrt{A\cdot Sl_t} \tag{A-39}$$

式中 Q_{be}——吸出式风筒入风量，m^3/min；

l_t——炮烟抛掷长度，m，非电起爆，取 $l_t=15+A$；电雷管起爆，取 $l_t=15+A/5$；

其余符号意义同式（A-38）。

（3）混合式通风

首先按式（A-38）计算压入式通风的风筒出风量 Q_{bp}，然后按下式计算吸出式通风的风筒入风量：

$$Q_{be}=Q_{bp}+60vS \tag{A-40}$$

或

$$Q_{be}=(1.2\sim1.25)Q_{bp}$$

式中 v——最低风速，m/s，排尘取 $v=0.15\sim0.25$ m/s；稀释瓦斯取 $v=0.5$ m/s；

其余符号意义同式（A-38）。

（4）巷道式通风

$$Q=5Ab/t \tag{A-41}$$

式中 Q——巷道式通风量,m^3/min;

b——1 kg 炸药爆炸后有毒气体折合成一氧化碳的体积,一般取 $b=40$ L/kg;

其余符号意义同式(A-38)。

A.8.1.2 按岩巷内允许最小风速和最大风速计算

按岩巷内允许最小风速和最大风速所需风量,可按下式计算

$$Q_b = 60vS \tag{A-42}$$

式中 Q_b——不同风速的通风量,m^3/min;

v——岩巷内允许最小风速,m/s,其中,对全断面掘进的排尘,取 $v=0.15$ m/s;对其他岩巷取 $v=0.25$ m/s;有瓦斯涌出时,取 $v=0.5$ m/s。最大风速取 $v=4$ m/s;

其余符号意义同式(A-38)。

A.8.1.3 按岩巷内同时工作的最多人数所需风量计算

按岩巷内同时工作的最多人数所需风量,可按下式计算

$$Q = kmq \tag{A-43}$$

式中 Q——同时工作的最多人数所需风量,m^3/min;

k——风量备用系数,一般取 $k=1.1\sim1.2$;

m——岩巷内同时工作的最多人数;

q——岩巷内每人每分钟需要的新鲜空气量,m^3/min,一般取 $q=3\ m^3/min$。

A.8.1.4 按内燃机作业废气稀释的需要计算

按内燃机作业废气稀释所需风量,可按下式计算

$$Q = q_w W \tag{A-44}$$

式中 Q——内燃机作业废气稀释所需风量,m^3/min;

q_w——岩巷内内燃机单位功率所需的风量,$m^3/(min \cdot kW)$,一般取 $q_w=3\ m^3/(min \cdot kW)$;

W——岩巷内同时工作的内燃机总功率,kW。

A.8.2 漏风及供风量计算

通风机的供风量 Q_s 除满足上述计算的需要风量 Q 外,还应考虑漏失的风量。一般采用漏风系数来计算,即

$$Q_s = (1+p)Q \tag{A-45}$$

式中 Q——计算风量,前述计算结果的最大值,m^3/min;

p——漏风系数,涂覆布柔性风筒,按正压风筒的百米 $p\leqslant0.04$,负压风筒的百米 $p\leqslant0.05$ 采用;其他类型风筒,根据风筒材料的不同,分别按表 A-74、表 A-75、表 A-76 采用;对巷道式通风,取 $p=0.2\sim0.3$。

表A-74 橡胶风筒漏风系数

风筒延长/m	50	100	150	200	250	300	400	500
漏风系数 p	0.04	0.08	0.11	0.14	0.16	0.19	0.25	0.30

表A-75 聚氯乙烯风筒漏风系数

风筒直径/mm	风筒延长/m									
	100	200	300	400	500	600	700	800	900	1000
500	0.019	0.045	0.091	0.145	0.157	0.230	0.230	—	—	—
600	0.014	0.036	0.071	0.112	0.130	0.180	0.261	0.330	—	—
700	0.010	0.028	0.053	0.080	0.108	0.145	0.188	0.237	0.288	0.345
800	0.008	0.022	0.040	0.067	0.090	0.126	0.153	0.195	0.229	0.251

表A-76 钢风筒漏风系数

风筒延长/m	单个接头	节长3 m的风筒直径/mm			节长4 m的风筒直径/mm		
		500	700	800	500	700	800
100	0.001	0.02	0.01	0.01	0.02	0.01	0.01
	0.003	0.09	0.04	0.03	0.06	0.03	0.02
200	0.001	0.08	0.05	0.03	0.06	0.02	0.02
	0.003	0.27	0.16	0.16	0.19	0.11	0.06
300	0.001	0.16	0.09	0.06	0.10	0.06	0.04
	0.003	0.51	0.29	0.18	0.37	0.22	0.12
400	0.001	0.25	0.15	0.10	0.16	0.10	0.06
	0.003	0.82	0.46	0.32	0.61	0.34	0.23
500	0.001	0.36	0.21	0.14	0.25	0.14	0.08
	0.003	1.25	0.62	0.45	0.88	0.51	0.32
600	0.001	0.49	0.28	0.19	0.27	0.18	0.12
	0.003	1.76	0.93	0.57	1.22	0.66	0.45
700	0.001	0.63	0.36	0.37	0.48	0.28	0.16
	0.003	2.44	1.20	0.79	1.60	0.85	0.56
800	0.001	—	0.45	0.33	—	0.30	0.22
	0.003	—	1.63	1.05	—	1.13	0.74
900	0.001	—	0.54	0.36	—	0.39	0.25
	0.003	—	1.89	1.25	—	1.28	0.87
1000	0.001	—	0.65	0.50	—	0.46	0.28
	0.003	—	2.42	1.52	—	1.62	1.07

对于长距离大风量通风，目前一般采用直径大于1 m、长筒节（20～50 m）的涂覆布柔性风筒或聚氯乙烯（PVC）塑布风筒。长筒节可大大降低接头漏风，而以管壁漏风为主。在选用优质风筒并有良好管理的条件下，每百米漏风率一般可控制在2%以下，其漏风量可由送风距离及每百米漏风率计算而得。

处于高海拔地区的岩巷工程，由于大气压强的降低，供风量还需进行修正

$$Q_a = \frac{100}{P_a} Q \qquad (A-46)$$

式中 Q_a——高海拔修正后的供风量，m^3/min；

P_a——高海拔地区大气压，kPa，按表 A-77 采用；

Q——平原地区的供风量，即上述 Q_s。

表 A-77 大气压与海拔高度的关系

海拔高度/m	1500	2000	2500	3000	3500	4000	4500	5000
大气压强 P_a/kPa	82.9	77.9	73.2	68.8	64.6	60.8	57.0	53.6

A. 8. 3 风压计算

在通风过程中，要克服风流沿途所受的阻力，保证将所需风量送到工作面，并达到规定的风速，必须要有一定的风压。风压计算的目的就是要确定通风机本身应具备的压力以满足通风需要。气流所受的阻力有摩擦阻力和局部阻力（包括断面变化处阻力、分叉阻力、拐弯阻力等）及巷道式通风的正面阻力。

A. 8. 3. 1 摩擦阻力 h_r

摩擦阻力是风流与风筒（或巷道）的周壁相互摩擦及风流中空气分子间的扰动和摩擦而产生的阻力，也称沿途阻力。根据流体力学的达西公式可以导出圆管通风的摩擦阻力为

$$h_r = \lambda \cdot \frac{L}{d} \cdot \frac{v^2}{2g} \cdot \gamma \qquad (A-47)$$

式中 h_r——风流经过风筒（巷道）时产生的摩擦阻力，Pa；

λ——达西系数；

L——圆管长度，m；

v——风流速度，m/s；

d——圆管直径，m；

g——重力加速度，m/s^2，$g = 9.81\,m/s^2$；

γ——空气密度，kg/m^3，空气密度一般是指在 0℃、1 个标准大气压下，$\gamma = 1.29\,kg/m^3$；通常情况下，即 20℃时，取 $\gamma = 1.20\,kg/m^3$。

对于任意断面形状风筒：等效直径 $d = 4S/U$，此处，U、S 为风筒的径向周边长度、面积，代入式（A-47）有

$$h_r = \frac{\lambda \cdot \gamma}{8g} \cdot \frac{LU}{S} \cdot v^2 \qquad (A-48)$$

若风筒的流量为 $Q(m^3/s)$，则 $v = Q/S$，再令 $a = \frac{\gamma\lambda}{8g}$，称为摩擦阻力系数（$N \cdot s^2/m^4$），刚性风筒内壁的粗糙度基本相同，因此 a 值只与直径有关。风筒和岩巷的 a 值见表 A-78 和表 A-79。

将 a、v 代入式（A-48）中有

$$h_r = \frac{aLUQ^2}{S^3} \qquad (A-49)$$

表 A-78 风筒摩擦阻力系数 *a* 值

风筒种类	直径/mm	*a* 值	浸胶风筒			
			雷诺数[1] *Re*	*a* 值	雷诺数 *Re*	*a* 值
金属风筒	500	0.0035	1×10^5	0.0096	6×10^5	0.00035
	600	0.0032	2×10^5	0.0063	7×10^5	0.0032
	700	0.0030	3×10^5	0.0051	8×10^5	0.0030
	800	0.0025	4×10^5	0.0042	9×10^5	0.0029
塑料风筒	500	0.0016	5×10^5	0.0038	10×10^5	0.0039
	600	0.0015	$R_e=\frac{\gamma vd}{\mu}=\frac{vd}{\nu}=\frac{Qd}{S\nu}=\frac{Q}{1.20d}\times10^5$			
	700	0.0013	式中 Q——风量，m^3/s；			
	800	0.0013	d——风筒直径，mm			

表 A-79 岩巷摩擦阻力系数 *a* 值

岩 巷 特 征	*a* 值
模筑混凝土成洞地段	0.004 ~ 0.005
块石砌筑成洞地段	0.006 ~ 0.008
砌拱已完成马蹄掘进阶段	0.010 ~ 0.012
拱部扩大已完成，有扇形支护地段	0.020 ~ 0.030
拱部扩大已完成，无支护地段	0.012 ~ 0.016
导洞，无支护地段	0.016 ~ 0.020
导洞，有支护无中间立柱地段	0.020 ~ 0.025
导洞，有支护有中间立柱地段	0.030 ~ 0.040

A.8.3.2 局部阻力 h_l

风流经过风筒的某些局部地点（如断面变化、拐弯、交叉等）时，由于速度或方向发生突然变化而导致风流本身产生剧烈冲击，由此产生的风流阻力称为局部阻力。

现以风流突然扩大为例来分析局部阻力的计算。设空气自小断面 S_1 流到大断面 S_2，小断面中的风速为 v_1，到大断面中流速必然降为 v_2，这时所产生的能量损失可按下式计算

$$h_w=\frac{(v_1-v_2)^2}{2g}\cdot\gamma \tag{A-50}$$

因为

$$S_1v_1=S_2v_2$$

所以

$$v_2=\frac{S_1}{S_2}v_1$$

[1] 流体流动时的惯性力 F_g 与黏性力（内摩擦力）F_m 之比称为雷诺数，用符号 R_e 表示。R_e 是一个无因次量。雷诺数是表征流体流动特性的一个重要参数。雷诺数小，意味着流体流动时各质点间的黏性力占主要地位，流体各质点平行于管路内壁有规则地流动，呈层流流动状态；雷诺数大，意味着惯性力占主要地位，流体呈紊流流动状态。一般管道雷诺数 $R_e<2000$ 为层流状态，$R_e>10000$ 为紊流状态，$R_e=2000\sim10000$ 为过渡状态。

即

$$h_w = \left(1 - \frac{S_1}{S_2}\right)^2 \cdot \frac{v_1^2}{2g} \cdot \gamma$$

令

$$\xi_w = \left(1 - \frac{S_1}{S_2}\right)^2$$

则有

$$h_w = \xi_w \cdot \frac{v_1^2}{2g} \cdot \gamma \tag{A-51}$$

其他几种不同的局部情况，也类似断面扩大时的局部阻力分析。用 $v = Q/S$ 代替 v_1，取 $\gamma = 12\ \mathrm{N/m^3}$，得局部阻力为

$$h_1 = 0.612\xi \frac{Q^2}{S^2} \tag{A-52}$$

式中 h_1——风流经过风筒断面变化、拐弯、分叉等处分别产生的局部阻力，Pa；

ξ——局部阻力系数，见表 A-80；

S——风筒断面面积，$\mathrm{m^2}$；

其他符号意义同前。

表 A-80 局部阻力系数

风筒（巷道）形式	阻力系数 $\xi/\mathrm{N \cdot s^2 \cdot m^{-4}}$					
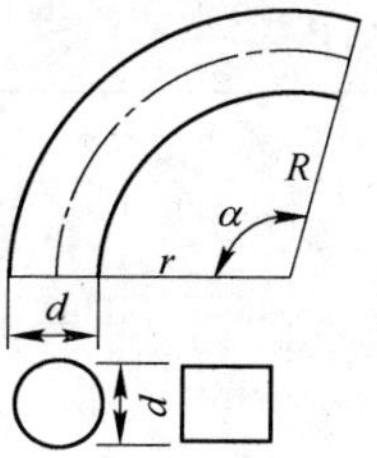	R/d	α				
		30°	45°	60°	90°	120°
	1.5	0.08	0.11	0.14	0.175	0.20
	2.0	0.07	0.10	0.12	0.15	0.17
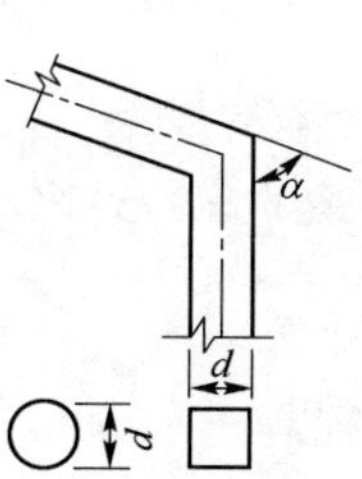	α	10°	20°	30°	40°	50°
	ξ	0.018	0.070	0.164	0.359	0.494
	α	60°	70°	80°	90°	100°
	ξ	0.654	0.818	1.145	1.471	1.800
	α	110°	120°	130°	150°	170°
	ξ	2.130	2.620	2.845	3.600	5.070
	注：如为圆形则需除以 1.22					
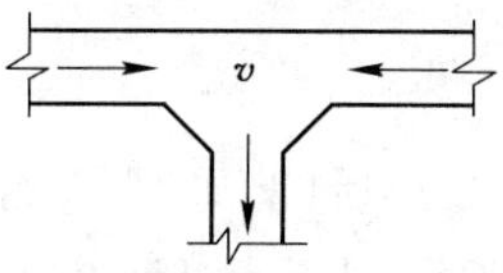	$\xi = 1.5$					
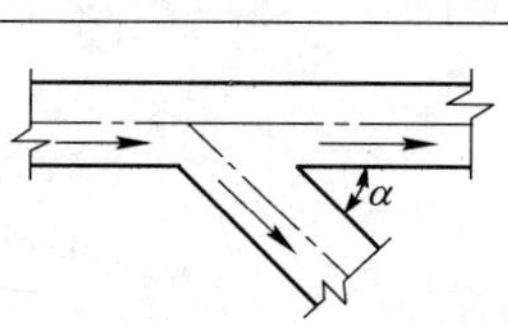	$\alpha = 45° \sim 60°$ $\xi = 1.5$					

续表 A-80

风筒(巷道)形式	阻力系数 ξ/N·s^2·m^{-4}				
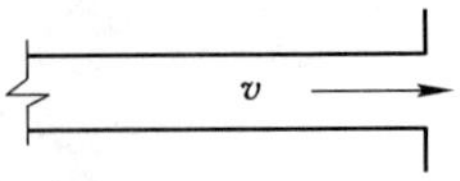	$\xi=1.0$				
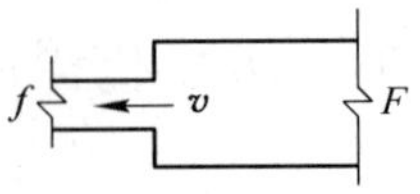	面积比 f/F	0.2	0.4	0.5	0.8
	ξ	0.64	0.36	0.25	0.04
岩巷断面变化地点	ξ				
由洞口进入成洞	0.6				
由成洞进入及扩大至下导洞,扩大至上导洞	0.46				
由上导洞进入漏斗孔	0.77				
由漏斗孔进入导洞	2.00				
导洞单道断面进入双道断面	1.70				
导洞双道断面进入单道断面	1.00				
由平导洞进入通风岩巷	0.50				

A.8.3.3 正面阻力 h_f

当通风面积受阻时,会在受阻区域出现通风断面减小(如岩巷受车辆的堵塞)后再增大的现象,导致相应增加的风流阻力称为正面阻力。正面阻力可用下式计算

$$h_f=0.612\varphi\cdot\frac{S_mQ^2}{(S-S_m)^3} \tag{A-53}$$

式中 h_f——巷道式通风受运输车辆的阻塞而产生的正面阻力,Pa;

φ——正面阻力系数,当车辆行走时,取 $\varphi=1.5$;当斗车停放时,取 $\varphi=0.5$;当斗车停放间距超过1 m时,则逐辆相加;

S_m——阻塞物最大迎风面积,m^2;

S——岩巷断面面积,m^2;

其余符号意义同前。

A.8.4 通风机选择

由前面计算的供风量 Q_s、摩擦阻力 h_r、局部阻力 h_l、正面阻力 h_f,可计算通风机的风量和风压。通风机的风量一般考虑10%的备用系数,风压应考虑漏风系数,可按下式计算:

$$Q_m\geqslant1.1Q_s \tag{A-54}$$

$$h_m\geqslant(1+p)h_g \tag{A-55}$$

$$h_g=\sum h_r+\sum h_l+\sum h_f \tag{A-56}$$

式中 Q_m——通风机的风量,m^3/min;

Q_s——前面计算风量,m^3/min;

h_m——通风机的风压,Pa;

p——漏风系数;

h_g——风流受到的总阻力,Pa;

其余符号意义同前。

根据计算结果,在通风机性能表中选择通风机。此外,根据具体情况,还可选用具有吸尘、防爆或低噪声的通风机。

A.9 压缩空气管道计算

气动机械或工具的工作气压要求不小于0.5 MPa。空气压缩机产生的压缩空气的压力为0.7 ~0.8 MPa,一般要求输气管道的终端气压不小于0.6 MPa,以保证通过橡胶软管输送至气动机械或工具的工作气压满足要求。因此,需要对输气管道进行计算。

压缩空气在输送过程中,由于管壁摩擦,接头、阀门等产生阻力,其压力会逐渐减小,称压力损失。根据达西公式,管道的气压损失 ΔP 可按下式进行计算:

$$\Delta P = \lambda \frac{L}{d} \cdot \frac{v^2}{2g} \cdot \gamma \times 10^{-6} \tag{A-57}$$

式中 ΔP——钢管的气压损失,MPa;

λ——摩阻系数(达西系数),按表A-81采用;

L——输气管道的长度,包括配件的当量长度,m,按表A-82采用;

d——输气管内径,m;

g——重力加速度,m/s^2,$g=9.81\ m/s^2$;

v——压缩空气在管道内的速度,m/s,根据压气量和管道断面积可求得;

γ——压缩空气的密度,N/m^3。

表A-81 压气管道的摩阻系数λ值

压气管内径/mm	50	75	100	125	150	200	250	300
λ值	0.0371	0.0324	0.0298	0.0282	0.0264	0.0245	0.0234	0.0221

表A-82 配件折合成管路长度 (m)

钢管内径/mm	球心阀	闸板阀	丁字阀	逆止阀	异径阀	45°弯头	90°弯头	135°弯头
25	6.0	0.3	2.0		0.5	0.2	0.9	1.4
50	15.0	0.7	4.0	3.2	1.0	0.4	1.8	2.8
75	25.0	1.1	7.0		1.7	0.7	3.2	4.9
100	35.0	1.5	10.0	7.5	2.5	1.0	4.5	7.0
150	60.0	2.5	17.0	12.5	4.0	1.7	7.7	12.0
200	85.0	3.5	24.0	18.0	6.0	2.4	10.8	16.8
300		6.0	40.0	30.0	10.0	4.0	18.0	38.0

在1个标准大气压强下,温度为0 ℃时,空气密度为12.9 N/m^3;当温度为t℃时,其密度γ_t为

$$\gamma_t = 12.9 \times \frac{273}{273+t} (N/m^3) \tag{A-58}$$

此时,压缩空气的密度γ为

$$\gamma = \gamma_t \cdot \frac{(P+0.1)}{0.1} (N/m^3) \tag{A-59}$$

式中 P——空压机生产的压缩空气的压力,MPa。

以上计算的压力损失值若过大,则需选用较大管径的压气管,以保证钢管末端气压不小于0.6 MPa。

气动机具用橡胶软管连接到输气管道上,橡胶软管的压力损失值见表A-83。由于其压力损失较大,一般应尽量缩短其使用长度,以保证气动机具的工作压力不小于0.5 MPa。

表A-83 压缩空气通过胶管的压力损失 (MPa)

通过气量 /$m^3 \cdot min^{-1}$	胶管内径 /mm	橡胶管长度/m					
		5	10	15	20	25	30
2.5	19	0.008	0.018	0.020	0.035	0.040	0.055
	25	0.004	0.008	0.013	0.017	0.021	0.030
3	19	0.010	0.020	0.030	0.050	0.060	0.075
	25	0.006	0.012	0.018	0.024	0.040	0.045
4	19	0.020	0.040	0.055	0.080	0.100	0.110
	25	0.010	0.025	0.040	0.050	0.060	0.075
10	50	0.002	0.004	0.006	0.007	0.010	0.015
20		0.010	0.020	0.035	0.050	0.055	0.065

附 录 B

B.1 地质年代表

B.1.1 地质年代

地球的年龄已有46亿年。为便于对地球及生命演化的表述,按地层的年龄将地球的年龄划分成一些单位,即为地质年代。至今为止,在地球表面发现的最古老岩石,它标志着地壳开始形成的年龄是38亿年。以38亿年为界线,地质时期是地壳形成以后的地质发展时期。地质年代是指地球上各种地质事件发生的时代。它包含两方面含义:一是指各地质事件发生的先后顺序,称为相对地质年代;二是指各地质事件发生的距今年龄,根据地质事件(地层的沉积顺序、古生物化石特征、地层接触关系)推断的地质年代,称为地球相对年龄。通过同位素测定法可以准确地得到地球的绝对年龄,通常以100万年(Ma)为单位,称为同位素地质年龄,也称绝对地质年代。这两方面的结合,便构成了完整的地质年代表。按照生物演化阶段及地层形成的时代顺序,分为宙、代、纪、世,其中纪是地质年代的基本单位。

大约在距今5.7亿年的时候,在地球表面出现了大量的生物。因此,以5.7亿年为界线,将地质时期分为两个阶段。在此之前的冥古宙是生命现象伊始的时期,太古宙是初始生物的时期,元古宙是久远的原始生物的时期。由于这个时期的岩石数据很少还存在于地球上,因此没有正式的细分。新元古代的晚期划分出一个震旦纪,目前只适用于中国。距今5.7亿年以来有大量生物化石出现的时期称为显生宙,它是现代生物存在的时期。显生宙分为新生代、中生代和古生代,其中新生代是现代生物的时期;中生代是中等进化生物的时期;古生代是古代生物的时期。纪以下划分为世,除去震旦纪、二叠纪、白垩纪为二分外,其余均按三分法,分为早、中、晚三个世。石炭纪原来也是按三分法分为早、中、晚石炭世,近来倾向于按二分法分为早、晚石炭世。至于第三纪和第四纪所划分的世则另有专称。

与地质年代单位宙、代、纪、世相对应的地层单位为宇、界、系、统。如太古宙形成的地层称太古宇,古生代形成的地层称为古生界,寒武纪形成的地层称为寒武系,早、中、晚寒武世形成的地层分别称为下、中、上寒武统。各地质年代单位都有英文代号,为各自英文名称的缩写。

B.1.2 地质年代表

地质年代按照生物演化阶段及地层形成的时代顺序与地球年龄相结合,便构成了完整的地质年代表,如表B-1所示。

B.1.3 地质年代比例

为形象地表示地质年代的长短比例,可将地球诞生到现在的大约46亿年缩小到"12个月”,如图 B-1 所示。

表 B-1 地质年代表

宙(宇)	代(界)	纪(系)	世(统)	同位素年龄/亿年	主要现象
显生宙	新生代 Kz	第四纪 Q	全新世 Q_4	0.0115 ~ 至今	人类出现,现代植物发展
			晚更新世 Q_3 中更新世 Q_2 早更新世 Q_1	0.0164 ~ 0.0115	冰川广布,黄土生成
		第三纪 R 晚第三纪 N	上新世 N_2 中新世 N_1	0.233 ~ 0.0164	西部造山运动,东部低平,湖泊广布,近代哺乳动物出现
		第三纪 R 早第三纪 E	渐新世 E_3	0.65 ~ 0.233	哺乳类分化
			始新世 E_2		蔬果繁盛,哺乳类急速发展
			古新世 E_1		(我国尚无古新世地层发现)
	中生代 Mz	白垩纪 K	晚白垩世(上统)K_2 早白垩世(下统)K_1	1.35 ~ 0.65	造山作用强烈,火成岩活动矿产生成,白垩纪末,包含恐龙在内的大部分物种灭亡
		侏罗纪 J	晚侏罗世(上统)J_3 中侏罗世(中统)J_2 早侏罗世(下统)J_1	2.08 ~ 1.35	恐龙极盛,中国南山俱成,大陆煤田生成
		三叠纪 T	晚三叠世(上统)T_3 中三叠世(中统)T_2 早三叠世(下统)T_1	2.50 ~ 2.08	中国南部最后一次海侵,恐龙哺乳类发育
	古生代 Pz 晚古生代 Pz_2	二叠纪 P	晚二叠世(上统)P_2 早二叠世(下统)P_1	2.90 ~ 2.50	世界冰川广布,新南最大海侵,造山运动强烈
		石炭纪 C	晚石炭世(上统)C_3 中石炭世(中统)C_2 早石炭世(下统)C_1	3.62 ~ 2.90	气候温热,煤田生成,爬行类昆虫产生
		泥盆纪 D	晚泥盆世(上统)D_3 中泥盆世(中统)D_2 早泥盆世(下统)D_1	4.09 ~ 3.62	森林发育,腕足类鱼类极盛,两栖类发育
	古生代 Pz 早古生代 Pz_1	志留纪 S	晚志留世(上统)S_3 中志留世(中统)S_2 早志留世(下统)S_1	4.39 ~ 4.09	珊瑚礁发育,气候局部干燥,造山运动强烈
		奥陶纪 O	晚奥陶世(上统)O_3 中奥陶世(中统)O_2 早奥陶世(下统)O_1	5.10 ~ 4.39	地势低平,海水广布,无脊椎动物极盛,末期华北升起
		寒武纪 ϵ	晚寒武世(上统)ϵ_3 中寒武世(中统)ϵ_2 早寒武世(下统)ϵ_1	5.70 ~ 5.10	浅海广布,生物开始大量发展
元古宙	新元古代 Pt_3	震旦纪 Z	晚震旦世(上统)Z_3 中震旦世(中统)Z_2 早震旦世(下统)Z_1	8.00 ~ 5.70	地形不平,冰川广布,晚期海侵加广
				10.00 ~ 8.00	
	中元古代 Pt_2			18.00 ~ 10.00	

续表 B-1

宙(宇)	代(界)	纪(系)	世(统)	同位素年龄/亿年	主要现象
元古宙	古元古代 Pt_1			25.00～18.00	沉积广厚,造山变质强烈,火成岩活动,矿产生成
太古宙 AR				38.00～25.00	早期基性喷发,继以造山作用,变质强烈,花岗岩侵入
冥古宙				～38.00	地壳局部变动,大陆开始形成

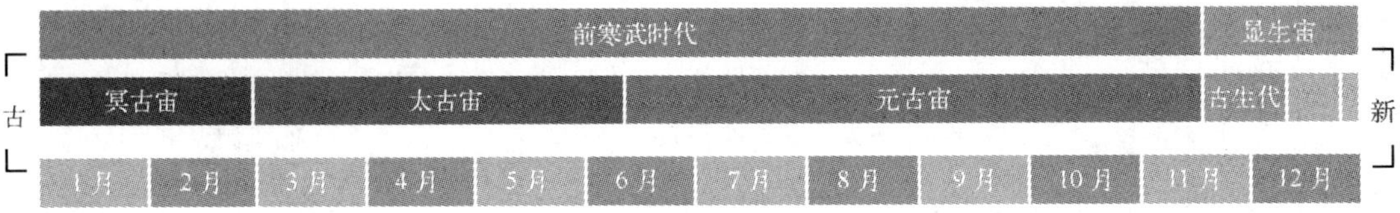

图 B-1　全部地质年代比例

如果再将显生宙放大,则如图 B-2 所示。

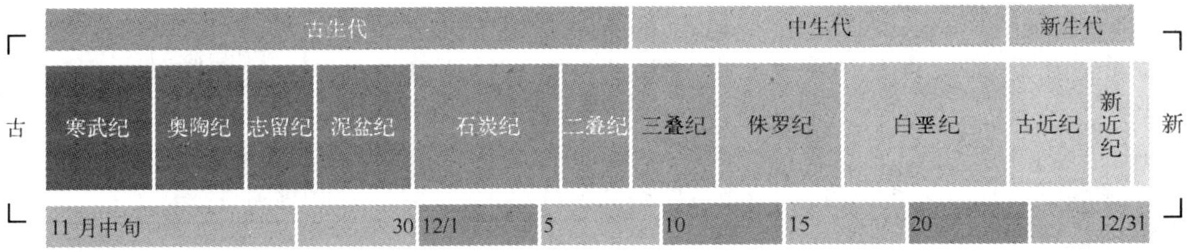

图 B-2　显生宙比例

如果将新生代再放大,则如图 B-3 所示。

图 B-3　新生代比例

B.2 探地雷达技术参数

表 B-2 探地雷达技术参数

性 能	美国 SIR—3000 型	美国 SIR—20 型	瑞典 ProEx(CU3)型	加拿大 pulseEKKO PRO 型
通道数	单通道实时数字采集处理器	双通道实时数字采集处理器,可同时记录2个通道的数据,同时进行4组数据后处理	双通道(同时采集4个数据剖面),添加扩展单元后最多可接8对天线,同时采集16个数据剖面	
扫描速率/线·s^{-1}	最高为300(在256样点时)	2~800扫描可选	1000	
脉冲重复频率/kHz			100,200,330(最高1000)	100
发射频率/kHz	最高192			
叠加次数	2~32768	2~32768	1~32768	max32768
时窗范围			0~45700 ns	500 ps~200000 ns
采样频率/GHz			0.2~100	0.5~100
采样输出位数(A/D转换)/bit	8或16(自选)		16	16
扫描样点数	256,512,1024,2048,4096,8192		128~8192(自选)	10~31000
动态范围/dB	120	120		系统最大特征参数:186 dB
量程增益/dB	-20~80,手、自动;1~5挡选择	-20~100,手、自动;1~8挡选择		
信噪比/dB		>110		接受灵敏度:1.5 μV
滤波器	垂直滤波器—有限、无限低通和高通可调;水平滤波器—叠加、背景去除	自动或手动,包括垂直时间域滤波和水平滤波		
操作模式	连续测量,测量轮,点测三种			
测量记录时间长度/ns	0~8000(自选)	0~8000,自动或手动		
电 源	15VDC,4A适配器 10.8VDC,内置式电池	12VDC,11~15VDC	12V适配器 12V RAMAC/GPR标准锂电池	
工作温度/℃	-10~40			
外形尺寸(长×宽×高)/mm×mm×mm	315×220×105	约466×395×174		
重量/kg	4.1(包括电池)	≤10	1.9	

B.3 凿岩机械与气动工具产品型号编制规则

现行机械行业标准《凿岩机械与气动工具 产品型号编制方法》(JB/T1590—2010)与 1996 年旧标准相比,考虑到简单实用的原则,适当简化了型号编制方法;根据行业的发展,增加了一些产品,同时删除了部分产品。凿岩机械与气动工具产品型号的组成规则和编制规则如下。

B.3.1 凿岩机械与气动工具产品型号组成规则

凿岩机械与气动工具产品型号编制按产品类别、组别和型别的分类原则进行,同时还能反映产品最具特色的特征信息。为区别不同企业生产的同种产品,允许生产企业在型号之后增加制造企业的标识码。为方便用户使用,要求在产品出厂技术文件中应对产品型号的含义予以说明。

B.3.1.1 产品型号的组成与表示方法

凿岩机械与气动工具的产品型号由产品类别、组别、型别、产品主参数、产品改进状态及制造企业的标识码等产品特征信息代码组成。企业标识码为可选要素,其余为必备要素。

(1) 单主参数的产品型号表示法,如图 B-4 所示。

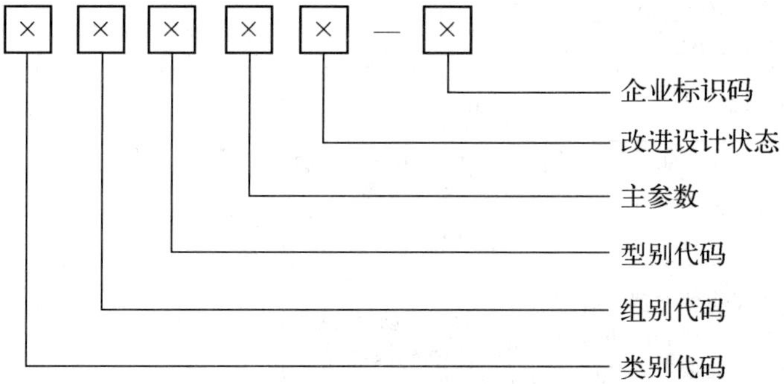

图 B-4 单主参数的产品型号表示法

对于有特殊性能或特殊用途的产品,应在型别代码后增加特性代码。

(2)当主参数为双主参数时,应采用斜杠"/"将两主参数隔开(斜杠前的主参数为产品型号编制表中主参数栏内上一项内容的数值,后面的则为下一项内容的数值)。当第二项主参数为"1"时不标注。双主参数的产品型号表示法,如图 B-5 所示。

B.3.1.2 字母选用规定

凿岩机械与气动工具产品型号代码字母的选用,应符合下列规定:

(1) 产品的类别、组别、型别和特性代码均采用其特征信息的关键字、词的汉语拼音大写首字母(正体印刷体)表示(表 B-3 各产品型号编制表中下面标有横线的字、词表示该产品特征信息的关键字、词),但回转钻的防爆型别代号用"H"表示除外。此外,字母"O"和"I"不允许使用。

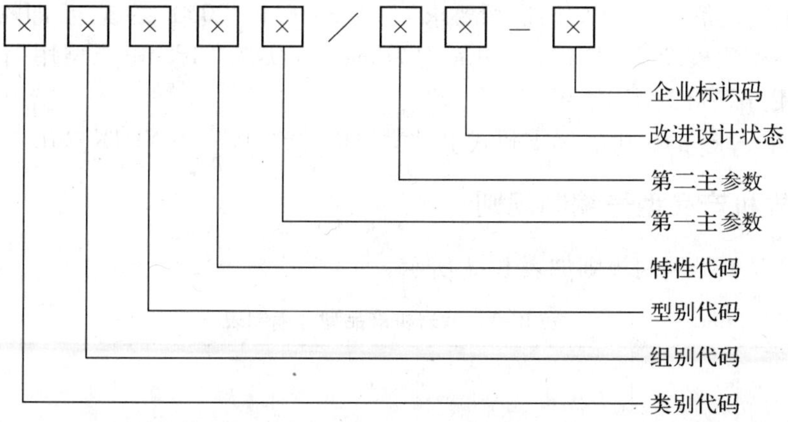

图 B-5 双主参数的产品型号表示法

示例:G10——表示机重为 10 kg 的气镐。

(2) 当类别代码、组别代码和型别代码同时出现重复时,或单个字母难以表达产品特征时,可用关键词的两个汉字的汉语拼音字头表示。如手持气腿两用凿岩机的型别代码用"LY"(两用)表示。

(3) 组别、型别为"气动"的各类产品,其型号中的相应代码省略。

(4)钻车类产品的组别"露天"和"井下"不加组别代码。

(5)各类产品中,其组别和型别为"手持式"或"直柄式"的,相应代码省略。

B. 3. 1. 3 主参数代码的规定

凿岩机械与气动工具产品主参数代码,应符合下列规定:

(1) 主参数代码用阿拉伯数字表示,该数字取决于规定单位下的主参数数值。可见表 B-3。

(2) 凿岩辅助设备类中,注油器的主参数——容油量,当小于 1L 时,以"mL"为单位确定主参数数值;如等于或大于 1L 时,则以"L"为单位确定主参数数值。

示例 1:FY500 表示容量为 500mL 的注油器;

示例 2:FY5 表示容量为 5L 的注油器。

B. 3. 1. 4 产品改进代码和制造企业标识码的规定

产品的改进设计状态代码以英文大写字母表示,其中的"O"和"I"不允许使用。缺省时表示初次设计,"A"表示第 1 次改进;"B"表示第 2 次改进;以此类推。

示例:机重 30 kg,经一次改进的手持式内燃凿岩机,产品型号为 YN30A。

制造企业标识码可用企业简称的拼音首字母表示,也可用产品的商标代码表示。它置于产品型号的最后,并用一字线与前面的代码隔开。

B. 3. 1. 5 特殊用途代号的规定

特殊用途代号用两个汉语拼音大写字母(正体印刷体)表示,该两个字母应是特殊用途中有代表性的两个汉字的汉语拼音字头。矿用隔爆型产品的特殊用途代号应符合《爆炸性气体环境用电气设备　第 1 部分:通用要求》(GB 3836.1—2000)的规定,即隔爆型用“d”;增安型用“e”;本质安全型用“i”,其中 a 类为“ia”,b 类为“ib”;正压型用“p”;充油型用“o”;充砂型用“q”;浇封型用“m”。

示例:机重 32kg 的矿用隔爆支腿式电动凿岩机,产品代号为 YDTK32dI。

B.3.2 凿岩机产品型号编制规则

凿岩机产品型号编制规则如表 B-3 所示。

表 B-3　凿岩机产品型号编制表

类别	组别	型别	特性代码	产品名称及特征代码	主参数	
					名称	单位或单位符号
凿岩机:Y	气动	手持式	—	手持式凿岩机:Y	机重	kg
			水下:X	手持式水下凿岩机:YX		
			两用:LY	手持气腿两用凿岩机:YLY		
		气腿式:T	—	气腿式凿岩机 :YT		
			高频:P	气腿式高频凿岩机 :YTP		
			多用:D	多用途气腿式凿岩机 :YTD		
		向上式:S	—	向上式凿岩机:YS		
			侧向:C	向上式侧向凿岩机:YSC		
			高频:P	向上式高频凿岩机:YSP		
		导轨式:G	—	导轨式凿岩机:YG		
			高频:P	导轨式高频凿岩机:YGP		
			独立回转:Z	导轨式独立回转凿岩机:YGZ		
	内燃:N	手持式	—	手持式内燃凿岩机:YN		
			副缸:F	带副缸的手持式内燃凿岩机:YNF		
	液压:Y	手持式		手持式液压凿岩机:YY		
		支腿式:T		支腿式液压凿岩机:YYT		
		导轨式:G	采矿:C	导轨式采矿用液压凿岩机:YYGC		
			掘进:J	导轨式掘进用液压凿岩机:YYGJ		
	电动:D	手持式	—	手持式电动凿岩机:YD		
			软轴:R	手持式软轴传动电动凿岩机:YDR		
		支腿式:T	—	支腿式电动凿岩机:YDT		
			矿用:K	支腿式矿用隔爆电动凿岩机:YDTK		
		导轨式:G	—	导轨式电动凿岩机:YDG		

编者认为,凿岩机的主参数宜为活塞的直径与行程,它比机重包含的信息更实用。如 7655 凿岩机的“7655”,即为活塞直径 76(mm)、活塞行程 55(mm)。

B.3.3 钻车产品型号编制规则

钻车(凿岩台车)产品型号编制规则如表 B-4 所示。

表 B-4 钻车产品型号编制表

类别	组别	组别	型别	特性代码	特性代码	产品名称及型号	主参数 名称	主参数 单位或单位符号
钻车:C	露天	气动、半液压	履带式:L	—		履带式露天钻车:CL	钻孔直径 装凿岩机台数	mm 台
				潜孔:Q	—	履带式露天潜孔钻车:CLQ		
					中气压:Z	履带式露天中压潜孔钻车:CLQZ		
					高气压:G	履带式露天高压潜孔钻车:CLQG		
			轮胎式:T	—		轮胎式露天钻车:CT		
			轨轮式:G	—		轨轮式露天钻车:CG		
		液压:Y	轮胎式:T	—		轮胎式露天液压钻车:CYT		
			轨轮式:G	—		轨轮式露天液压钻车:CYG		
			履带式:L	—		履带式露天液压钻车:CYL		
				潜孔:Q		履带式露天液压潜孔钻车:CYLQ		
	井下	气动、半液压	轮胎式:T	采矿:C		轮胎式采矿钻车:CTC		
				掘进:J		轮胎式掘进钻车:CTJ		
				锚杆:M		轮胎式锚杆钻车:CTM		
			轨轮式:G	采矿:C		轨轮式采矿钻车:CGC		
				掘进:J		轨轮式掘进钻车:CGJ		
				锚杆:M		轨轮式锚杆钻车:CGM		
			履带式:L	采矿:C		履带式采矿钻车:CLC		
				掘进:J		履带式掘进钻车:CLJ		
				锚杆:M		履带式锚杆钻车:CLM		
		全液压:Y	轮胎式:T	采矿:C		轮胎式液压采矿钻车:CYTC		
				掘进:J		轮胎式液压掘进钻车:CYTJ		
				锚杆:M		轮胎式液压锚杆钻车:CYTM		
			轨轮式:G	采矿:C		轨轮式液压采矿钻车:CYGC		
				掘进:J		轨轮式液压掘进钻车:CYGJ		
				锚杆:M		轨轮式液压锚杆钻车:CYGM		
			履带式:L	采矿:C		履带式液压采矿钻车:CYLC		
				掘进:J		履带式液压掘进钻车:CYLJ		
				锚杆:M		履带式液压锚杆钻车:CYLM		

B.3.4 钻机产品型号编制规则

钻机产品型号编制规则如表 B-5 所示。

表 B-5 钻机产品型号编制表

类别	组别		型别	特性代码		产品名称及特征代码	主参数 名称	主参数 单位或单位符号
钻(孔)机:K	潜孔钻机:Q	气动、半液压	履带式:L	低气压		履带式潜孔钻机:KQL	钻孔直径	mm
				中气压:Z		履带式中压潜孔钻机:KQLZ		
				高气压:G		履带式高压潜孔钻机:KQLG		
			轮胎式:T	低气压		轮胎式潜孔钻机:KQT		
				中气压:Z		轮胎式中压潜孔钻机:KQTZ		
				高气压:G		轮胎式高压潜孔钻机:KQTG		
			柱架式:J	低气压		柱架式潜孔钻机:KQJ		
				中气压:Z		柱架式中压潜孔钻机:KQJZ		
				高气压:G		柱架式高压潜孔钻机:KQJG		
		液压:Y	履带式:L	—		履带式液压潜孔钻机:KQYL		
			轮胎式:T	—		轮胎式液压潜孔钻机:KQYT		
		电动:D	—	—		电动潜孔钻机:KQD		
	气动冲击钻		枪柄式:Q	—		枪柄式气动冲击钻:KQ		
			环柄式:H	—		环柄式气动冲击钻:KH		
			侧柄式:C	—		侧柄式气动冲击钻:KC		
	回转钻		手持式	煤矿用:M	气动	矿用手持式气动钻:KM	机重	kg
				岩芯用:X		手持式气动岩芯钻:KX		
				岩石用:Y		手持式气动岩石钻:KY		
					电动:D	手持式电动岩石钻:KYD		
			防爆:H			矿用隔爆电动岩石钻:KHYD		
			支腿式:T	锚杆用:M	气动	支腿式锚杆钻机:KTM	额定转矩	Nm
					电动:D	支腿式电动锚杆钻机:KTMD		
					液压:Y	支腿式液压锚杆钻机:KTMY		
潜孔冲击器:QC	气动		—	低气压		潜孔冲击器:QC	凿孔直径	mm
				中气压:Z		中压潜孔冲击器:QCZ		
				高气压:G		高压潜孔冲击器:QCG		
	液压:Y		—	—		液压潜孔冲击器:QCY		

B. 3. 5 凿岩机辅助设备产品型号编制规则

凿岩机辅助设备产品型号编制规则如表 B-6 所示。

表 B-6 凿岩辅助设备及气动机械产品型号编制表

类别	组别	型别	特性代码	产品名称及特征代码	主参数	
					名称	单位或单位符号
凿岩辅助设备:F	支腿:T	气动	—	气腿:FT	公称推力	10N
		水式:S	—	水腿:FTS		
		油式:Y	—	油腿:FTY		
		手动式:D	—	手摇式支腿:FTD	机重	kg
	钻架:J	柱式:Z	单柱式	单柱式钻架:FJZ	最低工作高度	dm
			双柱式:S	双柱式钻架:FJZS		
		圆盘式:Y	—	圆盘式钻架:FJY		
		伞式:S	—	伞式钻架:FJS	最小支撑直径	m
		环形:H	—	环形钻架:FJH		
	注油器:Y	—	—	注油器:FY	油容量	mL 或 L
	集尘器:C	—	—	集尘器:FC	滤尘面积	m^2
	磨钎机:M	—	—	磨钎机:FM	砂轮直径	mm
	气动灯:D	—	—	气动灯:FD	发电机容量	W

注:注油器的主参数—容量,当小于 1 L 时,以“mL”为单位确定主参数数值;当等于或大于 1 L 时,以“L”为单位确定主参数数值。

B.3.6 气镐、气铲产品型号编制规则

气镐、气铲属于冲击式动力工具,其产品型号编制规则如表 B-7 所示。

表 B-7 气镐、气铲产品型号编制表

类别	组别	型别	特性代码	产品名称及特征代码	主参数	
					名称	单位或单位符号
镐:G	气动	手持式	—	气镐:G	机重	kg
	液压:Y		—	液压镐:GY		
	内燃:N		—	内燃镐:GN		
	电动:D			电动镐:GD		
气铲:C	气动	直柄式	—	气铲:C		
		弯柄式:W	—	弯柄式气铲:CW		
		环柄式:H	—	环柄式气铲:CH		
			铲石用:S	铲石机:CS		

B.4 气腿式和向上式凿岩机故障处理

B.4.1 气腿式凿岩机常见故障的处理

气腿式凿岩机常见的故障现象、产生原因及处理方法，见表B-8。

表B-8 气腿式凿岩机常见故障及处理

故障现象	产生原因	处理方法
活塞运动不灵活，凿岩机停止动作	润滑不佳，机体发热	及时加润滑油
	停止凿岩后，放置地点不当或将排气口朝上，致使岩粉落入机器内部	拆洗后，重新装配。注意放在无滴水、无岩粉处，且排气口朝下
	机器装配时，零件清洗不干净	拆洗后，重新装配
	活塞的材质或热处理不佳，使活塞的冲击端镦粗	更换质量好的活塞
	活塞、导向套等保管不佳，使表面磕碰或生锈	处理零件，并妥善保管
	活塞、气缸、导向套的加工粗糙、间隙太小或同心度不佳	更换合格的零件
活塞使用寿命短，冲击端出现裂缝	开机时，给气过猛或空打时间过长	开机时按低、中、高压气量依次操作
	气腿的推力不足，产生空打现象	调节气腿的角度或进气量
	气压过高	调节压力
	钎尾硬度过高，钎尾端面不垂直或钎套筒过松	更换合适的钎杆或套筒
	活塞的材质不佳或硬度偏高	更换活塞
螺旋棒和螺旋母磨损快、使用寿命短	润滑不佳	定期向注油器注油
	粉尘进入机器内部或润滑油内混入粉尘等杂物	拆洗后重新装配或更换润滑油
	螺旋棒和螺旋母磨损超过极限	更换螺旋棒和螺旋母
嵌在转动套内的钎套松动	钎套的外圆直径偏小或转动套的内圆直径偏大	更换零件，注意加热后拆卸和热装
水针损坏	钎套筒六方磨损过大，使钎尾摆动而磨断水针	更换钎套筒六方
	钎尾的中心孔过小或中心孔歪斜	更换钎杆
	水针过于弯曲、直径太粗或头部未加工成圆锥形	更换水针（全长弯曲度不应大于0.5mm）
气水联动机构失灵	注水阀体的通水孔被堵塞	用铁丝捅开
	注水阀上密封圈的耐油性差，油浸后涨大而堵塞水路	更换质量好的密封圈
	注水阀的密封圈磨损，工作时漏水、排出的废气成雾状	更换密封圈
	注水阀体后面的弹簧失效，压气停止时弹簧不能关闭水路	更换弹簧
	水压高，超过弹簧的压力	降低水压
排气口喷雾或结冰	压气中含水	将油水分离器放水，并检查凿岩机的冲洗装置
排气口喷水	水针套磨损、密封圈损坏	更换密封圈
	钎杆中心孔堵塞	捅开中心孔
	水针过短	更换水针
	水压高，超过气压	降低水压
关闭操纵把手后，机器仍有轻微动作	密封胶圈磨损，致使串气	更换密封圈
	操纵阀磨损，配合间隙增大，致使串气	更换操纵阀

续表 B-8

故障现象	产生原因	处理方法
调压阀不灵活或受机器振动而自行串位	固定调压阀位置的弹簧失效	更换弹簧
	伸缩管上的两个密封圈磨损	更换密封圈
	调压阀上的进、排气孔道的弧度太短，使转动调压阀时气腿的推力变化过大	更换调压阀
气腿伸缩管回缩不灵活	由于断钎使凿岩机及气腿摔到岩石上或伸缩管的壁厚不匀，致使伸缩管弯曲	更换弯曲的伸缩管，防止断钎后机器摔倒
	伸缩管内的密封圈磨损	更换密封圈
	气腿内的回程孔被油污或脏物堵塞	捅开回程孔
	外套管内壁生锈，使胶碗运动不灵活，并加快胶碗磨损	外套管内壁除锈，更换胶碗
	气腿快速缩回扳机的变形量大，使扳机失灵	更换质量好的尼龙扳机
润滑不良	注油器上的油量调节不合适	重新调节油量
	注油器内的油阀被堵塞	捅开油阀
	注油器内的长通油管焊接不牢，受震动脱落	重新焊接通油管
	润滑油混入水分	更换润滑油
	润滑油的牌号不合适	改换合适的润滑油

B. 4. 2　YSP45 型向上式凿岩机常见故障的处理

YSP45 型向上式凿岩机的常见故障现象、产生原因及处理方法，见表 B-9。

表 B-9　YSP45 型凿岩机常见故障及处理

故障现象	产生原因	处理方法
启动不灵活	润滑油过黏、过多	降低润滑油黏度等级、调节注油量
	阀与阀套磨损严重	更换零件
	气腿推力过大	调节气腿调压阀
气水联动机构失灵	气路和水路小孔被堵塞	用铁丝捅开
	气路和水路的密封圈磨损	更换密封圈
	注水阀体内零件锈蚀	清洗除锈
	注水阀端部磨损	更换零件
	水压过高	降低水压
机头返水，发生“洗锤”现象，破坏正常润滑	钎尾的中心孔过小或不通	更换钎杆
	水压高于气压，高压水进入机体	降低水压
	水针折断	立即更换水针
水针折断	钎套筒六方磨损过大（对边尺寸达 25 mm），使钎尾摆动而磨断水针	更换钎套筒六方
	钎尾的中心孔过小或过浅	更换钎杆
	水针过于弯曲、直径太粗或过长	更换水针
	活塞小端打堆或钎尾的中心孔不正	更换活塞或钎杆

续表 B-9

故障现象	产生原因	处理方法
频繁断钎	启动时骤然大气量给气	凿岩时应启动平稳
	钎杆弯曲	矫直钎杆或更换钎杆
	钎肩的过渡圆角太小	更换钎杆
	钎尾热处理时产生裂缝	更换钎杆
	气压过高	降低气压
钎杆质量不合要求,凿岩速度降低	钎尾长度不符合要求	更换钎杆
	钎杆过于弯曲	矫直钎杆或更换钎杆
润滑不良,凿岩速度降低	注油器缺油	注油器重新装润滑油
	注油器的小孔油路堵塞	清洗注油器
	润滑油过黏、过稀或过脏	更换润滑油
气腿推力过大	调压阀不当	顺时针转动调压阀
	工作气压过高	顺时针转动调压阀
气腿推力不足、伸缩不灵、机器下跳	气腿与凿岩机的连接处松动漏气	消除松动漏气处,重新连接
	手把放气阀漏气	更换手把放气阀
	气腿内活塞的胶碗及密封圈受振松脱	更换胶碗及密封圈
	气腿内部有杂物	清除杂物
	调压阀的孔槽堵塞,凸缘磨损严重	更换零件
工作气压低,凿岩速度降低	供气管路漏耗过大	检查管路、阀门,消除漏耗
	连接胶管过长	胶管长度应小于 25 m

B.5 凿岩硬质合金性能与应用范围

硬质合金是以高硬度难熔金属碳化物（WC、TiC）的微米级粉末为主要成分，以钴（Co）或镍（Ni）、钼（Mo）为黏结剂，在真空炉或氢气还原炉中烧结而成的粉末冶金制品。它具有硬度高、耐磨性强、强度和韧性较好、耐热、耐腐蚀等一系列优良性能。硬质合金广泛用作刀具材料，凿岩工具、采掘工具、钻探工具，还用于制作测量量具、耐磨零件、金属磨具、汽缸衬里、精密轴承、喷嘴等。

B.5.1 株洲硬质合金集团有限公司产品

1972 年以来，株洲硬质合金厂（现株洲硬质合金集团有限公司）研制出含钴 10%，并加入 0.5% 碳化钽（TaC）的粗晶粒硬质合金 YG100（YK25），提高了硬质合金的耐磨性，用于球齿合金有明显效果。1978 年以来，以耐磨性好为主要特征的硬质合金 YG105，已成为在多数岩石中，更新传统高钴中细晶粒的单一品种 YG15 硬质合金的主要品种之一。以后又开发出 YK252、YK85 和 YG10A 等含 TaC 的不同用途硬质合金。

20 世纪 80 年代末，该厂三分厂从瑞典 Sandvik 公司引进一条年产 300 t 的生产线，采用石蜡成型、双向加压和真空烧结工艺，生产 YK05（瑞 40）、YK10（瑞 38）、YK20 - 1（瑞 42）、YK25 - 1（瑞 702）、YK30（瑞 11）、YK35（瑞 CB08）系列优质凿岩合金。株洲硬质合金厂生产的凿岩硬质合金性能与应用范围，如表 B-10 所示。

表 B-10 株洲硬质合金集团有限公司凿岩硬质合金性能与应用范围

生产单位（生产工艺）	合金牌号	化学成分/%			物理力学性能			主要用途
		WC	Co	TaC	密度 $/g \cdot cm^{-3}$	硬度	抗弯强度 /MPa	
研究所（真空烧结）	YK25①	89.7	9.8	0.5	14.4 ~ 14.8	HRA≥87.0	≥2254	坚硬、中硬岩，球齿
	YK252①	89.5	10	0.5		HRA≥87.0	≥2352	坚硬、中硬岩，刃片
	YK85①	91.5	8	0.5		HRA≥88.0	≥2254	坚硬、中硬岩，球齿
	YKR4①	92	8	—		HRA≥88.0	≥2300	坚硬、中硬岩，冷压球齿
二分厂（原七分厂）（氢气保护）	YG15C	85	15	—	13.9 ~ 14.2	HRA≥87.0	>2060②	极坚硬矿岩，刃片
	YG11C	89	11	—	14.0 ~ 14.4	HRA≥87.0	>2060②	坚硬矿岩，刃片
	YK20	90	10	—	14.3 ~ 14.6	HRA≥87.5	>2254	坚硬、中硬岩，刃片
株洲市硬质合金工具厂（真空烧结）	YG10A	89.5	10	0.5	14.3 ~ 14.6	HRA≥87.0	≥2260	坚硬、中硬岩，球齿
	YG10E	90	10	—	14.3 ~ 14.6	HRA≥86.5	≥2260	坚硬、中硬岩，刃片
	YG8E	92	8	—	14.4 ~ 14.8	HRA≥88.0	≥2250	坚硬、中硬岩，球齿
三分厂（引进）（真空烧结）	YK35①	85	15	—	13.8 ~ 14.2	HV 960 ~ 1100	>2100②	牙轮钻齿
	YK30①	89	11	—	14.2 ~ 14.6	HV 1060 ~ 1170	>2100②	极坚硬矿岩，球齿、刃片
	YK25.1①	90	10	—	14.3 ~ 14.7	HV 1140 ~ 1260	>1910②	牙轮钻齿
	YK20.1①	90.5	9.5	—	14.3 ~ 14.7	HV 1160 ~ 1275	>1910②	冲击钻球齿
	YK10①	92	8	—	14.5 ~ 14.9	HV 1200 ~ 1320	>1860②	冲击钻球齿、刃片
	YK05①	94	6	—	14.7 ~ 15.1	HV 1370 ~ 1490	>1700②	冲击钻球齿

① 出口合金产品；
② 早期厂标，抗弯强度偏低。

B.5.2 长沙中南凯大粉末冶金有限公司产品

中南工业大学粉末冶金厂(现为长沙中南凯大粉末冶金有限公司)于1974年研制出含钴9%的新型凿岩合金YJ1,WC晶粒度为2~3μ。以后又发展为YJ0~YJ4系列,形成了含钴量分别为11%~6%的YJ0~YJ4系列,全部采用真空烧结。它逐步取代了传统高钴的中细晶粒的单一品种YG15合金。1985年以来,为适应极坚韧岩石(单轴抗压强度 $f_r \geq$ 300MPa)的凿岩条件,研究出适用于刃片钎头的非均匀结构合金K610,其含钴量为10%~11%。20世纪90年代初,在不降低YJ系列合金强度的基础上,为进一步提高硬度和耐磨性,又研制出添加少量TaC的新型合金K312D、K310D、K309D、K308D、K307D系列。1991年以来,为解决钴资源贫乏问题,开发出以镍基合金Ni-Co(其中Ni含量为30%~75%)代钴为烧结相的新型凿岩合金,形成了N系列合金。以上各个系列凿岩合金,在相应的凿岩条件下,均取得了良好的凿岩效果。上述各系列凿岩合金的化学成分和主要物理力学性能,如表B-11所示。

表 B-11 长沙中南凯大粉末冶金有限公司凿岩硬质合金性能

合金牌号	化学成分/%				物理力学性能			WC 晶粒度 /μm
	WC	Co	TaC	Ni-Co	密度 /g·cm^{-3}	硬度 HRA	抗弯强度 /MPa	
YJ0	89	11	—	—	14.4	86.6	2300	2~4
YJ1	91	9	—	—	14.6	87.0	2200	
YJ2	92	8	—	—	14.7	87.5	2100	
YJ3	93	7	—	—	14.8	88.0	2000	
YJ4	94	6	—	—	14.9	88.4	1900	
K610	89~90	11~10	—	—	14.5	87.0	2500	非均匀,平均约2.6
K312D	87	12	≤1	—	14.3	86.0	2400	2~3
K310D	89	10	≤1	—	14.5	87.0	2300	
K309D	90	9	≤1	—	14.6	87.5	2200	
K308D	91	8	≤1	—	14.7	88.0	2100	
K307D	92	7	≤1	—	14.8	88.5	2000	
N311	89	—	—	11	14.3	86.0	2500	1.8~2.4
N310	90	—	—	10	14.4	86.5	2400	1.8~2.4
N309	91	—	—	9	14.5	87.0	2350	1.8~2.4
N308	92	—	—	8	14.6	87.5	2300	1.8~2.4
N407	93	—	—	7	14.7	88.0	2250	2.4~4.0

注:N系列合金代号中,3—中粗晶粒WC,4—粗晶粒WC。

B.5.3 自贡硬质合金有限责任公司产品

自贡硬质合金有限责任公司(原自贡硬质合金厂)长期采用氢保护烧结工艺生产YG15、YG8C、YG11C、YG13C等传统凿岩合金。其中YG11C性能稳定,对岩矿适应性强,在大多数凿岩条件获得了广泛应用。20 世纪 80 年代后期，研制出用于坚硬岩石的 K05 刃片凿岩合金及 Z30、Z25、Z20、Z10 等新牌号合金。20 世纪 90 年代以来，在 Z25、Z30 合金基础上，通过添加微量（0.5%）的铈（Ce）、镧（La）、镨（Pr）、钐（Sm）、钕（Nd）等稀土金属，又研制成功 ZR30、ZR25 合金。它的耐磨性、冲击韧性、高温韧性及使用寿命，均有明显提高。上述各类合金的成分性能和主要用途，如表 B-12 所示。

表 B-12 自贡硬质合金有限责任公司凿岩硬质合金性能与应用范围

合金牌号	化学成分/%			物理力学性能			主要用途
	WC	Co	稀土	密度 /g·cm^{-3}	硬度 HRA	抗弯强度 /MPa	
YG11C	89	11	—	14.0~14.4	>86.5	>2100	硬岩、中硬岩，刃片
YG8C	92	8	—	14.5~14.9	>88	>1750	中硬岩，球齿
K05	余量	8.8~9.5	—	14.4~14.7	≥87.5	>2000	坚硬岩，刃片
Z30	余量	10.2~10.7	—	14.3~14.6	≥86.0	>2200	硬岩、中硬岩，刃片
Z25	余量	9.0~9.5	—	14.5~14.7	≥86.5	>2100	硬岩、中硬岩，刃片、球齿
Z20	余量	7.6~8.1	—	14.7~14.9	≥88.0	>1900	硬岩、中硬岩，球齿
Z10	余量	5.9~6.4	—	14.9~15.0	≥89.0	>1800	中硬岩，球齿
ZR30	余量	10.2~10.7	0.5	14.41	86.9	2780	硬岩，刃片
ZR25	余量	9.0~9.5		14.53	87.6	2650	硬岩，球齿

B.5.4 江汉石油钻头股份有限公司产品

1984 年江汉钻头厂粉末冶金分厂（现为江汉石油钻头股份有限公司）为适应我国石油工业的需要，引进美国休斯公司牙轮钻头生产线，同时引进美国硬质合金牙轮钻齿生产工艺及"热等静压"烧结技术❶。20 世纪 90 年代初，再次引进美国 GCA 公司的现代低压热等静压烧结炉。在这种烧结炉内，合金压坯可以进行脱蜡、预烧、真空烧结、低压热等静压等工序，一次烧结成型，使制品质量提高，成本下降。1993 年以来，开始生产用于冲击凿岩的经过低压热等静压处理的 J 系列优质硬质合金片齿，其成分性能和主要用途，如表 B-13 所示。

表 B-13 江汉石油钻头股份有限公司凿岩硬质合金性能与应用范围

合金牌号	化学成分/%		物理力学性能				主要用途
	WC	Co	密度 /g·cm^{-3}	硬度 HRA	抗弯强度 /MPa	耐磨性 /1·体积损失$^{-1}$	
J120	88	12	14.38	86.5	2940	5.4	硬岩，刃片、球齿
J248	89	11	14.40	89.8	3150	7.0	硬岩，刃片、球齿

❶ 热等静压是 20 世纪 50 年代中期为连接核燃料棒而研究的一项新技术。它是在高温下，用气体压实烧结制品或粉末压块的一种工艺。热等静压是将烧结后的成品，在高温（1380℃）、高压（105 MPa）的条件下，静压 1 h。处理后的孔隙度可下降一档，且金相组织得到改善。

续表 B-13

合金牌号	化学成分/%		物理力学性能				主要用途
	WC	Co	密度 /g·cm^{-3}	硬度 HRA	抗弯强度 /MPa	耐磨性 /1·体积损失$^{-1}$	
J244	89.5	10.5	14.45	87.0	2765	3.4	韧性好、硬岩，刃片、球齿
J231	90	10	14.54	87.8	3045	5.1	硬岩，刃片、球齿
J251	90	10	14.54	88.8	3150	6.4	硬岩，球齿、刃片
J779	91	9	14.60	89.5	3200	10.0	硬岩，球齿、刃片
J91	91.5	8.5	14.70	89.2	3150	6.2	硬岩，刃片、球齿
J307	93	7	14.80	91.3	2940	14.5	硬脆岩，刃片、球齿
J671	94	6	14.95	90.5	2275	13.0	中硬岩，球齿、刃片
J295	94	6	14.95	90.8	3100	14.1	中硬岩，球齿、刃片
JP40	94	6	14.95	91.2	2940	15.0	中硬岩，球齿、刃片

B. 6　硬质合金钎头型号编制规则

《凿岩用硬质合金钎头》(GB/T6480—2002)规定,钎头型号由类型代号、型别代号、钎头直径、主要尺寸和螺纹形式代号组成,如图B-6所示。锥体连接钎头的主要尺寸采用锥度和锥孔大端直径。锥度带小数点的,去掉小数点。锥孔大端直径按四舍五入法保留两位整数。复合型钎头的锥体连接的锥孔大端直径或螺纹形式代号的前面增加短横“—”。螺纹连接钎头的主要尺寸采用螺纹公称直径。钎头类型代号、钎头型别代号和螺纹形式代号,如表B-14所示。

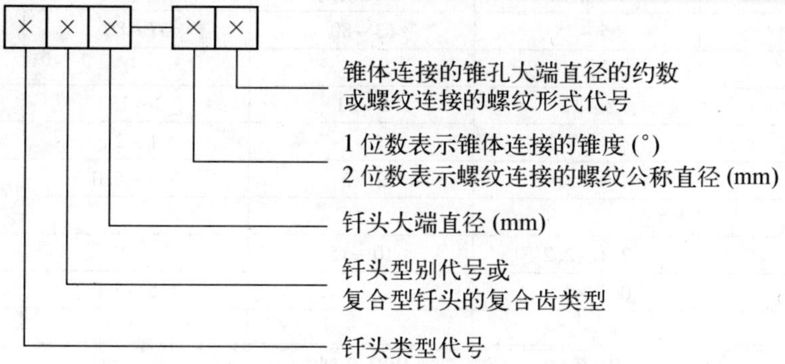

图B-6　钎头型号规格表示方法

表B-14　钎头类型代号、型别代号和螺纹形式代号

类　型	类型代号	型　　别	型别代号	螺纹形式	螺纹形式代号
一字形	Y	马　蹄	1		
三刃形	SR	圆头硬质合金	2		
十字形	S	方头硬质合金	1		
		圆头硬质合金	2	波形	R
“X”形	X	方头硬质合金	1		
		圆头硬质合金	2		
球齿形	Q	以镶嵌硬质合金齿数定	3~15		
复合型	FH	以片状硬质合金数加球状硬质合金数定	4. 1~8. 8		

示例1:Y140-722表示锥体连接一字形钎头,钎头大端直径为40 mm,锥度为7°,锥孔大端直径为21. 8 mm;

示例2:S248-32R表示螺纹连接十字形钎头,圆头硬质合金,钎头大端直径为48 mm,波形螺纹直径为32 mm;

示例3:FH 4. 1 45-7-22表示复合型钎头,复合齿类型为4. 1,钎头大端直径为45 mm,锥度为7°,锥孔大端直径为21. 8 mm。

B.7 工业炸药组成与性能

B.7.1 乳化炸药的组分

国产乳化炸药的几种组分,如表B-15所示。

表B-15 几种国产乳化炸药的组分含量

组分(质量分数)/%	EL系列	CLH系列	SB系列	BME系列
硝酸铵(钠)	65~75	63~80	67~80	36~51
硝酸甲胺				
水	8~12	5~11	3~13	6~9
乳化剂	1~2	1~2	1~2	1.0~1.5
油相材料	3~5	3~5	3.5~6.0	2.0~3.5
铝粉		2		1~2
添加剂	2.1~2.2	10~15	6~9	1.0~1.5
密度调整剂	0.3~0.5		1.5~3.0	
消焰剂				
组分(质量分数)/%	RJ系列	WR系列	岩石型	煤矿许用型
硝酸铵(钠)	64~85	78~80	65~86	65~80
硝酸甲胺	8~10			
水	8~15	10~13	8~13	8~13
乳化剂	1~3	0.8~2.0	0.8~1.2	0.8~1.2
油相材料	2~5	3~5	4~6	3~5
铝粉				
添加剂	0.5~2.0	5.0~6.5	1~3	
密度调整剂	0.2~1.0			
消焰剂				5~10

B.7.2 粉状乳化炸药的组分

国产粉状乳化炸药的几种组分,如表B-16所示。

表B-16 国产ML型粉状乳化炸药的组分含量

组分(质量分数)/%	岩石粉状乳化炸药	二级煤矿许用粉状乳化炸药	三级煤矿许用粉状乳化炸药
硝酸铵(钠)	87~93	75~85	73~83
水	0~6	0~5	0~5
乳化剂	1.5~2.5	1~2	1~2
复合油相	3.6~5.5	4~6	4~6
添加剂	0.1~0.5	0.1~0.5	0.1~0.5
消焰剂	—	7~15	9~17

B.7.3 膨化硝铵炸药的组分

《膨化硝铵炸药》(WJ9026—2004)规定,膨化硝铵炸药组分如表 B-17 所示。

表 B-17 膨化硝铵炸药的组分

炸药名称	组分含量(以质量分数计)/%			
	膨化硝酸铵	油相材料(柴油、机械油、石蜡等)	木粉	食盐
岩石膨化硝铵炸药	90.0~94.0	3.0~5.0	3.0~5.0	—
一级煤矿许用膨化硝铵炸药、一级抗水煤矿许用膨化硝铵炸药	81.0~85.0	2.5~3.5	4.5~5.5	8~10
二级煤矿许用膨化硝铵炸药、二级抗水煤矿许用膨化硝铵炸药	80.0~84.0	3.0~4.0	3.0~4.0	10~12

注:抗水煤矿许用膨化硝铵炸药与非抗水煤矿许用膨化硝铵炸药的油相含量相同,仅油相成分不同。

B.7.4 粉状铵油炸药的组分

粉状铵油炸药的组分是按爆炸反应零氧平衡的原则计算确定,如表 B-18 所示。

表 B-18 粉状铵油炸药的组分

炸药名称	组分(质量分数)/%			加工方法
	硝酸铵	柴油	木粉	
1 号铵油炸药	92±1.5	4±1	4±0.5	热碾加工法
2 号铵油炸药	92±1.5	1.8±0.5	6.2±1	冷碾加工法
3 号铵油炸药	94.5±1.5	5.5±1.5	—	机碎冷碾加工法

B.7.5 多孔粒状铵油炸药的组分

多孔粒状硝酸铵以掺有 0.05% 烷胺醋酸盐、浓度为 91%~92% 的硝酸铵为原料,采用流化造粒法生产。国内多家化肥厂都有生产。柴油一般采用 5 号、10 号轻柴油。北方寒冷地区可采用 -10 号柴油。《多孔粒状铵油炸药》(GB17583—1998)规定的组分为多孔粒状铵酸铵 94.0%~95.0%,轻柴油 5.0%~6.0%。考虑到加工过程柴油可能有部分挥发和损失,通常柴油取上限为 6%,而多孔粒状铵酸铵则为 94%。

B.8 工业炸药的热化学参数

工业炸药的示性指标,除爆轰及爆炸性能指标和安全指标外,还有热化学指标。热化学指标主要有爆热、爆容、爆温、爆压等。

B.8.1 爆热

1 mol 炸药爆轰时释放出的热量称为爆热。为对各种炸药进行实际比较,通常测定时并不采用 1 mol 为单位,而是以 kg 为单位。因此,爆热是在定容条件下,单位质量炸药爆炸时释放出的热量,也称为定容爆热。通常用 Q_V 表示,单位为 kJ/kg 或 kJ/mol。它是炸药极重要的能量参数。爆热是决定爆速的重要因素之一,炸药的爆热越大,做功能力越强。工业炸药的爆热一般为 2900 ~ 6300 kJ/kg。

由于炸药爆炸瞬间,高温高压气体产物具有极强烈的破坏作用,以及爆炸反应过程的快速性,使得爆热的精确测量较为困难。可采用绝热式爆热测试系统或恒温式爆热测试系统测定。目前,采用爆热的近似测定法,如爆热量热弹法等。测定的主体装置为一个耐酸不锈钢的量热弹,其直径为 270 mm、高 400 mm,内腔容积为 5.8 L,重量为 137.5 kg,可供爆炸 100 g 炸药使用。它放在不锈钢制的量热筒内。筒内装有一定量的水,用螺旋桨搅拌器进行搅拌,使温度均匀。量热筒放在绝热容器内,它是一个有双层底的双层壁圆筒,双壁之间充满水。测量爆热装置如图 B-7 所示。

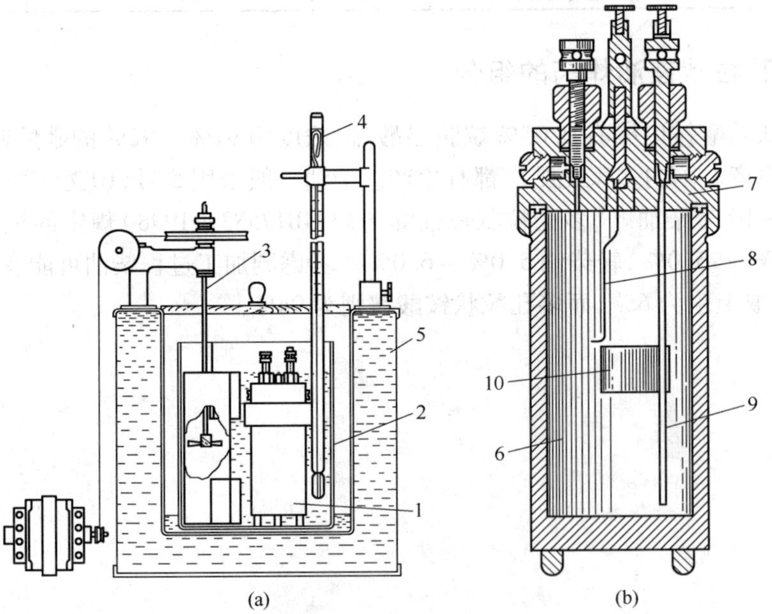

图 B-7 测量爆热装置

(a) 测量装置;(b) 量热弹

1—量热弹;2—量热筒;3—搅拌器;4—温度计;5—恒温保热箱;6—钢杯;7—盖;8,9—接触片;10—坩埚炸药的爆热在一定装药条件下是一个固定值。当装药条件不同时,如装药密度不同,炸药的爆热值也不同。试验时,用雷管引爆100g炸药,量测爆炸前量热筒中蒸馏水的温度T_0与爆炸后水的最高温度T,爆热实测值按下式计算:

$$Q_V = \frac{(C_W + C_L)(T - T_0) - q}{m} \tag{B-1}$$

式中 Q_V——爆热实测值,kJ/kg;

C_W——所用蒸馏水的总热容,kJ/℃;

C_L——试验装置热容,以当量水的热容表示,可用苯甲酸进行标定;

q——雷管爆炸放热量,kJ,由试验确定;

m——受试炸药重量,kg。

爆热的测定可与爆容测定、爆炸气体组成或有毒气体测量结合进行。

B.8.2 爆容

单位质量炸药爆炸时,生成的气体产物相当于标准状态(0℃,1个大气压)下的体积,称为爆容。通常用V_0表示,单位为L/kg或m^3/kg。爆容是衡量炸药做功能力的重要参数之一。由于气体产物是放出热量膨胀做功的工质。因而爆容越大,炸药对外界做功的能力也越大。一般炸药的爆容为0.38~1.0m^3/kg。

测试爆容时,将受试炸药(一般为100g)放入爆压弹中,再将弹内抽成真空后起爆炸药,在爆炸气体冷却至室温后,测定弹内压力、环境温度和大气压力。通过压力及测量大气压力与产物压力差来求得炸药的干爆容[1]:

$$V_0 = \frac{V(p_1 + p_2 - p_3 - p_4 - p_5) \times 273 \times 1000}{101325 \times (273 + t) m} \tag{B-2}$$

式中 V_0——炸药爆容,L/kg;

V——比海尔弹的实际容积,L;

p_1——爆炸产物与大气压力之差,Pa;

p_2——大气压力,Pa;

p_3——爆前抽成真空后,弹内剩余气体的压力,Pa;

p_4——每发雷管爆后在比海尔弹内形成的平均气体压力,Pa,由试验确定;

p_5——在实验室温度t下,空气的饱和水蒸气压力,Pa;

t——实验室温度,℃;

m——受试炸药的质量,g。

为了测定全爆容,可将弹体加热至100℃以上,向弹中充入干燥氮气,排出的气体则通过一个已称重的硅胶或氯化钙干燥管。通气约4h,使弹中水蒸气全部排出而被干燥管吸收,所吸收的水蒸气体积与干爆容之和即为全爆容。

B.8.3 爆温

炸药爆炸瞬间放出的热量将爆炸产物加热到的最高温度,称为爆温。它是炸药爆炸性

---

[1] 不计水蒸气占的体积,所得的爆容称为干爆容;加上水蒸气在100℃时占的体积,则称为全爆容。

能的重要参数。爆温取决于炸药的爆热和爆炸产物的组成，可以理论计算，也可由实验近似测定。当比容一定时，炸药的爆温越高，气体产物的压力越高，做功能力越大。常用炸药的爆温为 2000 ~ 5000 K。

由于炸药爆炸瞬间产生的温度很高，且温度变化极快，达到最大值后便在极短时间内急剧下降，同时又伴随有爆轰的破坏效应，因而爆温的实验测定十分困难。目前，测定爆温的方法是采用测定爆炸瞬间的产物色温。可采用色光法测定，即将爆轰产物视为具有一定吸收能力的灰体，能辐射出连续光谱，测出光谱的能量分布或两个波长亮度的比值，再求出爆温。固体炸药的测定误差为 ±300 K，液体炸药为 ±150 K。实验时，可将被测炸药放在水中，以消除爆炸瞬间冲击波在大气中引起的发光对测量的影响。密度较小的炸药，由于炸药颗粒间有小气泡，在爆炸瞬间受强烈压缩而发出强烈的光，使得测出的温度偏高，产生失真。因此，炸药应尽量密实，以确保测量的准确。由于目前爆温的实验测定方法复杂且不完善，一般应用爆炸产物的热容与内能的关系，通过理论计算求得炸药的爆温。

B. 8. 4 爆压

爆炸气体压力简称爆压，它是指炸药在一定容积内爆炸后，其气体产物的比容不再变化时的压力。它与炸药爆炸完成后，应力波对周围介质造成的最大压力不同，后者是动态的，是由冲击波产生的。它主要取决于装药的爆速和密度。爆压可用下式计算：

$$P_m = \frac{T_m P_0 n}{T_0 m} \qquad \text{(B-3)}$$

式中 P_m——爆压；

P_0——爆炸初始压力；

T_m——爆温；

T_0——爆炸初始温度；

m——爆炸前气体摩尔数；

n——爆炸后气体摩尔数。

B.9 工业炸药的氧平衡

B.9.1 炸药氧平衡的基本概念

单质炸药或混合炸药均由碳(C)、氢(H)、氧(O)、氮(N)四种元素组成,其中碳、氢是可燃元素,氧是助燃元素。炸药爆炸时,氧分别与碳、氢发生剧烈的氧化还原反应,结果氧与碳生成二氧化碳(CO_2)或一氧化碳(CO)、氧与氢生成水(H_2O),同时放出大量的热。炸药氧平衡是指炸药所含的氧元素与将可燃元素完全氧化所需要的氧量之间的匹配情况。完全氧化是指炸药中的碳原子全部被氧化生成二氧化碳、氢原子全部被氧化生成水。炸药组分配比不同,氧平衡可分为下列三种情况:

(1) 零氧平衡。炸药中的含氧量恰好与可燃元素完全氧化所需的氧量相等。实际上,只有极少数炸药为零氧平衡,如单质炸药二硝化乙二醇。

(2) 正氧平衡。炸药的含氧量较多,将可燃元素完全氧化后还有剩余氧。剩余氧多呈新生氧的不安定状态,极易将氮元素氧化成二氧化氮和五氧化二氮,它们都是毒性极大的气体。此外,二次氧化是吸热反应,降低了炸药的爆热和威力。例如,纯硝酸铵炸药的爆炸,就是正氧平衡反应。

(3) 负氧平衡。炸药中所含的氧量不足以将可燃元素完全氧化。结果产生一氧化碳、氢气,甚至会出现固体碳粒。例如,三硝基甲苯(梯恩梯)爆炸反应即为负氧平衡。

当炸药中的碳和氢都被氧化成 CO_2 和 H_2O,即零氧平衡时,其放热量最大,而且不产生有毒气体。配制混合炸药时,应尽量使其接近于零氧平衡。而正氧平衡和负氧平衡炸药都不利于发挥炸药的最大威力,对岩巷工程爆破作业产生不利影响,尤其是含有沼气和煤尘爆炸危险的矿井或隧道。因为一氧化碳、一氧化氮及氮氧化物(N_xO_y)不仅有毒,而且能对沼气爆炸反应起催化作用。炸药的氧平衡是设计混合炸药配方、确定炸药的适用范围和使用条件的重要依据。

B.9.2 氧平衡值计算

B.9.2.1 单质炸药与混合炸药的氧平衡值计算

一般由碳、氢、氧、氮四种元素组成的单质炸药或混合炸药,其实验式[1]或等价分子式可用通式 $C_aH_bO_cN_d$表示,其中 a、b、c、d 分别代表炸药中碳、氢、氧、氮的原子数之比。发生爆炸反应时,可燃元素碳、氢的完全氧化是按下式进行的:

$$C + O_2 \longrightarrow CO_2$$

$$2H_2 + O_2 \longrightarrow 2H_2O$$

可见,a 个碳原子氧化成二氧化碳时,需要 $2a$ 个氧原子;b 个氢原子变成水,需要 $b/2$ 个氧原子。炸药中含有 c 个氧原子,c 与$(2a+b/2)$的差值即可反映炸药的氧平衡:

---

[1] 实验式在化学中用来表示化合物中各原子的最简个数比,又称最简式,它是化学式中的一种。实验式是用元素符号表示化合物分子中各元素的原子数之比的最简关系式,并不表明分子中各元素的真实原子个数。它不能区分最简个数比相同的几种化学物质,因此一种实验式可以代表几种化合物。分子式则表示的是分子中真实的原子个数比,通常一种分子式只代表一种化合物。分子式可能是相应实验式的倍数。

$c-(2a+b/2)=0$,为零氧平衡;

$c-(2a+b/2)>0$,为正氧平衡;

$c-(2a+b/2)<0$,为负氧平衡。

在实际计算中,氧平衡值常用单位质量炸药中多余或不足氧的质量(g/g)来表示。由于氧的相对原子质量❶为16,炸药 $C_aH_bO_cN_d$的氧平衡值可按下式计算:

$$氧平衡值=\frac{\left[c-\left(2a+\frac{b}{2}\right)\right]\times 16}{M_r}\quad (g/g) \tag{B-4}$$

式中 a——炸药中含有的碳原子数;

b——炸药中含有的氢原子数;

c——炸药中含有的氧原子数;

M_r——炸药的相对分子质量。

氧平衡值也可用百分数表示,即炸药所含的氧元素与将可燃元素完全氧化所需要的氧的质量之差与炸药质量之比的百分数。

B.9.2.2 含水炸药的氧平衡值计算

乳化炸药、浆状炸药等的组分复杂,除含有碳、氢、氧、氮四种元素外,还可能含有铝、钠、钾、铁、硫等元素。因此,已不能直接用式(B-4)进行计算,而需作适当修正。除将碳氧化为 CO_2、氢氧化为 H_2O 之外,对一些金属元素应考虑生成金属氧化物;一般将硫作为可燃剂,生成 SO_2。这样,各种元素氧化的最终产物大致如下:

$$C\to CO_2;H\to H_2O;Na\to Na_2O;K\to K_2O;$$
$$Al\to Al_2O_3;Fe\to Fe_2O_3;Si\to SiO_2;S\to SO_2$$

如果炸药中还含有氯的化合物,如氯酸钾、高氯酸铵(钠)等,可将氯视为氧化性元素,生成氯化氢和金属氯化物等产物,而剩余的其他可燃元素则按完全氧化计算。此外,乳化炸药、浆状炸药中所含的乳化剂、胶凝剂等,应根据具体所用物质确定实验式予以考虑。如田菁胶❷、古尔胶❸可采用 $C_6H_{10}O_5$实验式。

以 $C_aH_bO_cN_dX_e$表示含铝、硫等炸药的实验通式,其中 X 表示任意一种可燃元素,其炸药氧平衡值可按下式计算:

$$氧平衡值=\frac{\left[c-\left(2a+\frac{b}{2}+m\cdot e\right)\right]\times 16}{M_r}\quad (g/g) \tag{B-5}$$

式中 e——炸药中除碳、氢、氧、氮四种元素外的某元素原子数;

m——该元素完全氧化时,氧原子数与该原子数之比。如 $Al\to Al_2O_3$时,$m=3/2$;$Na\to$

---

❶ 相对原子质量(relative atomic mass)是指元素的平均原子质量与核素^{12}C(碳-12)原子质量的1/12之比,符号为A_r。相对分子质量(relative molecular mass)是指物质的分子或特定单元的平均质量与核素^{12}C原子质量的1/12之比,符号为M_r。相对原子量和相对分子量,即是以前所称的原子量(atomic weight)和分子量(molecular weight)。

❷ 田菁胶,又名豆胶、咸菁胶,是从田菁种子中提取的一种天然植物胶。它的水溶性好,能在常温下分散于冷水中,吸收很多倍于本身体积的水而溶胀和产生水合作用,形成黏度很高的水溶胶溶液。田菁胶常被用作增稠剂、乳化剂、悬浮剂、稳定剂等,它在浆状炸药中作胶凝剂。

❸ 古尔胶是从天然植物古尔豆中提取的多糖物质,在浆状炸药中作胶凝剂。

Na_2O 时，$m=1/2$；S→SO_2时，$m=2$ 等；

其余符号意义同式(B-4)。

对于复杂的混合炸药，虽可写出实验通式，按式(B-5)进行计算，但比较繁冗。为简化计算，可采用各组分的氧平衡值与其百分率之积的总和来计算炸药的氧平衡值：

$$\text{氧平衡值} = \sum_{i=1}^{n} m_i M_i \quad (g/g) \tag{B-6}$$

式中 m_i——炸药中第 i 种组分的氧平衡值，g/g，按表 B-19 采用；

M_i——第 i 种组分的质量分数❶，%。

表 B-19 常用炸药和物质的氧平衡值

物质名称	分子式	相对分子质量 M_r 或相对原子质量 A_r	氧平衡值 m /g·g^{-1}
硝酸铵	NH_4NO_3	80	+0.200
硝酸钠	$NaNO_3$	85	+0.471
硝酸钾	KNO_3	101	+0.396
硝酸钙	$Ca(NO_3)_2$	164	+0.488
抗水硝酸铵			+0.185
亚硝酸钠	$NaNO_2$	69	+0.348
高氯酸铵	NH_4ClO_4	117.5	+0.340
高氯酸钠	$NaClO_4$	122.5	+0.523
高氯酸钾	$KClO_4$	138.5	+0.462
氯酸钾	$KClO_3$	122.5	+0.392
重铬酸钾	$K_2Cr_2O_7$	294.2	+0.082
黑索今	$C_3H_6O_6N_6$	222	-0.216
奥克托金	$C_4H_8O_8N_8$	296	-0.216
二硝基甲苯	$C_7H_6O_4N_4$	182	-1.142
二硝基甲苯磺酸钠	$C_{13}H_{20}O_3SNa$	348	-2.300
三硝基萘	$C_{10}H_6O_4N_2$	218	-1.393
硝化甘油	$C_{13}H_5O_9N_3$	227	+0.035
硝化二乙二醇	$C_4H_8O_6N_2$	196	-0.408
梯恩梯(三硝基甲苯)	$C_6H_2(NO_2)_3CH_3$	227.1	-0.740
特屈尔	$C_7H_5O_8N_5$	287	-0.474
太 安	$C_5H_8O_{12}N_4$	316	-0.101
铝 粉	Al	27	-0.889
镁 粉	Mg	24.31	-0.658
硅 粉	Si	28.09	-1.139

❶ 某种炸药组分的质量分数是指它的质量与炸药的质量之比的百分率。

续表 B-19

物质名称	分子式	相对分子质量 M_r 或相对原子质量 A_r	氧平衡值 m /g·g^{-1}
木粉	$C_{15}H_{22}O_{10}$	362	-1.370
纤维素	$(C_6H_{10}O_5)_n$	162	-1.185
田菁胶、古尔胶	$(C_6H_{10}O_5)_n$	162	-1.185
凡士林(石油脂)	$C_{18}H_{38}$	254.5	-3.46
石蜡、复合蜡-1	$C_{18}H_{38}$	254.5	-3.460
复合蜡-2	$C_{22\sim28}H_{46\sim58}$	约 392	-3.470
微晶蜡(地蜡)	$C_{39\sim50}H_{80\sim102}$	550~700	-3.43
矿物油	$C_{12}H_{26}$	170.5	-3.460
轻柴油	$C_{16}H_{32}$	224	-3.420
司盘-80(失水山梨醇油酸酯聚氧乙烯醚)	$C_{24}H_{44}O_6$	428.5	-2.39
M-201	$C_{23}H_{42}O_5$	398	-2.49
沥　青	$C_8H_{18}O$	394	-2.76
硬脂酸(十八烷酸)	$C_{18}H_{36}O_2$	284.47	-2.925
硬脂酸钙	$C_{36}H_{70}O_4Ca$	607	-2.74
十二烷基硫酸钠	$C_{12}H_{25}SO_4Na$	288	-1.83
十二烷基磺酸钠	$C_{12}H_{25}SO_3Na$	272	-2.00
铁	Fe	55.85	-0.286
锰	Mn	54.94	-0.582
乙二醇	$C_2H_4(OH)_2$	62	-1.29
丙二醇	$C_3H_6(OH)_2$	76.09	-1.68
尿　素	$CO(NH_2)_2$	60	-0.80
炭(元素)	C	12	-2.667
煤	$C_{55}H_{34}O_6S$,含 C 86%	822.82	-2.559
松　香	$C_{19}H_{29}COOH$	312.52	-2.97
硝基胍	$NH_2CN_4NHNO_2$	145.1	-0.346
苦味酸	$C_6H_3(NO_2)OH$	213.11	-0.454
硝酸肼	$N_2H_5NO_3$	95	+0.084
硝酸一甲胺	$CH_3NH_2HNO_3$	94.1	-0.34
硝酸三甲胺	$C_3H_{10}N_2O_3$	122.1	-1.04
硫	S	32.06	-1.00

B.9.2.3 氧平衡值计算与设计实例

A 单质炸药的氧平衡值计算

例 1 计算硝酸铵的氧平衡值。

解: 将硝酸铵(NH_4NO_3)写成炸药通式:$C_0H_4O_3N_2$,查表 B-19 得硝酸铵的相对分子质

量 $M_r=80$,将有关数据带入式(B-4)有:

$$硝酸铵氧平衡值=\frac{\left(3-\frac{1}{2}\times4\right)\times16}{80}=+0.20(g/g)$$

例 2 计算梯恩梯的氧平衡值。

解: 将梯恩梯[$C_6H_2(NO_2)_3CH_3$]写成炸药通式:$C_7H_5O_6N_3$,查表 B-19 得梯恩梯的相对分子质量 $M_r=227.1$,将有关数据带入式(B-4)有

$$梯恩梯氧平衡值=\frac{\left[6-\left(2\times7+\frac{1}{2}\times5\right)\right]\times16}{227.1}=-0.740(g/g)$$

B 混合炸药的氧平衡值计算

例 3 计算 EL-102 乳化炸药的氧平衡值,EL-102 乳化炸药的大致组分配比及各组分的氧平衡值列于表 B-20 中。

表 B-20 EL-102 乳化炸药组分配比与氧平衡值

组分名称	质量分数 $M/\%$	氧平衡值 $m/g\cdot g^{-1}$
硝酸铵	70.0	+0.200
硝酸钠	10.0	+0.471
水	12.0	0
失水山梨糖醇单油酸酯	1.0	-2.39
柴油	1.5	-3.42
复合蜡	2.5	-3.470
硫	1.0	-1.00
铝	2.0	-0.889

解: 将表 B-20 中数值代入式(B-6)有:

$$\begin{aligned}氧平衡值&=0.200\times70\%+0.471\times10\%+(-2.390)\times1\%+(-3.420)\times1.5\%+\\&\quad(-3.470)\times2.5\%+(-1.00)\times1\%+(-0.889)\times2\%\\&=-0.0029(g/g)\end{aligned}$$

C 设计混合炸药的成分配比

例 4 试配制由硝酸铵和柴油组成的铵油炸药,求两种组分配比,使其达到零氧平衡。

解: 查表 B-19 得:硝酸铵、柴油组成的氧平衡值分别为 +0.20 g/g、-3.42 g/g,设铵油炸药中硝酸铵、柴油所占的比例分别为 x、y,则有:

$$x+y=100\%$$
$$0.2x+(-3.42)y=0$$

解方程组得

$$x=94.4\%$$
$$y=5.6\%$$

因此,铵油炸药的配比应为硝酸铵占 94.4%,柴油占 5.6%。

B.10 起爆器材命名规则

B.10.1 工业雷管命名规则

《工业雷管分类与命名规则》(WJ/T9031—2004)规定,按工业雷管的引爆初始能分为6类,见表B-21。

表B-21 工业雷管类别

序 号	1	2	3	4	5	6
类 别	工业火雷管	工业电雷管	磁电雷管	导爆管雷管	继爆管	其他雷管

注:工业火雷管现已被淘汰。

工业雷管的名称由特性、延期类别和工业雷管类别组成,表示方法见图B-8。无延期类别的工业雷管,其名称中“瞬发”两字可省略。当具有两种或两种以上特性时,工业雷管名称可只列一种主要特性。具有抗可燃气、同步特性的工业雷管,其名称采用表B-22括号内文字表述。

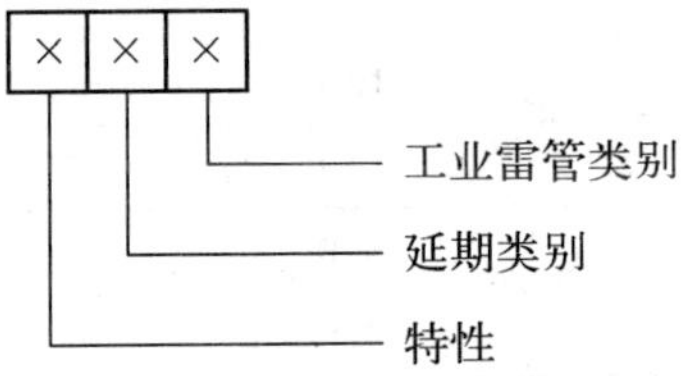

图B-8 工业雷管名称表示方法

表B-22 特性代号

特 性	代号	备 注	特 性	代号	备 注
抗可燃气(煤矿许用)	Q		耐 温	W	后面数字为耐温度值(℃)
抗 水	S	后面数字为抗水深度(m)	耐 压	Y	后面数字为耐压值(MPa)
抗 油	U		耐温耐压	WY	
抗静电	J	后面数字为抗静电值(mJ)	单 向	D	用于继爆管
抗射频	P		双 向	X	用于继爆管
同步(地震勘探用)	T		高强度	G	

工业雷管的型号规格由管壳材料代号,延期类别代号及系列号数,电感度类别代号,起爆能力代号、特性代号及性能数值组成,表示方法见图B-9。

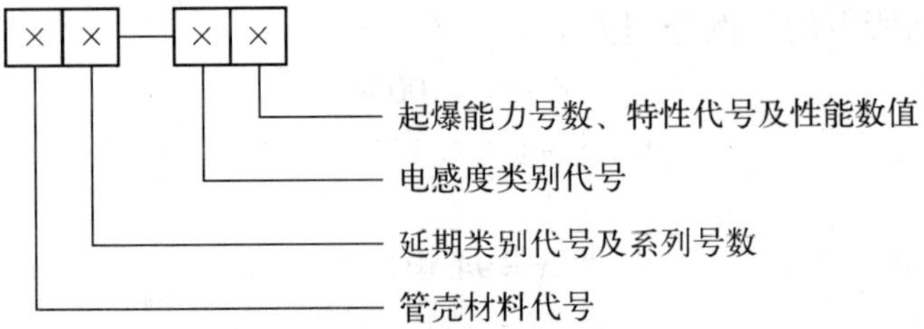

图B-9 工业雷管规格型号表示方法

管壳材料及其代号见表 B-23,延期类别及其代号见表 B-24,电感度类别及其代号见表 B-25。起爆能力号数按起爆能力分为 6 号和 8 号。如起爆能力号数和特性均需列出时,起爆能力号数和特性代号之间用斜线"/"隔开。

表 B-23 管壳材料代号

管壳材料	代号
纸	Z
塑 料	S
钢	G
铝及铝合金	L
铜	T
覆(镀)铜钢及法兰钢	F

表 B-24 延期类别代号

延期类别	代号
毫秒	MS
1/4 秒	QS
半秒	HS
秒	S

表 B-25 电感度代号

电感度类别	代号
普通感度	A
钝 感	B
高钝感	C
特钝感	D

工业雷管命名示例,见表 B-26。每只雷管上都应有生产厂家、生产日期、箱号、盒号、管号。

表 B-26 工业雷管命名示例

序号	工业雷管全称		含 义
	名 称	型号规格	
1	电雷管	Z-8	纸壳瞬发 8 号电雷管
2	秒电雷管	ZS3-6	纸壳秒 3 系列 6 号电雷管
3	半秒电雷管	GHS1-8	钢壳半秒 1 系列 8 号电雷管
4	1/4 秒电雷管	GQS1-8	钢壳 1/4 秒 1 系列 8 号电雷管
5	毫秒电雷管	GMS1-8	钢壳毫秒 1 系列 8 号电雷管
6	煤矿许用电雷管	Z-8/Q	纸壳煤矿许用 8 号电雷管
7	煤矿许用毫秒电雷管	FMS2-8/Q	覆铜钢壳毫秒 2 系列煤矿许用 8 号电雷管
8	耐温电雷管	G-8/W180	钢壳耐温 180℃ 8 号瞬发电雷管
9	耐压电雷管	G-8/Y60	钢壳耐压 60 MPa 8 号瞬发电雷管
10	耐温耐压电雷管	T-8/W180Y60	铜壳耐温 180℃耐压 60 MPa 8 号瞬发电雷管
11	地震勘探电雷管	G-B8/T1	钢壳钝感同步发火时间差 1 ms 8 号瞬发电雷管
12	抗水电雷管	G-8/S40	钢壳抗水深度为 40 m 8 号瞬发电雷管
13	抗静电电雷管	L-8/J81	铝合金壳抗静电 81 mJ 8 号瞬发电雷管
14	抗静电电雷管	TMS3-C8/J81	铜壳毫秒 3 系列高钝感抗静电 81 mJ 8 号瞬发电雷管
15	耐温磁电雷管	G-8/W180	钢壳耐温 180℃ 8 号瞬发电雷管
16	毫秒磁电雷管	LMS4-6	铝壳毫秒 4 系列 6 号电雷管
17	导爆管雷管	G-8	钢壳 8 号瞬发导爆管雷管
18	秒导爆管雷管	FS1-8	覆铜钢壳秒 1 系列 8 号导爆管雷管
19	半秒导爆管雷管	FHS1-8	覆铜钢壳半秒 1 系列 8 号导爆管雷管
20	毫秒导爆管雷管	GMS2-8	钢壳毫秒 2 系列 8 号导爆管雷管
21	高强度毫秒导爆管雷管	FMS1-8/G	覆铜钢壳毫秒 1 系列 8 号高强度导爆管雷管
22	抗水导爆管雷管	G-8/S20	钢壳抗水深度为 20 m 8 号瞬发导爆管雷管

续表 B-26

序号	工业雷管全称		含　义
	名　称	型号规格	
23	抗水秒导爆管雷管	GS1 - 8/S20	钢壳秒 1 系列抗水深度为 20 m 8 号导爆管雷管
24	抗水半秒导爆管雷管	GHS1 - 8/S20	钢壳半秒 1 系列抗水深度为 20 m 8 号导爆管雷管
25	抗水 1/4 秒导爆管雷管	GQS1 - 8/GS20	钢壳 1/4 秒 1 系列高强度抗水深度为 20 m 8 号导爆管雷管
26	抗水毫秒导爆管雷管	GMS1 - 8/GS20	钢壳毫秒 1 系列高强度抗水深度为 20 m 8 号导爆管雷管
27	单向继爆管	F - D	覆铜钢壳单向瞬发继爆管
28	双向继爆管	F - X	覆铜钢壳双向瞬发继爆管
29	单向毫秒继爆管	FMS1 - D	覆铜钢壳毫秒 1 系列单向毫秒继爆管

B. 10. 2　导爆管命名规则

《导爆管命名规则》(WJ/T2019—2004)规定,导爆管的代号由类别代号、特性代号和性能数值组成,其中类别代号和特性代号之间用短横“ - ”隔开,如图 B-10 所示。

导爆管按其抗拉性能分为普通导爆管和高强度导爆管两大类,它们的类别代号分别为 DBGP 和 DBGG。特性代号用特性名称前面两个汉语拼音的第一个大写字母表示,常见特性代号见表 B-27。

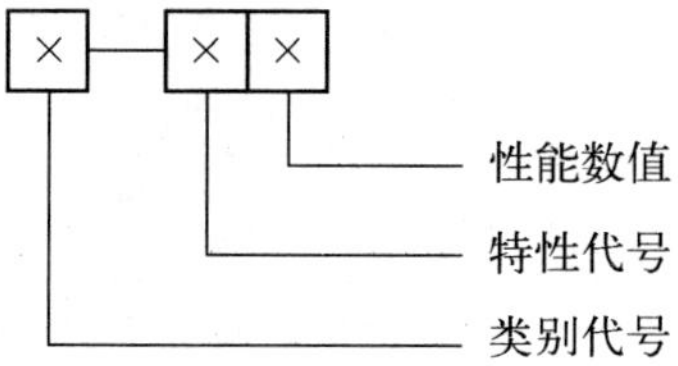

图 B-10　导爆管代号表示方法

表 B-27　导爆管常用特性代号示例

特　性	耐　温	耐硝酸铵溶液	耐乳化基质	抗　油	变　色
代　号	NW	NX	NR	KY	BS

示例:DBGG - NR 表示耐乳化基质高强度导爆管。

B. 11　铵梯类炸药与导火索

粉状铵梯炸药一直是我国应用最广泛的工业炸药品种。但它采用较多的梯恩梯,生产过程毒性大、污染严重。火雷管是最早使用的雷管,在我国曾长期得到大量的应用。但它的使用安全性差、爆破效率低。我国已于2008 年1 月1 日起停止生产导火索、火雷管、铵梯炸药。国防科工委、公安部《关于做好淘汰导火索、火雷管、铵锑炸药相关工作的通知》(科工爆[2008]203 号文)要求,2008 年3 月31 日后停止销售导火索、火雷管、铵梯炸药,2008 年6 月30 日后停止使用导火索、火雷管、铵梯炸药。下面仅作为资料予以介绍。

B. 11. 1　铵梯类炸药

铵梯类炸药是含有梯恩梯的粉状硝铵类炸药,主要成分是硝酸铵、木粉和梯恩梯。它具有化学安定性好、爆炸后无固体残渣、有毒气体少、对震动和摩擦不敏感,使用安全等特点,而且制造简单、原料来源丰富、价格便宜。此外,通过调整原料配比便可制成威力和性能不同的混合炸药,以满足多种爆破的需要。铵梯炸药的缺点是抗水性能差,易吸潮结块而影响爆炸性能,降低威力。铵梯类炸药主要有铵梯炸药、铵梯油炸药等。

B. 11. 1. 1　铵梯炸药(硝铵炸药)

铵梯炸药是以硝酸铵为氧化剂、梯恩梯为敏化剂、木粉为可燃剂(还原剂)与疏松剂的粉状炸药。其中,硝酸铵是一种钝感的爆炸性物质,吸湿性强,易结块硬化;梯恩梯可以改善爆炸性能,提高爆轰感度,还兼有可燃剂的作用;木粉使硝酸铵不易结成硬块,并平衡硝酸铵中多余的氧。当组分中含有抗水剂,如石蜡、松脂、沥青等,则为抗水型铵梯炸药。粉状铵梯炸药又分为岩石铵梯炸药(俗称岩石炸药)、露天铵梯炸药(俗称露天炸药)、煤矿许用铵梯炸药等系列。

A　组分含量

《工业粉状铵梯炸药》(GB12437—2000)规定,工业粉状铵梯炸药组分含量如表 B-28 所示。

表 B-28　铵梯炸药的组分含量

炸药名称	组分(质量分数)/%				
	硝酸铵	梯恩梯	木　粉	盐	抗水剂
1 号露天铵梯炸药	80. 0 ~ 84. 0	9. 0 ~ 11. 0	7. 0 ~ 9. 0	—	—
2 号露天铵梯炸药	84. 0 ~ 88. 0	4. 0 ~ 6. 0	8. 0 ~ 10. 0	—	—

续表 B-28

炸药名称	组分(质量分数)/%				
	硝酸铵	梯恩梯	木粉	盐	抗水剂
2号抗水露天铵梯炸药	84.0~88.0	4.0~6.0	7.2~9.2	—	0.6~1.0
3号露天铵梯炸药	86.0~90.0	2.5~3.5	8.0~10.0	—	—
2号岩石铵梯炸药	83.5~86.5	10.0~12.0	3.5~4.5	—	—
2号抗水岩石铵梯炸药	83.5~86.5	10.5~11.5	2.7~3.7	—	0.6~1.0
3号岩石铵梯炸药	80.5~83.5	13.0~15.0	3.5~4.5	—	—
4号抗水岩石铵梯炸药	77.7~80.7	18.5~21.5	—	—	0.5~1.0
2号煤矿许用铵梯炸药	69.5~72.5	9.5~10.5	3.5~4.5	14.0~16.0	—
2号抗水煤矿许用铵梯炸药	70.5~73.5		1.7~2.7	14.0~16.0	0.6~1.0
3号煤矿许用铵梯炸药	65.5~68.5		2.5~3.5	19.0~21.0	—
3号抗水煤矿许用铵梯炸药	65.5~68.5		2.1~3.1	19.0~21.0	0.3~0.5

注:1. 允许在炸药组分以外,另加不多于0.5%的添加剂;
2. 木粉可用甘蔗渣粉、棉籽饼粉代替;
3. 被筒煤矿许用铵梯炸药的芯药为2号、3号煤矿许用铵梯炸药或抗水煤矿许用铵梯炸药,被筒内盐量为芯药的45%~50%;
4. 抗水剂一般为沥青与石蜡的混合液(质量比为1:1),若采用其他抗水剂需经技术鉴定通过方可使用。

B 主要性能

《工业粉状铵梯炸药》规定的粉状铵梯炸药的主要性能指标见表B-29。其中浸水后殉爆距离测试是将不少于6个药卷放入盛有室温的水槽内,药卷离水面不小于1 m。1 h后取出,擦干后进行测试。

2号岩石铵梯炸药和2号抗水岩石铵梯炸药曾并列为我国最主要的工业炸药品种,应用广泛、使用量最大。也是岩巷掘进中最常用的炸药。抗水型硝铵炸药适用于有水的工作面。3号岩石铵梯炸药含有较多的梯恩梯(13.0%~15.0%),用于较坚硬岩石中的爆破。4号抗水岩石铵梯炸药中采用最多的梯恩梯(18.5%~21.5%)、不含木粉,具有较高的爆速和威力,对坚硬岩石具有较好的破碎效果。但原材料成本高,仅在极少数特殊场合生产和使用。

B.11.1.2 岩石粉状铵梯油炸药

铵梯油炸药是在铵梯炸药的基础上,减少梯恩梯的含量,添加复合油相(含量为1.5%~2.5%)。它改善了炸药的吸湿结块性能,扩大了铵梯炸药的应用范围。《岩石粉状铵梯油炸药》(WJ9005—92)和《4号岩石粉状铵梯油炸药》(WJ/T9024—97)规定的炸药组分含量和性能指标如下。

表 B–29 工业粉状硝铵炸药主要性能指标

型号	水分/%	药卷密度/g·cm^{-3}	爆速/m·s^{-1}	做功能力（铅块法）/mL	猛度/mm	殉爆距离/cm		炸药爆炸后有毒气体含量/L·kg^{-1}	可燃气安全度	有效期/月	有效期内	
						浸水前	浸水后				水分/%	殉爆距离/cm
1 号露天铵梯炸药	≤0.5	0.85～1.10	—	≥278	≥11	≥4	—	—	—	4	≤1.0	≥2
2 号露天铵梯炸药			≥2100	≥228	≥8	≥3						
2 号抗水露天铵梯炸药							≥2					
3 号露天铵梯炸药			—	≥208	≥5	≥2	—					≥1
2 号岩石铵梯炸药	≤0.3	0.95～1.10	≥3200	≥298	≥12	≥5	—			6	≤0.5	≥3
2 号抗水岩石铵梯炸药							≥4	≤80				
3 号岩石铵梯炸药			≥3300	≥328	≥13	≥6	—					
4 号抗水岩石铵梯炸药		1.00～1.20	≥3500	≥338	≥14		≥4			8		
2 号煤矿许用铵梯炸药	≤0.3	0.95～1.10	≥2600	≥228	≥10	≥5	—		合格	4		
2 号抗水煤矿许用铵梯炸药						≥4	≥3					
3 号煤矿许用铵梯炸药			≥2500	≥218			—					≥2
3 号抗水煤矿许用铵梯炸药							≥2					

注:1. 炸药有效期自制造完成之日起;

2. 测试被筒煤矿许用铵梯炸药的爆炸性能时,不带被筒。

A 岩石粉状铵梯油炸药的组分含量

岩石粉状铵梯油炸药组分含量,如表B-30所示。

表B-30 岩石粉状铵梯油炸药的组分含量

炸药名称	组分(质量分数)/%				
	硝酸铵	梯恩梯	木粉①	复合油相	复合添加剂(外加)
2号岩石	87.5±1.5	7.0±0.7	4.0±0.5	1.5±0.3	0.100±0.005
2号抗水岩石	89.0±2.0	5.0±0.5		2.0±0.3	
3号抗水岩石	90.5±2.0	3.0±0.3		2.5±0.3	
4号岩石	89.8~92.8	1.8~2.2	3.3~4.7	2.1~3.3	0.29~0.31②

① 木粉可用甘蔗渣粉、棉籽饼粉代替;
② 1号复合改性剂。

B 岩石粉状铵梯油炸药的主要性能

岩石粉状铵梯油炸药的性能指标,如表B-31所示。

表B-31 岩石粉状铵梯油炸药主要性能指标

性能		2号岩石	2号抗水岩石	3号抗水岩石	4号岩石
水分/%		≤0.3			
药卷密度/$g \cdot cm^{-3}$		0.95~1.10			
爆速/$m \cdot s^{-1}$		≥3200	≥3200	≥3000	≥3200
做功能力(铅铸法)/mL		≥320	≥320	≥300	≥320
猛度/mm		≥12	≥12	≥12	≥12
殉爆距离/cm	浸水前	≥4	≥3	≥3	≥4
	浸水后	—	≥2	≥2	—
爆炸后有毒气体含量/$L \cdot kg^{-1}$		≤100			
有效期/d		180			
有效期内	水分/%	≤0.5	≤0.5	≤0.5	≤0.5
	殉爆距离/cm	≥3	≥2	≥2	≥3

其中2号、4号岩石粉状铵梯油炸药适用于岩土爆破工程,2号、3号抗水岩石粉状铵梯油炸药适用于涌水量不大的水孔爆破工程。

B.11.2 工业导火索

工业导火索,简称导火索。它是以黑火药粉为药芯,能按一定速度稳定燃烧并均匀传递火焰的索状点火器材。导火索由药芯和索壳(包覆层)组成。导火索的外径为5.5±0.3mm,药芯直径不小于2.2mm。药芯为轻微压缩的黑火药粉,其中心有3根芯线,以使黑火药粉连续而均匀分布。外面的包覆层既可防潮又可防止表面透火。

导火索按用途分为普通导火索和专用导火索。专用导火索用作秒延期雷管的延期元件。导火索按燃烧时间分为普通导火索和延期(缓燃型)导火索两个系列。延期导火索主要用于引爆火雷管,而不能用于有沼气或煤尘爆炸危险的场合。普通导火索的外皮为棉线和纸的本色,一般呈灰白色延期导火索的外层线中有 1 根绿色线。导火索按包覆层的材料分为棉线导火索和塑料导火索。棉线导火索是用数层缠绕棉线为主要包覆材料,中间还有沥青防潮层。塑料导火索以塑料作包覆层,具有较强的抗水性能。

导火索的性能是保证火雷管起爆可靠、准确及安全使用的主要条件。《工业导火索》(GB9108—95)规定的导火索性能指标,见表 B-32。燃烧时间是指每米长的燃烧时间,习惯上称作燃烧速度(燃速)。此外,导火索的喷火强度不应小于 40 mm。导火索的保证期为 2 年。由于药芯黑火药的火焰、冲击感度较高,因此在生产、运输、贮存和使用时应避免撞击,远离火源。

表 B-32　导火索性能

序　号	性　能	要　求
1	燃烧时间	普通型导火索为 100 ~ 125 s/m 缓燃型导火索为 180 ~ 215 s/m
2	批燃烧时间极差①	普通型导火索:优级品每米不大于 10 s,一级品每米不大于 15 s 缓燃型导火索:每米不大于 25 s
3	燃烧性②	导火索在传火时不得有断火、透火、外壳燃烧或出现爆声等现象
4	抗水性	导火索在深度为 1 m、水温为 20 ± 5℃ 的静水中浸 4 h 后,燃烧性应符合上述要求
5	耐热性	导火索在 45 ± 2℃ 的恒温箱中放置 2 h,不得有黏结和外壳破坏现象
6	耐寒性	导火索在 −25 ± 2℃ 的条件下放置 1 h,不得有裂纹和折断破坏现象

① 批燃烧时间极差是指燃烧时间的最大值与最小值之差;

② 导火索的燃烧性是指以一定燃速稳定传递火焰而不发生危及使用的现象,如透火、外壳燃烧、爆炸声响及断火等的能力。透火是指导火索燃烧时,外壳有火花喷出的现象;断火是指导火索在燃烧过程出现燃烧中断的现象。

影响导火索燃烧时间的因素较多。例如,导火索的药芯密度若过小,即黑火药较疏松,出现较多的气孔,会使火焰感度增高、燃速快且燃烧性能不稳定。导火索的内层棉线水分增加时,导火索的燃速变快并伴有爆声。药芯的含水量增加或有油脂、蜡类玷污药芯时,燃烧在将水分变成水蒸气的同时吸收热量,使燃速变慢。当导火索处于密闭及平直状态时,燃速较快,而在大气中和弯曲状态下,燃速较慢。当导火索受到机械压力产生变形后,可能破坏其结构,会造成排气通道堵塞致使局部气体压力增大,从而使导火索产生速燃,严重时可产生爆燃。压力越高,燃速越快。当导火索在燃烧时出现爆裂声时,必然产生速燃或爆燃。因此,严禁脚踩或挤压已点燃的导火索,以免出现爆燃事故。

B.12 硐室爆破的单位炸药消耗量

硐室爆破的单位炸药消耗量，可参考表 B-33。

表 B-33 各种岩石及不同岩体特征的单位炸药消耗量

岩石名称	岩体特征	岩石坚固性系数 f	q /kg·m^{-3}	q'①/kg·m^{-3}
各种土	松软	<0.1	1.0~1.1	0.3~0.4
	坚实	1~2	1.1~1.2	0.4~0.5
土夹石	密实	1~4	1.2~1.4	0.4~0.6
页岩、千枚岩	风化破碎	2~4	1.0~1.2	0.4~0.5
	完整、轻微风化	4~6	1.2~1.3	0.5~0.6
板岩、泥灰岩	泥质，薄层，层面张开，较破碎	3~5	1.1~1.3	0.4~0.6
	泥质胶结，中薄层或风化破碎	4~6	1.0~1.2	0.4~0.5
	较完整，层面闭合	5~8	1.2~1.4	0.5~0.7
砂岩	钙质胶结，中厚层，中细粒结构，裂隙不甚发育	7~8	1.3~1.4	0.5~0.6
	硅质胶结，石英质砂岩，厚层，裂隙不发育，未风化	9~14	1.4~1.7	0.6~0.7
砾岩	胶结较差，砾石以砂岩或较不坚硬的岩石为主	5~8	1.2~1.4	0.5~0.6
	胶结好，以较坚硬的砾石组成，未风化	9~12	1.4~1.6	0.6~0.7
白云岩、大理岩	节理发育，较疏松破碎，裂隙频数②大于 4 条/m	5~8	1.2~1.4	0.5~0.6
	完整、坚实	9~12	1.4~1.6	0.6~0.7
石灰岩	风化严重，节理裂隙很发育，多组节理交割，裂隙频数②大于 5 条/m	4~6	1.1~1.3	0.4~0.6
	中薄层，或含泥质，或鲕状、竹叶状结构及裂隙较发育	6~8	1.3~1.4	0.5~0.6
	厚层、完整或含硅质、致密	9~15	1.4~1.7	0.6~0.7
花岗岩	风化较轻，节理不甚发育或未风化的伟晶、粗晶结构	7~12	1.3~1.6	0.6~0.7
	细晶均质结构，未风化，完整致密岩体	12~20	1.6~1.8	0.7~0.8
流纹岩、粗面岩、蛇纹岩	较破碎	6~8	1.2~1.4	0.5~0.7
	完整	9~12	1.5~1.7	0.7~0.8
片麻岩	片理或节理裂隙发育	5~8	1.2~1.4	0.5~0.7
	完整坚硬	6~14	1.5~1.7	0.7~0.8
正常岩、闪长岩	较风化，整体性较差	8~12	1.3~1.5	0.5~0.7
	未风化，完整致密	12~18	1.6~1.8	0.7~0.8
石英岩	风化破碎，裂隙频数②大于 5 条/m	5~7	1.1~1.3	0.5~0.6
	中等坚硬，较完整	8~14	1.4~1.6	0.6~0.7
	很坚硬，完整致密	14~20	1.7~2.0	0.7~0.9
安山岩、玄武岩	受节理裂隙切割	7~12	1.3~1.5	0.6~0.7
	完整、坚硬、致密	12~20	1.6~2.0	0.7~0.9
辉长岩、辉绿岩、橄榄岩	受节理裂隙切割	8~14	1.4~1.7	0.6~0.7
	很完整，很坚硬致密	14~20	1.8~2.1	0.8~0.9

① q'为松动爆破的单位炸药消耗量；

② 裂隙频数是指岩体每米长的裂隙数。

B. 13　电起爆网路与电容式起爆器计算

B. 13. 1　电起爆网路及串并联网路最优分组计算

B. 13. 1. 1　电起爆网路计算

整个电起爆网路相当于由电阻和电源组成的电路。照明和动力交流电是常用的起爆电源,可将交流电网视为直流电源。电起爆网路的连接形式与电路相对应,可以有串联、并联或混联之分,串联和并联可看作是混联的特殊形式。而起爆网路总电阻均可用混联的总电阻来表示,即

$$R_c = \frac{m}{n}R_d + R_1 \qquad (B-7)$$

式中　R_c——起爆网路总电阻,Ω;

R_d——电雷管全电阻,Ω;

R_1——爆破线电阻,Ω;

m——串联的电雷管数(或串联支路的雷管数),发,并联起爆网路取 $m=1$;

n——并联的电雷管数(或并联的支路的雷管数),发,串联起爆网路取 $n=1$。

由欧姆定律可求得起爆网路的总电流:

$$I_c = \frac{U}{R_c} = \frac{U}{\frac{m}{n}R_d + R_1} \qquad (B-8)$$

式中　I_c——起爆网路的总电流,A;

U——电源电压,V;

其余符号意义同式(B-7)。

在串并联起爆网路中,通过每个雷管的电流 I_d必须满足如下条件:

$$I_d = \frac{I_c}{n} = \frac{U}{mR_d + nR_1} \geqslant I_{sf} \qquad (B-9)$$

式中　I_{sf}— 电雷管的准爆电流,A;

其他符号意义同式(B-7)和式(B-8)。

例1　采用交流电线路作起爆电源,电压为220 V,电雷管的全电阻为4 Ω,起爆电流取一般爆破的串联起爆电流值2. 5 A。雷管脚线直接相连,母线电阻为2 Ω。试计算串联起爆网路可起爆的最多雷管数量。

解:由式(B-9)可得通过每个雷管的电流为:

$$I_d = \frac{U}{mR_d + nR_1} = \frac{220}{4m+2} \geqslant 2.5(A)$$

所以 $m \leqslant 21.5$, 取 $m=21$(发)。

可见,采用电压220 V交流输电线路起爆串联网路时,一般最多只能起爆21 发电雷管。

例2　某中深孔爆破,一次起爆50 个炮孔,电雷管的全电阻为5 Ω。为保证起爆可靠,拟用并串并联起爆网路,每个炮孔内装两发电雷管并联,10 个炮孔为一串联组,5 组再并联,

导线电阻为 8 Ω。采用 220 V 的交流电为起爆电源，验算起爆是否可靠。

解： 由式(B-9)可求并串并联起爆网路中，每发电雷管能得到的电流 I'_d 为：

$$I'_d = \frac{\dfrac{U}{mR_d + nR_1}}{2} = \frac{220}{2\left(10 \times \dfrac{5}{2} + 5 \times 8\right)} = 1.69(\mathrm{A}) < 2.5\ \mathrm{A}$$

因此不符合准爆条件，可采取以下措施：

(1) 采用 380 V 交流电作为起爆电源。则每发电雷管能得到的电流为：

$$I'_d = \frac{380}{2\left(10 \times \dfrac{5}{2} + 5 \times 8\right)} = 2.92(\mathrm{A}) > 2.5\ \mathrm{A}$$

通过。

(2) 改用截面积较大的母线，设导线电阻减小到 3 Ω。则每发电雷管能得到的电流为：

$$I'_d = \frac{220}{2\left(10 \times \dfrac{5}{2} + 5 \times 3\right)} = 2.75(\mathrm{A}) > 2.5\ \mathrm{A}$$

通过。

B. 13. 1. 2 串并联起爆网路最优分组数计算

设雷管总数为 N，分为 n 组，每组有 m 个雷管进行串联，则 $m = N/n$，代入式(B-9)得：

$$I_d = \frac{I_c}{n} = \frac{U}{mR_d + nR_1} = \frac{U}{\dfrac{N}{n}R_d + nR_1}$$

微分取极值：

$$\frac{\mathrm{d}I_d}{\mathrm{d}n} = \frac{\left(\dfrac{NR_d}{n^2} - R_1\right)U}{\left(\dfrac{NR_d}{n} + nR_1\right)^2}$$

命 $\dfrac{\mathrm{d}I_d}{\mathrm{d}n} = 0$，则 $\dfrac{NR_d}{n^2} - R_1 = 0$，得：

$$n = \sqrt{\frac{NR_d}{R_1}} \tag{B-10}$$

可见，当 $R_1 = NR_d$ 时，$n = 1$，即采用全串联方式合理；当 $R_d = NR_1$ 时，$n = N$，即采用全并联方式合理。

B. 13. 2 梯格并联网路计算

在大爆破电爆网路中，各串联支路用连接线依次并联，最后用一段连接线再连接到爆破母线上，形成梯格并联网路的形式。由于连接线较长，其电阻不可忽略，因此不能用简单的串并联网路来计算。这种网路离母线远的支路所得电流必然小于离母线近的支线。用常规计算方法，要由远端支路逐个向近端用连分数先求出总电阻，再由近端向远端逐个计算各支路的电流和连接线的电压降，最后才能得到通过末端雷管的电流。鉴于常规计算异常麻烦，东北大学徐小荷教授于 1982 年提出利用 Z 变换导出新算法❶，现介绍如下。

B.13.2.1　梯格并联网路

梯格并联网路的形式如图 B-11 所示。

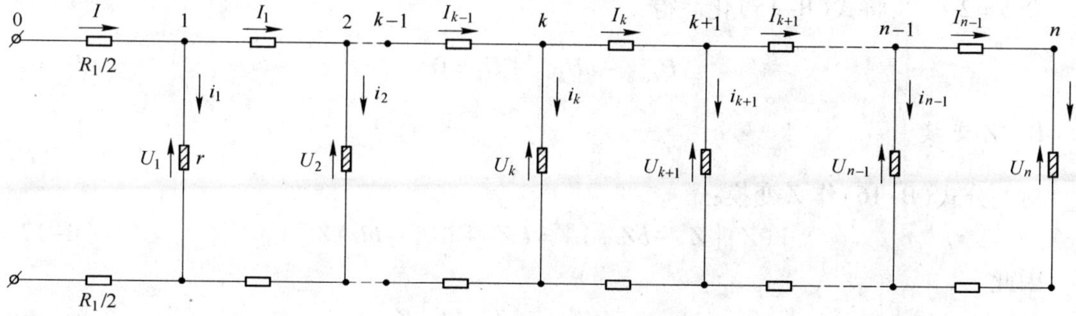

图 B-11　梯格并联爆破网路模式图

图中已知网路参数有：

r ——雷管电阻或每个分支的串联电阻，Ω；

R_1——每段连接线（往返）的电阻，Ω，设各段电阻均相等；

n ——并联支路数目；

U——网路始端电压，V。

$$U = E - I(R_0 + r_0) \tag{B-11}$$

式中　E——电源电动势，V；

r_0——电源内阻，Ω；

R_0——爆破母线（电缆）电阻，Ω。

待求参数有：

I——网路总电流，A；

R——梯格网路总电阻，Ω；

U_k——各支路电压（$k=1,2,\cdots,n$），V；

i_k——各支路雷管所得电流（$k=1,2,\cdots,n$），A。

B.13.2.2　公式推导

A　建立差分方程

设由支点 k 流向下一支点的电流为 I_k（见图 B-11），利用欧姆定律及考虑到 k 点的流入、流出电流必相等，可得

$$I_k - I_{k+1} - \frac{U_{k+1}}{r} = 0 \tag{B-12}$$

$$I_{k+1}R_1 = U_{k+1} - U_{k+2} \tag{B-13}$$

---

❶ 详见徐小荷著．梯格并联电气爆破网路新的简捷计算法．爆破器材，1982(4)。

$$I_kR_1 = U_k - U_{k+1} \tag{B-14}$$

将式(B-13)、式(B-14)代入式(B-12)得:

$$\frac{U_k - U_{k+1}}{R_1} - \frac{U_{k+1} - U_{k+2}}{R_1} - \frac{U_{k+1}}{r} = 0 \tag{B-15}$$

令 $b = 2 + \frac{R_1}{r}$,将式(B-15)化简得

$$U_{k+2} - bU_{k+1} + U_k = 0 \tag{B-16}$$

B Z 变换

对差分式(B-16)作Z变换:

$$V(Z)[Z^2 - bZ + 1] = UZ^2 + (U_1 - bU)Z \tag{B-17}$$

因此

$$V(Z) = \frac{UZ^2 + (U_1 - bU)Z}{Z^2 - bZ + 1} \tag{B-18}$$

式(B-18)分母特征方程的两个根为:

$$\begin{cases} \alpha = \dfrac{b - \sqrt{b^2 - 4}}{2} \\ \beta = \dfrac{b + \sqrt{b^2 - 4}}{2} \end{cases} \tag{B-19}$$

将式(B-18)写成部分分式:

$$V(Z) = \frac{AZ}{Z - \alpha} + \frac{BZ}{Z - \beta} \tag{B-20}$$

式中

$$A = \frac{U\beta - U_1}{\sqrt{b^2 - 4}} \tag{B-21a}$$

$$B = \frac{U_1 - U\alpha}{\sqrt{b^2 - 4}} \tag{B-21b}$$

将式(B-21a)和式(B-21b)代入式(B-20)化简即为式(B-18),因此式(B-18)和式(B-20)是等同的。

C Z 逆变换

对式(B-20)作Z逆变换:

$$U_k = A\alpha^k + B\beta^k \tag{B-22}$$

此即差分方程的解。解差分方程组(B-12)、式(B-13)、式(B-14),也即解式(B-16),等于解代数方程(B-18),结果便是式(B-22)。式中常系数 A、B 可以由两个边界条件来确定,即:

若 $k = 0$ 时,由式(B-22)有

$$U = A + B \tag{B-23}$$

当 $k = n$ 时,则有

$$I_{n-1}=i_n \tag{B-24}$$

从此有

$$\frac{U_{n-1}-U_n}{R_1}=\frac{U_n}{r} \tag{B-25}$$

$$\frac{U_{n-1}}{U_n}=1+\frac{R_1}{r}=b-1 \tag{B-26}$$

于是

$$b-1=\frac{A\alpha^{n-1}+B\beta^{n-1}}{A\alpha^{n}+B\beta^{n}} \tag{B-27}$$

式(B-23)和式(B-27)联立消去 B 得:

$$A=\frac{U}{1-\left(\dfrac{\alpha}{\beta}\right)^{n-1}\left[\dfrac{1-\alpha(b-1)}{1-\beta(b-1)}\right]} \tag{B-28}$$

因 α、β 是特征方程的两个根,因此 $\alpha\cdot\beta=1$,式(B-28)还可简化成

$$A=\frac{U}{1-\alpha^{2n-2}\left[\dfrac{\alpha-\alpha^2(b-1)}{\alpha-(b-1)}\right]}=\frac{U}{1-\alpha^{2n-1}\left[\dfrac{1-\alpha(b-1)}{\alpha-(b-1)}\right]} \tag{B-29}$$

将式(B-23)代入式(B-22)得第 k 支路的电压:

$$U_k=A\alpha^k+(U-A)\beta^k=A\alpha^k+\frac{(U-A)}{\alpha^k}=\left(A_1\alpha^k+\frac{1-A_1}{\alpha^k}\right)U \tag{B-30}$$

第 k 支路的电流为

$$i_k=\frac{U_k}{r}=\left(A_1\alpha^k+\frac{1-A_1}{\alpha^k}\right)\frac{U}{r} \tag{B-31}$$

式中,A_1 由式(B-29)可有

$$A_1=\frac{A}{U}=\frac{1}{1-\alpha^{2n-1}\left[\dfrac{1-\alpha(b-1)}{\alpha-(b-1)}\right]} \tag{B-32}$$

前面令 $b=2+\dfrac{R_1}{r}$,现设

$$q=\frac{R_1}{r} \tag{B-33}$$

则有

$$b=2+q \tag{B-34}$$

将式(B-34)代入式(B-32),有

$$A_1=\frac{1}{1+\alpha^{2n-1}\left[\dfrac{1-\alpha(1+q)}{1+q-\alpha}\right]} \tag{B-35}$$

将式(B-34)代入式(B-19),有

$$\alpha=1+\frac{q}{2}-\sqrt{q+\left(\frac{q}{2}\right)^2} \tag{B-36}$$

由此,网路总电流为

$$I=\frac{U-U_1}{R_1}=\frac{U}{R_1}\left(1-A_1\alpha-\frac{1-A_1}{\alpha}\right) \tag{B-37}$$

因此，网路总电阻（包括第1支路前的一段连接线电阻，即图B-12中的0-1段电阻，但未包括爆破母线电阻）：

$$R=\frac{U}{I}=\frac{R_1}{\left(1-A_1\alpha-\frac{1-A_1}{\alpha}\right)} \tag{B-38}$$

B.13.2.3 计算步骤

将上面有关计算公式归纳，计算步骤如下：

（1）求 q：

$$q=\frac{R_1}{r} \tag{B-33}$$

（2）求 α：

$$\alpha=1+\frac{q}{2}-\sqrt{q+\left(\frac{q}{2}\right)^2} \tag{B-36}$$

（3）求 A_1：

$$A_1=\frac{1}{1+\alpha^{2n-1}\left[\frac{1-\alpha(1+q)}{1+q-\alpha}\right]} \tag{B-35}$$

（4）求网路总电流 I：

$$I=\frac{U}{R_1}\left(1-A_1\alpha-\frac{1-A_1}{\alpha}\right) \tag{B-37}$$

（5）求网路总电阻 R：

$$R=\frac{U}{I}=\frac{R_1}{\left(1-A_1\alpha-\frac{1-A_1}{\alpha}\right)} \tag{B-38}$$

（6）求第 k 支路的电压 U_k：

$$U_k=\left(A_1\alpha^k+\frac{1-A_1}{\alpha^k}\right)U \tag{B-30}$$

（7）求第 k 支路的电流 I_k：

$$i_k=\left(A_1\alpha^k+\frac{1-A_1}{\alpha^k}\right)\frac{U}{r} \tag{B-31}$$

式中 i_k——流经各并联支路雷管的电流，A，自近电源端到远电源端依次是 $k=1,2,\cdots,n$；

R_1——每段连接线往返的电阻，Ω，第一并联支路到母线也有一段连接线，且各段连接线的电阻相同；

r——各并联支路的电阻，Ω，如果支路中只有一个雷管，即为雷管的电阻；

n——并联支路的数目；

U——跨接于梯格并联网路的电压，V。

上述计算方法适用于除 $n=2, R/r\approx1$ 以外的梯格并联电爆网路的计算。梯格并联电爆网路的计算原理也可用于计算竖井掘进时的架线式并联网路爆破，这时雷管脚线间的架线电阻便形成连接线电阻，使末端雷管所得电流比始端少得多。

例 3　已知各并联支路的电阻 $r=10\,\Omega$，每段连接线往返的电阻 $R_1=0.048\,\Omega$，并联支路数 $n=11$。现求梯格并联网路的总电流 I、总电阻 R 及第 8 支路的电压 U_8、电流 i_8。

解： 由上述计算步骤，计算如下：

（1）求 q、α、A：

$$q=\frac{R_1}{r}=\frac{0.048}{10}=0.0048$$

$$\alpha=1+\frac{q}{2}-\sqrt{q+\left(\frac{q}{2}\right)^2}$$

$$=1+\frac{0.0048}{2}-\sqrt{0.0048+\left(\frac{0.0048}{2}\right)^2}=0.9330$$

$$A_1=\frac{1}{1+\alpha^{2n-1}\left[\dfrac{1-\alpha(1+q)}{1+q-\alpha}\right]}$$

$$=\frac{1}{1+0.9330^{2\times11-1}\left[\dfrac{1-0.9330(1+0.0048)}{1+0.0048-0.9330}\right]}=0.8312$$

（2）求网路总电流 I：

$$I=\frac{U}{R_1}\left(1-A_1\alpha-\frac{1-A_1}{\alpha}\right)$$

$$=\frac{U}{0.048}\left(1-0.8312\times0.9330-\frac{1-0.8312}{0.9330}\right)=0.9076U(\mathrm{A})$$

（3）求网路总电阻 R：

$$R=\frac{U}{I}=\frac{U}{0.9076U}=1.1018(\Omega)$$

（4）求第 8 支路的电压 U_8：

第 k 支路的电压 $U_k=\left(A_1\alpha^k+\dfrac{1-A_1}{\alpha^k}\right)U$，当 $k=8$ 时，有

$$U_8=\left(A_1\alpha^8+\frac{1-A_1}{\alpha^8}\right)U$$

$$=\left(0.8312\times0.9330^8+\frac{1-0.8312}{0.9330^8}\right)U=0.7712U(\mathrm{V})$$

（5）求第 8 支路的电流 I_8：

第 k 支路的电流 $i_k=\dfrac{U_k}{r}$，当 $k=8$ 时，有

$$i_8=\frac{U_8}{r}=\frac{0.7712U}{10}=0.0771U(\mathrm{A})$$

B. 13. 3　电容式起爆器的计算

电容式起爆器输出的是高压脉冲电流，电压和电流随时间呈指数曲线下降。它的起爆

网路已不适用欧姆定律，需要采用发火冲能来计算。用电容式起爆器起爆串联网路时，为保证全部电雷管可靠起爆，应满足以下两个准爆条件[1]。

（1）准爆第一条件：起爆网路在电流大于电雷管的最小发火电流的条件下，获得电雷管的最大发火冲能，经推导后有：

$$C \geqslant \frac{2K_{max}R_{c.m}}{U^2 - I_f^2 R_{c.m}^2} \tag{B-39}$$

式中 C——起爆器的起爆电容量，F；

U——起爆器的输出峰值电压，V；

$R_{c.m}$——起爆网路的最大电阻，Ω；

K_{max}——电雷管的最大发火冲能，A^2s；

I_f——电雷管的最小发火电流，A，当起爆网路由 n 个支路并联时，$I_f = \frac{I}{n}$，此处，I 为起爆网路的总电流，A；n 为并联的支路数，支。

（2）准爆第二条件：起爆网路在被炸断之前，能得到电雷管的最大发火冲能，则有：

$$\frac{R_{c.m}C}{2}\ln\left(\frac{U^2C - 2K_{min}R_{c.m}}{U^2C - 2K_{max}R_{c.m}}\right) \leqslant \theta_{min} \tag{B-40}$$

式中 K_{min}——电雷管的最小发火冲能，A^2s；

θ_{min}——电雷管的最小传导时间，s；

其余符号意义同式（B-39）。

通常按准爆第二条件校核。可见，在起爆网路中应尽可能使用发火冲能接近的电雷管。式（B-40）为对数方程（超越方程），不能用解析法求解，可用图解法或试探法，即逐次增加 $R_{c.m}$ 值试算，直至式（B-40）的左右两侧相等为止。

对于某一电容式起爆器，当已知起爆电容量和输出峰值电压时，对不同的电雷管只要知道其最大发火冲能和最小发火电流，便可根据式（B-39）求得串联（或混联）起爆网路的最大电阻 $R_{c.m}$：

$$R_{c.m} = \frac{-K_{max} + \sqrt{K_{max}^2 + \frac{1}{n^2}I_f^2C^2U^2}}{I_f^2C} \tag{B-41}$$

例 4 苏联产 BMK-3/50 型起爆器的电容量 $C = 36\ \mu F$，输出峰值电压 $U = 450\ V$；ЭД-8-56С 型电雷管的最小发火电流 $I_f = 0.3A$，最大发火冲量 $K_{max} = 2.5 \times 10^{-3}\ A^2s$，最小发火冲量 $K_{min} = 0.6 \times 10^{-3}\ A^2s$，最小传导时间 $\theta_{min} = 1.2\ ms$。起爆器铭牌上的最大起爆网路电阻值 $R_{c.m} = 300\ \Omega$，现要求对其进行验算。

解：（1）按式（B-41）求 $R_{c.m}$ 值：

$$R_{c.m} = \frac{-2.5 \times 10^{-3} + \sqrt{(2.5 \times 10^{-3})^2 + 0.3^2(36 \times 10^{-6})^2 \times 450^2}}{0.3^2 \times 36 \times 10^{-6}} = 910(\Omega)$$

（2）将求得的 $R_{c.m}$ 值代入式（B-40）得：

---

[1] 有的文献称三个准爆条件，准爆第一条件为：起爆器输出的冲能大于电雷管的最大发火冲能。编者认为，只要满足本文所列的两个准爆条件，这一条件必能得到满足。因此，这里只列两个准爆条件。

$$\frac{910\times36\times10^{-6}}{2}\ln\left(\frac{450^2\times36\times10^{-6}-2\times0.6\times10^{-3}\times910}{450^2\times36\times10^{-6}-2\times2.5\times10^{-3}\times910}\right)=13.3\times10^{-3}(\text{s})>\theta_{\min}=1.2\,\text{ms}$$

未得到满足。按式(B-40)用试探法最后求得 $R_{c.m}=330\,\Omega$。可见,铭牌上的最大起爆网路电阻值为设计值的90%。

例5 20 世纪 60 年代我国冶金矿山引进一批瑞典的采掘设备,其中包括 CI 50、CI 250-2、CI 600 和 CI 2400 型电容式起爆器。起爆器的使用说明书给出的参数如表 B-34 所示。现求瑞典电雷管的电阻值、发火冲量、最小发火电流及起爆电容量。

表 B-34 瑞典起爆器参数

型 号	起爆电压 U/V	电容量 C/μF	母线电阻 R_1/Ω	雷管数 N/发	串联发数 m/发	并联支路数 N/支	最大起爆网路电阻 $R_{c.m}$/Ω
CI 50			10	50	50	1	135
CI 250-2	550	60	5	250	50	5	(30)
			10	200		4	(41.3)
CI 600	700	—	5	600	60	10	(20)
			10	480		8	(28.8)
CI 2400	1100	—	2	3000	120	25	(14)
			5	2400		20	(20)
			10	1800		15	(30)

注:括号内的起爆网路的最大电阻为编者计算求得。

解:

(1) 计算瑞典电雷管的电阻 R_d:

由式(B-7)可导出

$$R_d=\frac{n}{m}(R_c-R_1) \tag{B-42}$$

将 CI 50 型的有关数据代入式(B-42),有

$$R_d=\frac{1}{50}(135-10)=2.5(\Omega)$$

(2) 计算起爆网路的最大电阻:

已知电雷管的电阻,用表 B-34 中的有关数据,按式(B-7)即可分别求出起爆网路的最大电阻,计算结果也列入表 B-34。

(3) 计算电雷管的发火冲量、最小发火电流及起爆电容量:

1) 公式推导:

由式(B-41)可化成:

$$(R_{c.m}I_f^2C+K_{\max})^2=K_{\max}^2+\frac{1}{n^2}I_f^2C^2U^2 \tag{B-43}$$

整理后有

$$R_{c.m}^2I_f^2C+2R_{c.m}K_{\max}-\frac{1}{n^2}CU^2=0 \tag{B-44}$$

2) 将 CI 2400 型的 3 种连接方式的数据代入式(B-44)中有:

$$14^2I_f^2C_{2400}+2\times14K_{\max}-\frac{1}{25^2}\times1100^2C_{2400}=0$$

$$20^2 I_f^2 C_{2400} + 2 \times 20 K_{max} - \frac{1}{20^2} \times 1100^2 C_{2400} = 0$$

$$30^2 I_f^2 C_{2400} + 2 \times 30 K_{max} - \frac{1}{15^2} \times 1100^2 C_{2400} = 0$$

解上述联立方程，可求得

$$I_{f1} = 1.49(\text{A}), I_{f2} = 1.60(\text{A})$$

$$C_{2400} = \frac{K_{max}}{53.2}$$

3）将 CI 600 型的 2 种连接方式的数据代入式(B–44)，同样可求得

$$I_{f3} = 1.54(\text{A})$$

$$C_{600} = \frac{K_{max}}{98.9}$$

4）将 CI 250-2 型的 2 种连接方式的数据代入式(B–44)，同样可求得

$$I_{f4} = 2.21(\text{A})$$

根据求得的 $I_{f1} \sim I_{f4}$ 值，最终取瑞典产电雷管的最小发火电流 $I_f = 1.5\text{A}$。

5）将最小发火电流 I_f 代入 CI 250-2 型的方程式(B–44)中，可求得最大发火冲量

$$K_{max} = 10\ (\text{A}^2\text{ms})$$

实际在设计起爆器时，还应考虑适当的安全余量。因此，上面求得的单发发火电流和最大发火冲量均大于电雷管的实际参数。但这种偏差对于计算起爆电容量并无影响。

6）将最大发火冲量 K_{max} 代入前面的 C_{2400} 和 C_{600} 的方程式，可求得

$$C_{2400} = 188 \times 10^{-6}(\text{F}) = 188\mu\text{F}, 取 200\mu\text{F}$$

$$C_{600} = 101 \times 10^{-6}(\text{F}) \approx 100\mu\text{F}$$

1972 年 4 月编者在江西程潮铁矿巧遇一台损坏的 CI 600 型电容式起爆器，拆开后发现其电容器为 MP 型 20 μF630 V，5 只并联，电容量确实为 100 μF。

B. 14 杂散电流

B. 14. 1 杂散电流的概念

B. 14. 1. 1 杂散电流的产生

杂散电流是指流散在矿体或岩体中的无序电流。除大地自然电流外,主要是岩巷内强电源对地漏电引起的,多在金属矿体和金属物体中积聚。架线式电机车的钢轨与底板之间的绝缘一般都不太好,总会有一部分电流经大地返回变流站,这是产生杂散电流的最主要原因。其次,电气设备和导线绝缘破坏时产生的漏电也会形成杂散电流。电导率较大的岩体,如铁矿床中的杂散电流较大。

B. 14. 1. 2 "杂散电流源"和"等效内阻"

编者于 1968 年首先提出"杂散电流源"及其具有内阻(称为"等效内阻")的概念。因此,采用测定等效电雷管电阻上的电压来换算"电雷管的杂散电流"时,必须同时注明等效电雷管的电阻值,否则是无意义的。还应指出,用电压表直接测量"杂散电流的电压"也是毫无意义的。因为杂散电流源的等效内阻不同,用测得的电压值除以电雷管电阻得出的电流值,并非是真正流经电雷管的杂散电流值。

我们可将测试杂散电流的两点看作一个"杂散电流源",则流经电雷管的杂散电流值将由全电路欧姆定律所确定:

$$I = \frac{E}{R_1 + r} \tag{B-45}$$

式中 I——流经电雷管的杂散电流值,A;

E——"杂散电流源"的电动势,V;

R_1——电雷管电阻,Ω;

r——"杂散电流源"的"等效内阻",Ω。

实测表明,等效内阻一般都大于 12 Ω,但在铁矿中采用架线式电机车运输的条件下,钢轨之间或钢轨与金属管道之间,其等效内阻可以小于 0. 8 Ω。

B. 14. 2 杂散电流与电雷管电阻及"等效内阻"的关系

若设雷管的电阻为 3. 2 Ω,并以流经它的杂散电流值为基准,则不同电阻雷管的杂散电流值的相对变化 m 为:

$$m = \frac{\dfrac{E}{R_1 + r}}{\dfrac{E}{3.2 + r}} = \frac{3.2 + r}{R_1 + r} \tag{B-46}$$

比值 m 与电雷管电阻 R_1、测试两点间的"等效内阻" r 的关系,如图 B-12、图 B-13 所示。

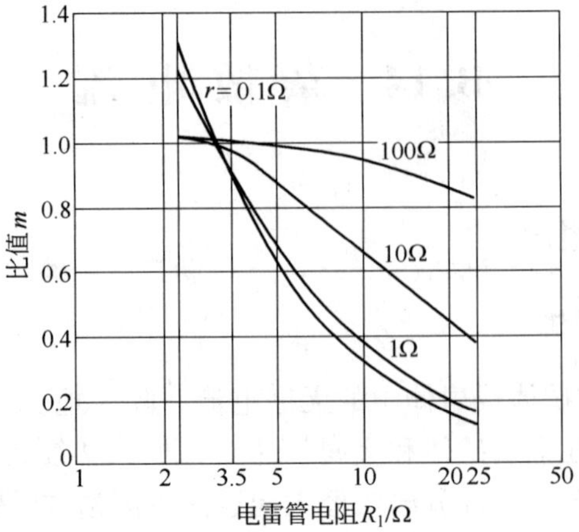

图 B-12　杂散电流与电雷管电阻 R_1 的关系

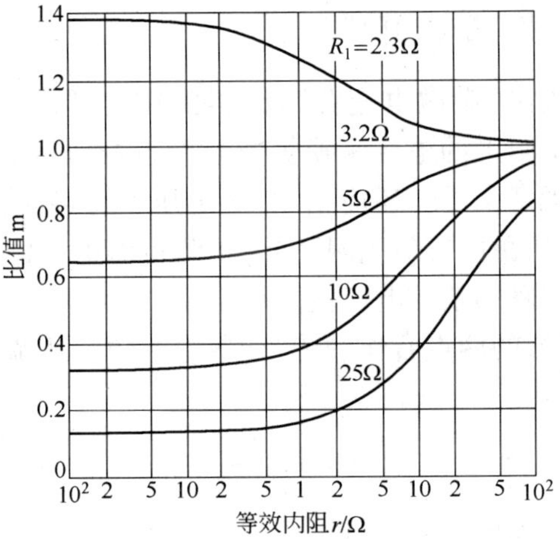

图 B-13　杂散电流与“等效内阻”r 的关系

由此可见,“杂散电流源”的等效内阻越小,杂散电流越大;电雷管的电阻越小,杂散电流越大。杂散电流对单个电雷管的危害远远超过对起爆网路的危害。

B. 14. 3　实测杂散电流

B. 14. 3. 1　杂散电流测定仪

如前所述,只有在等效电雷管电阻值等于或接近使用的电雷管电阻的条件下,测试的杂散电流值才是有意义的。编者为测定“等效内阻”,特试制出 ZC—1 型杂散电流测定仪。它有三挡等效电雷管电阻值(2. 5 Ω、5. 0 Ω、25 Ω),且改变等效电阻值时,表盘刻度不变,可直接读出对应的杂散电流值。此外,它的量程较大有 0. 1 A、1. 0 A、10 A 三挡。因此,ZC—1 型杂散电流测定仪可以改变等效电阻值,以适应不同的电雷管,并可通过测量不同等效电阻值的杂散电流值来求得“杂散电流源”的内阻,从而可以求出流经不同电阻电雷管的杂散电流值。

B. 14. 3. 2 杂散电流测试

1968 年至 1970 年编者参与了对我国的几个铁矿和铜矿进行杂散电流测试的工作，测试结果如表 B-35 所示为对比说明，同时给出了电压测定值。

表 B-35 实测杂散电流值

测定地点	矿山名称	轨—管(轨)		轨(管)—地(帮)		(帮)—帮(地)		备 注
		电压/V	电流/等效电阻/(A/Ω)	电压/V	电流/等效电阻/(A/Ω)	电压/V	电流/等效电阻/(A/Ω)	
采矿场	大庙铁矿	—	—	2. 5	0. 004/1	0. 13	0	富铁矿
	弓长岭铁矿	—	—	0. 5	0	—	0	富铁矿
	梅山铁矿	—	—	0	0	0	0	富铁矿
掘进面	大庙铁矿	—	—	0. 8	0	—	0	120 m 外有电机车
	三九铁矿	0. 26	0	0. 3	0		0	无电机车
	弓长岭铁矿	3. 0	0. 34/2. 5	0. 25	0. 006/2. 5	—	0	
	梅山铁矿	—	—	0	0	0	0	蓄电池机车
运输巷道	大庙铁矿	≥1	5. 7/1	0. 8	0	—	—	
	弓长岭铁矿	4. 6	1. 6/2. 5	—	—	—	—	6 ~7 台电机车运行
	梅山铁矿	0	0	0	0	0	0	5 ~7 台电机车运行
	河北铜矿		7/2. 5	0	0	0	0	无架线电机车

通过实测杂散电流，可有如下的初步看法：

(1) 在钢轨之间或钢轨与钢管之间，杂散电流最大。而在钢轨(钢管)对底板之间可测出杂散电流，但都不大，采场测出的最大杂散电流为 4 mA(等效电阻为 1 Ω)，掘进工作面的最大杂散电流为 6 mA(等效电阻为 2. 5 Ω)。

(2) 在运输巷道内，当电机车与测试点的距离超过 30 m 时，与电机车的距离影响不大；但当电机车驶进距测试点 30 m 以内时，杂散电流值明显增大，测出的最大杂散电流分别高达 5. 7 A(等效电阻为 1 Ω)、7. 0 A(等效电阻为 2. 5 Ω)。

(3) 在运输巷道内测试钢轨与金属管道之间的杂散电流时，曾发现杂散电流测定仪在较长时间内毫无显示，而模拟电雷管的引火头却突然发火的现象。说明确实存在瞬间大的杂散电流脉冲。

在远离主要运输巷道的次要运输巷道内，当电机车不运行或运行较少时，有时杂散电流值较稳定。编者曾测得不同等效雷管电阻的杂散电流值，见表 B-36。并由此求得“杂散电流源”的等效内阻值，也见于表 B-36。

表 B-36 由实测杂散电流值计算等效内阻值

矿 山 名 称	测 定 对 象	杂散电流值/A : Ω^{-1}			等效内阻/Ω
大庙铁矿①	轨—管	0. 05/0. 5	0. 05/1	0. 028/10	10 ~12
	轨—管	0. 24/0. 5	0. 22/1	0. 09/10	5 ~6
	轨—管	0. 4/0. 5	0. 3/1	>0. 1/10	1
弓长岭铁矿②	轨—管	0. 65/2. 5	0. 4/5	0. 08/25	1. 5 ~2. 2
	轨—轨	1 ~1. 4/2. 5	0. 8/5	0. 14 ~0. 2/25	0. 8 ~1. 7

① 大庙铁矿是使用编者改装的 706 型测杂仪(武汉冶金安全技术研究所出品)测定的，除原有等效雷管电阻为 1 Ω 外，临时增加等效雷管电阻为 0. 5 Ω、10 Ω 两挡；

② 弓长岭铁矿是采用编者研制的 ZC—1 型杂散电流测定仪测定的，它有等效雷管电阻为 2. 5 Ω、5 Ω、25 Ω 三挡。

B. 14. 4 预防杂散电流引起早爆

当杂散电流大于电雷管的最小发火电流时,便可能发生早爆事故。1959 年 10 月河北铜矿在掘进平巷时,连接电雷管的一根母线搭在钢轨上,另一根又碰到巷道的岩帮上,结果引起 19 个炮孔中的 7 个早爆。国外也曾发生过多起杂散电流引起的早爆事故。

为了预防杂散电流引起的早爆事故,可采用抗杂散电流电雷管。当用普通电雷管起爆时,在装药和连线时应全程监测杂散电流。在采矿大爆破中,应采取局部停电或全部停电等措施。在采用架线式电机车运输的金属矿山中应避免采用电雷管起爆。目前,采用导爆管起爆网路来代替电起爆网路,可以从根本上消除杂散电流引起的早爆事故。

B. 15 噪声的危害与防治

噪声是指对人类的生活或生产活动产生不良影响的声音。它是声波的一种,具有声波的一切特性。从物理学角度,噪声是强度和频率变化杂乱无章,听起来不和谐,使人们感觉不适而烦躁的声音。因此,噪声是一种感觉公害,物理性污染。噪声按其来源可分为来自自然界噪声和来自人类生产活动的即人为活动所产生的噪声。环境噪声是指在工业生产、建筑施工、交通运输和社会生活中所产生的干扰周围生活、工作环境的噪声。岩巷工程施工中的噪声源主要有凿岩机、爆破、通风机、装运渣石、空气压缩机等发出的噪声。由于作业空间狭窄,人员集中,因此噪声污染较地面严重。一般防治噪声的措施是:通风机安装消声器,选择带有防震的机械,加强凿岩作业时的个人防护,合理地调整工作时间,使噪声污染降低到最低限度。

B. 15. 1 声音响度特性

B. 15. 1. 1 声压、声强、声功率

A 声压

声波在传播过程中,使其附近质点的空气分子产生有规律、有指向性的运动,改变了原来比较恒定的静压力,引起比原来静压力增高的量值(该点的压力与声音未到达时的压力之差),称为该点的瞬时声压。瞬时声压的均方根值称为有效声压。通常所说声压,即指有效声压,用 P 表示。

声压的单位是帕(Pa),1 Pa = 1 N/m^2。声压的测量比较容易,声学中常用它来描述声波。正常人刚刚能听到的1 kHz 纯音的最微弱声压为 2×10^{-5} Pa,称为人耳的听阈。使人耳产生疼痛感觉的声压,如飞机发动机噪声的声压为 20 Pa,称为人耳的痛阈。

B 声强

声强(I)是在声波传播方向上,单位时间内通过与该方向垂直的单位面积的声音能量值,单位是 W/m^2。声强与声压关系密切。在自由声场中,平面波和球面波某处的声强 I 与该处声压的平方成正比:

$$I=\frac{P^2}{\rho_0 c_0} \tag{B-47}$$

式中 I——声强,W/m^2;

P——有效声压,N/m^2;

ρ_0——空气密度,kg/m^3;

c_0——空气中的声速,m/s。

以标准大气压下、20℃的空气密度和声速计算,得 $\rho_0 c_0$ = 415 N · s/m^2,称为空气对声波的特性阻抗。

C 声功率

声音也是一种能量的表现形式,产生声音的声源在单位时间内所输出的能量称为声功率,单位为 W 或 μW。

B.15.1.2 声压级、声强级、声功率级及其分贝

A 声强级

为了方便地比较声强的大小,取声强 I 与基准声强 I_0之比的对数,并乘以 10,称为声强 I 的声强级的分贝数(dB),记作

$$L_{\mathrm{I}} = 10\lg \frac{I}{I_0} \tag{B-48}$$

式中 L_{I}——声强级,dB;

I——声强,$\mathrm{W/m^2}$;

I_0——基准声强,为人耳能听到的最小声强,$\mathrm{W/m^2}$。

B 声压级

声压的变化范围极大,从听阈到痛阈,即从 2×10^{-5} Pa 到 20 Pa,达 100 万倍。用声压的绝对值表示声音的强弱很不方便。同时,人耳对声音响度的感觉不是按线性规律变化,而是与声音强度的对数成比例的。为方便起见,引用了声压比或者能量比的对数来表示声音的大小,这就是声压级(L_{p})。它是表示声压强度相对大小的指标,单位是分贝(记为 dB)。分贝是一个相对单位,以听阈声压为基准声压(0 dB),即 $P_0 = 2\times10^{-5}$ Pa。对声压与基准声压之比值,再取以 10 为底的对数,并乘以 20,就是声压级的分贝数(dB),即

$$L_{\mathrm{p}} = 20\lg \frac{P}{P_0} \tag{B-49}$$

式中 L_{p}——声压级,dB;

P——声压,$\mathrm{N/m^2}$;

P_0——基准声压,为听阈声压,$\mathrm{N/m^2}$。

对照式(B-48)与式(B-49),由式(B-47)可知,在自由传播的平面波或球面波中,声压级与声强级的数值相等。常见的环境噪声如图 B-14 所示。

C 声功率级

声功率级为

$$L_{\mathrm{W}} = 10\lg \frac{W}{W_0} \tag{B-50}$$

式中 L_{W}——声功率级,dB;

W——声功率,W;

W_0——基准声功率,W,$W_0 = 10^{-12}$ W。

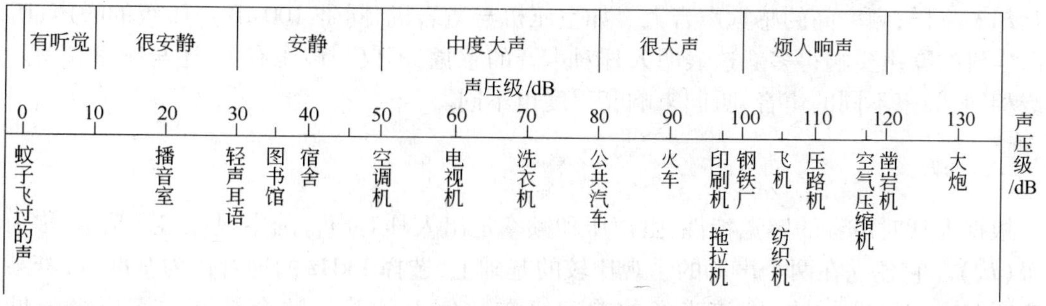

图 B-14 常见环境噪声

声压、声强和声功率与声压级、声强级和声功率级换算列线图,如图 B-15 所示。

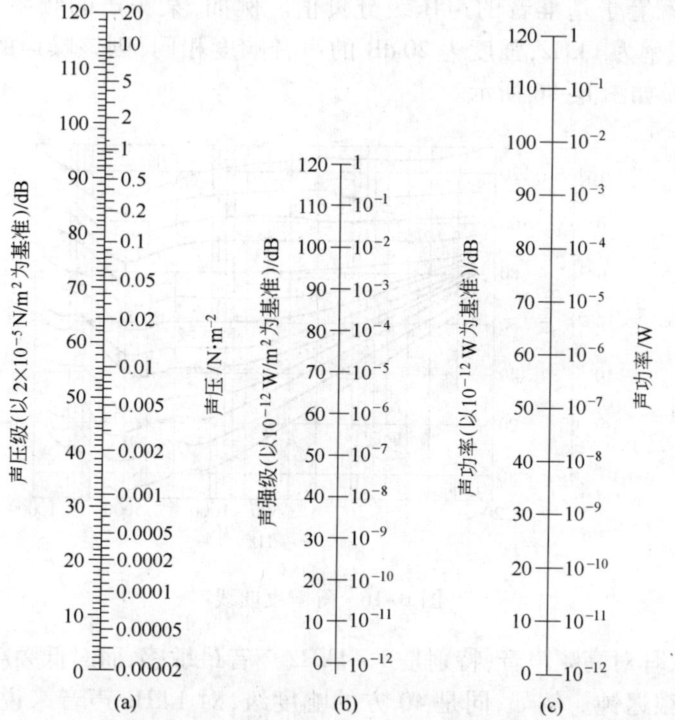

图 B-15 声压、声强和声功率与声压级、声强级和声功率级的换算列线图

采用分贝(dB)来表达声学量值的原因,是由于人耳的听觉对声音强弱刺激的反应是与其对数成比例的。其次,当声压用对数换算后,可缩小其变化范围,比直接采用声压来表示要简单得多。

B. 15. 1. 3 响度与响度级

A 响度

响度(N)是人耳对声音强弱的主观感觉物理量。它的单位为“宋”(sone),1 宋(sone)是声压级为 40 dB、频率为 1 kHz,且来自于听者正前方的平面波形的声音强度。响度不仅取决于声音的强度(如声压级),还与它的频率及波形有关。相同的声压而频率不同时,人的感觉却不一样，频率高的感觉声音大。如空压机与凿岩机，同是 100 dB 声压级的噪声，听起来凿岩机的噪声要响得多。这表明人耳对声音的感觉，不仅与声压有关，还与频率有关。声压级相同，频率不同的声音，听起来响亮程度也不同。

B 响度级

根据人耳对声音的感觉特性，由声压和频率定出人耳对声音的主观音响感觉量，称为响度级（L_N）。它建立在两个声音的主观比较的基础上，选择 1 kHz 的纯音作为基准音，若某一声音听起来与其一样响，则该声音的响度级在数值上就等于这个纯音的声压级分贝值（dB）。响度级是将声压级（即强度）和频率统一起来的一个概念。响度级的单位为“方”（phon），以频率为 1 kHz 的纯音作为基准声音，其他频率的声音听起来与基准音一样响时，该声音的响度级就等于基准音的声压级分贝值。例如，某噪声的频率为 100 Hz，强度为 50 dB，其响度与频率为 1 kHz，强度为 20 dB 的声音响度相同，则该噪声的响度级为 20 方。人耳的等响度曲线如图 B-16 所示。

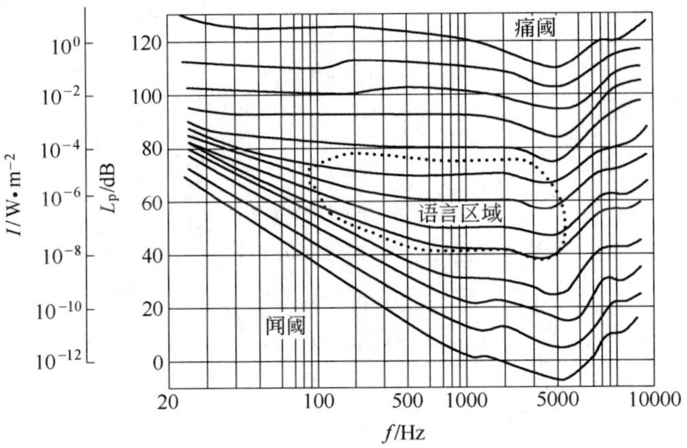

图 B-16 等响度曲线

实验表明，人耳对高频声音，特别是 3 ~ 4 kHz 声音最敏感，而对低频声音，尤其是 100 Hz 以下的声音表现很迟钝。例如，同是 40 方的响度级，对 1 kHz 声音来说，声压级为 40 dB；4 kHz 的声音，声压级为 37 dB；100 Hz 的声音，声压级为 52 dB；30 Hz 的声音，声压级为 78 dB。即低频 80 dB 的声音，听起来和高频 37 dB 的声音感觉是一样的。由此可见，人耳对声音的主观感觉，是随频率不同而有很大差别。但是声压级在 80 dB 以上时，各个频率的声压级与响度级的数值则比较接近，这表明当声压级较高时，人耳对各个频率声音的感觉基本是一样的。

C 响度与响度级的关系

根据大量的实验可知，响度级每改变 10 方，响度加倍或减半，即数学关系为

$$N = 2^{\frac{L_N - 40}{10}} \tag{B-51}$$

或

$$L_N = 40 + 33.2\lg N \tag{B-52}$$

式中　N——响度，宋（sone）；

L_N——响度级，方（phon）。

B. 15. 2　噪声危害与卫生标准

B. 15. 2. 1　噪声的危害

较强的噪声对人的生理与心理会产生不良的影响。在日常工作和生活环境中，噪声主要会造成听力损失，干扰谈话、思考、休息和睡眠。国际标准化组织（ISO）的调查表明，在噪声级 85 dB 和 90 dB 的环境中工作 30 年，耳聋的可能性分别为 8% 和 18%。在噪声级 70 dB 的环境中，谈话会感到困难。对工厂周围居民的调查结果认为，干扰睡眠、休息的噪声级阈值，白天为 50 dB，夜间为 45 dB。

A　噪声对人耳听力的危害

研究表明，噪声对人的听力危害有下列表现：

（1）在噪声作用下，听觉的灵敏性降低。当听阈提高 10 ~ 15 dB 时，在离开噪声环境几分钟后，听力便很快得到恢复，这种现象称为听觉适应。

（2）当听阈提高 15 dB 以上时，离开噪声环境需很长时间才能恢复听力，这种现象称为听觉疲劳，它已属于病理前期状态。

国际标准化组织（ISO）1964 年规定 500 Hz、1000 Hz、2000 Hz 三个频率的算术平均听力损失超过 25 dB，称为噪声性耳聋。依据听力损伤的程度，噪声性耳聋可分为下列三类：

（1）轻度耳聋。当听阈位移达到 5 ~ 40 dB 时，听觉还未影响到语言区（500 ~ 2000 Hz），对交谈影响不大。

（2）中度耳聋。当听阈位移达到 40 ~ 60 dB 时，听觉已影响到语言区，一般声音的讲话已经听不清楚。

（3）重度耳聋。当听阈位移达到 60 ~ 80 dB 时，对低频、中频和高频的听觉能力均严重下降，即使面对面大声讲话也听不清楚。

人的语言频率多在 500 ~ 2000 Hz 范围，因此这个范围的噪声，对语言干扰最大。通常普通谈话距 1 m 约为 70 dB（A）以下，大声谈话时可达 85 dB（A）以上。当噪声低于谈话声时谈话才能正常进行。

当声压很大（如爆炸、炮击）时，耳鼓膜内外产生较大的压差，可能导致鼓膜破裂而双耳完全失听。当噪声级超过 130 dB 时，必须佩戴耳塞，或把嘴张大，以防鼓膜破裂。

B　噪声对人体健康的危害

在噪声作用下，会引起视觉分析器管功能下降，干扰人的睡眠。连续 40 dB（A）的噪声，可使 10% 的人受影响；连续 70 dB（A）的噪声，会使 50% 的人受影响。突如其来的 40 dB（A）噪声，可使 10% 人惊醒；60 dB（A）的噪声可使 70% 人惊醒。噪声还对人的神经、消化、心血管系统产生不良影响，导致人的大脑皮层兴奋，抑制平衡失调。表现症状为头痛、头晕、失眠、多汗、乏力、恶心、心悸、注意力不集中、记忆减退、惊慌、反应迟钝等。据说 175dB 将会致人死亡。

C 强大噪声对金属和仪器的危害

强大噪声会使金属产生疲劳,使一些电子元件失效,致使仪器发生故障。有资料显示,20 世纪 50 年代,一架速度为 1100 km/h 的亚音速飞机,在做 60 m 低空飞行试验时,噪声使得一栋楼房遭到破坏,3000 座房屋受损,其中 43% 抹灰开裂、15% 墙体开裂、32% 墙体损坏。

20 世纪 60 年代,美国 F-104 飞机进行超音速试验时,高度为 10 km,每天飞行 8 次,连续 6 个月,致使一个农场 1 万只鸡中,被噪声杀死 6000 只。

B. 15. 2. 2 噪声的卫生标准

《工业场所有害因素职业接触限值 第 2 部分:物理因素》(GBZ 2. 2—2007)规定的噪声职业接触限值为:每周工作 5 d、每天工作 8 h 的噪声限值为 85 dB(A),可见表 7-5。《工业企业设计卫生标准》(GBZ1—2002)规定,若每周工作不是 5 d,或每天工作时间不是 8 h,则需计算 40 h 等效声级,限值为 85 dB(A),可见表 7-6。

B. 15. 3 噪声测量与分贝计算

B. 15. 3. 1 噪声测量

A 计权声级

人耳听觉的频率特性表现为对中频范围的声音反应最灵敏,而对高、低频,尤其是对低频的声音反应较为迟钝。虽然听力正常的人可以听到频率为 20 ~ 20000 Hz 的声音,但在低频 100 Hz 的灵敏度只有中频 1000 Hz 的 1/10 左右,即相差 20 dB 左右。此外,人耳的频率特性在听不同强度的声音时也各有差异。对于微弱的声音,频率特性最显著;随着声音的增大,频率特性逐渐平淡;当声音增大到 100 dB 以上时,频率特性趋于消失。

为了能用仪器直接反映人的主观响度感觉的评价量,在测量噪声时,模拟人耳的听觉特性,从等响度曲线中选取了 40 方、70 方、100 方这三条曲线,设计了一种特殊滤波器,将电信号修正为与听感近似,称为频率计权网络。它对低频和高频都加以适度的衰减,而使中频更突出。这样通过计权网络测得的声压级,已不再是客观物理量的声压级,而是称作计权声压级或计权声级,简称声级。根据所使用的计权网络的不同,分别称为 A、B、C 计权声级,单位记作 dB(A)、dB(B)、dB(C),它们所接受的声音,按不同程度进行滤波。在测量声音极大的飞机噪声时,又引入新的 D 计权。A ~ D 计权声级的频率特性曲线,如图 B – 17 所示。

A 计权声级是模拟人耳对 55 dB 以下低强度噪声的频率特性,它所接收的声音,通过低频段(500 Hz 以下)有较大的衰减,因此对高频敏感、对低频不敏感。B 计权声级是模拟 55 ~ 85 dB 的中等强度噪声的频率特性,它使接收声音通过时,低频率段有一定衰减。C 计权声级是模拟高强度噪声的频率特性,在整个可听范围内,近乎能让所有频率的声音原样地通过。因此,它代表总声压级。几种计权声级的主要差别是对噪声低频成分的衰减程度,A 衰减最多,B 次之,C 最少。A 计权声级由于其特性曲线接近于人耳的听感特性,因此是目前世界上噪声测量中应用最广泛的一种,许多国家均采用 A 声级作为噪声评价的指标。目前,B 计权声级已基本不用,C 计权声级有时用作代替可听声范围内的总声压级。

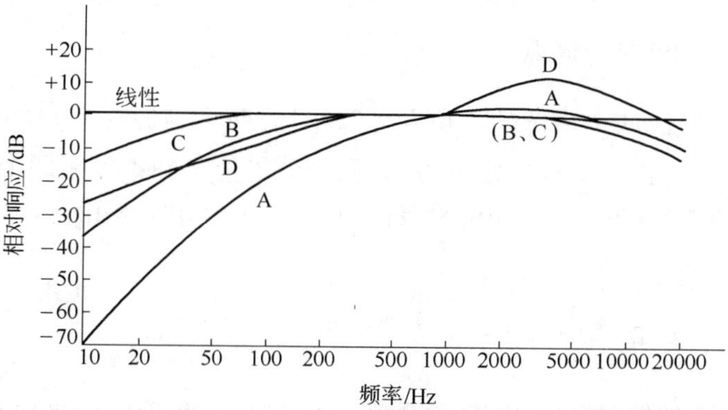

图 B-17 A ~ D 计权声级的频率特性曲线

B 声级计

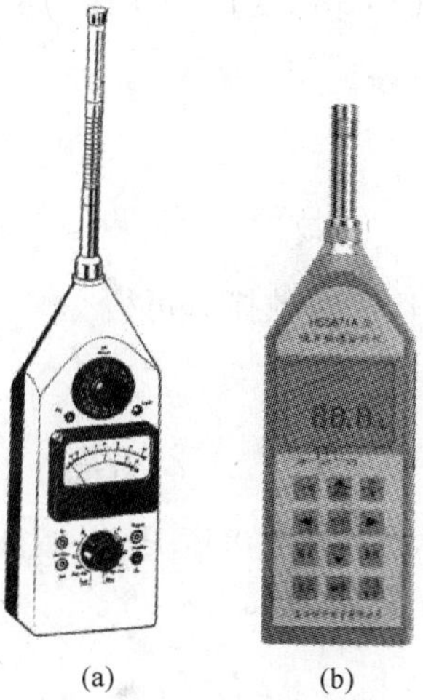

(a) (b)

图 B-18 声级计
(a) 电流表显示声级计;
(b) 数字显示声级计

测量噪声等级的仪器称为声级计(见图 B-18)。它由传声器、前置放大器、衰减器、放大器、滤波器(频率计权网络)、有效值检波器及指示器等组成,其原理方框图如图 B-19 所示。声级计按精度可分为精密声级计和普通声级计。精密声级计的测量误差约为 ±1 dB,普通声级计约为 ±2 dB。

声级计的原理是:由传声器将声音转换成电信号,再由前置放大器变换阻抗,使之与衰减器匹配。放大器将输出信号加到计权网络(或外接滤波器),对信号进行频率计权,然后再经衰减器及放大器将信号放大到一定的幅值,送到有效值检波器(或外电平记录仪),将迅速变化的电压信号转变成变化较慢的直流电压信号,能按"快"、"慢"、"脉冲"和"保持"4 个标准分挡给出被测噪声的定量示值。指示器原来为电压表,现在多采用数字显示。

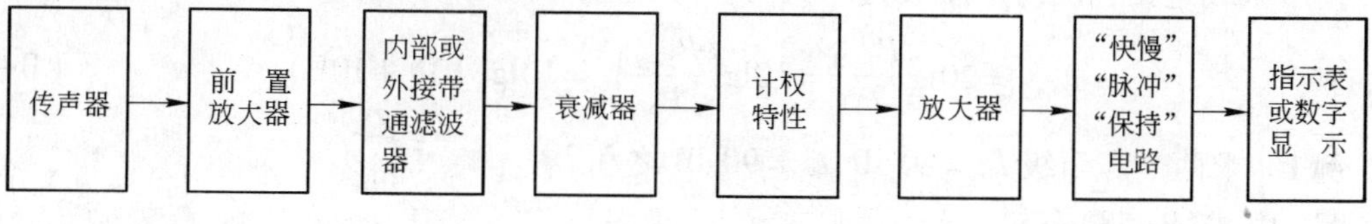

图 B-19 声级计原理方框图

加权网络使中频噪声被"放大",即对听感影响最大的中频噪声被赋予了更大的权重。声级计通过计权特性测得的分贝读数,称计权声压级或声级,而不通过计权特性测得的分贝读数则称为线性声压级或声压级,记为 dB(线性)。

B.15.3.2 声压级(dB)求和计算

声能可以代数相加,两个声源的声功率可以相加,两个声源在某点的声强也可以相加。但声压不能直接相加。由声压级的定义可知,两个分贝值之和不等于两个分贝值简单相加。例如,一个 100 dB 的声音和一个 98 dB 的声音相加,并不等于 198 dB。声压级求和计算可采用公式法或查表法。

A 公式法求和计算

分贝相加一定要按能量(声功率或声压平方)相加,不能按声压直接相加。设有两个声压级 L_1(dB)和 L_2(dB)相加,求合成的声压级 L_{1+2},可按下列步骤计算:

(1) 由式(B-49)有

$$\begin{cases} L_1 = 20\lg\dfrac{P_1}{P_0} \\ L_2 = 20\lg\dfrac{P_2}{P_0} \end{cases} \tag{B-53}$$

运用对数换算可得

$$\begin{cases} P_1 = P_0 10^{\frac{L_1}{20}} \\ P_2 = P_0 10^{\frac{L_2}{20}} \end{cases} \tag{B-54}$$

(2) 合成声压 P_{1+2},按能量相加有

$$(P_{1+2})^2 = P_1^2 + P_2^2 \tag{B-55}$$

即

$$(P_{1+2})^2 = P_0^2(10^{\frac{L_1}{10}} + 10^{\frac{L_2}{10}}) \tag{B-56}$$

或

$$\left(\frac{P_{1+2}}{P_0}\right)^2 = 10^{\frac{L_1}{10}} + 10^{\frac{L_2}{10}} \tag{B-57}$$

按声压级定义合成的声压级为

$$L_{1+2} = 20\lg\frac{P_{1+2}}{P_0} = 10\lg\left(\frac{P_{1+2}}{P_0}\right)^2 = 10\lg(10^{\frac{L_1}{10}} + 10^{\frac{L_2}{10}}) \tag{B-58}$$

例 1 求两个声压级 $L_1 = 80$ dB, $L_2 = 90$ dB 之和 L_{1+2}。

解: 由式(B-58)有

$$L_{1+2} = 10\lg(10^{\frac{80}{10}} + 10^{\frac{90}{10}}) = 10\lg(10^8 + 10^9) = 10\lg(10^8 \times 11) = 10(8 + \lg 11) = 80 + 10.4$$
$$= 90.4(\text{dB})$$

例 2 求两个声压级 $L_1 = 80$ dB, $L_2 = 80$ dB 之和 L_{1+2}。

解: 由式(B-58)有

$$L_{1+2} = 10\lg(10^{\frac{80}{10}} + 10^{\frac{80}{10}}) = 10\lg(2 \times 10^8) = 10\lg 2 + 10\lg 10^8 = 3.0 + 80$$
$$= 83.0(\text{dB})$$

B　查表法求和计算

两个分贝值相加，可看作在其中较高的分贝值上加上一个增值。由式（B−58）可计算出不同差值（dB）的两个分贝值求和的增值，如表 B−37 所示。当声压级差带有小数时，可按表 B−37 采用内插法求得其增值 ΔL。

表 B−37　两个分贝和的增值表

声压级差（L_1-L_2）/dB	0	1	2	3	4	5	6	7
增值 ΔL/dB	3.01	2.54	2.12	1.76	1.45	1.19	0.97	0.78
声压级差（L_1-L_2）/dB	8	9	10	11	12	13	14	15
增值 ΔL/dB	0.64	0.51	0.41	0.33	0.26	0.21	0.17	0.14

由表 B−37 可见，两个分贝值相加的增值，与两个分贝值的绝对值无关，且以两个相同分贝值相加的增值为最大为 3.0 dB；两个分贝和的增值随两个分贝值的差值加大而减小，即较小分贝值的影响变弱。例如，当两个分贝值的差值为 15 dB 时，其和的增值仅为 0.14 dB。

例 3　利用表 B−37，求 84、87、90、95、96、91、85、79 dB 八个分贝之和。

解：先求出每两个分贝之差，从表 B−37 中查得 dB 增值 ΔL，加在大的分贝值上，即为两个分贝之和，如此重复像倒“宝塔”运算，方法如图 B−20 所示。最后求出总和 100.2 dB。

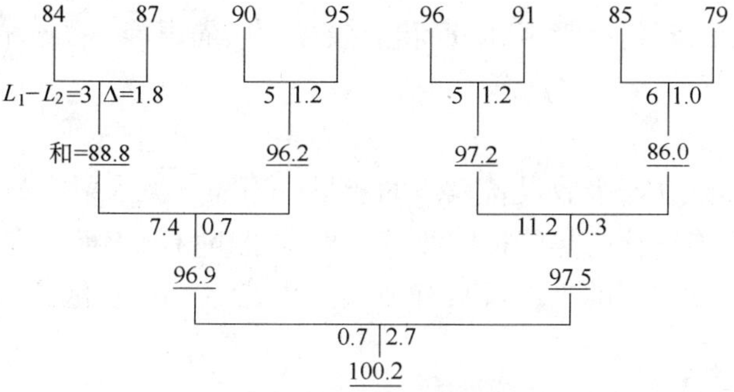

图 B−20　声压级（dB）求和计算法

B. 15. 3. 3　噪声平均值（dB）计算

噪声平均值求算，同样不能按算术方法计算。其平均值的计算也有公式法和查表法两种方法。

A　公式法求平均值

噪声平均值公式

$$\overline{L}=10\lg\left(\frac{1}{n}\sum 10^{\frac{L_i}{10}}\right)=10\lg\sum 10^{\frac{L_i}{10}}-10\lg n \qquad (B-59)$$

式中　$\overline{L}$——n 个噪声的平均声压级，dB；

L_i——第 i 个噪声源的声压级,dB;

n——噪声源的个数。

B 查表法求平均值

先按求和的方法,将几个噪声源相加,再减去 10 lg n。

例4 求105、103、100、98四个分贝平均值。

解: 按类似图B-20方法,查表B-37求出105、103、100、98四个声级之和为108.3 dB,如图B-21所示。

再减去 10 lg4 =6(dB),即 108.3 -6 =102.3(dB),经四舍五入的平均数为102 dB。

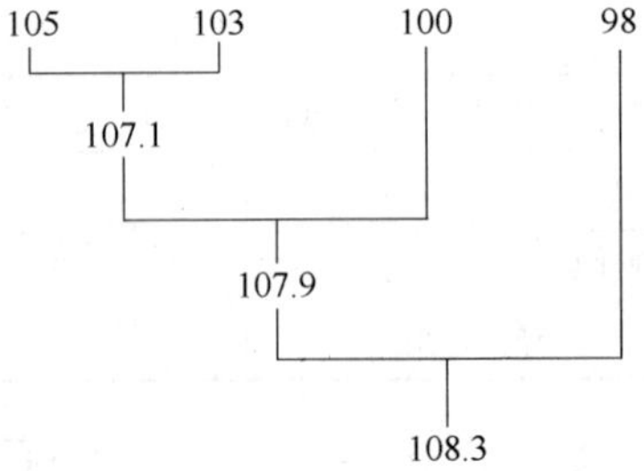

图B-21 声压级(dB)求和计算

B.15.4 噪声防治

噪声的影响范围,只在有声源、声音传播途径和接受者三方面同时存在的系统内,才能造成对听者的干扰,形成噪声污染。因此,噪声具有局限性、分散性的特点。根据噪声的特点,噪声防治可从声源、传播途径和接受者三方面进行。实际对噪声的防治,主要是从对设备噪声的防治和个人听力防护两方面进行。

B.15.4.1 设备噪声防治措施

设备噪声的防治措施,包括吸声、防振和减振、消声、隔声等。

A 吸声

用吸声材料或吸声结构,吸收设备噪声的能量。当噪声波入射在材料的空隙时,由于摩擦力和黏滞阻力,使声能转化为热能被吸收掉。要求吸声材料表面具有多孔,内部具有高的孔隙率,孔间彼此相连。常用的吸声材料有玻璃丝棉、工业毛毡、泡沫塑料、石棉、加气混凝土等。

B 防振和减振

为防止设备负荷突增或突降时产生的噪声,可在设备上装设减振器和采用弹性联轴器,从而防止或减少声源振动而降低噪声。

C 消声

在设备上安装消声器,阻止声音传播,但允许气流穿过。消声器应安装在气流通道口,以降低该设备的噪声。这是防止空气动力性噪声的主要方法。例如,在凿岩机的排气孔安装消音罩;采用带有消声器的低噪声局部通风机等。

D 隔声

用屏蔽物将声源屏蔽,或将声源完全密封起来。例如,在柴油机上安装专门的隔声罩,采用封闭型机舱等。

B. 15. 4. 2　个人听力防护

气动凿岩机的噪声远远超过 90 dB(A)，国家有关产品规定的凿岩机噪声限值即达 114 ~ 132 dB。当在噪声大于 90 dB(A)的环境中工作时，工作人员应佩戴听力防护用品，以防止噪声对人体的危害。听力防护用品按结构形式的不同，大致可分为插入外耳道的耳塞，将整个外耳廓罩住的耳罩和有护耳罩的防噪声帽三类。

A　耳塞

耳塞为插入外耳道或置于外耳道口处的一种栓塞，能较好地封闭外耳道，将外来的噪声衰减，达到保护听力的目的。最简易的耳塞可以用棉花制成，制式耳塞用塑料或橡胶制成，主要有子弹形、宝塔形、伞形、圣诞树形等(见图 B-22)。

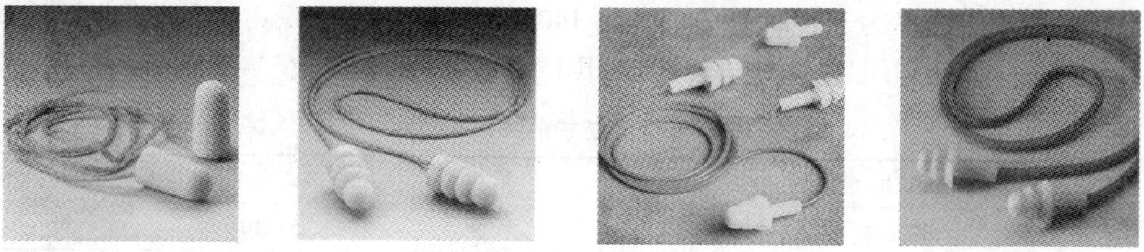

(a)　(b)　(c)　(d)

图 B-22　耳塞

(a) 子弹形；(b) 宝塔形；(c) 伞形；(d) 圣诞树形

要求耳塞能密塞外耳道而又不引起刺激或压迫感。耳塞的噪声降低率(NRR)一般为 15 ~ 30 dB。

B　耳罩

耳罩能将整个外耳廓覆盖住，可罩住部分乳突骨和部分颅骨，从而可减少骨传导的噪声。它通常为塑料制成，内衬泡沫或海绵垫层。耳罩可分为头戴式耳罩和挂安全帽式耳罩(见图 B-23a、b)。挂安全帽式耳罩直接插在安全帽上使用，不用时可将耳罩翻起，扣在安全帽的侧面。耳罩对 110dB(A)以下、频率为 1000 ~ 3000Hz 的稳态噪声效果较好，噪声降低率(NRR)一般为 20 ~ 40dB。用耳罩时加用耳塞，可增强防噪声效果。

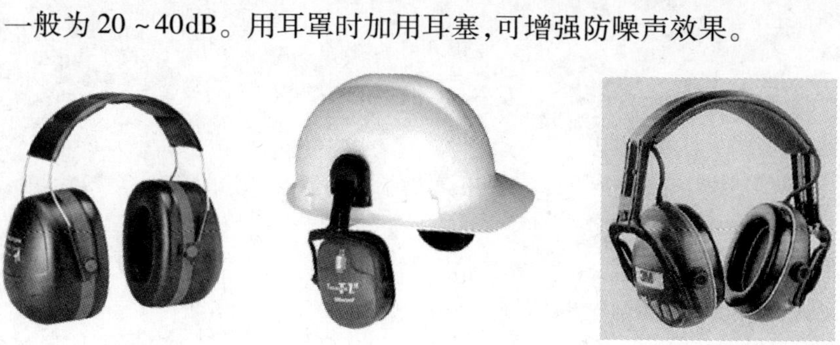

(a)　(b)　(c)

图 B-23　耳罩

(a) 头戴式耳罩；(b) 挂安全帽式耳罩；(c) 智能型电子耳罩

智能型电子耳罩可以进行电子噪声过滤（见图 B-23c）。它的耳部垫片有两个传声器，能自动捕捉外界噪声，并锁定在 82 dB 安全范围之内；同时在耳罩内部的扬声器又可保留所有外部信号，如谈话或报警声。它适用于脉冲噪声快速频繁产生的环境。

C 防噪声帽

当噪声特别强时，除经外耳道传入听觉器官外，还可由颅骨传导至听觉器官，这时宜佩戴防噪声帽。它带有护耳罩，并分为软式和硬式两种。

软式防噪声帽是将耳罩固定在帽盔的两耳位置，耳罩为塑料椭圆形，罩壳周边有泡沫塑料圈，内衬泡沫塑料和氯纶棉吸收材料，类似航空帽。它具有质软、质轻、导热系数低、隔声效果好、戴用方便等优点。不足之处是温度高时佩戴闷热、不通风、易出汗，也不宜戴眼镜。硬式防噪声帽的结构与软式防噪声帽相似，帽子以塑料制成硬壳外体，内衬一层柔软的吸声材料。它的噪声降低率达 30 ~ 50 dB，对 130 ~ 140 dB(A) 以上的强噪声，可减少对内耳的损伤。几种常见个人防护用品的噪声降低率（NRR）见表 B-38。

表 B-38 个人防护的噪声降低率

个人防护类型	噪声降低率/dB
棉　花	5 ~ 10
棉花涂蜡	10 ~ 20
伞形耳塞	15 ~ 30
柱形耳塞	20 ~ 30
耳　罩	20 ~ 40
防噪声帽	30 ~ 50

B.16 照明电光源

照明电光源是利用电能做功产生可见光的光源。岩巷工程照明，过去普遍采用白炽灯及荧光灯等普通电光源，它们的价格低、使用方便，但效率低、亮度弱。新型电光源主要有低压卤钨灯和高强气体放电灯，如高压钠灯、金属卤化物灯等。它们具有光效高、亮度大、寿命长等优点。新型电光源在大断面岩巷工程中的应用，可以大幅度地增加工作面的照度，节约电能，保证施工质量和安全。

B.16.1 照明的基本概念与电光源的主要技术指标

B.16.1.1 照明的基本概念

光是一种人眼可见的电磁波（可见光谱）。光源发出光的量称为光通量，而在某方向上光的分布密度称为发光强度，照度为光落在物体表面的密度，而人眼所见的并非照度而是该物体所反射的亮度。下面介绍这些照明常用术语的基本概念。

A 光通量

人的视觉对可见光的感觉除与光的强弱有关外，还与光的颜色有关。实验表明，在较明亮的环境中，人的视觉对可见光中波长为555 nm的黄绿色光最灵敏，可见光的波长距555 nm（如波长较长的红光和波长较短的紫光）越远，灵敏度越低。光通量是指光源在单位时间内，向周围空间辐射出的、使人眼产生光感觉的能量。它等于单位时间内某一波段的辐射能量和该波段的相对视见率❶的乘积。光通量用符号 Φ 表示，单位为流明（lm）。1lm是发光强度为1cd（坎德拉）的均匀点光源向单位立体角（1球面度内）发射出的光通量。

由于人眼对不同波长光的相对视见率不同，因此不同波长光的辐射功率相同时，其光通量并不相等。例如，波长555 nm黄绿光的1 W功率全部转换成光，光通量为683 lm；而1W波长650 nm的红光，其光通量仅相当于73 lm，只有黄绿光的1/9强。

B 发光强度

光源在某一特定方向上单位立体角（1球面度）内辐射的光通量，称为光源在该方向上的发光强度，简称光强（见图B-24）。发光强度用符号 I 表示，单位为坎［德拉］（cd），原称为烛光。1979年第16届国际计量大会决议，1cd是指单色光源（频率 $f=540\times10^{12}$ Hz，波长 $\lambda=555$ nm）的光在给定方向上的单位立体角内发出的发光强度，该方向上的辐射强

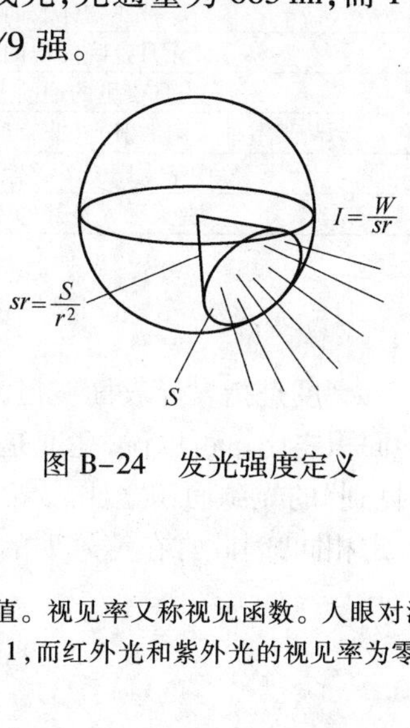

图B-24 发光强度定义

❶ 相对视见率是指某波长光的视见率与波长555 nm黄绿光的视见率的比值。视见率又称视见函数。人眼对波长为555 nm的黄绿色光的视见率最大，取为1。其他波长可见光的视见率均小于1，而红外光和紫外光的视见率为零。

度为 1/683(W/sr)。sr 是球面度的符号,球面度是以球心为顶点在球的表面切割等于球半径平方(半径为边长的正方形)的面积的立体角。球表面积为 4 πr^2,因此整个球有 4 π 个 sr。1sr 等于$(180/\pi)^2$。

对于向各方向均匀辐射光通量的光源,各方向的发光强度相等,其值为

$$I=\frac{\Phi}{\omega} \quad (B-60)$$

对于点光源有

$$I=\frac{\Phi}{4} \quad (B-61)$$

式中 I——发光强度,cd;

Φ——光通量,lm;

ω——立体角,单位为球面度,sr。

发光强度是表征光源发光能力大小的物理量。它是针对点光源而言的,或者发光体的大小与照射距离相比较小的场合。可以说,发光强度就是描述了光源到底有多亮,或是表明发光体在空间发射的汇聚能力。

C 照度

被照物体表面上单位面积所接受的光通量,称为该受照面的照度。照度用符号 E 表示,单位为勒[克斯](lx)。1 lx 等于 1 lm 的光通量均匀分布于 1 m^2 面积上的照度。

光均匀照射的平面照度为:

$$E=\frac{\Phi}{S} \quad (B-62)$$

式中 E——照度,lx;

Φ——光通量,lm;

S——受照面积,m^2。

日常生活中一些情况下的照度,如表 B-39 所示。

表 B-39 一些情况下的照度 (lx)

被照物体表面	照度值
无月夜晚的地面上	0.002
月夜里的地面上	0.2
晴天室外太阳散射光(非直射)下的地面上	1000
中午太阳光下的地面上	100000
白天采光良好的室内	100~500

D 亮度

亮度是指发光表面在指定方向(一般为视线方向)的发光强度与垂直指定方向的发光面的面积之比。可以说,亮度是人眼从一个方向观察光源,在这个方向上的发光强度与人眼所"见到"的光源面积之比。亮度用符号 L 表示,单位为 cd/m^2。由于物体在各个方向的亮度不一定相同,因此常在符号 L 的右下角注明角度,用以表示与物体表面法线成 α 角方向的亮度:

$$L_\alpha=\frac{I_\alpha}{S\cos\alpha} \quad (B-63)$$

式中 L_α——与物体表面法线成 α 角方向的亮度，cd/m^2；

I_α——与物体表面法线成 α 角方向的发光强度，cd；

S——发光体的表面积，m^2；

α——给定方向与物体表面法线方向的夹角。

亮度是人对发光面感受的明亮程度，它是一个主观的量。物体的亮度越大，人们就会感到它越亮。应注意，发光强度与亮度不同，它是由物理定义的客观量。

B. 16. 1. 2 电光源的主要技术指标

A 额定电压、额定电流和额定功率

电光源的设计工作电压（直流电压或交流电压的有效值）称为额定电压，即是电光源产品上标明的电压。电光源在额定电压下工作具有最好的发光效果。

电光源在额定电压下的设计电流称为额定电流，也是电光源产品上标明的电流。

电光源在额定电流下工作所消耗的有功功率称为额定功率，即电光源产品上标明的功率。

B 色温

当光源的发光颜色与绝对黑体在某一个温度下辐射的颜色相同时，该温度称为电光源的颜色温度，简称色温。它用绝对温度 K（开尔文）表示。色温是电光源的主要技术参数之一。色温相近的电光源，发光的颜色相似。

日光的平均色温约为 6000 ~ 6500 K，蓝天的色温约为 11000 ~ 20000 K。色温越高，光谱中蓝色的成分越多，而红色的成分则越少。色温为 2000 K 时呈橙色，2500 K 左右呈浅橙色，3000 K 左右为橙白色，4000 K 左右为白中略橙，4500 ~ 7500 K 为白色。

C 光色

光色包括色表和显色性两个方面。有的气体放电灯，如街道高压钠灯发出的光既亮又白，但当看到被照射人的面孔时却显示灰色。这说明高压钠灯的色表并不差，但显色性不好。

a 色表

色表是指光源本身发光的颜色，即人眼看到的光源表面的颜色。色表可用色温表示。

b 显色性

物体的颜色是物体对照射光源的光谱有选择地吸收、反射和透射的结果。同一物体在不同的光源照射下，会显示出不同的颜色。人们长期在日光或白炽灯下生活和工作，对物体的颜色有了较为固定的认识，即“习惯”地认为在这种条件下感受到物体的颜色才是它“真实”的颜色。

光源的显色性是由光源的光谱能量分布决定的。同样光表的光源可以由不同的光谱组成。日光或白炽灯的光谱是连续的，而许多电光源发出的可见光是不连续的，缺失某些谱线。因此，在电光源照射下的物体，与该电光源中缺失的谱线颜色相同的颜色将不被反射，人们看到的物体颜色就会产生明显的色差，即光源对该颜色的显色性差。物体用光源照明时，与用基准光源照明时的颜色符合程度称为光源的显色性。显色性是通过与同色温的参考或基准光源(如白炽灯)下物体外观颜色的比较来确定的。光源的显色性直接影响人们所观察到的物体颜色的准确性。显色性一般用显色指数表示。

c 显色指数

显色指数是对显色性的量度,用符号 Ra 表示,以数字表示其量值。白炽灯的显色性最好,视为理想的基准光源,显色指数定为100,其他光源的显色指数均小于100。白炽灯的理论显色指数为100,但实际的白炽灯种类繁多,其显色指数并不完全一致,只能说是接近100。

显色指数越大,光源的显色性越好;反之,光源的显色性越差。需要准确分辨颜色的工作,必须用高显色性的光源照明。

D 发光效率

发光效率是指电光源在额定工作状态下,消耗单位有功功率所发出的光通量,简称光效。用符号 η 表示,单位为 lm/W。发光效率为

$$\eta = \frac{\Phi}{P} \tag{B-64}$$

式中 η——发光效率,lm/W;

Φ——光通量,lm;

P——消耗的有功功率,W。

电光源的发光效率越高,越节能。

E 光衰和光通维持率

电光源随着点燃时间的增加,光通量会逐渐下降。光衰是表示电光源使用一段时间后,其光通量的衰减情形。它是电光源衰减快慢的定性描述,光衰大,表示电光源的光通量衰减快;光衰小,则光通量衰减慢。

光通维持率是指电光源在规定条件下点燃,在寿命期间内一特定时间的光通量与其初始光通量之比,以百分数来表示。它是光衰的定量描述,光通维持率高,表示光衰小;光通维持率低,则光衰大。在某一固定时间内电光源的光通量相对于电光源点燃100h时的初始光通量的百分比,称为该固定时间的光通维持率。国家标准规定,2000h的光通维持率不应小于78%。国外先进水平则为2000h不小于90%。

F 频闪效应

气体放电灯采用交流电源供电时,其光通量和照射物体的照度随交流电压作周期性变化,观察转动物体会觉得与实际运动方式不同;当转动角速度为电源频率的整倍数时,更会产生静止的错觉,这种现象称为频闪效应。

电光源的频闪效应使人眼对物体的分辨能力下降,尤其当物体处于转动或晃动状态时,会使人产生错觉,影响生产和工作。严重时,会使人将转动的物体视为静止而造成事故。

G 寿命

电光源的寿命分为全寿命和有效寿命,一般以小时(h)表示。全寿命是指光源从初次通电工作起到其完全丧失使用价值时止的全部点燃时间。有效寿命是指光源初次通电工作

的时候起到光通量衰减至某一规定值(初始值的百分率,如50%)的时间。平均寿命是指一批电光源产品的有效寿命的加权平均值。它一般用来抽检评价某企业、某种型号规格、某批量电光源的寿命。

B.16.2 电光源分类

电光源按其发光原理主要分为热辐射光源和气体放电光源两大类。

B.16.2.1 热辐射光源

热辐射光源是利用电流流经导电物体将其加热至高温时辐射发光的原理制成的。它包括白炽灯和卤钨灯两种。热辐射光源的构造简单,使用方便,无需镇流器,接通电源即可照明。

B.16.2.2 气体放电光源

气体放电光源是电流流经气体或金属蒸气,使之产生放电而发光的光源。气体放电又分弧光放电和辉光放电两种,弧光放电光源包括荧光灯、低压钠灯等低气压气体放电灯,高压汞灯、高压钠灯、金属卤化物灯等高强度气体放电灯,超高压汞灯,以及碳弧灯、氙灯等。辉光放电光源为低气压放电灯,如霓虹灯等。

气体放电光源按放电媒质可分为:

(1) 惰性气体放电灯。它利用气体中的放电发光,例如氖灯、霓虹灯、氙灯、汞氙灯等。

(2) 金属蒸气灯。它利用金属蒸气(如汞蒸气、钠蒸气等)中的放电,并主要由金属蒸气发光,例如荧光灯、汞灯、钠灯等。

(3) 金属卤化物灯。例如钪钠灯、钠铊铟灯、镝灯等。

气体放电光源具有发光效率高、使用寿命长等特点。

气体放电光源按放电气压可分为:

(1) 低气压放电灯。主要有荧光灯、低压钠灯。

(2) 高强度气体放电灯(HID)。主要有高压汞灯、高压钠灯和金属卤化物灯,被誉为"21世纪照明革命产品"。

(3) 超高压气体放电灯。如超高压汞灯。

B.16.3 岩巷工程常用电光源

B.16.3.1 白炽灯

白炽灯是最早出现的电光源,即所谓第一代光源。白炽灯曾经是岩巷工程普遍采用的电光源。

A 工作原理

白炽灯主要由玻璃外壳、灯丝、支柱、引线和灯头等组成,灯丝一般用钨丝制成,玻璃外壳内部抽成真空或充入少量惰性气体。白炽灯的构造如图B-25所示。灯头形式有螺口式和卡口式两种。白炽灯丝亮度很高，能造成眩光。为减少灯泡的表面亮度，一些白炽灯的玻璃外壳用磨砂玻璃或乳白玻璃制造。

白炽灯的灯丝通电后，产生大量的热，使钨丝温度升高到炽热状态（2400 ~ 2900 K），辐射发出可见光。灯丝温度越高，辐射的可见光比例越高，即白炽灯将电能转换为可见光的效率就越高。但随着灯丝温度的升高，灯丝的蒸发速度加快，灯的寿命缩短。同时，蒸发的钨沉积在玻壳上使其发黑，降低了发光效率。灯泡内充有惰性气体，可减缓钨丝的蒸发，延长白炽灯的使用寿命。

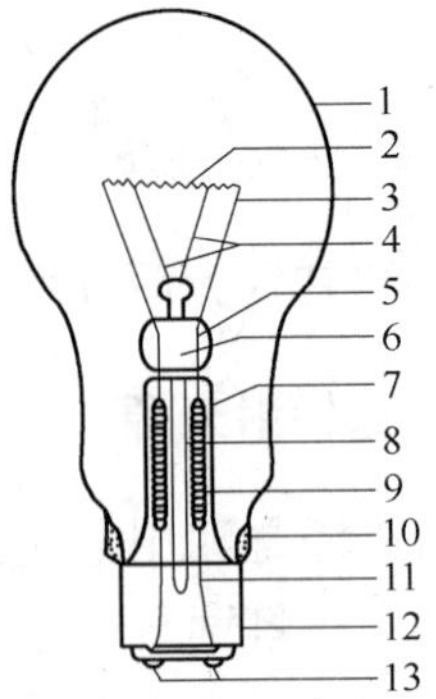

图 B-25 白炽灯的构造

1—玻壳；2—灯丝；3—引线；4—钼丝支架；5—杜美丝；6—玻璃压封；7—保险丝衬管；8—排气管；9—熔丝；10—焊泥；11—引线；12—灯头；13—焊锡触点

B 特点

白炽灯的额定功率有 15 ~ 1000 W 不同规格的系列产品。白炽灯的色温为 2400 ~ 2900 K，显色性好，显色指数为 95 ~ 99。但它的发光与日光相比仍有一定的差别，红光部分较多。白炽灯具有结构简单，使用方便，能瞬时点燃，无频闪现象，可调光，可在任意位置点燃，价格便宜等特点。

白炽灯的大部分辐射为红外线，因此发光效率最低，一般仅有 10 ~ 15 lm/W。由于钨丝的蒸发较快，故寿命较短，平均寿命为 1000 h。此外，它的光通量随电网电压的变化而急剧地变化。

B. 16. 3. 2 卤钨灯

卤钨灯是在白炽灯充填的惰性气体中加入微量卤素❶而制成的电光源。它提高了发光效率，增加了寿命，常用的卤钨灯分为碘钨灯和溴钨灯，其灯管内分别充有碘或溴。

A 工作原理

为使白炽灯的发光效率高，就要提高灯丝的温度，而灯丝的温度越高，钨的蒸发就越快，致使灯丝很快变细以至烧断。卤钨灯在玻壳内充填有卤素，利用卤钨的循环化学反应，解决了提高钨丝温度和减少钨蒸发的矛盾，大大提高了灯的寿命。卤钨灯常做成小尺寸的管状（见图 B-26）。

化学性质活泼的卤素与灯丝蒸发出的钨结合形成卤化钨，由于灯管内壁的温度很高而不能附着其上，通过扩散或对流到高温的灯丝附近，被重新分解为钨和卤素，其中钨吸附在灯丝表面，卤素又和蒸发出来的钨反应，从而大大减少了钨丝的蒸发和灯泡管壁的发黑程度。为使管壁处生成的卤化钨处于气态，管壁温度要比普通白炽灯高得多，因此卤钨灯的玻壳尺寸做得很小，并使用耐高温的石英玻璃或高硅氧玻璃制作。

---

❶ 卤素是卤族元素的简称，它包括氟（F）、氯（Cl）、溴（Br）、碘（I）、砹（At）等。卤化物是指含有卤素的化合物。

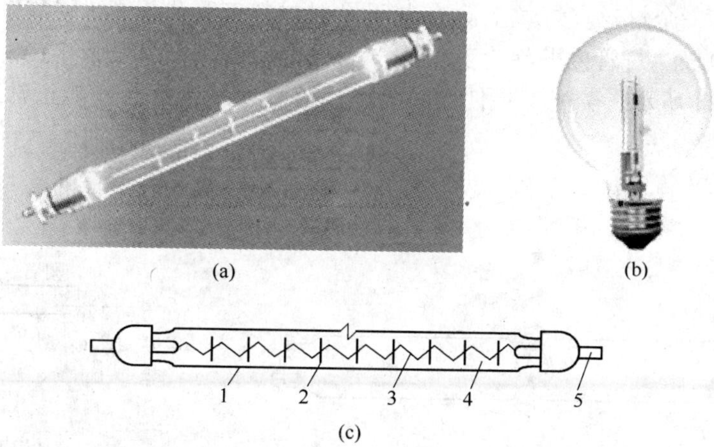

图 B-26　卤钨灯

（a）管形卤钨灯；（b）球形卤钨灯；（c）卤钨灯构造

1—石英管；2—支架；3—螺旋灯丝；4—碘蒸气；5—灯头

B　特点

碘钨灯在点燃时，紫红色的碘蒸气要吸收一部分可见光，使光效和色温下降。管形碘钨灯在点燃时要求水平放置，倾斜度不大于4°，否则会由于对流造成碘钨循环的不均匀而烧断灯丝。溴钨灯里的溴比碘的化学性更活泼，清洁玻壳壁的效果比碘好。同时，溴蒸气无色透明，不吸收可见光，发光效率比碘钨灯提高了4%～5%，色温也有所提高。此外，溴钨灯里的气体对流不影响灯的寿命，使用时不要求水平放置。采用低电压（12 V）供电的卤钨灯称为低压卤钨灯，适用于工作面照明（见图 B-27）。

图 B-27　矿用（防爆型）环状碘钨灯

卤钨灯的显色性好，显色指数为95～99，并具有体积小、可瞬时点燃、可调光、无频闪效应等特点。它与白炽灯比较，发光效率提高了30%，约为18～21 lm/W；几乎无光衰，平均寿命增长了50%，约为1500 h。但卤钨灯的灯丝受振动、冲击易断丝。此外，卤钨灯的温度比白炽灯高得多，在灯泡附近不能置放易燃品。

B.16.3.3　荧光灯

荧光灯是一种充有氩气的低气压汞蒸气的气体放电灯，俗称日光灯。荧光灯是所谓第二代光源，是目前广泛应用的节能电光源。

A　工作原理

荧光灯可分为双端直管形荧光灯、环形荧光灯和单端紧凑型节能荧光灯。环形荧光灯除形状外，与直管形荧光灯基本相同。直管形荧光灯是最常见的荧光灯，它是在直长圆玻璃管的两端各装有一个灯丝。灯丝上涂有电子发射材料三元碳酸盐(碳酸钡、碳酸锶和碳酸钙),成为两个电极。灯管内壁涂有荧光粉。管内充有惰性气体(氩气)和少量汞。荧光灯的构造如图 B-28 所示。荧光灯在使用时需配用镇流器和启辉器才能正常工作。它的接线如图 B-29 所示。

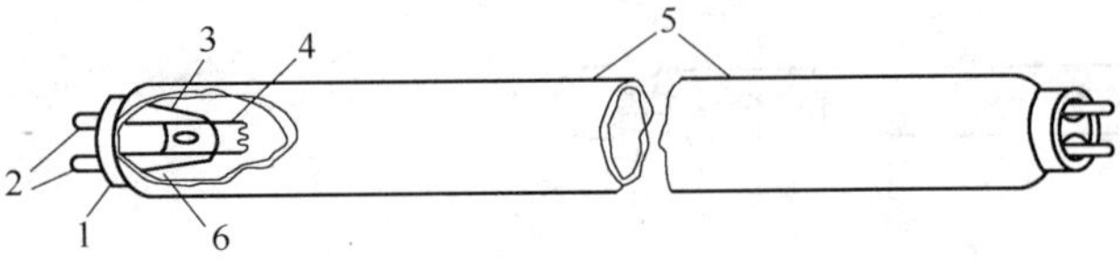

图 B-28 荧光灯的构造

1—灯头;2—灯脚;3—玻璃芯柱;4—灯丝;5—玻管;6—汞

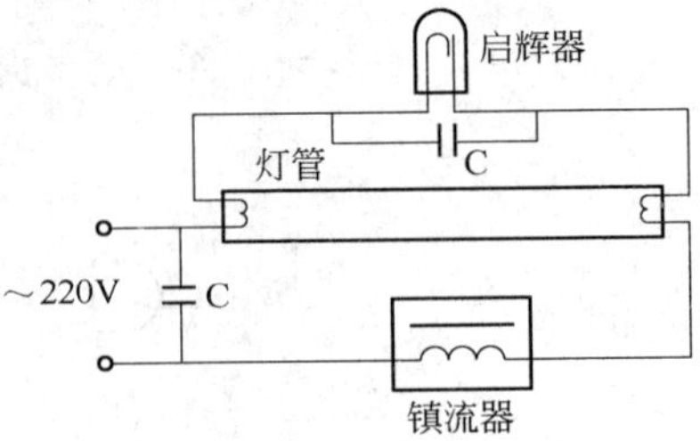

图 B-29 荧光灯的接线图

电路接通后,启辉器产生辉光放电,使其 U 形双金属片受热膨胀与静触极接触,灯丝接通电源。在交流电压作用下,两端灯丝交替作为阴极和阳极。阴极预热发射电子。经 1 ~ 3s 后,启辉器辉光放电熄灭。电路中电流突然中断,在镇流器两端瞬间产生一个比电源电压高得多的感应电动势,它与电源电压叠加在灯管两端电极之间,形成强电场。阴极灯丝发射的电子,在强电场的作用下,引起管内汞蒸气电离而形成弧光放电,汞离子受激产生紫外线,激发灯管内壁上的荧光粉发出可见光。此时,灯管电流在不断增长,利用镇流器的阻抗将其限制并稳定在正常工作数值上。

B 特点

荧光灯消耗的电能大部分用于产生紫外线,因此它的发光效率远比白炽灯和卤钨灯高,一般为 30 ~ 60 lm/W。荧光灯的光色有日光色、冷白色和暖白色三种,其色温和显色指数如表 B-40 所示。

表 B-40 荧光灯的色温和显色指数

光色类型	色温/K	显色指数 Ra
日光色荧光灯	4500 ~ 6500	80 ~ 94
冷白色荧光灯	3000 ~ 4500	75 ~ 85
暖白色荧光灯	2900 ~ 3000	80 ~ 90

荧光灯发光均匀、亮度适中、光色柔和、表面温度低,同时结构简单、制造容易、价格便宜,是良好的室内照明光源。但在荧光灯频繁开关时,会使灯丝所涂的发射物质加速耗尽,缩短使用寿命,因此,荧光灯不适用于开关频繁的场所。

C 节能荧光灯

原来荧光粉多采用卤磷酸钙,它的价格便宜,但发光效率不高,热稳定性差,光通维持率低。1974 年荷兰飞利浦公司首先研制出能发出人眼敏感的红、绿、蓝三色光的荧光粉氧化钇、多铝酸镁、多铝酸镁钡,将其按一定比例混合成稀土元素三基色荧光粉(简称三基色荧光粉)。用它可制成细管的高效节能型荧光灯,灯管直径由 38 mm(T12❶)缩小为 25. 4 mm(T8)。T8 荧光灯与 T12 灯管相比可节能 10%,发光效率超过 80 lm/W。近年来,又出现了管径更细的 16 mm(T5)和 11 mm(T3)的细管径荧光灯,发光效率可达 104 lm/W。

电子节能灯是将灯管、电子镇流器和灯头紧密地连成一体,驱动电路也在镇流器内,是为“紧凑型”荧光灯的由来。它与白炽灯一样,通过 E27 灯头直接与电路连接,使用十分便捷。单端紧凑型节能荧光灯的发光效率约为白炽灯的 5 倍,目前已成为室内照明中取代白炽灯的气体放电电光源。

B. 16. 3. 4　钠灯

钠灯分为高压钠灯和低压钠灯两种。低压钠灯发出的是单色黄光,是发光效率最高的一种电光源。高压钠灯是针对低压钠灯单色性太强、显色性差、放电管过长等缺点而研制的,它的工作蒸气压力大于 0. 01 MPa。高压钠灯的发光效率在高压放电灯中是最高的。

A　低压钠灯

低压钠灯是具有热电极的低压钠蒸气放电发光的电光源。它的放电管玻璃壳用抗钠玻璃制成,防止高温工作时玻璃受钠蒸气的腐蚀。放电管中充有数帕(Pa)的氖、氩混合气(含氩气 1%)和金属钠滴。低压钠灯通电后,氖气放电,发出红光,随后由于放电发热使钠滴逐渐蒸发为钠蒸气,代替氖气放电,辐射出强烈的黄光。为保持一定的钠蒸气压力,放电管表面要维持一定的温度(250 ~ 300℃)。为此在放电管的外面还有一玻璃外壳。两层中间抽成真空,减少热传导损耗。外壳内壁涂覆一层能透过可见光并能反射红外线的材料(多用三氧化二铟),以减少放电管的热辐射损耗,提高低压钠灯的发光效率。

低压钠灯按结构可分为直管形和 U 形两种。直管形低压钠灯类似于荧光灯,有一个双端引线的电弧放电管,其两端各封有一个电极。放电管密封在一个真空外套管内,外套管两端各装一个双插脚灯头。U 形低压钠灯采用管径细而长的放电管并将其弯成 U 形,以缩小灯的长度,并可使弯曲的两管端相互加热,而减少热损耗(见图 B-30)。

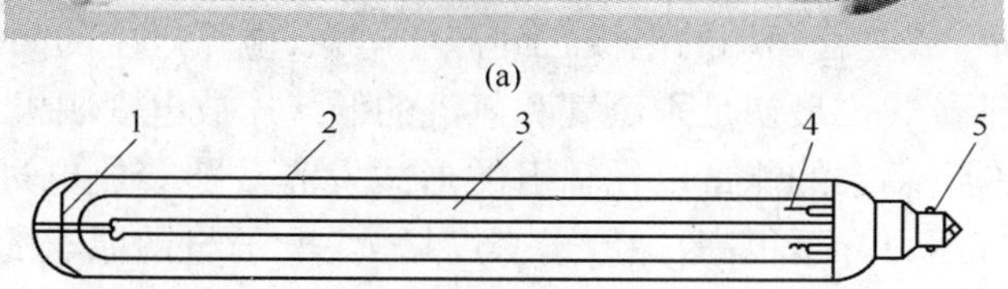

(b)

图 B-30　低压钠灯

(a) 外形图;(b) 结构图

1—固定弹簧;2—玻璃外壳;3—U 形放电管;4—电极;5—灯头

---

❶ 美国荧光灯采用 4 符号命名法——FPTD,其中 F 表示荧光灯;P 表示灯输入功率值;T 表示管形荧光灯;D 表示灯管直径,为 1/8 in(3. 18 mm)的倍数值。例如,型号为 F40T12 的荧光灯表示灯的输入功率为 40 W、管径为 $1\frac{1}{2}$ in(38 mm)的荧光灯;型号为 F32T8 的荧光灯,表示灯的输入功率为 32 W、灯管直径为 8 × 1/8 = 1 in(25. 4 mm)的荧光灯。T8 荧光灯管具有节能并与 T12 荧光灯管兼容的优点,T8 灯管可以直接安装在 T12 灯具中。

低压钠灯发射波长为589.0 nm和589.6 nm的单色光，接近人眼最灵敏的波长为555.0nm黄绿色光。因此，发光效率最高，一般为130～175 lm/W，最高可达200 lm/W。它的寿命也最长，透雾能力强，且不炫目。但是，低压钠灯的显色性差。它适用于公路、隧道、矿区、货场和港口等场所照明。

B 高压钠灯

高压钠灯（HPS气体放电灯）是利用钠放电时产生的高气压来获得可见光的电光源。它在玻璃外壳内有一个特种玻璃制成的放电管，放电管和玻璃壳之间抽成真空，以减少环境温度的影响。放电管内充有适量的钠、汞滴（生产中是充加钠汞齐[1]，以简化生产工艺，提高参数的一致性）和惰性气体（一般为氙气）。汞可提高灯管的工作电压，增加电弧温度，提高辐射功率，同时降低工作电流，减小镇流器体积。惰性气体可帮助启动和降低启动电压（见图B-31）。

(a)

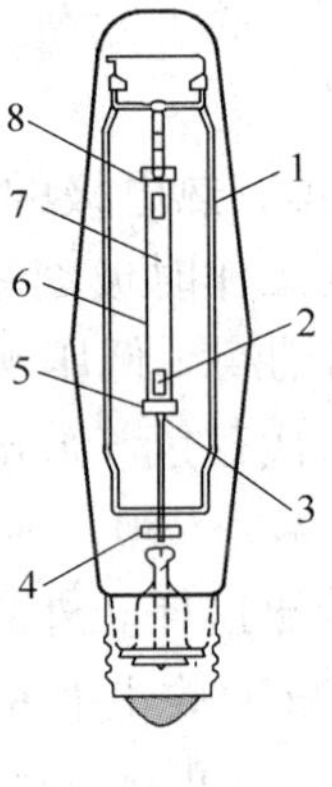

(b)

图B-31 高压钠灯

（a）泡形和普通T形高压钠灯；（b）结构图

1—镀镍铁丝框架；2—电极；3—铌管；4—钡消气剂；5—铌帽或陶瓷塞；

6—多晶氧化铝管；7—钠、汞、氙气；8—封接材料

高压钠灯启动后，放电管两端的电极之间产生电弧，电弧产生的高温使管内的钠汞齐受热蒸发为汞蒸气和钠蒸气。最初是汞蒸气和氙气的低气压放电。阴极发射的电子在向阳极的运动中，撞击钠原子，多余的能量以光辐射的形式发光。随着放电过程的继续进行，电弧温度上升，汞、钠蒸气压力升至很高，钠原子密度增大，电子与钠原子的碰撞次数大为增加，出现其他可见光谱的辐射，因此高压钠灯的光色优于低压钠灯。

气体放电灯具有负阻特性，随着放电过程继续，电路中电流将无限上升，直至烧毁气体放电灯。因此，高压钠灯电路中必须串联一个具有正阻特性的镇流器，将灯管电流限制和稳定在正常工作数值上（见图B-32）。

高压钠灯分为普通型（标准型）、改进型和高显色型三种。普通型的发光呈金白色，发光效率高，节能效果好，但显色性差；改进型的显色性有所提高；高显色型的显色性好，与白

[1] 汞齐是指以汞为主要成分的合金。钠汞齐即钠和汞的合金，它是由钠溶于汞而生成的。钠汞齐呈银白色，当钠的含量小于1%时，钠汞齐为液体；含钠为1%～2.5%时，为面团状；含钠超过2.5%时，则为固体结晶。

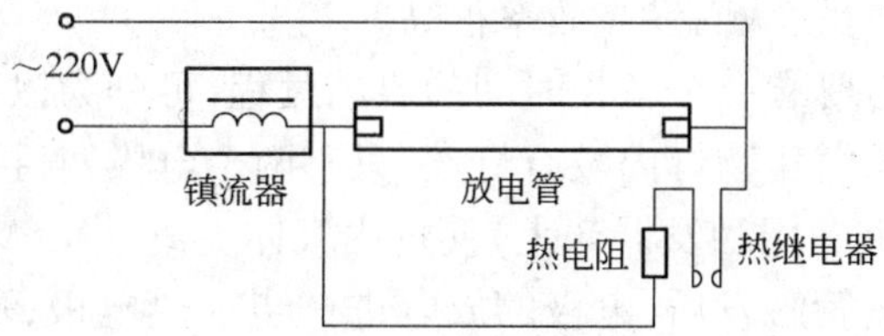

图 B-32 钠灯接线图

炽灯相似。三种高压钠灯的发光效率和显色指数如表 B-41 所示。

表 B-41 高压钠灯的发光效率和显色指数

类 型	发光效率/lm·W^{-1}	显色指数 Ra
普通型高压钠灯	130	25
改进型高压钠灯	75	60
高显色型高压钠灯	45~60	80~85

高压钠灯具有光效高、光通维持率高、透雾性能好、紫外线辐射小、耐震、寿命长(2000~5000h)、可在任意位置点燃等特点。它在岩巷爆破后烟雾弥漫的环境下,物体仍然清晰可见,并能经受爆破冲击波的震动。高压钠灯是一种理想的岩巷施工照明光源。

高压钠灯的电源电压不宜波动过大,要求不超过额定值的+6% ~ -8%。高压钠灯因某种原因熄灭后,由于灯内的钠蒸气的压力仍然很高,难以重新放电,必须待灯冷却后才能再重新启动。金属卤素灯和高压汞灯在使用中也有类似情况,因此它们不适宜要求迅速点燃的场所。

B. 16. 3. 5 金属卤化物灯

金属卤化物灯(MH 气体放电灯)是在高压汞灯的基础上,将某些金属卤化物添加到放电管内,利用金属原子电离激发发光的电光源,简称金卤灯。它不仅改善了高压汞灯的光色,而且提高了光效,是所谓第三代光源。金属卤化物灯按添加的金属卤化物可分为钪钠灯、钠铊铟灯和镝灯。

A 工作原理与特点

金属卤化物灯的放电管内充有汞、惰性气体和数种金属卤化物(以碘化物为主)。工作时,汞蒸发的蒸气压达几个大气压(零点几兆帕),卤化物从管壁上蒸发、扩散进入高温电弧内分解,金属原子被电离激发,辐射出该金属的特征谱线❶。当金属离子扩散返回管壁时,在靠近管壁的温度较低区域中与卤原子相遇,重新结合生成金属卤化物分子。如此循环,便可不断地向电弧提供金属蒸气。放电管内的金属卤化物,增加了红光和黄光成分,适当选择金属卤化物及其比例,可使光色接近白炽灯或其他多种光色。金属卤化物灯利用电极之间通过电流形成的电子束与气体分子碰撞,激发产生光线,绝大部分能量被转换成可见光,仅

❶ 每种元素在高温时发射的光谱亮线与它在低温时吸收光谱的暗线位置一一对应,因此元素的明线光谱和吸收光谱是其特征,称为特征谱线。

有很小部分能量转换成热量，从而发光效率很高。

金属卤化物灯发光需要有一个较长时间的启动过程，可分为以下三个阶段：

(1) 触发阶段。金属卤化物灯内没有灯丝，只有两个电极，直接加上工作电压是不能点燃的，必须先施加高压(由专用触发器产生)使灯内气体电离。

(2) 着火阶段。放电管触发后，电极的放电进一步加热电极，形成辉光放电，并为弧光放电创造条件。

(3) 正常发光阶段。在辉光放电的作用下，电极温度越来越高，发射的电子数量越来越多，迅速过渡到弧光放电。随着温度进一步升高，发光越来越强直到正常。

金属卤化物灯具有发光效率高、色温高、显色性好等特点，是一种接近日光色的节能新光源。它在正常发光时发热少，是一种冷光源。金属卤化物灯的缺点是启动困难，必须配用专门的镇流器和触发器，同时由于亮度高、体积小，因而寿命较短。此外，它对电源电压的稳定性要求较高。当电压变化时，灯的功率会随着发生变化，而灯的冷端温度与灯的功率有关。因此，放电物质的饱和蒸气压会发生变化，从而引起发光颜色的大幅度漂移。金属卤化灯的启动时间较长，不适合要求迅速点燃的场所。

B 钪钠灯

钪钠灯是在放电管内添加碘化钪和碘化钠，俗称美标灯(见图 B-33)。它在整个可见光范围内具有近似连续的光谱。钪钠灯的发光效率高(75 ~ 90 lm/W)、显色性好。它与高压汞灯、高压钠灯相比，启动更困难，重复着火电压更高。需配套漏磁升压型(CWA)电感镇流器使用，它是自耦变压器式，属于稳压、分流式的镇流器。但不需要触发器。钪钠灯的接线图与漏磁升压型镇流器，如图 B-34 所示。

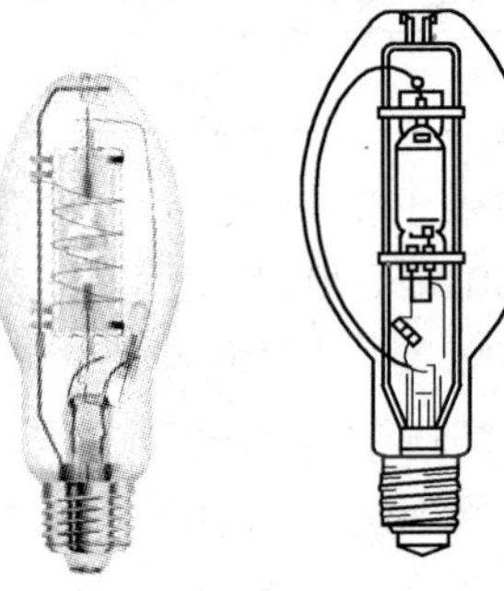

(a) (b)

图 B-33 钪钠灯

(a) 外形图；(b) 结构图

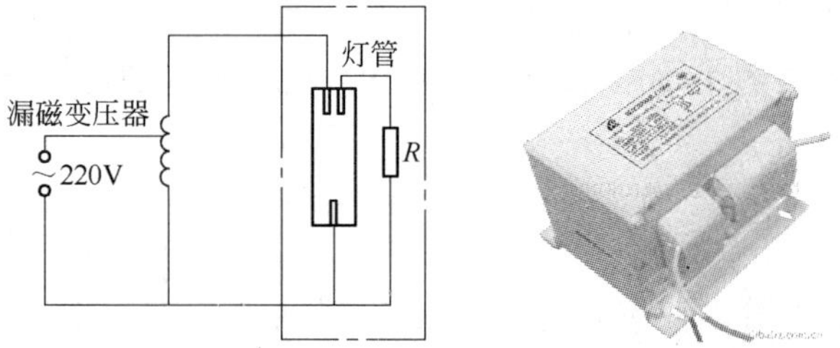

(a) (b)

图 B-34 钪钠灯接线图与专用镇流器

(a) 钪钠灯接线图；(b) 漏磁升压型(CWA)镇流器

钪钠灯适用于显色性要求较高的室内外大面积照明场所，目前为我国广泛采用。

C 钠铊铟灯

钠铊铟灯是在放电管内，按一定比例添加碘化钠、碘化铊和碘化铟。其中钠蒸气主要发黄光，铊蒸气主要发绿光，铟蒸气主要发蓝光，它们以适当比例配合便会发出白光。钠铊铟灯在欧洲广泛采用,俗称欧标灯(见图 B-35)。钠铊铟灯与钪钠灯不同,可用钠灯线路或汞灯线路,即可用电感镇流器加触发器,但选用的触发器不同。电感镇流器是一个纯电感与光源串联,属于分压、限流式的镇流器。

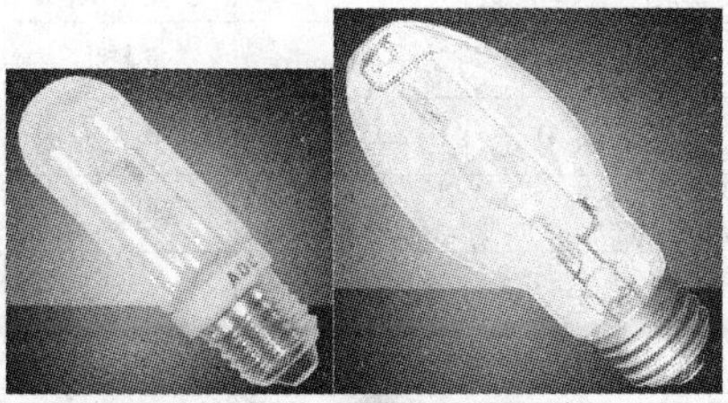
(a)

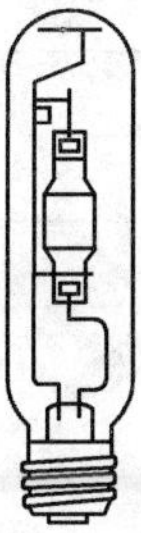
(b)

图 B-35 钠铊铟灯
(a) 外形图;(b) 结构图

钠铊铟灯的光效高、寿命长、性能可靠。发光效率为 60 ~ 85 lm/W,色温为 4000 ~ 4500 K,寿命为 1000 ~ 2000 h。它的光色好,显色指数 Ra 为 65 ~ 70。但悬挂高度低于 15 m 时有炫光,适用于大面积照明。钠铊铟灯在岩巷内使用时透烟雾性能差。

欧标金卤灯的色温较高、光通量稍低、显色性较好;而美标金卤灯的色温较低、光通量略高、显色性稍低。

D 镝灯

镝灯是在放电管内充入碘化镝和碘化钬,因此又称镝钬灯(见图 B-36)。镝和钬的蒸气都发白光,为改进光色还加入碘化铊,它可增加绿色光。镝灯在整个可见光谱范围内具有间隔极窄的多条谱线,近似连续光谱,接近日光。镝灯是一种极好的电影、电视拍摄光源,也是运动场的理想照明光源。

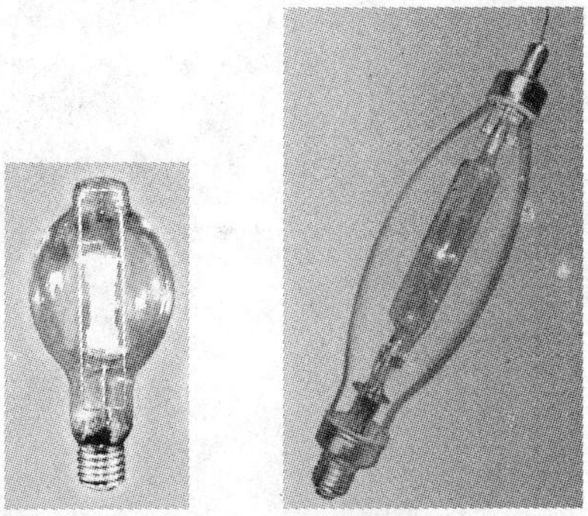

图 B-36 镝灯

B.16.3.6 常用照明光源的性能比较

常用照明光源性能的比较如表 B-42 所示。

表 B-42 常用照明光源性能比较表

光源名称	白炽灯	卤钨灯	荧光灯	荧光高压汞灯	管形氙灯	高压钠灯	金属卤化物灯
额定功率范围/W	10 ~ 1000	500 ~ 2000	4 ~ 125	50 ~ 1000	1500 ~ 100000	250 ~ 1000	400 ~ 2000
发光效率/$lm \cdot W^{-1}$	10 ~ 15	18 ~ 21	30 ~ 60③	30 ~ 50	20 ~ 37	60 ~ 130	60 ~ 90
色温/K	2400 ~ 2900	2800 ~ 3200	2900 ~ 6500	3600 ~ 5500	5500 ~ 6000	2000 ~ 2400	4000 ~ 6500
显色指数 Ra	95 ~ 99	95 ~ 99	75 ~ 94	30 ~ 40	90 ~ 94	25 ~ 85	60 ~ 85

续表 B-42

<table>
<tr><th>光源名称</th><th>白炽灯</th><th>卤钨灯</th><th>荧光灯</th><th>荧光
高压汞灯</th><th>管形氙灯</th><th>高压钠灯</th><th>金属卤
化物灯</th></tr>
<tr><td>平均寿命/h</td><td>1000</td><td>1500</td><td>2000～3000</td><td>2500～5000</td><td>500～1000</td><td>2000～5000</td><td>1000～2000</td></tr>
<tr><td>启动时间①</td><td colspan="2">瞬时</td><td>1～3 s</td><td>4～8 min</td><td>1～2 s</td><td>4～8 min</td><td>4～8 min</td></tr>
<tr><td>再启动时间②</td><td colspan="2">瞬时</td><td>1～3 s</td><td>5～10 min</td><td>瞬时</td><td>10～20 min</td><td>10～15 min</td></tr>
<tr><td>功率因数 $\cos\varphi$</td><td colspan="2">1</td><td>0.33～0.7</td><td>0.44～0.67</td><td>0.4～0.9</td><td>0.44</td><td>0.4～0.61</td></tr>
<tr><td>频闪效应</td><td colspan="2">不明显</td><td colspan="5">明显</td></tr>
<tr><td>表面亮度</td><td>大</td><td>较大</td><td>小</td><td>较大</td><td>大</td><td>较大</td><td>大</td></tr>
<tr><td>电压变化对光通的影响</td><td colspan="2">大</td><td colspan="3">较大</td><td>大</td><td>较大</td></tr>
<tr><td>环境温度对光通的影响</td><td colspan="2">小</td><td>大</td><td>较小</td><td>小</td><td colspan="2">较小</td></tr>
<tr><td>耐振性能</td><td>较差</td><td>差</td><td>较好</td><td colspan="2">好</td><td>较好</td><td>好</td></tr>
<tr><td>所需附件</td><td colspan="2">无</td><td>镇流器，
启辉器</td><td>镇流器</td><td>镇流器④，
触发器</td><td>镇流器</td><td>镇流器，
触发器⑤</td></tr>
</table>

① 启动时间是指接通放电灯的电源开关至灯能开始工作所需要的时间；
② 再启动时间是指放电灯稳定工作后断开电源，从再次接通电源到灯重新开始工作所需的时间；
③ 高效节能荧光灯的发光效率在 80 lm/W 以上；
④ 小功率管形氙灯需用镇流器，大功率可不用镇流器；
⑤ 1000 W 钠铊铟灯目前需用触发器启动。

名词索引

A

安全冲能　239
铵油类炸药　224
铵油炸药　213

B

BEAM 地质预报系统　82
拔钎器　136
百毫秒发火电流　240
半断面微台阶爆破开挖法　434
饱水系数　17
爆发点(发火点、发火温度)　212
爆轰　190
爆轰波　192
爆轰速度(爆速)　214
爆破　10
爆破工程　52
爆破漏斗　34
爆破漏斗要素(几何参数)　200
爆破设计书　330
爆破效果　34
爆破有害效应　343
爆破作业说明书(作业图表)　330
爆破作用指数　200
爆热　203
爆容　203
爆速(爆轰传播速度)　214
爆温　203
爆压　209
爆炸　18
爆炸的化学反应速度　214
爆炸法　282
爆炸三要素　191
变电站　492
变形模量　20
变质岩　12
表面硬化处理　158
背斜　27
泊松比　20
波形螺纹(R 螺纹)　137
波阻抗　17
布鲁克网　290
不耦合系数(非耦合系数)　206
不耦合装药　198

C

残留炮孔痕迹率(孔痕率、半孔率)　340
层理　13
层状结构　37
铲斗装载机　356
产状三要素　32
长台阶法　426
超短台阶法　425
超前锚杆　399
超前小导管注浆　409
超前支护(预支护、辅助支护)　10
超挖部分(超挖)　386
车载电站　505
沉积岩(水成岩)　13
承压水　48
迟爆　351
冲击波　17
冲击式凿岩　13
抽出式通风　472
初始模量　20
传爆　190
传爆元件　263
传导时间　238
磁电雷管　235

脆性 16
错车道 372

D

单腔回油式液压凿岩机 123
单位炸药消耗量 51
单轴饱和抗压强度 22
单轴烘干抗压强度 22
单轴抗拉强度(抗拉强度) 22
单轴抗压强度(抗压强度) 21
导爆管雷管(非电雷管) 246
导爆管起爆网路 256
导爆索起爆网路 256
导洞超前全断面扩挖法 426
导轨式液压凿岩机 119
导轨式凿岩机 95
等效内阻 352
地表干线雷管 247
地层产状 28
地层预加固(地层改良) 421
低能导爆索 250
地下水 1
地震负视速度法 70
地质断面成像技术 449
地质分析法预报 83
地质坑探 65
地质钻探 65
地质作用 12
电冲能 235
电磁波法 65
电磁辐射法 449
电动凿岩机 117
电雷管静电感度 246
电雷管敏感度 240
电雷管全电阻 257
电起爆网路 256
点燃时间(引燃时间、发火时间) 174
洞口工程 287
动力变质岩(构造岩) 16
动力式水泵(叶轮式泵、叶片式泵) 174
动作时间(反应时间) 79
独立回转凿岩机(外回转凿岩机) 415
断层 16
断层要素 30
断裂构造 27
短时间接触容许浓度(PC-STEL) 467
短台阶法 425
对旋式通风机 477

E

二次爆破 341

F

发黑处理(发蓝处理) 159
发火冲能 237
翻斗式矿车 373
反锯齿螺纹(H 或 HL 螺纹、GD 螺纹) 136
反向起爆装药 321
防尘口罩(自吸过滤式防尘口罩) 174
非理想爆轰(稳定爆轰) 195
分部开挖法 292
分段装药 206
焚烧法 192
分体钎子 134
粉状铵油炸药 228
粉状乳化炸药 231
风化程度系数 24
风筒 397
风筒式通风 471
浮尘 484
浮动道岔 373
复合钎头(复合片齿式钎头) 143
复合坐标钻臂 179
复式防尘口罩 487
复式(多层)楔形掏槽 308
负压风筒 429
负氧平衡 210
辅助孔(扩大孔、崩落孔) 205

辅助作业 10

G

改性铵油炸药 228
高密度电法勘探 60
高气压潜孔冲击器 174
高压静电喷涂和内孔涂油 160
高应力型软岩 406
个别飞石 313
隔膜式液压蓄能器 126
隔水层 47
割线模量 20
跟管钻进技术 415
工程爆破 87
工业电雷管(电雷管) 234
工业雷管 209
工业索类火工品 209
工业炸药(民用炸药) 78
构造运动(地壳运动) 16
构造应力 27
固定车箱式矿车 373
管棚支护 292
光爆层厚度 307
光爆孔 206
光爆孔间距 322
光面爆破技术 10
光通量 471
轨道曲线半径 370
龟裂掏槽 207

H

HSP 地震波法(瑞利波法) 70
含水层 47
含水率 17
含水炸药 216
后配套系统 393
后卸式铲斗装载机(装岩机) 356
化学安定性 211
化学分解法 282
化学膨胀岩 443
环形开挖法 441
环形开挖留核心土法 428
回转式空压机 489
混合式通风 471
活塞式空压机 489
火焰感度 212

J

继爆管 205
集尘 485
激光断面检测仪 10
极限爆速 195
极限直径 215
挤压性围岩 442
集中串联局部通风机
极坐标钻臂(旋转钻臂) 179
架线式电机车 352
夹制系数 204
减尘 485
间隔串联局部通风机
简易防尘口罩 487
降尘 303
浆状炸药 213
交叉中隔壁法(CRD 法) 292
接触变质岩 16
接杆钎子 107
结构面 18
结构体 35
节理 26
接力式导爆管起爆网路 265
静电火花感度 212
径向间隙效应(沟槽效应) 196
局部通风(独头岩巷通风) 471
局部通风机 10
局部阻力 483
掘进凿岩台车 120

K

卡钎 34
抗剪强度 21
抗静电电雷管 235
抗杂散电流电雷管 235
孔内延期起爆 247
空气间隔装药 324
空气压缩机站(空压机站) 489
孔外延期起爆 264
孔隙率 16
孔隙比 17
跨孔地震 CT 技术 79
块状结构 37
矿车 2

L

粒度 13
理想爆轰 195
离心式空压机 489
离心式水泵 490
离心通风机(径流通风机) 474
立爪装载机 358
连接元件 263
连续装药 196
两次爆破衔接台阶(岩面不平整度、起伏差) 323
临界密度 196
临界熄爆直径 213
临界直径 215
零氧平衡 210
裂隙 19
流变 21
陆地声呐法 70
露天型炸药 223
落尘 484
螺纹连接 97
螺旋滚轧 159
螺旋掏槽 309

M

盲炮(瞎炮) 271
煤矿许用炸药 209
猛度 209
猛炸药(单质猛炸药) 209
密度 17
面波法 70
民用爆破器材(爆破器材) 209
摩擦阻力(沿程阻力) 483

N

内回转导轨式凿岩机 107
内燃机车 369
内燃凿岩机 117
逆断层(压力断层) 30
黏土质膨胀岩 443
黏性 21

O

耦合装药 196

P

耙斗装载机 356
扒爪类装载机 356
排尘 473
排粉沟 143
抛丸强化 159
炮孔布置 298
炮孔痕迹率(孔痕保存率、炮孔痕迹保存率、炮孔间距) 339
炮孔利用率 208
炮孔密集系数(邻近系数、相对间距) 322
炮孔深度(孔深) 96
炮孔数量 296
炮孔直径 96
配流阀(换向阀) 122
喷出岩 13
膨胀岩 33

劈理 26
片理 27
偏心块冲击活塞式凿岩机 130
平移断层 30
破碎型软岩 406
普通导爆索(导爆索) 235

Q

起爆 10
起爆能 190
起爆器(发爆器、爆炸机) 10
起爆网路 205
起爆药 194
起爆与传爆器材 234
气动掘进凿岩台车 181
气动凿岩机(风动凿岩机) 91
气镐(风镐) 25
气腿 10
气腿式凿岩机 95
浅成岩 13
钎杆 89
钎具(凿岩工具) 56
潜孔冲击器 142
潜孔钻车 168
潜孔钻机 89
潜水 48
钎头(可卸式钎头、活钎头) 25
欠挖部分(欠挖) 92
切线模量 20
倾斜掏槽 204
球形齿 142
球齿钎头 140
区域变质岩 16
曲轴连杆压气活塞式电动凿岩机 129
全断面开挖法 10
全站仪(全站型电子速测仪) 388

R

热化学参数 203
刃角 94
刃片钎头 140
容积式水泵 500
溶解法 282
乳化粒状铵油炸药(高能铵油炸药、重铵油炸药) 228
乳化炸药(乳胶炸药) 10
软化系数 18
软弱破碎型软岩 406
软弱围岩 405
软弱型软岩 406
瑞典四方形掏槽 310

S

SR 技术 159
三台阶七步开挖法 428
散体状结构 37
上层滞水 48
射流风机 478
深成岩 13
生产性噪声(工业噪声) 470
声发射(地音) 449
声发射监测技术 449
时间加权平均容许浓度(PC-TWA) 303
十字形钎头 140
双侧壁导坑法(眼镜法) 292
双腔回油式液压凿岩机 122
水泵 185
水胶炸药 196
水平钻探法预报 70
手持式凿岩机 10
数码雷管(电子雷管) 254
瞬发电雷管(即发电雷管) 77
塑料导爆管(导爆管、Nonel 管) 245
塑性 16
塑性变形(永久变形、残余变形) 16
隧道地震波预报(TSP)技术 75
隧道地震层析成像(TST)技术 80
隧道掘进机(TBM) 88

碎裂状结构(压碎结构) 37
梭式矿车(梭车) 361

T

塌方(坍方) 25
塌方平均高度 452
台阶开挖法 426
探地雷达(GPR)技术 70
弹簧—活塞销式凿岩机 130
弹性 18
弹性波勘探 65
弹性模量 20
掏槽孔 179
梯形(T形)螺纹 139
通风机 10
桶形掏槽(角柱掏槽) 309
透水层 47
涂覆布柔性风筒 479
推进器 107
拖车电站 505

W

挖斗装载机(挖装机) 362
外覆爆破法 341
微差爆破(毫秒爆破) 204
围岩(工程岩体) 10
无端墙(斜切式)洞口 288
无阀式液压凿岩机 124
无阀型潜孔冲击器 173
钨钴类合金 148
无轨运输 365
物理安定性 211
无起爆药雷管 253
物探(地球物理勘探) 55
物探法 69

X

X形钎头 140
隙角 117
线路电压损失(电压降) 506
线装药密度 320
向上式凿岩机(伸缩式凿岩机) 105
箱式电站 505
向斜 27
硝铵类炸药 213
硝化甘油炸药(胶质炸药) 10
消焰剂 223
蟹立爪装载机 358
斜流式通风机(混流式通风机) 475
楔形掏槽 299
楔形齿 144
蟹爪装载机 358
蓄电池电机 379
蓄能器 123
殉爆 209
殉爆度 221
殉爆距离 209

Y

压力损失 172
牙轮钻机 89
压入式通风 397
岩爆 10
岩浆岩(火成岩) 12
延期电雷管 204
延期时间 204
岩石饱和吸水率 17
岩石爆破性(可爆性) 208
岩石持水性 24
岩石的风化作用 23
岩石点荷载强度 50
岩石坚固性系数 f 50
岩石可凿性 52
岩石可凿性分级 52
岩石磨蚀性 92
岩石强度 21
岩石松散系数 336
岩石吸水率 17

岩石型炸药 223
岩体 1
岩体初始应力(地应力、原岩应力) 43
岩体整体状结构 38
岩土控制变形分析法(ADECO-RS 法、新意法) 10
岩巷自稳时间分级法 52
岩芯钻机(地质钻机) 415
药包爆破的内部作用 198
药包爆破的外部作用 199
液压凿岩机 107
液压凿岩台车 10
移动电站(柴油发电机组) 505
一字形钎头 94
硬度 13
硬度谷(冶金缺口) 161
应力解除法(超前应力解除法) 44
有阀型潜孔冲击器 172
有轨运输 369
预裂爆破 205
预留光面爆破 326

Z

杂散电流 235
杂散电流源 260
早爆 235
噪声 84
凿岩 10
凿岩工程 202
炸药 10
炸药爆炸 18
炸药爆炸后有毒气体含量 211
炸药的相容性 211
炸药敏感度(感度) 212
炸药机械感度 213
炸药热感度 213
照度 467
褶皱构造 26
真反射层析成像(TRT)技术 70
震裂缝率 340
正断层(张力断层、重力断层) 30
整体钎子 134
正向起爆装药 321
正压风筒 479
正氧平衡 210
支架式潜孔钻机 168
直角坐标钻臂 178
直接定位式钻臂 180
支腿式液压凿岩机 119
直线掏槽(垂直掏槽) 143
职业接触限值(OEL) 467
中隔壁法(CD 法、单侧壁导坑法) 292
周边孔 178
轴流式通风机 475
注油器 96
转辙器(扳道器) 371
装药集中度 320
装药结构 204
装药系数 315
装载机 355
锥体连接 134
锥形掏槽 179
子午加速通风机 475
自重应力 43
自泳漆 159
自由断面掘进机(悬臂式掘进机) 394
自由面(临空面) 37
钻臂 128
钻具 88
最高容许浓度(MAC) 467
最小抵抗线 34
最优密度 203
做功能力 201